Ergonomia

A tradução desta obra foi viabilizada pelo patrocínio do Laboratoire d'Ergonomie et Neuroscience du Conservatoire National des Arts et Métiers, Paris, França.

A edição brasileira contou com o apoio do Departamento de Engenharia de Produção da Escola Politécnica da Universidade de São Paulo.

Pierre Falzon

Editor

Ergonomia
2ª edição

Tradução:
Giliane M. J. Ingratta
Marcos Maffei
Márcia W. R. Sznelwar
Maurício Azevedo de Oliveira
Agnes Ann Puntch

Coordenador da tradução:
Laerte Idal Sznelwar

Título original em francês: *Ergonomie*
A edição em língua francesa foi publicada pela Presses
Universitaires de France
© 2004 Presses Universitaires de France 6, avenue Reille, 75014 Paris

Ergonomia
© 2007 Editora Edgard Blücher Ltda.
2ª edição – 2018

1ª reimpressão - 2022

Blucher

Rua Pedroso Alvarenga, 1245, 4º andar
04531-934 – São Paulo – SP – Brasil
Tel.: 55 11 3078 5366
contato@blucher.com.br
www.blucher.com.br

Segundo o Novo Acordo Ortográfico, conforme 5. ed.
do *Vocabulário Ortográfico da Língua Portuguesa*,
Academia Brasileira de Letras, março de 2009.

É proibida a reprodução total ou parcial por quaisquer meios
sem autorização escrita da editora.

Todos os direitos reservados
pela Editora Edgard Blücher Ltda.

Dados Internacionais de Catalogação na Publicação (CIP)
Angélica Ilacqua CRB-8/7057

Ergonomia / Pierre Falzon editor; [tradução: Giliane M.
J. Ingratta... [et al.] ; Revisão técnico-científica:
Laerte Idal Sznelwar, Fausto Leopoldo Mascia, Leila
Nadin Zidam ; coordenador da tradução: Laerte Idal
Sznelwar]. – 2. ed. – São Paulo : Blucher, 2018.
662 p.

Bibliografia
ISBN 978-85-212-1346-8 (impresso)
ISBN 978-85-212-1347-5 (ebook)
Título original: *Ergonomie*

1. Engenharia humana 2. Ergonomia I. Falzon,
Pierre.

18-1248   CDD 620.82

Índice para catálogo sistemático:
1. Ergonomia

Conteúdo

Apresentação dos autores   vii

Prefácio   xi

Prefácio da edição em português   xv

Siglas e abreviações   xix

Introdução à disciplina

1. Natureza, objetivos e conhecimentos da ergonomia, *Pierre Falzon*   3
2. Referências para uma história da ergonomia francófona, *Antoine Laville*   21
3. As relações de vizinhança da ergonomia com outras disciplinas, *Jacques Leplat, Maurice de Montmollin*   33

Fundamentos teóricos e conceitos

4. Trabalho e saúde, *Françoise Doppler*   47
5. A aquisição da informação, *Luc Desnoyers*   59
6. As ambiências físicas no posto de trabalho, *Michel Millanvoye*   73
7. O trabalho em condições extremas, *Marion Wolff, Jean-Claude Sperandio*   85
8. Trabalhar em horários atípicos, *B. Barthe, C. Gadbois, S. Prunier-Poulmaire, Y. Quéinnec*   97
9. Envelhecimento e trabalho, *A. Laville, S. Volkoff*   111
10. Segurança e prevenção: referências jurídicas e ergonômicas, *Cecília de la Garza, Elie Fadier*   125
11. Carga de trabalho e estresse, *Pierre Falzon, Catherine Sauvagnac*   141
12. Paradigmas e modelos para a análise cognitiva das atividades finalizadas, *Françoise Darses, Pierre Falzon, Christophe Munduteguy*   155
13. As competências profissionais e seu desenvolvimento, *Annie Weill-Fassina, Pierre Pastré*   175
14. Comunicação e trabalho, *Laurent Karsenty, Michèle Lacoste*   193
15. Homens, artefatos, atividades: perspectiva instrumental, *Viviane Folcher, Pierre Rabardel*   207
16. Para uma cooperação homem-máquina em situação dinâmica, *Jean-Michel Hoc*   223
17. Da gestão dos erros à gestão dos riscos, *René Amalberti*   235
18. Trabalho e gênero, *Karen Messing, Céline Chatigny*   249
19. Trabalho e sentido do trabalho, *Yves Clot*   265

Metodologia e modalidades de ação

20. Metodologia da ação ergonômica: abordagens do trabalho real, *François Daniellou, Pascal Béguin* — 281

21. A ergonomia na condução de projetos de concepção de sistemas de trabalho, *François Daniellou* — 303

22. O ergonomista, ator da concepção, *Pascal Béguin* — 317

23. As prescrições dos ergonomistas, *Fernande Lamonde* — 331

24. Participação dos usuários na concepção dos sistemas e dispositivos de trabalho, *Françoise Darses, Florence Reuzeau* — 343

25. O ergonomista nos projetos arquitetônicos, *Christian Martin* — 357

26. Ergonomia e concepção informática, *Jean-Marie Burkhardt, Jean-Claude Sperandio* — 371

27. A concepção de programas de computador interativos centrada no usuário: etapas e métodos, *Christian Bastien, Dominique Scapin* — 383

28. Ergonomia do produto, *Pierre-Henri Dejean, Michel Naël* — 393

29. Ergonomia dos suportes técnicos informáticos para pessoas com necessidades especiais, *Jean-Claude Sperandio, Gerard Uzan* — 407

30. Contribuições da ergonomia à prevenção dos riscos profissionais, *Alain Garrigou, Sandrine Peeters, Marçal Jackson, Patrick Sagory, Gabriel Carballeda* — 423

Modelos de atividades e campos de aplicação

31. A gestão de situação dinâmica, *Jean-Michel Hoc* — 443

32. A gestão das crises, *Janine Rogalski* — 455

33. As atividades de concepção e sua assistência, *Françoise Darses, Françoise Détienne, Willemien Visser* — 469

34. As atividades de serviço: desafios e desenvolvimentos, *Marianne Cerf, Gérard Valléry, Jean-Michel Boucheix* — 485

35. O trabalho de mediação e intervenção social, *Robert Villatte, Catherine Teiger, Sandrine Caroly-Flageul* — 501

36. A ergonomia no hospital, *Christian Martin, Charles Gadbois* — 519

37. Agricultura e desenvolvimento agrícola, *Marianne Cerf, Patrick Sagory* — 535

38. A construção: o canteiro de obras no centro do processo de concepção-realização, *Francis Six* — 545

39. Condução de automóveis e concepção ergonômica, *Jean-François Forzy* — 557

40. O transporte, a segurança e a ergonomia, *Claude Valot* — 573

Textos incluídos para a edição em português

41. Ergonomia, formações e transformações, *Marianne Lacomblez, Catherine Teiger* — 587

42. Ergonomia no trabalho florestal, *Elías Apud, Felipe Meyer* — 603

43. O trabalho da supervisão: o ponto de vista da ergonomia, *Fausto Leopoldo Mascia* — 609

44. A ergonomia e os riscos de intoxicação: contribuições da ergotoxicologia, *Laerte Idal Sznelwar* — 627

Apresentação dos autores

AMALBERTI René, Institut de médecine aérospatiale (IMASSA), Département Sciences cognitives, Brétigny–sur–Orge, França.

APUD Elias, Unidade de Ergonomia da Faculdade de Ciências Biológicas Universidade de Concepción, Chile.

BARTHE Béatrice, Laboratoire Travail et Cognition, Université Toulouse – Le Mirail, França.

BASTIEN Christian, Laboratoire d'ergonomie informatique, Université René––Descartes – Paris V, França.

BEGUIN Pascal, Laboratoire d'ergonomie et neurosciences du travail, Conservatoire d'étude national des arts et métiers, Paris, França.

BOUCHEIX Jean–Michel, Laboratoire d'étude de l'apprentissage et du développement, Université de Bourgogne, França.

BURKHARDT Jean–Marie, Laboratoire d'ergonomie informatique, Université René––Descartes – Paris V, França.

CARBALLEDA Gabriel, Cabinet Indigo ergonomie, Bordeaux, França.

CAROLY Sandrine, Centre de recherche en innovations sociotechniques et organisationnelles (CRISTO), Université Pierre Mendès–France, França.

CERF Marianne, Institut national de recherche agronomique, INRA, França.

CHATIGNY Céline, Départment de pédagogie, Université de Sherbrooke, Québec, Canadá.

CLOT Yves, Laboratoire de psychologie du travail, Conservatoire national des arts et métiers, Paris, França.

DANIELLOU François, Laboratoire d'ergonomie des systèmes complexes, Université Bordeaux II, França.

DARSES Françoise, Laboratoire de psychologie cognitive ergonomique, Conservatoire national des arts et métiers, Projet Eiffel, Paris, França.

DE LA GARZA Cécilia, Laboratoire d'ergonomie informatique, Université René––Descartes – Paris V, França.

DEJEAN Pierre–Henri, Université de technologie de Compiègne, França.

DESNOYERS Luc, Université du Québec, Montréal, Canadá.

DÉTIENNE Françoise, Institut national de recherche en informatique et en automatique, Projet Eiffel, França.

DOPPLER Françoise, assistance publique, Hôpitaux de Paris, França.

FADIER Élie, Institut national de recherché et de securité, França.

FALZON Pierre, Laboratoire de psychologie cognitive ergonomique, Conservatoire national des arts et métiers, Paris, França.

FOLCHIER Viviane, Université Paris 8, UFR Psychologie, Pratiques cliniques et sociales, França.

FORZY Jean–François, Indústria Renault, França.

GADBOIS Charles, CNRS, Laboratoire d'ergonomie, École pratique des hautes études, França.

GARRIGOU Alain, IUT Hygiene, Sécurité et Environnement, Université de Bordeaux I, França.

HOC Jean–Michel, CNRS, IRCCYN – PsyCoTec, École centrale de Nantes, França.

JACKSON Marçal, FUNDACENTRO, Florianópolis, Brasil.

KARSENTY Laurent, Institut de recherché en informatique de Toulouse, França.

LACOMBLEZ Marianne, Faculdade de Psicologia e de Ciências da Educação da Universidade do Porto, Portugal.

LACOSTE Michele, UFR/IUP des sciences de la communication, Université Paris––Nord, França.

LAMONDE Fernande, Département des relations industrielles, Université Laval, Québec, Canadá.

LEPLAT Jacques, École pratique des hautes études, Paris, França.

MARTIN Christian, Laboratoire d'ergonomie des systemes complexes, Université Bordeaux II, França.

MASCIA Fausto, Departamento de Engenharia de Produção da Escola Politécnica da Universidade de São Paulo, Brasil.

MESSING Karen, Centre d'étude des interactions biologiques entre la santé et l'environnement, CINBIOSE, Université du Québec, Montréal, Canadá.

MEYER Felipe, Unidade de Ergonomia da Faculdade de Ciências Biológicas da Universidade de Concepción, Chile.

MILLANVOYE Michel, Laboratoire d'ergonomie, Conservatoire national des arts et métiers, Paris, França.

MONTMOLLIN (de) Maurice, Université Paris–Nord, França.

MUNDUTEGUY Christophe, Laboratoire de psychologie de la conduite, Institut national de recherché sur les transports et leur securité, INRETS, França.

NAEL Michel, Laboratoire conception de produits et innovation, Ergonomics and Design, França.

NEBOIT Michel, Département Homme au Travail, Institut national de recherché et de sécurité, França.

PASTRE Pierre, Conservatoire national des arts et métiers, Paris, França.

PEETERS Sandrine, Programa de engenharia, UFRJ–COPPE, Brasil.

PRUNIER–POULMAIRE Sophie, UFR sciences psychologiques et sciences de l'éducation, Université de Paris X – Nanterre, França.

QUÉINNEC, Yvon, Universidade Toulouse II – Le Mirail, França.

RABARDEL Pierre, Université Paris 8, UFR psychologie, pratiques cliniques et sociales, França.

REUZEAU Françoise, Fator humano, European Aeronautic Defence and Space Company EADS – Airbus, França.

ROGALSKI Janine, CNRS, Laboratoire de Cognition et Activités finalisées, Université Paris 8, França.

SAGORY Patrick, Association régionale pour l'amélioration des conditions de travail, ARACT de Poitou – Charentes, França.

SAUVAGNY Catherine, assistance publique, Hôpitaux de Paris, França.

SCAPIN Dominique, Projet Merlin, Institut national de recherche en informatique et en automatique, INRIA, França.

SIX Francis, Université de Lille 3, França.

SPERANDIO Jean Claude, Laboratoire d'ergonomie informatique, Université René––Descartes – Paris V, França.

SZNELWAR Laerte Idal, Departamento de Engenharia de Produção da Escola Politécnica da Universidade de São Paulo, Brasil.

TEIGER Cathérine, CNRS, Laboratoire d'ergonomie, Conservatoire des arts et métiers, Paris, França.

UZAN Gérard, Laboratoire d'ergonomie informatique, Université René–Descartes – Paris V, França.

VALLÉRY Gérard, Faculté de philosophie – sciences humaines et sociales, Université de Picardie, França.

VALOT Claude, Départment sciences cognitives et ergonomie, Institut de médecine aérospatiale (IMASSA), Brétigny–sur–Orge, França.

VILLATE Robert, Cabinet ergonomie, França.

VISSER Willemien, Projet Eiffel, Institut national de recherche en informatique et en automatique, França.

VOLKOFF Serge, Centre de recherches et d'études sur l'âge et les populations au travail, Centre d'études de l'emploi, França.

WEILL–FASSINA Annie, Laboratoire d'ergonomie physiologique et cognitive, École pratique des hautes études, França.

WOLFF Marion, Laboratoire d'ergonomie informatique, Université René–Descartes – Paris V, França.

Prefácio

Pierre Falzon

A ergonomia já tem meio século. Nascida logo após a Segunda Guerra Mundial, gradualmente se definiu e estendeu seu campo de aplicação, construiu seus métodos, desenvolveu saberes próprios. Paralelamente, seu reconhecimento social expressou-se numa variedade de fatos: desenvolvimento de formações universitárias, criação de sociedades científicas nacionais e internacionais, edição de revistas e publicações científicas, implantação de órgãos de certificação profissional. Um dos aspectos mais visíveis desse reconhecimento social é provavelmente o número de menções da palavra "ergonomia" na mídia. Assim, a publicidade faz um uso muito frequente – talvez nem sempre pertinente! – do adjetivo "ergonômico" para indicar um produto bem adaptado, e adaptado de modo científico, a seus usuários. Da mesma forma, a participação de ergonomistas em diferentes ações de concepção de produtos ou de melhoria das condições de trabalho é reconhecida como um elemento positivo, desejável e eficaz.

A ergonomia conquistou, assim, seu lugar no mundo contemporâneo. Mas ela é efetivamente conhecida e conhecida como realmente é? Seria otimista responder afirmativamente a essa questão. Na visão de muitos, seu campo de ação é estritamente limitado a uma adaptação física dos objetos cotidianos, como mesas e cadeiras. Para outros, ela se ocupa exclusivamente do trabalho e de nenhuma outra forma de atividade humana. Em suma, embora a existência da ergonomia não seja contestada, dizer o que ela é e o que fazem efetivamente os ergonomistas é um fato polêmico.

Este livro tem como ambição apresentar uma visão de conjunto da ergonomia – conceitos fundamentais, modelos e teorias, métodos, abordagens, campos de aplicação – e se tornar assim uma referência para a área. Tem um caráter generalista, tanto no que diz respeito às abordagens quanto às áreas enfocadas. Não se limita a uma área de especialização da ergonomia, como a ergonomia física ou a cognitiva: o conjunto da atividade humana é considerado na variedade de suas dimensões. Não se restringe a um campo de aplicação particular (como, p. ex., a ergonomia das interações homem-computador): diferentes campos de aplicação serão apresentados neste livro.

Duas características fundamentais da disciplina serviram de base para a concepção deste livro. Por um lado, a dimensão metodológica da ergonomia: a ação ergonômica não consiste em recorrer ao bom senso, mas se apoia em abordagens, métodos e técnicas. Por outro, a vontade prescritiva: o objetivo do ergonomista é de fato contribuir para a elaboração de soluções, intervir nas situações, e não se limitar a apenas descrevê-las ou compreendê-las (o que significa também que ele deve abranger a descrição e compreensão). No entanto, levar em conta essas duas características não resultou na redação de um guia de aplicação dos conhecimentos em ergonomia, como é o caso de algumas coletâneas de recomendações ergonômicas. Ao contrário, o livro é uma introdução aos fundamentos da disciplina, e também uma antologia de boas práticas. Neste livro a ação ergonômica é considerada como arte.

O texto está dividido em quatro partes.

• A primeira – Introdução à disciplina – é a mais breve. É composta de três textos apresentando as bases da ergonomia (definição, objetivos, conhecimentos, prática), sua história e sua proximidade com outras disciplinas.

• A segunda parte apresenta os fundamentos conceituais da ergonomia. Os primeiros capítulos foram escritos mais sob o ângulo da ergonomia física, e numa ótica da preservação da saúde. Os capítulos seguintes se abrem às preocupações da ergonomia cognitiva: modelos cognitivos, competências, comunicação, confiabilidade, estatuto dos dispositivos técnicos, cooperação homem-máquina. Vários capítulos dessa parte têm caráter transversal, como os capítulos Carga de trabalho e estresse, Trabalho e gênero, Trabalho e sentido do trabalho. Cabe notar que não se encontrará nessa parte a exposição dos conhecimentos próprios de certas disciplinas que são fontes da ergonomia, em especial a fisiologia e a psicologia. Sugere-se que o leitor consulte os manuais dessas áreas.

• A terceira parte se ocupa das metodologias e procedimentos de ação, seja na intervenção em situações de trabalho, seja na concepção de dispositivos técnicos ou de produtos. Levando em conta a importância assumida por esses desenvolvimentos, vários capítulos tratam da concepção de programas de computador. A metodologia é amplamente apresentada. Porém, as técnicas de coleta e análise de dados (p. ex., as técnicas de entrevista, ou de medição dos ambientes) não são abordadas. Isso teria aumentado consideravelmente o tamanho deste livro e mudado sua natureza. Também nesse caso, recomenda-se ao leitor interessado que consulte publicações especializadas.

• A quarta parte – Modelos de atividades e áreas de aplicação – não tem a ambição de apresentar de forma exaustiva os setores profissionais, inumeráveis, pelos quais a ergonomia demonstrou interesse. Dois critérios foram utilizados para determinar a sua abrangência. Por um lado, certas áreas de aplicação adquiriram peso particular devido à quantidade significativa de estudos a elas consagrados. É, por exemplo, o caso do setor de transportes e, em especial, a condução de automóveis. Por outro lado, certas atividades profissionais não se limitam a um setor econômico específico. A gestão em situações dinâmicas, para dar um exemplo, abrange os grandes processos industriais (química, petroquímica, siderurgia), mas também o controle de tráfego, a gestão de redes de distribuição e a supervisão de processos biológicos. Desse modo, esta atividade adquiriu estatuto de modelo geral, de paradigma utilizável numa variedade de situações. É o caso também das atividades de concepção e das atividades de serviço.

Este livro se destina a um público variado. Em primeiro lugar aos estudantes: para acompanhá-los durante sua formação e constituir depois uma referência. Em segundo lugar, aos ergonomistas em atividade que desejem atualizar seus conhecimentos sobre alguma questão específica. Além disso, destina-se a todos aqueles interessados em ergonomia, mas que atuam em áreas adjacentes: médicos do trabalho, especialistas em medicina preventiva, sanitaristas, especialistas em pessoas que tenham necessidades especiais, técnicos de métodos, formadores, especialistas em qualidade, engenheiros que atuam em pesquisa e desenvolvimento etc. Por fim, ele deverá encontrar seu lugar nas estantes de vários setores das empresas: recursos humanos, setor de métodos e setor de projetos.

Este livro é produto de longo trabalho coletivo, que mobilizou grande número de autores. A maioria deles contribuiu não só como autores, mas também como leitores críticos dos textos de seus colegas. O coordenador desta publicação dedica a eles seus sinceros agradecimentos. Assume, é claro, toda a responsabilidade pelas escolhas editoriais.

O autor destas linhas gostaria de homenagear Antoine Laville e Renan Samurçay. Antoine Laville, um dos pioneiros da ergonomia francesa, contribuiu com um capítulo e colaborou em outro. Ele nos deixou, após ter concluído o capítulo sobre a história da disciplina, cuja releitura final não pôde fazer. Renan Samurçay aceitara colaborar na redação do capítulo sobre as competências, mas foi impedido por seu falecimento prematuro.

Prefácio da edição em português

Laerte Idal Sznelwar

Ao propor a tradução para o português do livro *Ergonomie*, buscamos uma continuidade na linha editorial que começou com o livro de Alain Wisner, *Por dentro do trabalho*, lançado no Brasil há mais de duas décadas. Desde então, outras traduções de livros, sobre metodologia e sobre epistemologia, focados principalmente nas abordagens da ergonomia da atividade, deram sequência a esse primeiro esforço para trazer para nossa língua textos importantes na área.

Essa linhagem trouxe benefícios significativos para o desenvolvimento da ergonomia, pois permitiu a leitura e o aprofundamento com relação a esse tema. O desenvolvimento dos debates e o embasamento das ações de inúmeros profissionais têm sido significativos, no Brasil, e acredito que esses benefícios se estendam aos países de língua portuguesa e àqueles que a leem.

Em especial este livro, fruto de um trabalho exaustivo de seu coordenador e dos diversos autores que o construíram, pode ser considerado como um novo marco, pois traz no seu conteúdo uma síntese relativa a temas diversos e importantes para a ergonomia. Encontramos em seus 44 capítulos (quatro dos quais adicionados nesta edição) uma fonte de conhecimento que trará subsídios a todos os interessados no desenvolvimento de suas ações profissionais, no ensino, nas pesquisas e nos debates na sociedade sobre as questões do trabalho e, de uma maneira mais abrangente, das atividades humanas.

Quando se trata do desenvolvimento da ergonomia busca-se uma maior inserção no mundo da produção com o objetivo de entender e para construir soluções para a ampla gama de problemas que fazem parte do dia a dia de trabalhadores em todos os setores da economia. Encontramos aqui subsídios para compreender questões da atividade humana, sejam elas relativas à metodologia ou a aspectos gerais, muito significativos com relação a paradigmas sobre o trabalho. O livro contém uma base importante de informações e sobretudo de material para reflexões e para busca de soluções em áreas muito distintas, como a concepção de programas de computador, o trabalho de mediação e intervenção social, a arquitetura e a construção civil, a agricultura, entre outras. O espectro de questões tratadas no livro engloba ainda a variabilidade de populações, pois trata de problemas muitas vezes esquecidos no mundo da produção, mas que estão cada vez mais presentes no espaço público, como a preocupação com o envelhecimento, com pessoas que têm necessidades especiais e com a questão de gênero.

Uma outra característica que chama atenção neste livro é o fato de que em seu conteúdo há resultados de anos e anos de experiência dos autores. Cada capítulo traz uma síntese sobre os temas propostos. A partir de sua leitura, várias questões podem ser elucidadas e outras suscitadas. A extensa bibliografia presente nas referências usadas para a constituição de cada capítulo poderá ser um guia muito útil a todos que queiram aprofundar os seus conhecimentos em ergonomia. Acredito ainda que haja uma "contaminação" cruzada entre ideias contidas ao longo dos textos. Mesmo quando, aparentemente, o interesse se atenha a um tema específico, o leitor encontrará informações muito interessantes em outros capítulos, inclusive há uma chamada ao final de cada um para que a leitura tenha continuidade em outros.

O ideal mesmo seria ler e trabalhar o livro em todo a sua extensão, inclusive porque buscou-se uma coerência e uma continuidade que não se limita às fronteiras dos capítulos. As ideias expostas permitem tecer uma relação entre si, e por vezes é possível também evidenciar pontos de vista diversos que ajudam a enriquecer os debates e permitem aos leitores se apropriarem ainda mais da riqueza hoje existente no campo da ergonomia e em áreas afins.

Um outro aspecto relevante é a sua utilidade para projetos. Há, em várias partes dos textos, subsídios significativos que podem ajudar equipes que participam de projetos em vários setores da economia a obter melhores resultados, principalmente no que diz respeito às possibilidades de uso por uma grande variedade de pessoas, permitindo o desenvolvimento profissional, o conforto e a saúde. Acredito que há, nesses textos, bases sólidas para ajudar a promover o desenvolvimento e sobretudo a inovação relacionada a modelos de organização, ao conteúdo das tarefas, às tecnologias da informação a produtos e instrumentos de trabalho e aos mais diversos setores da produção.

Paradoxalmente, apesar de todo esse avanço, uma vez que este livro reflete uma parte significativa do desenvolvimento da ergonomia nos últimos cinquenta anos, o trabalho real ainda é pouco conhecido. Ainda se confunde ergonomia com uma ciência voltada exclusivamente às questões físicas do trabalho, ao esforço, à postura. As ideias presentes no texto deverão ajudar a mudar esse ponto de vista, profissionais poderão embasar mais a sua ação para poder agir como agentes transformadores do trabalho. Responsáveis nas mais diversas instituições e empresas poderão se dar conta de uma série de benefícios que poderão auferir se introduzirem a ergonomia como um dos pressupostos fundamentais para o projeto da produção e de produtos e também como um pressuposto da organização do trabalho e da gestão de operações. Este livro poderá ser muito útil para os mais diferentes tipos de organizações, em particular as governamentais, patronais e de trabalhadores, para auxiliá-las em suas ações para melhorar o trabalho.

Ainda, este livro servirá para o processo de aprendizagem de estudantes na graduação e na pós-graduação. Professores e pesquisadores poderão também tirar bastante proveito de sua leitura. Acredito que será muito útil para todos que fazem seus estudos em alguma área ligada ao trabalho, à produção e à concepção de produtos, e com certeza será uma referência no campo da ergonomia.

Prefácio da edição em português

Na leitura desses capítulos há muito material para ajudar a relevar a importância das atividades no trabalho de milhões e milhões de pessoas e também em suas atividades cotidianas. Compreender e respeitar o papel dos seres humanos, dos sujeitos, para a produção de bens e de serviços é um ponto fundamental, incontornável para o desenvolvimento de uma sociedade. O trabalho, pouco conhecido e, infelizmente, pouco reconhecido, é base de qualquer sociedade. O desenvolvimento de uma sociedade não pode se basear em sofrimento, em doenças e em acidentes ligados ao trabalhar das pessoas. O trabalho decente, que permite a promoção da saúde, o desenvolvimento profissional e resultados significativos em termos de qualidade e produtividade é um objetivo que deve ser atingido o quanto antes para qualquer sociedade preocupada de fato com o desenvolvimento.

Coordenar a tradução para o português do livro do prof. Falzon foi para mim motivo de muita satisfação. Acredito que este trabalho ajudará a estreitar os laços de todos que se interessam pelo tema com o referido professor e com os diversos autores que contribuíram para o livro. Acredito ainda que o resultado sirva para aumentar a colaboração já existente em ações de ensino e de pesquisa francesas, brasileiras, portuguesas e de outros países de língua portuguesa e de interessados na ergonomia. Ainda, o trabalho de tradução foi uma excelente oportunidade para trabalhar com pessoas (tradutores, revisores, editores) que, com afinco, contribuíram para que o trabalho final fosse de alto nível. Além de tudo isso, essa oportunidade me fez estudar e aprender bastante. Acredito que, apesar dos esforços, ainda haja imperfeições na tradução, mas vale a pena correr o risco de manter algumas delas e permitir que este livro venha a público e ajude ainda mais a desenvolver a ergonomia.

Siglas e abreviações

ACC – Adaptive Cruise Control
AEMO – Action Educative en Milieu Ouvert
AFNOR – Association Française de Normalisation
AMDEC – Analyse des Modes de Défaillances, de leurs Effets et de leur Criticité
ANACT – Agence Nationale pour l'Amélioration des Conditions de Travail
ANPE – Agence Nationale pour l'Emploi
APD – Ante Projeto Definitivo
APS – Ante Projeto Sumário
AT – Acidentes de Trabalho
CAD – Computer Aided / Assisted Design
CAT – Centre d'Aide par le Travail
CE – Comunidade Europeia
CEAT – Centre d'Études Appliquées au Travail
CEB – Centre d' Études Bioclimatiques
CECA – Communauté Europeénne du Charbon et de l'Acier
CEE – Centre d'Études de l'Emploi
CEMVOCAS – Centralised Management Vocal Interfaces Aming at a Better Automotive Safety
CERP – Centre d'Études et de Recherches Psychotechniques
CHSCT – Comité d'Higiene, Securité et Conditions de Travail
CNAM – Caisse Nationale d'Assurance Maladie
CNAM – Conservatoire National des Arts et Métiers
CNRS – Centre National de la Recherche Scientifique
CNT – Confédération National du Travail
COS – Commandant des Opérations de Secours
CRAM – Caisse Régionale d'Assurance Maladie
CREAM – Cognitive Reliability and Error Analysis Method
CSCW – Computer Supported Cooperative Work
DAEI – Direction des Affaires Économiques et Internationales
DARES – Direction de l'Animation de la Recherche, des Études et des Statistiques
DCE – Dossiê de Consulta das Empresas
DIVO – Dossier d'Intervention Ultérieure sur l'Ouvrage
DOC – Diagnostique Opératif Commun
DP – Desvio Padrão
DP – Doença Profissional
EDF – Electricité de France
EDITH – Environnement Digital de Teléactions pour Handicapé
EPI – Equipamento de Proteção Individual
ESTEV – Enquête, Santé, Travail et Vieillissement
GDF – Gas de France
GOMS – Goals, Operators, Methods and Selections Rules
GPPRH – Gestion Prévisionnelle Participative et Ressources Humaines

GRH – Gerente de Recursos Humanos
GSD – Gestion de Situation Dynamique
GTA – Groupeware Task Analysis
HAZOP – HazOp-Hazard and Operability Study
HCI – Human Computer Interaction
HFES – Human Factors and Ergonomics Society
IA – Inteligência Artificial
IBUTG – Índice de Bulbo Úmido Termômetro de Globo
IEA – International Ergonomics Association
IHC – Interação Humano-Computador
INRS – Institut National de Recherche et de Sécurité
INSEE – Institute National de le Statistique et des Études Économiques
ISO – International Standard Organization
LCD – Liquid Crystal Display
MAD – Méthode Analytique de Description
MADS – Méthode d'Analyse de Disfonctionnements des Systèmes
MAFERGO – Méthodologie d'Analyse de la Fiabilité et Ergonomie Óperationnelle
MAM – Mal Agudo das Montanhas
MBI – Maslach Burn-out Inventory
MOP – Loi Maîtrise d'Ouvrage Publique
MOSAR – Méthode Organisée et Systémique d'Analyse de Risques
MRT – Méthode Rational Tactique
MSA – Mutualité Sociale Agricole
NASA – National Aeronautics and Space Administration
NF – Norme Française
NIOSH – National Institute for Occupational Safety and Health
NTIC – Nouvelles Technologies d'Information et de Communication
OCT – Organização Científica do Trabalho
OIT – Organização Internacional do Trabalho
OMS – Organização Mundial de Saúde
ONU – Organização das Nações Unidas
OPPBTP – Organisme Professionnel de Prévention du Bâtiment et des Travaux Publics
ORH – Directions des Relations Humaines
ORSEC – Organisation des Secours
PC – Personnel Computer
PCC – Poste de Contrôle Centralisé
PCS – Poste de commandement de site
PGCS – Plan Général de Coordination en Matière de Sécurité et de Protection de la Santé
PICTIVE - Plastic Interface for Collaborative Technology Initiatives through Video Exploration
PME – Petite et Moyenne Entreprise
PMV – Predicted Mean Vote
PPD – Predicted Percentage Dissatisfaction
PPSPS – Plan Particulier de Sécurité et Protection de la Santé
PREDIT – Programme pour la Recherche, le Développement et l'Innovation dans le Transports terrestres
PTS – Permanent Threshold Shift
QOOQCQ – Quem? O quê? Onde? Quando? Como? Quanto?
REX – Retorno da Experiência
RMI – Revenue Minimum d'Insertion
RNUR – Régie Nationale des Usines Renault
ROC – Référentiel Opératif Commun
RP – Riscos Profissionais
SAC – Situations d'Action Caractéristique
SAMU – Service d'Aide Médicale d'Urgence

SELF – Société d'Ergonomie de Langue Française
SES – Services Économiques et Statistique
SPS – Segurança e Proteção da Saúde
SRA – Society for Risk Analysis
SRK – Skills, Rule and Knowledge
SRT – Sistema de Representação e Tratamento
STI – Sistema de Tratamento da Informação
TAG – Task Action Grammar
THERP – Technique for Human Error Rates Prediction
TIC – Technologies de l'information et de la communication
TPE – Travaux Personnels Encadrés
TTS – Temporary Threshold Shift
UTOPIA – Training technology and products from a skilled worker's perspective (acrônimo sueco)
WAP – Wireless Application Protocol
WIMP – Window Icon Menu

Introdução à disciplina

1

Natureza, objetivos e conhecimentos da ergonomia
Elementos de uma análise cognitiva da prática

Pierre Falzon

Este capítulo fornece uma descrição geral da ergonomia como disciplina e como prática. Aborda as definições da disciplina, os conhecimentos que ela constrói e mobiliza, e os objetivos que busca atingir. Num segundo momento, ele desenvolve dois elementos fundadores da ergonomia como é defendida pelos autores deste livro: a distinção entre tarefa e atividade e a noção de regulação da atividade. Por fim, ele apresenta uma análise das atividades dos ergonomistas tendo como base os modelos da ergonomia.

Definições da ergonomia

A *International Ergonomics Association* (IEA) adotou em 2000 nova definição da ergonomia, que é atualmente a referência internacional. No entanto, é útil considerar as definições que chegaram a ser propostas anteriormente, de modo a compreender a maneira pela qual a visão da ergonomia evoluiu para os próprios ergonomistas. A *Société d'ergonomie de langue française* (SELF) propôs na década de 1970 a seguinte definição:

> A ergonomia pode ser definida como a adaptação do trabalho ao homem ou, mais precisamente, como a aplicação de conhecimentos científicos relativos ao homem e necessários para conceber ferramentas, máquinas e dispositivos que possam ser utilizados com o máximo de conforto, segurança e eficácia.

Essa definição utiliza a terminologia "adaptação do trabalho ao homem", fórmula clássica em ergonomia. A terminologia inspira-se no título da obra de Faverge, Leplat e Guiguet, *L'Adaptation de la machine à l'homme* (1958). A direção deste título era oposta à da obra de Bonnardel, publicada em 1947, *L'Adaptation de l'homme à son métier*, e de maneira mais geral às opções dos defensores da seleção profissional.

A ergonomia é apresentada nessa definição como prática de transformação (adaptação, concepção) das situações e dos dispositivos. A ergonomia tem finalidade prática. A definição da SELF especifica que essas transformações são operadas com base em "conhecimentos científicos relativos ao homem". Uma referência aos conhecimentos necessários para a ação ergonômica aparece também na primeira definição proposta pela IEA. Essa primeira definição indicava:

> A ergonomia é o estudo científico da relação entre o homem e seus meios, métodos e ambientes de trabalho. Seu objetivo é elaborar, com a colaboração das diversas disciplinas científicas que a compõem, um corpo de conhecimentos que, numa perspectiva de aplicação, deve ter como finalidade uma melhor adaptação ao homem dos meios tecnológicos de produção e dos ambientes de trabalho e de vida.

Essa definição apresenta a ergonomia, em primeiro lugar, como uma disciplina, que busca construir um corpo de saberes particulares. O uso desse corpo de conhecimentos aparece em segundo plano. A referência às disciplinas "que a compõem" indica a situação de uma disciplina nascente, que necessariamente se socorre de outras.

A definição adotada pela IEA em 2000, apresentada no quadro a seguir, foi estabelecida após uma discussão internacional que levou dois anos. Revela o desenvolvimento da ergonomia e marca uma mudança na visão que a disciplina tem de si mesma. De fato, as evoluções foram numerosas.

Por um lado, a definição inicial incide sobre a própria disciplina, mas também sobre os profissionais que a praticam, o que é novo. Enuncia o que os ergonomistas fazem. Esse acréscimo expressa como a profissão de ergonomista existe atualmente, fato que demonstra o desenvolvimento das sociedades científicas, formações especializadas, procedimentos de certificação e organismos profissionais.

Por outro lado, após lembrar-se o caráter global da abordagem ergonômica, são apresentadas *áreas de especialização*. Não se trata de setores, como a ergonomia da condução automobilística, a ergonomia de concepção industrial ou a ergonomia dos serviços, que são identificados como *campos de aplicação*. A expressão "áreas de especialização" remete a formas de competência dos ergonomistas, adquiridas pela formação e/ou prática. A definição da IEA distingue ergonomia física, cognitiva e organizacional. As categorias propostas podem ser discutidas; com certeza, não são estanques e muitos ergonomistas podem considerar que sua prática pessoal se inscreve em pelo menos duas das três áreas, ou até mesmo nas três. No entanto, é verdade que a prática real de um ergonomista tende a ser exercido preferencialmente em certos campos de aplicação e em certas áreas de especialização.

A existência de áreas de especialização não deixa de ter relação com a realidade de cursos de formação em ergonomia. Atualmente, a maioria dos ergonomistas chega à disciplina depois de ter seguido uma graduação inicial em alguma outra disciplina: o ergonomista é com frequência originalmente um fisiologista, um psicólogo, um especialista em medicina preventiva, um engenheiro etc. A passagem posterior por uma formação em ergonomia o leva a compreender de forma diferente sua formação inicial, mas não a apaga: esta leva o ergonomista a se sentir mais atraído ou mais bem preparado para certos tipos de questões ou problemas.

Diferentes autores (em especial Leplat e Montmollin) definiram a ergonomia como tecnologia. O ponto de vista defendido aqui é que a ergonomia é uma disciplina da engenharia. Como toda disciplina da engenharia, ela depende de outras disciplinas "de base" (em primeiro lugar no caso da ergonomia: a fisiologia e a psicologia, mas também as ciências do engenheiro, a sociologia etc.); não obstante ela deve também construir um saber próprio. Esse aspecto é retomado adiante.

"The Discipline of Ergonomics"

Definição adotada pela International Ergonomics Association em 2000

Definição

A ergonomia (ou *Human Factors*) é a disciplina científica que visa a compreensão fundamental das interações entre os seres humanos e os outros componentes de um sistema, e a profissão que aplica princípios teóricos, dados e métodos com o objetivo de otimizar o bem-estar das pessoas e o desempenho global dos sistemas.

Os profissionais que praticam a ergonomia, os ergonomistas, contribuem para a planificação, concepção e avaliação das tarefas, empregos, produtos, organizações, meios ambientes e sistemas, tendo em vista torná-los compatíveis com as necessidades, capacidades e limites das pessoas.

Áreas de especialização

Derivada do grego *ergon* (trabalho) e *nomos* (regras) para designar a ciência do trabalho, a ergonomia é uma disciplina orientada para o sistema, que hoje se aplica a todos os aspectos da atividade humana. Os ergonomistas que a praticam devem ter uma compreensão ampla do conjunto da disciplina, levando em conta os fatores físicos, cognitivos, sociais, organizacionais, ambientais e outros ainda. Os ergonomistas trabalham, com frequência, em setores econômicos específicos, os chamados campos de aplicação. Estes campos de aplicação não são mutuamente excludentes e evoluem constantemente. Novos campos aparecem; campos já existentes desenvolvem perspectivas novas. No âmbito da disciplina, as áreas de especialização consistem em competências mais aprofundadas em atributos humanos específicos ou em características da interação humana.

• *A ergonomia física*

A ergonomia física trata das características anatômicas, antropométricas, fisiológicas e biomecânicas do homem em sua relação com a atividade física. Os temas mais relevantes compreendem as posturas de trabalho, a manipulação de objetos, os movimentos repetitivos, os problemas osteomusculares, o arranjo físico do posto de trabalho, a segurança e a saúde.

• *A ergonomia cognitiva*

A ergonomia cognitiva trata dos processos mentais, como a percepção, a memória, o raciocínio e as respostas motoras, com relação às interações entre as pessoas e outros componentes de um sistema. Os temas centrais compreendem a carga mental, os processos de decisão, o desempenho especializado, a interação homem-máquina, a confiabilidade humana, o estresse profissional e a formação, na sua relação com a concepção pessoa-sistema.

• *A ergonomia organizacional*

A ergonomia organizacional trata da otimização dos sistemas sociotécnicos, incluindo sua estrutura organizacional, regras e processos. Os temas mais relevantes compreendem a comunicação, a gestão dos coletivos, a concepção do trabalho, a concepção dos horários de trabalho, o trabalho em equipe, a concepção participativa, a ergonomia comunitária, o trabalho cooperativo, as novas formas de trabalho, a cultura organizacional, as organizações virtuais, o teletrabalho e a gestão pela qualidade.

Os conhecimentos em ergonomia

Conhecimentos sobre o ser humano, conhecimentos sobre a ação – A ergonomia se constituiu a partir do projeto de construir conhecimentos sobre o ser humano em atividade. Pode-se tecer duas observações a esse respeito.

• Por um lado, se a ergonomia adotou esse objetivo é porque esses conhecimentos praticamente inexistiam, devido à tendência das disciplinas de estudar os processos fora de contexto, fora da tarefa. Atualmente, isso já não é tão frequente. A psicologia, a fisiologia, a sociologia e a antropologia se interessam bem mais pelo sujeito finalizado, em contexto. Ainda assim, subsistem diferenças. A ergonomia desenvolve uma abordagem holística do homem, em que este é pensado simultaneamente em suas dimensões fisiológicas, cognitivas e sociais.[1] Além disso, não se trata apenas de estudar o sujeito em atividade, mas de produzir conhecimentos úteis à ação, quer se trate da transformação ou da concepção de situações de trabalho ou objetos técnicos.

• Por outro lado, os conhecimentos sobre o homem em atividade mencionados anteriormente não são os únicos em cuja construção a ergonomia deve contribuir. Disciplina de engenharia, ela deve elaborar conhecimentos sobre a ação ergonômica: metodologias de análise e intervenção nas situações de trabalho, metodologias de participação na concepção e avaliação dos dispositivos técnicos e organizacionais.

Este segundo conjunto de conhecimentos é raramente identificado enquanto tal e as obras de ergonomia são frequentemente muito reticentes quanto a esse assunto (Falzon, 1993). Esta reticência está muito provavelmente ligada a um modelo subjacente implícito: a ação é pensada como a "simples" utilização dos conhecimentos sobre o homem; ela diz respeito à aplicação e, portanto, não poderia ser um objeto de conhecimento em si mesmo, nem ser submetida aos métodos da pesquisa científica. Cabe à ergonomia, entretanto, identificar claramente estes dois tipos de conhecimentos – conhecimentos sobre o homem, conhecimentos sobre a ação – dando a ambos um estatuto igual.

Para que isso aconteça, a reflexão deve abordar as condições de elaboração de um saber científico em matéria de metodologia ergonômica (Falzon, 1998). Apenas a aquisição de uma experiência profissional na ação ergonômica (num campo particular) não pode ser uma garantia de cientificidade das práticas. É necessário também distinguir competência e saber generalizado. Diferentemente dos conhecimentos sobre o ser humano, os conhecimentos metodológicos não podem ser construídos e avaliados fora de práticas de ação. De fato, que validade teria um estudo metodológico puramente abstrato, sem aplicação prática alguma? No entanto, é evidente que a prática da ação é uma condição necessária, mas não é suficiente para construir conhecimentos de ação. A questão que se coloca, então, é a das condições de um estudo científico da ação. As tentativas de avançar nessa direção utilizaram três abordagens:

— estudos experimentais: trata-se de testar metodologias usando ao máximo possível os métodos clássicos da ciência experimental. Pode-se, por exemplo, procurar analisar dois métodos de avaliação das interfaces usando variáveis como

---

[1] Se a ergonomia, enquanto disciplina, defende essa abordagem holística das situações, não é necessariamente o caso em todas as ações conduzidas no campo da ergonomia. Abarcar o conjunto dos determinantes de uma situação num só estudo é um objetivo irrealista e provavelmente contraproducente.

a facilidade de utilização, o tempo necessário, os erros, a taxa de detecção de problemas etc. Pode-se procurar avaliar métodos participativos em comparação com métodos especializados comparando-se a natureza, a quantidade ou a validade das informações coletadas por estes e aqueles;

— análise do trabalho dos ergonomistas: trata-se de analisar a atividade de ergonomistas por meio das ferramentas da ergonomia. Cabe incluir nessa categoria os trabalhos de F. Lamonde (2000; cf. também o Capítulo 23 deste livro), cujo procedimento é a observação realizada por um ergonomista. Outros autores adotaram abordagens metodológicas diferentes. Por exemplo, Pollier (1992) pede a ergonomistas especializados na área de interfaces que avaliem uma interface. A abordagem é, então, experimental e comparativa;

— autoanálise reflexiva: trata-se de conduzir ações ergonômicas reservando tempo para uma prática reflexiva (Schön, 1982). Na França, os trabalhos de formalização da prática conduzidos por F. Daniellou (cf. em especial Daniellou, 1992) estão inscritos nessa perspectiva.

Os tipos de conhecimentos ergonômicos – Os conhecimentos aos quais o ergonomista pode recorrer em situação de ação se dividem em quatro categorias.

Há, inicialmente, os conhecimentos gerais sobre o ser humano em ação. Como mencionado anteriormente, esses conhecimentos podem ser emprestados de outras disciplinas (fisiologia, psicologia, sociologia, em particular); podem também ser construídos pela própria pesquisa em ergonomia. Esses conhecimentos gerais são adquiridos por meio da formação.

Em seguida, há conhecimentos metodológicos: métodos gerais de ação ergonômica, de análise, condução de projeto, coleta e tratamento de dados, experimentação, técnicas de entrevista, de observação etc. Esses métodos são adquiridos inicialmente pela formação, mas se desenvolvem, ganham em complexidade e precisão por meio também da experiência. O profissional experiente que pratica a ergonomia constrói para si regras de ação.

Em terceiro lugar, há conhecimentos específicos, relativos à própria situação estudada. Esses conhecimentos resultam da aplicação de metodologias conhecidas, que permitem ao profissional praticante da ergonomia elaborar uma representação da situação que enfrenta. Os conhecimentos específicos, portanto, não são preexistentes; são construídos pelo ergonomista, de acordo com as necessidades da ação.

Por fim, há conhecimentos eventuais que têm como base a experiência das situações já encontradas. O enfrentamento de situações permite ao ergonomista enriquecer sua biblioteca mental de situações (cf. o Capítulo 21 deste livro). Essa biblioteca poderá ser reutilizada pelo ergonomista ao se confrontar com situações novas, seja para compreendê--las, seja para reutilizar o que havia sido feito anteriormente. Essa biblioteca tem um segundo uso: pode ser utilizada para enriquecer as representações dos interlocutores do ergonomista, por meio de exemplos de outras situações possíveis. Cabe notar que esses conhecimentos eventuais podem ser adquiridos por outros meios: pela leitura da literatura da área e pela participação em congressos. Pode-se mesmo ver essas práticas como fontes da experiência eventual.

Às quatro categorias de conhecimentos citadas anteriormente se acrescentam conhecimentos adicionais, quando a contribuição do ergonomista se exerce mais na direção do processo de concepção propriamente dito do que na direção da atividade futura (Martin e Grall, 2003). O ergonomista pode, de fato, ocupar dois tipos de posição. Ele pode estar engajado enquanto especialista numa disciplina, a ergonomia, numa intervenção ou num projeto de concepção: são os conhecimentos mencionados que são então mobilizados. Eles permitem que o ergonomista construa uma representação das atividades futuras dos operadores, na qual ele se baseia para produzir recomendações relativas às situações de trabalho ou aos dispositivos técnicos e organizacionais. Ele ainda pode estar engajado na condução de projetos. São conhecimentos relativos às atividades de concepção que são então mobilizados (cf. o Capítulo 33 deste livro): natureza das tarefas e atividades de concepção, aspectos coletivos, metodologias etc. As recomendações do ergonomista se prestarão aos atores dos projetos de concepção e tratarão do próprio processo de concepção.

Os objetivos da ergonomia

A especificidade da ergonomia reside em sua tensão entre dois objetivos. De um lado, um objetivo centrado nas organizações e no seu desempenho. Esse desempenho pode ser apreendido sob diferentes aspectos: eficiência, produtividade, confiabilidade, qualidade, durabilidade etc. De outro, um objetivo centrado nas pessoas, este também se desdobrando em diferentes dimensões: segurança, saúde, conforto, facilidade de uso, satisfação, interesse do trabalho, prazer etc.

É útil insistir nesse ponto: nenhuma outra disciplina declara, de forma tão explícita, esse duplo objetivo. Os ergonomistas, segundo sua sensibilidade, a forma de sua prática ou sua área de exercício profissional, podem ser levados preferencialmente para um ou outro desses objetivos. Mas ninguém pode pretender ser ergonomista ignorando um ou outro desses objetivos.

O modo pelo qual esses objetivos se expressaram evoluiu com o tempo. A noção de "saúde", por exemplo, mudou bastante nas décadas de 1980 e 1990. Por um lado, no que se refere à saúde física, passou-se de uma visão paliativa ou preventiva a uma visão construtiva: trata-se de buscar as condições que não apenas evitem a degradação da saúde, mas que também favoreçam sua construção (Laville e Volkoff, 1993). Por outro lado, a ideia de "saúde cognitiva" foi proposta (Montmollin, 1993; Falzon, 1996), numa perspectiva de desenvolvimento. A questão não é mais apenas: "Como conceber um sistema de trabalho que permita um exercício frutífero do pensamento?". É também: "Como conceber um sistema de trabalho que favoreça o desenvolvimento das competências?"

Esses objetivos nem sempre convivem em perfeita harmonia. A ergonomia usou por muito tempo a expressão "fico melhor quando estou bem",[2] justamente para tentar articulá-los.[3] E é fato que, em inúmeras situações, esses objetivos podem ser articulados. Mas nem sempre é o caso. Compromissos devem ser buscados em interação com os outros atores da situação.

Esta dualidade de objetivos está bem representada num esquema fundador da ergonomia da atividade, apresentado mais adiante. Esse esquema, para ser bem compreendi-

---

[2] "On est meilleur quand on est mieux", no original. Em francês *meilleur* é o superlativo de "bom" e *mieux* o de "bem"; como em português "melhor" é o superlativo de ambos, foi necessária essa adaptação na tradução [N.T.].

[3] Cabe notar que em francês essa expressão é reversível: on est aussi mieux quand on est meilleur. [Não é o caso em português, pela razão dada na nota anterior; uma aproximação seria "também estou melhor quando estou bem" [N.T.].

Capítulo 1 – Natureza, objetivos e conhecimentos da ergonomia

do, requer que dois elementos sejam previamente integrados: a diferença entre tarefa e atividade, e a noção de regulação. Esses dois pontos são brevemente desenvolvidos a seguir. O leitor interessado pode consultar Leplat (1971-1972) e Faverge (1966).

Tarefa e atividade

A tarefa – A tarefa é o que se deve fazer, o que é prescrito pela organização. A atividade é o que é feito, o que o sujeito mobiliza para efetuar a tarefa. A tarefa prescrita se define por um objetivo e pelas condições de sua realização.

— o objetivo é o estado final desejado, este pode ser descrito exaustivamente definindo-se o que o estado final deve satisfazer. O objetivo pode ser descrito em diferentes dimensões: quantidade, qualidade etc. Isto se expressa em diferentes tipos de constrangimentos;

— as condições dizem respeito aos procedimentos (métodos de trabalho, instruções, estados e operações admissíveis, exigências de segurança), os constrangimentos de tempo (ritmo, prazos etc.), os meios postos à disposição (documentação, materiais, máquinas etc.), as características do ambiente físico (ambientes de trabalho), cognitivo (ferramentas de apoio) e coletivo (presença/ausência de colegas, de parceiros, da hierarquia, modalidades de comunicação etc.), as características sociais do trabalho (modo de remuneração, controle, sanção etc.).

A atividade – A atividade é o que é feito, o que o sujeito mobiliza para efetuar a tarefa. A atividade é finalizada pelo objetivo que o sujeito fixa para si, a partir do objetivo da tarefa.

A atividade não se reduz ao comportamento. O comportamento é a parte observável, manifesta, da atividade. A atividade inclui o observável e o inobservável: a atividade intelectual ou mental. A atividade gera o comportamento.

Para Vygotsky, a atividade é também o conjunto dos "discursos" sobre a ação. Desse modo, as interações com os outros são uma dimensão da ação, não só no sentido em que são os instrumentos da ação (como nas comunicações funcionais), mas no sentido em que a fala desempenha um papel na resolução dos problemas encontrados.

A tarefa: distinções suplementares – Distinções suplementares quanto à noção de tarefa foram sugeridas por vários autores.

Uma primeira constatação (Chabaud, 1990) leva a distinguir entre a *tarefa explícita* – ou seja, a tarefa oficialmente prescrita (prescrição explícita) – e a *tarefa esperada* – ou seja, a tarefa que é preciso realmente executar levando em conta acasos técnicos e organizacionais (prescrição implícita). Por exemplo, a tarefa determinada pode prescrever que sejam seguidos estritamente os procedimentos de qualidade, e a tarefa esperada, que eles não sejam seguidos, em hipótese alguma, se houver um prazo de entrega imperativo. O implícito nas instruções permite um jogo entre a tarefa determinada e a tarefa esperada: permite prescrever sem escrever.

A tarefa prescrita é o que se espera implícita ou explicitamente do operador. Ela reúne, portanto, a tarefa explicitada e a tarefa esperada.

Uma segunda constatação é que a tarefa que se pode deduzir da observação da atividade ou das declarações dos próprios operadores não é necessariamente a tarefa prescrita. Por um lado, os operadores transgridem certas normas por razões variadas: seja porque minimizam a sua necessidade, seja porque lhes parece que a transgressão tem efeitos positivos para a realização dos objetivos. Por outro lado, e no sentido contrário, eles podem adicionar constrangimentos, tendo em vista (por exemplo) obter uma melhor qualidade nos resultados, minimizar o uso de certas ferramentas ou o recurso aos colegas etc.

Desta constatação resulta a noção de *tarefa efetiva*. A tarefa efetiva é constituída pelos objetivos e restrições que o sujeito coloca para si mesmo. É o resultado de uma aprendizagem. É possível distinguir em seu cerne a tarefa efetiva para o ergonomista (que este deduz da análise da atividade) e a tarefa efetiva para o operador (cuja descrição se obtém por diversos métodos; cf. o Capítulo 12 deste livro).

Enfim, uma última constatação diz respeito à representação, construída pelo operador, da tarefa prescrita. Ao completar um estudo sobre a compreensão de instruções, Veyrac (1998) distingue:

— por um lado, a *tarefa compreendida*: é o que o operador pensa que se pediu a ele para fazer. A tarefa compreendida depende sobretudo da apresentação das instruções, de sua inteligibilidade, e o que há de implícito. A distância entre o prescrito e o compreendido pode também resultar de uma suposição inexata do operador (quando os documentos prescritivos se baseiam na hipótese de conhecimentos não dominados pelo operador).

— por outro, a *tarefa apropriada*: é a tarefa definida pelo operador, a partir da tarefa compreendida. É ao mesmo tempo a de que ele se apropriou e a que ele julga mais apropriada que a tarefa compreendida, a partir de suas próprias prioridades, seu sistema de valores etc.

Essas diversas distinções relativas à tarefa estão resumidas na Figura 1.

A regulação – A regulação[4] é um mecanismo de controle que compara os resultados de um processo com uma produção desejada e ajusta esse processo em relação à diferença constatada. Toda tarefa de regulação pressupõe a existência de um sistema dinâmico. O conserto de um material, por exemplo, não implica uma atividade de regulação. Esta última comporta três momentos: a detecção de uma diferença em relação a um estado desejado, um diagnóstico dessa diferença (juízo de aceitabilidade) e (caso necessário) uma ação (é a regulação propriamente dita, mas ela pressupõe o que a precede).

A regulação pode ser:

— em retroalimentação longa. É o caso quando as informações são colhidas nas saídas do processo. O circuito é longo, porque os efeitos das ações de correção empreendidas só ocorrerão após um intervalo de tempo mais ou menos longo, de acordo com a natureza do sistema controlado. Quando o sistema controlado tem grande inércia, o intervalo de tempo pode ser muito longo;

— em retroalimentação curta. Sinais precoces são detectados (no processo ou nas entradas do processo), permitindo prever a evolução do sistema e agir antes que diferenças se manifestem. A regulação em retroalimentação curta pressupõe um certo grau de antecipação e requer, portanto, maior experiência (conhecimentos de indícios precoces, capacidade de antecipar a evolução).

---

[4] O leitor interessado pode consultar dois textos fundamentais sobre o uso da noção de regulação em ergonomia: Faverge (1966), Leplat (1971-1972).

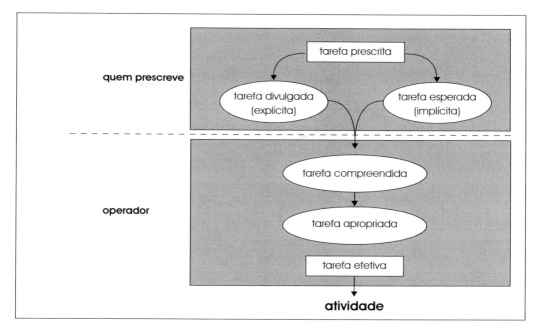

Fig. 1   Da tarefa à atividade.

O conceito de regulação é utilizado em ergonomia de duas maneiras, de acordo com o objeto em que a regulação incide:

— a regulação de um sistema: o operador desempenha o papel de comparador e regulador de um sistema técnico (supervisão de um processo, ou supervisão das regulações, ou seja, regulação das regulações);

— a regulação da própria atividade humana: o operador regula sua atividade tendo em vista evitar repercussões negativas da atividade nele mesmo, atingir os objetivos da tarefa, ou aprender. O operador é então considerado um comparador/regulador de si mesmo: levando em conta suas "entradas" (seu estado inicial e os objetivos da tarefa), ele procura otimizar suas "saídas" (seu estado resultante e seu desempenho). É esse modelo que é desenvolvido a seguir.

A regulação da atividade – Um modelo geral da regulação da atividade foi proposto por Leplat. A Figura 2, que o apresenta, foi adaptada de Leplat (2000).

Num dado momento, o operador está num certo estado de conhecimentos (formação, experiência adquirida), de saúde geral (doença, deficiências, idade etc.) e de saúde instantânea (efeito dos ritmos circadianos, da hora do dia, do constrangimento, da fadiga, do estresse). A tarefa se caracteriza, de modo permanente, por objetivos, um nível de exigência, meios, critérios a respeitar etc., e, de modo instantâneo, por uma instrução específica, pela carga de trabalho do momento etc. A atividade resulta de um acoplamento entre condições internas e condições externas.

A atividade produz efeitos relativos ao operador e relativos à tarefa. Os efeitos da atividade sobre o operador dizem respeito:

- à saúde: fadiga, desgaste a longo prazo (p. ex., distúrbios e lesões osteomusculares, dores lombares, doenças profissionais em geral), acidentes de trabalho;
- às competências: aprendizagem, consciente ou não, mais ou menos fácil e possível de acordo dos constrangimentos da tarefa.

Os efeitos relativos à tarefa incidem sobre o desempenho: a atividade desempenhada é mais ou menos satisfatória em relação aos objetivos da tarefa (em quantidade, qualidade, estabilidade etc.).

As funções de regulação agirão sobre a atividade. As características iniciais do operador são comparadas ao estado produzido pelo exercício da atividade, o que pode levar a modificá-la. Por exemplo:
- se a atividade conduz a uma fadiga excessiva, ou a uma postura árdua, o operador adapta sua atividade (ritmo ou modo operatório) de modo a reduzir o constrangimento (cf. o Capítulo 11 deste livro);
- se a atividade é estimulante e ao mesmo tempo se mantém realizável, há inversamente efeitos positivos: desenvolvimento das competências, interesse pelo trabalho, satisfação, sentimento de utilidade, que podem transformar a atividade (adoção de novos modos operatórios, adoção de novas maneiras de fazer etc.).

Do mesmo modo, no que se refere à tarefa, a comparação entre desempenho buscado e desempenho efetivo pode levar a:
- uma constatação da não realização dos objetivos e, portanto, a uma modificação dos modos operatórios;

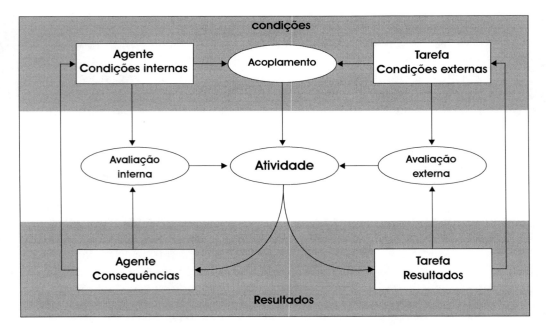

Fig. 2   O modelo de regulação da atividade (adaptado de Leplat, 2000).

Capítulo 1 – Natureza, objetivos e conhecimentos da ergonomia

— uma constatação da realização dos objetivos que, no entanto, pode resultar, em certos casos, em modificações da atividade, de modo a permitir margens de manobra, evitar um aumento das exigências etc.

A ação ergonômica visará eliminar ou limitar os efeitos indesejáveis afetando o operador ou a tarefa. Para tanto, o ergonomista pode buscar transformar as condições internas do agente, por exemplo, formando-o melhor, ou melhorando as condições externas da tarefa, por exemplo modificando os constrangimentos da tarefa, tornando-a mais flexível, aumentando os recursos do ambiente etc.

A natureza das atividades do ergonomista

Essa seção tem por objetivo caracterizar a atividade cognitiva do ergonomista. Essa reflexão é, portanto, parcial: uma análise real do trabalho dos ergonomistas deveria se apoiar sobre uma análise não somente psicológica, mas também física e econômica. Além disso, optou-se por analisar essa atividade por meio de três tipos de tarefas características, que constituíram todas – e ainda constituem – quadros de análise utilizados com muita frequência pelos ergonomistas para retratar situações de ação. São, portanto, cenários de análise ergonômicos que serão utilizados para compreender as atividades dos ergonomistas. Serão apontados três pontos de vista:

— a prática ergonômica pensada como atividade de diagnóstico e intervenção sobre um processo, baseada em regras; é o modelo das atividades de indução de estrutura e transformação de estados (cf. caps. 12 e 31) que é então mobilizado;

— a prática ergonômica pensada como processo de resolução de problema mal definido; o modelo de referência é, então, o das atividades de concepção (cf. caps. 12 e 33);

— a prática ergonômica pensada como atividade de resolução colaborativa de problema: o modelo das atividades de serviço (Capítulo 34) é o modelo de referência.

A prática ergonômica como atividade de diagnóstico e intervenção – Fazer um diagnóstico é recorrer a uma categorização preestabelecida para avaliar uma situação presente. O médico, por exemplo, estabelece uma relação entre um padrão de sintomas e uma classe de patologia. A essa patologia está associada uma terapêutica, da qual se espera que restaure o paciente em condições de melhor saúde. Pensar a atividade ergonômica como atividade de diagnóstico e intervenção significa que o ergonomista deve, em primeiro lugar, identificar a natureza do problema (indução de estrutura), e então aplicar regras de ação possibilitando corrigir a situação (transformação de estados).

Essa visão da prática ergonômica foi com frequência apresentada. Por exemplo, a expressão "diagnóstico ergonômico" é bastante utilizada para descrever uma etapa inicial da ação ergonômica. Certas publicações de ergonomia de caráter prescritivo (recomendações, guias, normas, lista de verificações etc.) constituem tentativas de definir o que se deve evitar (p. ex., em termos de postura, horários de trabalho ou organização dos postos, ou de apresentação de informação) ou, ao contrário, o que se deve buscar: é algo que se parece muito com o diagnóstico de patologias ou metas de "boa saúde". Entretanto, essa visão da ergonomia nada tem de evidente (cf. Falzon, 1993). Uma primeira dificuldade decorre do fato de que o ergonomista dispõe apenas de caracterização um tanto sumária das situações. Dificilmente pode-se sustentar que a atividade ergonômica pode ser inteiramente compreendida como atividade de diagnóstico, fundada sobre uma taxonomia preestabelecida. Sem dúvida, progressos foram feitos e uma atividade descrita outrora pelo ergonomista como atividade "com alto componente mental" tornou-se atividade "de diagnóstico" (por exemplo). Mas será que isso autoriza a ver a prática ergonômica, em seu conjunto, como atividade de diagnóstico? Seria exagero. Estudos (como o de Pollier, 1992) demonstram que, confrontados com uma mesma situação, ergonomistas experientes reagem de forma diferente, não identificam os mesmos problemas, não procedem da mesma maneira.

Uma segunda dificuldade decorre do fato de que as terapêuticas ergonômicas – recomendações, conselhos, prescrições – certamente não são uma ciência exata. O ergonomista deve, de fato, fazer recomendações, com base nos conhecimentos adquiridos pela formação ou pela prática. Pode ele garantir que todo problema será eliminado? Aqui também seria exagero.

O modelo implícito subjacente a essa visão se baseia em duas hipóteses:

— por um lado, a aplicação de conhecimentos científicos a um problema particular conduz a uma solução única;

— por outro, a utilização do mesmo corpo de conhecimentos científicos por pessoas diferentes conduz a uma solução comum.

Há, nessa visão, um emparelhamento entre problema e solução. É interessante retomar aqui as declarações de A. Chapanis, um dos fundadores da ergonomia norte-americana, na introdução de obra publicada em 1996, um pouco antes de seu falecimento. Chapanis reconsidera de maneira muito crítica uma visão da ergonomia que ele mesmo defendeu durante muito tempo. Ele escreveu:

> [Os manuais sobre os fatores humanos] fornecem numerosas regras e recomendações gerais sobre as exigências dos usuários, baseadas em resultados de pesquisa. Regras e exigências são escritas com a hipótese implícita, às vezes explícita, de que os projetistas as lerão e delas deduzirão como conceber objetos adaptados às capacidades e limites humanos.

> O problema dessa abordagem é que, em grande medida, ela não funciona. Os engenheiros, designers e programadores não lêem nossos manuais, não compreendem nossas regras e recomendações. Se por acaso os lessem, ainda não saberiam como conceber para atender a nossas regras, mesmo que tentassem segui-las. Não há razão para que consigam. Não deveríamos esperar que os designers façam o serviço para o qual fomos treinados e eles não (Chapanis, 1996).[5]

---

[5]   "[Textbooks on human factors] provide numerous general guidelines and recommendations about user requirements based on [those] research findings. The guidelines and requirements are written with the implicit, sometimes explicit, assumption that designers will read them and figure out for themselves how to design things that match human capabilities and limitations."

"The thing wrong with this approach is that, by and large, it doesn't work. Engineers, designers, and programmers don't read our textbooks, don't understand our guidelines and recommendations if they should happen to read them, and don't know how to design to satisfy our guidelines if they should happen to read and try to follow them. There is no reason why they should. We should not expect designers to do jobs for which we have been trained and they have not."

Capítulo 1 – Natureza, objetivos e conhecimentos da ergonomia

Portanto, como aponta Chapanis, os conhecimentos contidos nos manuais não são suficientes para a prática. Conhecimentos adicionais, implícitos, são necessários para que possam ser postos em prática. Vê-se então despontar uma visão diferente da ergonomia, menos positivista, em que a prática ergonômica é pensada mais como arte.

No mesmo sentido vão as críticas dirigidas por Schön (1982) à ideologia dominante da prática. Essa ideologia dominante, positivista, da racionalidade técnica sustenta que "a atividade profissional consiste numa resolução instrumental de problemas tornada rigorosa pela aplicação de teorias e técnicas científicas".[6] Essa ideologia se apoia num postulado segundo o qual a ciência aplicada resulta da ciência fundamental e que construção e uso dos conhecimentos são processos bem distintos.

A prática ergonômica como processo de resolução de problema mal definido – A prática ergonômica será considerada aqui como atividade de concepção. O termo concepção não será entendido como algo que remeta a um certo estatuto profissional (o dos projetistas), mas como ligado à resolução de certo tipo de problema, que exige atividades cognitivas específicas (cf. o Capítulo 33 deste livro). Serão considerados como problemas de concepção a criação de uma roupa, o projeto de uma casa, a especificação de uma ferramenta, a redação de um documento, a condução de uma intervenção.

Os problemas de concepção são com frequência apresentados como problemas mal definidos, no sentido em que o estado inicial é mal conhecido, o estado final precisa ser imaginado, e o caminho de um para o outro precisa ser construído. São problemas multidimensionais, admitindo várias soluções e diversos modos de resolução. Caracterizam-se também pelo fato de que problema e solução são construídos simultaneamente, em interação um com o outro. Vicente, Burns e Pawlak (1997) descrevem, desse modo, os problemas de concepção como problemas mal definidos e que não têm resposta certa e ideal. Falam em tatear (*muddling through*) para descrever um processo de resolução iterativo e não linear, baseado na experiência das soluções passadas, com decisões vagas na origem e que chegam a soluções satisfatórias, em vez de ótimas.

Numerosos aspectos da prática ergonômica a aproximam das características das atividades de concepção. Efetuar a análise da demanda, por exemplo, é definir, em interação com um demandante, o enunciado que vai ser tratado. É claro que o demandante se apresenta colocando um problema específico. Mas um dos primeiros objetivos do ergonomista é "trabalhar" essa demanda. De modo que o problema colocado não depende apenas do demandante: resulta também do ergonomista. A análise da tarefa, e depois da atividade, permite propor uma primeira definição dos constrangimentos, definir critérios de avaliação das soluções e identificar o espaço de resolução. Essa análise constitui, de fato, um primeiro elemento de solução. As avaliações ergonômicas, com base nos critérios definidos, permitem eliminar soluções inválidas e organizar as soluções restantes.

O modelo dominante no que se refere às atividades de concepção foi por muito tempo o proposto por Simon (1973, 1974), que foi o primeiro a se interessar por essas atividades. Esse modelo, no entanto, foi criticado, com razão, em muitos de seus aspectos (cf. Visser, 2002, para uma análise crítica). Para Simon, a resolução de um problema de concepção se desenvolve em duas fases: inicialmente a decomposição do problema mal definido num

---

[6] "Professional activity consists in instrumental problem solving made rigorous by the application of scientific theory and technique."

conjunto de subproblemas bem definidos, e então a resolução desses subproblemas. Visser (2002) nota que as observações contradizem a ideia da resolução em duas fases postuladas por Simon. Mas as críticas apontam também uma subestimação (por Simon) da atividade de *problem-setting,* ou seja, a atividade de delimitação do próprio problema. Como Schön escreve: "Na prática real, os problemas não se apresentam ao profissional como dados. Eles devem ser construídos a partir dos elementos das situações problemáticas que são intrigantes, preocupantes e incertos". E ainda: "A delimitação do problema é um processo no decorrer do qual, de maneira interativa, nomeamos as coisas das quais trataremos e elaboramos o contexto em que trataremos delas" (Schön, 1982).[7] Este processo de construção do problema se efetua na ação, numa conversa com a situação: a cada ação do projetista, a situação reage, dando-lhe novas informações e contribuindo para a compreensão e a resolução.

Diferentes estudos empíricos das atividades dos ergonomistas sustentam os pontos descritos anteriormente. Assim, Lamonde (2000; cf. também o Capítulo 23 deste livro), realizando a análise clínica da atividade de um ergonomista, escreve (p. 44 e seguintes) que a tarefa do ergonomista "não está dada para ele: entre a demanda do cliente e os conhecimentos de que dispõe (sobre o homem no trabalho, a modalidade de ação em ergonomia etc.), cabe a ele construir as fronteiras de sua própria atividade (da análise da atividade a fazer, dos interlocutores com os quais transigir, da natureza da relação a estabelecer com eles etc.), cabe a ele construir o caminho (inclusive as limitações e exigências) de sua ação ergonômica, ao mesmo tempo que ele o descobre". A ação ergonômica é, assim, uma construção situada (cf. o Capítulo 12 deste livro), particular para o caso encontrado, "ligada às circunstâncias particulares que, aqui e agora, se apresentam ao ergonomista, ou são construídas por ele". E ainda: "A atividade relativa a uma dada ação ergonômica está sempre em construção enquanto ainda não estiver terminada. O que significa que a compreensão que o ergonomista tem do que sabe e do que faz evolui durante a ação". Reencontra-se aí a ideia da ação como construção dinâmica, como conversa com a situação.

Concluindo, a delimitação do problema (*problem-setting*) não precede a resolução: constitui uma parte dela.

A prática ergonômica como atividade de resolução colaborativa – A base aqui será o modelo das atividades de serviço (Falzon e Lapeyrière, 1998; cf. também o Capítulo 34 deste livro). As atividades de serviço são apresentadas como atividades cooperativas, que implicam um profissional e um cliente (ou usuário), que compartilham um mesmo objetivo (identificar e resolver um problema), dispõem ambos de meios e conhecimentos para atingir seus fins, e respeitam um contrato tácito: acordo do profissional em fornecer o serviço, demanda sincera de serviço por parte do cliente, acordo entre os dois parceiros para pôr em prática seus respectivos meios e conhecimentos. Fala-se em coprodução do serviço.

Fica claro que a atividade ergonômica apresenta numerosas semelhanças com as atividades de serviço como definidas anteriormente. Pode-se adicionar um elemento suplementar. A posição do ergonomista na ação não é um dado estável: resulta de uma

---

[7]   "In real-world practice, problems do not present themselves to the practitioner as givens. They must be constructed from the materials of problematic situations which are puzzling, troubling, and uncertain." E mais adiante: "Problem setting is a process in which, interactively, we name the things to which we will attend and frame the context in which we will attend to them".

Capítulo 1 – Natureza, objetivos e conhecimentos da ergonomia 17

negociação entre os atores da situação (e sobretudo o demandante) e o ergonomista. Servirá de base aqui um estudo sobre a atividade de consultoria em agricultura (Cerf et al., 1999), na qual foram identificados três fatores de variação que condicionam a posição do ergonomista:

— *o campo de ação*. Os consultores podem limitar suas intervenções ao problema local (p. ex., na consultoria em agricultura, à identificação da praga que afeta a planta) ou, ao contrário, buscar estendê-las consideravelmente (p. ex., considerando a fazenda em seu conjunto: estado econômico, gestão, vida do agricultor e sua família etc.);

— *o horizonte temporal*. A análise pode ser de curto ou longo prazo. Os consultores podem buscar uma solução de curto prazo ou tentar levar em conta a evolução no longo prazo da fazenda;

— *a postura profissional*. Os consultores podem compreender seu próprio ofício de maneiras diferentes. Alguns podem achar que se espera deles, enquanto especialistas em sua área, que resolvam sozinhos o problema. Outros, ao contrário, podem julgar que o problema não pode ser tratado sem a participação ativa do demandante.

Esses resultados obtidos pela consultoria em agricultura podem ser aplicados à ação ergonômica. De acordo com as preferências do ergonomista e das possibilidades deixadas em aberto pelo demandante, a situação de interação irá variar. Uma postura de especialista combinada com uma ação de curto prazo e um campo de ação ergonômica limitado engendrará uma atividade do tipo "diagnóstico especializado". Inversamente, uma postura colaborativa, combinada com visão no médio ou longo prazo e campo de ação ergonômica estendido, engendrará uma atividade de concepção em interação com o demandante.

A escolha da postura adotada pelo ergonomista depende de vários fatores:

— as preferências ou a "ideologia" do ergonomista. Certos ergonomistas defendem uma postura de especialista, baseada na existência de saberes ergonômicos. Evidentemente, a consequência dessa postura é a limitação severa dos problemas aceitáveis: só são tratáveis aqueles para os quais existem saberes especializados. Outros ergonomistas, inversamente, adotam postura colaborativa, chegando mesmo a pôr em dúvida que seja legítimo que o ergonomista proponha soluções: o ergonomista é visto como aquele que traz os resultados da análise do trabalho e como facilitador para a construção de uma solução pelos atores da situação.

— a natureza do problema tratado. A extrema diversidade dos problemas colocados leva a uma diversidade das práticas. Para o diagnóstico sobre o dimensionamento de um posto de trabalho ou sobre as opções de apresentação de informação em tela, uma postura de especialista pode ser suficiente (embora outras posturas sejam também possíveis nesses mesmos casos). Em contrapartida, a participação em decisões estratégicas sobre, por exemplo, a implantação de novo local de produção ou sobre a organização global do trabalho exige postura mais colaborativa;

— as margens de manobra. Os atores da situação (e sobretudo o demandante) podem estar mais ou menos dispostos a aceitar uma determinada postura. Se eles procuram uma opinião de especialista, de curto prazo, de âmbito limitado, pode ser difícil fazer com que aceitem postura mais colaborativa, em prazo mais longo, de âmbito maior, não importando o que o ergonomista deseje ou sua impressão sobre o que seria realmente útil.

Pode-se encontrar um eco dessa oposição entre postura de especialista e postura colaborativa nas observações de Schön (1982) sobre o contrato – tradicional ou reflexivo – entre o cliente e o especialista. No contrato tradicional, o cliente se coloca nas mãos do especialista, e espera deste uma opinião fundamentada. No contrato reflexivo, o cliente está implicado na ação e não depende totalmente do especialista; ele descobre na interação os conhecimentos do especialista e saberes novos sobre ele mesmo.

Referências

BONNARDEL, R. *L'Adaptation de l'homme à son métier.* Paris: PUF, 1947.

CERF, M.; COMPAGNON, C.; FALZON, P. Providing advice to farmers: a cooperative problem solving activity? Distributed cognition at work. In: EUROPEAN CONFERENCE ON COGNITIVE SCIENCES, Sienna, Italy, 3., 1999. *Proceedings.* Siena: CSS, 1999. p.47-53.

CHABAUD, C. Tâche attendue et obligations implicates. In: DADOY, M. et al. *Les analyses du travail:* enjeux et formes. Paris: CEREQ, 1990. (Coll. des Études, n.34).

CHAPANIS, A. *Human factors in systems engineering.* New York: Wiley, 1996.

DANIELLOU, F. *Le statut de la pratique et des connaissances dans l'intervention ergonomique de conception.* 1992. Thèse d'habilitation, Universidade Toulouse Le Mirail.

FALZON, P. Diagnosis dialogues: modelling the interlocutor's competence. *Applied Psychology*: an International Review, London, v.40, n.3, p.327-349, 1991.

_____. Médecin, pompier, concepteur: l'activité cognitive de l'ergonome. *Performances Humaines et Techniques,* Toulouse, n.66, p.35-45, 1993.

_____. Des objectifs de l'ergonomie. In: DANIELLOU, F. (Ed.). *L'ergonomie en quête de ses principes.* Toulouse: Octarès, 1996.

_____. La construction des connaissances en ergonomie: elements d'épistemologie. In: DESSAIGNE, M. F.; GAILLARD, I. (Ed.). *Des evolutions en ergonomie.* Toulouse: Octarès, 1998.

FALZON, P.; LAPEYRIÈRE, S. L'usager et l'opérateur: ergonomie et relations de service. *Le Travail Humain,* Paris, v.61, n.1, p.69-90, 1998.

FAVERGE, J. M. L'analyse du travail en termes de regulation. In: FAVERGE, J.-M. et al. (Ed.). *L'ergonomie des processus industriels.* Bruxelles: ULB, 1966. p.33-60. (Reeditado em LEPLAT, J. (Coord.). *L'analyse du travail en psychologie ergonomique.* Toulouse: Octarès, 1992).

FAVERGE, J. M.; LEPLAT, J.; GUIGUET B. *L'adaptation de la machine à l'homme.* Paris: PUF, 1958.

LAMONDE F. *L'intervention ergonomique:* un regard sur la pratique professionnelle. Toulouse: Octarès, 2000.

LAVILLE, A.; VOLKOFF, S. Âge, santé, travail: le déclin et la construction. CONGRÈS DE LA SELF, 28., Genève, 1993. *Actes.* Genève: SELF, 1993.

LEPLAT, J. Planification de l'action et régulation d'un système complexe. *Bulletin de Psychologie,* n.298, p.533-538, 1971-1972. (Reeditado em LEPLAT, J. (Ed.). *L'analyse du travail en psychologie ergonomique.* Toulouse: Octarès)

_____. *L'analyse psychologique de l'activité en ergonomie:* aperçu sur son évolution, ses modèles et ses méthodes. Toulouse: Octarès, 2000.

MARTIN, C.; GRALL, J. La légitimité de la prescription dans les projets. In: MARTIN, C.; BARADAT, D. (Coord.). *Des pratiques en réflexion.* Toulouse: Octarès, 2003.

MONTMOLLIN, M. de. Compétences, charge mentale, estresse: peut-on parler de santé cognitive? In: CONGRÈS DE LA SELF, 28., Genève, 1993. *Actes.* Genève: SELF, 1993.

POLLIER, A. Évaluation d'une interface par des ergonomes: diagnostics et strategies. *Le Travail Humain,* Paris, v.55, n.1, p.71-95, 1992.

SCHÖN, D. A. *The Reflective Practitioner:* how Professionals think in action. New York: Basic Books, 1982.

SIMON, H. A. The structure of ill-defined problems. *Artificial Intelligence*, Amsterdam, v.4, n.3, p.181-201, Dec. 1973.

_____. *La science des systèmes.* Sciences de l'artificiel. Paris: EPI, 1974.

VEYRAC, H. *Approche ergonomique des représentations de la tâche pour l'analyse d'utilisations de consignes dans des situations de travail à risques.* 1998. Thèses (Doctorat) – Université de Toulouse-Le Mirail.

VICENTE, K. J.; BURNS, C. M.; PAWLAK, W. S. Muddling through wicked design problems. *Ergonomics in Design*, v.5, n.1, p.25-30, 1997.

VISSER, W. *A tribute to Simon, and some:* too late. Questions, by a cognitive ergonomist. Paris: INRIA, 2002. (Rapport de Recherche de l' INRIA, n.4462).

Ver também:

2 – Referências para uma história da ergonomia francófona

12 – Paradigmas e modelos para a análise cognitiva das atividades finalizadas

19 – Trabalho e sentido do trabalho

31 – A gestão de situação dinâmica

33 – As atividades de concepção e sua assistência

34 – As atividades de serviço: desafios e desenvolvimentos

2
Referências para uma história da ergonomia francófona

Antoine Laville

Observação preliminar

O autor não é um historiador, sua visão é parcial, já que foi testemunha e em parte ator do nascimento da ergonomia na França. Ele se dedicou, por meio de documentos e depoimentos de atores ainda vivos, a reconstituir alguns elementos das origens e dos primeiros anos da ergonomia francófona. Limitou-se a esta porque a história da ergonomia nos vários países do mundo não está feita e exigiria um trabalho considerável para localizar e reunir os documentos pertinentes.

Introdução

Por muito tempo, uma dupla preocupação se manifestou: melhorar a eficiência do trabalho humano por um lado, e por outro diminuir o sofrimento do homem no trabalho e prevenir os riscos à sua saúde.

Assim, bem antes do nascimento oficial da ergonomia, depois da Segunda Guerra Mundial, aqueles que se preocuparam em adaptar os meios de trabalho ao homem foram:

— os próprios usuários, com frequência de forma muito empírica; e isso sobretudo quando o usuário fabricava ele mesmo suas ferramentas de trabalho, ou era muito próximo daquele que as fabricava: por exemplo, a diversidade dos martelos e das ferramentas de corte demonstra bem essa adaptação da ferramenta ao objeto trabalhado, aos resultados esperados, mas também às características dos indivíduos que as manipulam. Cabe notar que esse papel dos usuários persiste: os meios de trabalho, sejam eles ferramentas, sistemas de comando de máquinas, a organização do espaço, ou a organização do próprio trabalho, concebidos por outros, são com frequência modificados, ajustados pelos operadores quando estes podem fazê-lo, para responder às suas características e às exigências de produção e segurança;

— médicos e sanitaristas que procuraram, desde a Antiguidade, descrever as consequências do trabalho para a saúde, e então compreender seus mecanismos e identificar suas causas para encontrar os meios de as prevenir;

- engenheiros e organizadores do trabalho que se interessaram em definir qual quantidade de trabalho "mecânico" pode ser exigido de um homem, em comparação ao trabalho animal, sem o fatigar ou desgastar excessivamente; começaram a estabelecer normas e inventaram meios técnicos para substituir por máquinas o trabalho físico do homem ou para aumentar sua eficiência;
- por fim, pesquisadores, físicos, fisiologistas e, mais recentemente no século XX, psicólogos interessados em compreender o funcionamento do organismo humano no trabalho: suas propriedades, suas capacidades e, em alguns casos, suas aptidões, tendo em vista uma seleção de acordo com as características do trabalho.

Até o fim do século XVIII, os estudos de campo predominaram; a partir daí, com o papel das ciências se desenvolvendo, o laboratório tornou-se um lugar privilegiado, pelo rigor dos resultados. Atualmente, esses dois tipos de pesquisa coexistem, cada um levando a resultados e modos de utilização diferentes na concepção dos meios de trabalho.

Da Antiguidade ao século XX

Desde a Antiguidade, desenvolveu-se na Europa um interesse em facilitar e aumentar o rendimento do trabalho humano e em identificar suas consequências na saúde: descreveram-se cólicas características dos operários trabalhando nas minas de chumbo, deformações vertebrais nos talhadores de pedra, sinais de intoxicação por mercúrio em operários expostos a esse metal. Inventaram-se meios de ventilar as galerias das minas. Também nessa época foram feitas as primeiras recomendações quanto às dimensões dos espaços de trabalho e foram elaborados meios técnicos para aumentar o rendimento dos operários no transporte e elevação de cargas, e sua segurança.

Essas duas grandes preocupações se desenvolveram ao longo dos séculos e estão presentes no nascimento da ergonomia francófona em 1963.

Os higienistas e os médicos: alguns exemplos – Na Idade Média, Armanda de Villeneuve se interessou pelas condições de trabalho e, em particular, pelos fatores ambientais, como o calor, a umidade, as poeiras, as substâncias tóxicas, para os vidreiros, ferreiros, fundidores, tintureiros, e a iluminação e o sedentarismo para os notários.

Na Renascença, Ramazzini, médico italiano, descreveu relações entre problemas de saúde e condições de trabalho em 52 ocupações: por exemplo, as doenças venéreas nas parteiras, as úlceras nas pernas e a hipertermia nos mineiros, o rompimento de pequenos vasos da garganta nos cantores, problemas visuais nos ourives etc.

Patissier, no começo do século XIX, completou os estudos sobre o saturnismo e descobriu a silicose.

O que caracteriza esse período muito longo quanto à interferência de sanitaristas e médicos é o fato de suas prescrições atenderem não à supressão das causas no nível do trabalho, mas à proteção individual: máscaras de bexiga animal para se proteger contra a cerussita (o carbonato de chumbo), na Antiguidade; máscaras também de bexiga animal para os polidores, preconizadas por Ramazzini; óculos de proteção para os amoladores, rebarbadores, recomendados por Patissier; ou então prescrições em termos de higiene de

Capítulo 2 – Referências para uma história da ergonomia francófona

vida no trabalho: para os ourives, por exemplo, levantar a cabeça de tempos em tempos e olhar para longe, subentendendo-se que com o intuito de descansar o sistema de acomodação-convergência.

Entretanto, Patissier foi além da proteção estritamente individual, preconizando proteções nas máquinas (blindagem para esmeril) e desenvolvendo pesquisas técnicas para conceber máquinas que diminuíssem os trabalhos pesados e perigosos (máquinas de lavar para as lavadeiras).

O que também caracteriza esse período é o pouco desenvolvimento dos meios de medida; nesse contexto, os médicos assumiram um papel importante. Contribuíram com meios, como a observação fina do trabalho e o questionamento, vindos de sua prática médica fundada na observação dos sinais clínicos das doenças e na interrogação dos pacientes.

Ramazzini compreendera claramente que o trabalho desempenhava um papel no estado de saúde de seus pacientes e, dirigindo-se a seus colegas, escreveu: "Aconselho ao médico que visita um operário que se sente no banco simples que lhe é apresentado como uma poltrona luxuosa e interrogue o doente conscienciosamente e com empatia; às questões que são habitualmente feitas, que me seja permitido acrescentar a seguinte: qual é o trabalho do doente?"

Depois veio Villermé: em 1832 ele foi encarregado pela Academia das ciências morais e políticas de fazer um relatório sobre as condições de vida da classe operária.

Ele percorreu as regiões industriais da França e da Suíça, observando, interrogando. Estudou postos de trabalho: registrou as operações efetuadas, as condições nas quais elas eram executadas. Ampliou o campo das condições de trabalho aos horários, aos salários ligados ao rendimento, aos adiantamentos sobre salários e ao abuso destes. Procurou saber como viviam os operários, como era sua habitação e alimentação. Interessou-se pelos fenômenos coletivos por meio do estudo das taxas de mortalidade por classe social e por ocupação.

Seu relatório desencadeou uma série de ações, sobretudo pelas vias regulamentares e legislativas, quanto às condições de trabalho: de 1841 a 1892 serão aprovadas leis referentes à idade mínima para o emprego das crianças, à duração do trabalho, à indenização por acidentes de trabalho e à criação de um corpo de fiscais do trabalho.

Entretanto, as interpretações dos fatos foram às vezes influenciadas por escolhas políticas: ao fazer uma descrição da condição operária, Villermé relacionou-a não só ao trabalho e aos baixos salários, mas também ao comportamento dos operários, às consequências na higiene e saúde dessa classe social; a partir de interpretações errôneas de resultados estatísticos de mortalidade diferencial que começaram a ser estabelecidos, certos responsáveis pelas administrações sanitárias negaram a influência das condições de trabalho na saúde dos operários.

A resistência às medidas de proteção da saúde no trabalho se manifestou com frequência a partir da argumentação relativa ao seu custo e, portanto, a uma perda de competitividade que dele decorreria. A intoxicação pelo chumbo era conhecida desde a Antiguidade e, no entanto, foi só em 1904 que a proibição do carbonato de chumbo (a cerussita) foi debatida no parlamento. Os patrões das empresas de pintura *se opuseram* a essa interdição; atribuíam a responsabilidade pelas intoxicações aos operários que não usavam os meios de proteção. Foi Clémenceau que, na Câmara dos Deputados, desenvolveu uma argumentação apoiada numa análise do trabalho como as que se encontram hoje em dia na ergonomia:

Jamais neguei o fato para um operário teórico que pintasse usando punhos sobre as mangas como o sr. Buffon na literatura. Não há dúvida de que um pintor almofadinha, adepto da bacia, possuindo um conjunto completo de apetrechos de toalete e passando uma parte de seu dia no manejo das brochas apropriadas, poderia muitas vezes evitar o saturnismo. Mas isso é completamente diferente para os pintores às voltas com a situação geral de seu trabalho...

É preciso ganhar o máximo possível, dar conta do máximo de trabalho custe o que custar, correndo todos os riscos. [...] Que importa se um senhor de óculos bem instalado numa poltrona de couro proclama que se o proletário trabalhasse de terno preto e gravata branca, mantendo-se a uma distância adequada de sua pintura, poderia ficar incólume a qualquer incômodo! A prática não o permite...

E Clémenceau descreveu magistralmente a operação de reboco: "Dois procedimentos são utilizados: o primeiro envolve duas espátulas, uma servindo para pegar o reboco na cuba em que foi preparado; o segundo consiste em empregar apenas uma espátula e pegar a massa para o reboco diretamente com a mão esquerda na cuba. E esse procedimento, considerado mais rápido, é geralmente exigido pelos patrões. Os rebocadores com frequência ficam cobertos de massa até acima do punho esquerdo. Como a massa é composta de óleo de linhaça, essência de terebintina, carbonato de cálcio natural (blanc de Meudon) e carbonato de chumbo (cerussita), nada há de surpreendente na frequência dos acidentes de intoxicação saturnina entre os rebocadores. É por isso que o artigo 2 proíbe os rebocadores de colocar a mão na massa. Mas, para aplicá-lo, seria necessário um exército de fiscais do trabalho..." (citado em Valentin, 1978).

Na realidade, a proibição da cerussita na França só foi decidida em 1948. Muitas outras doenças profissionais tiveram seu reconhecimento retardado por oposições patronais às vezes apoiadas até por cientistas. Assim, a silicose, descoberta no início do século XIX, reconhecida em numerosos países como doença profissional desde a primeira metade do século XX, na França só foi reconhecida como tal em 1945, pois certas autoridades médicas a consideraram por muito tempo como uma fase avançada da tuberculose.

Os engenheiros e os cientistas – Até o fim do século XIX, apenas o trabalho físico era reconhecido e o operário era considerado como um sistema de transformação de energia química em energia física.

Os engenheiros procuravam definir normas, e depois propor técnicas para diminuir a carga física.

Assim, Vauban, no século XVII, estudando a escavação, definiu cargas a transportar que levassem em conta as distâncias, as inclinações do terreno, a qualidade dos solos e até mesmo as estações.

Jacquard, no século XIX, ocupou na juventude o posto de puxador de nós (posto com frequência ocupado por crianças, pois sua altura lhes permitia passar por baixo dos teares, ao custo, entretanto, de posturas muito árduas). Sabia o quanto era penoso esse trabalho e, assim, inspirando-se nos autômatos de Vaucanson, desenvolveu um sistema que substituía o trabalho dessas crianças.

Os pesquisadores, físicos e químicos, estabeleceram os fundamentos da transformação da energia química em energia mecânica (Lavoisier no século XVIII). Estudaram o gasto de energia em diferentes tarefas (Chauveau no século XIX) e desenvolveram técnicas de registro dos movimentos (Marey no século XIX).

O século XX e o trabalho

A industrialização continuou a se desenvolver: apoiou-se como anteriormente (séculos XVIII e XIX) em inovações tecnológicas; mas surgiram esforços específicos de organização para uma racionalização e uma otimização científica do trabalho humano: o taylorismo, o fordismo, o estudo dos tempos e movimentos (Gilbret, Barnes) e, mais tarde, a organização hierárquica dos empregados (Weber, Fayol) e o movimento das relações humanas (Mayo). Ocorreram então diferentes manifestações de oposição de operários, sobretudo em relação à cronometragem.

No começo do século XX e até o início da década de 1930, pode-se reter dos precursores da ergonomia que:

— o trabalho persiste em seu modelo energético; J. Amar, professor no *Conservatoire National des Arts et Métiers* – CNAM publica *Le Moteur humain* (O motor humano), obra que repercute a de Taylor, *Princípios de organização científica*. Para ele, o trabalho é "o exercício de uma força para vencer uma resistência";

— o trabalho é estudado para melhorar seu rendimento, evitar a fadiga (Amar), conceber as ferramentas mais apropriadas (Frémont) e moderar os princípios de divisão do trabalho: necessidade de coordenar a concepção e a execução, opor-se a uma "especialização extrema (que) debilita as faculdades que não são exercidas" (Amar);

— a experimentação em laboratório tem um estatuto científico que se reforça, mas os estudos em campo são reconhecidos: Imbert estuda o trabalho dos estivadores em relação com os acidentes e sua frequência em função das horas e das cargas de manutenção. Lahy analisa o trabalho em vários ofícios (datilografia, condução de bondes, linotipia...) para evitar o "desperdício humano" e criar testes de seleção-orientação coerentes com as exigências das atividades profissionais;

— os pesquisadores intervêm nos problemas sociais e políticos em nome da ciência: por um lado Amar, no fim de sua vida, propõe-se a melhorar "a raça humana" e a lutar contra a mediocridade (ele investe contra a debilidade da sociedade que tolera o surrealismo, o cubismo); por outro lado, Imbert procura diminuir os conflitos sociais tornando disponíveis conhecimentos científicos, e preconiza a participação de operários e delegados sindicais nos congressos científicos; Lahy se envolve em lutas operárias, mas se opõe à federação do livro quando esta defende a ideia de que as mulheres podiam trabalhar na linotipia e, portanto, obter um salário equivalente ao dos homens; ele publica numa revista socialista "De la valeur pratique de la morale fondée sur la science" (Do valor prático da moral baseada na ciência). Faz a transição para a época seguinte, ao desenvolver a psicologia aplicada e criar com Laugier, em 1933, a revista *Le Travail humain* (O trabalho humano).

Foi nos primeiros quarenta anos desse século que se criaram centros de pesquisa sobre o trabalho humano: na Inglaterra, Bélgica, Alemanha, países escandinavos, França, e também nos Estados Unidos surgem equipes que reúnem fisiologistas e médicos para se dedicar aos problemas do trabalho físico e da fadiga no meio industrial.

A apresentação do primeiro número da *Travail humain* é significativa quanto às ideias daquele momento; Lahy e Laugier escrevem:

A organização racional da atividade humana coloca problemas teóricos e práticos de extrema complexidade cujo estudo requer a colaboração de ciências e técnicas muito variadas; esses problemas, cuja solução é importante sobretudo para o aperfeiçoamento social, têm aspectos diversos: econômicos, estatísticos, técnicos, biológicos etc. [...] É ao estudo dos aspectos biológicos que nossa nova revista tem a intenção de se dedicar. Demos a ela o título: *Le Travail humain*. Ela poderia ter como subtítulo: 'Conhecimentos do homem para uma utilização consciente de sua atividade', o que delimitaria, tanto quanto possível, o campo científico que ela tem a ambição de abranger. O centro desse campo é constituído pela Fisiologia e Psicologia, pelas pesquisas e estudos que são agrupados sob o nome de Biometria humana, e que têm por objetivo caracterizar por índices e coeficientes o estado das diferentes funções do organismo, diferenciar os indivíduos do ponto de vista de suas aptidões e determinar as condições ótimas do funcionamento desse motor infinitamente mais complexo e delicado que todos os outros, o motor humano.

Esses estudos de laboratório devem fornecer a base científica para toda uma série de aplicações práticas.

A psicologia do trabalho, que nasce nessa metade do século, orienta-se para as questões de seleção e depois para o que se tornará, após a Segunda Guerra Mundial, os *Human Factors*, ou seja as condições de obtenção de melhores desempenhos humanos. Essa orientação passa por uma inflexão na década de 1930 devido à crise econômica e do desemprego, mas retoma importância durante a Segunda Guerra Mundial, sobretudo na aviação de guerra. Trata-se, por exemplo, de criar os modos de apresentação de informações para os pilotos, de as organizar e homogeneizar de um tipo de avião a outro para evitar erros de leitura e, assim, limitar os incidentes e acidentes.

Essa corrente dos *Human Factors* identifica questões colocadas pelos meios materiais de trabalho, estuda-as em laboratório, área por área, e reenvia-as para a concepção das interfaces homem-máquina sob a forma de recomendações precisas, e de normas. Procura-se assim otimizar o desempenho dos operadores humanos em termos de percepção, de decisão e de ação motora em comandos. A antropometria e a biomecânica virão progressivamente completar essas normas para a concepção dos espaços de trabalho.

Nascimento da ergonomia

É na Inglaterra, em 1949, portanto após a Segunda Guerra Mundial, que Murrell, engenheiro e psicólogo, cria a primeira sociedade de ergonomia (*Ergonomics Research Society*); ela reúne de imediato engenheiros, psicólogos, fisiologistas, arquitetos, *designers* e mesmo economistas. Ela se afirma, portanto, como pluridisciplinar. O termo "Ergonomics" foi escolhido porque, vindo do grego, pode ser transferido diretamente para outras linguagens. Sem o saber, os ingleses retomavam um termo de um cientista polonês, Jastrzebowski, que publicara uma série de artigos científicos em 1857 sob o título "Esboço da ergonomia, ou a ciência do trabalho fundada nas verdades da ciência da natureza".

Na década de 1950, um projeto de ergonomia francófona é elaborado, projeto que se concretiza com a criação da *Société d'Ergonomie de Langue Française* – SELF, em 1963, data de seu nascimento oficial.

Esses anos são marcados pela necessidade de reconstruir os países europeus devastados pela guerra. Ajudada pelo plano Marshall (plano de auxílio dos Estados Unidos à re-

Capítulo 2 – Referências para uma história da ergonomia francófona

construção da Europa, que impunha condições de modernização dos meios de produção), a indústria se moderniza e a busca de ganhos de produtividade se torna preocupação importante. Missões são enviadas aos Estados Unidos, estruturas administrativas são criadas para estimular progressos nessa área, como a Agência Europeia de Produtividade, que irá apoiar intensamente o projeto de ergonomia francófona.

Nessa época, nos Estados Unidos, são sobretudo as teorias de Elton Mayo, de Maslow, de Herzberg sobre as motivações e necessidades do homem que são preconizadas para incrementar a produtividade industrial. Certos europeus francófonos pouco convencidos dessas teorias e suas aplicações fazem então a escolha de melhorar as condições de trabalho para incrementar a produtividade.

Paralelamente, nessa época, em particular na França, aprova-se uma legislação que organiza, por um lado, a medicina do trabalho, as indenizações por acidentes de trabalho e doenças profissionais e, por outro, a representação dos trabalhadores nas empresas e seu papel em relação à higiene e segurança, em particular (criação dos Comitês de Higiene e Segurança). O Estado intervém cada vez mais no funcionamento das empresas em diversos aspectos, entre eles a saúde no trabalho.

É nesse contexto, em que as condições de trabalho começam a ser reconhecidas como questão importante na sociedade, que serão criados e desenvolvidos centros de pesquisa públicos e privados e centros de ensino públicos em diversos países europeus francófonos.

Dentro da indústria, na Suíça, Paule Rey, nessa época médico do trabalho, desenvolve uma estrutura de pesquisa e ação na indústria de relógios; trata-se de analisar e diminuir os riscos do trabalho, mas também os defeitos de qualidade na produção. Na França, Pierre Cazamian, também médico, cria um centro de ergonomia da mineração; Alain Wisner, outro médico, cria um centro de pesquisa para o aprimoramento do conforto e segurança dos veículos em uma grande montadora automobilística.

Dentro do setor público, na França, no *Conservatoire National des Arts et Métiers –* CNAM (com Camille Soula e mais tarde Jean Scherrer), cursos e pesquisas de laboratório são reorientados para a área da fisiologia do trabalho muscular depois de longa tradição em higiene industrial. No *Centre d'Études et de Recherches Psychotechniques –* CERP, ligado à *Agence Nationale pour l'Information, la Formation et la Reconversion de la Main-d'Oeuvre*, André Ombredane, Jean-Marie Faverge e depois Jacques Leplat, que são respectivamente médico, estatístico e psicólogo, reorientam as pesquisas sobre as técnicas de seleção para a análise do trabalho. Em Estrasburgo, Bernard Metz, médico, cria um *Centre d'Études Appliquées au Travail –* CEAT, que se orienta para a pesquisa sobre as questões de ambiente físico, trabalho em turnos e normalização ergonômica.

Na Bélgica, Coppée cria um Centro de Ergologia em Liège, e Ombredane e depois Faverge, após terem deixado o CERP, continuam na Universidade de Bruxelas suas atividades sobre a análise do trabalho. Lembremos que o livro deles foi publicado em 1955, oito anos antes do nascimento oficial da ergonomia francófona. Essa obra fundadora sobre a análise do trabalho tem um subtítulo: "Facteur d'économie humaine et de productivité" (Fator de economia humana e produtividade), raramente citado, mas que reflete bem as preocupações da época.

Na Suíça, Étienne Grandjean desenvolve cursos e pesquisas em Ciências Aplicadas ao Trabalho no âmbito do Instituto Politécnico Federal de Zurique.

Alguns desses centros privilegiam uma ou outra das disciplinas matrizes da ergonomia, como a fisiologia ou a psicologia do trabalho, enquanto outras são, desde sua criação, pluridisciplinares. Assim, Bernard Metz, em Estrasburgo, logo de início contratou psicólogos, fisiologistas e médicos no CEAT, que se tornará o *Centre d'Études Bioclimatiques –* CEB.

Assim, três fenômenos principais convergem, no início da década de 1960, para a criação da SELF em 1963:

— o primeiro é uma mudança de problemática quanto aos problemas do trabalho: não se trata mais de pensar o trabalho e seus meios técnicos e organizacionais apenas sob a lógica dos engenheiros, devendo o trabalhador se conformar e se adaptar a ela, mas de situar o homem no centro do trabalho e, portanto, da concepção dos meios de trabalho;

— o segundo é o papel desempenhado por personalidades universitárias, algumas delas inspiradas por valores humanistas que se expressaram em engajamentos durante a guerra;

— o terceiro é o suporte de estruturas administrativas e políticas, nacionais em alguns casos, europeias em outros, como a *Communauté Européenne du Charbon et de L'Acier* – CECA, que adotam a ideia de que a produção e a segurança devem ser concebidas a partir dos trabalhadores, de seu funcionamento e da sua atividade no trabalho, e não inversamente.

Por fim, em 1963, em seguida a contatos com a *Ergonomic Research Society* (que se tornou em 1976 a *Ergonomics Society*) e a diversos encontros no âmbito de manifestações científicas internacionais sobre o trabalho, universitários da França (Bouisset, Leplat, Metz, Scherrer, Wisner), da Bélgica (Coppée, Faverge) e da Suíça (Grandjean) e um executivo de alto escalão do ministério do trabalho francês (Gillon) decidem criar a SELF para promover a ergonomia nos países de língua francesa. O primeiro congresso da SELF ocorre nesse mesmo ano em Estrasburgo.

É preciso lembrar que a criação da SELF foi precedida por uma conferência international reunida em Leyden, Holanda, em 1957. Organizada no âmbito da agência europeia de produtividade, essa conferência preparou a criação da *International Ergonomics Association* – IEA. Do comitê que preparou a criação da IEA faziam parte um francês, Bernard Metz, e um suíço, Étienne Grandjean, dois americanos, um holandês, um sueco, um alemão ocidental e um inglês. Bernard Metz e Étienne Grandjean estarão entre os membros fundadores da SELF.

Enfim, enquanto a Ergonomic Research Society foi, desde o início, em grande medida pluridisciplinar, indo dos economistas aos engenheiros e arquitetos, a SELF, por sua vez, se ampliará mais lentamente para além dos fisiologistas e psicólogos. Mas foi mesmo seguindo a iniciativa inglesa de criar a *Ergonomics Research Society* (que não tinha só ingleses como membros) que a IEA, em seguida a SELF, e depois outras sociedades nacionais foram criadas, pelo intermédio de congressos. Lembremos por fim que, nos Estados Unidos, a *Human Factors Society* (que recentemente se tornou a *Human Factors and Ergonomics Society* – HFES) foi fundada em 1957.

1963-1970: a infância da ergonomia francófona

Foi ao longo desse período que a ergonomia francófona construiu progressivamente sua especificidade em relação à ergonomia anglo-saxã: tornou-se uma ergonomia particularmente centrada na análise da atividade estudada em situação de trabalho, ou seja, a atividade situada em seu contexto técnico e organizacional e nas relações entre os constrangimentos de produção.

Capítulo 2 – Referências para uma história da ergonomia francófona

Durante esses anos, a indústria continuou a se desenvolver, e a organização taylorista se disseminou devido à extensão da indústria de montagem de objetos de consumo de massa. As relações entre sindicatos e patronato mostravam-se tensas e marcadas por conflitos, e a empresa dificilmente se abria às pesquisas sobre o trabalho.

A ergonomia viu-se então confrontada com vários problemas, objeto de discussões acaloradas:

— como sair do laboratório para conduzir esses estudos em campo? Por um lado, a comunidade científica se pergunta sobre a validade dos resultados de pesquisa, em que não se pode manipular nem controlar todas as variáveis; por outro, as direções das empresas temem que os estudos favoreçam conflitos sociais;

— como identificar essa nova disciplina? Deve-se limitar seu campo aos processos fisiológicos e psicológicos da atividade de trabalho ou, ao contrário, interrogar os fenômenos sociais que a análise do trabalho coloca em evidência?

— como definir a ergonomia? Deve-se considerá-la uma ciência, uma técnica ou uma arte, como a arte do engenheiro, do médico?

— como delimitar seu campo de ação? Deve-se restringi-lo à melhoria material dos postos de trabalho ou estendê-lo à organização do trabalho?

— como demarcar a ação ergonômica mais pertinente? A ergonomia deve se preocupar, em primeiro lugar, com a correção e adaptação, ou com a concepção das situações e objetos de trabalho?

— como manter equilíbrio na ação entre proteger a saúde dos trabalhadores e aumentar a produtividade? Deve-se, às vezes, privilegiar um aspecto em detrimento do outro?

Essas questões foram então o objeto de práticas diferentes e de intensas discussões que prosseguiram, aliás, nos períodos seguintes. No entanto, os temas das comunicações dos primeiros congressos da SELF mostram bem que essas questões eram abordadas com certa timidez. Em sua maioria, as comunicações eram sobre estudos em laboratório, frequentemente distanciados da realidade, em que se procurava definir indicadores fisiológicos da fadiga e da carga física e sensorial (frequência cardíaca, frequência crítica de fusão, eletroencefalograma, eletromiograma...). Foi apenas no fim da década de 1960 que foram apresentados estudos ergonômicos de postos de trabalho e propostas de transformação destes.

Enquanto isso, o ensino era organizado no CNAM, sob a direção de Alain Wisner, de maneira a constituir uma formação profissional. O que levou à criação, em 1970, de um diploma de ergonomista em nível de engenheiro. Nessa perspectiva, o ensino dos conhecimentos se completava com um ensino da prática na empresa, que se enriqueceria nas décadas seguintes.

1970-1990: um período de desenvolvimento

Na passagem da década de 1960 para a de 1970, uma contestação da organização taylorista e fordista do trabalho se manifestou, na França, por meio de greves acirradas dos operários especializados (OS, *ouvriers spécialisés*) de diversos setores de produção. O patronato, inquieto quanto à produção, procurou no exterior outros modelos de organização do trabalho (ampliação, enriquecimento das tarefas, equipes semiautônomas...).

A extensão do trabalho em turnos preocupava os poderes públicos, que pediram um relatório sobre essa questão a Alain Wisner. Tal relatório seria contestado pelo patronato.

As grandes centrais sindicais levavam cada vez mais em conta as questões das condições de trabalho em suas políticas. Federações particularmente afetadas (metalurgia, química, confecção) organizaram comitês de análise da atividade e pediram estudos aos laboratórios públicos de ergonomia.

A questão das condições de trabalho era assim colocada de maneira maciça.

Na França, o poder político procurou responder a isso por meio de disposições legislativas e da criação da *Agence Nationale pour l'Amélioration des Conditions de Travail* – ANACT.

Mas, no início da década de 1980, passou-se de uma crise do trabalho a uma crise do emprego: as condições de trabalho se tornaram então menos prioritárias no rol das preocupações sociais.

Durante essas duas décadas foram implantados diversos tipos de formação.

As formações de qualificação de profissionais se desenvolveram; em geral, comportando uma parte de prática de intervenção e de análise ergonômica do trabalho (cabe notar que a obrigatoriedade dessa formação prática seria um dos critérios adotados para a obtenção do título de ergonomista europeu criado na década de 1990 por uma reunião das sociedades de ergonomia da França, Bélgica, Itália, Alemanha, Inglaterra e países nórdicos).

Formações curtas foram organizadas por empresas para seus funcionários e por federações de grandes centrais sindicais para seus delegados do *Comité d'Higiène, Securité et Conditions de Travail* – CHSCT, estes no quadro de políticas de reivindicações quanto às condições de trabalho.

A formação para a pesquisa oficializou-se pela criação de um doutorado em ergonomia, aberto a estudantes estrangeiros: as duas primeiras teses de "engenharia da ergonomia" são defendidas, no fim da década de 1970, por dois engenheiros, uma quebequense (Monique Lortie) e o outro francês (Jacques Theureau).

Desse modo, desenvolveram-se as profissões de ergonomista em empresa e de ergonomista consultor. Diferentes atores nas empresas passaram a se sensibilizar em relação à ergonomia.

A pesquisa evoluiu: os estudos se tornaram majoritariamente de campo e a experimentação em laboratório se tornou mais rara. Os temas passaram a levar em conta a evolução do trabalho com a disseminação das novas tecnologias, as transformações dos horários e organizações do trabalho, e o aumento da complexidade dos sistemas de produção. Áreas de aplicação da ergonomia foram criadas para cada setor produtivo: ergonomia hospitalar, agrícola, escolar, do setor terciário, por exemplo. A ação ergonômica tornou-se um tema de estudo que se ampliaria em seguida para a ergonomia da concepção dos sistemas de produção.

Foi também no fim da década de 1970 que Alain Wisner começou a se interessar pelas especificidades culturais, sociais e econômicas dos países em desenvolvimento, que importam tecnologias recentes. Isso colocou para a ergonomia problemas específicos, que A. Wisner chamou de "antropotecnologia". Um novo campo de pesquisa ergonômica foi assim criado e desenvolvido por estudantes estrangeiros vindos para se formar no laboratório do CNAM; em outros países, essa questão também passou a ser abordada pela ergonomia.

Desde suas origens, e mais particularmente na década de 1970, a ergonomia se interrogava sobre suas possíveis contribuições e a extensão de suas ações às questões sociológicas e econômicas da empresa.

Nessa época, no início da década de 1970, uma equipe de sociólogos desenvolveu esquema geral de análise das condições de trabalho após diálogo com ergonomistas. Encontros haviam reunido economistas, sociólogos do trabalho e ergonomistas. Mas essas tentativas de aproximação não tiveram continuidade, à parte iniciativas individuais de cooperação.

Foi só na década de 1990 que a ergonomia se colocou essas questões, como demonstram alguns temas de seus congressos anuais (interações com o contexto social, técnico e econômico em 1997; critérios de gestão das empresas em 1999).

Paralelamente, desde o fim da década de 1970, na França, instalaram-se diálogos com estatísticos do ministério do Trabalho que realizaram em 1978 a primeira pesquisa nacional sobre as condições de trabalho. Essa pesquisa, que passou a ser periodicamente repetida e mesmo estendida a outros países europeus, é bastante influenciada pelas contribuições da ergonomia francófona.

Conclusão

A história da ergonomia relaciona-se estreitamente com a história do trabalho e das técnicas, com a história dos movimentos sociais, com a história das ideias e das ciências. Ela vem sendo construída graças a homens e mulheres que criam e desenvolvem estruturas de ensino, pesquisa e introdução da ergonomia no mundo do trabalho. Eles exercem esse ofício de ergonomistas como consultores ou como assalariados nas empresas. Ela é influenciada também pela história e cultura dos países em que a ergonomia se desenvolve. Essa história ainda não foi escrita; é uma área a ser explorada pelos historiadores. Mas essa história nunca termina, pois o trabalho e os trabalhadores evoluem, colocando novas questões. Como escreveu M. de Montmollin em 1978, "a ergonomia não pode ser aplicada, ela apenas pode ser praticada e criada ao mesmo tempo com aqueles que dela precisam".

Referências

CARPENTIER, J. J. M. Faverge: un animateur de la recherche dans la communauté européenne. *Le Travail Humain,* Paris, v.45, n.1, p.39-42, 1982.

CHILIN, R.; MOUTET, A.; MULLER, M. *Histoire de l'ANACT.* Paris: Syros, 1994.

CLOT, Y. Psychologie du travail: une histoire possible. In: CLOT, Y. *Les histoires de la psychologie française.* Toulouse: Octarès, 1996. p.17-26.

COTTUREAU, A. Usure au travail, destins masculins et destins féminins dans les cultures ouvrières en France au XIXe Siècle. *Le Mouvement Social,* Paris, n.124, p.71-112, 1983.

EDHOLM, O. G. *La science du travail.* Paris: Hachette, 1966.

EDHOLM, O. G.; MURREL, K. F. H. *The ergonomics research society:* a history 1949-1970. Paris: Ergonomics Society Publication, 1973.

JASTRZEBOWSKI, W. *An Outline of Ergonomics.* Paris: CIOP, 1857. (reed.1997).

KUORINKA, I. *History of the International Ergonomics Association:* the first quarter of a century. Paris: The IEA Press Publ., 2000.

LAVILLE, A. L'Ergonomie: histoire et géographie. CONGRÈS D'ERGONOMIE SCOLAIRE, 10., Toulouse, 1988. *Actes.* Toulouse: RESACT et Griese, 1988. p. 20-22.

LEPLAT, J. Petites histoires pour des histories. In: CLOT, Y. (Ed.). *Les histoires de la psychologie française,* Toulouse, Octarès, 1996. p.87-97.

MARMARAS, N.; POULAKAKIS, G.; PAPAKOSTOPOULOS, V. Ergonomic design in ancient Greece. *Applied Ergonomics,* Guildford, v.30, n.4, p.361-368, 1999.

MEISTER, D. *The history of human factors and ergonomics.* London: Lawrence Erlbaum, 1999.

METZ, B. *Fitting the job to the worker*, report on a mission to the USA and on the Leyden Seminar. The European Productivity Agency (OCDE), 1959.

MONOD, H.; KAPITANIAK, B. *Ergonomie.* Paris: Masson, 1999.

MONTMOLLIN, M. de. Généalogies. In: *Sur le travail, choix de texts.* Toulouse: Octarès, 1997. p.153-160.

MURREL, K. F. H. *Fitting the Job to the Worker*, report on a mission to the USA and on the Leyden seminar. The European Productivity Agency (OCDE), 1958.

OMBREDANE, A.; FAVERGE, J. M. *L'analyse du travail:* facteur d'économie humaine et de productivité. Paris: PUF, 1955.

RAIMBAULT, B. *La CFDT et les conditions de travail, 50 ans d'histoire.* Paris: CFDT, 1995.

RESCHE-RIGON, P. 50 ans de travail humain, histoire d'une revue, évolution de la discipline. *Le Travail Humain,* Paris, v.47, n.1, p.5-17, 1984.

RIBEILL, G. F. Les débuts de l'ergonomie en France à la veille de la Première Guerre mondiale. *Le Mouvement Social,* Paris, n.113, p.3-36, 1980.

TEIGER, C. L'approche ergonomique: du travail humain à l'activité des hommes et des femmes au travail. *Éducation Permanente*, n.116, p.71-96, 1993.

VALENTIN, M. *Travail des hommes et savants oubliés:* histoire de la médecine du travail, de la sécurité et de l'ergonomie. Paris: Dolis, 1978.

VATIN, F. De la naissance de la psychologie appliquée au début sur le taylorisme, autopsie d'un échec: le cas français 1890-1920. In: CLOT, Y. (Ed.). *Les histoires de la psychologie du travail.* Toulouse, Octarès, 1996. p.47-58.

VIET, K. L'évolution des conceptions en matière de prévention des risques professionnels (1840-1967). *Bulletin de l'Institut d'histoire du temps présent*, Paris, n.70, p.23-53, 1997.

WISNER, A. Itinéraire d'un ergonomiste dans l'histoire de la psychologie contemporaine. In: CLOT, Y. (Ed.). *Les histoires de la psychologie française.* Toulouse: Octarès, 1996. p.99-111.

Ver também:

1 – Natureza, objetivos e conhecimentos da ergonomia

3 – As relações de vizinhança da ergonomia com outras disciplinas

12 – Paradigmas e modelos para a análise cognitiva das atividades finalizadas

15 – Homens, artefatos, atividades: perspectiva instrumental

3

As relações de vizinhança da ergonomia com outras disciplinas

Jacques Leplat, Maurice de Montmollin

Introdução

Objeto do capítulo – A ergonomia reivindica hoje sua autonomia e sua especificidade, não só enquanto disciplina (com suas referências no mundo da universidade e da pesquisa) como também enquanto profissão. Essa dupla abordagem influencia, como se verá, suas relações de vizinhança com outras disciplinas e outras profissões.

A ergonomia é uma disciplina jovem, sua história é recente (ver o Capítulo 2 deste tratado). Enraíza-se, portanto, necessariamente em disciplinas mais antigas. Além disso, está em evolução (como o conjunto deste tratado demonstra), uma evolução que se expressa mais como uma expansão que como um retraimento, da qual decorrem problemas de delimitação, de gestão de influências, empréstimos e intercâmbios. O que ocorre em ambos os sentidos, porém desigualmente. De fato, por ser recente, a ergonomia, para se adaptar, importa mais do que exporta: se o critério das referências é válido, chama a atenção o fato de que as disciplinas vizinhas são muito mais citadas na literatura ergonômica que o inverso.

A noção de vizinhança é, sem dúvida, bastante imprecisa: existem vizinhos próximos e distantes, vizinhos com os quais as relações são frequentes, e outros com os quais são ocasionais. Essas relações variaram no tempo, em função do país e do estado das técnicas e formas de organização. Assim, a fisiologia foi um vizinho próximo no começo da ergonomia, na Grã-Bretanha. A psicologia experimental desempenhou e ainda desempenha um papel importante nos Estados Unidos. As ciências cognitivas se tornaram um vizinho próximo e, às vezes, invasivo nos últimos anos. Não se pretende aqui estabelecer um mapa das proximidades, mas evocar algumas mais marcantes.

As vizinhanças nem sempre conduzem às mesmas consequências. Podem ser distinguidas duas categorias extremas de influências, conforme a ergonomia enfatize os empréstimos das disciplinas vizinhas e os enriquecimentos que elas trazem, ou a articulação das contribuições destas ao serviço de seus próprios objetivos. Segundo o *primeiro ponto de vista*, a ergonomia é considerada como uma disciplina, cujos contornos são relativamente convencionais, justificada mais pelas características da intervenção profissional do que por razões *científicas*. Nessa perspectiva, a ergonomia tende a se definir como uma exploração das ciências vizinhas *e* reivindica uma "interdisciplinaridade" necessária.

As *vantagens* desse ponto de vista são muitas: ampliação do campo da ergonomia, de modo a levar em conta um "ambiente" que vai além do estrito posto de trabalho (ou da interface), algo hoje em dia reconhecido como necessário por todos, tanto cientistas quanto profissionais. Por exemplo, no que se refere à psicologia, irá se falar em "psicologia ergonômica", compreendendo-se então a parte da psicologia mais diretamente explorada ou explorável em ergonomia. A ordem das palavras não é irrelevante: com a expressão "ergonomia psicológica", haveria o risco de esquecer o caráter integrador, fundamental, da ergonomia. A diminuição da especificidade que esse primeiro ponto de vista acarreta pode pôr em questão a disciplina, com as instâncias acadêmicas julgando-a muito heterogênea para merecer um reconhecimento oficial (pode-se citar aqui o exemplo francês das comissões da Universidade e do *Centre National de Recherches Scientiques* – CNRS). Pode igualmente pôr em questão a profissão: qualquer um que se refira ao trabalho pode então dizer de si mesmo que é ergonomista. O exemplo da Alemanha é instrutivo quanto a isso, não tendo a ergonomia conseguido criar uma identidade própria no âmbito da *Arbeitswissenschaft*.

O *segundo ponto de vista* leva a enfatizar a especificidade da disciplina, em especial como ela se manifesta na prática profissional. A ergonomia visa então explorar e organizar os conhecimentos disciplinares em relação aos objetivos de transformação/concepção do trabalho. Pouco a pouco, aliás, constitui-se um saber especificamente ergonômico, com suas organizações e lógicas próprias que traduzem a articulação das disciplinas como é encontrada nas práticas. Os conhecimentos e os métodos de análise se adaptam progressivamente a essa perspectiva, não são colados às situações, mas interrogados e situados, o que com frequência exige seu enriquecimento.

As *vantagens* desse ponto de vista dizem respeito sobretudo às ações ergonômicas, que são diretamente associadas à disciplina e encontram nela referências profissionais precisas. Seu aspecto de "engenharia", ou "tecnologia", é mais convincente para os clientes das empresas. Quando a prioridade é dada a uma disciplina da qual se empresta, fala-se então, por exemplo e respeitando a ordem das palavras, de "ergonomia psicológica" ou de "ergonomia cognitiva". *Os inconvenientes*, até mesmo os perigos, não deixam de existir. Os ergonomistas, que adotam esse ponto de vista, assimilador, podem escorregar para o sectarismo, até mesmo o imperialismo. A ênfase posta na especificidade da ergonomia pode isolá-la das pesquisas nas disciplinas vizinhas. Além disso, as tentativas de ampliação do seu campo de atuação se chocam com dificuldades metodológicas que requerem um grande investimento para serem corretamente superadas.

As posições intermediárias entre essas duas são, naturalmente, numerosas. No entanto, e por ora, para nós será suficiente reconhecer que este capítulo faz parte de um Tratado de *Ergonomia* e não de "Ciências do Trabalho"!

Modalidades e limites – as disciplinas vizinhas examinadas serão aquelas que têm como objeto, ao menos em parte, o *trabalho*, seja por incorporarem esse termo numa subdisciplina reconhecida, como a *psicologia do trabalho*, a *sociologia do trabalho*, a *organização do trabalho*, a *medicina do trabalho*, seja por terem sido utilizadas, sem especificar os termos, nas pesquisas e intervenções, como a *psicologia cognitiva* e de modo mais geral as *ciências cognitivas*, as disciplinas relativas à *organização e as ciências da gestão*, bem como as diversas disciplinas concernentes ao homem enquanto organismo biológico.

Biologia humana

Esta rubrica geral compreende um conjunto de disciplinas, às quais a ergonomia recorreu com frequência: antropologia física, anatomia, fisiologia e suas derivações, a

Capítulo 3 – As relações de vizinhança da ergonomia com outras disciplinas

fisiologia sensorial e muscular, a neurofisiologia etc. Os primeiros congressos de ergonomia na Inglaterra – onde surgiu o nome ergonomia – tiveram a maioria de suas comunicações muito diretamente ligada a uma ou outra das disciplinas dessa rubrica.

As atividades têm um suporte biológico que apresenta características diversas segundo os trabalhos considerados e desempenha um papel mais ou menos crucial do ponto de vista ergonômico. As disciplinas biológicas que são convocadas pelos estudos ergonômicos variam de natureza de acordo com os tipos de atividade estudados. Assim, a ergonomia inicialmente se desenvolveu num período em que um grande número de atividades tinha um componente muscular muito presente; este iria se atenuar e o componente cognitivo passaria a predominar, acarretando uma mudança das disciplinas envolvidas. Paralelamente, essas mesmas disciplinas evoluíram e, em consequência, também a natureza de suas contribuições. Por exemplo, a evolução das concepções do funcionamento nervoso levou a uma modificação nas concepções da ação. Após ter sido por muito tempo de tipo reativo, essa concepção se tornou de tipo mais antecipador. A ênfase foi colocada nas relações entre percepção e ação e sua codeterminação. Isso leva a problemáticas de estudo mais complexas e mais ricas que têm consequências na análise da atividade.

Serão relacionados aqui alguns temas ergonômicos essenciais, cujo estudo recorre a um dos campos da biologia humana e que estão na origem de categorias de intervenções importantes. A medicina do trabalho, cujas relações com a ergonomia serão estudadas a seguir, recorre também bastante a esses campos.

Ergonomia das posturas de trabalho – O tema das posturas está ligado a estudos antropométricos que são explorados no dimensionamento dos postos de trabalho e dos produtos. A pesquisa sobre as condições do conforto na postura serve para a adequação dos assentos e a organização dos planos de trabalho.

Ergonomia da atividade muscular – A fisiologia muscular e a biomecânica intervêm na alteração do arranjo físico dos postos de trabalho, com o objetivo de tornar a atividade mais adaptada às características do funcionamento corporal e, desse modo, prevenir distúrbios, entre os quais os mais típicos são os osteomusculares.

Ergonomia dos ambientes – Trata-se dos ambientes sonoros, visuais, térmicos, de pressão (hipo e hiperbáricos, sem gravidade). A fisiologia traz a essa área uma contribuição essencial, que leva às vezes à definição de normas de conforto. Ela contribuiu para a concepção de locais de trabalho adaptados e eventualmente de meios de proteção eficazes.

Ergonomia da reabilitação – Diferentes especialidades da biologia (biomecânica, neurofisiologia, fisiologia sensorial etc.) podem ajudar com eficácia as ações de reeducação, reabilitação (pela concepção de próteses) e adequação do ambiente (ver o Capítulo relacionados ao tema Necessidades especiais).

Ergonomia dos equipamentos de apoio ao trabalho – Diversas disciplinas da biologia contribuem para as pesquisas e ações ergonômicas na área da robótica, manipulação à distância, representação do espaço de trabalho etc.

Ergonomia e avaliação do custo da atividade – Encontram-se aqui todas as tentativas de avaliar o componente energético da atividade, em especial com o objetivo constituir critérios para testar melhorias. Nesse aspecto, a fisiologia trouxe numerosas contribuições para a definição e avaliação crítica de medidas da fadiga, da carga de trabalho, do estresse (medidas do consumo de oxigênio, da frequência cardíaca, da atividade muscular e cerebral etc.) (ver o Capítulo 11, Carga de trabalho e estresse).

Medicina do trabalho

Nas definições da ergonomia sempre aparece uma finalidade relacionada ao estado do operador: a definição da SELF fala em conforto, outras vezes fala-se em manutenção da saúde. Mas se há unanimidade sobre a existência dessa finalidade, não significa que ela seja sempre séria e explicitamente levada em conta. Os médicos, cuja função essencial é centrada na saúde, na sua manutenção e também sua construção, aparecem então como os especialistas diretamente envolvidos.

Assim se explica que a medicina do trabalho, em maior ou menor ligação com a fisiologia do trabalho, tenha tido lugar na ergonomia desde seus primeiros desenvolvimentos. Ela mobilizou a atenção para a proteção da saúde dos trabalhadores, mas com uma tendência a negligenciar a melhoria da produção. Ao se aproximar da ergonomia, a medicina do trabalho iria se transformar e se enriquecer. Ao interesse voltado essencialmente para o diagnóstico da saúde iria progressivamente ser acrescentado o diagnóstico das condições de trabalho. Um conhecimento melhor da origem dos distúrbios leva a conceber as intervenções capazes de reduzi-los, o que implica um melhor conhecimento das condições de trabalho efetivas (ver o Capítulo 4, Trabalho e saúde).

As relações entre a medicina do trabalho e a ergonomia são particularmente estreitas na França (e num grau menor na Bélgica e no Quebec). Os criadores da SELF eram em sua maioria professores de fisiologia e de medicina.

Em conexão com as disciplinas da biologia humana, a medicina do trabalho pode contribuir de duas maneiras essenciais à ergonomia: com a atenção aos problemas de saúde física e mental e aos meios de diagnóstico e avaliação dos problemas, mas também com uma colaboração no tratamento desses problemas. Não se trata aqui de descrever a situação efetiva atual, mas, em vez disso, de esboçar algumas tendências do desenvolvimento possível das interações entre a ergonomia e a medicina do trabalho.

Avaliação das exigências energéticas – É feita por meio de medidas do esforço com o auxílio de variáveis fisiológicas (consumo de oxigênio, ritmo cardíaco etc.).

Avaliação dos diferentes fatores de ambiente – Podem ser luminosos, sonoros, térmicos, vibratórios, de pressão etc.

Avaliação dos constrangimentos temporais – A avaliação é feita nos diferentes níveis em que podem se apresentar: trabalhos com ritmo imposto, horários escalonados relacionados ao trabalho em equipes etc.

Avaliação dos danos provocados por agentes tóxicos – Usou-se às vezes o termo ergotoxicologia para caracterizar os estudos ergonômicos de toxicologia em situação de trabalho, que levam em conta as modalidades reais da exposição.

A medicina do trabalho estimula a ênfase nos efeitos do trabalho no longo prazo: doenças profissionais, efeitos da idade. Demonstra então o interesse por estudos epidemiológicos.

Capítulo 3 – As relações de vizinhança da ergonomia com outras disciplinas

Em muitos temas anteriormente mencionados, o médico do trabalho poderá interagir com o psicólogo.

Ciências cognitivas

Os desenvolvimentos tecnológicos introduzem transformações profundas na natureza do trabalho, que se expressam no aparecimento de novas funções humanas que requerem atividades, nas quais o componente cognitivo tem um lugar de destaque. Basta pensar em atividades ligadas ao diagnóstico, planejamento, gestão, controle, prevenção etc., que têm sua complexidade aumentada por se inscreverem em sistemas de controle dinâmico. As ciências cognitivas e a ergonomia estão diretamente relacionadas a esses novos tipos de trabalho.

O *Vocabulaire de sciences cognitives* (Houdé et al., 1998) distingue cinco grandes áreas sob esse nome geral: a *psicologia cognitiva,* a *inteligência artificial,* a *linguística cognitiva,* as *neurociências cognitivas* e a *filosofia da mente.* Embora em princípio seja possível encontrar relações entre todas essas áreas e a ergonomia, serão abordados aqui apenas os três primeiros, mais especificamente relacionados. No aspecto "engenharia" dessas ciências, há sobretudo a informática, a automação e a robótica.

Encontram-se entre as ciências cognitivas e a ergonomia os dois tipos principais de relação mencionados anteriormente, pois a ergonomia explora os conhecimentos trazidos pelas ciências cognitivas, e ao mesmo tempo é solicitada pelas ciências cognitivas a cooperar nas realizações práticas que elas promovem.

Ergonomia e psicologia cognitiva – Estas duas disciplinas com frequência estão muito interligadas e a ação ergonômica poderia, às vezes, ser considerada como sendo do âmbito da psicologia cognitiva aplicada. É essa proximidade que deu origem à criação da expressão *ergonomia cognitiva.* A ergonomia cognitiva empresta da psicologia cognitiva modelos e métodos. Em troca, ela a ajuda a escapar do cognitivismo, ao enfatizar que a atividade não tem só uma dimensão cognitiva, mas está também imersa num contexto que em parte a condiciona. Da concepção do homem como sistema de tratamento da informação, popular nos princípios da ergonomia, tem se passado progressivamente a concepções de tipo construtivista (ver o Capítulo 12, Paradigmas e modelos para a análise cognitiva das atividades finalizadas, e o Capítulo 16, Para uma cooperação homem-máquina em situação dinâmica). A psicologia cognitiva desempenhou um papel fundamental nas ações conduzidas sob o nome de ergonomia do programa de computador e da programação, na concepção e avaliação de interfaces homens-máquinas, no controle de processos e nos estudos de confiabilidade. A análise ergonômica do trabalho recorre com muita frequência aos métodos de análise cognitiva da atividade. Um bom exemplo é o dos métodos de elucidação (ou de extração) dos conhecimentos utilizados para a concepção dos sistemas de auxílio.

A psicologia cognitiva intervém na concepção e análise dos sistemas para determinar os modos de acoplagem do sistema cognitivo humano com os automatismos destinados a ajudá-lo ou substituí-lo, e para garantir que a substituição de um pelo outro, em situações de urgência, possa ocorrer sem incidentes.

Ergonomia e inteligência artificial (IA) – As relações entre a ergonomia e a inteligência artificial são importantes e se dão com frequência por intermédio da psicologia cognitiva. Um primeiro exemplo, amplamente difundido, é o da concepção e utilização de computadores. Os problemas de codificação, representação, memorização, organização e tratamento da informação e dos conhecimentos são pontos de interação das duas disciplinas.

Uma aplicação da IA muito ligada à ergonomia abrange os sistemas especialistas, também chamados especialistas artificiais, que desempenham um papel de assistência ao operador. Uma primeira etapa de sua concepção é a análise da atividade desse último para identificar as características de suas competências, mesmo se, em seguida, o procedimento explicitado não é utilizado. Mas se a ergonomia e a psicologia cognitiva podem inspirar a IA, esta por sua vez lhes comunica conhecimentos, alguns dos quais têm sido amplamente explorados por elas, como a distinção dos conhecimentos declarativos/procedurais, as noções de regra de produção e de simulação do raciocínio humano etc.

A ergonomia pode estar diretamente implicada na robótica no momento da concepção dos sistemas robotizados, para a definição de suas funções e sua acoplagem com as funções que serão confiadas ao operador humano. Estará igualmente implicada no estudo das modalidades de funcionamento desses sistemas, em relação sobretudo à segurança, para a concepção de interfaces facilitando a programação dos sistemas robotizados. Pode-se também mencionar a intervenção da ergonomia no estudo dos sistemas de apoio, em particular os de apoio inteligente às decisões, e na elaboração do ensino assistido por computadores.

Ergonomia, linguística e semiótica – Se fosse o caso de desenvolver esta parte, seria necessário mencionar as *ciências da informação* e as *ciências da comunicação*, pois as diferentes disciplinas que as compõem têm relações com a ergonomia dos sistemas modernos. Aqui nos limitaremos a abordar os temas da linguística e da semiótica.

O universo técnico, no qual o trabalho está imerso, tem um caráter simbólico muito acentuado: em particular, a linguagem e os signos desempenham nele um papel importante. A *linguagem* intervém nas comunicações naturais e naquelas veiculadas pelos meios de transmissão modernos (telefone, fax, correio eletrônico, teleconferências etc.). A adaptação desses meios de transmissão está muito relacionada à ergonomia. O mesmo pode se dizer quanto às pesquisas sobre o reconhecimento da fala e da escrita, que passa progressivamente do laboratório para as situações da vida cotidiana (ver o Capítulo 14, Comunicação e trabalho).

A análise do material verbal coletado por meio de entrevistas ou no decorrer das verbalizações é com frequência uma etapa indispensável da análise ergonômica do trabalho: ela interroga a linguística e dela empresta conceitos e métodos, mas põe ênfase no estudo do conteúdo. A linguística intervém também no estudo das transformações da língua por meio dos jargões profissionais.

A *semiótica* é solicitada pela análise dos sistemas de signos subjacentes às técnicas, interfaces, sistemas de sinalização, tão numerosos nas situações de trabalho como nas da vida cotidiana (sinalização dos lugares, dos produtos, das utilizações etc.). A linguística e a semiótica têm também um papel com frequência essencial na concepção das instruções, ordens, regras e regulamentos que organizam o uso dos objetos e dos sistemas técnicos, concepção que constitui um problema importante para a ergonomia dos sistemas complexos e de riscos.

Engenharia cognitiva e cooperação – Embora a ergonomia tenha por muito tempo se concentrado na atividade individual, ela também não demorou a perceber a importância dos aspectos coletivos do trabalho. O problema da distribuição das tarefas num conjunto produtivo foi um dos primeiros nessa área a ser examinado sistematicamente. Também logo se sugeriu a adição do plural à noção de Sistema homem-máquina; Sistema homens-máquinas querendo dizer que o homem estava inserido num sistema que o colocava em relação não com uma máquina apenas, mas com outros homens e outras máquinas. O desenvolvimento dos sistemas informatizados deu um impulso novo e um caráter original ao estudo desses *aspectos coletivos* da atividade. Foi assim que se viu o surgimento e a exploração das noções de cognição distribuída, de sistema cognitivo conjunto, de ambiente cognitivo compartilhado. Uma corrente de pesquisas se especializou no estudo do trabalho assistido pelo computador, mostrando como uma exploração pertinente dos meios informáticos pode contribuir para melhorar a cooperação entre os operadores de um sistema e ao mesmo tempo permitir a extensão desses sistemas (p. ex., o teletrabalho) em redes de maior ou menor extensão.

A complexidade de todos esses sistemas ressalta a necessidade de uma cooperação estreita entre a engenharia cognitiva em suas diferentes especialidades e a ergonomia para a concepção coletiva de sistemas confiáveis e competitivos. Em todas essas áreas, a articulação das competências dos engenheiros e ergonomistas é uma necessidade cada vez mais reconhecida pelos interessados.

Psicologia do trabalho

A expressão "psicologia do trabalho" conota uma grande variedade de abordagens, quer se intitulem disciplinas ou não: "psicologia do trabalho", "psicologia industrial", "psicotécnica", "psicologia das empresas", "psicologia cognitiva do trabalho"... Os ingleses e holandeses utilizam de preferência *work psychology*, e os americanos, *Industrial and organizational psychology (I/0 Psychology)*. Abordaremos a seguir essa distinção entre psicologia industrial e psicologia das organizações, pois é a mais difundida. Completaremos com a *psicologia diferencial das populações*.

Psicologia industrial – A psicologia do trabalho, desenvolvida com esse nome nos Estados Unidos, não está relacionada apenas às indústrias, mas engloba hoje cada vez mais os serviços. Trata-se aqui da *identificação das aptidões visando a seleção e a orientação*: esse objetivo mobilizou essencialmente a velha corrente da *psicologia diferencial* que, a partir de experiências de laboratório, constituiu tipologias de "aptidões", "fatores" (o fator g sendo o mais conhecido), traços de personalidade; os *Big Five* predominam hoje em dia (*Extraversion, Emotional stability, Agreableness, Conscientiousness, Openess to experience*) etc. Só recentemente se manifestaram algumas tentativas de enriquecer a noção de inteligência. A metodologia se apoia muito em experiências realizadas em laboratório, com tarefas do tipo teste, apresentadas a grupos representativos de profissionais – em geral, aliás, estudantes – e em questionários genéricos, sem relação com situações específicas; o que explica em parte os coeficientes de validação externa muito modestos.

Essa abordagem "micro" interessa a algumas correntes da ergonomia, na medida em que resulta na constituição de taxonomias gerais das "características e limites" dos seres humanos, permitindo então a concepção de postos de trabalho e dispositivos de trabalho adaptados (ver em particular a corrente *Human Computer Interactions*). Permite igualmente a utilização da psicologia para o estabelecimento de *normas* ergonômicas. Mas essa ergonomia, atualmente majoritária, visa sobretudo a concepção de *produtos* destinados a um público de consumidores, e não de "trabalhadores"; é por isso que a IEA se opôs à proposta da SELF de introduzir o termo "trabalho" na definição de ergonomia.

Essa abordagem é bastante criticada por outras correntes da ergonomia, às vezes ditas "centradas na atividade", com exceção, no entanto, das características e limites biológicos e fisiológicos (cf. anteriormente). A ergonomia da atividade recrimina essa psicologia industrial por fazer a economia de uma *análise do trabalho*, um trabalho situado e local, em sua temporalidade, para a partir dela revelar as riquezas e complexidades dos *casos* estudados.

Pode-se relacionar a psicologia diferencial ao estabelecimento de *avaliações de competências*. Mas essa prática, surgida há uns dez anos no mercado dos produtos oferecidos aos gerentes de recursos humanos (GRH), não tem uma origem disciplinar científica. Trata-se de procedimentos clínicos, relativos às potencialidades muito gerais dos indivíduos (quase que exclusivamente os executivos). A noção de competências em ergonomia diz respeito a saberes e saber-fazer muito precisos, que resultam de análises de atividades situadas. Os clientes são, no caso, não os GRH, mas os organizadores e projetistas.

Psicologia das organizações – Próxima da psicologia social, esta disciplina, que às vezes se intitula "psicossociologia das organizações", estuda as *atitudes* dos trabalhadores, em particular suas *motivações* e suas satisfações, e também o "sentido" atribuído ao trabalho pelo trabalhador, em relação a sua "identidade", permitindo-lhe "enfrentar" (*coping,* ou ainda "resiliência"). Numerosas pesquisas estudaram igualmente o "estilo de liderança" (*leadership*), para o qual vários modelos foram propostos (o *coaching* está na moda). Atualmente, privilegia-se ao que parece os estudos sobre os *grupos* (equipes, redes...), e também os estudos sobre a *formação de adultos*.

O ergonomista não pode negligenciar os resultados dos estudos da psicologia das organizações. Eles podem ser úteis em especial nas fases preparatórias das ações ergonômicas, para situar as posições respectivas dos atores no meio estudado. Motivações negativas, por exemplo, podem indicar procedimentos ou competências não adaptados, provocando fracassos e erros (ver o Capítulo 20, Metodologia da ação ergônomica: abordagens do trabalho real). Os métodos de análise consistem basicamente em investigações (*surveys*), por meio de entrevistas, ou, mais frequentemente, de questionários, e mais raramente da análise direta das comunicações. Esses métodos, bem como o caráter muito mais descritivo do que prescritivo dos estudos da psicologia das organizações, não permitem uma fácil exploração direta dos resultados desses estudos nas análises ergonômicas dos locais de trabalho.

Psicologia diferencial das populações – É preciso distinguir essa abordagem da psicologia diferencial dos indivíduos. Trata-se aqui de uma abordagem mais "macro", próxima à sociologia, bem como da antropologia cultural e da antropotecnologia. Esta psicologia diferencial estuda, em particular, as diferenças relativas aos comportamentos e à saúde segundo as *faixas etárias* dos trabalhadores, sua *origem social*, ou mesmo sua origem étnica, com problemas deontológicos. Os ergonomistas não podem ignorar os resultados dessas pesquisas, em particular aqueles relativos aos efeitos da idade (ver o Capítulo 9, Envelhecimento e trabalho, e, anteriormente, a seção Medicina do trabalho).

Sociologia do trabalho

Interesse e diversidade das sociologias – O campo abrangido pela sociologia é imenso, e a sociologia do trabalho – que na França possui com esse título sua própria publicação científica – também participa dessa diversidade impressionante.

Capítulo 3 – As relações de vizinhança da ergonomia com outras disciplinas

A ergonomia, em particular a ergonomia centrada na atividade, está atualmente convencida de que não pode negligenciar o "contexto", o ambiente do posto de trabalho, da fábrica ou do escritório, e até as culturas e normas nacionais. O conhecimento desses ambientes é indispensável para definir as *situações de trabalho* a levar em conta, as quais determinam em grande parte as atividades e competências dos operadores. É por isso que as colaborações entre ergonomistas e sociólogos são atualmente muito mais numerosas do que outrora, em especial nos setores industriais de ponta, ditos "de risco", como a energia nuclear ou a aviação, para citar apenas dois.

A sociologia do trabalho pode, de fato, trazer uma contribuição útil à ergonomia, porém é importante definir seu lugar e, para tanto, podem ser distinguidas três abordagens: "micro", "meso", e "macro".

— *Abordagem "micro"*. Em seu exame escrupuloso de situações bem identificadas, ela se confunde às vezes com a psicologia social ou com a psicologia das organizações. É o caso, por exemplo, de estudos sobre as comunicações entre as equipes de saúde num hospital. É algo que diz respeito diretamente ao ergonomista, que pode assimilar os métodos e os resultados desses estudos em suas próprias análises. A recíproca é também possível: certos "microssociólogos" emprestam dos ergonomistas seus modelos de análise.

— *Abordagem "meso"*. Num nível menos local, encontra-se uma abundância de estudos sobre as relações de poder, sobre as negociações, por empresas ou categorias profissionais (na França, sobre as 35 horas, por exemplo), sobre os sindicatos etc. Citemos também os estudos sobre o estatuto das mulheres ou dos jovens (em especial no setor da grande distribuição). Ou ainda, mais prudentemente, as informações propostas sobre as "culturas de empresa", em particular as "culturas de segurança".

O ergonomista não pode ignorar esses estudos. Não que ele possa incorporar seus resultados diretamente, mas estes podem ajudá-lo a compreender algumas das atividades observadas, sob condição de privilegiar a análise *"bottom-up"*. Além disso, a sociologia pode lhe ser útil para guiá-lo em suas intervenções, permitindo melhor situá-las em relação a seus interlocutores (direção, executivos, CHSCT, sindicatos, assalariados...).

— Abordagem "macro". Encontram-se aqui as análises, com frequência por país, sobre o emprego, a remuneração, a contribuição da imigração, a legislação, por exemplo. A dimensão histórica, que permite identificar as evoluções, está sempre presente. Nesse nível, a sociologia empresta da demografia.

O ergonomista também aqui é quase um cliente indireto. Só em casos excepcionais ele pode observar o impacto direto das variáveis macrossociológicas na atividade dos trabalhadores. No entanto, é útil que ele as conheça quando realiza suas práticas de ação ergonômica, do mesmo modo que pode ser útil a um médico estar a par dos estudos de epidemiologia.

Vizinhanças próximas, com certeza, porém com diferenças – Embora os ergonomistas e os sociólogos do trabalho tenham com frequência trocas proveitosas, não resta dúvida que diferenças cruciais subsistem.

Com frequência os *métodos de análise* mais utilizados se opõem. Claro, os sociólogos saem em campo, mas é para conduzir nele "pesquisas" de estatutos, com frequência, incertos. Pesquisas baseadas em *tipologias*, das quais eles têm consciência de que não facilitam a apreensão dos "espaços de liberdade" entre os indivíduos e suas determinantes sociais. Não é, entretanto, o caso para os sociólogos mais "micro", como foi dito. Também não é o caso daqueles que emprestam da *etnologia* e *antropologia* suas abordagens participativas. Duas disciplinas que são o objeto de um interesse crescente por parte dos ergonomistas.

As diferenças relativas aos métodos podem ser aproximadas da diferença talvez mais importante em relação à ergonomia: a recusa da maioria dos sociólogos do trabalho de prolongar suas descrições por meio de *prescrições*, propondo transformações precisas. Aqueles que se dedicam a atividades de consultoria reconhecem isso abertamente: dizem ter abandonado seu estatuto de cientista.

Organização do trabalho e ciências da gestão

O título duplo desta seção remete a discursos e práticas às vezes confundidos. Pode-se distinguir, no entanto, de um lado o conjunto das práticas ligadas à organização do trabalho propriamente dita, que se referem à arte do engenheiro, da qual Taylor é o grande ancestral, e de outro lado as ciências da gestão, que se referem à arte dos gestores (das quais Fayol é um dos grandes ancestrais).

A organização do trabalho – Ela define uma estrutura "horizontal" que especifica as fronteiras dos "postos" (as máquinas, ferramentas, dispositivos utilizados), e sobretudo as *tarefas* atribuídas, com os *procedimentos* correspondentes. E isso desde o posto isolado numa linha de montagem até os regulamentos complexos em caso de incidente numa sala de controle de processos contínuos, passando pelas regras administrativas a serem respeitadas nos escritórios, ou as modalidades de comunicação entre o piloto e o controlador de voo no tráfego aéreo.

A ergonomia está aqui mais que diretamente envolvida: chega mesmo, às vezes, a se considerar como a disciplina capaz, por excelência, em virtude de seus métodos de análise e suas intervenções, de resolver os problemas que se colocam para os organizadores do trabalho. Organizadores que de fato, na maior parte das vezes, têm apenas a propor receitas tradicionais, ou improvisações muito empíricas. Além disso, é raro a organização do trabalho clássica se interessar pelo "trabalho real", em oposição ao "trabalho prescrito".

Frederik W. Taylor é evidentemente o ancestral incontestável – mas sempre contestado! Não diretamente o promotor dos "Tempos e Movimentos" e da cronometragem, mas o Taylor da "Organização Científica do Trabalho" (OCT, o *Scientific Management*). O trabalho deve ser organizado cientificamente por organizadores profissionais, que se distinguem daqueles que executam. A ergonomia também pretende trazer soluções aos problemas de organização, soluções que os próprios trabalhadores não podem encontrar espontaneamente.

As ciências da gestão – Também chamadas ciências da administração (*management*), podem ser caracterizadas, sumariamente, como visando sobretudo a organização "vertical", ou "geral", das empresas, administrações e serviços. Não são mais os "postos de trabalho", e os trabalhadores a eles designados, que são considerados, mas unidades mais amplas: serviços, funções, escritórios etc. O *organograma* é a expressão gráfica utilizada com frequência: quem manda em quem, quem aconselha quem, quem comunica com quem... As escolas se confrontam e se sucedem. Hoje são as *diretorias de relações humanas* (DRH) que com frequência estão encarregadas, nas grandes empresas, dos problemas relativos ao pessoal (ver, anteriormente, Psicologia industrial).

É preciso distinguir duas abordagens muito diferentes.

A primeira é a de uma disciplina que se quer científica. Possuiu seus próprios centros de pesquisa e seu próprio ensino. Seus métodos são muito próximos dos da sociologia. Como os sociólogos, aliás, os especialistas em ciências da gestão preferem a análise descritiva e o comentário crítico à análise prescritiva, privilegiada pela função de consultor. O ergonomista terá então, em relação a essa disciplina, os mesmos interesses e as mesmas interrogações que em relação à sociologia do trabalho e das organizações.

A segunda abordagem, muito mais difundida, de "ciência" só tem o nome. Trata-se de modelos criados pelas próprias empresas (p. ex., o toyotismo), ou imaginadas por consultores para atender ou antecipar às necessidades do mercado; ou pela invenção de produtos capazes de seduzir as direções gerais. Os pressupostos ideológicos ficam com frequência em segundo plano, e às vezes em primeiro, por exemplo, a velha "humanização do trabalho". Cabe, naturalmente, ao ergonomista conhecer essas modalidades de organização geral para as suas intervenções, mas não há aqui problemas de vizinhança propriamente ditos, pois mal se pode falar de uma "disciplina".

Conclusão

As disciplinas abordadas não constituem uma lista exaustiva. Teria sido necessário mencionar também as relações com as ciências da educação, por intermédio da formação, com a "psicodinâmica do trabalho", e com a engenharia, cujo conhecimento é necessário para um diálogo frutífero com os responsáveis pela concepção e adequação das condições técnicas do trabalho, ou dos dispositivos destinados ao público.

Como intervêm na prática essas diferentes disciplinas? É onde se coloca o problema da natureza das competências dos ergonomistas e o da formação para essas competências. Deve o ergonomista saber de tudo um pouco, ou ter como dominante uma disciplina-eixo, em relação às outras disciplinas necessárias, entretanto conhecidas mais superficialmente? Deve o ergonomista fazer tudo sozinho ou terceirizar alguns dos problemas que definiu com especialistas das áreas apropriadas?

Não temos evidentemente uma resposta pronta para essas questões, que também se modulam em função das "situações de trabalho" dos próprios ergonomistas. Em compensação, estamos convencidos de que essa é uma questão que deve ser abordada pelos educadores que estão e estarão encarregados da formação dos ergonomistas.

Referências

BAGLE-GÖKALP, L. *Sociologie des organisations.* Paris: La Découverte, 1998.

BERNARD, J. L.; LEMOINE, C. (Ed.). *Traité de psychologie du travail et des organisations.* Paris: Dunod, 2000.

BERTHOZ, A. *Le sens du mouvement.* Paris: Odile Jacob, 1997.

BORZEIX, A.; BOUTET, J.; FRAENKEL, B. (Ed.). *Langage et travail.* Paris: CNRS, 2001.

BOUDON, R. *Y a-t-il encore une sociologie?* Paris, Odile Jacob, 2003.

BOUISSET, S.; MATON, B. *Muscles, posture et mouvement.* Paris: Hermann, 1995.

BOURRIER, M. *Le nucléaire à l'épreuve de l'organisation.* Paris: PUF, 1999.

CHARUE-DUBOC, F. ed. *Des savoirs en action, contribution de la recherche en gestion.* Paris: L'Harmattan, 1995.

CLOT, Y. *La fonction psychologique du travail.* Paris: PUF, 1999.

DESOILLE, H.; SCHERRER, J.; TRUHAUT, R. *Précis de médecine du travail.* Paris: Masson, 1991.

ERBÈS-SEGUIN, S. *La sociologie du travail.* Paris: La Découverte, 1999.

GROSJEAN, M.; LACOSTE, M. *Communication et intelligence collective.* Paris: PUF, 1999.

HOC, J. M. *Supervision et contrôle de processus:* la cognition en situation dynamique. Grenoble: PUG, 1996.

HOUDÉ, O. et al. *Vocabulaire de sciences cognitives.* Paris: PUF, 1998.

KARNAS, G. *Psychologie du travail.* Paris: PUF, 2002.

LEPLAT, J. (Ed.). *L'analyse du travail en psychologie ergonomique.* Toulouse: Octarès, 1992-1993. v.2.

MATTHEWS, G.; ZEIDNER, M.; ROBERTS, R. *Emotional intelligence.* Cambridge (Mass.): MIT Press, 2003.

MONTMOLLIN, M. de (Ed.). *Vocabulaire de l'ergonomie.* 2. ed. Toulouse: Octarès, 1997.

PILLON, T.; VATIN, F. *Traité de sociologie du travail.* Toulouse: Octarès, 2003.

STERNBERG, R.; LAUTREY, J.; LUBART, T. (Ed.). *Models of intelligence.* Washington: APA, 2003.

TERSSAC, G. de; FRIEDBERG, E. (Ed.). *Coopération et conception.* Toulouse: Octarès, 1996.

TISSEAU, G. *Intelligence artificielle. Problèmes et méthodes.* Paris: PUF, 1996.

UHALDE, M. (Ed.). *L'intervention sociologique en entreprise. De la crise à la régulation sociale.* Paris: Desclée de Brower, 2001.

VICENTE, K. J. *Cognitive work analysis.* Mahwah (NJ): Lawrence Erlbaum, 1999.

WILPERT, B.; FAHLBRUCH, B. (Ed.). *System safety challenges and pitfalls of intervention.* Kidlington: Pergamon, 2002.

Ver também:

1 – Natureza, objetivos e conhecimentos da ergonomia

2 – Referências para uma história da ergonomia francófona

19 – Trabalho e sentido do trabalho

Fundamentos teóricos e conceitos

4
Trabalho e saúde

Françoise Doppler

Agradecimentos à sra. Catherine Sauvagnac, doutora em ergonomia, por sua contribuição inicial a este capítulo.

As relações entre o trabalho e a saúde dizem respeito a várias disciplinas, entre as quais podemos citar: a ergonomia, a medicina do trabalho, a prevenção dos riscos, a toxicologia, a psicodinâmica, a epidemiologia e a saúde pública, mas também a sociologia, ou mesmo a economia da saúde. Aqui, abordaremos em particular duas das disciplinas citadas: a medicina do trabalho e a ergonomia, e investigaremos a relação entre as duas.

As relações entre o trabalho e a saúde se mostram complexas: o ponto de vista mais amplamente admitido é que o trabalho prejudica a saúde; um outro ponto de vista menos difundido é que a saúde é necessária para a realização do trabalho. Mas o trabalho pode ser também uma fonte de saúde e de realização pessoal. São essas conexões polimorfas e as possibilidades de ações que delas decorrem que serão examinadas neste capítulo.

Ele está dividido em quatro seções: são examinadas sucessivamente as noções de trabalho, de populações no trabalho, de saúde, insistindo nas evoluções pelas quais vêm passando; e então são abordados os diferentes pontos de vista sobre o confronto entre trabalho e saúde.

O trabalho

O trabalho pode ser descrito em seu estado atual segundo diferentes dimensões, que permitem entrever o que podem ser as relações entre trabalho e saúde – saúde entendida aqui no sentido global do termo, incluindo os componentes físico, cognitivo, psíquico e social. Voltaremos mais adiante a esses diferentes componentes.

As dimensões do trabalho consideradas aqui são: o estatuto do trabalho, o tempo do trabalho, a organização do trabalho, o conteúdo do trabalho e, por fim, as condições do trabalho.

Estatuto do trabalho – Alguns poderão achar que essa questão diz mais respeito à sociologia do trabalho do que ao campo das relações trabalho-saúde, mas nos parece difícil compreender a situação atual sem evocar esse aspecto histórico. Com efeito, o que se pode chamar a "vida ativa" passou por grandes mudanças nos últimos trinta anos: a contratação tardia dos jovens, os períodos de desemprego, o fim antecipado da atividade induziram profundas modificações do valor "trabalho".

Desde o século passado, o trabalho passou por metamorfoses consideráveis. Seu estatuto na sociedade não é mais o mesmo e o investimento que cada um pode fazer nele acabou se modificando notavelmente, o que sem dúvida atinge de maneira significativa a saúde.

No século XIX, o trabalho era ainda essencialmente agrícola e artesanal, ocorrendo geralmente no local onde se vivia; as ferramentas para realizá-lo, fora o arado e a foice, ainda eram fabricadas pelos próprios artesões, atendendo assim às suas necessidades e funcionamento. A revolução industrial veio transformar profundamente as diferentes dimensões do trabalho. A criação das fábricas modificou o local do trabalho, enquanto o nascimento da organização científica do trabalho, ou OCT, tendo por consequência o parcelamento das tarefas, atingiu o conteúdo do trabalho do operador. Este último, ao se tornar o executor de tarefas em princípio inteiramente prescritas pela direção, perdeu não somente sua autonomia, mas também o aspecto global de sua "obra". Foi nessa época que se constituíram os coletivos de trabalho, tanto no interior das oficinas quanto no plano sindical.

Desde o fim da década de 1970, o trabalho industrial tem estado em declínio relativo e o aparecimento do desemprego em massa trouxe modificações profundas às motivações e investimentos. O desemprego prejudica o vínculo social fundado no trabalho (Bidet e Tixier, 1994) e desestrutura as solidariedades coletivas.

Esboços de soluções foram propostos, relativos às noções de divisão do trabalho, de redução do tempo de trabalho (Gorz, 1991), de desenvolvimento de outras atividades "não produtivas mas necessárias ao equilíbrio individual e à coesão social" (Meda, 1995). Também tem sido discutida a ideia de uma repartição dos recursos que não seja por meio do trabalho, com a distribuição de uma renda mínima a cada um fora do contrato de trabalho.

O desenvolvimento nesse período de formas precárias de trabalho – trabalho temporário, contrato com duração determinada – contribui igualmente para a desestruturação do vínculo social (Paugam, 2000). Por fim, a entrada na era da globalização acarretando fusões, aquisições e reestruturações de empresas engendra um sentimento de insegurança que atinge o conjunto dos assalariados, inclusive os executivos de direção.

A fragilidade de um investimento exclusivo no trabalho se torna manifesta e pode-se ler o relativo retraimento de certos assalariados em relação à atividade profissional como um reflexo de preservação da saúde; mas isso não impede que a insegurança do trabalho permaneça sendo uma fonte de estresse, ou mesmo de patologia.

Modificação do tempo do trabalho – A carga horária de trabalho mantém na França o movimento de decréscimo que se verifica desde o início do século XX (Gollac e Volkoff, 2000): de 3.000 horas anuais no início do século XX, a carga horária média de trabalho passara a ser de 1.600 horas em 1990.

No entanto, a evolução da carga horária de trabalho não é apenas quantitativa, mas também qualitativa. Junto com a lógica social que visa melhorar as condições de trabalho e de vida dos assalariados, há também em ação a lógica da empresa que tem por objetivo "otimizar" produtividade e flexibilidade (*Sciences Humaines,* 2001). Desse modo, a

Capítulo 4 – Trabalho e saúde

evolução da carga horária de trabalho é acompanhada por uma modificação de sua estrutura temporal por meio de medidas como a reorganização do tempo de trabalho, o trabalho noturno, o trabalho dito em equipes alternantes ou não, que estão em desenvolvimento e contrariam em maior ou menor grau os ritmos biológicos, conforme o caso. A flexibilidade pode significar também um tempo parcial obrigatório, ou a anualização do tempo de trabalho, mesmo se os horários flexíveis *à la carte* tenham se desenvolvido também em resposta às reivindicações dos assalariados.

O trabalho é na maioria das vezes fracionado, em particular no comércio: os caixas veem suas jornadas de trabalho cortadas por pausas de duração variável. O que leva a efetuar um verdadeiro trabalho de gestão da alternância entre tempo trabalhado e descanso imposto. Inversamente, alguns assalariados tentam agrupar seu tempo de trabalho num mínimo de dias para salvaguardar seu espaço privado: citemos o exemplo das enfermeiras que preferem efetuar seu trabalho por turnos de dez horas consecutivas.

O trabalho em tempo parcial se desenvolveu por escolha ou imposição. Quando é imposto, diz respeito à fragmentação do tempo a serviço da empresa e coloca o problema de sua adequação aos outros tempos sociais; quando é escolhido, remodela a posição dos assalariados que o escolhem em relação a sua empresa, indicando um engajamento consciente.

Quanto à implantação recente das 35 horas na França, parece que o ganho de tempo está sendo apreciado, desde que não seja um freio para a organização da semana seguinte. Além disso, os atores de todos os níveis hierárquicos percebem um efeito perverso das 35 horas em termos de intensificação do trabalho quando uma diminuição dos objetivos não é renegociada, ou quando essa implantação não é acompanhada por contratações.

Modificação do conteúdo do trabalho – O trabalho mudou: o trabalho terciário domina, marcado pela modernização das ferramentas; a organização do trabalho, o gerenciamento e a prescrição evoluem, transformando as condições da saúde psíquica.

Realidade da ascensão do trabalho no setor terciário – Embora o trabalho no setor terciário tenha se desenvolvido consideravelmente, isso não significa que as situações de trabalho fisicamente árduas tenham desaparecido. Por um lado, esse setor inclui todas as atividades do comércio e do transporte, entre as quais há algumas ainda submetidas a constrangimentos físicos severos; por outro lado, mesmo no setor terciário propriamente dito, há trabalho árduo, em particular nas atividades de serviço.

Além disso, o trabalho operário não desapareceu (Gollac e Volkoff, 2000) e permanece exposto aos efeitos nocivos do ruído, a constrangimentos de postura e a substâncias tóxicas. Embora a automatização tenha trazido elementos positivos, não fez o trabalho físico desaparecer, e às vezes até o sujeitou aos ritmos das máquinas.

Modernização do trabalho – A multiplicação dos computadores e dos autômatos aumentou a importância do trabalho mental. A ferramenta básica não é mais a mão, mas o pensamento e as operações cognitivas (Clot, 1994); os dispositivos atuais pressupõem de fato que o operador envolvido utilize suas próprias ferramentas cognitivas, o que coloca o próprio sujeito em primeiro plano; é uma das causas da subjetivação do trabalho.

O trabalho de supervisão dos sistemas complexos aumentou, o que coloca o problema das representações que os operadores se fazem do estado do sistema, sua intervenção se limita a quando ocorrem incidentes ou disfunções.

Modificações da organização – As escolhas que foram feitas em matéria de organização produziram ao menos duas ordens de consequências que podem ter incidência sobre a saúde.

1. A intensificação e o adensamento do trabalho: por um lado, a redução do tempo de trabalho obrigou muitos operadores a efetuarem as mesmas tarefas num tempo menor; por outro lado, o trabalho se tornou mais denso porque as pausas e os tempos mortos diminuíram; ora, muitas trocas sobre o trabalho e atividades reflexivas, com frequência coletivas, ocorrem de maneira informal durante esses tempos de pausa.

2. O aumento das interrupções: elas são cada vez mais frequentes em diversas profissões, em razão da onipresença dos meios de difusão da informação e dos instrumentos de comunicação; cada vez mais, o telefone, as mensagens eletrônicas interrompem o trabalho.

Desenvolvimento de novas formas de produção – As empresas voltaram a se centrar em suas atividades consideradas específicas, seu *core business*. Desenvolveram a terceirização e a externalização das outras atividades, o que não deixa de ter consequências no trabalho dos operadores. Efetivamente, as relações do tipo "cliente-fornecedor" intensificam a pressão temporal, e a precariedade do trabalho aumenta. Outra consequência é também o desaparecimento nas empresas de certos cargos com exigências menores ligados às atividades terceirizadas, para os quais podiam ser designados os assalariados com restrições temporárias ou permanentes de aptidões.

Enfim, a política chamada *just in time* cria igualmente novas formas de pressão temporal.

Novas formas de gerenciamento – A ênfase colocada na gestão individual das competências tem como consequência uma responsabilização dos indivíduos em relação ao seu próprio desempenho.

O controle sobre o trabalho aumenta e as práticas de avaliação se desenvolvem, com frequência no momento do "controle de qualidade". A avaliação do trabalho influi nos indivíduos de duas maneiras aparentemente contraditórias:

— pelo desenvolvimento da avaliação individual do desempenho, o que corresponde à modificação das práticas de gestão (contabilidade analítica);

— pela ênfase colocada no comportamento, mais no saber-ser do que no saber-fazer e no resultado do trabalho; é outra causa da subjetivação das relações de trabalho (Le Goff, 1999).

Formas da prescrição – No geral, pode-se dizer que o modo de prescrição evoluiu. A *sobreprescrição*, indicando precisamente os objetivos e os meios da ação, parece ter recuado. Na verdade, uma outra forma de *sobreprescrição* mais insidiosa aparece por meio de todos os procedimentos de qualidade e normalização (ISO): "escrever tudo o que se faz e fazer tudo o que se escreve". Essas orientações são acompanhadas de práticas de auditoria.

Quanto à *subprescrição*, ela não é somente fonte de autonomia; pode ser fonte de estresse e de constrangimentos psíquicos; de fato o trabalho é agora prescrito com frequência sob a forma de missão, o que reforça a parte de responsabilidade do operador. Mesmo assim, não se pode dizer que se tenha passado da lógica da operação a uma lógica da ação (Zarifian, 1995): a divisão da atividade de trabalho utilizada para os referenciais de competências ou para os procedimentos de qualidade continua a fragmentar a tarefa.

Capítulo 4 – Trabalho e saúde

Condições de trabalho – Apesar da modernização e dos desenvolvimentos tecnológicos, as condições de trabalho se mantêm preocupantes (Gollac e Volkoff, 2000). Os fatores físicos ligados ao ambiente de trabalho, que tinham sido objeto de políticas de prevenção na década de 1980 (ruído, vibrações, partículas em suspensão, radiações...), não desapareceram, e até aumentaram em alguns setores. Novos riscos químicos e biológicos surgiram, bem como novos constrangimentos diretamente ligados à organização do trabalho: físicos, como os gestos repetitivos, ou psíquicos. Todos esses constrangimentos são consequências diretas das escolhas técnicas, organizacionais e gerenciais.

As populações no trabalho e sua evolução

O trabalho mudou no último século, e as populações no trabalho também passaram por evoluções. Assiste-se a um envelhecimento das populações nos países ocidentais. Essa evolução demográfica faz com que haja interesse no fenômeno do envelhecimento no trabalho (Marquié et al., 1995). Os assalariados mais velhos encontram dificuldades que podem ser obstáculos a sua saúde (Laville e Volkoff, 1993). Remetemos o leitor ao capítulo de Laville e Volkoff neste livro, que desenvolve esta questão.

A concentração da vida ativa nas idades intermediárias – Os jovens cada vez mais buscam estudos superiores longos e formações profissionais, o que tem como consequência o avanço da idade de entrada na vida ativa. Além disso, o fim da vida ativa ocorre cada vez mais cedo. Isso é consequência paradoxal do aumento da idade de aposentadoria, porque os assalariados mais velhos são cada vez mais incentivados a sair do mercado de trabalho antes, no contexto da redução do efetivo das empresas quando ocorrem movimentos de fusão, reestruturação ou "otimização" econômica (Beaujolin, 1999).

Isso não deixa de ter consequências na saúde; de fato, embora possa ser benéfico parar de trabalhar mais cedo, as demissões e as rupturas são com frequência vividas com dificuldade e implicam um luto real.

O trabalho dos jovens – Cada vez mais bem formados, os jovens chegam às empresas com um bom conhecimento das técnicas da informática, o que é com certeza uma vantagem. Em compensação, seu conhecimento do trabalho é apenas teórico; anteriormente eles podiam se beneficiar de um acompanhamento e de uma formação ao longo da tarefa, no próprio local de trabalho, por parte dos mais velhos que conheciam a realidade do trabalho. Essa forma de "compagnonnage"[1] se revela cada vez mais rara e difícil, por um lado porque os mais velhos são menos numerosos, e por outro porque os constrangimentos temporais são tamanhos que não resta mais tempo disponível para os mais velhos formarem os mais novos, apesar de algumas empresas terem tentado desenvolver a tutoria.

O trabalho das mulheres – Em um século, a atividade feminina assalariada se desenvolveu muito (Battagliola, 2000). O trabalho feminino, apesar de suas evoluções, conserva certas especificidades como a interrupção da carreira devido ao nascimento dos filhos, o constrangimento da dupla jornada, ou seja, garantir o trabalho assalariado e o doméstico; enfim, mantêm-se ainda com frequência desigualdades nos cargos e na remuneração (Messing, 2000, e o Capítulo 18 deste livro).

---

[1] Palavra francesa que designa a relação mestre-aprendiz própria da Idade Média [N.T.].

A saúde

A saúde no trabalho é um conceito em contínua evolução, porque os agravos à saúde engendrados pelo trabalho evoluem com o próprio trabalho, e a própria noção de saúde evolui (Canguilhem, 1966).

Por muito tempo a saúde se manteve um conceito vazio (Pequignot, 1984), definido por ausências, como lembram Laville e Volkoff (1993), "sem patologias, sem deficiências, sem restrições à vida social, sem miséria econômica". A saúde ainda não era definida por um conteúdo específico.

A OMS (Organização Mundial da Saúde) dá esta definição: "a saúde é um estado de completo bem-estar físico, mental e social, e não consiste apenas numa ausência de doença ou enfermidade". Essa definição, embora vá além da noção de ausência, guarda, todavia, um caráter estático com frequência criticado. Coppée (1993) fala em equilíbrio dinâmico, e Pequignot (1984) escreve: "a saúde jamais foi um dado, ela sempre foi uma conquista difícil, superando ou enganando, suprimindo ou coabitando com as doenças". De fato, a saúde é cada vez mais considerada, numa visão positiva e dinâmica, como o resultado de um processo de construção (Dejours, 1995; Falzon, 1998), processo no qual o trabalho ocupa um lugar privilegiado. Voltaremos a isso.

Evolução dos agravos à saúde – A história dos agravos à saúde relacionados ao trabalho é longa. É a Ramazzini que se deve o primeiro tratado, De *Morbis Artificum Diatriba* (As doenças dos trabalhadores), publicado em 1700. Nele, descreve os agravos que identificou junto aos mineiros, os douradores, aqueles "que fazem as fricções de medicamentos a base de mercúrio" (Ramazzini, tradução francesa, 1990). Os conhecimentos se construíram pelo reconhecimento sucessivo de relações entre uma dada patologia e uma etiologia profissional, geralmente segundo o modelo da causalidade única; citemos a título indicativo as etapas que constituíram a identificação da origem profissional da silicose nos mineiros, e aquelas das patologias relacionadas à utilização de solventes, nesse caso relacionadas a certas substâncias, às condições de sua utilização e não mais a uma profissão. Tudo isso resultará num corpus de conhecimentos médicos e regulamentações sobre a patologia profissional.

Esse longo caminho de reconhecimento foi pontuado por armadilhas, como mostra o problema do amianto, apesar da existência desde 1946 de um corpo de médicos do trabalho na França. Com a chegada da era industrial, e sobretudo a partir do início do século XX, os próprios empregadores criaram serviços médicos internos nas empresas, provavelmente mais para salvaguardar a força de trabalho do que para promover a saúde dos assalariados. A saúde, aliás, continua sendo considerada como um recurso para as organizações; é em particular o caso das empresas de risco onde a saúde é um componente da confiabilidade, o que não chega a ser um problema, desde que ela não se restrinja a isso.

Nas últimas décadas, a patologia profissional evoluiu com o trabalho. Os agravos físicos regrediram; embora caiba ser prudente, pois o desenvolvimento dos distúrbios osteomusculares tende a provar o contrário. Pode-se, no entanto, constatar que a carga física diminuiu de importância em relação ao que se convencionou chamar de carga mental, cujo conteúdo mais ou menos implícito caberia examinar, pois alguns, quando falam em carga mental, estão na verdade se referindo a carga cognitiva.

O plano afetivo reconhecimento/frustração, prazer/desprazer, e de modo mais amplo o plano dos afetos e do emocional, não foi levado em conta pela ergonomia, tendo sido

Capítulo 4 – Trabalho e saúde

deixado para a área da psicopatologia e da psicodinâmica. As ações de modificação ou de concepção das situações de trabalho, com frequência pertinentes, não levaram em conta a dimensão afetiva até o presente momento.

Agravos à saúde e construção da saúde – Uma questão permanece central aqui: o trabalho é um perigo para a saúde ou pode ser um promotor de saúde? Os fatos mostram que ele pode ser as duas coisas.

Agravos à saúde ligados ao trabalho – Esse campo é tão vasto, estudado de maneira multidisciplinar pela medicina do trabalho, epidemiologia e todas as disciplinas citadas na introdução, e está fora de questão estabelecer um catálogo exaustivo. Trataremos da representação e da evolução desses agravos.

1. Os acidentes de trabalho. Permanecem uma das fontes mais importantes de agravos à saúde. As situações de trabalho com riscos subsistem apesar da modernização das instalações industriais e do reforço da regulamentação relativa à prevenção dos riscos profissionais. As estatísticas oficiais não devem encobrir o fato de que as situações de risco se deslocaram para as atividades terceirizadas, que os jovens já em situação precária são mais expostos aos riscos, que os constrangimentos econômicos deixam pouco tempo para os operadores aprenderem a dominar o risco.

O acidente de trabalho é quase sempre o resultado da combinação de vários fatores: técnico, organizacional e humano. A maioria dos relatórios relativos aos acidentes faz aparecer rápido demais o fator humano como sendo o desencadeador do evento; a motivação principal é sempre apontar responsabilidades. De fato, todos os processos da empresa e sua organização hierárquica se baseiam na noção de responsabilidade individual e coletiva, no contexto das funções e das missões, e hoje em dia os critérios de avaliação e autoavaliação estão cada vez mais presentes e personalizados. É aqui que a ergonomia encontra um lugar essencial para analisar o trabalho e sobretudo as estratégias operatórias, pôr em evidência as dificuldades eventuais que os operadores enfrentam, e enriquecer desse modo a análise do encadeamento dos eventos que levaram ao acidente. A ação ergonômica permite compreender o que realmente aconteceu, e buscar as medidas mais apropriadas para reduzir os riscos.

O acidente é definido como um agravo brutal à integridade física da pessoa. Além dessa dimensão física, cabe igualmente levar em conta a dimensão psíquica, pois um acidente é sempre um evento doloroso, e sua ocorrência jamais deixa de ter consequências para a pessoa acidentada. Às consequências em relação direta com o traumatismo, convém em muitos casos agregar aquelas ligadas ao fenômeno da culpabilização pelo entorno ou pela própria pessoa. Por fim, as pessoas pertencentes ao coletivo de trabalho e aquelas situadas nas proximidades do lugar onde ocorreu o acidente podem ter passado também por um traumatismo psíquico. As patologias pós-traumáticas demonstram essa realidade.

2. As patologias decorrentes do ambiente. Entre elas estão as doenças infecciosas, as alergias, infecções relacionadas à presença de agentes biológicos e as intoxicações devidas à exposição a produtos químicos na situação de trabalho. Atingem setores tão variados como os da agricultura e do agroalimentar, os laboratórios de pesquisa, o setor sanitário ou a indústria. Os cânceres profissionais se incluem nessa categoria: estão ligados à presença de substâncias cancerígenas como o amianto, as serragens, os óleos minerais.

3. As patologias ditas de sobrecarga física. Estão relacionadas ao porte de cargas pesadas, aos movimentos repetitivos, posturas prejudiciais, vibrações intensas e agressões

sonoras. Entre elas os distúrbios osteomusculares, como assinalamos anteriormente, têm um crescimento muito nítido. Atingem evidentemente os operadores efetuando tarefas repetitivas e submetidos a constrangimentos temporais, como os digitadores, os operadores de entrada de dados, os caixas de supermercado. Esse aumento estaria ligado à intensificação do trabalho (Gollac e Volkoff, 2000) e constitui um assunto de pesquisa nessa área.

4. As patologias de ordem psicológica. Podem assumir formas diversas. Têm crescido muito nesses últimos anos e tendem a representar hoje o que as patologias físicas representavam no passado.

a) O *burn-out* ou síndrome de esgotamento profissional (Freudenberger, 1987), caracterizado por um estado depressivo e uma fadiga extrema: foi descrito há cerca de trinta anos no Canadá em relação aos enfermeiros e os trabalhadores sociais. Pode ser observado também nos professores, executivos e dirigentes e nos agentes de serviço em contato com a clientela.

b) As patologias relacionadas à sobrecarga de trabalho, ao estresse, à hiperatividade profissional; podem assumir formas muito diferentes e de intensidade variável, como as síndromes depressivas, ou se exprimir por sintomas mais de ordem cognitiva, com distúrbios de memória ou do pensamento.

c) As patologias consecutivas às manifestações de violência:

— as afecções pós-traumáticas em primeiro lugar. Conhecidas há muito tempo nas vítimas de acidentes de trabalho sob o nome de neurose pós-traumática, têm sido descritas mais recentemente nos assalariados vítimas de agressão durante seu trabalho: citemos em particular os caixas de bancos, os motoristas de ônibus e os professores;

— as patologias que se apresentam como consequências do assédio moral que Hirigoyen (1998, 2001) descreveu como uma conduta abusiva que agride a dignidade ou a integridade psíquica ou física de uma pessoa e põe em perigo seu emprego ou degrada o clima de trabalho.

5. As patologias infraclínicas. Ao lado das marcas socialmente reconhecidas (acidentes, doenças profissionais), existem numerosos outros agravos à saúde. Esses traços, essas patologias infraclínicas se manifestam em prazo mais ou menos longo, e contaminam os diversos âmbitos da vida sob a forma de contaminação da linguagem, obsessão com horários, enrijecimento dos modos de pensamento. São sinais ou objetos tanto de estudos para os pesquisadores quanto de inquietação para os ergonomistas em atividade profissional.

Agravos à saúde *ligados ao "não trabalho"*. Se o trabalho pode ser um perigo para a saúde, sua ausência e o desemprego estão longe de serem sinônimos de saúde, como provam as observações clínicas que foram feitas com os desempregados. A angústia do desempregado não se reduz à perda de sua remuneração. O desemprego constitui para muitos um traumatismo social generalizado que repercute em todos os aspectos da vida cotidiana e em todas as dimensões da pessoa, em particular na saúde. A perda de referências no espaço e no tempo (Schnapper, 1981), o sentimento de inutilidade no mundo (Castel, 1995), a impotência em se projetar no futuro, o esfacelamento do status social e o desaparecimento dos vínculos com os outros conduzem a uma crise de identidade que, em termos de saúde, pode se exprimir tanto no plano somático quanto no da saúde mental, com mais frequência por meio de uma síndrome depressiva.

Capítulo 4 – Trabalho e saúde

Construção da saúde. A saúde é vista atualmente, como mencionamos anteriormente, como um processo de construção ao longo da vida toda, uma espécie de conquista permanente. Dejours (1993) fala também em objetivo, ideal a alcançar. O trabalho ocupa nesse processo um lugar de destaque, o da conquista da identidade no campo social, o da realização.

O trabalho pode ser fonte de plenitude (Thévenet, 2000), de elaboração de competências, ou mesmo de especialização. A liberdade de iniciativa e a autonomia são fatores favoráveis para que o operador encontre um prazer pessoal em colocar suas competências a serviço de uma obra individual ou coletiva; desde que essa autonomia não seja acompanhada de um aumento da pressão, dos constrangimentos de tempo e qualidade, como às vezes ocorre atualmente.

As competências dos operadores podem incidir no campo profissional, mas trata-se também de competências individuais ou coletivas em relação com sua saúde e sua capacidade física em particular. Podem servir para redefinir a organização dos coletivos de trabalho em relação às aptidões de cada um.

É também durante o trabalho que pode ser construído o reconhecimento social por meio do reconhecimento do resultado e das competências pelos colegas e superiores hierárquicos. Essa dimensão é parte importante no processo de realização e construção da saúde (Baudelot e Gollac, 1997).

Falzon (1998) lembra que a saúde faz parte dos objetivos da ergonomia, e isso dentro de uma visão dinâmica de construção da saúde integrando uma dimensão cognitiva. De maneira original, Montmollin (1993) define a saúde cognitiva como "ser competente", ou seja, dispor de competências permitindo ser contratado, ser bem-sucedido e progredir.

Os diferentes pontos de vista quanto ao confronto entre trabalho e saúde

As diferentes disciplinas abordam as situações de trabalho de maneira diferente.

Ponto de vista da toxicologia – Fundada no modelo da causalidade única, a atividade não é, portanto, levada em conta. A atitude do toxicólogo ou do médico toxicólogo segue esse modelo de causalidade única, relacionando um distúrbio constatado a uma causa ou a um leque de causas que convém suprimir: é essa a natureza da prescrição efetuada; hoje, a toxicologia tende a se tornar uma ergotoxicologia que se enriquece ao levar em conta a atividade do operador, para dar conta, por exemplo, da diferença de respostas em pessoas expostas, no entanto, à mesma situação.

Ponto de vista da medicina do trabalho – Lembremos que a medicina é filha de Esculápio. Este tinha duas filhas, Panaceia, deusa da terapêutica, e Higeia, deusa da higiene e da prevenção. A medicina do trabalho tem obedecido até agora sobretudo a Higeia, desenvolvendo três níveis de prevenção: a prevenção terciária consiste em organizar os tratamentos de emergência e em prevenir os acidentes, a prevenção secundária consiste em localizar os agravos à saúde e estabelecer suas relações com o trabalho (para tanto a contribuição da epidemiologia é fundamental), a prevenção primária consiste em intervir nas situações de trabalho a montante e suprimir ou reduzir os fatores de risco. Por muito tempo a medicina do trabalho adotou o ponto de vista da toxicologia, dedicando-se antes de mais nada ao estudo das causas. Atualmente, tem se enriquecido com os pontos de vista ergonômico e psicodinâmico.

Ponto de vista psicodinâmico, a clínica do trabalho – A atitude do profissional desta área é orientada para a autonomia dos indivíduos que sofrem; a prescrição aqui não pode ser imposta, e convém deixar a cada um o empenho de encontrar sua solução, subjetivamente satisfatória, mesmo quando uma reflexão coletiva favorece a sua emergência (Clot, 1994). Davezies (1997) propõe ao médico do trabalho que mude de postura: trata-se de passar do interrogatório, que subjuga o outro, à escuta do relato que o permite se manifestar enquanto humano. O relato "é uma ocasião de trabalho para aquele que conta. Com efeito, o relato se desenvolve a partir da vivência singular do sujeito".

Ponto de vista ergonômico – A atitude do ergonomista é orientada para a análise da atividade humana nas situações de trabalho. O objetivo é uma melhor compreensão do trabalho real e um auxílio aos projetistas para integrar os conhecimentos relativos ao homem no trabalho. A abordagem ergonômica não pressupõe que as motivações e valores do sujeito sejam negligenciadas, pois são eles efetivamente a origem da maneira em que a atividade é desenvolvida com sucesso. A abordagem da situação de trabalho se faz por intermédio da atividade: esse conceito de atividade é uma contribuição significativa da ergonomia e se define como o conjunto dos fenômenos de ordem fisiológica, cognitiva, psíquica e social que o operador coloca em ação para realizar a tarefa (Guérin, 1997).

A saúde é sempre parte integrante da abordagem do ergonomista, estando ou não inscrita na demanda, sendo uma preocupação na análise da atividade e na fase do diagnóstico, estando integrada no processo de concepção, representando ou não uma classe de indícios permitindo avaliar as transformações operadas.

Nos meios do trabalho em que se discute a multidisciplinaridade, as intervenções dos médicos do trabalho e dos ergonomistas cruzam-se com as dos profissionais da medicina preventiva e dos outros atores da saúde no trabalho: sanitaristas, engenheiros de concepção e projeto, especialistas do risco.

Esse ambiente faz com que o médico do trabalho não possa se definir como o único ator da saúde no trabalho. Numa perspectiva histórica, pode-se ver que a atividade clínica do médico do trabalho se construiu, mal ou bem, calcando-se na atividade médica da medicina clínica, que relaciona uma série de sinais a uma categoria da nosologia. Na medicina do trabalho, as categorias utilizadas são categorias de patologia profissional, de ocupações, de risco às quais o indivíduo pode ser exposto, e categorias em termos de aptidão. Trata-se mais do que Davezies (1999) chama de "uma medicina dos riscos profissionais, mas certamente não uma medicina do trabalho". A atividade clínica ainda se apoia demais num modelo de causalidade (Vineis, 1992) que, mesmo quando se trata de causalidade múltipla, não tem como dar conta da realidade do trabalho; de fato, o mundo do trabalho é um conjunto complexo que necessita um conjunto de abordagens coordenadas em vez de um único ponto de vista, por mais especializado que ele seja. O médico do trabalho não pode se restringir apenas a uma posição de denúncia dos riscos; deve aprofundar seu conhecimento do ambiente do trabalho e afirmar uma posição de cooperação com os outros atores, algo que é indispensável para a implantação de uma verdadeira multidisciplinaridade.

A ergonomia é uma das contribuições mais significativas no que diz respeito à saúde no trabalho. O diagnóstico ergonômico pode ser caracterizado como uma atividade de concepção (Falzon, 1993), o que o distingue da atividade do diagnóstico médico, que se refere a uma classificação conhecida, ainda que a clínica da medicina do trabalho como foi descrita anteriormente seja igualmente um trabalho de elaboração.

A ergonomia, por meio de seus objetivos (cf. o Capítulo 1) e de suas ferramentas e métodos, permite estabelecer um vínculo forte entre trabalho e saúde. A ação do ergonomista, ao transformar o trabalho, age nas causas do risco, ou seja, situa-se no nível da prevenção primária, e não no da prevenção secundária (minimizar os riscos) ou terciária (os administrar). A ergonomia visa sem dúvida melhorar a eficácia do sistema de trabalho, mas, longe de se contentar com evitar o risco de patologias, ela procura favorecer a saúde vista como um processo de desenvolvimento.

Para concluir, pode-se observar que as novas formas de trabalho induzem novos agravos à saúde. Mesmo assim, em certas circunstâncias e sob certas condições, o trabalho pode contribuir para a realização do homem e se tornar um promotor de saúde. Diante dessa evolução, a ação a implantar em matéria de saúde no trabalho só pode ser concebida no âmbito de uma multidisciplinaridade organizada, ainda mais porque a importância maior da confiabilidade humana dá um lugar de destaque à saúde enquanto componente fundamental.

Parece-nos que as representações valorizando a sociedade dos lazeres e a redução do tempo de trabalho depreciam o lugar e o valor do trabalho. O que significa o aforismo *le travail, c'est la santé* ("trabalho é a saúde") é que o desenvolvimento de competências, o compartilhar da colaboração e a aquisição de saberes fazem parte da construção da identidade individual e da inscrição no campo social. O trabalho pode constituir em si mesmo um excelente lazer e ser uma fonte de prazer, indiscutíveis fatores de saúde. É um mediador permanente para dar sentido a nossas vidas. Será ele substituível, ou insubstituível?

Referências

BATTAGLIOLA, F. *Histoire du travail des femmes.* Paris: La Découverte, 2000.

BAUDELOT, C; GOLLAC, M. Le travail ne fait pas le bonheur mais il y contribue. *Sciences Humaines*, n.75, p.30-33, 1997.

BEAUJOLIN, R. *Les vestiges de l'emploi. L'entreprise face aux réductions d'effectifs.* Paris: Grasset & Fasquelle, 1999.

BIDET, J.; TIXIER, J. *La crise du travail.* Paris: PUF, 1994.

CANGUILHEM, G. *Le normal et le pathologique.* Paris: PUF, 1966.

CASTEL, R. *La métamorphose de la question sociale. Une chronique du salariat.* Paris: Fayard, 1995.

CLOT, Y. Existe-t-il une originalité subjective à la crise du travail? In: BIDET, J.; TIXIER, J. (Ed.). *La crise du travail.* Paris: PUF, 1994.

COPPÉE, G. H. Ergonomie et santé. In: CONGRÈS DE LA SELF, 28., Genève, 1993. *Actes.* Genève: SELF, 1993.

DAVEZIES, P. Transformation des organisations du travail, nouvelles pathologies: défis à la clinique médicale. *Archives de Maladies professionnelles,* Paris, v.60, p.542-556, 1999.

_____. Psychodynamique et évolution des pratiques en santé au travail. *Les Cahiers SMT,* n.10, 1997.

DEJOURS, C. Ergonomie et santé. CONGRÈS DE LA SELF, 28., 1993. *Actes.* Genève: SELF, 1993.

_____. Comment formuler une problématique de la santé en ergonomie et en médecine du travail? *Le Travail Humain*, Paris, v.58, n.1, p.1-16, 1995.

_____. *Travail usure mentale.* 3.ed. Paris: Bayard, 2000.

FALZON, P. Médecin, pompier, concepteur: l'activité cognitive de l'ergonome. *Performances Humaines et Techniques*, Toulouse, n.66, p.35-44, 1993.

____. Des objectifs de l'ergonomie. In: DANIELLOU, F. (Ed.). *L'ergonomie en quête de ses principes.* Toulouse: Octarès, 1998.

FREUDENBERGER, H. J. *L'épuisement professionnel.* Montreal: Gaëtan Morin, 1987.

GOLLAC, M.; VOLKOFF, S. *Les conditions de travail.* Paris: La Découverte, 2000.

GORZ, A. *Métamorphoses du travail. Question du sens. Critique de la raison économique.* Paris: Galilée, 1991.

GUÉRIN, F. et al. *Comprendre le travail pour le transformer. La pratique de l'ergonomie.* Paris: ANACT, 1997.

HIRIGOYEN, M. F. *Le harcèlement moral.* Paris: Syros, 1998.

____. *Malaise dans le travail. Le harcèlement moral:* démêler le vrai du faux. Paris: Syros, 2001.

LAVILLE, A.; VOLKOFF, S. Ergonomie et santé. In: CONGRÈS DE LA SELF, 28., Genève, 1993. *Actes.* Genève, 1993. p.29-35.

LE GOFF, L. *Un autre moyen age.* Paris: Gallimard, 1999.

MARQUIÉ, J. C.; PAUMÈS, D.; VOLKOFF, S. *Le travail au fils de l'âge.* Toulouse: Octarès, 1995.

MEDA, D. *Le travail, une valeur en voie de disparition.* Paris: Alto-Aubier, 1995.

MESSING, K. *La santé des travailleuses. La science est-elle Aveugle.* Toulouse: Octarès, 2000.

MONTMOLLIN, M. de. *Ergonomie et santé.* In: CONGRÈS DE LA SELF, 28., Genève, 1993. *Actes.* Genève: SELF, 1993.

PAUGAM, S. *Le salarié de la précarité, les nouvelles formes d'intégration professionnelle.* Paris: PUF, 2000.

PEQUIGNOT, H. Rubrique santé. In: ENCYCLOPAEDIA Universalis. Paris: Ciel et Terre, 1984.

RAMAZZINI, R. *Des maladies du travail.* Paris: Alexitère, 1990

SCHNAPPER, D. *L'épreuve du chômage.* Paris: Gallimard, 1981.

THÉVENET, M. *Le plaisir de travailler. Favoriser l'implication des personnes.* Paris: Éditions d'Organisation, 2000.

VINEIS, P. La causalité en médecine: modèles théoriques et problèmes pratiques. *Sciences Sociales et Santé,* Paris, v.10, n.3, p.5-3, 1992.

ZARIFIAN, P. Du modèle de l'opération au modèle de l'action. In: BIDET, J.; TIXIER, J. (Ed.). *La crise du travail.* Paris: PUF, 1995.

Ver também:

6 – As ambiências físicas no posto de trabalho

7 – O trabalho em condições extremas

8 – Trabalhar em horários atípicos

9 – Envelhecimento e trabalho

10 – Segurança e prevenção: referências jurídicas e ergonômicas

11 – Carga de trabalho e estresse

5

A aquisição da informação
Receptores e investigadores

Luc Desnoyers

O desenvolvimento de uma atividade de trabalho faz uso de alças de retroalimentação que implicam um retorno de informação a partir dos próprios efeitos da atividade do operador. É o que nos levava a deduzir a aplicação da cibernética à fisiologia e depois à ergonomia, e o que preconiza o modelo do sistema homem-máquina. Neste, a máquina é considerada emissora de informações e o homem é considerado o receptor delas; as primeiras versões do modelo se limitavam aliás a essa distribuição um tanto estereotipada dos papéis.

A fisiologia nos impôs uma concepção de nossos órgãos ditos sensoriais que os reduzia ao papel de receptores, enquanto a teoria da informação nos levou a crer que estes só podiam ser postos em atividade por emissores. Como todo modelo, este é redutor, mas o pior é que ele se revela também como fonte de distorções significativas da realidade. No caso que nos interessa, o da atividade, e sobretudo o do trabalho, ele não leva em conta as realidades da condução da atividade pelo operador. Este não é um simples captador, um simples receptor, mas, em vez disso, o ator principal da aquisição de informação. Essas informações são ativamente, intencionalmente, procuradas e selecionadas no meio. O desencadeamento de uma ação é necessariamente precedido da aquisição de informação que situa o operador no espaço-tempo do sistema em que ele age; a continuação da ação é necessariamente acompanhada por uma coleta contínua de informações. É o que tentaremos explicar nas linhas que seguem, examinando certos aspectos da aquisição de informação visual, auditiva e mecânica;[1] sublinhemos de imediato que nos limitaremos a uma perspectiva "sensório-motora", deixando para outros a questão do tratamento da informação e da atenção, por meio da qual o operador escolhe e segue certos sinais em vez de outros. Mesmo assim poderemos, dentro da perspectiva a que nos limitaremos, ressaltar as pistas de ação que se apresentam ao ergonomista encarregado de trazer melhorias às situações de atividade e, portanto, da aquisição de informação.

---

[1] Seria pertinente abordar também a busca de informação olfativa, mas as limitações impostas por um livro como este e os poucos estudos que foram realizados nesse campo nos levaram a deixar de lado esse aspecto.

A aquisição de informação visual

Todo o nosso meio ambiente material é dotado de uma capacidade de refletir a luz e, na presença de uma fonte luminosa, se torna um megaemissor de imagens virtuais lançadas em todas as direções. Assim que a pálpebra se abre, o olho é metralhado de todos os lados, numa cacofonia (conviria, quem sabe, dizer em vez disso uma "cacopsia") indescritível, na qual é necessário pôr ordem. O instrumento dessa aquisição é o olhar. "Meu trabalho consiste em fazer que vocês olhem o que irão ver", diz um personagem de Sempé.

O olhar é um gesto motor, uma atividade. Além do trabalho mental que efetua a análise da informação coletada, é um trabalho físico, já que a aquisição de informação só é possível se o operador fizer inicialmente certos ajustes motores de seu órgão dito "sensorial". Isso implica um ajuste muscular no cristalino, a acomodação, que serve para pôr em foco um dado objeto. Na sua ausência a imagem ficaria sem definição e, portanto, inutilizável. Essa regulagem é acompanhada pela convergência, que faz os dois olhos se concentrarem no mesmo objeto, evitando a duplicação da imagem que um aparelho binocular mal regulado produz. A ação se completa pela regulagem da íris, que adapta a abertura do olho com relação ao nível de luz ambiente, ajustando a iluminação retiniana à sensibilidade da retina, evitando na medida do possível tanto a superexposição ofuscante quanto a subexposição.

Mas esse trabalho físico só se desencadeia na medida em que o operador dirige sua atenção para um dado alvo. E é principalmente o olhar que expressa essa atenção. Esse olhar se realiza por um conjunto de ações motoras: movimentos de orientação dos olhos na direção do objeto da atenção, movimentos da cabeça sempre que a distância angular entre o alvo e o olho ultrapassa um certo limiar, e até movimentos do tronco ou mesmo deslocamentos do corpo. Em outros casos, nas tarefas de precisão realizadas em pequenos objetos, é a imobilização do corpo todo, às vezes custosa e árdua, que será escolhida para permitir o exame visual. O olhar pode ser solicitado de modo reflexo: as remanescências de sistemas de defesa antigos fazem com que o olhar se volte de maneira automática para todo objeto que se move ou brilha, o que a retina periférica detecta com alta sensibilidade. Mas ele é também dirigido de modo intencional, pelo planejamento e controle contínuo que o operador efetua sobre sua atividade. O olhar se integra à atividade de um tal modo que o estudo das direções do olhar revela a própria natureza da atividade.

Isso explica por que, para o ergonomista, o estudo da direção do olhar é uma ferramenta tão útil. Os meios que estão à sua disposição são variados: desde a observação direta por um investigador colocado em frente ao operador e que anota os alvos visados pelo olhar num suporte papel-lápis, eventualmente num suporte informatizado, passando pela gravação em vídeo das atividades e seu longo e minucioso exame, e pelo registro dos movimentos oculares superposto ao da cena visual. Numa situação particular, por exemplo, usamos o estudo da localização do feixe da lanterna no capacete dos mineiros nas paredes das galerias como indicador dos alvos visuais escolhidos por esses operadores (Desnoyers e Dumont, 1993).

O estudo das direções do olhar permite caracterizar a aquisição de informação visual. Por um lado, permite um estudo dos alvos visados, das fontes de informação. A compilação da duração e da frequência de consulta a cada fonte potencial permite identificar aquelas que são efetivamente levadas em conta pelo operador e as que não são (com frequência em contradição com o que a tarefa prevê ou prescreve), aquelas que são privilegiadas, e isso

Capítulo 5 – A aquisição da informação

devido às diferentes operações, às quais ele se dedica. Um estudo nesses moldes guia tanto a concepção do trabalho quanto o arranjo físico do posto onde ele é efetuado, seja num console onde é feito o controle da operação de um sistema, seja numa máquina-ferramenta servindo para a usinagem de peças. Por outro lado, o estudo comparativo das estratégias de aquisição de informação (ordenamento espacial e temporal das direções do olhar) permite extrair os efeitos de fatores característicos das situações de trabalho e, por exemplo, da experiência do operador sobre a maneira de conduzir uma atividade. A comparação entre profissionais novatos e experientes foi utilizada em mais de um setor e permite eventualmente guiar a escolha dos conteúdos de programas de formação profissional.

Mas o objetivo que o ergonomista busca não é compreender como se faz a aquisição de informação visual. Ele deve procurar facilitar o processo, ou seja, melhorar a visibilidade da tarefa. Isso implica intervenções em três conjuntos de fatores.

O ator do olhar tem direito às primeiras considerações. Não se trata aqui de selecionar os operadores, considerando suas capacidades visuais em relação às supostas exigências da tarefa. Por um lado, as tarefas que exigem uma função visual perfeita são provavelmente raras, e, por outro, as tabelas que estabelecem listas de competências visuais para diferentes empregos parecem não ter fundamento científico, resultando não de uma análise rigorosa da atividade, mas, em vez disso, da avaliação pessoal de um oftalmologista em relação a categorias de emprego. Convém, no entanto, se assegurar de que a visão de cada operador esteja otimizada, e o uso de correções óticas deve não só compensar os resultados negativos da miopia, hipermetropia, astigmatismo e presbiopia, mas também fazê-lo adequadamente em relação às exigências da tarefa. Em relação a isso, a necessidade de correções eficazes para as distâncias intermediárias de visão (50 cm a 1 m) impõe-se cada vez mais, tendo se tornado muito evidente pelo desenvolvimento da informática. Além disso, é preciso se preocupar com os efeitos secundários, para a aquisição de informação, do uso de protetores oculares. A armação dos óculos de proteção, suas abas laterais, certos tipos de protetores em concha ou em máscara facial podem restringir o campo visual, o que sempre constitui um fator de risco (Desnoyers e Le Borgne, 1982).

O segundo conjunto de fatores diz respeito ao meio óptico. Trata-se, antes de mais nada, de garantir um nível de iluminação adequado (cf. o Capítulo 6). Esse nível deve levar em conta a natureza da tarefa: um trabalho de inspeção requer habitualmente uma iluminação mais intensa que o porte do mesmo produto. Deve levar em conta as exigências impostas ao operador; assim, uma inspeção que precisa eliminar todas as peças defeituosas requer mais luz que outra na qual a margem de erro aceitável é maior. O nível deve em seguida levar em conta a refletância do ambiente e do objeto olhado: trata-se de assegurar uma certa luminância dos alvos visuais, e quanto mais fraca a sua refletância, mais alto deverá ser o nível de iluminação. É importante ainda para definir o nível de iluminação levar em conta a idade do operador (Desnoyers, 1995); o envelhecimento acarreta uma diminuição acentuada da transparência dos meios óticos do olho e, para obter a mesma iluminação retiniana, é preciso progressivamente aumentar a iluminação do ambiente. É preciso enfatizar que as normas de iluminação em vigor nem sempre levam em conta esse conjunto de fatores, limitando-se às vezes (é o caso no Québec) a prescrever apenas um dado nível por categoria de tarefa. As normas adequadas são as que preveem parâmetros máximos e mínimos, entre os quais é possível navegar de acordo com as necessidades pontuais.

Todavia, não se deve considerar apenas o *nível* da iluminação. Sua *disposição* eficaz exige que a luz seja distribuída de modo eficaz. Os altos níveis de iluminação requeridos em certos casos são mais bem obtidos por fontes complementares, dirigidas para os objetos do trabalho. A localização das lâmpadas e sua orientação devem ser feitas de modo a evitar que interfiram no olhar: trata-se aqui de evitar tanto o ofuscamento como fonte de desconforto quanto o que será fonte de perturbação na aquisição de informação. A escolha das lâmpadas deve levar em conta o trabalho; assim, fontes fluorescentes podem provocar cintilações perturbadoras em ferramentas em rotação, enquanto as fontes coloridas interferirão na percepção das cores. Sempre que possível, convém dar um lugar de destaque à luz natural, para a qual o olho se desenvolveu ao longo da evolução. Mas essa iluminação natural deve ser bem controlada: o sol é o emissor mais potente ao qual podemos ser expostos. Obtém-se um controle particularmente eficaz da iluminação solar dotando as janelas de persianas com lâminas horizontais: permitem bloquear eficazmente os raios solares quando não são desejados ou, ao contrário, deixá-los passar ao máximo em certos momentos, ou, enfim, corrigir a iluminação violenta demais de uma janela face sul[2] refletindo-a para o teto, que serve de refletor e difusor.

Há uma segunda maneira de intervir no meio óptico: assegurando que a refletância dos objetos e paredes seja adequada. A refletância é a capacidade de uma superfície em refletir a luz e é expressa em percentagem. É o resultado tanto da textura da superfície quanto da cor[3] dos pigmentos que a cobrem. Uma superfície perfeitamente lisa, qualquer que seja sua cor, é um lugar propício aos reflexos especulares: a lâmina de vidro que cobre um console, bem como o aço polido de uma máquina, podem dirigir reflexos perturbadores aos olhos do operador e devem ser evitados. Além disso, se a cor dos locais, objetos e superfícies de trabalho pode contribuir para criar um ambiente visual agradável, é importante controlar a saturação. As superfícies muito claras (pouco saturadas ou de cores luminosas como os amarelos e amarelos esverdeados) podem oferecer uma refletância muito alta e eventualmente ofuscar, enquanto as superfícies escuras podem ser difíceis de ver por produzirem um contraste insuficiente. As escolhas de disposição da iluminação apresentam certa dificuldade, exigindo uma consideração sistêmica dos componentes da situação de trabalho.

Resta considerar uma terceira contribuição à visibilidade: a das características do objeto de trabalho. Devem ser consideradas sobretudo as características dimensionais, ópticas e cinéticas.

Em condições ideais, a visão permite *detectar* objetos notavelmente pequenos, tendo 0,5 segundo de arco (cerca de 0,0003 grau). A maioria das atividades visuais recorre, no entanto, ao poder de distinção da visão: para *reconhecer* um objeto é preciso ser capaz de distinguir separadamente seus componentes. Sabe-se desde a antiguidade grega que estas devem, em princípio, estar separadas por 1 minuto de arco (1/60 de grau ou 0,017 grau); isso corresponde a uma proporção de 3:10.000 entre a distinção dos elementos e a distância que eles se encontram do olho. O indivíduo que num exame de vista alcança esse desempenho é considerado como tendo uma acuidade "normal". Essa normalidade, todavia, é quase uma ficção quando se consideram as tarefas visuais correntes. Assim, essa acuidade "normal" é, em situação clínica, a capacidade de identificar, sem erro,

---

[2]   No caso de países situados no hemisfério sul é face norte [N.T.].

[3]   O conceito de cor remete à tonalidade (azul, verde etc.), à saturação (densidade do pigmento numa base branca, p. ex., do rosa ao vermelho), e à claridade (diminuição de luminosidade por adição de preto a uma dada tonalidade-saturação).

letras cuja relação tamanho/distância corresponde a cinco minutos de arco. Um estudo bastante simples, feito na rua com milhares de transeuntes (Smith, 1979), mostra que as letras dos cartazes públicos ou publicitários devem atingir doze minutos para que 95% dos transeuntes possam lê-las; o tamanho angular deve ser ainda maior para os anúncios vistos numa distância curta. É, portanto, difícil se contentar com normas em matéria de tamanho mínimo dos objetos olhados. Digamos que, em matéria de impressos, o que em geral é pacífico é que os textos comuns deveriam ser compostos com uma fonte de no mínimo 10 pontos, de preferência 12. Seria necessário ainda considerar a morfologia dos caracteres, pois as fontes de um mesmo corpo não têm todas a mesma legibilidade.

O problema do tamanho se coloca de forma diferente na indústria, por exemplo em certas tarefas de inspeção de objetos de tamanho pequeno. Coloca-se então a questão da seleção de auxílios visuais apropriados, ópticos (lupas, microscópios) ou eletrônicos (vídeos), que não cabe considerar aqui.

Em segundo lugar, a visibilidade depende das propriedades ópticas do objeto, de sua refletância. Mas, como todo objeto se apresenta necessariamente sobre um fundo, é de fato o contraste visual (C) que deve ser considerado, o qual é definido pela relação:

$$C = (L_o - L_f) / (L_o + L_f) \%,$$

onde L_o indica a luminância do objeto e L_f a do fundo. Trata-se de otimizar o contraste, pois tanto um contraste muito fraco quanto um muito violento interferem no desempenho, o primeiro tornando confusos os contornos do objeto, o segundo criando desconforto ocular.

Em terceiro lugar, a visibilidade depende das características cinéticas do objeto. Evidentemente, é quando ele está imóvel que é mais fácil reconhecê-lo. A acuidade visual diminui em função da velocidade de deslocamento do alvo. Uma certa compensação se estabelece quando a velocidade é relativamente baixa, com reflexos oculares de perseguição se ativando e permitindo obter uma centralização do objeto móvel na fóvea do olho que persegue. Há limites para as capacidades de perseguição, que podem ser atingidos em certas atividades de inspeção: o operador multiplica os erros e pode até "desligar", a fadiga dos músculos extraoculares podem induzir a uma parada momentânea da atividade exploratória.

Portanto, há base para considerar que a aquisição de informação visual não pode ser restrita à recepção passiva de um sinal por um receptor. É relativamente fácil deduzir dos princípios que enunciamos regras para a concepção de sinalizadores simples, visores luminosos e cartazes mostrando uma palavra de advertência. Mas a aquisição de informação se dirige a objetos mais complexos: elementos físicos de um posto, mostradores analógicos ou digitais, avisos, manual de procedimentos, disposição numa tela, página de um portal na Internet. Além da visibilidade, a legibilidade também deve ser garantida. Aqui são úteis certos princípios teóricos (p. ex., o "*Proximity-compatibility principle*" de Wickens – Wickens e Hollands, 2000), ou o resultado de diversas abordagens empíricas (Zwaga et al., 1999; Edworthy e Adams, 1996; Hartley, 1995).

Portanto, o campo das intervenções possíveis para o ergonomista facilitar essa aquisição de informação é vasto. Ocorre o mesmo no que se refere à informação auditiva.

A aquisição de informação auditiva

Se, a rigor, é possível fechar os olhos para um panorama, o ambiente sonoro é mais invasivo, já que constantemente presente. Em situação de trabalho ele é, às vezes, altamente complexo, pois podem se acumular as emissões sonoras das máquinas e ferramentas, dos veículos, sistemas de aquecimento, de ventilação, de aspiração, sinalizadores, sistemas de áudio e ainda de muitas outras coisas. Esse acúmulo de emissões pode facilmente atingir intensidades consideráveis e, em muitos países, se concluiu que há exposição excessiva ao *ruído* quando o nível ultrapassa os 85 decibéis. É então necessário intervir para proteger a audição dos trabalhadores, que pode efetivamente sofrer graves prejuízos em caso de exposição prolongada (cf. o Capítulo 6).

Essa perspectiva deveria pôr em alerta todo bom ergonomista. Mesmo reconhecendo a necessidade de proteger o operador contra as agressões de toda natureza, o ergonomista não pode aceitar definir a situação de um operador em atividade num ambiente sonoro, qualquer que seja a intensidade das emissões, como a de uma simples "exposição" ao "ruído". O que se coloca, antes de mais nada, é a questão da definição de ruído. Os higienistas, especialistas em prevenção, utilizam o conceito para se referir sobretudo a ambientes onde o *nível sonoro* ultrapassa um valor determinado por norma e onde é necessário intervir para prevenir o aparecimento da surdez profissional. Para o teórico da informação, o ruído é uma emissão parasita num sistema de transmissão que deveria transmitir *sinais*, ou seja, emissões controladas portadoras de informação. De um modo mais geral, chama-se de ruído toda emissão sonora *desagradável*, o que abre a porta para mais de uma interpretação. Como se deve considerar a emissão sonora de um motor "barulhento" usada pelo operador para deduzir indícios do funcionamento, dos sinais de sobrecarga, da necessidade de regulagem?

Nesse ambiente sonoro, o operador não pode se permitir ouvir somente o todo, sem discriminação. À *audição*, captação passiva e indiferenciada de todos os sons presentes, se superpõe a *escuta*, aquisição ativa de informação. A atenção se dirige a algumas das emissões, por mecanismos de seleção que ainda nos escapam em grande medida, mas nos quais as regulagens motoras não intervêm, como no caso da informação visual. Aliás, uma das dificuldades do estudo da escuta vem justamente do fato de que ela se manifesta pouco no comportamento daquele que escuta, cuja simples observação é frequentemente pouco eficaz; é necessário recorrer às verbalizações para ter acesso ao estudo das aquisições de informações sonoras. E três problemas, pelo menos, se colocam: a detecção do sinal, em seguida a sua localização e, sobretudo no caso da fala, a inteligibilidade.

Para ser percebido, um som deve fazer parte do espectro dos sons audíveis, teoricamente entre 20 e 20.000 Hz. Mas ele precisa também ter uma intensidade suficiente, estimada habitualmente em 40 dB acima de seu limiar absoluto, num ambiente silencioso. O problema é, evidentemente, que os ambientes de trabalho são ruidosos, e que o ruído interfere de maneira complexa na detecção do sinal: tudo depende ao mesmo tempo da composição espectral do ruído e do sinal, e das intensidades relativas de ambos. Há frequentemente encobrimento do sinal e esse encobrimento se manifesta principalmente quando o sinal e o ruído têm espectros sonoros similares, ou quando o nível de ruído é considerável. Nada mais eficaz, para encobrir o sinal de alarme de um aparelho, que o sinal de alarme similar do aparelho vizinho, e essas situações são frequentes nos ambientes de trabalho (Hétu, 1994).

Coloca-se em seguida para o operador, em muitas circunstâncias, o problema da localização da fonte emissora: em qual direção, a qual distância ela se encontra?

Capítulo 5 – A aquisição da informação

Neurofisiologicamente, essa localização se baseia em grande parte nas diferenças interauriculares (intervalos de tempo, diferenças de intensidade ou de fase) dos sons captados. O operador pode facilitar a localização por meio de ligeiros movimentos da cabeça que modulam a posição relativa da cabeça e da fonte. O ruído ambiente e a complexidade da disposição espacial tornam a localização mais difícil. Dados bastante interessantes sobre a localização de uma ambulância (sirene) por motoristas de automóvel deixam claro as dificuldades: imprecisão da localização lateral e superavaliação da distância na qual o alvo se encontra, erros frequentes de inversão (adiante-atrás), todas aumentadas pela presença de outros eventos sonoros, quando se abre uma janela ou se liga o rádio (Caelli e Porter, 1980). A complexidade do ambiente sonoro dos locais de trabalho torna difícil a tarefa de localização das fontes.

O problema do reconhecimento do conteúdo do sinal se coloca com muita acuidade no caso da fala. Um número muito grande de estudos da inteligibilidade da fala ressalta evidentemente as competências linguísticas dos interlocutores, mas também o impacto dos fatores ambientais: o nível de ruído ambiente e a reverberação do local são cruciais. Só se obtém uma inteligibilidade satisfatória quando o contraste sonoro é significativo, quando a relação sinal-ruído (i.e. a diferença entre o nível do sinal e o do ruído expressa em decibéis) atinge uma dezena de decibéis, o que pode ser difícil de se atingir em ambientes ruidosos; a situação se complica pelo fato de que a inteligibilidade da fala gritada, à qual é inevitável recorrer em tais circunstâncias, é mais baixa que a de uma elocução em voz normal, entre outras razões pela amplificação diferencial das vogais e consoantes. O segundo fator determinante é a reverberação dos locais; nada pior que uma "catedral industrial" para interferir na inteligibilidade: os locais vastos, com paredes feitas de materiais pouco absorventes, têm um tempo de reverberação muito longo que "prolonga" todos os sons e os torna confusos para aquele que escuta.

Mesmo que o ruído crie problemas para essas três atividades (detecção, localização, reconhecimento), é forçoso admitir que infelizmente as intervenções preventivas para atenuar o ruído ou para proteger o operador podem, às vezes, criar novos problemas. Um estudo clássico (Talamo, 1982) relata o paradoxo ocorrido no caso da insonorização de uma cabine de trator com o objetivo de diminuir a exposição dos condutores... que abriram as janelas porque, mantendo-as fechadas, ficavam privados do retorno sonoro de suas atividades de direção. Em outros casos, é bem conhecido o fato de que os protetores auditivos atenuam a detecção dos sinais e interferem na localização das fontes. Outros estudos mostram que a inteligibilidade da fala é afetada pelo uso de protetores, sobretudo quando tanto o locutor quanto o receptor os estão usando (Hoermann et al., 1984).

Esses poucos dados ressaltam um dos papéis que cabe ao ergonomista em matéria de comunicação sonora: ele deve deixar claro que, para se chegar a uma certa eficácia em relação a esse assunto, deve-se abordar a questão dos ambientes sonoros de forma quantitativa mas também qualitativa, e garantir que a insonorização ou a proteção auditiva levem em conta não só a necessária proteção contra a agressão, mas também as exigências da aquisição de informação sonora.

Ele também pode participar da concepção dos sistemas técnicos de comunicação, bem como na seleção dos sinais. Os estudos de Hétu (Hétu, 1994; Momtahan et al., 1993) deixam evidente a total anarquia que impera no assunto. Seja em ambientes industriais, seja em ambientes hospitalares, o problema é o mesmo: a multiplicação das fontes e a similaridade dos sinais geram uma cacofonia impressionante. O mesmo sinal pode indicar aqui o fim normal de uma operação, ali um mau funcionamento exigindo uma intervenção urgente. Cabe constatar a ausência de princípios diretores que permitam constituir futuramente um léxico, ou mesmo uma gramática da sinalização sonora. Hétu et al. (1995) fizeram pesquisas e um balanço dos conhecimentos que os levou a preconizar certas escolhas para otimizar a possibilidade de detecção, de localização e também a inteligibilidade dos sinais de alerta. Enfatizam, entre outras coisas, a necessidade de fixar o coeficiente sinal-ruído numa faixa entre 13 e 25 dBA, de escolher um espectro reunindo ao menos quatro componentes de frequência numa faixa que se estende de 300 a 3.000 Hz, de indicar o grau de urgência por um aumento da frequência de base do sinal e do número de pulsações totais, para enfim sugerir que se limite a seis o número de sinais diferentes apresentados em cada posto. Não é, talvez, algo que facilita a tarefa dos projetistas, mas mostra o quanto a intervenção do ergonomista é certamente essencial.

Pode-se então resumir a situação em matéria de comunicação sonora insistindo no fato de que, para além de uma audição passiva das emissões sonoras ambientes, na qual ele deve localizar sinais não solicitados, o operador faz uma aquisição ativa de informações, de emissões pertinentes à sua ação. A tarefa é difícil, levando-se em conta a poluição sonora, bem como as intervenções bem-intencionadas, que contribuem para mascarar o sinal.

Enfim, é possível colocar a questão da eficácia relativa do uso de sinais sonoros e visuais, embora não possamos nos estender aqui no assunto. Nas situações em que é preciso conceber um sinal destinado a chamar a atenção do operador, o que escolher? Difícil: essa escolha só pode ser feita levando em conta o meio sonoro (um sinalizador sonoro a mais num ambiente barulhento não será eficiente), o panorama visual (uma luzinha vermelha piscando a mais...), a circulação das pessoas (é mais fácil, sobretudo num ambiente aberto, reagir ao som do que à luz). Coloca-se também a questão da natureza da informação a ser transmitida; a esse respeito, um interessante estudo de Edworthy e Loxley (1990) ressalta o quanto ainda é difícil escolher os parâmetros de um sinal sonoro (frequência, mudança de frequência, ritmo etc.) para transmitir eficazmente a informação quanto à urgência de uma intervenção numa dada situação.

Consideremos agora uma última modalidade de informação, que permite colher informações quanto aos aspectos mecânicos do ambiente.

A aquisição de informação manual

É bastante paradoxal que se utilize um nome derivado de um verbo de ação, o "tato",[4] para designar uma modalidade sensitiva que a fisiologia se esmerou, mais uma vez, a nos apresentar como resultante de pequenos receptores distribuídos na pele, que captam a informação decorrente das deformações da epiderme pelos objetos que com ela entram em contato. Dissecou-se a função desses orgânulos, documentando-se por exemplo a capacidade de discriminação tátil. Tentou-se, às vezes, de forma um tanto arbitrária, atribuir funções complementares a uma variedade de orgânulos intracutâneos que a histologia descobrira.

Foi em grande medida a emergência do conceito de "tato ativo" (*active touch*, Gordon, 1978) que nos permitiu deixar de lado esse modelo. Os diferentes autores que participaram nesse livro deixam bem claro a que ponto a estimulação "passiva" dos órgãos

---

[4] Em francês, usa-se a palavra *toucher* tanto para o verbo "tocar" quanto para o substantivo que designa este sentido [N.T.].

receptores cutâneos pelo contato de um objeto externo (que um experimentador manipula) não permite ao sujeito obter informações válidas sobre a natureza ou as propriedades desse objeto. Ao contrário, quando o sujeito pode manipular o objeto, mesmo vendado, a apreciação que ele pode fazer de suas características permite uma identificação.

Dessas considerações resultaram dois ensinamentos importantes, além da constatação dos limites do modelo fisiológico. Por um lado, que é impossível dar conta da realidade dessa forma de aquisição de informação sem recorrer a um modelo polissensitivo, em que muitos "receptores" diferentes são ativados ao mesmo tempo e fornecem informações complementares: exteroceptores mecânicos (tato leve, pressão profunda, estiramento cutâneo, vibração) e térmicos entram todos em ação. Por outro lado, que a aquisição de informação é aqui impossível sem atividade motora, sem a manipulação do objeto examinado, que coloca então em ação os receptores cutâneos; além disso, essa manipulação é acompanhada por uma ativação recíproca da família dos receptores cinestésicos (musculares, tendinosos, articulares). Não faz mais sentido falar apenas em receptores, o que se tem agora é a mão como órgão sensório-motor do apalpamento, a aquisição de informação manual. E isso implica, em graus diversos, a apreciação exteroceptiva simultânea da textura e da temperatura, mas também, graças à ativação da propriocepção, a apreciação da massa, volume, forma e consistência do objeto manipulado.

Acrescentemos que a finalidade dessa aquisição de informação pode ser simplesmente exploratória, quando se trata de identificar o objeto, ou então operatória, quando se trata (além disso) de ativar um comando; nesse caso, outras informações serão adquiridas durante a operação, quanto ao desenvolvimento do movimento comandado e seus efeitos.

As atividades exploratórias manuais não foram objeto de estudos numerosos nem intensivos em ergonomia. Na maioria das vezes, são, quando muito, mencionadas no estudo das tarefas de controle, por exemplo, no estudo clássico, na ergonomia francófona, sobre a condução da máquina "trio" que faz o condicionamento de cigarros (Wisner et al., 1972). No entanto, elas ocorrem em numerosas tarefas de inspeção, particularmente naquelas em que importa controlar a textura fina de um produto, nas últimas etapas da produção. Lederman (1978a; 1978b) relata o caso de tarefas, como a inspeção de pneus, de objetos saindo do molde, do acabamento de carrocerias de automóveis, em que a inspeção é feita não (só) visualmente, mas também pelo tato.

Lederman chama a atenção para o fato de que, paradoxalmente, é frequente o uso pelos operadores de luvas de algodão, ou mesmo interpondo-se pedaços de tecido (seda) entre a pele e o objeto na realização dessas tarefas. É bastante surpreendente que se impeça assim o contato mais imediato da pele com o objeto. A autora tentou explicar esse paradoxo mostrando o quanto a apreciação da textura de uma superfície e a detecção do relevo causado por defeitos residuais são prejudicadas quando há travamento da pele como resultado da fricção com a superfície inspecionada. Ela estudou esse problema experimentalmente, fazendo diferentes sujeitos avaliarem a rugosidade de lixas de diferentes calibres. Mostrou que, quando se interpõe um papel seda entre a pele e a lixa, diminuindo assim o atrito, os sujeitos estimam que as lixas são de calibre maior do que quando o contato é direto. Concluiu que, nas tarefas de inspeção pelo tato, os inspetores com luvas detectariam melhor os defeitos de relevo com elas, pois estas reduziriam o coeficiente de fricção pele-objeto. É provavelmente o que também explica o modo operatório adotado no conserto das carrocerias de automóveis. Os operadores encarregados do polimento final dos revestimentos fazem com frequência a inspeção sem proteção nas mãos, e estas estão habitualmente bem cobertas da poeira resultante do polimento, o que reduz a fricção pele-superfície.

Os ergonomistas se interessaram desde o início pelo problema do reconhecimento de formas com a mão, em particular dos comandos permitindo a condução de máquinas de todos os tipos. Esses estudos foram provavelmente iniciados em seguida à constatação de falhas, como no caso que Chapanis (1999) relata de novo: várias centenas de acidentes ocorridos durante a aterrissagem de aviões militares na Segunda Guerra Mundial eram causados pela confusão entre dois comandos ativados por manches vizinhos que os pilotos deviam reconhecer com a mão, às cegas. A constatação desse erro levou a estudos empíricos sobre a concepção de formas de manches fáceis de identificar por apalpamento, que se tornaram clássicos: Jenkins, em 1947, propôs conjuntos de manches fáceis de identificar pelo tato.

Estudos como esses ressaltaram o problema da codificação dos comandos manuais. A identificação dos botões de comando pode ser feita às cegas com base em sua morfologia, suas dimensões, a textura das superfícies, sua localização num conjunto, do modo operatório utilizado para ativá-los (pressionamento, rotação, deslizamento, movimento basculante etc.). Embora esses princípios sejam bem conhecidos, com frequência são pouco ou mal utilizados, de modo que, por exemplo, ainda ocorre a muitos motoristas de automóveis confundirem a aleta das setas com a do limpador de para-brisas...

A mão está em contato com o objeto de trabalho e com o ambiente, de tal modo que ela é objeto de numerosas agressões de natureza bastante diferente, suscetíveis de alterar o estado da pele e modificar tanto as capacidades sensoriais quanto a destreza. O esfriamento da pele, por exemplo, produz uma diminuição acentuada da destreza e das sensibilidades. Já a sudorese excessiva resulta num umedecimento que muda o coeficiente de fricção, podendo modificar a apreciação da textura bem como a precisão do gesto, ou a força que é possível exercer num botão etc. Cita-se a esse respeito a confecção pelos operadores de revestimentos instalados sobre as alavancas de certas ferramentas; feitas com fita adesiva, servem para manter uma fricção suficiente, mesmo quando a pele está úmida. A indústria não demorou a se apropriar desse achado, colocando à venda ferramentas equipadas dessa maneira.

Na maioria das situações de trabalho, essa exposição da mão às agressões químicas, mecânicas, térmicas e microbiológicas leva ao uso de equipamentos de proteção, mais particularmente de luvas. Ora, com exceção das situações muito específicas que Lederman estudou (1978a; 1978b), a interferência das luvas na aquisição da informação, e sobretudo na destreza, é bem documentada. Os estudos de Bradley mostram desde 1969 como diferentes características das luvas (ajuste, elasticidade, fricção, grau de proteção) têm um impacto na realização de tarefas manuais simples. O interesse desse trabalho está em mostrar que o impacto é muito diferente conforme a natureza da tarefa, ou mesmo do gesto: não é o mesmo na rotação de um manche ou na ativação (movimento basculante) de um interruptor. O problema com frequência se complica pelo fato de que quanto mais a luva protege, mais ela interfere na atividade, como demonstrou Bensell (1993).

Ainda pouco conhecidas, as aquisições de informação manual são, ao que tudo indica, o resultado de uma atividade específica destinada à aquisição de informação, além de acompanhar e contribuir para conduzir o gesto.

Em resumo

Receptores? Em muitas situações de trabalho, nossos órgãos sensoriais ou sensíveis servem efetivamente para captar sinais emitidos, por máquinas ou por pessoas, que o operador não necessariamente solicitou. O operador não procurou o pisca-pisca que indica um problema, o alerta sonoro que indica o fim de uma operação, o ruído repentino que aponta um problema de funcionamento, o grito de um colega que chama sua atenção para um fator de risco. Em sua função de receptores, os órgãos sensoriais e sensíveis estão passivamente disponíveis a emissões de informação, cujo teor transmitem aos centros nervosos, que as usam segundo uma análise de sua pertinência.

Tentamos enfatizar neste texto que, ao lado dessa função de receptores passivos, os mesmos órgãos e orgânulos estão também funcionalmente integrados a verdadeiros processos de aquisição ativa, planificada, da informação que emana do sistema técnico, no qual o operador age.

O conceito de sistema Homem-Máquina serviu durante muitos anos – e serve ainda, em certos meios – como modelo das interações entre o operador e o sistema técnico, no qual ele age. Sofreu, com razão, uma boa dose de críticas: convenhamos que, em suas acepções clássicas, era simplista e redutor. Permitia ilustrar uma certa representação das situações de trabalho pondo em evidência o quanto seus proponentes concebiam a máquina como

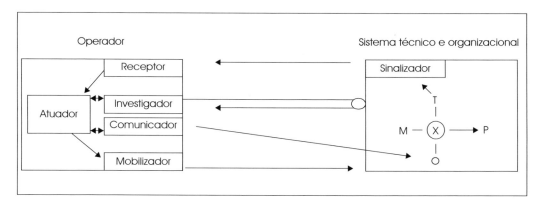

Fig. 1   Um modelo das trocas de informação no trabalho. O sistema tecno-organizacional é descrito como sendo composto de O, representando os elementos organizacionais, principalmente as outras pessoas implicadas na condução imediata ou mediata do sistema; M, os materiais ou matérias-primas (no sentido amplo dos entrantes do sistema); T, o dispositivo técnico; e P, o produto do trabalho que resulta de sua mobilização.

responsável pelas transformações do produto do trabalho, o operador concebido por um lado como mobilizador da coisa, mas também como o receptor da informação que ela se dignava a emitir. Num modelo desse tipo, guiado pelas representações também redutoras dos modelos iniciais da teoria da informação, o operador é emissor não de informações, mas apenas de ações que mobilizam o dispositivo técnico, e o receptor, das informações produzidas em retorno pelo sistema técnico; a máquina recebe diretrizes do operador em sua interface e emite sinais na direção dele.

Pode-se propor alguns acréscimos ao modelo clássico, sem ter a intenção aqui de elaborar um outro modelo global, nem recensear as evoluções pelas quais o arquétipo passou: levando-se em conta as dificuldades da modelagem dos sistemas complexos, seria uma missão impossível no âmbito deste capítulo. Os acréscimos aqui propostos tentam dar conta da multiplicidade dos processos de troca de informação na situação de trabalho. A Figura 1 apresenta essa tentativa.

Neste modelo, o operador é "movido" por um atuador, representação simples do conjunto dos mecanismos de tratamento da informação e dos processos decisórios, cuja estrutura e funcionamento poderão ser mais bem descritos por outros. Esse atuador se vale de quatro funções, as quais podem recorrer aos mesmos órgãos, aos mesmos substratos anatômicos.

A primeira dessas funções é o mobilizador: trata-se do conjunto dos atos de comando do sistema, que não estudamos aqui. Três funções de tratamento da informação nos dizem respeito mais diretamente. A função "receptor" serve para receber o conjunto das emissões sonoras, visuais ou mecânicas não solicitadas: os sinais de alerta do sistema técnico, os avisos provenientes de outras pessoas, as emissões acompanhando uma disfunção, como uma vibração, um "ruído" repentino que, paradoxalmente, constitui um sinal. O atuador é passivo em relação ao receptor, só o ativa na medida em que pode fazer a triagem da informação que recebe dele. A função "investigador" serve para procurar e colher ativamente informações sobre o conjunto do dispositivo técnico e organizacional por meio do olhar, audição e exploração manual, em vez de ficar à espera dos sinais. Por fim, a função "comunicador" permite as trocas do operador com os componentes organizacionais do sistema, os parceiros humanos implicados na mobilização do mesmo sistema.

É, portanto, nesse amplo contexto que convém situar as ações informacionais do operador. Demos ênfase à dualidade da aquisição de informação, ao mesmo tempo captação passiva de emissões diversas e aquisição ativa de informações. É necessário acrescentar o "investigador" ao receptor para compreender efetivamente o quanto é importante o lugar da aquisição de informação na atividade de trabalho. E é necessário acrescentar o comunicador a esse conjunto, aspecto abordado em outra parte deste livro (cf. o Capítulo 14), para compreender como um complexo sistema de tratamento da informação é necessário para a mobilização dos sistemas de trabalho.

Referências

BENSELL, C. K. The effects of various thicknesses of chemical protective gloves. *Ergonomics,* London, v.36, n.6, p.687-696, 1993.

BRADLEY, J. V. Glove characteristics influencing control manipulability. *Human Factors*, New York, v.11, n.1, p.21-36, 1969.

CAELLI, T.; PORTER, D. On difficulties in localizing ambulance sirens. *Human Factors*, New York, v.22, n.6, p.719-724, 1980.

CHAPANIS, A. *The Chapanis Chronicles.* Santa Barbara (CA): Aegean Pub, 1999.

DESNOYERS, L. Coup d'oeil et déclin d'oeil: sénescence et expérience dans le regard. In: MARQUIÉ, J. C; PAUMÈS, D.; VOLKOFF, S. *Le travail au fil de l'âge.* Toulouse: Octarès, 1995.

DESNOYERS, L.; DUMONT, D. Caplamp lighting and visual search in mine drilling operations. In: BROGAN, D. et al. *Visual Search 2.* London: Taylor & Francis, 1993. p.443-451.

DESNOYERS, L.; LE BORGNE, D. Vision et travail. In: *La protection oculaire.* Montréal: Institut de recherche appliquée sur le travail,1982.

Capítulo 5 – A aquisição da informação

EDWORTHY, J.; ADAMS, A. *Warning Design:* a research perspective. London: Taylor & Francis, 1996.

EDWORTHY, J.; LOXLEY, S. *Auxiliary warning design:* the ergonomics of perceived urgency. London: Taylor & Francis, 1990.

GORDON, G. *Active touch.* Oxford: Pergamon, 1978.

HARTLEY, J. Is this chapter any use? Methods for evaluating text. In: WILSON, J.; CORLETT, E. N. *Evaluation of human work.* London: Taylor & Francis, 1995.

HÉTU, R. Mismatches between auditory demands and capacities in the industrial environment. *Audiology,* v.33, p.1-14, 1994.

HÉTU, R.; QUOC, H. T.; LAROCQUE, R. Guide de conception d'avertisseurs sonores pour les milieux industriels. In: *Conception ergonomique des avertisseurs sonores de danger pour les milieux de travail bruyants et réverbérants.* Montréal: Institut de recherche en santé et en sécurité du travail, 1995. (Online). Disponível em: http//:www.irsst.qc.ca.

HOERMANN, H.; LAZARUS-MAINKA, C.; SCHUBEIUS, M.; LAZARUS, M. The effect of noise and the wearing of ear protectors on verbal communication. *Noise Control Engineering Journal,* v.23, n.2, p.69-77, 1984.

JENKINS, W. O. The tactual discrimination of shapes for coding aircrafttype controls. In: FITTS, P. M. *Psychological research on equipment design.* Washington, DC.: Army, Air Force Aviation Psychology Research Program Reports, 1947. (Research Report, 19).

LEDERMAN, S. J. Improving one's touch... and more. *Perception and Psychophysics,* v.24, p.154-160, 1978.

_____. Heightening tactile impressions of surface texture. In: GORDON, G. *Active touch.* Oxford: Pergamon, 1978.

MOMTAHAN, K.; HÉTU, R.; TANSLEY, B. Audibility and identification of auditory alarms in the operating room and intensive care unit. *Ergonomics,* London, v.36, n.10, p.1159-1176, 1993.

SMITH, S. L. Letter size and legibility. *Human Factors,* New York, v.21, p.661-670, 1979.

TALAMO, J. D. The perception of machinery indicator sounds. *Ergonomics,* London, v.25, n.1, p.41-51, 1982.

WICKENS, C. D.; HOLLANDS, J.G. *Engineering psychology and human performance.* 3.ed. Upper Saddle River, NJ.: Prentice-Hall, 2000.

WISNER, A.; FORET, J.; BUISSET, J.; FINOT, M. *Étude du poste de conducteur de machine "trio".* Paris: Conservatoire National des Arts et Métiers, 1972.

ZWAGA, H. J. G.; BOERSEMA, T.; HOONOUT, H. C. M. *Visual Information for everyday use:* design and research perspectives. London: Taylor & Francis, 1999.

Ver também:

14 – Comunicação e trabalho

15 – Homens, artefatos, atividades: perspectiva instrumental

26 – Ergonomia e concepção informática

39 – Condução de automóveis e concepção ergonômica

6

As ambiências físicas no posto de trabalho

Michel Millanvoye

Toda tarefa se desenvolve num certo contexto de exposição do operador aos ruídos e vibrações, ao microclima do posto e à iluminação deste. Este meio ambiente de trabalho é usualmente qualificado pelo termo de "ambiências físicas". Embora a análise da atividade de trabalho do operador (Guérin et al., 1997) seja a ferramenta principal do ergonomista, pode-se revelar igualmente necessário, conforme a situação, analisar essas ambiências físicas para completar a análise da atividade. Pode-se assim exprimir o incômodo resultante da ambiência para o operador na realização de sua tarefa, facilitar a argumentação e mesmo apresentar uma prova "qualificada" da exposição do operador a certas características do trabalho prejudiciais para a saúde.

As ambiências físicas: risco mas também interesse

Em geral, é por seu aspecto negativo que são abordadas as ambiências físicas ao longo da análise do trabalho. Frequentemente, o ergonomista se interessa por elas uma vez que os operadores se queixam ou elas lhe parecem incômodas ou mesmo nocivas. De fato, uma intensidade excessiva ou uma qualidade particular da ambiência é capaz de entravar as comunicações ou o processo de informação, mas também de exercer um efeito negativo sobre a saúde ou a qualidade das ações realizadas. A opinião crítica que um operador tem de seu trabalho pode, aliás, se cristalizar numa característica particular, por exemplo o ruído, e a opinião em relação a esta pode encobrir as melhorias ocorridas em outros aspectos.

Não se deve esquecer, entretanto, que além da nocividade potencial de uma ambiência física existe também um lado positivo: fornecer ao operador uma informação sobre o estado do dispositivo que ele utiliza ou sobre o estágio de realização do produto. Assim, é comum ver operadores monitorando sua máquina utilizarem tanto o ruído produzido por seu funcionamento quanto as informações visuais. É ainda mais frequente quando o operador tem mais de uma máquina para utilizar ou controlar simultaneamente.

Essa dualidade permite explicar o abandono inesperado de certos locais, as estratégias particulares de execução de certas operações ou a interrupção repentina de ações em curso para execução de outras. Ela representa também uma dificuldade: o que é informação para um operador e, por isso, pode minimizar a vivência de um incômodo ou mesmo de um risco, ao mesmo tempo expõe os operadores vizinhos a uma situação bem

74

Fundamentos teóricos e conceitos

diferente – sofrer plenamente uma nocividade sem dela obter a menor vantagem. Essa simultaneidade de informação e de risco deve ser, portanto, levada em conta em todo projeto de modificação de posto e mais simplesmente na proteção individual: é preciso suprimir ou reduzir o incômodo e os riscos eventuais resultantes da ambiência, ao mesmo tempo tentando preservar o aspecto informativo.

A medida e a análise das ambiências físicas

Salvo se a demanda de intervenção se refira especificamente à redução de uma dada ambiência, uma análise ergonômica jamais começa por uma medida de ambiência. Com efeito, tal análise seria pobre, ou mesmo inoperante, se não fosse possível se referir à análise da atividade, que põe em evidência as dificuldades que o operador experimenta e as estratégias adotadas para remediá-las. É importante saber quando, onde e em quais condições problemas de ambiência podem ocorrer durante o trabalho para saber onde, quando e como efetuar medidas e assim poder julgar sua pertinência. Com os dados da análise da atividade de trabalho obtidos, as medidas que parecem necessárias podem, então, ser feitas. É preciso respeitar duas exigências:

— a primeira é espacial. As medidas são efetuadas no posto, onde fica o operador. Se este se desloca, pode ser interessante estender a medida a seus deslocamentos. A realização de um mapa de ambiência[1] no posto (eventualmente estendido aos postos vizinhos, ou mesmo a toda a oficina) é necessária antes e depois da modificação da situação, de modo a validar os resultados da transformação efetuada;

— a segunda é temporal. É preciso garantir a reprodutibilidade das medidas efetuadas, ou seja, fazê-las durante vários ciclos de trabalho, de modo a apreender sua variabilidade de um ciclo a outro. No caso da ambiência térmica ou luminosa, mas também para certas produções, existe uma variabilidade horária (p. ex., no trabalho em horário alternado) ou sazonal que é preciso igualmente levar em conta. A ambiência num posto pode também estar condicionada por aquela dominante, de modo regular ou irregular, num outro setor do local. Tal situação pode implicar uma ampliação do campo de medidas a efetuar.

A análise das medidas relativas à ambiência física apresenta uma facilidade aparente. Uma vez coletados e ordenados os valores, parece ser suficiente compará-los aos valores de referência que constam na literatura (portarias, normas, recomendações) e tirar as conclusões que se impõem em relação à situação dos operadores. A realidade muitas vezes é diferente, com uma imbricação das seguintes possibilidades:

— as situações industriais geram frequentemente dificuldades para as medidas (exemplo: impossibilidade de acesso para o ergonomista, a certos lugares que vão os operadores, por razões de segurança), o que obriga a algumas extrapolações;

---

[1] A realização de um mapa de ambiência (p. ex., de ruído) consiste em inscrever numa planta do local o resultado de numerosas medições, que permite em seguida expressar graficamente, em forma de zonas, a variação do nível sonoro entre as diferentes partes do local, da mesma maneira que a altitude figura nos mapas geográficos sob a forma de curvas de nível.

Capítulo 6 – As ambiências físicas no posto de trabalho

— as ambiências beiram com frequência os limites de intensidade admitidos, com durações de exposição flutuantes, o que torna a análise mais difícil;

— apenas as durações de exposição não permitem uma avaliação clara dos riscos. Por exemplo, uma exposição de duas horas ao ruído tem um impacto diferente no sistema auditivo quando se trata de uma exposição contínua ou se ela é fracionada ao longo da jornada de trabalho;

— os limites de intensidade, aos quais é hábito se referir, são difíceis de utilizar, ou ainda incertos (p. ex., no que se refere à exposição às vibrações ou ao ruído de impacto).

Da análise à ação nas ambiências físicas

A normalização relativa às ambiências físicas é ao mesmo tempo uma vantagem e um limite. Vantagem, porque é possível se referir a ela para convencer a empresa da necessidade de transformação de um posto; limite, porque ela pode deter a oportunidade de ir "mais longe" na melhoria da situação. Essa normalização progrediu muito, mas as características recomendadas para os postos, como aparecem nas normas, não podem ser consideradas como referência ideal definitiva. O conteúdo das normas representa um consenso existente num dado momento, estabelecido com base em conhecimentos médicos, científicos, técnicos, mas também em considerações econômicas. Os valores limites preconizados são, portanto, limites gerais de perigo, e não valores definindo uma situação confortável. Aliás, não levam necessariamente em conta a variabilidade existente entre os indivíduos ou as situações. Se algumas propõem recomendações diferentes conforme os tipos de trabalho (exemplo: iluminação) ou o operador (exemplo: porte de cargas, segundo a idade e o sexo), outras se aplicam a um operador médio (vibrações, ambiência térmica). Em certas análises (exposição às vibrações ou ao calor), os métodos preconizados nas normas são, no momento, os únicos procedimentos estruturados, o que incita à sua utilização, apesar de seus limites. Para serem eficazes, as normas precisam evoluir regularmente, serem atualizadas, enriquecidas, mas também ganhar em simplicidade, operacionalidade, coisas que demandam o retorno da experiência e, portanto, tempo, o que resulta num atraso em relação à evolução rápida das situações de trabalho.

Para proteger os operadores de uma ambiência física excessiva, uma boa concepção da situação de trabalho ou a transformação desta devem ser privilegiadas. No segundo caso, isso implica conhecer bem as características da tarefa, seu contexto e a atividade do ou dos operadores antes de qualquer tentativa. A proteção do operador passa também por uma boa política de aquisição de equipamentos, bem como de manutenção. A modificação da nocividade "na fonte" é às vezes difícil, custosa ou mesmo impossível. Na falta de uma modificação, a utilização de equipamentos de proteção individual (EPI) é um meio fácil de adotar com baixo custo, mas que, com frequência, tem uma eficácia limitada (desconforto do uso, isolamento em relação a fontes de informação "úteis"). Por fim, nem todas as soluções são necessariamente "técnicas". Uma modificação da organização do trabalho pode permitir a redução do tempo de exposição do operador (rodízio, introdução de pausas frequentes).

A ambiência sonora

Entende-se por ambiência sonora a exposição a ruídos no local de trabalho. A nocividade do ruído para a audição está ligada a três parâmetros: o nível sonoro, a frequência e a duração da exposição. Admite-se que acima de uma exposição média cotidiana a um nível sonoro de 80 dB(A),[2] a audição corre o risco de se degradar. Na Comunidade Europeia (Diretriz 2003/10/CE), o limiar inferior que desencadeia a ação sobre a situação (por possibilidade de perigo auditivo a longo prazo) é Lex, 8 horas = 80 dB(A) (valor médio numa jornada de trabalho de 8 horas). O limite de exposição (certeza de perigo auditivo a longo prazo) é Lex, 8 horas = 87 dB(A).

A segunda pesquisa europeia "Condições do trabalho" (Paoli, 1997) mostrava que 10% dos assalariados declaravam não ouvir uma pessoa falando sem que esta elevasse a voz, proporção que atingia 17% no setor da construção e 20% no das minas e indústria. Em 1998, as estatísticas tecnológicas da *Caisse nationale d'assurance maladie des travailleurs assalariés* relativas às doenças profissionais classificavam as afecções provocadas pelo ruído em terceiro lugar, com 638 casos registrados no ano. Embora esse número esteja decrescendo lenta mas regularmente desde 1995, interessar-se pelo ruído é, portanto, sempre uma questão atual.

O ruído e seus efeitos – Consequência da utilização das ferramentas e máquinas, o ruído é uma mistura mais ou menos complexa de sons de frequências diferentes. A nocividade do ruído não é idêntica, num mesmo nível sonoro, segundo sua composição: nosso ouvido é mais sensível, mas também mais frágil, aos sons cuja frequência está compreendida entre 500 e 5.000 Hz.

Toda tarefa comporta uma parte de trabalho intelectual. Se estamos, ao mesmo tempo, expostos ao ruído, corremos o risco de ser perturbados, incomodados. É difícil estabelecer um nível sonoro limite além do qual o incômodo aparece, pois esse valor varia muito com o tipo de situação, de tarefa e de domínio sobre elas. Embora o incômodo não seja sempre função do nível sonoro, estudos efetuados em coletividades e em situações do tipo administrativo tendem a mostrar que este se torna manifesto a partir de 60 a 65 dB(A). O incômodo provém do antagonismo que existe entre a concentração necessária para a tarefa e a perturbação causada pelo ruído. O risco de erro aumenta e é preciso ficar ainda mais concentrado (quando isso é possível), o que significa uma fadiga suplementar.

O ruído é igualmente capaz de incomodar nossos processos de informação, criando o que é chamado de efeito de máscara. Assim, um sinal sonoro ou uma instrução dada oralmente podem ser mal compreendidos ou mesmo se tornarem completamente inaudíveis na presença de ruído, o qual "mascara" o sinal útil. Nesse caso, o risco de incidente ou acidente aumenta.

A exposição a um ruído intenso demais pode gerar, no nível do sistema auditivo, três tipos de efeitos.

O primeiro é uma alta temporária do limiar auditivo (nível sonoro mínimo para ouvir), chamada "fadiga auditiva" ou TTS (*temporary threshold shift*)". Quanto mais elevado for o nível sonoro e mais longo o tempo de exposição, mais essa fadiga auditiva será significativa e prolongada. Ela desaparece quase totalmente após uma noite de sono, mas é preciso considerá-la como sinal de alerta. Durante esse estado, o trabalho pode ser mais custoso e a segurança menor, pois ficamos menos sensíveis a nosso meio ambiente. Pode-se também levantar a questão dos efeitos em longo prazo de uma exposição cotidiana a esse tipo de fadiga.

---

[2] Os valores-limite legais são baseados em medidas expressas em decibéis (dB) com a ponderação "A" definida a partir da sensibilidade do ouvido humano à frequência dos sons.

Capítulo 6 – As ambiências físicas no posto de trabalho

O segundo é uma alta irreversível do limiar auditivo, ou PTS (*Permanent threshold shift*), que pode ocorrer em função:

— da exposição (mesmo breve) a um ruído de nível sonoro muito elevado, acarretando a destruição imediata (ou a curto prazo) das diferentes partes do ouvido (em particular partes do receptor auditivo);

— da exposição repetida e prolongada a um ruído de nível superior a 80 dB(A). Para o receptor auditivo essa repetição de microtraumatismos acarreta uma surdez em longo prazo.

Essa alta pode resultar da atividade de trabalho (donde o nome "surdez profissional"), mas também de outras atividades. A surdez se desenvolve de forma insidiosa pois, a princípio, a pessoa atingida não sente nenhum incômodo auditivo particular e não tem, portanto, consciência de seu estado, que só um exame apropriado pode revelar. Se a exposição ao ruído não é modificada (modificação das máquinas, designação a um posto menos ruidoso, proteção individual), a surdez irá progredir e aumentar a gama de frequência cuja percepção foi atingida (1.000 a 8.000 Hz, com um máximo por volta de 4.000 Hz). A consequência da surdez é um obstáculo à compreensão da fala e à audição dos sinais úteis, pois alguns não mais serão audíveis.

Enfim, um terceiro tipo de efeito consiste na perturbação da audição em função dos sons gerados pelo mau estado do sistema auditivo, em seguida à exposição a ruídos excessivos. São os acuofênios (zumbidos, estalidos etc.).

Agir sobre a situação – Convém conhecer bem o ruído para escolher os meios de ação com conhecimento de causa. Assim, é mais fácil agir contra os sons de alta frequência que contra os de baixa, que se propagam com mais eficácia. A ação contra o ruído pode ser conduzida segundo métodos diferentes (Gamba et al., 1987; Gamba e Abisou, 1992), entre os quais:

— conservação e manutenção preventiva, modificação do processo para métodos menos ruidosos. Com os EPIs, a redução do ruído na fonte é o único método que permite proteger o operador que se encontra em sua proximidade. O recobrimento das máquinas, que limita a propagação do ruído ao operador, só pode ser concebido se há poucas intervenções cotidianas nelas;

— a utilização de materiais absorventes no nível das paredes dos locais reduz a propagação do ruído por reflexão, o que melhora a acústica, mas só é eficaz, em termos de redução do nível sonoro, para os operadores situados longe da fonte.

A utilização dos EPIs (capacetes, protetores auriculares) é um meio facilmente adotável a baixo custo, mas que tem uma eficácia limitada (apesar de grandes progressos), na medida em que a proteção é incompleta em caso de ruído de nível sonoro superior a 110-120 dB(A). A proteção proporcionada pode igualmente variar, sobretudo no que se refere às proteções auriculares, segundo o cuidado empregado na colocação, os movimentos da cabeça e da mandíbula na fala e na mastigação.

As vibrações

O corpo humano é submetido a vibrações durante a utilização de ferramentas, máquinas ou meios de transporte, os quais são capazes de produzir um incômodo ou um risco.

Infelizmente, apesar dos numerosos estudos que foram empreendidos, devemos admitir que nosso conhecimento dos efeitos das vibrações sobre o homem permanece rudimentar.

Diz-se que um objeto vibra quando há deformação regular deste em torno de sua posição de origem (exemplo: vibração de um diapasão). Caracterizam-se as vibrações por duas grandezas: sua frequência e sua intensidade, a qual se mede pela aceleração (variação temporal da velocidade) sofrida pelo elemento durante a deformação, sendo os resultados expressos em m/s^{-2}. A normalização internacional, adotada nas normas francesas e europeias, preconiza um cálculo que aplica às medidas de aceleração realizadas uma ponderação proporcional à frequência. Essa ponderação tem como objetivo dar maior importância às vibrações, cuja frequência é considerada mais perigosa, e a minorar as outras. O cálculo da aceleração equivalente integra as características da exposição (duração e valor da exposição cotidiana às vibrações). A partir deste, valores limites e ábacos permitem constatar então o risco corrido e adotar ações de prevenção.

Os efeitos das vibrações – Em relação às vibrações, o corpo humano não se comporta como um todo (exceto em frequências muito baixas), mas como um conjunto de massas suspensas umas às outras. Há modificação das vibrações quando são transmitidas às diferentes partes do corpo. Trata-se ao mesmo tempo de modificação de sua intensidade (amplificação ou atenuação) e de sua fase (duas partes do corpo podem deixar de vibrar de maneira idêntica no tempo, ocorrendo um ligeiro atraso) devido à frequência. Essas modificações implicam deformação do corpo, com efeitos nocivos (Griffin, 1990; NF FD CR 12349, 1996) que crescem com a intensidade, o tempo de exposição, os esforços exercidos na ferramenta, mas que são também relacionadas à gama de frequência das vibrações, da postura de trabalho e do estado de saúde ou fadiga do operador. Distinguem-se habitualmente as vibrações transmitidas por uma ferramenta ao membro superior (ga-ma de frequência estudada: 5,6 a 1.414 Hz) daquelas transmitidas ao conjunto do corpo (ISO 2631-1, 1997) por uma máquina fixa ou um veículo (gama de frequência estudada: 0,5 a 80 Hz). A presença de vibrações acarreta um aumento de dificuldade na realização das tarefas pelo operador, devido à diminuição na coordenação dos gestos, na precisão, na rapidez.

Vibrações transmitidas por ferramentas seguradas pela mão – Essas vibrações provocam distúrbios limitados essencialmente ao membro superior. Na França, anualmente são identificados entre 100 e 150 novos casos de doenças profissionais, há alguns anos:

— distúrbios osteoarticulares, que atingem a mão, o punho, o cotovelo e o ombro. Provocam incômodo e dores, em particular quando se fazem movimentos e durante a utilização das ferramentas;

— distúrbios angioneurológicos, na maioria das vezes localizados na mão. Consistem em distúrbios locais de circulação, acarretando uma estase sanguínea (com vermelhidão, edema), e são acompanhados de uma perda passageira de sensibilidade, mas também de distúrbios musculares.

Segue-se um incômodo na utilização das ferramentas (menor sensibilidade táctil, menor controle motor) bem como o surgimento de dores.

O valor da aceleração equivalente não deve ultrapassar 5 m/s^{-2} para uma exposição de oito horas (posição comum CE, 2001), e medidas de proteção devem ser adotadas a partir de 2,5 m/s^{-2}. Uma tabela permite prever o surgimento de distúrbios angioneurológicos a partir da exposição cotidiana (ISO/DIS 5349-1, 1999).

Vibrações transmitidas ao conjunto do corpo – Diferentes autores mencionam, no caso de altas intensidades (entre 4 e 12 Hz), dores torácicas, abdominais, musculares, dorsais e lombossacrais. Os principais distúrbios de saúde que foram evidenciados são digestivos e vertebrais. Em 1999, foi criado o quadro 97 das doenças profissionais, relativo às afecções crônicas da região lombar, produzidas por vibrações.

Observam-se essencialmente três tipos de efeitos das vibrações nas capacidades de trabalho:

— uma diminuição do desempenho visual, agravada por movimentos complexos da cabeça, o que acarreta erros, incidentes ou mesmo acidentes;

— um menor controle motor (movimentos, reflexos, equilíbrio, postura) que reduz as possibilidades de ação;

— um aumento no tempo de reação (com diminuição da atenção, da percepção e desempenho mental e da fadiga), o que reduz a qualidade das ações realizadas.

O valor da aceleração equivalente não deve ultrapassar 1,15 m/s^{-2} para uma exposição de oito horas (posição comum CE, 2001), e medidas de proteção devem ser adotadas a partir de 0,6 m/s^{-2}.

Agir sobre a situação. – Além de um defeito de concepção, as vibrações provêm com frequência de má manutenção ou funcionamento da ferramenta ou da máquina (peças mal fixadas, gastas...), mas podem igualmente ser o efeito desejado (máquinas perfuratrizes). Em cada caso, as soluções a considerar para melhorar a situação do operador são diferentes, mas visam reduzir a transmissão das vibrações ao solo ou ao operador.

No caso das ferramentas vibráteis seguradas com a mão, trata-se de suprimir ou diminuir as vibrações transmitidas ao operador pelo cabo da ferramenta. As soluções atualmente mais utilizadas consistem essencialmente em desacoplar o corpo da ferramenta em relação ao cabo e a diminuir seu "recuo", como foi feito em certas perfuratrizes. As máquinas fixas podem também ser presas ao solo por intermédio de isoladores antivibráteis permitindo atenuar a transmissão das vibrações. Estes devem ter características adaptadas à gama de frequência a eliminar.

Quanto às vibrações transmitidas ao motorista e aos passageiros num veículo, o banco deve atenuar as frequências entre 4 e 12 Hz, potencialmente perigosas para o corpo, e não amplificá-las. A suspensão da cabine em relação ao resto do veículo permite acrescentar um andar suspenso suplementar e reduzir a amplitude das vibrações transmitidas. É um dispositivo interessante no caso dos veículos sem suspensão (máquinas para canteiros de obra, tratores agrícolas).

No que se refere ao operador, convém evitar os esforços na ferramenta (estes facilitam a transmissão das vibrações ao operador). As luvas "antivibráteis" produzem com frequência uma dificuldade para segurar a ferramenta, suscitando da parte do operador o uso de força maior e, portanto, a anulação do efeito de atenuação.

A ambiência térmica

Enfim, certas posturas agravam consideravelmente o efeito das vibrações: é o caso das flexões da coluna vertebral ou de sua torção entre a bacia e o tórax. Assim, são sempre muito importantes a concepção do posto de trabalho e a localização das máquinas adicionais, seus comandos e fontes de informação.

A ambiência térmica

Trata-se do microclima do posto de trabalho. Numa edificação, este pode variar de uma zona a outra do local, conforme o processo utilizado, mas também sofrer a influência do clima exterior e suas variações sazonais. Os componentes da ambiência térmica são: a temperatura, a velocidade de deslocamento do ar, a umidade e a radiação infravermelha. A ambiência térmica no trabalho é um parâmetro significativo, que interage com as possibilidades de trabalho físico do operador.

O homem é homeotérmico: tem a possibilidade de regular sua temperatura interna, a qual, para um funcionamento ideal do organismo, deve ficar próxima de 37°C. O exercício físico produz calor suplementar do qual uma parte, em geral, deve ser eliminada no exterior do corpo de modo a manter estável a temperatura central. É mais fácil fazer essa eliminação numa ambiência fria do que numa quente, e neste caso é comum ver a temperatura interna aumentar sob o efeito combinado do trabalho físico e do calor. Se o corpo esquenta demais, o trabalho físico e, em seguida, a sobrevivência se tornam impossíveis.

Os efeitos no corpo humano – O corpo humano é sensível à ambiência térmica global. Podemos experimentar sensações similares ou mesmo idênticas em relação a diferentes combinações das características da ambiência. Para um trabalho sedentário, a sensação de conforto ocorre quando as variáveis características da situação estão próximas dos valores considerados neutros (temperatura do ar: 20 a 21°C, umidade relativa: 50 a 60%, velocidade de circulação do ar: 0,1 a 0,25 m/s). Há, todavia, significativas diferenças interindividuais na apreciação desse conforto, o que torna delicada a elaboração de um consenso no assunto. O conforto depende, é claro, da isolação provida pelas roupas.

O trabalho no calor impõe uma redistribuição do sangue e uma aceleração de sua circulação no organismo para responder simultaneamente às exigências do trabalho e da termorregulação. Sendo fixo o volume sanguíneo, e necessária uma irrigação mínima dos tecidos, produz-se um conflito entre as duas exigências quando a elevação da temperatura central se torna grande demais. Os efeitos patológicos imediatos ocorrem por meio de ativação excessiva da termorregulação que produz: síncope no calor, desidratação, afecções cutâneas. Os efeitos a longo prazo são essencialmente efeitos no sistema cardiovascular. Os efeitos essenciais no trabalho consistem na diminuição da vigilância, no aumento do tempo de decisão, na degradação das coordenações sensório-motoras.

Quando o trabalho é no frio, a manutenção da temperatura central é obtida por meio de redistribuição do fluxo sanguíneo, o que leva a uma queda de temperatura na periferia do corpo. Esta, em particular a pele, se torna uma zona "tampão" com temperatura mais baixa que a central, o que limita as perdas térmicas. Se esses reajustes se revelam insuficientes, ocorre o aumento do metabolismo, da tensão muscular e o aparecimento do arrepio térmico, que produzem calor para impedir o resfriamento central, mas cuja duração é limitada. O trabalho físico pesado é favorecido pelo frio, se as extremidades não estiverem ameaçadas por congelamentos, pois as perdas térmicas requeridas quando do aumento metabólico são favorecidas. Há, no entanto, baixa de rendimento no caso de um trabalho exigindo boa

Capítulo 6 – As ambiências físicas no posto de trabalho

propriocepção e uma grande agilidade dos dedos. A atividade mental é pouco influenciada pelo frio. Os efeitos patológicos ocorrem pela ativação excessiva da termorregulação e pelo aparecimento de enregelamento e congelamento com queimaduras.

A medida da ambiência e a análise – A medida da ambiência térmica com frequência se torna difícil em virtude da variação rápida dos fatores ambientais (velocidade do ar, radiação etc.) e das características do operador (movimentos, temperatura cutânea, roupas). O cálculo das trocas térmicas (Clark e Edholm, 1985) entre o operador e seu meio ambiente se revela, portanto, difícil e repleto de aproximações, por isso foram criadas normas de avaliação, facilitando assim a análise da situação (Mairiaux e Malchaire, 1990) do operador em relação à ambiência térmica.

Esses métodos necessitam do conhecimento das características dos fatores ambientais no posto de trabalho, do gasto energético durante a atividade e do isolamento indumentário do operador. São normalizados em nível francês, europeu e internacional. Podem igualmente ser utilizados como ferramenta de simulação mudando-se o valor das diferentes variáveis.

• Os índices PMV (opinião média previsível) e PPD (porcentagem previsível de insatisfeitos) se relacionam à avaliação de fatores térmicos moderados (NF ISO 7730, 1986) e à previsão da sensação térmica do corpo em seu conjunto (conforto-desconforto). Permitem uma previsão quantitativa do número de pessoas insatisfeitas no ambiente e podem, portanto, ser utilizadas para verificar ou prever se uma dada condição térmica está conforme ao critério de conforto.

• O índice IBUTG (Índice de Bulbo Úmido Termômetro de Globo) pretende ser uma estimativa do rigor térmico em ambiente quente, pela avaliação do efeito médio do calor no homem (NF EN 27243/ISO 7243, 1994). Para o seu cálculo é necessário, em particular, o conhecimento da umidade ambiente e da irradiação infravermelha, à qual o operador está exposto. É preciso, então, comparar esse valor a valores de referência estabelecidos com relação ao gasto energético do operador no trabalho. Caso estes sejam ultrapassados, cabe reduzir o constrangimento térmico, o trabalho físico, ou o tempo de presença no local. Vale ressaltar que esse modo de cálculo leva em conta apenas um único isolamento indumentário, correspondente a um uniforme de trabalho comum, e pressupõe exposições relativamente longas (uma hora). Essa limitação é inconveniente porque, na proximidade de dispositivos quentes, os operadores, com frequência, devem estar equipados com trajes de proteção mais isolantes e permanecem, às vezes, por pouco tempo na proximidade da fonte de calor.

• A determinação analítica do constrangimento térmico se baseia no cálculo das trocas térmicas por meio da evaporação do suor (NF EN 12515/ISO 7933, 1997). Estas dependem essencialmente da umidade ambiente (nenhuma evaporação é possível se o ar estiver saturado de umidade) e da água corporal disponível. Essa norma prediz o tempo de exposição no ambiente térmico considerado, em relação ao gasto energético devido ao trabalho e do isolamento indumentário.

Agir sobre a situação – A ação contra o calor deve ser realizada por meio da concepção arquitetônica (limitação da penetração ou da propagação da radiação infravermelha no local) e da modificação térmica do ambiente de trabalho (mas certos processos são modificáveis?).

No nível do operador, é recomendado reduzir a intensidade do trabalho físico, permitir descansos em salas climatizadas e favorecer a termorregulação corporal por aclimatação ao ambiente térmico no posto.

É possível também usar trajes protetores contra a irradiação infravermelha. Todavia, pelo isolamento que implicam, acarretam uma diminuição das trocas efetuadas por evaporação e uma elevação da temperatura central, o que vai contra as necessidades da termorregulação.

Contra o frio, a solução mais evidente consiste, no caso de um posto fixo, em providenciar um aquecimento suficiente. Se o frio é indispensável, é por meio do isolamento indumentário que a situação poderá ser melhorada.

O traje fornece uma proteção passiva isolante, exceto em casos particulares (traje aquecido), ligada à camada de ar retida pelas fibras do tecido e entre as camadas de roupas. Esta é tributária dos movimentos, das compressões que se exercem no tecido e a expulsam para o exterior. Há em seguida reincorporação de ar frio. Nesse sentido, todo trabalho físico reduz, portanto, o isolamento indumentário. Para evitar a condensação, o traje precisa satisfazer duas exigências contraditórias: deixar sair o vapor de água e evitar expulsar o ar quente para fora do tecido, ajuste que certos tecidos modernos tentam realizar. O volume dos trajes limita a proteção contra o frio durante o trabalho físico. No caso da mão, é difícil isolar os dedos sem restringir a habilidade manual. A aclimatação ao frio melhora o isolamento pela espessura maior das zonas "tampão" criadas no invólucro corporal.

Ambiência luminosa

Por ambiência luminosa, entende-se a quantidade de luz natural ou artificial no nível da situação de trabalho. Diferentemente das outras ambiências físicas, uma iluminação incorreta induz à fadiga, ao desconforto, mas não provoca, *a priori*, nenhuma doença profissional. A qualidade da ambiência luminosa só é lembrada quando se trata do trabalho com monitor, pois influi muito no conforto visual nessa situação. Assim, em 1992, 23% de uma população de utilizadores de monitores ligavam (com ou sem razão) seus distúrbios oculares à má iluminação de seu local de trabalho.

As variáveis medidas para avaliar a qualidade da ambiência luminosa são a iluminação, a luminância e o contraste. A iluminação (em lux) representa a quantidade de luz que chega ao posto de trabalho. A luminância (em cd/m^2) representa a quantidade de luz que vai finalmente penetrar no olho e estimular a retina. A luz pode vir por propagação direta, mas a situação mais frequente consiste numa propagação por reflexão (a luz proveniente da fonte é refletida pelos objetos, em direção ao olho). A luminância não corresponde, portanto, diretamente à iluminação, pois para uma mesma iluminação, a quantidade de luz refletida por um objeto varia de acordo com a sua natureza. Assim, uma superfície clara e lisa (como uma parede pintada de branco) será muito refletora, enquanto uma superfície escura e fosca refletirá pouca luz para o olho (exemplo: uma cortina preta ou uma superfície coberta de poeira escura).

Os efeitos visuais do trabalho – Se a luminância é muito alta, ou seja, se a quantidade de luz entrando no olho é muito grande, há risco de ofuscamento, o que implica uma visão difícil ou impossível, e mesmo um risco de lesão na retina, em casos extremos. Se a luminância é fraca demais, a percepção é igualmente ruim ou impossível. O conforto da situação depende também do contraste, ou seja, de uma relação de luminância entre o objeto observado e os que o cercam. Em casos de iluminação ruim ou de tarefa visual

Capítulo 6 – As ambiências físicas no posto de trabalho

desgastante (trabalho com lupa, no microscópio, leitura com iluminação fraca, letras pequenas, trabalho diante do monitor etc.) aparece progressivamente uma fadiga visual, proporcional à dificuldade e ao tempo de exposição. Manifesta-se por sintomas oculares (irritação), visuais (visão degradada pela diminuição das possibilidades de acomodação e convergência ocular, variação da sensibilidade) e gerais (fadiga geral, dores de cabeça). Esses efeitos visuais reforçam a dificuldade da tarefa e a situação do operador tende a se deteriorar ainda mais. Como toda fadiga, esta desaparece após um certo tempo de descanso, conforme a exposição.

Agir sobre a situação – Prover uma boa iluminação implica, portanto, buscar uma iluminação adaptada. Há normas que dão os valores de iluminação recomendados (NF X 35-103, 1990; ISO 8995, 2002), em geral entre 200 e 500 lux, conforme as situações. Nelas, correções às recomendações gerais são propostas em relação ao tipo de tarefa, ou à idade do operador (NF X 35-103, 1990). Todavia, se tais prescrições evitam as situações mais desfavoráveis, não podem atender à diversidade das situações. É necessário conhecer o utilizador (suas necessidades dependem da idade, pois as características visuais mudam com ela), sua maneira de trabalhar e sua posição em relação às fontes luminosas para poder efetivamente determinar a iluminação necessária e a disposição das fontes ou do posto de trabalho.

Em complemento, é preciso respeitar valores mínimos de iluminação (Décret 83-721, 1983), os quais só são compatíveis com trabalhos bastante rudimentares e com lugares para a circulação das pessoas. Quando uma percepção visual mais elaborada (leitura, visão de detalhes, de cores) é necessária, é preciso uma iluminação adaptada, mais intensa, e uma iluminação local orientável, não ofuscante, pode ser necessária (Association française de l'éclairage, 1993). Para boa percepção visual, os valores do contraste entre os diferentes elementos da cena visual podem ser determinados com o auxílio de tabelas de cálculos.

Em caso de luminância excessiva, a única proteção individual que se pode considerar é o uso de óculos destinados a baixar a luminância das zonas compreendidas no campo visual. Fácil de adotar, essa solução tem, no entanto, como desvantagem imediata tornar mais difícil, se não impossível, a percepção das zonas menos luminosas.

Em todos os locais onde parte da iluminação é natural, é preciso considerar a flutuação cotidiana e sazonal desta. Assim, a localização de um monitor de computador deve levar em conta, ao mesmo tempo, a disposição das luminárias e a posição das janelas para evitar reflexos incômodos na tela. Em particular, as janelas podem ser utilmente equipadas com cortinas ou persianas para limitar a entrada da luz natural em certas horas do dia.

Referências

ASSOCIATION FRANÇAISE DE L'ÉCLAIRAGE. *Recommandations relatives à l'éclairage intérieur des lieux de travail.* Paris: Lux Éditions, 1993.

CLARK, R. P.; EDHOLM, O. G. *Man and his thermal environment.* London: Arnold, 1985.

DÉCRET n° 83-721 du Ministère des Affaires Sociales et de la Solidarité Nationale, complétant le Code du travail sur l'éclairage des lieux de travail, article R. 232-6-2, *Journal Officiel,* 5 août, 1983.

DIRECTIVE 2003/10/CE du Parlement Européen et du Conseil du 6 février 2003. Prescriptions minimales de sécurité et de santé relatives à l'exposition des travailleurs aux risques dus aux agents physiques (bruit), *Journal officiel*, n.L 042 du 15 fév. 2003, p. 0038-0044.

GAMBA, R. et al. *Réduire le bruit au travail.* Lyon: ANACT, 1987. (Outils et Méthodes).

GAMBA, R.; ABISOU, G. *La protection des travailleurs contre le bruit.* Lyon: ANACT,1992. (Outils et Méthodes).

GRIFFIN, M. J. *Handbook of human vibration.* London: Academic Press, 1990.

GUÉRIN F. et al. *Comprendre le travail pour le transformer, la pratique de l'ergonomie.* Lyon: ANACT, 1997. (Outils et Méthodes).

ISO 2631-1, norma internacional. *Vibrations et chocs mécaniques. Évaluation de l'exposition des individus à des vibrations globales du corps*, 1997 (Partie 1: Spécifications générales).

ISO 8995, norma internacional. *Éclairage d'intérieur pour des lieux de travail, 2002.*

ISO/DIS 5349-1, norma internacional. *Vibrations mécaniques. Mesurage et évaluation de l'exposition des individus aux vibrations transmises par la main*, 1999. (Partie 1: Principes directeurs généraux).

MAIRIAUX, P.; MALCHAIRE, J. *Le travail en ambiance chaude, principes, méthodes, mise en oeuvre.* Paris: Masson, 1990.

NF EN 12515/ISO 7933, norma europeia. *Ambiances thermiques chaudes.* Détermination analytique et interprétation de la contrainte thermique fondées sur le calcul de la sudation requise, 1997.

NF EN 27243/ISO 7243 norma europeia. *Estimation de la contrainte thermique de l'homme au travail basée sur l'indice WBGT*, 1994.

NF FD CR 12349, norma francesa documental. *Vibrations mécaniques:* Guide concernant les effets des vibrations sur la santé du corps humain, 1996.

NF ISO 7730, norma francesa. *Détermination des indices PMV et PPD et spécification des conditions de confort thermique*, 1986.

NF X 35-103, norma francesa. *Principes d'ergonomie visuelle applicables à l'éclairage des lieux de travail*, 1990.

PAOLI, P. *Second European survey on working conditions.* Dublin: European Foundation for the Improvement of Living and Working Conditions Editions, 1997.

POSITION COMMUNE (CE) n° 26/2001 du 25 juin 2001 concernant les prescriptions minimales de sécurité et de santé relatives à l'exposition des travailleurs aux risques dus aux agents physiques (vibrations), *Journal officiel*, n.C 301 du 26 oct. 2001. p. 0001--0013.

Ver também:

4 – Trabalho e saúde

5 – A aquisição da informação

7 – O trabalho em condições extremas

9 – Envelhecimento e trabalho

10 – Segurança e prevenção: referências jurídicas e ergonômicas

7
O trabalho em condições extremas

Marion Wolff, Jean-Claude Sperandio

Introdução

Extremo significa, no sentido corrente, "situado lá no final", "no limite", ou mesmo "além de um certo limite". Determinar limites e limiares a não serem ultrapassados tem como objetivo evitar que os trabalhadores sejam expostos a condições cujos valores induzem ou podem induzir a riscos graves para a saúde ou a vida, ou a desempenhos medíocres.

Condições extremas podem caracterizar diversas formas de trabalho "no limite" ou mesmo além de certos limites: exposições pontuais ou permanentes, voluntárias ou não, a situações perigosas ou intoleráveis (sob certos critérios) no plano fisiológico, psicológico ou social, ou atividades que podem ser consideradas extremas pela carga de trabalho engendrada ou pelos recursos exigidos dos sujeitos etc. Esses termos deixam ampla margem à interpretação do que pode ser considerado "condições extremas", a partir de quais valores, segundo quais critérios, durante quanto tempo e para quais indivíduos.

A ergonomia preconiza condições ideais de trabalho sempre que possível. A própria noção de trabalho em condições extremas é, portanto, um desafio ao qual a ergonomia não tem como ambição dar resposta. É claramente afirmado aqui que a exposição a valores supraliminais só é aceitável em *circunstâncias excepcionais,* quando não há alternativa, durante um período limitado e para sujeitos selecionados, bem preparados e voluntários. Certos trabalhadores, infelizmente, podem se encontrar confrontados com condições extremas de maneira permanente ou quase permanente, sem que sejam voluntários e sem preparo especial. Como tais condições podem se impor contra a vontade, é preferível então conhecer suas consequências para encontrar paliativos na medida do possível, na falta de poder evitá-las radicalmente.

O meio militar, em particular, induz a condições de trabalho que podem ser qualificadas como extremas, tanto por sua intensidade quanto por sua frequência, duração e consequências, mas condições extremas encontram-se igualmente no meio civil. Como as situações "extremas" em meio militar têm sido amplamente estudadas, são, portanto, mais bem conhecidas, em particular no plano médico-fisiológico, e fornecem uma parte notável dos dados disponíveis (Sperandio e Wolff, 1999). Esses dados são em parte, mas apenas em parte, transferíveis para o trabalho civil e as atividades esportivas, e muitas ocupações podem facilmente ser citadas (bombeiros, policiais, mineiros, trabalhadores braçais ou em ambiente poluído, certos atletas de alto nível etc.).

Mesmo única e muito breve, uma exposição a condições nocivas extremas às vezes pode ser fatal. A exposição a substâncias perigosas, cujo estudo integra a toxicologia, ou o trabalho em ambiente hostil ou perigoso (nuclear, biológico, químico etc.), o qual não abordamos aqui, oferecem numerosos exemplos tanto militares quanto civis. O mesmo pode ser dito quanto à exposição a ruídos de intensidade muito alta ou a explosões. Mas, de modo geral, os limites "aceitáveis" de exposição levam em conta não só a intensidade do agente nocivo, mas também o tempo de exposição, eventualmente a acumulação de períodos de exposição e o nível de prontidão do sujeito. Assim, um tempo de exposição prolongado pode transformar condições toleráveis em condições extremas, ou mesmo intoleráveis. Inversamente, um preparo adequado pode, para certos fatores, fazer os limites recuarem. É preciso considerar igualmente a eventual acumulação de fatores suscetíveis de induzir a situações extremas, pois é raro que um único fator esteja envolvido. Enfim, cabe notar que na maior parte das vezes os valores limites de que se dispõe para uma ou outra característica do trabalho são modulados por um grande mosaico de outros fatores que interferem: o contexto, a idade dos sujeitos, a saúde, o equipamento, o treinamento etc., que limitam ou, ao contrário, acentuam os efeitos indesejáveis.

Embora o plano fisiológico apareça como o mais diretamente implicado, é evidente que o trabalho pode ser igualmente "extremo" nos planos psicológico, e social. Assim, a capacidade de tratamento da informação é limitada, como são limitadas todas as funções cognitivas e como é provavelmente limitada a capacidade de suportar um ambiente nocivo, um assédio moral, ou uma hierarquia excessivamente prescritiva. Mas é na fisiologia que valores limites expressos de forma quantitativa são encontrados com mais precisão. Esses valores são, entretanto, estabelecidos a partir de médias gerais, que não levam em conta todos os parâmetros das diferenças individuais. Podem também evoluir e diferir um pouco conforme os autores, os países e as metodologias de coleta de dados.

Cabe notar que fatores físicos (ambiente, fatores ambientais, porte de cargas etc.), cujos efeitos mais diretos podem ser objetivados no plano fisiológico, podem ter também efeitos no plano psicológico, cognitivo ou social, e vice-versa. O enredamento desses efeitos é a regra. Cabe notar por fim o caráter não linear e não proporcional das relações de causa e efeito: em certos níveis, variações significativas de valor dos fatores causais podem induzir apenas a efeitos mínimos, enquanto que, ao ultrapassar certos limites, variações tênues podem acarretar efeitos perigosos significativos, no curto ou longo prazo.

O âmbito necessariamente restrito deste capítulo não permite expor um panorama detalhado das situações de trabalho que podem ser qualificadas como extremas. Cada "condição extrema" integra uma problemática específica que poderia ser objeto de capítulos particulares, como o trabalho em ausência de gravidade, a microgravidade, as intensas acelerações dos pilotos de aviões de combate, o uso de trajes de proteção constrangedores; e também as combinações NBC (nuclear, biológico, químico) para os militares, ou ainda o trabalho particularmente perigoso dos bombeiros ou de outras categorias altamente especializadas, em certas situações. Os exemplos escolhidos aqui, que se referem à termorregulação, ao ruído, ao estresse e à permanência prolongada em vigília, estão, portanto, longe de abranger a diversidade do campo.

O trabalho sob forte constrangimento térmico

Quando uma atividade física é praticada em altas temperaturas (p. ex., trabalho nos canteiros de obra, em fábrica, em certos climas; profissões "de risco": policiais, bombeiros

Capítulo 7 – O trabalho em condições extremas

etc.), o corpo precisa lutar contra o aumento da temperatura do corpo (hipertermia) ativando três mecanismos: a vasodilatação, a sudorese e a adaptação ao calor.

Sob o efeito do calor são as tarefas psicomotoras as primeiras atingidas, e isso proporcionalmente à intensidade do calor. A destreza diminui a partir de 26°C, porém, quando o indivíduo está treinado na tarefa que deve realizar, o desempenho diminui pouco com o aumento da temperatura (Wenzel e Ilmarinen, 1977). O ritmo cardíaco pode aumentar, mas a tarefa é executada com a mesma (ou até melhor) destreza. Desse modo, o grau de aclimatação e a competência podem compensar os efeitos do calor (Metz, 1967; Vogt e Metz, 1981; Macfarlane, 1981; mais subsídios podem ser encontrados no Capítulo 6 (As ambiências físicas no posto de trabalho).

Uma higrometria não ideal do ar pode perturbar consideravelmente a termorregulação, chegando mesmo a suprimir as perdas sudorais evaporatórias, com todas as consequências indesejáveis desta perturbação (Metz, 1967). Se a esse constrangimento se acrescentam a fadiga, a falta de sono, a defasagem horária ou um exercício físico intenso, ficam ainda mais elevados os riscos de acidentes graves, às vezes mortais (Hénane, 1981). A sede é um sintoma tardio; é por isso que se aconselha beber "sem sede" ao menos meio litro de água por hora quando se quer prevenir a desidratação, que só pode ser compensada através da absorção de água. Uma quantidade de 10 a 12 litros de água pode ser necessária a indivíduos que exercem uma atividade física intensa, acarretando muita sudorese, a complementar com comprimidos de sal (Beauche, 1987).

Os acidentes que ocorrem são de dois tipos, frequentemente associados: a hipertermia, que leva ao golpe de calor, e a desidratação (Metz, 1967; Beauche, 1987; Curé, Michaud e Mirabel, 1984). Se esses dois sintomas não são tratados rapidamente, podem ter uma consequência fatal. Outros distúrbios podem igualmente aparecer, como as câimbras de calor, que representam um distúrbio agudo da função muscular, caracterizado por contrações musculares curtas, involuntárias, intermitentes e dolorosas. Os músculos submetidos a cargas intensas são os mais frequentemente afetados (Weineck, 1997). As câimbras de calor podem ser controladas por meio da ingestão de água e cloreto de sódio. Os alongamentos extremos dos músculos afetados podem também aliviar a câimbra muscular. Outra consequência bem conhecida de falha do sistema termorregulador é a insolação, resultado de uma exposição prolongada, com a cabeça descoberta, às radiações solares.

O uso de um traje de proteção impermeável, em parte ou na totalidade, ao vapor da água pode reduzir enormemente a tolerância ao calor e aumentar o risco de acidentes (Bittel e Savourey, 1996; Savourey e Bittel, 1997; Hénane, 1980, 1981; Crocq et al., 1984).

Por isso, as adaptações indumentárias são importantes: o traje deve favorecer o máximo possível a evaporação do suor. Se os indivíduos têm de usar trajes especiais de proteção (militares, bombeiros, agentes da Electricité de France – EDF, operários de terraplenagem, por exemplo), os constrangimentos térmicos podem se tornar então difíceis de suportar. Assim, certos trajes são equipados com sistema de resfriamento com ar fresco, permitindo uma autonomia de várias horas em clima quente (Bittel e Savourey, 1996).

As pesquisas sobre as condições a baixas temperaturas são menos numerosas, mas têm se ampliado com o número crescente de trabalhadores no ramo da alimentação "resfriada". O homem pode lutar contra a baixa de temperatura do corpo (hipotermia) por meio de uma atividade muscular particular: o arrepio. Essa contração muscular é involuntária, de curta duração e repetida em cadência. O arrepio é precedido por um tônus de pré-arrepio que já aumenta o metabolismo. Mas essa atividade esgota muito rapidamente a energia do organismo. As reações de luta contra o frio e a sua eficácia reduzida estão na origem dos dois principais acidentes observados: as queimaduras por enregelamento (a pele congela, mal vascularizada) e a hipotermia (Bittel e Savourey, 1996). A patologia relacionada ao frio apresenta uma grande variedade, da hipersensibilidade e alergia ao frio (urticária, hidrocussão...) à meteopatologia, cujos efeitos podem ser respiratórios, cardiovasculares, articulares, digestivos e até neuropsiquiátricos (Rivolier, 1981; Vogt e Metz, 1981).

As adaptações ao frio e ao calor são diferentes; no caso da hipotermia, as chances de sobrevivência diminuem de 100% a 25% para uma variação de 8 °C na temperatura corporal, e no caso de uma hipertermia a variação conduzindo às mesmas chances de sobrevivência é de 5 °C. Quanto aos limiares de tolerância ao frio, eles variam de um indivíduo a outro e dependem sobretudo das dimensões e proporções do corpo (a peso igual, um indivíduo de baixa estatura perde menos calor que um de compleição esguia) e da espessura da gordura subcutânea cuja condutividade térmica é mais baixa que a do músculo (Rivolier, 1981).

Para se proteger do resfriamento, o homem deve efetuar exercícios físicos, e se vestir de maneira a realizar um isolamento indumentário significativo. Burton e Edholm (1969) mostraram que a influência do vento depende das qualidades próprias do tecido utilizado (a produção crescente de novos trajes esportivos leva os atletas de alto nível a testar uma quantidade cada vez maior desses tecidos). A função da roupa é criar uma camada de ar imóvel aprisionada em suas malhas (Rivolier, 1981), mas, se o indivíduo faz um esforço físico, a umidade produzida fica aprisionada. A proteção indumentária, indispensável para a vida em clima frio, deve ter camadas múltiplas e ser permeável à evaporação do suor. Um corta-vento é igualmente recomendado para as velocidades de vento elevadas.

Existem tabelas de CLO (unidade de isolamento: 1 CLO = 0,18 °C/Kcal/h/m²) permitindo definir o isolamento necessário para uma atividade moderada em diferentes condições climáticas. Assim, Bittel e Savourey (1996) sugerem, para tal atividade, um traje isolado em 2,8 CLO para uma temperatura de -20 °C e um traje isolado apenas em 10,6 CLO para dormir nessa mesma temperatura. Em meio ambiente marinho (relativos aos pescadores, por exemplo), uma proteção indumentária é indispensável mas muito insuficiente, mesmo em águas tidas como quentes. Uma temperatura de 25 °C pode ser agradável para um banho de curta duração, mas quando a temperatura central do corpo baixa a 25 °C a morte é quase certa. Um dispositivo permitindo garantir a flutuação é necessário para que não se disperse energia nadando. Van Orden et al. (1996) mostraram, num estudo sobre sistema de combate naval, que a tarefa efetuada em situações de frio (temperaturas inferiores a 4 °C) faz aumentar a frequência cardíaca e os níveis de catecolamina. Se outros fatores se acrescentam, como a fadiga, a falta de sono, a defasagem horária, a desidratação ou a falta de alimentação, a vulnerabilidade do homem aumenta. A alimentação, o nível de aptidão físico, a adaptação e a proteção indumentária constituem um conjunto que permite a tolerância ao frio (Bittel e Savourey, 1996). A adaptação ao frio se produz sobretudo por uma modificação do comportamento e bem menos pela transformação da termorregulação pessoal. Inclui a diminuição da sensação subjetiva de frio, a aparição precoce do arrepio, o aumento do mecanismo de base (Weineck, 1997).

Na montanha, pode-se igualmente observar um risco de hipoxia devido à baixa da pressão atmosférica, que se soma ao frio.

O trabalho em altitude

O efeito principal da altitude sobre o organismo é a diminuição da pressão parcial de oxigênio, consequência da diminuição da pressão atmosférica, à medida que se sobe acima do nível do solo: a camada de ar que envolve a Terra vai se rarefazendo, sua densidade diminui. O oxigênio é indispensável para a sobrevivência dos tecidos do organismo. Sua provisão é garantida pelos pulmões e seu transporte até os tecidos do conjunto do corpo se efetua por meio de uma molécula complexa, a hemoglobina, veiculada pelos glóbulos vermelhos do sangue. Esse processo é sensível às variações da pressão parcial em oxigênio (PO2), que regula a saturação da hemoglobina em oxigênio, ou seja, a quantidade de oxigênio utilizada pelos tecidos. Com o aumento de altitude e a pressão atmosférica diminuindo, a pressão parcial em oxigênio diminui nas mesmas proporções e a hemoglobina fica menos saturada. Os efeitos da diminuição da PO2 (hipoxia) são conhecidos há muito tempo (Tanche, 1981; Eaton et al., 1974). Um certo grau de hipoxia é tolerável para os indivíduos com boa saúde a partir de 900 m (Maher et al., 1974). A uma altitude de 2.400 m, os tempos de reação ficam mais longos e o desempenho mental diminui. A partir de 3.000 m, a deterioração dos desempenhos fisiológicos torna necessária uma suplementação de oxigênio; ainda assim, os efeitos da hipoxia são suportáveis até uma altitude de 4.500 m. A hipoxia é então um fator que limita o desempenho, pois este baixa para 70% numa altitude de 4.800 m, e para 11% numa altitude de 8.000 m. A hipoxia acarreta a hipotermia devido ao aumento da viscosidade sanguínea causado pelo incremento do número de glóbulos vermelhos e à desidratação (Bittel e Savourey, 1996). A hipoxia e o frio são igualmente responsáveis pelo mal agudo das montanhas (MAM), familiar a todos que trabalham em ambiente montanhês (guias em montanhas altas, funcionários da alfândega, guardas etc.).

A tolerância à hipoxia é influenciada pela forma física do indivíduo, seu estado de fadiga, seu consumo de álcool e tabaco, sua adaptação à altitude (vida nas montanhas ou não). No quadro da aclimatação à altitude, o organismo tenta equilibrar o déficit de oxigênio no sangue por um aumento da hemoglobina e, portanto, por um acréscimo no número de glóbulos vermelhos. O aumento da produção de glóbulos vermelhos é desencadeado pelos rins que, devido à hipoxia, liberam mais eritropoietina (hormônio EPO), veiculada pelo sangue. Constata-se então um aumento do hematócrito, acompanhado de uma maior viscosidade sanguínea, e uma melhora do consumo de oxigênio. Durante essa aclimatação, produzem-se igualmente mecanismos de compensação a nível muscular para melhorar a provisão de oxigênio e sua utilização (Weineck, 1997). O fenômeno é bem conhecido entre os atletas, em especial para os esportes de resistência praticados habitualmente "na planície", pois se o desempenho é inicialmente diminuído pela altitude, este cresce, em relação à capacidade inicial, após um período de aclimatação de duas a três semanas numa altitude de 2.000 m. É por isso que é comum atletas de alto nível que praticam um esporte de resistência treinarem em altitude para se prepararem para uma competição que ocorrerá em planície. A altitude mais adequada para um treinamento se situa entre 1.800 e 2.300 m, o que corresponde a uma diminuição do oxigênio disponível de 16 a 24%. Os fenômenos de adaptação se produzem em geral desde as duas primeiras semanas, com a condição de o treinamento ser repetido regularmente. O atleta deve em seguida completar seu treinamento em altitude uma a três semanas antes da competição na planície. Após uma fase de reaclimatação de cerca de uma semana, durante a qual pode-se constatar uma queda temporária dos desempenhos, a capacidade de resistência atinge seu máximo durante a segunda e a terceira semanas, conforme os indivíduos.

O trabalho em condição de ruídos perigosos

O ruído é um elemento do ambiente e pode se tornar um agente agressivo, pois implica o risco de lesar o ouvido, mascarar sinais úteis e tornar a situação muito desconfortável (ver o capítulo dedicado às ambiências físicas). Sendo o aparelho auditivo muito frágil, é preciso saber avaliar os limites sonoros suportáveis para o homem tanto em intensidade quanto em tempo de exposição (Aubry et al., 1961).

Pode-se afirmar que, quanto mais elevado é o ruído e maior o tempo de exposição, mais provável é a queda de performance (Jansen, 1981). Os riscos de degradação do aparelho auditivo estão igualmente ligados à intensidade e ao tempo de exposição, notando-se que uma intensidade muito alta pode ser destrutiva mesmo por um tempo de exposição muito breve. No campo militar, por exemplo, é sabido que o ruído de certas armas, certos dispositivos ou explosões pode provocar déficits auditivos consideráveis, definitivos em alguns casos. Os ruídos contínuos se encontram no interior dos blindados, aeronaves, navios e etc., e chegam a ultrapassar 120 dBA; nesse nível, a regulamentação em vigor permite um tempo máximo de exposição de trinta segundos (Dancer et al., 1996). A quantidade de ruído recebida é então equivalente à de um ruído de 90 dBA durante oito horas, o que é comum em muitas profissões (p. ex., operários numa fábrica ou ao ar livre, como os lenhadores ou os operários da construção civil). No entanto, a regulamentação só prevê o uso de proteções auditivas acima de 90 dBA.

Quanto aos ruídos de impacto (como os de armas), o meio militar é particularmente ilustrativo. Esses ruídos vão de 160 dB pico para um atirador de fuzil de guerra, a 190 dB pico para um soldado usando certas armas antitanque e morteiros. O resultado, como demonstra um estudo audiométrico longitudinal no exército (Job et al., 1997), é que os soldados que foram expostos a ruídos de armas apresentam perdas auditivas significativas.

Os efeitos indesejáveis do ruído são múltiplos, de gravidade e incômodo variáveis: desconforto local, mascaramento dos sinais auditivos úteis, fadiga auditiva, nervosismo, sobrecarga mental em detrimento dos tratamentos permanentes, e até uma degradação do sistema auditivo. Em níveis que não constituem uma ameaça imediata para a audição, os ruídos podem degradar o desempenho, ao encobrir a fala e reduzir a inteligibilidade das mensagens comunicadas. Inversamente, o ruído induz a uma certa estimulação sensorial favorável à manutenção da vigilância, podendo ter sob certas condições um efeito ativador que melhora o desempenho e a atenção, desde que ele não seja nem muito elevado, nem contínuo (Hockey et al., 1998).

Os protetores auditivos (inserção, concha, capacete...) servem para limitar os efeitos dos ruídos, reduzindo a pressão sobre o tímpano. O efeito de enfraquecimento acústico é mais significativo nas frequências elevadas do que nas graves. Em certos casos, é preciso diminuir o ruído para proteger o indivíduo, ao mesmo tempo mantendo a possibilidade de contato com o exterior. Infelizmente, uma proteção eficaz diminui ou suprime a percepção das informações auditivas pertinentes, o que com frequência é incompatível com as exigências do trabalho. Na prática, é preciso buscar compromissos.

O trabalho em condição de estresse

A expressão do estresse depende das capacidades que cada um tem de "enfrentar" situações. Em caso de perigo, o mecanismo do estresse, observável também nos animais, permite ao corpo mobilizar muito rapidamente todas as suas reservas de energia, por exemplo tendo em vista um considerável esforço muscular para a fuga ou o ataque. Há diferentes razões para se estar estressado, diferentes níveis e diferentes maneiras de o estar (Rivolier, 1989; Lemmens, 2001). Conforme os autores, os fatores que desencadeiam

Capítulo 7 – O trabalho em condições extremas

o estresse podem ser categorizados de maneiras diferentes, que podem ser agrupados em quatro grandes categorias: as agressões fisiológicas, os fatores cognitivos situacionais, os fatores pessoais não profissionais e a ansiedade. Esta com frequência é alimentada pela "memória do estresse", em que experiências marcantes (acidente, atentado, agressão...) subsistem e podem surgir a qualquer momento, a partir de um estímulo desencadeador (Spielberger, 1979). Inúmeras situações remetem a essas categorias, desde o funcionário de escritório ou operário ao militar em situação de combate. Portanto, os exemplos que seguem não esgotam a problemática do estresse, mas têm a particularidade de ilustrar situações com frequência pouco conhecidas em relação àquelas regularmente relatadas pela mídia ou pela literatura.

No meio militar, as situações de estresse foram particularmente estudadas, quer se trate ou não de um choque ante uma cena insuportável, de medo, espera ansiógena ou isolamento afetivo. Crocq (1986, 1990) relata em seus artigos os episódios agudos mais usuais em caso de guerra: soterramento por uma bomba, incêndio de um tanque, avião abatido etc. Mas numerosos outros fatores podem estar na origem do estresse e de distúrbios de comportamento.

As missões humanitárias ou de intervenção como as da ONU colocam problemas psicológicos novos para os soldados: impossibilidade de reação a uma agressão, insegurança permanente e a dura colocação à prova do ideal humanitário, com dificuldade para manter a motivação (Doutheau et al., 1994). A partir de depoimentos de soldados que serviram na Bósnia entre 1992 e 1995, Lebigot (1998) estabeleceu cinco fatores na origem do estresse: os amigos, os inimigos, a arma do combatente, a morte, a vergonha. Por exemplo, soldados que tinham travado amizade com a população não compreendiam que seus "amigos" pudessem se voltar contra eles. Mas o inimigo não era "oficial": a autorização de utilizar as armas sendo muito limitada, os soldados podiam ter a sensação de que não serviam para nada, que os seus comandantes tinham percepção inadequada do que se passava em campo e davam ordens não adaptadas etc. A respeito da morte, diretamente presente na maioria das observações, Lebigot (1998) precisa que ela produziu "efração traumática" (camarada morto ao lado do sujeito, descoberta de carnificina, visão de assassinatos etc.). O quinto "parceiro" evocado é a vergonha. Durante ações humanitárias de proteção dos civis, cada fracasso que o soldado testemunha é uma humilhação, que altera a sua imagem de si mesmo, sua fé no Homem, fazendo com que sua missão perca o sentido. Lebigot fala em "naufrágio do ideal".

Esse autor evoca igualmente um caso particular de estresse: o *trauma*. Contrariamente a uma ideia muito difundida, o trauma não é um estresse mais violento: é uma experiência muito particular, que pode durar apenas uma fração de segundo e passar quase despercebido. O trauma é um encontro com a morte. Tal encontro, para se produzir, necessita de certas condições, que se expressam por um enfraquecimento das defesas psicológicas do sujeito no momento em que a encontra. Qualquer um pode um dia passar por isso, sem ser necessariamente militar (p. ex., testemunhas de agressão ou suicídio no local de trabalho).

Os efeitos do estresse podem tanto levar a ações eficazes com escolhas judiciosas de decisões, quanto a condutas patológicas de indecisão mental, de paralisação emotiva ou de fuga em pânico (Crocq, 1990). Embora alguns autores relatem efeitos positivos em certas circunstâncias, de modo mais geral o estresse enfraquece psicologicamente o sujeito, reduz seus desempenhos e até o torna capaz de desenvolver um estado psicopatológico, reversível ou não, tornando-o em maior ou menor grau inválido. Ele afeta as relações inter-humanas (manifestações de agressividade, atitude de retraimento ou de esquivamento) e pode também ter efeitos negativos sobre os processos de decisão. Dentan (1995) dá o exemplo de um piloto de avião que, estressado, errou a decolagem: no pânico, as etapas sucessivas necessárias à boa decisão entram em curto-circuito, o piloto esquece seu aprendizado mais recente e retorna a uma aprendizagem anterior e errônea; os gestos, as manipulações se tornam numerosos e incoerentes; o piloto não consegue mais voltar atrás e se encontra na impossibilidade de pensar em outras soluções. Clere et al. (1998) relatam igualmente, para os pilotos de aviões de combate, que os efeitos da aceleração, do ruído e da carga de trabalho influem sobre a inteligibilidade das mensagens verbais transmitidas pelos pilotos e chefes. Essas situações podem também ser vivenciadas em todas as profissões implicando atividades de alto risco, que necessitam decisões rápidas.

O trabalho sob o efeito de substâncias estimulantes

Os estados de vigilância são naturalmente regulados segundo ritmos alternando vigília e sono. A vigília está sujeita a variações apresentando fases mínimas e fases máximas. Esses ritmos, variações e os fatores influentes são bem conhecidos. No entanto, os horários de trabalho nem sempre respeitam as flutuações naturais da vigília, com o risco de expor os trabalhadores a estados de baixo nível de vigilância ou de sonolência. São inúmeros os casos de ocupações que necessitam manter um alto nível de vigília, às vezes obtido por meio de uma luta incerta e perigosa contra um adormecimento não desejado: motoristas de caminhão, maquinistas de trem, pilotos da aviação comercial, controladores de processos etc., e de modo mais geral ainda todas as pessoas que trabalham de noite, em condições de trabalho monótonas ou pouco estimulantes. Não só essas situações de trabalho expõem a níveis de vigília perigosamente baixos, mas ainda perturbam o sono fora do trabalho. Tudo isso foi amplamente estudado (ver o capítulo dedicado aos horários de trabalho).

Certas substâncias químicas têm como efeito um prolongamento artificial de manutenção da vigília. O caso do Modafinil é bem conhecido no meio militar, pois ocasionou várias avaliações (Raphel, 1998), mas no meio civil outras substâncias, com propriedades terapêuticas ou não, lícitas ou não, são utilizadas por certos trabalhadores que tentam dessa maneira se precaver contra o risco de um adormecimento (ou inversamente tentam melhorar o sono perturbado). Mesmo que, pelo menos a curto prazo, essas substâncias sejam eficazes e mesmo que seu emprego possa ser prescrito em certas situações excepcionais, não se pode considerá-las como solução aceitável de modo cotidiano e prolongado, em função de riscos significativos de dependência e de efeitos colaterais mais ou menos acentuados conforme os indivíduos e as doses (disfunção da termorregulação, ansiedade, imprecisão dos movimentos, aumento dos tempos de reação, perturbações do sono etc.). Deve-se, ao contrário, considerar que as situações que tornam necessária uma manutenção prolongada da vigília devem ser transformadas, respeitando-se ritmos de trabalho mais compatíveis com a fisiologia dos sujeitos, treinados ou não. Ora, não é essa a tendência que se observa. O trabalho noturno permanece frequente, na produção ou nos serviços. Na aviação civil, para citar apenas um exemplo, a duração média dos voos de longa distância (à qual é preciso acrescentar os tempos de trabalho antes e depois dos voos e a duração dos trajetos) ou os acúmulos de rotações dos voos curtos ou de média distância só têm aumentado, degradando as condições de trabalho do pessoal que precisa permanecer operacional durante muito tempo.

Conclusão

É claro que não foram abordadas aqui todas as condições de trabalho suscetíveis de ser qualificadas como extremas. O medo, a exposição a constrangimentos ambientais particulares, o risco de morte em decorrência de uma manobra ou gesto errôneo ou impreciso, a exposição a mortes de terceiros, a exigência de constrangimentos de tempo muito intensos etc., podem igualmente constituir tipologias de condições extremas. Cada uma dessas situações pode ser objeto de um estudo particular que exige competências em ergonomia específicas, as quais não puderam ser expostas no âmbito deste capítulo.

Algumas ocupações geram por natureza e quase que permanentemente situações que se podem qualificar como extremas: militares em combate, pilotos de aviões de combate, astronautas, pilotos de carros de corrida, bombeiros, ou ainda – e por que não? – dublês, acrobatas, domadores de feras etc. São profissões que não se escolhem ao acaso, e que em todo caso só são exercidas com uma formação, motivação e treinamento intensos. Outras ocupações podem gerar condições extremas de maneira imprevista ou apenas em certos momentos, mas o risco é latente, embora o pessoal possa estar bem menos preparado para essas condições extremas de ocorrência repentina.

A ergonomia raramente trata do trabalho em condições extremas. Extremas por quê? Porque tais situações são concebidas e organizadas intencionalmente ou porque não se pode ou não se sabe como fazer de outro modo? Por um lado, os progressos tecnológicos diminuem geralmente as exposições a condições subideais ou perigosas para o homem e sua saúde, mas por outro, a inovação tecnológica cria incessantemente condições de trabalho inaceitáveis. De modo que é necessário conhecer bem os limites fisiológicos e psicológicos que não se devem ultrapassar, fazer aparecer caso a caso os riscos de extrapolação dos limites razoáveis e manter constante atenção nas inovações tecnológicas, cujos progressos não são sistematicamente benéficos para a humanidade. É por isso que o estudo das condições extremas de trabalho não pertence ao passado, já que cada tecnologia nova pode ser geradora de condições de trabalho inaceitáveis.

O que preconiza a ergonomia é, evidentemente, que não se concebam situações de trabalho expondo o pessoal a condições em que os valores ultrapassem certos limiares, que são conhecidos com maior ou menor precisão. O ideal se situa em geral bem abaixo desses limiares de risco. É o caso para variáveis isoladas, mas ainda mais, e de modo mais crucial, para acumulações de variáveis, cujos valores se situam nas margens do extremo. É raro que o caráter extremo capaz de qualificar um dado trabalho seja devido a um único fator. Na maioria dos casos, há acumulação de fatores críticos.

O que se conclui da literatura especializada e da experiência é, por um lado, que a tolerância individual a valores supraliminares é bastante variável de um indivíduo a outro, o que implica, para os trabalhadores expostos, que se realizem exames caso a caso e um seleção rigorosa. E por outro lado, essa tolerância aumenta amplamente devido ao treinamento e à habituação, o que implica um esforço na preparação adequada dos sujeitos. Ainda assim, efeitos negativos a longo prazo podem se manifestar, mesmo em sujeitos bem preparados que se mostraram capazes, em condições extremas, de altos desempenhos. Para terminar, sublinhemos o que já foi dito como introdução: a organização de um trabalho em condição extrema só pode ser eticamente aceitável se esse tipo de trabalho for inevitável; durante períodos os mais curtos possíveis; para trabalhadores selecionados, com acompanhamento fisiológico e psicológico, e bem preparados por meio de formação e treinamento adequados.

Referências

AUBRY, M.; GROGNOT, P.; BURGEAT, M. Proposition de niveaux d'intensité sonore maxima non traumatiques pour l'audition pendant huit heures d'exposition. *Revue des Corps de Santé,* n.2, p.653-657, 1961.

BEAUCHE, A. Aspects ergonomiques et médico-militaires d'un séjour en zone désertique chaude. *Médecine et Armée,* v.15, n.4, p.313-316, 1987.

BITTEL, J.; SAVOUREY, G. L'homme et les conditions climatiques extrêmes. *L'armement,* v.53, p.11-17, 1996.

BURTON, A. C.; EDHOLM, O. G. *Man in a cold environment.* London: Hafner Publ., 1969.

CLERE, J. M. et al. Effect of acceleration noise, work load on speech intelligibility. In: ANNUAL SCIENTIFIC MEETING OF THE AEROSPACE MEDICAL ASSOCIATION AT THE SEATTE CONVENTION CENTER, 69., 1998.

CROCQ, L. Le stress de guerre. *Neuro-psy,* v.1, n.9, p.149-158, 1986.

_____. Le stress de guerre: impact sur les décideurs, les combattants, la population. In: ALBOU, P. et al eds. *Stress et prise de décision.* Paris: Foundation pour les Études de Défense Nationale, 1990. (Dossier 31).

CLERE, J. M.; CURÉ, M.; PESQUIES, P.;JOUVET, M. Physiologie de l'homme en situation extrême. *La Revue de la Défense Nationale,* avr./jui. 1984.

CURÉ, M.; MICHAUD, R.; MIRABEL, C. Le coup de chaleur, cause fréquente de morbidité et de mortalité dans les armées. *Médecine et Armée,* v.12, n.4, p.339-342, 1984.

DANCER, A.; POIRIER, J. L.; CUDENNEC, Y. L'ouïe et les performances du combattant. *L'Armement,* v.53, p.46-51, 1996.

DENTAN, M. C. Personnalité, motivation, stress et adaptation. In: INTERNATIONAL FUZZY SYSTEMS ASSOCIATION WORLD CONGRESS, 6., São Paulo, 1995. *Proceedings:* IFSA95. Paris: Dédale & IFSA, 1995. p.87-97.

DOUTHEAU, C. et al. Facteurs de stress et réactions psychopathologiques dans l'Armée française au cours des missions de l'ONU. *Revue Internationale des Services de Santé des Forces Armées,* v.67, n.1-3, p.30-34, 1994.

EATON, J. W., SKELTON, T. D.; BERGER, E. Survival at extreme altitude; positive effect of increase hemoglobin oxygen affinity. *Science,* v.183, n.126, p.743-744, 1974.

HÉNANE, R. L'agression par la chaleur dans les armées. Définition, prévention, protection, adaptation. *Médecine et Armées,* v.8, n.7, p.509-518, 1980.

_____. Activités militaires terrestres et l'agression thermique. *Armées d'aujourd'hui,* v.63, p.37-39, 1981.

HOCKEY, G. R. J.; WESTEL, D. G.; SAUER, J. Effects of sleep deprivation and user interface on complex performance: A multilevel analysis of compensatory control. *Human Factors,* New York, v.40, n.2, p.223-253, 1998.

JANSEN, G. Audition et effets du bruit sur l'organisme. In: SCHERRER, J. et al. (Ed.). *Précis de physiologie du travail:* notions d'ergonomie. 2.ed. Paris: Masson, 1981. p.413-427.

JOB, A. et al. Huit années de suivi audiométrique chez les officiers de l'armée de terre. *Travaux Scientifiques des Chercheurs du Service de Santé des Armées,* n.18, p.69--270, 1997.

LEBIGOT, F. Les missions: nouvelles missions, nouveaux facteurs pathogènes. In: BRIOLE, G.; LEBIGOT, F.; LAFONT, B. (Ed.). *Psychiatrie militaire en situation opérationnelle.* Paris: Addim, 1998. p.37-45. (Collection Scientifique de la Revue Médecine et Armée de la Société Française de Médecine des Armées).

LEMMENS, M. Le syndrome des Balkans: un nouveau syndrome des habits de l'empereur? *Revue de la Médecine Générale*, v.185, p.322-336, 2001.

MACFARLANE, W. V. Vie et travail dans les climats chauds. In: SCHERRER, J. et al. (Ed.). *Précis de physiologie du travail. Notions d'ergonomie.* 2.ed. Paris: Masson, 1981. p.265-289.

MAHER, J. T.; LEEROY, G. J.; HARTLY, L. H. Effects of high altitude exposure on submaximal endurance capacity in men. *Journal Applied Physiology,* Bethesda, v.37, n.6, p.895-898, 1974.

METZ, B. Ambiances thermiques. In: SCHERRER, J. (Ed.). *Physiologie du travail.* Paris: Masson, 1967. t.2, p.184-248.

RAPHEL, C. Modafinil et fonctions cognitives en situation de privation de sommeil. *Société Française de Médecine des Armées*: la Recherche dans le service de santé des armées. Paris: 19 juin 1998. p.11.

RIVOLIER, J. Vie et travail dans les climats froids. In: SCHERRER, J. et al. (Ed.). *Précis de physiologie du travail. Notions d'ergonomie.* 2.ed. Paris: Masson, 1981. p.291-305.

_____. *L'homme Stressé.* Paris: PUF, 1989.

SAVOUREY, G.; BITTEL, J. Les voyageurs exposés aux températures extrêmes. *Médecine tropicale*, v.57, n.4, p.436-438, 1997.

SPÉRANDIO, J.-C.; WOLFF, M. *Étude de l'ergonomie cognitive des technologies d'information du système combattant.* Rapport, n.1, May 1999, 128 p. (Convention DGA/Spart n. 98 55 600).

SPIELBERGER, C. D. *Understanding Stress and Anxiety.* New York: Harper & Row, 1979.

TANCHE, M. Vie, travail et altitude. In: SCHERRER, J. et al. (Ed.). *Précis de physiologie du travail. Notions d'ergonomie.* 2.ed. Paris: Masson, 1981. p.307-325.

VAN ORDEN, K. F.; BENOIT, S. L.; OSGA, G. A. Effects of cold air stress on the performance of a command and control task. *Human Factors,* New York, v.38, p.130-140, 1996.

VOGT, J. J.; METZ, B. Ambiances thermiques. In: SCHERRER, J. et al. (Ed.). *Précis de physiologie du travail. Notions d'ergonomie.* 2.ed. Paris: Masson, 1981. p.218-263.

WEINECK, J. *Biologie du sport.* 4.ed. Paris: Vigot, 1997. (Sport et Enseignement).

WENZEL, H. G.; ILMARINEN, R. Effects of environmental heat on performance and some physiological responses of a man during a psychomotor task. *Journal Human Ergology,* n.6, p.139-152, 1977.

Ver também:

4 – Trabalho e saúde

6 – As ambiências físicas no posto de trabalho

10 – Segurança e prevenção: referências jurídicas e ergonômicas

11 – Carga de trabalho e estresse

17 – Da gestão dos erros à gestão dos riscos

8

Trabalhar em horários atípicos

B. Barthe, C. Gadbois, S. Prunier-Poulmaire, Y. Quéinnec

Introdução

A atividade das empresas está submetida a constrangimentos temporais que são o resultado de diferentes fatores sociais, técnicos e econômicos: funcionamento contínuo dos hospitais, polícia, bombeiros, mas também das indústrias de processo contínuo (química, energia...); rentabilidade de equipamentos custosos ou rapidamente obsoletos (automobilística, têxtil, serviços informáticos...); ajustamento a variações sazonais, semanais ou diárias (turismo, imprensa...) ou a flutuações rápidas conforme o horário (comércio, restaurantes, assistência técnica...). O tempo de presença dos assalariados no seu posto de trabalho fica então sujeito às necessidades de funcionamento da empresa. No entanto, a referência a apenas esse critério mostra-se em geral inadequada em vista das temporalidades que caracterizam a utilização dos recursos físicos, mentais e psíquicos do ser humano e a inscrição nos contextos sociais da vida cotidiana e da história pessoal dos assalariados.

As consequências negativas de uma consideração inadequada dessas temporalidades específicas, tanto para a empresa quanto para os assalariados, foram confirmadas por muitos estudos. Estes permitiram: a) desenvolver um corpo significativo de conhecimentos sobre as características das temporalidades da atividade humana, b) diagnosticar as repercussões sobre a saúde e a eficiência, c) constituir um vasto repertório de experiências relativas à concepção de horários e, enfim, d) definir uma metodologia de elaboração de soluções aceitáveis para todos (Quéinnec et al., 1992).

Esses estudos foram feitos, sobretudo, sobre as formas clássicas do trabalho por turnos (2x8, 3x8, 2x12, equipes noturnas), mas os quadros de análises resultantes podem igualmente ser aplicados a todos os sistemas de horários discordantes, para os quais é empregado o termo de horários atípicos. Esse termo agrupa organizações do tempo de trabalho que não se encaixam no quadro convencional do terço diurno das 24 horas, ou seja, tanto o trabalho em horários fixos fora do padrão (noites ou manhãs permanentes por exemplo), quanto a alternância – regular ou não – entre os diferentes terços do ciclo de 24 horas (trabalho em turnos contínuos ou semicontínuos). Também agrupa a flexibilidade do trabalho atendendo a necessidades fora dos horários habituais (intervenções em domicílio ou assistência técnica à distância) e, por fim, todos os horários fracionados levando a uma extensão da faixa de indisponibilidade (diária ou semanal, domingo incluído).

Temporalidades da atividade humana

Três ordens de temporalidades podem ser apontadas aqui: a) o ritmo biológico circadiano; b) as implicações sociais da vida fora do trabalho; c) as dinâmicas dos processos técnicos de trabalho.

Ritmo biológico circadiano – No homem e em todos os organismos vivos, a grande maioria das funções biológicas, numerosos processos psicofisiológicos (incluindo aqueles implicados na coleta e tratamento da informação) e as principais manifestações comportamentais apresentam variações regulares (periódicas) com a alternância de momentos de atividade intensa e momentos de menor atividade. Ao longo das 24 horas, mínima e máxima se distribuem de maneira ordenada, conferindo ao homem uma primeira estrutura temporal. Entre as diferentes categorias de ritmos, só aqueles cuja recorrência é próxima das 24 horas (ritmos circadianos) são suficientemente bem conhecidos para que se possa considerar as consequências observadas e delas inferir certas escolhas em termos de organização dos horários (Foret, 1992).

Os ritmos são iniciados por osciladores internos (experiências de curso livre) e sincronizados (acertados) a cada dia, pela alternância do dia e da noite mas também por fatores sociofamiliares. No caso do trabalho em horários atípicos, haverá um conflito entre os sincronizadores ecológicos, familiares e profissionais.

Mesmo após várias noites consecutivas de trabalho, os ritmos continuam próximos aos de um trabalhador diurno. As rotações muito longas (ou mesmo a designação de uma equipe noturna fixa) não permitem aos trabalhadores envolvidos "inverterem" seus ritmos, porque os eventuais ajustes iniciados são rompidos nos dias de descanso (Knauth et al., 1981).

Um trabalhador em turnos de 3x8 é submetido a "jornadas" de duração muito variável: quando há mudanças de turno (manhã – tarde ou noite – manhã...), o intervalo entre o início dos turnos de trabalho será variável (32 horas ou 16 horas). Esse assalariado estará então num "desequilíbrio" quase permanente.

Os ritmos humanos aceitam mais facilmente a um alongamento (atraso de fase, como no caso dos deslocamentos transmeridionais para o oeste) que um encolhimento (avanço de fase). Esse argumento é às vezes invocado para preconizar as "rotações para frente" (manhã – tarde – manhã), em vez das "rotações para trás" (noite – tarde – manhã). Embora convenha manter uma reserva maior quanto a essa argumentação, podemos admitir que a distribuição dos períodos de repouso, facilitada na "rotação para frente", constitui um argumento de peso em seu favor.

As bases neurofisiológicas dos ritmos começam a ser explicitadas seriamente: notam-se nelas o papel importante da luz e de um hormônio (a melatonina). A despeito de alguns testes em caráter experimental, é, todavia, prematuro, excessivamente arriscado e deontologicamente inaceitável preconizar a exposição à luz ou o uso de medicamentos para os trabalhadores em horários atípicos (Foret, 1992; Iskra-Golec et al., 2000).

Quaisquer que sejam os horários adotados, cerca de 10% dos interessados não apresentarão distúrbio e nem mesmo uma insatisfação profunda. Essa simples constatação evoca a existência de diferenças interindividuais. Assim, algumas pessoas se levantam facilmente de manhã e logo se sentem dispostas (indivíduos matinais). Outras, ao contrário, têm bastante dificuldades de iniciar o dia, mas não têm a menor pressa de ir para a cama (indivíduos vesperais). Embora características cronobiológicas separem esses dois grupos, não são, todavia, suficientes para justificar uma seleção do pessoal e uma designação para horários de trabalho diferentes. Várias razões se opõem a isso: matinais e vesperais "verdadeiros" representam apenas cerca de 5% da população; com o avanço da idade a matinalidade se acentua; a tolerância (ou intolerância) a horários de trabalho atípicos depende de muitos outros fatores (individuais, familiares, profissionais...).

Temporalidades sociais da vida fora do trabalho – As dimensões sociais da vida fora do trabalho são igualmente fonte de outras exigências temporais que assumem três formas principais.

São, antes de mais nada, os ritmos sociais que fixam as horas mais propícias (e até as únicas possíveis) para a realização de diversas atividades da vida familiar e social. Os trabalhadores em horários defasados mobilizados de noite ou de madrugada pelo seu trabalho e dormindo de dia vivem, portanto, no contratempo: sua presença no trabalho é requerida em horários nos quais seria necessário ou desejável estar livre para cuidar dessa ou daquela atividade da vida fora do trabalho. Como, por exemplo, preparar as crianças para a ida à escola quando se deve estar no trabalho às 6h da manhã? Dilemas surgem não só na escala do ciclo das 24 horas, mas também na da semana. Se certos horários são especialmente propícios para a realização de atividades familiares e sociais, o mesmo ocorre para certos dias da semana. A mobilização deles para o trabalho é geradora de dificuldades, o que confirmam, por exemplo, as discussões sobre a abertura dos bancos no sábado ou do comércio no domingo. Essa dimensão deve ser considerada, conjuntamente com a dimensão cronobiológica, quando se busca a distribuição menos nociva das sequências de trabalho e descanso durante a semana, o mês e mesmo durante o ano.

A necessidade de articular as diferentes atividades que compõem a vida fora do trabalho resulta numa segunda exigência, relativa à amplitude dos períodos de tempo livre. Toda atividade fora do trabalho se inscreve numa programação em que deve ser agenciada com outras, considerando as condições específicas de realização de cada uma delas: parceiros requeridos, local de realização... Quanto maiores os períodos de tempo fora do trabalho, maiores são as margens de manobra para organizar o emprego desse tempo. Os horários de trabalho respondem de forma bem variada a essa necessidade. Conforme o modo de encadeamento dos dias de trabalho e de descanso, e o tempo diário de trabalho (oito, dez ou mesmo doze horas), o tempo livre pode ficar muito fracionado ou, ao contrário, concentrado em períodos de grande duração, podendo cobrir vários dias consecutivos.

As interações dos trabalhadores com seu meio familiar e social estão igualmente submetidas a exigências de estabilidade e previsibilidade que podem se chocar com a organização dos horários de trabalho. Os horários dos parceiros na vida fora do trabalho, tendo seus próprios constrangimentos, não podem ser modificados sem dificuldades para se ajustar aos momentos de tempo livre dos trabalhadores em turnos. Desse ponto de vista, os horários defasados em turno fixo são mais favoráveis que os sistemas de horários alternantes. As dificuldades ficam ainda maiores quando a variabilidade é em parte aleatória, sendo, portanto, acompanhada de baixa previsibilidade (caso de caixas de hipermercados) (Prunier-Poulmaire, 2000).

Dinâmica temporal das atividades de trabalho – O tempo de trabalho não é simplesmente um tempo de presença, homogêneo e divisível como se queira de maneira arbitrária. As atividades de trabalho têm sua dinâmica temporal própria a curto, médio e longo prazo, impondo constrangimentos na distribuição do tempo de trabalho individual no dia, na semana e no mês (Teiger, 1987). O curso da atividade de trabalho obedece às lógicas fisiológica, cognitiva e social, que não permitem secioná-lo de qualquer modo para confiá-lo a operadores sucessivos. Em relação a isso, de um setor profissional a outro e segundo as funções, a diversidade é extrema. Apenas desse ponto de vista, o trabalho de caixas pode parecer ter poucos constrangimentos, mesmo na escala do dia, pois a sequência de registro e recebimento das compras do cliente X, no tempo T, no caixa Y, é em si uma unidade funcional de duração curta, independe no essencial daquelas relativas ao cliente anterior e ao cliente posterior. Inversamente, a atividade da enfermeira da tarde num serviço hospitalar é em parte dependente daquela de sua colega encarregada da parte da manhã. Do mesmo modo, é preferível provavelmente que o agente comercial que iniciou um negócio não esteja de folga no dia seguinte quando seu cliente voltar para concluí-lo. Os exemplos poderiam ser multiplicados à vontade.

A congruência entre a dinâmica interna da tarefa assumida pelo assalariado e o planejamento de suas horas e dias de trabalho pode ser desejável do ponto de vista da eficiência da empresa, mas também do ponto de vista da implicação pessoal (financeira e /ou psicológica) do assalariado nessa mesma tarefa, podendo os dois pontos de vista convergirem ou não.

Gestão do conflito pelos assalariados

Confrontados com as discordâncias entre seus horários de trabalho e as outras estruturas temporais nas quais se inscreve sua vida cotidiana, os assalariados respondem pela adoção de diferentes regulações, tanto no campo do trabalho quanto no da vida fora do trabalho.

Regulações no trabalho.

Uma atividade diferente conforme o horário – Os ritmos do funcionamento humano repercutem de maneira bastante evidente nas atividades de trabalho e contradizem os postulados de estabilidade e equivalência do trabalhador, nos quais se baseia, de fato, o trabalho em equipes sucessivas. A constatação de que milhares de instalações funcionam, dia e noite, de maneira satisfatória atesta simplesmente que o homem é capaz de enfrentar as flutuações circadianas de suas capacidades, mas essa constatação nada diz sobre o custo desse resultado nem sobre a maneira pela qual ele é obtido. Na realidade, os ajustes subjacentes têm um custo em geral elevado para os operadores e se baseiam na adoção de estratégias performáticas. Assim, se em diversas situações industriais constata-se uma redução da atividade noturna, essa modificação quantitativa é acompanhada por modificações qualitativas. O trabalhador noturno não é simplesmente um indivíduo que trabalha menos, é antes de mais nada um indivíduo que trabalha de outra forma: nas salas de controle de processo as zonas supervisionadas com prioridade, as características da informação pesquisada, as sequências de supervisão... diferem de dia e de noite (Andorre e Quéinnec, 1998). O operador utiliza preferencialmente esta ou aquela maneira de trabalhar, pois todas as suas capacidades se encontram no seu limite máximo num dado momento (e mínimas em outro momento). No entanto, é necessário que a concepção dos sistemas de trabalho permita essa flexibilidade e que ela integre um modelo mais realista do funcionamento humano (Gadbois e Quéinnec, 1984; De Vries-Griever e Meijman, 1987). Esse modelo vai contra as tendências visando à normalização dos procedimentos operatórios, à definição rigorosa do caminho a percorrer para resolver um incidente, ao enrijecimento na maneira de trabalhar... Quando os operadores dispõem de uma certa latitude para gerir suas tarefas, certas operações são então atrasadas no tempo (ou, ao contrário, antecipadas), outras se acumulam num dado momento, substituições ou transferências de atividade se operam, a produção ou a segurança podem ser privilegiadas... Essas regulações dizem respeito à atividade de um operador tomado isoladamente, ou ainda afetam uma equipe de trabalho.

O coletivo em socorro dos trabalhadores noturnos – As estratégias dos operadores podem também englobar a planificação do descanso, e até de episódios de sono durante os turnos penosos. A dimensão coletiva do trabalho aparece então como recurso que permite prevenir ou gerir as baixas de vigilância: trabalhar sozinho ou em vários não tem a mesma incidência sobre o nível de vigília do operador e sobre seu trabalho (Barthe, 2000).

Em numerosas situações, os operadores se organizam coletivamente efetuando transferência de tarefas e transmissão de informações. Poucas pesquisas se ocuparam desse componente coletivo do trabalho noturno. Ainda assim, certos resultados sugerem que o estado funcional dos operadores pode gerar a adoção de estratégias de regulação tendo como objetivo enfrentar, qualquer que seja o horário de trabalho, os constrangimentos da situação.

Essas reorganizações coletivas se expressam notadamente pela programação de ajudas mútuas em momentos particulares da jornada de trabalho, por exemplo, para antecipar a baixa de vigilância que ocorre no fim da noite. Além disso, elas não limitam seus efeitos às dificuldades presentes no turno noturno em curso, mas podem igualmente se basear numa antecipação da fadiga engendrada por noites consecutivas.

A dimensão coletiva do trabalho oferece recursos para enfrentar os constrangimentos do trabalho noturno. Comprova a importância de não restringir sistematicamente os efetivos, sobretudo de noite, mas, ao contrário, de os reforçar, procurando sempre um bom equilíbrio entre carga de trabalho muito grande (transferência das tarefas penosas para o dia) e quase ausência de atividade que engendra a monotonia e agrava as dificuldades de ficar acordado.

Regulações fora do trabalho – Retidos no trabalho em momentos em que precisariam estar livres para participar das atividades familiares e sociais, os assalariados adotam três tipos principais de estratégias de regulação: a) regulação por suplência (delegação da atividade a outrem); b) redução do tempo consagrado a certas atividades em benefício de outras mais urgentes ou importantes; c) deslocamento da execução da atividade para outro momento que não o desejado ou considerado mais favorável (para o dia seguinte, ou para o tempo de descanso semanal).

O recurso a uma ou outra dessas estratégias depende, por um lado, das condições de execução próprias a cada uma das atividades fora do trabalho consideradas (em especial de sua flexibilidade temporal) assim como dos recursos materiais e dos auxílios de que dispõe o trabalhador por turnos (disponibilidade do cônjuge, creche, recurso a uma babá, equipamento doméstico etc.). Intervêm, por outro lado, as características do sistema de horários praticado, em particular a estrutura da distribuição do tempo livre no conjunto da semana (ver as discussões concernentes às vantagens e inconvenientes da velocidade de rotação ou aquelas relativas à posição das horas de entrada e saída do turno).

Contar com seus ritmos biológicos – Quando os horários de trabalho avançam na noite, período normal do sono, seja na totalidade, seja parcialmente, uma regulação primordial diz respeito ao tempo de sono. Este está em grande parte sob a dependência do ritmo biológico circadiano, o que explica que o sono desses assalariados é mais curto e de menor qualidade (Benoit e Foret, 1992). Após o turno da noite, é difícil adormecer e o sono é necessariamente mais curto (o sono paradoxal inclusive). Do mesmo modo, o sono que precede um período de trabalho matinal é amputado, pois é quase impossível dormir mais cedo por razões ao mesmo tempo sociais e biológicas. Após um turno noturno, quando se vai dormir muito tarde, o ritmo circadiano e as solicitações da vida familiar são pouco favoráveis a uma continuação do sono nas horas da manhã.

Confrontados com tais situações, os assalariados adotam uma organização de seu tempo de sono que possa se harmonizar o melhor possível ao mesmo tempo com as restrições do ritmo circadiano e com as exigências de suas atividades fora do trabalho ou o desenrolar da sua vida familiar e social (participação no almoço familiar; preparo da partida das crianças para escola) (Kogi, 1982). Em todas essas situações, a despeito da presença de sestas, não há verdadeiramente compensação do déficit de sono.

Contar com os parceiros da vida fora do trabalho – De maneira muito geral, os horários atípicos acarretam considerável reorganização da vida familiar, tendendo a ajustar esta aos ritmos de vida do trabalhador envolvido. Quando se trata de trabalhadores em turnos do sexo masculino (o caso mais frequente e mais estudado), a companheira assegura um papel compensador essencial para a preservação da qualidade de vida da família. A situação se apresenta de modo diferente quando são as mulheres que estão em horários atípicos (Gadbois, 1981). A esse respeito, a ascensão crescente da taxa de atividade profissional das mulheres e a progressão dos horários atípicos deveriam tender a tornar mais difíceis as regulações dos constrangimentos horários no seio da família. Fora desta, a preocupação de amenizar o máximo possível os efeitos dos horários nas relações informais com o círculo de amigos, a participação em atividades associativas, ou em lazeres num quadro coletivo suscita rearranjos dos horários pessoais; os graus de liberdade nesse plano variam com as situações individuais, e as mulheres se encontram aqui também em situação mais desfavorável.

Prática do trabalho em turnos ao longo dos anos – Os constrangimentos de horários vêm se somar às mudanças que ocorrem normalmente em qualquer pessoa por causa do envelhecimento. A maneira pela qual esses efeitos se instalam progressivamente é complexa: não pode ser resumida a uma simples soma dos constrangimentos exercendo uma pressão idêntica ao longo dos anos. Por um lado, os efeitos do trabalho em turnos podem ser analisados como uma acentuação ou aceleração dos fenômenos gerais de desgaste que vêm surgindo ao longo do envelhecimento habitual do ser humano. Avançar na idade é também percorrer as etapas sucessivas do ciclo da vida, passando pela constituição do casal, o nascimento dos filhos, seu desenvolvimento e emancipação. É assim conhecer, à medida que os anos passam, condições de vida cotidiana diferentes, em relação às quais a pressão dos horários em turnos, tanto no plano biológico quanto no social, não se exerce da mesma maneira nem com força constante. Por fim, no decorrer da história profissional intervêm outras mudanças trazendo novas vantagens, que podem eventualmente contribuir na compensação dos constrangimentos dos horários em turnos: é em particular a constituição progressiva de uma experiência profissional ajudando a melhor gerir os constrangimentos, ou a melhor se proteger deles; é também o "tempo de casa" suscetível de conferir direitos permitindo em particular ser dispensado seja das tarefas mais desgastantes, seja das modalidades mais severas dos horários em turnos. (Quéinnec, Gadbois e Prêteur, 1995).

Assim, a prática de horários em turnos durante muitos anos é acompanhada de várias ordens de mudança indo em diferentes sentidos e ritmos. As consequências de uma exposição prolongada a esse tipo de horários são assim a resultante de uma série de escolhas, técnicas e organizacionais, com frequência efetuadas sem levar em conta o envelhecimento do pessoal e atingindo, mais cedo ou mais tarde, todas as categorias de assalariados. De fato, é sempre possível recorrer a modalidades de rearranjo dos horários e tarefas de modo que os trabalhadores mais velhos sejam expostos a condições menos duras (alívio na carga horária), e isso durante espaços de tempo mais breves no decorrer de sua carreira (diminuição da idade de aposentadoria, por exemplo).

Quatro tipos de consequências

Alteração dos desempenhos e da eficiência – A primeira consequência, por seu caráter às vezes "espetacular" e pelas preocupações coletivas (econômicas, ecológicas ou de segurança) a ela associadas, é representada pelas "perturbações" da produção que podem ocorrer no fim da noite e, num grau menor, no começo da tarde. Essas baixas noturnas do desempenho foram registradas em situações e populações extremamente diversas (operadoras de telex, operadores em sala de controle, trefiladores, condutores de automóveis e caminhoneiros, operárias têxteis, maquinistas de trem...). É verdade que, com a automação crescente dos sistemas de produção, o impacto do trabalho dos operadores sobre a produção de uma oficina não é mais direto e que, em muitos casos, assiste-se a uma aparente estabilização do processo. É então a eficiência, e não mais o desempenho dos operadores, que se torna causa de preocupação: uma menor atividade de recuperação ou antecipação de incidentes corre o risco então de se manifestar por meio de uma degradação dos sistemas técnicos. A simples lembrança das catástrofes de Three-Mile Island, Tchernobyl, Bhopal, Exxon-Valdez, por exemplo, comprova a gravidade do problema (Folkard e Monk, 1985).

Habitualmente interpretadas no quadro geral das variações circadianas das capacidades, físicas ou intelectuais, essas alterações dos desempenhos são, com o desenvolvimento das tarefas de inspeção, controle ou supervisão, atualmente atribuídas às flutuações (rítmicas ou não) da vigilância.

Impacto econômico – Enfim, mesmo havendo uma falta crucial de dados precisos, não é possível manter silêncio sobre os custos – diretos e indiretos – do trabalho em horários atípicos. Estudos, em número insuficiente, enfatizaram as perdas de produção resultantes das alterações dos desempenhos, os custos de formação relacionados ao absenteísmo ou à rotatividade, as reduções das margens de lucro causadas pelas cargas salariais suplementares e os investimentos secundários (iluminação, transporte, serviços de segurança...) (Brunstein e Andlauer, 1988). Em contrapartida, a amortização dos equipamentos ou a redução do preço da energia (de noite) continuam sendo fatores atraentes.

Degradação da saúde – A despeito das estratégias de regulação adotadas pelos assalariados, os constrangimentos dos horários atípicos têm ainda assim como consequência uma certa degradação da qualidade de vida e da saúde. Múltiplos estudos atestam que a prática de horários defasados é fonte importante de agravos à saúde (síndrome do trabalhador em turnos). Os principais aspectos são a redução e alteração do sono, as patologias da esfera digestiva, os distúrbios cardiovasculares (hipertensão, infarto) e os distúrbios do equilíbrio psíquico (irritabilidade, ansiedade, estados depressivos). A frequência desses distúrbios é variável, porém é muitas vezes elevada. Ela depende das características do sistema de horários praticado, da natureza do trabalho e aumenta com a idade e o tempo de exposição. Várias obras e artigos de síntese apresentam o quadro detalhado desses distúrbios, que não cabe nos limites deste capítulo, e precisam os modos de influência dos diferentes parâmetros constitutivos de um sistema de horários em turnos (Colquhoun et al., 1996; Gadbois, 1998). Esses agravos à saúde levam um grande número de assalariados a abandonar a prática dos horários em turnos após um certo número de anos, e estão na origem de um processo de seleção-exclusão ("efeito homem são"). No entanto, o retorno a horários normais não é automaticamente acompanhado pelo desaparecimento das patologias contraídas anteriormente. Ao contrário, diversos estudos mostraram uma certa persistência desses distúrbios, persistência de frequência variável e mais ou menos prolongada conforme a natureza e a gravidade das patologias e o número de anos passados em horários atípicos (Bourget-Devouassoux e Volkoff, 1991).

Além da importância social dessa persistência dos distúrbios, é relevante sua consequência metodológica na avaliação do impacto dos horários de trabalho sobre a saúde dos assalariados de uma empresa; para ser válida ela deve comparar três grupos de assalariados: a) aqueles que estão atualmente em horários em turnos; b) aqueles que jamais foram submetidos a tais horários; c) aqueles que neles estiveram no passado mas não mais atualmente, estando presentes ou tendo deixado a empresa.

Perturbação da vida familiar e social – Em relação à vida familiar e social, os impactos negativos da prática dos horários defasados não podem mais ser ignorados (Gadbois, 2004). A redução do tempo disponível para ser compartilhado com os diferentes parceiros da vida fora do trabalho tem consequências negativas sobre a qualidade das relações dos trabalhadores em turnos com os membros de sua família. No âmbito do casal, as dificuldades experimentadas abrangem a redução dos momentos de lazer compartilhados, o desequilíbrio nas contribuições de cada um às atividades cotidianas da vida familiar e na divisão das responsabilidades educativas, e uma certa rarefação das relações sexuais. Com os filhos, a relação tende a se afrouxar, o que pode levar a um enfraquecimento da autoridade parental do trabalhador em turnos. Vários estudos sugerem, além disso, que poderia haver repercussões no desenvolvimento da personalidade das crianças e em sua atividade escolar. Fora da família, a defasagem dos horários em turno em relação aos ritmos gerais da vida social se manifesta por meio de uma restrição dos momentos de encontros com amigos e da extensão do círculo de amizades, e uma menor participação em atividades associativas (Thierry e Jansen, 1982; Colquhoun et al., 1996).

Esses efeitos dos horários atípicos na vida familiar e social também variam devido às características dos sistemas de horários, em particular a hora do fim do turno da tarde/início do turno da noite, e a estrutura do ciclo de tempos de trabalho e dos tempos livres.

Bons aspectos para alguns – Independentemente das compensações financeiras que os acompanham com frequência, os horários atípicos são às vezes uma prática apreciada, e até procurada, por certos assalariados em razão de uma situação pessoal particular. É, por exemplo, o caso de mães solteiras que escolhem trabalhar no turno da noite permanentemente, de modo a estarem presentes em seu domicílio durante o dia e poder assegurar a guarda de seus filhos pequenos; ou ainda o de interioranos trabalhando em Paris, aos quais um serviço organizado com base numa série de turnos consecutivos de doze horas dá a possibilidade de retornar com frequência à sua região. Outros podem encontrar vantagens em estar em horários defasados, tendo assim a possibilidade de se dedicar ainda a um trabalho secundário, prática muitas vezes notada no passado, em especial no meio rural, e que ainda se observa, embora de modo menos frequente no caso francês. Contrapartidas positivas observadas no plano do conteúdo do trabalho (maior autonomia, responsabilidade acrescida, ambiente mais calmo, espírito de equipe) podem também pesar na balança. São dimensões que não devem ser ignoradas e escolhas que decorrem do livre-arbítrio dos assalariados envolvidos. Devem ser respeitadas, cabendo aos ergonomistas esclarecer os interessados sobre o conjunto dos termos da decisão, em especial sobre as consequências para a saúde a longo prazo.

Conteúdo do trabalho

Os efeitos de um sistema de horários defasados não dependem apenas dos parâmetros deste, mas podem variar devido à natureza das tarefas realizadas. Amplamente reconhecido nessas duas últimas décadas, mas ainda relativamente pouco analisado, esse problema apresenta múltiplas facetas (Barthe et al., 2004). A primeira está relacionada à pluralidade do ritmo circadiano. Com efeito, se os diferentes componentes do funcionamento do organismo humano estão todos sujeitos à variação circadiana, diferem quanto a suas características próprias (hora do máximo, amplitude, velocidade de reajustamento em situação de defasagem horária...). No quadro de um sistema de horários em turnos, o desempenho tende a ser afetado diferentemente conforme a natureza das funções solicitadas pelas tarefas a realizar. São testemunho disso as diferenças observadas em certos estudos conforme as tarefas comportem principalmente solicitações físicas ou exigências cognitivas e, nesse último caso, se estas envolvem ou não a memória (Gadbois e Quéinnec, 1984). Um segundo aspecto dessa necessária consideração do conteúdo do trabalho diz respeito à duração das jornadas. Foi particularmente discutido nesses últimos anos por causa do desenvolvimento dos sistemas de horários baseados em turnos de doze horas. Retenhamos simplesmente aqui que o 2x12 pode ser tolerável em alguns tipos de trabalhos e em outros não (Smith et al., 1998). Esse aspecto do problema comporta também uma dimensão toxicológica, na medida em que as normas de exposição são em geral definidas para jornadas de oito horas e devem, portanto, ser revisadas no caso de jornadas mais longas.

Aos efeitos da dessincronização biológica podem vir a se acrescentar aqueles de outros fatores de estresse relacionados à natureza e à intensidade das solicitações físicas e mentais específicas das tarefas assumidas. A importância dessa conjunção ficou bastante evidente em relação aos trabalhadores em turnos da indústria química, submetidos a horários em 3x8 e confrontados ao mesmo tempo com um certo número de nocividades físicas e de pressão temporal. Do mesmo modo, entre os agentes de alfândega, os sistemas de horários em turnos e outros constrangimentos como as dificuldades de relacionamento com o público são geradores em partes iguais de problemas de saúde (Prunier-Poulmaire et al., 1998).

A execução, em horários atípicos, de uma dada tarefa pode modificar sua dificuldade, independentemente das variações circadianas das capacidades funcionais dos operadores. Com efeito, a concepção das situações de trabalho é geralmente pensada tendo como referência as condições da atividade no período diurno, enquanto as tarefas realizadas de noite, teoricamente similares, são com frequência realizadas em condições e com recursos materiais e meios diferentes.

A concepção dos sistemas de horários implicando que equipes sucessivas se encarreguem do trabalho deve também levar em conta a dinâmica das tarefas. Nessas situações, quando os operadores de uma equipe retornam após um período de descanso, o estado no qual eles deixaram a situação continuou a evoluir. Na troca de equipes, eles devem, portanto, atualizar sua informação sobre o estado atual das instalações. Em relação a essa necessidade, a estrutura da alternância dos tempos de trabalho e tempos de descanso não é indiferente: retomar a situação será mais ou menos problemático conforme tenha sido perdida de vista por 12, 24 ou 48 horas, ou por cinco ou seis dias. É preciso, portanto, integrar essa questão nas escolhas feitas quanto à organização dos horários e pensar conjuntamente os meios de auxiliar essa atualização das representações funcionais (Andorre e Quéinnec, 1996).

Por fim, o modo de repartição dos turnos entre as diferentes equipes é um outro parâmetro que pode igualmente ter incidências sobre a qualidade de um funcionamento contínuo: utilizar um sistema de equipes fixas, cada uma atuando num só tipo de turno trabalho, ou equipes alternantes assumindo cada tipo de turno (manhã, tarde, noite) segundo uma dada periodicidade, pode ter influência nas condições de cooperação entre as equipes que se sucedem. A esse respeito, a opção por equipes fixas, em especial para a noite, pode eventualmente ter consequências desfavoráveis nas relações entre as equipes: cada um considera unicamente seu ponto de vista, ignorando uma parte das condições e constrangimentos com os quais os outros têm de lidar.

Pistas para a organização dos horários

Complexidade da definição de um sistema horário – Quando se procura organizar o trabalho em horários atípicos e em particular o trabalho em turnos, as questões que se colocam são numerosas: quais períodos horários definir, qual organização de equipes escolher (duas vezes doze horas, 3x8 ou 4x6 ou...), quantas noites consecutivas serão efetuadas, quais rotações adotar? A definição do quadro temporal do trabalho envolve não só o horário em si, mas também muitos outros parâmetros: trabalho contínuo, descontínuo ou semicontínuo; efetivo das equipes; equipes fixas ou alternantes; sentido e duração da rotação; medidas de substituição; gestão das folgas; antecipação (ou não) da aposentadoria etc. Com efeito, a dificuldade de definir um sistema de horários provém do fato de que cada parâmetro só faz sentido quando combinado com todos os outros – mesmo que alguns possam ser considerados mais decisivos que outros (Quéinnec, Teiger e De Terssac, 1992; Masson, 2000). Considerados um a um, cada um dos parâmetros só permite privilegiar uma ou outra escolha. A busca da combinação ideal, e sem consequências negativas, entre todos os parâmetros em jogo só pode ser uma ilusão. Aliás, nenhum consenso está em vias de ser estabelecido a esse respeito (Folkard, 1992); ao contrário, certas práticas recentes reanimaram as polêmicas relativas aos turnos de noite longos (2x12) ou a turnos fixos das equipes. Assim, não só não se pode definir uma combinação ideal dos diferentes parâmetros em jogo num sistema de trabalho em horários defasados, mas também cada uma dessas combinações define um quadro temporal particular que, para ser compreendido, deve ser considerado em relação com as outras características do trabalho, começando por seu conteúdo.

Definir uma abordagem – Deve-se deduzir do que precede que, como nenhuma solução ideal existe, tanto faz a solução adotada? Certamente que não! A sucessão excessiva de noites consecutivas (mais de quatro ou cinco), o prolongamento do tempo de um trabalho altamente solicitante (dez-doze horas), a redução dos efetivos de uma equipe, a concentração dos dias trabalhados em detrimento de uma repartição trabalho--descanso equilibrada, uma designação sem possibilidade de reclassificação a partir de uma certa idade... constituem erros, cujos efeitos não tardarão a se manifestar.

Vários modelos teóricos (p. ex., Folkard e Monk, 1985; Gadbois e Quéinnec, 1984; De Vries-Griever e Meijman, 1987) desenvolvem uma concepção ampliada da gestão do trabalho em turnos. Esta não deveria se limitar apenas às dimensões temporais e organizacionais. Uma reflexão sobre a natureza das tarefas confiadas aos operadores pode contribuir para diminuir o peso dos constrangimentos inerentes aos horários atípicos. Do mesmo modo, levar em conta as características da população envolvida se revela indispensável. Essa atitude implica então uma abordagem abrangendo mais que o quadro estrito da organização dos horários. Ela se baseia: a) na análise do trabalho real; b) na consideração de alguns princípios gerais, e c) numa abordagem global.

a) A análise do trabalho constitui uma passagem obrigatória: visa a extrair de cada situação particular o máximo de informações suscetíveis de esclarecer as escolhas que serão operadas.

b) Essas escolhas são orientadas por alguns princípios fundamentais:

— não existe uma solução única concebível para todos os lugares e aceitável por todos; a (ou melhor: as) solução(ões) retida(s) deverá(rão) ser procurada(s) oficina por oficina, serviço por serviço, às vezes categoria de pessoal por categoria;

— o determinismo absoluto da tecnologia e/ou das restrições econômicas e sociais incide apenas sobre o *modo* de organização do trabalho, e não sobre as *modalidades* práticas: a implantação de um novo hospital, de uma instalação funcionando continuamente... não permite de modo nenhum prejulgar o número das equipes em turno e das horas de trabalho, a duração dos turnos, os efetivos por equipes...;

— a organização do trabalho é então objeto de escolhas operando em áreas diferentes: os horários evidentemente, mas também as condições de vida fora do trabalho, as características individuais, as avaliações de saúde (individuais e coletivas), a natureza do trabalho e suas condições de execução, os salários...;

— existe uma forte interação entre essas áreas: o fim do turno da noite (e, portanto, o início do turno da manhã) pode depender dos meios de transporte (individuais ou coletivos) utilizados pelo pessoal; a escolha de um sistema de rotação depende também da opinião dos cônjuges; a duração dos diferentes turnos (por que se limitar ao clássico 3x8?) depende da natureza do trabalho efetuado e da fadiga resultante...;

— as escolhas efetuadas trarão obrigatoriamente contradições: as rotações muito rápidas podem ser preconizadas apenas do ponto de vista cronobiológico, mas rejeitadas por alguns em razão de suas perturbações no plano familiar; o prolongamento do turno da noite permite retardar a entrada do turno da manhã, mas aumenta a fadiga do turno da noite...;

— trata-se, portanto, de procurar um compromisso (global e temporário): toda medida apresentará alguns aspectos positivos e outros negativos. Convém então avaliar conjuntamente as vantagens e inconvenientes de cada opção;

— um compromisso aceitável (por todos) só pode ser negociado: em particular as pessoas que terão de viver no contexto assim definido devem participar de sua elaboração, avaliação e implantação.

c) A aceitação dos princípios precedentes norteia a abordagem e implica notadamente:

— a necessária participação de todos os interessados;

— a informação de todos, condição da participação;

— a ampliação (máxima) do campo da negociação;

— a pluralidade (eventual) das soluções no interior de uma mesma organização;

— a elaboração de uma política real de acompanhamento;

— a eventual rediscussão das soluções adotadas, resultante do acompanhamento ou de conhecimentos novos.

Referências

ANDORRE, V.; QUÉINNEC, Y. La prise de poste en salle de contrôle de processus continu: approche chronopsychologique. *Le Travail Humain,* Paris, v.59, n.4, p.335-354, 1996.

____. Changes in supervisory activity of a continuous process during night and day shifts. *International Journal Industrial Ergonomics*, v.21, p.179-186, 1998.

BARTHE, B. Travailler la nuit au sein d'un collectif: quels bénéfices? In: BEN-CHEKROUN, T. H.; WEILL-FASSINA, A. (Ed). *Le Travail collectif:* perspectives actuelles en ergonomie. Toulouse: Octarès, 2000. p.235-256.

BARTHE, B.; QUÉINNEC, Y.; VERDIER, F. L'analyse de l'activité de travail en postes de nuit: bilan de 25 ans de recherches et perspectives. *Le Travail Humain,* Paris, v.67, n.1, p.41-61, 2004.

BENOIT, O.; FORET, J. (Ed.). *Le sommeil humain:* bases expérimentales, physiologiques et physiopathologiques. Paris: Masson, 1992.

BOURGET-DEVOUASSOUX, J.; VOLKOFF, S. Bilans de santé des carrières d'ouvriers. *Economie et statistique*, n.242, p.83-93, 1991.

BRUNSTEIN, I.; ANDLAUER, P. *Le travail posté chez nous et ailleurs.* Marseille: Octarès, 1988.

COLQUHOUN, W. P.; COSTA, G.; FOLKARD, S.P.; KNAUTH, P. (Ed.). *Shiftwork:* problems and solutions. Berne: Peter Lang, 1996.

DE VRIES-GRIEVER, A. H.; MEIJMAN, T. H. The impact of abnormal hours of work on various modes of information processing: A process model on human costs of performance. *Ergonomics,* London, v.30, p.1287-1300, 1987.

FOLKARD, S. Is there a 'best compromise' shift system? *Ergonomics*, v.35, n.12, p.1453-1463, 1992.

FOLKARD, S.; MONK, T. H. *Hours of work:* temporal factors in work scheduling. Chichester: John Wiley & Sons, 1985.

FORET, J. Les apports de la chronobiologie aux problèmes posés par le travail posté. *Le Travail humain*, Paris, v.55, n.3, p.237-257, 1992.

GADBOIS, C. Horaires postés et santé. In: ENCYCLOPÉDIE médico-chirurgicale. Paris: Elsevier, 1998. p.16-785, A-10.

____. Women on night-shift: Interdependance of sleep and off-the-job activities. In: REINBERG, A.; VIEUX, N.; ANDLAUER, P. (Ed.). *Night and shiftwork*: biological and social aspects. Oxford: Pergamon Press, 1981. p.227-233. (Advances in Biosciences, 30).

____. Les discordances psychosociales des horaires atypiques: questions em suspens. *Le Travail Humain,* Paris, v.67, n.1, p.63-85, 2004.

GADBOIS, C.; QUÉINNEC, Y. Travail de nuit, rythmes circadiens et régulation des activités. *Le Travail Humain,* Paris, v.47, p.195-226, 1984.

ISKRA-GOLEC, I. et al. The effect of bright light and sleep-wakefulness schedule on circadian cognitive performance rythms. IN: MAREK, T. et al. (Ed.). *Shiftwork 2000.* Cracovie: 2000. p.187-200.

KNAUTH, P. et al. Re-entrainment of body temperature in fields studies of shiftwork. *Arch. Occup. Environ. Health*, v.49, p.137-149, 1981.

KOGI, K. Sleep problems in night and shiftwork. In: KOGI, K.; MIURIA, T.; SAITO, H. (Ed.). *Shiftwork:* its Practice and Improvement. Tokyo: Center for Academic Publications, 1982. p.217-232.

MASSON, A. *Mettre en oeuvre la réduction du temps de travail.* Paris: ANACT, 2000.

PRUNIER-POULMAIRE, S. Flexibilité assistée par ordinateur. *Actes Rech. Sciences Sociales,* n.134, p.29-36, 2000.

PRUNIER-POULMAIRE, S., GADBOIS, C.; VOLKOFF, S. Combined effects of shiftsystems and work requirements: the case of customs officers. *Scandinavian Journal of Work, Environment and Health*, v.24, n.3, p.134-140, 1998.

QUÉINNEC, Y.; TEIGER, C.; DE TERSSAC, G. *Repères pour négocier le travail Posté.* Toulouse: Octarès, 1992.

QUÉINNEC, Y.; TEIGER, C.; PRÊTEUR, V. Souffrir de ses horaires de travail: poids de l'âge et histoire de vie. In: MARQUIÉ, J.-C.; PAUMÈS, D.; VOLKOFF, S. (Ed.). *Le travail au fil de l'âge.* Toulouse: Octarès, 1995. p.277-304.

SMITH, L.; FOLKARD, S.; TUCKER, P.; MACDONALD, I. Work shift duration: a review comparing eight hour and 12 hour shift systems. *Occupational Environmental Medicine*, v.55, p.217-229, 1998.

TEIGER, C. L'organisation temporelle des activités. In: LEVY-LEBOYER, C.; SPÉRANDIO, J. C. (Ed). *Traité de psychologie du travail.* Paris: PUF, 1987. p.659-682.

THIERRY, H.; JANSEN, B. Social support for night and shiftworkers. In: KOGI, K.; MIURIA, T.; SAITO, H. (Ed.). *Shiftwork:* its practice and improvement. Tokyo: Center for Academic Publications, 1982. p.483-498.

Ver também:

4 – Trabalho e saúde

9 – Envelhecimento e trabalho

21 – A ergonomia na condução de projetos de concepção de sistemas de trabalho

36 – A ergonomia no hospital

9
Envelhecimento e trabalho

A. Laville, S. Volkoff

Introdução

Na maioria dos países industrializados, a população em idade de trabalhar aumenta cada vez mais devagar e envelhece. As legiões do *baby-boom* (nascidas entre 1945 e 1965) passaram dos quarenta anos. A queda na fecundidade após 1970 e o recuo da idade de entrada na vida ativa, sob o efeito combinado da escolaridade mais longa e do desemprego, restringiram a chegada dos jovens às empresas. Nos últimos anos, as políticas relativas ao fim da vida ativa (aposentadorias, aposentadorias antecipadas, pensões para desempregados de idade, pensões por doença ou invalidez etc...) acarretaram na França um afastamento precoce dos trabalhadores idosos. Mas essa tendência poderia se atenuar e até se inverter, considerando-se as evoluções demográficas e os problemas de financiamento das pensões de aposentadoria.

As previsões (Blanchet, 2002) descrevem, em todo caso, uma progressão da parte dos quinquagenários na população ativa até 2025. Claro, essas tendências globais são acompanhadas por disparidades importantes conforme os setores e as empresas. A tendência ao envelhecimento é particularmente nítida na indústria, mas é igualmente perceptível nos serviços que contrataram muito durante a década de 1970, e bem pouco desde então.

Os percursos profissionais das gerações sucessivas não são similares (Molinié, 2001). Entre os assalariados que estão chegando hoje ao fim de sua vida ativa, muitos, sobretudo os homens, começaram a trabalhar desde a adolescência, após uma escolaridade breve. Muitos também foram submetidos a uma exposição prolongada aos constrangimentos e nocividades do trabalho agrícola ou industrial dos "Trinta Gloriosos".[1] As gerações seguintes tiveram seu primeiro emprego mais tardiamente, dispuseram de uma formação inicial mais elevada, e estiveram um pouco mais a salvo de certos constrangimentos de trabalho com tendência a desaparecer a longo prazo, como os horários muito longos ou a exposição às intempéries.

---

[1] "Os trinta gloriosos", expressão do economista Jean Fourastié para o período de trinta anos de excepcional crescimento, prosperidade e modernização na França entre a libertação (1945) e a crise do petróleo (1973) [N.T.].

Mas os trabalhadores que envelhecem estão sendo agora confrontados com as evoluções recentes do trabalho, em especial sua intensificação, como mostram resultados das pesquisas nacionais e europeias da década de 1990 (Gollac e Volkoff, 2000). Essa intensificação resulta de várias dimensões temporais:

— os constrangimentos de tempo na atividade de trabalho num dado momento: os empregados e uma parte dos executivos têm, agora mais do que no passado, que respeitar normas de produção e prazos estritos; por sua vez, os operários e técnicos precisam cada vez mais responder com urgência às flutuações da demanda. Ora, muitos estudos em ergonomia (Teiger, 1989; Gaudart et al., 1995) mostraram que as diferentes formas de pressão temporal podiam figurar entre os constrangimentos seletivos do trabalho devido a idade: elas restringem as margens de liberdade, limitando as possibilidades de desenvolver estratégias, individuais e coletivas, que seriam capazes de agir como paliativos quanto às deficiências relacionadas ao envelhecimento;

— a irregularidade e a imprevisibilidade dos horários: os assalariados que dizem cumprir o mesmo horário todos os dias são cada vez menos numerosos; o trabalho em horários alternantes e o trabalho noturno se expandem, em especial para os operários homens; e um em cada oito assalariados só fica sabendo de seu horário no próprio dia ou na véspera. Ora, a flexibilidade dos horários, sobretudo quando não é planificada com antecedência, opõe-se à regularidade com frequência buscada pelos que estão envelhecendo. E os horários, que pressupõem trabalhar em defasagem em relação aos ritmos biológicos acabam acentuando a fragilização devido à idade das regulações dos ritmos vigília-sono-refeições (Quéinnec et al., 1995);

— a instabilidade dos coletivos de trabalho e dos percursos profissionais, devido: ao ritmo rápido das reestruturações industriais, à busca de flexibilidade nas designações aos postos, à programação com urgência das sessões de formação, à pressão do tempo também nos períodos de aprendizagem e aos múltiplos estatutos precários. Ora, se é difícil lidar com as situações de mudança, os que estão envelhecendo encontram dificuldades específicas que realimentam suas condições *a priori* desfavoráveis em relação a eles, o que se traduz concretamente por menor polivalência (Molinié et al., 1996) ou menor acesso à formação profissional (Fournier, 2003). A instabilidade e a incerteza, quando se estendem indefinidamente, comprometem a valorização e a consolidação da experiência, em particular a dos mais velhos.

Confrontada com essa evolução conjunta da demografia e das exigências profissionais, é necessário para a ergonomia alcançar uma visão suficientemente precisa e nuançada das relações entre idade e trabalho.

Um velho problema

De uma maneira geral, o envelhecimento é a inscrição do tempo em cada indivíduo. É marcado por transformações biológicas, psicológicas e sociais nas idades extremas, mas também durante o período dito da "vida ativa". Algumas transformações biológicas estão em parte programadas desde a concepção: é a característica de uma comunidade para todos os seres humanos. Outras, biológicas, psicológicas e sociais, dependem da história de

Capítulo 9 – Envelhecimento e trabalho

cada um. Essas transformações com a idade se inscrevem em três dimensões temporais: a história individual, a evolução das gerações e a evolução do trabalho e da sociedade. Assim, são consideráveis sua variabilidade e diversidade no interior de uma mesma geração e no decorrer das gerações sucessivas. Além disso, as diferenças interindividuais aumentam com a idade: a idade cronológica não dá conta, exatamente, da idade funcional, *l'âge de ses artères* ("a idade de suas artérias"), diz-se na linguagem do dia a dia.

O trabalho interfere nessas transformações que ocorrem com a idade sob um duplo aspecto (Teiger, 1989). Por um lado, o trabalho e suas condições de execução agem sobre os processos de envelhecimento, sobre o declínio de certas capacidades e sobre as modalidades de construção da experiência: trata-se então do envelhecimento "pelo" trabalho. Por outro, as transformações do indivíduo facilitam ou tornam difícil a execução do trabalho nas condições impostas pelo sistema de produção: trata-se então do envelhecimento "em relação" ao trabalho, com consequências negativas (fadiga aumentada, baixa no desempenho, desqualificação profissional...) ou positivas (rearranjo eficiente da maneira de trabalhar, mobilidade ascendente...).

Desde cedo na história de nossas sociedades, diversos indicadores dos dois aspectos das relações envelhecimento-trabalho foram observados; mais tarde, nos séculos XIX e XX, foram estudados de maneira rigorosa.

Assim, Ramazzini (1700) relata observações feitas por Agricola, um século antes de nossa era, mostrando que mulheres de mineiros do Monte Carpácio [Carpax] têm até sete maridos em sua vida, pois estes morrem jovens. O próprio Ramazzini observa uma organização particular entre os vidreiros, ofício particularmente duro: por um lado, eles alternam seis meses de trabalho com seis de descanso e, por outro, abandonam seu ofício por volta dos quarenta anos de idade para prevenir um "desgaste" prematuro.

Com a expansão da industrialização, sobretudo no século XIX, a burguesia industrial teme uma baixa da produção dos trabalhadores mais velhos causada pelo desgaste. É nessa época que as associações de caixas de aposentadoria se multiplicam, algumas entre elas fixando a idade do direito a uma pensão num ofício quando a maioria dos trabalhadores da geração abrangida não pode mais trabalhar (Cottereau, 1983). É também nessa época que as primeiras tabelas de mortalidade diferencial conforme as ocupações e as categorias socioprofissionais são estabelecidas: mostram que o trabalho e as condições socioeconômicas a ele relacionadas influem na expectativa de vida.

Desde o século XIX, abordagens demográficas sugeriram, um efeito seletivo das condições de trabalho devido à idade. Em Carmaux, em 1885, um relatório de Mazzeran mostra que os mineiros que descem ao fundo da mina são mais jovens do que aqueles que trabalham na superfície, provavelmente porque os "mineiros do fundo" desgastados são postos para trabalhar na superfície (Trempé, 1983). Esse tipo de abordagem foi retomado por Barkin na década de 1930 nos Estados Unidos (*in* Belbin, 1953), após a Segunda Guerra Mundial, em particular na Inglaterra, e depois na França (Le Gros Clark e Dunne, 1955; Smith, 1969; Teiger e Villatte, 1983). Todos esses resultados mostram o papel, seletivo com a idade, de alguns constrangimentos ou associações de constrangimentos cujas explicações são encontradas no nível dos processos de envelhecimento (constrangimentos de tempo severos e diminuição da velocidade nos processos de tratamento da informação, horários de trabalho em turno ou de noite e fragilização dos ritmos circadianos, por exemplo).

Desde sempre, o trabalhador com mais idade é julgado em relação ao que ele pode trazer ao grupo no qual vive (Minois, 1987): sabedoria, experiência ou, ao contrário, perda de força física, patologias crônicas. Há, portanto, efetivamente ocupações em que se pode envelhecer, e outras não. E, de acordo com o tipo de sociedade (solidária ou não) e seu estado econômico (desemprego ou pleno emprego), o trabalhador de idade é integrado e protegido ou rejeitado, procurado por sua experiência ou excluído do trabalho por ter desempenho menor ou não ser "adaptável" às evoluções das técnicas e organizações (Gaullier, 1982). A "empregabilidade" dos mais velhos preocupou o século XIX, e se colocou de novo em particular após a Segunda Guerra Mundial, durante o período de reconstrução dos países europeus.

Mas é na segunda metade do século XX que irão se desenvolver estudos experimentais, em psicologia e fisiologia, sobre o envelhecimento, e mais tarde estudos de campo nas empresas associando ergonomia, epidemiologia e demografia.

Os processos de envelhecimento e sua relação com o trabalho

Os processos de envelhecimento se inscrevem no quadro das teorias do desenvolvimento como são descritas por Baltes (1987): trata-se de processos em geral contínuos e lentos, às vezes descontínuos, multidirecionais (ou seja, associando crescimento e decrescimento, ganhos e perdas), em interação com o meio ambiente, e tendo consequências múltiplas, individuais, sociais, econômicas. Os processos de declínio e seus efeitos sobre as funções fisiológicas e mentais mobilizadas pelas atividades de trabalho foram mais amplamente estudados e descritos que os processos de construção (Belbin, 1953; Pacaud, 1953; Birren, 1959; Welford, 1964; Salthouse, 1985; Laville, 1989; Millanvoye, 1995; Desnoyers, 1995).

É útil relembrar esses efeitos, a título de tendência e não de intensidade medida, para deles se extrair elementos para a concepção dos meios de trabalho:

— uma diminuição da capacidade de esforço físico intenso e brutal e da mobilidade articular;

— uma fragilização do sistema de equilíbrio do corpo, que explica a frequência de quedas entre os mais velhos;

— uma diminuição do desempenho das duas modalidades sensoriais principais da aquisição de informação, a visão e a audição, as outras sendo pouco afetadas no decorrer da vida ativa;

— uma fragilização do sono e da regulação vigília-sono, sobretudo quando há perturbações no ritmo circadiano, o que explica a diminuição da tolerância ao trabalho em turnos ou noturno com a idade (Quéinnec et al., 1995);

— uma diminuição na velocidade do tratamento da informação e, portanto, do processo decisório (Marquié, 1995), que em parte se explica pelo desenvolvimento de comportamentos de prudência, de verificação, e torna os constrangimentos de tempo severos e rígidos cada vez mais difíceis de se respeitar com a idade;

— uma fragilização da memória imediata e da atenção continuada, partilhada, alternada ou seletiva.

Alguns desses problemas podem encontrar soluções na concepção dos meios de trabalho: ajuda na manutenção, reforço das características físicas das informações ou modalidades de sua redundância, lembretes. Outros requerem modificações da organização do trabalho. Outros ainda excluem os mais velhos de certos postos (passagem do trabalho em turnos ou noturno para um trabalho de dia com mudança de ofício); é preciso, portanto, prever antecipadamente sua realocação com uma formação prévia.

Envelhecimento e atividade de trabalho

Embora os efeitos dos processos de declínio tenham sido em sua maioria descritos e medidos, isso foi em condições particulares: tarefas artificiais, funções isoladas umas das outras, populações não representativas. Portanto, sua validade em ergonomia é modesta. Ainda que difíceis de realizar, as abordagens em situação de trabalho profissional podem evidenciar como, com a idade, se transformam as interações das funções mobilizadas pelo trabalho. Elas mostram o papel da experiência na regulação dos déficits e na utilização das competências.

Pode-se desse modo propor um modelo geral (Gaudart, 2000): o avanço na idade é acompanhado por aumento da experiência que permite ou não, conforme as situações, estabelecer um novo equilíbrio funcional entre declínio e construção. Este se revela na atividade de trabalho, dentro dos limites impostos pela organização e os meios de trabalho. Em contrapartida, essa atividade pode acentuar os processos de declínio e enriquecer ou não a experiência, aumentar ou não as competências (cf. Figura 1).

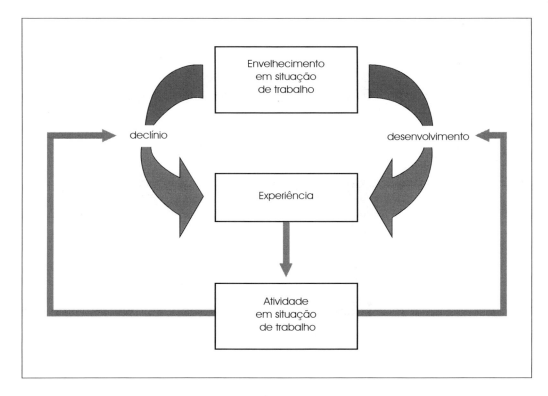

Fig. 1   As relações entre o envelhecimento, o trabalho e a experiência (Gaudart, 2000).

A atividade de trabalho se organiza habitualmente em torno de três polos: o sistema de trabalho, a pessoa e "os outros" (colegas, hierarquia...). As transformações por idade modificam as relações entre esses três polos: os recursos da pessoa mudam e novas modalidades de regulação da atividade se instalam, que se confrontam com o sistema e com os "outros". Duas modalidades de regulação principais são reconhecidas, a regulação por evitamento e a regulação por compensação.

O evitamento aparece quando o operador sabe que não quer ou não pode compensar seus limites. Pode assumir diferentes formas:

— evitamento individual: por exemplo, organizar seu trabalho, de modo a não ter que guiar à noite ou em condições de tráfego denso e rápido, devido à diminuição dos desempenhos visuais e da velocidade de tratamento da informação e do processo decisório (Pauzié, 1995);

— evitamento pela divisão de tarefas num coletivo: os jovens realizam aquelas que são mais penosas fisicamente, aquelas sob constrangimentos de tempo severos; os mais velhos realizam aquelas exigindo competências e experiência que eles transmitem aos jovens (Millanvoye e Colombel, 1996; Assunção e Laville, 1996); mas existem situações em que essa modalidade de regulação não é tolerada ou possível; os mais velhos são submetidos aos mesmos constrangimentos que os jovens, o que pode levar à sua exclusão do coletivo e de seu emprego.

A compensação se manifesta por meio da adoção de regulações funcionais, com mudanças de métodos, de relação com a regra, de maneira de fazer (Pueyo, 2000; Caroly e Scheller, 1999) para atingir o objetivo esperado, e/ou mudanças de objetivos, às vezes, quando a situação o permite (p. ex., modificação das normas de tempo, arbitragem em favor da precisão nos conflitos entre velocidade e precisão etc.).

Essas modalidades só são possíveis se a organização e os meios de trabalho deixam uma margem de manobra individual no posto de trabalho (possibilidade de fazer "de outra maneira") e coletiva na organização do trabalho, de maneira a fazer coincidir a diversidade dos operadores e a diversidade das situações de trabalho.

Experiência e aprendizagem

As evoluções rápidas, tanto das ferramentas e dos modos de vida quanto das técnicas, organizações e ofícios na vida de trabalho impõem cada vez mais a formação em todas as idades. Com frequência tanto os empregadores quanto os assalariados são reticentes quanto a essa questão da formação dos mais idosos. Os empregadores pressupõem que estes terão dificuldades em aprender, em se adaptar a novas formas do trabalho, e que o "retorno do investimento" será baixo. Os assalariados temem não se sair bem, ser comparados aos jovens, em seu detrimento; são pouco motivados devido à ausência de benefícios que podem ter, ainda mais quando estão próximos da idade da aposentadoria (Marquié e Baracat, 1992; Teiger, 1995).

De maneira geral, o envelhecimento torna mais lentos a aquisição e o tratamento de informações novas. Mas a intensidade é baixa durante o período da vida ativa e pesa pouco em relação a dois elementos que facilitam ou limitam as capacidades de se formar:

— a formação inicial é determinante (Belbin, 1964; Pacaud, 1971); é desde a escola primária que os indivíduos constroem para si mesmos ferramentas cognitivas que irão facilitar as aprendizagens ao longo de toda sua vida: a formação adquirida antes do início do trabalho é essencial, porque a oportunidade de aplicar essas ferramentas, completá-las e enriquecê-las se dará no trabalho e nas aprendizagens sucessivas.

— a experiência pode atuar nos dois sentidos: se for rica, pode facilitar novas aprendizagens por meio do confronto com situações, tarefas e ferramentas variadas; ela será fonte de dificuldade se for construída em situações imutáveis, a partir de tarefas simples e repetitivas.

Para ser bem-sucedida, a formação deve levar em conta as características dos operadores que envelhecem e levar a uma situação de trabalho compatível com o avanço na idade. A pedagogia se apoia em alguns princípios (Paumès e Marquié, 1995):

— a criação de um ambiente de confiança para atenuar a apreensão dos formados ante uma nova situação, seu temor de um fracasso, a comparação de seu progresso com o de outros mais rápidos, com frequência mais jovens; um esclarecimento das diferentes formas de benefícios que o formado poderá obter, com objetivo de sustentar sua motivação (Delgoulet, 2001);

— uma organização da formação em etapas sucessivas: os mais velhos têm necessidade de dominar uma etapa antes de passar à seguinte;

— uma pedagogia que leve em conta os conhecimentos, os *saber-fazer*, a experiência do formado: o idoso tem necessidade de compreender o que aprende, em particular fazendo relações com o que já sabe;

— uma flexibilidade no tempo de formação: o idoso, mais frequentemente que o jovem, necessita de tempo para aprender, ele teme os limites estritos no tempo de aprendizagem.

A análise ergonômica do trabalho é essencial na ocasião de uma mudança de trabalho e da formação a ela ligada. Permite identificar o que o futuro formado sabe fazer, como realizou o trabalho que lhe foi atribuído, permitindo, portanto, precisar as modalidades pedagógicas da formação. Permite identificar as dificuldades que ele poderá encontrar em seu novo trabalho e, portanto, diminuir a importância delas, tanto pela formação quanto pela concepção da nova situação de trabalho (Gaudart, 2000), mas também mostrar segundo quais condições os mais idosos podem participar na formação dos jovens (Pueyo, 2002).

A ação ergonômica no contexto do envelhecimento

Análise das demandas – A impressão que prevalece é que a maioria das empresas não tem um plano de ação que considere antecipadamente a questão do envelhecimento no trabalho. Uma pesquisa francesa com 3 mil empregadores confirma: "Em praticamente um em cada dois estabelecimentos, o responsável interrogado jamais refletira sobre a questão, e em não muito mais que um a cada cinco há uma ideia precisa da situação futura. (...) a questão do envelhecimento foi objeto de uma reflexão global no nível do estabelecimento em apenas 13% dos casos" (Minni e Topiol, 2002). Na prática, as atitudes das direções ou dos responsáveis hierárquicos são variáveis. Não são necessariamente homogêneas segundo a função exercida por cada interlocutor. Podem evoluir com o tempo, à medida que investigações mais precisas são realizadas.

Uma parte dessas atitudes pode resultar da indiferença. A empresa – ou um de seus responsáveis – considera que o envelhecimento não é um problema. Essa maneira de ver é, às vezes, legítima. Pode haver empresas ou profissões nas quais o envelhecimento demográfico não deverá acarretar dificuldades sérias, necessitando decisões específicas. Ainda assim é algo a se verificar; deve-se ter certeza que estão reunidas as condições de um "envelhecimento bem-sucedido". Mas com frequência a indiferença é mais uma "fachada": a gestão cotidiana dos efeitos do envelhecimento é de fato assumida, de maneira mais ou menos visível para os dirigentes, por certos atores (supervisores, formadores, médicos do trabalho...). O problema é que as margens de manobra desses atores estão se restringindo, por causa da dupla evolução já mencionada: evolução das idades e das condições de trabalho.

Um segundo tipo de atitude revela uma preocupação maior como mostram, por exemplo, as ações de empresas de certos setores junto aos poderes públicos para obter "auxílios para rejuvenescimento" de suas equipes. Esse modo de gestão, quando não é acompanhado de uma reflexão sobre os meios de trabalho para a população que permanece, só faz retardar a questão das relações entre idade e trabalho. Alguns anos mais tarde será necessário enfrentar essa questão na urgência, uma vez que não foi antecipada convenientemente.

Duas outras atitudes resultam mais de uma vontade de agir sobre os meios de trabalho. Há, por um lado, ações de melhoria global: diminuindo-se o número dos postos que exigem mais, facilita-se em particular a proteção dos assalariados que envelhecem. Por outro, há estratégias específicas para os assalariados apresentando deficiências em seu estado de saúde, cujo número aumenta quando a população envelhece. Trata-se de constituir e preservar um conjunto de postos com constrangimentos mais leves (horários diurnos, constrangimentos de tempo atenuados, esforços menores) para realocar esses assalariados "desgastados". A essas duas vias de "políticas do trabalho", pode-se acrescentar uma terceira, à qual voltaremos, que visa usar como apoio as estratégias individuais e coletivas adotadas pelos operadores ao longo do envelhecimento.

Nesse contexto, a dificuldade de análise das demandas (Pueyo e Gaudart, 1997) decorre com frequência do fato de, por um lado, a questão do envelhecimento ser globalmente pouco constituída no âmbito da empresa (a não ser sob a forma de preocupações difusas, não isentas de estereótipos), e de, por outro, ela não ser colocada nos mesmos termos para um interlocutor fazendo parte da direção central – donde provêm em geral as demandas iniciais – e para os responsáveis operacionais. A elucidação dos desafios e a definição dos métodos de observação implicam recorrer a diversos níveis de investigação.

Abordagens em vários níveis – No plano macroestatístico, como foi dito, podem ser observadas contradições potenciais entre estruturas de idade e condições de trabalho. Pode-se também, graças a ferramentas como a pesquisa ESTEV (*Santé Travail et Vieillissement*), dispor de análises numéricas sobre as relações entre a idade, o trabalho atual e passado, e o estado de saúde (Derriennic et al., 1996; Cassou et al., 2001).

Na empresa, os dados que estão mais habitualmente disponíveis são relativos às taxas de acidentes ou ao absenteísmo. Requerem uma certa prudência em seu manejo. Podem

Capítulo 9 – Envelhecimento e trabalho

refletir agravos à saúde, relacionados com a idade e o trabalho, mas indicam também as estratégias do conjunto dos atores (assalariados, chefias, médicos), em especial em termos de declaração dos acidentes ou de decisão de afastamento. Ora, essas estratégias não são independentes da idade, o que cria dificuldades de comparação. A mesma prudência se impõe quando se trata de dados sobre os "desempenhos" dos assalariados de diferentes idades: quantidades produzidas, volumes de vendas, taxas de erros etc. Os indicadores de desempenho, quando existem, não dão conta dos componentes em relação aos quais a idade pode constituir uma vantagem (segurança, qualidade, antecipação, aspectos coletivos das competências etc.).

Quando se quer dispor de dados estatísticos pertinentes, é preciso então elaborá-los (Gonon, 2003; Molinié e Volkoff, 2002). As estruturas de idade por tipo de emprego e a evolução destas no tempo constituem uma base útil para situar o conjunto das reflexões e, de antemão, já levantar questões pertinentes em relação às exigências seletivas de cada ocupação e aos esquemas de percursos profissionais. A partir daí, muitos métodos podem ser considerados, com dois princípios diretores: a ideia de uma abordagem dinâmica das relações idade/trabalho, portanto atenta aos passados, aos efeitos de geração, aos percursos, mudanças ou estabilidades; e o interesse dado a "sinais" que revelam disfunções potenciais: dificuldades no trabalho, distúrbios de saúde infrapatológicos, restrições de aptidões etc.

Isso posto, a produção de dados estatísticos, útil para situar os motivos de preocupação, não é o único método para fazê-los emergir. A atenção dada aos comentários dos atores envolvidos com a "gestão" do envelhecimento, às exigências da tarefa sobre este ou aquele tipo de posto, e aos principais ensinamentos da literatura sobre o envelhecimento no trabalho (ver anteriormente) constituem outros pontos de apoio para uma reflexão nessa área.

Todas essas investigações permitem identificar certos aspectos dos declínios relacionados à idade (ou relativizar seu alcance), relacioná-los às condições de trabalho, e apontar características de trabalho agravantes ou seletivas para os mais velhos. Em compensação, elas nada dizem sobre as estratégias de experiência individuais e coletivas, seus modos de construção, sua expressão nas situações de trabalho. Como foi dito acima, é a análise da atividade de trabalho – e da "atividade de aprendizagem" – que permite ter acesso a essas estratégias. Ela demonstra sua eficiência, e sobretudo leva a interrogar as formas de organização do trabalho, as conduções de projetos, os modos de formação, que as favorecem ou entravam.

De um quadro de análise bastante amplo (com as ferramentas demográficas ou epidemiológicas), passa-se, assim, a observações conduzidas muito próximo ao posto de trabalho. Às vezes, a diversidade dos modos operatórios conforme a idade e a experiência é manifesta; mas com frequência exige um exame atento e prolongado da atividade, e uma elucidação progressiva, com os operadores envolvidos, das preocupações ou objetivos que guiam essa atividade – levando em conta a etapa em que se situam em seu percurso profissional e no desenrolar de sua vida.

Os grandes campos de ação – A análise das condições propícias a uma valorização das vantagens da experiência e a uma atenuação dos efeitos dos declínios relacionados à idade evidencia a grande diversidade das alavancas de ação disponíveis (Volkoff et al., 2000). Pode-se enumerar os principais campos em que essa ação é possível. Mas é necessário articulá-los entre si (uma melhoria num campo pode ser inteiramente questionada devido uma regressão em outro) e retomar seu estudo em cada situação, pois as "receitas" não são transponíveis de um tipo de tarefa a outro.

No que se refere às condições físicas de trabalho, pode-se procurar suprimir, ou diminuir consideravelmente, a proporção de tarefas que se apresentam muito prejudiciais para os mais velhos (Falluel e Sailly, 1995), bem como prever um leque suficiente de postos permitindo acolher os mais "desgastados" entre eles. Pode-se também atentar para que a concepção dos postos e a organização do trabalho favoreçam a mobilização, pelos mais idosos, de gestuais que permitam que eles "se economizem" (Gaudart, 1996), e estratégias de ajuda mútua ou de distribuição das tarefas (Millanvoye e Colombel, 1996).

Quanto aos componentes cognitivos da tarefa, uma análise das competências efetivamente empregadas pelos mais velhos (Doppler, 1995; Pueyo, 2000) leva a se assegurar que a concepção de um dispositivo lhes permita mobilizar os recursos de sua experiência. Essa questão é particularmente importante nas fases de mudança, pois as escolhas de concepção na implantação de um novo equipamento vão determinar a expressão possível dessas competências, e por meio disso influenciarão o sucesso ou o fracasso dos mais velhos – o que leva a ampliar as reflexões nesse campo, com muita frequência limitadas a questões de "motivação" entre aqueles que envelhecem. (Cau-Bareille e Volkoff, 1998).

De modo mais geral, ao se retomar a ideia do envelhecimento considerado como um processo contínuo, em relação às características do trabalho que também evoluem, o "tratamento" da questão do envelhecimento ocorrerá com frequência nos momentos de mudança de situação: novo produto ou serviço, nova técnica, mudança de organização, mobilidade profissional, formas diversas de rotações das tarefas ou polivalência. Nesses cenários, é sabido que os assalariados mais idosos não se beneficiam de um *a priori* favorável, o que significa, como foi dito, menor acesso à formação. Mas essas dificuldades serão atenuadas ao se levar em consideração a diversidade dos operadores no momento da mudança (em razão de sua idade, percursos profissionais, projetos), e ao se procurar ampliar suas margens de manobra na própria mudança.

Isso pode se manifestar nos modos de preparação e no ritmo de implantação das transformações, na maneira em que os assalariados são associados à concepção dos novos sistemas (incluindo os mais velhos, cuja experiência pode se revelar preciosa), nos prazos previstos para as ações de formação, nas próprias modalidades dessa formação – recorrendo aos conhecimentos acumulados e estruturados por cada um –, e numa certa flexibilidade nos constrangimentos por resultados e nas possibilidades de ajuda mútua nos períodos imediatamente posteriores à formação e/ou mudança de posto.

Esta última observação leva por fim a insistir nas possibilidades de antecipação que convém desenvolver na conduta dos percursos profissionais. Os assalariados que envelhecem ficam particularmente em dificuldade quando a mudança assume o aspecto de uma situação de crise: uma mudança pouco preparada, ocorrendo após um longo período de estabilidade forçada. A análise das competências mobilizadas em diversas etapas dos percursos profissionais (Gaudart e Weill-Fassina, 1999) chama, ao contrário, a atenção para o interesse de percursos mais harmoniosos, nos quais as fases de mudança e de estabilidade se alternem de maneira a favorecer ao mesmo tempo a diversidade das situações e um domínio suficiente de cada uma delas. Nesse campo, como na maioria daqueles que acabamos de abordar, a atenção dada ao envelhecimento incita a conceber meios de trabalho que respeitem a diversidade entre os indivíduos, seus estados funcionais, seus passados profissionais. Por isso, os operadores de todas as idades dela poderiam se beneficiar.

Referências

ASSUNÇÃO, A.; LAVILLE, A. Rôle du collectif dans la répartition des taches en fonction des caractéristiques individuelles de la population. CONGRÈS DE LA SELF, 31., Bruxelles, 1996. *Actes.* Bruxelles: SELF, 1996. p.23-30.

BALTES, P. B. Theoretical propositions of life-span developmental psychology on the dynamics between growth and decline. *Developmental Psychology*, v.23, n.5, p.611-626, 1987.

BELBIN, E. Difficulties of older people in industry. *Occupational Psychology*, v.27, p.177-190, 1953.

_____. *Training the adult worker.* London: Her Majesty's Stationery Office, 1964.

BIRREN, J. E. *Handbook of aging and the individual.* Chicago: Univ. of Chicago Publ., 1959.

BLANCHET, D. Le vieillissement de la population active: ampleur et incidence. *Économie et Statistique,* n.355-356, p.13-38, 2002.

CAROLY, S.; SCHELLER, L. Expérience et compétences des guichetiers de Poste dans leurs rapports à la règle. In: CONGRÈS DE LA SELF, 34., Caen, 1999. *Actes.* Caen: SELF, 1999. p.221-229.

CASSOU, B. et al. (Coord.). *Travail, santé, vieillissement:* relations et évolutions. Toulouse: Octarès, 2001.

CAU-BAREILLE, D.; VOLKOFF, S. Vieillissement et informatisation dans le tertiaire: une approche par l'analyse de l'activité de travail. *Travail et Emploi*, v.76, p.53-56, 1998.

COTTEREAU, A. Usure au travail, destins masculins et destins féminins dans les cultures ouvrières en France au XIXe. Siècle. *Le Mouvement Social,* p.71-122, 1983.

DELGOULET, C. La construction des liens entre situations de travail et situations d'apprentissage dans la formation professionnelle. *Pistes,* v.3, n.2, 2001.

DERRIENNIC, F.; TOURANCHET A.; VOLKOFF, S. (Coord.). *Âge, travail, santé, études sur les salariés âgés de 37 à 52 ans:* enquête Estev 1990. Paris: INSERM, 1996.

DESNOYERS, L. Déclin d'oeil et coup d'oeil: sénescence et expérience dans lê regard. In: MARQUIÉ, J.; PAUMÈS, D.; VOLKOFF, S. (Ed.). *Le travail au fil de l'âge.* Toulouse: Octarès, 1995. p.245-275.

DOPPLER, F. Évolution de la population et transformation ou conception des situations de travail. In: MARQUIÉ, J.; PAUMÈS, D.; VOLKOFF, S. (Ed.). *Le travail au fil de l'âge.* Toulouse: Octarès, 1995. p.411-427.

FALLUEL, J.-P.; SAILLY, M. Vieillissement de la population et projets industriels: une méthode d'analyse. In: MARQUIÉ, J.-C.; PAUMÈS, D.; VOLKOFF, S. (Ed.). *Le travail au fil de l'âge.* Toulouse: Octarès,1995. p.429-437

FOURNIER, C. La formation continue des salariés du privé à l'épreuve de l'âge. *CEREQ Bref*, n.193, jav. 2003.

GAUDART, C. Vieillir, mais tenir la cadence. *Gérontologie et Société,* v.77, p.84-100, 1996.

____. Quand l'écran masque l'expérience: changement de logiciel et activité de travail dans un organisme de service. *Pistes*: Revue Électronique, v.2, n.2, 2000.

GAUDART, C.; LAVILLE, A.; MOLINIÉ, A. F.; VOLKOFF, S. Âge des opérateurs et travail répétitif. Une approche démographique et ergonomique. *Relations industrielles*, v.50, p.826-851, 1995.

GAUDART, C.; WEILL-FASSINA, A. L'évolution des compétences au cours de la vie professionnelle: une approche ergonomique. *Formation Emploi*, n. 67, p.47-62, 1999.

GAULLIER, X. *L'avenir à reculons: chômage et retraite.* Paris: Ouvrières, 1982.

GOLLAC, M.; VOLKOFF, S. *Les conditions de travail.* Paris: La Découverte, 2000.

GONON, O. Des régulations en lien avec l'âge, la santé et les caractéristiques du travail: le cas des infirmières d'un centre hospitalier français. *Pistes:* Revue Électronique, v.5, n.1, 2003.

LAVILLE, A. Vieillissement et travail. *Le Travail Humain,* Paris, v.52, p.3-20,1989.

LE GROS CLARK, G.; DUNNE, A. C. *Ageing in Industry.* London: Muffield Foundation Publ., 1995.

MARQUIÉ, J. C. Changements cognitifs, contraintes de travail et expérience: les marges de manoeuvre du travaileur vieillissant. In: MARQUIÉ, J.; PAUMÈS, D.; VOLKOFF, S. (Ed.). *Le travail au fil de l'âge.* Toulouse: Octarès, 1995. p.211-244.

MARQUIÉ, J. C.; BARACAT, B. Technologies nouvelles et travailleurs anciens. Le cas de l'informatique de bureau. *Travail et Emploi,* v.54, p.34-39, 1992.

MARQUIÉ, J. C.; PAUMÈS D.; VOLKOFF S. *Le travail au fil de l'âge.* Toulouse: Octarès, 1995.

MILLANVOYE, M. Le vieillissement de l'organisme avant 60 ans. In: MARQUIÉ, J. C.; PAUMÈS, D.; VOLKOFF, S. (Ed.). *Le travail au fil de l'âge.* Toulouse: Octarès, 1995. p.175-209.

MILLANVOYE, M.; COLOMBEL, J. Âge et activité des opérateurs dans une entreprise de construction aéronautique. CONGRÈS DE LA SELF, 31., Bruxelles, 1996. *Actes.* Bruxelles: SELF, 1996. v.2, p. 39-46, 1996.

MINNI, C.; TOPIOL, A. Les entreprises se préoccupent peu du vieillissement démographique: première Synthèses. *DARES*, v.15, n.1, 2002.

MINOIS, G. *Histoire de la vieillesse.* Paris: Fayard, 1987.

MOLINIÉ, A. F. Parcours de travail et fins de vie active dans différentes générations. *Quatre Pages du Centre d'Études de l'Emploi*, v.45, 2001.

MOLINIÉ, A.; VOLKOFF, S. *La démographie du travail pour anticiper le vieillissement.* Paris: ANACT, 2002. (Outils et méthodes).

MOLINIÉ, A. F.; VOLKOFF, S.; GAUDART, C. Occuper plusieurs postes de travail devient plus rare avec l'âge: approche quantitative et éléments d'interprétation. CONGRÈS DE LA SELF, 31., Bruxelles, 1996. *Actes.* Bruxelles: SELF, 1996.

PACAUD, S. Le vieillissement des aptitudes: déclin des aptitudes en fonction de l'âge et du niveau d'instruction. *Biotypologie*, p.65-94, 1953.

____. Quelques cas concrets illustrant les difficultés ou les facilités que l'âge entraîne dans la formation professionnelle des travailleurs. *L'Information Psychologique,* v.44, p.92-105, 1971.

PAUMÈS, D.; MARQUIÉ, J.-C. Travailleurs vieillissants, apprentissage et formation professionnelle. In: MARQUIÉ, J. C.; PAUMÈS, D.; VOLKOFF, S. (Ed.). *Le travail au fil de l'âge.* Toulouse: Octarès, 1995. p.377-390.

PAUZIÉ, A. Les conducteurs âgés face aux nouvelles technologies. In: MARQUIÉ, J. C.; PAUMÈS, D.; VOLKOFF, S. (Ed.). *Le travail au fil de l'âge*. Toulouse: Octarès, 1995. p.391-410.

PUEYO, V. La traque des dérives: expérience et maîtrise du temps, les atouts des 'anciens' dans une tâche d'autocontrôle. *Travail et Emploi,* v.84, p.63-73, 2000.

____; Expérience professionnelle et gestion des risques au travail: l'exemple des hauts-fourneaux. *Quatre Pages du Centre d'Études de l'Emploi*, v.50, 2002.

PUEYO, V. E GAUDART, C. Construire une intervention ergonomique sur la question de l'âge. In: CONGRÉS DE LA SELF: Recherche, pratique, formation en ergonomie, 32., Lyon, 1997. *Actes*. Lyon: SELF, 1997. p.705-716.

QUÉINNEC, Y.; GADBOIS, C.; PRÊTEUR, V. Souffrir de ses horaires de travail: poids de l'âge et de l'histoire de vie. In: MARQUIÉ, J. C.; PAUMÈS, D.; VOLKOFF, S. (Ed.). *Le travail au fil de l'âge*. Toulouse: Octarès, 1995. p.277-304.

RAMAZZINI, B. *De morbis artificum diatriba*, nouv. Éd. 1990 des *Maladies du travail*, Alexitène (ed. 1700).

SALTHOUSE, T. *A Theory of cognitive aging*. Amsterdam: North-Holland, 1985.

SMITH, J. R. Age and occupation; a classification of occupations by their age structure. *Journal of gerontology*, v.24, n.4, p.412-418, 1969.

TEIGER, C. Le vieillissement différentiel dans et par le travail. Un vieux problème dans un contexte récent. *Le Travail Humain*, Paris, v.52, p.21-56, 1989.

____. Penser les relations âge-travail au cours du temps. In: MARQUIÉ, J. C.; PAUMÈS, D.; VOLKOFF, S. (Ed.). *Le travail au fil de l'âge.* Toulouse: Octarès, 1995. p.15-72.

TEIGER, C.; VILLATTE, R. Conditions de travail et vieillissement différentiel. *Travail et emploi*, v.16, p.27-36, 1983.

TREMPÉ, R. Travail à la mine et vieillissement des mineurs au XIX siècle. *Le Mouvement Social*, p.131-152, 1983.

VOLKOFF, S.; MOLINIÉ, A. F.; JOLIVET, A. *Efficaces à tout âge?* vieillissement démographique et activités de travail. Sweden: Centre d'Études de l'Emploi, 2000. (Dossier n°16, téléchargeable: cee-recherche.fr, zone archives).

WELFORD, T. *Vieillissement et aptitudes humaines*. Paris: PUF, 1964.

Ver também:

4 – Trabalho e saúde

8 – Trabalhar em horários atípicos

13 – As competências profissionais e seu desenvolvimento

10

Segurança e prevenção:
referências jurídicas e ergonômicas

Cecília de la Garza, Elie Fadier

Introdução

A primeira parte deste capítulo apresenta uma síntese histórica em matéria de legislação na área da prevenção e da proteção dos assalariados. A segunda parte mostra a evolução das concepções de acidente e do papel do operador e seu impacto sobre a prevenção. Segue um desenvolvimento das relações entre segurança, erro humano e a confiabilidade dos sistemas, bem como as contribuições dessas abordagens teóricas e metodológicas à prevenção. Por fim, o capítulo termina com a evolução dos métodos em ergonomia em relação com a evolução dos sistemas e dos modelos analíticos da dinâmica da situação.

Antecipação dos riscos profissionais:
exposição histórica sumária da evolução legislativa

Esta parte tem como objetivo trazer uma compreensão da evolução da prevenção de um ponto de vista histórico. Esse conhecimento é pré-requisito para a área da saúde e segurança industrial, bem como para a compreensão das abordagens teóricas e metodológicas que se desenvolveram nas ciências humanas e sociais. O Quadro 1 apresentado no fim do capítulo sintetiza as principais leis, fatos marcantes em relação a essas leis e contribuições à prevenção. Foi estabelecido a partir principalmente da obra de Viet e Ruffat (1999).

A segurança é atualmente objeto de uma legislação e uma regulamentação significativas; assim, na França, o decreto de novembro de 2001 e a circular nº 6 de 18 de abril de 2002 tornam obrigatórias uma análise dos riscos dos equipamentos e uma análise ergonômica das situações de trabalho para garantir que as futuras condições de trabalho sejam seguras. O leitor pouco familiarizado com o assunto da segurança consideraria essas obrigações "normais". No entanto, a política de prevenção para proteger os trabalhadores dos acidentes de trabalho e das doenças profissionais é o resultado de um longo percurso que data do começo do século XIX.

Mas, embora o início dessa política se situe em 1810, foi preciso esperar o fim do século XIX (lei de 1898) para ver os esforços se concretizarem. Todavia, a organização da indenização dos acidentes de trabalho e doenças profissionais (AT/DP),[1] em 1898, não modificou o caráter regulamentar da prevenção dos riscos profissionais, pois nenhuma articulação foi feita entre indenização e prevenção. Além disso, embora as prescrições regulamentares tenham permitido realizar progressos consideráveis, elas contribuíram para isolar a prevenção dos riscos profissionais dos outros problemas de saúde pública, tornando-a uma categoria à parte, suscetível de um tratamento específico. Foi assim que o risco industrial (Seveso 1: repercussões na vizinhança) foi dissociado do risco profissional (fisicamente vinculado ao espaço de trabalho).

Até a metade do século XX, a prevenção se definiu fora das empresas. E as tentativas de internalização que ocorreram se fizeram na maior parte das vezes por meio da desqualificação do elemento operário, agravando, em consequência, o déficit das relações sociais (cartazes tentando neutralizar a variabilidade interindividual: apontar o imprudente e faltoso do acidente, aterrorizar pela violência e pelo expressionismo dos desenhos, culpabilizar, estabelecer correspondências de situações entre a fábrica e o domicílio). Ainda assim, o sistema de prevenção francês, cujas bases científicas haviam se consolidado, encaminhava-se, no fim da década de 1940, para uma institucionalização em razão do paritarismo e pelo engajamento tardio dos representantes dos trabalhadores.

Diferentemente dos outros regimes europeus, a originalidade francesa em matéria de prevenção se explica por uma política de saúde pública inseparável da proteção física dos assalariados. Na França, a política de proteção social da Previdência Social foi baseada nas cotizações dos empregadores e dos assalariados, abrindo, no entanto, uma exceção para os riscos profissionais, que ficaram unicamente a cargo dos empregadores.

Para reduzir os acidentes e aliviar os encargos dos seguros, uma articulação entre prevenção e indenização tornava-se indispensável. Traduziu-se por uma concepção que tendia a responsabilizar os assalariados (faremos seguro para vocês, desde que vocês se protejam). O paritarismo democrático nascera, trazendo uma emancipação dos trabalhadores (responsáveis por suas ações em higiene e segurança). Sendo assim, o sistema estabelecido dava autoridade aos poderes públicos em matéria de financiamento de uma política de prevenção dos riscos profissionais (RP).

O modelo francês de previdência social resultante dessa concepção continua a influenciar as iniciativas de prevenção. Tem por base três lógicas diferentes: as instituições (públicas ou privadas), os fundamentos jurídicos (direito trabalhista, direito previdenciário) e os fundamentos éticos (deontologia do corpo médico). Em consequência, a prevenção impulsionada pela previdência social se sobrepôs à da inspeção do trabalho e à da inspeção médica. Além disso, a multiplicidade dos textos, suas ambiguidades e a separação das responsabilidades não facilitavam as coisas.

Com a lei de 1976, a novidade veio do conceito de "segurança integrada", que induziu a uma consequência importante: a partir de então, é a empresa que é responsável por sua própria política de prevenção (saúde/segurança/condições de trabalho) levando em conta as obrigações regulamentares (introdução tímida da obrigação de resultado). A ideia subjacente era mostrar que a segurança do trabalho é um fator de desempenho econômico e um progresso social. Para realizar essa convergência em direção a essa

---

[1] Cf. glossário no fim deste capítulo.

Capítulo 10 – Segurança e prevenção

abordagem da prevenção, o INRS, uma das instituições de prevenção, criada em 1968, apostou na ergonomia, definindo-a como ciência multidisciplinar de adaptação do trabalho ao homem. As incidências da lei de 1976 são múltiplas: instauração de um conselho superior da prevenção e dos RP; integração da segurança na concepção das edificações, locais e máquinas, integração da segurança na fabricação e utilização dos produtos químicos; integração da segurança nos canteiros de obras e obras públicas; formação em segurança etc.

Até 1976, a interpretação das obrigações dos dirigentes de empresa era simplificada ao extremo, pois essas obrigações decorriam, no essencial, de prescrições técnicas precisas (obrigações de meios). Mas, com a introdução do conceito de segurança integrada, essa obrigação se tornou uma "obrigação de resultado", mesmo se, juridicamente, esta permaneça dificilmente alcançável. Apoiando-se na diretriz Seveso 1, as leis Auroux (1982) confirmaram essa passagem da obrigação de meios à obrigação de resultado, sem, no entanto, atenuar as dificuldades associadas.

Como melhorar um sistema engendrando riscos, sem alterar sua capacidade de criar riquezas? Como mostrar que a segurança é compatível com a produtividade? Como conjugar a realização no trabalho com os desempenhos industriais? Eram algumas das questões que se colocavam aos pesquisadores nessa nova disciplina emergente: a prevenção dos riscos profissionais. As pesquisas sobre as condições de trabalho (citado em Viet e Ruffat, 1999, p.225) trouxeram alguns elementos de resposta, ao mostrar o papel dos fatores organizacionais na degradação das condições de trabalho e, por consequência, no desempenho (aumento das cadências despertando os efeitos nefastos do taylorismo: trabalho em linha de montagem, trabalho em turnos, trabalho noturno, equipes alternantes, *just in time* dos estoques etc.). A noção do mal-estar no trabalho acabava então de nascer, mostrando um vínculo estreito entre trabalho, desempenho e saúde/segurança. Esse mal-estar se expressa ao mesmo tempo em sofrimentos perceptíveis no local de trabalho (estresse) e em agravos à vida fora do trabalho: distúrbios no sono, relacionais.

Para concluir, foi necessário esperar até o fim de 2001 para ver, enfim, se desenhar uma concretização de quase dois séculos de esforços no decorrer dos quais a política de prevenção foi conjugada na base de leis, decretos, portarias etc., sem que o legislador pudesse dominar os riscos profissionais e os custos a eles associados. A abordagem regulamentar e normativa da segurança continua sendo indispensável no que se refere aos dispositivos técnicos, para os quais a eficácia do diagnóstico *a priori* dos riscos não precisa mais ser demonstrada, em termos de controles e verificações. No entanto, a acentuada evolução psicossocial, tão característica das duas últimas décadas, parece argumentar a favor de uma ampliação do campo de reflexão da prevenção dos riscos profissionais, cujas normas e métodos sempre evoluíram, aliás, por causa das técnicas e das exigências sanitárias e sociais. Nesse sentido, a prevenção se dedicaria a encontrar um equilíbrio viável entre a exigência de produtividade das empresas e a da saúde/segurança individual e coletiva dos assalariados (bem-estar no trabalho), apoiando-se na ergonomia e nas ciências humanas e sociais.

Evolução das concepções de acidente e do papel do operador, impactos sobre a prevenção

Na década de 1930, o homem era considerado a única causa do acidente. Trata-se de uma visão "unicausal" do processo acidental e de uma prevenção baseada sobre a seleção a partir da psicotécnica. A hipótese de base era que certos indivíduos tinham uma predisposição ao risco que se manifestaria numa atitude de "assumir riscos" nas situações profissionais, engendrando o acidente. A evolução da psicologia do trabalho conduziu ao desenvolvimento de análises sobre a "atitude" ante o risco, introduzindo uma visão mais positiva do operador. Procurando agir sobre a atitude, a prevenção se orientou para a formação. Essas abordagens estão bem descritas em diferentes textos (cf., p. ex., Faverge, 1967; Monteau e Pham, 1987; Weill-Fassina et al., 2003). As contribuições para uma prevenção real eram limitadas e as análises dos acidentes se restringiam a análises estatísticas separando os fatores materiais dos fatores individuais. Análises estatísticas mais sofisticadas pondo em relação diversos elementos da situação só se desenvolveriam mais tarde (Laflamme e Cloutier, 1991, por exemplo). Essas abordagens favoreceram mesmo assim o desenvolvimento de modelos de risco, muito utilizados na área da segurança nas estradas, mas pouco adaptados às situações industriais (cf., p. ex., Fuller, 1984; Van der Molen e Bötticher, 1988; Wilde e Murdoch, 1982; Naatanen e Summala, 1976). Do mesmo modo, abordagens com perspectiva mais psicossociológica desenvolveram métodos de investigação do acidente que podem ser complementares aos métodos ergonômicos (cf. Weill-Fassina et al., 2003).

Na década de 1960, os estudos da *Communauté Européenne du Charbon et de L'Acier* (CECA) marcam uma virada na área da prevenção e análise dos acidentes, introduzindo a noção de "multicausalidade" (cf., p. ex., Faverge, 1967; Leplat e Cuny, 1974). Surgem, então, as noções de "sistema homem-máquina" e de "sistema sociotécnico". O acidente é definido como um sintoma de disfunção desse sistema e sua análise visa a sua compreensão por meio do estudo das interações homem-sistema.

Ferramentas metodológicas efetivas para a análise dos acidentes apareceram mais tarde, entre as quais pode-se citar a Árvore de Causas do começo da década de 1970 (Monteau, Krawsky e Cuny, 1974), MORT (Johnson, 1980) e STEP (Hendrick e Benner, 1987) na década de 1980. O que têm em comum é a análise do fator humano em relação com características do ambiente de trabalho, procurando ao mesmo tempo as relações lógicas ou cronológicas, a fim de identificar causas, fatores de risco, roteiros ou classes de acidentes. O postulado de partida é que, conhecendo-se as explicações sobre o evento que ocorreu, pode-se inferir as consequências de um evento similar e, portanto, antecipar fatores de risco e preveni-los. Um procedimento real de prevenção começa a se construir, mesmo se tratando de um procedimento "reativo" e corretivo, em oposição a um procedimento "proativo" que só aparecerá na década de 1990.

Essas abordagens metodológicas, interrogando-se sobre o fator humano, e em particular sobre as causas do acidente, conduziram à análise do "erro humano" e depois, de modo mais amplo, à problemática da "confiabilidade humana". Assim, com frequência o acidente é associado à segurança/não segurança, e o erro humano, à confiabilidade/não confiabilidade humana.

Os vínculos "acidente – segurança – confiabilidade – erro humano" e prevenção – Na década de 1980, apesar de um aumento real da confiabilidade técnica, num contexto industrial marcado pela introdução maciça das novas tecnologias, a abordagem técnica mostrou seus limites em relação à segurança. Em particular nos sistemas complexos, esse desenvolvimento tecnológico atribuiu um peso considerável aos erros humanos, que foram então considerados a causa principal de mal funcionamento (Neboit et al., 1990).

Capítulo 10 – Segurança e prevenção

Aparecem então as primeiras definições da confiabilidade humana calcadas naquelas da confiabilidade técnica. A confiabilidade humana é definida como "a probabilidade de um indivíduo efetuar com sucesso a missão que ele deve cumprir, durante um período de tempo determinado e em condições definidas" (Rook, 1962, citado por Neboit et al., 1990). A confiabilidade humana é geralmente avaliada em relação a um dado dispositivo técnico, com a ideia de escolha subjacente ao erro. Efetivamente, o erro humano constitui a medida da confiabilidade humana: está para a confiabilidade humana como a falha está para confiabilidade técnica. A ênfase é posta de novo no homem enquanto elo fraco do sistema.

Do ponto de vista da psicologia cognitiva, a análise do erro humano levou a classificações e tipologias diversas, mas não há uma definição única do erro humano, pois ele pode se referir à ação, ao evento, ou à causa/consequência da ação. Assim, diferencia-se, p. ex., o "erro de planificação da ação", do "erro na execução da ação", uma conduta estereotipada, de um lapso (Reason, 1993), ou ainda de um "erro cognitivo" (Hollnagel, 1998; Capítulo 17 deste livro). Os modelos propostos para a análise do erro humano são, portanto, numerosos; citemos a título de exemplo o modelo de *Skills, Rules and Knowledge* (SRK) de Rasmussen (1986), o *Generic Error Modelling System* de Reason (1993), a escala de tomada de decisão de Rasmussen (1986), ou ainda o *Cognitive Reliability and Error Analysis Method* (CREAM) de Hollnagel (1998), sendo o ponto em comum entre todos esses modelos o quadro de análise do erro humano em relação estreita com o tratamento da informação (Goodstein, Andersen e Olden, 1988).

O aspecto negativo da noção de erro humano prevaleceu até a introdução por Faverge (1970) da noção de "recuperação" e, mais tarde, de "fracasso na regulação" por De Keyser (1989). De fato, "o erro deve ser analisado não só sob o ângulo de suas consequências sobre o sistema ou como um afastamento em relação à conduta prescrita, mas como o sintoma de uma má acoplagem operador-tarefa" (Neboit et al., 1990, p. 32).

Em termos de prevenção, os estudos sobre o erro humano conduziram, por exemplo, à adoção de formações mais bem adaptadas às exigências do trabalho, à melhoria e concepção de sistemas de auxílio, de sistemas especialistas, de interfaces homem-máquina mais bem adaptadas (cf., p. ex., Vicente, 1999). Todavia, esses estudos se pretendiam também preditivos em relação ao acidente; ora, as contribuições relativas a critérios de previsão dos desempenhos numa situação futura são modestas.

Se a noção de "erro humano" continua presente nas empresas, é em parte porque há duas modalidades de ação adotadas em paralelo após um acidente. Trata-se da investigação jurídica, que tem por objetivo determinar as responsabilidades, e da investigação de prevenção, que tem por objetivo analisar e compreender o evento, com o fim de reduzir ou eliminar as causas identificadas. A dominância da investigação jurídica nesse contexto faz com que o erro humano seja posto em destaque.

De um ponto de vista cognitivo, outras abordagens vieram enriquecer a análise e a compreensão do fracasso na regulação. Não se trata mais propriamente de um erro, mas de uma adaptação parcial de uma representação ou de um conhecimento, indicando limites de adaptabilidade do operador, em relação com circunstâncias que podem levar a situações críticas "não recuperáveis" (situação de pressa ou urgência, dinamicidade do sistema, gestão de múltiplos constrangimentos etc.; cf. caps. 17, 31 e 32 deste livro).

As definições e abordagens da confiabilidade humana evoluem e se abrem para a equipe e a organização humana. Ela se torna um fator de melhoria da confiabilidade global e "os afastamentos em relação à tarefa prescrita representam com frequência o ápice das competências humanas", ilustrando o alto grau de adaptabilidade do operador ante uma situação de trabalho, da qual ele se apropria a ponto de antecipar as reações desta (Neboit et al., 1990). Aparece como a capacidade de ter os meios (cognitivos e organizacionais) de realizar sua tarefa com segurança e de maneira eficaz e, em relação à tolerância do sistema, de recuperar eventuais erros ou incidentes.

Assim, observa-se em todo sistema de produção uma dualidade "confiabilidade--segurança", marcada por incompatibilidades produtividade-segurança que, em geral, são geridas pelo operador. Este último é o elemento de regulação do sistema, em particular num contexto em que a segurança integrada (normativa) não abrange o conjunto das situações de trabalho.

Os vínculos indissociáveis entre segurança, prevenção e confiabilidade se explicam, além disso, pelo fato de que os métodos de análise *a priori* dos riscos são resultantes dos métodos da confiabilidade técnica. Com o fim de otimizar a confiabilidade humana, métodos quantitativos de estimativa da confiabilidade humana foram criados, como o THERP (*Technique for Human Error Rates Prediction*, Swain, 1974). Integrando a atividade humana, esses métodos evoluíram para abarcar uma confiabilidade global, compreendendo de uma certa maneira uma dimensão coletiva do trabalho. Constata-se uma extensão da utilização do método das "árvores" de falhas aos sistemas sócio-técnicos (Neboit et al., 1990) ou o desenvolvimento de métodos como o MAFERGO (*Méthodologie d'analyse de la fiabilité et ergonomie opérationnelle* – Neboit et al., 1993), que associa uma análise do sistema homem-tarefa e da organização a análises de confiabilidade. Passa-se então a uma perspectiva de prevenção cada vez mais "proativa".

Ergonomia e prevenção: da análise do posto de trabalho à análise da dinâmica das situações de trabalho – A análise ergonômica, iniciada no "posto de trabalho", precisou evoluir para abranger um ambiente técnico e social muito mais amplo. Foi assim que a análise da dimensão coletiva do trabalho, das interações sociais, das interações entre diferentes equipamentos de trabalho (interfaces, máquinas etc.) colocou novas questões metodológicas. Essas questões dizem respeito tanto à análise das situações de trabalho (trabalho em equipe, comunicações, processos de cooperação...) quanto à sua concepção (concepção distribuída, distribuição das tarefas homem-máquina...).

Além disso, embora a observação da atividade de trabalho seja suficiente para explicar os maus funcionamentos que caracterizam um processo de trabalho e ajude consideravelmente a explicar um acidente ou incidente emergindo desse processo, outros métodos são necessários para uma abordagem proativa da segurança. De fato, a ergonomia dita de "correção" e a de "concepção" se distinguem principalmente pelo fato de, no segundo caso, tratar-se de antecipar os riscos e medidas de segurança. É o que os modelos dinâmicos, que enfocam os desvios, propõem na década de 1990. Esses modelos procuram integrar não só uma visão sistêmica, i.e., o conjunto dos atores, mas também os constrangimentos da organização podendo exercer diferentes pressões sobre o sistema. Eles são dinâmicos no sentido de que dão conta das interações e das condições de migração em direção a limiares de funcionamento extremos, do ponto de vista da segurança e do desempenho (Rasmussen, 1997; Fadier et al., 2003).

Erros organizacionais, erros de concepção ou ainda erros latentes favorecendo a ultrapassagem das barreiras de segurança ficam então evidenciados (Reason, 1993; Leplat e De Terssac, 1990; Perrow, 1984). Os "produtores de erros" podem ser numerosos, situar-se

Capítulo 10 – Segurança e prevenção

em centros de decisão e em níveis hierárquicos diferentes, e estar muito a montante do "posto de trabalho" envolvido e do momento de produção do acidente. Não se trata mais somente da gestão individual do risco em situação de trabalho, mas de uma gestão coletiva da segurança que se inscreve no quadro de uma rede organizacional (De la Garza e Weill-Fassina, 2000). Efetivamente, essas falhas latentes representam a ameaça mais grave para a segurança dos sistemas complexos, pois elas conseguem, combinando-se com outros fatores, pôr em xeque as diferentes barreiras de segurança do sistema sócio-técnico. A análise ergonômica vai então intervir no cerne das relações intraorganizacionais entre a gerência intermediária, supervisores e os operadores da base; ela permitirá identificar as disfunções no nível das relações e interações coletivas verticais e horizontais.

Diferentes ferramentas metodológicas procuram dar conta da complexidade dos vínculos e elementos presentes num sistema sócio-técnico e implicados na emergência de um processo acidental ou incidental, como o método dos pontos-pivôs ou *Acci-map* (De la Garza e Weill-Fassina, 1995; Rasmussen e Svedung, 2001).

Da prevenção corretiva à prevenção proativa – A evolução das abordagens teóricas e metodológicas em ergonomia se orienta para uma prevenção global do sistema, interrogando-se, portanto, sobre o gerenciamento da segurança (*safety management*) e sobre a confiabilidade organizacional.[2] A noção de "retorno da experiência" (REX) emerge, como ferramenta de controle e avaliação do nível de segurança do existente. É definido como o conjunto das informações e conhecimentos que se pode acumular e constituir de um sistema particular ao longo do tempo (*learning from experience*). Num primeiro momento, trata-se apenas de um REX técnico (Performances, 1994). Além disso, o REX fatores humanos encontra ainda numerosas dificuldades de ordem metodológica (ferramentas de coleta e exploração dos dados), de meios (especialistas em segurança, estrutura de REX, recursos humanos) e de responsabilidade, bloqueando o retorno confiável de informações. O que se faz geralmente nas empresas são as "auditorias de segurança", que permitem medir um nível de segurança global da empresa e eventualmente orientar a política de segurança. Essas auditorias são pouco eficazes, pois se limitam com frequência a um levantamento dos afastamentos em relação ao prescrito (regras de segurança, uso dos equipamentos de proteção individual), mas raramente fazem uma análise desses afastamentos no âmbito das relações H. M. (Humano-Máquina). Foi só na década de 1990 que realmente se organizou o REX sobre os acidentes e incidentes (Hale e Baram, 1998; Van der Schaaf, Lucas e Hale, 1991).

O REX mantém-se, portanto, uma política de segurança mais reativa, que nem sempre se articula com uma política proativa de segurança. Está estreitamente vinculado à análise dos acidentes e incidentes, mas muito pouco à análise anterior dos riscos. Embora a análise desses eventos seja indispensável, ela se limita ao acidente ou incidente "realizado".

---

[2] Na década de 1990 desenvolveu-se uma corrente de estudos em ergonomia menos conhecida, a *High Reliability Organisation* (cf. Bourrier, 2001). O objetivo desses diferentes estudos está mais vinculado aos desempenhos da organização em situações com constrangimentos intensos (Rochlin, *in* Bourrier, 2001) que à compreensão de falhas latentes e à prevenção. No entanto, a segurança é um dos critérios de desempenho de um sistema; essa abordagem abre o caminho para novas pesquisas.

Ora, numa perspectiva proativa da segurança e do gerenciamento do risco, trata-se de procurar antecipar o acidente ou incidente.

Assim, a ergonomia dos sistemas e de concepção vem se enriquecendo há alguns anos com outros métodos. Por exemplo, a utilização da árvore das falhas no MAFERGO torna possível a previsão de roteiros perigosos, bem como das paradas que permitem sua eliminação ou controle, em articulação com a análise da atividade de trabalho.

Mas, nos projetos de concepção, em que essa análise nem sempre é possível, a ergonomia desenvolveu outros métodos de simulação e experimentação permitindo antecipar, a partir de situações de referência mais ou menos conhecidas, roteiros de situações críticas a evitar ou controlar. Além disso, métodos para a avaliação de equipamentos ou de situações de trabalho futuras são também utilizados para testar e simular as características de segurança e antecipar riscos que não teriam sido identificados a montante (cf. caps. 21, 22 e 27 desta obra).

Assim, a nova abordagem da legislação é completada por estudos de segurança realizados com o auxílio de técnicas específicas herdadas da confiabilidade (Fadier, 1990, *in* Leplat e De Terssac, 1990), ou da segurança dos sistemas de alto risco (Villemeur, 1988), e coordenados no âmbito de métodos de análise sistemáticos e globais, como o MAFERGO (Neboit et al., 1993). Sua utilização é encorajada, até preconizada, na legislação francesa ou europeia (Diretrizes europeias, EN 292, EN 1050, leis Auroux 1982), e mais recentemente pelo decreto de novembro de 2001. Assim, constata-se a passagem, lenta mas firme, para uma política fundada na obrigação de resultado. A nova abordagem (EN 09-000) baseada nessa política permite considerar a função segurança como uma função integrante do sistema técnico e, portanto, como "investimento industrial" a rentabilizar.

Concluindo, uma iniciativa de prevenção real, proativa e global de um sistema só-cio-técnico de trabalho, existente ou futuro, necessita cruzar conhecimentos e métodos múltiplos.

Referências

BOURRIER, M. *Organiser la fiabilité.* Paris: L'Harmattan, 2001.

CONSEIL DES COMMUNAUTÉS EUROPÉENNES. *Directives 82-501, dite Seveso.* Paris: Éditions législatives et administratives, 1982. (127, 8539-8550).

COX, S.; COX, T. *Safety systems and people.* Oxford: Butterworth-Heinemann, 1996. 326p.

DE LA GARZA, C.; WEILL-FASSINA, A. Méthode d'analyse des difficultés de gestion du risque dans une activité collective: l'entretien des voies ferrées. *Safety Science*, v.18, p.157-180, 1995.

DE KEYSER, V. L'erreur humaine. *La recherche*, n.216, p.1444-1455, 1989.

DE LA GARZA, C.; WEILL-FASSINA, A. Régulations horizontales et verticales du risqué. In: WEILL-FASSINA, A.; BENCHEKROUN, T. H. (Ed.). *Approches ergonomiques du travail collectif dans les systèmes sociotechniques.* Toulouse: Octarès, 2000. p.217-234.

DÉCRET nº. 88-1056. Un pas de plus vers la sûreté. Compact. *Bulletin:* le service Information de la Société Merlin-Gérin, 14 nov. 1988.

EN 1050, SÉCURITÉ DES MACHINES. *Principes pour l'appréciation du risque.* Paris: La Défense, AFNOR, 1996. 21p.

EN 614-1, SÉCURITÉ DES MACHINES. *Principes ergonomiques de conception.* Paris: La Défense, AFNOR, 1995. 19p. (partie I: Terminologie et principes généraux).

FADIER, E.; DE LA GARZA, C.; DIDELOT, A. Safe design and human activity: Construction of a theoretical framework from an analysis of a printing sector. *Safety Science*, v.41 n.9, p.759-789, 2003.

FAVERGE, J. M. *Psychosociologie des accidents du Travail.* Paris: PUF, 1967.

____. *Rapport de synthèse des recherches dans les charbonnages et les mines de fer.* Luxembourg: CECA, 1966. 267p. (CECA, étude n° *3/12*).

____. L'homme, agent de fiabilité etd'infiabilité. *Ergonomics,* v.13, p.301-327, 1970.

GOODSTEIN, L.; ANDERSEN H.; OLDEN, S. (Ed.). *Tasks, errors and mental models.* London: Taylor & Francis,1988.

FULLER, R. A conceptualization of driving behaviour as threat avoidance. *Ergonomics,* v.27, p.1139-1155, 1984.

HALE, A.; BARAM, M. (Ed.). *Safety management:* the challenge of change. Oxford: Pergamon, 1998. 271p.

HASSL, D. F. Advanced concepts in fault tree Analysis. In: SYSTEM SAFETY SYMPOSIUM, Seattle, 1965.

HENDRICK, K.; BENNER, L. *Investigating accidents with STEP.* New York: Marcel Dekker, 1987. 434p.

HOLLNAGEL, E. *Cognitive Reliability and error analysis method.* Oxford: Elsevier, 1988. 275p.

JOHNSON, W. C. *MORT safety assurance systems.* New York: Marcel Dekker, 1980.

LAFLAMME, L.; CLOUTIER, E. Processus de production et sécurité du travail: une étude exploratoire des risques d'accident intra-entreprise dans le secteur des scieries. *Le Travail Humain,* v.54, p.43-56, 1991.

LEPLAT, J.; CUNY, X. *Les accidents du travail.* Paris: PUF, 1974.

LEPLAT, J.; DE TERSSAC, G. *Les facteurs humains de fiabilité dans les systèmes complexes.* Marseille: Octarès, 1980.

MONTEAU, M.; KRAWSKY, G.; CUNY, X. *Pratique de recherche des facteurs d'accidents: pratique de recherche des facteurs d'accidents. 1974* (Rapport INRS, n°.77/RE).

MONTEAU, M.; PHAM, D. L'accident du travail: évolution des conceptions. In: LÉVY-LEBOYER, C.; SPERANDIO, J. C. *Traité de psychologie du Travail.* Paris: PUF, 1987. p.703-727.

NAATANEN, R.; SUMMALA, H. A model for the role of motivational factors in driver's decision-making. *Accident Analysis and Prevention,* n.6, p.243-261, 1976.

NEBOIT, M.; FADIER, E.; POYET, C. Ergonomics and system analysis: an integration approach applied tothe re-design of semi-automated machining cell. In: NIELSEN, R.; JORGENSEN, K. *Advances in industrial ergonomics and safety.* New York: Taylor & Francis, 1993. p.699-705.

JORGENSEN, K.; CUNY, X.; FADIER, E.; HO, M. T. Fiabilité humaine: présentation du domaine. In: LEPLAT, J.; TERSSAC, G. de. *Les facteurs humains de la fiabilité dans les systèmes complexes.* Marseille: Octarès, 1990. p.23-46.

JORGENSEN, K.; GUILLERMAIN, E.; FADIER, E. De l'analyse du système à l'analyse de l'interaction opérateur-tâche: proposition méthodologique. In: LEPLAT, J.; TERSSAC, G. de. *Les facteurs humains de la fiabilité dans les systèmes complexes.* Marseille: Octarès, 1990. p.241-265.

NF E 09-000. Mémorandum sur la normalisation en matière de santé et de sécurité destinée à appuyerles directives nouvelle approche. Paris: AFNOR, s.d. 36p.

NF EN 292, SÉCURITÉ DES MACHINES. *Notions fondamentales:* principes généraux de conception. Paris: La Défense, AFNOR, 1991. (partie 1: Terminologie de base, méthodologie, 33p./partie 2: Principes et spécifications techniques, 56p.)

NORME X 60-510. *Technique d'analyse de la fiabibilité des systèmes:* procédure d'analyses des modes de défaillances et leurs effets (AMDE). Paris: La Défense, AFNOR, 1985. (Publication 812 de la CEI)

PERFORMANCES humaines et techniques. *Dossier Retour d'Expérience,* n. 69, mars/avril 1994.

PERROW, C. H. *Normal accidents:* living with high-risk technologies. New York: Basic Books, 1984. 375p.

RASMUSSEN, J. *Information processing and human-machine interaction.* Amsterdam: North-Holland, 1986.

_____. Risk management in a dynamic society: a modelling problem. *Safety Science,* v.27, p.183-213, 1997.

RASMUSSEN, J.; DUNCAN, K.; LEPLAT, J. (Ed.). *New technology and human error.* London: Wiley, 1987.

RASMUSSEN, J.; SVEDUNG, I. *Proactive risk management in a dynamic society.* Karlstad: Swedish Rescue Services Agency, 2001.

REASON, J. *L'erreur humaine.* Paris: PUF, 1993.

SCHAAF, T. W. van der; LUCAS, D. A.; HALE, A. R. (Ed.). *Near miss Reporting as safety tool.* Oxford: Butterworth-Heinemman, 1991. 148p.

SEILLAN, H. *L'obligation de sécurité du chef d'entreprise.* Paris: Dalloz, 1981. 344p.

VAN DER MOLEN, H. H.; BÖTTICHER, A. M. A hierarchical risk model for traffic participants. *Ergonomics,* v.31, p.537-555, 1988.

VICENTE, K. J. *Cognitive work analysis.* Hillsdale: N.J.: Lawrence Erlbaum, 1999.

VIET, M.; RUFFAT, M. *Le choix de prevention.* Paris: Economica, 1999. 274p.

VILLEMEUR, A. *Sûreté de fonctionnement des systèmes industriels:* fiabilité, facteurs humains, informatisation. Paris: Eyrolles, 1988. 795p.

WEILL-FASSINA, A.; KOUABENAN, R. D.; DE LA GARZA, C. Analyse des accidents du travail, gestion des risques et prevention. In: BRANGIER, E.; LANCRY, A.; LOUCHE, C. *Traité de psychologie du travail et des organisations* (à paraître). Paris: Dunod, 2003.

WILDE, G. J. S.; MURDOCH, P. A. Incentive systems for accident-free and violation-free driving in general population. *Ergonomics,* v.25, p.879-890, 1982.

Glossário

ANACT	Agence nationale pour l'amelioration des conditions de travail
AT	Acidente de trabalho
CE	Comité d'entreprise
CHS/CHSCT	Comité d'hygiène et de sécurité des conditions de travail
CNAM	Caisse nationale d'assurance Maladie
CNSS	Caisse nationale de Sécurité Sociale
ET	Equipamento de trabalho
HS	Higiene e segurança
INRS	Institut national pour la recherche et la sécurité
INS	Institut national pour la sécurité
DP	Doença profissional
RP	Risco profissional
SS	Sécurité sociale

Ver também:

4 – Trabalho e saúde

7 – O trabalho em condições extremas

17 – Da gestão dos erros à gestão dos riscos

21 – A ergonomia na condução de projetos de concepção de sistemas de trabalho

30 – Contribuições da ergonomia à prevenção dos riscos profissionais

Quadro 1 Síntese histórica da evolução da legislação e prevenção na França
(segundo Viet e Ruffat, 1999, decreto de novembro de 2001)

Período	As leis e decretos dominantes	
Século XIX 1800-1900 As premissas da prevenção	1810: lei sobre a proteção física dos operários adultos, decreto imperial sobre os estabelecimentos catalogados. 1874: lei sobre a proteção das crianças menores de idade. 1893: lei sobre a proteção dos trabalhadores. Primeiras obrigações em HS. 1898: lei sobre a indenização dos AT.	
Século XX (1ª. parte) 1900-1950 Organização de um sistema de prevenção e instauração de uma obrigação de meios.	1901: lei sobre a assimilação das DP aos AT seguida em 1919 de uma lista das DP. 1928: lei sobre o controle *a priori* das instalações com uma declaração prévia à Inspeção do trabalho. 1939: lei sobre o princípio de dispor de máquinas munidas de proteções eficazes e testadas (obrigação de meios). 1945: portarias estabelecendo o plano francês de previdência social: criação dos CE, gestão dos riscos AT e DP pelas caixas de SS a partir de 1º de janeiro de 1947, realocando nos organismos da SS os antigos funcionários dos organismos privados. 1946: lei sobre a organização dos serviços médicos: papel exclusivamente preventivo dos médicos do trabalho.	
Século XX (2ª. parte) 1950-2000 Uma instituição de prevenção contendo um conjunto de estruturas dedicadas aos AT & MP	1976, lei de 6 de dezembro: sobre a obrigação de levar em conta a segurança em todos os estágios do processo de fabricação das ferramentas de produção. ANACT: missão de coordenar a atividade dos organismos de higiene e segurança. Processo de homologação dos aparelhos e máquinas perigosas, obrigação dos projetistas e importadores fornecerem documentos de análises de riscos. 1982: diretriz Seveso 1 sobre a obrigação das análises *a priori* dos riscos das instituições catalogadas. 1982: leis Auroux consolidam a lei de 1976, transformação dos CHS em CHSCT, passagem da obrigação de meios à obrigação de resultado. 1987: lei dando gênese a uma política contratual de prevenção. 1991: diretrizes europeias sobre a colocação em conformidade dos equipamentos de trabalho. 1993: diretrizes europeias sobre a nova abordagem.	

Capítulo 10 – Segurança e prevenção

Fatos relevantes	*O que se pode reter*
- Posicionamento dos atores: Inspeção das Minas e Energia Prefeitura [Administração dos Departamentos] para as instalações catalogadas (1810), Inspeção do trabalho (1892), Inspeções privadas (1898) - Primeiro tratado de higiene industrial (Henri Napias, 1890, Masson). - Instauração de um sistema de indenização dos AT e reconhecimento de uma verdadeira simetria das responsabilidades entre empregador e assalariado. - Nascimento da teoria do risco profissional que banalizava o acidente (risco aceitável).	- Proteção física dos mais vulneráveis (operários e crianças). - Leis sobre HS centradas na indenização dos RP privilegiaram essencialmente uma abordagem jurídica e regulamentar da prevenção. - Nenhum método de prevenção. - Responsabilidade do empregador é comprometida, salvo em caso de erro intencional ou injustificável da vítima.
- Instauração da presunção de origem pela declaração obrigatória das MP. - Instauração do Escritório Central de Prevenção e criação dos comitês e engenheiros de segurança nas empresas (1928). - Instauração das premissas da obrigação de meios e das normas técnicas (normas AFNOR criadas em 1926). - 1932: primeiro serviço fator humano e segurança do trabalhador. - Aparecimento dos cartazes. - Desenvolvimento do ensino sobre a higiene e segurança no trabalho. - 1947: criação do INS junto a CNSS.	- A inspeção do trabalho esperou oitenta anos (1841-1928) antes de ser habilitada a verificar a conformidade das novas instalações à legislação sobre HS. - Quarenta anos de dificuldades para impor aos fabricantes a obrigação de entregar máquinas "conformes" (1889-1939). - Dominação da cultura engenharia em detrimento da cultura fator humano. - A psicotécnica favoreceu a seleção em detrimento da formação e aprendizagem e de análises de AT. - Criação em 1939 do centro de estudo de prevenção e segurança, favorecendo a análise estatística dos AT. - Política da saúde pública é inseparável da proteção física dos assalariados.
- 1968: transformação do INS em INRS que iria se orientar para atividades de pesquisa. - 1973: criação da ANACT, órgão público do ministério do trabalho. - 1974: método árvore das causas (INRS). - 1982: leis Auroux propõem dar ao assalariado uma dimensão maior e mais responsável (direito de aposentadoria, reconhecer o próprio papel e as missões de cada ator da vida social – empregador, executivos, organizações sindicais, trabalhadores, etc.). - 1985: recurso à normalização para atingir os objetivos das diretrizes europeias. - 1986: aparição dos conceitos "segurança integrada" e "controle dos riscos". - 1987: instauração das convenções de objetivos e dos contratos de prevenção.	- Emergência das ciências sociais no campo da prevenção: desenvolvimentos teóricos e metodológicos. - Conferências sobre a adaptação do trabalho industrial ao homem (1962) insistindo na preservação da integridade física e moral do homem no trabalho: a busca de produtividade só pode ser humanamente concebida se em conjunto com uma melhoria das condições de trabalho. - Instauração do conceito segurança integrada faz com que evoluam as práticas e métodos de prevenção. - Lei de 6 de dezembro de 1976 não reformou em profundidade o sistema francês de prevenção dos RP: a adoção dessa lei não foi acompanhada de nenhuma estrutura favorecendo a cooperação entre CNAM e inspeção de trabalho, nem entre as disciplinas que se inscreviam na abordagem pluridisciplinar para desenvolver a ergonomia de concepção.

(continua)

Quadro 1   Síntese histórica da evolução da legislação e prevenção na França
(segundo Viet e Ruffat, 1999, decreto de novembro de 2001) *(continuação)*

Período	As leis e decretos dominantes	
Começo do século XXI A nova abordagem	2001: decreto de 21 de novembro fundado sobre o princípio da nova abordagem, criação de um documento único, relativo à avaliação dos riscos para a saúde e a segurança dos trabalhadores, artigo L. 230-2 do código do trabalho.	

Capítulo 10 – Segurança e prevenção

Fatos relevantes	O que se pode reter
- Princípio da "nova abordagem "adotado em 1985, pouco conhecido pelos atores envolvidos, pode ser resumido em quatro pontos: - Diretrizes contendo exigências essenciais aplicáveis a numerosas categorias de equipamentos de trabalho. - Normas harmonizadas estabelecem disposições técnicas permitindo conceber e fabricar ETs conformes às exigências. - Disposições técnicas não são obrigatórias: *elas são um auxílio ao fabricante, mas este pode escolher qualquer outra maneira para assegurar a conformidade* ET às disposições de uma norma harmonizada é presumido em conformidade com as exigências.	- Se o objetivo geral parece em teoria bem definido, "como atingi-lo" suscita questões numerosas que necessitariam respostas rápidas. Técnica: - Complexidade crescente dos sistemas e dificuldades de previsão: métodos e ferramentas. - Como ultrapassar a visão tecnocêntrica. - Concepção realista: a atividade humana e a organização são levadas em conta. - Segurança integrada versus segurança adicionada que mascara o risco mas não o elimina. Jurídico: - Com a obrigação de resultado: "a prova jurídica" é dificilmente exibível (obrigação implícita em direção à obrigação de meio). - Papel considerável do perito. - As fronteiras da obrigação de resultado? Aceitabilidade dos riscos? Gerenciamento: - Qual sistema implantar? Qual organização? Quais recursos (recursos limitados ou mesmo inexistentes para as pequenas e médias empresas? - Como aperfeiçoar as prescrições? - Como ter certeza de que a política adotada atingiu seus objetivos? - Risco zero versus risco aceitável?

11

Carga de trabalho e estresse

Pierre Falzon, Catherine Sauvagnac

Introdução

A década de 1990 foi marcada por um intenso desenvolvimento do tema do estresse, tanto na mídia quanto nas publicações científicas. Desde 1992, a Organização Internacional do Trabalho publicava um folheto sobre a prevenção do estresse no trabalho (ILO, 1992). A *Fondation Européenne pour l'amélioration des conditions de vie et de travail* publicou também, em 1995 e 1996, duas análises sobre o mesmo assunto. Desde então, as publicações se multiplicaram (cf. em particular Neboît e Vézina, 2002, uma obra muito completa).

Não se pode considerar o florescimento do tema nas revistas de grande tiragem como um simples fenômeno midiático: o sentimento de estresse é bem real. Em compensação, deve-se combater a propensão de buscar as causas do estresse em fatores ligados às pessoas, julgadas estressáveis ou estressantes. No primeiro caso, as preconizações recaem na prescrição medicamentosa ou em práticas de relaxamento. No segundo, lança-se o anátema sobre o indivíduo difundindo o mal. Nos dois casos, evita-se investigar as causas reais, organizacionais, do estresse, as únicas capazes de explicar o caráter maciço do sintoma de estresse.

As noções de carga de trabalho e de estresse foram objeto de numerosos estudos, e isso já há muito tempo. Os dois temas foram abordados, na maior parte dos casos, de maneira independente por diferentes autores: estes estudam ou a carga, ou o estresse, raramente os dois juntos. As bibliografias são, além disso, com frequência divergentes. Enfim, os trabalhos visam com mais frequência objetivar a carga, ou o estresse, do que propor remédios ou dispositivos de prevenção a essas patologias do trabalho.

Alguns autores argumentaram que carga, estresse, *burn-out* e assédio eram palavras diferentes para designar um mesmo mal, uma mesma vivência difícil de situações de trabalho penoso. Pensamos que isso não é totalmente exato. Os conceitos são diferentes, mas mantêm relações entre si.

Inicialmente, será apresentado um levantamento das evoluções do trabalho contemporâneo que induzem à sobrecarga ou estresse. As seções seguintes proporão uma breve síntese dos trabalhos sobre a carga e o estresse e uma tentativa de articulação das duas noções. Na última seção, serão examinados diferentes meios de ação sobre esses fatores.

Transformação do trabalho e transformação do esforço

Com frequência a informatização e a automação foram mencionadas como causas de transformação do trabalho, aumentando em particular os esforços mentais. De um modo mais geral, as exigências de competitividade internacional pesam sobre as condições da produção industrial (De Keyser e Hansez, 2002): ritmo aumentado, controle reforçado, redução dos tempos mortos, gestão *just in time*, flexibilidade, complexificação dos sistemas.

Transformações da prescrição – As evoluções da prescrição são contraditórias. Em certos casos, o controle sobre os operadores se torna mais estrito e as exigências mais intensas. É o caso em particular da produção industrial: a competição internacional leva as empresas a acelerar os ritmos, exacerbar o enrijecimento dos procedimentos, diminuir os tempos de ciclo. Em outras situações, o processo é inverso. Por um lado, a prescrição muda de natureza: o trabalho é definido em termos de missão, o operador deve se encarregar de definir os meios de satisfazer os objetivos designados. As prescrições podem, além disso, ser múltiplas e contraditórias: cabe então ao operador efetuar as arbitragens necessárias, sob sua responsabilidade. As exigências também se estendem à esfera privada, ao relacional, ao saber-ser: pede-se ao operador a adesão aos objetivos da organização, solicita-se a adoção de tal ou tal comportamento, a implicação subjetiva. Em certos casos, a ausência de prescrição explícita leva o operador à autoprescrição, o que não deixa de ter seus perigos: ele pode se fixar ideais inatingíveis, o que evidentemente leva a um sentimento de fracasso.

Fatores temporais – Os fatores temporais são provavelmente os que mais têm sido destacados (Fondation européenne pour l'amélioration des conditions de vie et de travail, 2003). Em primeiro lugar entre esses fatores, encontra-se a intensificação, que se manifesta por um desaparecimento dos tempos mortos, uma aceleração das cadências, prazos curtos e a sensação de falta de tempo. As pesquisas francesas e europeias indicam claramente o agravamento dos constrangimentos temporais no decorrer da última década. Um segundo aspecto temporal diz respeito à fragmentação e às interrupções. O trabalho se torna picado, sob o efeito, de um lado, do crescimento do número de tarefas a cumprir, de outro, da pressão da urgência, e enfim da disponibilidade permanente que criam as tecnologias de comunicação.

Um terceiro fator temporal está ligado aos horários irregulares. Vê-se o desenvolvimento, ao lado da irregularidade "tradicional" que é o trabalho em turnos (atualmente em crescimento na Europa), de novas formas de fracionamento do trabalho. O exemplo mais nítido é o de caixas de supermercado, cujos horários seguem estritamente as variações dos fluxos de clientes: o resultado é uma alternância, no mesmo dia, de períodos de trabalho e períodos não trabalhados, que não são pausas.

Precariedade e precarização do emprego – Convém distinguir a precariedade estatutária objetiva – contrato por prazo determinado, trabalho temporário – do sentimento de precariedade. Com efeito, a instabilidade dos contextos técnicos e organizacionais e a fragilidade, suposta ou real, das empresas concorrem para um sentimento de precariedade do emprego e uma forma de insegurança. Isso pode ser agravado pela responsabilização dos assalariados, tornados responsáveis pela sobrevivência da empresa.

A solicitação mental – Com a informatização e a mecanização, certas tarefas árduas regrediram, fazendo diminuir certas exigências, mas houve também o aumento de outras, em particular posturais ou gestuais, ligadas a tarefas repetitivas. As exigências sensoriais aumentaram globalmente, em particular as solicitações visuais. Enfim, encontra-se frequentemente reiterado o aumento das exigências mentais e, às vezes, psíquicas. Estas se expressam no aumento da importância do trabalho de representação. O operador deve construir e manter uma representação mental do objeto (ou dos objetos) de sua atividade. A isso se somam atividades de antecipação e simulação mental e intensas solicitações mnésicas.

Os sintomas de sobressolicitação mental aparecem sob diferentes nomes: sobrecarga informacional, "soterramento" sob a informação, hipersolicitação, tratamento paralelo de tarefas múltiplas. Lahlou et al. (1997) identificaram assim uma síndrome de "transbordamento cognitivo", caracterizada por uma sensação de transbordamento e saturação, a impressão de fazer o urgente passar na frente do importante, de não conseguir fazer o que se planificou, sem compreender o porquê, e uma insatisfação com o trabalho realizado.

A carga de trabalho

Carga, esforço – O uso do termo carga é com frequência ambíguo: pode se referir ao nível de exigência de uma tarefa num dado momento, ou às consequências dessa tarefa. O esquema clássico em ergonomia (cf. o Capítulo 1 deste livro) distingue: na entrada as tarefas e suas exigências, e o estado do operador; e na saída um nível de desempenho, e consequências para o operador. Seguindo esse modelo geral, pode-se distinguir constrangimento e esforço:

— o constrangimento (ou o nível de exigência) é definido pela tarefa, e é formulado em termos de objetivos a atingir, resultados esperados, qualidade a obter, etc. Para uma dada tarefa, o constrangimento pode variar de um momento a outro, considerando-se a flutuação das exigências instantâneas;

— o esforço é definido em referência à atividade. É devido ao grau de mobilização (físico, cognitivo, psíquico) do operador. O termo carga será aqui reservado para o esforço.

A análise da carga consiste então em identificar os constrangimentos da tarefa – objetivos, procedimentos, cadência, equipamentos etc. – e descritores, mais ou menos diretos, do esforço. No caso de um trabalho que requer uma intensa mobilização física, pode-se medir a quantidade de ácido lático, o consumo de oxigênio, as variações do eletromiograma, o tempo de recuperação. Num trabalho em que a mobilização é essencialmente mental, pode-se medir a taxa de erros, a capacidade de efetuar uma tarefa em paralelo, a qualidade dos resultados. Pode-se também, em todos os casos, recorrer a questionários.

M. de Montmollin (1993) enfatizou o postulado subjacente a certos estudos, o da equivalência entre carga e sobrecarga, e "o ideal de trabalhador que disso resulta: o trabalhador em repouso" (p. XL). A realização da tarefa acarreta necessariamente uma atividade e, portanto, uma carga. Procurar fazer a carga desaparecer é, portanto, um objetivo vão. É a sobrecarga que se trata de eliminar.

Carga e fadiga. – A fadiga é a consequência do esforço. É um estado consecutivo a um trabalho realizado sob certas condições (ou seja, um certo nível de constrangimento), que se objetiva em sintomas, e induz a uma perda temporária e reversível de eficiência. É essa reversibilidade (ao menos em curto prazo) que define a fadiga. Uma perda não temporária, não reversível, seria um agravo à saúde, uma invalidez definitiva.

A fadiga reduz os recursos e, portanto, aumenta o esforço. De fato, como se verá mais adiante, não há vínculo direto entre constrangimento e esforço: sob constrangimento igual, o esforço pode variar conforme os indivíduos, em relação aos recursos disponíveis. Em caso de fadiga, esses recursos (físicos, de atenção etc.) diminuem. Pode-se então acabar num círculo vicioso em que o esforço engendra a fadiga, que restringe os recursos, o que aumenta o esforço, que aumenta a fadiga.

Uma fadiga excessiva assinala uma sobrecarga. Mais surpreendentemente, ela assinala também uma subcarga prolongada: o tédio, o trabalho monótono, são fontes de fadiga (Loriol, 2000).

Carga mental – O conceito de carga foi construído originalmente para tarefas nas quais os esforços eram essencialmente de natureza física.[1] As transformações do trabalho e o interesse dos ergonomistas por novas situações, em particular a supervisão de processos, levaram a ampliar a noção para a de carga mental. O conceito foi muito criticado (cf. em particular Montmollin, 1986) como sendo impreciso e não levando a nada de concreto. A definição proposta por Damos (1991) coloca a carga mental como uma construção hipotética, induzida pela realização de uma tarefa e provocando uma redução da capacidade mental de realizar outras tarefas. Nessa definição volta a aparecer o traço da teoria do canal único de tratamento: a hipótese feita é a de uma capacidade limitada de tratamento da informação, capacidade mobilizada proporcionalmente à dificuldade da tarefa a realizar. Uma tarefa exigente mobilizará uma parte considerável da capacidade, a capacidade residual é então pequena. Inversamente, uma tarefa pouco exigente só mobilizará uma parte pequena da capacidade total e a capacidade residual será grande.

Esse modelo foi muito sedutor porque permitia uma medida indireta da mobilização, pelo método da dupla tarefa. O princípio é o seguinte: um sujeito deve realizar duas tarefas em paralelo. Uma delas é considerada a tarefa principal, e a outra a tarefa secundária. Diferentes protocolos são então possíveis. Pode-se observar as variações do desempenho na tarefa secundária de acordo com as variações da tarefa principal: essas variações no desempenho revelam níveis de exigência diferentes na tarefa principal, esta se tornando mais mobilizadora e diminuindo, portanto, os recursos disponíveis para a tarefa secundária. Ou pode-se observar como a tarefa principal se degrada quando há aumento de exigência na tarefa secundária (apresentada então como prioritária). Uma apresentação do método pode ser encontrada em Kalsbeek (1965), e comentários em Leplat (2002).

Entre as críticas a esse método, vale reter duas. Por um lado, ele fornece resultados não generalizáveis, específicos ao sujeito testado. Por outro lado, postula modos operatórios estáveis, e que por isso engendram custos cognitivos (ou seja, uma mobilização da capacidade de tratamento) estáveis. Ora, esse postulado é inexato, como os trabalhos de Sperandio (1972) demonstraram.

---

[1] Esta formulação poderia levar a pensar que certas tarefas não implicam atividade mental. Isso é evidentemente falso. A. Wisner denunciara, de maneira muito justa, a "impostura do trabalho manual", para deixar claro que toda tarefa demanda uma certa atividade mental. Não há tarefa sem atividade mental; mas há tarefas em que a atividade física é leve.

Carga de trabalho e modos operatórios. Sperandio indica que os vínculos entre carga de trabalho e modo operatório funcionam "numa via de mão dupla". Por um lado, a carga de trabalho resulta da adoção de um modo operatório. Reencontra-se aqui o vínculo enunciado anteriormente (o constrangimento engendra um esforço). Por outro lado, a carga de trabalho provoca a mudança de modo operatório.

Esse modelo apresenta o operador como dispondo de uma paleta de modos operatórios (Figura 1). Quando o nível de exigência da tarefa é baixo, um modo – pouco econômico, mas satisfazendo mais critérios – é utilizado. Quando o nível de exigência aumenta, o esforço aumenta, até ser atingido um limiar subjetivo, que desencadeia no operador a escolha de um outro modo operatório, mais econômico e, portanto, levando a uma redução do esforço. Se o nível de exigência continua a aumentar, o processo se repete.

Vê-se então como os recursos disponíveis (a paleta de modos operatórios) influem no esforço. Não há um vínculo direto entre constrangimento e esforço: esse vínculo é mediado pelos recursos disponíveis.

Esse processo não é ilimitado. Quando a paleta dos modos operatórios se esgota, a regulação da carga por essa via não é mais possível. Um segundo circuito de regulação pode intervir então, tendo por objeto as próprias exigências da tarefa. Sperandio constatou isso no contexto do controle do tráfego aéreo: passando-se de uma certa densidade de tráfego, é necessário agir a montante, fechando o acesso à zona. O objetivo global permanece o de realizar a tarefa sem degradação da segurança dos voos (o que implica também evitar a sobrecarga do operador), mas atingir esse objetivo demanda o abandono de certas exigências, no caso o da fluidez do tráfego.

O modelo proposto por Amalberti (1996) pode ser visto como se inscrito neste mesmo quadro. Amalberti interessou-se pelo modo de gestão da carga em tarefas com um nível muito alto de exigência (a pilotagem de aviões de caça). O modelo postula que o objetivo dos

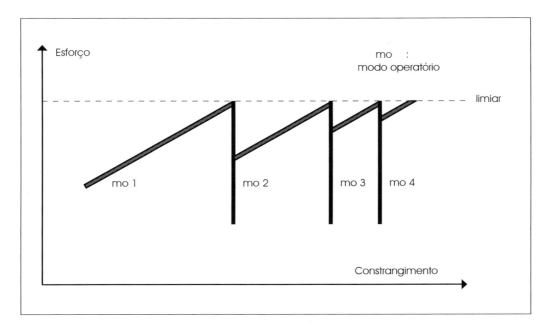

Fig. 1   A regulação dos modos operatórios em função do esforço (segundo Sperandio, 1972).

pilotos é manter uma certa capacidade de reserva. Uma sensação de sobrecarga e insegurança é provocada quando exigências não previstas solicitam esta capacidade de reserva. O piloto joga com os recursos e os riscos para realizar a tarefa a um custo cognitivo admissível. Isso implica, em particular, que ele seja obrigado a preferir o aceitável ao ideal e que, em caso de situações difíceis, pode ser preferível não tentar compreender as causas, pois o esforço de compreensão recorre à capacidade de reserva e pode degradar a situação.

Competência do operador e complexidade das tarefas – Os operadores com experiência dispõem de recursos que os novatos não possuem. Como se viu, esses recursos lhes permitem adaptar seu comportamento e lidar com situações que os novatos não podem enfrentar sem dificuldades. Consequentemente, a complexidade subjetiva das situações é desigual, relacionada a competência dos indivíduos.

Isso não significa que não haja complexidade objetiva. Para um dado operador com um certo nível de competência, os problemas não são iguais entre si: as exigências variam. Mas o que é um problema difícil para um pode ser mais fácil para outro.

Leplat (1988) resumiu isso no esquema da Figura 2. Esse esquema distingue duas zonas:
— a zona das atividades simples (ou seja, de pouco esforço), em que o nível de competência é superior ao nível de complexidade: pode-se tratar de tarefas "objetivamente" simples, ou de tarefas difíceis realizadas por operadores muito competentes;
— a zona das atividades complexas (ou seja, de muito esforço), em que o nível de competência é inferior ao nível de complexidade: pode-se tratar de tarefas simples realizadas por operadores pouco competentes, ou de tarefas complexas realizadas por operadores competentes.

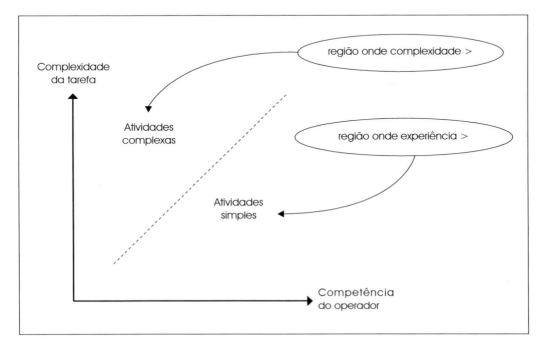

Fig. 2.

Capítulo 11 – Carga de trabalho e estresse

O grande interesse desse esquema é que ele fornece pistas de ação. De fato, dele se deduzem duas maneiras de tornar o esforço aceitável:

— pela redução da complexidade da tarefa: adaptação do ambiente de trabalho, redução das exigências, assistência automatizada etc.;

— pelo aumento da competência do operador: formação profissional, trabalho coletivo, ajuda em tempo real etc.

O estresse

O termo estresse tem hoje em dia um valor negativo que inicialmente não tinha. No modelo fisiológico proposto por H. Selye (1976), o estresse é considerado como um mecanismo de adaptação do organismo, permitindo-lhe enfrentar as agressões do meio ambiente. Os trabalhos de Selye analisam essa "síndrome geral de adaptação", que permite aumentar a vigilância e a agressividade, focalizar a atenção, inibir certas funções, e todos esses fenômenos permitem enfrentar melhor os agentes e estressantes. Mas o mesmo mecanismo pode resultar também em distúrbios: hipervigilância e ansiedade, obsessão, anorexia, insônia e baixa da libido.

É esse segundo aspecto, negativo, do estresse que é hoje em dia privilegiado. Não se deve, no entanto, esquecer que a reação de estresse é também uma reação positiva, permitindo melhor mobilizar os recursos do organismo, físicos e mentais. Um certo número de profissionais parece, aliás, utilizar deliberadamente essa capacidade para responder a situações exigentes, notadamente criativas.

Diferentes modelos psicológicos do estresse foram propostos, dos quais será feito aqui um breve resumo. O leitor interessado pode consultar Vézina (2002) para uma apresentação mais precisa. Serão associados a esses modelos os trabalhos sobre o *burn-out*.

Modelos transacionais – O criador dos modelos transacionais é P. Lazarus. "O estresse psicológico no trabalho é uma resposta do indivíduo ante as exigências de uma situação para a qual ele duvida dispor dos recursos necessários para enfrentá-la" (Lazarus e Folkman, 1984). O modelo supõe, em primeiro lugar, a construção de uma representação da situação, e então sua avaliação quanto aos riscos potenciais: o que está em jogo? Qual a ameaça? E, num segundo momento: é possível controlar a situação? No caso de riscos serem percebidos, o indivíduo faz esforços cognitivos e comportamentais para se adaptar, enfrentar, mobilizando seus recursos. Dois tipos de estratégias são identificados, as primeiras se referem ao próprio problema (ação sobre o meio ambiente), as outras à emoção (evitamento do problema ou mudança em sua percepção).

No quadro das teorias transacionais, o remédio proposto é a gestão do estresse: modificação da percepção do estresse por terapias cognitivas ou comportamentais; melhor domínio das emoções por exercícios de comunicação ou autocontrole, por técnicas de relaxamento; por fim, relativização dos desafios profissionais.

Deve-se notar que nada é proposto no que se refere à ação sobre o ambiente e à organização. Aparece somente a ação sobre a pessoa. Aliás, a análise se interessa pouco pelo contexto de trabalho, pois é focalizada nos comportamentos dos indivíduos.

Modelos interacionistas – Diferentemente dos modelos transacionais, os modelos interacionistas integram uma avaliação do meio. Este será patogênico em maior ou menor grau; seu efeito será diferenciado conforme os indivíduos, sujeitos em maior ou menor grau ao estresse. Vézina (2002) distingue três níveis de patologias:

— no primeiro nível, ocorrem reações psicofisiológicas (adrenalina, fadiga, irritabilidade, distúrbios do sono, ansiedade) e comportamentais (consumo medicamentoso, desmotivação social, tabagismo, violências);

— no segundo nível, aparecem patologias reversíveis: hipertensão arterial, ansiedade generalizada, distúrbios de adaptação, depressão e distúrbios osteomusculares;

— no terceiro nível, os agravos se tornam irreversíveis: incapacidade permanente e mortalidade prematura devido a doenças cardiovasculares.

Dois modelos foram propostos, por Karasek (Karasek e Theorell, 1990) e Siegrist (1996). Esses modelos compartilham diversas características:

— avançam hipóteses de conexão entre certas características sócio-organizacionais e a geração do sentimento de estresse;

— propõem metodologias de objetivação permitindo avaliar, num dado grupo social, essas características e os sintomas de estresse. Em vários modelos, o método consiste em aplicar e então analisar estatisticamente questionários; esse procedimento requer, para ser válido, grupos de tamanho suficiente. A aplicação e a análise dos questionários são operações pesadas e, consequentemente, esse procedimento é mais para ser usado por pesquisadores do que pelos profissionais que praticam a ergonomia.

O modelo de Karasek – Esse modelo distingue três dimensões caracterizando a situação de trabalho:

— a demanda psicológica: esta remete à intensidade, rapidez, quantidade de trabalho, ao constrangimento temporal, às interrupções, às contradições nas exigências;

— a latitude de decisões: esta depende, de um lado, da autonomia de decisão e, de outro, da possibilidade de fazer uso de suas competências e desenvolver novas competências;

— a sustentação social no trabalho: essa dimensão depende do reconhecimento de seu trabalho pela hierarquia e do apoio dos colegas.

Essas dimensões são avaliadas por um questionário em que o sujeito exprime se concorda ou não com 26 frases afirmativas. As situações de alta demanda psicológica e baixa latitude de decisões são definidas como geradoras de estresse, que a falta de apoio social pode vir a agravar.

O modelo de Karasek é provavelmente aquele que obteve a maior repercussão internacional e o que foi mais avaliado, com frequência de modo positivo. As críticas feitas a ele incidem no fato de que ele subestima os fatores individuais e de que a latitude de decisões confunde duas dimensões heterogêneas (possibilidade de ação sobre o ambiente e desenvolvimento pessoal).

O modelo de Siegrist. – Para Siegrist, o estresse é a consequência de um desequilíbrio entre esforços elevados e recompensas baixas. Os esforços podem ter duas origens: externas (constrangimentos de tempo, interrupções, exigências das tarefas, responsabilidades, esforços físicos; é aproximadamente a demanda de Karasek), ou internas (o sujeito se entrega excessivamente à tarefa, seja por desafio, por vontade de controle, ou por sentido de dever). As recompensas podem estar vinculadas ao reconhecimento pela hierarquia ou pelos colegas (algo próximo à sustentação social de Karasek), à insegurança da situação de trabalho, à ausência de perspectivas, ou a um salário insuficiente.

Esses elementos são avaliados por um questionário, cujos resultados permitem medir a relação entre esforços externos e recompensas. Uma relação superior a 1 (um) assinala um desequilíbrio potencialmente patogênico. Além disso, um resultado elevado de esforços internos assinala um excesso de investimento que também é fator de risco.

O burn-out – O *burn-out* não se inscreve em sua origem na linhagem dos estudos sobre o estresse. Há, no entanto, grandes proximidades entre os dois campos e, para retomar o título de uma síntese de V. Pezet-Langevin (2002), o *burn-out* surge como uma consequência possível, específica, do estresse no trabalho. Na classificação de Vézina apresentada anteriormente, o burn-out seria uma patologia de nível 2. Essa síndrome foi originalmente analisada em profissionais de assistência.

Maslach e Jackson (1981) propuseram um modelo, hoje dominante, das manifestações do *burn-out*, apreendidas por meio de um questionário (Maslach e Jackson, 1986).

Três sintomas são descritos:

— esgotamento emocional, em que os indivíduos têm a sensação de terem esgotado seus recursos emocionais;

— desumanização, ou esvaziamento afetivo da relação; os indivíduos se distanciam das pessoas que deveriam assistir, pelas quais experimentam sentimentos negativos;

— baixa do sentimento de realização pessoal no trabalho; os indivíduos avaliam negativamente seu próprio desempenho no trabalho, percebido como um fracasso.

O que caracteriza o *burn-out* é uma ruptura, interna ao sujeito, com a ética do ofício. O comportamento dos sujeitos é de fato o inverso do comportamento desejável e valorizado pelo ofício. A questão hoje é saber se o *burn-out* afeta somente as profissões de assistência, ou se ele pode ser estendido a todas as ocupações com intenso engajamento pessoal, intelectual e afetivo. O que parece ser efetivamente o caso.

Articular carga, estresse e *burn-out*

A Figura 3 apresenta um esquema das relações entre carga, estresse e *burn-out*. Para o estresse, será adotada aqui a seguinte definição: "o estresse é um estado dinâmico expressando um desequilíbrio psicofisiológico entre os recursos estimados e as exigências percebidas em situações sob fortes constrangimentos".

Como foi visto anteriormente na seção "A carga de trabalho", o esforço é resultante da acoplagem, pela atividade, entre constrangimentos da tarefa e recursos do sujeito. O esforço tem muitas consequências: permite a aprendizagem de modos operatórios, desencadeia a mudança de modos operatórios (visando diminuir um esforço julgado excessivo), engendra a fadiga. Além disso, se o operador dispõe de uma certa latitude, ela pode levá-lo a modificar os constrangimentos da tarefa.

Aparece o estresse quando um déficit é percebido entre recursos estimados e constrangimentos percebidos, quando os circuitos descritos anteriormente parecem esgotados (o operador não dispõe mais de modos operatórios satisfatórios em termos de desempenho ou preservação da saúde) ou proibidos (o operador não tem margens de manobra quanto às exigências da situação). Também ele influirá (negativamente) nos recursos disponíveis, aumentando a fadiga e degradando a saúde, em graus diversos.

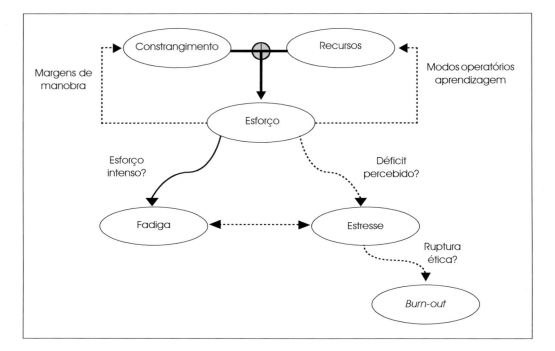

Fig. 3   Esquema das relações entre carga, estresse e *burn-out*.

O estresse pode engendrar o *burn-out*. Sua especificidade é que ele provoca não só fadiga e esgotamento emocional (portanto uma baixa nos recursos), mas também um abandono das regras do ofício. Trata-se efetivamente de uma retroalimentação sobre os recursos, em vez de sobre os constrangimentos. Os constrangimentos externos ao sujeito, a saber, os da organização, permanecem estáveis. São os constrangimentos que o sujeito se fixa, aqueles que constituem os recursos da ação, que são afetados.

Agir sobre a carga, agir sobre o estresse

A seção "Competência do operador e complexidade das tarefas" (cf. anteriormente) identificou duas formas de ação sobre o esforço, visando a reduzir a complexidade das tarefas, ou a aumentar a competência do operador. Agir sobre o estresse coloca a questão do nível de ação pertinente, bem mais do que qualquer outra ação ergonômica. Com efeito, agir sobre uma empresa, para um grupo restrito de operadores, pode garantir apenas um sucesso limitado, ainda mais que os fatores de estresse identificados acima resultam de orientações globais das organizações, ou mesmo da sociedade. Em contrapartida,

Capítulo 11 – Carga de trabalho e estresse

agir sobre as grandes orientações não é uma prática corrente em ergonomia, a qual desconfia de toda regra geral que poderia ignorar as particularidades da atividade real. Chega-se assim ao debate sobre a macroergonomia, que se inscreve de imediato na concepção e gerenciamento das organizações, e cujos proponentes sustentam que essas grandes orientações determinam o detalhe da atividade individual. Hendrick (1991) acrescenta que, ao negligenciar esses princípios organizadores, expõem-se os operadores a contorcionismos para se adaptarem a um sistema sócio-técnico inadaptado, o que prejudica a satisfação no trabalho e a eficácia.

Nas organizações, a ação sobre o estresse comporta dois aspectos: a caracterização da situação e a intervenção propriamente dita.

A posição adotada aqui pelos autores é, todavia, descrever modos de ação sobre as causas estruturais, apoiados na análise ergonômica das situações de trabalho.

Toda ação em matéria de condições de trabalho deve ser conduzida e controlada, e isso é verdade também para o estresse. Trata-se aqui efetivamente de descrever uma ação ergonômica, portanto não serão abordados os outros modos de gestão do estresse, que podem ter uma eficácia, mas são do âmbito da esfera privada de cada um. As ações passíveis de consideração são definidas por seu objetivo, pelos princípios que as sustentam e pelas diferentes fases que integram.

O objetivo de uma ação ergonômica sobre o estresse – O objetivo principal é deslocar a visão do estresse na organização: de uma patologia ou sofrimento a ouvir, passar a um apelo para examinar as condições de trabalho – algo que não é óbvio.

Mesmo se é habitual distinguir as ações sobre as situações de trabalho das medidas centradas nos indivíduos (Fondation européenne pour l'amélioration des conditions de vie et de travail, 1995), uma primeira apreciação do texto demonstra que é mais fácil incitar os indivíduos a cuidar de si mesmos do que atacar as causas profundas dos desequilíbrios.

Pode-se de fato, tanto em matéria de estresse quanto de patologia, distinguir três modos de ação (Fondation européenne pour l'amélioration des conditions de vie et de travail, 1996):

— prevenção primária que age nas condições criadoras de estresse; eis o ponto discutido aqui;

— prevenção secundária que "administra" o estresse, uma vez este identificado;

— prevenção terciária que acompanha os indivíduos afetados pelo estresse.

Os princípios de uma ação ergonômica sobre o estresse – Quatro grandes princípios podem ser enunciados sobre as medidas, em sua maioria organizacionais, que reduzem as causas do estresse: uma boa gestão do tempo, uma medida realista da carga de trabalho, uma prescrição clara, o lugar reservado aos coletivos de trabalho.

1) Criar as condições de uma boa higiene de vida quanto à gestão do tempo: trata--se de lutar contra o fracionamento da atividade, em si mesmo gerador de dispersão da atenção, e de ter controle sobre a circulação da informação (em particular por via eletrônica). Trata-se igualmente de uma orientação geral sobre o valor relativo da urgência, particularmente importante de controlar nas profissões de serviço, nas quais a resposta às necessidades dos clientes é uma fonte de interrupções. Trata-se enfim de manter ou criar espaços de regulação, para enfrentar os imprevistos.

2) Medir de maneira realista a carga de trabalho, o que não é uma coisa óbvia numa administração por objetivos. Isso evitaria tanto a sobrecarga quanto a subcarga, ambas

prejudiciais para cada indivíduo e para o conjunto. A questão aqui não é quantificar exatamente a atividade realizada, mas identificar parâmetros críticos como frequência dos incidentes, número de informações a buscar...

3) Prescrever o trabalho para facilitá-lo, em que a prescrição do trabalho é um aspecto importante para a prevenção do estresse. Isso pressupõe:

— a clareza: ou se prescreve o trabalho e então se fixam objetivos da forma mais clara possível, ou se deixa o operador autoprescrever sua tarefa e se define com ele os limites de sua responsabilidade. É particularmente importante que cada um possa medir a distância efetiva entre o objetivo de seu trabalho e o resultado obtido. Na impossibilidade corre-se o risco de se deparar com um sentimento de incapacidade;

— a coerência da prescrição: resulta da relação entre os meios alocados e as exigências da tarefa. Os meios, sejam eles materiais, organizacionais ou cognitivos, devem estar acessíveis e ser adaptados à tarefa. Além disso, a prescrição deve evitar tanto quanto possível impor constrangimentos contraditórios que devem ser resolvidos pelo operador final;

— a adaptabilidade: margens de manobra devem existir para os objetivos e procedimentos, de modo a permitir lidar com os incidentes e a variabilidade. Efetivamente, uma prescrição, mesmo que cuidadosa, não pode prever a variabilidade das situações, nem dar conta da variabilidade própria do operador. Este precisa ter condições de se adaptar às variações da carga de trabalho.

4) Reservar um lugar para o coletivo de trabalho: o apoio do coletivo de trabalho é indispensável para cada um regular a carga de trabalho e para auxiliar a construir seu referencial de ação e sua identidade profissional. Assim, um trabalho coletivo para construir referenciais, para identificar as competências mobilizadas no trabalho comum conjuga eficácia operatória e apoio efetivo.

As fases da ação contra o estresse – A ação comporta três fases: a identificação do problema específico da organização, a identificação das causas e, por fim, a emissão de recomendações.

1) *A identificação do problema* – Diante de reclamações em termos de estresse, uma organização procura avaliar seu grau e seus contornos, sendo uma tendência geral o recurso a questionários. É realmente útil obter uma descrição detalhada dos sintomas de estresse de cada um dos agentes? Mais ainda: é pertinente desencadear um estudo epidemiológico, que exaure os atores sem necessariamente chegar a um resultado eficaz?

Incontestavelmente, é a análise ergonômica que permitirá identificar as causas profundas do estresse, como são descritas na primeira parte do capítulo. Mas, no primeiro estágio da ação, três classes de meios permitem delimitar o problema:

— os questionários permitem validar a sensação de estresse descrita por certos atores da organização, identificar o que essa palavra esconde e mobilizar todos;

— as entrevistas tão generalizadas quanto possível (com os operadores e também com a hierarquia) permitem construir uma demanda ampliada;

— certas fontes, aparentemente anexas, contribuem para compreender a questão do estresse na organização. Pode-se tratar de dados gerais sobre a empresa ou o ramo profissional envolvido, mas também dados focando o absenteísmo, a rotatividade, os acidentes etc.

Capítulo 11 – Carga de trabalho e estresse

Pode ser igualmente útil dispor de descritores da situação inicial, para acompanhar os efeitos das ações empreendidas. Quanto a um acompanhamento institucional do estresse nas empresas, ele pode se revelar tão ineficaz quanto os acompanhamentos passivos dos acidentes de trabalho. A questão que se coloca então é a do nível pertinente de acompanhamento: individualmente por ocasião de exames médicos? Por sondagem com questionários? Por expressão direta com grupos *ad hoc*? De fato, pode-se fazer um acompanhamento dos fatores potenciais de estresse, que podem ser distinguidos em quatro categorias (Fondation européenne pour l'amélioration des conditions de vie et de travail, 1995): especificações do emprego, condições de trabalho, modalidades do emprego e relações sociais no trabalho.

2) *A identificação das causas* – A fase de identificação das causas do estresse requer uma compreensão da realidade dos eventos apoiada numa análise ergonômica.

Para isso, é necessário definir os alvos: serviços particulares, ou funções; ou se concentrar em determinantes particulares, por exemplo a multiplicidade das informações que circulam na organização considerada.

Trata-se em seguida de tornar visível o trabalho: por observações que permitam a análise do trabalho, mas também por entrevistas, indispensáveis em particular no estudo do trabalho relacional.

Pode-se então formalizar um diagnóstico realmente adaptado ao terreno considerado.

3) *As preconizações para mudar* – As preconizações devem ser claras e incidir nas causas reais, ou seja, nos elementos do funcionamento da empresa: organização da circulação de informação, natureza da prescrição, modo de avaliação individual, criação de espaços de reflexão coletiva etc.

Além disso, essas transformações podem ser mais bem aproveitadas se forem implantadas no quadro de uma modalidade de ação participativa, na falta do qual elas podem parecer perturbações indesejadas.

Vê-se aqui a importância singular dada ao papel do coletivo de trabalho, produtor de competências, mas também de estratégias de regulação. A atividade reflexiva coletiva permite, de fato, não só o compartilhamento dos saberes e práticas, mas também a elaboração das identidades profissionais.

Referências

AMALBERTI, R. *La conduite de systèmes à risques*. Paris: PUF, 1996.

DAMOS, D. L. *Multiple task performance*. London: Taylor & Francis, 1991.

DE KEYSER, V.; HANSEZ, I. Les transformations du travail et leur impact en termes de stress au travail. In: NEBOÎT, M.; VÉZINA, M. (Ed.). *Stress au travail et santé psychique*. Toulouse: Octarès, 2002.

FONDATION EUROPÉENNE POUR L'AMÉLIORATION DES CONDITIONS DE VIE ET DE TRAVAIL. *Le stress au travail*. Luxemboug: Office for Official Publications of European Communities, 1995.

_____. *Stress Prevention in the Workplace*. Luxembourg: Office for Official Publications of European Communities, 1996.

_____. *Contraintes de temps dans le travail et risques pour la santé en Europe*. Luxembourg: Office for Official Publications of European Communities, 2003.

HENDRICK, H. W. Ergonomics in organizational design and management. *Ergonomics*, v.34, n.6, p.743-756, 1991.

ILO. Preventing stress at work. *Conditions of Work Digest*, v.11, n.2, 1992.

KALSBEEK, J. W. H. Mesure objective de la surcharge mentale: nouvelles applications de la méthode des doubles tâches. *Le Travail Humain*, v.28, p.121-132, 1965.

KALSBEEK, J. W. H.; THEORELL, T. *Healthy work:* stress, productivity and the reconstruction of working life. New York: Basic Books, 1990.

LAHLOU, S.; LENAY, C.; GUENIFFEY, Y.; ZACKLAD, M. Le COS: cognitive Overflow Syndrom. *Intellectica*, v.42, 39, 1997.

LAZARUS, R. S.; FOLKMAN, S. *Stress, appraisal and coping.* New York: Springer, 1984.

LEPLAT, J. Task complexity in work situations. In:. GOODSTEIN, L. P.; ANDERSEN, H. B.; OLSEN, S. E. (Ed.). *Tasks, errors and mental models.* London: Taylor & Francis, 1988.

_____. Éléments pour une histoire de la notion de charge mentale. In: JOURDAN, M.; THEUREAU, E. J. (Coord.). *Charge mentale:* notion floue et vrai problème. Toulouse: Octarès, 2002.

LORIOL, M. *Le temps de la fatigue.* Paris: Anthropos, 2000.

MASLACH, C.; JACKSON, S. E. The measurement of experienced burn-out. *Journal of Occupational Behavior*, v.2, n.2, p.99-113, 1981.

_____. *The Maslach Burn-out Inventory.* Palo-Alto, (CA): Consulting Psychologists Press, 1986.

MONTMOLLIN, M. de *L'intelligence de la tâche: éléments d'ergonomie cognitive.* Berne: Peter Lang, 1986.

_____. Compétences, charge mentale, stress: peut-on parler de santé cognitive? In: CONGRÈS DE LA SELF, 28., Genève, 1993. *Actes.* Genève: SELF, 1993.

NEBOÎT, M.; VÉZINA, M. (Ed.). *Stress au travail et santé psychique.* Toulouse: Octarès, 2002.

PEZET-LANGEVIN V. Le burn-out, conséquence possible du stress au travail. In: NEBOÎT, M.; VÉZINA, M. (Ed.). *Stress au travail et santé psychique.* Toulouse: Octarès, 2002.

SELYE, H. *Stress in health and disease.* Reading (MA): Butterworth,1976.

SIEGRIST, J. Adverse health effects of high effort-low reward conditions. *Journal of Occupational Health Psychology*, n.1, p.27-41, 1996.

SPÉRANDIO, J. C. Charge de travail et régulation des processus opératoires. *Le Travail Humain*, v.35, n.1, p.85-98, 1972.

VÉZINA, M. Stress au travail et santé psychique: rappel des différentes approches. In: NEBOÎT, M.; VÉZINA, M. (Ed.). *Stress au travail et santé psychique.* Toulouse: Octarès, 2002.

Ver também:

4 – Trabalho e saúde

7 – O trabalho em condições extremas

13 – As competências profissionais e seu desenvolvimento

17 – Da gestão dos erros à gestão dos riscos

32 – A gestão das crises

12

Paradigmas e modelos para a análise cognitiva das atividades finalizadas

Françoise Darses, Pierre Falzon, Christophe Munduteguy

Convém num primeiro momento circunscrever claramente a ambição deste capítulo, que é a de apresentar os quadros conceituais utilizados hoje em dia para compreender e inferir as atividades cognitivas mobilizadas durante a ação. Esses quadros conceituais são muito diversos e sua definição é bastante variável: a paleta se estende de enquadramentos amplos, como aquele proposto por Leplat (descrito no Capítulo 1 deste livro), a modelos de descrição fina da ação, como por exemplo o GOMS (desenvolvido por Card et al., 1983 – ver mais adiante). Esses quadros conceituais se distinguem também por sua origem: alguns são derivados da análise cognitiva de atividades reais, e outros, com frequência mais formais, provêm da pesquisa em inteligência artificial e em ciências cognitivas. Disso resulta uma tal diversidade de modelos que torna ilusório e inútil fazer deles uma lista exaustiva. Diversas taxonomias de modelos foram propostas (Amalberti, 1991; Leplat, 2003; Sperandio, 2003), às quais o leitor é remetido. Os autores deste texto escolheram se limitar a alguns quadros conceituais que consideram que devem fazer parte da bagagem de todo ergonomista "honesto".

Não se pode apresentar modelos sem descrever os paradigmas científicos que os embasam. Por paradigma, entender-se-á segundo a acepção dada por Kuhn (1962) a esse conceito, a matriz disciplinar, na qual, toda ciência se funda. Composta de linguagens específicas, de leis, crenças e valores, de problemas e soluções típicas, essa matriz é considerada verdadeira e compartilhada pela comunidade científica, numa dada época, e funda as modalidades de ação científica da disciplina. Um paradigma é posto à prova pela comunidade científica até que a refutação de suas proposições, confirmada por fatos cada vez mais numerosos, conduza ao aparecimento de paradigmas rivais que substituirão os primeiros, reconfigurando brutalmente o campo do saber (Petreski, 1996).

No que se refere à noção de "modelos", retomaremos aqui a definição proposta por Montmollin (1995-1997), adaptando-a ligeiramente. Será considerado que um modelo é *uma estrutura abstrata, genérica, cuja aplicação a um contexto particular permite construir uma representação dos comportamentos de operadores numa situação de trabalho, e permitindo agir sobre essa situação.* Como Montmollin, enfatizaremos o caráter operatório que a noção de modelo assume em ergonomia: o modelo deve não só permitir compreender, mas também agir.

Num primeiro momento, lembraremos a necessidade, para a ação ergonômica, de recorrer a paradigmas e modelos. A segunda seção é dedicada aos grandes paradigmas subjacentes aos modelos nos quais a ergonomia baseia sua modalidade de ação e métodos de investigação. A terceira seção, que trata dos modelos, não pretende ser exaustiva, o que seria impossível num capítulo de tamanho necessariamente restrito. Escolhemos apresentar nela alguns dos modelos que desempenharam, e ainda desempenham, um papel importante em ergonomia cognitiva.

Utilidade dos modelos para a análise e a ação ergonômica

Às vezes, diversos tipos de objeções são feitos, contestando a legitimidade ou a utilidade de modelos na prática ergonômica. A primeira objeção diz respeito ao caráter complexo, bastante contextualizado e particularizado de cada situação examinada pelos ergonomistas. Seria legítimo reduzir a singularidade de um caso pelo uso de um modelo que, em essência, se concentra nas características genéricas do caso? A segunda objeção refere-se à consequência do uso da abstração para a análise: seria apropriado recorrer à formalização abstrata de um caso, enquanto a experiência da prática (relatada ou vivida) poderia permitir aplicar diretamente métodos de condução de projeto capazes de transformar a situação de maneira satisfatória? A relação custo/benefício seria favorável ao uso de modelos?

A posição defendida aqui considera que é do maior interesse para o ergonomista fazer um uso explícito de modelos por duas razões:

— evitar o uso, mais ou menos controlado, de modelos implícitos. Seria ilusório pensar que se pode fazer tábula rasa de seus saberes (aliás, difícil ver por que isso seria desejável), pois o observador de uma situação sempre a enfrenta com seus conhecimentos e experiência. Melhor então que o modelo que ele adota seja explícito;

— acelerar consideravelmente a análise; o modelo é um recurso para o ergonomista. Este pode, depois de fazer um primeiro diagnóstico e avançar a hipótese de um teste de modelo (provas), pesquisar elementos específicos na situação permitindo-lhe instanciar o modelo, ou seja, construir uma particularização do modelo. Claro, no decorrer desse processo de instanciação, pode se verificar que o modelo escolhido não é afinal pertinente e deve, portanto, ser abandonado em favor de um outro, ou ainda que ele deve ser adaptado para dar conta corretamente da situação. Mas aí está ainda um benefício do uso de um modelo: os constrangimentos que ele impõe permitem avaliar sua pertinência para caracterizar a situação dada.

Todo modelo reduz a realidade, filtra-a e só retém dela alguns aspectos, os que são pertinentes em relação aos objetivos da modelização. Por exemplo, os modelos hierárquicos de tarefas apresentados mais adiante dão uma atenção particular às dimensões temporais (caráter paralelo ou sequencial das tarefas, condições de desencadeamento e parada etc.) e negligenciam outros aspectos (níveis de abstração dos objetivos, por exemplo). A representação do real criada assim é, portanto, parcial e parcelada. Pode-se então

Capítulo 12 – Paradigmas e modelos para a análise cognitiva das atividades finalizadas

dizer sobre os modelos o que Ochanine (1978) afirmava das imagens operatórias: essas representações são lacônicas e deformadas com o fim de favorecer a interpretação e a ação.

Essa posição foi habilmente argumentada por muitos autores, entre eles os citados na introdução. De suas proposições, cabe reter aqui alguns pontos-chave.

• Os modelos são úteis porque servem não só para descrever, mas também para explicar e prever. A ergonomia não pode se limitar a descrever o existente: ela deve ser capaz de explicar e prever uma situação futura quando ela participa – em condições iguais aos outros planejadores – na concepção ou reconcepção das situações ou sistemas de trabalho.

• Os modelos são úteis porque é trabalhoso redescobrir as propriedades de uma situação – e suas consequências em termos de melhoria do trabalho – quando essas propriedades em muitos casos já foram identificadas em classes de situações similares.

• Os modelos são particularmente úteis em situações complexas como aquelas de que a ergonomia trata, pois permitem destacar os fatores considerados cruciais em cada situação.

• Por fim, os modelos são ferramentas poderosas para a tradução dos dados brutos relativos ao "uso" em termos de especificações de concepção utilizáveis pelos planejadores. Essa tradução se opera por meio de formatos de representação diversos (para um levantamento detalhado desses formalismos, ver Sperandio, 2003).

Evidentemente, os modelos possuem certos limites, que os autores citados anteriormente também abordam. Cabe lembrar aqui que o caráter "ecológico" dos modelos é uma condição central da validade dos modelos ergonômicos: um modelo deve levar em consideração com precisão os constrangimentos e os fatores que influenciam o comportamento de um perito. A validade dos resultados produzidos pelo modelo será então garantida para a classe de situações visada (Hoc, 2001).

Paradigmas fundadores dos atuais modelos em ergonomia

Da ergonomia do comportamento à ergonomia da atividade – Quando a ergonomia tomou impulso, nos anos entre 1945 e 1955, o quadro paradigmático no interior do qual ela elaborava seus modelos era centrado, como descreve Leplat (2003), nas "relações homem-máquina para tarefas definidas restritamente", visando a análise de comportamentos elementares (em geral relacionados à postura) e privilegiando assim uma decomposição funcional do operador (Montmollin, 1995-1997). Leplat lembra que foi mais tarde, na década de 1970, que se passou a levar em conta o ambiente de trabalho (físico e organizacional), apoiando-se então nas contribuições da sociologia. As lógicas de ação dos operadores e seu papel na realização do trabalho se mantiveram, nessa época, em segundo plano no quadro paradigmático da ergonomia.

Esse pouco interesse pelas atividades mentais dos operadores estava em harmonia, aliás, com o paradigma behaviorista que dominou, até a década de 1950, o estudo das atividades psicológicas humanas. Lembremos que, durante a primeira metade do século, recusava-se o estatuto de objeto científico às atividades mentais, em nome da objetividade científica (não se pode observar as atividades mentais) e do processo hipotético-dedutivo (que rejeitava os métodos introspectivos, então controversos). Os modelos da atividade humana preconizavam, em consequência, que todo comportamento era explicável e modelizável pelo estudo das associações entre estímulos recebidos do meio ambiente por

158

um indivíduo e respostas emitidas em reação aos estímulos. A influência desse processo analítico, proveniente das correntes filosóficas associacionistas e empiristas, é bem perceptível no *parti pris* da "ergonomia do componente humano", cujos limites foram denunciados por Montmollin (1995-1997).

Duas grandes correntes críticas do behaviorismo surgiram. A primeira, na Europa, teve como base os trabalhos de Vigotsky e de Piaget. Suas abordagens, que se distinguem em diferentes aspectos (para uma comparação, ver Vergnaud, 1999), promovem ambas a necessária consideração da *significação* e identificam a *construção da significação* como processo central das atividades mentais. O estudo da significação tinha sido recusado pelos behavioristas devido à impossibilidade de colocar à prova modelos fundados sobre fatos inferidos. Mas o surgimento dos primeiros computadores construídos na década de 1950 derruba essa limitação. Pela primeira vez, dispunha-se de sistemas artificiais capazes de tratar da informação simbólica. Essas ferramentas ofereceram, portanto, um meio revolucionário de pôr à prova a validade dos modelos com base na construção da significação e de testar modelos cognitivos desenvolvidos pela segunda corrente, aparecida mais tardiamente nos Estados Unidos, federada por pesquisas sobre os processos de tratamento da informação. Tanto na Europa quanto nos Estados Unidos, tratava-se de afirmar a necessidade de se interessar pelas estruturas de conhecimentos e pelos processos de raciocínio. Essas duas correntes tinham suas temáticas próprias: por exemplo, Piaget e Vigotsky privilegiaram uma visão construtivista e centrada no desenvolvimento da inteligência, enquanto Newell e Simon (1972) procuraram realizar formalizações precisas dos diversos raciocínios de resolução de problema.

Foi nesse contexto que emergiu o paradigma cognitivista, colocando o tratamento da informação no centro do estudo das atividades humanas. A metáfora fundadora desse paradigma compara o sistema cognitivo humano a um Sistema de Tratamento da Informação (STI): os dados recebidos em entrada do meio ambiente evocam representações mentais que são tratadas por meio de processos mentais complexos, em níveis mais ou menos automatizados conforme a especialização e a natureza da tarefa a cumprir. Os dados produzidos em saída se concretizam num comportamento observável. Infelizmente, ao colocar o tratamento da informação no centro de seu paradigma, o cognitivismo operou um deslizamento entre informação e significação, negligenciando o ambiente social e cultural e a natureza física do cérebro, como se estes não modulassem as estruturas do pensamento. A intencionalidade do indivíduo, o caráter finalizado de toda ação, o fato de que os objetivos se inscrevem em constrangimentos resultantes do ambiente físico, social e organizacional foram ignorados, e a conduta, reduzida às operações mentais realizadas pelos indivíduos.

Essa evolução da psicologia foi, todavia, proveitosa para a ergonomia, que foi encorajada, graças ao papel de "transmissor" que desempenharam autores como Leplat (1971), Leplat e Bisseret (1965) ou Montmollin (1967, 1984) nas décadas de 1960-1970, a transformar seus quadros de análise para melhor levar em conta o papel das atividades mentais na conduta dos operadores. O conceito fundador de "atividade" (*versus* tarefa) se beneficiou da influência conjugada dessas diversas correntes. Ao tentar dar conta não só das dimensões fisiológicas, ambientais e organizacionais de uma situação de trabalho, mas também das racionalidades operatórias subjacentes a ela, passa-se de uma ergonomia do *comportamento* a uma ergonomia da *atividade.*

As inflexões contemporâneas dos quadros de análise da atividade humana devem muito à redescoberta dos trabalhos pioneiros de Piaget e Vigotsky – e mais recentemente de Bruner (1991, 2000) –, que sempre insistiram na importância de se compreender os processos de construção da significação, integrando neles o papel dimensionante do contexto e do ambiente social e cultural, na determinação da ação. Vale notar que a ergonomia praticada nos países francófonos adotou implicitamente uma postura teórica inspirada nessas correntes, sem, todavia, fazer o necessário para explicitar suas origens e para relacioná-las às teorias existentes, e em particular à teoria da atividade (ver adiante). É, portanto, às vezes com uma certa surpresa – ou mesmo um pouco de incompreensão – que o ergonomista francófono descobre inflexões contemporâneas dos quadros de análise da atividade humana que se baseiam no princípio de que a atividade não pode ser dissociada do contexto no qual ela se desenrola (Nardi, 1996; Clot, 1999), postulados com os quais ele só pode estar de acordo por tradição da ergonomia.

Esses postulados afirmam que o ambiente deve ser considerado como um recurso para a aquisição de informação. O papel dos objetos informacionais como mediadores entre o mundo e a atividade se torna central. A partir dessa posição comum, as abordagens paradigmáticas atuais diferem quanto ao lugar atribuído aos artefatos, e à relação entre agentes humanos e artefatos, e se distinguem pela unidade de análise adotada. Serão apresentadas aqui essas diferentes abordagens, começando pela teoria da atividade que enquadra implicitamente toda a abordagem ergonômica.

Paradigmas contemporâneos

A teoria da atividade – A teoria da atividade se situa no prolongamento dos trabalhos de Vigotsky (1934-1997) e integra sua dimensão do desenvolvimento. Postula que a unidade de análise do real é a atividade, ela própria composta de um *sujeito* (uma pessoa ou um grupo), de um *objeto*, de *ações* e de *operações* (Leontiev, 1974). Ao mesmo tempo causa e efeito, o sujeito pode ser definido como um expositor da atividade, mais do que como sua origem (Clot, 1999). Assim, ao mesmo tempo que o sujeito está na origem da atividade, ele segue seu desenvolvimento por meio dela. O *objeto* da atividade é seu *motivo* que lhe dá uma orientação consciente e específica, e por trás do qual se encontra necessariamente uma necessidade ou um desejo que a atividade deve permitir que seja atendido (Leontiev, 1974). Se não pode haver atividade sem motivo, os objetos não são, todavia, imutáveis. Podem ser transformados ao longo da atividade, mas também ao longo da ação (Christiansen, 1996; Engeström e Escalante, 1996).

O terceiro elemento da atividade é a *ação*, processo estruturado por uma representação mental do resultado a alcançar (ou objetivo consciente). Para Leontiev (1974), a *atividade* humana existe somente sob a forma de ações ou cadeias de ações subordinadas a objetivos particulares, que podem ser distinguidos do objetivo comum. Ações diferentes podem permitir alcançar o mesmo objeto. A ação nasce das relações de trocas de atividades (Leontiev, 1984). Como Clot (1999) enfatiza, ela está longe de ser a simples e livre manifestação das intenções de um sujeito, sendo, em vez disso, a mediação entre os esperados genéricos da ação e os inesperados do real compostos das outras atividades. A ação se realiza por meio de *operações* que se tornaram rotinas inconscientes com a prática ("rotinização" ou processo de automatização, Galpérine, 1966), mas que dependem de condições determinadas. Se um objetivo permanece o mesmo e mudaram as condições sob as quais ele foi determinado, a estrutura operacional da ação será mudada.

Os componentes da atividade não são, portanto, fixos. Do mesmo modo que as condições, podem mudar. Uma ação consciente pode se tornar uma operação inconsciente e, inversamente, uma operação pode se tornar uma ação se as condições impedem a execução de uma atividade por meio das operações formadas anteriormente (Leontiev, 1984). A atividade apresenta, portanto, uma flexibilidade considerável, qualquer que seja o nível considerado. Como acabamos de ver, a teoria da atividade distingue: a) as atividades que são identificadas segundo o critério de seu motivo; b) as ações que correspondem aos processos estruturados pelos objetivos conscientes; e c) as operações, que dependem diretamente das condições segundo as quais um objetivo específico deve ser atingido (Leontiev, 1974).

A atividade é igualmente mediatizada por *artefatos* (Kuutti, 1991) ou *instrumentos* (Rabardel, 1995). Os *artefatos* englobam instrumentos, sinais, a linguagem, máquinas, que são criadas pelos operadores para controlar seu próprio comportamento (Kuutti, 1991). O *instrumento* é uma unidade mista compreendendo um artefato (ou uma fração de artefato) material ou simbólico e um ou vários esquemas de utilização que fazem do instrumento um componente funcional da ação do sujeito. Ao longo de sua atividade, o sujeito elabora, constrói, institui, transforma os instrumentos (*gênese instrumental* – ver o Capítulo 15 deste livro). Os artefatos ou os instrumentos (conforme o ponto de vista que se adota) carregam neles uma história e uma cultura particulares, capitalizando a experiência e cristalizando o conhecimento.

A ação situada. Um dos postulados da teoria da ação situada (Suchman, 1987) é que o sentido da ação e os recursos necessários para sua interpretação são interacionais e situados. A unidade de análise do real é a *situação de interação*, que é condicionada pelo contexto. A ação prática é considerada como dependente das circunstâncias, e sempre inscrita pelos sujeitos numa situação particular. Os detalhes constituem, portanto, sua própria matéria e precisam ser levados em conta. Assim a atividade se constrói sobre a base de interações locais, num contexto e em circunstâncias materiais e sociais particulares. Essa preponderância do contexto leva a considerar que os planos não determinam a ação, que é na maior parte das vezes oportunista (Suchman, 1987), para não dizer reativa. A representação que o ator tem da ação sob forma de planos só aparece *a posteriori*. A inteligibilidade mútua entre os parceiros de uma tarefa é obtida em cada ocasião da interação, em torno de elementos particulares da situação, e não dada de uma vez por todas por meio de um conjunto estável de significações compartilhadas (Decortis e Pavard, 1994). Cada ocasião da comunicação humana faz uso e é selada num universo linguístico e extralinguístico mutuamente acessível.

É preciso, no entanto, notar que os estudos que adotaram o quadro teórico da ação situada implicavam sujeitos que teriam, por definição, poucos esquemas (ou nenhum) de ação predefinidos: utilizadores novatos de máquinas fotocopiadoras (Suchman, 1987), operadores ante uma situação incidental não antecipável (gestão de passageiros e bagagens num aeroporto, *rafting*). Nesses casos, a situação favorece os comportamentos oportunistas em relação aos constrangimentos apresentatos por parâmetros externos ou pelas características dos indivíduos envolvidos, "armados" em maior ou menor grau para enfrentar essas situações.

A cognição situada. Alguns autores se afastam da posição "oportunista" do comportamento defendida pela ação situada propondo uma cognição situada (Lave, 1988), onde a unidade de análise do real se torna o ambiente "equipado".

Capítulo 12 – Paradigmas e modelos para a análise cognitiva das atividades finalizadas

A apropriação do saber e, mais amplamente, a cognição são colocadas no centro da situação. A cognição é acoplada à exploração dos recursos informacionais do ambiente físico e espacial de um mundo habitado e familiar. A situação é percebida como uma estrutura espacial equipada com indícios e referências construídos pelos sujeitos que se encontram seja numa situação cotidiana (clientes de supermercado etc.), seja numa atividade profissional, para a qual o agenciamento do espaço é determinante (merceeiro, entregador). O ambiente equipado de artefatos e objetos desempenha então o papel de guia para a ação, facilitando sua execução. As representações são situadas já que construídas por uma acoplagem entre percepção de um índice e execução de uma ação. A ação ancorada se identifica com uma rotina reativa, em que é a mesma representação que serve para a avaliação e a execução (Norman, 1993), reduzindo assim a distância entre representação da situação e controle da execução.

Quando são suportes informacionais eficazes, os espaços equipados guiam a atividade, a constrangem e são retroativamente modificados por ela. Há, portanto, uma mútua determinação ação/situação: a ação modifica a situação, que, por sua vez, determina a ação, de maneira sequencial (e não simultânea como na teoria da ação situada). A ação é guiada e inscrita nas circunstâncias locais (chamadas *arena*), que correspondem ao ambiente espacial e social objetivo e representam a situação como dada, e o cenário (*setting*), que é a parte do ambiente alterada pela ação, que representa o real do sujeito; a situação como produto da atividade é construída pela ação na interação, estabilizando o ambiente (Lave, 1988; Conein e Jacopin, 1994).

A cognição distribuída. A atividade cognitiva não diz respeito apenas ao indivíduo, mas também ao *sistema funcional* que inclui agentes humanos, artefatos e objetos em interação. A relação entre agentes humanos e artefatos é percebida como simétrica. O artefato melhora a cognição dos agentes humanos permitindo-lhes fazer mais coisas com ele do que sem ele. A unidade de análise do real se torna o *sistema funcional*, que tem um objetivo que só pode ser atingido por meio da coordenação dos diferentes agentes (humanos e técnicos) que o compõem (Hutchins, 1994). A distribuição (por meio do espaço social) do acesso à informação, sua propagação e seu tratamento são assegurados por artefatos, e, mais especificamente, por *artefatos cognitivos*.

Por artefato cognitivo os autores entendem uma ferramenta (material ou simbólica, como a linguagem para Hutchins, 1994) "concebida" para conservar, tornar manifesta e tratar a informação com o objetivo de satisfazer uma função representacional ou um suporte representacional da ação (Norman, 1993). Os suportes informacionais fornecidos pelos artefatos diferem tanto no plano do canal perceptivo que é solicitado (visão, audição) quanto no da persistência da informação (durabilidade da exposição de avisos escritos, brevidade da comunicação oral). A utilização de diferentes canais perceptivos na redundância da informação permite, além disso, ter acesso a informações sem que as ações, nas quais já está engajado um canal perceptivo do operador, sejam afetadas. Hutchins (1994) fala em processo "memória" do sistema funcional, que visa memorizar um estado representacional útil para organizar atividades ulteriores aliviando os recursos cognitivos dos operadores. As representações estando distribuídas, ficam todas disponíveis simultaneamente e as ocasiões para proceder a verificações são numerosas: a organização da atividade apresenta assim uma maior flexibilidade (Hutchins, 1994).

Os estudos que foram feitos no quadro da cognição distribuída abordam situações profissionais complexas, em que a dimensão técnica do sistema é preponderante: pilotagem de avião de linha comercial, pilotagem de navio mercante (Hutchins, 1995). Exigem dos operadores níveis de desempenho que eles não poderiam atingir sem o apoio do dispositivo técnico. Aqui, a acoplagem entre agente e artefato está, portanto, inscrita na tarefa. Seria o caso de se perguntar se o estudo realizado por Lave (1999) num supermercado não teria acarretado a adoção da cognição distribuída se os carrinhos dos clientes dispusessem de compartimentos de acondicionamento para suas compras: o agenciamento dos produtos talvez não revelasse mais o percurso do cliente e suas estratégias, mas a parte do artefato "carrinho" no sistema cliente-carrinho.

A cognição social distribuída. A cognição social distribuída considera que indivíduos que trabalham num modo cooperativo são suscetíveis de ter conhecimentos diferentes, devendo estabelecer um diálogo para reunir suas fontes e negociar suas diferenças. Como a cognição distribuída, essa corrente postula que a cooperação é necessária, porque nenhum dos atores dispõe sozinho das informações suficientes para satisfazer a tarefa. Mas, paradoxalmente, embora Hutchins (1985, citado por Cicourel, 1994) esteja em sua origem, essa corrente insiste nas interações entre indivíduos e considera que a interação entre indivíduos e artefatos é assimétrica. Aos artefatos não é atribuída uma função cognitiva, mas uma função de auxílio, para compreender em especial o sentido das intervenções dos parceiros. Esse ponto é ainda mais relevante pelo fato de que certas informações fornecidas pelos artefatos só são inteligíveis se forem relacionadas com a atividade de cooperação. A disponibilidade recíproca dos dispositivos de informação e sua utilização "visível" constituem recursos importantes para dar um sentido às ações de um parceiro e ao desenvolvimento de uma resposta coordenada a um problema ou a um incidente específico (Heath e Luff, 1994). Além disso, a interação é apreendida de um ponto de vista social. Cada participante remete a uma função, um estatuto, um nível de autoridade, um nível de competência reconhecido pelo grupo, que determina a interação (Cicourel, 1994).

Para a cognição social distribuída, a unidade de análise do real é a coordenação e a cooperação entre os indivíduos e seus artefatos via as comunicações verbais e não verbais. A coordenação diz respeito à difusão dos conhecimentos ou sincronização cognitiva (Falzon, 1994; Darses e Falzon, 1996) e à sincronização temporal-operatória das atividades. Certos coletivos podem apresentar um entrelaçamento de responsabilidades e tarefas ao mesmo tempo sequenciais e simultâneas. Graças a uma representação compartilhada das expectativas mútuas, que se torna possível pela acessibilidade aos outros da própria atividade de cada um, os operadores podem mutuamente prestar-se assistência (Heath e Luff, 1994). A esse respeito, os autores notam que a organização interna de um PCC (*Poste de Contrôle Centralisé*) se baseia em relações sequenciais entre atividades individuais e coletivas. As tarefas aparentemente mais "individuais" são realizadas progressivamente, passo a passo, em relação ao comportamento e às responsabilidades dos coparticipantes. As atividades dos agentes alternam, portanto, constantemente entre atividade individual e atividade coletiva em relação às características da situação. A atividade apresenta um caráter quase oportunista. A coordenação entre as ações dos membros do coletivo não é obtida seguindo-se um procedimento geral ou um plano predefinido; ela emerge das interações entre os membros da equipe (Decortis e Pavard, 1994).

Quadros conceituais para a análise da atividade cognitiva

Classificação dos problemas – É do maior interesse para o ergonomista poder categorizar os tipos de problema com os quais os atores de uma situação de trabalho são confrontados. É fácil distinguir as classes de problemas em relação às características externas dos campos de atividade: distingue-se assim a classe dos problemas relacionados à supervisão dos processos industriais, o campo da concepção de produtos, o dos serviços etc. Mas nota-se que isso não permite realizar um processo de análise em ergonomia cognitiva fundamentada. Certamente, uma descrição das características externas das tarefas é necessária, mas ela deve ser conjugada com a descrição das características internas (mentais) do processo de solução do problema tratado na tarefa. Assim, pode-se localizar as invariantes cognitivas que devem ser levadas em conta no momento da (re)concepção do sistema de trabalho e de seus dispositivos técnicos e organizacionais.

Os estudos realizados desde a década de 1950 em psicologia e ergonomia cognitiva sobre a solução de problemas tiveram como resultado que hoje se proponha uma caracterização dos problemas em três categorias: problemas de indução de estrutura, problemas de transformação de estado, e problemas de arranjos (serão chamados, aqui, de concepção), que vamos apresentar sucessivamente.

Problemas de indução de estrutura (problemas de diagnóstico) – Os problemas de indução de estruturas são usualmente denominados em ergonomia *problemas de diagnóstico*: o diagnóstico realizado pelo operador de uma sala de controle quando ele constata uma disfunção na instalação que ele controla, o diagnóstico feito pelo médico quando atende um paciente, ou aquele feito por um agente da *Sécurité sociale* (equivalente ao INSS) quando ele instrui um dossiê de demanda de pensão. A indução de estrutura é uma parte importante das situações de supervisão de processos (para uma descrição detalhada, ver o Capítulo 31 deste livro).

Do ponto de vista dos processos mentais de resolução desse tipo de problema, o estado inicial do problema se apresenta, portanto, sob a forma de observáveis que são dados quantitativos (medidos) ou qualitativos (índices, constatações de estados: por exemplo, o paciente está com a tez muito amarela, o motor faz um certo barulho) que são consignados num dossiê, num quadro sinóptico, ou num painel de controle. Esse conjunto de "sintomas" pode ser fornecido ou procurado pelo operador por meio de procedimentos específicos de busca de dados (interrogatório médico, busca de informações em máquina etc.). A partir dessas características, a atividade cognitiva do operador procede de um trabalho de emparelhamento de estruturas que se realiza por meio da interpretação e da abstração dos dados iniciais do problema. O problema é resolvido quando a "boa" estrutura é identificada. O estado final é a identificação de uma disfunção entre um conjunto conhecido. O diagnóstico médico é um exemplo concreto: o médico coleta um certo número de informações com o paciente, seja pelo interrogatório, seja pelo exame clínico, seja pela análise dos resultados de análises biológicas. Ele deve, em seguida, organizar esses dados num conjunto coerente, ou seja, reconhecer uma "forma" conhecida, um padrão de sintomas correspondendo a uma patologia particular.

No quadro deste capítulo, cabe reter três características cognitivas do tratamento dessa classe de problemas:

- o diagnóstico integra uma atividade de compreensão, ou seja, de organização de um conjunto de elementos numa estrutura significativa;
- o diagnóstico é finalizado por uma decisão de ação ou de recusa de ação;
- a ação consiste em alinhar a estrutura-alvo a uma estrutura satisfatória em relação aos objetivos definidos.

Embora em certas situações, como as auditorias, a indução de estrutura seja preponderante, ela está mais diretamente associada à implantação de um procedimento de recuperação da disfunção constatada. Sendo assim, a formulação de prognóstico e a decisão de ação desempenham um papel importante no estabelecimento do diagnóstico. Por exemplo, a observação, pelo médico, da eficácia do tratamento prescrito a um paciente serve para avaliar a hipótese de patologia formulada. O diagnóstico e a ação estão, portanto, em situação de trabalho, em interação. As situações de controle de processos descritas anteriormente comportam, portanto, na maioria dos casos, um entrelaçamento de problemas de indução de estruturas e de problemas de transformação de estado. Descreveremos esta última classe de atividade na seção seguinte.

Problemas de transformação de estado (recuperação de disfunções). Quando o médico diagnosticou uma apendicite num paciente, ele pode então determinar o procedimento a partir do qual busca restabelecer o estado de saúde do paciente: operação, tratamentos etc. Em termos técnicos, pode-se dizer que o diagnóstico de uma disfunção uma vez estabelecido (ver seção precedente), deve-se agora conceber o procedimento de recuperação que permitirá devolver o sistema a seu estado nominal. É um problema de transformação de estado que vai ser resolvido.

Para estabelecer o procedimento que lhe permitirá *transformar* a situação inicial (que é conhecida e nomeada), cujo estado é insatisfatório, numa situação-alvo desejada (que ele também conhece: o paciente está curado), o operador dispõe de uma certa quantidade de meios de ações, de recursos (um conjunto de *operantes de transformação*) que devem ser selecionados e ativados de maneira ordenada, respeitando os constrangimentos relativos aos estágios intermediários: certos estados são proibidos, ou ao menos pouco desejáveis. Por exemplo, o operador responsável pela vigilância de uma estação de tratamento, ao diagnosticar uma disfunção do processo (ou seja, ao constatar um *estado inicial* insatisfatório), procura trazer o processo de volta a um estado normal (a um *estado desejado*). Para fazê-lo, ele pode agir sobre o processo por diferentes meios: períodos de injeção de ar mais frequentes ou mais longos, aumento do tempo de decantação, reinjeção de sedimentos ativos, injeção de cloro etc. Esses meios são os *operantes* de transformação de estado de que ele dispõe. Ele deve, entretanto, ao fazê-lo, evitar criar certas situações prejudiciais. Por exemplo, a injeção de cloro numa certa taxa lhe permitirá evitar a proliferação de certas bactérias, mas corre o risco de matar bactérias necessárias para o tratamento biológico da poluição. O estado "ausência de bactérias" é, assim, um *estado proibido*.

É essa classe de problemas que os primeiros sistemas artificiais de tratamento da informação simbólica resolviam. Por exemplo, a célebre heurística de fins e meios, que opera no *General Problem Solver* de Newell e Simon (1972), se aplica unicamente aos problemas dessa classe. Ela se baseia na seleção de *operantes* de transformação escolhidos para produzir uma redução progressiva das diferenças entre estados intermediários que permitirá modificar o estado inicial insatisfatório para obter o estado final buscado.

Capítulo 12 – Paradigmas e modelos para a análise cognitiva das atividades finalizadas

Como se assinalou no parágrafo precedente, um problema de transformação de estado é raramente tratado, na realidade das situações de ação, independentemente de um problema de indução de estrutura. Mas isso pode acontecer: um cirurgião pode ser responsável pela ablação de um tumor diagnosticado por colegas, ou um mecânico pode ser encarregado de consertar uma pane diagnosticada por um colega.

Problemas de concepção. Os problemas de concepção se relacionam a uma categoria de situações diversas que incluem, evidentemente, os ofícios tradicionais da concepção de produtos manufaturados (engenheiros e técnicos do setor de projetos e do setor dos métodos, informáticos ou arquitetônicos, mas também todos os ofícios relativos à redação de textos (relatórios, manuais de instruções, modos de emprego etc.), as situações de planificação e alocação de recursos, bem como a concepção de serviços. No capítulo 33 deste livro há uma descrição aprofundada dessa classe de problema. Ela tem quatro características importantes.

Em primeiro lugar, o estado "inicial" é mal definido, em particular porque os constrangimentos e dados do problema não podem ser exaustivamente formulados. Por outro lado, o estado final visado se constrói ao longo de sua resolução: ao precisar progressivamente os elementos do problema, as linhas da solução vão sendo consequentemente elaboradas.

Em segundo lugar, os problemas de concepção se caracterizam pela multiplicidade das soluções admissíveis: as soluções de um problema de concepção não são únicas, mas fazem parte de um conjunto de soluções aceitáveis (é impensável poder produzir e comparar todas as soluções alternativas para extrair a "boa" solução).

Em terceiro lugar, os problemas de concepção se caracterizam pelo fato de que o sujeito não dispõe de procedimento de resolução pré-planificado, conhecido antecipadamente, que lhe permite chegar sem dificuldade a uma solução aceitável. Ele pode dispor de procedimentos locais estabelecidos ao longo da experiência e de regras relativas ao campo do problema tratado, mas o procedimento geral de resolução deverá ser elaborado apoiando-se em conhecimentos de controle, como as estratégias de planificação, de antecipação e de avaliação, e transferindo os conhecimentos de projetos similares já examinados.

Enfim, a avaliação da solução só pode realmente ser feita no fim do processo, quando o artefato foi verdadeiramente concebido. Ao longo da resolução, a avaliação é realizada em artefatos intermediários – plantas, maquetes, protótipos etc. – que oferecem pontos de vista apenas parciais do que a solução será. Esse processo permite estabilizar progressivamente critérios de avaliação que servirão como critérios de finalização para o processo de concepção.

Pode-se distinguir três níveis de complexidade dos problemas de concepção. Os problemas de *concepção rotineira* remetem a problemas que são simples operações de parametragem de elementos, realizadas a partir de um conjunto de componentes predefinidos e aplicáveis em condições bem determinadas (p. ex., a concepção de uma casa adaptada de um modelo pronto oferecido por uma empresa de construção é concepção rotineira). Os problemas de concepção inovadora obrigam a desencadear um processo de solução que visa encontrar meios para controlar a pesquisa (p. ex., a concepção de uma "casa de arquiteto"). Quando o processo deve se efetuar num espaço de concepção muito amplo, onde todas as características enunciadas anteriormente atingem seu grau máximo de complexidade, fala-se em *concepção criadora* (p. ex., a concepção da pirâmide do Louvre).

Síntese. O quadro seguinte sintetiza as principais características dos três tipos de problemas descritos anteriormente.

	Estado inicial	Processo de solução	Estado final
Problemas de indução de estruturas (diagnóstico)	Conjunto esparso de observáveis (induzidos ou tangíveis)	Acoplamento e testes de hipóteses Antecipação (prognóstico)	Estrutura/configuração correspondendo a um exemplar conhecido de uma categoria
Problemas de transformação de estados (recuperação de uma disfunção)	Conhecido e definido	Seleção dos bons operantes (recursos, meios) para passar de um estado intermediário ao seguinte Comparação dos estados	Conhecido
Problemas de arranjos (concepção)	Mal definido, em evolução	Mudanças das representações Planificação Avaliação	Múltiplas soluções possíveis

Para concluir, cabe insistir no caráter heurístico dessa classificação: é uma ferramenta bastante estruturante para a descrição das atividades, mas também para a previsão. Deve, todavia, ser manejada com flexibilidade, pois evidentemente existem interações entre categorias de problemas. Por exemplo, as possibilidades de ação (os operadores da transformação de estado) e os estados a evitar (os constrangimentos) pesam sobre as decisões de diagnóstico (as estruturas induzidas). Por exemplo, ainda, a ação pode ter como objetivo não só transformar um estado insatisfatório, mas também testar uma hipótese de diagnóstico.

Por outro lado, existem consideráveis variações no interior de uma categoria de problemas, como se assinalou em relação à classe dos problemas de concepção, que são vinculados ao caráter rotineiro ou, ao contrário, excepcional da situação examinada. Por exemplo, o médico está numa situação bastante diferente se o que ele confronta é uma angina, uma doença rara, ou uma doença nova. Trata-se, porém, em todos os casos, de uma situação de diagnóstico médico e, portanto, de um problema de indução de estrutura.

Por fim, existem muitos problemas mistos. As situações de supervisão de processos dinâmicos colocam assim, por um lado, problemas de indução de estrutura (quando se trata de fazer um diagnóstico sobre a situação circunstancial) e, por outro, problemas de transformação de estado (uma vez detectado um desvio em relação à situação desejada, trata-se de o reduzir, de mudar o estado do problema). As fases de detecção-decisão dizem respeito, portanto, a problemas de indução de estrutura, enquanto as fases de escolha de solução-aplicação dizem respeito a problemas de transformação de estado.

Profundidade variável do tratamento dos problemas: o modelo SRK – Em virtude de sua grande capacidade de dar conta do entrelaçamento dos níveis de profundidade de tratamento de um problema, qualquer que seja o tipo de problema considerado e qualquer que seja o setor profissional considerado, vale focalizar aqui o modelo SRK (de *Skill-Rule-Knowledge*/Habilidades-Regras-Conhecimentos), inicialmente desenvolvido por Jens Rasmussen (1983) para dar conta dos conhecimentos ativados durante as atividades de supervisão de processo na indústria nuclear.

O modelo identifica três níveis de atividade cognitiva: o *skill-based behaviour* (traduzido aqui como atividade rotineira, ou atividade baseada em habilidades), o *rule-based behaviour* (atividade baseada em regras), e o *knowledge-based behaviour* (ou *model-based behaviour*, traduzido aqui como atividade de resolução de problema). Uma característica importante do modelo é como se encaixam os níveis de atividade. A atividade baseada em regras recorre às atividades rotineiras, e a atividade de resolução de problemas recorre aos dois níveis inferiores. Isso está resumido na Figura 1. Cada nível é descrito detalhadamente nas seções seguintes.

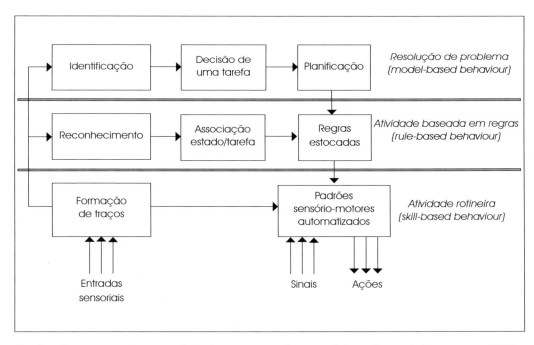

Fig. 1   Como se encaixam os níveis de tratamento de um problema (segundo Rasmussen, 1983).

Desenvolvido por Rasmussen para considerar as competências cognitivas dos operadores, o modelo SRK foi completado e enriquecido com o objetivo de tratar a dinâmica dos processos de controle das tarefas. Essa forma completada e enriquecida é conhecida como "modelo da dupla escala" em relação a sua figuração gráfica em V invertido (Rasmussen, 1986; ver Vicente, 1999, para uma apresentação didática). Examina os atalhos possíveis durante o tratamento de uma situação e ainda apresenta os estados de saberes intermediários entre os elementos do modelo. Por exemplo, conexões diretas são estabelecidas entre a detecção de uma necessidade de ação (nível automático) e a formulação de um procedimento (nível das regras). O modelo SRK pode, de certa maneira, ser visto como uma representação simplificada do modelo da dupla escala: enquanto o modelo SRK destaca a hierarquia e o encaixe de níveis de conhecimentos e de tratamento das situações, o modelo da dupla escala apresenta os processos dinâmicos de raciocínio adotados durante o tratamento.

Atividade baseada em habilidades (skill-based behaviour). A atividade baseada em habilidades caracteriza o desempenho sensório-motor dos sujeitos quando ações são efetuadas sem controle consciente (o sujeito não é capaz de descrever verbalmente um processo automático) e na ausência de controle intencional: o sujeito utiliza padrões comportamentais automatizados e altamente integrados e não pode impedir o desencadeamento do comportamento automático (Perruchet, 1988). Essa ausência de controle intencional é evidenciada pelos estudos que mostram como o comportamento se desencadeia ou prossegue automaticamente em situações em que ele é indesejável (ver o Capítulo 17 desta obra). A baixa carga mental é a última característica desse nível de tratamento: seu custo cognitivo é pouco elevado ou nulo, os automatismos podem se desenvolver em paralelo com outros tratamentos. Por exemplo, uma pessoa especialista em culinária pode ajustar o tempero de seus pratos de maneira automática, o que lhe permite ao mesmo tempo proceder a atividades cognitivamente mais custosas, como a verificação da receita. O comportamento baseado em habilidades pode permitir que se realizem tarefas complexas: a condução de veículo, por exemplo, é um comportamento em grande medida automático, pelo menos enquanto não se apresenta nenhuma situação de incidente. Cabe notar, entretanto, que as pesquisas não conseguiram demonstrar que um tratamento pode se desenrolar totalmente em paralelo e escapar inteiramente ao controle.

É difícil de verbalizar as atividades automatizadas, pois elas são compiladas e estocadas num nível pré-consciente (ou pré-refletido). Os conhecimentos desse nível devem ser inferidos a partir de dados comportamentais (como a direção dos olhos ou os movimentos) ou de dados verbais que serão recolhidos por meio de técnicas específicas, como a entrevista de explicitação (Vermersch, 1994).

Atividade baseada em regras (rule-based behaviour). A atividade baseada em regras é caracterizada pela utilização de regras ou de procedimentos memorizados, derivados empiricamente a partir da experiência, ou comunicadas por um colega, ou ainda aprendidos durante a formação. Esse comportamento só é utilizável se a situação apresenta um aspecto conhecido.[1] A atividade baseada em regras (diferentemente das habilidades) é verbalizável pelos operadores e é formulada enquanto conhecimentos da área, regras e procedimentos de ação (fala-se em conhecimentos declarativos e conhecimentos procedimentais). Por exemplo, a pessoa especialista em culinária anteriormente citada aplicará a regra "para bater claras em neve, adicionar uma pitada de sal para que a clara em neve fique mais firme". É esse nível de conhecimento que é em geral o alvo das situações de "extração" de competência de especialista, para o desenvolvimento de sistemas à base de conhecimentos, por exemplo.

O controle da atividade é efetuado por um procedimento (ele mesmo composto de

---

[1] O que não significa que uma situação similar já foi encontrada. É justamente o objeto da formação fazer com que se adquiram regras de ação para situações que serão encontradas mais tarde.

Capítulo 12 – Paradigmas e modelos para a análise cognitiva das atividades finalizadas

rotinas). Não é o comportamento que é aqui teleológico, mas o próprio controle: as regras se modificam sob o efeito dos casos encontrados, da experiência.

Os conhecimentos utilizados nesse nível podem ser revelados por meio de diversas técnicas (ver Bisseret et al., 1999; Schraagen et al., 2000), que resultam numa representação dos conhecimentos sob a forma de redes semânticas, de esquemas ou de roteiros (*scripts*). Esses métodos permitem também construir modelos de decomposição das tarefas, apresentados em detalhe mais adiante.

Atividade baseada em resolução de problemas (knowledge-based ou model-based behaviour) – Quando o sujeito tem à frente uma situação nova, não habitual, para a qual não possui nem o saber-fazer, nem regras já construídas que poderiam estar estocadas no nível "rule" descrito anteriormante, ele precisa iniciar um processo de resolução de problema. A situação demanda, então, que se elabore um plano de ação, em relação aos objetivos a atingir. Para isso é necessário recorrer a um modelo mental do sistema controlado que permita, sobretudo, construir uma estratégia de resolução, antecipar e simular os efeitos do plano elaborado e então avaliá-lo.

Trata-se de uma atividade de nível mais elevado, controlada pelos objetivos, baseada num modelo conceitual do processo objeto da atividade O operador deve desenvolver um plano novo, adaptado ao caso a abordar:

— seja por seleção: diferentes planos são avaliados em relação aos objetivos a atingir;

— seja por tentativa e erro;

— seja por um raciocínio funcional: previsão dos resultados de um plano com base nas propriedades funcionais do ambiente.

O termo *knowledge-based behaviour* (comportamento baseado em conhecimentos) foi utilizado por muito tempo para designar esse nível de atividade. O abandono dessa expressão é bem-vindo, a duplo título: por um lado, todos os níveis descritos aqui não são "comportamentos", mas "atividades" sustentadas por lógicas operatórias; por outro lado, todos os níveis de tratamento de um problema são evidentemente baseados em conhecimentos. A coleta dos conhecimentos e processos mobilizados nesse nível (julgamentos, heurísticas, estratégias) requer o uso de métodos, como o método da decisão crítica (Klein, 2000), a análise dos erros, incidentes e acidentes, a análise das verbalizações simultâneas ou consecutivas (Bisseret, Sébillote e Falzon, 1999).

Para concluir, cabe lembrar que o nível de profundidade de tratamento de um problema não é determinado de uma vez por todas, e depende em grande parte da perícia adquirida na atividade: um dado problema obrigará um novato a adotar atividades de elaboração do procedimento de resolução, enquanto o mesmo problema será resolvido por alguém com experiência com o auxílio de um procedimento já estabelecido e composto de regras anteriormente definidas. Assim seria possível acrescentar um eixo vertical à Figura 1 que, dirigido para o alto, indicaria uma elevação do custo cognitivo.

Além disso, o modelo SRK ficou mais complexo ao ser cruzado com outros quadros ligados a tarefas particulares. Assim, pode-se encontrar no Capítulo 39 um cruzamento entre o modelo SRK e uma matriz das tarefas de condução automobilística.

Modelos de descrição do conhecimento procedimental

É preciso enfatizar o recurso maciço, com fins de concepção de sistemas de auxílio, aos conhecimentos estabelecidos no nível intermediário das regras e procedimentos descritos no modelo SRK. Enquanto é difícil e caro (e às vezes arriscado) inferir as estratégias e conhecimentos de "alto nível", bem como os conhecimentos automatizados (mesmo que as razões dessas dificuldades metodológicas sejam diferentes), é muito mais rápido e eficaz, no médio prazo, tentar formular as dimensões procedurais da ação. Numerosos estudos produziram modelos que permitem descrever e formalizar esses conhecimentos procedimentais. Serão apresentados alguns deles nesta seção.

Esses modelos permitem formalizar os saber-fazer dos operadores sob a forma de conhecimentos procedimentais. A ideia subjacente é representar o conjunto das ações desencadeadas por um operador para realizar uma tarefa num dado ambiente sob a forma de objetivos e seus procedimentos de obtenção. Certos modelos (como PROCOPE ou TAG) privilegiam uma representação da competência dos operadores, o que significa que eles têm a ambição de representar a arquitetura do conhecimento; outros são modelos de desempenho, no sentido em que descrevem a realização dos processos de tarefas (como GOMS ou MAD). Descrevem-se aqui brevemente alguns dos modelos mais utilizados. As referências remetem a descrições detalhadas.

• *GOMS* (Card, Moran e Newell, 1983) é o acrônimo de *Goals-Operators-Methods-Selection rules*. Esse modelo se baseia num modelo de desempenho. Descreve uma tarefa complexa sob a forma de uma decomposição dos objetivos em subobjetivos (p. ex., "modificar o parágrafo anterior"). Operadores – que são ações elementares a desencadear para transformar o estado atual da situação – realizam cada objetivo ou subobjetivo (p. ex., "utilizar o comando cortar-colar"). Os procedimentos a seguir para alcançar os objetivos são chamados de métodos. Por exemplo, a seguinte sequência é um "método": "[objetivo] para modificar o parágrafo anterior, [operador 1] selecionar a zona de texto a cortar & [operador 2] utilizar o comando colar; [operador 3] selecionar a zona de texto a colar & [operador 4] utilizar o comando colar".

• *MAD, Méthode analytique de description* (Sébillote e Scapin, 1994; Scapin e Bastien, 2001), se baseia num modelo hierárquico de tarefas e propõe um método que tem um duplo objetivo: a) fornecer um formalismo que sirva como ferramenta de descrição das tarefas e uma ferramenta de representação das restrições de interface a partir das representações efetivas que os operadores forjam de sua tarefa; b) propor uma ferramenta de coleta de dados descrevendo a lógica das tarefas do ponto de vista do usuário. A tarefa é representada por uma sucessão de gabaritos sob a forma de uma hierarquia de objetivos que são regidos por leis de sucessão ou de simultaneidade e por condições anteriores de execução (pré-requisitos que devem ser observados para iniciar ou prosseguir a atividade) e/ou sucessivas (pós-condições descrevendo o estado que deve ser obtido antes de prosseguir a atividade).

• *TAG, Task Action Grammar* (Payne e Green, 1986), é uma gramática de ações. Inspirada na linguística, essa gramática enfatiza os vínculos entre campo de ação e linguagem. Contém um conjunto de comandos, um conjunto de atributos, um conjunto de tarefas simples e um conjunto de regras de substituição. Essas entidades descrevem a estrutura de objetivos sob a forma de uma hierarquia de objetivos ou de esquemas.

Capítulo 12 – Paradigmas e modelos para a análise cognitiva das atividades finalizadas

- *PROCOPE* (Poitrenaud, 1995; Tijus et al., 1996) é um modelo de representação semântica de objetivos e procedimentos. Baseia-se na hipótese principal de que os objetivos e os procedimentos que os realizam são propriedades de objetos. Nota-se a inspiração piagetiana desse princípio, que coloca a hipótese de uma conexão forte entre ações e objetos. Objetivos e procedimentos são organizados numa rede semântica, cujos nós são categorias de objetos e os arcos indicam as relações de inclusão de classe.

Esses modelos podem ser construídos com uma intenção descritiva, mas esta é geralmente acompanhada de uma intenção de concepção: é apoiando-se na representação da atividade que se concebe a arquitetura cognitiva dos sistemas de auxílio à atividade.

Referências

AMALBERTI, R. Introduction. In: AMALBERTI, R.; MONTMOLLIN, M. de; THEUREAU, J. (Ed.). *Modèles en analyse du travail*. Liège: Mardaga, 1991.

BISSERET, A.; SÉBILLOTE, S.; FALZON, P. *Techniques pratiques pour l'étude des activités expertes*. Toulouse: Octarès, 1999.

BRUNER, J. *Car la culture donne forme à l'esprit:* de la révolution cognitive à la psychologie culturelle. Paris: Georg Eshel, 1991.

_____. *Culture et mode de pensée*. Paris: Retz, 2000.

CARD, S. K.; MORAN, T. P.; NEWELL, A. *The Psychology of human-computer interaction*. Hillsdale (NJ): Lawrence Erlbaum, 1983.

CHRISTIANSEN, E. Tamed by Rose: computers as tools in human activity. In: NARDI, B. (Ed.). *Context and consciousness:* activity Theory and human-computer Interaction. Cambridge (Mass.): MIT Press, 1996. p.175-198.

CICOUREL, A. V. La connaissance distribuée dans le diagnostic médical. *Sociologie du travail*, n.4, p.427-449, 1994.

CLOT, Y. *La fonction psychologique du travail*. Paris: PUF, 1999.

CONEIN, B.; JACOPIN, E. Action située et cognition: le savoir en place. *Sociologie du travail*, n.4, p.475-500, 1994.

DARSES, F.; FALZON, P. La conception collective: une approche de l'ergonomie cognitive. In: TERSSAC, G. de; FRIEDBERG, E. (Ed.). *Coopération et conception*. Toulouse: Octarès, 1996.

DECORTIS, F.; PAVARD, B. Communication et coopération: de la théorie des actes de langage à l'approche ethnométhodologique. In: PAVARD, B. (Ed.). *Systèmes coopératifs: de la modélisation à la conception*. Toulouse: Octarès, 1994. p.21-50.

ENGESTRÖM, Y.; ESCALANTE, V. Mundane tool or object of affection? The rise and fall of the postal buddy. In: NARDI, B. (Ed.). *Context and consciousness:* activity theory and human-computer interaction. Cambridge, Mass.: MIT Press, 1996. p.123-139.

FALZON, P. Dialogues fonctionnels et activité collective. *Le Travail Humain*, v.57, n.4, p.299-312, 1994.

GALPÉRINE, P. Essais sur la formation par étapes des actions et des concepts. In: LEONTIEV, A.; LURIA, A.; SMIRNOV, A. (Ed.). *Recherches psychologiques en URSS*. Moscou: Éditions du Progrès, 1966.

HEATH, C.; LUFF, P. Activité distribuée et organisation de l'interaction. *Sociologie du travail*, n.4, p.523-545, 1994.

HOC, J. M. Toward ecological validity of research in cognitive ergonomics. *Theoretical Issues in Ergonomics Science*, n.2, p.278-288, 2001.

HUTCHINS, E. *The social organization of distributed cognition:* un published manuscript. San Diego: Univ. of California at San Diego, 1985.

____. Comment le cockpit se souvient de ses vitesses. *Sociologie du travail*, n.4, p.110-117, 1994.

____. *Cognition in the Wild.* Cambridge (Mass.): MIT Press, 1995.

KLEIN, G. Using cognitive task analysis to build a cognitive model. *IEA 2000 Congress*, 14., San Diego (CA), 2000. *Proceeding.* San Diego (CA): IEA, 2000. p.596-599.

KUHN, T. *La structure des révolutions scientifiques.* Paris: Flammarion, 1962.

KUUTTI, K. Activity theory and its applications to information systems research and development. In: NISSEN, H. E. (Ed.). *Information systems research.* Amsterdam: Elsevier, 1991. p.529-549.

LAVE, J. *Cognition in practice.* Cambridge (UK): Cambridge Univ. Press, 1988.

LEONTIEV, A. N. The problem of activity in psychology. *Soviet Psychology*, v.13, p.4-33, 1974.

____. *Activité, conscience, personnalité.* Moscou: Editions du Progrès, 1984.

LEPLAT, J. *Diagnostic et résolution de problème dans le travail*, Rapport préparatoire au Symposium I du Congrès de Liège de l'Association internationale de psychologie apliquée, juillet, 1971.

____. La modélisation en ergonomie à travers son histoire. In: SPÉRANDIO, J.-C.; WOLFF, M., (Ed.). *Formalismes de modélisation pour l'analyse du travail en ergonomie.* Paris: PUF, 2003.

LEONTIEV, A. N.; BISSERET, A. Analyse des processus de traitement de l'information chez le contrôleur de la navigation aérienne. *Bulletin du CERP*, v.14, p.51-68, 1965.

MONTMOLLIN, M. de *Les systèmes hommes-machines.* Paris: PUF, 1967.

____. *L'intelligence de la tâche. Éléments d'ergonomie cognitive.* Berna: Peter Lang, 1984.

____. Modèles. In: MONTMOLLIN, M. de (Ed.). *Vocabulaire de l'ergonomie.* Toulouse: Octarès, 1995-1997. p.201-207.

NARDI, B. *Context and consciousness:* activity theory and human-computer interaction. Cambridge (Mass.): MIT Press, 1996.

NEWELL, A.; SIMON, H. A. *Human problem solving.* Englewood Cliffs (NJ): Prentice Hall, 1972.

NORMAN, D. A. Les artefacts cognitifs. *Raisons pratiques*, n.4, p.15-34, 1993.

OCHANINE, D. Le rôle des images opératives dans la régulation des activités de travail. *Psychologie et éducation*, n.3, p.63-65, 1978.

PAYNE, S. J.; GREEN, T. R. G. Task action grammars: A model of the mental representation of task languages. *Human-Computer Interaction*, n.2, p.93-133, 1986.

PERRUCHET, P. *Les automatismes cognitifs.* Liége: Mardaga, 1988.

PETRESKI, Z. Thomas S. Khun La structure des révolutions scientifiques. *Sciences Humaines*, v.63, p.32-33, 1996.

POITRENAUD, A. The PROCOPE semantic network: An alternative to action grammars. *International Journal of Human-Computer Studies*, v.42, p.31-69, 1995.

RABARDEL, P. *Les hommes et les technologies*. Paris: Armand Colin, 1995.

RASMUSSEN, J. Skills, rules and knowledge: signals, signs, and symbols, and other distinction in human performance models. *IFSE Transactions on Systems, Man and Cybernetics*, MC-13, n.3, p.257-266, 1983.

____. *Information processing and human-machine interaction:* an approach to cognitive engineering. Amsterdam: North Holland, 1986.

SCAPIN, D. L.; BASTIEN, J.-M. C. Analyse des tâches et aide ergonomique à la conception: l'approche MAD. In: KOLSKI, C. (Ed.). *Systèmes d'information et interactions homme-machine*. Toulouse: Hermès, 2001.

SCHRAAGEN, J. M.; CHIPMAN, S. F.; SHALIN, V. L. (Ed.). *Cognitive task analysis*. Mahwah (NJ): Erlbaum, 2000.

SÉBILLOTE, S.; SCAPIN, D. L. From users' task knowledge to high-level interface specification. *International Journal of Human-Computer Interaction*, n.6, p.1-15, 1994.

SPÉRANDIO, J. C. Modèles et formalismes, ou le fond et la forme. In: SPÉRANDIO, J. C.; WOLFF, M. (Ed.). *Formalismes de modélisation pour l'analyse du travail en ergonomie*. Paris: PUF, 2003.

SUCHMAN, L. *Plans and Situated Actions:* the problem of human-machine interaction. New York, Cambridge Univ. Press, 1987.

TIJUS, C.; POITRENAUD, S.; RICHARD, J.-F. Propriétés, objets, procédures: les réseaux sémantiques d'action appliqués à la représentation des dispositifs techniques. *Le Travail Humain*, v.59, p.209-229, 1996.

VERGNAUD, G. On n'a jamais fini de relire Vygotsky et Piaget. In: CLOT, Y. (Ed.). *Avec Vygotsky*. Paris: La Dispute, 1999.

VERMERSCH, P. *L'entretien d'explicitation*. Paris: ESF, 1994.

VICENTE, K. *Cognitive work analysis*. Mahwah, NJ.: Lawrence Erlbaum, 1999.

VYGOTSKY, L. *Pensée et langage*. Paris: La Dispute, 1997. (1ª edição: 1934).

Ver também:

13 – As competências profissionais e seu desenvolvimento

15 – Homens, artefatos, atividades: perspectiva instrumental

19 – Trabalho e sentido do trabalho

31 – A gestão de situação dinâmica

33 – As atividades de concepção e sua assistência

13

As competências profissionais e seu desenvolvimento

Annie Weill-Fassina, Pierre Pastré

*Em homenagem a Renan Samurçay, que deveria
ter participado da redação deste texto.*

Numerosas obras em administração, gestão de recursos humanos, formação, sociologia e psicologia tratam das competências, dando a esse termo diferentes significados (Aubret et al., 2002). Trataremos aqui das competências em ergonomia (Leplat e Montmollin, 2001) nas suas relações com a atividade. Caracterizaremos seu desenvolvimento e sua aplicação em situação de trabalho, ao longo da vida profissional. Esse enquadramento exclui de nossa reflexão as "análises de competências", cujo objetivo é determinar com o interessado, independentemente de tarefas a cumprir, suas motivações, aptidões, capacidades cognitivas e psíquicas, seu potencial de realização para definir um projeto profissional ou de formação (Liétard, 1997). Exclui também os vínculos entre competências e qualificação, noção socialmente definida por convenções coletivas, classificações de cargos e o nível de formação profissional (Litchenberger, 1999).

Ponto de vista ergonômico sobre as competências

Definições – A noção de competência emerge com a "pedagogia por objetivos" cujos referenciais decompuseram os conjuntos a aprender em saberes e saber-fazer a dominar para atingir o objetivo fixado, passando assim dos "conhecimentos" às "competências". Essa "revolução" encontrou seus limites na enumeração de saber-fazer sob a forma de capacidades independentes umas das outras e em sua avaliação por meio do desempenho alcançado.

Na empresa, a competência tem um significado bastante próximo: os referenciais de ocupações enumeram "conjuntos de saber-fazer requeridos pelas tarefas, ligados à pessoa que os põe em prática, reconhecidos como tais pelo ambiente no qual são exercidos, diretamente dependente do contexto sócio-técnico e cultural de aplicação" (Boyé e Robert, 1994). A "lógica competência" enfatiza as exigências da empresa relativas às aquisições dos assalariados, sua responsabilização, seu papel na gestão da qualidade, confiabilidade do sistema, redução dos prazos e disfunções. Trata-se também de capacidades não articuladas entre elas, às vezes imprecisas, de desempenhos nas tarefas prescritas ou esperadas.

Em ergonomia, a constatação fundadora dessa disciplina em relação às distâncias entre "tarefa prescrita" e "tarefa efetiva" implica as competências profissionais. A descrição e a compreensão dessas distâncias vão além do julgamento do desempenho ou das capacidades individuais dos operadores para se interessarem por sua atividade na execução de seu trabalho. Além das exigências das tarefas ou da aplicação dos referenciais da ocupação, a atividade consiste em gerir os recursos do sistema, em compensar os acasos de seu funcionamento elaborando compromissos que mantenham um equilíbrio satisfatório entre os três polos da situação de trabalho:

— *um polo "Sistema"* referindo-se à empresa com seus objetivos e seus meios disponíveis (ferramentas, material, equipamento, regras, estrutura hierárquica);

— *um polo "Si mesmo"* referindo-se ao operador com seus próprios objetivos, sua subjetividade, sua formação, suas possibilidades fisiológicas e psicológicas;

— *um polo "Outros"* referindo-se aos aspectos coletivos do trabalho (colegas, hierarquia) e à vida privada.

As competências caracterizam a organização da atividade em contexto, a maneira em que ela é realizada. Numa perspectiva cognitivista, segundo Leplat (1991), "elas constituem um sistema de conhecimentos que engendra a atividade". Permitem descobrir e explorar os recursos adequados às situações de trabalho; fundamentam suas representações e estratégias para enfrentá-las. "A construção e a utilização das competências se manifestam na atividade por meio de modalidades de regulação das situações de trabalho que estabelecem compromissos entre eficácia produtiva, preservação de si e de sua saúde e lugar no grupo de trabalho" (Gaudart e Weill-Fassina, 1999).

Características das competências profissionais – Inscreveremos aqui as pesquisas ergonômicas sobre as competências profissionais no campo teórico piagetiano relativas à adaptação recíproca do operador e seu meio e às regulações efetuadas para transformar o meio ou para assimilá-lo e a ele se acomodar. Várias características podem ser retidas.

— *Dimensões múltiplas.* Numa perspectiva psicológica analítica, consideram-se as competências como constituídas de conhecimentos declarativos e procedimentais verbalizáveis, de saber-fazer mais ou menos implícitos e de metaconhecimentos permitindo uma reflexão sobre os componentes precedentes (cf. Desenvolvimento da reflexão sobre a situação, a seguir). Nesse sentido, a noção de competência é próxima da anglo-saxã de *skill* (habilidade) desenvolvida em outros quadros teóricos (Patrick, 1992). As articulações entre esses componentes fundamentam sua evolução segundo vários processos cognitivos (cf. a seção Competências, inteligência operatória e desenvolvimento cognitivo, a seguir). Mas não se deve negligenciar nem seus aspectos fisiológicos (mencionados com menos frequência, mais difíceis de analisar e que são encontrados mais claramente em seu desenvolvimento com a idade), nem seus aspectos sociais.

> As competências são conjuntos estabilizados de saberes e saber-fazer, de condutas-padrão, de procedimentos-padrão, de tipos de raciocínio, que podem ser postos em prática sem recurso a novas aprendizagens e que sedimentam e estruturam as aquisições da história profissional: elas permitem a antecipação dos fenômenos, o implícito nas instruções, a variabilidade na tarefa (Montmollin, 1984).

A ideia essencial é a multidimensionalidade e a multifuncionalidade das competências que sustentam diferentes aspectos das atividades profissionais.

Capítulo 13 – As competências profissionais e seu desenvolvimento

— *Sua finalização.* "É para uma tarefa ou uma classe de tarefas que se é competente" (Leplat, 1991). As competências são finalizadas pelas tarefas a realizar, ao mesmo tempo em que participam da finalização da atividade: conforme o grau de competências, os objetivos que os operadores se dão para realizar a tarefa evoluem. Sua atividade acaba se modificando. Assim, controlar a qualidade de uma bobina de aço consiste, para um novato, em detectar os defeitos quando eles se apresentam e, para um veterano, em identificar a origem a montante na linha de produção, para evitar na sequência sua repetição e intervenções de urgência, custosas para o operador (Pueyo e Gaudart, 2000). Em razão dessa finalização, as possibilidades e as condições de transferência das competências de uma tarefa a outra devem ser objeto de análises caso a caso, na medida em que não é possível se apoiar num corpus de conhecimentos claramente elaborado (Patrick, 1992).

— *Seu desenvolvimento pela formação e/ou experiência profissional* se manifesta essencialmente por meio da evolução das modalidades de organização da ação: diferenças de objetivos, de maneiras de fazer e de formas de atividades; o que o distingue da aprendizagem avaliada classicamente pelo resultado, por diferenças de desempenho em tempo e qualidade. O desenvolvimento pode se manifestar por ganhos em desempenho, mas a um mesmo desempenho podem corresponder competências diferentes. No exemplo precedente, ao desempenho equivalente correspondem modos operatórios diferindo quanto à antecipação dos controles ou às explicações fornecidas à gerência sobre os defeitos constatados (cf. a seção Desenvolvimento no longo prazo das competências profissionais, a seguir).

— *Seu grau de explicitação pelos operadores.* As competências são *explícitas* quando são verbalizáveis e relatáveis, *tácitas* ou *incorporadas* quando se manifestam sobretudo na ação (Leplat, 1995). Essas características dependem da natureza da atividade a realizar e de seu modo de aquisição: esquematicamente, as competências tendem a ser tácitas nas atividades em que predominam o saber-fazer, o "golpe de vista" e o "jeito com as mãos", e explícitas naquelas em que predominam os componentes cognitivos (soluções de problemas, decisões). Mas essa classificação não é estanque: um pedreiro levanta uma parede de diferentes maneiras, no seu ritmo, quando faz uma demonstração ou dá explicações; mas a verdadeira aquisição de referência, a utilização da linha de nível, não é explicitada (foi posta em evidência pela observação). Ora, é ela que constitui a conceitualização dessa atividade. Ao contrário, operárias em começo de aprendizagem recitam para si mesmas em voz alta, e depois baixa, a maneira de fazer um nó de tecelã, não tolerando ser incomodadas; mais tarde, no fim da aprendizagem, faziam isso de maneira automatizada, falando de outras coisas (Faverge, 1954). A análise do trabalho pode ajudar na passagem do explícito ao implícito e vice-versa (cf. a seção Competências, inteligência operatória e desenvolvimento cognitivo, a seguir).

— *Sua inscrição em condições organizacionais.* A definição administrativa das competências diz respeito em geral ao que é requerido de um ponto de vista individual; mas elas se inscrevem em estruturas organizacionais podendo definir tarefas taylorizadas ou missões, nas quais só os objetivos e os quadros gerais são especificados, o que influencia seu desenvolvimento e reconhecimento. As margens de manobra potenciais deixadas pela organização da empresa favorecem em maior ou menor grau sua utilização e evolução; depende do lugar da iniciativa individual e das possibilidades de constituição de grupos de trabalho permitindo equilíbrios e compensações na realização das atividades (Wittorski, 1997) (cf. "Ampliação do campo das representações", a seguir). Assim, em atividades de serviço em guichês, as estruturas de gerenciamento locais podem favorecer o desenvolvimento das competências dos operadores em termos de eficiência, autonomia e discricionariedade (Maggi, 1996), enquanto outras parecem ser fontes de limitações de situação (Flageul-Caroly, 2001).

Análise ergonômica das competências – Sustentando a atividade, as competências são inobserváveis, o que lhes confere uma dimensão hipotética. Em consequência, sua análise constitui uma "inferência causal" (Curie, 1995). O objetivo não é só se dar conta de uma situação final, mas inferir e caracterizar um processo de realização da ação.

Metodologicamente, essa análise implica várias etapas:

— *uma análise das tarefas* que descreve o que o operador deve fazer e os meios de que dispõe;

— *uma descrição dos modos operatórios de tipo comportamental* baseada na observação, que responde às questões: o quê? quando? como? e descreve o que o operador toma como informação, o que ele faz e diz em situação;

— *uma primeira inferência em termos de representações e de estratégias postas em ação* que podem também ser explicitadas pelos operadores em entrevistas, reuniões de grupo ou autoconfrontação (Teiger, 1993). Essa análise que leva em conta a complexidade das situações difere das análises da atividade em termos de funções cognitivas ou de capacidades (Patrick, 1992);

— *uma segunda inferência baseada num diagnóstico das características dessas representações e estratégias* permite caracterizar as competências enquanto modalidades de organização da ação na dinâmica do desenvolvimento dos operadores (cf. Ampliação do campo das representações, a seguir). Isso pressupõe comparações longitudinais e transversais.

Se toda análise das competências se inscreve numa análise da atividade, nem toda análise da atividade implica necessariamente uma análise das competências: ela pode se deter em qualquer uma das etapas descritas, conforme os objetivos do analista.

Competências, inteligência operatória e desenvolvimento cognitivo

Lugar da conceitualização nas competências – Um dos pontos que caracteriza uma competência é que aquele que a possui sabe em geral fazer mais coisas do que ele consegue explicitar. Piaget teorizou sobre esse fato em *Réussir et comprendre* (1974), mostrando que com muita frequência o sucesso da ação precede a compreensão desse sucesso: fazendo com que lancem um projétil por meio da técnica da atiradeira para atingir um alvo, ele constata que os sujeitos aprendem muito rápido a soltar o projétil no ponto de tangente, embora afirmem, em seguida, que o soltaram no ponto mais próximo do alvo. Entre profissionais, são abundantes os exemplos dessa precedência do sucesso sobre sua compreensão. Piaget conclui que há duas etapas na coordenação da ação: a coordenação prática da ação, em que ação é conseguida sem ser compreendida; e a coordenação conceitual, em que a compreensão da ação acaba alcançando seu sucesso, constituindo assim um progresso decisivo na organização da ação. É assim que se desenha um movimento de desenvolvimento das competências em que são geminadas a conscientização e a conceitualização (cf. Desenvolvimento da reflexão sobre a situação, a seguir). Na origem de numerosas competências, os sujeitos sabem fazer, sem realmente compreender como eles fazem. O momento em que se conscientizam do seu sucesso é um ponto de inflexão na conceitualização. Os atores podem se desprender da situação *hic et nunc*. Abrem para si mesmos perspectivas para a transferência e a generalização de suas competências.

Assim, o desenvolvimento das competências consiste numa progressão na organização da ação, que corresponde a um progresso na conceitualização. Mas nessa fórmula,

Capítulo 13 – As competências profissionais e seu desenvolvimento

é preciso entender a palavra conceito em seu sentido primeiro: um conceito não é inicialmente um objeto de pensamento, mas uma ferramenta para agir e pensar. É uma invariante operatória: um operador de empilhadeira talvez não saiba definir um centro de gravidade, mas, quando levanta uma carga a 6 metros de altura, ele mobiliza o conceito em sua ação. Um operador de guindaste (Boucheix e Chanteclair, 1999) provavelmente não sabe definir o conceito de momento, mas ele sabe o limite no comprimento útil do braço de seu guindaste em relação ao peso a carregar. Uma invariante operatória é, antes de mais nada, um organizador da ação eficaz. É, em segundo lugar, o que permite compreender essa ação eficaz. É, enfim, um objeto de pensamento, do qual mais tarde se poderá dar uma definição e fazer a teoria. Isso significa que há no cerne de uma competência um núcleo conceitual que guia a ação, uma *base de orientação*, diz Savoyant (1979), seguindo Galpérine. Mas isso não significa que as relações entre a representação e a ação seriam do tipo planificação e aplicação: a ação competente não consiste necessariamente em aplicar o plano que se (pré)concebeu. É devido às necessidades da análise que se recorta o que é da ordem da representação e o que é da ordem da ação. Na prática, as duas são dadas numa totalidade global indiferenciada: *a ação não é premeditada, ela é simplesmente organizada.*

Como aplicar esse quadro da inteligência operatória ao desenvolvimento das competências profissionais? Para se descrever as etapas do processo de conceitualização em sua construção, será usado o caso da condução e regulagem de prensas de injeção em moldagem plástica (Pastré, 1994). Podem ser identificadas três etapas:

• Numa primeira etapa, os operadores elaboram um repertório de regras de ação que lhes permite corrigir os defeitos nos produtos fabricados numa situação prototípica, onde a máquina funciona segundo um regime normal e não há problemas específicos de fabricação. É de certa forma a aprendizagem das regras básicas do ofício, sem as quais não é possível assumir o cargo. Nesse nível, não se consegue distinguir o que resulta da conceitualização da situação e o que resulta de uma simples aplicação dos procedimentos.

• A segunda etapa aparece com a descoberta de uma pluralidade de regimes de funcionamento da máquina; além do regime normal, há um regime compensado, que obriga a elaborar um segundo repertório de regras de ação, adaptado a esse regime. O que permite pensar em conjunto esses dois regimes é um conceito pragmático, o conceito de atolamento que tem por objetivo avaliar o estado de equilíbrio ou de desequilíbrio entre a pressão da máquina e a pressão da matéria-prima no momento em que, no ciclo de fabricação, se passa de uma fase dinâmica de preenchimento a uma fase estática de manutenção. Em outras palavras, o conceito pragmático de atolamento permite fazer um diagnóstico de situação, ou seja, identificar segundo qual regime a máquina está funcionando. Diferentemente da primeira etapa, a análise permite distinguir o que resulta da aplicação dos procedimentos, sem diagnóstico de regime, e o que resulta da conceitualização, que permite um diagnóstico de regime de funcionamento.

• Numa terceira etapa, os atores levam em conta as características da matéria-prima trabalhada. Alguns defeitos exigem, para serem corrigidos (e compreendidos), que se considere a retração da matéria plástica no momento de sua solidificação: ao conceito de atolamento é preciso então associar o de retração, que remete a conhecimentos físicos sobre as mudanças de estado nos plásticos. Lida-se agora com um par de conceitos, o par retração-atolamento, que permite coordenar a compreensão do funcionamento da máquina e da evolução da matéria-prima. Passa-se de um conceito isolado a uma rede conceitual, que permite ampliar e refinar o diagnóstico.

Seria possível continuar a análise e identificar outras etapas na conceitualização. Em suma, a conceitualização é um processo que se faz por etapas. A cada nova etapa, a parte de invariância aumenta em nível de abstração; o conceito pragmático de atolamento é uma invariante: cada valor dado ao conceito permite definir uma classe de situações correspondendo a um regime de funcionamento da máquina. Com o par retração-atolamento, é a estrutura conceitual desse conjunto que se torna invariante e permite redefinir novas classes de situações. Paralelamente a esse aumento no nível de abstração, constata-se uma ampliação das classes de situações consideradas: quanto mais o nível de abstração da invariante aumenta, mais o conjunto das classes de situações consideradas se amplia.

Transformação de conhecimentos em competências – Quando se lida com atividades complexas, em geral é preciso possuir um mínimo de conhecimentos sobre a área para se tornar competente. Como se passa de uma a outra? Como foi visto, há conceitualização tanto na prática quanto na teoria. Quais diferenças podem ser encontradas entre essas duas formas de conceitualização? Partamos de um exemplo (Pastré, 1999), a aprendizagem em simulador da condução de centrais nucleares. Os futuros condutores receberam uma formação científica e técnica sobre o funcionamento da instalação. Mas quando passam ao simulador, esses conhecimentos, por certo necessários, não são suficientes para pilotar. É preciso que eles os reorganizem em relação à ação. Pode-se então identificar dois modelos da instalação, que serão chamados um de modelo cognitivo, o outro de modelo operativo.

Os modelos cognitivos respondem à questão: como isso funciona? Sua finalidade é epistêmica: trata-se de compreender como se comporta um dispositivo técnico, quais variáveis funcionais estão em jogo e quais relações de determinação existem entre essas variáveis. Um modelo cognitivo é constituído pelo conjunto dos conhecimentos científicos e técnicos que serviram para conceber o objeto e permitem compreender seu funcionamento.

Os modelos operativos respondem à questão do que organiza a ação. Sua finalidade é pragmática, no sentido em que esta é inteiramente orientada para a ação a realizar. Haverá tantos modelos operativos de um objeto técnico quanto ações possíveis para abrangê-lo. Um modelo operativo pode se apoiar em conhecimentos científicos e técnicos, mas isso não é indispensável: saberes empíricos (saberes do ofício) podem ser suportes suficientes. O objetivo não é ter uma representação "verdadeira" (no sentido de científica), mas uma representação eficaz para a ação. Os modelos operativos têm como função permitir um diagnóstico de situação que vai guiar a ação. Por isso, a conceitualização que eles mobilizam se aparenta ao que se poderia chamar de uma *semântica da ação*: como avaliar uma situação a partir de algumas variáveis essenciais, elas mesmas avaliadas a partir de indicadores (observáveis)? Como verificar em qual classe de situação, em qual regime de funcionamento, se inscreve a situação singular que os atores devem enfrentar? Assim, um modelo operativo, como aquele que orienta a atividade dos condutores de centrais nucleares, é composto de três elementos: 1) conceitos organizadores, que permitem fundar o diagnóstico da situação; 2) indicadores, observáveis, que permitem determinar qual valor assumem os conceitos numa situação particular; 3) classes amplas de situações, correspondendo aos regimes de funcionamento da instalação. Acrescentemos que, enquanto se desenvolve a competência, um modelo operativo se aperfeiçoa.

A noção de modelo operativo é proveniente da teoria de Ochanine (1981), que fala em *imagem operativa* de um objeto para distingui-la de sua imagem cognitiva. Ochanine indica um certo número de propriedades dessas imagens operativas: elas são lacônicas e deformadas, porque finalizadas. Para construir sua imagem operativa, o sujeito retém apenas um pequeno número de propriedades do objeto: aquelas que são úteis para sua ação (cf. Evolução da pertinência dos indicadores, a seguir). Em consequência, sua representação da situação é esquemática. Reconhece-se aí uma das particularidades dos profissionais experientes que só coletam uma parte *muito* pequena da informação disponível sobre a situação, mas parte essa que constitui o essencial para a pertinência do diagnóstico. A representação é igualmente deformada: negligenciam-se propriedades que não são úteis para a ação e se superdimensionam aquelas nas quais o diagnóstico vai se basear.

Automatização das competências – No interior do movimento geral de desenvolvimento das competências notou-se a importância da conscientização; pode-se observar um outro processo, de menor amplitude temporal e no sentido inverso, que conduz de certa forma da consciência à não consciência. Uma competência, uma vez implantada, tem tendência a se automatizar. Anderson (1983) propõe uma teoria desse processo, evidenciando dois fenômenos: a transformação de conhecimentos declarativos (saber que...) em conhecimentos procedurais (saber como...), acompanhada de uma compilação das regras de ação, pelas quais eles são formulados. Durante os períodos de aprendizagem sistemática, a vigilância é importante. Mas, uma vez a aprendizagem efetuada, a competência não tem mais necessidade da consciência, exceto quando ocorre um imprevisto (cf. Evolução da pertinência dos indicadores, a seguir). Esse movimento de automatização das competências após a aprendizagem é de uma grande importância prática, pois permite que o sujeito desloque sua vigilância para níveis superiores da atividade. A aprendizagem da conduta automobilística fornece numerosos exemplos desse processo: começa-se aprendendo gestos elementares, como acionar a embreagem. Esses gestos são em seguida integrados numa ação mais geral (mudar de marcha), que ela própria integra na ação mais geral de regular sua velocidade conforme o contexto. Esse processo de automatização se articula muito bem com o movimento mais amplo de passagem de uma coordenação prática a uma coordenação conceitual, acompanhada de entendimento: a automatização libera espaço para a instauração de organizações da atividade em nível superior. É porque as unidades elementares da ação são incorporadas que a aprendizagem pode prosseguir. Mas a automatização da ação tem limites, dos quais o principal é a manutenção da vigilância, de tal forma que, ao menor imprevisto, elas voltam à consciência.

A importância desse processo de automatização mostra que toda competência não se destaca jamais totalmente de sua dimensão "incorporada" (Leplat, 1995). Diferentemente dos conhecimentos, as competências conservam uma relação com o próprio corpo, que subsiste mesmo com os progressos da reflexão. A maioria de nossas competências nasce em relação estreita com o corpo. E, uma vez adquiridas de maneira estável, a ele retornam. É algo que integra a parte obscura do psiquismo, onde se dá o nó da ação e da cognição, onde certos conhecimentos de um sujeito se inscrevem em sua carne. É, aliás, o que o conceito de esquema tenta esclarecer: a um certo nível de profundidade da vida psicológica, a articulação estreita entre a conceitualização, a organização da ação e a emergência de seu sentido.

Desenvolvimento no longo prazo das competências profissionais

Processos desse tipo se desenvolvem em contexto ao longo da vida profissional e se traduzem na atividade por evoluções das representações das situações e de sua gestão.

A definição dos critérios que caracteriza esses modos de funcionamento implica a análise da organização da atividade dos operadores para atingirem os objetivos que se fixam (cf. Análise ergonômica das competências, anteriormente citado). Supõe-se que essas evoluções seguem um processo de equilibração cujas etapas se constroem em ligação com a ação e os obstáculos encontrados para atingir esse objetivo (Piaget, 1975). Caracterizam-se geralmente no adulto por registros de funcionamento indo do praticado ao formal (Vermersch, 1979). A evolução do funcionamento cognitivo o faz aparecer paradoxalmente ao mesmo tempo como mais complexo pelas relações que envolve e mais econômico quanto à realização da atividade. Considera-se o fracasso, o incidente, o acidente, como limites às possibilidades de adaptação e regulação dos operadores no conjunto de constrangimentos em que se encontram.

Evolução da pertinência dos indicadores.

Emergência de invariantes características de classes de situação – De acordo com a construção da imagem operativa (cf. Transformação de conhecimentos em competências, anteriormente citado) indicadores cada vez mais precisos são elaborados para identificar a situação na qual se está, prever sua evolução e responder a ela. Assim, em 25 anos de vida profissional, os mineiros restringem progressivamente a inspeção das galerias verticais a locais precisos apresentando riscos de desabamento (Desnoyers e Dumont, 1990).

Outras observações mostram, ao contrário, a emergência de configurações de índices redundantes em relação ao sinal formal, que permitem controlá-lo: os agentes de condução experientes, no momento da partida do trem na estação, não acreditam apenas na cor do "quadrado", mas ampliam sua observação a um conjunto de indicadores (estado das vias, movimento dos passageiros, atividades na plataforma dos agentes de estação para construir um diagnóstico da situação. Esse saber sobre os elementos autorizando a partida e sua aplicação são índices da competência dos agentes (Guyot-Delacroix, 1999).

Reestruturação das representações. As comparações novatos-profissionais experientes ressaltam reestruturações de representação marcadas pela passagem das *características de superfície* às *características funcionais* e, portanto, o acesso ao sentido dos eventos. Esse processo de abstração (cf. Lugar da conceitualização nas competências, anteriormente citado) é acompanhado pela emergência de um raciocínio hipotético-dedutivo seguido num prazo mais longo por uma procedimentalização da ação próxima da automatização de saber-fazer (cf. Automatização das competências, anteriormente citado).

Assim, foi possível distinguir três fases na evolução das modalidades de buscas de panes em uma locomotiva de metrô por controladores visitantes, que tinham de seis meses a quinze anos de experiência. Manifestam-se por diferenças de conteúdo, de tempo, de subobjetivos e de controles efetuados, e pelos comentários feitos no decorrer da ação e em entrevistas. (Bertrand e Weill-Fassina, 1993).

— De seis meses a dois anos de experiência, o técnico constata o estado de elementos da locomotiva deixando-se guiar pelas *características perceptivas* do material, sem poder inferir as causas da disfunção.

— Entre quatro e seis anos, uma *representação funcional* do sistema permite ao técnico guiar sua busca por um raciocínio hipotético-dedutivo referente às funções suscetíveis de estar na origem da pane.

— Entre quatorze e quinze anos, o conserto se torna *procedimental*: os controles se encadeiam mas as bases dessa procedimentalização não são mais espontaneamente explicitáveis. Questões do tipo "como você explicaria isso a um iniciante?" permitem aos operadores deixar de lado o que lhes é evidente.

Capítulo 13 – As competências profissionais e seu desenvolvimento

Ampliação do campo das representações

Extensão das áreas abrangidas – A experiência permite integrar cada vez mais dimensões ou conceitos na gestão da situação (cf. Lugar da conceitualização nas competências, anteriormente citado).

Assim, as estratégias de gestão de transações em guichê articulam cada vez mais elementos conforme a idade e experiência dos agentes (Flajeul-Caroly, 2001):

— os novatos jovens aplicam o regulamento e gerem pelo mínimo a relação com o cliente; têm dificuldades com o computador e os impressos;

— os novatos mais velhos flexibilizam as regras para instaurar uma relação de confiança com o cliente e tentam poupar-se, minimizando, por exemplo, os deslocamentos. Também têm dificuldades com o material;

— os jovens com experiência se preservam dos conflitos com a hierarquia, o que limita sua margem de manobra com o cliente, e dominam os instrumentos e suas disfunções;

— os mais velhos com experiência equilibram os quatro polos da relação de serviço: preservam sua saúde, reelaboram regras segundo as necessidades do cliente, gerem o tempo de utilização das ferramentas e mantêm-se atentos a seus colegas e à fila de espera.

O desenvolvimento desse equilíbrio, da autonomia em relação ao prescrito e da discricionariedade em relação à indefinição das prescrições, as reorganizações temporais durante a transação, as modificações das regulações intraequipes e interofícios caracterizam a evolução das competências que sustentam essas estratégias.

Aumento do campo temporal levado em consideração. É o corolário da ampliação do campo coberto pelas representações e da possibilidade de divisar os efeitos das ações. Reencontra-se a oposição entre regulação momento a momento e regulação antecipada, frequentemente descrita em ergonomia nas comparações novatos-profissionais experientes. O campo temporal muito reduzido na origem, marcado pela ausência de antecipação e de retroação, se torna progressivamente, com a experiência, mais analítico até permitir regulações pré-corretoras para compensar acasos tornados previsíveis (cf. Desenvolvimento da reflexão sobre a situação, a seguir).

Já foi citada a antecipação dos controles de bobinas de aço pelos mais velhos (Pueyo e Gaudart, 2000). Na condução automobilística, a antecipação de possíveis obstáculos está ligada à ampliação da exploração espacial. O livro *Les gestions temporelles des environnements dynamiques* (Cellier, De Keyser e Valot, 1997) é principalmente dedicado a essas possibilidades de antecipação.

A mobilização (e, portanto, a observação) dessas evoluções pode se mostrar difícil em caso de condições de trabalho limitante. Estratégias adequadas para cada momento podem aparecer sob pressão temporal, em pessoas experientes. Assim, numa oficina de fabricação bioquímica, no controle simultâneo de processos funcionando de maneira dessincronizada, constrangimentos de ordem técnica, organizacional e incidental obrigavam os operadores a utilizar estratégias para cada momento, embora suas competências estivessem marcadas por suas possibilidades de antecipação (Leplat e Rocher, 1985).

Modificações das relações no trabalho coletivo. A estabilidade das equipes permite a evolução das relações entre membros do grupo que podem se tornar um "coletivo de trabalho". Para isso, são necessários, "simultaneamente, vários trabalhadores, uma obra comum, uma linguagem comum, regras do ofício, um respeito durável da regra por cada um, o que supõe um percurso individual que vai do conhecimento das regras à interiorização delas" (Cru, 1995). Tais coletivos são também fundados sobre o conhecimento que cada um tem das competências do outro (Valot, 2001). As formas de trabalho evoluem para mais cooperação ou ajuda mútua; uma divisão informal das atividades segundo as possibilidades de cada um assegura uma maior eficácia. Numa cantina universitária, regulações desse gênero levando em conta as competências dos mais velhos, seus distúrbios osteomusculares, as lacunas e a força dos novatos jovens permitem compensar dificuldades ligadas a saúde de certos operadores, assegurando os desempenhos exigidos (Assunção e Laville, 1996).

Essas mudanças dão a impressão de "contorno" ou "transgressão" das regras. Mas, do mesmo modo que, ao longo de seu desenvolvimento, a criança aplica as regras que os adultos lhe impõem antes de se apropriar delas e integrá-las em sua conduta (Piaget, 1932), os operadores ao longo de sua vida profissional tendem a aplicar as regras prescritas pela hierarquia antes de integrá-las no resto de sua atividade. Sua experiência lhes permite dar prova de autonomia ou discricionariedade aplicando regras do ofício, estratégias de prudência ou economia, e procurar compromissos operatórios para regular os acasos das situações de trabalho. A análise das atividades dos atendentes de guichê citada anteriormente ilustra esse tipo de evolução. Sua possibilidade depende ao mesmo tempo das margens de manobra potenciais deixadas pela administração e da flexibilização mais ou menos informal das relações com os executivos.

Desenvolvimento da reflexão sobre a situação.

Entendimento das propriedades do objeto e de sua própria atividade – A competência se constrói não por uma repetição dos gestos e ações, mas pelo conhecimento do resultado da ação ante os obstáculos para atingir o objetivo.

> "O que desencadeia a consciência é (...) o fato de que as regulações automáticas (...) não são mais suficientes e que é preciso procurar novos meios para uma regulagem mais ativa e, por consequência, fonte de escolhas deliberadas, o que pressupõe a consciência. Há então efetivamente uma desadaptação, mas o próprio processo (...) das readaptações também é importante" (Piaget, 1974).

Durante a ação, o sujeito procura compreender a razão do fracasso e orienta progressivamente sua reflexão para as propriedades do objeto, os meios empregados e os efeitos de sua atividade. A experiência o conduz também a refletir sobre as propriedades de suas ações para avaliar sua pertinência e seus limites. Trata-se de representações metacognitivas dos sujeitos sobre seus próprios saberes e suas próprias possibilidades. Essa noção se situa na filiação dos trabalhos de Piaget sobre a "abstração refletiva". Não é um superconhecimento construído após ou além dos conhecimentos, mas o motor da compreensão das propriedades do objeto e de sua própria ação. "Trata-se da confrontação permanente entre as ações que executamos, os resultados que elas produzem e a consideração desses efeitos em termos qualitativos e quantitativos" (Valot, Grau e Amalberti, 1993). Segundo esses autores, esses metaconhecimentos se diferenciam devido à experiência. Por exemplo, as observações e entrevistas permitem especificá-los para pilotos novatos e veteranos: as representações dos primeiros sobre suas capacidades em relação aos procedimentos, seu saber geral sobre a metacognição e os procedimentos disponíveis, se opõem às representações dos segundos sobre suas possibilidades em termos de recursos cognitivos e fisiológicos pessoais, a seu saber sobre os recursos da situação e sobre as margens de ajuste aceitáveis.

Maior resistência às perturbações. Ela resulta do conjunto dos critérios precedentes. As regulações dos operadores devido a sua experiência podem levar a várias formas de compensação (Piaget, 1975):

— neutralizações: os operadores ignoram ou recusam a perturbação;

— compensações parciais: chega-se a compromissos locais entre certos subsistemas;

— compensações totais que integram a perturbação como uma possibilidade de funcionamento do sistema; esta, na medida em que é antecipada, deixa de ser uma perturbação.

Em siderurgia, a "caça aos desvios de processo", já citada (cf. Características das competências profissionais, citada), refere-se à procura de perturbações futuras para geri-las em termos de qualidade, confiabilidade e saúde. Isso implica, da parte dos veteranos, conhecimentos técnicos, metaconhecimentos sobre seu próprio funcionamento, um campo de argumentação extenso, um conhecimento da organização, dos interlocutores, dos desafios em jogo. O operador menos experimentado adota uma gestão mais próxima do prescrito, controla a evolução da situação de maneira mais esporádica e deixa o supervisor assumir a responsabilidade do acompanhamento. Os mais novatos reagem quando ele identifica o problema.

Para concluir esta parte, durante toda a vida profissional, a modificação desses critérios mais ou menos pertinentes segundo as atividades analisadas faz aparecer uma hierarquia temporal, uma hierarquia de abstração e uma hierarquia de complexidade das competências postas em prática na atividade.

A evolução das competências nos trabalhadores que envelhecem acrescenta mais um aspecto à compreensão geral da noção de competência: como o envelhecimento se define como "acréscimo do tempo vivido" (Cassou e Laville, 1996), as competências se transformam não somente sob o efeito da experiência adquirida, mas também sob o efeito da idade. As competências que os operadores ao envelhecer desenvolvem integram características de sua experiência profissional como acabamos de descrever e características novas, relativas à evolução de suas capacidades com a idade perante as situações de trabalho. Em particular, após os 45 anos, certos constrangimentos (posturas a manter, esforços a fazer, pressões temporais) são vivenciados como mais penalizantes; os mais velhos constroem então, de maneira mais ou menos consciente, novos modos operatórios eficazes até um certo ponto, próprios para se preservar de dores ou sensações de fadiga. Regulações coletivas análogas àquelas que citamos podem também ser instauradas (Gaudart e Weill-Fassina, 1999; e o Capítulo 9 deste livro).

Como auxiliar na construção das competências

O principal meio para auxiliar na construção das competências é a formação. Mas o termo formação passou a ter tal extensão que seria um contrassenso reduzi-lo à formação profissional de tipo escolar, com um local distinto do local de trabalho, com um objetivo intencional de aprendizagem, e atores particulares que seriam os professores. É preciso considerar o termo formação num sentido amplo, que desemboca em três direções:

• Sob o termo de profissionalização, ele inclui tanto a aprendizagem intencional quanto a aprendizagem não intencional ou incidental ("aprender fazendo" ou por imersão); esta última ocorre no local de trabalho, com a ajuda de atores que não são profissionais da formação, pares ou tutores. Engloba em particular o fato de considerar as formas de organização do trabalho, na medida em que estas induzem ou, ao contrário, dificultam os processos de aprendizado: é o que se chama de "empresa qualificadora" ou "empresa aprendiz".

• As novas modalidades de formação incluem as formas de aprendizagem apoiadas nas situações de trabalho, de maneira direta ou transposta com o auxílio de simulações, para desenvolver as competências profissionais da forma mais próxima possível do trabalho.

• Em relação às situações de trabalho, na formação das competências, pode-se distinguir a formação antes (a aquisição dos conhecimentos úteis ao domínio das situações profissionais), a formação durante (a aprendizagem que se faz pelo exercício da atividade, real ou transposta), a formação depois (a análise logo após a atividade).

Cabe reter quatro orientações que permitem analisar como se pode instrumentar a construção das competências profissionais: 1) a utilização de instrumentos; 2) a utilização das situações de trabalho; 3) a utilização da mediação humana; 4) a utilização de dispositivos de análise *a posteriori*.

Utilização da mediação humana: desenvolver saberes e saber-fazer – O "aprender fazendo" é raramente uma aprendizagem solitária. Os novatos estão geralmente cercados por veteranos e é difícil medir todas as trocas que ocorrem no próprio local de trabalho: fala-se muito nos locais de trabalho. É por isso que os aprendizes ou os novatos utilizam muito não só a imitação, que é parte da aprendizagem pela ação, mas também os comentários dos veteranos, dos profissionais experientes, da gerência, ou seja, a aprendizagem pela verbalização acompanhando a ação, para desenvolver suas competências. É frequente até que os veteranos não se deem conta daquilo que os novatos lhes "furtam" sem eles perceberem. Mas essas práticas informais foram substituídas já há um bom tempo por formas organizadas para facilitar essas trocas entre veteranos e novatos. É todo o campo da alternância e da tutoria, com aqueles que aprendem quando estão numa posição de aprendiz ou numa posição de trabalhador novato. Vemos aqui as influências das análises feitas por Vygotski (1997) sobre a importância da mediação de outrem nos aprendizados, e prosseguidas por Bruner (1983) sobre o reforço à atividade: um tutor não se contenta em mostrar e dizer; ele assume uma parte da organização da ação e permite assim que os aprendizes construam progressivamente sua competência. Pode-se, aliás, observar que nas formações em simuladores o papel dos instrutores corresponde igualmente a esta modalidade.

Utilização de instrumentos: auxiliar a estruturar a representação da situação – A parte da instrumentação na evolução do trabalho só tem crescido. Ora, ao lado dos instrumentos que são auxílios à realização da tarefa (ferramentas, máquinas, sistemas técnicos), existem com cada vez maior frequência instrumentos que são auxílios à representação da tarefa, e que ajudam indiretamente em sua realização. Rogalski e Samurçay (1993) os denominaram de *ferramentas cognitivas operativas*. Um exemplo é o modelo que permite representar esquematicamente a evolução de um incêndio florestal. A ferramenta é analisada por Rogalski e Durey (2003) como sendo composta de dois elementos: o primeiro permite representar a forma que assume a evolução de um incêndio florestal a partir de seu ponto de origem, com relação à direção do vento. O segundo permite avaliar onde (em relação ao ponto de origem), quando e com quais meios será possível detê-lo. Trata-se, portanto, ao mesmo tempo, de uma ferramenta que permite uma representação esquemática da situação em sua dinâmica e uma ferramenta de auxílio à decisão. Certas ferramentas de simulação desempenham esse papel duplo na condução de sistemas técnicos dinâmicos: permitem uma representação esquemática da situação e decisões adaptadas. Por exemplo, na condução de centrais nucleares, um diagrama permite aos operadores acompanhar a evolução do fluxo nuclear com relação à potência utilizada e ajustar sua conduta para limitar a produção de efluentes.

Utilização das situações de trabalho sob a forma de simulações: organizar uma progressão na construção das competências – Em formação, as simulações inicialmente foram utilizadas para as situações de trabalho que comportavam riscos importantes em termos de segurança: pilotagem de aviões, condução de centrais nucleares etc. Nesse caso, não era possível dar aos futuros operadores a oportunidade de "aprender fazendo". O simulador serviu, portanto, de substituto para o real, um substituto que excluía os riscos, mas que se procurava tornar o mais fiel possível, de um ponto de vista técnico, à situação profissional a que se referia. Claro, subsistia sempre uma distância entre esta e a situação simulada. Aos poucos, percebeu-se que essa distância, longe de ser um inconveniente para a formação, podia se revelar um recurso didático interessante. Em consequência, a maneira de conceber as simulações mudou, e não é mais em termos de fidelidade que elas são pensadas, mas em termos de transposição didática: o que é preciso reter da situação profissional de referência para auxiliar na construção das competências nos operadores? A maneira de conceber a transposição torna-se um recurso para a aprendizagem. Isso se desenvolverá em duas direções: por um lado, procura-se decompor as situações complexas em situações mais elementares para facilitar a aprendizagem. Segundo esse ponto de vista, Samurçay e Rogalski (1998) distinguem três modalidades: o recorte (retém-se apenas uma parte da tarefa), o desacoplamento (retém-se apenas uma parte do contexto), a focalização (concentrar-se num só aspecto da aprendizagem). Por outro lado, procura-se encenar problemas colocados pela situação de trabalho: sabe-se que a resolução de problemas é um elemento central em muitas aprendizagens. Ora, muitas situações de trabalho comportam problemas a resolver. A simulação consiste então em construir roteiros que colocam em cena esses problemas. O que é visado então é a dimensão de conceitualização presente na competência. Em consequência, a utilização das simulações como ferramentas de formação não se limita mais às situações complexas com riscos: toda situação de trabalho comportando um problema a resolver pode dar lugar a uma transposição didática sob a forma de simulação.

Utilização de dispositivos de análise a posteriori: *auxiliar no entendimento por meio de atividades reflexivas metafuncionais* – A aprendizagem por meio da ação, e em especial pela confrontação com situações-problema apreendidas no trabalho ou transpostas deste, é essencial para a construção das competências. Mas não se aprende tudo por meio da ação: os atores são mergulhados em situações-complexas, nas quais correm o risco de serem afogados pela pluralidade dos objetivos e a multiplicidade das dimensões a levar em conta. Mas o que não pode ser compreendido durante a ação pode sê-lo após o ato. É por isso que se percebeu que a construção das competências se dava tanto – e às vezes até mais – após a ação do que durante esta. Essa atividade é dita metafuncional, na medida em que se produz a propósito e à parte da atividade produtiva (Falzon, 1996). Entre as múltiplas formas que pode ter essa atividade de análise, cabe assinalar duas: as entrevistas (*debriefings*) que permitem a um ator analisar sua própria atividade a partir dos traços que dela se conservaram, e os *retornos de experiência,* que são adotados nas empresas com mais frequência após incidentes ou acidentes. Cada uma dessas formas mobiliza a metacognição (Valot, 2001), no sentido em que o sujeito constrói conhecimentos sobre a maneira de tratar um problema, e sobre sua própria capacidade de avaliar seus recursos para adaptá-los à dificuldade da situação. Ela pode ser utilizada em referência a situações reais de trabalho ou a situações simuladas. Pesquisas efetuadas nesse último caso na condução de centrais nucleares mostraram que os novatos, que tinham sido atropelados pela dinâmica da situação no decorrer da ação, podiam reconstituir *a posteriori* o encadeamento dos eventos de um momento crítico partindo do fim do episódio então já conhecido. Além disso, constata-se que os operadores que souberam gerir uma situação crítica de causa desconhecida têm necessidade da análise posterior, não para reconsiderar sua conduta, mas para efetuar a busca da causa que gerou a situação crítica.

O desenvolvimento das competências combina assim o papel da aprendizagem pela ação e o da aprendizagem pela análise da ação: é a articulação desses dois momentos que é provavelmente característica da construção da experiência profissional.

Conclusão

O papel do ergonomista é identificar as competências que dão suporte à atividade, compreender o seu desenvolvimento e fazer um diagnóstico sobre as condições de trabalho para favorecê-lo, assim como a aplicação dessas competências. Reconhecer ou levar a reconhecer as competências profissionais é melhorar ou conceber boas condições para a sua aplicação, instrumentalizar sua formação e sua construção, permitir melhor geri-las no plano individual e coletivo, e auxiliar em sua capitalização.

Referências

ANDERSON, J. R. *The architecture of cognition.* Cambridge Mass.: Harvard University, 1983.

ASSUNÇÃO, A.; LAVILLE, A. Rôle du collectif dans la répartition des tâches en fonction des caractéristiques individuelles de la population. In: CONGRÈS DE LA SELF, 31., Bruxelles, 1996. *Actes.* Bruxelles: SELF, 1996. v.2., p.23-30.

AUBRET, J.; GILBERT, P.; PIGEYRE, F. *Management des compétences:* réalisations concepts analyses. Paris: Dunod, 2002.

BAINBRIDGE, L.; RUIZ QUAINTANILLA, S. A. (Dir.). *Developing skills with information technology.* Chichester: John Wiley, 1991.

BERTRAND, L.; WEILL-FASSINA, A. Formes des représentations fonctionnelles et contrôle des actions dans le diagnostic de panne. In: WEILL-FASSINA, A.; RABARDEL, P.; DUBOIS, D. *Représentations pour l'action.* Toulouse: Octarès, 1993. p.271-294.

BOUCHEIX, J. M.; CHANTECLAIR, A. Analyse de l'activité, cognition et construction de situations d'apprentissage: le cas des conducteurs de grues à tour. *Éducation Permanente,* v.139, p.115-141, 1999.

BOYÉ, M.; ROBERT, G. *Gérer les compétences dans les services publics.* Paris: Les Éditions d'Organisation, 1994.

BRUNER, J. S. *Savoir faire, savoir dire.* Paris: PUF, 1983.

CASSOU, B.; LAVILLE, A. Vieillissement et travail: cadre général de l'enquête ESTEV. In: DERRIENNIC, F.; TOURANCHET, A.; VOLKOFF, S. (Ed.).*Âge, travail, santé:* études sur les salariés âgés de 37 à 52 ans. Paris: INSERM, 1996. p.13-31.

CELLIER, J. M.; DE KEISER, V.; VALOT, C. (Ed.). *Les gestions temporelles des environnements dynamiques.* Paris: PUF, 1997.

CRU, D. *Règles de métier, langue de métier:* dimension symbolique au travail et démarche participative de prévention. Le cas du bâtiment et des travaux publics, diplôme de l'EPHE. Paris: Laboratoire d'ergonomie, 1995.

CURIE, J. La compétence en tant qu'imputation causale. *Performances Humaines et Techniques*, n.75-76, p.56-57, 1995.

DESNOYERS, L.; DUMONT D. Compétence professionnelle dans le forage minier. 1. L'activité des foreurs et ses déterminants; 2. Stratégies d'exploration visuelle, Montréal. In: CONGRÈS D'ERGONOMIE DE LANGUE FRANÇAISE, 26., Montréal, 1990. p.263-270.

FALZON, P. Les activités métafonctionnelles et leur assistance. *Le Travail Humain,* Paris, v.57, n.1, p.1-23, 1996.

FAVERGE, J. M. *L'analyse du travail.* Paris: PUF, 1954.

FLAGEUL-CAROLY, S. *Régulations individuelles et collectives de situations critiques dans un secteur de service:* le guichet de la poste. 2001. Thèse (Doutorado) – Laboratoire d'ergonomie, EPHE, Paris, 2001.

GAUDART, C.; WEILL-FASSINA, A. L'évolution des compétences au cours de la vie professionnelle: une approche ergonomique. *Formation-Emploi,* n.67, p.47-62, 1999. (n. special: Activités de travail et dynamique des competences) Apud LEPLAT, J.; MONTMOLLIN, M. *Les compétences en ergonomie.* Toulouse: Octarès, [s.d.]. p.135-146.

GUYOT-DELACROIX, S. *Diversité des processus de régulation et modalités de gestion temporelle des recherches d'équilibre et de fiabilité dans la gestion des trains.* 1999. Thèse (Doctorat) - Laboratoire d'Ergonomie, EPHE, Paris, 1999.

LEPLAT, J. Compétence et ergonomie. In: AMALBERTI, R.; MONTMOLLIN, M. DE; THEUREAU, J., ed. *Modèles en analyse du travail.* Liège: Mardaga, 1991. p.263-278. Apud. LEPLAT, J.; MONTMOLLIN, M. *Les compétences en ergonomie.* Toulouse: Octarès, [s.d.]. p.41-54.

_____. A propos des compétences incorporées. *Éducation Permanente,* n.123, p.101-114, 1995.

LEPLAT, J.; MONTMOLLIN, M. de (Dir.). *Les compétences en ergonomie.* Toulouse: Octarès, 2001.

LEPLAT, J.; ROCHER, M. Ergonomie du contrôle de processus en marche simultanée: un cas dans l'industrie biochimique. *Psychologie et Education*, v.9, n.1-2, p.6-26, 1985.

LIÉTARD, B. Se reconnaître dans le maquis des Acquis. *Éducation Permanente,* n. 133, p.65-74, 1997.

LITCHENBERGER, Y. Compétence, organisation du travail et confrontation sociale. *Formation-Emploi,* n. 67, p.93-107, 1999. (n. spécial: *Activités* de travail et dynamique des compétences).

MAGGI, B. La régulation du processus d'action sociale. In: CAZAMIAN, A.; HUBAULT, P. F.; NOULIN, M. (Ed.). *Traité d'ergonomie.* Toulouse: Octarès, 1996. p.637-662.

MONTMOLLIN, M. de. La compétence. In: MONTMOLLIN, M. de. *L'intelligence de la tâche. Éléments d'ergonomie cognitive.* Berna: Peter Lang, 91-106. Apud LEPLAT J.; MONTMOLLIN, M. de (Ed.). *Les compétences en ergonomie.* Toulouse: Octarès, 1984. p.11-26.

OCHANINE, D. L'image opérative. *Actes du séminaire et recueil d'articles.* Paris: Université de Paris, 1981.

PASTRÉ, P. Le rôle des schèmes et des concepts dans la formation des competences. *Performances Humaines et Techniques,* v.71, p.21-28, 1994.

_____. La conceptualisation dans l'action: bilan et nouvelles perspectives. *Éducation permanente,* n.139, p.13-35, 1999.

PASTRÉ, P.; SAMURÇAY, R. (Ed.). *Recherches en didactique professionnelle.* Toulouse: Octarès, 2003.

PATRICK, J. *Training:* research and practice. London: Academic Press, 1992.

PIAGET, J. *Le jugement moral chez l'enfant.* Paris: Librairie Felix Alcan, 1932.

_____. *La prise de conscience.* Paris: PUF, 1974.

_____. *Réussir et comprendre.* Paris: PUF, 1974.

_____. L'équilibration des structures cognitives, problème central du développement. In: *Études d'épistémologie génétique.* Paris: PUF, 1975.

PUEYO, V.; GAUDART, C. L'expérience dans les régulations individuelles et collectives des deficiencies. In: BENCHEKROUN, H.; WEILL-FASSINA, A. *Le travail collectif:* perspectives actuelles en ergonomie. Toulouse: Octarès, 2000. p.257-272.

ROGALSKI, J.; SAMURÇAY, R. Représentations de référence: outils pour le contrôle d'environnements dynamiques. In: WEILL-FASSINA, A.; RABARDEL, P.; DUBOIS, D. *Représentations pour l'action.* Toulouse: Octarès, 1993.

SAMURÇAY, R.; ROGALSKI, J. Exploitation didactique des situations de simulation. *Le Travail Humain,* v.61, p.333-360, 1998.

SAVOYANT, A. Éléments d'un cadre d'analyse de l'activité: quelques conceptions essentielles de la psychologie soviétique. *Cahiers de Psychologie,* v.22, p.29-42, 1979.

TEIGER, C. Représentation du travail et travail de la représentation. In: WEILL-FASSINA, A.; RABARDEL, P.; DUBOIS, D. *Représentations pour l'action.* Toulouse: Octarès, 1993. p.331-340.

VALOT, C. Rôles de métacognition dans la gestion des situations dynamiques. *Psychologie française,* v.46, n.2, p.131-141, 2001.

VALOT, C.; GRAU, R.; AMALBERTI, R. Les métaconnaissances: des représentations de ses propres compétences.In: WEILL-FASSINA,A.; RABARDEL, P.; DUBOIS, D. *Représentations pour l'action.* Toulouse: Octarès, 1993. p.271-294.

VERGNAUD, G. Concepts et schèmes dans une théorie opératoire de la représentation. *Psychologie Française,* v.30, p.245-252, 1985.

_____. Au fond de l'action, la conceptualisation. In: BARBIER, J. M. (Ed.). *Savoirs théoriques et savoirs d'action.* Paris: PUF, 1996.

VERMERSCH, P. La théorie opératoire de l'intelligence appliquée aux adultes. *Éducation permanente,* n. 51, p.2-29, 1979.

VYGOTSKI, L. *Pensée et langage.* Paris: La Dispute, 1997.

WITTORSKY, R. *Analyse du travail et production de competences collectives.* Paris: L'Harmattan, 1997.

Capítulo 13 – As competências profissionais e seu desenvolvimento

Ver também:

9 – Envelhecimento e trabalho

12 – Paradigmas e modelos para a análise cognitiva das atividades finalizadas

14 – Comunicação e trabalho

17 – Da gestão dos erros à gestão dos riscos

19 – Trabalho e sentido do trabalho

14
Comunicação e trabalho

Laurent Karsenty, Michèle Lacoste

Comunicação e ergonomia: principais desafios

A associação entre comunicação e ergonomia evoca ao mesmo tempo o campo das comunicações humanas e aquele da comunicação homem-máquina (ver, p. ex., o capítulo sobre a relação homem-máquina neste livro). Neste capítulo, abordaremos apenas o estudo das comunicações humanas no trabalho.

Faz cerca de quinze anos que o interesse da ergonomia pelas comunicações humanas no trabalho não para de crescer. Há várias razões para isso.

• *A intensificação das comunicações no trabalho* – A natureza do trabalho mudou no decorrer das últimas décadas. Mais complexo, submetido às pressões econômicas cada vez mais intensas, ele cada vez mais se realiza no quadro de um coletivo. A noção de coletivo, que será deliberadamente deixada vaga aqui, abrange tanto o pequeno grupo de algumas pessoas quanto o grande projeto reunindo várias centenas, ou mesmo milhares, de participantes, que podem estar copresentes ou distribuídos em vários locais geográficos e trabalhar de maneira sincrônica ou assincrônica. A isso se acrescentam o aparecimento de novas formas de organização do trabalho e uma instrumentação crescente das comunicações, favorecida em especial pelo surgimento de novas tecnologias de informação e comunicação (NTIC). Nesse novo contexto, a qualidade do trabalho se apoia mais do que nunca na qualidade das comunicações entre os membros do coletivo. Essas comunicações devem assegurar ao mesmo tempo uma boa coordenação das decisões individuais, um compartilhamento da informação, a resolução coletiva de problemas novos e/ou particularmente complexos e, algo que às vezes é esquecido, o estabelecimento de um bom clima relacional.

• *Comunicar no trabalho: uma atividade que nem sempre é óbvia.* – A comunicação pode ser reconhecida como uma exigência, mas nem por isso ela deixa de exigir um certo investimento pessoal e um certo esforço. Ora, todas as condições nem sempre estão reunidas para que esse investimento pessoal e esse esforço sejam mobilizados e/ou produzam os resultados esperados. Vários problemas podem se colocar: sobrecarga de informações; o bom interlocutor é dificilmente identificável ou acessível; a comunicação com pessoas-chave é difícil, ou mesmo impossível; casos de incompreensão podem ocorrer, seja pontualmente – mas às vezes com consequências graves –, seja continuamente etc. O ergonomista é cada vez mais solicitado para compreender esses problemas e propor ou ajudar a identificar e avaliar soluções. Isso exige ter de responder a novas questões, como:

- O que é uma boa informação?
- O que é uma boa comunicação?
- Quais condições devem estar reunidas para que uma comunicação ocorra entre operadores?
- Pode-se constranger, incitar, auxiliar a comunicar? Pode-se e deve-se prescrever a comunicação, e até que ponto?
- Pode-se formar para a comunicação?
- *A falta de ferramentas conceituais.* A ergonomia, que por muito tempo se concentrou na dimensão individual do trabalho, descobriu com as comunicações de trabalho um novo campo de estudo, para o qual lhe faltavam dramaticamente ferramentas conceituais. Comunicar não é uma atividade como as outras: ela envolve agentes dotados de intenções, crenças, valores, história e emoções. Além disso, ela coloca um certo número de problemas quando se quer tratá-la com uma abordagem determinista. Assim, toda mensagem dirigida para outrem no interior de um coletivo de trabalho pode ser ouvida (ou não) e explorada por destinatários não previstos e ter, por isso, efeitos não previstos. Além disso, a interpretação de uma mensagem é dificilmente previsível, por estar inserida num ambiente físico, temporal e social no qual a mensagem é produzida e recebida. Por fim, a comunicação é plurifuncional: uma mensagem pode comunicar várias informações ao mesmo tempo, podendo pertencer a sistemas de representações diferentes; ela pode também cumprir vários objetivos ao mesmo tempo. Todas essas características fazem da comunicação um processo complexo para o estudo do qual são necessários conceitos novos para a ergonomia.

Evolução das problemáticas

Um quadro há muito tempo predominante: a "informação", a "função" e a "tarefa" – Em certas situações, a execução das *tarefas* pelos operadores requer comunicações portadoras de *informações* verbais e cumprindo *funções* instrumentais e cognitivas: elas nos informam sobre a estrutura da tarefa e podem servir para melhorar o sistema. Tal é o quadro ao qual se referiu inicialmente a análise ergonômica das comunicações.

Nela, a *informação* era concebida, sob a influência da teoria da informação e da primeira cibernética, como objetivável, quantificável, monossêmica. O paradigma da comunicação se reduzia, em consequência, a uma problemática de *transmissão* da informação entre um emissor e um receptor via um canal específico. A utilização dessa noção de transmissão pressupõe que uma informação poderá ser "codificada" por um locutor para ser em seguida "decodificada" pelo ouvinte e acabar na cabeça deste exatamente na mesma forma e com o mesmo sentido. Nesse quadro, facilitar a comunicação podia consistir seja em melhorar o domínio da linguagem pelas pessoas que supostamente a utilizarão (para que a codificação e a decodificação fossem mais eficientes), seja em melhorar a qualidade dos canais de comunicação.

Pressupunha-se que a execução do trabalho, composto de *tarefas* bem definidas, podia prescindir de verbalizações, tidas como características das situações incidentais ou de aprendizagem. No entanto, ficou claro que para certas cooperações era necessário o recurso a comunicações, em especial às mensagens por rádio e telefone no caso de equipes distantes.

As funções da comunicação então privilegiadas eram sobretudo de ordem instrumental: as comunicações estavam subordinadas à realização de tarefas. Por exemplo, em seu estudo das comunicações nas linhas de montagem, Savoyant (1984) distinguia duas clas-

Capítulo 14 – Comunicação e trabalho

ses de comunicação:

— as comunicações anteriores à execução da atividade, que tem por objetivo a identificação das condições de execução, bem como a seleção das propriedades e objetos pertinentes para a realização da tarefa;

— as comunicações paralelas à execução, que contribuem para desencadear, guiar, controlar e reajustar a tarefa.

Os primeiros estudos cognitivos das comunicações de trabalho mantinham essa mesma orientação, mesmo quando traziam à luz novas funções. Navarro (1991), por exemplo, traçava um paralelo entre as funções das comunicações e as etapas dos modelos de resolução de problema elaborados em psicologia cognitiva. As comunicações podiam assim servir para: avaliar uma situação problemática; identificar objetivos e procedimentos de execução possíveis; avaliar suas consequências ou elaborar conhecimentos. Encontra-se ainda esse vínculo entre comunicação e tarefa nos trabalhos sobre as linguagens operativas (Falzon, 1989), linguagens utilizando uma sintaxe e uma semântica restritas, com pouca ambiguidade lexical e um vocabulário próprio a um campo de tarefas.

Transmissão de uma informação objetivável, subordinação a um conjunto de tarefas, tal era a concepção encontrada com mais frequência em ergonomia quando esta começou a abordar o estudo das comunicações de trabalho. Essa concepção então evolui, em parte sob a influência de novos desenvolvimentos teóricos ocorridos em diferentes áreas científicas conexas e, em parte, pela ampliação dos problemas de comunicação colocados para os ergonomistas.

Evolução do conceito de informação – É muito fácil demonstrar que a própria noção de informação objetivável, quantificável e monossêmica perde seu sentido quando é considerada no contexto da comunicação humana. Se uma telefonista de uma empresa X responde a um cliente dizendo: "Sinto muito, mas nossa empresa não tem serviço de atendimento ao consumidor", que informação ela comunicou a esse cliente? Provavelmente, que a empresa X não tem serviço de atendimento ao consumidor, o que corresponde ao conteúdo literal de sua mensagem. Mas provavelmente também que ela não vê qual outro serviço existente na sociedade seria o equivalente ao serviço solicitado pelo cliente e, portanto, que, provavelmente, seria inútil para ele reformular a solicitação.

Na realidade, a informação comunicada num diálogo entre humanos jamais corresponde apenas ao conteúdo literal da mensagem produzida pelo locutor. Pode até mesmo ser bem diferente. Em todos os casos, ela depende do contexto, no qual é produzida e recebida. Coloca-se então a questão de saber identificar a informação realmente comunicada no decorrer de uma troca.

A partir dos trabalhos do filósofo Austin (1962-1970), passou-se a conceber a linguagem como *ação*: quando um indivíduo A se dirige a um indivíduo B, ele procura *fazer* alguma coisa e, mais exatamente, transformar as representações de coisas e objetivos de outrem. A teoria dos atos de linguagem leva assim a distinguir dois aspectos em todo enunciado: o *conteúdo proposicional* e o *ato de linguagem*.

O conteúdo proposicional é aquilo a que um enunciado se refere. Quanto ao ato de linguagem, Austin distingue nele três dimensões: o ato locutório, o ato ilocutório e o ato perlocutório. Para simplificar, apenas o ato ilocutório será considerado aqui. O ato ilocutório descreve o ato realizado ao dizer alguma coisa. Pode consistir em questionar, informar, pedir para fazer etc. Se o ato ilocutório é, às vezes, explícito no nível do conteúdo proposicional (p. ex.: "Informo que nosso serviço fechará em dez minutos"), ele é geralmente implícito (p. ex.: "Nosso serviço fechará em dez minutos"). Todavia, ele pode ser indicado por outros meios que não o conteúdo proposicional, por exemplo, o tom. Assim, uma entonação ascendente no final do enunciado geralmente indica uma questão.

O ato ilocutório pode também ser realizado indiretamente (Searle, 1975). É o caso sempre que o ato ilocutório explícito não corresponde ao ato realizado pelo locutor. Um exemplo clássico de ato indireto é: "Você pode me passar o sal?", em que o conteúdo literal interroga sobre a capacidade do ouvinte de passar o sal, enquanto a intenção do locutor é pedir que ele o faça; o ato realizado indiretamente, portanto, é um pedido.

Se, às vezes, é difícil identificar a informação que uma mensagem comunica, é porque esta nem sempre é explícita. Viu-se isso quanto ao ato de linguagem, mas é também verdade em relação ao conteúdo proposicional. Assim, um locutor pode dizer: "a máquina está em pane" para significar, num certo contexto de comunicação, "como eu disse a você, o conserto feito ontem não serviu para nada". Vários autores procuraram formalizar as relações que podem existir entre os conteúdos explícitos e os conteúdos implícitos (p. ex., Kerbrat-Orecchioni, 1986; Moeschler, 1985). Mas o que nos parece importante aqui é insistir no fato de que a informação comunicada pode ser, às vezes, muito distante da informação explicitada. Portanto, a análise das comunicações de trabalho não pode se deter naquilo que é explicitamente dito ou escrito.

Geralmente, comunicar num modo implícito não traz problemas particulares de compreensão para os interlocutores. Pode-se mesmo afirmar que é um pré-requisito para uma boa comunicação. Comunicar num modo implícito significa que locutores e auditores não têm necessidade de se representar o conjunto dos conhecimentos necessários para a boa compreensão de suas intenções de comunicação. Isso, portanto, diminui bastante o seu esforço.

Essa capacidade de comunicar e se compreender num modo implícito justificou que se utilizasse novas noções teóricas para dar conta do sucesso da comunicação nessas condições. Grice (1975), por exemplo, propôs que os interlocutores se submetem a um *princípio cooperativo* estipulando que "cada parceiro deve contribuir conversacionalmente de maneira a corresponder às expectativas dos outros interlocutores em relação ao estádio da conversação, do objetivo e da direção da troca". Esse princípio cooperativo se apoiaria em *máximas conversacionais*: a máxima de quantidade ("que a contribuição contenha tantas informações quanto é necessário, mas não mais"), a máxima de qualidade ("que a contribuição seja verídica"), a máxima de relação ("que a contribuição seja pertinente") e a máxima de compreensão ("que a contribuição seja clara"). A ideia de Grice foi dizer que os interlocutores deviam se apoiar nessas máximas para inferir o sentido real de um enunciado. Assim, se à pergunta "que horas são?" o locutor (L) responde "Bem, o leiteiro acabou de passar" (Levinson, 1983), o ouvinte só poderá aceitar essa resposta em virtude da hipótese de que L é pertinente (máxima de relação). É fazendo essa hipótese que ele será conduzido a buscar que o conteúdo proposto por L lhe dê uma resposta.

A busca do sentido implícito se apoiaria não só num princípio cooperativo, mas também em *conhecimentos compartilhados*. Por exemplo, retomando o exemplo anterior, L precisa supor que seu interlocutor conhece a hora habitual de passagem do leiteiro para produzir essa resposta (se não, ele violaria a máxima da pertinência). De maneira geral, a comunicação implícita se explica pela existência de um contexto compartilhado de objetivos, de representações da situação de interação e de conhecimentos de fundo (para mais detalhes sobre os diferentes tipos de conhecimentos partilhados, pode-se consultar

Capítulo 14 – Comunicação e trabalho

Cahour e Karsenty, 1996; Karsenty e Pavard, 1997; Leplat, 2000). Na ausência de um efetivo compartilhamento de contexto, uma comunicação implícita pode ser mal compreendida. Vê-se então que a existência de um código linguístico compartilhado e uma boa qualidade do canal de comunicação não são as únicas condições para assegurar boa comunicação.

Com os trabalhos de Grice, a interpretação assumia um papel central na comunicação. Mais tarde, Sperber e Wilson (1986) acentuaram ainda mais esse papel reduzindo a parte do código e das convenções na comunicação a simples recursos para produzir e determinar o sentido da informação. O que importaria para um locutor seria fornecer ostensivamente a quantidade estritamente suficiente de índices (verbais e não verbais) para que o ouvinte reconhecesse sua intenção, sabendo que o locutor se apoiaria bastante sobre as capacidades de inferência do ouvinte para isso. Nessa perspectiva, um locutor jamais pode ter certeza de ser compreendido: há sempre uma certa parte de indeterminação no que pode ser compreendido pelo ouvinte.

A comunicação: uma relação interativa co-produzida na duração – As teorias cognitivas esclareceram os mecanismos de interpretação das mensagens, as condições da compreensão, o papel do contexto e do implícito. Levaram a enfatizar, por isso mesmo, a parte de incerteza que é inerente a um processo de comunicação. Mas a maioria delas não conseguiu dar-se conta da extensão dos mecanismos por meio dos quais os interlocutores tentam reduzir suas incertezas. Claro, a modelização dos processos cognitivos de contextualização (busca de crenças confirmando uma interpretação, colocação em coerência das interpretações novas e antigas etc.) trazia uma resposta a essa questão, mas essa resposta era insuficiente para expressar a realidade de um processo de comunicação em situação. De fato, as teorias cognitivas puderam dar uma imagem da comunicação enquanto processo entre dois (ou mais) agentes autônomos produzindo e buscando sentido, nesse caso a realidade indica uma colaboração real na construção do sentido.

Essa visão colaborativa da comunicação surgiu das observações minuciosas feitas por pesquisadores pertencentes à corrente da análise conversacional (p. ex., Sacks et al., 1974; Schegloff et al., 1977; Bange, 1992), que se propunham a descrever as atividades sociais sob o ângulo de sua produção pelos agentes: esses sociólogos viam na troca verbal – a "conversação" – um modo maior de ajuste de nossas condutas na vida cotidiana. Esse ajuste supõe que o significado seja produzido localmente, em relação ao contexto imediato, com o auxílio de índices interpretativos, que permitem a cada um dos parceiros atribuir às palavras dos outros um valor comunicacional. As teorias interacionais analisam as trocas como construção progressiva entre parceiros que se respondem por meio das rodadas de fala sucessivas, em que cada uma transforma o contexto precedente. A comunicação se afirma como atividade dinâmica e é estudada em seu desenvolvimento temporal (para uma aplicação da análise conversacional ao estudo das situações de trabalho, ver Heath e Luff, 1994; e Goodwin e Goodwin, 1997).

Certos cognitivistas tentaram integrar essa visão colaborativa da comunicação em seu modelo. É o caso, em particular, de Herbert Clark (1992), que propôs um modelo da conversação em três fases: cada contribuição é composta de uma fase de apresentação de um conteúdo, de uma fase de aceitação desse conteúdo pelo ouvinte e de uma fase de aceitação da concordância do ouvinte pelo locutor. Essa dupla aceitação, que se apoia em índices diretos ou indiretos da compreensão do outro, constitui uma etapa essencial para enriquecer progressivamente a base comum de conhecimentos (*common ground*).

Essa passagem de uma visão autônoma a uma visão colaborativa da comunicação foi acompanhada por um interesse em comunicações ricas, precisando de trocas longas, envolvendo papéis diferenciados, tratando de situações complexas. As análises do trabalho seguiram essa evolução. A metodologia, baseando-se de início exclusivamente na categorização e na quantificação das trocas, foi em seguida se abrindo mais para a identificação dos processos interacionais e para a integração da comunicação em relações de cooperação mais amplas.

Plurifuncionalidade da comunicação – As análises ergonômicas se basearam numa distinção entre as comunicações funcionais – ou seja, aquelas que contribuem diretamente com o trabalho – e as comunicações não funcionais, considerando apenas as primeiras como objeto de estudo (todavia com algumas exceções, em especial DeKeyser et al., 1985).

Mas a visão das comunicações funcionais foi sendo progressivamente enriquecida, graças em parte à renovação das teorias da ação, comum a várias disciplinas e, em parte, às numerosas explorações em campo, que mostraram como a comunicação cumpre no trabalho uma multiplicidade de funções concretas (Lacoste, 1991): distribuição das atividades e papéis, sincronização da ação, harmonização das regras e das maneiras de fazer, confrontação das interpretações, descoberta e aprendizagem, tradução entre linguagens de ofícios diferentes, avaliação e controle, programação e antecipação, memorização coletiva, divulgação e adaptação das instruções, compreensão e resolução de problemas, gestão dos acasos, processo de decisão etc.

As comunicações funcionais articulam, portanto, vários registros, tradicionalmente distintos: *funções instrumentais, funções cognitivas, funções emotivas, funções sociais.* Essas diferentes dimensões tanto podem ser claramente separadas, quanto misturadas.

Ao mesmo tempo, a fronteira entre as comunicações funcionais e as outras se tornou mais porosa e mais problemática. As comunicações que servem para regular os coletivos, negociar os lugares, resolver conflitos, preparar projetos, exprimir emoções e compreender os problemas organizacionais não são diretamente funcionais, mas participam do trabalho e são indispensáveis a ele. Embora estejam presentes no cerne mesmo das atividades, os aspectos sociais e emocionais das interações de trabalho só mais recentemente chamaram a atenção dos ergonomistas. Mas o desenvolvimento dos estudos sobre a relação de serviço (Joseph e Jeannot, 1995; Falzon e Lapeyrière, 1998) ou sobre as situações terapêuticas (Cosnier et al., 1993) contribuiu para melhor considerar as manifestações emocionais, as formas da subjetividade, os conflitos interpessoais, presentes no conjunto das situações de trabalho, mas particularmente intensos nesses contextos. Ao conversar com um paciente ao mesmo tempo que lhe ministra cuidados, uma enfermeira pode dar à sua atividade uma dimensão afetiva, de gestão de emoções e cognitiva, de explicação do tratamento, com frequência essenciais para a apropriação terapêutica pelo paciente. Por sua vez, um agente de atendimento que precisa suportar a agressividade de clientes insatisfeitos tem como tarefa também gerir a relação e acalmar a situação, além de dar uma resposta técnica à reclamação. As relações entre essas facetas, papéis e competências variadas no âmbito de um mesmo ofício são reveladas pela análise das comunicações. Uma das teorias de referência mais solicitadas nesse quadro é a de Erving Goffman (1973), que oferece ferramentas conceituais para analisar a dimensão ritual da comunicação, seu vínculo com o eu social e a face dos interlocutores, os jogos territoriais, as condutas estratégicas e expressivas.

O que há além da tarefa

Por outro lado, ficou evidente que, no trabalho, as comunicações têm com frequência alcances, referentes, delimitações e lógicas que ultrapassam a tarefa imediata.

A tarefa, enquanto objetivo a cumprir com meios determinados, fica longe aliás de estar sempre definida, em detalhe, anteriormente ao trabalho: ao contrário, recorre-se com frequência à contribuição da comunicação para circunscrevê-la, elaborá-la, adaptá-la às circunstâncias, até para construí-la. Ela pode servir para discutir as regras do trabalho, reavaliá-las, tratar dos incidentes ou problemas mais globais, antecipar e programar situações futuras.

As comunicações vinculadas às atividades metafuncionais (Falzon, 1994), as comunicações reflexivas e as comunicações antecipadoras assumem uma importância crescente. Como ressaltou intensamente, ao evoluir para organizações mais transversais, grupos de projetos, atuação em rede, atividades transoperacionais, o trabalho necessita cada vez mais das comunicações interequipes, intertarefas, interofícios para coordenar grupos de geometria variável, harmonizar racionalidades profissionais diferentes. Com a gestão da qualidade, a busca de traços marcantes, a avaliação permanente dos desempenhos, "obrigação" de fala e "obrigação" de escrita se impõem para todos os tipos de funções e se manifestam na multiplicação das reuniões, na divulgação de documentos, a utilização crescente de tecnologias de comunicação. O trabalho incorpora cada vez mais gestão, coordenação, abertura ao contexto, mesmo para os operadores de base, e as comunicações refletem a menor possibilidade de separação entre a organização e o trabalho propriamente dito. Na articulação das contribuições individuais num desempenho coletivo, a comunicação é um meio privilegiado, que atua em diferentes níveis: "estruturante", "estratégico" e "operacional" (Grosjean e Lacoste, 1999). A questão de sua organização então se coloca, e o ergonomista é levado a se interrogar sobre as modalidades práticas, os dispositivos organizacionais, as condições contextuais de uma comunicação eficaz no nível dos coletivos.

Esse "além" da tarefa leva também a ultrapassar o quadro estritamente interacional, válido para os aspectos locais das trocas comunicativas, mas que não é suficientemente atento aos contextos culturais, à pertença social, às temporalidades longas, à vida dos grupos, ao sentido que estes dão a seu trabalho comum. As contribuições sociológicas às teorias da comunicação mostram-se, nesse caso, indispensáveis (Zarifian, 1996).

A comunicação no trabalho deve ser vinculada não somente ao conteúdo do trabalho e às relações entre operadores, mas também aos modos de organização. Ela é ao mesmo tempo estruturada pela organização e estruturante desta, pois contribui para reatualizá-la e para fazê-la evoluir.

Da comunicação para o trabalho ao trabalho de comunicação – As primeiras teorizações viam as comunicações funcionais como auxiliares do trabalho, cujo interesse para o ergonomista era o de revelar certos aspectos da relação do operador com a tarefa, ou de informar sobre a estrutura desta.

Uma evolução decisiva consistiu em incluir as comunicações na atividade, a partir de então composta de "ações e comunicações" (cf. Theureau e Pinsky, 1982). Ao lado das ações materiais, das atividades cognitivas, figuram agora os atos de comunicação que, da mesma forma que os outros, interessam à análise do trabalho. Uma das consequências – feliz – dessa concepção da comunicação foi não separá-la de seu contexto, propor um estudo situacional e aproximar ação e comunicação, contrariamente a outras disciplinas em que a comunicação é frequentemente autonomizada.

Um passo suplementar foi realizado com o estudo de situações profissionais, em que a comunicação representa o essencial do trabalho: relações de serviço, trabalho informacional, colaboração à distância etc. Nesse caso, a comunicação não é mais um simples meio de efetuação das tarefas; ela representa o cerne da atividade e não se pode mais ignorar que requer uma competência específica, que comporta condições de sucesso próprias e inclui cada vez mais o uso de tecnologias. A concepção, o desenvolvimento, a utilização das NTIC (Novas Tecnologias de Informação e de Comunicação) constituem, a partir de então, um campo reconhecido da ergonomia.

Por muito tempo residual, por muito tempo esquecida pelo trabalho, a comunicação se vê reconhecida hoje como um valor, e mesmo um valor de mercadoria: ela tem um custo, mas também uma produtividade, ela se vê enquadrada e é objeto de prescrição. Representa um trabalho de natureza particular.

É hoje com o conjunto dessas situações que a ergonomia lida: com a comunicação como parte da atividade individual e meio de realizar o trabalho, como ligação entre a atividade de vários operadores, como condição de eficácia dos coletivos, como recurso organizacional, mas também como atividade de um tipo específico.

Campos de aplicação

Embora a comunicação irrigue todas as situações de trabalho, há setores em que ela se mostra mais crucial, ou em todo caso onde os estudos ergonômicos são particularmente numerosos, reveladores e cheios de desafios. Claro, esses campos evoluem em relação aos interesses socioeconômicos, dos modos de organização, das transformações tecnológicas e das solicitações feitas aos ergonomistas. Citemos alguns atualmente muito vivos.

As situações de risco, marcadas por problemas de confiabilidade e segurança, o objetivo maior é prevenir os incidentes e acidentes e lidar com estes quando ocorrem. Nelas, a formulação, transmissão e compreensão das informações e instruções assumem um caráter crucial. É o caso da navegação marítima ou aérea: os diálogos piloto-torre de controle estiveram entre os primeiros estudados (Sperandio, 1969) e continuam a sê-lo, com extensões analíticas mais recentes, a cabine sendo considerada em si mesma como um sistema de interação homens e máquinas (Hutchins, 1994). É também o caso do setor nuclear e, de maneira mais geral, das centrais onde a transmissão das informações se revela como um dos pontos críticos. As questões colocadas dizem respeito ao estudo do impacto do estresse, da percepção do risco e dos constrangimentos temporais sobre a qualidade das comunicações, as modalidades de raciocínio coletivo e de contextualização dos eventos (p. ex., Pougès et al., 1994; Rognin et al., 1997). Esse campo de aplicação leva, além disso, a se interrogar sobre o grau desejável de procedimentalização e de normalização do vocabulário, bem como sobre a natureza dos auxílios a fornecer os operadores.

As cooperações à distância, comportando ou não riscos graves, modificam as condições da intercompreensão. O diálogo à distância torna, às vezes, complexa a construção de um referente comum necessário aos interlocutores (Karsenty, 1999) e necessita de estratégias de interrogação e explicação adaptadas (Karsenty, 2000). As cooperações à distância, sobretudo quando têm uma dimensão de formação, podem acentuar a dificuldade de coordenar competências desiguais e com frequência heterogêneas (Lacoste, 1990). Nesse quadro, a análise das comunicações se apoia em diferentes indicadores e marcas linguísticas, argumentativas, lógicas, retóricas, pragmáticas, testemunhando um trabalho de cooperação: iniciativas de fala dos interlocutores em seus respectivos papéis, marcas de intercompreensão ou de mal-entendido, inserções explicativas, raciocínios, reformulações etc. As perspectivas ergonômicas são de ordem diversa: por exemplo, a concepção de ferramentas de repartição de informação, o enriquecimento dos canais de comunicação com a instalação de um canal de vídeo (videoconferência, mediaspace) ou ainda a formação dos operadores. O advento dos ambientes de realidade virtual, permitindo em especial simular reuniões em copresença com usuários distantes, vai provavelmente renovar as reflexões realizadas até agora sobre o auxílio aos diálogos à distância.

O trabalho cooperativo informatizado – ou CSCW, do termo em inglês *Computer-Supported Cooperative Work* – combina em geral colaboração à distância com colaboração em copresença, mobilizando suportes de comunicação múltiplos e participantes em número, às vezes, indeterminado. Dizem respeito a sistemas de regulação de tráfego, de gestão da urgência, de cooperação científica etc. Hoje bastante difundidos, colocam múltiplas questões de análise e de adaptação: consideração ao mesmo tempo das tecnologias da comunicação e da dimensão coletiva do trabalho, reflexão sobre os formatos de comunicação, com frequência variáveis e extensíveis, e sobre as configurações espaçotemporais, modificadas em maior ou menor grau pelas ferramentas multimídia (p. ex., Galegher et al., 1990).

As *situações de concepção* obrigam, com frequência, o ergonomista que delas participa a um trabalho reflexivo, em que ele é ao mesmo tempo sujeito e objeto da análise. Essas atividades altamente cooperativas, reunindo especialistas de diversas disciplinas, organizados em projetos de trabalho que conjugam colaboração à distância e colaboração em proximidade, têm ainda a particularidade de tratar de um referente em parte virtual, o "objeto" a conceber. Portanto, a comunicação aí é dotada de uma dupla dimensão, coletiva e criativa: ao mesmo tempo que se apoiam em diversos suportes visuais, os projetistas se dedicam, no decorrer de suas reuniões, a uma "simulação linguística" das situações de utilização do produto, num diálogo cerrado em que se sucedem proposições e críticas (Martin et al., 2000; Nicolas, 2000; Capítulo 33 deste livro).

As *atividades comerciais e de serviço*, inicialmente negligenciadas pela ergonomia, tornaram-se já há vários anos o objeto de numerosas demandas de concepção, de adaptação, de avaliação (ver caps. 34 e 35 deste livro). No setor comercial, e mesmo nas empresas do setor público, a organização em torno do cliente contribuiu para isso: nas administrações, o objetivo de "modernização" e de melhor serviço para o usuário serviu de instigação para tentativas de melhoria. As atividades dos agentes "de linha de frente" em relação ao usuário – ou ao cliente – são marcadas por uma dimensão de comunicação considerável, ou mesmo consistem em relações de comunicação: às vezes criticado, completado ou reformulado, o modelo goffmaniano da "relação de serviço" foi abundantemente utilizado, em especial na sua distinção entre competências técnicas, competências contratuais, competências de civilidade (Goffman, 1968). Mas a separação entre "*linha de frente*" e "*retaguarda*" se revela parcialmente superada, então é toda a organização que deve ser pensada em relação ao serviço. O reagrupamento das comunicações – de venda, "marketing", assistência técnica – em "centrais de atendimento telefônico" marcados por uma intensificação do trabalho e do controle, por uma grande formalização das comunicações, provoca efeitos preocupantes e foi objeto recentemente de numerosos estudos (cf., p. ex., Pichault e Zune, 2001).

Dimensões da comunicação

Cada área do trabalho tem suas características próprias, cada situação tem suas particularidades, que se referem à história, organização, conteúdo do trabalho e relações sociais, e isso vale também para a comunicação. A reflexão pode, no entanto, se organizar em torno de algumas questões gerais: mencionaremos aqui os formatos, as modalidades, as semióticas, as ferramentas e as relações espaçotemporais.

Formatos da comunicação

Comunicação a dois e estudo dos diálogos – Inicialmente, os estudos ergonômicos tiveram tendência a focalizar um operador, emissor da comunicação, e a privilegiar a coleta de enunciados isolados, mais do que comunicações em sequência. O objeto não era tanto a comunicação, mas a emissão de enunciados: o interesse era pela atividade do operador, que recebia ordens, e fazia interrogações ou avaliações.

Outros trabalhos, adotando problemáticas interacionais, focalizaram as trocas verbais entre operadores, em situações em que a fala ocupa um lugar central: por exemplo, comunicação entre piloto e torre de controle, informações telefônicas etc. A aplicação de modelos teóricos permitiu avançar na compreensão dos mecanismos do diálogo, dos raciocínios, processos de decisão, entendimentos e mal-entendidos. Os primeiros estudos trataram de situações de diálogo clássicas: interlocutores pré-identificados e em pequeno número (com frequência dois), formato de comunicação estável e claramente delimitado.

Um objetivo de modelização cognitivo, tendo em vista a concepção de sistemas dialógicos ou de auxílios ao diálogo, acompanha frequentemente esses trabalhos, sejam eles conduzidos em situação experimental ou em situação real. Embora a ideia de uma concepção centrada no usuário (*user-centered*) guie hoje em dia muitos desses estudos, a integração aos modelos da dimensão propriamente interativa está sendo menos aprofundada. Entre os principais campos abrangidos: os diálogos entre operadores experientes e novatos, que interessam ao setor da formação; os diálogos especialista-consulente, em especial, com a questão da adaptação do especialista às diferenças de competência dos usuários; as interações agente-cliente para a concepção de diálogos de serviço; os diálogos entre especialistas, por exemplo, com o objetivo de conceber auxílios externos apropriados.

Comunicação plural e a questão dos coletivos. Ao mesmo tempo que se refinavam, os modelos de diálogos se ampliaram para outras situações. Ao lado das trocas duais, a ergonomia passou a se interessar pelas trocas plurais (denominadas às vezes de polílogos), pois correspondem a situações de trabalho muito frequentes. Sua estrutura é evidentemente mais complexa, ainda mais que os interlocutores não têm necessariamente o mesmo estatuto de participação e não estão sempre em número determinado e estável. Eles devem organizar sua entrada em interação e suas vezes de falar, gerir seu lugar na rede ou grupo de participação (Périn e Gensollen, 1992). Os fenômenos de escuta flutuante e de pluriendereçamento, fator de eficácia de um coletivo (Rognin et al., 1997), acentuam, todavia, a complexidade dessas situações de comunicação por seu caráter dificilmente preditível. A questão das trocas plurais diz respeito diretamente às problemáticas ergonômicas de adaptação dos sistemas cooperativos informatizados (Pavard, 1994). Ela cruza igualmente a dos coletivos: na medida em que as "equipes, as redes, os coletivos" se constituem por meio de suas interações e trocas de informação, a comunicação oferece uma porta de entrada para a análise da dimensão coletiva do trabalho (Benchekroun e Weill-Fassina, 2000).

Modalidades da comunicação

Mono ou multimodalidade – Certas situações apresentam um modo de comunicação dominante, ou mesmo único: com frequência a fala ou a escrita, raramente o gesto. É o caso das conversações de trabalho efetuadas pelo telefone em especial (centro de atendimento telefônico, suporte técnico à distância etc.). A análise focaliza então os processos, regras e constrangimentos próprios a esse modo de comunicação. Mas, mesmo nas trocas puramente verbais, a importância das informações visuais (gestos, mímicas, percepções) não pode ser subestimada em situações de copresença. As análises de gravações em vídeo demonstram o seu interesse. Em termos mais amplos, os estudos ergonômicos tiveram de considerar a natureza multimodal da comunicação (p. ex., Bressole et al., 1998): vários "canais" (visual e auditivo), vários sistemas semióticos (gestos, sons, fala, escrita, números, gráficos...), vários sistemas de artefatos (telefone, rádio, mensagens eletrônicas, cartazes gráficos etc.). Quais são as especificidades dessas modalidades, quais são suas complementaridades, suas combinações possíveis? São todas questões relativas à organização/reorganização/adaptação dos postos e dos sistemas de comunicação.

As semióticas: a indicial, a icônica, a oral, a escrita. Se as informações indiciais tradicionais (tato, visão direta dos produtos...) tendem a recuar em favor de interfaces informatizadas, a comunicação icônica – por intermédio de telas –, ao contrário, tem aumentado e suscita reflexões sobre a imagem e os modos de visualização.

Quanto à comunicação verbal, ela assume duas formas: a oral e a escrita. Inicialmente, foi sobre a oral que os ergonomistas se concentraram em sua análise do "trabalho real" que, efetivamente, depende em ampla medida das interações à viva voz entre os operadores. A escrita se encontrava mais restrita à prescrição. Mas vários fatores contribuíram para a evolução da situação. Após terem focalizado a interação oral, as ciências sociais (linguística, antropologia...) se interessaram pelos escritos de trabalho (Fraenkel, 2001) e forneceram pistas de pesquisa e de análise. Além disso, evoluções do trabalho levam a dar ênfase à escrita: porque a prescrição não é mais unicamente um modelo longínquo, mas se aproxima da atividade, mesmo para os operadores de base; porque as atividades dão lugar a relatórios por escrito; porque os escritos interativos se desenvolvem. Muitas situações de trabalho aparecem agora como estruturadas por relações – de contato, de tradução, de combinação – entre o oral e a escrita.

Os artefatos: a instrumentação da comunicação. Embora o vínculo da comunicação a suportes e a ferramentas não seja coisa nova, como testemunha toda a história da escrita, no campo do trabalho, foi com a informática e mais recentemente as NTIC que a questão da instrumentação se tornou primordial. Conjunto aberto de tecnologias multimídia em expansão, mas também em obsolescência rápida, as NTIC abrangem realidades diversas (internet, intra-extranet, correio eletrônico, telefonia móvel e derivados, videofonia etc.). Os ergonomistas são convocados a participar de sua concepção, da elaboração dos critérios de desempenho, da formação, do estudo dos efeitos dessas tecnologias sobre a atividade, organização do trabalho, condições de trabalho e relações sociais. Paralelamente às ferramentas, são contextos e usos que são pouco a pouco repertoriados, descritos, analisados: mensagens eletrônicas entre pesquisadores, intranet utilizada para a formação, os recursos humanos, o suporte à atividade, videotransmissão em telemedicina. Os sistemas cooperativos (trabalho colaborativo mediatizado, conferência telemática, videoconferência etc.) são definidos por sua dimensão coletiva e pela combinação com frequência singular de artefatos diversos.

Seus efeitos no trabalho referem-se frequentemente à modificação e à complexificação do espaço-tempo que são próprios a eles. Na ordem espacial, duas formas de comunicação têm de coexistir: uma "presencial", em que os interlocutores veem-se e ouvem-se diretamente, recorrendo a mecanismos sutis de compreensão imediata, de adaptação e correção no decorrer da comunicação; e outra em que eles se comunicam "à distância" e por meio de mediações, que exigem maior explicitação e formalização. A distância e o virtual marcam cada vez mais a comunicação. Quanto à ordem temporal, é o caso de se perguntar se a aceleração das comunicações provoca uma intensificação do trabalho, se a coexistência de ritmos temporais variados permitidos pelo jogo entre o síncrono e o assíncrono muda dados essenciais da atividade.

Conclusão

A evolução do trabalho caminha para uma intensificação das comunicações de trabalho. A ergonomia, e sua ferramenta principal, que é a análise da atividade, teve – e terá ainda – de enfrentar o desafio de uma renovação teórica, metodológica e aplicativa para responder às novas questões que essas evoluções colocam.

Este capítulo enfatizou essas exigências, insistindo mais particularmente nos novos conceitos exigidos pela análise das comunicações e seu caráter necessariamente multidimensional. Cabe, todavia, ressaltar que a renovação de nossa disciplina suscitada pelo estudo das situações de comunicação, sua concepção e avaliação, não atingiu ainda um nível de maturidade suficiente. Tanto quanto sabemos, não existe ainda modelo articulando as dimensões cognitivas, dialógicas, sociais e organizacionais em jogo em todo o processo de comunicação no trabalho. Além disso, mesmo que um certo número de trabalhos já tenha sido dedicado à avaliação do desempenho comunicacional, em ambientes de trabalho específicos, a avaliação das atividades de comunicação, que permitiria medir não somente a eficácia comunicacional mas também seus efeitos no nível das diferentes esferas do trabalho que ela afeta – a intercompreensão, a tarefa, a coesão do coletivo, a aprendizagem organizacional, entre outras –, constitui ainda um vasto campo para a pesquisa em ergonomia.

Referências

AUSTIN J. L. *How to do things with words.* Paris: Le Seuil, 1970.

BANGE, P. *Analyse conversationnelle et théorie de l'action.* Paris: Hatier-Didier, 1992.

BENCHEKROUN, T. A.; WEILL-FASSINA, A. (Ed.). *Le travail collectif:* perspectives actuelles en ergonomie. Toulouse: Octarès, 2000.

BRESSOLLE, M. C.; PAVARD, B.; LEROUX, M. The role of multimodal communication. In: COOPERATION: the case of air traffic control. *Lecture Notes in Artificial Intelligence,* Springer, v.1374, p.326-343, 1998.

CAHOUR, B.; KARSENTY, L. Contextes cognitifs et dysfonctionnements de la communication. *Interaction et Cognitions,* n.1, p.485-509, 1996.

CLARK, H. H. *Arenas of language use.* Chicago: Univ. of Chicago Press, 1992.

COSNIER, J.; GROSJEAN, M.; LACOSTE, M. *Soins et Communications:* Lyon: PUL, 1993.

DE KEYSER, V.; DECORTIS, F.; PÉRÉE, F. La conduite collective dans un système automatisé, appréhendée à travers les communications verbales. *Psychologie et Éducation,* v.9, n.1/2, 1985.

FALZON, P. Les activités méta-fonctionnelles et leur assistance. *Le Travail Humain,* Paris, v.57, p.1-23, 1994.

_____. *L'ergonomie cognitive du dialogue.* Grenoble, PUF, 1989.

FALZON, P.; LAPEYRIÈRE, S. L'usager et l'opérateur: ergonomie et relations de service. *Le Travail Humain,* Paris, v.61, p.69-90, 1998.

FRAENKEL, B. Les écrits de travail. In: FRAENKEL, B.; BORZEIX, A. (Ed.). *Langage et travail:* communication, action, cognition. Paris: CNRS, 2001.

GALEGHER, J.; KRAUT, R.; EGIDO, C. (Ed.). *Intellectual teamwork:* social and technological foundations of cooperative work. Hillsdale (NJ): LEA, 1990.

GOFFMAN, E. *Asiles.* Paris: Minuit, 1968.

_____. *La mise en scène de la vie quotidienne.* Paris: Minuit, 1973. v.2.

GOODWIN, C.; GOODWIN, M. H. La coopération de travail dans un aéroport. *Réseaux,* v.85, p.129-162, 1997.

GRICE, H. P. Logic and conversation. In: COLE, P.; MORGAN, J. L. *Syntax and semantics,* New York: Academic Press, 1975. v.3, p.41-58.

GROSJEAN M.; LACOSTE, M. *Communication et intelligence collective:* le travail à l'hôpital. Paris: PUF, 1999.

HEATH, C; LUFF, P. Activité distribuée et organisation de l'interaction. *Sociologie du Travail,* v.36, n.4, p.523-545, 1994.

HUTCHINS, E. Comment le «cockpit» se souvient de ses vitesses. *Sociologie du Travail,* v.36, n.4, p.451-473, 1994.

JOSEPH, I.; JEANNOT, G. *Les compétences de l'agent et l'espace de l'usager.* Paris: CNRS, 1995.

KARSENTY, L. Cooperative work and shared visual context: An empirical study of comprehension problems in side by side and remote help dialogues. *Human-Computer Interaction,* v.14, n.3, p.283-315, 1999.

_____. Cooperative work: the role of explanation in creating a shared problem representation. *Le Travail Humain,* Paris, v.63, n.4, p.289-309, 2000.

KARSENTY, L.; PAVARD, B. Différents niveaux d'analyse du contexte dans l'étude ergonomique du travail collectif. *Réseaux,* n.85, p.73-99, 1997.

KERBRAT-ORECCHIONI, C. (Ed.). *L'implicite.* Paris: Armand Colin, 1986.

LACOSTE, M. Interaction et compétences différenciées. *Réseaux,* n.43, p.81-97, 1990.

_____. Les communications de travail comme interactions. In: ALMABERTI, R.; MONTMOLLIN, R. de; THEUREAU, J. (Ed.). *Modèles en analyse du travail.* Liège: Mardaga, 1991. p.191-227.

LEVINSON, S. C. *Pragmatics.* Cambridge: Cambridge Univ. Press, 1983.

MARTIN, G., DÉTIENNE, F.; LAVIGNE, E. Negociation in collaborative assessment of design solutions: An empirical study of concurrent engineering process. In: GHODOUS, P.; VANDORPE, D. (Ed.). In: ISPE: INTERNATIONAL CONFERENCE ON CONCURRENT ENGINEERING, 7., Lyon, 2000. *Proceedings.*

MOESCHLER, J. *Argumentation et conversation. Éléments pour une analyse pragmatique du discours.* Paris: Hatier, 1985.

NAVARRO, C. Une analyse cognitive de l'interaction dans les activités de travail. *Le Travail Humain,* Paris, v.54, n.2, p.113-128, 1991.

NICOLAS, L. La simulation langagière' en analyse fonctionnelle: entre travail des concepteurs et travail des ergonomes. In: CONGRÈS DE LA SELF: communication et travail, 35., Toulouse, 2000. *Actes.* Toulouse: SELF, 2000. p.178-187.

PAVARD, B. (Ed.). *Systèmes coopératifs:* de la modélisation à la conception. Toulouse: Octarès, 1994.

PÉRIN, P.; GENSOLLEN, M. (Ed.). *La communication plurielle.* Paris: Dunod, 1992.

PICHAULT, F.; ZUNE, M. Logiques d'action dans les call centers. In: PENE, S.; BORZEIX, A.; FRAENKEL, B. *Le langage dans les organisations.* Paris: L'Harmattan, 2001. (Langage et Travail).

POUGÈS, C. et al. Conception de collecticiels pour l'aide à la prise de décision en situation d'urgence: la nécessité d'une approche pluridisciplinaire et intégrée. In: PAVARD, B. *Systèmes coopératifs:* de la modélisation à la conception. Toulouse: Octarès, 1994.

ROGNIN, L.; SALEMBIER, P.; ZOUINAR, M. Cooperation, reliability of socio technical systems and allocation of function. *International Journal of Human-computer Studies*, v.52, p.357-379, 1997.

SACKS, H.; SCHEGLOFF, E. A.; JEFFERSON, G. A simplest systematics for the organization of turn-taking for conversation. *Language*, v.50, p.696-735, 1974.

SAVOYANT, A. Définition et voies d'analyse de l'activité collective des équipes de travail. *Cahiers de Psychologie Cognitive*, n.4, p.273-284, 1984.

SCHEGLOFF, E. A.; JEFFERSON, G.; SACKS, H. The preference for self-correction in the organization of repair in conversation. *Language*, v.53, p.361-382, 1977.

SEARLE, J. R. Indirect speech Acts. In: COLE, P.; MORGAN, J. L. *Syntax and semantics*. New York: Academic Press, 1975. v.3.

SPÉRANDIO, J.-C. *Analyse des communications air-sol en contrôle d'approche*. Paris, 1969. (Rapport IRIA-CENA, CO6909, R21).

SPERBER, D.; WILSON, D. *Relevance:* communication & Cognition. Paris: Minuit, 1989. (1986-1989).

THEUREAU, J.; PINSKY, L. *Activité cognitive et action dans le travail*. Paris: CNAM, 1982. (Ergonomie et physiologie du travail, n° 73).

ZARIFIAN, P. *Travail et communication*. Paris: PUF, 1996.

Ver também:

5 – A aquisição da informação

13 – As competências profissionais e seu desenvolvimento

15 – Homens, artefatos, atividades: perspectiva instrumental

16 – Para uma cooperação homem-máquina em situação dinâmica

34 – As atividades de serviço: desafios e desenvolvimentos

15

Homens, artefatos, atividades:
perspectiva instrumental

Viviane Folcher, Pierre Rabardel

Relações homens-máquinas, as abordagens em confrontação

No campo pluridisciplinar abrangido pelas relações que os homens entretêm com as máquinas e os dispositivos técnicos, materiais ou simbólicos (artefatos), três tipos de abordagens principais podem ser distinguidas: aquelas centradas na interação entre o homem e a máquina (IHM), aquelas que consideram o homem e a máquina como um sistema engajado numa tarefa (SHM) e, enfim, as abordagens centradas na mediação da atividade pelo uso dos artefatos. Essas abordagens se apoiam em fundamentos teóricos diferentes, o que leva na maioria das vezes a considerá-las opostas entre si. Nós acreditamos que elas não são alternativas, mas, ao contrário, complementares: serão mais ou menos pertinentes e privilegiadas conforme o campo, o tipo de demanda ou de problema com o qual se defronta o profissional de ergonomia ou o pesquisador. Têm em comum visar uma melhor adequação dos artefatos aos homens, contribuindo na avaliação e na concepção, seja pela produção de resultados empíricos de pesquisa, seja por uma inscrição operacional em projetos industriais. Sublinhemos, por fim, que as abordagens modelizadas não podem ser superpostas às práticas das comunidades científicas e profissionais que, com frequência, adotam conjuntamente várias abordagens.

Examinaremos agora sistematicamente as três abordagens com uma mesma base de leitura que considerará:

— a definição e/ou conceituação do homem e da ação humana no interior dos dispositivos técnicos;
— as questões exploradas e a unidade de análise adotada;
— os critérios de análise e de ação privilegiada;
— os panos de fundo teóricos mobilizados de maneira majoritária.

Interação homem-máquina – Nessa abordagem, o homem e a máquina são considerados como duas entidades heterogêneas, em relação às quais trata-se de criar um meio para sua interação, por meio de um dispositivo que é a interface, como mostra a Figura 1:

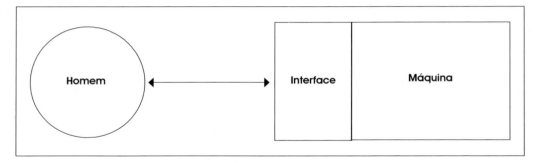

Fig. 1   Esquema simplificado das abordagens da "interação homem-máquina".

Geralmente, define-se a interação como o processo de confrontação entre o homem e a máquina; e a interface como o *hardware* e o *software* da máquina servindo para as trocas de informações com o usuário (Montmollin, 1999). O usuário designa aquele ou aquela que finalmente põe o dispositivo para funcionar, o que o diferencia de usuários e/ou sujeitos de experiências, aos quais se solicita que testem um dado dispositivo. A unidade de análise privilegiada é a da interação entre um homem e uma máquina no quadro de uma tarefa a realizar. As questões colocadas evidenciam as características das tarefas a realizar que solicitam uma interação entre o homem e a máquina (diálogos, comandos e menus, bem como as ferramentas/periféricos), a atualização da diversidade e variabilidade dos usuários. O objetivo visado é a otimização da qualidade da interação homem-máquina. Os critérios de análise e ação ergonômica concernem à facilidade de aprendizagem, a qualidade das apresentações de dados e dos meios de ação, a adaptação às diferenças individuais e a proteção contra os erros do usuário. Numerosos trabalhos empíricos tornaram possível a formalização de recomendações para a concepção constituídas em critérios ergonômicos que abrangem muitos aspectos da interação homem-máquina e se propõem a ser ferramentas para a avaliação e a concepção de dispositivos (Bastien e Scapin, 1995; e o Capítulo 27 deste livro).

Os quadros teóricos convocados são principalmente aqueles que permitem caracterizar as propriedades e os processos cognitivos do homem: fisiologia e metrologia humana, psicofisiologia (percepção), psicologia cognitiva (recursos de atenção, planificação, memória...).

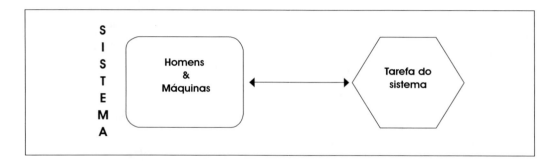

Fig. 2   Esquema simplificado das abordagens "sistemas homens-máquinas".

Sistemas homens-máquinas – As abordagens dos sistemas homens-máquinas consideram o homem e a máquina como os dois componentes de um sistema funcional engajados em conjunto na realização de uma tarefa.

Um sistema homem-máquina pode ser definido como uma combinação operatória de um ou mais homens que interagem com uma ou mais máquinas com o objetivo de atingir um fim, levando em conta um dado ambiente. Duas características dos sistemas homens-máquinas se destacam. A primeira diz respeito à acoplagem, no interior do sistema funcional, da máquina aos processos cognitivos do operador. A segunda diz respeito ao fato de que a tarefa considerada é a do sistema em seu conjunto.

Nesse quadro, a unidade de análise que se retém é o par homem-máquina, engajado conjuntamente na realização de uma tarefa. Desenvolvidas em especial na gestão dos sistemas complexos e com riscos, as questões às quais essas abordagens procuram responder dizem respeito à cooperação homem-máquina e à alocação das tarefas (Vanderhaegen, 1999; Hoc, Capítulo 16 desta obra). Essas questões encontram igualmente desenvolvimentos em termos de *joint cognitive system* caracterizando sistemas adaptativos capazes de realizar ações inteligentes e efetuar escolhas entre várias soluções para um dado problema (Woods e Roth, 1995). Os critérios de análise e ação privilegiados são relativos ao desempenho, segurança e confiabilidade do sistema homem-máquina, bem como à adequação ótima entre os componentes humanos e não humanos.

Os quadros teóricos mobilizados provêm ao mesmo tempo dos trabalhos realizados nos campos da automação, da análise de sistemas e das ciências cognitivas, bem como das proposições desenvolvidas pelas teorias da atividade.

Atividade mediada – As abordagens da atividade mediada pelos artefatos se centram no uso humano das ferramentas culturais. A mediação da atividade humana pelos artefatos é considerada como o fato central que transforma as relações do sujeito com o mundo, as funções psicológicas, e condiciona seu desenvolvimento (Vygotski, 1930). As ferramentas provenientes da cultura são artefatos, mediadores da ação e da atividade finalizada dos operadores que transformam as tarefas e as atividades (Norman, 1991; Rabardel, 1995). São objeto de transmissão, apropriação e desenvolvimento no seio das comunidades, tanto nos contextos profissionais quanto nos da vida cotidiana.

A atividade tem dois tipos de orientação: por um lado, a realização de tarefas – atividade produtiva – e, por outro, a elaboração de recursos internos e externos (instrumentos, com-

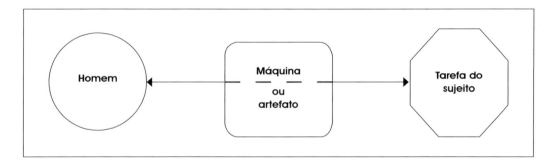

Fig. 3   Esquema simplificado da abordagem da atividade mediada.

petências, esquemas e conceituações, sistemas de valores...) – atividade construtiva, em que o sujeito produz as condições e os meios da atividade futura (Rabardel e Samurçay, no prelo).

Essas duas orientações nos levam a distinguir duas unidades de análise. Para a atividade produtiva, a unidade que se retém é a da atividade mediada, pois ela conserva as propriedades características dos indivíduos, das ferramentas culturais e dos contextos (Wertsch, 1998). A escolha dessa unidade permite evitar duas formas de reducionismo: o esquecimento da colocação em forma da ação pelas ferramentas culturais; o esquecimento da atividade do indivíduo em favor de um determinismo mecânico pelas ferramentas. É por isso que a atividade mediada é uma boa candidata como unidade de análise para as pesquisas interdisciplinares sobre o uso humano das ferramentas.

A perspectiva desenvolvimental característica dessas abordagens leva a considerar que a unidade de análise das atividades construtivas é aquela da apropriação das ferramentas culturais, dos usos e desenvolvimentos dos instrumentos, e dos indivíduos.

As questões exploradas nessas abordagens procuram, por um lado, compreender a natureza e a dimensão das transformações das tarefas e atividades no uso dos artefatos e, por outro, apreender as modalidades do desenvolvimento dos indivíduos por meio dos processos de apropriação (desenvolvimento de recursos para a ação, desenvolvimento das competências).

Os critérios de análise e ação que se retêm são relativos à adequação dos artefatos à atividade do ponto de vista dos sujeitos e das tarefas redefinidas e objetos da atividade. Para a atividade produtiva, visa-se a adequação às tarefas, aos objetos da atividade, esquemas e conceituações, habilidades e competências dos sujeitos. Para a atividade construtiva, trata-se de facilitar a apropriação e o desenvolvimento dos recursos pelos sujeitos.

Os quadros teóricos mobilizados são provenientes das teorias da atividade e das proposições da psicologia histórico-cultural, bem como dos trabalhos da escola piagetiana.

Por fim, a concepção do homem nessas abordagens é a de um sujeito socialmente situado, portador de significados e herdeiro de uma cultura que ele contribui para renovar. Está intencionalmente engajado em atividades que são para ele finalizadas e significativas.

Um exemplo da vida cotidiana – o uso de uma máquina fotográfica digital – permite ilustrar as diferenças e complementaridades desses três grandes tipos de abordagens. Listemos as características principais da máquina:

— possui comandos diversos permitindo tirar as fotos, fazer as regulagens (p. ex., resolução, exposição etc.), selecionar programas específicos por meio de menus (p. ex., contraluz, retrato etc.) e mostradores que dão informações variadas (estado da bateria, número de fotos restantes, programa selecionado, enquadramento etc.);

— é dotada de uma tela LCD (*Liquid Cristal Display*) que mostra uma representação dinâmica da cena a ser fotografada e permite visualizar as fotos imediatamente após terem sido tiradas. Diferentemente de um aparelho usando prata, o suporte oferecido é digital.

Uma abordagem em termos de interação homem-aparelho fotográfico digital se interessaria, por exemplo, pela otimização da apresentação das informações (quantidade de informações, legibilidade dos menus na tela, tamanho das letras, legibilidade da tela em diferentes condições de iluminação) e pela facilidade de utilização dos meios de

Capítulo 15 – Homens, artefatos, atividades

ação (acessibilidade dos comandos, encadeamento dos diálogos, proteção contra ações errôneas etc.).

Uma abordagem do tipo sistema homem-máquina se interessaria, por exemplo, pela questão da divisão das funções entre o homem e a máquina fotográfica. As diferentes regulagens para tirar a foto (velocidade, abertura do diafragma, foco) podem ser realizadas pela máquina (modo automático) ou pelo usuário (modo manual). A divisão de funções entre o homem e a máquina é nesse último caso variável e sob o controle do usuário.

Numa abordagem do tipo atividade mediada é a relação com os objetos da atividade que retém a atenção. Examinemos a tela sob este ângulo. Como através do visor de uma máquina reflex, ela dá uma representação dinâmica da cena a fotografar. Mas ela não obriga a conservar o olho no visor e oferece assim possibilidades de enquadramentos diferentes: enquadrar com o braço estendido, ou acima da cabeça. A tela torna possível também uma nova relação com a foto produzida. É imediatamente visível e, se não convém, pode ser apagada e refeita. Essas novas relações com os objetos da atividade conduzem progressivamente os usuários a novos usos da máquina fotográfica e a novas formas de realização da atividade, como veremos na sequência deste texto.

Atividade mediada: dos artefatos aos instrumentos

Foi no âmbito das abordagens provenientes das teorias da atividade que se desenvolveram mais precocemente as conceituações e os quadros teóricos permitindo explorar a questão da mediação da atividade humana pelo artefato. Vygotski (1930) propôs um primeiro quadro teórico conceituando a atividade mediada pelas ferramentas e pelos signos. Ele considera a mediação como o fato central que transforma as funções psicológicas: "O uso de meios artificiais, a transição para uma atividade mediada, mudam fundamentalmente todas as operações psicológicas, assim como o uso de ferramentas amplia de maneira ilimitada o espectro de atividades, nas quais novas funções psicológicas devem operar".[*] Dando prosseguimento a ele, Léontiev (1981) faz igualmente a atividade mediada pelos artefatos desempenhar um papel central em sua teoria geral da atividade.

Proporemos que sejam consideradas três orientações principais da mediação pelos instrumentos: em direção ao objeto da atividade, em direção aos outros sujeitos e, enfim, em direção a si mesmo.

A mediação principal decorre do fato que a atividade do sujeito seja orientada para um objeto. Proporemos distinguir duas formas:

— mediações visando principalmente a aquisição de conhecimento do objeto (suas propriedades, suas evoluções relativas às ações do sujeito...): mediações epistêmicas ao objeto. O microscópio é um bom exemplo de artefato organizado em torno desse tipo de relação. No caso da máquina fotográfica digital, a tela permite, por exemplo, uma mediação epistêmica à foto que acaba de ser tirada. O sujeito pode analisá-la imediatamente e assim decidir conservá-la ou refazê-la levando em conta as características da imagem rejeitada;

---

[*] "The use of artificial means, the transition to mediated activity, fundamentally changes all psychological operations just as the use of tools limitlessly the range of activities within which the new psychological functions may operate."

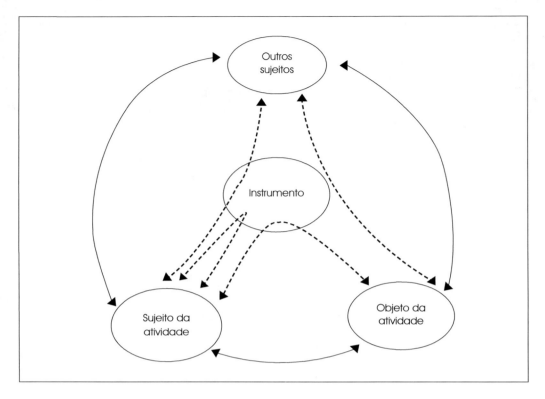

Fig. 4 Atividade mediada pelo instrumento. As flechas pontilhadas representam as três orientações da mediação pelos instrumentos. As flechas contínuas representam as relações não mediadas.

— mediações visando a ação sobre o objeto (transformação, gestão, regulação...): mediações pragmáticas ao objeto. O martelo é um exemplo de artefato principalmente organizado em torno desse componente. O conjunto dos comandos da máquina fotográfica digital permitindo que a foto seja tirada ou a manipulação das fotos (modificação, destruição...) é uma mediação desse tipo.

Mas a atividade do sujeito é também orientada para os outros. Isso é verdade para as atividades coletivas e individuais. É a segunda orientação das mediações: as mediações interpessoais. Conforme se trate de conhecer os outros ou de agir, essas mediações podem ser de natureza epistêmica ou pragmática. Podem também assumir outros valores segundo a natureza da atividade: mediação colaborativa no quadro do trabalho coletivo, mediação intersubjetiva, mediação social etc. A máquina fotográfica digital possibilita relações com os outros diferentes daquelas que os aparelhos tradicionais permitem. A foto de uma pessoa pode ser examinada imediata e conjuntamente pelo "fotógrafo" e pelo "fotografado". O fotografado pode examiná-la enquanto imagem de si mesmo (mediação reflexiva), mas também do ponto de vista do olhar dirigido sobre ele pelo fotógrafo (mediação interpessoal). Um clima de desconfiança ou confiança pode se instaurar ao longo da sessão de fotos. A natureza das fotos realizadas dependerá diretamente disso.

Por fim, o sujeito, em sua atividade, está igualmente em relação consigo mesmo: ele se conhece, se gere e ele mesmo se transforma. É preciso, portanto, considerar esta terceira orientação: as mediações reflexivas que dizem respeito à relação do sujeito consigo mesmo, mediada pelo instrumento. Vygotski deu um exemplo sugestivo disso: o nó dado num lenço que é destinado a lembrar que é preciso lembrar... A utilização da máquina fotográfica digital para fazer autorretratos também é desse tipo. Trata-se de se fotografar em momentos particulares de vida e de atividade. O critério que domina então é aquele da verdade da pessoa e de seu estado naquele momento. É esse critério que orienta a seleção ou a eliminação das fotos na etapa seguinte de visualização. Quando se consulta o conjunto das fotos, os instantâneos considerados em seu conjunto exprimem uma história de vida, e cada um serve de suporte a situações, estados interiores e locais particulares. Assim, as mediações ultrapassam o quadro temporal de uma dada atividade para se inscrever no tempo e na própria história dos sujeitos.

Vygotski fizera das mediações a si mesmo e aos outros uma característica de um tipo particular de instrumento – os instrumentos psicológicos. No entanto, essas mediações não são características de uma classe de instrumento em particular. Todo instrumento constitui potencialmente um mediador para esses três tipos de relações, que podem estar co-presentes no interior de cada atividade instrumentada (Rabardel e Samurçay, no prelo).

Isso não implica que todos os instrumentos devam ser considerados como equivalentes. Uma ou outra das relações é habitualmente predominante (por constituição ou de acordo com as situações), as outras sendo de importância menor, em geral subordinadas à relação dominante, ou às vezes ausentes.

O conjunto das mediações intervém tanto na atividade produtiva quanto na atividade construtiva, cujas orientações e horizontes temporais são muito diferentes:

— a temporalidade da atividade produtiva é a da realização das tarefas. Seu horizonte é aquele de tal ou qual ação ou cadeia de ações, correspondendo a uma missão (dada, prescrita ou esperada do trabalhador) ou a um projeto do sujeito;

— a temporalidade da atividade construtiva é a do desenvolvimento, da gênese. O horizonte das atividades construtivas é aquele do desenvolvimento do sujeito, da personalidade, do profissionalismo.

O instrumento – Até este ponto, mantivemos fundido em nosso discurso o instrumento com o artefato material. Iremos agora aprofundar a noção de instrumento, considerando que o instrumento não pode ser reduzido ao artefato, ao objeto técnico ou à máquina, conforme as terminologias. Léontiev (1981) propôs a ideia de órgãos funcionais, psíquicos resultando do desenvolvimento da criança. Constituindo unidades que associam entidades heterogêneas, eles se mantêm como totalidades funcionais, mesmo sendo suscetíveis a rearranjos. Essa ideia foi retomada e desenvolvida em especial no campo das *Human Computer Interaction* (Kuutti e Kaptelinin, 1999) considerando que, do ponto de vista da atividade mediada, o sistema a levar em conta é constituído por um ser humano sempre equipado de uma multiplicidade de órgãos funcionais, cujo desenvolvimento se inscreve ao mesmo tempo num contexto cultural e numa história pessoal de interações com o mundo. Um novo artefato não se torna necessariamente um órgão funcional. É uma potencialidade que pressupõe a construção de uma articulação com a atividade do(s) sujeito(s).

A ideia do instrumento como unidade mista é, portanto, amplamente compartilhada. Consideremos agora os diferentes componentes do instrumento mediador da atividade (Rabardel, 1995). É constituído:

— por um lado, de um artefato, material ou simbólico, produzido pelo sujeito ou por outros;

— por outro lado, de esquemas de utilização associados, resultando de uma construção própria do sujeito, autônoma, ou de uma apropriação de esquemas sociais de utilização já formados exteriormente a ele.

Iremos aprofundar o conceito de esquema de utilização e especificar os diferentes tipos de esquemas que compõem a classe dos esquemas de utilização.

Esquemas de utilização – Os esquemas vinculados à utilização de um artefato podem ter dois estatutos, conforme a sua orientação:

— para a gestão das características e propriedades particulares do artefato; trata-se dos esquemas de uso. No exemplo da máquina fotográfica digital, os esquemas de uso permitem utilizar os comandos, de circular nos menus... em suma, gerir as interações com o artefato. Os esquemas de uso correspondem ao nível de análise das abordagens centradas na interação homem-máquina;

— para o objeto da atividade: trata-se dos esquemas de ação instrumentada. Esses esquemas incorporam os esquemas de uso e são constitutivos do que Vygotski chamava de "atos instrumentais", por meio dos quais há recomposição da atividade dirigida para o objetivo principal do sujeito em virtude da inserção do instrumento. Na utilização da máquina fotográfica digital, eles organizam, por exemplo, o enquadramento, as fotos que se tiram.

O caráter de esquema de uso ou de esquema da ação instrumentada não se refere, portanto, a uma propriedade do esquema em si mesmo, mas a seu estatuto na atividade finalizada do sujeito.

Os usos instrumentais não se limitam apenas ao sujeito individual. Um mesmo artefato (ou uma mesma classe de artefatos) pode, no contexto de atividade coletiva, ser utilizado simultaneamente ou conjuntamente, por exemplo para a realização de uma tarefa comum ou compartilhada (Folcher, 1998; Cerratto Pargman, 2003).

Um terceiro nível de esquemas de utilização deve então ser considerado: aquele dos esquemas de atividade coletiva instrumentada. Têm por objeto, por um lado, a especificação dos tipos de ações e resultados aceitáveis e, por outro, a coordenação das ações individuais e a integração de seus resultados como contribuição à obtenção de objetivos comuns.

Os diferentes tipos de esquemas que acabamos de distinguir formam a classe dos esquemas de utilização. Os esquemas de utilização têm, ao mesmo tempo, modalidades de existência privadas, ou seja, próprias a cada indivíduo, e sociais.

A dimensão privada decorre do caráter singular da elaboração e da história dos esquemas para cada um de nós. Assim, são as características próprias a cada indivíduo dos esquemas de escrita à mão que tornam a escrita de cada um de nós específica e reconhecível.

Capítulo 15 – Homens, artefatos, atividades

A dimensão social decorre do fato de que os esquemas se elaboram ao longo de um processo em que o sujeito não está isolado. Os outros usuários, mas também os projetistas, contribuem para a emergência desses esquemas. Os esquemas são compartilhados em comunidades de práticas e em agrupamentos sociais mais amplos, "tornados patrimônio" a partir das criações dos indivíduos ou dos coletivos, e transmitidos de maneira mais ou menos formalizada (informações transmitidas entre usuários, notas, instruções de uso, formações estruturadas em torno dos sistemas técnicos complexos).

Os esquemas sociais de utilização têm as propriedades gerais dos esquemas inicialmente evidenciados pelas pesquisas da escola piagetiana, como a assimilação das situações novas às quais o sujeito é confrontado. O processo de assimilação permite pôr em prática formas da atividade pré-organizadas, mas ao mesmo tempo levando em conta a singularidade instantânea e, num certo nível, a diversidade das situações que caracteriza a extensão da classe das situações. A assimilação diz respeito tanto às características do artefato (esquemas de uso) quanto às relações com o objeto, os outros sujeitos e as situações (esquemas de atividade instrumentada).

Quando os artefatos ou as situações resistem à assimilação, é o processo de acomodação que se torna, por um tempo, dominante. Assim, os esquemas de condução automobilística de um motorista experiente permitem-lhe passar com certa facilidade de um veículo a outro. Mas a passagem de um veículo de câmbio mecânico a um de câmbio automático implica, na maioria das vezes, uma transformação dos esquemas de uso e dos esquemas de atividade instrumentada (p. ex., Galinier, 1997).

O processo de acomodação resulta na transformação de esquemas disponíveis, em sua fragmentação e reorganização, que produzem progressivamente novas composições de esquemas tendo sua própria zona de assimilação. Tais mecanismos emergem, por exemplo, quando novos artefatos precisam ser utilizados como meios da ação ou ainda quando esta precisa visar objetos novos ou novas transformações nesses objetos.

A assimilação de novos objetos e de novos artefatos aos esquemas de utilização é fonte de generalização; a acomodação dos esquemas fonte de diferenciação permite o enriquecimento e o desenvolvimento da rede dos significados do sujeito, no interior da qual estão estreitamente associados artefatos, objetos, esquema de utilização, o próprio sujeito e os outros sujeitos.

É agora ao problema da constituição do instrumento, de sua gênese, tanto no lado do esquema quanto do artefato, que iremos nos dedicar.

Desenvolvimento do instrumento: gênese instrumental – O instrumento mediador, a unidade funcional mista, não é dado de imediato aos usuários. Muitos autores insistiram na necessidade de uma abordagem desenvolvimentista da apropriação das ferramentas e, de modo mais geral, dos meios mediacionais inscritos na cultura (Bannon e Bodker, 1991; Béguin e Rabardel, 2000; Folcher, 1999; Kuutti e Kaptelinin, 1999; Rabardel, 1995; Vygotski, 1930; Wertsch, 1998).

Citemos como um primeiro exemplo um sistema de auxílio à navegação para a condução em zona urbana (Forzy, 1999). Os usuários estavam familiarizados com a utilização do sistema e as análises se centraram na comparação da atividade de condução usando como guia o sistema de auxílio ou mapa em papel. O construtor automobilístico queria verificar se o sistema não mobilizava demais a atenção dos condutores, pondo assim em perigo a segurança da condução. Contrariamente às expectativas dos projetistas, o uso do sistema não melhora significativamente os desempenhos de navegação (exceto para os sujeitos particularmente com dificuldades com o mapa). Em compensação, contrariamente aos temores do construtor e às hipóteses explícitas do experimentador, a qualidade da condução melhora significativamente. Os riscos corridos e os erros ou transgressões das regras são muito menos numerosos. O processo de gênese instrumental orientou, portanto, o uso do artefato numa direção muito diferente da que se imaginara durante a concepção.

O questionamento dos usuários após a experimentação permite compreender as razões disso. As consequências negativas dos erros de navegação são menores com o sistema: se uma indicação não pode ser seguida, um novo caminho é em seguida proposto. Os usuários, desse modo, desenvolvem as modalidades de uso, de modo a favorecer a segurança em detrimento de eventuais erros de navegação muito mais fáceis de corrigir do que com o mapa em papel. A função dominante do instrumento, finalmente desenvolvida pelos usuários no decorrer da gênese instrumental, se afasta bastante da função principal do artefato desenvolvido pelos projetistas.

O processo de gênese instrumental é duplamente orientado:

— para o próprio sujeito, pela assimilação de novos artefatos aos esquemas, a acomodação dos esquemas aos novos artefatos – é a instrumentação;

— para o artefato, pela especificação e enriquecimento de suas propriedades pelo sujeito que lhe dá um estatuto de meio para a ação e a atividade – é a instrumentalização.

Na utilização de uma chave inglesa no lugar de um martelo, o sujeito se apoia em propriedades específicas do artefato: preensibilidade, comprimento do braço de alavanca, massa, dureza da parte destinada a bater. É o esquema de utilização previamente formado que lhe permite ao mesmo tempo reconhecer a presença dessas diversas características na chave inglesa, atribuir a ela o significado de artefato martelo, e regular localmente as características de sua ação em função das propriedades específicas da chave inglesa. A instrumentação consiste aqui numa assimilação direta do artefato ao esquema de utilização, assimilação essa que muda o significado do artefato.

Com frequência, no entanto, esse processo de assimilação não pode ser posto em prática ou, quando é, conduz a situações problemáticas. Há então acomodação dos esquemas.

Os artefatos aos quais são confrontados os sujeitos em situação de trabalho, de formação ou da vida cotidiana têm como característica terem sido elaborados para realizar funções previamente definidas, funções que propomos nomear, seguindo Mounoud, como funções constituintes. A instrumentalização do artefato faz emergir funções novas, momentaneamente ou duravelmente. Essas funções novas, elaboradas no uso no decorrer das gêneses instrumentais, são funções constituídas.

Os sistemas de instrumentos – Os instrumentos não são isolados, cada um de nós tem disso uma experiência intuitiva. A redação deste texto, por exemplo, implicou para os autores o recurso a uma multiplicidade de instrumentos. Foram mobilizados no decorrer da ação, de acordo com os objetivos e necessidades operacionais do momento. É a lógica dessa atividade situada concreta e singular que, nesse caso, organizou as relações de complementaridade funcional entre os instrumentos e as sequências temporais de seus usos sucessivos ou concomitantes.

Capítulo 15 – Homens, artefatos, atividades

Mas os instrumentos são também organizados pelo sujeito conforme as classes de situações e áreas de atividade que ele encontra regularmente em sua atividade: a caixa de ferramentas que mantemos no porta-malas de nosso carro, o estojo de costura ao alcance da mão etc., compreendem um conjunto de instrumentos permitindo enfrentar as principais situações dessas áreas de intervenção limitadas da nossa vida de todos os dias.

Da mesma maneira, conjuntos de instrumentos ligados entre si, organizados em sistemas, correspondem às áreas de atividades ou de intervenção no campo do trabalho. Lefort (1982) foi o primeiro, pelo que sabemos, a ter explorado o caráter sistêmico da relação entre os instrumentos. Ele realizou observações em situação de trabalho para analisar o uso das ferramentas em atividades de desmontagem (de conserto ou manutenção) do setor mecânico, e mostrou que o operador reestrutura o conjunto de ferramentas de que dispõe devido a sua experiência e de suas competências. Cada ferramenta cumpre em geral as funções previstas pelos projetistas, mas também outras funções desenvolvidas pelos operadores. Uma certa redundância é assim introduzida pelo operador em suas ferramentas. Permite uma maior flexibilidade na utilização, bem como uma variedade maior de soluções adaptadas às particularidades das situações. As ferramentas, assim reestruturadas e organizadas, formam um conjunto homogêneo no qual se realiza, para o operador, um equilíbrio melhor entre os objetivos de economia e eficácia da ação. As funções e ferramentas novas, resultantes das gêneses instrumentais, não são objeto de um desenvolvimento isolado. Integram-se ao resto das ferramentas do operador, assegurando assim um melhor equilíbrio do conjunto de suas ferramentas em sua globalidade. As funções novas formam um sistema de conjunto com as funções dos instrumentos anteriormente desenvolvidas.

Minguy (1997) estudou de maneira muito precisa as características de um instrumento progressivamente desenvolvido pelo capitão de um navio de pesca ao largo: sua carta náutica pessoal da zona de pesca. Ressaltou o papel específico desempenhado por esse instrumento no interior do sistema de instrumentos do capitão do navio de pesca. Permite ao capitão integrar e comparar dados resultantes dos vários instrumentos de que dispõe. Desempenha o papel de um eixo permitindo articular entre eles uma multiplicidade de outros instrumentos.

Os sistemas de instrumentos compreendem vários níveis de organização: classes de situações, famílias e campos de atividade (Rabardel e Bourmaud, 2003) e organizam artefatos de tipos diferentes: material, semiótico, simbólico e de modo mais amplo recursos que são heterogêneos em sua natureza (Vidal-Gomel, 2002).

Os sistemas de instrumentos, como os instrumentos, se desenvolvem, evoluem e se diferenciam em relação com a experiência dos operadores. Propomos a hipótese de que o desenvolvimento pelos operadores dos sistemas de instrumentos e, de modo mais amplo, de recursos tende a torná-los coextensivos ao conjunto de seus campos de atividade. Sua evolução deveria, dessa forma, refletir aquelas do próprio campo da atividade.

Mas as fontes das gêneses instrumentais (instrumentos e sua organização em sistemas) não se encontram apenas na necessidade do sujeito de se adaptar às características evolutivas de um determinado campo de atividade. Essa dinâmica faz parte de um desenvolvimento mais geral, o do sujeito e de seu poder de agir que se inscreve não só em campos específicos de atividade, mas também, de um modo mais amplo, no "sistema de suas atividades" (Curie et al., 1990). É essa questão do poder de agir e seu desenvolvimento que iremos examinar agora.

O poder de agir, entre atividade produtiva e construtiva – O poder de agir se define, de um ponto de vista intrínseco, em referência aos objetos da atividade do sujeito e às situações e campos de atividades nos quais ela se desenvolve. No plano funcional, trata-se dos resultados, transformações do mundo, eventos que o sujeito é capaz de fazer que ocorram. No plano estrutural, trata-se do conjunto dos recursos do sujeito e sua organização: instrumentos, competências, conceituações, esquemas e representações associadas, bem como as capacidades funcionais do corpo... O poder de agir do sujeito atende a critérios múltiplos: eficácia, eficiência, justeza, beleza, autenticidade, critérios e sistemas de valores nos quais sua atividade se inscreve e aos quais ela responde. Uma definição em extensão do poder de agir é aquela do conjunto das dimensões da ação dotada de sentido e normatizada e da atividade em suas dimensões produtiva e construtiva (Rabardel, 1998, 2004).

A atividade produtiva é dirigida para a obtenção dos objetivos em situação, e também para a configuração das situações, de forma que o sujeito utilize o melhor possível seu poder de agir. Isso corresponde ao que é tematizado em ergonomia em termos de aumento das margens de manobra, ou seja, em termos de abertura do espaço de deliberações possíveis, tanto sobre os fins quanto sobre os meios, e, portanto, de espaço dos compromissos, iniciativas e intervenções possíveis na ação situada. A atividade construtiva é orientada para o aumento, a manutenção, a reconfiguração do poder de agir. Assim, um atleta em treinamento constrói e aperfeiçoa seus esquemas ao mesmo tempo que otimiza o estado funcional de seu organismo; um trabalhador que envelhece reorganiza progressivamente suas estratégias e desenvolve novas competências para manter seu desempenho. A atividade construtiva é igualmente orientada para o desenvolvimento das possibilidades de configuração das situações. O sujeito, a partir do que ele dispõe, desenvolve seu poder de agir apropriando-se em especial dos pré-constructos sociais (artefatos, conceitos, esquemas, métodos, normas, gêneros, mundos etc.) que lhe são acessíveis na sociedade, nos coletivos dos quais faz parte e nos coletivos aos quais contribui.

Essas construções do sujeito se dão tanto nas arenas sociais e públicas do trabalho quanto nas dos outros campos de atividade do "sistema das atividades". Têm, portanto, uma dupla dimensão social.

A primeira provém da apropriação do externo já constituído, que se realiza nas duas dimensões discriminadas por Wertsch (1998): de um lado, um movimento visando ao domínio do uso e, de outro, a adoção dos instrumentos e dos recursos como se fossem os seus ou mesmo aqueles da coletividade inteira. Reencontram-se assim os mecanismos mais gerais de transmissão social das aquisições analisados pelas teorias da atividade e pela psicologia cultural (Vygotski, 1930; Engeström, 1990; Cole, 1996).

A segunda provém do fato que as gêneses contribuem em retorno à dinâmica evolutiva dos pré-constructos sociais por meio das modalidades de difusão informal atualmente em desenvolvimento, mas também pelo intermédio dos processos de institucionalização e integração ao patrimônio no interior de sistemas de conjuntos eles próprios socialmente organizados.

No campo das relações entre os homens, os artefatos e a atividade que é o objeto deste capítulo, a articulação entre os processos de gênese e os processos de concepção se dá em vários níveis. É o que iremos examinar na última parte deste capítulo.

Para uma abordagem distribuída da concepção que articula a concepção para o uso com a concepção no uso

Retomemos brevemente as diferentes perspectivas da relação homem-máquina examinando-as enquanto modelos operativos para a ergonomia.

Pode-se considerar que as abordagens da interação homem-máquina e dos sistemas homens-máquinas compartilham a preocupação de descrever e formalizar o funcionamento humano do ponto de vista de suas capacidades e limites, fisiológicos, cognitivos, tendo em vista uma melhor adaptação dos sistemas técnicos ao homem.

Elas privilegiam, por um lado, as características do homem diretamente em relação à interface (antropometria, capacidades motoras, perceptivas, cognitivas) e, por outro, os processos cognitivos implicados na realização de tarefas nos sistemas complexos (planificação, raciocínio, memória, atenção, vigilância...). As abordagens da atividade mediada privilegiam a atividade situada e procuram identificar as invariantes de atividade que os sujeitos desenvolvem nas classes de situações e nos campos de suas atividades, o papel dos artefatos para a ação, o desenvolvimento dos recursos para a atividade e para os próprios sujeitos.

O movimento atual é o do desenvolvimento de modelos que visam dar conta e anteci-par a atividade dos sujeitos. Esses modelos generativos, ou formativos (Vicente, 1999), pro-curam esclarecer, de um lado, o engendramento da atividade produtiva necessariamente singular em virtude da especificidade e da imprevisibilidade das situações e, de outro, a construção pelo sujeito dos objetos, recursos e condições de sua atividade futura possível. No campo dos artefatos técnicos, o desenvolvimento dos instrumentos pelo sujeito e pelas comunidades corresponde a esse segundo movimento de engendramento: o da atividade construtiva.

Por meio das gêneses instrumentais, os usuários contribuem, no uso, com a con-cepção ao mesmo tempo dos artefatos, esquemas de utilização, usos e suas condições. Tendem assim a estabelecer coerência entre as formas dos artefatos e as da atividade, a torná-las congruentes. O instrumento entidade composta de esquema e artefato realiza concretamente esse estabelecimento de coerência (Folcher, 1999).

A concepção aparece então como um processo distribuído e de aprendizagem mútua (Rabardel, 2001; Béguin, 2004; Rabardel e Beguin, no prelo) entre atores múltiplos: usuários, engenheiros, designers, ergonomistas, profissionais do marketing... eles mesmos confrontados a situações muito diferentes, desde o uso até a concepção institucional.

Isso leva a considerar uma unidade de análise e ação para a concepção consideravel-mente mais ampla do que aquela tradicionalmente limitada à concepção institucional. Ela deve, parece-nos, se estender ao conjunto dos processos e dos atores e articular os processos de concepção no uso com os processos de concepção institucionais.

Um dos maiores desafios para o desenvolvimento de metodologias de concepção antropocentradas é o de encontrar soluções operacionais na convergência e fecundação recíproca dos processos de concepção no uso – pelos usuários – e dos processos de concepção para o uso – pelos projetistas institucionais (Folcher, 2003). As contribuições para a concepção da abordagem da atividade mediada pelos instrumentos foram desenvolvidas em outra parte. Aqui nos contentaremos, portanto, em lembrar seus princípios:

- organizar o processo de concepção em torno dos esquemas sociais de utilização disponíveis na sociedade, cultura ou coletividade, à qual o artefato é destinado;
- conceber artefatos de forma que facilitem o prosseguimento do processo de concepção no uso, o desenvolvimento das gêneses instrumentais;
- inspirar-se dos instrumentos provenientes das gêneses instrumentais desenvolvidas pelos usuários; desenvolver processos de concepção participativa em torno das gêneses instrumentais.

A concepção de artefatos antropocentrados não significa que se deva aderir sem restrições ao que o usuário é ou àquilo que ele deseja num dado momento. Pode também, sempre mantendo-se centrada no homem, introduzir rupturas nos esquemas e instrumentos já desenvolvidos e dominados pelos usuários. Mas nós pensamos que as rupturas, tanto quanto as continuidades, devem ser escolhidas, explicitadas, e que o processo de concepção deve visar dar aos usuários os meios de as gerir no âmbito de sua atividade. A concepção deve visar a criação de espaço de possibilidades, no interior das quais a atividade dos usuários possa se desdobrar, por um lado, para a atividade produtiva, de acordo com a variabilidade e a singularidade das situações, e, por outro lado, para a atividade construtiva, permitindo e facilitando o desenvolvimento pelo sujeito dos objetos, recursos e condições de sua atividade.

A concepção no uso que visa a inscrição do artefato na atividade dos usuários pressupõe também, necessariamente, a inscrição na atividade dos próprios projetistas. O papel do ergonomista é tornar possível e eficaz essa dupla inscrição. Tudo isso requer modalidades novas de organização e condução dos processos de concepção sustentados por coletivos congruentes com a distribuição das contribuições, no uso e nas instituições, e apoiados por metodologias renovadas de concepção ergonômica (cf. Béguin, Capítulo 22 desta obra).

Referências

BANNON, L. J.; BODKER, S. Beyond the interface: Encountering artifacts in use. In: CAROLL, J.-M. (Ed.). *Designing Interaction:* psychology of human computer interface. Cambridge: Cambridge Univ. Press, 1991. p.227-253.

BASTIEN, J. M. C.; SCAPIN, D. L. Evaluating a user interface with ergonomic criteria. *International Journal of Human-Computer interaction*, n.7, p.105-121, 1995.

BÉGUIN, P. Monde, monde commun et versions des mondes. *Bulletin de Psychologie*, v.57, n.1, p.45-48, 2004.

BÉGUIN, P.; RABARDEL, P. Designing for instrumented mediated activity. In: Bertelsen, O.; BODKER, S. (Ed.). Information technology in human activity. *Scandinavian Journal of Information Systems,* v.12, p.173-190, 2000.

CERRATTO PARGMAN, T. Collaborating with writing tools, an instrumental perspective on the problem of computer-supported collaborative activities. Interacting with Computers: the Interdisciplinary. *Journal of Human-Computer Interaction*, v.15, n.5, p.737-757, 2003.

COLE, M. *Cultural psychology:* once and future discipline? Boston: Harvard Univ. Press, 1996.

CURIE, J.; HAJJAR, V.; MARQUIÉ, H.; ROQUES, M. Proposition méthodologique pour la description du système des activités. *Le Travail Humain*, Paris, v.53, n.2, p.103-118, 1990.

ENGESTRÖM, Y. *Learning, working and imagining, twelve studies in activity theory.* Helsinki: Orienta-Konsultit, 1990.

FOLCHER, V. Collective and individual uses of a cooperative tool in a work setting: problems of design and reuse. INTERNATIONAL CONFERENCE ON THE DESIGN OF COOPERATIVE SYSTEMS, 3., Cannes, 1998. *Proceedings:* COOP'98. Cannes: INRIA, 1998. p.25-28.

_____. Des formes de l'action aux formes de la mémoire: un jeu de miroir? In: LENAY, C.; HAVELANGE, V. (Dir.). *Mémoires de la technique et techniques de la mémoire*, Erès, v.13, n.2, p.181-193, 1999.

_____. Appropriating artifacts as instruments: when design-for-use meets design-in-use. *Journal of Human-Computer Interaction*, v.15 n.5, p.647-663, 2003.

FORZY, J. F. Assessment of a driver guidance system: A multi-level evaluation. *Transportation Human Factors*, v.1, n.3, p.273-287, 1999.

GALINIER, V. Concevoir autour des schèmes d'utilisation: l'exemple d'une boîte de vitesse semi-automatique. *International Journal of Design and Innovation Research*, n.10, p.41-58, 1997.

KUUTTI, K.; KAPTELININ, V. Cognitive tools reconsidered from augmentation to mediation. In: MARSHJ, P.; GORAYSKA, B.; MEY, J. L. (Ed.). *Human interfaces, questions of method and practice in cognitive technology.* Amsterdam: Elsevier, 1999. p.145-160.

LEFORT, B. L'emploi des outils au cours de tâches d'entretien et la loi de Zipf-Mandelbrot. *Le Travail Humain*, v.45, n.2, p.307-316, 1982.

LÉONTIEV, A. N. *Problems of the development of mind.* Moscou: Progress, 1981.

MINGUY, J. L. Concevoir aussi dans le sillage de l'utilisateur. *International Journal of Design and Innovation Research*, n.10, p.59-78, 1997.

MONTMOLLIN, M. de (Ed.). *Vocabulaire de l'ergonomie.* Toulouse: Octarès, 1999.

NORMAN, D. A. Cognitive artifacts. In: CAROLL, J. M. (Ed.). *Designing interaction:* psychology at the Human Computer Interface. Cambridge: Cambridge Univ. Press, 1991. p.17-38.

RABARDEL, P. *Les hommes et les technologies, approche cognitive des instruments contemporains.* Paris: Armand Colin, 1995. (Online). Disponível em: http://ergoserv.psy. univ-paris8.fr/.

_____. Éléments pour un point de vue cognitif sur la souffrance au travail: apports de l'approche instrumentale. In: CONFÉRENCE INVITÉE NOUVELLES FORMES D'ORGANISATION, Paris, 1998. (Séminaire animé par C. Dejours).

_____. Instrumented mediated activity in situations. In: BLANDFORD, A.; VANDERDONCKT, J.; GRAY, P. (Ed.). *People and computers:* interactions whitout frontiers. London: Springer Verlag, 2001. p.17-30.

_____. Instrument, activité et développement du pouvoir d'agir. In: LORINO, P.; THEULIER, R. (Ed.). *Activité, connaissance, organization.* Paris: La Découverte, 2004.

RABARDEL, P.; BÉGUIN, P. The instrument mediated activity approach. In: DANIELLOU, F.; RABARDEL, P. *Activity theories.* (Special Issue: Theory in Ergonomics Sciences) (no prelo).

RABARDEL, P.; BOURMAUD, G. From computer to instrument system: a developmental perspective. *Journal of Human-Computer Interaction*, v.15 n.5, p.666-691, 2003.

RABARDEL, P.; SAMURÇAY, R. Artifact mediated learning. In: ENGESTRÖM, Y.; HASU, M. (Ed.). *New challenges to research on learning.* Hillsdale (NJ): Lawrence Erlbaum (no prelo).

VANDERHAEGEN, F. Cooperative system organization and task allocation: Illustration of task allocation in air traffic control. *Le Travail Humain*, Paris, v.62, n.3, p.197-222, 1999.

VICENTE, K. J. *Cognitive work analysis, towards safe, productive and healthy computer based work.* Mahwah (NJ): Lawrence Erlbaum, 1999.

VIDAL-GOMEL, C. Systèmes d'instruments. Un point de vue pour analyser le rapport aux règles de sécurité. *Pistes*, v.4, n.2, 2002. Online. Disponível em: http://www.pistes.uqam.ca/.

VYGOTSKI, L. S. La méthode instrumentale en psychologie. In: SCHNEWLY, B.; BRONCKART, J. P. (Ed.). *Vygotsky aujourd'hui.* Neufchâtel: Delachaux et Niestlé, 1930. p.39-48.

WERTSCH, J. V. *Mind as action.* New York: Oxford Univ. Press, 1998.

WOODS, D. D.; ROTH, E. M. Symbolic AI computer simulations as tools for investigating the dynamics of joint cognitive systems. In: HOC, J. M.; CACCIABUE, P. C.; HOLLNAGEL, E. (Ed.). *Expertise and technology:* cognition and human-computer communication. Hillsdale (NJ): Lawrence Erlbaum 1995. p.75-90

Ver também:

12 – Paradigmas e modelos para a análise cognitiva das atividades finalizadas

13 – As competências profissionais e seu desenvolvimento

14 – Comunicação e trabalho

16 – Para uma cooperação homem-máquina em situação dinâmica

28 – Ergonomia do produto

16

Para uma cooperação homem-máquina em situação dinâmica*

Jean-Michel Hoc

Introdução

Neste capítulo, propomos aplicar à interação homem-máquina conceitos de cooperação, para tentar enfrentar os desafios das situações dinâmicas (sob um controle somente parcial do operador humano). Ao fazê-lo, temos a clara consciência de estar fabricando uma quimera, ao aliar um homem a uma máquina. Todavia, não é raro que os homens importem suas habilidades de cooperação para as relações que eles mantêm com as máquinas "inteligentes". Alguns dos conhecimentos sobre a cooperação entre humanos serão explorados aqui. Em consequência, terão algo a ver com aqueles que são apresentados em outros capítulos deste livro, abordando as interações humanas (Capítulo 14), ou a maneira em que os seres humanos gerem situações dinâmicas – as mais típicas referentes à cooperação homem-máquina (capítulos 31 e 32).

Embora a noção de interação homem-máquina possa ser conservada para designar toda forma de relação homem-máquina, é preciso estendê-la consideravelmente para abranger os desafios ergonômicos colocados pelos sistemas homem-máquina modernos, complexos e dinâmicos. A noção de interface homem-máquina permanece crucial, com suas propriedades de convivialidade, utilizabilidade, transparência etc. No entanto, a ergonomia cognitiva desenvolveu um grande número de pesquisas sobre as dificuldades da relação homem-máquina, que abordam tudo o que está "por trás" da interface (Billings, 1991; Parasuraman e Mouloua, 1996). Do ponto de vista do operador "direto" as máquinas não são apenas ferramentas, mas às vezes são agentes autônomos (p. ex., o sistema automático de gestão do voo em aeronáutica). Assim, uma coerência precisa ser mantida entre as ações humanas e as das máquinas sobre o meio ambiente, qualquer que seja a interface. É por isso que nas situações dinâmicas é tentadora a introdução de conceitos de cooperação no estudo da relação homem-máquina.

---

* Este texto se inspira em grande parte numa publicação anterior em inglês (J.-M. Hoc, "From human-machine interaction to human-machine cooperation", *Ergonomics*, v.43, p. 833-843, 2000, conferência em reunião plenária do Congresso da IEA (2000). Exposições mais detalhadas do quadro proposto podem ser encontradas em Hoc (2001, 2003).

É, portanto, da cooperação homem-máquina em situações dinâmicas, como a pilotagem de avião, o controle de tráfego aéreo, o controle de processo industrial ou a aplicação de anestesia, que se trata aqui. Na medida em que um capítulo deste livro é dedicado especificamente às situações dinâmicas (Hoc, Capítulo 31), apenas ressaltaremos aqui alguns aspectos mais particularmente pertinentes à cooperação homem-máquina. Diferentemente das situações estáticas que são completamente controladas pelos sistemas homem-máquina, as situações dinâmicas podem evoluir de maneira autônoma. Do ponto de vista do operador no sistema, a automação[1] introduz também ações autônomas das máquinas sobre a situação. Essas situações são incertas e apresentam riscos. A incerteza provém da intervenção não antecipada de fatores não controlados (p. ex., uma tempestade na rota de um avião). Ela implica a mobilização de mecanismos adaptativos em tempo real para enfrentar eventos não antecipados pelo projetista das máquinas, pelos regulamentos ou procedimentos de trabalho. Nessas situações, o risco maior para o operador é o de perda do controle da situação, agindo tarde demais, caso retarde a decisão até ter atingido um nível de compreensão completo. Os prazos de resposta associados às ações requerem decisões precoces. Consequentemente, o objetivo principal do operador é manter a situação dentro de limites satisfatórios, aceitando compreender apenas parcialmente o que se passa quando precisa decidir (Amalberti, 1996).

A incerteza e a gestão do risco conduzem a conservar no sistema homem-máquina graus de liberdade para sua adaptação e para que ele possa encontrar um compromisso aceitável entre a compreensão e a manutenção da situação sob controle. Por essas razões, é muito perigoso restringir o sistema homem-máquina a estratégias, procedimentos e divisões muito rígidas de funções entre homens e máquinas. Há duas décadas, a comunicação e a cooperação homem-máquina vêm progressivamente enriquecendo esse campo de pesquisa. Comunicação e cooperação requerem a introdução progressiva de características da relação entre humanos na relação homem-máquina. A aplicação da noção de "sistemas cognitivos conjuntos" (*joint cognitive systems*) marcou uma etapa decisiva na direção dessa concepção (Hollnagel e Woods, 1983; Rasmussen et al., 1994; Woods e Roth, 1995). Essa noção realça o fato de que a tarefa do operador ou a da máquina podem não ter sentido nenhum se consideradas isoladamente uma da outra. Deve-se, em vez disso, considerar a tarefa do conjunto do sistema homem-máquina, decomposta dinamicamente em subtarefas ou funções distribuídas entre os agentes humanos e artificiais que é preciso, em última instância, integrar.

A divisão das funções entre os humanos e as máquinas é uma questão-chave no estudo ou concepção da cooperação homem-máquina. A segunda parte deste texto será dedicada à evolução de sua abordagem nas duas ou três últimas décadas. A terceira parte oferece um breve levantamento das dificuldades encontradas durante o mesmo período pelos humanos com a automação em situações muito dinâmicas, sobretudo a aviação. Enfim, essas duas abordagens da relação homem-máquina conduzirão à quarta parte, onde é proposta a aplicação do paradigma da cooperação. Em muitos momentos, iremos nos referir a um programa pluridisciplinar de pesquisa sobre a assistência ao controle aéreo. Deve-se considerar isso como uma ilustração, em vez do único fundamento das ideias desenvolvidas neste texto, que se apoiam também numa literatura abundante em muitas outras áreas, mas à qual é difícil se referir de forma exaustiva num texto tão curto.

---

[1] Nós preferimos automação a automatização, que, num contexto psicológico, poderia levar à confusão com a "rotinização" da atividade. Além disso, a automação é distinta da automatização pois é o resultado desta.

Distribuição das funções entre homens e máquinas

Na discussão a seguir e neste contexto, não fazemos o mesmo uso da noção de tarefa e da noção de função. Adotamos o termo tarefa para designar o que corresponde, na atividade humana, a uma intenção a ser protegida, o que significa que o sujeito cria para si uma representação (simbolicamente) do objetivo correspondente à tarefa. A automatização da atividade (p. ex., a marcha a pé em condições normais) introduz um limite a não ser ultrapassado no recorte das tarefas em subtarefas, para não chegar a meios não associados aos objetivos representados (p. ex., pôr um pé na frente do outro, sempre em condições normais). Para abranger ao mesmo tempo as noções de tarefa e de meio, utilizamos o termo função.

A distribuição das funções entre os humanos e as máquinas é um assunto de pesquisa muito antigo em "automática humana". O primeiro tipo de solução para o problema de distribuição foi a tentativa de decomposição de uma atividade em funções genéricas elementares e de atribuição de cada uma delas ao dispositivo (humano ou máquina) capaz de executá-la com maior eficácia (Fitts, 1951).

Por exemplo, as máquinas são consideradas muito eficazes para calcular fórmulas complexas, enquanto os humanos são tidos como excelentes para gerir situações inesperadas ou desconhecidas. Esse tipo de abordagem tem sido criticado reiteradamente (Bainbridge, 1987; Older et al., 1997).

Em primeiro lugar, as funções são raramente definidas dessa maneira, para evitar a necessidade de uma cooperação frequente durante a execução das tarefas se estas explodem numa miríade de funções distribuídas. Assim, distribuem-se tarefas (incluindo várias funções) em vez de funções, assumindo a hipótese importante de que as tarefas que são definidas correspondem efetivamente a intenções para o operador humano. Por exemplo, no controle do tráfego aéreo, sabe-se há muito tempo que a detecção e a resolução de conflito entre aviões são duas funções estreitamente vinculadas (Bisseret, 1970). Se a detecção de conflito é definida como a identificação do tipo de conflito, pertinente à escolha de uma solução apropriada, a atribuição da função de detecção a uma máquina e a de resolução ao humano não são muito eficazes. Se o que se considera é que a máquina não pode resolver o conflito, a razão se encontra na incapacidade da máquina de identificar corretamente o tipo de conflito. Em consequência, uma certa cooperação deve ser introduzida entre os dois agentes para integrar estreitamente as duas funções (e os dois agentes) durante a execução da tarefa. Numa pesquisa recente sobre a automação do controle de tráfego aéreo, especialistas em automação preferiram a distribuição das tarefas (conflitos) em vez da distribuição das funções entre o humano e a máquina, para evitar a resolução desse problema difícil de cooperação (Vanderhaegen et al., 1994). Todavia, identificaram que os controladores humanos não decompunham as tarefas da mesma maneira que as máquinas, o que os orientou para um princípio de distribuição de funções no conceito de tarefas definidas pelos humanos (Debernard e Hoc, 2003).

Em segundo lugar, os operadores humanos são em última instância (legalmente) responsáveis pelo desempenho do conjunto do sistema homem-máquina. Como podem eles controlar uma máquina que funciona muito diferentemente deles? A distribuição das funções precisa integrar diferentes níveis de abstração, e não apenas um. A atribuição de uma função de nível inferior a uma máquina não alivia a carga humana de trabalho que representa a supervisão da execução do conjunto da tarefa. É provavelmente uma das razões pelas quais os controladores (humanos) de tráfego aéreo rejeitaram um modo automático de distribuição dos conflitos entre o humano e a máquina num estudo de Vanderhaegen et al. (1994), mesmo esse modo tendo resultado numa melhor eficácia.

Em terceiro lugar, a definição das funções é muito determinada por teorias da cognição, que são variadas e concorrentes. Na maioria das vezes, a decomposição é baseada numa ciência da cognição de senso comum tanto ou quanto discutível. Assim, toda decomposição deveria ser considerada como temporária, e deveria ser regularmente atualizada, à luz dos progressos realizados em psicologia cognitiva e pesquisa tecnológica. Por exemplo, Endsley e Kaber (1999) ou Sheridan e Verplanck (1978) propuseram taxonomias influenciadas, em larga medida, pelas tecnologias recentes, ou seja, pelas decomposições utilizadas nos sistemas homem-máquina reais: controle manual, suporte à ação, controle compartilhado, suporte à decisão, supervisão etc.

O argumento aqui não é que a decomposição dos sistemas homem-máquina em funções elementares seja inútil. Quando se concebe a formação dos operadores ou se projeta uma máquina, é um problema incontornável. No entanto, não é óbvio decidir se são as funções ou as tarefas que devem ser distribuídas. Em situações de tarefa única, a escolha de distribuir funções é satisfatória, desde que se introduzam mecanismos cooperativos entre o humano e a máquina, para permitir ao humano recompor o conjunto da tarefa. Em situações de múltiplas tarefas, como o controle de tráfego aéreo, a questão é muito diferente, pois os operadores humanos devem repartir seu tempo entre várias tarefas (p. ex., conflitos múltiplos e simultâneos entre aviões no controle de tráfego aéreo). Quando a planificação ou a execução das tarefas é ainda decomposta em várias funções, a gestão da memória de trabalho pode ficar sobrecarregada sem assistência eficaz à estruturação das tarefas e funções. Contudo, seja o que for que deva ser distribuído – tarefas ou funções – o critério de eficácia (do humano ou da máquina) não é o único a considerar, em particular nas situações dinâmicas em que as condições precisas da atividade real não são conhecidas previamente. Por exemplo, Rasmussen et al. (1994) ou Older et al. (1997) sugerem vários outros critérios, como os constrangimentos organizacionais ou financeiros, a carga de trabalho instantânea, as exigências em recursos, o acesso aos dados etc. Assim, a ideia de um paradigma de distribuição dinâmica se impõe (Lemoine et al., 1996; Rieger e Greenstein, 1982), que pode se beneficiar de um acesso à avaliação instantânea da situação para escolher a melhor distribuição.

Vários estudos sobre o controle de tráfego aéreo exploraram o problema da distribuição dinâmica tendo como base a regulação da carga de trabalho, utilizando um dispositivo automático de detecção e resolução de certos tipos de conflitos entre aviões. Vanderhaegen et al. (1994) mostraram que a eficácia (integrando a confiabilidade) era melhor com um paradigma de distribuição implícita (completamente automática) do que com um paradigma de distribuição explícita (decidida pelo controlador humano). No entanto, os controladores experientes preferiam o princípio de distribuição explícita, apesar do aumento de carga de trabalho devido à atividade da distribuição das tarefas. Hoc e Lemoine (1998) exploraram os benefícios de uma assistência complementar do paradigma de distribuição explícita e mostraram uma melhora da confiabilidade pelo recurso a estratégias mais antecipatórias. Esses trabalhos colocam a questão da compatibilidade entre um plano de conjunto para a gestão do tráfego (no qual os controladores são os encarregados) e os planos elaborados para realizar as subtarefas. Seja em (sub)tarefas ou funções, a distribuição deve levar em consideração a organização do conjunto da tarefa sob a responsabilidade do operador humano.

Dificuldades na relação homem-máquina

Muitas pesquisas foram dedicadas às dificuldades na acoplagem homem-automação, em particular na aviação, em que essas dificuldades têm consequências evidentes para a confiabilidade (para uma revisão, ver Parasuraman e Mouloua, 1996). Quando se considéram os erros humanos, ou seja, esses casos em que os humanos contribuem para a multicausalidade do acidente, constata-se que as comissões de investigação colocaram em evidência certas insuficiências ergonômicas das cabines. No entanto, de uma maneira mais geral, incluindo o controle de processo industrial, a aplicação anestesia etc., quatro principais tipos de dificuldade emergem, sem pretensões de exaustividade, que não só têm implicações na concepção das interfaces homem-máquina, mas também têm algo a ver com a cooperação homem-máquina.

Perda de experiência – A perda de *experiência* é a consequência da concepção de máquinas autônomas, seja realizando funções elementares (aplicação das decisões), seja assegurando funções de alto nível (diagnóstico, processo de decisão). Bainbridge (1987) ressaltou essas "ironias da automação" que, ao mesmo tempo, deve supostamente auxiliar os operadores e reduzir as ocasiões em que eles podem exercer sua habilidades. Certos estudos da distribuição dinâmica das tarefas tentaram combater esse fenômeno, submetendo à carga de trabalho do operador humano a atribuição de tarefa à máquina (Millot e Mandiau, 1995). No entanto, o problema principal da perda de experiência é a perda das condições necessárias que permitem aos operadores humanos exercerem suas responsabilidades sobre o conjunto do sistema homem-máquina (Jones e Mitchell, 1994). Além disso, quando os operadores retornam ao modo de controle manual, tendem a apresentar um desempenho pior. Se o papel dos operadores humanos no sistema homem-máquina é levado a sério, a perda de experiência conduz à perda de um tipo de ator, particularmente importante no sistema, que não pode mais cooperar com a automação quando esta é ultrapassada.

Contentamento – Em várias ocasiões, o contentamento (*complacency*) do operador humano em relação à automação foi descrito, em particular no que se refere a máquinas "inteligentes" realizando funções de alto nível (Endsley, 1996; Layton et al., 1994; Mosier et al., 1998; Smith et al., 1997). O operador "se contenta" com a solução dada pela máquina, mesmo quando ele tem experiência suficiente e sabe das limitações da máquina. Esta não tem condição de elaborar soluções satisfatórias em certas circunstâncias, por não considerar certos fatores importantes. Por exemplo, Layton et al. (1994) e Smith et al. (1997) estudaram a utilização de um dispositivo automático de replanificação do voo em cruzeiro (em especial, para dar conta de condições tempestuosas, difíceis de prever com precisão). Num dos cenários dessa experiência, era evidente que o dispositivo não conseguia encontrar o novo plano ideal. No entanto, os pilotos experientes raramente questionavam a solução proposta pela máquina. Da mesma forma, no estudo já citado sobre a distribuição das tarefas no controle aéreo (Hoc e Lemoine, 1998), esse fenômeno de contentamento foi observado na situação mais assistida, em que o controlador do radar não decidia a distribuição por conta própria, e esta era assegurada por um outro controlador, após validação da atribuição do dispositivo automático (com uma possibilidade de veto). Nessa situação, os controladores de radar tinham maior propensão a deixar a máquina agir sem supervisioná-la, e a adotar estratégias de resolução de conflito que não interferissem com as estratégias da máquina.

Este fenômeno de contentamento coloca o difícil problema da partilha da supervisão. Na maior parte dos casos, a automação visa reduzir a carga de trabalho dos operadores quando estes são confrontados ao aumento das exigências. A introdução de dispositivos automáticos não reduz a carga de trabalho dos operadores quanto à supervisão da atividade do conjunto do sistema homem-máquina. Uma das razões possíveis do contentamento poderia ser uma divisão do campo da supervisão em duas partes independentes: o campo do operador e o campo da máquina. Do ponto de vista da cooperação homem-máquina, os benefícios de um controle do operador sobre a máquina foram demonstrados (p. ex., diagnóstico de pane assistido por um sistema especialista (expert): Roth et al., 1988) ou sugeridos (Clark e Smyth, 1993). Como antídoto ao fenômeno do contentamento, Smith et al. (1997) consideraram a hipótese de a máquina propor várias soluções em vez de uma só. No entanto, essa atitude de controle da máquina pelo operador humano não é fácil de induzir (Endsley e Kaber, 1999; Mosier et al., 1998).

Confiança na máquina e confiança em si mesmo – Os trabalhos pioneiros de Muir (1998), de Lee e Moray (1992, 1994) e de Muir e Moray (1996) nessa área da confiança chamaram a atenção para um fator importante na utilização da automação pelos operadores quando estes têm escolha entre um modo de controle manual e um modo de controle automático. Nas experiências desses autores (controle de um "micromundo" evocando um pasteurizador), a automação tinha sido concebida para ser menos eficaz que o controle manual, para encorajar esse recurso. Esses estudos mostraram que as transições entre os dois modos podem ser preditas pela relação entre a confiança na máquina e a confiança em si mesmo. Mesmo quando a máquina dá soluções pouco satisfatórias, o controle é deixado para ela quando a confiança em si mesmo é inferior àquela atribuída à máquina. A descrição que Muir dá da confiança (na máquina) é muito interessante. Nela, vê um fenômeno dinâmico que é correlativo ao desenvolvimento da experiência que o operador tem da máquina e que passa por três etapas. Inicialmente, sem nenhum modelo preciso da máquina, apenas a fé ou a dúvida podem se instaurar, como foi descrito na automação em aeronáutica, por exemplo (Amalberti, 1992). Confrontados pela primeira vez com um sistema de aterrissagem automática, os pilotos examinados ou utilizavam o sistema cegamente (fé), ou o contornavam (dúvida). Com a experiência da utilização do sistema, os operadores podem adquirir a sensação que o sistema se apoia em regras e prever o comportamento desse sistema. Por fim, a classe das situações em que a máquina é confiável é bem definida em relação àquela das situações em que ela não é confiável. Em termos de cooperação homem-máquina, esse desenvolvimento está vinculado à elaboração de um modelo de si mesmo (confiança em si mesmo) e de um modelo do outro agente (confiança). Trabalhos mais recentes mostram que um dos aspectos maiores da confiança é aquele que o operador põe em sua interação com a máquina (Rajaonah et al., 2003).

Perda de adaptabilidade – Concebemos a cognição (ou a inteligência) como a propriedade dos sistemas capazes de se adaptar à variabilidade de seus ambientes apoiando-se em conhecimentos arquivados na memória. Máquinas "inteligentes" são concebidas para aumentar a potência adaptativa das máquinas. No entanto, elas não chegam a atingir a riqueza das habilidades adaptativas humanas. Além da perda de *perícia*, a automação foi também acusada de reduzir a adaptabilidade do sistema homem-máquina (Ephrath e Young, 1981; Mosier, 1997; Parasuraman, 1997). A razão principal desse inconveniente reside na falta de retroalimentação da informação dada ao operador quando a máquina realiza uma tarefa. Isso conduz também à síndrome bem conhecida do "humano fora do circuito" (Endsley e Kaber, 1999; Ephrath e Young, 1981), levando os operadores, quando isso se mostra necessário, a assumir manualmente o controle sem estar bem a par da situação (*situation awareness*). Além disso, para usar os termos da cooperação homem-máquina, a falta de retroalimentação da informação não permite aos operadores que eles antecipem as interferências possíveis entre suas próprias tarefas e aquelas confiadas à máquina. Em última instância, os operadores são constrangidos a adotar estratégias reativas em vez de estratégias antecipativas assegurando uma adaptação a longo prazo (Cellier et al., 1997). De modo mais geral, as razões variadas de todas essas dificuldades de cooperação homem-máquina empobrecem a cooperação dinâmica entre humanos e máquinas em tempo real, que seria suscetível de adaptar o sistema homem-máquina a situações imprevistas pelos projetistas. A cooperação homem-máquina é um ingrediente importante do poder adaptativo do sistema homem-máquina.

Uma concepção mínima da cooperação cognitiva aplicável à cooperação homem-máquina

Embora a cooperação homem-máquina seja uma quimera, a implicação de um humano nessa relação justifica a adoção desse ponto de vista para resolver, ao menos em parte, certas dificuldades na relação homem-máquina. Progressos decisivos foram obtidos introduzindo mais "saber-fazer" nas máquinas e já é tempo de introduzir mais "saber cooperar", no momento em que se desenvolve a inteligência artificial distribuída (Castelfranchi, 1998; Millot e Lemoine, 1998). Evidentemente, não é possível imaginar que se construam máquinas capazes de gerar toda a complexidade das habilidades cooperativas humanas. No entanto, uma restrição dessas habilidades a seus aspectos cognitivos parece constituir um objetivo razoável para produzir realizações concretas a médio prazo. A abordagem cognitiva da cooperação que é proposta aqui se restringe a situações dinâmicas que implicam pequenas equipes de operadores humanos e máquinas, muito finalizadas num objetivo (p. ex., controle de tráfego aéreo: Hoc e Carlier, 2002; Hoc e Lemoine, 1998; ou pilotagem de avião de combate de dois lugares: Loiselet e Hoc, 2001). Nesse tipo de situação, os aspectos cognitivos da cooperação são essenciais e são limitados pelos constrangimentos temporais. O principal objetivo de uma tripulação de avião de combate é retornar com vida à base e os aspectos sociais da cooperação, por exemplo, são com frequência de menor importância. Todavia, seguindo o exemplo de Schmidt (1994), que se inspira por sua vez em K. Marx, não consideramos que a existência de um objetivo comum é uma condição necessária para definir uma situação de cooperação. Em contrapartida, esta é determinada pela gestão de interferências entre objetivos, graças a atividades cooperativas que vão bem além dos modos de cooperação descritos por Schmidt numa perspectiva estruturo-funcional: cooperação aumentativa (entre agentes de mesma competência que compartilham tarefas similares), confrontativa (entre agentes de mesma competência que se criticam mutuamente) e integrativa (entre agentes de competências complementares).

É na linha de Piaget (1965) que consideramos a cooperação de um ponto de vista funcional – o das atividades cooperativas realizadas em tempo real por agentes no seio de uma equipe, que eles não realizam quando trabalham sozinhos – em oposição a um ponto de vista estrutural (p. ex., estruturação de uma equipe). Consideramos que os agentes estão em situação de cooperação se preenchem duas condições mínimas (cf. Hoc, 2003, para uma apresentação recente mais detalhada).

— Cada um busca atingir objetivos e pode entrar em *interferência* com os outros quanto aos objetivos, recursos, procedimentos etc. Uma interferência pode assumir várias formas, por exemplo a precondição (a ação de um agente é a precondição da ação de um outro agente), o controle mútuo (contribuindo para corrigir os erros dos outros), a redundância (possibilidade de substituição de um agente por outro) etc. Se não há interferência, é porque a coordenação é pré-construída e não é posta em questão durante a execução da tarefa; por conseguinte, as atividades dos agentes se desenrolam independentemente umas das outras sem necessidade de desenvolver atividades cooperativas em tempo real. Essa concepção tem limites quando o sistema homem-máquina deve se adaptar a condições imprevistas. Assim as atividades cooperativas podem se revelar muito úteis para a adaptação, embora elas sejam custosas.

— Cada um se esforça para gerir as interferências para *facilitar* suas próprias atividades, a dos outros e/ou a tarefa comum quando esta existe (p. ex., a cooperação na utilização de recursos comuns não implica a existência de uma tarefa comum). A cooperação é muito próxima da competição, a única diferença é que, na competição, as interferências são geridas para tornar as atividades dos outros mais difíceis.

A natureza simétrica dessa definição pode ser apenas parcialmente satisfeita. Mesmo na cooperação entre humanos, um só agente pode estar encarregado da gestão das interferências, em virtude da carga de trabalho dos outros (p. ex., no controle de tráfego aéreo, o controlador orgânico, encarregado da coordenação com os setores adjacentes, tem como objetivo principal facilitar a tarefa do controlador de radar no setor controlado). Em consequência, é possível melhorar a cooperação homem-máquina, embora a máquina tenha habilidades limitadas para a cooperação. Uma solução mínima é ajudar o humano a identificar e gerir as interferências homem-máquina.

Do ponto de vista cognitivo, a gestão das interferências para facilitar as tarefas coletivas é realizada por meio de atividades cooperativas que são apenas uma parte daquelas descritas na literatura sobre a cooperação entre humanos (integrando, p. ex., fenômenos psicossociais, como a liderança, o engajamento etc.; Militello et al., 1999). Adotando-se esse ponto de vista restritivo, as atividades cooperativas podem ser organizadas em três níveis que se ordenam segundo uma abstração crescente e uma ampliação do intervalo temporal envolvido (cf. Hoc, 2003, para uma apresentação mais detalhada):

— *A cooperação na ação* – Agrupa atividades que têm implicações diretas a curto prazo e que podem se apoiar numa análise local da situação. Esse nível comporta a criação local de interferências (p. ex., o controle mútuo na cooperação confrontativa introduzida por Schmidt), sua detecção e sua resolução (locais). Integra também a antecipação de interferências por meio da identificação dos objetivos dos outros agentes a curto prazo.

— *A cooperação na planificação* – Consiste principalmente em manter e/ou elaborar um referencial comum (Terssac e Chabaud, 1990). Esse conceito deu lugar a uma terminologia variada e encontra sua origem em pesquisas sobre a compreensão (p. ex., *common ground*: Clark, 1996) ou sobre a explicação (p. ex., representação compartilhada do problema: Karsenty, 2000). O referencial comum não comporta apenas uma consciência compartilhada do ambiente (*Team situation awareness*: Salas et al., 1995), mas também uma representação da equipe considerada como um recurso. A manutenção e a elaboração do referencial comum abrangem objetivos comuns, planos comuns, a distruibuição dos papéis, o acompanhamento e a avaliação da ação, bem como sobre representações comuns (ou compatíveis) do ambiente. O desenvolvimento dessas atividades requer que se atinja uma certa abstração em relação às condições locais da ação, e determina a atividade da equipe a médio prazo.

— *A metacooperação* – Situa-se num nível de abstração mais elevado e permite aos agentes melhorar as atividades cooperativas de nível mais baixo graças a

Capítulo 16 – Para uma cooperação homem-máquina em situação dinâmica

construções operadas a longo prazo. Pode se tratar da adoção de um código comum para comunicar fácil e operacionalmente, da elaboração de formatos de representações compatíveis (facilmente traduzíveis por cada agente em seus próprios termos) e, sobretudo, de modelos de si mesmos e dos outros agentes.

O estudo da cooperação entre humanos nas situações dinâmicas que foram citadas (controle do tráfego aéreo: repartição dos aviões de um mesmo setor entre dois controladores de radar: Hoc e Carlier, 2002; avião de combate de dois lugares implicando um piloto e um navegador: Loiselet e Hoc, 2001), realizado para identificar as condições do que seria uma boa cooperação homem-máquina, destacou três fatos principais:

— a gestão do referencial comum representava mais da metade das atividades cooperativas. As comunicações sobre os planos, objetivos e papéis se mostraram muito eficazes, reduzindo a maioria das gestões locais de interferência;

— a gestão do referencial comum dizia respeito bem mais à atividade de controle de processo da equipe (planos, objetivos, distribuição de papéis etc.) do que ao processo sob controle (a consciência da situação – *situation awareness* – no sentido estrito);

— as atividades de manutenção do referencial comum eram mais frequentes do que as atividades de elaboração do referencial comum. Em consequência, uma parte considerável das atividades cooperativas na planificação consistia em manter uma representação comum sem recorrer a elaborações longas e fastidiosas.

Conclusão

Os resultados da aplicação a situações dinâmicas desse quadro geral de referência para o estudo das atividades cooperativas permitem ser otimista no que se refere à concepção de máquinas "cooperativas". Certos trabalhos de engenharia cognitiva já visam conceber máquinas capazes de realizar algumas atividades cooperativas descritas neste texto, por exemplo a identificação dos objetivos de agentes humanos, a planificação cooperativa etc. (Castelfranchi, 1998; Millot e Lemoine, 1998). Evidentemente, ainda não é possível conceber máquinas "metacooperativas", mas os projetistas podem desde já introduzir certos modelos de operadores em suas máquinas. Algumas atividades descritas nos dois primeiros níveis podem ser praticadas com máquinas, ao menos em situações específicas. O desenvolvimento desse tipo de empreendimento é crucial para melhorar a adaptabilidade e a confiabilidade dos sistemas homem-máquina introduzindo uma cooperação flexível em tempo real.

No entanto, mesmo que as máquinas tenham habilidades cooperativas muito restritas, podem ao menos ajudar os operadores a realizar as atividades de cooperação homem-máquina em condições melhores do que as que se conhecem hoje. O desenvolvimento de ferramentas para manter um referencial comum entre os humanos e as máquinas é provavelmente uma primeira etapa importante nessa melhoria (p. ex., na linha dos trabalhos sobre a noção de "espaço de trabalho comum" de Jones e Jasek, 1997, ou de Lemoine et al., 1996). Contudo, resta resolver problemas sérios em termos de alívio da carga de trabalho dos operadores quando estes precisam informar à máquina suas próprias atividades.

Referências

AMALBERTI, R. Safety in risky process control. *Reliability engineering and System Safety,* v.38, p.99-108, 1992.

____. *La conduite de systèmes à risques.* Paris: PUF, 1996.

BAINBRIDGE, L. Ironies of automation. In: RASMUSSEN, J.; DUNCAN, K. D.; LEPLAT, J., (Ed.). *New technology and human error.* Chichester (UK): Wiley, 1987. p.271-284.

BILLINGS, C. E. *Human-centered aircraft automation:* a concept and guidelines. Moffett Field (CA): Ames Research Center, 1991. (Technical Memorandum 103885).

BISSERET, A. Mémoire opérationnelle et structure du travail. *Bulletin de Psychologie,* v.24, p.280-294, 1970.

CASTELFRANCHI, C. Modelling social action for agents. *Artificial Intelligence,* v.103, p.157-182, 1998.

CELLIER, J. M.; EYROLLE, H.; MARINÉ, C. Expertise in dynamic environments. *Ergonomics,* v.40, p.28-50. 1997.

CLARK, A. A.; SMYTH G. G. A co-operative computer based on the principles of human co-operation. *International Journal of Man-Machine Studies,* v.38, p.3-22, 1993.

CLARK, H. H. *Using language.* Cambridge: Cambridge Univ. Press, 1996.

DEBERNARD, S.; HOC, J.-M. Conception de la répartition dynamique d'activités entre opérateur humain et machine. Leçons tirées d'une collaboration pluridisciplinaire dans le contrôle de trafic aérien. *Journal Européen des Systèmes Automatisés,* v.37, p.187-211, 2003.

ENDSLEY, M. Automation and situation awareness. In: PARASURAMAN, R.; MOULOUA, M. (Ed.). *Automation and human performance:* theory and applications. Mahwah (NJ): Lawrence Erlbaum, 1996. p.163-181.

ENDSLEY, M.; KABER, D. B. Level of automation effects on performance, situation awareness and workload in a dynamic control task. *Ergonomics,* v.42, p.462-492, 1999.

EPHRATH, A. R.; YOUNG, L. R. Monitoring versus man-in-the-loop detection of aircraft control failures. In: RASMUSSEN, J.; ROUSE, W. B. (Ed.). *Human detection and diagnosis of system failures.* New York: Plenum, 1981. p.143-154.

FITTS, P. M. *Human engineering for an effective air navigation and traffic control system.* Washington (DC): National Research Council, 1951.

HOC, J. M. *Supervision et contrôle de processus:* la cognition en situation dynamique. Grenoble: PUG, 1996.

____. Conditions et enjeux de la coopération homme-machine dans le cadre de la fiabilité des systèmes. In: GANASCIA, J. G. (Ed.). *Sécurité et cognition.* Paris: Hermès, 1999. p.147-164.

____. Towards a cognitive approach to human-machine cooperation in dynamic situations. *International Journal of Human-Computer Studies,* v.54, p.509-540, 2001.

____. Coopération humaine et systèmes coopératifs. In: BOY, G. (Ed.). *Ingénierie cognitive:* IHM et cognition. Paris: Hermès, 2003. p.139-187.

____; CARLIER, X. Role of a common frame of reference in cognitive coopération: sharing tasks between agents in air traffic control. *Cognition, Work and Technology,* n.4, p.37--47, 2002.

HOC, J. M.; LEMOINE, M. P. Cognitive evaluation of human-human and human-machine cooperation modes in air traffic control. *International Journal of Aviation Psychology,* n.8, p.1-32, 1998.

HOLLNAGEL, E.; WOODS, D. D. Cognitive systems engineering: new wine in new bottles. *International Journal of Man-Machine Studies,* v.18, p.583-600, 1983.

JONES, P. M.; JASEK, C. A. Intelligent support for activity management (ISAM): An architecture to support distributed supervisory control. *IEEE, Transactions on Systems, Man and Cybernetics*, Part A: *Systems and Humans*, v.27, p.274-288, 1997.

JONES, P. M.; MITCHELL, C. Model-based communicative acts: human-computer collaboration in supervisory control. *International Journal of Human-Computer Studies*, v.41, p.527-551, 1994.

KARSENTY, L. Cooperative work: the role of explanation in creating a shared problem representation. *Le Travail Humain*, Paris, v.63, p.289-309, 2000.

LAYTON, C.; SMITH, P. J.; MCCOY, E. Design of a cooperative problem-solving system for en-route flight planning: an empirical evaluation. *Human Factors*, v.36, p.94-119, 1994.

LEE, J.; MORAY, N. Trust, control strategies and allocation of function in human-machine systems. *Ergonomics*, v.35, p.1243-1270, 1992.

_____. Trust, self-confidence and operators' adaptation to automation. *International Journal of Human-Computer Studies*, v.40, p.153-184, 1994.

LEMOINE, M. P.; DEBERNARD, S.; CREVITS, I.; MILLOT, P. Cooperation between humans and machines: First results of an experiment with a multi-level cooperative organisation in air-traffic control. *Computer Supported Cooperative Work*, n.5, p.299-321, 1996.

LOISELET, A.; HOC, J. M. La gestion des interférences et du referential commun dans la coopération: implications pour la conception. *Psychologie Française*, v.46, p.167-179, 2001.

MILITELLO, L. G. et al. A synthesized model of team performance. *International Journal of Cognitive Ergonomics*, n.3, p.131-158, 1999.

MILLOT, P.; LEMOINE, M. P. *An attempt for generic concepts toward human-machine cooperation.* San Diego, 1998. (Paper presented at *IEEE SMC,* San Diego, Oct.1998).

MILLOT, P.; MANDIAU, R. Man-machine cooperative organizations: Formal and pragmatic implementation methods. In: HOC, J.-M.; CACCIABUE, P. C.; HOLLNAGEL, E. (Ed.). *Expertise and technology:* cognition & human-computer cooperation. Hillsdale (NJ): Lawrence Erlbaum, 1995. p.213-228.

MOSIER, K. L. Myths of expert decision-making and automated decision aids. In: ZSAMBOK, C. E.; KLEIN, G. (Ed.). *Naturalistic decision-making.* Mahwah (NJ): Lawrence Erlbaum, 1997. p.319-330.

MOSIER, K. L.; SKITKA, L. J.; HEERS, S.; BURDICK, M. Automation bias: Decision-making and performance in high-tech cockpits. *International Journal of Aviation Psychology*, v.8, p.47-63, 1998.

MUIR, B. M. Trust between humans and machines, and the design of decision aids. In: HOLLNAGEL, E.; MANCINI, G.; WOODS, D. D. (Ed.). *Cognitive engineering in complex dynamic worlds.* London: Academic Press, 1998. p.71-84.

MUIR, B. M.; MORAY, N. Trust in automation. Part II. Experimental studies of trust and human intervention in a process control situation. *Ergonomics,* v.39, p.429-460, 1996.

OLDER, M. T.; WATERSON, P. E.; CLEGG, C. W. A critical assessment of task allocation methods and their applicability. *Ergonomics*, v.40, p.151-171, 1997.

PARASURAMAN, R. Humans and automation: Use, misuse, disuse, abuse. *Human Factors*, v.39, p.230-253, 1997.

PARASURAMAN, R.; MOULOUA, M. (Ed.). *Automation and human performance:* theories and applications. Mahwah (NJ): Lawrence Erlbaum, 1996.

PIAGET, J. *Études sociologiques.* Genève: Droz, 1965.

RAJAONAH, B.; ANCEAUX, F.; HOC, J.-M. A study of the link between trust and use of adaptative cruise control. In: VAN DER VEER, G. C.; HOORN, J. F. (Ed.). *Proceedings of CSAPC'03*. Rocquencourt, FR.: EACE, 2003.

RASMUSSEN, J.; PEJTERSEN, A. M.; GOODSTEIN, L. P. *Cognitive systems engineering*. New York: Wiley, 1994.

RIEGER, C. A.; GREENSTEIN, J. S. The allocation of tasks between the human and computer in automated systems. In: INTERNATIONAL CONFERENCE ON CYBERNETICS AND SOCIETY, New York, 1982. *Proceedings*. New York: IEEE, 1982. p.204-208.

ROTH, E. M.; BENNET, K. B. ; WOODS, D. D. Human interaction with an intelligent machine. In: HOLLNAGEL, E.; MANCINI, G.; WOODS, D. D. (Ed.). *Cognitive engineering in complex dynamic worlds*. London: Academic Press, 1988. p.23-69.

SALAS, E.; PRINCE, C.; BAKER, D. P.; SHRESTHA, L. Situation awareness in team performance: Implications for measurement and training. *Human Factors*, v.37, p.123-136, 1995.

SCHMIDT, K. Cooperative work and its articulation: requirements for computer support. *Le Travail Humain*, v.57, p.345-366, 1994.

SHERIDAN, T. B.; VERPLANCK, W. L. *Human and computer control of undersea teleoperators*. Cambridge (Mass.): MIT, 1978. (Report).

SMITH, P. J.; MCCOY, E.; LAYTON, C. Brittleness in the design of cooperative problem--solving systems: the effects on user performance. *IEEE Transactions on Systems, Man and Cybernetics,* Part A: Systems and Humans, v.27, p.360-371, 1997.

TERSSAC, G. de; CHABAUD, C. Référentiel opératif commun et fiabilité. In: LEPLAT, J.; TERSSAC, G. (Ed.). *Les facteurs humains de la fiabilité*. Toulouse: Octarès, 1990. p.110-139.

VANDERHAEGEN, F.; CREVITS, I.; DEBERNARD, S.; MILLOT, P. Human-machine cooperation: toward and activity regulation assistance for different air-traffic control levels. *International Journal of Human-Computer Interaction*, n.6, p.65-104, 1994.

WOODS, D. D.; ROTH, E. M. Symbolic AI computer simulations as tools for investigating the dynamics of joint cognitive systems. In: HOC, J. M.; CACCIABUE, P.-C.; HOLLNAGEL, E. (Ed.). *Expertise and Technology:* cognition & human-computer cooperation. Hillsdale (NJ): Lawrence Erlbaum, 1995. p.75-90.

Ver também:

12 – Paradigmas e modelos para a análise cognitiva das atividades finalizadas

14 – Comunicação e trabalho

15 – Homens, artefatos, atividades: perspectiva instrumental

26 – Ergonomia e concepção informática

31 – A gestão de situação dinâmica

17

Da gestão dos erros à gestão dos riscos

René Amalberti

O estudo da gestão dos riscos nas situações de trabalho é uma área em plena expansão. As delimitações do papel da ergonomia nessa área são, no entanto, difíceis, pois o tema é necessariamente: *a)* apresentado segundo múltiplos pontos de vista e níveis de análise (do domínio dos riscos pelo operador até o domínio dos riscos pelo sistema político amplo), *b)* integrativo (os níveis de análise não são independentes entre eles) e *c)* por todas essas razões, profundamente interdisciplinar, além dos subsídios da psicologia, com as contribuições essenciais das ciências para o engenheiro sobre as medições e os métodos de avaliação do risco (qualidade, confiabilidade dos sistemas), e aquelas mais organizacionais da sociologia.

Isso posto, seja quais forem o nível de análise e a disciplina contribuidora, as ações por muito tempo foram sustentadas pelos mesmos modelos compartilhados por todos, simples, ou mesmo simplistas (suprimir os erros e o risco). Esses modelos pareciam bastar enquanto as margens de progresso eram significativas na indústria. Mas há mais ou menos dez anos os sinais da saturação começaram a se manifestar, e o questionamento dos modelos simples vem se ampliando.

Este capítulo busca rejeitar os fundamentos que por muito tempo dominaram a área, antes de considerar os fatores de ruptura e as evoluções que se desenham nesse setor.

Introdução: alguns fundamentos da gestão dos erros e dos riscos

A história científica da gestão dos erros e riscos é relativamente recente.

A psicologia, desde sua origem, se interessava pelos erros humanos, mas com frequência conferia tão somente um valor intermediário a esses erros como uma variável do desempenho, sem fazer deles um tema específico de estudo.

A primeira mudança de perspectiva foi guiada por interesses pedagógicos. A partir da década de 1970, houve um verdadeiro trabalho sobre o erro propriamente dito, sua gênese e seu controle que se inscreve no âmbito da renovação dos estudos sobre a atenção, a carga de trabalho e o sucesso escolar. As primeiras teorias sobre o erro foram produzidas, quase que imediatamente seguidas pelas primeiras teorias sobre a detecção do erro, o que prova a que ponto é – e continuará sendo – difícil estudar um conceito sem o outro (80% dos erros são detectados por aquele que os cometeu, Allwood, 1984). Os mecanismos de produção de erro são de três grandes tipos, herança dos trabalhos de Norman (1981), Rasmussen (1986) e Reason (1990): erros de rotina, erros de regras e erros de conhecimento; as violações aparecem como uma quarta categoria correspondendo a erros "voluntários". As detecções se baseiam igualmente em três mecanismos (Allwood, 1984): detecção pela observação de um resultado anormal em relação ao que se esperava, detecção a partir de uma comparação com uma referência conhecida do traço na memória de trabalho da sequência rotineira que se acaba de executar, e verificação sistemática. (O leitor poderá com facilidade consultar as obras de síntese sobre o assunto, em especial a de Reason, 1990).

Foi a evolução tecnológica da sociedade o desencadeador definitivo de uma verdadeira problemática científica sobre o risco que ultrapassa a análise do erro. O setor nuclear (em particular após o incidente nuclear de Three-Miles Island, 1979) e a segurança nas estradas transformam nas décadas de 1970 e 1980 as áreas da confiabilidade humana e da gestão dos riscos em setores prioritários de pesquisa. Esse esforço se caracteriza por algumas produções fundamentais: medida da confiabilidade humana (Swain e Guttmann, 1983); análise da distribuição das funções entre homem e máquina (Sheridan, 1988); nascimento das teorias globais sobre a gestão dos riscos em diferentes níveis de análise do trabalho; teoria da homeostasia do risco de Wilde (1976); teoria do acidente normal de Perrow (1984); teoria das organizações seguras de Rochlin (1996) etc. As produções científicas sobre o tema do erro e do risco nos diferentes níveis de organização do trabalho foram tão numerosas nas duas últimas décadas que seria infrutífero querer citá-las todas num documento de síntese. Pode-se remeter proveitosamente o leitor a algumas obras pedagógicas nas quais as bibliografias em francês são recomendadas: por exemplo, Leplat (1985); Reason (1990, e sua tradução, 1993); Saad (1988) para os modelos de risco nas estradas; Bourrier (2001), para as teorias sociológicas do risco.

Parece mais interessante neste texto observar os pontos comuns e as ideias fundadoras subjacentes a todas essas abordagens datadas do século XX. Com efeito, até uma data muito recente, os estudos jamais colocaram em causa os três dogmas, *verdadeiros totens e tabus da segurança,* impostos como construções sociais há mais de vinte anos:

— o erro ou a falha técnica não são admissíveis pelas empresas. Perturbam a atividade, o desempenho e a segurança. É preciso torná-los mais difíceis, reduzi-los ao máximo;

— como continuarão a existir, apesar de todos os esforços possíveis de redução, é preciso desenvolver defesas em profundidade para detectá-los precocemente, recuperá-los e impedir todas as consequências críticas;

— as violações e as liberdades tomadas com as leis e os regulamentos são culpadas. Uma certa margem de adaptação na interpretação das regras é às vezes tolerável, mas essa tolerância não saberia de maneira nenhuma justificar um afroxamento e a adoção sistemática de comportamentos arriscados.

Com essas ideias, o domínio dos riscos se baseia em nossas indústrias e serviços em duas ações: conhecimento do risco e redução dos riscos por meio de todo método eficaz (prevenção, recuperação ou atenuação).

O pré-requisito é o conhecimento do risco: identificação dos perigos, modelização dos mecanismos de produção de danos, identificação das proteções, validação dos modelos pela experiência. A melhora da qualidade dos sistemas de retorno da experiência atuais (REX) é com frequência considerada como central para qualquer melhoria da segurança. A análise da informação recuperada permite praticar as análises clássicas de medidas de riscos (ver Fadier, 1994, para uma apresentação dessas técnicas). Resulta daí uma racionalidade para ordenar as prioridades de ação sobre os riscos identificados, em geral baseada na noção de risco aceitável, definida por uma avaliação da relação entre custo das

Capítulo 17 – Da gestão dos erros à gestão dos riscos

medidas preventivas ou protetoras e custo dos danos – inclusive os em termos de imagem. Na prática, essa avaliação do risco aceitável é, com frequência, operacionalizada por uma curva de troca frequência-severidade.

O domínio dos riscos temidos é obtido pela implementação de ações de prevenção, recuperação e atenuação. A prevenção impede o desencadeamento de roteiros de incidentes levando naturalmente ao evento temido (o acidente) na falta de ação de recuperação. A recuperação permite interromper o desenvolvimento de um roteiro de incidente, antes que ele se transforme em acidente pela consumação do dano. A atenuação permite reduzir as consequências – os danos – da realização do evento temido.

As três estratégias dominantes de redução do risco são as seguintes.

• A qualidade: o respeito aos procedimentos é uma garantia do desempenho final e da segurança. A noção de referencial de práticas é central. O *desvio* em relação ao referencial, medido continuamente por indicadores, é a origem da medida do risco e da pilotagem das ações de redução do risco. Em sua forma mais moderna, a melhoria contínua da qualidade utiliza o princípio de referenciais evolutivos em relação aos retornos quanto à satisfação dos clientes.

• A supressão do risco em sua fonte consiste em suprimir as fontes de perigo no processo de produção (p. ex., mudar de tecnologia para não empregar mais produtos perigosos) ou suprimir a própria atividade (p. ex., fechar um serviço, por falta de pessoal). A medida é radical, muito eficaz no curto prazo.

• A construção de defesas em profundidade ou de barreiras contra o risco permite recuperar o erro ou a falha, antes que ela apresente consequências e que ela conduza ao evento temido. As barreiras podem ser materiais (disjuntor num entroncamento múltiplo) ou imateriais (regulamentos, instruções, formação). Uma boa segurança combina em geral várias barreiras dos dois tipos instauradas paralelamente.

O pulo para o século XXI e a chegada de dois fatores de ruptura

Os consideráveis esforços técnicos desenvolvidos no fim do século XX conduziram a uma melhora bastante acentuada da segurança na maioria das tecnologias com riscos. Ao progredir dessa maneira, os problemas técnicos foram reduzidos, relevando até certo ponto, sobretudo, os problemas de origem humana como causas de insegurança. Isso explica o fato de as ações "fatores humanos" terem passado por uma progressão intensa desde a década de 1980, um pouco como se as causas "fatores humanos" de insegurança fossem as últimas fronteiras a vencer para atingir a segurança perfeita.

Após três décadas de esforços, pode-se fazer uma dupla e contraditória constatação sobre a redução do risco vinculado às falhas humanas:

De um ponto de vista prático, a segurança atingiu limites – A segurança atingiu um patamar na maioria dos processos industriais bem antes da implementação de planos fatores humanos de grande amplitude. A transferência aos operadores dos dogmas técnicos da falha zero aplicados aos sistemas não produziu o resultado esperado. Dizer que é preciso reduzir os erros não reduziu os problemas de acidentes. Uma parte das causas desse relativo fracasso tem a ver com a excelência do resultado inicial. Melhorar um sistema já muito seguro é sempre mais difícil do que melhorar um sistema pouco seguro. Uma outra parte das causas relaciona-se ao fato de que o mundo do trabalho se transformou. O crescimento fez os sistemas aumentarem numa progressão aritmética. Verifica-se assim uma duplicação do tráfego aéreo a cada dez anos. Essa progressão criou riscos mais significativos de crises sociotécnicas (multiplicação dos atores, pressão quanto ao desempenho, aumento dos riscos sociais relacionados às falências e fusões etc.). Em suma, a gestão da segurança contribui para reduzir os microeventos anormais no local de trabalho, ao mesmo tempo aumentando o mal-estar local dos trabalhadores ("viver mal no trabalho"), e sobretudo os riscos – globais da empresa e colaterais para o meio ambiente.

Para resumir, a gestão da segurança das indústrias com riscos tornou-se essencialmente um objeto público, submetido a uma gestão sociopolítica e reativa. A proteção imediata do operador não é mais o (único) centro do procedimento de segurança, nem mesmo a primeira prioridade dos procedimentos (queda de influência das CHSCT apesar do reforço jurídico[1]): ao contrário, os principais motores dos investimentos e dos procedimentos de gestão dos riscos são orientados pela sobrevivência econômica no curto prazo, seja na escala local do produto, do qual se sabe que qualquer defeito pode arruinar a empresa (segurança do produto, confiabilidade, durabilidade, em suma, qualidade do produto), seja no outro extremo da escala política ou administrativa da gestão das crises relacionadas ao acidente, midiatizado ao extremo, sempre considerado injusto, cujo potencial devastador econômico é enorme.

Com frequência as abordagens ergonômicas se viram em armadilhas e "perdendo o foco" nesses paradoxos. Os textos e os princípios foram numerosos para ampliar o foco do diagnóstico e da prevenção para além do posto de trabalho; mas, muitas vezes, a realidade das práticas possíveis esteve em contradição com as intenções da profissão. De maneira excessiva os ergonomistas foram chamados para atuar com escopo reduzido sobre a empresa local, limitado ao posto de trabalho, deixando a outras profissões (auditores, por exemplo) as análises sobre a contribuição à segurança dos outros níveis da empresa (em especial o nível da direção). Além disso, a demanda aos ergonomistas – por múltiplas razões e, em especial, a imagem que nossa profissão veicula – foi muitas vezes limitada à fase de diagnóstico (fase de análise), sem dirigir a ação que deveria seguir; uma vez conhecido o levantamento das falhas identificadas. Às vezes essa dissociação levou a uma prescrição excessiva pela direção da empresa ou a uma justificação de automatização reforçada, sem levar em conta os fundamentos da ergonomia, em particular as margens de manobras necessárias para a adaptação do trabalho em relação as competências dos atores da empresa.

Enfim, o resultado global de vinte anos de evolução da segurança das empresas é: a) um enquadramento e uma tecnicização (automatização) reforçados dos postos de trabalho e da organização horizontal nas áreas de produção(cooperação no posto de trabalho), com frequência contrários ao espírito da ergonomia; b) uma subconsideração para os fatores de maior risco para a segurança dos grandes sistemas (em especial as estratégias da direção e a organização vertical da empresa).

Mesmo num nível teórico, vários debates recorrentes sobre o risco colocam em causa os fundamentos do século XX

A definição de erro permanece confusa. Para o psicólogo, o erro corresponde ao não alcance do objetivo que o sujeito fixou para si mesmo. É por definição involuntário, e

---

[1] Ler por exemplo o relatório oficial muito completo que contrapõe as causas múltiplas dessa queda de influência: *Vingt ans de comité d'hygiène, sécurité et des conditions de travail,* Direction des Journaux officiels, outubro de 2001.

Capítulo 17 – Da gestão dos erros à gestão dos riscos

pode ser associado a processos cognitivos não atencionais (erro de rotina) ou atencionais (erro de regra ou de conhecimento). Com esta definição, a taxa observada é considerável, da ordem de vários erros por hora para operadores em situação de controle dinâmico.

Para a maioria das pessoas interessadas na qualidade, o erro é o afastamento em relação a uma norma, a uma maneira prescrita de executar o trabalho. Nesse contexto, o problema da escolha da referência pelos operadores é evidente (p. ex., dirigir a 135 km/h numa rodovia francesa não é necessariamente um erro, pois a norma tácita tolera essa velocidade). Uma segunda ideia subjacente à noção de erro é a de escolha: só há erro se existe uma escolha, ou uma possibilidade de fazer "certo" (Leplat, 1998). Com tal definição, em teoria o erro é mais frequente ainda do que com a definição do psicólogo, em virtude das numerosas violações voluntárias cotidianas – que não são erros aos olhos de quem as comete. Na realidade, o número de erros detectados pela ação na área de qualidade é relativamente reduzido, pois se aplica uma filtragem eliminando os desvios à norma de baixa amplitude.

A terceira definição é aquela utilizada pelas pessoas interessadas na segurança dos sistemas, cujo objetivo é essencialmente evitar acidentes. Nesse contexto, a definição de erro remete às ações (ou inações) que criaram o risco, ou mesmo danos. Compreende-se que esse tipo de erro seja (felizmente) mais raro. A ideia de erro está aqui estreitamente vinculada a suas consequências, e às falhas da cadeia de detecção recuperação. A definição remete mais a uma falha de gestão global do que a uma falha isolada. Mas a identificação e a análise dos "erros" isolados são com frequência, comprometidos pelo conhecimento do fim da história, e de elementos que estavam inacessíveis para os operadores durante a ação. Do mesmo modo, o fato de que os "erros" só sejam identificados e analisados em roteiros de acidentes ou de incidentes conduz a um considerável comprometimento de seleção de dados que leva a lhes atribuir "virtudes acidentógenas" que eles não têm.

Essas três definições em parte se superpõem. Mas vale notar que, conforme a definição, a frequência de erros observada é muito diferente. Por exemplo, uma mesma proposta de bom senso como a ideia de "suprimir os erros para melhorar a segurança" se mostra:

— muito lógica e legítima quando se adota a definição globalizante da investigação (erro visto como uma árvore de falhas conduzindo à perda de controle). É normal querer suprimir os incidentes e os acidentes;

— ainda lógica, mas já mais discutível quando se adota o ponto de vista da qualidade (erro como um desvio do padrão). Nesse nível, as estratégias se apoiam sobre a construção de normas realistas e compatíveis com as adaptações necessárias ao trabalho. Mas basta mexer na norma para fazer considerar ou não como erros;

— totalmente irrealista quando se adota a definição do psicólogo (erro visto como um mecanismo psicológico). É impossível suprimir todos os erros humanos na fonte – a não ser suprimindo-se o homem. É a gestão do erro que parece a via natural de ação e redução do risco

Por fim, é o caráter preditivo da pequena falha (erro para o psicólogo) para a ocorrência da falha grave (cadeia de erros do acidente ou incidente grave) que está fundamentalmente em questão nessa discussão. Os argumentos se acumulam para negar essa continuidade e questionar as interpretações precipitadas de um retorno de experiência estendida aos incidentes menores, cuja única utilização seria a supressão das falhas observadas (Amalberti e Barriquault, 1999). A extensão do retorno de experiência é útil, mas deve dar lugar a uma mudança de tratamento à medida que é refinado e que se muda de sistema de referência (evitamento de acidentes e incidentes graves, respeito de uma qualidade e de padrões, reforço dos controles psicológicos pelo operador). Os levantamentos das pequenas disfunções aparecem como auxílios indispensáveis para a compreensão das adaptações no trabalho normal; são ferramentas de compreensão da evolução da empresa, da evolução dos desvios de práticas e dos contextos, em suma, da supervisão dinâmica do comportamento do sistema, mas certamente não são ferramentas de coerção do trabalho.

Condutas arriscadas não declaradas. Assumir a adoção de conduta arriscada não é possível numa ação oficial de segurança pública. Ela, no entanto, é necessária para a sobrevivência econômica. Distinguem-se as adoções de condutas arriscadas voluntariamente, e as que não o são. Quando voluntárias, pertencem à categoria dos riscos aceitos e codificados por uma profissão ou seus "clientes" para aumentar o desempenho final (p. ex., protocolo cirúrgico mais pesado, mas potencialmente melhor para o paciente). As adoções de condutas arriscadas involuntárias correspondem a todas as exposições a riscos não imaginados ou não desejados, em todo caso não aceitos. Por exemplo, a exposição ao amianto para os trabalhadores da construção ou os habitantes de um imóvel, antes da "revelação" pública dos riscos associados. Classificam-se as sabotagens de toda espécie nesta categoria.

Domínio das condutas arriscadas. É sempre medido por uma relação entre os resultados imediatos e os efeitos colaterais a longo prazo. A gestão dos riscos é complexa e inscrita no(s) tempo(s), pois os sistemas sócio-técnicos são fundamentalmente dinâmicos. A adoção mais intensa de condutas arriscadas no curto prazo está associada ao controle de riscos no longo prazo. A ação contra o risco pode simplesmente retardar sua realização, ou mudar sua natureza ao longo do tempo. O tempo é, em si mesmo, um objeto de referências múltiplas. Por exemplo, uma intervenção cirúrgica combina vários ciclos de tempo: o da intervenção propriamente dita, das coordenações com a sala de recuperação e os andares, o do planejamento do centro cirúrgico, do planejamento dos atores em relação a seus horários de trabalho. Cada uma dessas referências temporais possui suas próprias racionalidades relativas ao risco (ler vários capítulos do livro de Cellier, De Keyser e Valot, 1996, para uma apresentação de exemplos desse tema das referências temporais introduzido pela equipe de Véronique de Keyser no começo da década de 1990).

Rever as teorias e redesenhar um novo campo de estudos para a segurança

Redesenhar campos de estudos no nível do posto de trabalho – Os trabalhos de várias comunidades científicas convergem para refundar as bases de uma abordagem da segurança e da gestão dos riscos. Cabe citar em especial os trabalhos sobre a cognição situada (Theureau, 1992), sobre o controle das situações complexas (Amalberti, 2001; Hollnagel, 1998; Reason, 1997; Woods et al., 1994), a antropologia cognitiva (Hutchins, 1995), e os estudos sobre processos naturais de decisão (Klein et al., 1993).

Por diversas que sejam essas comunidades e seus integrantes, elas procedem de algumas características comuns:

— todas fizeram a passagem do laboratório para o campo, e se interessaram pelas situações naturais, complexas do mundo do trabalho;

— as raízes são relativamente comuns, com um peso particular para as teorias vin-

Capítulo 17 – Da gestão dos erros à gestão dos riscos

culando a cognição à ação (Gibson, 1979), e uma herança ergonômica levando em conta a história do sujeito e da empresa;

— o objeto primordial de todas essas pesquisas não é a falha ou o erro, mas a maneira como os operadores fazem seu trabalho a despeito dos erros ou das falhas (deles, e do sistema em sentido mais amplo);

— coloca-se a hipótese, implícita ou explícita, de que não existe uma solução ideal, totalmente prescrita para resolver e gerir o tipo de situações complexas, às quais se direcionam esses estudos. O operador ou o coletivo de operadores precisam encontrar compromissos e levar em conta dimensões contraditórias da situação.

Os resultados acumulados mostram duas constantes; a suficiência e o valor relativo do erro no controle do risco.

A suficiência exprime uma qualidade do sistema cognitivo ou social que permite fazer um trabalho sem procurar o desempenho máximo. Encontra-se nesta noção uma herança reformulada da ideia de racionalidade limitada exprimida por Simon (1982). Ela se expressa em todas as esferas do controle: planificação, decisão e execução.

• No campo da planificação, o sujeito continua a planificar e alimentar sua representação enquanto ele não acredita na sua solução; mas ele para assim que acredita possuir solução para o objetivo de desempenho visado (O'Hara e Payne, 1998). De fato, o plano mais importante a estabelecer antes da ação é um metaplano que fixa o contrato de desempenho (o contrato mínimo aceitável, os objetivos), delimita os prováveis pontos problemáticos da execução, os protege ou os evita por meio de uma reflexão anterior: o resto da execução se satisfaz sem problema com uma adaptação linear.

• No campo do processo decisório, Klein et al. (1993) insistem no fato de que a decisão é um processo contínuo, acoplado ao ambiente. Esse processo passa por decisões parciais, mais ou menos pertinentes, mas que terminam em geral conduzindo a resultados aceitáveis, levando-se em consideração as margens das situações reais. Além disso, em muitos casos, a decisão em contexto é relativamente guiada pelas possibilidades oferecidas pela situação (Gibson fala em *"propiciação"*) e os operadores têm uma grande experiência na maioria das áreas a decidir e nos "mundos" aos quais aquelas decisões se aplicam, de modo que decisões em teoria pouco válidas são em última instância pouco perigosas, em particular graças às reações adaptadas dos outros agentes cognitivos do mundo ambiente; seja ela pior ou melhor, os operadores têm uma considerável experiência quanto ao que eles podem controlar em termos de desvio, e por isso toleram que sua decisão tenha pouca validade (da qual eles podem se conscientizar) desde que ela não os conduza a uma situação de impasse em relação a sua experiência.

• Por fim, no campo da execução, o modelo mental está longe de especificar toda a execução, mas ele contém os elementos essenciais para guiá-la. A atividade propriamente dita emerge (*"s'énacte"*) por acoplamento ao ambiente, e utilização das propriedades naturais desse ambiente. Na maioria das situações, o operador evita intervenções precoces em situações onde ainda faltam elementos. Antes, ele espera a constituição clara do problema, que simplifica o diagnóstico. O conceito de consciência da situação (*situation awareness*, ou SA, Endsley, 1995) é uma outra pista para tentar compreender qual nível mínimo de compreensão é necessário para conservar o controle cognitivo da situação. Em suma, o operador deixa a situação evoluir até um certo nível de conflito, porque a situação se torna mais típica, mais fácil de identificar e de corrigir com rotinas.

O erro é frequente e a taxa se torna relativamente irredutível em todas as situações humanas, sejam quais forem a definição e o filtro adotados (encontra-se essa ideia mesmo no nível mais intimista da organização neurofuncional do controle motor, Posamaï et al., 2002). Os estudos convergem para mostrar que o evitamento dos erros não é uma preocupação central do operador. Para compreender esse resultado, é preciso aceitar a existência de uma hierarquia dos processos de regulação. No nível do fluxo de erro, uma atividade de fundo identifica de 70 a 80%, e recupera dois terços deles. Esse *laisser-faire* relativo esconde um outro nível estratégico de controle com intensa atividade cognitiva na área da autoestimativa da compreensão suficiente da situação. O operador sabe que ele não utiliza o máximo de suas capacidades estratégicas, pelas mais variadas razões, de tempo, de recursos, ou de motivação. Ele dedica, no entanto, uma parte significativa de seu tempo (maior do que aquela dedicada à recuperação dos erros) para esse trabalho de autoestimativa da suficiência. Em suma, ele está mais preocupado com o que ele poderia compreender ou fazer melhor, mas que ele decidiu não compreender ou negligenciar por razões locais, do que com os resíduos de sua atividade (seus erros), que ele gere no tempo, de maneira completamente integrada à sua atividade principal.

A segurança ecológica abrange o conjunto dos mecanismos espontâneos descritos anteriormente para assegurar o domínio da situação e permitir um desempenho suficiente.

Estender a análise a uma perspectiva dinâmica e organizacional da segurança – Ficou bastante claro para a ergonomia na última década que o foco da intervenção deveria se ampliar e levar em conta os diferentes níveis da empresa. Este parágrafo não retomará esse ponto muito geral, aliás amplamente ilustrado em outros capítulos deste livro; em termos de gestão da segurança, dois conceitos emergem dessa ampliação do foco de análise, e são apresentados mais detalhadamente nesta seção.

Gerir os conflitos de pontos de vista sobre a segurança na empresa. Os pontos de vista sobre a segurança variam na empresa em relação às disciplinas e aos jogos de ator de que eles provêm. O número de pontos de vista considerados é relativamente recorrente e pode ser reduzido proveitosamente a três para facilitar a análise: o da direção, o da linha de produção, e o dos atores (Amalberti, 2003).

• O nível da direção política e econômica do sistema é essencialmente focalizado nas dimensões socioeconômicas da segurança. O objetivo primordial é evitar uma crise de vulto que coloque em risco a sobrevivência da empresa. Nesse nível, a segurança combina de forma equivalente os problemas ligados à capacidade de desempenho (crises sociais, endividamento etc.), à confiabilidade do produto vendido (satisfação do cliente, conquista de mercado, competitividade), e ao acidente propriamente dito. Para evitar a crise, ele se protege técnica e juridicamente facilitando ações visíveis, organizacionais, e criando quadros dirigentes intermediários.

• No nível da produção e também do serviço de saúde a segurança é pensada em termos diferentes. O conceito de base é a redução da dispersão das práticas (redução da variabilidade) pelo aumento dos protocolos e dos meios de controle do cumprimento desses protocolos. Nesse nível, assegurar a qualidade é com frequência confundido com a segurança; a conformidade aos modos e a redução dos erros humanos e das falhas técnicas são consideradas como alvos prioritários de ação da segurança. A estratégia de segurança predominante se apoia na construção de barreiras para reduzir o risco, sejam essas barreiras concretas (dispositivos a prova de falhas, impossibilidade física ou organizacional) ou virtuais (regulamentação, instrução).

• O nível dos atores imagina a segurança ainda de outra forma. No nível individual, o sentimento de segurança é a consequência da interação entre uma certa crença em seu saber-fazer (eu sei fazer isso), um certo benefício (para o sistema e para si mesmo), e a busca de uma imagem positiva de si mesmo a apresentar aos outros (o julgamento de outrem). Os piores desvios não serão considerados perigosos se você acha que sabe lidar com essas situações, se a ação empreendida faz com que você ganhe (tempo, dinheiro, vantagens secundárias), e se você sabe que o seu meio o valorizará por esse comportamento desviante – ou em todo caso achará esse comportamento normal; é o exemplo dos comportamentos de infração dos motoristas jovens ou das transferências de tarefa entre auxiliares de enfermagem e enfermeiros no hospital.

Cada ponto de vista gera um fluxo de eventos, ações, decisões e erros; cada ponto de vista tem limitações e é também influenciado por suas próprias práticas sociais que não dependem de uma racionalidade total, donde a ideia de um "desvio normal" em cada nível. Pior ainda, cada nível tratando da segurança de um sistema organiza, antes de mais nada, suas estratégias para proteger a si mesmo dos efeitos negativos dos acidentes, com uma tendência bastante acentuada de se otimizar localmente, sem levar em conta os efeitos globais sobre as outras camadas do sistema.

Dois efeitos negativos são, de forma bastante clássica, a consequência disso.

• O efeito biombo: iniciado em geral pela direção, consiste em complexificar a organização hierárquica do sistema criando camadas intermediárias de decisão e frequentemente estanques entre si (econômica, técnica, securitária). Como se viu anteriormente, o interesse para a direção é duplo: demonstrar que ações são empreendidas, e criar "biombos" portadores de responsabilidades. Mas aumentar demais o número de responsáveis por decisões resulta num aumento mecânico da complexidade e das decisões contraditórias; o desempenho do sistema de produção se torna então paradoxalmente menos homogêneo, com interpretações conflitantes das intenções reais da direção por parte da linha de produção. Isso é particularmente importante no quadro da compreensão pelos atores de campo das arbitragens entre pressão comercial e pressão de segurança.

• O efeito revérbero: iniciado em geral pela linha de produção, consiste em reagir em excesso a eventos temidos, e a instaurar barreiras fortes demais. O sistema esquece com frequência, nesse caso, que o desempenho diário precisa continuar a ser assegurado; as práticas vão necessariamente se mover para assegurar esse desempenho. Ao migrarem, as práticas se deslocam para espaços frequentemente desconhecidos, onde paradoxalmente o risco pode se mostrar superior àquele que se queria reduzir ou evitar.

Compreender e controlar as migrações de prática. A literatura sobre o risco se desenvolveu consideravelmente na área da explicação das transgressões no trabalho (ver, p. ex., Girin e Grosjean, 1996) e no das "violações normais" (Vaughan, 1996). Duas ideias foram trazidas por esses trabalhos: a primeira, bastante franco-francesa, é que a violação de procedimento indica uma adaptação inteligente do operador às exigências de sua situação de trabalho; a segunda, mais americana, explica a violação generalizada por um deslizamento progressivo da referência da normalidade em nível organizacional (acidente de Challenger).

Um terceiro conceito (Polet et al., 2003; Rasmussen, 1997; ver também o Capítulo 10 deste livro) é integrador dos dois pontos de vista precedentes, propondo como explicação da migração as noções fundamentais de história da empresa e de busca perpétua de benefício (para a empresa e para o indivíduo). Todo sistema é concebido como respondendo à tripla pressão da conformidade aos regulamentos sociais, da tecnologia disponível, e dos constrangimentos econômicos de desempenho. Espontaneamente, sem freio, o sistema migraria muito rápido para um maior desempenho e mais vantagens secundárias para os indivíduos. Para confiná-la a um funcionamento seguro, a migração é freada por barreiras concretas (dispositivos a prova de falhas de toda espécie, condenações físicas de certas manobras ou certos acessos), e virtuais (regulamentos, protocolos, regras da arte, e restrições de funcionamento de todo o tipo). Essa barreira, todavia, cede muito rápido sob a pressão da vida real. As primeiras transgressões são com frequência provocadas pelo nível da direção, que se vê constrangida, por falta de meios, a assumir um desempenho superior ao previsto inicialmente (fazer a mesma quantidade de trabalho com menos pessoal, com material em pane ou em falta etc.). Uma vez realizadas essas transgressões, a contrapartida rápida é uma segunda migração, dessa vez em benefício dos indivíduos que se atribuem direitos e vantagens secundárias em contrapagamento dos esforços feitos para trabalhar "oficialmente ilegalmente" e "transgredir oficialmente" todos os dias os regulamentos para suportar o desempenho exigido. O resultado é uma migração, em direção a um espaço estabilizado "ilegal-normal", de funcionamento do sistema.

Em muitos casos, um retorno de experiência mal-compreendido agrava a situação: os administradores, vendo as práticas ilegais se tornarem mais frequentes, constrangem o sistema por meio de novas regras, que em última instância não são respeitadas, mas aumentam ainda mais o grau de violação.

Novas direções para a ação

Os modelos que emergem dos trabalhos recentes descritos nos parágrafos anteriores se chocam ainda com os dogmas da segurança. Essa época está terminando. Os teóricos do erro zero-acidente zero infletem progressivamente seu discurso ante os problemas em campo. A segurança não tem progredido mais há vários anos, e as abordagens fatores humanos centradas na redução total dos erros não foram tão eficazes quanto se esperava. Pior ainda, a competição internacional cria as condições de falências de empresas que se tornaram muito seguras, mas que se defrontam com um último evento negativo vivido como uma verdadeira surpresa, como se o investimento em segurança não fosse mais reconhecido, ou o sistema tivesse se tornado injusto.

Ao resumir as principais aquisições desses últimos anos, em matéria teórica, nos diferentes níveis de contribuição das ciências humanas e sociais, é possível imaginar as reorientações necessárias à ação ergonômica e à política de segurança em três direções.

• No nível do posto de trabalho, os estudos ergonômicos e de segurança devem imperativamente diversificar suas abordagens e métodos de trabalho, de maneira a privilegiar o acesso a um modelo de compreensão do domínio seguro das situações. O erro não é uma variável essencial da regulagem desse domínio da situação; é apenas uma variável acessória. Toda uma corrente da literatura, em que os principais são Woods et al. 1994 e Endsley (1995), insiste na necessidade de ir além do erro (*go-beyond error*) nas análises de falhas e de compreender os determinantes da perda de compreensão (*Situation Awareness*). Para a ergonomia, a mensagem é clara: é preciso privilegiar a compreensão da gestão das arbitragens entre pontos de vista e diretrizes contraditórias provenientes da hierarquia

Capítulo 17 – Da gestão dos erros à gestão dos riscos

e da base, e sobretudo é preciso estendê-la à noção de suficiência, à identificação do contrato de desempenho e segurança com suas margens "toleráveis" para a empresa. A transformação da atitude da empresa em relação ao retorno de experiência (REX) é, quanto a isso, um ponto-chave da revolução a fazer nas mentes. Não é o caso de suprimir o REX, mas de tratar seus resultados de maneira diferente.

• No nível das análises de segurança, os modelos estabelecidos em níveis de organização primários (neurologia, indivíduo) se validam em níveis de organização, muito mais sociológicos. Nem o ato motor isolado, nem o indivíduo buscam funcionar sem erro. Eles mantêm um certo nível de risco para se auto-organizar e se autogerir (ver, p. ex., as discussões sobre essas perspectivas fractais nos anais do seminário nacional sobre os riscos e as falhas, Amalberti et al., 2001, 2002, 2003). Nas situações – raras – em que a cognição não tem outra escolha que se concentrar na ausência total de erro por causa dos riscos associados, o preço a pagar é com frequência muito alto: erros numerosos durante a fase de relaxamento, esgotamento, desequilíbrios psicológicos duradouros. E, de qualquer maneira, essas situações de segurança cognitiva máxima não podem perdurar por muito tempo. Essas lições ecológicas apontam possivelmente para um caminho novo em matéria de segurança. Uma segurança imperfeita – mas ainda suficiente – regula em retorno o risco, organiza as margens impedindo explorações do sistema em termos de desempenho abusivos demais. Ora, é justamente o freio sobre a variável econômica do desempenho que se mostra com frequência a melhor garantia de uma segurança que pode ser dominada no longo prazo. Um sistema aparentemente seguro demais escapa a essa lógica, aumenta seu desempenho e abre novos perigos, para os quais as análises de segurança se mostram bem pouco efetivas. O ponto mais difícil de gerir consiste, no entanto, em administrar o risco residual de um sistema "suficiente", sem reduzi-lo totalmente, mas controlando-o em suas manifestações.

• Um último ensinamento muito importante das abordagens recentes da segurança mostra que as análises de segurança restritas a níveis horizontais do sistema são sempre falhas (análise do posto de trabalho, da linha de produção – oficina –, ou da organização e da administração), pois esses níveis não são independentes entre si. É fundamental trabalhar sobre a propagação das decisões entre níveis, sobre as migrações de práticas e conceitos induzidos por decisões da empresa – tanto na base quanto na direção –, e sobre o estado de equilíbrio para a empresa resultando das iniciativas em cada nível. As migrações dos atores de primeira linha são frequentemente muito exageradas e privilegiadas pela abordagem ergonômica, por falta de acesso às outras camadas da empresa. Todas as camadas migram, e nenhuma delas pode se arrogar um direito ou uma autonomia irracional, nem o nível do posto de trabalho nem o da direção. A abordagem ergonômica de segurança deve poder capturar essa globalidade das interações, sem o que ela corre o risco de continuar a otimizar apenas uma camada do sistema, recorrendo a uma base muitas vezes mais ideológica do que científica, e de chegar a resultados contraproducentes em termos de solução de segurança.

Para concluir, o campo da segurança está em plena reformulação. As soluções propostas podem parecer provocadoras, pois colocam problemas de aceitabilidade e de factibilidade, mas elas começam a ser levadas em conta seriamente, como demonstra o apoio crescente recebido em diferentes ações nacionais e nos investimentos das grandes empresas públicas. Nos primeiros campos de prova dessas novas abordagens (ferrovia, química, manutenção), percebe-se que as dificuldades mais significativas não são técnicas; o ponto problemático continua sendo a evolução das mentalidades e, em especial, uma comunicação realista sobre o risco, que não promete a falha zero mas falhas razoavelmente dominadas; tanto os dirigentes quanto os usuários devem evoluir para essa nova comunicação, os primeiros fazendo esforços de realismo, os segundos aceitando uma sociedade em que o risco não pode ser suprido. O movimento é internacional, e a França tem estado muito bem colocada nessa evolução. As informações apresentadas neste capítulo ilustram este período singular de mudança, mesmo se com certeza muitas entre elas serão rapidamente superadas pela amplidão e velocidade dos conceitos nascentes.

Referências

ALLWOOD, C. M. Error detection processes in statistical problem solving. *Cognitive Science,* n. 8, p.413-437, 1984.

AMALBERTI, R. *La conduite de systèmes à risques.* Paris: PUF, 2001.

_____. La sécurité écologique et la maîtrise des situations: concepts et stratégies mis en jeu par les professionnels pour assurer leur propre sécurité et celles du système. In: KOUABENAN, R.; DUBOIS, M. (Ed.). *Les risques professionnels:* évolution des approches, nouvelles perspectives. Toulouse: Octarès, 2003. p.73-82.

AMALBERTI, R.; BARRIQUAULT, C. Fondements et limites du retour d'expérience. *Annales des Ponts et Chaussées,* n.91, p.67-75, 1999.

AMALBERTI, R.; FUCHS, C.; GILBERT, C. (Ed.). *Risques, erreurs e défaillances.* Grenoble: MSH-CNRS, 2001. v.1

_____. *Conditions et mécanismes de production des défaillances, accidents et crises.* Grenoble: MSH-CNRS, 2002. v.2

_____. *La mesure des défaillances et du risque.* Grenoble: MSH-CNRS, 2003. v.3.

BOURRIER, M. *Organiser la fiabilité.* Paris: L'Harmattan, 2001.

CELLIER, J. M.; DE KEYSER, V.; VALOT, C. *La gestion du temps dans les environnements dynamiques.* Paris: PUF, 1996.

ENDSLEY, M. Measurement of situation awareness in dynamic systems. *Human Factors,* v.37, p.65-84, 1995.

FADIER, E. *L'état de l'art dans le domaine de la fiabilité humaine.* Toulouse: Octarès, 1994.

GIBSON, J. *The ecological approach to visual perception:* Boston: Houghton-Mifflin, 1979.

GIRIN, J.; GROSJEAN, M. (Ed.). *La transgression des règles au travail.* Paris: L'Harmattan, 1996.

KLEIN, G.; ORANASU, J.; CALDERWOOD, R.; ZSAMBOCK, C., (Ed.). *Decison making in action:* models and methods. Norwood (NJ): Ablex, 1993.

HOLLNAGEL, E. *Cognitive reliability and error analysis method.* Amsterdam: Elsevier, 1998.

HUTCHINS, E. *Cognition in the wild.* Cambridge, Mass.: The MIT Press, 1995.

LEPLAT, J. Erreur humaine, fiabilité humaine dans le travail. Paris: Armand Collin, 1985.

_____. L'analyse cognitive de l'erreur. *Revue Européenne de Psychologie Appliquée,* v.49, p.31-41, 1998.

NORMAN, D. Categorization of action slips. *Psychological Review,* v.88, p.1-15, 1981.

NOIZET, A.; AMALBERTI R. Le contrôle cognitif des activités routinières des agents de terrain en centrale nucléaire: un double système de contrôle. *Revue d'intelligence artificielle*, n.1, p.107-129, 2000.

O'HARA, K.; PAYNE, S. The effects of operator implementation cost on planfulness of problem solving and learning. *Cognitive Psychology*, v.35, p.34-70, 1998.

PERROW, C. *Normal accidents, Living with high-risks technologies.* New York: Basic Books, 1984.

POLET, P.; VANDERHAEGEN, F.; AMALBERTI, R. Modelling the border line tolerated conditions of Use. *Safety Science*, v.41, p.111-136, 2003.

POSSAMAÏ, C. A.; BURLE, B.; VIDAL, F.; HASBROUCK, T. Conditions de survenue des défaillances dans les tâches sensori-motrices. In: AMALBERTI, R.; FUCHS, C.; GILBERT, C. (Ed.). *Conditions et mécanismes de production des défaillances, accidents et crises.* Grenoble: MSH-CNRS, 2002. p.225-268.

RASMUSSEN, J. *Information processing and human-machine interaction.* Amsterdam: Elsevier, 1986.

_____. Risk management in a dynamic society. *Safety Science*, v.27, p.183-214, 1997.

REASON, R. *Human error.* New York: Cambridge, 1990.

_____. *Managing the risk of organizational accidents.* Aldershot: Ashgate Avebury, 1997.

ROCHLIN, G. I. Reliable organizations: present research and future directions. *Journal of Contingencies and Crisis Management*, v. 4, n. 2 p.55-59, June, 1996.

SAAD, F. Prise de risque ou non perception du danger. *Recherche Transport et Sécurité*, n.18-19, p.55-62, 1988.

SHERIDAN, T. Task allocation and supervisory control. In: HELANDER, M. *Handbook of human-computer interaction.* Amsterdam: North-Holland, 1988. p.159-173.

SIMON, H. *Models of bounded rationality.* Cambridge, Ma.: MIT Press, 1982.

SWAIN, A. D.; GUTTMANN, H. E. *Handbook of human reliability analysis with emphasis on nuclear power plant applications.* U.S. Nuclear Regulatory Commission, 1983. (NUREG/CR-1278).

THEUREAU, J. *Le cours d'action:* analyse sémiologique, essai d'une anthropologie cognitive située. Berne: Peter Lang, 1992.

VAUGHAN, D. *The challenger launch decision:* risky technology, culture, and deviance at NASA. Chicago: Chicago Univ. Press, 1996.

WILDE, G. J. S. Social interaction patterns in driver behaviour; an introductory review. *Human Factors*, v.18, p.477-492, 1976.

WOODS, D.; JOHANSNESEN, L.; COOK, M.; SARTER, N. *Behind human error.* Columbus, Ohio: CERSIAC 1994. (Wright Patterson AFB, CERSIAC, SOAR 94-01).

Ver também

11 – Carga de trabalho e estresse

12 – Paradigmas e modelos para a análise cognitiva das atividades finalizadas

31 – A gestão de situação dinâmica

32 – A gestão das crises

40 – O transporte, a segurança e a ergonomia

18
Trabalho e gênero

Karen Messing, Céline Chatigny

Introdução

Antes de mais nada, convém distinguir sexo e gênero. A palavra *sexo* se refere a uma condição cromossômica, portanto puramente biológica. Cada célula humana contém 46 cromossomos, em 23 pares. As mulheres possuem normalmente 23 pares de cromossomos homólogos, entre os quais um é composto de dois cromossomos "X". Nos homens, um dos X desse par é substituído por um cromossomo dito "Y". Para simplificar, poder-se-ia dizer que a condição XX é associada à expressão de genes que codificam características primárias e secundárias específicas das mulheres (útero, trompas de Falópio, altura relativamente baixa etc.) e a condição XY determina as características dos homens. Essas determinações passam sobretudo pela produção de conjuntos de hormônios (mensageiros biológicos secretados por glândulas que produzem efeitos em tecidos específicos) que são característicos de um ou outro sexo (Graves, 1998). O sexo biológico é com frequência concebido como uma entidade dicotômica (salvo em algumas situações de exceção): ou se é macho ou fêmea. A palavra *gênero*, por sua vez, se refere a uma definição social, que varia conforme a cultura e que representa um certo continuum de características (Mathieu, 2000). Apesar dessa diversidade, uma pessoa se identifica, se representa e é representada pelos outros como pertencendo a um só gênero, masculino ou feminino. Os sociólogos recorrem a uma terceira noção, a de *relações sociais de sexo*, que ressalta a inserção da identidade numa dinâmica de interações (Kergoat, 1984). Gonik et al. (1998) falam do gênero que se compreende na "dinâmica das relações entre o masculino e o feminino".

Não sabemos em qual medida as características associadas a um gênero são determinadas pelo sexo cromossômico ou hormonal. Certos comportamentos, entre os quais a prática de um ofício, são considerados por alguns como sendo masculinos ou femininos: o caminhoneiro é um homem, a caixa de supermercado é uma mulher. Molinier (1999), especialista em psicodinâmica do trabalho, descreve assim a contribuição do gênero na definição dos ofícios dos homens e das mulheres: "Os ofícios que recorrem à violência legal [...] são masculinos. Os ofícios que recorrem à 'função maternal' são femininos".

Portanto, para os trabalhadores e trabalhadoras, e por extensão para os ergonomistas, pouco importa circunscrever a proporção genética/social na origem da divisão sexual do trabalho ou das diferenças homens/mulheres. Aquelas que decorrem diretamente do sexo cromossômico, como as medidas antropométricas, serão normalmente levadas em conta pelo ergonomista como fazendo parte da diversidade humana, a qual é preciso ter em mente quando se faz a adequação dos postos de trabalho ou a concepção das ferramentas (Pheasant, 1996). A consideração do gênero é menos comum entre os ergonomistas. O importante, para a análise do trabalho, é que o gênero pode determinar, ao menos em parte: representações das capacidades humanas; o tipo de formação recebida e a relação com a formação dos trabalhadores e trabalhadoras; a divisão sexual da atribuição das tarefas e exigências, dos modos operatórios e estratégias; a interação entre o trabalho e a vida fora do trabalho, e a representação social das consequências, para a saúde, da atividade de trabalho. Poucas informações estão disponíveis sobre a maioria desses fatores, mas apresentamos aqui alguns resultados de pesquisas.

Todavia, é importante fazer uma distinção entre a análise do trabalho das mulheres e o exame do gênero em relação com o trabalho. A primeira faz parte da atividade dos ergonomistas desde o começo da disciplina. Análises do trabalho das operárias na linha de montagem (Wisner et al., 1967), das costureiras (Teiger e Plaisantin, 1984), das telefonistas (Dessors et al., 1978), e mesmo do trabalho doméstico das mulheres (Doniol-Shaw, 1983) estiveram entre as primeiras publicações do laboratório do *Conservatoire national des arts et métiers*. O trabalho de escritório foi o objeto de um número considerável de trabalhos em biomecânica e em ergonomia cognitiva (Punnett e Bergqvist, 1997). Os ergonomistas se debruçam atualmente sobre o trabalho em serviços, majoritariamente executado por mulheres (Falzon e Lapeyrière, 1998; David et al., 1999; Seifert et al., 1997). A análise ergonômica do trabalho das mulheres se mostrou particularmente útil, pois as suas atividades e os constrangimentos reais são com frequência pouco conhecidos (Teiger e Bernier, 1992; David et al., 1999; Balka, 1998; Messing, 1999, 2000).

A consideração da questão de gênero, em ergonomia como em outras áreas, diz respeito também aos homens. Kjellberg (1998) observa que, embora a vasta maioria das pesquisas em saúde no trabalho trate de ocupações em que os homens são maioria, elas não foram feitas a partir de uma perspectiva de gênero. Ele sustenta que, ao contrário, os homens são considerados como representantes da humanidade e que sua especificidade não foi considerada na interpretação dos resultados. Por exemplo, os homens são sobre-representados entre os acidentados no trabalho, mas a análise dos acidentes não explora as raízes dessa preponderância, do ponto de vista do gênero.

Divisão sexual do trabalho e do emprego

Vários pesquisadores e pesquisadoras, sobretudo sociólogos, se debruçaram sobre a divisão sexual do trabalho (Kergoat, 1982; Armstrong e Armstrong, 1993; Hirata e Senotier, 1996; Gonik et al., 1998; Vogel, 1999). Observa-se que as mulheres estão concentradas no setor de serviços, e que também são encontradas, muitas vezes, em empregos de escritório e em serviços pessoais, enquanto os homens são encontrados nos setores primário e secundário. Estes são também majoritários entre os executivos e as profissões de nível superior de escolaridade (Asselin et al., 1994; Armstrong e Armstrong, 1993; Saurel-Cubizolles et al., 1996). As mulheres fazem muito mais trabalhos não remunerados (doméstico ou voluntário), a diferença é menos pronunciada no Québec (Le Bourdais et al., 1987) do que na França (Curie e Hajjar, 1987; Derrienic et al., 1996, p. 380). Em resposta a um questionário francês, metade dos operários

Capítulo 18 – Trabalho e gênero

251

informou que faz trabalho doméstico (incluindo bricolagem, jardinagem e os cuidados com o lar e a família) em comparação às operárias (Saurel-Cubizzolles et al., 1991); em compensação, a semana de trabalho total (remunerada e não remunerada) tem uma duração aproximadamente igual para os dois sexos, tanto no Canadá quanto na França. Isso decorre de proporção muito mais elevada de mulheres que trabalham em tempo parcial, e isso nos dois países.

Na França, as mulheres são mais frequentemente classificadas como empregadas e os homens, como operários (Saurel-Cubizzolles et al., 1996). Uma lista das quinze profissões principais das mulheres e dos homens no Canadá mostra que eles têm apenas três empregos em comum (*Statistiques*, 2000). Nota-se também que ambos trabalham sobretudo em companhia de uma considerável maioria de colegas de seu próprio sexo.

Alguns autores acreditaram ter encontrado princípios organizadores da divisão do trabalho entre os sexos devido às exigência físicas; por exemplo, os homens fazem os trabalhos pesados, as mulheres os trabalhos leves (Gaucher, 1983). Mas, confrontados com contraexemplos (mulheres auxiliares de enfermagem que levantam cargas pesadas, preponderância dos homens em tarefas de supervisão) e a variação geográfica e temporal da divisão das mesmas tarefas, os historiadores não encontram princípios desse tipo (à parte a divisão hierárquica). Alguns concluíram que a divisão se dá caso a caso, tendo como base uma conjuntura econômica, política e social (Bradley, 1989; Gonik et al., 1998, capítulo 2). Na França, é uma mulher que fatia o peixe antes de mandá-lo à linha para o empacotamento, no Québec é um homem (Messing e Reveret, 1983). Na indústria do vestuário, os homens cortam, as mulheres costuram, mas tanto homens quanto mulheres passam. Gonik et al. (1998, p. 59) concluem assim sua análise ergonômica das atividades segundo o gênero em três empresas: "Deve-se constatar então que as qualidades identificadas como masculinas, a resistência física por exemplo, ou como femininas, a minúcia ou a capacidade de suportar um trabalho monótono, não são fixadas de uma vez por todas, mas diferem de um contexto profissional a outro – essas representações podem até se contradizer".

Assim, como constata Chatigny (2001, p. 40), essas "qualidades não são apenas individuais e sexuadas, elas são requeridas e desenvolvidas pelo trabalho, em uma ou mais de suas dimensões e numa direção que depende do contexto (p. ex., no sentido da autonomia ou da dependência)". Ora, essas competências profissionais não são necessariamente reconhecidas pelas empresas. Por exemplo, Teiger (1995) relata o caso de mulheres contratadas pela indústria da eletrônica por serem hábeis, minuciosas e rápidas, em virtude de sua experiência anterior como costureiras, embora a empresa não considerasse que possuíssem qualquer qualificação específica associada a essas competências.

Divisão sexual das atividades e de sua representação – Vários autores (Messing e Reveret, 1983; Mergler et al., 1987; Dumais et al., 1993; Gonik et al., 1998) descreveram a divisão sexual das atividades na empresa. Essa divisão implica não só a designação dos cargos numa base sexuada, mas também a atribuição por sexo das tarefas e das condições de trabalho.

Exigências físicas das tarefas habitualmente atribuídas a um gênero – Para ver como as exigências físicas variam em relação ao gênero, examinemos a linha de produção numa fábrica de biscoitos (Dumais et al., 1993). No começo da linha, encontram-se homens que misturam a massa, despejam-na em formas que colocam no forno. Eles tiram os biscoitos do forno e os jogam numa esteira rolante. As mulheres assumem a continuação. Elas alinham os biscoitos em fileiras, colocam-nos em bandejas de papelão que introduzem nas máquinas de embalagem. Em seguida, arrumam os biscoitos em pequenas caixas com rótulo, colocam essas caixas em caixas maiores, que entregam aos homens. Estes carregam as caixas aos caminhões e fazem a entrega. A divisão sexual do trabalho é quase absoluta. As poucas mulheres que ocupam funções de homens não se sentem confortáveis ou são levadas a se sentirem desconfortáveis.

Na França e no Québec, o trabalho nos abatedouros de aves é distribuído de maneira análoga (Mergler et al., 1987; Saurel-Cubizzolles et al., 1991; Courville et al., 1994): os homens matam os perus e os cortam em pedaços grandes, passando-os então às mulheres que os cortam em pedaços menores, os ajeitam, embalam e etiquetam, para enfim devolvê-los aos homens, que os carregam aos caminhões e vão entregá-los.

Nesses casos, a divisão do trabalho corresponde a diferentes exigência físicas. Os constrangimentos podem ser muito intensos nas funções ditas manuais, tradicionalmente femininas, e ocupadas por mulheres jovens (Molinié e Volkoff, 1981; Teiger, 1987). Exige-se com frequência das mulheres movimentos rápidos das mãos, uma boa acuidade visual ou uma posição estática. Os movimentos rápidos e repetitivos são exigidos na maioria das linhas de montagem e no setor de serviços (como a aquisição de dados e a entrevista). A acuidade visual é necessária em vários tipos de trabalho exigindo um trabalho minucioso: costura, microeletrônica, trabalho em monitor. A resistência, em particular a necessidade de manter uma posição estática, é exigida frequentemente nos empregos femininos, em particular na América do Norte, onde a imagem do serviço é invocada para justificá-la. Assim, as vendedoras de supermercados, as caixas de bancos e as balconistas nas lojas de departamentos permanecem de pé o dia inteiro sem poder se sentar, mesmo nos períodos de vale (Vézina et al., 1994).

Segundo a pesquisa ESTEV na França (Derriennic et al., 1996), os homens são com mais frequência expostos a um leque de situações visivelmente perigosas: porte de cargas, perigos físicos, ambiente desconfortável, horários prolongados, vibrações etc. Em compensação, por causa da probabilidade maior de que os homens sejam promovidos, a carga física de trabalho das mulheres permanece constante com o tempo no emprego, enquanto a dos homens diminui (Torgén e Kilbom, 2000).

Exigências psicológicas e cognitivas – A relação entre o contexto de trabalho, a dinâmica das competências e a identidade é um fator de saúde mental (Dubar et al., 1989). Os trabalhadores podem conviver bem com expectativas elevadas se têm a possibilidade de decidir como enfrentá-las, mas sentem-se angustiados e desenvolvem doenças se eles perdem esse poder discricionário; a solicitação cognitiva pode ser também muito elevada (Clot, 1993). Karasek e seus colegas constataram que um trabalho é "árduo" quando as expectativas são elevadas, mas a latitude decisional dos empregados é restrita (Karasek e Theorell, 1990).

Em geral, os empregos das mulheres exigem mais esforços que os dos homens (Hall, 1989). O esforço provém sobretudo de uma falta de latitude decisional: as mulheres têm menos autonomia do que os homens (Bourbonnais et al., 2000). Segundo a pesquisa francesa ESTEV, as mulheres têm com mais frequência um trabalho monótono e possibilidades menores de aprendizagem no trabalho (Derriennic et al., 1996, p. 387). Marsick e Watkins (1990) tinham também assinalado lacunas importantes entre as necessidades das mulheres e os recursos formadores.

Em setores tradicionalmente masculinos, por exemplo uma empresa montadora de automóveis, tendo menos tempo de casa que seus colegas masculinos, mulheres precisam substituir estes nos postos de trabalho mais exigentes, com pouco tempo de preparação (Chatigny, 1999). Numa empresa do setor da metalurgia, as mulheres, distribuídas em vários departamentos, têm pouco apoio para desenvolver estratégias de prudência e combinam para tomar banho na mesma hora, pois é o único lugar em que podem compartilhar estratégias de regulação das situações e ambientes que foram pensados e organizados por e para homens. Tal estratégia não foi suficiente, essas mulheres procuram atualmente se encontrar uma vez por mês fora da fábrica (Chatigny[1]). Esse tipo de concertamento, que transborda para os momentos privados, foi também constatado em setores tradicionalmente femininos: entre as domésticas (Cloutier et al., 1999), entre digitadoras (Teiger e Bernier, 1992) e entre funcionárias de escritório que precisam se formar por seus próprios meios, enquanto os empregadores consideram essa atividade "pessoal" necessária para a manutenção do emprego (Boivin, 1994). Num meio misto como na limpeza hospitalar, contrariamente a seus colegas masculinos, as mulheres não são ensinadas a utilizar os aparelhos de limpeza, o que limita seu sucesso em certos postos de trabalho (Messing et al., 1998a).

Diferença homem-mulher no interior de um mesmo cargo – Mesmo que um homem e uma mulher ocupem a mesma função, eles não estão imunes contra a divisão sexual do trabalho. A eles podem ser atribuídas tarefas bastante diferentes. A metade das equipes de jardinagem estudadas num município do Québec relatou uma associação entre gênero e tarefa: os jardineiros utilizavam máquinas, às quais o acesso era proibido para as mulheres; os homens se entendiam para cortar as árvores, enquanto as mulheres se ocupavam dos pequenos arbustos; os homens se apoiavam em pesados cortadores de grama para fazê-los subir por encostas íngremes enquanto as mulheres se mantinham em postura inclinada para arrancar as ervas daninhas (Boucher, 1995).

Essa diferença de exigências das tarefas conforme o gênero não se aplica apenas aos cargos com forte componente físico. No prestigioso Masachusetts Institute of Technology, mediu-se o espaço de laboratório concedido aos professores e professoras de uma mesma faculdade, para constatar que as mulheres desfrutavam da metade do que era concedido aos homens (The MIT Faculty Newsletter, 1999).

Pode-se também refletir sobre as diferenças na vivência dos horários difíceis, variáveis ou imprevisíveis, das dificuldades de acesso ao telefone, das exigências de trabalho em casa ou de transporte conforme o tipo de responsabilidade familiar (Prévost e Messing, 2001).

Deve o ergonomista necessariamente se opor à divisão sexual das tarefas? – A demanda apresentada ao ergonomista só raramente trata da divisão de tarefas entre as categorias de empregados. No entanto, a tendência moderna à polivalência leva o ergonomista a questionar qualquer rigidez na atribuição de tarefas por categoria de em-

---

[1] "Fórum nord-côtier sur la situation des femmes en emploi non traditionnel" (16-18 outubro de 1998). Não publicado.

pregados (Vézina et al., 1999). A polivalência é com frequência invocada como solução para a monotonia e os gestos repetitivos. Ora, os empregados podem gostar da oportunidade de ampliar suas responsabilidades ou então podem ter certa dificuldade física ou psicológica para se adaptar a outras tarefas (Vézina et al., 1998). Dificuldades podem ser experimentadas por empregados, aos quais se impõe uma ruptura da divisão sexual das tarefas. Por causa dos estereótipos sexuais, os empregados dos dois sexos podem se sentir ofendidos, constrangidos ou humilhados pela obrigação de fazer operações habitualmente realizadas por pessoas do outro sexo.

Os homens num serviço de faxina, por exemplo, recusaram-se a limpar os banheiros, sob o pretexto de que se tratava de uma tarefa "naturalmente" atribuída às mulheres (Messing et al., 1993). O ergonomista pode e deve questionar um estereótipo como esse, que pode impedir uma consideração das dificuldades de certas tarefas. Por exemplo, pode-se considerar que a monotonia é bem tolerada pelas mulheres, sem se colocar a questão do leque bastante limitado de tarefas que são oferecidas a elas. As exigências emotivas intensas de certos cargos podem ser subestimadas por essa razão (Soares, 1997; David et al., 1999; Seifert et al., 1999). Pode-se mais facilmente forçar homens a enfrentar ameaças de morte ou ferimentos, na medida em que é relativamente difícil para eles demonstrar seu medo (Cru e Dejours, 1983; Loukil, 1997).

Portanto, abolir a divisão sexual do trabalho pode parecer uma boa maneira de abrir o caminho para uma consideração do trabalho e de sua representação, por meio de uma análise fina da atividade e de seus determinantes. Mas é preciso considerar cuidadosamente o lugar dessa representação em toda a dinâmica do meio. As faxineiras de um hospital quebequense se opuseram firmemente as mudanças no seu trabalho que visavam igualar suas tarefas às dos homens, como meio de tornar o trabalho mais eficaz e menos repetitivo. As mulheres temiam, apoiando-se em exemplos, que apenas homens fossem contratados para os novos cargos.

Esse temor poderia ser justificado. Numa fábrica têxtil, após uma fusão entre cargos "masculinos" e "femininos", várias mulheres se sentiram incapazes de fazer certas tarefas efetuadas anteriormente por uma população masculina (manobrar um carrinho com manipulação de grandes rolos de tecido). Na ausência de investimentos em equipamentos de de auxílio, as mulheres se viram sem emprego.

Interações entre o trabalhador, a trabalhadora e o cargo

Gênero e modos operatórios – As mulheres fazem as coisas de maneira diferente? As diferenças biológicas, psicológicas e de formação entre os homens e as mulheres têm consequências nos modos operatórios?

No que diz respeito aos aspectos biológicos, existe um certo número de conhecimentos sobre as diferenças homens-mulheres (Mital, 1984; recapitulação da literatura em Kilbom e Messing, 1998). A diferença média entre os dois sexos é muito variável conforme o parâmetro estudado e, em geral, inferior à diferença entre os extremos de um mesmo sexo. A evolução das capacidades para o trabalho mostra relações diferentes conforme o sexo e a capacidade estudada (Ilmarinen et al., 1997). A amplidão das diferenças antropométricas entre os homens e as mulheres depende do segmento corporal: sua importância é muito maior para a largura da mão do que para o tamanho da bacia, por exemplo.

Capítulo 18 – Trabalho e gênero

A possibilidade de ajustar os postos de trabalho é muito importante para as mulheres, pois é comum que se concebam postos de trabalho segundo um gabarito masculino. Nos abatedouros franceses, mais mulheres que homens informavam que seu posto estava mal adaptado às suas características (Saurel-Cubizolles et al., 1991). Do mesmo modo, as caixas de banco mencionam que os balcões são largos demais para elas, e as menores são as que reclamam de maiores dificuldades (Seifert et al., 1997). A adaptação do posto de trabalho na triagem dos pacotes postais obrigou as pessoas baixas de uma empresa a adotar uma postura com risco para os ombros (Courville et al., 1992). Karlqvist et al. (1998) demonstraram que as pessoas com os ombros mais estreitos e estatura mais baixa trabalhavam em posturas menos favoráveis quando eram designadas para o posto de operador com tela de visualização.

Em situações de laboratório, o homem médio levanta um peso 50% maior do que a mulher média (Laubach, 1976). A diferença de força física depende também das características específicas da operação estudada (Fothergill et al., 1991). Stevenson estudou os testes utilizados na contratação para medir a força física e demonstrou que a diferença homem-mulher nos desempenhos varia conforme o teste. Os testes-padrão tendo sido elaborados sobretudo em função das características masculinas, as mulheres se saem melhor neles quando o teste permite uma certa liberdade de adaptação (Stevenson et al., 1996); as mulheres desenvolvem maneiras de fazer originais. Não sabemos em que medida essas adaptações são atribuíveis unicamente às diferenças de tamanho e força.

Lortie (1987) demonstrou a existência de uma diferença nos modos operatórios dos auxiliares de enfermagem homens e mulheres, que precisam deslocar pacientes durante seu trabalho. As mulheres efetuavam o trabalho em equipe, conseguindo executar o mesmo número de transferências que seus colegas masculinos por um aumento do ritmo de trabalho. Os homens levantam o peso sozinhos, exercendo a força na direção vertical, enquanto as mulheres trabalhavam em equipe e transformavam com mais frequência os movimentos verticais em força horizontal com a ajuda de puxadores. Um outro estudo da mesma população confirmou que as mulheres efetuavam uma proporção maior de operações em equipe, e conseguiam fazer mais operações por hora (Messing e Elabidi, 2002).

Lindelöw e Bildt Thorbjornsson (1998) examinaram as diferenças psicológicas entre homens e mulheres. Poucas generalizações resistiram aos estudos. Não havia diferença reprodutível nas capacidades verbais ou matemáticas, no raciocínio moral ou nos interesses sociais. Parecia haver diferenças, com vantagem para os homens com relação a autoestima.

A sensibilidade à dor foi muito estudada, sem se chegar a uma conclusão definitiva (Hall, 1995). Alguns pesquisadores concluem que as mulheres têm mais tendência a se queixar de dores, enquanto outros acham o contrário (Macintyre et al., 1999; Stenberg e Wall, 1995). Um estudo sueco sugere que uma parte da diferença no desempenho das provas de força física poderia ser atribuída em parte a uma maior resistência à dor (ou aceitação da dor) por parte dos homens (Torgén, 1999).

Os dados relativos às diferenças de modos operatórios entre os homens e as mulheres são mais anedóticos do que científicos, com exceção dos aspectos relativos a força física. Assim, um supervisor de limpeza acredita que só as mulheres são suficientemente meticulosas para limpar os escritórios dos grandes diretores (Messing, 1998): "Elas limpam até detrás dos livros!" Resta descobrir se esse tipo de crença se justifica por um estudo sistemático de modos operatórios.

Quanto ao aspecto da formação, alguns estudos (Belenky et al., 1986) parecem dizer que as mulheres e os homens aprendem melhor em situações diferentes, mas nenhuma generalização é ainda possível.

Situação familiar e cargo – Algumas características dos cargos podem gerar interações diferentes conforme as pessoas devido à suas responsabilidades domésticas e familiares. Os horários imprevisíveis, estendidos, ou em conflito com a vida social colocam um problema particular (Gadbois, 1993; Tissot et al., 1997). Ramaciotti et al. (1994) sugeriram que se leve em conta a constelação familiar na elaboração dos horários de uma população masculina.

Uma análise ergonômica foi feita junto a telefonistas, em grande maioria mulheres, tendo horários de trabalho irregulares e imprevisíveis, quanto às alternativas para cuidar das crianças. As telefonistas desenvolvem várias estratégias para conciliar seus horários de trabalho com a exigência de uma presença contínua junto a seus filhos pequenos. Essas estratégias levaram a uma série de ajustes nas práticas da empresa, o que criou um sistema complexo de estratégias de gestão dos horários (Prévost e Messing, 2001).

Relações entre sexos no trabalho coletivo – Os ergonomistas reconhecem cada vez mais a necessidade de analisar o trabalho do ponto de vista dos aspectos coletivos (Weill-Fassina e Benchekroun, 2000; Evraere, 1999). O impacto da idade e da experiência sobre as regulações coletivas foi evidenciado em diversos setores de empregos masculinos (Pueyo e Gaudart, 2000). O sexo pode constituir um terceiro fator na distribuição do trabalho coletivo. Soares (1997) discute as trocas entre a caixa de supermercado e seu gerente ou seus clientes nesses termos. Certos ergonomistas estudaram dificuldades de colaboração entre homens e mulheres no trabalho (Dumais e Courville, 1995; Messing e Elabidi, 2002). No Brasil, pesquisas num restaurante universitário mostraram que uma divisão informal das tarefas se operava entre homens e mulheres em função da natureza das exigências das tarefas e das características individuais (estado de saúde, nível de experiência), o que resultou em particular, nesse caso, numa diminuição do trabalho físico das mulheres (Assunção e Laville, 1996).

Gênero e técnicas de análise quantitativa

Convém considerar o gênero no exame dos traços da atividade na empresa (Messing, 1999, 2000). Niedhammer et al. (2000) concluíram que a grande maioria dos trabalhos em epidemiologia não considera o gênero de maneira apropriada. Em particular, diferenças de exposição a perigos podem ser confundidos com efeitos específicos sobre um sexo ou o outro. Assim, as mulheres com frequência apresentam taxas e tipos de acidentes diferentes daqueles dos homens (Laurin, 1991; Messing et al., 1994; Cloutier e Duguay, 1996). Essas diferenças podem provir de designações diferentes às tarefas ou de tempos no emprego diferentes. Uma pesquisa interessante mostrou que os homens sofrem acidentes quando mais jovens, enquanto nas mulheres os efeitos do trabalho sobre a saúde aparecem mais tarde (Andersson et al., 1990). O Instituto Nacional da Saúde e da Segurança do Trabalho dos Estados Unidos (NIOSH) recentemente mudou sua maneira de calcular as taxas de acidentes de trabalho. Para eliminar a subestimação dos acidentes das mulheres, utiliza-se como denominador o número de horas trabalhadas, em vez do número de indivíduos. Caso

Capítulo 18 – Trabalho e gênero

contrário, como as mulheres trabalham em média menos horas por ano, seu nível mais baixo de acidentes poderia ser atribuído, erroneamente, a empregos menos perigosos.

De muitas maneiras, a raça e a idade exercem efeitos similares ao do gênero num ambiente de trabalho. Como as mulheres e os homens, os velhos, os jovens e as minorias étnicas são com frequência encontrados em empregos específicos, expostos a perigos diferentes (Derriennic et al., 1996; Krieger e Sidney, 1996; Punnett e Herbert, 2000; Messing et al., 1998b). Estas três últimas categorias têm em comum: corolários biológicos; um potencial de discriminação; uma associação às tarefas que lhes são designadas e às relações de trabalho; uma associação com características bastante diferentes na vida fora do trabalho. A idade se distingue da etnia e do sexo, porque a mesma pessoa passa por todas as idades, e porque o assunto não é habitualmente tabu num ambiente de trabalho. Além disso, a idade existe num *continuum*, e a relação entre idade e designação das tarefas ou doenças do trabalho pode seguir uma curva ou mostrar um progressão direta.

Para a análise quantitativa, a consideração das três características pode apresentar dificuldades, na medida em que o sexo, a idade e a etnia correspondem a um potencial de exposição diferente. Para lidar com essas interações complexas, Krieger (1995, p. 254) propõe uma abordagem dita "ecossocial", permitindo uma compreensão muito rica da interação dos componentes fisiológicos e sociais com o meio ambiente: "Avaliar essas diferenças implica mais do que simplesmente acrescentar termos unidimensionais como *raça/etnia* ou *classe social* a uma longa lista de outras variáveis (...). Requer, em vez disso, que se coloquem questões sobre o empobrecimento, os privilégios, a discriminação e as aspirações".[2]

Colocar a questão do gênero na análise ergonômica abre, portanto, a porta a uma consideração mais ampla da diversidade humana, e sobretudo onde essa diversidade encontra discriminação e estereótipos.

Referências

ANDERSSON, R.; KEMMLERT, K.; KILBOM, A. Etiological differences between accidental and non-accidental occupational overexertion injuries. *Journal of Occupational Accidents*, n. 12, p.177-186, 1990.

ARMSTRONG, P.; ARMSTRONG, H. *The Double Ghetto:* Canadian women and their segregated work. 3.ed. Toronto: McClelland & Stewart, 1993.

ASSELIN, S. et al. *Les hommes et les femmes:* une comparaison de leurs conditions de vie. Québec: Bureau de la statistique du Québec, 1994.

ASSUNÇÃO, A.; LAVILLE, A. Rôle du collectif dans la répartition des tâches en fonction des caractéristiques individuelles de la population. In: PATERSSON, R. (Dir.). *Intervenir par l'ergonomie:* regards, diagnostics et actions de l'ergonomie contemporaine, Société d'Ergonomie de Langue Française. Bruxelles: ULB, 1996. v.2, p.23-30.

BALKA, E. Technology as a factor in women's occupational health. In: TISSOT, France; MESSING, K. (Ed.). Improving the health of women in the work force: a meeting of

---

[2] "Evaluating these differences means more than simply adding one-dimensional terms like race/ethnicity or *social class* to a long list of other variables. [...]. It instead requires asking questions about deprivation, privilege, discrimination and aspirations."

representatives of women Workers and researchers. COLLOQUIUM HELD AT THE UNIVERSITÉ DU QUEBÉC À MONTREAL, Montreal, 1998. *Proceedings.* Montreal: CINBIOSE, 1998. p.91-96.

BELENKY, M. F.; CLINCHY, B. M.; GOLDBERGER, N. R.; TARULE, J. M. *Women's ways of knowing.* New York: Basic Books, 1986.

BOIVIN, L. Les Québécoises en emploi: un avenir incertain. In: *Relations professionnelles, emploi et formation au Québec: Critique régionale*, n. 23/24, 1994. p.147-161. (Cahiers de Sociologie et d'Economie régionales).

BOUCHER, M. *Analyse de l'activité des jardiniers et jardinières cols bleus*, Mémoire de maîtrise, Département des sciences biologiques. Montreal: Université du Québec à Montreal, 1995.

BOURBONNAIS, R. et al. *Environnement psychosocial du travail.* Québec: Institut de la Statistique du Québec, 2000. p.571-583. (Enquête sociale et de santé 1998).

BRADLEY, H. *Men's work, women's work.* Minneapolis: Univ. of Minnesota Press, 1989.

CHATIGNY, C. *La formation et les stratégies d'apprentissage au poste de travail dans une entreprise d'assemblage automobile.* Montreal: Université du Québec à Montreal, 1999. (Relatório de pesquisa, Cadeira de ergonomia, CINBIOSE).

____. *La construction des ressources opératoires, une nécessité pour apprendre en situation de travail.* Paris: CNAM, 2001. 285p. (Tese de doutorado, Laboratório de Ergonomia).

CLOT, Y. Le «garçon de bloc», étude d'ethnopsychologie du travail? *Éducation permanente*, v. 116, p.97-107, 1993.

CLOUTIER, E.; DUGUAY, P. *Impact de l'avance en âge sur les scénarios d'accidents et les indicateurs de lésions dans le secteur de la santé et des services sociaux.* Rapport et tableaux, Études et recherches, IRSST, R-118, v.1, 1996.

CLOUTIER, E.; DAVID, H.; TEIGER, C.; PRÉVOST, J. Les compétences des auxiliaires familiales et sociales expérimentées et leur rôle protecteur à l'égard des contraintes et risques dans l'activité de travail. *Formation Emploi*, v.67, p.63-75, 1999.

COURVILLE, J.; DUMAIS, L.; VÉZINA, N. Conditions de travail de femmes et d'hommes sur une chaîne de découpe de volaille et développement d'atteintes musculo-squelettiques. *Travail et Santé*, v.10, p.S17-S23, 1994.

COURVILLE, J.; VÉZINA, N.; MESSING, K. Analyse des facteurs ergonomiques pouvant entraîner l'exclusion des femmes du tri des colis postaux. *Le Travail Humain*, Paris, v.55, p.119-134, 1992.

CRU, D.; DEJOURS, C. Savoir-faire de prudence dans les métiers du bâtiment. *Cahiers médicaux-sociaux*, n.27, p.239-247, 1983.

CURIE, J.; HAJJAR, V. Vie de travail, vie hors-travail: la vie en temps partagé. In: LÉVY-LEBOYER, C.; SPÉRANDIO, J. C. (Ed.). *Traité de psychologie du travail.* Paris: PUF, 1987. p.37-55.

DAVID, H.; CLOUTIER, E.; PRÉVOST, J.; TEIGER, C. Pratiques infirmières, maintien à domicile et virage ambulatoire au Québec. *Recherches féministes*, n. 12, p.43-62, 1999.

DERRIENNIC, F.; TOURANCHET, A.; VOLKOFF, S. *Âge, travail, santé:* études sur les salariés âgés de 37 à 52 ans. Paris: INSERM, 1996.

DESSORS, D.; TEIGER, C.; LAVILLE, A.; GADBOIS, C. Conditions de travail des opératrices des renseignements téléphoniques et conséquences sur leur vie personnelle et sociale. *Arch. Mal. Prof.*, v.40, p.469-500, 1978.

DONIOL-SHAW, G. *L'ergonomie du travail ménager.* Paris: CNRS, 1983.

DUBAR, C. et al. *Innovations de formation et transformations de la socialisation professionnelle par et dans l'entreprise.* Lastrée: Université de Lille, 1989.

DUMAIS, L.; COURVILLE, J. Aspects physiques de la division sexuelle des tâches: quand la qualification professionnelle et l'organisation du travail viennent en aide aux femmes cols bleus. *Revue Canadienne de Sociologie et d'Anthropologie*, v.32, p.385-414, 1995.

DUMAIS, L. et al. Make me a cake as fast as you can: determinants of inertia and change in the sexual division of labour of an industrial bakery. *Work, Employment and Society*, n.7, p.363-382, 1993.

EVRAERE, C. *Autonomie et collectifs de travail.* Lyon: ANACT, 1999.

FALZON, P.; LAPEYRIÈRE, S. L'usager et l'opérateur: ergonomie et relations de service. *Le Travail Humain*, v.61, p.69-90, 1998.

FAUSTO-STERLING, A. *Sexing the body.* New York: Basic Books, 2000.

FOTHERGILL, D. M.; GRIEVE, D. W.; PHEASANT, S. T. Human strength capabilities during one-handed maximum voluntary exertions in the fore and aft plane. *Ergonomics*, v.34, p.563-565, 1991.

GADBOIS, C. La famille postée. *Santé et travail*, n.4, p.67-72, 1993.

GAUCHER, D. *Le maternage mal salarié:* la division sexuelle du travail en milieu hospitalier. Montréal: Université de Montréal, 1983.

GONIK, V.; CARDIA-VONÈCHE, L.; BASTARD, B.; VON ALLMEN, M. *Construire l'égalité:* femmes et hommes dans l'entreprise. Chêne-Bourg: Georg Éditeur, 1998.

GRAVES, J. A. Interactions between SRY and SOX genes in mammalian sex determination. *Bioessays*, v.20, p.264-269, 1998.

HALL, C. Hand function with special regard to work with tools. *Arbete och Hälsa*, 4, Stockholm, Arbetsmiljöinstitutet, 1995.

HALL, E. M. Gender, work control and stress: A theoretical discussion and an empirical test. *International Journal of Health Services*, v.19, p.725-745, 1989.

HIRATA, H.; SENOTIER, D. *Femmes et partage du travail.* Paris: Syros, 1996.

ILMARINEN, J.; TUOMI, K.; KLOCKARS, M. Changes in the work ability of active employees over an 11-year period. *Scandinavian Journal Work Environment Health*, v.23, suppl. 1, p.49-57, 1997.

KARASEK, R. A.; THEORELL, T. *Healthy work:* stress, productivity, and the reconstruction of working life. New York: Basic Books, 1990.

KARLQVIST, L. K. et al. Computer mouse position as a determinant of posture, muscular load and perceived exertion. *Scandinavian Journal Work Environment Health*, v.24, p.62-73, 1998.

KERGOAT, D. *Les ouvrières.* Paris: Sycomore, 1982.

_____. *Les femmes et le travail a temps partiel.* Edition Documentation Française, 1984.

KILBOM, A.; MESSING, K. Identifying biological specificities of relevance to work-related health. In: KILBOM, A.; MESSING, K.; C. B.; THORBJORNSSON, C.B. *Women's Health at work.* Solna, Sweden: Arbetslivsinstitutet, 1998. p.99-118.

KJELLBERG, A. Men, work and health. In: KILBOM, A.; MESSING, K.; THORBJORNSSON, C. B. *Women's health at work.* Solna, Sweden: Arbetslivsinstitutet, 1998. p.279-307.

KRIEGER, N.; ZIERLER, S. Accounting for health of women. *Current Issues in Public Health*, n.1, p.251-256, 1995.

KRIEGER, N.; SIDNEY, S. Racial discrimination and blood pressure: the CARDIA study of young black and white adults. *American Journal Publ. Health*, v.86, p.1370-1378, 1996.

LAUBACH, L. Comparative muscular strength of men and women. *Aviation, Space and Environmental Medicine*, v.47, p.534-542, 1976.

LAURIN, G. *Féminisation de la main-d'oeuvre. Impact sur la santé et sécurité du travail.* Montréal: Commission de la santé et de la sécurité du travail, 1991.

LE BOURDAIS, C.; HAMEL, P. J.; BERNARD, P. Le travail et l'ouvrage. Charge et partage des tâches domestiques chez les couples québécois. *Sociologie et Sociétés*, v.19, p.37-56, 1987.

LINDELÖW, M.; THORBJORNSSON, C. Psychological differences between men and women. In: KILBOM, A.; MESSING, K; THORBJORNSSON, C. B. Women's health at work. Solna, Sweden: National Institute for Working Life, 1998. p.61-95.

LORTIE, M. Analyse comparative des accidents déclarés par des préposés hommes et femmes d'un hôpital gériatrique. *Journal of Occupational Accidents*, n.9, p.59-81, 1987.

LOUKIL, W. Croyances et rites: une composante des stratégies défensives en situations dangereuses. In: COLLOQUE INTERNATIONAL DE PSYCHODYNAMIQUE ET PSYCHOPATHOLOGIE DU TRAVAIL, Paris, 1997. *Actes.* Paris: CNAM, 1997. v.2, p.379-388.

MACINTYRE, S.; FORD, G.; HUNT, K. Do women over-report morbidity? Men's and women's responses to structured prompting on a standard question on long standing illness. *Social Science and Medicine*, v.48, p.89-98, 1999.

MARSICK, V. J.; WATKINS, K. E. *Informal and incidental learning in the workplace.* New York: Routledge, 1990.

MERGLER, D.; BRABANT, C.; VÉZINA, N.; MESSING, K. The weaker sex? Men in women's working conditions report similar health symptoms. *Journal of Occupational Medicine*, v.29, p.417-421, 1987.

MESSING, K. Hospital trash: Cleaners speak of their role in disease prevention. *Medical Anthropology Quarterly*, v.12, p.168-187, 1998.

_____. La pertinence de tenir compte du sexe des opérateurs dans les études ergonomiques: Bilan de recherches. *Perspectives interdisciplinaires sur le travail et la santé 1999(PISTES)*, v.1, n.1. (Online). Disponível em: www.unites.uqam/pistes/

_____. *La santé des travailleuses:* la science est-elle aveugle? Toulouse: Octarès, 2000.

MESSING, K.; CHATIGNY, C.; COURVILLE, J. «Light» and «heavy» work in the house-keeping service of a hospital. *Applied Ergonomics*, v.29, n.6, p.451-459, 1998a.

MESSING, K. et al. Can safety risks of blue-collar jobs be compared by gender. *Safety Science*, v.18, p.95-112, 1994.

MESSING, K.; ELABIDI, D. La part des choses: Analyse de la collaboration entre aide-soignants et aide-soignantes dans les tâches impliquant de la force physique. *Cahiers du Genre*, v.32, p.5-24, 2002.

MESSING, K.; HAËNTJENS, C.; DONIOL-SHAW, G. L'invisible nécessaire: l'activité de nettoyage des toilettes sur les trains de voyageurs en gare. *Le Travail Humain*, Paris, v.55, p.353-370, 1993.

MESSING, K.; REVERET, J. P. Are women in female jobs for their health? Working conditions and health symptoms in the fish processing industry in Québec. *International Journal Health Services*, v.13, p.635-647, 1983.

MESSING, K. et al. Sex as a variable can be a surrogate for some working conditions: Factors associated with sickness absence. *Journal of Occupational and Environmental Medicine*, v.40, p.250-260, 1998b.

MITAL, A. Maximum weights of lift acceptable to male and female industrial workers. *Ergonomics*, v.27, n.11, p.1115-1126, 1984.

MOLINIÉ, A. F.; VOLKOFF, S. Les contraintes de temps dans le travail. *Économie et Statistique*, v.131, p.51-58, 1981.

MOLINIER, P. Prévenir la violence: l'invisibilité du travail des femmes. *Travailler*, n.3, p.73-86, 1999.

NIEDHAMMER, I.; SAUREL-CUBIZOLLES, M.-J.; PICIOTTI, M.; BONENFANT, S. How is sex considered in recent epidemiological publications on occupational risks? *Occupational Environmental Medicine*, n.5, p.521-527, 2000.

PHEASANT, S. *Bodyspace*. London, Taylor & Francis, 1996.

PRÉVOST, J.; MESSING, K. Stratégies de conciliation d'un horaire de travail variable avec des responsabilités familiales. *Le Travail Humain*, Paris, v.64, p.119-143, 2001.

PUEYO, V.; GAUDART, C. L'expérience dans les régulations individuelles et collectives des déficiences. In: BENCHEKROUN, T. H.; WEILL-FASSINA, A. *Le travail collectif, perspectives actuelles en ergonomie*. Toulouse: Octarès, 2000. p.257-271.

PUNNETT, L.; BERGQVIST, U. *Visual Display Unit Work and Upper Extremity Musculoskeletal Disorders: a review of epidemiological findings*. Solna, Sweden: National Institute of Working Life, 1997.

PUNNETT, L.; HERBERT, R. Work-related musculoskeletal disorders: Is there a gender differential, and if so, what does it mean? In: GOODMAN, M. B.; HATCH, M. C. (Ed.). *Women and health*, New York: Academic Press, 2000. p.474-492.

RAMACIOTTI, D.; BLAIRE, S.; BOUSQUET, A. Quels critères pour l'aménagement du temps de travail? s.n.t (Comunicação apresentada no Congresso da Associação Internacional de Ergonomia, Toronto, Canadá, 1994.)

SAUREL-CUBIZOLLES, M. J.; BOURGINE, M.; TOURANCHET, A.; KAMINSKI, M. *Enquête dans les abattoirs et les conserveries des régions Bretagne et Pays de Loire. Conditions de travail et santé des salariés*, Rapport à la Direction régionale des affaires sanitaires et sociales des Pays de Loire. Villejuif: INSERM, 1991. p.149.

_____. Activité professionnelle et santé des femmes. In: SAUREL-CUBIZOLLES, M.-J.; BLONDEL, B. *La santé des femmes*. Paris: Flammarion, 1996.

SEIFERT, A. M.; MESSING, K.; DUMAIS, L. Star wars and strategic defense initiatives: work activity and health symptoms of unionized bank tellers during work reorganization. *International Journal of Health Services*, v.27, p.455-477, 1997.

_____. Analyse des communications et du travail des préposées à l'accueil d'un hôpital pendant la restructuration des services. *Recherches féministes*, n.12, p.85-108, 1999.

SOARES, A. La peur dans le jardin d'Éden: le travail des caissières au Brésil et au Québec. COLLOQUE INTERNATIONAL DE PSYCHODYNAMIQUE ET PSYCHOPATHOLOGIE DU TRAVAIL, Paris, 1997. *Actes*. Paris: CNAM, 1997. v.2, p.309-334.

STATISTIQUES. Toronto, Canada, 2000. Online. Disponível em: www.stat.gouv.qc.ca.

STENBERG, B.; WALL, S. Why do women report «sick» building symptoms more often than men? *Social Science and Medicine,* v.40, p.491-502, 1995.

STEVENSON, J. M. Gender-fair employment practices. In: MESSING, K.; NEIS, B.; DUMAIS, L. (Ed.). *Invisible:* la santé des travailleuses. Charlottetown, PEI: Gynergy Books, 1995. p.306-320.

DUMAIS, L. et al. Selection test fairness and the incremental lifting machine. *Applied Ergonomics,* v.27, p.45-52, 1996.

TEIGER, C.; PLAISANTIN, M. C. Les contraintes du travail dans les travaux répétitifs de masse et leurs conséquences sur les travailleuses. In: BOUCHARD, J.-A. (Ed.). *Les effets des conditions de travail sur la santé des travailleuses.* Montréal: Confédération des syndicats nationaux, 1984. p.33-68.

_____. L'organisation temporelle des activités. In: LÉVY-LEBOYER, C.; SPÉRANDIO, J.-C. (Ed.). *Traité de psychologie du travail.* Paris: PUF, 1987. p.659-682.

TEIGER, C.; BERNIER, C. Ergonomic analysis of work activity of data entry clerks in the computerized service sector can reveal unrecognized skills. *Women and Health,* v.18, p.67-78, 1992.

_____. Penser les relations âge/travail au cours du temps. In: MARQUIÉ, J. C.; PAUMÈS, D.; VOLKOFF, S. (Ed.). *Le Travail au fil de l'âge.* Toulouse: Octarès, 1995. p.13-72.

The MIT Faculty Newsletter, special edition XI, n.4 1999. (Online). Disponível em: <http://web.mit.edu/fnl/women/women/html>.

TISSOT, F. et al. *Concilier les responsabilités professionnelles, familiales, personnelles et sociales, ce n'est pas toujours la santé,* Rapport soumis à la Fédération des travailleurs et travailleuses du Québec. Montreal: CINBIOSE, 1997.

TORGÉN, M. Physical loads and aspects of physical performance in middle-aged men and women. Stockholm, Arbetslivinstitutet, 1999. (Arbete och Hälsa, 14).

TORGÉN, M.; KILBOM, A. Physical work load between 1970 and 1993: did it change? *Scandinavian Journal of Work Environment and Health,* v.26, p.161-168, 2000.

VÉZINA, N.; CHATIGNY, C.; MESSING, K. Un poste de manutention: symptômes et conditions de travail chez les caissières de deux supermarchés. *Maladies chroniques au Canada,* v.15, p.19-24, 1994.

VÉZINA, N. et al. *Problèmes musculo-squelettiques et organisation modulaire du travail dans une usine de fabrication de botes ou Travailler en groupe, c'est de l'ouvrage.* Montréal: IRSS, 1998. 27p. (Coll. Études et Recherches, IRSST, résumé, R-199). Online. Disponível em: <http://www.irsst.qc.ca/fr/-publicationirsst_624.html>.

_____. La pratique de la rotation dans une usine d'assemblage automobile: une étude exploratoire. Symposium Multiskilling and job rotation: Ergonomic approaches. In: CONGRÈS ANNUEL DE L'ASSOCIATION CANADIENNE D'ERGONOMIE, 31., Hull, 1999. *Comptes rendus.* (CD-ROM).

VOGEL, L. Une contribution québécoise à un débat indispensable pour le mouvement syndical en Europe. In: MESSING, K. (Ed.). *Comprendre le travail des femmes pour le transformer.* Bruxelles: Confédération Européenne des Syndicates, 1999. p.9-33.

WEILL-FASSINA, A.; BENCHEKROUN, T. H. *Le travail collectif, perspectives actuelles en ergonomie.* Toulouse: Octarès, 2000. p.257-271

WISNER, A.; LAVILLE, A.; RICHARD, E. *Conditions de travail des femmes O. S. dans la construction électronique*. Paris: Laboratoire de physiologie du travail et ergonomie du CNAM, 1967. (Rapport n°. 2).

Ver também:

19 – Trabalho e sentido do trabalho

21 – A ergonomia na condução de projetos de concepção de sistemas de trabalho

19
Trabalho e sentido do trabalho

Yves Clot

Neste capítulo, o que se procura é, por meio de uma revisão da literatura em psicologia do trabalho – e não em psicologia industrial da motivação –, circunscrever o problema do sentido na análise do trabalho. Para isso, esse assunto que não é clássico em ergonomia será abordado pela exposição das principais teorizações e do exame de alguns exemplos.

Psicodinâmica do trabalho

Para C. Dejours e a corrente de psicodinâmica do trabalho, o problema do sentido é central. Mas é necessário ser preciso: "O objeto da psicodinâmica do trabalho não é o trabalho" (Dejours, 1996b, p. 7). São as dinâmicas intra e intersubjetivas, pois "a subjetividade é construída a custo de uma atividade sobre si mesmo, sobre sua experiência vivida e sobre suas determinações inconscientes" (p. 7). Existe, é claro, ele prossegue, "uma psicologia do trabalho convencional, onde o trabalho figura como atividade-objeto [...]. Mas, precisamente, a psicodinâmica do trabalho não é uma psicologia do trabalho, mas uma psicologia do sujeito" (p. 8). A partir de pesquisas, ela estabelece, por exemplo pela análise das condutas arriscadas com frequência constatadas, que a atitude de desprezo pelo risco não pode ser como tal. Ela não é nem uma ignorância, nem uma inconsciência, mas antes um meio psicológico destinado a conter o medo; dito de outra forma, um sistema de defesa.

Essa conjuração do sofrimento pode desembocar no prazer, se esse trabalho psíquico é reconhecido na organização. Mas, não sendo esse o caso, os sistemas de defesa podem também se voltar contra os sujeitos. Podem até mesmo "colonizar" a vida fora do trabalho ou ainda "prejudicar a inteligência nos dois sentidos do termo: capacidade de pensar e raciocinar, de um lado, compreensão do mundo, de outro" (Dejours, 2000, p. 21). Como um anestésico, as defesas autorizam então uma denegação do real. Toda a sua ambiguidade aparece então: "A diminuição da capacidade de pensar se revela, efetivamente, como o meio eletivo de embotar o sentido moral" (p. 22). Dejours faz um inventário das formas novas de patologias sociais e deslocamentos defensivos, aos quais elas dão lugar: "Estratégia coletiva do cinismo viril, ideologia defensiva do realismo econômico, estratégia da incredulidade cândida, estratégia da "bêtise" (p. 18). Pode-se encontrar também desenvolvimentos recentes sobre essas questões, a respeito das mulheres, em P. Molinier (2003). Acrescentado ao "cada um por si", este conjunto se contrapõe à coesão dos coletivos de trabalho.

É essa experiência subjetiva do consentimento e da alienação que dá hoje seu objeto à psicodinâmica do trabalho, o sofrimento reconhecido que possibilita uma eventual elaboração psicológica. Com isso, o trabalho humano, aproximando-se da conceituação freudiana, se torna primeiramente psíquico: é o trabalho da subjetivação, como "atividade sobre si mesmo", que é tido como central nesta perspectiva em que a análise da atividade concreta não recebe estatuto original. Se o trabalho é colocado no centro da psicologia, o é da mesma forma que a sexualidade (Dejours, 1996a, p. 161).

Nesta perspectiva, o sujeito vem chocar-se contra a sociedade e precisa resistir à pressão que se exerce sobre ele para não sucumbir ou se decompor (Dejours, 1996a, p. 9). Só a ação do coletivo de trabalho pode lhe fornecer os meios de se defender disso, graças à intercompreensão e à "formação de uma comunidade de sensibilidade ao sofrimento" (p. 177). Compreende-se, então, a importância que assume na psicodinâmica do trabalho o desvelamento do sofrimento no trabalho no espaço público. Numa intenção de reconhecimento, a descrição do vivido defensivo relacionado ao sofrimento experimentado se opõe então à descrição da gerência. O sentido do trabalho é visto aqui de maneira bem precisa. O sofrimento original em busca de sentido: tal é o objeto da psicodinâmica do trabalho.

Uma psicologia social do trabalho

Existe uma segunda crítica da redução do sujeito a um operador. É aquela que se percebe na abordagem em termos de "sistema das atividades". Aqui, também se assume uma distância da abordagem ergonômica para colocar o problema do sentido do trabalho. Mas trata-se de uma crítica da dicotomia trabalho/fora do trabalho (Hajjar, 1995, p. 162-183) que a psicologia ergonômica de fato aceitaria. No quadro dessa psicologia social do trabalho, Curie e Dupuy descartam, por exemplo, as teorias do trabalho para as quais "o ator parece desvanecer-se no momento em que transpõe as portas da empresa ou do escritório" (Curie e Dupuy, 1994, p. 53-54).

Para essa psicologia da relação entre trabalho e fora do trabalho, é preciso ir mais longe e sobretudo em outra parte para colocar o problema do sentido: mesmo abordadas por uma psicologia cognitiva, "as condições do trabalho constituem apenas uma das classes de determinantes da conduta no trabalho" (Curie e Hajjar, 1987, p. 53). O sentido do trabalho não está no trabalho, porque "o comportamento num aspecto da vida é regulado pela significação que o sujeito lhe atribui em outros aspectos da vida" (Malrieu, 1979). A partir de um leque diversificado de pesquisas que tratam tanto das relações da vida doméstica quanto das do desemprego com o trabalho (Curie e Hajjar, 1987) e cruzando com as de C. Gadbois sobre "a marca recíproca" da vida de trabalho e da vida fora do trabalho no campo do trabalho em turnos (Gadbois, 1979), esses autores se interessam pela desregulação do sistema de atividades dos trabalhadores. Cada vez que os planos da vida são afetados por mudanças sociais e pessoais num dos aspectos da existência, "O indivíduo, porque ele é sujeito, hesita, resiste, pondera, inventa, tenta, se posiciona em relação às contradições vividas em seus subsistemas de vida, dos quais ele não mais consegue assegurar a intersignificação. Dizemos que ele se personaliza" (Curie e Hajjar, 1987, p. 52; Hajjar, 1995, p. 191).

É por isso que, para Curie e Dupuy, a distância entre o prescrito e o real não é imputável somente aos limites do operador em matéria de saberes ou competências. "Sem excluir

Capítulo 19 – Trabalho e sentido do trabalho

essas dimensões", escrevem, "adotar esse ponto de vista não seria, em última instância, admitir o formidável postulado de uma identidade dos fins buscados pelas organizações e trabalhadores" (Curie e Dupuy, 1996, p. 149)? Eles se recusam a isso, em nome das diferenças de finalidades sociais buscadas por uns e outros.

No entanto, esses autores não retomam para si a resposta que encontram desenvolvida, na tradição fenomenológica, pela psicodinâmica do trabalho: "O trabalhador oporia à organização sua própria lógica de funcionamento pelo simples fato de que sua subjetividade interpõe entre a realidade e o vivido dessa realidade um princípio de heterogeneidade radical" (Curie e Dupuy, 1996, p. 187). Para eles, a personalização como atividade sobre si – como se viu – não emerge daí. A mobilização subjetiva não é espontânea.

Se o trabalho real não se dá conforme o trabalho prescrito, é porque a mulher ou o homem não são apenas produtores, mas atores engajados em vários mundos e vários tempos vividos simultaneamente, mundos e tempos que eles procuram tornar compatíveis entre si, dos quais eles esperam superar as contradições dobrando-os à sua própria exigência de unidade, mesmo que isso não passe de um ideal. Essa personalização das condutas de trabalho se opõe, portanto, aos esforços inversos e sistemáticos de unificação da organização do trabalho que, na realidade, procuram sempre lhe "trazer de volta" o trabalhador, admitindo a possibilidade de se modificar para assimilá-lo. Seja como for, graças à atividade de regulação conduzida pelos trabalhadores, a tarefa efetiva nunca é a tarefa prescrita e os esforços de personalização são sempre, de alguma maneira, uma antecipação de transformações sociais possíveis. Essa antecipação fica, além disso, comprometida quando essa eventualidade se mostra impedida.

As regulações dos sujeitos podem então fracassar:

> Quando elas fracassam, quando se alteram as possibilidades de reações e de controle do sujeito sobre si próprio e sobre suas situações de existência, quando ele não mais pode se libertar de insatisfações, de sofrimentos, de contradições internas que se tornaram insuportáveis para ele, então são gerados fenômenos psicopatológicos (Curie et al., 1990, p. 90).

Resumindo: o que transforma, no trabalho, o operador em sujeito é a falta de coincidência entre todas as atividades que o "pré-ocupam". Essa linha de pesquisa forneceu numerosos exemplos dessas "pré-ocupações" que se interpõem entre o sujeito e sua tarefa e lhe dão sua plasticidade (Hajjar, 1995).

Sem de forma alguma poderem ser confundidas – elas se opõem até radicalmente em questões cruciais (Clot, 2002b) –, psicologia social do trabalho e psicodinâmica do trabalho compartilham, portanto, uma perplexidade em relação à atividade de trabalho propriamente dita. Elas recusam a redução do sujeito psicológico ao estatuto de operador da produção. No primeiro caso, o trabalho é definido como uma atividade entre outras num sistema pessoal que lhe dá seu significado. Ele encontra seu sentido em seu exterior. No segundo caso, ele se torna central, mas como princípio geral de subjetivação. A atividade de trabalho enquanto tal não recebe aí um estatuto particular. A reintrodução do sentido na análise do trabalho ocorre aqui no exterior da atividade, como a tradição ergonômica a definiu.

Ergonomia e atividade

É verdade que, mesmo no sentido mais amplo, é sempre em relação à tarefa do operador que a abordagem ergonômica situa a atividade. A atividade é "a maneira como um assalariado atinge os objetivos que lhe foram fixados" (Guérin et al., 1991, p. 58). Nessa perspectiva, pode-se reter uma definição clássica para distinguir os dois pontos de vista da tarefa e da atividade, "a do Quê e a do Como. O que é para fazer e como os trabalhadores considerados o fazem?" (Ombredane e Faverge, 1955). De um lado, as exigências da tarefa, de outro, as sequências operacionais realmente implementadas. Em particular para a psicologia ergonômica, a tarefa é o que é para fazer, a atividade o que se faz (Leplat e Hoc, 1983). Segundo Amalberti e Hoc (1998), por exemplo, deve-se compreender a atividade e a tarefa efetiva como sinônimos. A atividade se define pelas operações manuais e intelectuais realmente realizadas a cada instante pelo operador para atingir seus objetivos, não apenas prescritos, mas também os modulados pelos constrangimentos do contexto. A tarefa efetiva à qual se reduz a atividade é então definida pela intenção presente do operador, protegida contra as outras intenções competitivas.

É preciso de fato dizer que, considerada assim, a atividade de trabalho não oferece mais quase nenhum espaço aos movimentos subjetivos. Porque a dinâmica destes revela justamente o conflito duradouro e estrutural das intenções, mesmo à revelia do sujeito. Os próprios ergonomistas, aliás, com frequência reivindicaram os limites de seu campo de investigação, confiando a outros a responsabilidade de completar a análise (Guérin et al., 1991). Essas questões são regularmente reconhecidas por eles como preocupações legítimas, até incontornáveis, pois em ergonomia – diferentemente da psicologia ergonômica – a saúde mental dos trabalhadores está sempre no horizonte (Daniellou, 1996, p. 8-9; Wisner, 1995). Mas, presentes na prática, elas não são objeto de elaborações teóricas sistemáticas. Pode-se compreender então a divisão do trabalho que se instalou na própria análise do trabalho.

Caso se aceite essa definição clássica da atividade, é legítimo que a atividade e a subjetividade fiquem "atribuídas" a disciplinas diferentes. Mas, no fundo, nada impõe isso verdadeiramente. Foi possível mostrar que uma outra conceituação da atividade permitia rever a questão. É o que nos levou a propor, nos termos de uma clínica da atividade, uma renovação teórica e metodológica (Clot 2002b, p. 131-152; 2001c; 2004b) visando repatriar as questões do sentido para o interior da própria atividade. Tentaremos sintetizar a seguir os princípios dessa proposição.

Notemos, todavia, que as discussões que ocorrem há muito tempo sobre esse ponto não têm deixado as coisas em ordem. Do lado da ergonomia propriamente dita, F. Daniellou (1996), C. Teiger e A. Laville (1991), J. Duraffourg (1997) ou ainda F. Hubault (1996) não deixam de ressaltar a amplidão dos determinantes da atividade, incluindo a subjetividade. J. Theureau (1992) viu, sobretudo, o papel da cultura nesses determinantes, enquanto Pierre Falzon, por sua vez, se interessou pelas atividades metafuncionais do sujeito (Falzon, 1994). Em psicologia, em várias obras recentes, J. Leplat (1997, 2000) voltou a tratar desses problemas. Segundo ele, a psicologia ergonômica nem sempre foi muito sensível às dimensões subjetivas da atividade; o agente, escreve, "não pode ser concebido como um simples sistema de execução da tarefa prescrita. Para ele, essa tarefa se inscreve em sua história. Não somente ele realiza a tarefa prescrita, mas visa também, por meio dessa realização, objetivos pessoais" (Leplat, 1997, p. 28). Pode-se dizer, verdadeiramente, que um debate está aberto para transpor uma conceituação da atividade que a reduz às sequências operacionais da ação (Leplat, 2000, p. 7-8; Clot e Leplat, 2005). Pode-se também consultar com proveito os trabalhos de Rabardel (1995, 2002). Do mesmo modo, J. Curie recentemente observou que a insistência dada à análise da interdependência das condutas, que caracteriza a abordagem em termos de sistemas de atividades, forçara essa corrente de pesquisa "a negligenciar um pouco a análise precisa de cada uma dessas

Capítulo 19 – Trabalho e sentido do trabalho

condutas", entre as quais o trabalho. Segundo ele, a insistência em se colocar no exterior do trabalho para compreender seu sentido não deve, todavia, ser interpretada como uma negação da pertinência da análise do próprio trabalho. Com uma condição: que esta se interesse não só pelas ocupações do trabalhador, mas também por suas preocupações (Curie, 2000, p. 307).

Tendo em vista alimentar o trabalho coletivo em curso, e na perspectiva de unir do interior atividade e subjetividade, trabalho e sentido do trabalho, pode-se propor as considerações seguintes.

Uma clínica da atividade

Insistamos de imediato num ponto já mencionado: a atividade, longe de poder ser definida somente pela intenção presente do operador, protegida contra outras intenções competitivas, se apresenta na maioria das vezes como uma luta entre várias ações possíveis ou impossíveis, mas de todo modo rivais, um conflito *real* que a atividade *realizada* jamais resolve inteiramente. O confronto das intenções está no princípio do desenvolvimento da atividade e com frequência o sofrimento "gerado" por este desenvolvimento. A formação e a proteção de suas intenções pelo próprio trabalhador são uma atividade totalmente à parte, cujo sucesso jamais está garantido de antemão. Pôde-se mostrar isso no caso particular de um acidente grave de avião como o do monte Sainte-Odile (Clot, 2002b, p. 15 e seguintes). Mas também na análise do trabalho dos maquinistas de trem. Retenhamos este exemplo.

Contrariamente à situação aparentemente "observável", paradoxalmente, um agente de condução não está "só na cabine". Pode-se dizer com mais justeza que ele está isolado daqueles com os quais trabalha e cuja presença invisível não cessa, todavia, de se manifestar. Sua ação não ocorre no cara a cara com a máquina motor. Não existe, nesse caso, monólogo tecnológico. Sua atividade real está marcada pelas ressonâncias longínquas ou muito próximas da atividade de outrem: aqueles com quem colabora ou que transporta, com os quais ele se confronta, ou mesmo entra em oposição latente ou manifesta. À maneira de Bakhtine (1978, p. 100), pode-se escrever que entre o sujeito e os objetos de sua ação se dissimula o meio movediço, difícil de se penetrar, das atividades estranhas sobre o mesmo objeto. A atividade é então ao mesmo tempo dirigida pelo objeto imediato da ação na cabine (o trem, a linha, a estação, o horário previsto) e em direção à atividade dos outros sobre esse objeto (o regulador, os passageiros, os outros condutores que o precedem ou seguem, o controlador de entroncamento. Assim, sua atividade é sempre dirigida a vários interlocutores simultaneamente e, ela própria, destinatária da atividade dos outros. Ela é sempre, de certa forma, a réplica a uma ou várias outras atividades, mesmo se o agente se encontra só na cabine. Pelo seu trabalho ele procura, valendo-se de seus recursos pessoais e dos de seu grupo profissional (Fernandez e Clot, 2000), dar uma eficácia a essas múltiplas atividades, das quais ele é o ponto de intersecção e nas quais a sua se refrata. Elas infiltram esta última e a preenchem de constrangimentos ante as quais ele deve responder da melhor maneira a cada instante. Ele faz eco a elas. Cabe-lhe "peneirar" um meio de trabalho saturado pelas intenções de outrem. Em primeiro lugar, no contato com o real, ele deve torná-las compatíveis entre si, transformando-as em recursos para sua própria ação. Ele é o conversor e o transformador da atividade dos outros. Quando se negligenciam essas trocas constitutivas do ofício, não se pode compreender o essencial: é sob a influência desses "diálogos sem frases" com os destinatários de sua atividade e suas respostas presumidas que o condutor seleciona os meios técnicos, que estão à sua disposição na situação. Incontestavelmente, agir, nessas circunstâncias, é opor à atividade de outrem uma contra-atividade.

Assim, as intenções que se realizam estão muito longe de simplesmente ir do interior para o exterior. Elas se formam, deformam e reformam no ponto de colisão entre as intenções de outrem e minhas outras intenções que, mesmo abandonadas ou descartadas, de forma alguma são abolidas, e continuam a agir. A relação com outrem no trabalho não é apenas um contexto. É constitutiva da atividade, a qual, mesmo solitária, é sempre, de alguma forma, conjunta, endereçada. Privada de destinatário – seja apenas a si mesmo em suas outras atividades e quaisquer que sejam as razões destas –, uma atividade de trabalho perde seu sentido. Aqui reencontramos, sem dúvida nenhuma, na psicologia do trabalho os melhores ensinamentos da psicologia social, crítica com razão em relação a uma psicologia "intoxicada" pelo princípio egocêntrico, como bem viu Moscovici:

> Sob muitos aspectos, explora-se o pensamento, a percepção, a linguagem unicamente através da oposição de um sujeito fechado sobre si mesmo e de um objeto que lhe resiste ou o ultrapassa por todos os lados. Pouco importa então que uma teoria coloque a ênfase no sujeito e a outra no objeto (Moscovici, 1994, p. 6). O sentido se perdeu, poder-se-ia acrescentar.

Com certeza, pode-se pensar, como é o nosso caso, que é na atividade real do sujeito sobre o objeto que outrem encontra lugar. Não obstante, é difícil ver como conservar uma chance para as questões do sentido na análise do trabalho aquém desta formulação de Leontiev (1956): "O homem jamais está só ante o mundo dos objetos que o cerca. O traço de união de suas relações com as coisas são as relações com os homens". As correntes mais recentes da tradição histórico-cultural em psicologia, na linhagem de Vygotski, cultivam oportunamente esse ponto de vista (Bedny e Meister, 1997; Brushlinsky, 1991; Engeström, 1999).

Voltemos, deste ponto de vista, a nossos condutores: o objeto da tarefa não se dissolve em cada um dos contextos singulares onde o inserem as trocas de atividades entre sujeitos. Em vez disso, o objeto imediato da tarefa orienta a atividade de todos os protagonistas implicados. Há um território comum da conduta que planifica a ação a ocorrer para todos. A ocupação do condutor consiste em atingir o terminal nas condições determinadas pelo horário e pela segurança das circulações. Mas a tarefa que ocupa o condutor está também relacionada com a atividade de outrem, que "absorve" a atividade do condutor às voltas, portanto, com a atividade dos outros e suas outras atividades próprias, por sua vez mais ou menos manifestas ou ocultas. A ação do sujeito está então relacionada com a atividade dos outros e só se forma por meio dela, fazendo alguma coisa – ou fracassando em fazer alguma coisa – desta em sua própria atividade. Aqui se coloca precisamente o problema do sentido: ou seja, não só a questão do resultado esperado, mas também daquilo que motiva ou ainda desmotiva a ação.

O sentido segundo Vygotski e Leontiev

Vygotski o abordara experimentalmente em condições que merecem a atenção dos analistas do trabalho, mesmo a situação analisada não sendo uma situação de trabalho no sentido clássico do termo (Clot, 2002a). No período de intensa atividade em que ele se dedicou à deficiência na criança (Vygotski, 1994), ele retomou e modificou uma série de experiências conduzidas por K. Lewin, sobre os processos de saturação no decorrer da atividade. Dá-se uma tarefa de desenho a uma criança comum. Quando a criança para

Capítulo 19 – Trabalho e sentido do trabalho

e manifesta abertamente sinais de saturação e reações afetivas negativas em relação ao trabalho, Vygotski explica, "tentamos constrangê-la a prosseguir sua atividade de forma a saber por quais meios seria possível obter isso dela" (Vygotski, 1994, p. 231). Teria sido possível, como nas mesmas experiências conduzidas com crianças deficientes, "refrescar a situação" mudando aos poucos os lápis por pincéis, o papel por quadro, o giz preto por giz colorido. Tudo isso para tornar a situação mais atraente e prolongar a atividade. Mas para a criança "normal", Vygotski explica, isso não foi necessário. Foi suficiente modificar o sentido da situação, sem nada mudar nela. Bastou pedir à criança que interrompesse o trabalho, não apenas que o continuasse a pedido do experimentador, mas que mostrasse a uma outra criança como se devia fazer. Ao se tornar ela mesma a experimentadora e a instrutora, ela continuou o trabalho anterior. Mas a situação assumira para ela um sentido inteiramente novo. Para prosseguir a experiência, tira-se então dela todo o material que podia tornar a situação atraente, até não lhe deixar mais que "um mísero lápis usado". O resultado é significativo: "O sentido da situação determinava totalmente, para a criança, a força da necessidade afetiva independentemente do fato de essa situação perder progressivamente todas as propriedades atraentes vindas do material e de sua manipulação direta" (p. 231-232). Pôde-se chegar, concluiu o autor, a influenciar "de cima, pela afetividade", o desenvolvimento da criança. O que não ocorreu com as crianças deficientes.

Assim, a busca do sentido pode chegar até mesmo ao sacrifício do conforto, igualmente bem descrito, por exemplo, por De Keyser, entre certos trabalhadores que desejavam preservar suas tradições coletivas:

> A lógica de seu comportamento, quando eles buscam esse objetivo, não é mais uma lógica da poupança, como exigiria o esquema de regulação da carga mental, mas, com muita frequência, uma lógica do excesso: os trabalhadores fazem mais do que o necessário, refinam, manobram ou desafiam, com o objetivo, ao que parece, de afirmar uma identidade que a tecnologia ou a situação de trabalho ameaça (Keyser, 1983, p. 245).

Pode-se, aliás, pensar que a lógica da poupança é aqui mais deslocada que revogada.

Mas fiquemos ainda um momento com as crianças: essa metamorfose do sentido é o produto de uma mudança da atividade da criança afetando o objetivo da ação. O desenho continua sendo o resultado a atingir, mas a criança está pronta a buscar esse objetivo a um custo instrumental elevado (ela perde todas as vantagens de um material melhor) sob a influência de uma nova motivação subjetiva formada em eco à demanda do adulto. O reconhecimento de uma nova posição social e pessoal, subjetivamente vital para ela, se dá pela aparição na experiência de um sobredestinatário da ação, na pessoa da outra criança. Ela impele o sujeito a se superar, a se colocar "uma cabeça acima de si mesmo" numa zona de desenvolvimento potencial (Vygotski, 1978). Notemos apenas que essa superação se produz quando a atividade da criança muda de direção. Seu destinatário não é mais apenas o experimentador, mas também a outra criança, para a qual ela própria se torna instrutora. É de uma outra atividade que se trata, mesmo que ela se realize aparentemente na mesma ação de desenho, que ela, no entanto, transforma na ocasião (Clot, 2004a). A ocupação da criança realiza, no sentido pleno, pré-ocupações diferentes e, ao fazê-lo, muda de sentido.

Esse exemplo basta para mostrar a que ponto encarar a atividade de um sujeito como um simples atributo pessoal é pura ficção científica. Aqui o traço de união que liga a criança ao desenho é a transformação de suas relações com os outros. Seria possível ainda levantar a hipótese – os dados fornecidos por Vygotski não permitem verificá-la – de que o desenho realizado mostra o traço desse desenvolvimento.

Seja como for, pode-se agora voltar à análise do trabalho para tentar compreender em que o sentido, compreendido aqui como a discordância criativa ou destrutiva entre ocupações e pré-ocupações – entre atividade e ação, diria Leontiev (1984) – é uma mola interna da atividade de trabalho. Um outro exemplo nos permitirá fazê-lo, interessando-nos dessa vez não só pela relação entre a atividade do sujeito e as atividades de outrem, mas pelo desenvolvimento de suas ocupações e suas pré-ocupações em sua própria atividade no contato com outrem. Ocupação e pré-ocupações devem ser ao mesmo tempo distinguidas e vinculadas: se a atividade realiza a tarefa transformando-a em tarefa efetiva que *ocupa* o sujeito, inversamente, a tarefa efetiva realiza também – melhor ou pior – as inquietudes e conflitos vitais de sua atividade, as motivações pessoais e coletivos que o *pré-ocupam*. É por isso que, oposta a ela mesma, ela pode ter uma história.

Das ocupações às pré-ocupações

Na análise seguinte, nos interessaremos justamente por essa história abordando a atividade do ponto de vista da tarefa e a tarefa do ponto de vista da atividade. Porque se é importante distingui-las para a análise, não se pode esquecer seus vínculos: o que as une é seu desenvolvimento recíproco, possível ou impossível, em benefício ou em detrimento do sujeito e do trabalho.

Em linhas automáticas de embalagem de massas no setor agroalimentar (Falcetta et al., 1994; Clot, 1995), a análise revela que a regulagem do automatismo se põe sobretudo em movimento por várias razões. Ao se depositar sobre os rolos de tração de borracha que leva o papel de embalagem, a sêmola provoca uma patinação aleatória, e é preciso limpar os rolos regularmente com álcool. Às vezes, é a tensão dos próprios rolos que deve ser revista, pois, segundo as operadoras, o papel "precisa ficar bem esticado mas não deve dar trabalho para puxar". É preciso "sentir" e é diferente conforme os papéis. Alguns, de acordo com o fornecedor, escorregam mais que outros. É preciso então puxá-lo para ajustar. Além disso, explicam as operadoras, "é preciso refazer com frequência a regulagem da célula porque o *spot* é muito pequeno e a bobina se desloca. Quando se está na frente tem-se uma marca para o molde, mas o mais difícil é o papel sem referências. Às vezes, as vibrações fazem a célula de entrada se mover e a máquina para. Então a gente põe fita adesiva para evitar que isso aconteça. Com a sêmola voando, as soldas do plástico saem muito ruins".

Acima de 26 pacotes por minuto, a qualidade só é assegurada, segundo elas, à custa de repetidas proezas. Não obstante, o ritmo da produção não obedece apenas a estes constrangimentos. Trabalhando com redução máxima dos estoques para a distribuição em grande escala, a empresa considera que o ritmo "bom" se situa por volta dos quarenta pacotes por minuto. O ideal se mostra, portanto, significativamente diferente segundo os pontos de vista. Mas a frequência das paradas que ocorrem quando a cadência ultrapassa os trinta ou 35 pacotes por minuto não autoriza mais a manutenção da confiabilidade. O sistema fica "entupido". A análise do trabalho mostra que cada operadora só consegue manter esse ritmo "saindo dela mesma". Como? Assumindo para si a atividade do mecânico, um só para assegurar o funcionamento das quatro linhas. Elas não se submetem passivamente aos maus funcionamentos mas procuram proteger seu "poder de agir" (Clot, 2001a). Para manter uma eficácia apesar de tudo, as operadoras se reportam a ele.

Capítulo 19 – Trabalho e sentido do trabalho

Em resposta a essas solicitações rivais, o mecânico não hesita em encorajar oficiosamente as empacotadeiras a se encarregarem dos consertos elementares no seu lugar, abrindo as caixas de força sem a sua presença. Para elas, instaura-se então um espaço ambíguo de desenvolvimento da atividade: "Não se deve mexer nas caixas de força. Mas o mecânico nos diz para ir em frente, para apertar certos botões. 'Não vale a pena me chamar para isso'. Só que eles puseram fechaduras e chaves quádruplas. A gente abre com uma chave de fenda. Não é para fazer isso, mas resolve a vida de todo mundo. Não se pode falar nisso na formação. Mas talvez haja problemas de segurança".

Assim se opera uma transgressão da regra, favorecida pela catacrese da chave de fenda, cujo destino aliás é equívoco. Uma maior produção é obtida pelo reconhecimento tácito de uma competência simultaneamente negada às operadoras. Estas, portanto, se afirmam contra a organização do trabalho, acomodando-se com essa transgressão para "assegurar" sua produção, manter um sentido em seu trabalho, ao risco, todavia, de arcar com a responsabilidade de um acidente.

Das pré-ocupações às ocupações: uma história

Abordaremos a questão aqui privilegiando, para a análise, a atividade de uma das operadoras: antes de mais nada ela é habitada por uma pré-ocupação obsedante, "dar conta de sua produção", para evitar uma avaliação negativa de seu trabalho, a começar por ela mesma. Essa pré-ocupação dá seu sentido, ou melhor, faz perder seu sentido à sua ocupação na máquina. Essa discordância entre a ocupação dirigida para o objeto e a pré-ocupação que a impele, ao contrário, para outras atividades possíveis é uma tensão que busca uma resolução. A operadora, nesse caso preciso, não guarda para si sua pré-ocupação, mas a repassa ao mecânico, do qual ela exige então regularmente a contribuição para melhorar a eficácia de suas ocupações na máquina.

Eis então a atividade deste último pré-ocupada pela da operadora. Esta pré-ocupação o leva a agir: ele sai de suas atribuições oficiais e autoriza a operadora a mexer ilegalmente nas caixas de força, para poder continuar o trabalho que, por sua vez, o ocupa nas prensas. O mecânico amplia o campo de suas ocupações profissionais incluindo a formação – mesmo que rápida – da operadora. Sua atividade estendeu-se em resposta à atividade dela, a qual amplia, num efeito de retroalimentação, sua área de trabalho incluindo os consertos de primeiro nível, após a curta formação dada pelo mecânico.

Assiste-se então a um desenvolvimento das ocupações da operadora na máquina. O sentido de sua ação se renova ao mesmo tempo que seu objeto: a máquina formal é acompanhada então de uma máquina real para ela pois, de certa forma, como objeto psicológico da ação, essa máquina estende suas propriedades. Suas propriedades físicas não variaram, claro. Mas o objeto da ação para o sujeito se ampliou aqui incorporando operações até então exteriores a ela. Agora *a caixa de força faz parte da máquina da operadora*. Em outras palavras, até aqui, pode-se constatar claramente um desenvolvimento descentrado nos três polos da atividade: a operadora (sujeito), o mecânico (outro), a máquina (objeto), deslocamento em que se dá a dinâmica da situação. O instrumento desse desenvolvimento policentrado é precisamente a catacrese da chave de fenda que permite abrir ilegalmente a caixa. De passagem, vale ressaltar que essa gênese instrumental (Rabardel, 1995) desenvolve também a chave de fenda, que se tornou uma chave quádrupla na ocasião ou, mais exatamente, desenvolve suas funções.

Mas não é tudo. Porque o desenvolvimento da atividade desemboca numa pré-ocupação nova e imprevista: a da segurança dos materiais e do risco para si mesmo. É talvez perigoso "mexer" assim nas caixas de força, mesmo que isso "resolva a vida" de todo mundo. Essa nova pré-ocupação se torna obsedante. A segurança dos materiais e a saúde da operadora estão em jogo. De novo, surgem questões de sentido. Pois eis que se passou de uma pré-ocupação à outra. O desenvolvimento das pré-ocupações está, portanto, entrelaçado com o das ocupações, e reciprocamente.

Tudo isso dá, aliás, lugar a uma nova ocupação: fazer com que seja admitido na formação em curso na empresa, por esse outro "outrem" que é o formador – agente de manutenção na oficina –, esse novo objeto de intervenção das operadoras, e obter com o que se confrontar com os riscos incorridos, ou seja, uma qualificação reconhecida. Mas o formador só poderá alimentar aqui suas próprias pré-ocupações técnicas quanto às máquinas, o que já não é nada mal. Ele não tem como aceitar reconhecer oficialmente a violação da proibição. A operadora principalmente envolvida passa a nutrir um ressentimento compreensível, trazendo novas pré-ocupações: continuar ou não a "entrar" nas caixas. Uma nova pré-ocupação nasce da ação do sujeito durante sua atividade. Ela resulta de conflitos interiores a esta última e das iniciativas do sujeito para enfrentá-los. Deixa em seu rastro um desenvolvimento cruzado das ocupações e competências do mecânico e da operadora, e até uma outra máquina "possível", uma máquina "ampliada".

Mas a zona de desenvolvimento potencial volta a se fechar. Certamente vai se perceber o fato de que aqui o desenvolvimento multipolar da atividade é simultaneamente contrariado. Ou melhor, ele tropeça nos efeitos sociais de sua própria dinâmica. Esse desenvolvimento impossível, "reprimido", coloca então a atividade em árdua expectativa, com o risco de fazer o trabalho perder seu sentido.

Sentido do trabalho, gênero profissional e atividade dirigida

Cabe concluir com esse ponto: essa "gênese de sofrimento" da atividade, essa atividade "encarcerada", é uma amputação do poder de agir da operadora. É inventariando numerosas situações desse tipo que se pode colocar o problema do sofrimento numa perspectiva, é verdade, diferente daquela adotada pela psicodinâmica do trabalho. À maneira de P. Ricoeur, pode-se pensar que "o sofrimento não é unicamente definido pela dor física ou mental, mas também pela diminuição, ou até a destruição da capacidade de agir, do poder fazer, percebida como um atentado à integridade de si" (Ricoeur, 1990, p. 223). Esse desenvolvimento "reprimido" pode, aliás, ter vários destinos.

Ele pode encontrar o coletivo das operadoras e os recursos de uma história comum que vai além delas, as atravessa e que elas devem transformar para enfrentar. Sem esse bem comum transpessoal – trabalho conjunto de organização do trabalho – que constitui uma fonte de energia para cada operadora, cada uma, remetida a si mesma, se encontra então cortada de suas forças vivas, submetida ao movimento centrípeto de sua impotência. Ao contrário, a disposição desses recursos abre então a cada uma um caminho para retornar ao curso possível dos movimentos centrífugos do desenvolvimento. É essa disponibilidade psicológica do coletivo que se designou com o conceito de "gênero profissional"; o estilo definindo os "retoques" e as "estilizações" do gênero, aos quais cada um deve recorrer para agir do seu jeito em meio aos outros, com frequência ante o inesperado (Clot e Faïta, 2000).

A outra saída desse impasse do desenvolvimento pode se revelar patogênica se a operadora em questão, abandonada à própria sorte justamente por uma "falha" genérica

Capítulo 19 – Trabalho e sentido do trabalho

do coletivo, não dispõe, nos outros compartimentos de sua existência pessoal, dos recursos de um outro "gênero" que lhe permitirão instaurar uma distância protetora ou criativa em relação ao trabalho. Aqui pode-se ver a que ponto, quando se leva a sério o sentido da atividade, nunca se está longe da psicopatologia do trabalho ou dos processos de personalização-despersonalização estudados pela psicologia social do trabalho.

Mas sob duas condições: em primeiro lugar, que a atividade em questão seja definida como uma atividade dirigida (Clot, 2002b), simultaneamente voltada para seu objeto e para a atividade dos outros incidindo nesse objeto. O objeto é pré-ocupado pelos outros. Em segundo lugar, que se considerem as outras atividades sobre o mesmo objeto sob dois ângulos diferentes: trata-se tanto da atividade dos outros quanto das outras atividades do sujeito. Este está pré-ocupado com suas outras atividades. Essas duas condições evitam confundir a atividade realizada e o real da atividade (Clot, 2001b, 2002b; Vygotski, 2003). Elas nos permitem também considerar o trabalho como a história acabada e inacabada da atividade. Dito de outra forma, do ponto de vista de seu desenvolvimento policêntrico, impedimentos incluídos.

Referências

AMALBERTI, R.; HOC, J. M. Analyse des activités cognitives en situation dynamique: pour quels buts? Comment. *Le Travail Humain*, Paris, v.61, p.209-234, 1998.

BAKHTINE, M. *Esthétique et théorie du roman.* Paris: Gallimard, 1978.

BEDNY, G.; MEISTER, D. *The Russian theory of activity:* current applications to design and learning. London: Lawrence Erlbaum, 1997.

BRUSHLINSKY, A. V. The activity of the subject and psychic activity. In: LEKTORSKI, V. A.; ENGESTRÖM, Y. (Ed.). *Activity, theories, methodology & problems.* Helsinki: Paul M. Deutsch Press, 1991.

CLOT, Y. *Le travail sans l'homme ? Pour une psychologie des milieux de travail et de vie.* 2.ed. Paris: La Découverte, 1998.

_____. Clinique de l'activité et pouvoir d'agir. *Éducation Permanente*, v.146, p.7-16, 2001a.

_____. Clinique du travail et problème de la conscience. *Travailler*, n.6, p.47-66, 2001b.

_____. Méthodologie en clinique de l'activité. L'exemple du sosie. In: SANTIAGO, M.; ROUAN, G. *Les méthodes qualitatives.* Paris: Dunod, 2001c.

_____. (Ed.). *Avec Vygotski.* 2.ed. Paris: La Dispute, 2002a.

_____. *La fonction psychologique du travail.* 3.ed. Paris: PUF, 2002b.

_____. Le travail entre fonctionnement et développement. *Bulletin de Psychologie*, v.469, p.5-12, 2004a.

_____. L'autoconfrontation croisée en analyse du travail: l'apport de la théorie bakhtinienne du dialogue. In: FILLIETTAZ, L.; BRONCKART, J. P. *L'analyse des actions et des discours en situation de travail.* [s.l.]: [s.n.], 2004b.

CLOT, Y.; FAÏTA, D. Genre et style en analyse du travail: concepts et méthodes. *Travailler,* n.4, p.7-42, 2000.

CLOT, Y.; LEPLAT, J. La méthode clinique en ergonomie et en psychologie du travail *Le Travail Humain*, v.68, n.4, p.289-316, 2005.

CURIE, J. *Travail, personnalisation, changements sociaux:* archives pour les histoires de la psychologie du travail. Toulouse: Octarès, 2000.

CURIE, J.; HAJJAR, V. Vie de travail, vie hors-travail. La vie en temps partagé. In: LEVY--LEBOYER, C.; SPÉRANDIO, J. C. (Ed.). *Traité de psychologie du travail*. Paris: PUF, 1987. p.174-180.

CURIE, J.; HAJJAR, V.; BAUBION-BROYE, A. Psychopathologie du travail ou dérégulation du système des activités. *Perspectives psychiatriques*, v.22, p.85-91, 1990.

CURIE, J.; DUPUY, R. Acteurs en organisation ou l'interconstruction des milieux de vie. In: LOUCHE, C. (Ed.). *Individu et organisations*. Lausanne: Delachaux & Niestlé, 1994. p.11-119.

_____. L'organisation du travail contre l'unité du travailleur. In: CLOT, Y. (Ed.). *Les histoires de la psychologie du travail*: approche pluridisciplinaire. Toulouse: Octarès, 1996. p.180-189.

DANIELLOU, F. (Ed.). *L'ergonomie en quête de ses principes*. Toulouse: Octarès, 1996.

DEJOURS, C. Psychologie clinique du travail et tradition compréhensive. In: CLOT, Y., (Ed.). *Les histoires de la psychologie du travail*: approche pluridisciplinaire. Toulouse: Octarès, 1996a.

_____. Introduction: psychodynamique du travail. *Revue Internationale de Psychosociologie*, n.5, p.5-12, 1996b.

_____. *Travail*: usure mentale. 3.ed. Paris: Bayard, 2000.

DURAFFOURG, J. On ne connaît que les choses qu'on apprivoise. In: SCHWARTZ, Y. (Ed.). *Reconnaissances du travail*: pour une approche ergologique. Paris: PUF, 1997. p.125-146.

ENGESTRÖM, Y. Activity theory and individual and social transformation. In: ENGESTRÖM, Y.; MIETTINEN, R.; PUNAMÄKI, R. L. (Ed.). *Perspectives on activity theory*. Cambridge: Cambridge University Press, 1999.

FALCETTA, N.; CLOT, Y.; PÈLEGRIN, B. *Co-analyser le travail pour transformer*. [s.n.t] (ERGOS, Rapport pour le ministère de la Recherche, juillet, 1994).

FALZON, P. Les activités meta-fonctionnelles et leur assistance. *Le Travail Humain*, Paris, v.57, n.1, p.1-23, 1994.

FERNANDEZ, G.; CLOT, Y. Rôle du collectif de travail dans la sécurité des circulations à la SNCF: le cas d'un dépôt de banlieue en région parisienne. JOURNÉE ERGONOMIE ET FACTEURS HUMAINS DANS LE TRANSPORT FERROVIAIRE, Toulouse, 2000. *Actes*. Toulouse: SELF, 2000.

GADBOIS, C. Les conditions de travail comme facteur d'asservissement du système des activités hors travail. *Bulletin de Psychologie du Travail*, v.33, n.special, p.449-456, 1979.

GUÉRIN, F.; LAVILLE, A.; DANIELLOU, F.; DURRAFOURG, J.; KERGUELEN, A. *Comprendre le travail pour le transformer*. Paris: ANACT, 1991.

HAJJAR, V. *Interdépendance, conflits et significations des activités de socialisation*: approche psychosociale. Toulouse: Université de Toulouse-Le Mirail, 1995. (Habilitation à diriger des recherches).

HUBAULT, F. De quoi l'ergonomie peut-elle faire l'analyse? In: DANIELLOU, F. *L'ergonomie en quête de ses principes*. Toulouse: Octarès, 1996. p.103-141.

KEYSER, V. de. Communications sociales et charge mentale dans les postes automatisés. *Psychologie française*, v.28, p.239-245, 1983.

LEONTIEV, A. N. Réflexes conditionnés, apprentissage et conscience. In: *LE CONDITIONNEMENT de l'apprentissage*. Paris: PUF, 1958. p.169-188.

_____. *Activité, conscience, personnalité*. Moscou: Éd. Du Progrès, 1984.

LEPLAT, J. *Regards sur l'activité en situation de travail*. Paris: PUF, 1997.

_____. *L'analyse psychologique de l'activité en ergonomie:* aperçu sur son évolution, ses modèles et ses méthodes. Toulouse: Octarès, 2000.

LEONTIEV, A. N.; HOC, J. M. Tâche et activité dans l'analyse psychologique des situations. *Cahiers de Pychologie Cognitive*, v.3, n.1, p.49-63, 1983.

MALRIEU, P. La crise de personnalisation. Ses sources et ses conséquences sociales. *Psychologie et Éducation,* v.3, p.1-18, 1979.

MOLINIER, P. *L'énigme de la femme active. Égoïsme, sexe et compassion.* Paris: Payot, 2003.

MOSCOVICI, S. (Ed.). *Psychologie sociale des relations à autrui.* Paris: Nathan, 1994.

RABARDEL, P. *Les hommes et les technologies:* approche cognitive des instruments contemporains. Paris: Armand Colin, 1995.

_____. Le langage comme instrument? Éléments pour une théorie instrumentale étendue. In: CLOT, Y. (Ed.). *Avec Vygotski*. 2.ed. Paris: La Dispute, 2002.

RICOEUR, P. *Soi-même comme un autre.* Paris: Le Seuil, 1990.

TEIGER, C.; LAVILLE, A. L'apprentissage de l'analyse ergonomique du travail, outil d'une formation pour l'action. *Travail et Emploi,* v.47, n.1, p.53-62, 1991.

THEUREAU, J. *Le cours d'action: analyse sémio-logique.* Berne: Peter Lang, 1992.

VYGOTSKI, L. *Mind in society:* the development of higher psychological process. Cambridge: Harvard Univ. Press, 1978.

_____. *Défectologie et déficience mentale.* Lausanne: Delachaux & Niestlé, 1994. (Textos publicados por BARINISKOV, K.; PETITPIERRE, G.).

_____. *Conscience, inconscient, émotions.* Paris: La Dispute, 2003.

WISNER, A. *Réflexions sur l'ergonomie.* Toulouse: Octarès, 1995.

Ver também:

13 – As competências profissionais e seu desenvolvimento

14 – Comunicação e trabalho

36 – A ergonomia no hospital

Metodologia e modalidades de ação

20

Metodologia da ação ergonômica:
abordagens do trabalho real

François Daniellou, Pascal Béguin

Tornou-se banal falar da desproporção que existe entre os cuidados dedicados à fabricação das máquinas ou à definição dos organogramas e a atenção dada àqueles que, por meio de seu trabalho, asseguram o funcionamento cotidiano. É esse desequilíbrio, desde suas origens, que a ergonomia tenta corrigir seja qual for a natureza da ação empreendida: diagnóstico para compreender as dificuldes encontradas ou os agravos à saúde, inscrição em processos de mudança, como a condução de projetos... Por meio da diversidade dos atores e das formas de intervenção, existe hoje em dia uma pluralidade de abordagens da ação ergonômica. Aquelas que são provenientes da corrente francófona, em todo caso, têm em comum o fato de buscar favorecer uma consideração do trabalho real.

O recurso à ergonomia em situações de produção ou de serviço[1] pode se dar por diferentes interventores. Pode-se tratar de pessoas não formadas em ergonomia (p. ex., projetistas usando normas ou recomendações gerais), pessoas tendo recebido uma formação complementar em ergonomia em maior ou menor escala (é o caso de certos médicos do trabalho, dos membros de CHSCT, dos profissionais de concepção e, às vezes, dos operadores), e por fim de ergonomistas qualificados. Estes podem ter estatutos extremamente diversos: assalariados da empresa na qual atuam, consultores externos, membros de organismos do serviço público ou de associações. Além disso, as missões que lhes são confiadas podem estar limitadas ao tratamento, em alguns dias, de um problema pontual numa situação de trabalho, consistir em acompanhar um projeto específico por vários meses ou anos, ou comportar dimensões estratégicas de assessoria no longo prazo aos responsáveis pela empresa. Não se pode imaginar que a metodologia mobilizada será a mesma para assegurar a manutenção do emprego de uma pessoa com necessidades especiais numa PME, realizar uma perícia junto a um CHSCT, ou assessorar a direção de uma montadora de automóveis quanto à consideração, no longo prazo, do envelhecimento dos assalariados da empresa. O desenvolvimento da disciplina permitiu identificar um conjunto de conhecimentos, métodos e práticas que cada interventor pode mobilizar em relação à especificidade de suas intervenções. O que distingue um ergonomista

---

[1]   Este artigo não trata da concepção de produtos, apresentada no Capítulo 28.

profissional de um outro interventor usando a ergonomia é essa capacidade de mobilizar um largo espectro de conhecimentos e métodos, e de articulá-los de maneira pertinente nas situações singulares.

A ação ergonômica se baseia num conjunto de "fundamentos", de denominadores comuns aos processos de ação ergonômica. Mas se baseia simultaneamente na capacidade de mobilizar conhecimentos e métodos adaptados a cada situação. O que segue neste artigo será centrado na ação de ergonomistas qualificados.

Uma base comum

A ergonomia: uma disciplina de ação – Uma característica essencial de toda intervenção ergonômica é que ela não se contenta em produzir um conhecimento sobre as situações de trabalho: ela visa a ação. No entanto, essa perspectiva comum de ação pode se aplicar a objetos diversos: uma situação de trabalho existente, situações a conceber, uma classe de situações. Conforme o caso, as situações objeto da ação são, ou não, as mesmas que são objeto de análise.

Evidentemente, essa perspectiva transformadora atende a critérios. Tradicionalmente, a ação ergonômica leva em conta critérios de saúde dos operadores, e critérios que são relativos à eficácia da ação produtiva. Cada um desses critérios coloca problemas conceituais, que podem dar lugar a diferentes orientações teóricas e metodológicas.

A saúde e os riscos de exclusão que podem comportar certas situações de trabalho para certas populações dizem respeito evidentemente à integridade física dos operadores (ver o Capítulo 6 deste livro). É necessário também levar em conta a relação subjetiva dos assalariados com seu trabalho (Clot, 1999), o sofrimento que dela pode decorrer (Dejours, 1988). Conforme os autores, trata-se de limitar os efeitos negativos do trabalho ou, de maneira mais ambiciosa, favorecer o fato de que o trabalho pode desempenhar um papel positivo na construção da saúde de cada trabalhador. As possibilidades de desenvolvimento de competências, que oferecem ou não uma situação de trabalho, aparecem nesse contexto como um dos critérios da ergonomia, seja como extensão do critério de saúde, seja como um novo critério que se acrescenta aos dois outros (Leplat e Montmollin, 2001).

A eficácia, outro critério, não pode ficar limitada ao que dela descrevem as ferramentas da gestão, nem avaliada tendo como única medida a remuneração no curto prazo dos acionistas. Conforme os setores, numerosos critérios contribuem para a eficácia: quantidade e qualidade, prevenção dos riscos para a instalação ou para a população em geral, custo induzido para o conjunto da coletividade devido aos agravos à integridade das pessoas ou da exclusão etc. A consideração do critério de eficácia demanda uma reflexão sobre a diversidade das lógicas em ação, e dos atores atuando segundo essas lógicas particulares (os clientes, a administração, os assalariados, a população em geral...) (Carballeda, 1997).

Apesar das diferentes orientações teóricas ou metodológicas, a busca de compromisso entre essas diferentes dimensões está no próprio centro da ação ergonômica. Toda análise ergonômica busca esclarecer conjuntamente desempenho produtivo e os efeitos da atividade para as pessoas envolvidas. A ação ergonômica sobre os processos de trabalho visa, ao mesmo tempo, *efeitos sobre as pessoas* e *efeitos sobre a empresa*.

Ao abrir dessa maneira a gama das questões que podem ser consideradas, cabe, todavia, se perguntar se o objeto da disciplina não se torna amplo demais. Na realidade, os critérios de ação devem ser singularizados e identificados para cada intervenção com

Capítulo 20 – Metodologia da ação ergonômica

muita precaução. A ergonomia visa resolver problemas reais em tempo real, em contextos singulares, cuja especificidade precisa ser respeitada.

Definição dos problemas – Os problemas a resolver não são um dado que os ergonomistas encontrarão já constituído quando sua intervenção é solicitada. A "construção do problema" é um componente essencial de sua ação (Wisner, 1995).

Como disciplina de ação, a ergonomia visa tratar um problema, responder a uma demanda. A análise da demanda (Guérin et al., 1997) constitui uma fonte de informação essencial para definir os critérios da ação e avaliar a factibilidade da intervenção. Mas nem por isso os "problemas a tratar" estão inteiramente constituídos quando o ergonomista reformula a demanda e aceita a missão. Durante a análise da demanda, um conjunto de preocupações, ligadas a disfunções ou a uma vontade de prevenção, foi identificado. Mas a natureza precisa dos problemas nos quais deve incidir a ação continua sendo determinada por meio da compreensão fina do que está em jogo na atividade dos diferentes autores.

A constituição dos "problemas a tratar" não pode ser, além disso, inteiramente separada dos processos construídos para tratá-los: a primeira enunciação de um problema provoca propostas de "soluções", cujo exame contribui para afinar a definição do próprio problema (ver o Capítulo 21 deste livro).

Referência à atividade de trabalho – A ergonomia de língua francesa colocou no centro de seus modelos a referência à "atividade de trabalho" (ver o capítulo de Falzon sobre os conceitos fundadores). Sem retomar aqui a discussão detalhada deste conceito, enfatizaremos alguns pontos com consequências metodológicas significativas.

• Os problemas que os operadores têm que tratar em sua atividade nunca são inteiramente definidos pelo enunciado formal das tarefas a realizar, nem fornecidos sob uma forma constituída: eles precisam, ao contrário, construí-los (Wisner, 1995). A constituição do problema é um componente permanente de toda atividade de trabalho.

• A referência à atividade de trabalho consiste, portanto, em levantar a hipótese de que os problemas que os operadores precisam tratar em seu trabalho só podem ser identificados a partir de uma abordagem "intrínseca" (Theureau, 1992): é a compreensão da estrutura interna da atividade que permite compreender a natureza dos problemas da forma como são tratados pelos operadores. Essa abordagem se opõe a um procedimento extrínseco, em que o observador, a partir de um recenseamento "externo" dos determinantes do trabalho, poderia avaliar as dificuldades que este comporta.

• A atividade de trabalho constitui uma resposta original, que articula e recompõe na ação um conjunto muito vasto de determinantes: ela é "integradora" (Guérin et al., 1997). Certos determinantes decorrem da política da empresa (a definição dos meios de trabalho, tarefas formalmente definidas etc.), enquanto outros são impostos à empresa (regras às quais ela deve se submeter, exigências dos clientes etc.). Outros determinantes emanam dos coletivos de trabalho, em suas diferentes dimensões (Benchekroun e Weill-Fassina, 2000). Outros, por fim, resultam das características pessoais do operador (Leplat, 2000): sua história, experiência, projetos. As dimensões subjetivas e sociais dos determinantes da atividade são cada vez mais bem identificadas. Do mesmo modo, atualmente se admite que as dificuldades encontradas por um operador não estão apenas no que ele realiza, mas também no que ele gostaria de poder realizar e é impedido (Clot, 1999).

• A descrição da atividade de um operador e a compreensão de suas motivações parecem então ser uma tarefa ilimitada. Se não tomasse cuidado, o ergonomista poderia indefinidamente afinar sua compreensão, sem jamais desembocar numa dinâmica transformadora. A especificidade da ação ergonômica, que visa a ação, é justamente a relação dinâmica entre:

— a demanda que o ergonomista aceitou tratar;

— os meios colocados à sua disposição;

— a escolha das situações de trabalho que ele vai procurar analisar de maneira mais precisa;

— os determinantes e as dimensões da atividade, cuja análise ele vai afinar;

— as saídas possíveis que ele identifica na situação, e em especial as forças sociais capazes de fazer avançar o tratamento dos problemas levantados.

A interpretação das atividades de trabalho pelo ergonomista é uma "interpretação para a ação", que não visa a exaustividade da compreensão das motivações da ação de um dado operador numa dada situação, mas propõe uma modelização que esclarece, melhor que as precedentes, as questões colocadas, e abre novas possibilidades de ação a um conjunto de atores.

Diversidade e variabilidade – Diversidade e variabilidade (da produção e das pessoas no trabalho) constituem dimensões importantes. Por um lado, trata-se de dimensões que influem profundamente na atividade, mas que são frequentemente subestimadas por aqueles que decidem. Por outro, a consideração da variabilidade e da diversidade é indispensável para generalizar as observações efetuadas num número limitado de situações. Com efeito, é impossível analisar a atividade de todos os operadores, em todas as situações que podem se apresentar.

Consideração da diversidade e variabilidade dos usuários. A abordagem ergonômica se caracteriza por uma atenção à diversidade da população envolvida pelos dispositivos técnicos e organizacionais, e nisso se opõe a uma abordagem taylorista, que se refere explícita ou implicitamente à noção de "homem médio" (Wisner e Marcellin, 1976).

Em alguns casos, a população de trabalhadores é conhecida; o ergonomista deve cuidar de identificar as características desta, ao mesmo tempo que deve se certificar de que não reproduz formas de seleção implícita que existiam na concepção precedente: não é porque a população atual é inteiramente constituída por homens altos que as novas instalações devem satisfazer unicamente uma população que tenha essa caracterísitca. Noutros casos, a população futura existe apenas sob a forma de representações pouco precisas daqueles que decidem ou dos projetistas. O ergonomista pode contribuir para que se precisem e se ampliem essas representações, questionando em particular falsas evidências (p. ex., "é trabalho de homem").

Além da consideração da diversidade, o ergonomista cuida de introduzir uma reflexão sobre a variabilidade: o estado instantâneo das pessoas é sensível aos ritmos biológicos, aos efeitos da fadiga, às consequências dos eventos ou incidentes suscetíveis de ocorrerem. O envelhecimento da população deve igualmente ser considerado (Marquié et al., 1995; Capítulo 9 deste tratado).

Capítulo 20 – Metodologia da ação ergonômica

285

É essencial que o ergonomista não considere que a população abrangida por sua intervenção seja apenas a dos operários ou empregados "de base". Os membros da alta direção, da gerência, do conjunto de direção são igualmente trabalhadores, a análise de seus constrangimentos e modos operatórios é útil para tratar os problemas (Rogard e Béguin, 1997). Há nisso uma evolução nítida da abordagem ergonômica: a princípio apenas destinatários das constatações feitas acerca dos operários ou empregados, os executivos são agora considerados como trabalhadores, tendo uma atividade própria, cuja compreensão é necessária para a ação ergonômica.

Consideração da diversidade e variabilidade das situações produtivas. As situações que os operadores precisam gerir num sistema de produção ou de serviços não são apenas aquelas previstas no quadro de um funcionamento normal. Os sistemas de produção são marcados, ao contrário, por uma diversidade e variabilidade mais ou menos previsíveis. Algumas são desejadas ou reconhecidas: diversidade dos produtos fabricados, diversidade das perguntas feitas pelos clientes. Outras correspondem a tarefas pouco levadas em conta oficialmente, mas indispensáveis para a boa realização das tarefas prescritas (p. ex., limpar seu lugar de trabalho de vez em quando). Outras, enfim, não são desejadas, mas inevitavelmente presentes: incidentes de produção, variação de tolerância das matérias-primas etc.

O objetivo da ergonomia não consiste em reduzir a diversidade ou a variabilidade das situações. Trata-se, ao contrário, de caracterizá-la para levá-la em conta no plano dos sistemas técnicos, da organização e da formação. É de fato essencial que os operadores, individual ou coletivamente, possam gerir o conjunto dessas situações em condições eficazes e compatíveis com sua saúde (Daniellou, 1996).

Trabalho prescrito e atividade: a reflexão sobre as fontes da prescrição – O trabalho efetivamente realizado não coincide com os procedimentos formais que o definem ou com as descrições que dele dá a hierarquia (Daniellou et al., 1983). É nessa distância que se baseia a distinção entre *trabalho prescrito* e *trabalho real*, estabelecida há muito tempo em ergonomia. A ideia de uma oposição entre trabalho prescrito e trabalho real precisa, no entanto, ser retrabalhada pela ergonomia. Com efeito, as prescrições são tão "reais" quanto a atividade implementada pelos trabalhadores.

Em toda situação de trabalho, existe de fato uma diversidade de fontes de prescrição, que contribuem para balizar o espaço, no interior do qual se desenvolve a atividade de cada operador. Trata-se, é claro, da prescrição formal das tarefas a realizar, que se refere aos resultados esperados do trabalho e/ou aos modos operatórios e que assume a forma de regras oficiais, contidas em documentos. Mas, ao lado dessas prescrições provenientes da gerência, existem também prescrições mais indiretas, mas fisicamente presentes nas situações. É, por exemplo, o caso dos dispositivos técnicos. Com efeito, a configuração dos meios de trabalho expressa as representações que têm os projetistas, ou os organizadores, do trabalho que deve ser efetuado. Mas essas representações são "cristalizadas" nos dispositivos (Leontiev, 1976) e materializadas na situação de trabalho.

Um desafio importante consiste em identificar a diversidade das fontes de prescrições que pesam sobre o trabalho. É, nessa perspectiva, que Six (1999) propôs distinguir prescrições *descendentes*, provenientes da estrutura organizacional, e prescrições *ascendentes*, resultantes das características materiais das situações, mas às vezes também dos colegas ou clientes. É especialmente importante identificar a gama de prescrições, na medida em que cada fornecedor de prescrição frequentemente ignora que ele não é o único a prescrever, que o "já decidido", do qual ele é portador, deverá se confrontar, na atividade de trabalho, com outras fontes de prescrição.

Todo trabalho comporta assim uma confrontação a uma diversidade de fontes de prescrições, eventualmente contraditórias entre elas, que a atividade vai tentar compatibilizar. A atividade nunca pode, portanto, ser interpretada como a simples execução das tarefas prescritas. A identificação das fontes de prescrições visa distinguir aquelas que a atividade consegue levar em conta ou não, conforme o momento ou o contexto, e as formas de custo que podem resultar para os trabalhadores e para a empresa da invenção de modos operatórios que acaba respondendo pelo maior número delas. A inventividade dos operadores poderá, contudo, ser questionada em relação aos limites induzidos por seu corpo, sua história, ou o contexto técnico, organizacional ou social. As exigências ou desafios que não puderam ser satisfeitos são também uma das dimensões que o ergonomista deve levar em conta na compreensão da atividade e de seu custo para as pessoas (Clot, 1999).

A identificação das contradições que podem existir entre as diferentes fontes de prescrição, e das tentativas que o operador faz para lhes dar coerência na ação, ao risco de transgredir certas regras, é uma dimensão essencial da abordagem ergonômica (Daniellou, 2002).

A intervenção: articulação de vários pontos de vista e mobilização de uma diversidade de atores – A ação ergonômica, que visa influenciar a concepção dos meios de trabalho, passa por uma influência sobre as representações e sobre as maneiras de decidir que são os processos de concepção (ver o Capítulo 22 deste livro).

Se o papel do ergonomista é influenciar esses processos de decisão a partir de um ponto de vista particular, relativo à atividade e ao funcionamento humanos, ele deve evitar a hipótese simplista segundo a qual os pontos de vista dependem de categorias socioprofissionais definidas *a priori*. Pode haver, por exemplo, uma grande diversidade de posições numa mesma direção de empresa, entre responsáveis que são confrontados com uma diversidade de desafios (p. ex., a gestão dos recursos humanos, as relações com a administração, as exigências dos clientes, a imagem em relação à população em geral...). Do mesmo modo, ele pode identificar certas convergências entre uma parte dos desafios da direção e uma parte dos desafios dos assalariados (p. ex., no que diz respeito à qualidade do serviço aos clientes).

Além disso, o ponto de vista do ergonomista não é o único legítimo e pertinente na empresa. Não são apenas seus saberes profissionais que lhe permitem apreender o sentido que os diferentes atores da empresa dão à sua intervenção. Os saberes que outros detêm, suas representações do problema ou das saídas possíveis, os projetos que eles alimentam, devem ser levados em conta. O ergonomista deve, portanto, se dar os meios de uma confrontação positiva entre o ponto de vista, do qual ele é portador, e os outros pontos de vista representados.

As interações que o ergonomista estabelece com outros atores, tanto para caracterizar as situações existentes quanto para implementar processos de transformação, são características da *intervenção*. Trata-se, de fato, de uma abordagem muito diferente de uma auditoria, por exemplo, em que o especialista é detentor de um estado-objetivo ideal que a ação visa atingir. Na intervenção ergonômica, a caracterização do estado inicial (o diagnóstico), a definição do estado-objetivo e a natureza do processo a implementar são

Capítulo 20 – Metodologia da ação ergonômica

uma coprodução entre o ergonomista e outros atores. O ergonomista é, então, levado a trabalhar com uma diversidade de atores, individualmente ou em instâncias coletivas segundo formas a construir (cf. Construção do posicionamento, adiante). Ele pode, em particular, contribuir para que se exprimam ou que se encontrem pontos de vista que até então tinham lugar menor na empresa.

Articulação entre compreensão do existente e ação sobre o futuro – A distinção tradicional entre "ergonomia de correção" e "ergonomia de concepção" tende a se atenuar. Com efeito:

— toda intervenção ergonômica numa situação existente visa contribuir com a definição de uma situação futura mais favorável, seja no caso de uma transformação limitada da mesma situação, ou no da concepção de novos meios de trabalho;

— toda intervenção ergonômica na concepção pressupõe que o ergonomista possa se referir a situações existentes, apresentando certas características visadas pelo projeto;

— tanto num como noutro caso, o ergonomista precisa trabalhar com uma diversidade de atores;

— certas intervenções definidas inicialmente como incidindo numa transformação localizada de um posto de trabalho dão lugar, em última instância, a projetos de reconcepção em grande escala.

Em vez de caracterizar uma dada intervenção como sendo "de correção" ou "de concepção", o ergonomista dimensiona sua contribuição considerando uma diversidade de fatores:

— natureza da demanda inicial e dos desafios identificados;

— posicionamento dos demandantes;

— identificação dos freios e dos aliados em potencial;

— prazos fixados para a ação do ergonomista e meios postos à sua disposição;

— margens de manobra financeira, social etc.;

— projetos em curso.

No entanto, o estado inicial de cada um desses fatores não pressupõe julgar prematuramente de "sua" evolução, à qual o ergonomista contribui por meio de suas investigações, das alianças que ele sabe construir, das aproximações que ele efetua entre diferentes tipos de desafio, das constatações que ele põe em circulação. A evolução do contexto poderá também resultar de eventos exteriores.

É essencial que o ergonomista dimensione sua ação considerando o contexto como ele conseguiu construí-lo numa dada fase de sua intervenção. Caso se contente com uma ação muito localizada num posto de trabalho, enquanto os determinantes das dificuldades encontradas estão em outra parte, ele será provavelmente pouco eficaz. Mas, se ele quiser instaurar ações estratégicas em larga escala, sem ter conseguido conquistar um posicionamento junto àqueles que verdadeiramente decidem, ou quando a questão a tratar não os justifica, ele irá igualmente fracassar.

Referências deontológicas – A ação do ergonomista é, por fim, dimensionada por uma representação do funcionamento do homem e da sociedade (Teiger, 1993) e, portanto, por valores. Alguns destes são próprios ao ergonomista envolvido (remetem à ética), e outros são objeto de um consenso mais ou menos pronunciado na profissão. Essas dimensões deontológicas mereceriam ser discutidas e capitalizadas no âmbito da disciplina, o que, de nosso ponto de vista, não é feito suficientemente. Indicam-se abaixo alguns elementos deontológicos, compartilhados pelos autores do presente texto:

— a clareza quanto aos objetivos, métodos e ferramentas mobilizados, modalidades de restituição da intervenção;

— o respeito das missões atribuídas às instâncias representativas dos trabalhadores;

— a concordância dos operadores para toda observação ou medida que os envolva;

— a ausência da utilização de métodos invasivos ou traumatizantes;

— a consideração conjunta do desempenho produtivo e o custo para as pessoas;

— o retorno prioritário aos operadores observados das constatações feitas sobre sua atividade e sua concordância antes de divulgar na empresa;

— a discrição quanto às informações de natureza pessoal colhidas;

— o respeito ao segredo industrial negociado;

— a obrigação de informar ao médico do trabalho, ao empregador e, quando existe, ao CHSCT, dos riscos graves para a saúde identificados no decorrer de uma intervenção.

Conhecimentos na origem da ação

A ação ergonômica mobiliza conhecimentos que têm diferentes origens, são de naturezas diferentes, e cuja validade não obedece às mesmas regras de verificação. O ergonomista, que intervém no trabalho humano está submetido à dupla antecipação: do singular pelo geral, e do geral pelo singular (Schwartz, 1996). Por um lado, existem, em toda situação, aspectos que os conceitos e métodos permitem antecipar. Mas, por outro, cada situação singular comporta dimensões que não puderam ser antecipadas, cuja consideração é essencial para o sucesso da intervenção e pode conduzir a novas generalizações disponíveis para as intervenções seguintes.

Há aí um desafio essencial em toda intervenção ergonômica: para a eficácia de sua ação, o ergonomista deve ao mesmo tempo mobilizar os conhecimentos e métodos existentes *e* permanecer disponível para a descoberta de dimensões que esses conhecimentos e métodos preliminares não tinham permitido prever.

Nessa seção, evocaremos as diferentes fontes que alimentam a ação ergonômica. Na seção As formas de capitalização... (cf. adiante), voltaremos aos métodos que permitem essa capitalização de referências gerais a partir de intervenções singulares.

Conhecimentos gerais sobre o ser humano e sua atividade – O ergonomista dispõe de conhecimentos sobre as propriedades do ser humano e sobre seu funcionamento, que foram produzidos pelas ciências do humano individual e coletivo. Se, num primeiro momento, as principais disciplinas que alimentavam esse conhecimento estavam limitadas à fisiologia e à psicologia – para alguns autores, à sociologia –, hoje não parece haver nenhuma razão para efetuar tal limitação. Em certos casos, por exemplo numa transferência de tecnologia, os modos operatórios que o ergonomista observa não podem ser analisados sem uma compreensão das dimensões culturais em jogo, que poderá ser trazida pela antropologia (Wisner, 1989). Noutros casos, é difícil interpretar a atividade se não se identifica que defesas foram construídas pelos operadores, para enfrentar uma situação difícil de suportar (Dejours, 1988).

No entanto, a ergonomia não é uma ciência aplicada. Os conhecimentos sobre a atividade humana de que o ergonomista dispõe não provêm apenas dos outros campos científicos. A própria pesquisa em ergonomia produziu conhecimentos sobre a estrutura da atividade humana, em geral, e em classes particulares de situações (Tort, 1974). As dimensões do funcionamento do homem, que o ergonomista encontra por meio da análise da atividade, têm vocação para alimentar confrontações mútuas, não limitadas *a priori*, entre a ergonomia e as outras disciplinas.

Recomendações gerais ou normas ergonômicas – Num número limitado de áreas, os conhecimentos estão suficientemente estabilizados para serem expressos na forma de recomendações gerais ou normas. É o que ocorre, por exemplo, no campo da antropometria ou da iluminação dos postos de trabalho (Laville, 1986; AFNOR, 1999).

O ergonomista deve ao mesmo tempo dominar o uso dessas ferramentas indispensáveis e ser capaz de discutir suas condições de validade. Algumas entre elas, de fato, isolam um fator do conjunto da situação de trabalho, o que pode levar a não considerar as combinações de fatores e introduzir novos fatores de risco.

Bibliotecas de situações – Uma dimensão – raramente mencionada – dos conhecimentos de que dispõe o ergonomista é a biblioteca de situações (Schön, 1994) que ele constituiu para si, seja por sua própria experiência, seja por relatos de outros ergonomistas que ouviu ou leu. Essa biblioteca de exemplos abrange setores econômicos ("casas de repouso", "indústrias de processo"...) ou classes de situações ("o controle de qualidade", "o trabalho em guichês"...).

Essa biblioteca permite evitar um raciocínio unicamente analítico necessariamente custoso e instaurar uma ação baseada em casos. O raciocínio baseado em casos associa a um problema já encontrado ou a uma questão conhecida uma resposta possível, que pode assumir a forma de hipóteses de exploração do caso particular, de modalidades de ação que tinham se revelado fecundos ou de elementos de solução.

A biblioteca[2] de situações é um componente essencial do raciocínio do ergonomista na ação, pois permite gerar com economia hipóteses exploratórias. Estas vão guiar a busca de informações, cuja finalidade é identificar rapidamente aquilo que, na situação singular, está em conformidade com o caso "típico" e o que, ao contrário, é específico do caso real.

Conhecimentos sobre a atividade dos outros atores para facilitar o posicionamento do ergonomista – O ergonomista intervém, ou seja, sua ação se dá em processos de ação coletivos, que ele vai procurar alimentar e influenciar.

---

[2]   À imagem tradicional da biblioteca, que se refere a um estoque de objetos inertes, talvez fosse o caso de preferir atualmente a de uma base de dados dinâmica, que se modifica continuamente com o uso.

O ergonomista deve, portanto, saber identificar os outros atores envolvidos e posicionar sua ação em relação às deles, de um modo que favoreça a realização de sua missão. Esta dimensão da intervenção ergonômica é, às vezes, designada pelo nome de "construção social". Os conhecimentos que podem guiar o ergonomista nesse campo provêm, ao mesmo tempo, das disciplinas que estudam o funcionamento dos coletivos (sociologia, psicossociologia, psicologia social...) e da experiência acumulada e formalizada pelos próprios ergonomistas.

O ergonomista deve ficar atento, *ao mesmo tempo*, ao fato de que os atores com os quais ele vai construir a intervenção têm *posições* que determinam parcialmente a ação deles, *e* ao fato de que nenhuma pessoa pode ser considerada apenas como o representante típico da posição que ocupa. A intervenção se constrói com as pessoas singulares presentes, e os aliados e freios potenciais não podem ser identificados unicamente por meio do conhecimento do organograma.

O posicionamento do ergonomista é a gestão ativa de sua distância em relação aos diferentes atores da empresa. Esse posicionamento é dinâmico, evolui ao longo da intervenção. Trata-se, ao mesmo tempo, de poder estabelecer em cada fase os contatos necessários nos níveis adequados, de levar a sério os constrangimentos que pesam sobre os atores em relação a suas respectivas posições, e de não se deixar enclausurar no sistema de constrangimentos de uma das instâncias presentes.

Precisões quanto a esse ponto serão propostas na seção Construção do posicionamento (cf. adiante).

Métodos de caracterização das situações existentes – Para caracterizar as situações de trabalho existentes, o ergonomista dispõe de diversos métodos.

Análise do trabalho. No cerne da ação ergonômica, situa-se a compreensão do trabalho que se desenvolve nas situações existentes. A compreensão do trabalho não pode se limitar à observação da atividade. De fato, como já dissemos, a atividade em cada situação de trabalho é "integradora", marcada por uma diversidade de constrangimentos ligados ao funcionamento geral da empresa, dos quais o operador envolvido pode ou não ter conhecimento. A compreensão desses determinantes superiores da atividade não é possível, em geral, apenas por meio da observação local.

Diferentemente da análise da atividade – a análise das condutas observadas no momento da presença do analista –, que é um método geral em ciências humanas, a análise ergonômica do trabalho se situa na ligação entre uma demanda e potencialidades de transformação ou de concepção. Para poder agir sobre uma situação, o ergonomista precisa identificar os determinantes gerais daquilo que nela ocorre. Em parte, esses determinantes são fatos objetivos (a má qualidade da matéria-prima, por exemplo); em parte, são representações que fazem os atores da empresa (a ideia de que não há outra possibilidade, a não ser usar essa matéria-prima).

A análise ergonômica do trabalho pressupõe, portanto, que o ergonomista, antes da análise da atividade, busque os meios de identificar a rede das exigências e constrangimentos no qual a empresa se encontra, e as representações que guiaram as decisões nos setores correspondentes ao problema a tratar. Os métodos de análise do trabalho comportam, portanto, além dos métodos de análise da atividade (ver o artigo correspondente neste livro), métodos de exploração do funcionamento da empresa e das representações dos atores (ver, adiante, Identificação da rede das exigências e constrangimentos).

Questionamento diferido sobre a atividade. Na análise da atividade, observação e questionamentos estão imbricados: com frequência, as questões estão ligadas a ações observadas. As competências que o ergonomista adquire para dialogar com o operador enquanto observa sua atividade podem igualmente ser mobilizadas para formular perguntas fora do momento da atividade em questão. Essa competência é útil, por exemplo, para dialogar com os operadores sobre a ocorrência de incidentes raros que o ergonomista não tem ocasião de observar. Serve igualmente para certas situações de formação.

Os três princípios básicos da entrevista "diferida" sobre a atividade são a "instanciação", o respeito à linha cronológica e a exploração de uma diversidade de modalidades sensoriais. A instanciação corresponde ao fato de não entrevistar o operador sobre uma classe de situações, mas sobre uma situação especificada: não "o que acontece quando há um corte de energia elétrica?", mas "você se lembra do último corte de energia elétrica, e pode me dizer o que aconteceu?". É possível, então, obter um relato, seguindo a ordem cronológica. As perguntas do ergonomista visarão dar uma chance ao operador de evocar as diferentes modalidades sensoriais solicitadas: quais indícios visuais, quais sons, quais sensações (proprioceptivas), quais controles tácteis, eventualmente quais odores...

Outros métodos de caracterização das situações existentes – A análise ergonômica do trabalho é a ferramenta privilegiada do ergonomista quando se trata de caracterizar precisamente um pequeno número de situações-alvo de trabalho, para agir em sua reconcepção, ou na concepção de situações similares. Com frequência essa ferramenta não é utilizável em outros contextos de ação, por exemplo quando o ergonomista precisa contribuir na caracterização de um número muito grande de situações de trabalho, para influenciar a definição de prioridades estratégicas.

A utilização de métodos mais padronizados é, então, inteiramente legítima. Por exemplo, planilhas de análise foram desenvolvidas para identificar rapidamente os fatores críticos nas situações de trabalho. Pode-se duvidar da eficácia das planilhas-padrão, cuja validade é suposta, qualquer que seja a natureza da atividade. Em compensação, a produção de planilhas *ad hoc*, baseadas num conhecimento aprofundado de famílias de situações, pode dar resultados interessantes. Por um lado, esse tipo de ferramenta pode permitir que se identifiquem rapidamente os postos mais críticos, que devem ser tratados com prioridade por métodos mais finos. Por outro, a abrangência da utilização da ferramenta pode engendrar uma dinâmica global na empresa e contribuir para o desenvolvimento de uma preocupação compartilhada e de uma linguagem comum.

Métodos de intervenção na concepção de novas situações – O conhecimento das situações existentes não é suficiente para avaliar as soluções propostas num processo de concepção ou reconcepção. Toda transformação dos meios de trabalho leva a uma modificação da atividade, e não é possível adaptar meios de trabalho à atividade observada (é o "paradoxo da ergonomia de concepção", Theureau e Pinsky, 1984). O ergonomista precisa, então, dispor de métodos permitindo antecipar o efeito da implantação dos meios de trabalho. Para fazê-lo, ele utiliza em especial métodos de simulação (ver os capítulos 21 e 22 desta obra; Maline, 1994; Béguin e Weill-Fassina, 1997).

Alguns componentes clássicos da intervenção ergonômica

Os métodos acima descritos visam um conhecimento do trabalho real. Mas esses métodos são postos em prática no quadro da intervenção ergonômica. Neste capítulo, são apresentados os diferentes componentes que devem, portanto, ser levados em conta durante a intervenção, sob uma forma ou outra. Em certos casos, o trabalho correspondente do ergonomista vai demandar muito tempo, estar consciente de sua parte, e ser visível para os outros atores. Noutros casos, algumas dessas dimensões fazem parte das competências integradas do ergonomista, que as põe em prática muito rapidamente, sem necessariamente ter consciência delas.

Os componentes apresentados a seguir não são fases a serem seguidas de maneira sequencial. Mesmo sendo expostos seguindo uma cronologia típica, não se deve esquecer que toda intervenção comporta voltas a etapas anteriores, e sobretudo superposições, cada componente da intervenção ocorre quando outros já estão ativos (para uma apresentação detalhada da maioria desses componentes, ver Guérin et al., 1997).

Análise da demanda e definição da missão.

Análise da demanda – Quando o ergonomista é solicitado, já existe uma história da demanda a ele dirigida. Atores emitiram uma preocupação, outros foram comunicados, representações da questão foram construídas, tentativas de tratamento já ocorreram. Os problemas levantados comportam prioridades de vários protagonistas. O demandante "físico" que contata o ergonomista nem sempre tem o poder de permitir a intervenção.

A análise da demanda visa:

— identificar a história da demanda e do contexto, os atores envolvidos além do demandante que entrou em contato, e as tentativas de resposta já feitas;

— identificar os desafios que a questão colocada abrange, numa diversidade de áreas (econômica, gestão de recursos humanos, saúde...), e as pessoas capazes de tomar a iniciativa de permitir a intervenção;

— recolher informações permitindo objetivar os problemas levantados, mas também identificar as representações existentes;

— identificar as representações que os atores têm do ergonomista e de sua contribuição potencial;

— identificar as margens de manobra já explícitas, aquelas que eventualmente podem ser identificadas, os constrangimentos a respeitar e os riscos que a intervenção comporta;

— permitir ao ergonomista avaliar a factibilidade e a pertinência de sua intervenção, propor uma reformulação dos objetivos e modalidades de ação.

Essa análise da demanda pressupõe, em geral, que o ergonomista se encontre com uma diversidade de atores, portadores de uma parte da história ou dos desafios.

Reformulação da demanda e contrato. Com frequência, a demanda inicial apresenta as características de uma encomenda. O demandante assinala um problema e define *a priori* o ângulo e as modalidades de abordagem que ele espera do ergonomista em seu tratamento. A reformulação da demanda pelo ergonomista procura relacionar uma diversidade de desafios, que ele identificou junto a seus diferentes interlocutores, e propõe um quadro para sua ação. A negociação com as pessoas encarregadas de decidir leva a uma definição da missão, à qual é conveniente dar uma forma escrita.

O contrato define em particular:

- a demanda reformulada;
- os prazos;
- a natureza das contribuições que se esperam do ergonomista, seus prazos e grau de precisão;
- as condições de sucesso da intervenção: acesso às situações, documentos e pessoas, regras da intervenção, meios técnicos, estruturas de pilotagem e regulação (ver adiante), modalidades de difusão dos resultados dentro e fora da empresa;
- os meios financeiros e materiais colocados à disposição do ergonomista.

Construção do posicionamento – A construção do posicionamento do ergonomista está estreitamente imbricada com a análise da demanda. Como esta, ela prossegue durante toda a intervenção. O posicionamento do ergonomista nunca é garantido, requer uma vigilância permanente.

Identificação dos atores. O ergonomista procura identificar:
- quem originou a demanda que lhe foi dirigida;
- as pessoas encarregadas das decisões nos diferentes níveis abrangidos pela intervenção;
- quem pode determinar o sucesso da intervenção, com seus desafios e lógicas;
- as forças de negociação existentes (p. ex., representantes dos trabalhadores, mas às vezes também serviços do estado etc.);
- os recursos para a concepção ou transformação das situações de trabalho (p. ex., serviço de manutenção);
- as fontes de informação indispensáveis.

É desejável que o ergonomista não limite sua exploração às instâncias da empresa explicitamente abrangidas pela demanda inicial: por exemplo, uma intervenção para a prevenção de distúrbios osteomusculares dificilmente será bem-sucedida, se o ergonomista limitar seus contatos aos responsáveis pelos recursos humanos e pela saúde no trabalho. Ele só tem a ganhar, por exemplo, com a compreensão da representação que outros responsáveis por decisões têm das exigências econômicas e do estado do mercado.

Essa exploração permite ao ergonomista identificar precocemente:
- as pessoas com as quais ele precisa se encontrar antes de aceitar sua missão;
- aquelas que ele deve informar desde o início da intervenção;
- aquelas que deverão ser associadas à pilotagem da ação;
- aquelas que deverão ser mantidas informadas do progresso dos trabalhos;
- aquelas que serão associadas à busca de soluções;
- aquelas que serão associadas à avaliação da intervenção...

Remetemos o leitor ao artigo sobre a condução de projetos (Capítulo 21 deste livro) para uma identificação dos atores relacionados com o empreendedor e com o coordenador de projeto.

Instauração das estruturas de intervenção. O ergonomista intervém num contexto organizacional preexistente. Sempre que possível, é de seu interesse tirar partido das estruturas de decisão ou negociação existentes, em vez de aplicar artificialmente uma estruturação da intervenção heterogênea em relação às práticas habituais. Em certos casos, no entanto, o ergonomista constata que uma parte das questões que ele deve tratar estão relacionadas a um déficit de estruturas de comunicação, coordenação ou confrontação de lógicas na empresa. Ele precisa então favorecer a instauração de novas estruturas. Não existe regra geral possibilitando fixar *a priori* o contorno dessas estruturas, mas pode-se considerar que o ergonomista deve se assegurar que elas permitam desempenhar quatro funções:

— a pilotagem "política" da intervenção, a definição dos objetivos, a implantação dos meios, as arbitragens necessárias nas diferentes fases;

— a coordenação técnica da construção das soluções, em especial a coordenação entre as diferentes especialidades participando da concepção;

— a interface com as instâncias representativas dos trabalhadores, quando elas existem;

— a elucidação das escolhas de concepção, a mais próxima possível do conhecimento das situações de trabalho, permitindo explicitar as vantagens ou inconvenientes de cada solução.

Conforme as configurações da intervenção, várias dessas funções podem eventualmente ser desempenhadas por uma mesma estrutura. É importante, no entanto, separar claramente a elucidação das escolhas e as decisões: o caráter decisório de cada uma das estruturas ou seu campo de decisão dependem do mandato que lhe foi confiado.

A existência de estruturas coletivas de regulação e pilotagem da intervenção ou do projeto não deve impedir o ergonomista de manter contatos individuais com os diferentes atores envolvidos. Uma compreensão dos constrangimentos e margens de manobra de cada um ou a exposição de certos argumentos do ergonomista são mais fáceis nessa instância do que em situações públicas.

Identificação da rede das exigências e constrangimentos – Desde os primeiros contatos, e então de maneira mais formal depois da assinatura do contrato, o ergonomista procura identificar o contexto geral da empresa e um conjunto de determinantes das situações de trabalho envolvidas.

Ele recolhe, assim, informações nas áreas seguintes, tanto no que diz respeito ao presente quanto às evoluções previsíveis:

— a história da empresa (fundação, desenvolvimento, fusões, aquisições) e sua estruturação (relações entre matriz e filiais, relações de terceirização...);

— o contexto econômico, a concorrência, o mercado, as variações sazonais, as exigências dos clientes;

— o contexto regulamentar (higiene, "rastreabilidade", segurança, meio ambiente...) e as estruturas de controle correspondentes;

— o meio ambiente geográfico (tecido industrial);

— a demografia da empresa (recrutamento, natureza dos contratos de trabalho, distribuição etária, tempo de casa, renovação da população);

— as relações sociais;

— as evoluções organizacionais;

— os dados coletivos sobre a saúde;

— os processos técnicos.

Escolha das situações a analisar – A exploração do funcionamento da empresa permite ao ergonomista identificar situações de trabalho, cuja análise precisa é pertinente para esclarecer as questões levantadas. Nem sempre se trata unicamente daquelas que foram explicitamente mencionadas na demanda inicial: a montante e a jusante, atividades funcionais ou hierárquicas relacionadas às situações citadas com frequência fazem parte da escolha do ergonomista. As hipóteses que guiam essas escolhas provêm ao mesmo tempo da análise da demanda e da "biblioteca" de situações análogas de que o ergonomista dispõe.

A identificação das situações a serem analisadas em detalhe condiciona a estratégia de apresentação do ergonomista em relação aos atores da empresa. Ele se assegura de que os responsáveis, a supervisão, os representantes dos trabalhadores e os assalariados dos setores envolvidos fiquem a par de sua presença e de sua missão. Em certos casos, essa apresentação pode ser pessoal e direta, noutros ela passa por suportes escritos cujo conteúdo precisa ser controlado pelo ergonomista.

Análise do processo técnico e das fontes de prescrição – Para os setores selecionados, o ergonomista precisa adquirir uma compreensão precisa do processo técnico e das prescrições formais que regem a organização.

Alguns autores aconselham o ergonomista a descobrir o processo técnico exclusivamente por meio das explicações dos operadores observados. Não compartilhamos desse ponto de vista, por duas razões fundamentais. A primeira é que a ignorância técnica do ergonomista não permite que o operador utilize sua linguagem profissional e seu raciocínio de trabalho habitual, mas o mergulha em situação cognitiva de vulgarização. A segunda é que essa abordagem não permite que o ergonomista detecte a distância entre a representação do processo técnico que os projetistas e organizadores têm e a que os operadores podem ter.

Um trabalho anterior para se pôr a par é necessário, com base em documentos técnicos gerais ou internos da empresa. O nível de conhecimento técnico ao qual o ergonomista deve progressivamente chegar é aquele que lhe permita compreender uma parte significativa das trocas informais no setor em que ele intervém.

Além do conhecimento do processo técnico, o ergonomista procura identificar as formas sob as quais os resultados do trabalho são prescritos: definição das tarefas (Leplat, 2000), dos modos operatórios, dentro de certas possibilidades, controle do resultado *a posteriori*, natureza dos constrangimentos temporais... Claro, como mencionamos na seção "Trabalho prescrito e atividade", uma parte das fontes de prescrição não provém da estrutura organizacional formal e só é acessível para o ergonomista por meio da compreensão da atividade.

Análise da atividade ou a caracterização das situações – A observação precisa das situações de trabalho se estrutura de forma bastante diferente conforme os objetivos da intervenção. Quando a demanda se refere a problemas constatados em situações existentes, essa demanda irá guiar a exploração do ergonomista em vista da formulação de um diagnóstico. A abordagem é diferente quando a razão da presença do ergonomista não é um problema atual, mas, por exemplo, um projeto de concepção de uma nova oficina.

Observação no quadro de uma demanda localizada. Quando o ergonomista está ali por causa de dificuldades assinaladas numa situação de trabalho, a demanda guia seu olhar e sua escuta. Distinguem-se então habitualmente duas fases na análise da atividade.

• *As observações livres.* O ergonomista, após ter obtido a concordância das pessoas envolvidas, observa a situação de trabalho em sua globalidade e conversa com os operadores. Está à procura de diferenças entre as descrições que até então lhe fizeram – e que guiaram as tentativas anteriores de solução do problema – e o que ele constata na realidade. A hipótese principal é que, se as representações do trabalho que guiaram as tentativas anteriores fossem pertinentes, as respostas teriam surgido, sem que fosse necessário recorrer ao ergonomista.

Numa ida e volta entre observações e questionamento, o ergonomista dá uma atenção particular às formas de variabilidade da produção e do contexto, às respostas individuais ou coletivas que a elas os operadores dão, e às formas de custo que esses modos operatórios podem comportar. Ele examina o recenseamento das operações e fluxos reais, as interações entre operadores, o uso das ferramentas, os resultados do trabalho (inclusive os dejetos), e os "traços do trabalho" (nos dispositivos técnicos, nas roupas, nas pessoas). Sua atenção é evidentemente orientada pelas diferentes fontes de conhecimento que mencionamos na seção "Conhecimentos na origem da ação".

Depois de um certo tempo, muito variável conforme as situações e a experiência do ergonomista, este se vê em condições de enunciar um pré-diagnóstico. Este relaciona determinantes da atividade, algumas de suas características e alguns de seus resultados ou efeitos.

A forma geral desse pré-diagnóstico é: "[contrariamente às representações que predominavam até então na empresa], tais fatores [técnicos, organizacionais...] levam os operadores a trabalharem de tal maneira [estrutura da atividade], o que tem tais resultados [produtividade, qualidade...] e tais efeitos [nas pessoas: saúde, fadiga, perda de competências...], resultados e efeitos que motivaram a intervenção do ergonomista". É essencial que essa formulação proponha um novo ponto de vista sobre a situação de trabalho, mais pertinente que os precedentes para elucidar o problema colocado e oferecer perspectivas de transformação.

O pré-diagnóstico formaliza a compreensão pessoal do ergonomista num dado momento, e abre pistas para a ação. Em geral, deverá ser verificado por meio de observações mais sistemáticas.

• *As observações sistemáticas* – A partir das hipóteses emitidas no pré-diagnóstico, o ergonomista focaliza as observações com o intuito de validá-las, para ele mesmo e para difusão na empresa. Pode então utilizar um dos métodos de análise da atividade descritas no Capítulo 21, escolhendo observáveis, dos quais registra as variações. Os resultados formulados serão em seguida apresentados ao operador envolvido, cujo comentário permitirá ao mesmo tempo enriquecer e validar a interpretação do ergonomista (ver adiante a seção Validação e difusão das constatações).

A precisão e o peso dos métodos devem ser escolhidos considerando as necessidades da ação. O diagnóstico não terá efeito principalmente por seu valor de verdade, mas pelas novas perspectivas que ele oferece à ação coletiva. É completamente inútil o ergonomista se lançar a uma demonstração exaustiva de seu diagnóstico se algumas constatações simples são suficientes para obter uma validação razoável e conseguir a adesão dos responsáveis. Reciprocamente, o ergonomista deve evitar aplicar artificialmente a uma situação um diagnóstico verificado com grande precisão noutra, sem de novo submetê-lo à prova dos fatos.

As observações sistemáticas e sua validação permitem que o pré-diagnóstico se torne um diagnóstico, com a vocação de ser difundido na empresa.

Capítulo 20 – Metodologia da ação ergonômica   **297**

Observação no quadro de um projeto abrangendo um grande número de postos. Cada vez com maior frequência, o ergonomista não observa uma situação para contribuir a transformá-la, mas para dela tirar lições no quadro de um processo de concepção abrangendo um grande número de postos (concepção de uma nova área de produção, por exemplo).

A demanda não mais se refere a disfunções identificadas que seria necessário tratar, mas à prevenção de disfunções potenciais no sistema futuro. A atenção do ergonomista não é então guiada da mesma forma quando ele observa o trabalho atual. Ao contrário, é orientada pelo conhecimento que ele tem do projeto, do que ele deve manter idêntico ou transformar nas instalações futuras.

Nesse caso, o ergonomista procura caracterizar, para cada situação analisada, ao menos os seguintes elementos:

— os fluxos e operações prescritos, e sua configuração real;

— as fontes de variabilidade;

— os períodos ou incidentes críticos;

— as formas de regulação individuais e coletivas;

— as formas de custo para os operadores.

Essa análise contribui para o recenseamento de "situações de ação características" definidas no Capítulo 21.

Os métodos de análise de cada situação são aqui em geral mais leves que o já descrito na seção "Observação no quadro de uma demanda localizada". Dão um espaço considerável ao questionamento, a partir de índices observados: tal estoque não oficial é, por exemplo, a ocasião de interrogar os operadores sobre a ocorrência de paradas na produção, sua frequência etc., sem que seja possível ao ergonomista passar tempo suficiente observando a diversidade das situações que ele pede para descrever. As competências mobilizadas necessitam um questionamento diferido sobre a atividade (cf. citado).

Validação e difusão das constatações – As constatações, ou mesmo os diagnósticos que o ergonomista produziu acerca das situações que ele analisou, são qualificados para a difusão na empresa.

Anteriormente, o ergonomista valida com os operadores observados as informações que ele se propõe a difundir acerca da atividade deles, e isso principalmente quando as pessoas são identificáveis e sua atividade se mostra mais distante em relação às prescrições formais. Em geral, essa validação é a ocasião para o ergonomista enriquecer sua compreensão das situações, a partir dos comentários que fazem as pessoas observadas. É também a oportunidade para os operadores de se apropriarem de uma nova descrição de sua atividade, que pode comportar formas de reconhecimento que não existiam antes na empresa. A descrição final da atividade, que é difundida, é desse modo uma coprodução entre os operadores observados e o ergonomista.

Formas de validação intermediárias podem igualmente ser necessárias, com os responsáveis por um serviço ou por um estabelecimento, antes que as informações sejam divulgadas para um nível hierárquico superior.

Além do diagnóstico particular que ele produz acerca das situações que estudou em detalhe, o ergonomista pode propor um diagnóstico mais geral, por extensão das constatações feitas em alguns postos. Alguns dos mecanismos explicativos das dificuldades encontradas podem estar presentes bem além das situações observadas.

Em sua escolha dos destinatários das constatações que produziu, o ergonomista visa dois grupos de interlocutores:

— alguns têm o poder de influenciar numa transformação mínima, no curto ou médio prazo, das situações envolvidas;

— outros têm um papel estratégico de definição de orientações mais no longo prazo.

A definição das formas de divulgação das constatações efetuadas não é uma etapa da intervenção que se seguiria à análise. Ao contrário, é uma das dimensões da construção inicial, anterior a qualquer observação detalhada. A própria escolha das formulações empregadas no diagnóstico está vinculada com o conhecimento dos interlocutores aos quais é destinado.

A transformação: mudança de estado ou desenvolvimento? – Toda intervenção ergonômica visa uma transformação ou uma concepção dos meios de trabalho. Em certos casos, o projeto preexiste à análise ergonômica. Noutros casos, é a ação do ergonomista, as constatações que ele produziu, que darão nascimento ao projeto de mudança. Quando o projeto de transformação, concepção ou reconcepção existe, a estruturação da intervenção ergonômica se dá em interação com a estruturação da condução do projeto.

Em todos os casos, o ergonomista deve estar consciente de que a situação de trabalho é um sistema dinâmico que evolui permanentemente (independentemente de sua presença) sob a influência de uma grande quantidade de fatores e atores. Se os traços da ação do ergonomista estiverem apenas presentes sob a forma de uma mudança de estado, de uma materialização em dispositivos técnicos, é provável que as melhorias temporariamente conseguidas serão questionadas pelas variações do ambiente.

Se o ergonomista, além de uma influência localizada sobre a concepção de certos meios de trabalho, conseguiu influenciar as representações de certos atores, ou os processos de decisão na empresa, é possível que a influência de sua ação repercuta na gestão essas variações do contexto. Durante toda a sua ação, ele pode procurar identificar e formar aqueles que se tornarão "atores ergonômicos" (Rabardel et al., 1998), capazes de introduzir algumas contribuições ergonômicas nos futuros processos de decisão, ou para provocarem o recurso a um ergonomista, cada vez que for necessário.

As formas de capitalização sobre a prática ergonômica

A prática ergonômica, conforme dissemos, não é a aplicação de métodos definidos antecipadamente. Em toda intervenção, o ergonomista antecipa uma parte de sua ação, a partir dos conhecimentos iniciais de que dispõe. A situação lhe responde (Schön, 1994), em parte confirmando essa antecipação, em parte pela aparição de eventos inesperados.

O ergonomista desenvolve, então, uma reflexão na e sobre a ação. No decorrer da intervenção, ele atualiza os modelos que vai utilizar para as etapas ulteriores, considerando eventos que surgem. No fim de uma intervenção, ele pode olhar para o caminho percorrido, e medir a distância entre o que seus modelos iniciais lhe permitiam prever e o que efetivamente se passou. Pode assim fazer com que seus modelos evoluam para as intervenções seguintes.

Esse retorno aos modelos pode se dar seguindo ao menos três modalidades.

• É uma atividade cognitiva, mais ou menos consciente, de cada indivíduo que pratica a profissão, e que pode ser descrita como uma atividade de concepção (Falzon, 1993; e o Capítulo 1 deste livro).

• Pode ser uma atividade explícita de grupos de ergonomistas, que intervieram juntos, ou que fazem trocas no interior de redes profissionais (Jackson, 1998). Tais procedimentos são particularmente desejáveis no caso de novas formas de intervenção (como, p. ex., as perícias junto aos CHSCT, Béguin, 2003) ou quando a intervenção é particularmente crítica do ponto de vista ético (p. ex., quando o objeto do trabalho dos operadores observados também é humano).

• Isso pode enfim dar lugar a uma atividade de pesquisa sobre a prática, que supõe uma explicitação dos modelos iniciais, um registro sistemático sobre a intervenção e os eventos que ela produz, e que mobiliza confrontações científicas intra e interdisciplinares (Lamonde, 1998; Capítulo 23 deste livro; Daniellou, 1998; Jackson, 1998).

A troca entre estas três modalidades de produção de conhecimentos está na origem do conjunto das proposições metodológicas que estruturam o exercício profissional da ergonomia.

Referências

AFNOR. *Ergonomie, recueil de normes.* Paris: 1999. 2v. (Coletânea de normas).

BÉGUIN, P.; WEILL-FASSINA, A. (Ed.). *La simulation en ergonomie:* connaître, agir, interagir. Toulouse: Octarès, 1997.

_____. La formation des ergonomes pour les expertises auprès des CHSCT. (*A ser publicado em:* TEIGER, C.; LACOMBLEZ, M. *Former, se former pour transformer le travail*).

BENCHEKROUN, T. H.; WEILL-FASSINA, A. (Coord.). *Le travail collectif:* perspectives actuelles en ergonomie. Toulouse: Octarès, 2000.

CARBALLEDA, G. *La contribution possible des ergonomes à l'analyse et à la transformation de l'organisation du travail.* 1997. Thèse (Mémoires) – Laboratoire d'ergonomie des systèmes complexes, Université Victor-Segalen, Bordeaux, 1997.

CLOT, Y. *La fonction psychologique du travail.* Paris: PUF, 1999.

DANIELLOU, F. Questions épistémologiques soulevées par l'ergonomie de conception. In: DANIELLOU, F. *L'ergonomie en quête de ses principes.* Toulouse: Octarès, 1996. p.183-200.

_____. Évolution de l'ergonomie francophone: théories, pratiques, et théories de la pratique. In: DESSAIGNE, M. F.; GAILLARD, I. (Ed.). *Des évolutions en ergonomie.* Toulouse: Octarès, 1998. p.37-54.

_____. Le travail des prescriptions. In: CONGRÈS DE LA SELF, 37., Aix-en-Provence, 2002. *Actes.* Aix-en-Provence: SELF, 2002. p.8-15.

DANIELLOU, F.; LAVILLE, A.; TEIGER, C. Fiction et réalité du travail ouvrier. *Cahiers Français de la Documentation Pédagogique*, n.209, p.39-45, 1983.

DEJOURS, C. (Coord.). *Plaisir et souffrance dans le travail.* Paris: CNRS, 1988. 2v.

FALZON, P. Médecin, pompier, concepteur: l'activité cognitive de l'ergonome. *Performances Humaines et Techniques*, v.66, p.35-45, 1993.

GUÉRIN, F.; LAVILLE, A.; DANIELLOU, F.; DURRAFOURG, J.; KERGUELEN, A. *Comprendre le travail pour le transformer, la pratique de l'ergonomie*. 2.ed. Lyon: l'ANACT, 1997.

JACKSON, M. *Entre situations de gestion et situations de délibération, l'action de l'ergonome dans les projets industriels*. 1998. Thèse (Doctorat) – Laboratoire d'ergonomie des systèmes complexes, Université Victor-Segalen, Bordeaux, 1998.

LAMONDE, F. Recherche, pratique et formation en ergonomie: vers le développement d'un programme culturel pour notre discipline. In: DESSAIGNE, M. F.; GAILLARD, I. (Ed.). *Des évolutions en ergonomie*. Toulouse: Octarès, 1998. p.159-183.

LAVILLE, A. L'analyse ergonomique du travail pour la conception des systèmes informatiques. In: PATESSON, R. (Ed.). *L'homme et l'écran:* aspect de l'ergonomie en informatique. Bruxelas: Éditions de l'ULB, 1986.

LEONTIEV, A. N. *Le développement du psychisme*. Paris: Éditions sociales, 1976.

LEPLAT, J. *L'analyse psychologique du travail en ergonomie*. Toulouse: Octarès, 2000.

LEPLAT, J.; MONTMOLLIN, M. de (Coord.). *Les compétences en ergonomie*. Toulouse: Octarès, 2001.

MALINE, J. *Simuler le travail, une aide à la conduite de projet*. Paris: ANACT, 1994.

MARQUIÉ, J. C.; PAUMÈS, D.; VOLKOFF, S. (Coord.). *Le travail au fil de l'âge*. Toulouse: Octarès, 1995.

RABARDEL, P. et al. *Ergonomie:* concepts et méthodes. Toulouse: Octarès, 1998.

ROGARD, V.; BÉGUIN, P. (Coord.). Dossier: Le travail des cadres. *Performances Humaines et techniques*, n.7, 1997.

SCHÖN, D. A. *Le praticien réflexif. À la recherche du savoir caché dans l'agir professionnel*. Paris: Les Éditions logiques, 1994. (Formation des maîtres).

SCHWARTZ, Y. Ergonomie, philosophie et exterritorialité. In: DANIELLOU, F. (Ed.). *L'ergonomie en quête de ses principes*. Toulouse, Octarès, 1996. p.141-182.

SIX, F. *De la prescription à la préparation du travail*. Lille: Université de Lille 3, 1999. (Document d'habilitation à diriger des recherches).

TEIGER, C. L'approche ergonomique: du travail humain à l'activité des hommes et des femmes au travail. *Education permanente*, n.116, p.71-97, 1993.

THEUREAU, J. *Le cours d'action:* analyse sémio-logique. Essai d'une anthropologie cognitive située. Berna: Peter Lang, 1992.

THEUREAU, J.; PINSKY, L. Paradoxe de l'ergonomie de conception et logiciel informatique. *Revue des Conditions de Travail*, n.9, 1984.

TORT, B. *Bilan de l'apport de la recherche scientifique à l'amélioration des conditions de travail*. Paris: CNAM, 1974. (Rapport du Laboratoire de Physiologie du Travail et d'Ergonomie, n. 47).

WISNER, A. Understanding problem building: Ergonomic work analysis. *Ergonomics*, v.38, p.1542-1583, 1995.

_____. Variety of physical characteristics in industrially developing country. *International Journal of Applied Ergonomics*, n.4, p.117-138, 1989. [Artigo publicado em francês com o título: NOUVELLES technologies et vieilles cultures. In: WISNER, A.; PAVARD, B.; BENCHEKROUN, T. H.; GESLIN, P. (Ed.). *Anthropotechnologie, vers un monde Pluricentrique*. Toulouse: Octarès, 1997. p.123-128].

WISNER, A.; MARCELLIN, J. *À quel homme le travail doit-il être adapté?* Paris: CNAM, 1976. (Rapport n°. 22, Collection du laboratoire d'ergonomie du CNAM, Paris, 1995).

Ver também:

21 – A ergonomia na condução de projetos de concepção de sistemas de trabalho

22 – O ergonomista, ator da concepção

23 – As prescrições dos ergonomistas

24 – Participação dos usuários na concepção dos sistemas e dispositivos de trabalho

25 – O ergonomista nos projetos arquitetônicos

27 – A concepção de programas de computador interativos centrada no usuário: etapas e métodos

21

A ergonomia na condução de projetos de concepção de sistemas de trabalho

François Daniellou

A ergonomia sempre teve como objetivo influenciar a concepção ou a reconcepção dos meios de trabalho. Num primeiro momento, essa contribuição assumiu a forma de "recomendações", emitidas pelos ergonomistas após uma análise do existente. Levá-las em consideração ou não era decisão dos gestores dos projetos e dos projetistas.* Progressivamente, ficou claro que a concepção dos meios de trabalho implicava processos complexos, que o ergonomista precisava aprender a conhecer, e dos quais ele precisava participar o tempo todo, caso desejasse influenciá-los de maneira significativa. O desenvolvimento dos conhecimentos sobre a evolução real dos projetos e sobre a atividade dos projetistas (Terssac e Friedberg, 1996; Giard e Midler, 1993; Bucciarelli, 1988, 1996) facilitou essa integração. Do mesmo modo, os ergonomistas pouco a pouco identificaram que seus métodos de conhecimento do trabalho não eram transponíveis, de maneira simples, ao trabalho futuro, e que era preciso desenvolver novos métodos.

O paradoxo da ergonomia de concepção

A ergonomia da atividade constitui sua legitimidade a partir da análise do trabalho. Mas, em concepção, o trabalho que é objeto da intervenção do ergonomista não existe ainda, a atividade não pode ser "analisada". Além disso, quando existe uma situação que deve ser objeto de uma transformação, é impossível "adaptar os meios de trabalho à atividade observada", na medida em que toda transformação dos meios de trabalho induzirá a uma transformação da atividade (Theureau e Pinsky, 1984).

Em consequência, para intervir em concepção, o ergonomista precisa mobilizar métodos de abordagem da atividade futura, distintos da análise do trabalho real. Esses métodos, por sua vez, colocam uma questão teórica fundamental: a atividade futura pode ser

---

* Optou-se por não utilizar a palavra *conceptor* (um neologismo) como tradução de *concepteur*. A palavra escolhida é a de projetista, apesar de haver no conceito de concepção, empregado em francês, algo a mais do que no de projeto no seu sentido estrito. No conceito de concepção há uma forte característica de desenvolvimento de ideias.

prevista? Colocada nestes termos, a questão resulta numa resposta negativa: a atividade singular de um operador particular que utilizará o sistema não pode, evidentemente, ser prevista em detalhe. Em compensação, é verdade que as escolhas de concepção abrem e fecham inúmeras possibilidades à atividade futura. A presença de uma paleteira dá ao operador a possibilidade de utilizá-la ou não, enquanto a ausência da paleteira força o operador a carregar o objeto.

O desafio da abordagem da atividade futura não é, portanto, prever em detalhe a atividade que se desenvolverá no futuro, mas prever "o espaço das formas possíveis de atividade futura", ou seja, avaliar em que medida as escolhas de concepção permitirão a implementação de modos operatórios compatíveis com os critérios escolhidos, em termos de saúde, eficácia produtiva, desenvolvimento pessoal, e trabalho coletivo, por exemplo.

O ergonomista não procura definir um determinado *one best way*, um modo operatório ideal que deveria depois ser seguido estritamente pelos operadores envolvidos. É desejável que a concepção torne possíveis vários modos operatórios, aceitáveis do ponto de vista dos critérios anteriormente citados. Essa flexibilidade permitirá, por um lado, melhor considerar a diversidade e a variabilidade das situações e dos operadores. E, por outro lado, possibilitará que os trabalhadores envolvidos possam alternar os modos operatórios, evitando assim solicitar constantemente as mesmas funções do organismo. Pode ser igualmente desejável que a concepção torne impossíveis certos modos operatórios por causa dos riscos que apresentariam.

A abordagem da atividade futura é assim uma previsão das margens de manobra que a concepção abre aos modos operatórios futuros, e um prognóstico quanto às diferentes formas de custo que estes podem comportar. Sem a menor dúvida, a capacidade do ergonomista de implementar essa abordagem depende não só de suas competências em matéria de análise da atividade, mas também de ter à sua disposição um amplo leque de conhecimentos relativos ao funcionamento humano no trabalho.

A construção da intervenção ergonômica em concepção

Para permitir que o ergonomista influencie nas escolhas de concepção, sua intervenção pressupõe uma dupla construção, social e técnica. A construção social visa posicionar o ergonomista em relação aos diferentes atores do processo de concepção, e permitir que ele desenvolva com eles interações pertinentes. A construção técnica consiste em reunir os elementos que permitem abordar a atividade futura dos usuários do sistema.

O ergonomista e os atores da concepção – Os atores com os quais o ergonomista terá de colaborar num processo de concepção não são apenas os projetistas profissionais (Daniellou, 1994). Outras categorias profissionais estão envolvidas na expressão dos objetivos do projeto, seu financiamento, a avaliação das soluções propostas, as arbitragens necessárias, o desenvolvimento da construção, e finalmente o uso do sistema. Designaremos o conjunto dessas pessoas pelo termo "atores da concepção", que inclui os projetistas profissionais, mas não se limita a eles.

A designação desses grupos de atores é extremamente diversa conforme os projetos e as empresas. Para se orientar na estruturação do processo de concepção, o ergonomista pode procurar quais são os atores portadores da *vontade relativa ao futuro*, e quais são os atores que, por meio da busca de soluções, precisam avaliar a *factibilidade* correspondente.

Capítulo 21 – A ergonomia na condução de projetos de concepção de sistemas de trabalho **305**

A expressão da vontade relativa ao futuro comporta a definição dos objetivos do projeto, a busca de seu financiamento, a escolha das equipes técnicas que efetuarão os estudos e levarão a bom termo a realização, a implementação de processos de arbitragem e de recepção. Essa função é frequentemente designada sob o nome *empreendedor*, mas essa expressão não significa que uma pessoa ou uma instância esteja sempre claramente encarregada de assegurar o conjunto das tarefas que acabam de ser mencionadas. Nem sempre o ergonomista mantém contato com o empreendedor.

A busca de soluções para atingir esses objetivos pressupõe a mobilização de competências profissionais de concepção, que podem envolver as áreas técnicas (engenharia, informática etc.), mas também as estruturas organizacionais ou a formação. A função correspondente é, com frequência, intitulada *coordenador de projeto*, mas essa expressão tampouco é empregada sistematicamente.

O "cliente" do ergonomista pode estar ligado ao empreendedor (demanda proveniente da direção de uma empresa) ou ao coordenador de projeto (demanda proveniente, p. ex., do setor de engenharia).

Os trabalhos conduzidos pelos sociotécnicos, na década de 1980 (Laplace e Régnaud, 1986; Riboud, 1987; Roy, 1992), para compreender e abordar as dificuldades encontradas na condução de muitos projetos industriais evidenciaram as frequentes deficiências na condução de projeto, que podem ser resumidas conforme segue.

• Uma falta de identificação clara do controle do empreendedor e de seu responsável.

• Uma fragilidade na definição dos objetivos do projeto, com frequência limitada à expressão dos desempenhos quantitativos esperados.

• Pouca presença do empreendedor, que, após ter definido (mal) os objetivos, deixa para o coordenador de projeto a sua condução. Dadas as competências técnicas deste, o projeto passa a ser "conduzido pela técnica", e as questões relativas aos recursos humanos, às condições de trabalho, à organização do trabalho e à formação são com frequência tratadas como consequências das escolhas técnicas.

• Pouca associação dos "usuários" no projeto: os responsáveis pela produção e pela manutenção futuras são deixados à margem, bem como, *a fortiori*, os operadores que deverão fazer funcionar o sistema.

• Pouca consideração do papel legal das instâncias de representação dos trabalhadores, frequentemente, pouco informadas dos projetos, o que pode resultar em conflitos sociais não previstos.

Às vezes, essas antigas constatações foram objeto de medidas corretivas nas empresas, mas elas permanecem atuais em algumas situações. Se esse é o caso, o ergonomista que se encontrar num projeto apresentando essas características terá enormes dificuldades para desempenhar seu papel. Quando ele é contratado pelo empreendedor, o ergonomista é então levado a fazer um diagnóstico da estrutura do projeto, e eventualmente a procurar fazê-la evoluir, para reunir condições favoráveis para a concepção. Os principais aspectos da condução de projeto capazes de produzirem uma concepção de qualidade são os seguintes:

• A implementação de um coletivo associado ao empreendedor, reunindo os diferentes responsáveis portadores das diversas racionalidades pertinentes (p. ex., financeira, relativa aos produtos, à produção, ao meio ambiente, à qualidade, à gestão de recursos humanos...). Esse coletivo procederá à designação de um representante, encarregado de orientar durante todo o tempo do projeto as relações entre o empreendedor e o coordenador do projeto, de assegurar a interface com as instâncias representativas e a participação das categorias profissionais pertinentes.

• Uma abordagem do projeto integrando não só as dimensões técnicas, mas o conjunto das áreas necessárias para o funcionamento do sistema: definição das edificações e espaços de trabalho, dos meios materiais e de programas de computador, das estruturas organizacionais e dos planos de formação. Em certos casos, a concepção do sistema de produção está relacionada também com a concepção dos produtos a serem fabricados.

• Uma definição dos objetivos do projeto contendo uma consideração, pelo empreendedor, das características existentes ou desejadas da população futura dos trabalhadores (distribuição em faixas etárias, proporção homens/mulheres, nível de qualificação inicial, estado de saúde), e uma decisão quanto à sua parte sobre a organização almejada (nível de autonomia, polivalência, evolução das qualificações, formas de cooperação entre funções...), bem como a respeito das condições materiais do trabalho (redução de certas nocividades conhecidas...).

• Uma aceitação, por parte do empreendedor, da necessidade de associar estritamente ao projeto os responsáveis dos setores envolvidos e, em certas etapas, de contar com a participação de trabalhadores desse setor, cujas competências profissionais são indispensáveis para a avaliação das soluções.

• Uma estruturação da concepção que favoreça a necessária interação entre a definição dos objetivos e a busca de soluções. Com efeito, com excessiva frequência a definição dos objetivos é expressa no começo do projeto e permanece enrijecida na sua expressão inicial. Ora, as pesquisas sobre a condução de projeto e sobre a atividade cognitiva de concepção mostram que, ao contrário, uma primeira expressão de soluções é necessária para que os objetivos possam ser afinados. O fato de que o empreendedor realce que certos objetivos são tecnicamente difíceis de atingir pode levá-lo seja a fazer com que seus objetivos evoluam, seja a mantê-los aumentando os recursos para atingi-los. A estruturação da concepção deve, portanto, permitir a interação representada na figura seguinte (Martin, 2000).

Quando tais interações periódicas entre o empreendedor e o coordenador de projeto estão previstas, elas constituem um lugar privilegiado para a intervenção do ergonomista.

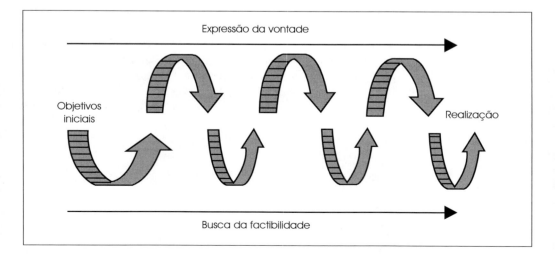

Capítulo 21 – A ergonomia na condução de projetos de concepção de sistemas de trabalho **307**

O "diagnóstico de projeto" inicialmente efetuado pelo ergonomista para compreender sua estruturação leva-o a se inscrever nas estruturas existentes, quando elas são pertinentes, ou, caso contrário, a sugerir uma evolução da organização do projeto. No que se refere a sua própria intervenção, o ergonomista deve se assegurar que as estruturas estabelecidas permitem garantir quatro funções indispensáveis:

— a pilotagem "política" do projeto e o exercício das arbitragens necessárias;

— a coordenação entre as diferentes especialidades técnicas que trabalham simultaneamente em alguns aspectos do sistema;

— a informação e a consulta das instâncias representativas dos trabalhadores, ao menos em conformidade com as obrigações legais;

— a possibilidade de associar a certas etapas do projeto trabalhadores escolhidos por suas competências profissionais, os quais, sem desempenhar um papel nas decisões, poderão participar em grupos de trabalho para a avaliação das vantagens e inconvenientes das soluções propostas.

As diferentes categorias profissionais que constituem os "atores da concepção" não têm em geral o hábito de trabalhar em conjunto, e ignoram com frequência os constrangimentos e modo de trabalho uns dos outros. O ergonomista pode contribuir numa fase de "preparação dos atores", que permitirá que todos tomem conhecimento das etapas previstas, das produções que se esperam de cada fase, e dos constrangimentos profissionais de cada um.

Conhecimento do desenvolvimento temporal do projeto – O diagnóstico inicial do projeto que o ergonomista efetua deve igualmente permitir que ele identifique as etapas – chaves do desenvolvimento previsto do projeto, para situar sua ação em relação a esse desenvolvimento.

Num projeto industrial, encontram-se classicamente as seguintes fases:[1]

• Os estudos preliminares, conduzidos por uma equipe muito restrita, que avaliam aproximadamente o custo do projeto e sua viabilidade econômica. Para tanto, hipóteses são emitidas (em especial em matéria de efetivos), que se apoiam em poucas informações confiáveis, mas que condicionarão toda a sequência do projeto.

• Os estudos de base, efetuados pelo coordenador de projeto, resultando nos memoriais descritivos que servirão para a consulta aos fornecedores. Na área industrial, é habitual que a potência de estudos dos fornecedores seja utilizada, e que o sistema não esteja inteiramente definido quando os fornecedores são consultados. Também durante esta etapa, o "sinal verde" estratégico é dado ao projeto.

• Os estudos de detalhe visam definir cada componente do sistema com um grau de precisão que permita sua realização. Caracterizam-se pela diversidade das especialidades de concepção trabalhando em paralelo, tendo como consequência um risco de dispersão e incoerência.

• A fase de construção constitui o momento de realização material das soluções adotadas. Desenrola-se em parte no local abrangido, mas também nos fornecedores (montagem das máquinas). É seguido pelos testes dos diferentes dispositivos.

---

[1] O nome dessas etapas varia bastante conforme as empresas e autores.

308 Metodologia e modalidades de ação

• A partida é o momento em que se procura começar a produção, e se estende até o funcionamento nominal ser atingido.

Esta apresentação sequencial não deve dar a impressão de que um projeto se desenrola de maneira linear do começo ao fim. Muito pelo contrário: numerosos estudos evidenciaram que é frequente que haja "reviravoltas de situações" levando a uma reorientação do projeto durante o percurso (Jackson, 1998). Além disso, técnicas de condução de projeto, como a engenharia simultânea, procuram fazer com que se superponham as diferentes etapas (Midler, 1993; Bossard e Chanchevrier, 1997).

A estruturação em etapas de um *projeto arquitetônico* é apresentada no Capítulo 25.

Quando o ergonomista é chamado pelo empreendedor numa fase precoce do projeto, ele pode contribuir ao enriquecimento dos objetivos deste, até mesmo à discussão sobre os princípios de soluções. Ocorre parcialmente o mesmo quando ele é integrado muito cedo numa equipe do coordenador do projeto. Em contrapartida, quando sua intervenção começa após a redação dos memoriais descritivos ou do programa, ele será levado em geral a organizar sua ação em reação às proposições dos projetistas ou dos fornecedores.

Em todos os casos, o ergonomista deve precisar em que consistirão os "produtos" de sua intervenção: por exemplo, redação de referências para a concepção, avaliação das soluções propostas pelos projetistas, contribuição eventual à busca de soluções...

É igualmente desejável que os critérios de avaliação do projeto sejam definidos de maneira precoce, em acordo com o empreendedor.

Reunir os ingredientes da abordagem da atividade futura

Para poder integrar às diferentes etapas da concepção uma reflexão sobre a atividade futura, o ergonomista deve preparar as condições de simulações desta. Ele não pode observar a atividade no sistema que é objeto da concepção, mas ele deve procurar situações existentes cuja análise permitirá esclarecer os objetivos e condições da atividade futura (Daniellou e Garrigou, 1992). Tais situações são habitualmente designadas pelo nome "situações de referência", o que não significa que elas constituem um modelo do que se pretende atingir.

Análise das situações de referência – O ergonomista procura habitualmente vários tipos de situações de referência.

1. Situações em que as funções que deverão ser asseguradas pelo futuro sistema são atualmente asseguradas sob uma outra forma: por exemplo, antes da automatização ou informatização de certas tarefas, haverá interesse pela realização destas de maneira mais "manual". No caso de uma modernização, a situação de referência pode ser a situação existente no começo do projeto. Essas situações de referência permitirão, em especial, detectar fontes de diversidade e variabilidade (da matéria trabalhada, das demandas provenientes dos clientes, das ferramentas, do contexto, dos trabalhadores envolvidos...), que poderiam ser subestimadas no processo de concepção.

2. Situações existentes comportando algumas das características técnicas ou organizacionais do futuro sistema. Não existe, em geral, um sistema estritamente idêntico, mas uma parte das soluções pode ser adotada em outro lugar. A análise dessas situações permitirá detectar as fontes de variabilidade ligadas em especial à tecnologia (regulagens, disfunções, panes...) ou às formas organizacionais adotadas (p. ex., dificuldade de

Capítulo 21 – A ergonomia na condução de projetos de concepção de sistemas de trabalho **309**

comunicação entre funções). A escolha dessas situações pressupõe, portanto, um conhecimento das famílias de soluções consideradas pelo projeto e pode evoluir ao longo deste.

3. Em certos casos, pode ser igualmente necessário procurar situações de referência correspondentes ao contexto geográfico, ou antropológico, do local onde o projeto será implantado. Essa necessidade é evidente no caso de uma transferência de tecnologia entre continentes, mas pode igualmente surgir, por exemplo, no caso de uma transferência entre uma grande empresa e uma pequena, ou no caso de uma mudança para uma região muito diferente.

As formas que a análise das situações de referência podem assumir são várias: em certos casos, serão simples visitas, noutros, incluirão um trabalho com entrevistas e documentos, e, por fim, em alguns casos será possível realizar verdadeiras análises da atividade (cf. o Capítulo 20 deste livro).

Recenseamento das situações de ação características – O principal resultado da análise das situações de referência é um recenseamento das formas de variabilidade capazes de aparecer no futuro sistema. O ergonomista precisa, então, realizar um trabalho de transposição, para determinar quais fontes de variabilidade observadas nessas situações são capazes de aparecer no futuro sistema. A formalização dessa análise passa, em particular, por uma lista de *situações de ação características futuras prováveis.* Trata-se de recensear as classes de situações que os operadores provavelmente terão de gerir no futuro: algumas correspondem a situações normais de funcionamento, instalação, aprovisionamento, regulagem, limpeza, manutenção, mudança de ferramenta ou de produção... Outras correspondem à variabilidade inevitável da produção (p. ex., diversidade de tamanhos dos animais num abatedouro, produto sensível ao calor), ou à variabilidade incidental (ruptura de uma ferramenta, desregulação de um autômato, corte de energia...).

A formalização dessas classes de situações demanda escolhas numerosas por parte do ergonomista. Por um lado, é impossível realizar um recenseamento exaustivo, em particular nos projetos grandes. Por outro, as situações escolhidas podem ser especificadas em maior ou menor grau: por exemplo, num abatedouro de porcos, pode-se identificar a situação "escalda de um porco" (baixa especificação) ou, no outro extremo, a situação "escalda de um porco reprodutor por um operador inexperiente" (alta especificação). Eventualmente será necessário, conforme as etapas do projeto, recorrer a graus variáveis de especificação.

Cada situação de ação característica escolhida será definida por: os objetivos buscados (ou seja, as tarefas a cumprir), os critérios de produção (qualidade, prazo, consequências em caso de erro...), as categorias profissionais envolvidas (a chegada de um caminhão à recepção envolve, p. ex., o recepcionista, o condutor da empilhadeira e o motorista) e os fatores capazes de influenciar o estado interno das pessoas (p. ex., trabalho noturno, exposição ao frio).

Os usos das "situações de ação características" – O recenseamento das situações de ação características prováveis no futuro sistema é a ferramenta essencial do ergonomista em todas as etapas do processo de concepção, na medida em que permite estabelecer uma ponte entre as atividades efetivamente analisadas e a abordagem da atividade futura. Pode-se, por exemplo, citar os usos seguintes:

• Em fase de definição dos objetivos do projeto, de programação (arquitetural), de definição dos memoriais descritivos, as situações de ação características permitem ao empreendedor e ao coordenador de projeto avaliarem melhor as consequências de certas escolhas estratégicas: "Se, na futura casa de repouso, tivermos uma lavanderia, será necessário gerir as seguintes situações... já se terceirizarmos essa função, será necessário gerir..."

• As situações de ação características desempenham um papel essencial na redação das "referências para a concepção" que o ergonomista pode enviar ao coordenador de projeto na fase de estudos de detalhe. Este ponto é desenvolvido adiante.

• Quando o coordenador de projeto ou os possíveis fornecedores fazem as primeiras propostas de soluções, a lista de situações de ação características permite comparar as ofertas dos concorrentes, e em especial sua atenção em relação a tudo o que está fora das situações normais de funcionamento.

• Durante os estudos de detalhe, ou de Ante-projeto sumário (APS) e Ante-projeto definitivo (APD), as situações de ação características servem para construir os roteiros de simulação.

• Quando da entrega do empreendimento, ou dos testes, essa lista permite fazer simulações em tamanho natural no sistema em curso de construção.

• Por fim, ela poderá ser utilizada para a avaliação do projeto após a partida, a análise da atividade real permitindo analisar o valor preditivo da metodologia, as situações que tinham sido corretamente antecipadas e as que não tinham sido identificadas.

• Notemos, enfim, que esse recenseamento contribui para o desenvolvimento da biblioteca de situações da qual dispõe o ergonomista (ver artigo sobre a metodologia) e aumenta suas possibilidades de dar uma opinião abalizada em casos similares. Por exemplo, o conhecimento das situações de ação características numa cozinha de restaurante comunitário permite ao ergonomista reagir com muita rapidez diante de um cliente potencial que lhe apresenta a planta de uma futura cozinha...

Na divisa entre o existente e o futuro: as referências para a concepção – As "referências para a concepção" designam a formalização que o ergonomista faz de suas constatações nas situações existentes que analisou, para transmiti-las ao empreendedor e – se este as valida – ao coordenador do projeto, antes da redação dos memoriais descritivos para a consulta aos fornecedores.

Essas referências comportam classicamente três aspectos:

— referências "descritivas", por meio das quais o ergonomista chama a atenção dos projetistas para certos desafios do projeto, sem pressupor as soluções que eles elaborarão; trata-se, em particular, de assinalar formas de variabilidade prováveis no futuro sistema e de transmitir a lista das situações de ação características que os operadores terão de gerir;

— referências "prescritivas", nas áreas em que o estado dos conhecimentos se encontra suficientemente estabilizado para ser possível prescrever um resultado (p. ex., antropometria, iluminação, respeito dos estereótipos...);

— referências "de procedimento", por meio das quais o ergonomista prepara a sequência de sua intervenção: ele assinala as próximas etapas de sua metodologia (p. ex., as simulações), e indica os recursos que serão necessários para essas etapas (plantas, uma maquete, a presença do fornecedor...). Ele estrutura assim anteriormente suas interações futuras com os outros atores da concepção.

Implementação das simulações

Quando propostas de soluções começam a ser elaboradas pelos projetistas, o ergonomista pode implementar simulações para avaliar as possíveis formas de atividade futura.

A organização das simulações depende, sobretudo, da natureza dos suportes disponíveis para prefigurar o futuro sistema. Quando um protótipo ou uma maquete em tamanho natural está disponível, as simulações podem ser organizadas como uma experimentação, em que os "sujeitos" efetivamente realizarão roteiros e durante a qual será possível analisar a atividade deles, para identificar as dificuldades encontradas, avaliar o resultado do desempenho e os custos resultantes.

Em contrapartida, quando o futuro sistema está prefigurado apenas por plantas, ou por uma maquete em escala reduzida, a abordagem da atividade futura assumirá a forma de uma "simulação linguageira", em que os modos operatórios serão reconstituídos sob forma de narrativa.

Condições de realização de uma simulação – Seja qual for a forma que assume a simulação, uma série de condições deve se fazer presente para permitir sua realização.

1. As condições de aceitabilidade social da simulação foram estabelecidas. Com efeito, uma simulação sempre pode provocar discussões sobre a pertinência das soluções propostas. Se as condições sociais da simulação não tiverem sido negociadas, tanto os projetistas quanto os participantes da simulação poderão ser postos em dificuldades.

2. Os participantes da simulação foram escolhidos para representar as competências pertinentes. Conforme o projeto, os trabalhadores que intervirão no futuro sistema já são ou não conhecidos. Caso sejam, a simulação pode reunir membros das diferentes categorias profissionais envolvidas (produção, manutenção...). Conforme o projeto e a cultura social da empresa, é possível fazer com que a gerência participe dos mesmos grupos de trabalho em que estão os operadores "de base", ou é necessário criar um grupo específico. Quando os futuros operadores ainda não foram designados, será necessário encontrar pessoas com competências similares àquelas que serão mobilizadas ulteriormente. Uma situação assim é mais difícil de gerir e o ergonomista pode ser levado a intervir, tendo em vista uma designação suficientemente precoce do pessoal que será alocado ao futuro sistema.

3. O futuro sistema está prefigurado por suportes materiais (plantas, maquete, protótipo) que têm propriedades diferentes (Maline, 1994). É em geral desejável que essa representação material possa ser complementada com contatos diretos com os projetistas, para que possam comentar as informações que nela figuram.

4. Os roteiros que vão servir para a simulação são elaborados a partir das situações de ação características prováveis previamente recenseadas (Maline, 1994). Com frequência, o roteiro recorre a uma combinação de situações de ação características, e é mais "instanciado" (certos parâmetros da classe de situações são fixados); por exemplo, a situação de ação característica "chegada de um caminhão de entrega" pode ser ocasião para elaborar um roteiro: "imaginemos que um caminhão está descarregando, outro chega, e é um dia de chuva". O fato de especificar concretamente a situação favorece sua representação pelos participantes.

Desenvolvimento de uma simulação – Antes da simulação propriamente dita, o estado de definição do sistema é apresentado aos participantes, e as trocas necessárias são estabelecidas para que o questionamento permita que cada um se faça uma representação do dispositivo técnico e organizacional futuro.

Quando a simulação tem as características de uma experimentação controlada, o protocolo é, em grande medida, definido pelo ergonomista, e a atividade dos participantes é analisada usando-se classicamente as verbalizações simultâneas ou a autoconfrontação (cf. capítulo sobre a metodologia).

Em contrapartida, quando se trata de uma "simulação linguageira" que assume a forma de uma narrativa dos modos operatórios possíveis reconstituídos conjuntamente, o desenvolvimento da simulação dá lugar a numerosas interações no interior do grupo.

Quando o ergonomista apresenta os roteiros propostos, a discussão deles já traz numerosos elementos de conhecimento do futuro. Se os operadores são experientes, é provável que os roteiros que eles propõem sejam baseados em uma antecipação das dificuldades que eles percebem com maior ou menor precisão, portanto se revelarão particularmente produtivos durante a simulação.

Numa "simulação linguageira", a verossimilhança dos modos operatórios descritos pressupõe que algumas regras sejam respeitadas:

— a continuidade cronológica. O ergonomista deve atentar para a continuidade da descrição no tempo e no espaço, pois os enunciados do tipo "o operador faz isso no ponto A, e então faz aquilo no ponto B" podem, por exemplo, esconder a ausência de um acesso do ponto A ao ponto B. Do mesmo modo, se a narrativa coloca em evidência que num dado momento o operador utiliza uma ferramenta, é preciso saber onde ele a achou...

— a continuidade cognitiva. Os dispositivos técnicos são com frequência concebidos como se o raciocínio humano estivesse baseado na sequência chegada da informação/decisão/ação; a exploração perceptiva e o controle do resultado da ação são frequentemente esquecidos. Durante as simulações, o ergonomista levanta questões sobre "como o operador sabe" que o sistema mudou de estado, que sua ação teve êxito etc.

— a compatibilidade com as propriedades do ser humano. A narrativa da simulação deve ser compatível com os conhecimentos sobre o funcionamento humano: não se pode memorizar dez valores atravessando uma sala de controle, pressionar simultaneamente dois botões distantes 1,30 m entre si, ou ler a 30 m letras de 2 cm de altura.

Resultados da simulação – O primeiro resultado da simulação é um prognóstico relativo ao trabalho futuro: quais modos operatórios o sistema previsto permite implementar nas diferentes situações de ação características? Esses modos operatórios são compatíveis com os critérios de saúde e eficácia? Dificuldades são previsíveis no tratamento de certas situações? O operador será exposto a riscos em certos momentos?

Algumas constatações negativas podem ser corrigidas imediatamente por meio de modificações simples. Outras requerem uma retomada dos estudos. Para outras ainda é necessária uma negociação entre as partes sociais, pois as opiniões sobre o caráter aceitável da solução são opostas. Após modificação dos planos, uma nova simulação poderá ocorrer, até a decisão de realização.

Mas a participação na concepção do sistema não é a única contribuição que as simulações trazem. Elas desempenham um papel importante na formação dos operadores

Capítulo 21 – A ergonomia na condução de projetos de concepção de sistemas de trabalho **313**

que delas participam. Servem como "suporte reflexivo", permitindo aos operadores que apreciem as vantagens da nova solução em relação aos inconvenientes que toda mudança comporta (Béguin, 1998). Isso é particularmente verdadeiro nas simulações em tamanho natural, que permitem aos operadores "provar a solução", no duplo sentido de colocá-la à prova e de experimentá-la (Nahon e Arnaud, 1999; Coutarel et al., 2002). Podem, desse modo, contribuir para que os participantes abandonem a crença bloqueadora de que "de qualquer modo, não dá para fazer de outro jeito". Servem igualmente de vetor de troca entre os atores (Béguin e Weill-Fassina, 1997), em particular por permitir que cada um se dê conta dos constrangimentos dos outros. Contribuem assim para introduzir uma reflexão multilógica sobre o sistema a conceber.

Paralelamente à sua intervenção sobre a concepção dos dispositivos técnicos, o ergonomista pode procurar influenciar as estruturas organizacionais e os planos de formação. Os métodos correspondentes não serão apresentados aqui.

Execução do projeto e partida

Quando as decisões de realização já foram tomadas, ocorre a obra. A hipótese segundo a qual o processo de execução realizaria exatamente o que está nos planos é relativamente exata no campo da mecânica, e inteiramente falsa no da engenharia civil. As dificuldades encontradas durante a execução levam frequentemente a modificações decididas em tempo real que podem ter consequências importantes sobre a atividade futura (o deslocamento do cano faz com que a cadeira de roda não passe mais). O ergonomista deve então trabalhar com o empreendedor e com o coordenador de projeto para que a obra seja controlada, e que as inevitáveis decisões de modificação considerem os futuros usuários.

A partida é uma fase essencial da intervenção. Por um lado, não importa o cuidado que se tenha tido na concepção, de fato sempre restam alguns "defeitos" por ocasião da partida. Aproveitando-se a presença dos projetistas, os defeitos devem ser corrigidos rapidamente. Se não o forem podem chamar a atenção dos usuários e acarretar uma opinião negativa sobre o conjunto do projeto. Por outro, é provável que dificuldades cognitivas ou erros encontrados no momento da partida se produzirão novamente numa situação de sobrecarga ou de crise. Devem, portanto, ser identificados e tratados.

Avaliação

Enfim, a partida é uma ocasião para se fazer uma primeira avaliação do projeto e da participação do ergonomista. Certos critérios dessa avaliação terão sido definidos desde o início do projeto, em concordância com o empreendedor, enquanto certos fenômenos não terão sido previstos e aparecerão unicamente na partida.

A avaliação efetuada na partida deverá ser retomada alguns meses mais tarde, pois "a concepção prossegue no uso" (Rabardel, 1995; Capítulo 15 deste tratado), e novos modos de uso serão desenvolvidos pelos usuários.

O período de partida pode igualmente ser a ocasião para se estabelecer com o empreendedor novos "painéis de controle" quantitativos, que permitirão manter uma vigilância sobre certos aspectos críticos do trabalho identificados ao longo do projeto (Thibault e Jackson, 1999).

Um dos critérios habituais de avaliação dos projetos industriais é a duração da partida, antes da obtenção da produção nominal. A participação de ergonomistas na concepção, as simulações realizadas, a formação dos operadores que delas resultam reduzem habitualmente os prazos de partida. Essa constatação é com frequência o que conquista a convicção dos responsáveis pela empresa, e pode levá-los a novamente solicitar ergonomistas, de maneira mais precoce, para um próximo projeto.

Referências

BÉGUIN, P. Participation et simulation. In: PILNIÈRE, V. *L'hospital.* Bordeaux: Université Victor-Segalen, Bordeaux 2, 1998. p.123-131. (Textes rassemblés par *participation, représentation, décisions dans l'intervention ergonomique,* Actes des Journées de Bordeaux sur la pratique de l'ergonomie).

BÉGUIN, P; WEILL-FASSINA, A. (Ed.). *La simulation en ergonomie:* connaître, agir, interagir. Toulouse: Octarès, 1997.

BOSSARD, P.; CHANCHEVRIER, C. (Ed.). *Ingénierie concourante, de la technique au social.* Paris: Economica, 1997.

BUCCIARELLI, L. An ethnographic perspective on engineering design. *Design Studies,* v.9, n.3, p.159-168, 1988.

_____. *Designing Engineers.* Cambridge, Mass.: The MIT Press, 1996.

COUTAREL, F.; ESCOUTELOUP, J.; MÉRIN, S.; PETIT, J. L'ergonome et les solutions. In: JOURNÉES DE BORDEAUX SUR LA PRATIQUE DE L'ERGONOMIE, 2., Bordeaux, 2002. *Actes.* Bordeaux: Université Victor-Segalen, Bordeaux, 2002.

DANIELLOU, F. L'ergonome et les acteurs de la Conception. In: CONGRÈS DE LA SELF, 29., Paris, 1994. *Actes.* Paris: Eyrolles, 1994. p.27-32.

DANIELLOU, F.; GARRIGOU, A. Human factors in design: sociotechnics or ergonomics. In: HELANDER, M.; NAGAMACHI, M. *Design for Manufacturability.* London: Taylor & Francis, 1992. p.55-63.

GIARD, V.; MIDLER, C. *Pilotage de projets et entreprises, diversité et convergences.* Paris: Economica, 1993.

JACKSON, J. M. *Entre situations de gestion et situations de délibération, l'action de l'ergonome dans les projets industriels.* Bordeaux: Éditions du Laboratoire d'ergonomie des systèmes complexes, 1998. (Coll. Thèses Université Victor-Segalen, Bordeaux 2).

LAPLACE, J.; RÉGNAUD, D. Démarche participative et investissement technique – la méthodologie de Rhône Poulenc. *Cahiers techniques de l'UIMM,* n.52, 1986.

MALINE, J. *Simuler le travail, une aide à la conduite de projet.* Lyon: ANACT, 1994.

MARTIN, C. *Maîtrise d'ouvrage, maîtrise d'oeuvre, construire un vrai dialogue.* Toulouse: Octarès, 2000.

MIDLER, C. *L'auto qui n'existait pas: management des projets et transformation de l'entreprise.* Paris: InterÉditions, 1993.

NAHON, P.; ARNAUD, S. Sortir de la boucle infernale, essai de maîtrise dans trois abattoirs de porcs. In: CONGRÈS DE LA SELF, 34., Caen, 1999. *Actes.* Caen: SELF, 1999. p.63-70.

RABARDEL, P. *Les hommes et les technologies, approche cognitive des instruments contemporains.* Paris: Armand Colin, 1995.

RIBOUD, A. *Modernisation, mode d'emploi.* Paris: [s.n.], 1987.

ROY, O. du. *L'usine de l'avenir, conduite sociotechnique des investissements:* des méthodes européennes. Luxembourg: Office des publications officielles des Communautés Européennes, 1992.

TERSSAC, G. de; FRIEDBERG, E. (Ed.). *Coopération et conception.* Toulouse: Octarès, 1996.

THEUREAU, J.; PINSKY, P. Paradoxe de l'ergonomie de conception et logiciel informatique. *Revue des conditions de travail,* n. 9, p.25-31, 1984.

THIBAULT, J.-F.; JACKSON, M. L'ergonome face aux critères de gestion dans les processus de conception industrielle. In: CONGRÈS DE LA SELF, 34., Caen, 1999. *Actes.* Caen: SELF, 1999. p.555-564.

Ver também:

20 – Metodologia da ação ergonômica: abordagens do trabalho real

22 – O ergonomista, ator da concepção

23 – As prescrições dos ergonomistas

24 – Participação dos usuários na concepção dos sistemas e dispositivos de trabalho

25 – O ergonomista nos projetos arquitetônicos

27 – A concepção de programas de computador interativos centrada no usuário: etapas e métodos

22

O ergonomista, ator da concepção

Pascal Béguin

O ergonomista não se contenta em ver ferramentas ou situações de produção desfavoráveis às condições de trabalho. Ele deseja se envolver nos processos de concepção. Estes não levam em conta suficientemente o funcionamento dos seres humanos, nem a atividade que estes desenvolvem quando usam dispositivos ou exploram os sistemas de produção.

Ora, toda ação eficaz pressupõe um modelo, uma representação ou conceitos que orientam a ação: o que é conceber? Trata-se de uma dificuldade: pode-se argumentar que a concepção é um processo incerto e não modelizável (Card, 1996). Os trabalhos sobre as novas estratégias de concepção demonstram, entretanto, esforços consideráveis para estruturar esses processos em suas etapas, conteúdos e atores (Terssac e Friedberg, 1996).

Neste artigo, reteremos três aspectos para caracterizar os processos de concepção: são *a)* processos finalizados, *b)* com dimensões temporais restritas e até mesmo paradoxais, *c)* que envolvem uma diversidade de atores. Iremos retomar esses diferentes pontos procurando definir a contribuição do ergonomista e a posição deste enquanto ator da concepção.

Um processo finalizado: projeto e condução de projeto

Conceber é perseguir uma intenção, considerar uma mudança a operar. Existe, portanto, um objetivo, uma direção a seguir, um sentido no processo de concepção. Mas conceber é também transformar, conduzir e realizar essa mudança orientada. Pode-se distinguir então dois planos: o "projeto", as atividades de elaboração de uma intenção, de uma "vontade relativa ao futuro"; e a "condução do projeto", a realização concreta da intenção passando pela produção de múltiplos esboços.

O diagnóstico ergonômico: agir sobre o projeto e sua condução – Dizer que o ergonomista traz de um "projeto dentro do projeto" (segundo uma fórmula da ANACT – Agence Nationale pour l'Amélioration des Conditions de Travail), ou falar em "enriquecimento do projeto", é ressaltar seu papel na atividade de elaboração e definição do objetivo a atingir. Para o ergonomista, o funcionamento do homem e sua atividade em situação constituem variáveis que devem ser integradas pelos projetistas. Para ele são dimensões que devem orientar as escolhas. O diagnóstico de situação é constitutivo da elaboração da mudança a operar (Boutinet, 1990), uma das contribuições mais significativas do ergonomista é o fato de que ele dispõe de um método comprovado para compreender o trabalho antes de transformá-lo (Guerin et al., 1997). Deve-se, entretanto, distinguir duas funções do diagnóstico, que têm estatutos muito diferentes na concepção.

• O primeiro plano (agir *sobre* o projeto) visa definir o estatuto do funcionamento do homem na definição do projeto. Em certos casos, os desafios são subestimados, ou mesmo ignorados. O diagnóstico permite explicá-los e demonstrá-los a partir da análise das situações existentes. Noutros casos, os desafios já são bem conhecidos e existem critérios genéricos que lhes correspondem: por exemplo, a usabilidade de um produto. A análise de situações existentes visa então especificar os critérios em relação ao projeto (o que quer dizer usabilidade nesse caso?).

• Mas, assim que o projeto está cristalizado (ou seja, que os desafios estão identificados, os critérios especificados, e que se adentra na condução do projeto), o diagnóstico permite agir *no* projeto. Os conhecimentos resultantes da análise das situações visam identificar a natureza dos problemas a tratar para atingir o objetivo.

No primeiro caso, o diagnóstico visa, então, a formação dos objetivos. No segundo, seu estatuto é o de um meio para a concepção. Ele deve, nesse caso, evoluir durante a condução do projeto.

Articular construção e resolução de problema na realização do objetivo – Não é possível se contentar em definir integralmente o problema a montante do projeto. Os dados dos problemas a tratar evoluem necessariamente durante a concepção. As soluções propostas pelos projetistas são de natureza a gerar incertezas ou a levantar novas questões que o ergonomista deve identificar para orientar a condução do projeto. Diagnóstico e condução da ação de transformação se remetem reciprocamente para a realização do objetivo. Schön (1987) ressaltou bem essa dimensão na famosa metáfora de um "diálogo com a situação": o projetista, voltado para uma finalidade, projeta ideias e saberes, mas a "situação" lhe "responde": apresenta resistências inesperadas que levam a reformular o problema.

Trata-se, portanto, de um processo cíclico. A concepção de programa de computador interativo (ver o Capítulo 27 deste livro) fornece um bom exemplo. Numa primeira fase, o ergonomista contribui na definição dos dados iniciais do problema. Numa segunda fase do ciclo, os desenvolvedores e os projetistas materializam uma solução. Mas esta não fica terminada sem uma fase de avaliação, que visa fazer "a situação responder" a partir do funcionamento do homem e de sua atividade.

Esta articulação entre definição e solução do problema não assume a forma de uma divisão de tarefas entre ergonomista e projetista, mesmo que possa ter sido esse o caso inicialmente. O desenvolvimento da prática em ergonomia conduz, a superposições, os dois aspectos estando cada vez mais integrados na atividade dos ergonomistas. O que suscita desenvolvimentos na disciplina.

• A inscrição da ergonomia nos processos de concepção tende a modificar os objetivos da análise das situações. Na concepção, não é possível limitar-se à compreensão das disfunções. Além das carências e insuficiências, é preciso igualmente identificar os pontos fortes, mesmo que apenas para evitar sua supressão inadvertida durante a mudança. O ergonomista é, portanto, levado a produzir algo maior do que a simples compreensão dos efeitos negativos. Trata-se mais de construir o problema a resolver. Dizer, por exemplo,

Capítulo 22 – O ergonomista, ator da concepção

que "durante a consulta a uma interface os operadores não consultam a informação, mas a constroem", é ressaltar as dificuldades que eles podem encontrar com interfaces excessivamente restritivas, mas é sobretudo colocar a questão sob um ângulo suscetível de orientar a atividade do projetista.

• A implicação do ergonomista nas fases de avaliação leva-o a ficar mais atento a métodos, como a simulação ou a experimentação (cf. a seguir), em relação aos quais ele por muito tempo manifestou desconfiança (estão distantes do trabalho real). Voltaremos a esse ponto.

O ergonomista: conselheiro do coordenador do projeto e conselheiro do empreendedor – A distinção entre projeto e condução de projeto pode igualmente ser examinada sob o ângulo do "desejável" e do "possível". Do lado do projeto, espera-se do objeto ou do sistema técnico uma pertinência em relação à situação analisada, seja para atender a uma necessidade ou para cumprir uma nova função, enquanto na vertente da condução de projeto se colocam as questões da oportunidade das escolhas, indissociáveis de sua factibilidade.

Nos projetos industriais, esses dois polos remetem a duas entidades: o "empreendedor", iniciador de uma demanda de rearranjo ou de transformação, e o "coordenador de projeto" responsável pelas escolhas técnicas. Trata-se, no entanto, de uma distinção econômica, que regulamenta as trocas entre o financiador da operação (o empreendedor) e o prestador de serviços[1] (o coordenador de projeto), e que pode estar na origem de problemas bem conhecidos pelos ergonomistas.

• Uma primeira dificuldade tem por origem uma ruptura muito marcante entre construção e solução de problema, o que é problemático, como se acabou de ver.

• A segunda dificuldade vem do fato de que cada uma das duas entidades organizacionais é suscetível de contribuições sobre o desejável e o possível. Encontra-se junto ao empreendedor conhecimentos estratégicos em relação à factibilidade técnica (por exemplo, os conhecimentos provenientes dos serviços de manutenção). Inversamente, o coordenador de projeto é detentor de conhecimentos sobre a pertinência do projeto. Assim, os arquitetos detentores de conhecimentos sobre a organização da vida na cidade são conselheiros úteis para uma prefeitura.

O recorte é, portanto, problemático. Contudo, trata-se de uma referência quase que obrigatória, inscrita na lei ou na normalização. O ergonomista pode, então, ser tanto conselheiro do empreendedor (ele fica então do lado da construção do problema e do desejável), como conselheiro do coordenador (fica então do lado da solução e do possível). Ressaltemos então alguns aspectos, que é preciso com frequência corrigir.

O papel empreendedor pode ser insuficiente na construção do projeto, que será, em casos extremos, reduzido à sua mais simples expressão: "Conheço fulano que fez isso, eu queria a mesma coisa". A evolução da situação de trabalho ou a concepção do produto se efetuam então a partir da oferta técnica. E não só: quando as questões e critérios da ergonomia não forem cristalizados no projeto, há uma grande probabilidade de que, mesmo que haja um ergonomista junto ao coordenador de projeto, este não seja solicitado!

---

[1] Existe um terceiro ator, o fornecedor de módulo, do qual não se falará aqui, mas que desempenha um papel estratégico durante a construção ou a obra.

É preciso então restabelecer um melhor equilíbrio. A proposta de nomear um chefe de projeto do empreendedor tendo um bom conhecimento do trabalho e uma legitimidade suficiente para ser o alter ego do representante da coordenação de projeto vai nesse sentido (Daniellou, 1992).

As relações entre empreendedor e coordenador de projeto podem não funcionar bem: o empreendedor não sabe expressar bem suas necessidades, os usuários ou os responsáveis pela operação não sabem tirar as consequências para eles mesmos da oferta técnica etc. Qualquer que seja sua posição, o ergonomista pode então desempenhar o papel de intermediário. São exemplos a produção de referências para a concepção ou de memoriais descritivos ergonômicos, bem como a avaliação da oferta técnica nas respostas às concorrências.

A temporalidade dos processos de concepção

A concepção se caracteriza por uma temporalidade paradoxal (Midler, 1996, Figura 1). Por um lado, trata-se de produzir alguma coisa que ainda não se conhece: no começo, sabe-se pouca coisa sobre a situação futura, ao passo que no fim sabe-se em geral bem mais. Por outro lado, as possibilidades são inicialmente muito amplas: numerosas escolhas são inicialmente possíveis. Mas, na medida em que as escolhas são feitas, os graus de liberdade dos atores diminuem. O caráter paradoxal desse processo é bem resumido por Midler, quando escreve que "no começo do projeto pode-se fazer tudo, mas não se sabe nada", enquanto que no fim "sabe-se tudo, mas todas as capacidades de ação foram esgotadas". O paradoxo da ergonomia de concepção (Theureau e Pinsky, 1984) é uma consequência dessa característica geral da concepção sobre a análise do trabalho. Quando se analisa uma situação a montante do projeto, não se pode conhecer a atividade futura, que será modificada segundo as decisões dos projetistas. Quando a análise é feita após o projeto, fica-se sabendo o que devia ter sido feito. Mas é tarde demais.

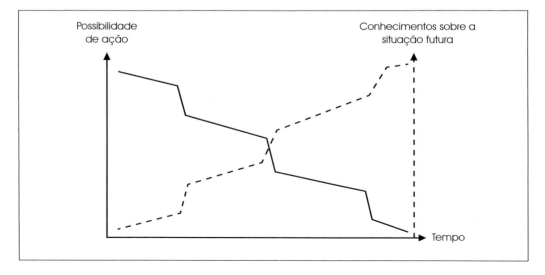

Fig. 1   A temporalidade das situações de concepção (a partir de Midler, 1996).

O interesse desse modelo é mostrar que a inscrição do ergonomista nas fases mais precoces do processo de concepção é uma necessidade. A concepção é um processo de determinação progressiva de um objeto ou de uma situação de trabalho *e* das ações dos atores do processo. Quanto mais a inscrição de um ator é tardia, mais seu raio de ação é reduzido. Mas quanto mais o ergonomista se inscreve a montante na condução do projeto, mais ele precisa antecipar o futuro.

Projetar a atividade e o funcionamento futuro – A contribuição do ergonomista a montante do processo dependerá de sua capacidade de antecipação da atividade e de seus conhecimentos sobre o funcionamento do homem.

Um modelo de funcionamento do homem. Todo dispositivo técnico, todo artefato, mobiliza durante sua concepção e atualiza nas situações de trabalho um conhecimento, uma representação e, em sentido mais amplo, um *modelo* do funcionamento do usuário. É sobre essa base que, desde 1975, Wisner perguntava a qual homem o trabalho deve ser adaptado. Prever escadas para chegar a locais se apoia na representação de um sujeito que pode andar. Pessoas em cadeira de rodas não poderão chegar a esse andar. Os modelos implicitamente veiculados pelos projetistas podem abranger todas as esferas do funcionamento humano. Um dispositivo informático, por exemplo, fixa no artefato um modelo psicológico do usuário, o qual Bannon (1986) considera que é apoiado num postulado de estupidez do operador. O inverso pode ser igualmente verdadeiro: o modelo pode pressupor aptidões superiores àquelas que o operador de fato dispõe.

O ergonomista, especialista do funcionamento do homem num mundo de engenheiros, pode aqui trazer uma contribuição de primeira ordem.

• Ele possui saberes gerais sobre o funcionamento do homem e saberes mais específicos sobre a adaptação dos dispositivos técnicos ao homem, com frequência obtidos por meio de procedimentos experimentais (Human Factors ou normalização).

• Possui, por outro lado, conhecimentos resultantes dos estudos de campo, cujos resultados são capitalizados na disciplina. Pode-se citar, por exemplo, os estudos realizados sobre os agravos específicos à saúde (LER/DORT) ou sobre populações específicas (envelhecimento da população, pessoas ditas "deficientes"...).

Os conhecimentos do funcionamento do homem permitem definir limiares, além dos quais os constrangimentos são inaceitáveis. Além disso, sabe-se que uma adaptação dos dispositivos às populações mais desfavorecidas é proveitosa para o conjunto da população.

Dependendo do projeto, numerosos fatores podem conduzir a diferenciar a população-alvo do conjunto da população (tipo de produto, setor de atividade, parque industrial...). Conforme as especificidades identificadas, dar-se-á atenção particular a certas características do funcionamento do homem. Cabe ressaltar que a análise da população não é específica à concepção (Guérin et al., 1997). Mas, nesse último caso, pode-se ainda considerar uma análise projetiva, cuja finalidade é antecipar certas características futuras da população (o envelhecimento, por exemplo).

Antecipar a atividade. Os conhecimentos centrados sobre o funcionamento são necessários, mas não suficientes. Não permitem dar conta do caráter integrado das condutas humanas nas situações reais. Identificar, por exemplo, as características da audição humana não permitirá saber que um metalúrgico utilizará o ruído da máquina para garantir a qualidade da usinagem. É indispensável conhecer melhor a atividade e os objetivos buscados pelo operador, em quais condições e com quais constrangimentos. Apenas com essa operação realizada é possível, dado o funcionamento humano, procurar soluções adaptadas. Dois tipos de ações podem ser utilizados pelo ergonomista para antecipar certos elementos da atividade.

A análise das situações de referência

Trata-se de analisar situações existentes (aquelas que vão ser transformadas ou outras podendo nos dar informações úteis). São "referências" pois podem informar aos projetistas como será a situação futura. O desafio é então saber qual questão se deseja responder, e em qual situação encontrar elementos de resposta (Maline, 1994).

Os elementos resultantes da análise nas situações de referência não podem ser transpostos tais quais à situação futura. Certos elementos são pertinentes, enquanto outros serão modificados pelo ato de concepção. O ergonomista deve, portanto, isolar os elementos que ele considera que estarão presentes na situação futura: são as *situações de ação características (SACs)*. Daniellou (1992) as define como "um conjunto de determinantes, cuja presença simultânea condicionará a estrutura da atividade". Seria possível defini-las como *unidades de análise da tarefa transponíveis às situações futuras*, com várias SACs articuladas entre elas permitindo constituir cenários.

A análise nas situações de referência também pode identificar *unidades de ação transponíveis às situações futuras*. A análise dos *esquemas de ação instrumentada* (ver o Capítulo 15 desta obra) é um exemplo disso. O esquema é uma organização da ação para uma classe de situação. A ideia principal é que existe uma organização da ação vinculada aos objetivos a atingir numa classe de situação (e relativamente independente dos artefatos). Assim, existe um "esquema da escrita", relativamente independente da caneta disponível. Pode-se generalizar essas dimensões para situações mais complexas. O esquema dos desenhistas industriais é um organizador da ação, que pode ser observado quando os operadores trabalham na prancheta, e que deve ser conservado quando eles trabalham com CAD (Computer Assisted Design) (Béguin, 1997a).

A simulação

As análises nas situações de referência visam projetar certas dimensões das situações futuras para orientar as explorações dos projetistas. Mas elas não indicam, por si mesmas, como será a atividade na situação futura. Leplat (2000) propõe que se apreenda a atividade como uma "acoplagem" entre a tarefa e o sujeito. O objetivo do ergonomista não é simular o funcionamento do artefato, mas pôr em prática a dinâmica dessa acoplagem.

O primeiro elemento a levar em conta para simular reside então na identificação das características da tarefa. Vários elementos devem ser levados em conta nesse nível.

• O ergonomista precisa dispor de uma representação ou de um modelo do futuro dispositivo. Ora, existe uma grande diversidade de suportes: plantas e esquemas que utilizam o grafismo técnico, maquetes físicas ou virtuais, protótipos ou simuladores em escala real. Existe aqui uma primeira fonte de dificuldade, uma vez que os diferentes suportes não oferecem as mesmas vantagens, e não apresentam as mesmas restrições. Uma planta não é suporte legível para qualquer um (é preciso ter formação na leitura de plantas), ao inverso de uma maquete. Mas esta é mais difícil de modificar em tempo real, durante a simulação.

Capítulo 22 – O ergonomista, ator da concepção **323**

• A tarefa inclui também os constrangimentos temporais, o nível de desempenhos exigidos, as condições coletivas da ação (coatividade, por exemplo)... todo um conjunto de elementos que não estão representados nos suportes. Nesse ponto, as SACs e os roteiros constituem uma fonte de dados incontornável para realizar uma simulação.

É preciso, em seguida, confrontar a atividade do sujeito (ou dos sujeitos) com o modelo da tarefa. Em ergonomia, três estratégias bem diversas podem ser distinguidas.

• Uma primeira estratégia consiste em materializar certos elementos da tarefa (sob a forma de protótipo, por exemplo) e pedir ao operador que ponha em prática uma atividade que será analisada pelo ergonomista. Fala-se, então, em *experimentação ergonômica*. A característica desta estratégia é que a acoplagem se realiza concretamente. Pode-se julgar que esse procedimento é muito tardio para ser realmente útil para a concepção, pois uma versão do dispositivo é necessária (Maline, 1997). Mas pode-se muito bem pô-la em prática enquanto o dispositivo não está ainda inteiramente concebido, utilizando, por exemplo, maquetes de papel, ou ferramentas de prototipagem (ver o Capítulo 27 deste livro).

• Uma segunda estratégia se baseia nas "simulações linguageiras" (Nicolas, 2000), em que a atividade é dita, em vez de realizada. Encontra-se aqui um procedimento que tem atualmente se desenvolvido na cena internacional, chamado *scenario based design* (design baseado em cenários) (Caroll, 1995). Nessa abordagem, os roteiros são definidos como uma descrição linguageira que "ajuda a produzir e manter uma visão do uso futuro do sistema durante sua concepção e implementação". As simulações linguageiras devem apresentar várias características: serem concretas, centradas no trabalho, validadas pelos usuários.

• A terceira via reside na modelização da atividade pelo ergonomista. Em nenhuma das duas formas anteriores de simulação a atividade é modelizada. Ela é ou "realizada" pelo operador, ou descrita oralmente pelos atores que se imaginam na situação. Bronckart (1987) define a simulação cognitiva como "uma estratégia de pesquisa em psicologia ou em inteligência artificial (IA), na qual o pesquisador substitui o usuário por seu 'modelo'". A simulação da atividade está efetivamente no estágio da pesquisa em ergonomia.

Os testes – O constrangimento temporal do processo de concepção faz com que seja concretamente impossível explorar todas as opções possíveis, ou mesmo saber se não se esqueceu de nada. Só há, portanto, soluções aceitáveis do ponto de vista das referências internas construídas durante a condução do projeto. Mas, como não se pode ter certeza de que estas últimas tenham sido suficientes, uma solução aceitável durante a condução do projeto pode se verificar insatisfatória no real.

Os testes visam identificar essas dificuldades e fazer ajustes enquanto ainda há tempo. Ou seja, em protótipos quando se trata de um produto, e durante as fases de "teste e partida" consecutivas à construção, para uma situação de trabalho. Podem igualmente permitir que se validem opções ou métodos que, por terem se revelado compensadores, serão reutilizáveis nos projetos futuros.

A fase de avaliação pode, entretanto, se mostrar como uma fase de limites temporais imprecisos. Ocorre quando não se sabe parar os ciclos de partida e modificação. Iremos agora examinar essa questão sob o ponto de vista da atividade.

A concepção prossegue no uso – Se uma antecipação da atividade do usuário é perfeitamente legítima, considera-se que a realização da ação não pode ser completamente antecipada: a atividade futura é somente provável ou possível. A análise de situações existentes mostra mesmo que as pessoas dão provas de inventividade. Weill-Fassina et al. (1993) sintetizaram essa posição, escrevendo que "as ações não podem ser reduzidas à efetivação de respostas a estímulos recebidos, mais ou menos passivamente (...); os operadores exploram, interpretam, utilizam, transformam seu ambiente técnico, social e cultural" (p. 21). E todo um conjunto de estudos mostrou que os usuários podiam modificar, momentânea ou duravelmente, os sistemas concebidos. Pode-se argumentar, sobre essa base, que a concepção prossegue no uso.

A fórmula, no entanto, deve ser especificada. Pois há aí uma dificuldade: como se viu acima (ver Figura 1), no fim do processo de concepção, considera-se que tudo está decidido. Quais consequências deve o ergonomista tirar disso para a concepção? Três respostas bem diferentes estão hoje presentes no âmbito da disciplina.

Uma antecipação deficitária. Uma primeira interpretação considera que os operadores modificam os dispositivos porque estes foram mal concebidos. Foram Thomas e Kellogg (1989) os que mais insistiram nesse aspecto. Os modelos do homem utilizados pelos projetistas apresentam numerosas "lacunas" (*gaps*): lacunas ecológicas, pela omissão de fatores presentes na situação de trabalho, "lacuna de definição dos problemas", que remete a uma definição insuficiente dos objetivos que o usuário busca, "lacuna de contexto profissional", que se refere à cultura profissional e ao ofício etc. É, portanto, uma melhor antecipação do funcionamento do homem e de sua atividade o que essa primeira interpretação preconiza.

Uma concepção continuada. Uma segunda interpretação argumenta, ao contrário, que a antecipação é necessariamente limitada. Nas situações reais, as pessoas encontram imprevistos e resistências, ligados à variabilidade dos contextos, que nem sempre podem ser antecipados (desregulação sistemática das ferramentas, instabilidade da matéria a transformar etc.) Essa imprevisibilidade é ainda mais importante para a concepção de um produto (cf. Naël e Dejean, Capítulo 28). Ademais, existe uma grande diversidade da população e flutuações dos indivíduos no tempo. Qualquer que seja o esforço feito para antecipar, a realização da ação não será uma simples execução: será necessário se ajustar às circunstâncias e tratar as contingências da situação.

Como operacionalizar esta abordagem? Uma primeira via consiste em antecipar não para especificar soluções, mas para deixar margens de manobra. É a posição de Daniellou (Capítulo 21), que preconiza que se antecipem "espaços de atividade futura possíveis". Espaços que precisam, contudo, apresentar "fronteiras" para guiar o operador, ou mesmo limitar seu raio de ação (Vicente, 1999). Uma outra via procura as propriedades que os sistemas sociotécnicos deveriam apresentar para permitir uma avaliação contínua de seu próprio funcionamento e serem transformáveis (Robinson, 1993). Apesar de sua diversidade, esses trabalhos buscam um mesmo objetivo: conceber sistemas suficientemente abertos para deixar à atividade em situação a possibilidade de tornar a técnica mais eficiente. Como a antecipação é limitada, é necessário que a concepção seja continuada em situação.

Uma concepção distribuída. Embora distintas, as duas abordagens precedentes, compartilham mesmo assim uma mesma hipótese: considera-se que é necessário antecipar melhor (seja mais precisamente, seja com maior flexibilidade). Mas pode-se também pensar que o problema não é a antecipação.

Em todos os casos, os dispositivos concebidos, artefatos ou organizações, são *in fine* acionados por pessoas. Ante esses dispositivos, elas precisarão construir os recursos de suas próprias ações: uso dos artefatos, competências e conceituações, formas

Capítulo 22 – O ergonomista, ator da concepção

subjetivamente organizadas da ação no interior dos coletivos (ver os caps. 13, 15 e 19 deste livro). A inventividade de que as pessoas dão mostras em situação é, portanto, uma necessidade da ação, que pode levar, quando não teve seu lugar na concepção, a modificar os sistemas concebidos.

O desafio consiste então em articular num mesmo movimento o desenvolvimento dos artefatos ou situações *e* o desenvolvimento pelas pessoas dos recursos de sua atividade. O que leva a uma *concepção distribuída*, em que projetistas e operadores contribuem na concepção com base em suas diversidades, sob a condição de que se organizem as trocas, o que é possível criando processos de aprendizagem mútua. Nesse esquema, apreende-se a concepção como um processo dialógico (o que não quer dizer "linguageira"). O resultado da atividade de uns é a fonte a partir da qual os outros realizam uma aprendizagem, cujo resultado validará, infirmará ou recolocará em questão a hipótese inicial. O resultado do trabalho dos projetistas orienta, portanto, as aprendizagens dos operadores. Mas essas aprendizagens são uma fonte de novidades, a partir das quais os projetistas realizam novas explorações, conduzindo a novas hipóteses, e até mesmo a uma reorientação da condução do projeto. Numa concepção distribuída, a atividade de uns é uma das fontes da atividade dos outros, mas também um de seus recursos: orienta e guia as explorações a conduzir e as aprendizagens a realizar.

De fato, várias modalidades de ação já mencionadas podem ser interpretadas nesse esquema. Os métodos de experimentação ergonômica (teste com maquete ou protótipo, por exemplo) ou de simulação consistem em submeter o resultado do trabalho dos projetistas a uma prova de validade na atividade dos usuários,[2] que com isso aprendem alguma coisa. Mesmo assim, uma abordagem distribuída conduz a definir esses métodos como situações de trocas, vetores de aprendizagens entre atores heterogêneos, e não apenas como meios de antecipação da atividade futura ou de suas margens de manobra. Numa abordagem distribuída, o papel do ergonomista é estabelecer as condições materiais, cognitivas e sociais necessárias para o funcionamento da comunidade de aprendizagem (pode-se encontrar um exemplo em Béguin, 2003). O que leva a novas exigências sobre os métodos. Alguns dispositivos de avaliação ou simulação, por exemplo, não serão solicitados, pois em vez de facilitar as trocas eles as limitam (Béguin e Weill-Fassina, 1997).

Vale ressaltar, para terminar esta seção, que as três abordagens que se acabou de evocar não são contraditórias, mas se completam.

• Uma antecipação deficitária do funcionamento do homem e sua atividade é fonte de decepções. O desenvolvimento dos métodos em ergonomia, em grande medida, levou em conta essa questão e precisa continuar a fazê-lo.

• Mas a atividade não pode ser completamente antecipada, é preciso deixar margens de manobra ao operador. Quais são as características que devem apresentar os dispositivos organizacionais ou técnicos para deixar espaço suficiente à atividade (e a seu desenvolvimento) em contextos de incerteza?

• A abordagem distribuída é de fato bastante próxima à precedente: a eficácia dos dispositivos não se baseia unicamente nos artefatos ou na organização, mas igualmente

---

[2] Sob a condição de que, evidentemente, os usuários solicitados no dispositivo de aprendizagem sejam representativos da população-alvo. Caso contrário, não se poderia considerar que suas aprendizagens prefigurassem a aprendizagem dos futuros usuários. Trata-se aí de uma especificidade da ergonomia do produto.

Diversidade dos pontos de vista e busca de coerência

na atividade dos sujeitos. Mas ela acrescenta uma dimensão essencial: desenvolvimento dos artefatos e desenvolvimento da atividade devem ser considerados dialeticamente durante a condução do projeto.

Diversidade dos pontos de vista e busca de coerência

A concepção é um trabalho de grupo: qualquer que seja o objeto a conceber (situação de trabalho ou produto), este é demais complexo para que uma só pessoa disponha de uma representação de todos os problemas a resolver e possua as competências para resolvê-los todos. Reduz-se então esta complexidade diferenciando as tarefas e atribuindo-as aos atores de acordo com suas especialidades técnicas e de seus saberes.

Simultaneamente, esse princípio é fonte de uma nova complexidade. Qualquer que seja o artefato a conceber, este não pode ser pensado como uma simples justaposição de sistemas técnicos. O aumento dos desempenhos de um motor de avião, por exemplo, pode levar a modificar e reconceber as formas das asas e das fuselagens, mesmo quando estas já eram consideradas bem definidas, como ocorreu quando surgiram os motores à reação. É preciso então *integrar* as diferentes partes do objeto ao longo da concepção, de maneira a formarem um sistema. E, para realizar a integração, os atores devem se *coordenar*. Uma organização que se baseia na diferenciação dos papéis e dos saberes é criadora de diversidade entre os atores do processo: os atores buscam objetivos diferentes, com pontos de vista distintos, mobilizando critérios de realização específicos. Discordâncias quanto aos problemas a resolver, às soluções a pôr em prática ou quanto à modalidade de ações a seguir são, portanto, prováveis.

Há então, de um lado, um princípio de distribuição das tarefas, com os "atores-ofícios" que têm seus próprios saberes e suas próprias "lógicas" e, de outro, uma exigência de interdependência, de coerência, tanto no plano das produções quanto das atividades. Dois movimentos que se apoiam em formas de cooperação contraditórias (Midler, 1996). Por um lado, o *poder discricionário* dos especialistas, autônomos quanto aos meios e procedimentos que põem em prática em suas esferas de competência. Por outro lado, uma exigência de coerência e convergência no quadro de um projeto singular, que autoriza outrem a interferir na atividade para evitar a cacofonia. É a articulação entre essas duas lógicas que as *organizações matriciais* procuram atingir. Atores-ofícios de especialidades diferentes agrupados em setores de projeto (eletricidade, climatização, instrumentação geral, p. ex., no setor manufatureiro) veem seu trabalho articulado sob a autoridade de uma "equipe-projeto" transversal com o papel carismático de catalisador-aglutinador. Onde o ergonomista deve se inserir? De fato, há aí duas posturas possíveis.

O ergonomista-ator da concepção entre outros – O ergonomista é *a priori* um ator-ofício entre outros, com seus saberes (o funcionamento do homem e sua atividade), seus critérios (condições de trabalho, prevenções dos riscos, segurança, eficácia da ação, conforto ou fadiga, usabilidade e utilidade...) e seus métodos (a análise nas situações de referência, a experimentação ou a simulação).

Além desse tronco comum à disciplina, os ergonomistas tendem a se especializar com relação às áreas técnicas. A concepção de um alarme para química fina não coloca as mesmas questões que a concepção de espaços de trabalho. E as modalidades de ações não serão exatamente as mesmas nos diferentes setores. Existem classes de problemas, atores e estratégias de concepção diferentes conforme os setores, como testemunham diversos artigos deste livro. O ergonomista tem então uma necessidade de referências. O mínimo é que saiba ler, e mesmo utilizar, as formas de expressão e os meios de estruturação das ideias que são utilizados por seus interlocutores. Trabalhar com arquitetos requer saber ler um memorial descritivo. E quando se trabalha com especialistas em informática, é pertinente conhecer *Gorls, Operators, Methods and Selection Rules* (GOMS).

Resta que o ergonomista é um ator-ofício cujo estatuto é muito menos assegurado que o do arquiteto ou do engenheiro no papel de controle – comando. Portanto, além de conhecer seus interlocutores, ele necessita também se fazer conhecer. As explicações dadas pelo ergonomista em tempo real não são de forma alguma uma perda de tempo. Formações em ergonomia são até desejáveis. Essas estratégias de difusão dos conhecimentos e saber-fazer (*savoir faire*) da disciplina não são, todavia, suficientes. Existem cada vez mais empresas onde foram criados serviços de ergonomia que poderiam ser considerados similares a setores de projetos. Mas, em muitos casos, o ergonomista assume mais o papel de "perito". Os peritos se distinguem dos projetistas em relação a seu papel estratégico nos projetos inovadores: permitem que sejam considerados, na concepção, constrangimentos para os quais os atores tradicionais não têm as competências. Não são, portanto, necessariamente vinculados a um setor de projetos, e às vezes não têm muita legitimidade. Aggeri et al. (1995) mostram que esses atores têm pouco impacto quando procuram fazer especificações a partir de seus conhecimentos. Os novos saberes se difundem quando há projetos experimentais, em que os critérios a atingir são claramente estabelecidos e existem meios de avaliação. Todos esses elementos cabem à iniciativa da equipe-projeto.

O ergonomista-ator da condução do projeto – Vários fatores aproximam o ergonomista da equipe-projeto. O primeiro vem daquilo que lhe parece desejável para enriquecer o projeto (cf. anteriormente O diagnóstico ergonômico). O segundo vem da distinção excessivamente marcada entre empreendedor e coordenador de projeto, que o leva à articulação entre esses dois polos (cf. anteriormente). Esses dois fatores dão ao ergonomista um papel político, muito próximo daquele do chefe de projeto. Existe um terceiro fator, que tem por origem o objeto da ergonomia: a atividade, nas situações de vida ou trabalho. Desenvolveremos esse ponto.

Ressaltou-se que é necessário coordenar os atores-ofícios, cujas lógicas podem ser contraditórias. A equipe-projeto deve zelar para que nenhuma decisão independente das outras decisões. Ora, a melhoria das condições de trabalho conduz igualmente a favorecer uma busca de coerência entre os atores-ofícios. Com efeito, é frequente constatar (durante a análise em situações existentes) que as dificuldades encontradas pelos empreendedores ou usuários vêm de sistemas nos quais falta coerência. Maline (1997) dá um exemplo disso: nas gráficas, o tamanho das prensas rotativas exige a construção de prédios imponentes, que requerem uma climatização para evitar as correntes de ar. Por ocasião da concepção de novas rotativas, modificara-se o conjunto das máquinas, bem como o seu local de implantação num prédio já existente. Essas modificações tornaram ineficaz o efeito antiestratificação, tendo como consequência o aparecimento de correntes de ar que faziam o papel vibrar e facilitavam os rompimentos do papel. Os operadores tentavam realizar operações de ajuste. Mas estas permaneciam insuficientes. Precisavam então frequentemente retirar os dejetos e reintroduzir o papel nos rolos da rotativa, com os esforços físicos de acesso aos diferentes elementos da máquina que essas operações requerem. Nesse exemplo, as condições de trabalho são árduas, porque não há coerência entre o dispositivo de climatização, a arquitetura e as máquinas (seu tamanho e possibilidades de regulagem). A busca de coerência não deve se limitar aos artefatos. Deve ser estendida ao conjunto do sistema "sociotécnico". Critérios de produção (produzir o máximo possível) e de qualidade (rejeitar as peças ruins) tornam-se, por exemplo, muito rapidamente incoerentes se a organização da manutenção não foi bem pensada. É essa dimensão sistêmica que os ergonomistas enfatizam quando dizem que a atividade é "integradora". Ela deve articular na ação um grande número de elementos, entre os quais alguns são constrangimentos (é necessário se adaptar a eles), e outros resultam de decisões na concepção.

O ergonomista é, portanto, levado a se interessar pelo sistema, e não somente pelas suas partes. O que o conduz a "favorecer a criação de espaço de negociação e de decisão, de modo a alimentar os confrontos entre lógicas contraditórias" (Daniellou, 1998). Pode-se até acrescentar que, em virtude de seu objeto (a atividade integradora), o ergonomista dispõe de uma base sólida para examinar a coerência entre as produções dos atores-ofícios durante a condução do projeto (Béguin, 1997b). São exames de coerência que são então conduzidos de um ponto de vista complementar aos aspectos técnicos e econômicos.

Resta que o objetivo é ambicioso. O ofício de chefe de projeto requer que se possua uma sólida competência técnica para não se deixar "enrolar" pelos atores-ofícios. Além disso, o ergonomista não estará necessariamente à vontade com os critérios da equipe-projeto:

• A qualidade: o objetivo é atender às necessidades do cliente. É evidentemente aqui que o ergonomista está melhor colocado. Mas ele deverá articular esse critério com os seguintes.

• O custo: trata-se aqui de reduzir os custos de produção envolvidos na concepção. O ergonomista é persuadido a reduzir os custos. Mas trata-se com frequência dos custos sociais do trabalho, difíceis de objetivar junto ao responsável pelo projeto.

• Os prazos, terceiro polo do tríptico da equipe-projeto. As estratégias atuais de condução de projeto permitiram reduzir em mais de 40% o tempo dos projetos. Esses desempenhos são atingidos mantendo ao máximo de tempo possível as incertezas a montante da condução de projeto, tendo em vista fazer escolhas mais bem fundamentadas. Apoiam-se numa sólida capacidade de simulação. Ora, a do ergonomista é bem inferior à do engenheiro-estrutura, por exemplo. O ergonomista não é, portanto, agente da redução do tempo da concepção. E mais ainda, seus métodos requerem tempo.

Além de solicitar competências técnicas que ele não necessariamente possui, a participação do ergonomista na condução de projeto leva-o a estender consideravelmente os critérios de sua disciplina. É mesmo o seu papel: não privilegiar a lógica de um ator em detrimento da lógica dos outros (mesmo a da ergonomia!). Ele é ainda ergonomista? Questão clássica: a dinâmica de desenvolvimento das competências transversais da condução do projeto não é necessariamente compatível com a capitalização das competências técnicas dos atores-ofícios.

Referências

AGGERI, F.; HATCHUEL A.; LEFEBVRE, P. La naissance de la voiture recyclable. *Cahiers du CGS*, Paris, 1995.

BANNON, L. Issues in design: Some notes. In: NORMAN, D. A.; DRAPER, S. W. *User-centered system design.* Hillsdale (NJ): Lawrence Erlbaum, 1986. p.25-30.

BÉGUIN, P. Le schème impossible, ou l'histoire d'une conception malheureuse. *Design Research,* n.10, 1997a.

_____. L'activité de travail: facteur d'intégration durant les processus de conception. In: BOSSART, P.; LECLAIR, P.; CHANCHEVRIER, J. C. (Ed.). *L'ingénierie concourante:* de la technique au social. Paris: Economica, 1997b.

_____. Argument pour une conception distribuée dans les systèmes à risqué. In: WEILL-FASSINA, A.; BENCHEKROUN, H. (Ed.). *La gestion collective des risques dans les situations critiques.* Toulouse: Octares, 2003.

BÉGUIN, P.; WEILL-FASSINA, A. De la simulation des situations de travail à la situation de simulation. In: BÉGUIN, P.; WEILL-FASSINA, A. (Ed.). *La simulation en ergonomie:* connaître, agir, interagir. Toulouse: Octarès, 1997. p.5-28.

BOUTINET, J. P. *Anthropologie du projet.* Paris: PUF, 1990.

BRONCKART, J. P. Les conduites simulées: introduction. In: PIAGET, J.; MOUNOUD, P.; BRONCKART, J.-P. (Ed.). *Psychologie.* Paris: Gallimard, 1987. p.1653-1662. (Encyclopédie de la Pléiade).

CARD, S. K. Methods used in succesfull user interface design. In: LEWIS, C.; POLSON, P.C.; MCKAY, T. D. *Human computer interface design:* success story, emerging methods and real-words contexts. San Francisco: Morgan-Kaufman, 1996.

CAROLL, J. M. (Ed.). *Scenario-based design.* New York: John Wiley & Sons, 1995.

DANIELLOU, F. Ergonomie et démarche de conception dans les industries de processus continu: quelques étapes clés. *Le Travail Humain,* Paris, v.51, p.185-193, 1988.

_____. *Le statut de la pratique et des connaissances dans l'intervention ergonomique de conception.* 1992. Thèse (Doctorat) – Université de Toulouse, Toulouse, 1992.

_____. Théories, pratiques et théorie de la pratique. In: DESSAIGNE, M. F.; GAILLARD, M. F. (Ed.). *Évolutions en ergonomie.* Toulouse: Octarès, 1998.

GUÉRIN, F. et al. *Comprendre le travail pour le transformer, la pratique de l'ergonomie.* 2. ed. Lyon: l'ANACT, 1997.

LEPLAT, J. *l'analyse psychologique du travail en ergonomie.* Toulouse: Octarès, 2000.

MALINE, J. *Simuler le travail, une aide à la conduite de projet.* Paris: ANACT, 1994. (Béguin & Weill-Fassina, 1997).

MIDLER, C. Modèles gestionnaires et régulation économiques de la conception. In: *Coopération et conception (Cooperation and Design).* Toulouse: Octarès, 1996.

NICOLAS, L. *L'activité de simulation dans l'analyse fonctionnelle:* vers des outils anthropocentrés pour la conception de produits automobiles. 2000. Thèse (Doctorat) – CNAM, Paris, 2000.

ROBINSON, M. Design for unanticipated use... In: EUROPEAN CONFERENCE ON COMPUTER SUPPORTED COOPERATIVE WORK, 3., 1993. *Proceedings:* ECSCW93. Milano, Italy: Kluwer, 1993. p.187-202.

SCHÖN, D. *Educating the reflective practitioner.* San Francisco: Jossey Bass, 1987.

TERSSAC, G. de; FRIEDBERG, E. (Ed.). *Coopération et conception (Cooperation and design).* Toulouse: Octarès, 1996.

THEUREAU, J.; PINSKY, L. Paradoxe de l'ergonomie de conception et logiciel informatique. *Revue des Conditions de Travail,* n.9, 1984.

THOMAS, J.; KELLOGG, W. Minimizing ecological gaps in user interface design. *IEEE Software*, p.78-86, 1989.

VICENTE, K. J. *Cognitive work analysis:* towards safe productive and *healthy computer-based works.* Lawrence Erlbaum, 1999.

WEILL-FASSINA, A.; RABARDEL, P.; DUBOIS, D. (Coord.). *Représentation pour l'action.* Toulouse: Octarès, 1993.

Ver também:

15 – Homens, artefatos, atividades: perspectiva instrumental

20 – Metodologia da ação ergonômica: abordagens do trabalho real

21 – A ergonomia na condução de projetos de concepção de sistemas de trabalho

23 – As prescrições dos ergonomistas

27 – A concepção de programas de computador interativos centrada no usuário: etapas e métodos

33 – As atividades de concepção e sua assistência

23
As prescrições dos ergonomistas

Fernande Lamonde

Introdução

De todos os componentes da ação ergonômica, a prescrição é uma das que menos obtiveram atenção: mesmo os modelos de intervenção propostos nos manuais de referência em ergonomia falam muito pouco dela (p. ex., Guérin et al., 1996; Rabardel et al., 1998). No entanto, formular prescrições constitui uma alavanca de ação da maior importância para os ergonomistas, que praticamente são sempre levados a trabalhar com arquitetos, designers, técnicos em informática, engenheiros ou outros especialistas técnicos, cuja racionalidade domina, ainda hoje, a concepção das situações de trabalho e dos produtos (Gaillard e Lamonde, 2000). São todos interlocutores que, em sua maioria, consideram as prescrições legítimas, ou mesmo as exigem, e o essencial de seu trabalho é elaborar soluções e responder a exigências e restrições predeterminadas. Esperadas pelos projetistas, as prescrições constituem, portanto, um dever profissional e social do ergonomista.

Todavia, como a ergonomia não é uma disciplina unificada, as modalidades de ação prescritivas são, também, diversificadas. É comum distinguir duas principais: a *abordagem descritiva* ou *centrada na atividade* consiste em extrair prescrições de uma análise das atividades implementadas em situação real de utilização; a *abordagem normativa* ou *Human Factors*, por sua vez, propõe recomendações gerais resultantes de estudos de laboratório sobre o "humano". Neste capítulo, será considerada sobretudo a primeira abordagem e sua necessária articulação com a segunda.

Mais especificamente, este capítulo propõe aprofundar a noção de "prescrição" em ergonomia e fornece uma tipologia das prescrições formuladas pelos ergonomistas. Por fim, a ação que leva à sua elaboração é descrita em dois tempos: inicialmente, centrando-se nos princípios fundamentais que guiam o ergonomista nessa elaboração; e, então, especificando como essa ação se inscreve na atividade global do ergonomista.

A noção de "prescrição" em ergonomia

Enquanto em algumas disciplinas, como a engenharia, a noção de "prescrição" é clara, em ergonomia ela é marcada pela ambiguidade (Daniellou e Six, 2000). As prescrições dos ergonomistas, como mencionadas, são destinadas aos projetistas de produtos e aos prescritores do trabalho, estes últimos incluindo todos aqueles que produzem os determinantes das situações de trabalho: seus componentes materiais e imateriais (programas de computador, procedimentos etc.), o espaço, a organização do trabalho e a formação. Por isso, as prescrições podem ser entendidas num sentido muito restritivo ou, ao contrário, muito amplo. Por um lado, podem ser limitadas a apenas as produções escritas emitidas pelo ergonomista com o objetivo de "impor autoridade" diretamente sobre as escolhas de concepção. Por outro, pode-se considerar que tudo na intervenção ergonômica é prescrição, pois cada ação do ergonomista visa, em última instância, exigir as decisões e as modalidades de ação de interlocutores implicados de perto ou de longe na concepção dos produtos e das situações de trabalho.

A definição adotada aqui se situa entre esses dois polos. A prescrição é entendida como "o conjunto das informações formal e intencionalmente difundidas pelo ergonomista que tem em vista influenciar as decisões e o processo de concepção dos produtos ou dos determinantes das atividades de trabalho".

Essa definição requer quatro esclarecimentos, retomados em filigrana ao longo de todo este capítulo.

Inicialmente, ela dá ênfase ao ponto de vista daquele que emite a prescrição, e não ao uso que é feito dela (houve uma influência efetiva?) ou a como é percebida por aqueles a quem ela se destina. Em consequência, ela leva a se interessar não pelas relações de prescrição em jogo em todo o processo de concepção, descritas amplamente por Hatchuel (1996), mas pelo componente específico da intervenção ergonômica que consiste em formular prescrições.

Além disso, nenhuma restrição é enunciada *a priori* no que se refere aos destinatários das prescrições dos ergonomistas. Trata-se apenas dos profissionais da concepção, dos operadores e dos administradores? Esses destinatários restringem-se às fronteiras da empresa ou as ultrapassam para incluir os fornecedores, ou mesmo o legislador (Ledoux, 1994)? Tudo dependerá da extensão dos dispositivos que o ergonomista deseja fazer evoluir para, no fim, influenciar a concepção dos produtos e das situações de trabalho, como também o processo pelo qual essa concepção se opera.

Do mesmo modo, a referência a "informações difundidas para influenciar" ressalta claramente que as prescrições podem assumir formas variadas e ser formuladas em todas as etapas de uma intervenção. Por um lado, pode-se tratar tanto de informações (p. ex., o resultado da análise da atividade) quanto de opiniões, conselhos e recomendações, sejam estes transmitidos por escrito ou oralmente. Por outro, essas informações, opiniões, conselhos e recomendações podem surgir tanto como resultado da análise da atividade quanto em outras etapas da intervenção. Isso não significa, entretanto, que tudo é prescrição: o termo é reservado ao ponto de vista com que o ergonomista exprime oficialmente, ao enunciado explícito e intencional formulado com o objetivo de indicar uma maneira de fazer, um caminho a seguir. "Prescrição" é aqui assimilada a um "discurso que exorta a", não a "toda forma de ação que pode exercer uma pressão sobre outrem".

Por fim, as prescrições não têm necessariamente força de lei. São com frequência emitidas sem certeza quanto ao grau em que serão impostas. Assim o ergonomista modula a força de convicção com que as formula, de maneira que elas sejam percebidas como indiscutíveis (apesar das outras fontes de restrições que a pessoa visada por elas precisa levar em conta); ou, ao contrário, como um convite para iniciar um processo de troca e de

Capítulo 23 – As prescrições dos ergonomistas

coconcepção. Então, a elaboração das prescrições depende ao mesmo tempo de competências técnicas e de competências estratégicas.

Objetos da prescrição

Diversos temas são objeto de prescrições em ergonomia. Serão classificados aqui em categorias dicotômicas, embora essas categorias não sejam mutuamente excludentes nem exaustivas.

Escolhas de concepção/processo de concepção – As prescrições dos ergonomistas podem inicialmente ser entendidas segundo seu objeto, ou seja, no que elas incidem e o que elas visam influenciar.

Por um lado, certas prescrições são relativas *às escolhas de concepção*, ou seja, ao produto ou à situação de trabalho a conceber. Neste último caso, conforme mencionado, o ergonomista visa influenciar diretamente os determinantes da atividade de trabalho, determinantes que se manifestam a partir:

— dos dispositivos materiais;

— dos dispositivos imateriais (regras e instruções escritas, programas de computador etc.);

— dos espaços (prédios, locais etc.);

— de uma organização do trabalho;

— da formação.

Por outro lado, certas prescrições são relativas *ao processo de concepção*. O ergonomista visa influenciar indiretamente as escolhas de concepção agindo sobre "o que, o como e o quem" das decisões a respeito delas. Essencialmente, ele procura precisar o lugar real que será deixado a ele no processo de concepção, por exemplo:

— fixar reuniões com os projetistas para se assegurar da possibilidade de reagir e pôr à prova as decisões deles antes que os dispositivos (materiais, imateriais, organizacionais, espaciais, de formação) estejam completamente elaborados;

— especificar o tipo de suporte de confrontação de que ele irá precisar (maquetes etc.);

— indicar as margens de manobra necessárias para sua intervenção (em especial, a execução de suas análises da atividade em situação existente ou em locações de referência);

— recomendar a implicação de tal ou qual ator na concepção.

Essas prescrições podem ser formuladas ao longo do percurso, para um dado projeto. No entanto, pode ser pertinente, quando isso é possível, perenizá-las em instruções oficiais de condução de projeto no seio da organização. A integração da ergonomia no processo de concepção se torna então menos frágil e menos dependente dos atores da concepção atuando num dado momento (Lamonde et al., 2002).

Referências/critérios – As prescrições dos ergonomistas podem ser formuladas de uma forma mais ou menos restritiva e constrangedora. Para retomar a distinção de Hatchuel (1996) a respeito das relações de prescrição, podem ter "uma forma branda" e "uma forma forte".

Em sua forma branda, as prescrições são "referências" de concepção, normas de resultado. Fornecem aos projetistas uma base de raciocínio, um guia para a criatividade, para conceber um produto, uma ferramenta, um espaço, uma organização do trabalho etc. As referências podem ser "prescritivas" ou "descritivas". As referências prescritivas fixam objetivos e princípios de concepção a serem respeitados: por exemplo, no memorial descritivo redigido para orientar a concepção de um balcão, o ergonomista especifica que este "deverá estar adaptado à clientela em cadeira de rodas". As referências descritivas, por sua vez, fornecem elementos de atividade (fontes de variabilidade, situações características de ação) aos projetistas, que dispõem, assim, de uma imagem do trabalho real a ser considerado.

Em sua forma forte, as prescrições são "critérios" de concepção, normas de solução. O ergonomista não se limita a fixar um objetivo a atingir e meios de avaliar as soluções de concepção, como no caso das referências; aqui, ele formula de maneira precisa essa solução. Às vezes, o critério torna mais preciso uma referência; será o caso se, em relação ao balcão a ser adaptado para a clientela em cadeira de rodas, o ergonomista especificar também que este "deverá ter a altura máxima de 75 cm".

Prescrições mínimas/prescrições adicionais – As prescrições do ergonomista podem por fim ser entendidas conforme elas se relacionam diretamente ou não ao problema que motivou a intervenção.

Com efeito, prescrições mínimas (a curto, médio ou longo prazo) são em geral formuladas para resolver o problema de concepção no cerne do mandato confiado ao ergonomista. São com frequência acompanhadas por prescrições que vão além desse quadro, do ponto de vista temporal ou profissional.

Do ponto de vista temporal, esse ir além refere-se aos casos em que as prescrições formuladas são relativas a transformações, outras que aquelas visadas pela intervenção. Pode-se tratar de transformações em curso ou futuras, explicitamente previstas (p. ex., as prescrições formuladas referem-se à implantação de um sistema informático num dado posto, previsto para dali a dois anos) ou não previstas (p. ex., as prescrições formuladas referem-se à maneira de gerir "as transformações em geral"). Duas razões podem levar o ergonomista a querer influenciar o desenrolar dessas transformações: ele pode querer garantir que elas participarão, de forma coerente com as medidas mínimas enunciadas da solução do problema que motivou sua intervenção; ou ele pode querer prevenir o surgimento de problemas totalmente diferentes.

Do ponto de vista profissional, o ir além se refere aos casos em que as prescrições formuladas não pertencem ao campo de ação dos ergonomistas; as fronteiras desse extravasamento dependem da cultura do ergonomista, como precisa Lapeyrière (1996). O ergonomista explicita aqui (sem necessariamente pretender ele mesmo resolver) pontos irritantes que afetam os usuários, sem que sejam, no sentido estrito, problemas de utilização. Podem ser problemas agudos (p. ex., o ruído ambiente enervante causado pelo disparo regular do sistema antifurto) ou mais profundos (p. ex., problemas de relacionamento com a hierarquia).

Capítulo 23 – As prescrições dos ergonomistas   **335**

É evidente que prescrições mínimas são sempre necessárias: o ergonomista se sentirá pouco legitimado em formular prescrições que vão além do quadro de seu mandato se ele não respondeu, antes disso, à demanda de seu cliente.

Modalidade de ação fundamental de elaboração das prescrições

As ações do ergonomista ganham em realismo quando são descritas em referência à dinâmica global e ao contexto da intervenção na qual se inserem. No entanto, é possível descrever princípios fundamentais que, independentemente da singularidade e da dinâmica dos contextos de intervenções, caracterizam a elaboração de prescrições a partir de um conhecimento aprofundado da atividade real dos utilizadores, estudada *in situ*. Após descrever esses princípios fundamentais, convém abordar a questão da articulação entre as prescrições resultantes desta abordagem descritiva e aquelas resultantes do *Human Factors*.

Extrair prescrições de uma análise de atividade – A abordagem descritiva em ergonomia consiste em realizar um diagnóstico da atividade (existente ou futura) dos usuários do produto ou da situação de trabalho a ser concebida e em extrair, desse diagnóstico, prescrições de concepção. É o conhecimento aprofundado da atividade que constitui, aqui, o motor da elaboração das prescrições (p. ex., Carroll, 1991; De Keyser, 1991; Norman e Draper, 1986; Woods e Roth, 1990).

Lembremos brevemente que o diagnóstico da atividade consiste em estabelecer a inteligibilidade da interação entre os determinantes da atividade do usuário, a própria atividade e seus efeitos (positivos e negativos, em termos de produtividade, de qualidade e de saúde/segurança). Partindo de um diagnóstico nesses moldes, o problema que o ergonomista em geral se coloca é de auxílio à atividade (Haradji, 1997); o usuário é visto como um ator que deve ser auxiliado em seus raciocínios, suas decisões, suas ações. Para fazê-lo, o ergonomista procura criar um novo sistema de determinantes da atividade, capaz de induzir a uma nova lógica de utilização favorável no plano da produtividade, da qualidade e da saúde/segurança. "Um sistema de determinantes", pois a atividade não corresponde a uma interação simples com "um" componente da situação de utilização. Ela resulta de interações múltiplas e complexas: as prescrições são elaboradas de maneira a organizar e articular a concepção de vários elementos para oferecer um auxílio à globalidade da atividade.

Na elaboração de tais prescrições, o ergonomista explora seu diagnóstico da atividade de duas maneiras (Jeffroy, 1993):

— procurar as estratégias eficazes e de segurança dos usuários. Estas proporcionarão a elaboração de prescrições que visam apoiar essas estratégias por meio da concepção;

— procurar as estratégias ineficazes e de risco. Estas proporcionarão a elaboração de prescrições que visam eliminar essas estratégias pela concepção, ou apoiar o raciocínio "de risco", ou ainda corrigir o erro potencial.

Para fazê-lo, o ergonomista recorre à sua bagagem de conhecimentos sobre o funcionamento humano, aos traços de estratégias ineficazes representados, por exemplo, pelos dados de acidentes e, finalmente, à sua experiência. No estabelecimento dos critérios e referências de concepção, o ergonomista ainda levará em conta, concomitantemente, o risco de deslocar o problema para uma outra atividade e o de criar um outro problema no nível da atividade estudada.

Recorrer também às prescrições resultantes do Human Factors – O *Human Factors* é antes de mais nada um conjunto de dados resultantes de estudos experimentais conduzidos em laboratório por pesquisadores em psicologia, fisiologia, biomecânica e outras. Estes produzem conhecimentos sobre as características humanas úteis à concepção dos postos de trabalho ou dos produtos, em especial; os limites do homem a não ultrapassar (p. ex., as zonas de conforto) e os meios de melhor utilizar suas capacidades (p. ex., os indicadores adaptados à percepção visual). São esses conhecimentos genéricos que, aqui, constituem o material a partir do qual são elaboradas prescrições para a concepção (p. ex., Sanders e McCormick, 1993; Wickens, 1992).

Alguns projetistas utilizam essas prescrições e "fazem ergonomia sem ergonomista" implementando uma modalidade de ação de "conformidade às normas ergonômicas". Uma análise mais ou menos sumária das tarefas e das exigências posturais, gestuais, visuais, mentais etc. ligadas às operações a realizar com o objeto a ser concebido permite identificar as características humanas que serão solicitadas e, a partir daí, as normas resultantes da corrente *Human Factors* a levar em conta na concepção.

Todavia, essas prescrições são igualmente utilizadas pelos ergonomistas privilegiando uma abordagem centrada na atividade. Eles têm, em geral, uma visão bastante crítica das modalidade de ação que negligenciam a análise da atividade e criticam a ineficácia de uma abordagem baseada unicamente na aplicação das normas. Mesmo assim, tampouco negam a utilidade dos conhecimentos resultantes do *Human Factors*. Ao contrário, existe um consenso segundo o qual as normas de concepção resultantes dessa corrente são complementares aos conhecimentos prescritivos provenientes de uma análise da atividade real dos usuários do produto ou da situação de trabalho a ser concebida (p. ex., Bodker, 1991; De Keyser, 1991; Montmollin, 1997; Vicente, 1999; Woods e Roth, 1990).

No entanto, poucos dados empíricos são publicados para ilustrar os limites da simples "conformidade às normas" e a complementaridade dos saberes ergonômicos resultantes das abordagens por um lado normativa, e por outro centrada na atividade. Os que são propostos aqui foram tirados da observação sistemática de uma intervenção ergonômica, realizada no quadro de uma pesquisa, cujos resultados detalhados e metodologia são fornecidos em Lamonde (2000a). O quadro seguinte oferece alguns detalhes relativos à intervenção observada, para orientações; essa intervenção referia-se à concepção de postos de empréstimos e devoluções de livros numa biblioteca universitária. Seu interesse reside principalmente no fato de que o ergonomista envolvido, que privilegiou uma abordagem centrada na atividade complementada por uma abordagem normativa, teve o mandato de rever a concepção de postos que, alguns anos antes, haviam sido concebidos com base numa abordagem estritamente normativa.

Este estudo de caso leva a formular três observações gerais relativas aos limites das prescrições normativas e à complementaridade entre essas prescrições e aquelas resultantes de uma abordagem centrada na atividade.

Capítulo 23 – As prescrições dos ergonomistas

> ### Detalhes da intervenção ergonômica observada
>
> Essa intervenção se refere aos postos de empréstimos e devoluções de livros de uma grande biblioteca universitária: uma reclamação por doença profissional estava na origem da demanda. A intervenção se desenvolveu em duas fases, que se estendeu por um período de cerca de dois anos, a partir de dezembro de 1996. Nesse momento, os postos já tinham passado por dois episódios de transformações em cinco anos. Um *designer* inicialmente os concebera (agosto de 1991), dando prioridade aos critérios estéticos. Rapidamente, as queixas relativas à altura excessiva do posto de empréstimos e atestados de doenças profissionais haviam levado o setor SST (saúde e segurança no trabalho) a pedir uma segunda intervenção em janeiro de 1992. Uma configuração para cada posto foi então proposta, com base em dados antropométricos e numa análise das tarefas; esse segundo interventor tinha também que considerar restrições orçamentárias e estéticas muito importantes. Apesar dessa segunda série de modificações, implantadas em 1992 e 1993, diversas queixas levaram o setor SST a intervir novamente, em especial em matéria de formação. Depois dessa última tentativa, em 1996, foi solicitada a um ergonomista uma análise de atividade nos dois cargos.

O caráter limitativo das prescrições exclusivamente resultantes do Human Factors. A abordagem normativa, utilizada sozinha, leva a formular prescrições para conceber um posto que, por sua vez, determina uma maneira de fazer. A abordagem centrada na atividade, leva a formular prescrições a serem respeitadas para permitir a implementação de uma atividade: nesta ótica, ela visa conceber inicialmente uma atividade, em torno da qual o posto é em seguida concebido, e isso respeitando os dados normativos.

Assim, no caso da biblioteca, a abordagem normativa inicial resultou em prescrições que respeitaram apenas as características antropométricas dos usuários e também zonas de conforto. A montante, ela postulou uma maneira única de trabalhar ao mesmo tempo para os operadores e para os usuários da biblioteca. Assim, para os operadores, os dois postos foram concebidos seguindo um princípio idêntico que prevê globalmente lidar com um volume por vez, fazendo-o deslizar da esquerda para a direita (nas devoluções; ao contrário dos empréstimos) para realizar, em sequência, cada operação prescrita. Por exemplo, no posto de devoluções, a sequência prescrita consistia em pegar um livro das caixas, passá-lo no leitor ótico, verificar seu estatuto no monitor, passá-lo pelo sensibilizador (sistema antifurto) e, por fim, classificá-lo.

Na realidade, esse modo operatório era raramente posto em prática pelos operadores, e isso apesar das tentativas repetidas de formação do setor saúde-segurança. E com razão: a abordagem centrada na atividade mostrou que a sequência teórica de tratamento dos livros que serviu de referência para a conformação às normas dos postos não era significativa da organização, pelos operadores, de suas ações. Por exemplo, nas devoluções, eles tratavam os livros por pilhas, e depois em série (e não um a um), sua atividade sendo organizada em torno de uma "lógica de funções": a) a recuperação (tirar vários livros das caixas, triá-los, empilhá-los e classificá-los em vista do tratamento; b) o tratamento dos livros devolvidos (leitura ótica, monitor, sensibilizador e constituição de novas pilhas para o encaminhamento; c) o encaminhamento dos livros tratados para zonas de estocagem diversificadas. Do ponto de vista da atividade, cada função formava um todo autônomo ao mesmo tempo que era articulada com as duas outras.

Esse modo de funcionamento era ao mesmo tempo mais eficaz e menos monótono. Permitia, por exemplo, o trabalho em dupla em período de sobrecarga, um operador realizando a recuperação e o encaminhamento em série, o outro se concentrando no tratamento. Levava, por outro lado, a constrangimentos posturais e gestuais consideráveis, o posto não tendo sido concebido para isso (donde as queixas que motivaram a intervenção ergonômica). Era em especial o caso quando o trabalho de recuperação em série dos livros era realizado de pé, enquanto o posto tinha sido concebido para um trabalho sentado. Assim, paradoxalmente, o posto "ergonômico", do ponto de vista do respeito às normas *Human Factors*, apresentava riscos do ponto de vista da atividade real.

Submeter as prescrições normativas àquelas baseadas num diagnóstico da atividade. A intervenção conduzida segundo uma abordagem descritiva não exclui totalmente o recurso às prescrições resultantes do *Human Factors*. Todavia, é preciso fazer uma diferenciação entre uma aplicação "direta" das normas ergonômicas e uma aplicação dessas mesmas normas submetida a uma análise prévia da atividade.

Para começar, a escolha e o ajuste das normas ergonômicas pertinentes serão realizados a partir daquilo que o ergonomista terá aprendido a respeito da atividade. Assim, no caso da biblioteca, as prescrições formuladas como resultado da ação de análise da atividade visavam a orientar a concepção de uma estação de trabalho tendo como base de raciocínio as três funções identificadas (recuperação, tratamento e encaminhamento) e considerando a variabilidade das condições de sua execução (p. ex., o trabalho pontual em dupla na recuperação e no encaminhamento). Uma vez estabelecido o conceito da estação de trabalho "por funções", o ergonomista precisou consultar e respeitar as normas ergonômicas necessárias para concretizá-lo. Tomemos mais especificamente como exemplo o caso da função "tratamento" nas devoluções. Essa função diz respeito à parte da atividade que consiste em passar os livros pré-classificados em pilhas (função recuperação, realizada anteriormente em série ou assumida por um outro operador), em série, pelo leitor ótico e depois pelo sensibilizador, e isso enquanto se verifica o estatuto do livro no monitor (atrasado, reservado, para as estantes etc.). Na saída desta função, os livros são de novo constituídos em pilhas, tendo em vista a função seguinte (o encaminhamento). Claro, as normas ergonômicas especificam em que altura posicionar o monitor em relação aos olhos de um operador em postura sentada. Mas a análise da atividade mostrava que, na aplicação dessa norma, era preciso considerar um critério: o monitor, o leitor ótico e o sensibilizador deviam estar próximos uns dos outros, por esses três equipamentos manterem uma relação funcional significativa.

Depois, o fato de prescrever a aplicação de uma norma ergonômica será baseado num objetivo fundamental: induzir uma nova atividade que terá efeitos positivos sobre a saúde, a segurança e a eficácia. As normas são aqui exploradas não como regras de concepção estritas e incontornáveis, mas como meios de determinar, ou até exigir, o desenvolvimento de uma outra atividade, mais desejável.

Ultrapassar o campo de prescrição abrangido pelas normas. A análise da atividade abre o caminho para prescrições mais amplas, sem relação com a organização física dos postos, que não poderiam ser imaginadas ou motivadas caso se limitasse a uma abordagem normativa. Com efeito, essa modalidade de ação está resolutamente engajada numa lógica de *problem setting* (por oposição ao *problem solving*). A abordagem normativa tem, ao contrário, tendência a reduzir o campo de exploração dos problemas: a solução

Capítulo 23 – As prescrições dos ergonomistas

é em parte definida (em termos de aplicação de normas, p. ex., antropométricas), antes mesmo que o problema tenha sido inteiramente colocado.

Assim, no caso da biblioteca, a análise da atividade colocou claramente em evidência a relação funcional ligando os postos de empréstimos e devoluções dos livros. A partir daí, o interventor pôde chamar a atenção do cliente para a importância de integrar os projetos de transformação futura dos postos de empréstimos (introdução de PC e de guichês de autoatendimento àqueles, em curso, de transformação do posto de devoluções, projetos até então conduzidos de maneira isolada. Uma modalidade de ação normativa teria levado o interventor a se concentrar na solução de um problema de conformação às normas de um "móvel" (o balcão de devoluções). A análise da atividade, por sua vez, forneceu critérios precisos para prescrever uma ação mais global:

— ajudar o cliente a reformular sua demanda. Claro, proporcionar correções menores do posto de devoluções era uma opção possível e, aliás, a implementar. No entanto, a problemática real dizia respeito muito mais à gestão dos projetos de transformação de todo o setor e, de uma maneira mais geral, a organização de seus meios de produção;

— formular prescrições relativas à gestão da organização do setor, em particular a condução geral dos projetos de transformação.

Prescrições recolocadas na dinâmica da intervenção

Os princípios que acabam de ser enunciados não significam que as prescrições ocorrem, na intervenção, seguindo o esquema simplificado "1) análise da atividade, 2) recomendações". As prescrições têm um caráter evolutivo e são formuladas a todo momento ao longo da intervenção. Ademais, outros materiais e dados além da análise da atividade entram em consideração na formulação de prescrições.

Caráter evolutivo das prescrições – As prescrições constituem, ao longo da intervenção, um objeto de preocupação permanente. O ergonomista entra, de fato, desde as primeiras fases da intervenção, num ciclo de diálogo com seus interlocutores e com "a situação" (Lamonde, 2000a; Schön, 1983). É esse diálogo que, progressivamente, permite codefinir as fronteiras das prescrições a serem formulas. Assim, as prescrições não resultam apenas do diagnóstico da atividade; todos os componentes de uma intervenção são uma oportunidade, para o ergonomista, de produzi-las.

Falzon (2000) ressalta em particular que a análise e a negociação da demanda são prescritivas, pois levam, entre outras coisas, a determinar o espaço de busca de soluções. O exemplo anterior da biblioteca demonstra isso. Durante a entrevista que o ergonomista consultor teve com sua cliente, no começo da intervenção, para negociar seu contrato de serviço, esta indicou que, tendo em vista o dinheiro já investido, o balcão de empréstimos não seria reformado. A verbalização recolhida confrontando o ergonomista ao registro dessa entrevista revela que este procurou prescrever as regras do jogo relativas ao tipo de serviço-consultoria que vende. Mais especificamente, ante as restrições significativas formuladas por sua cliente, ele quis, no decorrer dessa entrevista, criar uma possibilidade de entendimento em torno da necessidade de realizar um diagnóstico de atividade "sem compromisso quanto aos meios": "Ela me indica suas margens de manobra, mas isso não modifica meu diagnóstico (...) como ergonomista, eu me dou uma obrigação moral, tenho uma obrigação de meios a implementar". De fato, essas regras de jogo foram aceitas pela cliente ("na verdade, ela está me dizendo: 'tenho consciência do contexto, estou de acordo com você, mas temos restrições e vamos tentar juntos dar um jeito nisso tudo'."). Um ciclo de definição progressiva das prescrições, relativas ao mesmo tempo à concepção e ao processo, foi então instaurado, desde esse estágio, como demonstra esta última verbalização: "...isso não modifica meu diagnóstico. Em compensação, vai modificar a maneira de apresentar os resultados e, sobretudo, o grau de persuasão que terei de empregar".

Esse caráter evolutivo das prescrições foi amplamente evidenciado na literatura que trata do paradoxo da ergonomia de concepção (p. ex., Bodker, 1991; Carroll, 1991; Jeffroy, 1993). Em concepção, mais particularmente, o ergonomista não pode se contentar com formular recomendações: seu papel é o de coprojetista. O conteúdo de suas prescrições evolui, portanto, necessariamente por meio de seus diálogos diretos e constantes com os projetistas, engenheiros, arquitetos e outros.

Os múltiplos materiais de elaboração das prescrições – Colocando-se do ponto de vista do significado que o ergonomista dá a suas ações, estas nunca têm como única finalidade aquela que lhes é atribuída nos modelos tradicionais de intervenção ergonômica. Assim, a análise da atividade não serve apenas para estabelecer um diagnóstico e extrair prescrições; do mesmo modo, formular prescrições não serve apenas para influenciar as escolhas e o processo de concepção. Em contrapartida, as prescrições não são construídas a partir somente do material "análise da atividade".

De fato, ao longo de uma dada intervenção, o ergonomista navega constantemente entre quatro universos de ação que ele constrói progressivamente (Lamonde, 2000a, 2000b), a saber:

— a intervenção em curso ou, em outras palavras, a resposta ao mandato que lhe foi formulado;

— o ambiente relacional do ergonomista, que ele deseja propício à intervenção entendida em sentido amplo (a intervenção em curso, mas igualmente as futuras junto ao mesmo cliente ou a outros);

— sua modalidade de ação geral e pessoal de intervenção (seus valores, suas crenças, suas ferramentas pessoais de ergonomista), procedimento que serve para intervir aqui e agora, mas igualmente em toda a sua vida profissional;

— seu percurso geral de vida profissional e extraprofissional.

Cada um desses quatro universos de ação alimenta e é alimentado permanentemente pelos outros três. Significa dizer que cada ação colocada pelo ergonomista ao longo da intervenção é pensada de acordo com esses quatro universos; isso vale igualmente para as prescrições.

Assim, no caso da biblioteca, as prescrições do ergonomista foram formuladas, entre outras coisas, a partir de materiais relativos à sua relação com seus interlocutores; inversamente, visavam modelar essa relação para o futuro. Por exemplo, a cliente pedira ao ergonomista que fizesse correções de forma em sua oferta de serviço. Considerando suas experiências de colaboração anteriores, isso levou o ergonomista a querer validar sua leitura de sua relação com a cliente: "Achei curioso que ela tomasse tantas precauções com a forma. Em geral, o orçamento é um instrumento de comunicação entre eu e ela, discutimos a respeito por telefone e ela procura apenas se assegurar de algumas coisas. Aqui é diferente. Acho que ela sabe o que penso, minha competência não está sendo

Capítulo 23 – As prescrições dos ergonomistas

questionada". Durante uma reunião com ela, ele constata que o problema era apenas a desconfiança dos operadores e da hierarquia da biblioteca em relação à ergonomia: "Minha competência não está sendo questionada (...) ela me confirma que vai haver vários leitores e que ela toma suas precauções". Esse elemento de contexto relacional levou o ergonomista a definir as fronteiras de suas prescrições futuras. Estas seriam formuladas de maneira a agir ao mesmo tempo de acordo e sobre esse clima de confiança, como demonstra a verbalização seguinte: "Então no caso, em todos os relatórios escritos que produzir, será necessário redobrar a vigilância para não ter a menor ambiguidade. E acredito que serei testado quanto à minha credibilidade".

Conclusão

Os critérios subjacentes às prescrições dos ergonomistas foram abordados apenas de forma sumária neste capítulo. O mesmo pode ser dito quanto à validação e o acompanhamento das prescrições. Nem por isso esses elementos são menos centrais: o valor agregado da ergonomia em concepção de produtos e situações de trabalho depende deles e, por extensão, sua legitimidade. Essas diferentes questões remetem, entretanto, à intervenção ergonômica em geral; o leitor interessado é convidado a consultar os capítulos desse tratado que abordam o ofício de ergonomista (Capítulo 1) e a metodologia geral da ação ergonômica (Capítulo 20).

Referências

BODKER, S. *Trough the interface:* a human activity approach to user interface design. Hillsdale: Lawrence Erlbaum, 1991.

CARROLL, J. M. (Ed.). *Designing interaction:* psychology at the human computer interface. Cambridge: Cambridge University Press, 1991.

DANIELLOU, F.; SIX, F. Les ergonomes, les prescripteurs et les prescriptions. In: LES JOURNÉES DE BORDEAUX SUR LA PRATIQUE DE l'ERGONOMIE, Bordeaux, 2000. p.1-23.

DE KEYSER, V. Work analysis in french language ergonomics: origins and current trends. *Ergonomics*, v.34, p.653-669, 1991.

FALZON, P. Synthèse des journées. In: LES JOURNÉES DE BORDEAUX SUR LA PRATIQUE DE l'ERGONOMIE, Bordeaux, 2000. p.121-123.

GAILLARD, I.; LAMONDE, F. Ingénierie concourante et conception collective: le point de vue de l'ergonomie. *Revue de psychologie du travail et des organisations*, n. spécial, 2000. (Compétence des collectives).

GUÉRIN, F.; LAVILLE, A.; DANIELLOU, F.; DURRAFOURG, J.; KERGUELEN, A. *Comprendre le travail pour le transformer; la pratique de l'ergonomie*. Montrouge: ANACT, 1996. (Outils et méthodes).

HARADJI, Y. Aide à l'activité. In: MONTMOLLIN, M. de (Ed.). *Vocabulaire de l'ergonomie*. 2.ed. Toulouse: Octarès, 1997. p.29-30.

HATCHUEL, A. Coopération et conception collective, variété et crises des rapports de prescription. In: TERSSAC, G. de; FRIEDBERG, E. (Ed.). *Coopération et conception*. Toulouse: Octarès, 1996. p.101-121.

JEFFROY, F. Les recommandations en ergonomie du logiciel. *Génie logiciel et Systémes Experts*, v.29, p.40-46, 1993.

LAMONDE F. *L'intervention ergonomique, un regard sur la pratique professionnelle.* Toulouse: Octarès, 2000a. (Travail).

_____. L'environnement relationnel de l'ergonome: un regard sur la pratique professionnelle. In: CONGRÉS DE LA SELF, 35., Toulouse, 2000. *Actes.* Toulouse: Octarès, 2000b. p.561-569.

LAMONDE, F.; BEAUFORT, P.; RICHARD, J. G. *La pratique d'intervention en santé – sécurité et en ergonomie dans des projets de conception. Étude d'un cas de conception d'une usine,* Rapport de recherché. Montréal: Institut de recherche Robert-Sauvé en santé et en sécurité du travail, 2002. (Online). Disponível em: www.irsst.qc.ca.

LAPEYRIÈRE, S. L'intervention, une activité permanente de synthèse. CONGRÉS DE LA SELF, 31., Bruxelles, 1996. *Actes.* Bruxelles: SELF, 1996. p.320-324.

LEDOUX, E. La conception architecturale: qui sont les concepteurs? *Performances Humaines et Techniques,* v.74, p.22-25, 1994. (Dossier: L'activité des concepteurs).

MONTMOLLIN, M. de (Ed.). *Vocabulaire de l'ergonomie.* 2.ed. Toulouse: Octarès, 1997.

NORMAN, D. A.; DRAPER, W. D. User centred design. Hillsdale (NJ): Lawrence Erlbaum, 1986.

RABARDEL, P. et al. *Ergonomie:* concepts et méthodes. Toulouse: Octarès, 1998. (Formation).

SANDERS, M. S.; MCCORMICK, E. J. *Human factors in engineering and design.* 7.ed. New York: McGraw-Hill, 1993.

SCHÖN, D. A. *The reflexive practitioner:* how professionals think in action. New York: Basic Books, 1983.

VICENTE, K. J. *Cognitive work analysis, toward safe, productive and healthy computer based work.* London: Lawrence Erlbaum, 1999.

WICKENS, C. D. *Engineering psychology and human performance.* 2.ed. New York: Harper-Collins, 1992.

WOODS, D. D.; ROTH, E. Models and theories of human computer interaction. In: HELANDER, M. (Ed.). *Handbook of human computer interaction.* Amsterdam: Elsevier, 1990. p.3-43.

Ver também:

20 – Metodologia da ação ergonômica: abordagens do trabalho real

21 – A ergonomia na condução de projetos de concepção de sistemas de trabalho

22 – O ergonomista, ator da concepção

27 – A concepção de programas de computador interativos centrada no usuário: etapas e métodos

24

Participação dos usuários na concepção dos sistemas e dispositivos de trabalho

Françoise Darses, Florence Reuzeau

Introdução

A participação dos usuários na concepção dos produtos que lhes são destinados não é uma prática nova: instaurada desde a década de 1970 nos países escandinavos, é objeto hoje em dia de um revigorado interesse em virtude da racionalização da concepção em *projeto* e da organização da concepção em empresa estendida,[1] mas também porque a necessidade de uma concepção centrada no usuário torna-se evidente em todos os setores de bens e serviços. Historicamente, a concepção participativa se desenvolveu em três esferas distintas: a) participação dos funcionários dos sistemas de produção (de bens ou serviços) nas transformações de seu próprio sistema de trabalho (dispositivos organizacionais e técnicos); b) implicação dos usuários finais no ciclo de desenvolvimento dos produtos, sejam esses produtos manufaturados ou sistemas informáticos; e, de maneira mais ampla, c) introdução de atores, cujo ofício não é o de projetistas (terceirizados, manutenção, marketing, compras etc.) nos processos de concepção. Mas, seja qual for a esfera em que ela se exerce, a concepção participativa remete a problemáticas similares, mesmo se "aquele que participa" é, conforme o contexto, um ator assalariado da empresa (operador, projetista, engenheiro, técnico) ou externo (usuário ou cliente). Uma visão sintética da questão impõe, por conseguinte, não distinguir inicialmente entre essas esferas, mas, ao contrário, apresentar seus pontos em comum.

Diversidade das situações de concepção participativa

Foi após uma legislação promulgada pelos países escandinavos, referindo-se à obrigação de envolver os usuários na concepção de sua ferramentas de trabalho, que se desenvolveu a corrente do *participatory design*, a "concepção participativa". As primeiras iniciativas e as explorações metodológicas se deram com um objetivo sociopolítico claro

---

[1] São qualificadas como empresas estendidas as organizações industriais que distribuem o processo de concepção de um produto entre locais geograficamente dispersos.

(Kensing e Blomberg, 1998): a ideia era instaurar uma "democracia nos locais de trabalho" (*workplace democracy*), de modo que fosse reforçada a posição dos operários nas instâncias de decisão, aumentando suas competências técnicas e organizacionais (Greenbaum e Kyng, 1991), em particular no campo das novas tecnologias da informação e da comunicação. Os projetos mais famosos, como DEMOS e UTOPIA (Bodker et al., 1993), contribuíram para conceber métodos de participação autorizando os assalariados e os patrões a debater as escolhas organizacionais e a concepção das ferramentas de produção.

As análises de ações de concepção participativa revelam práticas multiformes, com frequência coroadas de sucesso, mas também pontuadas por fracassos. A concepção participativa foi às vezes utilizada sem uma real conscientização dos desafios inerentes a esse modo de funcionamento: algumas empresas assumiram essa ideia sedutora (democracia versus autoritarismo), omitindo a fase anterior de construção da intervenção dos usuários. Ora, a participação não comporta em si mesma suas condições de sucesso: ela necessita de pré-requisitos sociais e individuais e precisa ser uma modalidade de ação acordada. Além disso, numerosas ações participativas tropeçaram no problema das decisões, o poder real mantém-se, apesar de tudo, muito gerencial (Gronbaek et al., 1993; Bodker et al., 1993).

A implementação da concepção participativa nos sistemas industriais encontra eco no setor informático nas abordagens de concepção ditas "centradas no usuário". O princípio de base é que os sistemas informáticos precisam ser aceitáveis do ponto de vista de seu uso e que, por conseguinte, é necessário adotar abordagens de concepção antropocentradas. Essa evidência ergonômica promove métodos de concepção que examinam com mais rigor a atividade dos usuários. Os projetistas se esforçam em respeitar uma certa "fidelidade cognitiva" (Brown, 1986). A compatibilidade do sistema com as necessidades do usuário se torna um critério de avaliação central das ferramentas informáticas (Nielsen, 1993; Norman e Draper, 1986).

Essas abordagens centradas nos usuários não fazem, no entanto, o usuário intervir sistematicamente como um ator integral do ciclo de concepção: muitas delas se apoiam em *representações* do usuário estabelecidas com base em modelos da atividade, elaborados por meio de questionários, testes, experimentos ou observações *in situ* (Carroll, 1996). O usuário é geralmente confinado às fases de avaliação e de teste de usabilidade do sistema e não estará associado à redação conjunta das especificações. Esse método é em parte justificado pelo afastamento organizacional do usuário, bem como pela ausência eventual de uma situação de referência. Esses dois fatores são freios reais à implementação de uma verdadeira concepção participativa e é então ao ergonomista, parceiro nesse tipo de projeto com cada vez maior frequência, que cabe a responsabilidade de dar conta das necessidades dos usuários. É, portanto, exagerado, do nosso ponto de vista, qualificar essas abordagens como sendo de concepção participativa.

Com o passar do tempo, os princípios participativos se estenderam a outros setores de atividade, em particular devido às novas racionalizações da concepção no projeto. Essas organizações reúnem atores-ofícios que têm conhecimentos, lógicas de ação e técnicas heterogêneas e introduzem às vezes setores (compras, produção, manutenção, terceirizados etc.) até então mantidos à distância da concepção. Além do constrangimento para assegurar uma boa coordenação do trabalho, espera-se agora que todos esses atores da concepção do produto atuem em "equipes integradas". O estreitamento desses vínculos de cooperação requer o desenvolvimento de metodologias de concepção cooperativa, cujos princípios são muito similares àqueles que foram instaurados nas situações tradicionais de concepção participativa.

Capítulo 24 – Participação dos usuários na concepção dos sistemas e dispositivos de trabalho · **345**

Motivações para instaurar a concepção participativa

As motivações que sustentam a implementação de ações participativas são múltiplas e em estreita interdependência (Heller et al., 1998). A primeira é "humanista": a participação contribui para o desenvolvimento pessoal do homem e lhe dá uma satisfação no trabalho. A participação só será de fato efetiva e eficaz se as pessoas implicadas encontram um interesse individual em participar e veem seus esforços participativos recompensados (melhoria das condições de trabalho, valorização de suas competências etc.).

A segunda motivação, na esfera dos sistemas de produção, visa a introdução de princípios democráticos no trabalho: aceitar que os assalariados sejam parte integrante da concepção de seu sistema de trabalho é não só reconhecer o valor de suas experiências adquiridas no cotidiano, mas sobretudo reconhecer um direito deles à decisão. É, portanto, aceitar que se atenue o fosso tradicional proveniente da herança taylorista, que distingue prescrição da atividade e execução da atividade. Como consequência, a introdução de profundas mudanças organizacionais é o que afeta não só os modos de gestão da empresa, mas também os modos de trabalho habituais dos assalariados, em todos os níveis de responsabilidade.

Uma terceira motivação é a melhora do desempenho do sistema de produção. Constata-se que é, com frequência, numa dinâmica de promoção da qualidade total que as empresas se engajam em ações de concepção participativa. Os objetivos visados são essencialmente a normalização e a certificação dos procedimentos e produtos, a melhora dos rendimentos, embora a melhoria da segurança e das condições de trabalho e a gestão das competências não estejam ausentes das preocupações. Essas ações se concretizam por meio da organização de numerosos grupos de trabalho (grupos de progresso, grupos de resolução de problema, grupos de topo-manutenção, grupos de reconcepção dos ferramentais, círculos de qualidade etc.). O corolário dessas ações, às vezes visado explicitamente pelos executivos das empresas, é que os usuários aceitam melhor as decisões e mudanças nas quais estiveram implicados do que aquelas impostas pela estrutura hierárquica.

A última motivação para instaurar a concepção participativa, que nos diz respeito aqui, é ergonômica. Comporta vários aspectos (alguns, aliás, coincidem com as motivações já citadas) que detalharemos nas seções seguintes: a) a concepção participativa contribui para melhorar conjuntamente as condições de trabalho e os sistemas de produção; b) a concepção participativa contribui para o desenvolvimento das competências; e c) a concepção participativa contribui para a organização da concepção em equipe integrada.

A concepção participativa é um meio de obter uma melhor expressão das necessidades para ajudar as análises funcionais e dar mais precisão ao memorial descritivo do ponto de vista do uso que será feito do futuro dispositivo. Esses saberes dizem respeito essencialmente às lógicas operatórias (as melhores estratégias de utilização dos dispositivos técnicos e organizacionais) que foram construídas a partir de diversas competências: percepção do ambiente, apreciação dos riscos corridos, conhecimento das "atividades limites de utilização" (Neboit, 2003) e dos vínculos organizacionais e sociais etc. Integrar essa dimensão a montante da concepção expondo estratégias potenciais de utilização e modelizando as interações humano(s)-dispositivo(s) é não só um trunfo para a inovação tecnológica, como também um vetor de melhoria das condições de trabalho.

A concepção participativa torna a formação quanto a novos dispositivos de trabalho menos árida e mais eficaz. Com efeito, permite que os futuros usuários se apropriem mais rapidamente dos sistemas de concepção em curso, ao mesmo tempo que antecipa a instauração e a gestão do coletivo de trabalho. Isso se realiza graças aos espaços de troca estabelecidos para servir à concepção participativa. Esses espaços criam situações de explicitação, de exame e ajuste coletivo dos saberes. Com isso, a concepção participativa contribui para o desenvolvimento das competências das pessoas, mas também, de forma mais ampla, para o enriquecimento das competências e dos saberes da empresa.

Os princípios e métodos da concepção participativa são particularmente úteis nas situações de concepção por projeto, em que a principal dificuldade encontrada pelos chefes de projeto é integrar os pontos de vista dos diferentes coprojetistas. As ferramentas desenvolvidas para a concepção participativa, como por exemplo a elaboração de roteiros (ver adiante Ferramentas, métodos e técnicas para a concepção participativa) podem ser úteis a esse objetivo.

Condições de implementação da concepção participativa

Um certo número de pontos deve ser identificado antes da implementação de uma ação de concepção participativa: objetivos atribuídos aos usuários, escolha dos representantes dos usuários, nível de sua participação, construção dos métodos participativos. Essas questões estão longe de serem triviais. Serão detalhados aqui os problemas que elas geram. Antes de abordá-las, convém, no entanto, estabelecer um certo número de princípios gerais que devem ser acordados antes de qualquer concepção participativa.

Princípios básicos – Clement e Van den Besselar (1993) fizeram uma análise retrospectiva de dez projetos de concepção participativa que ocorreram nas décadas de 1970 e 1980. Dela, extraíram um conjunto de condições indispensáveis à implementação de uma ação de concepção participativa. A primeira é fornecer aos usuários o nível de informação necessário e suficiente ao exercício de seu julgamento. A participação no processo de decisão e, portanto, o acesso a um real poder de decisão constitui outra condição essencial à qual retornaremos em detalhe na seção seguinte. Além disso, é preciso dispor de ferramentas e métodos de implementação da concepção participativa, ponto que desenvolveremos mais adiante. Locais adequados devem ser preparados para responder às especificidades organizacionais e técnicas da concepção participativa. Por fim, o empenho financeiro que a concepção participativa requer deve ser prevista: muitas ações participativas são interrompidas por falta de meios financeiros ou porque a intervenção dos usuários atrasa o desenvolvimento previsto do projeto.

É preciso insistir no fato de que a participação não pode ser reduzida a uma técnica de concepção: os componentes organizacionais e sociais devem ser explicitamente levados em conta e devem conduzir à promulgação de regras de funcionamento garantindo a implicação das pessoas no processo de participação.

Definição do quadro participativo

O termo "concepção participativa" tem acepções múltiplas e, portanto, as estratégias participativas serão diversas (Heller et al., 1998). É o poder de decisão outorgado aos usuários que distinguirá as modalidades de participação (ver Quadro 1) segundo um grau crescente: informar os usuários, consultar os usuários e decidir com os usuários.

Capítulo 24 – Participação dos usuários na concepção dos sistemas e dispositivos de trabalho — **347**

Quadro 1 Graus de participação praticados na concepção participativa
(adaptado de Damodaran, 1996; Jenssen, 1997; Reuzeau, 2000)

Graus	Modalidade	Atividades
Grau 1	Informar	Informar os operadores dos planos de ação decididos pelos gestores
Grau 2		Coletar informações e experiência dos usuários
Grau 3	Consultar	Recolher as opiniões e sugestões dos usuários sobre as ações em curso
Grau 4	Decidir	Negociar com os usuários em comitês formalizados
Grau 5		Coconcepção e decisão conjunta entre as diferentes partes implicadas

A modalidade de *informação* tem o mérito de levar em conta o fator humano como uma das dimensões do contexto sociotécnico da concepção. Mas ela restringe os usuários ao papel de fornecedores de informações sobre o "uso" e, por esta razão, consideramos que é exagero qualificá-la de concepção participativa. A modalidade de *consulta* permite que os usuários tornem conhecidas suas expectativas em relação ao futuro dispositivo e seu ponto de vista sobre certas escolhas de concepção feitas pelos projetistas. Mas essa modalidade "participativa" (o termo parece aqui ainda usurpado) não confere poder de decisão explícito aos usuários, a não ser por meio – na melhor das hipóteses – de ergonomistas que se encarreguem de defender o ponto de vista do uso junto aos projetistas do dispositivo.

É somente a modalidade de *decisão conjunta* que caracteriza plenamente a concepção participativa. Ela convida todos os atores envolvidos a examinar conjuntamente certas decisões de concepção e a produzir juntos soluções alternativas. Os usuários endossam oficialmente o papel do coprojetista, pois suas contribuições são reconhecidas e validadas pela empresa como fatores de influência sobre as escolhas de concepção. Claro, os usuários não podem estar implicados em todas as decisões, mas essa é a regra para todo coprojetista: cada um, conforme sua especialidade e sua função, tem a si dedicada uma esfera de decisão fora da qual ele não tem mais legitimidade para decidir. Por exemplo, em concepção de serviço, a participação dos usuários não poderá incidir em todos os aspectos organizacionais e técnicos do serviço a ser concebido. Em concepção de produto, a participação dos usuários se dará essencialmente com relação aos subsistemas que apresentam interações humano(s)-dispositivo(s) (regulação de fluxo, desencadeamento de comandos, controle etc.). O perímetro de decisão dos usuários depende igualmente da envergadura do projeto de concepção, do domínio técnico sobre os riscos, da complexidade técnica do dispositivo e da diversidade das especialidades implicadas: por exemplo, a reconcepção de pequenas ferramentas de fabricação não se colocará nos mesmos termos da concepção de um dispositivo que transforma consideravelmente o modo de produção.

São, portanto, no quadro anterior, os graus 4 e 5 que caracterizam a concepção participativa, pois colocam todos os atores no papel de coprojetistas no processo de concepção. Essa implicação abrangente dos usuários nas ações de concepção nos parece um pré-requisito indispensável para construir uma visão sistêmica dos problemas. Ela requer a elaboração de um quadro participativo claro qualificando os papéis que serão atribuídos aos diferentes participantes da interação e lembrando as condições institucionais de cooperação entre parceiros. Deve ser negociado e aceito pelas hierarquias e comportar cláusulas de proteção dos usuários. A participação não pode engajar os usuários para além do perímetro de responsabilidade estipulado na descrição de seu cargo e correspondente ao poder de decisão que lhes foi dado.

Escolha dos usuários – Existe uma multidão de usuários potencialmente selecionáveis para a participação. Com frequência, supõe-se que o usuário final é que deve ser escolhido, pois é aquele que melhor conhece o seu trabalho. Mas quem é o usuário final? É o piloto do avião, a aeromoça, o passageiro ou o mecânico de manutenção? É, portanto, possível construir amostras representativas dos usuários? Qual é então o grau de experiência que deve ser privilegiado? Qual tipo de experiência deve ser preferida? São questões que só encontrarão respostas caso a caso, baseando-se nos princípios que apresentamos nessa seção.

O usuário final e o "representante do usuário". A qualificação de *usuário final* nomeia classicamente aquele que utiliza a ferramenta numa atividade cotidiana por meio de uma interação direta e finalizada por seu trabalho (Damodaran, 1996; Noyes et al., 1996). Essa qualificação comporta um valor normativo, do qual é preciso estar consciente: faz-se a hipótese de que o *usuário final* utiliza a ferramenta de uma maneira esperada e normal (Webb, 1996). Ora, sabe-se que reina uma grande diversidade na comunidade dos usuários de um dispositivo de trabalho, diversidade que se exprime na heterogeneidade das estratégias operatórias (devido à escolha das restrições ou dos recursos, por exemplo) ou das estratégias de gestão do risco (como os critérios de transgressão de regras, por exemplo). O recurso a uma amostra representativa de usuários poderia resolver esse problema. Mas a maioria das ações de concepção participativa se inscreve em situações em que a constituição de uma amostra depende da disponibilidade, do interesse, dos vínculos organizacionais e sociais. Esses fatores podem constituir aspectos capazes de enfraquecer a representatividade do grupo de usuários implicados. Além disso, o problema do acesso a vários usuários pode representar um custo muito elevado: é necessário então se contentar com a participação de alguns usuários disponíveis. Ademais, há casos de concepção de produtos inovadores em que o usuário final ainda não está claramente identificado. Em suma, é preciso saber que a escolha de usuários finais permanece como uma questão problemática para instaurar a concepção participativa, e que convém diversificar as fases de avaliação e de testes, por exemplo, para completar a delimitação das necessidades.

Uma distinção clássica operada em certos setores industriais separa o usuário final do *representante* do usuário final. Este estatuto é institucional, em particular em certas indústrias de alto risco como a concepção aeronáutica, em que os *representantes do usuário* (que são no caso os pilotos de provas) são indispensáveis: testemunhas da história aeronáutica, essa população é a única a lidar cotidianamente com situações extremas no decorrer dos numerosos voos de prova que constituem sua carreira. No entanto, estes representantes do usuário encontram-se distanciados das funções operacionais cotidianas e às vezes tem uma representação inadequada das dimensões operativas da atividade dos usuários finais (Maugey, 1996). Sua percepção das necessidades pode divergir das necessidades dos usuários finais. Para evitar que se introduzam distorções significativas na análise das necessidades, convém aqui também diversificar a participação e proporcionar comparações de pontos de vista com os usuários finais (Reuzeau, 2001).

O grau de experiência. Os usuários experientes e os novatos desenvolvem modelos mentais diferentes de seu campo de experiência e manifestam diferentes comportamentos na realização de seu trabalho. Um trabalhador experiente pode realizar seu trabalho mais rapidamente que um novato, valendo-se de um acesso mais rápido a seus conhecimentos. Os trabalhadores experientes dispõem de representações mais operativas do problema (Visser e Falzon, 1992) e raciocinam num nível de abstração superior ao dos novatos (Bisseret, 1987), como Amalberti e Valot (1990) demonstraram num estudo na área militar, em que eles pediam a pilotos que descrevessem uma missão tática: os pilotos jovens descrevem as fases de voo difíceis de realizar, enquanto os pilotos experientes se aplicam em descrever a preparação do voo, os objetivos táticos e o retorno à base. Ademais, os pilotos experientes têm capacidades metacognitivas melhores que os novatos: têm uma percepção melhor de seus pontos fortes e fracos. Isso os leva, por exemplo, a implementar estratégias de gestão de crise mais bem adaptadas. Por todas essas razões é aconselhável associar à concepção tanto trabalhadores experientes quanto novatos, de modo que o novo dispositivo de trabalho seja adaptado aos diferentes graus de experiência.

O tipo de experiência. Escolher um usuário é antecipar quanto às competências que esse usuário será capaz de pôr em prática no processo participativo. Essas competências podem, quando são de ordem técnica, ser identificadas anteriormente por uma análise da atividade (p. ex., os pilotos de provas desenvolvem competências no campo da avaliação dos postos de pilotagem civis e militares, e os pilotos de linha no campo dos voos civis comerciais). Mas os usuários que são levados a participar da concepção vão também utilizar competências que não são técnicas: capacidades de comunicação, de explicação ou de abstração. Pode-se então preconizar que os usuários sejam escolhidos de acordo com essas competências que facilitam a participação. É difícil determinar em princípio qual seria a melhor forma de experiência esperada de um usuário: cada estudo traz seus próprios parâmetros que os usuários adotam para escolher.

Ferramentas, métodos e técnicas para a concepção participativa

Como notam Jeantet et al. (1996), "não basta reunir fisicamente os atores do projeto de concepção para integrar seu trabalho e as contribuições específicas. É preciso ainda instrumentar suas relações de maneira adequada". Ora, um obstáculo encontrado nas situações de concepção participativa é que os usuários não são projetistas profissionais e não dispõem das ferramentas metodológicas clássicas de concepção, como a análise funcional, a maquetagem digital em CAD ou a leitura de plantas. Esses métodos clássicos de concepção não são, de qualquer forma, os mais apropriados para evidenciar critérios de uso e critérios organizacionais visados pelo processo de concepção participativa, em particular porque produzem descrições tecnocentradas dos dispositivos. Criar e disponibilizar ferramentas que permitam aos grupos de coprojetistas estabelecer a relação entre as práticas de trabalho atuais e as práticas futuras e associar a elas as tecnologias apropriadas é, consequentemente, um objetivo central dos projetos de concepção participativa (Kensing e Blomberg, 1998). Este objetivo leva a propor, a montante das ferramentas propriamente ditas, princípios metodológicos que enquadram as ações participativas. Sua implementação prática recorre a três categorias de ferramentas complementares: ferramentas de análises dos problemas, ferramentas de simulação do dispositivo, e ferramentas de auxílio aos processos de decisão coletiva.

Princípios metodológicos – O primeiro princípio a enunciar é que não existe método único para a concepção participativa: trata-se mais, como vários autores propõem (Clegg et al., 1996; McNeese et al., 1995), de organizar, de maneira coerente, as diversas práticas de concepção participativa (que englobam princípios ergonômicos de base como a análise da atividade), respeitando os seguintes pontos:

— os métodos de concepção participativa devem antes de mais nada fornecer meios de comunicação compartilhada e permitir uma troca de saberes entre os especialistas na área e os projetistas do sistema, mas também entre os próprios especialistas, de modo a favorecer uma aprendizagem cruzada (Hatchuel, 1994) e de modo a fazer evoluir as competências coletivas (Darses, 2002a);

— esses métodos devem igualmente facilitar a livre expressão dos conhecimentos sobre a atividade dos usuários de modo a fazer sentido para eles;

— enfim, esses métodos devem gerar uma representação dos conhecimentos que seja compatível com as representações de todos os parceiros (McNeese et al., 1995).

A ideia que rege esses princípios é organizar as condições de uma confrontação sociocognitiva (Garrigou et al., 1995), pois os membros de um grupo de concepção participativa não dispõem *a priori* de um vocabulário comum, nem sempre compartilham os mesmos objetivos (projetistas desejam estabelecer prescrições firmes e definitivas), nem as mesmas restrições (os usuários propõem soluções às vezes dificilmente realizáveis tecnicamente) etc. A integração sociocognitiva dos pontos de vista é, portanto, central num processo de concepção participativa.

Ferramentas de análise dos problemas – Numa situação de concepção participativa, pode-se instrumentar a fase de análise funcional (que inicia todo processo de concepção) com ferramentas de análise dos problemas e de identificação das situações a serem transformadas. Pode-se organizar grupos de reunião para examinar e capitalizar as experiências dos usuários (sessões de criatividade, *grupos focais*, por exemplo), conhecer situações de referência (externas ou internas à empresa). A análise coletiva de situações existentes é um método muito fecundo: apoiando-se na projeção e na análise coletiva de filmes sobre a atividade, permite confrontar as práticas e estabelecer um referencial comum. O emprego de métodos mais estruturados, como aqueles usados nas ações de qualidade total (p. ex., o método QOOQCQ[2] ou os AMDEC[3]), pode enquadrar eficazmente o processo de análise dos problemas. Enfim, pode-se utilizar ferramentas de decomposição funcional das tarefas (McNeese et al., 1995; Clegg et al., 1996).

Ferramentas de auxílio à simulação da situação futura – Para prefigurar o impacto dos futuros dispositivos sobre as práticas de trabalho e para ajustar a adequação entre

---

[2] Trata-se de responder, na ordem, as seguintes questões: Quem? O quê? Onde? Quando? Como? Quanto?

[3] Análise dos modos de falhas, de seus efeitos e seu grau crítico: método qualitativo baseado no exame das causas e consequências das falhas de confiabilidade de um sistema.

Capítulo 24 – Participação dos usuários na concepção dos sistemas e dispositivos de trabalho   **351**

uns e outros, utilizam-se ferramentas de auxílio à simulação que podem ser agrupadas em três categorias distintas (porém complementares): as maquetes, os protótipos e os roteiros.

A partir do momento em que se elaboram coletivamente as especificações, a maquetagem e a prototipagem são ferramentas muito úteis. Entretanto, não se deve reduzir as maquetes e protótipos a uma simples função de *demonstração* do futuro sistema. É essencial permitir aos usuários e projetistas que explorem juntos as formas e funcionalidades das aplicações, bem como sua adequação ao trabalho visado: é uma função de *prototipagem cooperativa* que se tem como objetivo.

Existem várias maneiras de realizar a prototipagem cooperativa (Bodker et al., 1993; Ehn e Kyng, 1991). Citemos por exemplo PICTIVE (Muller et al., 1995), que utiliza pedaços de papel com elementos da interface. Esses papéis são dados aos usuários, que podem manipulá-los e modificá-los à vontade com base num roteiro com as questões do *Como* e *Quando*. Os usuários simulam desse modo partes de sua atividade. PICTIVE auxilia assim na avaliação das ações dos usuários e na avaliação dos meios de realização dessas ações.

A utilização de roteiros para conceber dispositivos (interfaces informáticas, fluxos de dados, organizações espaciais ou postos de trabalho industrial) permite representar "o que o usuário faz, o que ele percebe, o que ele extrai disso" (Carroll, 1995, 2000). O roteiro é uma descrição "focalizada em situações particulares, concretas e dirigidas pelo trabalho, informais, fragmentárias" e permite que o usuário "simule" sua atividade. Pode ser relatado por diversos meios, dos quais vários são descritos em detalhe por Greenbaum e Kyng (1991): os *story-boards*, os jogos de concepção, os jogos de linguagem etc.

Os roteiros são ferramentas de auxílio muito poderosas, desde que se domine sua elaboração. Se o roteiro é definido de forma vaga demais, ou se os usuários não verbalizam os roteiros que têm na cabeça, então as informações não serão aproveitáveis, pois não terão sido recontextualizadas. Constata-se também que os usuários podem formular avaliações muito diferentes do dispositivo em relação ao roteiro, no qual baseiam seu raciocínio (Reuzeau, 2001; Poveda e Thorin, 2000).

Ferramentas de auxílio à decisão coletiva – Decidir é, sem dúvida, a fase mais difícil de instrumentar na concepção participativa. Para começar, nem sempre é possível ratificar de maneira participativa as conclusões e as orientações formuladas por grupos de trabalho porque os argumentos entram num processo de decisão mais amplo e mais complexo (atenção dada às condições econômicas, legais ou políticas da concepção).

Além disso, há uma falta de métodos apropriados à decisão coletiva. O problema decorre, em particular, do fato de que esse processo nem sempre dá lugar a uma fase específica e explícita. Muitas decisões se dão tacitamente durante a intensa atividade argumentativa que caracteriza as fases de análise do problema e busca da solução. Mas o simples fato de pôr no papel as vantagens e limites de cada proposição, e melhor, sua consignação num documento de lógica da concepção pode bastar para sustentar o processo de decisão dando sustentação explicitamente às escolhas. É aliás com base nesse princípio que são elaboradas várias ferramentas de auxílio à argumentação (Moran e Carroll, 1996) utilizadas em certos processos de concepção. Nos casos em que é necessário proceder a uma fase de decisões explicitamente enquadrada, esta não deve ser restrita a uma simples justaposição de opiniões (como ocorre com muita frequência com os votos, por exemplo). Mantém-se sempre indispensável estabelecer coletivamente a lista dos critérios de avaliação,

Dificuldades da concepção participativa

A implementação da concepção participativa não deixa de encontrar, ao menos, duas dificuldades correntes que mencionaremos aqui: a dissimulação e a prescrição reflexiva.

Dissimular a participação – Como assinalam Heller et al. (1998), existem dissimulações da participação. Certas práticas gerenciais podem levar a uma "sensação de participação", ao mesmo tempo que recusam o esforço de delegação, decisão e poder que a participação exige. Essa realidade, às vezes difícil de ser reconhecida pelas empresas, leva-as a organizar a participação de uma maneira mais contida, limitando o perímetro de influência dos usuários, por exemplo restringindo a disseminação da informação para os operadores. Essas posições nem sempre são assumidas voluntariamente e respondem a uma necessidade de dar mostras de uma gestão moderna e progressista, ao mesmo tempo desejando se beneficiar das vantagens conhecidas da participação, como a menor resistência à mudança e a satisfação no trabalho. Esses métodos, rapidamente detectados, não resistem ao tempo e ocasionam conflitos.

Dificuldade da prescrição reflexiva – A concepção participativa é um exercício, para o qual os usuários precisam ser formados, em particular por terem de adquirir um certo número de métodos de concepção com os quais com frequência não estão familiarizados. No entanto, constatamos (Darses, 2002a) que essa falta de familiaridade dos atores com os métodos de concepção não é um problema essencial da concepção participativa. A questão principal é que esses atores, vendo-se brutalmente promovidos a projetistas de seu próprio sistema de trabalho, são levados a se prescreverem indiretamente os modos operatórios e as lógicas de utilização que deverão aplicar no futuro: ao conceber o artefato, sabem intimamente que concebem o uso que farão desse artefato. Assim sendo, eles se encontram numa situação de *prescrição reflexiva*, conscientes de que suas decisões reduzem sua margem de liberdade futura.

Esse sentimento conduz paradoxalmente certos usuários a não estabilizar as decisões de concepção, com o objetivo, frequentemente inconsciente, de preservar para si uma margem individual de decisão na utilização. Os usuários procuram intuitivamente – mas às vezes com utopia – conceber artefatos adaptáveis às inevitáveis variabilidades futuras do contexto (Opperman, 1994) e não estritamente adaptados a algumas situações predefinidas. Essa tensão engendrada pela prescrição reflexiva não deixa de entravar ou retardar as ações de concepção participativa.

Papel do ergonomista numa modalidade participativa

É ao ergonomista que cabe, naturalmente, a construção da ação participativa, seu acompanhamento e a análise dos dados com os usuários e conceptores. Os componentes de sua missão podem ser assim resumidos (Reuzeau, 2000):

— identificar o problema de concepção por uma confrontação das diferentes competências resultantes das diferentes categorias de usuários (cruzamento dos dados);

Capítulo 24 – Participação dos usuários na concepção dos sistemas e dispositivos de trabalho   **353**

— identificar os problemas de concepção relacionando os dados com normas, com regras de ofícios disponíveis;

— contribuir para determinar a validade dos dados coletados durante o processo participativo;

— identificar as diferenças de julgamento entre os usuários e resolver os conflitos;

— construir o dossiê necessário para as escolhas de concepção, visando uma decisão;

— preparar recomendações (modificações organizacionais, revisão das planilhas, reformulação dos objetivos, adaptação dos recursos a implementar etc.).

Os papéis que o ergonomista pode assumir num processo de concepção participativa podem ser enumerados de maneira diversa (Sen, 1988; Garrigou, 1992; Reuzeau, 2000):

— implementar o processo participativo: ter certeza do engajamento de todos os atores, escolher os participantes, escolher os métodos e ferramentas, aplicar os métodos etc.;

— traduzir as necessidades dos usuários em especificações de concepção e reciprocamente. O ergonomista deve utilizar seus saberes disciplinares, sua experiência passada e seu conhecimento da situação particular para acompanhar o diálogo entre projetistas e usuários. Deve transformar os dados brutos em argumentos de concepção e deve também, e isso é um ponto delicado, filtrar, ponderar e validar os dados dos usuários, no mínimo porque estes podem se contradizer. Esse papel coloca o problema de subordinar o usuário ao ergonomista, em vez de reconhecê-lo como um ator integral do processo de concepção;

— conduzir a mediação: o ergonomista desempenha um papel de negociador nos conflitos entre os atores da concepção, entre os usuários, os projetistas e as respectivas organizações.

Esses papéis não devem, no entanto, privar o ergonomista do indispensável olhar independente que ele deve conservar em relação não só às decisões de concepção, mas também em relação aos usuários: ele deve se manter crítico em relação às opiniões recebidas e sempre consolidar os argumentos que contribuem para decisões.

Conclusão

A participação direta é uma modalidade de ação atraente e com frequência apropriada, mas os ergonomistas devem estar atentos aos limites dessa metodologia. A construção do quadro participativo é um pré-requisito indispensável, por meio do qual poderão ser avaliados o custo e a complexidade da implementação da participação. O acesso dos usuários aos processos de decisão é uma condição *sine qua non* da concepção participativa, mas seu perímetro deve ser anteriormente delimitado, pois os usuários não devem arcar com responsabilidades excessivas, nem pretender participar em decisões que ultrapassam o quadro do uso. A participação dos usuários na concepção deverá, portanto, ser estabelecida em relação ao nível de influência e do grau de controle buscados por todos os parceiros do processo de concepção e de mudança. Mesmo que os resultados da concepção participativa e as soluções coconstruídas respondam perfeitamente às especificidades do contexto abordado, são raramente generalizáveis a outros contextos. A concepção participativa é antes de mais nada a instauração de meios que permitem construir uma inteligibilidade mútua (Darses, a ser publicado) e requer uma verdadeira aprendizagem da concepção coletiva. Ela é fruto de um engajamento voluntário, obrigando os participantes a modificarem seus modos habituais de trabalho e que transforma duradouramente os quadros organizacionais e gerenciais de uma empresa.

Referências

AMALBERTI, R.; VALOT, C. Champ de validité pour une population de pilotes, de l'expertise de l'un d'entre eux. *Le Travail Humain,* Paris, v.53, p.313-328, 1990.

BISSERET, A. Les activités de conception et leur assistance. *Bulletin de liaison de la recherche en informatique et en automatique*, v.115, p.2-12, 1987.

BODKER, S.; GRONBAEK, K.; KYNG, M. Cooperative design: Techniques and experiences from the scandinavian scene. In: SCHULER, D.; NAMIOKA, A. (Ed.). *Participatory design:* principles and practices. Hillsdale, NJ.: Lawrence Erbaum, 1993. p.157-176.

BROWN, J. S. From cognitive to social ergonomics and beyond. In: NORMAN, D. A.; DRAPER, S. W. (Ed.). *User centered system design.* Hillsdale, NJ: Lawrence Erlbaum, 1986. p.457-486.

CARROLL, J.M. (Ed.). *Scenario-based design: envisioning work and technology in system development.* New York: Wiley & Sons, 1995.

_____. Encountering others: reciprocal openings in participatory design and user-centered design. *Human Computer Interaction,* v.11, p.285-290, 1996.

_____. *Making use:* scenario-based design of human-computer interactions. Cambridge (Mass.): MIT, 2000.

CLEGG, C. et al. Tools to incorporate some psychological and organizational issues during the development of computer-based systems. *Ergonomics*, v.39, p.482-511, 1996.

CLEMENT, A.; VAN DEN BESSELAR, P. A retrospective look at PD projects. *Communications of the ACM*, v.36, p.29-37, 1993.

DAMODARAN, L. User involvement in the system design process a practical guide for users. *Behaviour & Information Technology,* v.15, p.363-377, 1996.

DARSES, F. La conception participative: vers une théorie de la conception centrée sur l'établissement d'une intelligibilité mutuelle. In: CAELEN, J.; MALLEIN, P. *Conception participative orientée usages.* Paris: CNRS, 2004.

_____. Trois conditions sociotechniques pour l'optimisation de la conception continue du système de production. *Revue Française de Gestion Industrielle*, v.21, p.5-27, 2002a.

_____. A cognitive analysis of collective decision-making in the participatory design process. In: PARTICIPATORY DESIGN CONFERENCE, 7., Malmö, Sweden, 2002. *Proceedings.* Palto Alto: CPSR, 2002b. p.74-83.

EHN, P.; KYNG, M. Cardboard computers: mocking-it-up or hands-on the future. In: GREENBAUM, J.; KYNG, M. (Ed.). *Design at work:* cooperative design of computer systems. Hillsdale, NJ: Lawrence Erlbaum, 1991.

GARRIGOU, A. *Les apports des confrontations sociocognitives au sein de processus de conception participatifs: le rôle de l'ergonomie.* 1992. Thesès (Doctorat) – CNAM, Paris, 1992.

GARRIGOU, A. et al. Activity analysis in participatory design and analysis of participatory design activity. *International Journal of Industrial Ergonomics*, v.15, p.311-327, 1995.

GREENBAUM, J.; KYNG, M. (Ed.). *Design at work:* cooperative design of computer systems. Hillsdale, NJ: Lawrence Erlbaum, 1991.

GRONBAEK, K.; GRUDIN, J.; BODKER, S.; BANNON, L. Achieving cooperative system design: shifting from a product to a process focus. In: SCHULER, D.; A. NAMIOKA, A. (Ed.). *Participatory design:* principles and practices. [S.l.: s.n], 1993. p.79-97.

HATCHUEL, A. Apprentissages collectifs et activités de conception. *Revue Française de Gestion,* p.109-120, jun/jul. 1994.

HELLER F.; PUSIC E.; STRAUSS G.; WILPERT B. Organizational participation: myth and reality. Oxford: Oxford Univ. Press, 1998.

JEANTET, A.; TIGER, H.; VINCK, D. La coordination par les objets dans les équipes intégrées de conception de produit. In: TERSSAC, G. de; FRIEDBERG, E. (Ed.). *Coopération et conception.* Toulouse: Octarès, 1996. p.87-100.

JENSSEN, P. Can participatory ergonomics become 'the way we do things in this firm'? *Ergonomics,* v.40, p.1078-1087, 1997.

KENSING, F.; BLOMBERG, J. Participatory design: Issues and concerns. *Computer Supported Cooperative Work,* n.7, p.167-185, 1998.

MAUGEY, B. *L'utilisateur final et le processus de conception:* a partir d'un exemple de l'aéronautique, DEA d'ergonomie. Paris: CNAM, 1996.

McNEESE, M. D. et al. AKADAM: eliciting user knowledge to support participatory ergonomics. *International Journal of Industrial Ergonomics,* v.15, p.345-363, 1995.

MORAN, T.; CARROLL, J. *Design rationale:* concepts, techniques and use. Hillsdale, NJ: Lawrence Erlbaum, 1996.

MULLER, M. et al. Bifocal tools for scenarios and representations in participatory activities with users. In: CARROLL, J. M. (Ed.). *Scenario-Based Design:* envisioning work and technology in system development. New York: John Wiley, 1995. p.19-36.

NEBOIT, M. A support to prevention integration since design phase: the concepts of limits conditions and limits activities tolerated by use. *Safety Science,* v.41, p.95-109, 2003.

NIELSEN, J. *Usabilitye engineering.* Boston: Academic Press, 1993.

NORMAN, D.; DRAPER, S. W. *User Centered system design.* Hillsdale (NJ): Lawrence Erlbaum, 1986.

NOYES J. M.; STARR, A. F.; FRANKISH, C. R. User involvement in the early stage of the development of an aircraft warning system. *Behaviour & Information Technology,* v.15, p.67-75, 1996.

OPPERMAN, R. Adaptatively supported adaptability. *International Journal of Human--Computer Studies,* v.40, p.455-472, 1994.

POVEDA, O.; THORIN, F. Use of scenarios to integrate cooperation in design. In: SUPPLEMENT OF COOP, Sophia-Antipolis, 2000. *Proceedings.* Sofia, INRIA, 2000.

REUZEAU, F. *Assister l'évaluation participative des systèmes complexes:* rôle des savoirs et savoir-faire dans la conception d'un poste de pilotage d'avion. 2000. Thèses (Doctorat) – CNAM, Paris, 2000.

_____. Finding the best users to involve in design: a rational approach. *Le Travail humain,* v.64, p.223-247, 2001.

SEN, T. K. Participative group techniques. In: SALVENDY, G. (Ed.). *Handbook of human factors.* Chichester: Wiley, 1988.

VISSER, W.; FALZON, P. Catégorisation et types d'expertise: une étude empirique dans le domaine de la conception industrielle. *Intellectica,* n.3, p.27-53, 1992.

WEBB, B. The role of users in interactive systems design: When computers are theatre, do we want the audience to write the script? *Behaviour & Information Technology*, v.15, p.76-83, 1996.

WILSON, J. R. Solution ownership in participative work redesign: the case of a crane control room. *International Journal of Industrial Ergonomics*, v.15, p.329-344, 1995.

Ver também:

21 – A ergonomia na condução de projetos de concepção de sistemas de trabalho

22 – O ergonomista, ator da concepção

23 – As prescrições dos ergonomistas

25 – O ergonomista nos projetos arquitetônicos

26 – Ergonomia e concepção informática

28 – Ergonomia do produto

25

O ergonomista nos projetos arquitetônicos

Christian Martin

O quadro no qual se desenvolvem os projetos arquitetônicos é fortemente submetido à influência da lei e difere conforme os países. O exemplo francês abordado colocará em evidência referências que permitirão ao leitor se situar em relação a seu próprio quadro jurídico.

Descrição e características de um projeto arquitetônico

Diferentemente de certos setores técnicos pouco familiares para a maioria dos cidadãos, a arquitetura é um campo que todos tiveram ocasião de conhecer ao longo de sua história pessoal. Dessa maneira, todos temos uma representação do que é a construção de uma casa ou de um edifício... Devido a isso, um grande número de termos parece pertencer à experiência comum: "necessidades", "objetivos", "encomenda", "programa", por exemplo. Ora, esta "falsa evidência da experiência" constitui aqui uma armadilha para o ergonomista ou qualquer outra pessoa que queira abordar a concepção arquitetônica sem tomar a precaução de desconstruir e reconstruir certas noções.

A enorme quantidade de atores implicados, os jogos de poder entre eles, a estruturação temporal de suas atividades, a diversidade de suas histórias sociais se abrem a uma multiplicidade de interpretações e, com frequência, a muitos mal-entendidos. Conforme o caso, termos e conceitos podem constituir seja obstáculos para a ação, seja, ao contrário, aberturas para vias de ação e decisão. Este trabalho de esclarecimento é uma condição indispensável para que o ergonomista, ou qualquer outro ator, tenha uma chance de contribuir de maneira pertinente a um projeto arquitetônico.

Os problemas de concepção – Os avanços a respeito dos conhecimentos sobre as atividades dos projetistas (ver os capítulos 12 e 33 deste livro) levaram a discutir, ou mesmo questionar, as relações tradicionais entre os atores do projeto e, mais particularmente, entre o empreendedor e o coordenador do projeto.

Dois pontos se destacam, por exemplo, dos diferentes estudos e pesquisas (ver Darses e Reuzeau):

— os problemas de concepção são considerados como problemas "mal definidos". O enunciado de um problema de concepção não pode conter o conjunto dos elementos necessários à sua solução. O que significa que são problemas particulares, cujo enunciado inicial deve ser progressivamente enriquecido por informações e especificações definidas pelos projetistas e atores da concepção. A elaboração do problema é permanente até a realização de uma solução. Há, portanto, a necessidade de completar os "dados" do enunciado que é, de fato, apenas um enunciado inicial;

— o processo de concepção não é um ato solitário. O projetista não é um gênio ao sabor dos caprichos de sua imaginação, nem tampouco um sujeito isolado. A concepção é fruto do trabalho coletivo de um conjunto de atores. De um ponto de vista teórico, isso significa que existe uma dimensão coletiva da atividade de concepção. Essa dimensão requer a instauração de uma organização. As lógicas diferentes e às vezes antagônicas de todos os atores tornam *a priori* muito difíceis suas intervenções comuns.

Em busca de um modelo – Vários modelos do processo de concepção arquitetônica coexistem nas descrições, mas também nas representações que guiam as práticas (Martin, 2000). Dois desses modelos são confrontados aqui. O modelo de referência "resolução de problema" tem um peso institucional muito grande: é, com efeito, aquele que serve de base à redação do código das obras públicas (*Code des marchés publics*) na França e que é usado como referência também em outros países. Ele descreve a concepção arquitetônica como a sucessão cronológica de duas fases distintas: a "definição" e a "resolução" do problema.

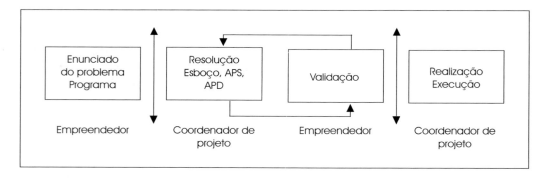

O modelo "resolução de problema". É um modelo que coloca frente a frente uma instância que traz o problema (o empreendedor) e uma instância que o resolve (o coordenador de projeto). Esse modelo é uma representação funcional de "como as pessoas têm a impressão que a coisa acontece". Não tem muita coisa a ver com a realidade. Esse modelo pressupõe que:

— o enunciado pode estar concluído antes da elaboração de soluções. Todas as exigências, prescrições e restrições seriam determinadas no início;

— o processo de concepção arquitetônica é um esquema sequencial com uma organização hierárquica;

— os dados que faltam no programa são considerados como lacunas do empreendedor (*maître d'ouvrage*);

— as novas informações necessárias para elaborar a solução são consideradas como sendo exclusivamente da alçada do coordenador do projeto.

Segundo esse esquema, seria possível definir previamente toda a realização de um projeto arquitetônico por meio de um programa exaustivo.

O modelo construção progressiva e coletiva. Pode-se opor a ele uma modelização alternativa que fornece uma descrição mais realista do desenvolvimento dos projetos arquitetônicos e servir de base a uma possível melhoria das interações no âmbito do processo de concepção arquitetônica.

A atividade dos atores da concepção arquitetônica consiste em inferir informações, restrições e especificações durante todo o processo de concepção. A concepção arquitetônica pode assim ser definida como uma construção progressiva e coletiva. Este modelo de construção progressiva e coletiva pode ser esquematizado por uma espiral iterativa da vontade expressa pelo empreendedor e as contribuições sobre a factibilidade dadas pelo coordenador do projeto.

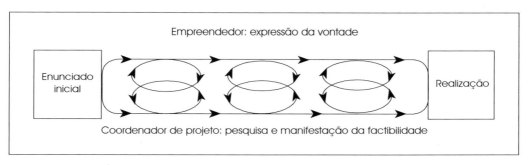

Considerar o enunciado de um problema arquitetônico como uma construção progressiva e coletiva decorre também do fato de que:

— não se pode isolar o problema de seu contexto variável e que, sensível à conjuntura, é instável;

— sua enunciação se desenvolve no quadro de uma organização social (complexidade organizacional dos atores que formulam os dados);

— certos componentes, restrições ou especificações só podem emergir ao longo do processo, na interação entre empreendedor e coordenador de projeto e na interação entre atores da concepção e usuários.

Os principais atores de um projeto arquitetônico – Definir a atividade dos atores da concepção arquitetônica não é coisa fácil, a não ser agrupando-os em duas grandes famílias: uma composta por "projetistas profissionais", reunidos em torno do coordenador de projeto, e a outra por aqueles que decidem e que se responsabilizam, os "atores ocasionais da concepção", agrupados sob o termo "empreendedor".

As reflexões e discussões apresentadas neste capítulo serão centradas no caso das "obras públicas", em que o formalismo é o mais importante. Mesmo assim, vários dos aspectos apresentados podem também se referir às "obras privadas".

As relações entre o empreendedor público e o coordenador de projeto público de empresa privada são regidas na França pela lei sobre o empreendedor público (lei MOP). Como na maioria dos países, esse tipo de lei tem por objetivo ser um paliativo para as insuficiências e fragilidades tradicionalmente encontradas: insuficiência dos estudos anteriores, ausência de definição dos objetivos do projeto a realizar, falta de definição das responsabilidades e das missões das diferentes partes envolvidas etc.

O empreendedor: expressão da vontade política. O empreendedor é definido como "a pessoa física ou jurídica por conta de quem o empreendimento é executado".

Cabe ao empreendedor, após ter se assegurado da viabilidade e da oportunidade da operação considerada, determinar a localização, definir o programa, prever o gasto financeiro, assegurar o financiamento, escolher o processo pelo qual a obra será realizada, firmar com o coordenador do projeto e empreiteiros, escolhidos por eles, os contratos tendo por objeto os estudos e a execução das obras.

A figura do empreendedor mantém-se complexa, às vezes multiforme, ou mesmo indefinido. Na falta de uma pessoa que possua todos os atributos do empreendedor, parece essencial que no projeto uma pessoa possa se beneficiar de uma delegação ampla por parte das diferentes instâncias e se encarregar da coerência dos diferentes componentes do empreendedor (um chefe de projeto, por exemplo). Ser empreendedor não constitui por si só um ofício. É a razão pela qual este tem a possibilidade de recorrer à ajuda de um terceiro ou de confiar a este uma parte de suas atribuições (condutor de operação, programador...).

O coordenador de projeto: manifestação da viabilidade técnica. Ante uma representação heterogênea do empreendedor e de organização incerta, encontra-se o coordenador de projeto, constituído por profissionais da concepção arquitetônica, que dominam o seu ofício no plano técnico. Donde a frequente tendência do empreendedor a se apoiar num conjunto de competências das quais, muitas vezes, ele ignora os modos de funcionamento, as restrições e ferramentas. Essa transferência de responsabilidade inevitavelmente se traduz por uma preponderância dos aspectos técnicos e estéticos sobre os aspectos funcionais e organizacionais.

O coordenação de projeto é definido como "a pessoa física ou jurídica que, por sua competência, é encarregada pelo empreendedor ou pela pessoa responsável pela obra de dirigir e controlar a execução das obras". O coordenador de projeto é considerado como sendo o único responsável pela concepção e execução do conjunto das obras a serem realizadas. Suas missões compreendem ao mesmo tempo uma fase de estudo e uma fase de controle, de coordenação e de entrega das obras.

As prestações de contas fornecidas pelo coordenador de projeto são definidas graças aos elementos de missão oficialmente repertoriados (lei MOP), sendo os principais:

— os estudos de projeto (incluindo o esboço): proposição de uma ou mais soluções de conjunto que traduzem os elementos do programa;

— a assistência ao empreendedor para o fechamento dos contratos de obras;

— os estudos de execução;

— a direção da execução;

— o agenciamento, a coordenação e a condução do canteiro de obras;

— a assistência ao empreendedor nas operações de entrega.

Fases principais do processo de concepção arquitetônica – O esquema clássico e sumário do processo de concepção arquitetônica pode se resumir nas seguintes etapas:

— intenção e desejo de investimento;

— estudos preliminares e programa;

Capítulo 25 – O ergonomista nos projetos arquitetônicos

- definição do projeto (objetivos) e recenseamento das restrições;
- avaliação da viabilidade (política, técnica, econômica);
- programa técnico detalhado;
- escolha do coordenador de projeto;
- esboço;
- anteprojeto sumário (APS);
- anteprojeto definitivo (APD);
- estudo de projeto;
- estudos de execução;
- direção da execução do contrato das obras;
- agenciamento, coordenação e condução do canteiro de obras;
- entrega da obra;
- acompanhamento durante o período de acabamento.

Um projeto arquitetônico não é apenas um projeto de investimento, é antes de mais nada um projeto (cf. o Capítulo 21 deste livro). Ele provém de uma intenção. O projeto é a expressão de uma vontade relativa ao futuro que abrange não só a construção, mas também um modo de funcionamento (Ledoux, 2000).

O programa. Ao longo do projeto de concepção arquitetônica, um objeto simboliza a cristalização única e global da intenção e do conjunto das contribuições: o programa. É um componente essencial de qualquer processo de concepção arquitetônica. Por meio dele é que o empreendedor fixa para o coordenador os objetivos e as restrições do projeto. Obrigatório no caso das obras públicas, é com frequência bem menos formalizado nas obras privadas.

Classicamente, nos projetos, espera-se que o programa defina o problema (a intenção) que o empreendedor coloca e que o coordenador de projeto irá resolver. A hipótese em que todo mundo finge acreditar é a de que a obra que será construída é o reflexo fiel dessa primeira resposta do arquiteto ao programa. Na realidade, evoluções significativas sempre ocorrem entre as primeiras versões do projeto e os planos de execução, e mesmo durante a obra. Embora a descrição do programa insista na ideia de dinâmica, não se pode imaginar um documento que se modificaria de forma contínua. A passagem de uma etapa à seguinte marca o avanço do projeto. Esses avanços podem ser destacados sob a forma de atualização periódica do programa. A atualização ou a adequação do programa por meio de revisões de programa é uma etapa decisiva, ao longo da qual os objetivos e restrições serão negociados e modificados a partir dos estudos e trabalhos do conjunto dos atores.

O programa atualizado é um "objeto intermediário" (Jeantet et al., 1996) assegurando a transição entre o programa inicial do empreendedor e a realização pelo coordenador de projeto (arquitetos e empreiteiros). Intermediário deve ser aqui considerado em suas duas acepções: mediação entre atores, representação temporária do problema e da solução. Evoluindo ao longo do processo de concepção, o programa é uma ferramenta elaborada coletiva e progressivamente por meio de interações entre o empreendedor e o coordenador de projeto, cada qual negociando especificações ou prescrições conforme o avanço do projeto.

O ergonomista nos projetos arquitetônicos

Numerosos são os atores da concepção arquitetônica que têm a representação da ergonomia fornecendo recomendações técnicas para o tratamento acústico, a iluminação ou a ventilação dos locais. Embora esta dimensão da ergonomia tenha sido o essencial de seu campo numa certa época, é atualmente um ponto importante, porém minoritário da atividade dos ergonomistas. O desafio da introdução da ergonomia na concepção arquitetônica é sobretudo evitar que meios de trabalho sejam implantados a partir de representações errôneas da atividade, ou simplesmente de representações baseadas no existente e sua reprodução, que não são necessariamente desejáveis. Essas representações engendram em geral dificuldades de todos os tipos para os operadores. Os ergonomistas não mais se contentam em contribuir com informações e recomendações resultantes de análises do trabalho; eles procuram influenciar a maneira pela qual os projetos são conduzidos e, às vezes, o próprio processo de concepção. Isso envolve dois aspectos:

— por um lado, a vontade de que, entre os determinantes da concepção, apareça o trabalho futuro (eventualmente recomposto);

— por outro lado, a vontade de organizar melhor o processo de concepção, que constitui em si mesmo um trabalho que pode ser otimizado, assistido etc.

A representação da ergonomia e da intervenção é tal que as proposições dos ergonomistas suscitam com frequência a perplexidade do conjunto dos atores. Com efeito, embora reconhecendo no ergonomista uma competência e conhecimentos específicos, eles esperam apenas recomendações e uma validação de suas proposições. No entanto, a noção de intervenção ergonômica num projeto arquitetônico abrange situações mais amplas, que vão das recomendações para a disposição final dos locais à assistência ao empreendedor no acompanhamento do conjunto do processo de concepção.

Evolução da contribuição dos ergonomistas – As evoluções da contribuição dos ergonomistas ao longo dos últimos quinze anos podem ser descritas como uma tentativa de intervir o quanto antes nos projetos. As primeiras iniciativas na concepção dos espaços de trabalho que foram além do "posto de trabalho" iniciaram uma reflexão sobre a implantação, a renovação e a transformação das edificações industriais. Nesse quadro, o ergonomista estava encarregado de transmitir conhecimentos utilizáveis na prática da construção e organização de uma fábrica. Ele mostrou desse modo aos projetistas que as formas e volumes das fábricas se determinam tanto a partir dos meios humanos, quanto dos técnicos (Lautier, 1999). O fato de levar-se em conta as condições de trabalho foi um motivo de negociação muito importante nas empresas. O surgimento de equipes disciplinares (Lautier e Evette, 1977; Fischer, 1977; Grenier 1979) significou a associação de conhecimentos complementares e a chegada dos ergonomistas à área arquitetônica. Um grande passo foi dado na década de 1980 (Guérin e Duraffourg, 1981; Lapeyrière, 1987; Dejean et al., 1988). A análise dos obstáculos encontrados na condução de projeto arquitetônico colocou em evidência a diversidade dos atores e o recorte temporal do projeto. Já se sublinhava a necessidade de implementar e participar em estruturas de trabalho internas ao empreendedor para uma melhor definição do projeto e uma participação no conjunto do processo de concepção. Ademais, graças às proposições argumentadas dos ergonomistas, assistiu-se a uma reversão de tendência quanto ao momento de sua entrada no processo de concepção. Confinada, por muito tempo, a uma fase avançada do projeto

Capítulo 25 – O ergonomista nos projetos arquitetônicos

(anteprojeto sumário ou anteprojeto definitivo), a intervenção ergonômica é hoje em dia solicitada muito mais precocemente. Apesar disso, várias razões podem ainda explicar a ausência ou a chegada tardia do ergonomista:

— o temor por parte do empreendedor de um estouro nos prazos ou nos custos;

— o temor do coordenador de projeto de perder suas prerrogativas de criação;

— a subestimação dos dados provenientes da análise da atividade real de trabalho dos futuros usuários;

— o processo de concepção arquitetônica clássico tende a considerar os elementos da atividade futura como particularidades a só levar em conta quando as grandes opções foram finalizadas;

— sob pretexto da participação de grupos de usuários, certas modalidades de ação implementadas no fim do projeto estabelecem a ilusão e a confusão em torno da ideia de que ocorreu uma reflexão ergonômica.

Os desafios da ergonomia em cada etapa do projeto – O objetivo aqui é identificar os desafios da ergonomia relacionados ao andamento dos projetos e assinalar os momentos estratégicos na condução do projeto arquitetônico em que certos dados fornecidos pelo ergonomista poderão ser integrados da maneira mais pertinente.

Em diferentes etapas do projeto, será necessário ter o tempo de preparar os atores fazendo-os conhecer as características do processo de concepção e das restrições de cada uma das categorias de atores implicadas.

Intenção e estudos preliminares. Nesse nível do projeto, os estudos de viabilidade são determinantes no processo de decisão de um futuro possível. Os responsáveis por estes estudos têm dificuldade em imaginar o interesse das intervenções ergonômicas. No entanto, o ponto de vista do ergonomista é dos mais úteis porque essas etapas de viabilidade definem os contornos gerais dos projetos e correspondem a um primeiro nível de estratificação muito difícil de questionar num segundo momento (cf. Midler e Capítulo 22 deste tratado), qualquer que seja a pertinência das contribuições relativas ao trabalho (Bouché, 1995).

Como consultor do empreendedor, o ergonomista contribui para a reflexão sobre a importância da elaboração de um projeto de funcionamento, antes da redação de um programa arquitetônico (Ledoux, 2000). As análises da atividade nas situações existentes podem revelar disfunções ou rigidez pouco compatíveis com a evolução necessária ou desejada do sistema. A análise da população existente, ou a recrutar, pode também revelar a necessidade de uma verdadeira reflexão sociotécnica no projeto (du Roy, 1992), por exemplo sugerindo evoluções organizacionais. O ergonomista, ao identificar os atores, participa da instauração das condições de confrontação de racionalidades. Nessa fase, o ergonomista enriquece os dados com as análises do trabalho.

Definição dos objetivos, formalização do programa. Todo programa se insere num projeto mais geral, cujos dados são indicadores necessários para a preservação da coerência entre projeto e programa. Como vimos no parágrafo precedente, o programa é uma ferramenta operacional de comunicação que se constrói progressivamente. É, portanto, antes de mais nada destinado a facilitar as trocas e garantir a coerência do projeto arquitetônico em relação ao projeto global. É também, em seus primeiros estágios, uma garantia de igualdade para a concorrência nas obras públicas.

A modalidade de ação sugerida pelo ergonomista é um processo iterativo propondo incessantes idas e vindas entre o conjunto dos autores, desde a concepção até a realização do projeto. Os ergonomistas intervindo desde a definição dos objetivos não participam apenas de um processo de enriquecimento dos objetivos, mas efetivamente de uma instrução de escolhas que dizem respeito não só a escolhas técnicas, mas também a escolhas políticas (Ledoux, 2000).

Eles participam da elaboração de um conteúdo de programa, a serviço do projeto. O objetivo não é que o programa contenha o máximo de informações possíveis, mas que ele comporte as informações necessárias para os arquitetos. A análise do trabalho efetuada nesse estágio deve ser finalizada levando-se em consideração os objetivos e modos de raciocínio dos destinatários do programa.

As análises de atividades dos projetistas (ver, p. ex., os recenseamentos de questões de Martin, 1991; Ledoux, 2000; Darses, 1994; Garrigou, 1994; e o Capítulo 33 deste tratado) permitem ao ergonomista estar com frequência mais bem posicionado do que o empreendedor para compreender o nível pertinente de informações a transmitir aos projetistas, numa dada fase do projeto.

O programa pode comportar um recenseamento de situações de ação características (ver os capítulos 20, 21, 22) capazes de ajudar no dimensionamento, que devem ser consideradas pelo coordenador de projeto, e que servirão para avaliar suas propostas. Essa transmissão de informações é um meio que permite que os arquitetos conheçam o funcionamento de uma empresa ou de uma instituição que eles desconhecem.

Escolha do projeto ou do coordenador de projeto. Respeitando a lei, o ergonomista poderá propor que um edital de concorrência em arquitetura não vise a escolha de um projeto arquitetônico definitivo, mas, em vez disso, a escolha de uma equipe, com a qual o projeto arquitetônico irá se construir (Ledoux, 2000).

O ergonomista pode também preparar, para o júri do concurso, um recenseamento mais amplo de situações de ação características, e fazer de modo que a comissão técnica que preparará o júri efetue simulações dessas diferentes situações sobre cada uma das propostas dos concorrentes.

Esboço. A fase esboço tem por objetivo propor uma solução apresentando os elementos mais importantes do programa, examinar a compatibilidade com o gasto financeiro atribuído à operação, e indicar seus prazos de realização. O arquiteto traduz em volumes os elementos do programa. Essa primeira etapa de concepção visa elaborar um esboço funcional. É uma etapa muito importante porque define a coerência do conjunto do projeto e determina um funcionamento geral. Durante esta etapa, o ergonomista favorece o diálogo do conjunto dos atores (empreendedor e coordenador de projeto). Faz com que o esboço evolua a partir de simulações de ação características e da reconstituição da atividade futura possível (Daniellou e Garrigou 1992), se tiver negociado a possibilidade de trabalhar diretamente com a equipe do coordenador do projeto. O trabalho do ergonomista consiste em participar na validação do esboço, ponto de partida da concepção dos anteprojetos.

Anteprojetos e projeto

A fase anteprojetos (APS, APD) tem por objetivo precisar a composição geral no plano e em volume, propor as disposições técnicas que podem ser consideradas e verificar a compatibilidade da solução com as restrições do programa e do local.

Capítulo 25 – O ergonomista nos projetos arquitetônicos

Durante os anteprojetos, uma dificuldade encontrada pelo coordenador de projeto, em termos de viabilidade, leva o ergonomista a questionar os objetivos do projeto. Considerar algumas situações características pertinentes poderá contribuir seja para convencer o coordenador de projeto a continuar a procura de soluções, seja para convencer o empreendedor a reformular seus objetivos sem prejudicar seu projeto global. Esse repertório de situações contribui para a avaliação das soluções propostas pelos projetistas, à medida que o projeto avança. É a partir delas que é possível aproximar-se "das formas possíveis da atividade futura" (Daniellou e Garrigou 1992), realizando diferentes tipos de simulação.

Quando o ergonomista é consultado nessa fase, seu desafio é contribuir na avaliação de como os espaços de trabalho previstos determinarão parcialmente a atividade dos futuros usuários, identificar as dificuldades prováveis e as modificações que poderiam ser necessárias.

A realização de simulações da atividade futura (ver os capítulos 21 e 22 deste livro) não é uma operação puramente técnica. Para poder efetuá-la, o ergonomista deve reunir em torno das plantas e maquetes uma diversidade de competências. É preciso que a participação dos trabalhadores nos grupos de trabalho seja claramente articulada com o processo de concepção (Villeneuve, 1990). A preparação de simulações exige tanto uma construção técnica (em especial a identificação das situações de ação características) quanto uma construção social visando posicionar a modalidade de ação em relação ao conjunto dos atores envolvidos.

Assinatura dos contratos. É a partir dos resultados dos editais de concorrência que as etapas definitivas de um projeto serão determinadas. Os responsáveis pelas decisões são conduzidos a arbitrar escolhas de acordo com os gastos financeiros predeterminados. Quando existem variações importantes, o empreendedor tende a reduzir os custos em setores significativos que podem alterar consideravelmente o projeto. O ergonomista simulará as modificações consideradas e procurará limitar as consequências dessas escolhas negociando as situações de ação características imprescindíveis e procurando compromissos com os grupos de trabalho.

Canteiro de obra. A hipótese segundo a qual o canteiro de obra realizaria exatamente o que os arquitetos definiram nas plantas é inteiramente errônea (cf. o Capítulo 38 deste livro). Os acasos e as dificuldades encontradas durante o canteiro de obra obrigam os projetistas e os empreiteiros a modificações de última hora. Essas modificações podem ter consequências muito significativas para a atividade futura dos usuários. É preferível que o ergonomista não subestime essa fase e trabalhe com os diferentes atores envolvidos (arquitetos, empreiteiros, empreendedor) para "pôr o canteiro de obra sob vigilância" de forma que as inevitáveis arbitragens em tempo real integrem as reflexões sobre a atividade futura dos usuários.

Entrega e uso. A entrega é uma fase importante na condução do projeto arquitetônico. É a ocasião de fazer uma primeira avaliação do projeto e da intervenção (cf. Capítulo 21).

Mas "a concepção prossegue no uso"; os usuários irão se apropriar da edificação, e é desejável que se faça uma "avaliação de uso", por exemplo, após seis meses.

O posicionamento do ergonomista – O posicionamento do ergonomista depende, em grande medida, da origem da demanda de intervenção. Mas, qualquer que seja esse primeiro posicionamento, ele deverá, num segundo momento, conquistar um acesso e uma possibilidade de colaboração com todos os outros atores. O ergonomista pode influenciar mais facilmente o processo de concepção se for um interlocutor privilegiado do empreendedor.

O projeto sem ergonomista. Na situação de um projeto sem ergonomista, o empreendedor faz um pedido ao coordenador de projeto, que responde com uma oferta. Essa proposta é submetida para validação ao empreendedor, que, por sua vez, a valida em maior ou menor grau junto aos usuários. A interação entre os usuários e o projeto, quando ela existe, permanece no mínimo enigmática, a menos que haja um programador.

De fato, os projetos realizados sem ergonomista obedecem a um esquema inicial característico: uma vez designado o coordenador de projeto, este procura obter as precisões e informações complementares, questionando o empreendedor e alguns usuários. Ele parece assim obter os dados que lhe faltam, a saber, as expectativas dos usuários e as atividades consideradas no projeto. Segue-se a realização sucessiva de uma série de propostas em diferentes níveis, até que o projetista, cansado das demandas de modificações e das tergiversações, determina uma solução mesmo que a coerência pareça questionável, mesmo que se descubra que foi omitida uma "atividade" essencial.

O ergonomista convocado como perito pelos representantes dos trabalhadores. O ergonomista às vezes é convocado como perito pelos representantes dos trabalhadores ou pelos responsáveis sindicais. Salvo exceção, o resultado de sua ação em concepção será então fraco, pois seu papel se limitará ao fornecimento, para as instâncias de negociação, de um esclarecimento sobre os aspectos ergonômicos das decisões políticas ou técnicas estabelecidas durante o processo de concepção. Considerando-se o peso dessas estruturas, o investimento em tempo proposto e o avanço do projeto, os poucos conselhos dados perdem com frequência sua eficácia numa corrida contínua atrás das decisões já determinadas.

O ergonomista convocado pelo coordenador de projeto. Quando ele é convocado pelo coordenador de projeto dois casos podem se apresentar.

1. O ergonomista é considerado como um prestador de serviços dotado de uma competência técnica particular, do mesmo modo que os técnicos dos escritórios de projeto. Ele participará então na concepção com os arquitetos encarregados do projeto trazendo referências sobre o trabalho futuro. Seu posicionamento se torna difícil pelo caráter preponderante da técnica, em detrimento em particular de uma reflexão sobre a organização do trabalho futuro (o lugar da técnica não é ilegítimo, o problema é a ausência dos outros aspectos).

2. O ergonomista é convocado pelo coordenador de projeto para um estudo de viabilidade. Sua posição é a de um consultor junto ao arquiteto. Esse posicionamento irá facilitar as relações entre coordenador de projeto e ergonomista e permitirá uma interação com o empreendedor. Esse tipo de situação proporciona uma real colaboração com o arquiteto. Facilita e provoca o conhecimento do outro por meio do compartilhamento dos problemas encontrados.

O coordenador de projeto não vê então o ergonomista como apenas um prestador de serviços a mais em sua equipe, mas como um consultor. Arquiteto e ergonomista estão juntos, diante do empreendedor que questiona seu projeto.

O ergonomista convocado pelo empreendedor. No quadro de uma convocação do ergonomista pelo empreendedor ou um de seus integrantes, sua contribuição começa desde a definição dos objetivos do projeto, em outras palavras, desde a construção do próprio projeto. Resulta de um levantamento de possibilidades colocando em presença várias racionalidades. A análise das situações existentes serve para alimentar esse confronto, enriquecendo os dados iniciais e permitindo aos atores que se pronunciem sobre

Capítulo 25 – O ergonomista nos projetos arquitetônicos

situações que devem ser eliminadas, ou perenizadas. Assim se elaboram progressivamente objetivos de funcionamento que deverão ser considerados nas escolhas arquitetônicas e traduzidos no programa funcional.

As primeiras intervenções do ergonomista junto ao empreendedor o levaram a desenvolver métodos permitindo reagir às proposições e do coordenador de projeto (esboço, APS, APD...). Progressivamente os ergonomistas adquiriram uma competência de assistência ao empreendedor de maneira cada vez mais precoce no projeto. Um serviço completo pode atualmente compreender um auxílio à definição global do projeto e à sua tradução em programa, uma assistência à definição da condução do projeto e às modalidades de escolha do coordenador do projeto, uma assistência a uma eventual avaliação, a validação das diferentes etapas-plantas, o acompanhamento do canteiro de obra, a entrega e a avaliação de uso.

Qualquer que seja o posicionamento, todos os métodos utilizados têm em comum a tentativa de introduzir, o mais cedo possível, uma reflexão sobre o trabalho futuro para influenciar a concepção da edificação.

A questão que restringe habitualmente a participação do ergonomista num projeto arquitetônico é a do tempo necessário para essa contribuição e dos atrasos que ela é suscetível de induzir em relação aos prazos do projeto. Na realidade, o que se vê é que a participação dos ergonomistas influencia não tanto a duração total do processo de concepção arquitetônica, mas sua estrutura temporal. O aumento do tempo dedicado à elaboração do projeto inicial e à sua tradução em programa arquitetônico é compensado por uma diminuição das retomadas dos anteprojetos e, sobretudo, por um tempo de inicialização muito reduzido, sem falar na qualidade do funcionamento final.

O ergonomista se torna o interlocutor de várias racionalidades. Progressivamente, detentor de um conjunto de informações das quais ninguém mais dispõe no projeto, ele se beneficia então de uma base de análise excepcional, pois detém ao mesmo tempo:

— resultados de observações e interpretações diversas que lhe foram confiadas na fase de análise ergonômica do trabalho;

— informações provenientes tanto do empreendedor e do coordenador de projeto, na fase de condução do projeto.

Esse capital de informações lhe permite ser o interlocutor privilegiado dos atores do projeto arquitetônico.

Desenvolvimento futuro: os ergonomistas e a elaboração de esquemas diretores

Os métodos que acabam de ser apresentados se referem à participação de ergonomistas num projeto específico. Ora, as empresas ou os estabelecimentos importantes estão regularmente envolvidos numa multiplicidade de investimentos que afetam vários campos de funcionamento. Esses projetos são, com frequência, conduzidos de maneira independente uns dos outros. Não é raro então que um projeto seja posto em dificuldades pelo anterior, ou impeça a realização do seguinte... Para prevenir essas dificuldades, os ergonomistas desenvolvem atualmente métodos permitindo assistir a empresa na elaboração de esquemas diretores. O objetivo do esquema diretor é permitir uma reflexão simultânea sobre o existente (inscrito numa história) e sobre os diferentes projetos de evolução, para favorecer sua coerência (Martin et al., 1999). O procedimento de elaboração do esquema diretor permite favorecer os estudos preliminares e estabilizar amplas opções coerentes entre diferentes projetos. Facilita a comunicação entre diferentes parceiros e permite a criação de uma dinâmica coletiva.

A implementação de um esquema diretor comporta uma fase de descrição do existente e uma fase de elaboração de eixos de desenvolvimento para o futuro. Associa várias instâncias, que incluem o empreendedor, os ergonomistas e um coordenador de projeto.

A descrição do existente comporta: uma retomada histórica da criação do estabelecimento (ou empresa) e das grandes linhas de sua evolução desde sua criação, um inventário do patrimônio imobiliário atual, realizado pelo coordenador de projeto, o recenseamento das diferentes restrições, urbanísticos ou técnicos, e uma descrição do funcionamento atual e da utilização. Esse recenseamento é complementado pela especificação dos diferentes projetos (em curso, prováveis, possíveis).

O conjunto desse diagnóstico do existente é formalizado num documento cujos esquemas podem ser realizados pelo coordenador de projeto. Pode em particular ser discutido com as instâncias representativas dos trabalhadores.

Esse documento serve de base para as análises das instâncias decisórias e para decisão de eixos de desenvolvimento futuro. Essas decisões podem incidir sobre a necessidade de construir, destruir, ampliar ou reestruturar as edificações. Podem também se referir a evoluções organizacionais, modificações de equipamentos logísticos etc. Os investimentos correspondentes não poderão ser realizados de uma única vez, mas a implementação do esquema diretor permite melhorar sua coerência e sua programação.

A elaboração de um esquema diretor e sua discussão num estabelecimento contribuem de várias maneiras a uma evolução da gestão deste.

— Uma visibilidade é dada a características do funcionamento atual que não são necessariamente conhecidas pelos dirigentes.

— Uma diversidade de lógicas necessárias ao funcionamento podem ser explicitadas e consideradas num mesmo documento.

Essa elaboração de um esquema diretor contribui para uma dinâmica social, que favorece o recurso a diversas competências internas e também serve como ferramenta de explicitação e discussão com as instâncias representativas.

A evolução do objeto da intervenção e dos métodos permitiu, assim, aos ergonomistas que passassem progressivamente de uma influência local sobre a concepção dos espaços à consideração das atividades de trabalho desde as definições das estratégias da empresa para os anos futuros.

Referências

BOUCHÉ, G. *Les moments stratégiques pour l'accompagnement des projets en architecture*. Toulouse, Performances Humaines et techniques, 1995.

DANIELLOU, F.; GARRIGOU, A. Human factors in design: sociotechnics or ergonomics. In: HELANDER, M.; NAGAMACHI, M. *Design for manufactability*. London: Taylor & Francis, 1992. p.55-63.

DARSES, F. *Gestion des contraintes dans la résolution de problèmes de conception*. 1994. Thèse (Doctorat) – Université de Paris 8, Saint-Denis, Paris, 1994.

DARSES, F.; FALZON, P. Méandres cognitifs des phases initiales de la conception. In: MARTIN, C.; BARADAT, D. (Coord.). *Les pratiques en réflexion dix ans de débat sur l'intervention ergonomique.* Toulouse: Octarès, 2000.

DEJEAN, P. H.; PRETTO, J.; RENOUARD, J. P. *Organiser et concevoir des espaces de travail.* Montrouge: ANACT, 1988.

ESCOUTELOUP, J.; MARTIN, C.; DANIELLOU, F. L'ergonome et la maîtrise d'ouvrage: dossier Architecture et ergonomie. *Revue Performances humaines et techniques,* n.9, 1995.

FISCHER, G. N. *La psychologie de l'espace industriel:* le concept de budget spatial. 1977. Thèse (Doctorat) – Université de Strasbourg 1, Strasbourg, 1977.

GARRIGOU, A. La compréhension de l'activité des concepteurs, un enjeu essentiel. In: JOURNÉES DE BORDEAUX SUR LA PRATIQUE DE L'ERGONOMIE, Bordeaux, 1994. *Actes.* Bordeaux: Université de Bordeaux 2, 1994.

GRENIER, V. *Architecture industrielle et conditions de travail*, Aide-mémoire. Lyon: ANACT, 1979. (Coll. Outils et methods).

GUÉRIN, F.; DURAFFOURG, J. L'ergonomie pour quoi faire? In: TECHNIQUE et Architecture. [S.l.: s.n.], 1981.

JEANTET, A.; TIGER, H.; VINCK, D.; TICHKEWITCH, S. La coordination par les objets dans les équipes intégrées de conception de produit. In: TERSSAC, G. de; FRIEDBERG, E. (Ed.). *Coopération et conception.* Toulouse: Octarès, 1996.

LAPEYRIÈRE, S. Les aventures de substance et cohérence au pays des projets. *Le Travail Humain,* Paris, v.50, n.2, 1987.

LAUTIER, F. *Ergotopiques sur les espaces des lieux de travail.* Toulouse: Octarès, 1999.

LAUTIER, F.; EVETTE, T. Nouvelles tendances des espaces de travail, une stratégie avancée. *Espaces et sociétés,* n.41, 1977.

LEDOUX, E. *Projets architecturaux dans le secteur sanitaire et social. Du bâtiment au projet:* la contribution des ergonomes à l'instruction des choix. Bordeaux: Université Victor-Segalen, 2000. (Coll. Thèses et Mémoires).

MALINE, J. *Simuler le travail, une aide à la conduite de projet.* Lyon: ANACT, 1994.

MARTIN, C. *Aspects collectifs de l'activité de conception architecturale – une conception partagée. Apport d'une analyse ergonomique.* Paris: CNAM, 1991.

_____. *Maîtrise d'ouvrage, maîtrise d'oeuvre construire un vrai dialogue.* Toulouse: Octarès, 2000.

ROY, O. du. *L'usine de l'avenir, conduite sociotechnique des investissements.* Luxembourg: Fondation européenne pour l'amélioration des conditions de travail, 1992.

Ver também:

6 – As ambiências físicas no posto de trabalho

21 – A ergonomia na condução de projetos de concepção de sistemas de trabalho

23 – As prescrições dos ergonomistas

36 – A ergonomia no hospital

38 – A construção: o canteiro de obra no centro do processo de concepção-realização

26
Ergonomia e concepção informática

Jean-Marie Burkhardt, Jean-Claude Sperandio

Introdução

Cada vez mais os produtos informáticos utilizam o qualificativo "ergonômico" como argumento de venda, e paralelamente é crescente o número de engenheiros dedicando algumas horas de sua grade curricular à ergonomia no quadro da interação homem-máquina. Os editais e os memoriais descritivos técnicos mencionam cada vez com maior frequência a ergonomia, e a própria normalização integra prescrições ergonômicas (e.g. ISO 9241). A ergonomia se tornou uma dimensão incontornável dos sistemas informáticos, mesmo que para uma parte considerável da comunidade informática o termo ergonomia se refira essencialmente apenas aos aspectos de avaliação e concepção de interfaces para os usuários. Nos últimos anos, viu-se paralelamente a ampla difusão dos objetivos, preconizados pela ergonomia, de uma melhor adaptação dos sistemas e situações de trabalho aos operadores.

A ergonomia e a concepção informática entretêm hoje em dia uma multiplicidade de relações, que é possível agrupar em duas direções de análise. A primeira se interessa em descrever o campo e as características da ergonomia que intervêm em situações de trabalho ou em interações informatizadas; é esse ponto de vista que escolhemos adotar no presente capítulo, correspondendo ao que é consenso geral chamar de "ergonomia informática". A segunda abrange o uso real ou potencial. Bem como os limites dos modelos e ferramentas provenientes da informática para os ergonomistas; este aspecto mencionado com menor frequência pode se revelar crítico tanto no plano metodológico quanto no plano prático (Sperandio, 1995).

A ergonomia informática

A ergonomia informática diz respeito às atividades "realizadas com um computador, diretamente ou por intermédio de um terminal numa distância próxima ou remota" (Sperandio, 1987). Esquematicamente, sua contribuição ao desenvolvimento dos sistemas informáticos envolve quatro perspectivas complementares:

— a divisão de tarefas entre os operadores humanos e os sistemas informáticos; historicamente tratada mais no quadro da informatização/automatização dos processos e situações de risco, esse problema deu lugar a diversas abordagens e a modelos de análise (Hollnagel e Bye, 2000), desde a ausência de reflexão sobre a questão (divisão por falha), passando pela complementaridade, a comparação sob diferentes critérios, e a cooperação (ver o Capítulo 16 deste livro);

— a explicitação e a formalização da perícia (*expertise*), por exemplo para alimentar uma sistema especialista, uma base de conhecimentos, um ambiente interativo de aprendizagem humana etc.; as técnicas de análise se apoiam em geral na psicologia (ver, p. ex., Bisseret et al., 1999);

— a predição dos usos e das dificuldades relativas à (futura) situação de trabalho informatizada: o ambiente, os equipamentos e os arranjos físicos, as funções necessárias, as interfaces e diálogos, a organização do trabalho, a documentação, o suporte em linha (*on line*), as informações aos usuários, a formação, a manutenção etc. Essa predição se baseia em três abordagens complementares: a) a extrapolação a partir da atividade atual, seu ambiente e as modificações possíveis devido à informatização; b) a aplicação de princípios, conhecimentos e resultados da literatura pertinente para os alvos; c) a avaliação iterativa com base em maquetes e protótipos;

— a avaliação, a verificação e a validação de hipóteses relativas à utilização ou ao comportamento dos usuários; os objetivos são variados; auxiliar os projetistas na decisão e na elaboração de especificações, medir as propriedades ligadas ao uso do artefato e compará-las com os padrões ou valores de referência, validar a expectativa de critérios e especificações ergonômicas iniciais etc.

Os primeiros estudos em ergonomia nesta área foram sobre os técnicos em informática, delimitando um campo de estudos ainda ativo: a psicologia da programação. Em seguida, a informatização alcançou amplamente os outros campos profissionais, depois o grande público e as atividades fora do trabalho, desenvolvendo critérios, métodos e conceitos em parte específicos.

A psicologia da programação. Já faz alguns anos que o ofício de projetista de programas abre espaço para análises e estudos ergonômicos, cujo objetivo é melhorar a compatibilidade dos ambientes e ferramentas de desenvolvimento informático com o modo de raciocínio no processo de concepção na informática (e.g. Détienne, 1998). A ergonomia cognitiva da programação procura responder a três tipos de questionamentos:

— Qual é a utilização real das ferramentas pelos projetistas no quadro da atividade cotidiana, em qual contexto, com quais limites e para qual eficácia?

— Quais são as necessidades dos projetistas de programas e as funcionalidades que permitem auxiliar suas atividades?

— Quais são os critérios para avaliar as características ergonômicas de uma ferramenta ou um certo ambiente de concepção de programas de computador?

Para responder a essas questões ela se apoia, por um lado, em conhecimentos provenientes da pesquisa a respeito dos processos cognitivos mobilizados nas atividades de concepção e os fatores que podem influenciá-los e, por outro lado, numa metodologia científica baseada na experimentação e na validação empírica, com os objetivos de:

Capítulo 26 – Ergonomia e concepção informática

— descrever e então procurar explicar o comportamento observado nos projetistas, a partir das características do ambiente e da atividade;

— identificar as dificuldades dos projetistas relacionadas às características do sistema cognitivo humano, às ferramentas e ao ambiente da tarefa;

— formalizar essa atividade, por exemplo em termos de estratégia, em termos de conhecimentos memorizados, em termos de processo cognitivo etc., de maneira a propor ferramentas e formações mais bem adaptadas.

O estudo da atividade de concepção de programas permite construir modelos dessa atividade que podem guiar o desenvolvimento de linguagens de programação e de auxílios à solução de problemas para os experientes e para os novatos. Os estudos psicológicos mostram, aliás, que há uma distância significativa entre os modelos informáticos da programação e a atividade real dos programadores. Por exemplo, a informática distingue tradicionalmente três subtarefas na concepção: a especificação, a análise, a codificação. Supõe-se que essas tarefas sejam realizadas de maneira puramente sequencial. Ora, os estudos psicológicos mostram que a atividade real compreende numerosos retornos com, por exemplo, modificações das especificações em estágios já avançados da atividade de codificação. As atividades de concepção informática são classicamente incluídas na categoria mais geral das atividades de concepção (ver o Capítulo 33 deste livro), sem que seja precisado, ao que sabemos, o verdadeiro parentesco da atividade dos projetistas nas diferentes áreas dos ofícios abrangidos pelos estudos psicológicos ou ergonômicos (concepções de edificações: arquitetura, programação; concepção de ferramentas e máquinas: design, engenharia mecânica e elétrica etc.).

Evoluções do campo da ergonomia informática – A maioria dos estudos e das intervenções em ergonomia informática abrange hoje outros ofícios e tarefas além da concepção de programas. Pode-se resumir as evoluções da maneira seguinte:

— extensão e generalização dos dispositivos informáticos no trabalho e na vida cotidiana;

— ampliação do público de usuários: diversidade dos perfis e competências tanto informáticas quanto gerais em meio à multiplicidade de usuários, internacionalização--localização dos programas de computador;

— novas tarefas: trabalho e formação à distância (CSCW – *Computer Supported Cooperative Work, e-learning*), comércio em linha (*e-commerce*), programação pelo usuário (gravador, sistemas de transações, portáteis, personalização das ferramentas de burocrática ou programa de computador comercial) etc.;

— complexificação dos sistemas, tendo como consequência uma complexidade de utilização maior sem necessariamente oferecer uma melhor resposta às necessidades dos usuários: por um lado, a abordagem centrada no desenvolvimento tecnológico é ainda predominante, e por outro, a generalização é com frequência visada com o número crescente de dispositivos de utilização não especificamente relacionados a uma tarefa (p. ex., a Web);

— hibridação e diversificação das tecnologias (técnicas e funções da informática, das telecomunicações e do audiovisual), dos terminais (portáteis, sistemas embarcados, sistemas pessoais, sistemas "vestidos" ou *wearable*) e dos paradigmas de interação (Linguagem de comando, WIMP – *Window Icon Menu Pointer*, diálogos vocais, WAP – *Wireless Application Protocol*, gestos, multimodalidade em entrada/saída, ambientes virtuais).

Essas evoluções influenciam as questões, os conhecimentos implicados e as demandas de intervenção da ergonomia (para um amplo leque de casos, ver, p. ex., Helander, Landauer e Prabhu, 1997). Assim, os conhecimentos e os métodos em ergonomia dos programas de computador são tradicionalmente centrados na assistência à atividade de um especialista realizando uma tarefa que ele conhece bem. Ora, cada vez mais as aplicações da informática envolvem a atividade de aprendizagem de uma tarefa ou de um conteúdo, com pouca literatura ergonômica sobre o assunto (Najjar, 1998). Do mesmo modo, a consideração das dimensões coletivas e sociais das atividades se limita a algumas ferramentas orientadas para a descrição das tarefas incluindo a noção de papel (p. ex., a GTA, Groupeware Task Analysis; ver Van der Veer, Van Welie e Chisalita, 2002), sem real capacidade de predizer a interação entre a técnica, os fatores individuais e o nível organizacional. Questões sobre a interação entre a percepção e a cognição, ou mesmo a emoção, se colocam em novos campos como, por exemplo, a realidade virtual (Burkhardt, 2003).

Para o ergonomista, uma implicação dessas evoluções é a manuntenção de uma vigília no campo. Existem para isso revistas generalistas (p. ex., *Human-Computer Interaction, Interacting with Computers, International Journal of Human-Computer Studies, Revue d'interaction homme-machine* etc.), conferências (e.g. HCI., HCI, Interact, IHM, ERGO-IA etc.), listas de discussão (p.ex ErgoIHM[1]) e recursos em linha (*on line*) (e.g. HCIbib[2]).

A informática, contexto de intervenção – O contexto informático se caracteriza hoje pelo espaço crescente dos métodos e ferramentas para a gestão de projeto e concepção informática; entre os métodos correntes, pode-se citar o Merise (Tardieu et al., 1986), as modalidades de ação em engenharia simultânea, a concepção por objetos (OMT et al., 1995; UML: Jacobson et al., 1999). Com exceção de alguns métodos direcionados para os programas interativos (p. ex., Diane+: Tarby e Barthet, 1996) as etapas da intervenção ergonômica são pouco levadas em consideração, o que torna necessária sua inserção no plano do projeto. Esse trabalho de inserção nem sempre é simples para o ergonomista, pois os custos, as restrições, ou mesmo a necessidade de modalidades de ação adaptadas (abordagem centrada no usuário, grupos de trabalho, concepção participativa, pesquisas etc.) são ainda percebidos com pouca clareza pelos projetistas. Desse ponto de vista, representações correntes perduram em informática, assimilando o ergonomista e a ergonomia:

— ao arranjo físico os locais e dispositivos. Cada vez menos frequente, essa visão exclui de fato a ergonomia da adaptação dos programas de computador;

— à aparência gráfica do sistema informático (pode-se aproximar essa reflexão da ambiguidade, com frequência presente na mente dos projetistas, entre a ergonomia e os ofícios do design). Essa maneira de ver restringe *a priori* apenas aos aspectos visíveis da interface a possibilidade de negociar as escolhas de concep-

---

[1] http://listes.cru.fr/wws/arc/ergoihm

[2] http://www.hcibib.org/

Capítulo 26 – Ergonomia e concepção informática **375**

ção e os objetos de questionamento. Disso decorre que a inserção no processo de concepção seja tardia, no momento da realização dos primeiros protótipos, após as fases de concepção abstratas e detalhadas já terem sido realizadas. Estabelecidas em sua maioria, as escolhas funcionais e técnicas são então difíceis, ou mesmo impossíveis, de modificar;

— ao "mágico" – ou o bombeiro – cuja invocação permitiria transformar todo sistema em um sistema facilmente utilizável por seus usuários finais. Em geral, trata-se de um produto, cujas primeiras observações mostram que é de utilização difícil. Claro, com um pouco de experiência, critérios genéricos de ergonomia podem ser aplicados sem necessariamente se referir à análise fina da atividade. O ergonomista corre, todavia, o risco de se ver na situação delicada de ter que fornecer especificações ou recomendações fora de qualquer possibilidade de estudo e na ausência de uma metodologia rigorosa;

— ao representante dos usuários, ou mesmo um "superusuário". Essa visão pode ser reforçada pelo fato de que um dos métodos de avaliação ergonômica consiste em efetuar uma inspeção do funcionamento do programa percorrendo o conjunto das funcionalidades, dos menus, das opções etc., com base em cenários de tarefas usuais, para identificar as dificuldades que os usuários poderiam encontrar. É claro, no entanto, que o ergonomista-avaliador não é usuário comum; ele não está colocado nas condições, bastante variáveis, de todas as situações de utilização; ele não pode ser o "modelo" de uma população, às vezes bastante ampla, de todos os usuários potenciais.

A plasticidade do material "programa de computador" é provavelmente também uma característica importante do campo. Em informática, as ferramentas de maquetagem e prototipagem permitem, a um custo baixo, visualizar e simular a aparência e o funcionamento dos sistemas, mesmo em fases muito precoces, autorizando a reiteração rápida de avaliações ao longo do processo, e até a colocação em situação dos usuários antes das etapas finais da concepção. Adicionalmente, as maquetes sucessivas oferecem uma representação concreta para se comunicar com os usuários e no interior do projeto, ao mesmo tempo que constituem um guia para a especificação das sucessivas versões; o risco, aliás, é que elas se substituam à especificação e à expressão da lógica da concepção. A pendência dessa plasticidade é o ritmo extremamente acelerado das mudanças de versões, suscetível ele mesmo de engendrar dificuldades. Por exemplo, isso encoraja a adoção de uma modalidade de ação restrita exclusivamente à estratégia de tentativa e erro. Fixar uma versão para avaliá-la se torna difícil, e as recomendações ou propostas de melhoria podem não mais se aplicar, o sistema tendo enquanto isso evoluído etc.

Por fim, a informática promove a reutilização como a estratégia principal para a concepção de programa de computador. O desenvolvimento a partir de componentes é assim bastante encorajado: arquiteturas recorrentes de soluções sob a forma de *design patterns* identificadas, aplicações genéricas, objetos, funções, subprogramas, rotinas etc. A qualidade dos programas de computador dependem assim, em parte, das propriedades disponíveis por meio dos "blocos de base" oferecidos aos projetistas: tendo, como riscos principais, por um lado serem primitivos, inadaptados ou tornando difícil a implantação de um diálogo minimamente inteligente e, por outro, a perenização de escolhas não ideais pelo recurso da padronização.

A ergonomia nos projetos de concepção informática

Em informática, as condições da intervenção com certeza nem sempre são as melhores para as considerações da ergonomia, seus métodos e seus critérios. Todavia, a tendência parece ser de inserção cada vez mais a montante do ergonomista, desde os estudos das necessidades, com um acompanhamento ao longo de toda a concepção. A continuação deste texto tenta esboçar alguns invariantes da intervenção na concepção informática.

Recurso aos usuários – A informática é hoje provavelmente um dos campos onde os usuários participam em quantidade na concepção, evidentemente que em graus e a títulos diversos: testes, estudos de satisfação, beta-testes, associações de usuários etc. Todavia, o usuário é ainda muito raramente visto como a fonte de dados para definir uma aplicação útil e utilizável, ou mesmo como coprojetista. As práticas atuais da informática nem sempre são eficazes: implicação tardia, realização de testes pouco informativos para a concepção, validação subjetiva, comunicação não instrumentada etc., engendrando então um resultado às vezes pouco visível do ponto de vista da ergonomia. Uma atitude positiva em relação aos usuários não é o suficiente para garantir que sejam efetivamente levados em conta eles próprios e sua atividade. Uma metodologia adequada de cooperação, de coleta e de análise se revela ao mesmo tempo necessária e complementar.

Duas abordagens principais se distinguem em relação ao grau de implicação dos usuários nas escolhas de concepção:

— as modalidades de ação da concepção centrada no usuário (Norman e Draper, 1986), expostos no Capítulo 27;

— a concepção participativa (Capítulo 24).

Critérios – Para o ergonomista, os indivíduos são antes de mais nada operadores, cujas ações são finalizadas por objetivos precisos, antes de serem simples usuários de produtos informáticos, que são apenas ferramentas como outras. O operador tem suas próprias finalidades, mas também seus hábitos, seus conhecimentos e saber-fazer que se tenta proteger, no mínimo "porque toda aprendizagem é ao mesmo tempo custosa e arriscada" (Sperandio, 1993). Os critérios básicos que o ergonomista pode colocar ao longo da concepção informática são por conseguinte globalmente os mesmos que para todo artefato a ser concebido: utilidade, usabilidade, periculosidade, acessibilidade. Os ergonomistas e os técnicos em informática têm com frequência pontos de vista e graus de prioridades divergentes sobre esses critérios.

Em ergonomia, o critério de *utilidade* corresponde a uma vantagem significativa para o usuário numa atividade precisa (em termos de eficácia, custo, rapidez, precisão, agregação...); essa vantagem é em essência sempre relativa: relativa a seus objetivos, relativa às ferramentas existentes ou habitualmente utilizadas, relativa ao ambiente de utilização, e relativa às dependências com as outras atividades. Inversamente, os projetistas consideram, com frequência, que a utilidade de um produto informático é um fato dado, desde o momento da decisão de conceber. Desse modo, produtos inúteis não faltam, ou que são inúteis porque os usuários potenciais não veem proveito neles. Uma análise do trabalho real pode contribuir em grande medida a delimitar a utilidade real de um produto previsto, mesmo se associado a uma tecnologia inovadora.

A *usabilidade* é com frequência o único critério ergonômico reconhecido pelos projetistas que deve ser considerado. A abundância de normas, de guias de estilos e de

Capítulo 26 – Ergonomia e concepção informática

padrões contribuiu amplamente para melhorar os produtos ao longo dos anos, e nenhum profissional de informática hoje em dia contesta sua importância. Em contrapartida, o ergonomista se vê cada vez mais diante de projetistas que possuem uma visão própria da ergonomia, julgada legítima por eles, proveniente, por exemplo, da interpretação mais ou menos precisa de receitas encontradas nos guias de estilos ou de concepção ergonômica. Assim sendo, eles assimilam a usabilidade apenas em relação ao respeito a esses padrões, o que é redutor (Vanderdonckt e Farenc, 2001), pois a usabilidade não é uma propriedade genérica dos sistemas informáticos. Ao contrário, ela constitui a medida (ou uma estimativa provável) do desempenho dos usuários, no contexto da e para a utilização prevista. A usabilidade pode assim ser medida por diversos indicadores, como a facilidade de aprendizagem, a facilidade de memorização, a utilização sem erros etc. Além disso, o critério de *eficácia* é implicitamente incluso, de maneira equívoca, na usabilidade. Uma má usabilidade restringe a eficácia, claro, mas a recíproca não é verdadeira. Um produto informático pode ser muito satisfatório do ponto de vista da usabilidade, sem, no entanto, permitir ao usuário satisfazer convenientemente seus objetivos. É porque o "modelo do usuário", tão caro aos profissionais de informática, é um modelo muito redutor quando não engloba o "modelo do operador", que tem seus próprios objetivos a satisfazer, e que para a sua satisfação o produto informático não passa de um meio.

O critério de *periculosidade* só é levado em consideração nas aplicações em áreas ditas "de risco" (salas de controle de processos, cabines de avião etc.) ou se limita apenas ao risco de erro de manipulação da interface. É verdade que um erro de manipulação da interface pode ter consequências catastróficas, mas é também claro que um produto informático pode ser perigoso por muitas outras razões. O exame dos motivos de periculosidade de um produto informático não cabe no que nos propomos aqui. Citemos simplesmente dois exemplos bem diferentes. Um programa supostamente destinado a facilitar a aprendizagem da leitura pode, se tem bases teóricas equívocas, induzir a disfunções irreversíveis nos processos de leitura. Outro exemplo: um sistema de auxílio informático à navegação instalado a bordo dos automóveis pode ser perigoso, porque pode distrair a atenção do motorista enquanto dirige. Esses produtos podem, aliás, ser facilmente utilizáveis. O fato de que eles sejam facilmente utilizáveis não diminui necessariamente sua periculosidade.

Em informática, o critério de *acessibilidade*, pelo qual a ergonomia cognitiva e a ergonomia física militam já faz tempo, refere-se às possibilidades de acesso aos sistemas de informação para as pessoas com necessidades especiais, em particular as que têm dificuldades visuais (ver o Capítulo 29 deste livro). Alguns profissionais de informática começam a se mostrar sensibilizados por esse critério, por intermédio de ações e recomendações recentes no campo da Internet (p. ex., Web Accessibility Initiative[3]).

Importa, portanto, aos ergonomistas não limitarem o alcance de sua disciplina exclusivamente à "usabilidade das IHM" (interface homem máquina): outros critérios observáveis devem ser considerados. Além disso, a ergonomia dos programas de computador enfatiza os aspectos cognitivos e perceptivos, o que não pode ocultar os aspectos gestuais e posturais relacionados à tarefa, bem como os outros fatores de ambiente. Nesses últimos anos viu-se o desenvolvimento rápido das patologias relacionadas aos trabalhos informatizados (distúrbios osteomusculares – DORT –, fadigas e distúrbios visuais, cefaleias etc.).

---

[3] http://www.w3.org/WAI/Resources/

A consideração das dimensões coletivas e organizacionais da atividade precisa claramente ser desenvolvida: está apenas no início na área da concepção informática.

Contribuições e papéis da ergonomia – As contribuições da ergonomia evoluem ao longo das três fases esquemáticas da vida de um projeto. Esse modo de recortar em fases não deve levar à suposição de que as atividades e os papéis do ergonomista estão sempre estritamente associados a uma etapa e delimitados no tempo. Em particular devido ao tipo de projeto, pode-se observar defasagens e sobreposições entre as diferentes tarefas da ação ergonômica. A título de ilustração, não é raro que, num projeto de P&D, a análise dos requisitos seja conduzida simultaneamente com a especificação, ou mesmo com a realização detalhada, em vez de na fase inicial do projeto. Ademais, o processo de concepção sendo de natureza iterativa, em vez de sequencial, fases de especificação e fases de validação se encadeiam no processo em que se vai refinando a solução.

Na fase inicial, as atividades do ergonomista se centram na oportunidade e nas implicações sociotécnicas para a definição geral do projeto, a análise do existente e a definição das necessidades. Nesses momentos, o ergonomista é, junto aos projetistas, aquele que contribui com o conhecimento sobre as atividades que serão as dos futuros usuários. É até mesmo a ele que cabe obter, por uma análise apropriada, todos os dados necessários para sua intervenção que caracterizam os futuros usuários. Seu trabalho é sobretudo prospectivo, no sentido em que precisa antecipar os problemas eventuais relativos a critérios ergonômicos que poderiam ocorrer ulteriormente. O ergonomista recorrerá a várias vias de investigação, entre as quais:

— a análise do trabalho e do local atual dos operadores/usuários envolvidos, tendo em vista realçar as exigências, os modos operatórios e os problemas de funcionamento a serem considerados na definição do projeto;

— a análise de ferramentas e/ou situações (informatizadas) consideradas similares, tendo em vista antecipar os problemas potenciais e as soluções já propostas;

— a participação dos usuários, que pode ser um meio de operar uma certa previsão dos usos.

A especificação e a realização – O objetivo consiste em considerar, no objeto em curso de elaboração, as características do usuário final, as de sua atividade e o contexto em que essa atividade ocorre. Para isso, o ergonomista participa da concepção e seleção de alternativas, especifica a organização da interface e dos diálogos, auxilia na realização por meio do fornecimento de guias (carta, guia de estilo, coletânea de recomendações ergonômicas) e participa da preparação das etapas de validação (plano de testes, roteiros etc.). Se for o caso, ele coordena os grupos de usuários no quadro de uma concepção participativa. Essas atividades, conduzidas com frequência em cooperação com os outros projetistas, têm como base:

— as análises do trabalho complementares, motivadas em geral por questões engendradas ao longo da elaboração da solução. Dizem respeito a aspectos do trabalho atual ou então futuro, conforme o caso;

— a elaboração de uma síntese da literatura pertinente para a ergonomia;

— a formalização dos dados sobre o trabalho e seu contexto, tendo em vista seu emprego pela concepção (p. ex., organograma funcional, modelos de tarefas, *use-case...*);

Capítulo 26 – Ergonomia e concepção informática

— as técnicas de seleção/avaliação de soluções se apoiando em métodos variados (p. ex., heurísticos, revisões coletivas...).

Podem igualmente incluir:

— a organização das reuniões associando os usuários e, concomitantemente a instrumentação das atividades de "coconcepção";

— a elaboração do(s) manual(is) do usuário (Carroll, 1990)

— a redação da documentação de projeto.

A avaliação, a validação e o acompanhamento – Nas fases de *avaliação*, o objetivo é a validação (avaliação somatória) ou o encaminhamento (avaliação formativa) das escolhas de solução, em geral pelo intermédio de estudos realizados com base em maquetes ou protótipos. No fim do projeto, o ergonomista pode também intervir no *acompanhamento no local* e no *balanço*. Essas atividades com frequência compreendem:

— a especificação de maquetes estáticas ou dinâmicas do sistema e de protótipos das interfaces, ou mesmo sua realização;

— o estudo dos comportamentos dos usuários na situação futura antecipada, em laboratório ou em campo, segundo um plano e uma metodologia experimental;

— o estudo de satisfação por questionários e/ou entrevistas;

— a síntese dos dados coletados e as propostas de modificações ou melhoras em termos de funcionalidades e interface;

— a validação dos objetivos iniciais segundo os critérios da ergonomia (aceitação, utilidade, usabilidade, acessibilidade, melhoria do custo para os usuários etc.);

— eventualmente a participação nas propostas ao usuário para o suporte em linha (*on line*);

— eventualmente a participação na concepção da formação, ou mesmo na sua realização.

Variedade dos projetos, posições e estatutos – Os projetos que envolvem a informática são diversos. Pode-se tratar da *concepção ou do arranjo global de um sistema de produção e dos postos de trabalho* (uma nova fábrica, reestruturação das atividades terciárias de um grupo etc.) A informática constitui no caso uma tarefa a realizar entre outras, o que ocorre numa grande equipe (com flutuações ao longo da vida do projeto) em que vários ofícios e disciplinas cooperam de maneira síncrona e assíncrona. Um outro contexto, muito variado, é o campo dos *produtos e serviços informatizados para o grande público* (serviços de voz, telemática, jogos, microinformática pessoal etc.). A intervenção ergonômica tende também a se desenvolver nos projetos de *pesquisa e de P&D*, quando a finalidade do desenvolvimento diz respeito a usuários que não são profissionais de informática. A preocupação de levar em conta os usuários é cada vez mais presente, mesmo que os critérios principais do êxito de um projeto permaneçam o sucesso e a viabilidade técnica. Um último contexto é a ergonomia dos *sistemas para populações com necessidades especiais*. Esse rótulo abrange populações de pessoas com características e necessidades muito diferentes (este ponto é desenvolvido no Capítulo 29 deste livro): crianças, pessoas de idade, cegos e deficientes visuais, outras deficiências perceptivas (audição, tato, olfato) ou cognitivas, pessoas com mobilidade reduzida, deficiências graves (paraplegias etc.).

O ergonomista pode estar integrado nos projetos como um participante entre outros do processo de concepção. Um segundo caso, que diz respeito mais às grandes empresas, é a existência de uma estrutura identificada como "setor de ergonomia" no interior da empresa, que lhe confere a possibilidade de ocupar um espaço importante nas escolhas e direção de projetos. Além disso, o ergonomista pode estar no projeto como assalariado da empresa-projetista, assalariado da empresa-cliente, ou então intervindo em nome de um escritório de ergonomia pago pela empresa-projetista ou pela empresa-cliente, ou ainda por um terceiro organismo. Pode até se tratar, eventualmente, de uma intervenção no quadro de um convênio assinado com um laboratório universitário. Enfim, três posicionamentos são possíveis: no interior do empreendimento, da coordenação do projeto ou junto ao cliente, quando este é distinto dos dois anteriores. Acrescenta-se um quarto caso: o ergonomista de um terceiro organismo encarregado do financiamento, promoção ou controle do projeto.

Conclusão e perspectivas

Se algumas relações entre ergonomia e informática parecem evidentes, como metodologias de concepção centrada no usuário, técnicas e métodos de avaliação da usabilidade das interfaces, outras relações permanecem pouco ou não identificadas, embora participem do desenvolvimento e da cooperação entre essas duas áreas da atividade humana. É o caso, por exemplo, dos estudos ergonômicos da programação informática, ou ainda do uso de paradigmas informáticos para representação das tarefas e das atividades. A informática pode também oferecer um ferramental cada vez mais adaptado e uma assistência às atividades do ergonomista, a condição que uma atenção maior seja dada ao ergonomista "usuário" de tecnologia, ao mesmo tempo que "operador" com seu ofício particular. Entre outros exemplos, pode-se citar a gestão dos conhecimentos em ergonomia e das referências documentais, o registro de dados de campo auxiliado por computador, a leitura e a análise de dados auxiliados por computador, as ferramentas de maquetagem e prototipagem, os laboratórios completos instrumentados, as ferramentas de simulações informáticas etc.

A intervenção da ergonomia nos projetos de concepção informática evolui, portanto, ao mesmo tempo que essa área técnica se amplia, se diversifica. Isso é verdade no plano concreto, prático; e é verdade também no plano dos conhecimentos e dos métodos da disciplina. Pode-se tentar prolongar esse panorama com algumas perspectivas para a ergonomia informática.

Em primeiro lugar, parece cada vez mais necessário procurar ferramentas e conhecimentos além das fronteiras relativas que existem entre certas especializações da ergonomia, com frequência, relativamente autônomas (ergonomia dos programas de computador, ergonomia dos dispositivos de telecomunicação e da telemática, ergonomia dos dispositivos de robótica e telemanipulação etc.). Por um lado a convergência técnica e funcional caracterizando as "novas" tecnologias leva a ergonomia a intervir em sistemas com características cada vez mais híbridas: telefone na internet, navegação na Web por meio de um aparelho de televisão ou de um telefone sem fio etc. Por outro lado, as futuras gerações de interface como as desenvolvidas atualmente pela tecnologia da realidade "virtual" e da realidade "aumentada" implicam cada vez mais modalidades sensoriais simultâneas,

Capítulo 26 – Ergonomia e concepção informática

segundo circuitos mais amplos e mais complexos do que aqueles implicados nas interfaces clássicas do tipo monitor e teclado.

Em segundo lugar, intervir nas melhores condições possíveis passa provavelmente por uma inteligibilidade aumentada dos métodos, restrições e resultados da ergonomia no interior da comunidade informática; parece menos necessário anunciar sobre objetivos mais genéricos de adaptação da interface aos usuários, estando agora amplamente difundidos, e até retomados por muitos projetistas por sua própria conta. Além disso, foi ressaltado que não se podia confinar a ergonomia informática apenas na dimensão de usabilidade das interfaces humano-máquina, sem correr o risco de subestimar outros critérios tradicionais, igualmente importantes, em ergonomia informática. Integrar-se numa modalidade de ação de engenharia deverá ser acompanhado também do desenvolvimento de ferramentas que permitam avaliar o impacto da ergonomia do ponto de vista dos projetos. Uma reflexão deve ser feita a respeito dos indicadores e instrumentos de análise mais capazes de avaliar esse impacto, por exemplo do ponto de vista da previsão e da avaliação dos custos e ganhos.

Por fim, pode-se constatar que o ergonomista tende cada vez mais a se posicionar enquanto prescritor-projetista das ferramentas e das situações de trabalho. Esse posicionamento é um novo engajamento, ao mesmo tempo implicando para o ergonomista assumir uma certa responsabilidade nas escolhas de concepção. Isso será ainda mais verdadeiro quanto mais a montante o ergonomista intervir no processo de concepção.

Referências

BISSERET, A.; SÉBILLOTE, S.; FALZON, P. *Techniques pratiques pour l'étude des activités experts.* Toulouse: Octarès, 1999.

BURKHARDT, J. M. Réalité virtuelle et ergonomie: quelques apports réciproques. *Le Travail Humain,* Paris, v. 66, p.65-91, 2003.

CARROLL, J. M. *The nurnberg funnel:* designing minimalist instruction for practical computer skill. Cambridge (MA): MIT Press, 1990.

DÉTIENNE, F. *Génie logiciel et psychologie de la programmation.* Paris: Éditions Hermès, 1998.

HELANDER, M.; LANDAUER, T. K.; PRABHU, A. (Ed.). *Handbook of human computer Interaction.* Amsterdam: Elsevier, 1997.

HOLLNAGEL, E.; BYE, A. Principles for modelling function allocation. *International Journal of Human-Computer Studies,* v.52, p.253-265, 2000.

HUMAN-COMPUTER interaction, interacting with computers. *International Journal of Human-Computer Studies, Revue d'interaction homme-machine.* [s.n.t].

ISO 9241. *Ergonomic Requirements for Office Work with Visual Display Terminals.* Genève, 1981.

JACOBSON, I.; RUMBAUGH, J.; BOOCH, G. *The unified software development process.* New York: Addison Wesley, 1999.

NAJJAR, L. J. Principles of educational multimedia user interface design. *Human Factors,* v.40, p.311-332, 1998.

NORMAN, D. A.; DRAPER, W. D. *User centered system design:* new perspectives on human-computer interaction. Hillsdale, NJ.: Lawrence Erlbaum, 1986.

RUMBAUGH, J. et al. *OMT modélisation et conception orientées objet* Paris: Masson, 1995.

SPERANDIO, J. C. L'ergonomie du travail informatisé. In: LEVY-LEBOYER, C.; SPERANDIO, J.C. (Ed.). *Traité de psychologie du travail.* Paris: PUF, 1987. p.161-167.

_____. (Ed.). *L'ergonomie dans la conception des projets informatiques.* Toulouse: Octarès, 1993.

_____. Modéliser le savoir et les activités opératoires par lês formalismes de l'informatique, est-ce pertinent en ergonomie? *Performances Humaines et Techniques,* hors série, p.17-24, 1995.

TARBY, J. C.; BARTHET, M. F. The DIANE+ Method. In: INTERNATIONAL WORKSHOP ON COMPUTER-AIDED DESIGN OF USER INTERFACES, 2., Namur, 1996. *Proceedings:* CADUI96. Namur: Universitaires de Namur, 1996. p.95-119.

TARDIEU, H.; ROCHFELD, A.; COLETTI, R. *La méthode MERISE, principes et outils.* Paris: Les Éditions d'organization, 1986. 2v.

VANDERDONCKT, J.; FARENC, C. (Ed.). *Tools for working with guidelines.* London: Springer-Verlag, 2001.

VAN DER VEER, G. C.; VAN WELIE, M.; CHISALITA, C. Introduction to groupware task analysis. In: PRIBEANU, C.; VANDERDONKT, J. (Ed.). *International Workshop On Task Models And Diagrams For User Interface Design*, 1., Bucharest, 2002. *Proceedings:* TAMODIA 2002. Bucharest: INFOREC Publishing House, 2002. p.32-39.

Ver também:

15 – Homens, artefatos, atividades: perspectiva instrumental

16 – Para uma cooperação homem-máquina em situação dinâmica

27 – A concepção de programas de computador interativos centrada no usuário: etapas e métodos

28 – Ergonomia do produto

29 – Ergonomia dos suportes técnicos informáticos para pessoas com necessidades especiais

27

A concepção de programas de computador interativos centrada no usuário:
etapas e métodos

Christian Bastien, Dominique Scapin

Introdução

Este capítulo aborda o ciclo de concepção centrada nos usuários de programas de computador interativos (design centrado no usuário, engenharia da usabilidade etc.). Por programas de computador interativos, entende-se aqui uma "combinação de elementos de computadores e programas de computador que trocam dados provenientes de um usuário e dirigidos a ele, a fim de auxiliá-lo a realizar sua tarefa" (ISO 13407, 1999). Esse ciclo de concepção foi objeto de numerosas publicações: capítulos de livros (p. ex., Gould, Boies e Ukelson, 1997), livros (p. ex., Mayhew, 1999), e normas (ISO 13407, 1999). Estes são inteiramente dedicados a ele (o leitor interessado por essas obras poderá consultar uma lista mais detalhada na seção "recommended readings" no seguinte endereço da internet: http://www.hcibib.org/). O objetivo dessa ação é aumentar a usabilidade e a utilidade dos sistemas, de modo que eles permitam "melhor atingir os objetivos fixados, trazendo uma maior satisfação das necessidades relacionadas ao usuário e à organização" (ISO 13407, 1999). Um sistema interativo de boa qualidade sob o ponto de vista da ergonomia comporta um certo número de características: é fácil de compreender e utilizar, o que pode levar à redução de custos de formação e assistência técnica; aumenta a satisfação dos usuários e diminui os incômodos e constrangimentos; incrementa a produtividade dos usuários e a eficiência operacional das empresas; reforça a qualidade, a estética e o impacto do produto, e pode estar na origem de vantagens em relação à concorrência (ISO 13407, 1999).

A maioria dos autores concorda quanto às grandes etapas da concepção centrada no usuário. Esse ciclo, cuja principal característica é ser iterativo, comporta em geral uma fase de análise dos requisitos e uma implicação ativa dos futuros usuários, uma fase de concepção, teste e realização seguida de uma fase de implementação e acompanhamento. Na maior parte do tempo, essas grandes fases se decompõem em atividades mais precisas, embora não sejam necessariamente localizadas, conforme os autores, no mesmo lugar no ciclo de concepção e a mesma importância não seja atribuída a cada uma. Essas atividades são: a identificação dos perfis ou características dos usuários, a análise da atividade e das tarefas, o estabelecimento de objetivos de usabilidade, a identificação das restrições materiais, a consideração dos princípios ergonômicos gerais de concepção (guias de estilos etc.), a otimização do trabalho, a elaboração de maquetes, a aplicação das normas de ergonomia, a prototipagem, a avaliação ergonômica, a concepção detalhada, a implementação e o retorno dos usuários.

Este capítulo tem por objetivo fornecer ao leitor uma noção geral dessas diferentes etapas de concepção indicando, para cada uma delas, os métodos e ferramentas disponíveis (o leitor poderá encontrar um quadro recapitulando os métodos segundo as etapas do ciclo de concepção no seguinte endereço, http://www.usabilitynet.org/methods/, e uma descrição sintética dos métodos apresentados neste capítulo na norma ISO/TR 16982, International Standards Organization, 2001). Estes últimos não serão descritos em detalhe, mas o leitor encontrará referências que permitem aprofundá-los. Não se trata aqui de falar dos ciclos de concepção informáticos clássicos enriquecidos de considerações e métodos da ergonomia (sobre esse ponto o leitor poderá ler Kolski, Ezzedine e Abed, 2001), mas efetivamente de apresentar a abordagem ergonomia de concepção de programas de computador interativos centrada no usuário.

Análise das necessidades

A expressão "análise das necessidades" não dá conta de maneira satisfatória da expressão inglesa "análise de requisitos". A primeira poderia fazer crer que o que interessa são apenas as necessidades dos usuários, quando o que se trata é de abordar: as características dos futuros usuários do programa de computador, as tarefas para as quais o programa de computador é concebido, o ambiente organizacional e físico das situações de trabalho, os requisitos de equipamentos e programas de computador, os princípios ergonômicos gerais e por fim os objetivos de usabilidade. Trata-se, na norma ISO 13407, (1999), do contexto de utilização.

Descrição das características dos futuros usuários

Um bom conhecimento das características dos usuários é essencial para assegurar em parte a compatibilidade do programa de computador, ou seja, a adequação entre as características dos usuários (memória, percepções, hábitos, competências, idade, expectativas etc.) e das tarefas, por um lado, e a organização das saídas, entradas e diálogo de um programa de computador interativo, por outro (Scapin e Bastien, 1997). Trata-se aqui de saber quem utilizará o programa de computador e conhecer, por exemplo: as atitudes e motivações desses usuários potenciais, seu conhecimento das tarefas a realizar, sua experiência com ferramentas informáticas, suas aptidões e competências, sua formação, suas características físicas, seus hábitos, suas preferências etc. Todos estes aspectos têm impactos na concepção. Como, por exemplo, uma interface deve ser concebida tendo em vista assegurar o conforto visual das pessoas com problemas de visão quando estas constituem a população-alvo? Como se deve conceber uma interface para limitar a aprendizagem quando se lida com usuários reticentes?

Essa etapa, por simples que possa parecer, esconde dificuldades significativas. Quando se trata de novas tecnologias ou ainda da concepção de endereço da internet, pode ser difícil ter uma ideia dos usuários potencias e por conseguinte conhecer seu perfil. A situação é diferente quando, por exemplo, se trata de desenvolver um programa de computador para uma população bem identificada (p. ex., os controladores de tráfego aéreo, os pilotos comerciais, os usuários de uma Intranet etc.), contexto em que é mais fácil ter acesso a uma amostra representativa quando não é possível ter acesso ao conjunto dos futuros usuários em virtude de seu número ou sua disponibilidade. Além disso, sabendo que todos esses aspectos poderão ter um impacto nas escolhas de concepção, uma relação deve ser estabelecida entre esses aspectos e as recomendações ergonômicas aplicadas no detalhamento do projeto, etapa que abordaremos mais adiante.

Os dados coletados nessa etapa devem permitir que se determine, por exemplo, a importância das diferentes dimensões da usabilidade, a saber: a facilidade de aprendizagem e utilização; a eficácia de utilização; a facilidade de memorização, a utilização sem erros e a satisfação ISO 9241-11 (1998).

Para a definição dos perfis dos usuários não há um método específico, a não ser a entrevista ou o questionário. A qualidade das informações coletadas dependerá, portanto, da qualidade das entrevistas e questionários. Os perfis dos usuários serão, além disso, utilizados nas fases de avaliação, mais precisamente na seleção dos participantes.

Análise e descrição das tarefas dos usuários – Um bom conhecimento das tarefas é um outro aspecto que permite aumentar a compatibilidade de um programa de computador.

Para a ISO 13407 (1999): "Convém descrever as características das tarefas capazes de influir na usabilidade, como a frequência e a duração de execução. Em caso de risco para a saúde ou segurança, por exemplo no caso da vigilância do funcionamento de uma máquina controlada por um computador, convém igualmente descrever esses riscos. Convém incluir, na descrição, a divisão das atividades e fases operacionais entre os componentes humanos e técnicos. Convém que as tarefas não sejam exclusivamente descritas em termos de funções ou de atributos de um produto ou sistema".

O objetivo da análise das tarefas (seja para a formação, a concepção etc.) determina, em grande parte, a natureza das informações que serão coletadas junto às pessoas envolvidas. A análise das tarefas se apoia em diversos métodos, tanto de coleta de dados, quanto de análise e formalização (ver Scapin e Bastien, 2001). No quadro da concepção de programas de computador interativos, o objetivo da análise será conhecer os objetivos do trabalho, os procedimentos, e identificar as informações e dados tratados pelo usuário. Essa análise permitirá também identificar a linguagem e a terminologia utilizadas pelos usuários, conhecimento que será utilizado na concepção. Não se trata aqui de compreender o trabalho para reproduzi-lo, idêntico, sob uma forma informatizada, mas sobretudo de transformar o trabalho informatizando-o, de modo a otimizá-lo e torná-lo menos custoso para o usuário. Uma atenção particular deve, portanto, ser dada à atribuição de funções, ou seja, à identificação das tarefas que serão assumidas e realizadas pela ferramenta, e aquelas que serão realizadas pelo usuário.

Para a coleta dos dados, o ergonomista dispõe de métodos, como a observação em situação real e a medição de desempenhos (p. ex., tempo dedicado a diferentes tarefas, número de erros etc.), a entrevista, as verbalizações em voz alta durante a atividade ou a partir de seus vestígios, e a análise de incidentes críticos (outras técnicas para a análise das atividades especializadas são apresentadas por Bisseret, Sebillote e Falzon, 1999). Embora esses métodos impliquem a participação ativa dos usuários, outras fontes de informações podem ser utilizadas para conhecer melhor as tarefas. O ergonomista poderá se referir a todos os documentos utilizados pelos usuários (p. ex., instruções escritas etc.) que descrevem suas tarefas.

A partir dos dados coletados, o ergonomista proporá uma descrição com maior ou menor grau de formalização das tarefas do usuário. Existem numerosos métodos de descrição (diagramas de entradas-saídas, organogramas funcionais, de processos, de fluxo de informações, redes de Petri, gráficos de sinais etc.), embora nem todos sejam adaptados à concepção de programas de computador interativos (para uma obra geral, ver Kirwan e Ainsworth, 1992). Se alguns permitem descrever e formalizar tarefas realizadas com ferramentas informáticas (ver Diaper, 1989), outros permitem formalizar tarefas realizadas com ou sem ferramentas informáticas com o objetivo de especificar a organização do diálogo dos programas de computador a desenvolver (ver Scapin e Bastien, 2001). É, sobretudo, por esta última categoria que o ergonomista se interessará nessa etapa da concepção, e mais particularmente nos métodos de descrição hierárquica das tarefas (como MAD* ou MAD STAR). Os métodos que permitem descrever as tarefas como elas são realizadas bem como os programas de computador de que o usuário dispõe poderão ser utilizados na fase de avaliação, que abordaremos mais adiante. Lembremos que se trata aqui de dar uma descrição de modo que aquele que desenvolve o programa de computador possa propor soluções, ou seja, fazer escolhas de concepção. Essa etapa também é interativa. Com efeito, durante a descrição formalizada o ergonomista constatará com frequência "furos" na atividade, na tarefa, furos que ele deverá corrigir por meio de um retorno a campo junto aos usuários. Trata-se com frequência de porções da tarefa que o ergonomista não pôde observar ou que o operador esqueceu de descrever. Essa passagem da coleta dos dados à descrição é uma etapa delicada que exige uma experiência comprovada (sobre este ponto, ver Sebillote, 1991).

Os métodos citados anteriormente são, em geral, aplicados a situações que precisam ser informatizadas ou ainda a situações já informatizadas que precisam ser rearranjadas. Existem, todavia, situações em que o objetivo é conceber novos serviços, introduzir novas tecnologias para as quais as necessidades são mal definidas, ou mesmo inexistentes, ou para as quais as tarefas são "inexistentes". Nessas situações, outras técnicas podem se mostrar úteis. Será possível então recorrer a técnicas emprestadas de outras disciplinas, como o *brainstorming*, o *card sorting*, ou os grupos de discussão (*focus groups*). Outras técnicas, como a concepção por cenários (*scenario-based design*), poderão também ser utilizadas. Depois de ter elaborado cenários de tarefas, por exemplo (ver quanto a isso Rosson e Carroll, 2002), ou casos de uso, o ergonomista poderá detalhar as novas tarefas previstas ou os novos serviços utilizando um formalismo de descrição.

Consideração das restrições materiais – Para a concepção de sistemas adaptados às tarefas e aos usuários é importante levar em consideração as características e requisitos dos equipamentos e programas de computador que serão utilizados pela população-alvo. Esse aspecto revela-se particularmente importante no quadro das novas tecnologias da informação e da comunicação. Para fazer escolhas de concepção adaptadas, o projetista deve ter um bom conhecimento das ferramentas de que dispõem os usuários finais: de que é composto o mercado informático consumidor? De qual tipo de sistema operacional esse público dispõe? A informação deve ser sintetizada vocalmente? Quais são as características dos programas de computador especializados de que dispõem as pessoas com problemas de visão e os cegos? Qual é a área de visualização e apresentação da informação disponível? Qual é a resolução desses dispositivos de visualização? Trata-se de apresentar a informação em dispositivos de tamanho reduzido (agendas eletrônicas, telefones celulares, WAP etc.)? Os usuários dispõem de sistemas com alta velocidade de transmissão. Embora a tendência atual seja propor interfaces gráficas em janelas múltiplas, estas não são necessariamente as mais adaptadas às atividades para as quais o programa de computador é desenvolvido.

Capítulo 27 – A concepção de programas de computador interativos centrada no usuário **387**

Da mesma maneira cabe se interessar pelos dispositivos de entrada de dados (teclado, mouse, tela tátil, microfone etc.) interrogando-se sobre a pertinência deles em relação às tarefas a serem realizadas.

Todos esses aspectos não só têm repercussões sobre as escolhas de concepção relativas a aspectos de "superfície" (tamanho dos caracteres, densidade da informação etc.), mas também sobre a estrutura do diálogo e, consequentemente, sobre a arquitetura dos diálogos que será proposta. A concepção de um programa de computador adaptado requererá, portanto, e isso quanto mais importantes forem os requisitos dos equipamentos do computador, idas e vindas frequentes entre a definição da estrutura das tarefas tendo em vista sua otimização e as possibilidades e requisitos técnicos. Além disso, o conhecimento dos equipamentos utilizados condicionará também os guias de estilos (recomendações para as interfaces WAP, WebTV etc.) que serão aplicados durante a concepção detalhada e que serão também utilizados na avaliação.

Estabelecimento de objetivos de usabilidade – Os objetivos de usabilidade são definidos a partir dos perfis e características dos usuários, da análise das tarefas, das recomendações ergonômicas e podem também levar em conta aspectos de "marketing". O objetivo aqui é estabelecer objetivos qualitativos e quantitativos que permitirão avaliar as propostas de concepção.

Os objetivos qualitativos de usabilidade são com frequência gerais e podem ser do tipo: "as modificações da interface das novas versões de um programa de computador deveriam ser transparentes quando não são pertinentes para as tarefas do usuário", ou ainda "o uso do programa de computador não deve requerer conhecimentos relativos às tecnologias subjacentes". Embora possam ter um impacto significativo nas escolhas de concepção, os objetivos qualitativos são, por natureza, difíceis de avaliar, de medir. Os objetivos quantitativos, por sua vez, são mensuráveis. Podem assim servir de critério de aceitação das escolhas de concepção durante as fases de avaliação. Por exemplo, uma equipe de concepção poderia decidir que um usuário experiente, definido como um usuário que tenha realizado uma dada tarefa um certo número de vezes, poderá realizar essa mesma tarefa num tempo concedido. De maneira mais precisa, seria até mesmo possível chegar a definir um tempo médio para a realização de uma dada tarefa e para uma dada porcentagem de usuários experientes (p. ex., 80% dos usuários considerados deveriam poder realizar a tarefa A em menos de 5 minutos). Desse modo, é possível definir objetivos relativos à facilidade de uso de um programa de computador, à facilidade de aprendizagem e à eficácia de utilização. Ademais, é também possível especificar diversos índices ou níveis de desempenho (número de erros a não ser ultrapassado, tempo médio para realizar diferentes tarefas etc.) e de satisfação. Esses objetivos, considerados numa perspectiva iterativa, determinarão o número de iterações e modificações com que será necessário operar no sistema interativo. Desse modo, modificações poderão ser feitas no programa até os critérios de usabilidade serem atingidos. Cabe notar de passagem que esses objetivos estão estreitamente ligados aos métodos de avaliação que serão empregados nas fases seguintes.

A produção de soluções de concepção

Com base nas etapas precedentes, os projetistas e aqueles que trabalham no desenvolvimento irão "materializar" soluções. Estas assumirão diferentes formas, indo do croqui e da maquete em papel até o produto acabado, passando por etapas intermediárias como as maquetes "dinâmicas" e os protótipos. Trata-se aqui, portanto, de propor soluções sob formas que permitam modificações rápidas e pouco custosas, formas que permitirão validar as escolhas de concepção, antes de passar ao desenvolvimento do programa de computador em sua forma "definitiva". Essa etapa permite ademais explorar simples e facilmente alternativas de concepção, validá-las junto aos usuários, por meio de testes ou ensaios, e, por fim, melhorar a qualidade das especificações funcionais. Ao longo desse desenvolvimento, o programa de computador tomará uma forma cada vez mais precisa. As ferramentas que serão utilizadas para o desenvolvimento dessas maquetes e protótipos são variadas. Essas maquetes podem ser desenvolvidas simplesmente com programas de computador, como o Microsoft Powerpoint®, ou então com ferramentas mais sofisticadas, como o SuperCard® e HyperCard® para Macintosh®, ou ainda Visual Basic® ou Delphi® para Windows®.

As propostas ocorrem em geral em três tempos. O passo inicial é a elaboração do modelo conceitual do programa. Trata-se de um modelo de "alto nível", envolvendo essencialmente a arquitetura do diálogo e as funcionalidades que serão desenvolvidas. Esse modelo pode tomar a forma de um croqui apresentando ou ilustrando certas funcionalidades. Em geral, não são representadas todas as funcionalidades nesse estágio.

Num segundo tempo, a concepção será mais detalhada. Trata-se então de precisar a concepção das caixas de diálogo, bem como seus encadeamentos e a organização de menus, por exemplo. Essas precisões deverão permitir validações junto a usuários futuros. Trata-se ainda de maquetes, porém mais precisas (*high-fidelity mock-ups*). O objetivo desta etapa é validar o modelo conceitual junto a usuários.

Finalmente, e com base nos resultados dos testes precedentes, a interface será desenvolvida em detalhes. Durante as escolhas de concepção, e mais ainda durante essa fase de concepção detalhada de cada um dos objetos da interface (caixas de diálogos, menus etc.), o projetista poderá se apoiar em recomendações e normas (p. ex., os documentos da norma 9241). Como assinala com justeza a ISO 13407 (1999), "existe uma grande quantidade de conhecimentos científicos e teóricos sobre a ergonomia, a psicologia, as ciências cognitivas, a concepção de produtos e outras disciplinas pertinentes, que podem sugerir soluções potenciais de concepção. Numerosos organismos dispõem para uso interno de guias estilísticos relativos às interfaces para os usuários, de conhecimentos sobre os produtos e de informações de marketing, sobre os quais pode ser apoiada a concepção inicial, particularmente úteis para a concepção de produtos similares. Os organismos de normalização nacionais e internacionais emitem recomendações e normas de concepção genéricas relativas aos fatores humanos e à ergonomia".

Conforme as plataformas para as quais o programa de computador será desenvolvido (Macintosh®, PC etc.), diversos guias de estilo poderão ser aplicados. Mas, além dos guias de estilo, compilações de recomendações ergonômicas poderão ser utilizadas. A aplicação desses conhecimentos permite, até certo ponto, aumentar a qualidade ergonômica do programa de computador. Além disso, relacionadas aos perfis de usuários identificados nas fases precedentes, recomendações específicas poderão ser aplicadas (p. ex., recomendações para a concepção de interfaces para pessoas de idade, pessoas apresentando dificuldades visuais etc.). Poderão ser encontradas também recomendações específicas para todos os estilos de interação (p. ex., menus, formulários, perguntas/respostas etc.). Em outras palavras, todas as escolhas de concepção deverão ser justificadas, tanto quanto possível, com base nos conhecimentos disponíveis.

O uso desses documentos durante a concepção detalhada coloca, no entanto, problemas de tamanho. Preocupados com uma melhor integração desses conhecimentos à con-

Capítulo 27 – A concepção de programas de computador interativos centrada no usuário **389**

cepção e avaliação dos programas de computador, certos pesquisadores criaram grupos de trabalho com o objetivo de desenvolver ferramentas de programas de computador para permitir uma melhor utilização deles (Vanderdonckt e Farenc, 2000). Os trabalhos dessas equipes permitiram o desenvolvimento de programas de computador com uma consulta facilitada das recomendações ou dos princípios. É o caso em especial da parte 10 da norma 9241 (Gediga, Kamborg e Düntsh, 1999; Oppermann e Reiterer, 1997). Essas ferramentas podem ser utilizadas tanto na concepção quanto na avaliação.

Avaliação das soluções propostas

A avaliação das soluções propostas deve ser realizada em todas as etapas da concepção. Uma noção desse processo já foi apresentada nos parágrafos precedentes. Ela não deve intervir apenas no fim de um ciclo de concepção, o que poderia então limitar seu impacto nas futuras modificações do programa de computador. A avaliação constitui uma etapa essencial da concepção centrada no usuário.

Diversos métodos de avaliação existem (ver a respeito Bastien e Scapin, 2001). Podemos classificá-los em duas categorias, a saber, os métodos que requerem a participação direta dos usuários e os métodos que se dedicam às características da interface. A primeira categoria compreende em especial os testes, questionários e entrevistas junto aos usuários. A segunda categoria compreende por sua vez os modelos, métodos e linguagens formais, o recurso ao especialista, os métodos de inspeção e as ferramentas de avaliação automática.

Na primeira categoria, a que requer a participação dos usuários, estes são a fonte dos dados da avaliação. Duas subclasses de métodos podem ser identificadas: uma primeira em que o usuário interage com o sistema (os testes de utilização), e uma segunda em que o usuário é questionado a respeito da interface (questionários e entrevistas) após uma interação com o programa de computador (ou, como mencionamos anteriormente, com croquis, maquetes ou protótipos). Nos testes de utilização (*user testing*) ou testes de uso, um ou mais usuários participam da execução de tarefas representativas das tarefas reais, da exploração livre da interface, ou são levados a comentar maquetes ou protótipos a partir de roteiros de uso (cf. Dumas e Redish, 1993; Rubin, 1994). Ao longo desses roteiros, pede-se a esses futuros usuários que tentem explorar as maquetes em contextos realistas. As maquetes e protótipos podem, portanto, ser utilizados muito cedo para validar escolhas de concepção junto aos usuários. Mas as interfaces podem também ser avaliadas em sistemas completamente desenvolvidos. Os desempenhos medidos durante esses testes permitirão saber se os objetivos de usabilidade anteriormente definidos foram atingidos.

Após interações com o programa de computador, questionários e entrevistas permitem a coleta de dados subjetivos relativos às atitudes, opiniões e satisfação dos usuários. Esses dados são em geral utilizados para completar os dados objetivos coletados nos testes de utilização. A concepção dos questionários requer competências e conhecimentos particulares (cf. Kirakowski, 2000) para assegurar sua validade e confiabilidade.

Na segunda categoria de métodos, os que se dedicam às características da interface, tanto os usuários quanto suas tarefas são representados. Nessa categoria, encontram-se os modelos, métodos e linguagens formais; o recurso ao especialista; e os métodos de inspeção (para uma apresentação detalhada, ver Bastien e Scapin, 2001).

As avaliações que se apoiam em modelos teóricos e/ou formais permitem predizer a complexidade de um sistema (p. ex., pelo número de regras de produção do tipo "para fazer isso, proceda desse modo" que deve conhecer um usuário ideal para realizar uma tarefa com o sistema que lhe é proposto) e, consequentemente, os desempenhos dos usuários. A avaliação a partir desses modelos constitui, no entanto, uma tarefa muito demorada e custosa, difícil de ser posta em prática por não especialistas.

A avaliação especializada é, em geral, definida como uma avaliação informal em que o especialista compara os desempenhos, atributos e características de um sistema – seja este apresentado sob forma de especificações, maquete ou protótipo – com as recomendações ou normas existentes, com o objetivo de detectar erros de concepção. Essas avaliações são vantajosas quando comparadas aos métodos precedentes pois são relativamente de baixo custo, realizam-se com certa rapidez e podem ocorrer relativamente cedo no processo de concepção.

Os métodos de inspeção da usabilidade (*usability inspection methods*) agrupam um conjunto de abordagens recorrendo ao julgamento de avaliadores, sejam estes especialistas ou não em *usabilidade* (Virzi, 1997). Embora todos esses métodos tenham objetivos diferentes, visam a detecção dos aspectos das interfaces que possam acarretar dificuldades de utilização ou tornar mais pesado o trabalho dos usuários. Os métodos de inspeção se distinguem uns dos outros pela maneira com que os julgamentos dos avaliadores são derivados e pelos critérios de avaliação que embasam seus julgamentos. Entre os métodos de inspeção, os mais conhecidos e mais bem documentados são: a inspeção cognitiva (*cognitive walkthrough*); a análise da conformidade a um conjunto de recomendações (*guideline reviews*); e a análise da conformidade a normas (*standards inspection*), princípios, dimensões, heurísticas.

Diversas ferramentas de auxílio à avaliação foram propostas. Algumas constituem versões informáticas de documentos em papel, outras são ferramentas de acompanhamento da avaliação, ou seja, auxiliam o avaliador a estruturar e organizar a avaliação. Finalmente, outras permitem fazer uma avaliação automática. Os aspectos da *Qualidade Ergonômica* que permitem avaliar essas ferramentas são relativamente restritos, ao menos no estado atual. As ferramentas de auxílio à avaliação devem, portanto, ser consideradas como técnicas complementares à inspeção da *Qualidade Ergonômica* dos sistemas de informação e aos teste de utilização.

Todos esses métodos visam finalmente um só objetivo, identificar escolhas que possam acarretar ou que de fato acarretam dificuldades de utilização, ou identificar escolhas de concepção contrárias às preconizações ergonômicas. Uma vez identificadas essas escolhas de concepção, o avaliador deve propor melhorias aos projetistas tendo em vista aumentar a qualidade ergonômica do programa de computador.

Instalação e acompanhamento

Em seguida às fases iterativas de concepção, avaliação e modificação do programa de computador, a última fase consiste em instalá-lo nos computadores dos usuários. O programa de computador é então usado diariamente no quadro de atividades reais. O processo de concepção centrada no usuário não está, todavia, terminado. A avaliação deverá prosseguir em campo, e isso por várias razões: para obter informações sobre as dificuldades encontradas em condições que não poderiam ter sido recriadas nos testes realizados na fase de concepção; para obter informações que guiarão as versões ulteriores; para medir o impacto de um uso mais ou menos prolongado nas dificuldades encontradas, o que permite distinguir entre dificuldades passageiras e dificuldades recorrentes etc. Ao longo dessa fase, diversos métodos podem ser utilizados para obter essas informações. Observações e entrevistas podem ser organizadas em campo, grupos de usuários podem ser formados, dispositivos de avaliação à distância podem ser instalados, permitindo aos usuários que documentem as dificuldades encontradas no momento em que elas ocorram, e estudos de uso podem ser realizados, em particular pelo uso de controladores eletrônicos permitindo identificar os comandos que são frequentemente utilizados e aqueles pouco usados, os erros cometidos etc. Todas essas informações poderão servir, como aquelas coletadas durante as fases de concepção, para melhorar o programa de computador.

Conclusão

O procedimento de concepção centrada no usuário, como foi apresentado neste capítulo, tem aceitação bastante ampla e é praticamente objeto de unanimidade. Todos os problemas, todas as dificuldades não estão, entretanto, resolvidos. No momento, seria provavelmente o caso de falar em técnicas, mais que um método propriamente dito de concepção centrada no usuário, na medida em que as técnicas apresentadas ao longo das diferentes fases são fortemente independentes umas das outras.

Há um problema de articulação das técnicas. Como, por exemplo, pode-se passar de uma descrição da tarefa à especificação do diálogo integrando as recomendações ergonômicas? Como proceder a descrição de tarefas complexas? Embora estudos estejam sendo desenvolvidos, nenhuma ferramenta que permita essa gestão é comercializada, e isso apesar da reconhecida dificuldade na análise e descrição exaustiva de tarefas complexas.

Além disso, o problema da articulação dos métodos centrados no usuário com os métodos informáticos que tentam, bem ou mal, incorporar preocupações ergonômicas, mas permanecem dedicados sobretudo aos profissionais de informática, prossegue sem solução. Se a normalização da concepção centrada no usuário constitui um passo importante para o reconhecimento dessa modalidade de ação, ainda há muito trabalho a fazer para que a ergonomia e a engenharia de programa de computador possam colaborar melhor.

Referências

BASTIEN, J. M. C.; SCAPIN, D. L. Évaluation des systèmes d'information et critères ergonomiques. In: KOLSKI, C. (Ed.). *Systèmes d'information et interactions homme-machine. Environnements évolués et évaluation de l'IHM. Interaction homme-machine pour les SI.* Paris: Hermès, 2001. v.2, p.53-79.

BISSERET, A.; SEBILLOTE, S.; FALZON, P. *Techniques pratiques pour l'étude des activités experts.* Toulouse: Octarès, 1999.

DIAPER, D. (Ed.). *Task analysis for human-computer interaction.* Chichester: Ellis Horwood, 1989.

DUMAS, J. S.; REDISH, J. C. *A practical guide to usability testing.* Norwood (NJ): Ablex, 1993.

GEDIGA, G.; KAMBORG, K. C.; DÜNTSCH, I. The ISO metrics usability inventory: an operationalization of ISO 9241-10 supporting summative and formative evaluation of software systems. *Behaviour & Information Technology*, v.18, p.151-164, 1999.

GOULD, J. D.; BOIES, S. J.; UKELSON, J. How to design usable systems. In: HELANDER, M. G.; LANDAUER, T. K.; PRABHU, P. V. (Ed.). *Handbook of human-computer interaction.* 2.ed. New York: Elsevier, 1997. p.231-254.

ISO: 9241-11. *Ergonomic Requirements for Office Work and Visual Display Terminals*: Guidance on Usability. Genève, 1998.

ISO 13407. *Human centered Design Processes for Interactive Systems.* Genève, 1999.

ISO TC 159/SC 4, ISO/TR 16982. *Ergonomics of human-system interaction:* usability methods supporting human centered design. Genève, 2001. (Technical Report).

KIRAKOWSKI, J. *Questionnaires in usability engineering:* a list of frequently asked questions. 3.ed. 2000. (Online). Disponível em: http://www.ucc.ie/hfrg/resources/qfaq1.html.

KIRWAN, B.; AINSWORTH, L. K. (Ed.). *A guide to task analysis.* London: Taylor & Francis, 1992.

KOLSKI, C.; EZZEDINE, H.; ABED, M. Développement du logiciel: des cycles classiques aux cycles enrichis sous l'angle des IHM. In: KOLSKI, C. (Ed.). *Analyse et conception de l'IHM:* interaction homme-machine pour les SI. Paris: Hermès, 2001. v.1, p.23-49.

MAYHEW, D. J. *The usability engineering lifecycle:* a practitioner's handbook for user interface design. San Francisco: Morgan Kaufmann, 1999.

OPPERMANN, R.; REITERER, H. Software evaluation using the 9241 evaluator. *Behaviour & Information Technology*, v.16, p.232-245, 1997.

ROSSON, M. B.; CARROLL, J. M. *Usability engineering:* scenario based development of hyman-computer interaction. San Francisco (CA): Morgan Kaufmann, 2002.

RUBIN, J. *Handbook of usability testing:* how to plan, design, and conduct effective tests. New York: Wiley & Sons, 1994.

SCAPIN, D. L.; BASTIEN, J. M. C. Ergonomic criteria for evaluating the ergonomic quality of interactive systems. *Behaviour & Information Technology*, v.16, p.220-231, 1997.

_____. Analyse des tâches et aide ergonomique à la conception: l'approche MAD. In: KOLSKI, C. (Ed.). *Analyse et conception de l'IHM:* interaction homme-machine pour les SI 1. Paris: Hermès, 2001. v.1, p.85-116.

SEBILLOTTE, S. Décrire des tâches selon les objectifs des opérateurs. De l'interview à la formalization. *Le Travail Humain*, v.54, p.193-223, 1991.

VANDERDONCKT, J.; FARENC, C. (Ed.). *Tools for working with guidelines.* In: *ANNUAL MEETING OF THE SPECIAL INTEREST GROUP*, London, 2000. London: Springer, 2000.

VIRZI, R. A. Usability inspection methods. In: HELANDER, M.; LANDAUER, T. K.; PRABHU, P. V. (Ed.). *Handbook of human-computer interaction.* Amsterdam: Elsevier, 1997. p.705-715.

Ver também:

15 – Homens, artefatos, atividades: perspectiva instrumental

21 – A ergonomia na condução de projetos de concepção de sistemas de trabalho

26 – Ergonomia e concepção informática

28 – Ergonomia do produto

29 – Ergonomia dos suportes técnicos informáticos para pessoas com necessidades especiais

39 – Condução de automóveis e concepção ergonômica

28
Ergonomia do produto

Pierre-Henri Dejean, Michel Naël

Introdução

A ergonomia do produto se distingue da ergonomia dita geral em vários pontos, que este artigo procura explicitar.

Em primeiro lugar, a racionalidade do contexto, no qual a prática geralmente se inscreve, é diferente:

— a ergonomia dos sistemas industriais e das condições de trabalho se inscreve numa lógica de empresa, portanto de confiabilidade e produtividade;

— a ergonomia dos produtos se inscreve numa lógica de mercado e de concorrência.

Outro fator a diferenciá-la bastante é que a incerteza sobre as evoluções dos produtos e seus usos é muito maior do que no quadro das situações de trabalho.

Os conceitos fundamentais e os princípios metodológicos da ergonomia de produto pertencem à mesma família dos da ergonomia geral, mas sua implementação particular enriquece a disciplina ao mesmo tempo que beneficia o conjunto dos consumidores.

O conceito de produto

A linguagem corrente utiliza a palavra "produto" em campos muito diferentes. O termo genérico de produto de consumo abrange uma variedade heteróclita: produtos de limpeza, produtos alimentares, bens técnicos. Fala-se também em produtos bancários, de seguros, enquanto muitos serviços se estruturam em torno de produtos.

O produto industrial – Deforge (1990) separa o mundo dos objetos em obras e produtos. Os critérios que permitem distinguir o produto em relação à obra são a banalização trazida pela multiplicação de exemplares e a produção em série. Nesse sentido, o modo industrial de produção está no oposto da noção de obra, que se caracteriza pelo raro, ou mesmo pelo único.

Ao passar da obra para o produto, passa-se do artista ou artesão para o assalariado, da autonomia para decidir ao processo de decisão e à separação dos papéis e responsabilidades... O fato dominante no produto industrial é que ele é concebido por outros homens que não são os que o fabricam, vendem, usam. A concepção do produto precisa então resolver, antes do início da fabricação, todos os problemas que poderiam ocorrer durante e depois de sua fabricação. Os riscos a levar em conta são múltiplos e envolvem tanto a fabricação quanto a utilização. Para a empresa, as devoluções após a fabricação ou a avalanche de recursos à assistência técnica têm consequências negativas em termos de desorganização, custos, imagem ou reputação junto ao público. Do lado humano, as consequências dos produtos defeituosos são também negativas e engendram desperdícios, perdas de tempo, irritações ou mesmo perigos. Quer se trate de produtos materiais ou programas de computador, quanto mais tardiamente as modificações são realizadas em seu ciclo de concepção, mais difícil e dispendioso isso se torna. No estágio da fabricação ou do desenvolvimento, os custos das correções se revelam exorbitantes. É, portanto, o conjunto do ciclo de vida do produto que deve ser considerado: concepção, fabricação, utilização e até mesmo destruição e reciclagem.

Do produto ao serviço – Trata-se aqui de produtos utilitários. É, portanto, o binômio "produto – serviço prestado" que deve ser considerado. Assim, em telefonia celular, a ergonomia do aparelho e a dos serviços aos quais ele dá acesso não podem estar isoladas. O caso dos serviços de Internet em celular é particularmente demonstrativo quanto a esse ponto.

• Os serviços WAP (Wireless Application Protocol) na Europa tiveram começos muito difíceis devido a vários defeitos graves, dos quais dois de natureza ergonômica: tempos de resposta inaceitáveis e diálogos homem-serviço muito restritos devido ao tamanho pequeno das telas (três ou quatro linhas úteis, fora as informações de estado do serviço na primeira linha e botões virtuais na parte de baixo da tela).

• O serviço I-mode lançado no Japão no mesmo período pela operadora NTT DoCoMo (www.nttdocomo.com) obteve um enorme sucesso (10 milhões de assinantes desde seu primeiro ano) que adotou um procedimento firmemente orientado na direção dos usuários: limite máximo de cinco segundos para acessar o portal dos serviços e de três segundos na navegação, telefones que permitem a visualização de oito a dez linhas de conteúdo, tarifas em função do volume de dados transferidos e não pela duração como no WAP. DoCoMo, que impõe condução da técnica por um marketing que leva em conta o usuário, concebeu um duplo produto/serviço bem-sucedido.

Os critérios ergonômicos

Segurança – Este critério tem prioridade sobre os outros. A segurança diz respeito ao usuário, mas também aos atores passivos ou ativos da utilização do produto. Essa noção impõe uma análise do ciclo de vida do produto para identificar todas as pessoas envolvidas e as circunstâncias associadas. Assim, além dos usuários devem ser considerados os fabricantes, distribuidores, profissionais de assistência técnica, os atores situados no ambiente de uso do produto, os profissionais encarregados da destruição ou reciclagem... A segurança no curto prazo diz respeito à prevenção dos riscos de acidentes enquanto na segurança no longo prazo trata-se da prevenção de doenças que aparecem em relação ao tempo de exposição aos riscos. Na realidade, os produtos com taxa alta e tempo prolongado de utilização são raros, mas em compensação é preciso contar com a acumulação das nocividades às quais se é submetido de um a outro produto.

Capítulo 28 – Ergonomia do produto

Eficácia – Este critério diz respeito à adaptação da função do produto aos objetivos que o usuário deseja alcançar. Quando esse critério não é considerado nem é bem integrado desde a concepção do produto, o respeito ao critério de segurança pode ser questionado. Nas condições reais de uso do produto, que nem sempre seguem as prescrições das instruções, o usuário pode ser levado a privilegiar a eficácia, a realização do objetivo que deseja alcançar, correndo riscos para sua própria segurança ou a daqueles à sua volta.

Utilidade – Os produtos de que se trata aqui são objetos ou artefatos utilizados para realizar um objetivo. Se as funções do produto, antes mesmo de sua formação, não respondem às necessidades de utilização do cliente, este produto não será utilizado, mesmo que tivesse sido comprado sob a influência de um marketing hábil. Diferentemente de um contexto de trabalho assalariado, no qual os equipamentos não são escolhidos pelos usuários, o cliente individual dispõe de uma margem de liberdade para selecionar ou rejeitar o produto que melhor atende às suas necessidades.

Tolerância aos erros – Aqui também, trata-se de um critério clássico que a enorme variabilidade dos usuários e dos contextos de utilização dos produtos acentua consideravelmente. As fases de apropriação do produto além do primeiro momento em que foi tomado em mãos, as fases de reapropriação após um período de não utilização, as utilizações imprevistas, as modificações do ambiente são fontes de erros de manipulação. Considerar os erros mais significativos, em especial se eles envolvem a segurança, é então crucial.

Primeiro contato – Este critério, clássico em ergonomia geral, é particularmente crítico em ergonomia de produto. Com frequência, um ou dois fracassos bastam para dissuadir os clientes potenciais de renovar suas tentativas de usar um produto novo ou uma nova função. Consequentemente, o produto é descartado ou suas funções são subutilizadas, e o comprador não aproveita as potencialidades do produto que tem em mãos. Para as operadoras de telecomunicações, é enorme o que está em jogo economicamente: é a utilização dos serviços, e não a venda dos terminais, que sustenta a saúde econômica das empresas. A facilidade do primeiro contato se refere à primeira utilização e, portanto, também inclui o procedimento de instalação, ou de montagem, quando é obrigatório.

Conforto – Esta noção é difícil de definir em termos absolutos e se mede mais em referência ao desconforto. Uma situação eficaz não é necessariamente confortável. A título de ilustração, duas escolas existem na área automobilística: um conforto duro para o qual as manifestações do veículo relacionadas com o estado da estrada são transmitidas apenas atenuadas, e um conforto macio em que todas as reações são eliminadas. Um corresponde a um estilo de condução mais esportivo em que a manutenção da vigilância deve permitir "fazer corpo com a estrada", o outro a uma maneira de guiar mais rotineira.

Conforto aparente e conforto real são outro problema espinhoso da concepção de produto. O primeiro contato com o produto pode dar uma impressão enganosa de conforto e prazer, quando na realidade pode-se temer efeitos nefastos à saúde num prazo mais ou menos longo. Uma poltrona envolvente dá, desde os primeiros instantes em que se está sentado nela, uma impressão de conforto satisfatória, mas essa concepção de assento é responsável pelo estado de fadiga percebido após um uso prolongado: as solicitações articulares, o bloqueio às mudanças de posição e os entraves à circulação sanguínea darão ideia de conforto sem que o usuário tenha questionado um assento aparentemente tão confortável.

Prazer – O prazer, como critério de aceitabilidade dos produtos, foi recentemente introduzido por Jordan (1999). Este critério permite em particular relativizar e circunstanciar o peso dos outros critérios de eficácia e conforto. Segundo o autor, o prazer abrange várias dimensões: fisiológica, sociológica, psicológica, ideológica. Seria errôneo assimilar prazer e facilidade. Superar uma dificuldade pode ser fonte de prazer, como demonstra o ato de aprender, os esforços nos esportes ou nos jogos...

O prazer é também parte integrante da noção de *user experience*, muito frequentemente mencionada pelos norte-americanos. Branaghan (2001) resume assim os atributos de uma experiência positiva para o usuário: uma vivência globalmente satisfatória simultaneamente nos planos do pensamento, das sensações e das emoções, que fica na memória e pode ser narrada com prazer.

Nem sempre é simples satisfazer o conjunto dos critérios, e isso pode exigir uma postura ética. A simplicidade de uso não pode ser concebida em detrimento da segurança, a impressão de conforto que coloca em risco a saúde no longo prazo, o prazer por meio da facilidade, a satisfação de uma população às custas de outra. A ergonomia tem a obrigação de participar do desenvolvimento sustentável que só retém soluções que não penalizem ninguém, no presente e no futuro.

Critérios ergonômicos e sucesso dos produtos

Pode parecer evidente que a ergonomia seja um fator de sucesso comercial. No entanto, a relação não é tão simples assim, como mostram vários exemplos de produtos novos. O advento das TIC (tecnologia da informação e da comunicação) modificou certos produtos tradicionais (o forno se tornou "programável" etc.) ou gerou novos produtos, entre os quais o telefone celular é o exemplo mais amplamente difundido. As funcionalidades dos produtos se multiplicam gerando uma complexidade que a publicidade se esforça em ocultar. Batizar uma tecla "navegador" é com certeza um exagero enganoso da suposta facilidade de se deslocar numa interface de usuário do tipo arborescente.

Certos produtos de fato devem uma parte considerável de seu sucesso a uma integração rigorosa da ergonomia em sua concepção:

— exemplo com frequência citado, o computador Macintosh® da Apple, em 1983, concebido a partir de princípios e resultados de equipes de pesquisa da Rank Xerox, foi o primeiro microcomputador a transpor a barra da aceitabilidade para os não profissionais de informática, na mesma época em que fracassavam vários produtos de informática familiar;

— atualmente, a agenda eletrônica Palm Pilot ® da 3Com foi eficazmente concebida para caber na mão e no bolso, com uma interface testada muitas vezes antes do lançamento; tornou-se uma referência que vai muito além do meio dos profissionais da informática.

Mas, quaisquer que sejam suas qualidades ergonômicas, os produtos devem também se inscrever numa lógica de mercado. O computador Lisa® foi concebido a partir dos mesmos princípios do Macintosh®. Mas seu preço era muito mais alto que o dos concorrentes.

Capítulo 28 – Ergonomia do produto

O Macintosh®, menos potente mas custando um quarto do preço do Lisa®, encontrou seu mercado.

A ergonomia é, portanto, apenas um fator no sucesso dos produtos. Um modelo simples, porém pedagógico, usado nos círculos da Pesquisa e Desenvolvimento dos projetos europeus, se exprime na seguinte equação:

"Aceitabilidade = Utilidade + Usabilidade + Propiciedade"*

Aplicada ao exemplo do telefone celular, esta fórmula pode ser assim ilustrada: a utilidade experimentada pelos usuários (necessidade de "ser encontrado") é muito intensa, a tal ponto que eles aceitam uma qualidade vocal (essencial para a usabilidade do serviço!) sensivelmente menor que a da telefonia fixa. O fator "propiciedade" (a aceitabilidade do preço) não é, ele também, redibitório. O telefone celular é um sucesso mundial, apesar de seus defeitos.

É indispensável completar a fórmula apresentada acima acrescentando que o produto é também percebido em relação a soluções alternativas. O cliente/usuário considera o produto em referência a produtos concorrentes ou então a outros meios de atingir os objetivos que procura. É muito difícil, ou mesmo impossível, determinar limiares de aceitabilidade absolutos e, portanto, normas, apenas para os critérios ergonômicos. A aceitabilidade de um produto é uma resultante, na qual o componente ergonômico desempenha um dos seguintes papéis:

— a qualidade ergonômica é real e evidente, e é então uma vantagem em relação à concorrência, se os outros produtos não são tão bons desse ponto de vista (p. ex., Macintosh® em seu começo);

— os defeitos de ergonomia são tão graves que tornam o produto desacreditado (p. ex., WAP);

— o produto não apresenta defeitos ergonômicos tidos como graves, e isso não constitui mais uma vantagem diferencial em relação aos concorrentes. Exemplo: a interface para o usuário do Windows se aproximou muito da qualidade ergonômica do Macintosh®, e não é mais uma caráter diferenciador entre os produtos.

Papéis e tarefas da ergonomia na vida de um produto

Definição do produto/serviço e suas funções – É a definição do serviço que deverá ser prestado ao futuro cliente usuário. O marketing desempenha evidentemente um papel essencial nessa definição, que deve se explicitar num memorial descritivo funcional preciso. A contribuição do ergonomista se manifesta em vários pontos:

— descrição das características dos usuários;

— descrição dos contextos de utilização do futuro produto;

— definição de funções e atributos que deem ao usuário os meios de atingir seus objetivos respeitando os critérios ergonômicos.

Não se trata de apresentar apenas uma lista de recomendações, mas de ressaltar os pontos mais importantes do ponto de vista dos critérios ergonômicos. Uma das melhores maneiras de exprimir isso é descrever roteiros de utilizações previsíveis, sob forma narrativa

---

* *"Acceptability = Utility + Usability + Affordability"*

ou gráfica, ilustrando o respeito aos critérios ergonômicos, para o próprio usuário, para as pessoas presentes no contexto de utilização, para aquelas que efetuam a conservação e a manutenção do produto. Esses roteiros, isentos de qualquer jargão profissional, serão compreendidos da mesma maneira por todos os atores da concepção.

Mesmo assim, no processo de concepção subsiste um vazio entre o diagnóstico do ergonomista e o novo objeto a conceber. A concepção de um novo objeto exige um salto criativo que combina um conjunto de recursos e de requisitos para inventar uma forma concreta. Esse é o desafio que o designer precisa enfrentar. Cabe ao ergonomista dar-lhe indicações pertinentes, que não pareçam como uma lista de requisitos suplementares.

O ergonomista tem ainda a obrigação de fornecer indicadores verificáveis e quantificáveis das exigências que formula. As características físicas são relativamente simples de estabelecer: limites dimensionais, características mecânicas... Outras exigências são muito mais difíceis de formular: como definir uma "interface convivial" ou "escritos significativos"? Há casos de ergonomistas que se limitam às recomendações, sem utilidade real para os atores da concepção. Um meio eficaz de superar essa dificuldade é quantificar objetivos de desempenho ergonômico para a realização dos roteiros por meio de uma amostra de pessoas que pertencem à população de usuários-alvo. Esses objetivos se exprimem em termos de tempo gasto para atingir os objetivos descritos nos roteiros, pela quantidade e sobretudo pela exatidão das operações realizadas. Trata-se, de fato, de definir "testes para usuários".

Tudo isso conduz a elaborar um "modelo em papel" do produto, que sintetiza o que deverá ser o produto, referente a seus usuários e a seu ambiente. Enfim, os momentos e as modalidades de controle nas diferentes etapas do processo também devem ser definidos. Certas avaliações podem ser feitas já nesse estágio a partir de desenhos, *storyboards*, maquetes virtuais ou funcionais representando o produto ou, ao menos, seus componentes mais críticos.

Acesso ao serviço de otimização da interface com o usuário – Uma parte considerável do trabalho do ergonomista incide na otimização da interface com o usuário: descrever os modos operatórios, as características da interface, eventualmente com os impactos sobre as funções técnicas. Uma questão pode então se colocar: deve-se raciocinar em termos de soluções precisas ou em termos de resultados a alcançar? No primeiro caso, sobretudo quando se trata de uma solução já existente e validada, o ergonomista corre menos riscos, mas talvez exclua possíveis inovações. No outro caso, o ergonomista deixa uma liberdade maior ao projetista. Uma posição intermediária consiste em dar as soluções existentes, seus desempenhos, suas vantagens e limites, e deixar o projetista livre para fazer melhor. O trabalho do ergonomista é então uma ajuda ao projetista, e não uma obrigação.

Nesse trabalho de otimização, a busca e a manutenção do máximo de coerência possível se impõe, em particular para os modos operatórios das diferentes funções, para a terminologia e os pictogramas de um mesmo produto. O ergonomista pesquisará também, além do produto em concepção, se já existem para cada função aquisições em termos de representações, de encadeamentos de gestos. Aqui, refere-se diretamente à noção de esquemas sociais de utilização desenvolvida por Rabardel (1995) e ao procedimento de Mallein e Tarozzi (2002) que visa a hibridação dos modos operatórios existentes para facilitar a apropriação das novas funções.

Capítulo 28 – Ergonomia do produto

É nesse estágio que o procedimento iterativo entre concepção, maquetagem, testes para usuários, reconcepção, deve demonstrar toda a sua eficácia (cf. Nielsen, 1994; e também o Capítulo 26 deste livro).

Dimensionamento sensorial do produto – O objetivo buscado aqui é uma coerência entre os níveis sensoriais e cognitivos do produto. Trata-se de, idealmente, associar o gesto e o pensamento. Todas as possibilidades sensoriais de comunicação devem ser aproveitadas com o objetivo de reconhecer ou adquirir as vias de uso do produto. A referência aqui é a teoria das disponibilidades, tão bem ilustrada por Norman (1990), em que o produto comunica por si mesmo, ou seja, induz por sua forma e suas características sensoriais, sua finalidade, suas funções e os meios de acessá-las e, eventualmente, os perigos potenciais. Por exemplo, a localização dos órgãos de comando de um produto e suas formas visarão que eles "saltem aos olhos" ou "estejam à mão" no momento desejado. Enfim, sua sensação tátil, seus sons, suas mudanças de aspecto completarão ou confirmarão seu significado.

A escolha dos materiais, das cores, do aspecto brilhante, fosco ou acetinado, da condutibilidade térmica, da permeabilidade, das características acústicas são dimensões capazes de afetar a relação entre o produto e seu usuário. Assim, trabalhos recentes em psicoacústica permitiram elaborar um sistema descritivo das identidades vocais e dos métodos para selecionar a voz gravada que melhor corresponde à imagem de um serviço de mensagens vocais ou de um servidor vocal interativo (Maffiolo e Chateau, 2003).

A análise do gestual associado ao produto permite distinguir partes do produto que terão a ganhar, sendo deslizantes para acompanhar o gesto associado e partes aderentes que permitirão deter o gesto. Várias experiências nesse sentido mostraram os efeitos sobre a segurança, as sensações de conforto e os ganhos de eficácia que dependem de um estudo fino dos aspectos da superfície dos produtos. As pesquisas de descritores no assunto precisam ainda ser completadas, mas o campo começa a ser amplamente investigado (Bonapace, *in* Green e Jordan, 2002).

Acompanhamento do produto – A comunicação sobre o produto, a publicidade e a embalagem preparam o usuário para a escolha e o uso do produto. Mas, diferentemente das situações de trabalho em empresa, a apropriação do produto destinado ao grande público não pode se apoiar numa aprendizagem formalizada ou junto aos colegas. Quando o produto tem um sucesso muito grande, a aprendizagem por mimetismo se torna possível, mas apenas num segundo momento.

A publicidade age por meio de mensagens curtas e repetidas, que visam antes de mais nada desencadear a motivação de compra. Destaca mais as finalidades do produto que as modalidades de sua utilização, exceto quando a simplicidade é usada como argumento de venda. O efeito é, portanto, irrelevante, ou mesmo nefasto:

— as mensagens publicitárias raramente enfatizam as precauções necessárias ou as modalidades delicadas, visando não dissuadir o eventual comprador;

— a distância entre a promessa publicitária e a realidade vivida gera a sensação de ter comprado um produto de má qualidade; desse modo, as promessas de poder "surfar na internet" com os serviços WAP acentuaram a sensação de má qualidade desses serviços.

A comunicação e a demonstração nos locais de distribuição são excelentes vetores para favorecer a apropriação do produto quando o cliente pode manipulá-lo. A manipulação nem sempre basta, e precisa às vezes ser auxiliada por informações gráficas ou escritas. A embalagem pode constituir um bom suporte, mas seu tempo de vida raramente é permanente, e então é preciso recorrer às instruções.

As instruções, campo de aplicação em relação ao qual os ergonomistas têm uma certa familiaridade, são, no entanto, um assunto difícil e problemático.

• As instruções são com frequência realizadas tardiamente no ciclo de desenvolvimento do produto e consideradas como um requisito de última hora antes do lançamento comercial. A organização do documento, a apresentação gráfica, a linguagem utilizada com frequência não atendem aos requisitos de ergonomia. São raramente submetidas a testes com usuários, embora sejam parte integrante do produto.

• Quando um teste de usuário demonstra a existência de um problema ergonômico, os projetistas habitualmente tendem a remeter a solução para as instruções ("será necessário explicar bem o modo operatório no manual"), o que resulta em sobrecarregá-lo, quando o necessário seria reconceber a parte em questão.

• As instruções permanecem, no entanto, úteis na descoberta do produto, e podem ajudar a resolver dificuldades. São uma forma de descrição do "trabalho prescrito", como o imaginou o projetista, o que nem sempre é a maneira segundo a qual os futuros usuários se servirão do produto. Escrever uma primeira versão das instruções em paralelo ao avanço da concepção é uma técnica que dá indicações sobre o grau de complexidade que os futuros usuários terão de dominar.

• Os usuários raramente consultam as instruções, ou o fazem apenas em último caso, após vários fracassos. É compreensível: compraram um produto para atingir um objetivo, que não é com certeza ler as instruções. Nisso, o primeiro Macintosh® foi um modelo: incluía, claro, um texto no papel, mas também um cassete de áudio para uma "visita guiada" pela voz tranquilizadora e alegre de uma famosa apresentadora de rádio. Essa orientação dos primeiros passos tinha sido concebida como um verdadeiro produto de acompanhamento, que respeitava os critérios de eficácia, conforto, prazer, facilidade de apropriação.

Os auxílios online programados podem fornecer respostas mais rápidas e mais circunstanciadas que as instruções no papel. Os sistemas de ajuda integrados aos softwares são exemplos disso. Nos automóveis, os auxílios online adquiriram novas funções, as de otimizar a pilotagem e, por meio disso, tornar o condutor eficiente, mas também proteger a máquina; o auxílio é oferecido a pedido do condutor, mas pode também se impor quando o sistema estima que há perigo. A experiência demonstra, no entanto, que esses sistemas jamais permitem resolver a totalidade dos problemas que os usuários encontram. Por outro lado, é preciso sobretudo não subestimar o custo de realização de um sistema de auxílio online sem erros e eficaz, mesmo em apenas 80%; abaixo disso, será logo abandonado pelos usuários, que deixarão de confiar nele. Aqui também, o auxílio é parte integrante do produto e os testes sistemáticos com usuários são o único meio de controle do respeito aos critérios de eficácia, conforto e prazer.

Por fim, nos serviços, a noção de acompanhamento se estende à assistência humana acessível e disponível, em alguns casos 24 horas por dia e todos os dias. As missões dessa assistência, sua organização e suas modalidades exigem dos atendentes um bom conhecimento das características do produto e dos tipos de dificuldades que os usuários encontram. Os métodos da ergonomia aqui também têm um amplo campo de aplicação.

Capítulo 28 – Ergonomia do produto

Os desafios da concepção de produto

O ergonomista e seus parceiros – O diagnóstico é uma etapa essencial de toda intervenção ergonômica. Numa situação de trabalho, a intervenção, às vezes, cessa nessa etapa: o diagnóstico está feito, o dossiê está constituído. A comunicação do diagnóstico numa empresa, às vezes, basta para produzir efeitos transformadores das condições de trabalho. Numa certa época, essa etapa foi até considerada suficiente por muitos ergonomistas de língua francesa. Quanto à concepção ou às modificações de objetos concretos, ferramentas, edificações etc., esses ergonomistas deixavam-nas voluntariamente nas mãos dos engenheiros, podendo até depois criticar suas soluções.

Isso não pode acontecer na concepção de produtos. Se o ergonomista se contenta em assumir uma postura de censor, será rapidamente excluído do jogo da concepção. A implicação na busca de soluções é uma das condições da eficácia de suas intervenções. Isso exige que ele tenha uma mente realmente aberta para cooperar com os designers, técnicos e profissionais de marketing, que *a priori* não compartilham da mesma linguagem nem dos mesmos métodos de trabalho. Isso exige também que o ergonomista saiba escolher e adaptar seus próprios métodos, e é preciso ainda que ele saiba comunicar esses métodos e os resultados que produzem.

Norman (2000) ressalta com ênfase que o trabalho de otimização das interfaces com usuários, a *engenharia de usabilidade*, é eficaz na medida em que:

— os resultados se dirijam tanto para os responsáveis pelo marketing quanto para os responsáveis técnicos;

— os argumentos se apoiem numa lógica econômica, da compra ao uso, tanto quanto numa lógica ergonômica.

Na condução de um projeto de concepção de um produto, o ergonomista precisa, portanto, cooperar não só com os projetistas técnicos, mas também com os responsáveis pelo marketing do produto, cuja abordagem notavelmente ele enriquece. Com efeito, se o marketing insiste há muito tempo na necessidade de conhecer o cliente, é essencialmente como comprador que o cliente é considerado. A ergonomia aprofunda e prolonga esse conhecimento do cliente até a utilização real do produto; trata-se então do conhecimento do cliente como usuário.

Aceleração do processo de concepção – A rapidez das evoluções tecnológicas (p. ex., os TIC, a melhoria das telas LCD, as técnicas de codificação etc.) torna muito rapidamente caducos os resultados de trabalhos anteriores e sua capitalização logo obsoleta. Os catálogos de recomendações, os guias de estilos e pretensas "normas" (que com frequência não passam de recomendações) perdem em poucos anos boa parte de sua pertinência.

As modalidades de intervenção dos ergonomistas não podem escapar dessa aceleração. Para que as intervenções ergonômicas sejam eficazes, é então crucial:

— escolher cuidadosamente as ferramentas e métodos de intervenção, otimizando a proporção custo/eficácia, de acordo com o contexto e o momento de intervenção. Uma análise em campo é apropriada aos desafios que estão em jogo nas escolhas técnicas e as restrições orçamentárias do momento? Um teste em maquete com usuários potenciais é realizável ou basta uma avaliação de muitos peritos para esclarecer uma dada decisão? Uma análise da retroalimentação (*feedback*) em campo, dos conteúdos do suporte técnico em linha (*hot line*) na versão atual do produto não seria mais apropriada? Há uma dezena de anos que referências sérias e operacionais existem para auxiliar na escolha dos métodos (Bisseret e Norman, 1990; Nielsen e Jordan, 1996);

— comunicar os resultados dos trabalhos ergonômicos aos projetistas técnicos, aos projetistas gráficos e aos responsáveis do marketing sob a forma de sínteses, esquemas, esboços e ilustrações. Longos relatórios são ainda menos adaptados que antes ao trabalho cooperativo. Isso não quer dizer que os resultados detalhados e precisos sejam inúteis; significa sobretudo a confidencialidade cada vez mais restrita dos leitores reais desses relatórios.

Diversidade e interfuncionamento dos produtos – A ideia de fazer comunicar o conjunto dos dispositivos funcionando nas tecnologias eletrônicas logo surgiu. Os princípios da domótica, no fim da década de 1980, visavam promover a criação de centrais de condução de todos os equipamentos da casa, bem como a possibilidade de um acompanhamento e pilotagem à distância. Em telecomunicações, um mesmo conteúdo de mensagem pode ser acessível, sob forma escrita ou oral independentemente de sua forma original, por um telefone, um computador, um fax, um televisor.

As dificuldades técnicas já estão, na maioria dos casos, resolvidas. Nem de longe é o caso das dificuldades ergonômicas: consultar mensagens num monitor de 15 polegadas, na tela de um telefone celular ou via serviço de mensagens vocal que transforma mensagens escritas em mensagens vocais coloca evidentemente problemas ergonômicos de natureza muito diferente.

Imprevisibilidade dos contextos de utilização – Toda abordagem ergonômica se baseia no fato de considerar os usuários reais, bem como os contextos reais de utilização. A ergonomia de produto não escapa a essa regra. Sua aplicação coloca, no entanto, dificuldades particulares. A análise das situações de trabalho coloca suas próprias dificuldades, mas as atividades profissionais se exercem num certo quadro, numa certa organização, que é possível estudar de maneira quase exaustiva. Nada similar há nas situações de utilização dos produtos destinados ao uso do grande público: as observações são mais aleatórias, e as condições de utilização, muito variáveis. Os contextos reais apresentam, portanto, uma margem muito grande de imprevisibilidade.

Para reduzir essa imprevisibilidade, vários métodos são empregados;

— os testes com usuários em laboratório, realizados num ambiente tão realista quanto possível, que já mencionamos. Mas estes comportam os limites inerentes a qualquer experimentação fora de um contexto real;

— os testes à distância; podem ser realizados permitindo que os usuários permaneçam em seu contexto habitual. São aplicados para alguns serviços de telecomunicação, mas as possibilidades de observação são limitadas;

— a análise da retroalimentação (*feedback*) dos clientes. Trata-se de coletar, a partir dos pedidos de assistência, pesquisas mais aprofundadas, ou mesmo testes *in situ* (entrevistas nos locais de utilização articuladas em torno da realização de alguns roteiros de uso) e de analisar os problemas encontrados pelos clientes usuários. Essa modalidade de ação, repleta de ensinamentos, tem o inconveniente de chegar *a posteriori*, mas é muito útil para alimentar a definição da versão seguinte do produto.

Capítulo 28 – Ergonomia do produto

Os usuários reais considerados – A ergonomia do produto adota plenamente o postulado da ergonomia geral e visa levar em consideração e conceber para o maior número possível de pessoas. A adaptação às populações e suas capacidades físicas se traduz pela quantificação das solicitações admissíveis para o conjunto da população de usuários. O caso, cujo estudo é mais antigo, é o das mensurações apoiando-se na antropometria e na biomecânica. O princípio consiste em procurar soluções que se situem entre os limites extremos das populações, em geral os 5% correspondendo aos de maior tamanho, e os 5% correspondendo aos de tamanho menor. Esse princípio também pode ser aplicado a pessoas afetadas por deficiências específicas. Estuda-se o produto adaptado a cada um desses limites e comparam-se os resultados. Procura-se em primeiro lugar ver se é possível obter um compromisso aceitável, o que traz a grande vantagem industrial e logística de limitar o número de modelos. A experiência mostrou que, às vezes, o produto adaptado para o limite mais desfavorecido da população se revela adaptado a toda a população. As tesouras Fiskars® resultaram de um projeto que visava pessoas com capacidades reduzidas na mão (dificuldades para apertar, tremores). As tesouras adaptadas encontram-se agora nas mãos de todo mundo... Às vezes, um compromisso satisfatório é impossível de se obter, o que leva a fazer vários modelos do mesmo produto (p. ex., produtos para canhotos).

A variabilidade psicológica se manifesta por meio de expectativas, maneiras de abordar, representações que irão guiar as condutas e atitudes dos usuários em relação ao produto. Essa variabilidade se explica por vários elementos – os mecanismos de aprendizagem, os conhecimentos e saber-fazer adquiridos, a habilidade, as motivações – e remete a considerações de identidade social, profissional, de educação, geração e cultura (De Souza, 2002). Essas considerações terão uma influência na estruturação do serviço oferecido pelo produto, seu acesso, apresentação, acompanhamento... Uma colaboração com o responsável pelo marketing, cujos dados o ergonomista procurará enriquecer, conduz à definição de gamas de produtos e serviços em relação aos tipos de usuários e de usos.

De acordo com a idade, as capacidades fisiológicas e sensoriais evoluem. Algumas aptidões aumentam e outras diminuem dependendo da experiência. Existem sobre esses pontos menos dados e muito poucas normas. Além disso, a variabilidade intraindividual age em escalas de tempo muito curtas. O estresse, a fadiga, a emoção, a utilização isolado ou em coletividade podem modificar consideravelmente as capacidades de ação e as condutas. Essa variabilidade individual leva a diversificar os casos de utilização dos produtos e construir roteiros de uso personalizados para contextos definidos.

Papel dos clientes/usuários – Em geral, os clientes/usuários raramente são convidados a participar da concepção dos produtos. No entanto, certos fracassos comerciais, como o dos produtos das TIC, inspiraram novas práticas, que consistem em integrar testes em maquetes e protótipos em curso de concepção e até o estágio pré-comercial. As interfaces interativas, em virtude de sua complexidade dinâmica e semântica, exigem numerosos ajustes sucessivos: forma física, terminologia, ícones, sintaxe e navegação, inteligibilidade das funções oferecidas. As condições e os limites de confiabilidade dessas avaliações por testes com usuários foram objeto de estudos que definiram suas regras (Nielsen, 1994).

A montante do desenvolvimento de um produto, os futuros clientes/usuários podem ser associados à concepção de duas maneiras:

- são às vezes convidados para sessões de criatividade, técnica adotada com frequência pelo marketing e que os ergonomistas enriquecem;
- são objeto de estudos de tipo etnográfico para detectar as expectativas não satisfeitas nas situações e contextos mais próximos possíveis dos reais.

Os meios de que dispõem os usuários para intervir no processo de concepção são, portanto, limitados e desencadeados pela iniciativa dos projetistas que os solicitam. Em compensação, o cliente dispõe de uma certa liberdade de escolha (exceto nos casos de produtos comprados pelo empregador como ferramenta de trabalho) e de uma liberdade de utilização mais ou menos completa das funções do produto. A relação entre o cliente isolado e o industrial não é, no entanto, equilibrada e resta muito a fazer para informar os clientes em matéria de ergonomia.

Comunicar conhecimentos ergonômicos aos clientes é dar a eles os meios de melhor escolher os produtos e, portanto, com o tempo, de influir na qualidade. Há empresas, sobretudo na distribuição, que publicam provas que comportam uma rubrica "ergonomia". Mas o grande público raramente tem como distinguir a mensagem promocional da informação realmente pertinente. Ainda mais relevante, as pesquisas em ergonomia de produto são sobretudo realizadas ou controladas pelos industriais e pelos fornecedores de serviços, o que não pode constituir uma garantia de independência quanto aos resultados publicados. A fim de promover a melhoria constante dos produtos bem como a satisfação duradoura dos clientes/usuários, é necessário suscitar em paralelo a produção e a disseminação dos conhecimentos ergonômicos produzidos por fontes independentes: associações de consumidores (Corre, 1999) ou grupos de usuários, cientistas e jornalistas científicos capazes de vulgarizar os saberes ergonômicos e os resultados de pesquisa que tenham interesse para o grande público (Van Noorden, 2001).

Conclusão

É evidente que o assunto permanece ainda amplamente em aberto e passará por grandes desenvolvimentos no futuro para acompanhar, antecipar, participar das evoluções dos produtos. A ergonomia, para participar plenamente da concepção de produto, deve integrar os riscos resultantes de uma gestão de incertezas muito grandes: no que resultará a aplicação de tecnologias sobre as quais ainda não há retorno de experiências, como integrar ao produto as evoluções das populações destinatárias, por exemplo, a multiculturalidade e as rupturas dos modos de aprendizagem, como intervir em ciclos de desenvolvimento de produtos cada vez mais curtos. Esses fenômenos particularizam a ergonomia do produto em relação à ergonomia geral ou antecipam evoluções que esta deverá integrar? O prazer que se tornou critério em ergonomia do produto deve estar ausente da ergonomia geral? As incertezas pesando sobre as futuras populações de usuários não se desenvolvem igualmente no mundo do trabalho? Tanto quanto as diferenças de que é preciso ter consciência, é preciso antecipar as fertilizações cruzadas entre ergonomia do produto e ergonomia do trabalho, para que ambas se enriqueçam.

Referências

BISSERET, A.; SEBILLOTE, S.; FALZON, P. *Techniques pratiques pour l'étude des activités expertes* Toulouse: Octarès, 1999.

BRANAGHAN, R. J. (Ed.). Design by people for people. In: *Essays on usability*. Chicago: Usability Professionals Association, 2001.

CORRE, M. F. *Consumérisme et produits industriels:* techniques de l'ingénieur. 1999. (Online). Disponível em: www.techniques-ingenieur.fr.

DE SOUZA, M. *Intégration des facteurs culturels dans la conception de produits:* techniques de l'ingénieur. 20002. (Online). Disponível em: www.techniques-ingenieur.fr.

DEFORGE, Y. *L'oeuvre et le produit.* Seyssel: Champ Vallon, 1990.

GREEN, W. S.; JORDAN, P. W. (Ed.). *Human factors in product design:* current practice and future trends. London: Taylor & Francis, 1999.

_____. *Pleasure with products:* Beyond usability. London: Taylor & Francis, 2002.

JORDAN, P. W.; THOMAS, B.; WEERDMEESTER, B. A.; MCCLELLAND I. L. (Ed.). *Usability evaluation in Industry.* London: Taylor & Francis, 1996.

MAFFIOLO, V.; CHATEAU. N. The emotional quality of speech in voice services. *Ergonomics,* v.6, n.13/14, p.1375-1385, 2003.

MALLEIN, Ph.; TAROZZI, S. Des signaux d'usage pertinents pour la conception des objets communicants. *Les Cahiers du Numérique,* v.3, n.4, 2002.

NIELSEN, J. *Usability engineering.* Boston: Academic Press, 1994.

NORMAN, D. A. *The design of everyday things.* New York: Doubleday, 1990.

NORMAN, D.; ROHN, J. Conversation with Don Norman and Janice Rohn. *Interactions,* May/June, 2000.

RABARDEL, P. *Approche cognitive des instruments contemporains.* Paris: Armand Colin, 1995.

VAN NOORDEN, L. Involving all in design for all. In: INTERNATIONAL SYMPOSIUM ON HUMAN FACTORS IN TELECOMMUNICATIONS, 2001. *HFT 2001.* (Online). Disponível em: http://www.igi-group.com

Ver também:

5 – A aquisição da informação

15 – Homens, artefatos, atividades: perspectiva instrumental

24 – Participação dos usuários na concepção dos sistemas e dispositivos de trabalho

26 – Ergonomia e concepção informática

27 – A concepção de programas de computador interativos centrada no usuário: etapas e métodos

39 – Condução de automóveis e concepção ergonômica

29

Ergonomia dos suportes técnicos informáticos para pessoas com necessidades especiais[1]

Jean-Claude Sperandio, Gerard Uzan

A ergonomia a serviço das pessoas com necessidades especiais

O conceito de handicap – O termo *handicap* é com frequência utilizado erroneamente como sinônimo de *deficiência*. A classificação internacional adotada pela Organização Mundial da Saúde distingue três níveis: a deficiência, a incapacidade e a desvantagem social. A *deficiência* é "toda perda de substância ou alteração de uma estrutura ou função psicológica, fisiológica ou anatômica, temporária ou permanente"; é o aspecto orgânico do *handicap*. A *incapacidade* é "a redução total ou parcial (resultante de uma deficiência) da capacidade de realizar uma atividade, de uma maneira ou dentro dos limites considerados como normais para um ser humano"; é o aspecto funcional do *handicap*. A *desvantagem social,* ou *handicap* propriamente dito no sentido corrente, é a "resultante para um dado indivíduo de uma deficiência ou uma incapacidade que limita ou impede a realização de um papel normal, em relação à idade, sexo, fatores sociais e culturais"; é o aspecto situacional do *handicap* (Triomphe, 1995).

As deficiências são com frequência agrupadas em grandes categorias (visuais, auditivas, motoras, mentais etc.) e subcategorias de acordo com a natureza da alteração, mas os mesmos adjetivos que servem para caracterizar as deficiências designam também, às vezes de maneira ambígua, os próprios *handicaps*. Assim, por exemplo, falar em *handicap* visual (ou auditivo ou motor ou mental etc.) é um atalho que se refere, ao mesmo tempo, à natureza da deficiência e às suas diversas consequências: percepção do mundo exterior impossível ou diminuída, dificuldades de leitura e de mobilidade etc., e, em seguida, dificuldades de inserção profissional, impossibilidade de exercer certas profissões, impossibilidade de dirigir automóvel, dificuldades familiares e muitas outras.

Como enfatiza Mokhtari (2002), o *handicap* resulta, em ações a efetuar, de um confronto negativo entre as aptidões funcionais de uma pessoa (*handicap* funcional) e as características do meio (*handicap* situacional). Para remediá-lo, pode-se desenvolver

---

[1] Quando possível será usada a expressão "pessoa com necessidades especiais" no lugar de *handicap* [N.T.].

as capacidades intrínsecas do indivíduo, de maneira a diminuir as consequências funcionais da deficiência, ou então modificar o meio (adequação dos postos e locais, domótica inteligente etc.), ou ainda compensar certas incapacidades por meio de artefatos que são os suportes técnicos (cadeiras de rodas, motorizadas ou não, robôs para quem tem dificuldade motora, controles remotos de ambientes, sínteses de fala para uma leitura auditiva etc.). Os suportes técnicos não diminuem as deficiências em si (um cego aparelhado continua sendo cego), mas diminuem certas consequências dessas deficiências (munido de um equipamento adequado, um cego pode ler ou se deslocar com mais facilidade). São utilizados continuamente ou em dados momentos, nos locais de trabalho, mas também em casa, para o trabalho, a vida cotidiana, o lazer, os deslocamentos etc. Os suportes técnicos visam melhorar a autonomia das pessoas, oferecendo melhor conforto de vida, e são fatores positivos de inserção profissional ou de permanência no emprego.

Ergonomia e handicaps – Este capítulo é centrado na ergonomia dos suportes técnicos informáticos, mas existem outras contribuições da ergonomia a serviço das pessoas com necessidades especiais: adaptações particulares de postos e ferramentas de trabalho, locais de trabalho protegido, de locais de habitação, de instalações urbanas (passagens para cadeiras de rodas, semáforos de cruzamento sonoros para cegos etc.), de interiores e comandos de automóveis para pessoas com dificuldades motoras; reorganizações de tarefas e empregos; contribuições da ergonomia à inserção profissional e a formações profissionais específicas (estas requerem com frequência uma análise do trabalho específica e a escolha de meios pedagógicos adaptados à deficiência, ligados ou não a adaptações materiais) etc.

A vertente social desta problemática, bastante complexa, jamais foi negligenciada pelos ergonomistas, mas se desenvolveu nos últimos anos sob uma dupla influência, positiva e negativa. Por um lado, a sociedade em geral (poderes públicos, jornalistas, associações etc.) demonstra hoje em dia maior interesse pelas pessoas que têm necessidades especiais do que no passado, ao menos formalmente. Testemunho disso são as diversas leis ou medidas protetoras recentes destinadas a favorecer o emprego e a inserção profissional e social das pessoas com necessidades especiais, uma melhor escolarização desde a infância ou oferecendo facilidades para financiar adaptações materiais ou suportes técnicos. Como decorrência, há um aumento no número de ergonomistas se especializando nesse campo.

Mas, por outro lado, a inserção profissional das pessoas com necessidades especiais, sobretudo se estão com uma certa idade e são pouco qualificadas, tornou-se mais difícil devido à conjuntura socioeconômica desfavorável ao emprego e, ao contrário, repleta de desemprego, reorganizações de empresas, tensões variadas, demissões, "planos sociais" e, de modo mais geral, pressões sobre os trabalhadores para uma maior produtividade. Assim, por exemplo, a lei dita das "35 horas"[2] supostamente traria aos trabalhadores o benefício de uma diminuição do tempo de trabalho, mas, ao contrário, pode penalizar o emprego dos trabalhadores com necessidades especiais, considerados com ou sem razão como mais lentos e, por isso, menos capazes de realizar o trabalho requerido num tempo mais curto e, portanto, menos rentáveis. Ora, essa "não rentabilidade" dos trabalhadores com necessidades especiais está longe de ser uma regra, em razão de mecanismos eficazes de compensação. Em contextos de pouco emprego, os coletivos de trabalho, por ra-

---

[2] "35 horas" é a jornada semanal de trabalho na França.

zões diferentes das dos empregadores, podem também mostrar-se reticentes à inserção de pessoas com necessidades especiais, pois toda medida em favor destas pode ser interpretada como favor discriminatório, pelo qual estariam excluídas as pessoas sem necessidades.

Enfatizemos quanto a isso que, embora o arranjo "sob medida" de um posto de trabalho ou de um local de vida, com características individuais particulares, possa às vezes ser uma boa solução, ou mesmo a única solução, sempre cabe antes analisar detalhadamente suas vantagens e inconvenientes, sabendo que os benefícios de um arranjo "sob medida" podem também, como contrapartida, induzir *a posteriori* um fator de estagnação para o próprio sujeito ou uma fonte de atrito com o seu entorno, que poderia contestar, no mínimo, o custo considerado proibitivo da operação. Uma reorientação para uma via profissional mais compatível com as características da incapacidade em questão pode, às vezes, ser uma solução preferível, que deve sempre ser examinada.

A vertente psicoclínica, em si mesma muito complexa, não pode ser ignorada pelos ergonomistas. É claro que os fatores de personalidade e motivacionais desempenham um papel importante. A eficácia de um suporte técnico, por exemplo, de uma adaptação de posto ou de uma reorientação profissional está subordinada à imagem que a pessoa com necessidades especiais tem dela mesma e de seu *handicap*, às suas motivações, seu projeto de vida, eventualmente seu estado mais ou menos depressivo etc. Esses fatores condicionam a aceitabilidade e o sucesso da intervenção, qualquer que seja ela, pelo menos quanto às qualidades intrínsecas da opção técnica escolhida. De maneira mais geral, qualquer medida técnica, social ou educativa só pode ter um impacto positivo na inserção profissional ou na manutenção de um emprego se a pessoa a aceita verdadeiramente. O entorno profissional e familiar da pessoa com necessidades especiais desempenha igualmente um papel importante a ser considerado.

Os suportes técnicos

A informática como barreira ou como tecnologia de suportes para as pessoas com necessidades especiais – Certas deficiências, mesmo leves, podem se tornar um *handicap* grave devido à inserção das tecnologias informáticas em todas as engrenagens da vida social, doméstica e profissional. Os computadores e seus programas são concebidos basicamente para usuários "normais", ou seja, sem deficiências suscetíveis de impedir ou atrapalhar o emprego das interfaces usuais de comunicação, como a tela, o teclado, o mouse etc. Ora, muitos postos de trabalho e objetos técnicos são agora informatizados, requerendo do usuário os comportamentos e o saber-fazer que os projetistas esperam dele. Assim, os amblíopes, *a fortiori* os cegos, encontram-se incapacitados diante das telas, não só para a utilização de um computador pessoal, mas igualmente em numerosas tarefas cotidianas, como fazer um saque bancário, usar um cartão de crédito, comprar um bilhete de transporte, pois agora nessas situações máquinas, cada vez com maior frequência, substituem os humanos. Uma dificuldade suplementar é que telas podem se transformar instantaneamente em teclado de entrada, em zonas de comandos ativos ou de visualização passiva. Do mesmo modo, o emprego de teclados, mesmo muito simples, pode constituir uma barreira para pessoas com deficiências até relativamente benignas, *a fortiori* graves, nos membros superiores ou nas mãos. Igualmente, pessoas com deficiência mental (não confundir deficiência mental com doença mental), capazes de viajar de forma autônoma e de comprar uma passagem num guichê, têm grandes dificuldades para utilizar os "diálogos homem-máquina" de um distribuidor automático, por exemplo! Muitas outras barreiras foram assim criadas devido à informatização generalizada. Citemos as passagens nas catracas de metrô, que são difíceis ou impossíveis para as pessoas com mobilidade reduzida (mas é também um incômodo para usuários "normais" carregando bagagens ou um carrinho de bebê!), porque esses sistemas informatizados foram concebidos para controlar automaticamente os bilhetes de usuários "normais", sem bagagens nem cadeira de rodas, de preferência jovens. Em suma, digamos que tipicamente o "modelo do usuário", ao qual implicitamente se referem os profissionais de informática, considera muito pouco as pessoas com necessidades especiais – é o mínimo que se pode dizer.

Mas, inversamente, a informática pode trazer soluções para reduzir as consequências de certas deficiências. Não é a única tecnologia utilizada como suporte técnico, mas é cada vez mais utilizada. Por exemplo, como apresentamos mais adiante, existem sistemas que permitem aos deficientes visuais, mesmo completamente cegos, a utilização de um computador. Provido de certos dispositivos, possibilita que essas pessoas se beneficiem dos serviços clássicos de um computador e, entre outros serviços prestados, possam ler documentos, escrever, comunicar-se com outros usando os meios modernos de comunicação (entre os quais a Internet, ver mais adiante), enquanto que de outra forma essas atividades seriam impossíveis. Igualmente, a informática miniaturizada oferece aos surdos e pessoas com problemas auditivos próteses cada vez mais eficazes para ouvir ou ouvir melhor. Além disso, a informática, associada à robótica e à telemática, pode dar a pessoas com sérios *handicaps* necessidades no plano motor o meio de efetuar por si mesmas certas tarefas até então impossíveis. E, noutro plano, a informática pode também oferecer os recursos de uma pedagogia individualizada para a formação profissional, em particular para pessoas com *handicaps* mentais, mas não só para elas. Lembremos que a formação profissional individualizada ou muito específica para pessoas com necessidades especiais é uma condição essencial de sua inserção profissional.

Interfaces, próteses ou robôs como suportes técnicos – O conceito de "suporte técnico" engloba grande diversidade de instrumentos capazes de permitir ou facilitar atividades impossíveis ou difíceis por causa de certas deficiências. Ressaltemos que os casos de pessoas apresentando deficiências múltiplas não são raros, em particular entre as pessoas de idade, e que a combinação de várias deficiências torna evidentemente mais difícil a escolha de suportes técnicos apropriados. Alguns desses suportes informáticos são do tipo interface, ou seja, constituem uma "passarela" entre um sistema técnico e o usuário. É tipicamente o caso quando se acrescenta a uma máquina uma "camada técnica" para torná-la utilizável por pessoas com características diferentes daquelas inicialmente previstas. Assim, os mostradores em braille e os sistemas de síntese vocal que serão abordados mais adiante podem ser considerados como interfaces operando em complemento ou no lugar de periféricos não utilizáveis. Os materiais destinados aos surdos e pessoas com problemas auditivos são na maioria das vezes próteses, usadas pelos próprios indivíduos para substituir ou reforçar diretamente os órgãos deficientes, mas existem também interfaces para os surdos e pessoas com problemas auditivos (p. ex., reforçadores de sinais sonoros para telefones, despertadores etc., mostradores visuais, táteis ou vibráteis no lugar de ou em complemento a mostradores sonoros).

Os suportes técnicos para pessoas apresentando uma deficiência grave no plano músculo-motor são de diferentes tipos, prótese ou interface, e esse termo pode ser entendido numa acepção ampla, como meio de comunicação entre o usuário e o mundo exterior inacessível de outra forma. Pode se tratar de sistemas informáticos de comunicação oral, via uma síntese vocal para as pessoas que perderam o uso da fala (ver mais adiante o sistema EDITH). Os robôs têm certa autonomia, mas respondem mesmo assim a comandos do usuário transmitidos por meio de interfaces especiais para realizar certas atividades básicas (ver mais adiante o sistema MANUS).

Papéis da ergonomia em matéria de suportes técnicos – A ergonomia pode intervir em vários níveis. Em equipes de concepção, o ergonomista participa de um processo de criação que contribui com um conhecimento teórico ou empírico sobre as funções deficitárias e as substituições parciais possíveis, sobre os desempenhos e as incapacidades, sobre as necessidades, sobre os contextos de uso etc., mas a tarefa mais solicitada é avaliar, ao longo da concepção de um sistema protótipo, as escolhas técnicas que são feitas, segundo os critérios clássicos de avaliação ergonômica: utilidade, usabilidade, eficiência, confiabilidade, não periculosidade, satisfação dos usuários.

A principal diferença com relação à concepção de sistemas para serem utilizados por pessoas "normais" é que, no caso das pessoas com necessidades especiais, o ergonomista deve se referir a características fora das normas, tanto por serem distanciadas dos dados obtidos habitualmente na população em geral, quanto por não corresponderem às normalizações técnico-comerciais. Estão fora das normas não só as características das próprias pessoas, nas quais as diferenças interindividuais são com frequência muito grandes, mesmo no interior de uma mesma categoria de deficiências, mas são também específicas as tarefas a realizar, as características dos materiais, os contextos de utilização, o entorno social etc. Ora, esses fatores são essenciais para uma boa adequação do objeto concebido. É, portanto, em primeiro lugar um trabalho de análise "sob medida" das pessoas, de suas deficiências, suas incapacidades e os *handicaps* que delas decorrem, suas atividades, suas necessidades etc. Essa análise anterior é indispensável para a escolha dos critérios e dos métodos de avaliação dos sistemas técnicos e dos limites de seu uso. Essa avaliação é feita às vezes em laboratório, mas essencialmente é feita em campo, em domicílio ou nos locais de vida e de trabalho, em situação de atividade e de contexto tão realistas quanto possível. A dificuldade é encontrar a medida certa entre uma concepção centrada num número muito reduzido de indivíduos, ou mesmo num só indivíduo, a ponto de ser insuficientemente generalizável, e uma concepção tendo como referência uma população ampla, a ponto de não poder depois ser adaptada às diferenças individuais, dado que cada pessoa com necessidades especiais, até para um mesmo tipo de deficiência, é sempre um caso particular definido por um grande mosaico de fatores.

Uma outra contribuição da ergonomia é um suporte direto às pessoas com necessidades especiais ou às pessoas de seu meio para a escolha do sistema que mais convém. É decididamente o caso aqui de uma lógica individual de busca do produto existente mais adequado. A modalidade de ação inclui uma avaliação comparativa dos produtos disponíveis no mercado e uma análise das condições de emprego para o indivíduo considerado, para discernir as necessidades, os limites de uso e os auxílios possíveis no contexto profissional, institucional ou familiar. Às vezes, pode-se tratar simplesmente de comprar um ou outro sistema, mas muitas vezes é preciso também "configurar" diversas opções, adequar o posto de trabalho ou o local de vida, assegurar uma formação quanto ao emprego do sistema, prever a assistência técnica, a manutenção, bem como a evolução do sistema etc. O ergonomista desempenha aqui um papel de coprojetista, de consultor e de intermediário entre a pessoa com necessidades especiais e seu meio técnico e social.

Suportes técnicos informáticos para pessoas com dificuldades visuais

Sistemas para cegos – O desenvolvimento de suportes informáticos para os cegos tornou-se considerável desde o advento dos microcomputadores e tem se ampliado ao longo dos últimos anos. Esse desenvolvimento foi acompanhado por um esforço significativo de pesquisas em ergonomia abordando não só a avaliação de protótipos e as melhorias desejadas, mas também um conhecimento melhor da função visual deficitária; e, paralelamente, um conhecimento melhor das funções auditivas e hápticas (ou seja, o tato associado a movimentos) enquanto funções substitutivas privilegiadas. Insistiremos aqui em algumas dificuldades no emprego dos microcomputadores, deixando claro que muitos cegos, todavia, os utilizam com uma eficácia surpreendente.

Dado que as interfaces informatizadas modernas dão um espaço preponderante às telas e às interações que requerem boa percepção visual, a utilização dos computadores por cegos exige adaptações especiais. Cabe notar que a expansão das interfaces modernas, altamente interativas destinadas a usuários com visão normal, não para de aumentar a distância aos que as separa das táteis ou auditivas, adaptadas aos usuários amblíopes ou cegos.

É impossível substituir completamente a visão, mas para certas atividades é possível substituí-la parcialmente pela audição ou pela percepção háptica. Assim, no lugar das impressoras clássicas, em preto e branco ou coloridas, impressoras especiais imprimem documentos em braille, e no lugar da tela de um microcomputador, duas vias são oferecidas: os mostradores de caracteres em braille e a síntese vocal.

O princípio do braille consiste na tradução dos caracteres alfanuméricos habituais (incluindo os sinais de pontuação e diversos símbolos especiais usados em música, física, matemática etc.) por meio da combinação de 6 pontos em relevo (ou seja, 63 combinações, mais o espaço). Para a substituição da tela, utilizam-se mostradores em braille "efêmero" constituídos de um certo número (20, em geral 40 e mais raramente 80) de pequenas matrizes colocadas lado a lado, cada uma delas compostas de pontos retráteis formando caracteres em formato braille. Essas células são chamadas de "efêmeras" porque, contrariamente à impressão no papel que é definitivamente fixa, a afixação nas células muda para cada novo caractere apresentado. Nesses mostradores, o código braille original de 6 pontos foi ampliado para 8 pontos (ou seja, 255 combinações mais o espaço) para poder se ajustar à capacidade de um octeto informático. Todavia, nem todos os itens informáticos que podem normalmente aparecer numa tela são recodificáveis nesses mostradores, em particular os ícones, curvas, gráficos etc., pois só os caracteres alfanuméricos e certos signos convencionais podem ser transcritos em braille, inclusive no braille ampliado a 8 pontos. É uma limitação muito significativa, que se soma a uma velocidade de leitura relativamente lenta e ao fato de que nem todos os cegos, em particular aqueles que perderam a visão em idade adulta, dominam o braille. Ademais, o custo desses materiais é razoavelmente elevado. Mesmo assim, é uma solução apreciada por aqueles que conhecem o braille e podem desse modo trabalhar com textos num código que lhes é familiar.

A síntese vocal é uma tecnologia que se desenvolveu bastante nos últimos anos. Produz uma voz parecida com a voz humana lendo textos digitalizados que, como para os mostradores braille, podem ter origem na entrada imediata no teclado, de um texto tratado pelo computador, ou de uma digitalização por meio de um scanner. Existem atualmente vários modelos de síntese vocal relativamente baratos e de boa qualidade para diversas línguas, incluindo o francês (pois cada língua requer uma síntese particular), especialmente concebidos como alternativa à tela dos microcomputadores PC ou Macintosh para utilização pelos deficientes visuais. A avaliação ergonômica desses sistemas leva em conta diversos critérios: qualidade da pronúncia das palavras isoladas e das frases, gestão das bases de exceções (siglas, palavras estrangeiras etc.), funcionalidades associadas (regulagem do volume de som, do nível sonoro, da velocidade de elocução, escolha entre voz feminina ou masculina, grave ou aguda), comandos necessários para a navegação no documento etc. Algumas sínteses, graças a sistemas de compressão muito elaborados, permitem velocidades elevadas de pronunciação, que se mantém bastante compreensível, mesmo com pouco treinamento. Todavia os usuários treinados compreendem melhor, fazem menos erros e podem ler mais rápido, navegando com agilidade no interior do texto e parametrando uma velocidade de pronunciação superior (essa velocidade é em geral regulável). Suas estratégias de leitura tendem a diminuir as paradas e as voltas, que são fonte de perda de tempo e de distração da atenção.

Embora as sínteses vocais constituam atualmente para os cegos e deficientes visuais a melhor alternativa para a leitura de telas, tanto em termos de desempenho de leitura quanto de custo, elas apresentam, todavia, vários limites: acesso unicamente a textos, excluindo ícones, gráficos, cores etc. (mesma limitação do braille); leitura mais lenta que a leitura visual (porém, mais rápida que a leitura em braille); prosódia às vezes surpreendente, devido à não compreensão pela máquina dos textos lidos etc. Assim em particular a leitura prolongada de textos longos ou comportando muitas palavras difíceis (palavras técnicas complicadas, siglas, abreviações, palavras estrangeiras, fórmulas matemáticas etc.) é cansativa. Por fim, é ainda necessário melhorar muito a ergonomia dos comandos que são necessários para iniciar a síntese, posicioná-la precisamente sobre a parte do texto que se quer ler, navegar livremente no texto, escolher o modo e o ritmo de pronunciação que se deseja etc. Além disso, as sínteses leem linearmente textos contínuos e, portanto, inadequadamente textos apresentados em páginas desordenadas (como nos sites da Web, por exemplo).

A audição, assim como o toque háptico, só imperfeitamente pode substituir a falta de visão. Não só a "mensagem visual" é por natureza diferente da "mensagem auditiva" (em particular, esta é imposta, linear e efêmera), mas também a visão proporciona uma quantidade de retroações necessárias para o autocontrole das ações e da qualidade das ações do próprio usuário ou daquelas que ele faz o sistema produzir. Essas retroações são tão rápidas, tão evidentes no modo visual, que é até difícil para quem vê realmente se dar conta da falta que eles fazem aos cegos. Esse incômodo é reforçado pelas interfaces modernas que solicitam muito intensamente a percepção visual e os controles visuais, não só para ler as informações apresentadas na tela, mas também para dialogar, apontar e controlar todos os interatores da interface.

Na leitura em braille, que produziu uma literatura relativamente rica (Foulke, 1991; Heller, 1991, entre outros), o leitor é menos passivo que na leitura auditiva, pois ele mesmo explora o papel ou o mostrador. Estratégias econômicas de leitura podem então ser adotadas, conforme o contexto e os conhecimentos sobre o texto. Mas a "mensagem tátil", por mais rica que seja, não pode, assim como a mensagem auditiva, substituir totalmente a mensagem visual e *vice-versa*. As limitações da leitura em braille são significativas, em particular nos mostradores efêmeros, em especial quanto à rapidez. Comparemos: a velocidade da leitura em braille de um bom "leitor de braille" é da ordem de 80 palavras por minuto, a de uma síntese vocal é da ordem de 150 palavras por minuto (se não se levar em conta eventuais paradas ou retornos), enquanto a de um leitor visual médio (em modo silencioso) é da ordem de 250 a 300 palavras por minuto, mas com possibilidades nitidamente superiores se o leitor filtra ou salta palavras ou partes, o que teoricamente pode ser feito também em braille, mas com menos facilidade, e não pode ser feito em leitura auditiva, que é imposta. O alongamento das durações de leitura incita, portanto, os cegos a selecionarem com cuidado o que leem, e dá uma importância considerável ao fator tempo na avaliação dos suportes técnicos.

Além disso, é preciso enfatizar que a atividade de leitura pura de um texto é apenas uma parte da atividade global de leitura de um documento com um computador, que requer pelo menos paradas, busca de referências, hesitações etc. A leitura propriamente dita precisa com frequência ser precedida pela digitalização do documento (as sínteses vocais ou os mostradores em braille só operam com arquivos digitalizados). Ora, os cegos encontram várias dificuldades para digitalizar os documentos, pois as diferentes subtarefas dessa digitalização (escolha do documento, posicionamento correto no scanner, escaneamento, reconhecimento dos caracteres ASCII, controle de qualidade do arquivo produzido etc.) são muito árduas sem a visão (lentidão, impossibilidade de controlar "pela vista" a qualidade do documento sempre imperfeitamente digitalizado). Os defeitos aparecem só quando se dá a leitura auditiva ou tátil. Um incidente mínimo nessa sequência de operações, fácil de resolver quando se pode ver, é problemático sem a visão. E o tempo que é necessário para se dedicar pode ser proibitivo.

Vale notar que os dispositivos concebidos para permitir aos deficientes visuais o acesso a informações do mundo exterior não se limitam aos sistemas abordados acima. Citemos, além dos teclados especiais de digitação simultânea, diversos dispositivos (na maior parte dos casos na fase de protótipos) baseados na percepção háptica e podendo ser utilizados em complemento às saídas vocais ou em braille: tabelas sonoro-táteis, pranchas em relevo dinâmico, sons localizados em 3-D etc. Há sistemas que utilizam a eletrônica miniaturizada para informar os cegos sobre certas variáveis do mundo exterior: bengala eletrônica, capacete optoeletrônico, detecção dos volumes ambientes, até mesmo tradução dermotátil de imagens captadas por uma câmera etc. Nota-se também a existência de muitos programas de computador educativos especializados para crianças com deficiência visual, em particular para a aprendizagem do braille.

Sistemas para os amblíopes – A questão se coloca de modo diferente para os amblíopes (ou seja, as pessoas com uma visão muito degradada, mas não cegas). Embora tenham a possibilidade de utilizar os materiais destinados aos cegos, os amblíopes desejam utilizar o máximo possível sua visão, mesmo que consideravelmente degradada. O ampliador de tela é uma solução parcial, apenas aplicável a certas formas de deficiência visual. Programas de computador oferecendo ampliações bastante grandes podem se integrar relativamente bem às aplicações informáticas, mas o resultado é uma imagem de qualidade tanto mais degradada quanto maior a ampliação (conforme a tecnologia de tela utilizada) e, portanto, mais difícil de perceber corretamente. Mesmo utilizando uma tela de dimensões grandes, as ampliações importantes requerem numerosos deslocamentos da imagem para obter a leitura de sua totalidade. Assim os processos cognitivos da leitura são perturbados, aliados a uma considerável carga de manipulação e a um prolongamento considerável no tempo de leitura. Em vez de uma aquisição de informação global oferecendo a possibilidade de uma leitura contínua, uma imagem em ampliação muito grande obriga a extrair a informação de maneira fragmentada. Além disso, ao deslocar a imagem, as referências situadas em suas bordas se perdem. Em decorrência disso, ao menos em certos programas de computador, desaparecem todos os "interatores" fixos (ícones, cabeçalhos de menus, barras de rolamento vertical e horizontal, escalas de dimensões das páginas etc.) que servem aos comandos da interface e das funcionalidades do programa de computador e que estão em geral situados nas bordas.

A ampliação pura e simples não é, portanto, uma solução muito boa nos coeficientes elevados de ampliação. Seria necessário recompor totalmente a interface suprimindo tudo o que não é indispensável, de modo a ampliar somente o que é efetivamente útil num dado momento. Alguns dos "objetos" da interface (comandos, estados do sistema ou dados) apresentados visualmente poderiam ser apresentados em alguma outra modalidade sensorial disponível, por exemplo a auditiva ou tátil. Dado que as modalidades de interação com esses objetos deveriam solicitar a visão o menos possível (apontar por meio de um *mouse* requer uma boa visão), soluções alternativas podem ser obtidas por sistemas à base de síntese vocal, de comandos vocais ou dos comandos no teclado. Mas o custo de uma recomposição desse tipo, tecnicamente concebível, é na prática muitas vezes proibitivo para a maioria das aplicações correntes.

Internet para as pessoas com dificuldades visuais

A Internet é uma oportunidade para as pessoas com diversos tipos de necessidades especiais, pois oferece acesso a informações sem a necessidade de se deslocar. Sublinhemos que a maioria das pessoas com deficiências motoras ou sensoriais (visão, audição) tem problemas em maior ou menor grau nos seus deslocamentos. Mas a consulta de sites na Web é particularmente difícil para os deficientes visuais, em particular os cegos, pois as páginas comportam, além dos textos, numerosos objetos gráficos fixos ou animados, inacessíveis por meio de mostradores do tipo braille ou sínteses vocais. Ora, a Internet não é mais uma fantasia reservada aos apaixonados pela informática: numerosas operações sociais passam atualmente por essa mídia.

Uma iniciativa internacional (*Web Accessibility Initiative*, lançada pelo *World Wide Web Consortium*) definiu normas e recomendações destinadas a tornar todo site na Web praticamente legível para os deficientes visuais. Na França, a rede BrailleNet foi criada com o mesmo objetivo. Essas normas, infelizmente ainda pouco seguidas pelos projetistas de sites (*web master*), preconizam uma separação nítida entre a forma (tipografia, cores, signos gráficos etc.) e a estrutura das páginas (elementos HTML e seus atributos, recortes em blocos, títulos, parágrafos, imagens etc.), de modo a facilitar a recodificação em modo textual simples. Recomendam que todo elemento visual não textual seja acompanhado por um comentário textual substitutivo.

Mesmo respeitando essas normas, um site que se reduz apenas ao texto que contém fica muito empobrecido. Perde toda a parte não textual (gráficos, desenhos, fotos, plantas etc.) que pode ser indispensável à compreensão do site. Uma das dificuldades suplementares é a inconstância da estrutura das páginas dos sites e do posicionamento dos objetos apresentados, cada site tendo seu próprio padrão de apresentador. Essa dificuldade fica ainda maior quando se trata de um portal de sites heterogêneos. É difícil então para os cegos navegarem, como demonstra um estudo que fizemos recentemente (Sperandio, Uzan e Jobard, 2002).

Concluindo, otimizar as interfaces informáticas para os cegos ou amblíopes exige que se renuncie a querer reproduzir a "leitura de tela", que só tem sentido quando se dispõe de uma visão suficiente, para, em vez disso, visar um acesso ao aplicativo não vinculado a uma modalidade sensorial específica. Esse acesso pode requerer diversas funções substitutas, "assistentes", que, segundo sua própria lógica, recorrem às modalidades sensórias disponíveis. A exposição desse modelo, desenvolvido por G. Uzan, não cabe, entretanto, nos limites deste capítulo.

Dispositivos para surdos e pessoas com dificuldades de audição

A redução da deficiência auditiva é essencialmente obtida por meio de próteses auditivas individuais, para as quais a informática e a eletrônica miniaturizada têm contribuído cada vez mais, até chegar a uma audição "quase normal", sem necessidade de interfaces específicas. A amplificação diferencial permite destacar melhor as falas e os outros sons. Alguma surdez profunda pode ser atenuada por implantes (a exposição desses sistemas não cabe no quadro deste capítulo). Em ambiente profissional, o desenvolvimento de interfaces para surdos e deficientes auditivos se refere principalmente ao suporte à comunicação oral e à percepção de sons de valor informativo ou de alerta.

A deficiência auditiva, ou mesmo a surdez total, normalmente não impedem o uso de microcomputadores, já que estes recorrem essencialmente a interfaces visuais. De modo que, contrariamente aos cegos, existem poucos sistemas substitutivos previstos para esse tipo de deficiência nas próprias interfaces informáticas, a não ser para certos postos de trabalho repletos em informações normalmente apresentadas sob forma visual. A solução de adaptação consiste ou em aumentar a intensidade dos sinais sonoros existentes (para os deficientes auditivos), ou em duplicá-los ou substituí-los por sinais visuais, táteis ou vibráteis (para os casos de surdez profunda). A amplitude da regulagem da intensidade sonora dos alto-falantes ou fones de ouvido, com os quais são equipados os microcomputadores modernos, é em geral suficientemente grande para permitir sua audição nos casos de deficiência auditiva leve ou média (com o risco porém de incomodar quem está em volta; nesse caso, o recurso a fones de ouvido individuais se impõe, sendo alguns equipados com amplificadores ajustáveis ao déficit de cada ouvido). Em compensação, recodificar noutra modalidade sensorial informações tipicamente destinadas a uma percepção auditiva nem sempre é possível, nem em geral satisfatório. O problema pode se colocar em particular para certas interfaces multimídia, ainda que, na maioria delas, as mensagens sonoras são redundantes às mensagens visuais ou não são essenciais para a utilização ou compreensão. Nunca se deve esquecer que, do mesmo modo que a audição não pode substituir a falta de visão, tampouco a visão pode substituir a falta de audição. Consequentemente, as características próprias de uma mensagem auditiva não podem ser perfeitamente traduzidas em outra modalidade sensorial sem um certo empobrecimento da mensagem ou a perda das propriedades de não direcionalidade da mensagem (ponto muito importante para os alarmes). Assim, cada modalidade sensorial apresenta vantagens e inconvenientes, que conduzem a avaliar cada solução de (re)codificação noutra modalidade, relativa ao tipo de informação a recodificar, das atividades do sujeito e do contexto. Embora com frequência seja tecnicamente possível transformar em forma visual informações (em especial alarmes) inicialmente apresentadas ou previstas sob forma auditiva, fazê-lo implica criar outros problemas, abrangendo em particular a atenção do sujeito, que deve ser dirigida ao dispositivo de visualização, sobretudo quando o sujeito é móvel ou sua visão já é intensamente solicitada. Mesmo assim, soluções técnicas existem ou são concebíveis, e o ergonomista pode contribuir para escolhê-las adequadamente em cada caso. Por exemplo, sistemas compostos de um detector acústico de ruídos impulsivos e de um vibrador (eventualmente portáteis como um relógio de pulso) são configuráveis para reagir a certos sinais sonoros (campainhas de telefones, de porta, sinais de máquina, alarmes diversos, chegada do metrô, sinal de fechamento das portas etc.) que são recodificados em sinais vibráteis, associados ou não a uma apresentação visual identificadora.

Sublinhemos por fim que a contribuição da informática à redução dos *handicaps* auditivos, como no caso dos visuais, não se limita à problemática das interfaces ou da adaptação dos postos. Existem programas de computador educativos especializados para as crianças surdas (auxílio à aprendizagem da linguagem de sinais, suporte à desmutização, programas de computador escolares especializados etc.).

Sistemas para pessoas com dificuldades motoras

Interfaces leves – Quando as deficiências são relativamente leves, o uso de um computador pode ser feito por meio de periféricos especialmente adaptados a uma dada deficiência (teclados especiais e sistemas de cursores especiais, em particular). Em alguns casos mais severos, é preciso conceber uma estação de trabalho totalmente original (caso de mobilidade reduzida, cadeira móvel específica, postura de trabalho particular, membro superior parcialmente inválido etc.). Em certos casos, atividades complexas podem ser pré-programadas, e ativadas por macrocomandos, com o objetivo de evitar uma cascata de comandos repetitivos. Noutros casos, é o próprio computador que serve de interface com o mundo exterior. Por exemplo, comandos vocais, comumente usados como interfaces de entradas informáticas, podem ser utilizados para comandar diversos equipamentos, em especial domésticos, por pessoas que, se deslocando em cadeira de rodas, não podem alcançar facilmente certos comandos usuais. Quando certos gestos ou pressões em botões são impossíveis ou muito constrangedores, a linguagem natural (dizendo melhor, pseudonatural, em razão de certos constrangimentos) pode ser utilizada como meio de comando, graças a sistemas de reconhecimento vocal. A ideia se aplica não só ao comando de robôs pesados, por exemplo, como os mencionados adiante, mas também a comandos clássicos do ambiente doméstico. As realizações da domótica para pessoas de idade ou enfermas (Ben Jemaa, 1993; Mokhtari, 2002) exploram essa ideia de base: escolher certas ações a realizar, cujo comando manual normal não pode ser efetuado pelas pessoas que não têm uma mobilidade suficiente, escolher um léxico dos comandos correspondentes e permitir o comando dessas ações à distância pela pronunciação dos comandos por meio de um programa de computador de reconhecimento vocal.

Os resultados mostraram que não era tão simples assim. A aprendizagem do léxico dos comandos pelos sujeitos e a padronização individualizada desses comandos podem constituir desde o início barreiras intransponíveis. Ademais, as pessoas de idade apresentam com frequência deficiências mnemônicas momentâneas que as levam a não se lembrar, no momento desejado, do nome do comando pretendido, ou mesmo a não se lembrar dos comandos que podem ser formulados verbalmente, ou a confundi-los com sinônimos. Além disso, alterações momentâneas da voz, por causa de resfriado ou emoção, diminuem a taxa de reconhecimento correto! O ruído de uma cadeira de rodas motorizada ou do ambiente pode igualmente interferir e diminuir a confiabilidade do reconhecimento dos comandos vocais, acarretando erros ou ações retardadas, o que irrita os usuários. Essas disfunções ou dificuldades repetidas fazem com que eles rejeitem o dispositivo. Fora das condições experimentais, as barreiras para o bom funcionamento dessas "interfaces vocais" são ainda mais consideráveis, mesmo que no plano puramente informático os desempenhos sejam encorajadores. Além disso, tanto em domicílio quanto em instituição, uma domótica mesmo bastante "inteligente" exige que a habitação seja concebida de forma adaptada e coerente, incluindo a própria habitação e também seu acesso, em particular no que se refere à facilidade dos deslocamentos e à acessibilidade dos componentes maiores, pois a avaliação que o usuário faz é global, como o é igualmente a sua rejeição.

Sistemas robóticos – Os sistemas destinados a compensar as deficiências mais graves são geralmente equipamentos pesados e muito caros, do domínio da robótica, comercializados num número reduzido de exemplares, com os quais a interação Homem-Máquina requer interfaces especializadas, principalmente à base de comandos vocais (Mokhtari, 2002). Porém, mesmo os comandos vocais podem se revelar difíceis ou impossíveis em certas patologias que associam deficiências da fala a deficiências motoras graves.

Existem dois tipos de sistemas de assistência robótica para os deficientes motores: as estações de trabalho fixas (p. ex., a estação europeia Máster 1, depois Máster 2, e a estação americana Devar, e depois Provar) e os robôs instalados numa base móvel (p. ex., o telemanipulador britânico Handy e o robô europeu MANUS). As estações de trabalho são constituídas por um braço manipulador munido de uma pinça, associado a um microcomputador. Além das tarefas habituais de um microcomputador, este comanda as ações do braço para realizar um conjunto de tarefas mais ou menos complexas, se desenrolando automaticamente segundo um esquema predefinido. Um conjunto de comandos vocais permite comandar o sistema robótico (Mokhtari et al., 2001).

O telemanipulador MANUS, instalado numa cadeira de rodas motorizada, é atualmente um dos mais evoluídos do ponto de vista dos movimentos do braço e da pinça, da manipulação da própria pinça e do sistema de interface dos comandos. Destinado a ser utilizado em hospital (alguns exemplares são utilizados em domicílio) por pacientes com graves deficiências motoras, como, em particular, os tetraplégicos, esse tipo de robô tem por objetivo permitir que essas pessoas realizem um número limitado de comandos de objetos: servir-se de bebida de uma garrafa leve, pegar um copo e levá-lo à boca, abrir uma gaveta, apanhar e deslocar pequenos objetos, comandar os deslocamentos da cadeira de rodas, comandar a televisão, acionar interruptores, chamar um elevador etc. Essas ações simples não podem ser realizadas pelas próprias pessoas por causa de sua enfermidade. Dar-lhes a possibilidade de fazê-las por meio de um robô, em vez de ter como única alternativa o recurso a terceiros, que não se pode, nem se ousa, incomodar continuamente, confere um acréscimo considerável de autonomia a esses pacientes com *handicaps* graves, mesmo tratando-se de ações elementares em número limitado, comandadas muito laboriosamente. A dificuldade técnica é dupla: dotar o robô da capacidade para realizar corretamente esses gestos e conceber uma interface munida de comandos apropriados, sabendo que as capacidades de comando utilizáveis por esses pacientes são extremamente limitadas. É necessário ajustar a interface ao caso preciso de cada paciente.

As especificações de uma interface adaptada (incluindo os comandos e os retornos de informação) e a avaliação passo a passo requerem efetivamente uma ergonomia muito específica, fora das normas habituais, altamente especializada e estreitamente envolvida com a equipe de concepção que reúne especialistas diversos (em robótica, mecânica e informática e médicos, enfermeiros, terapeutas ocupacionais etc.).

A contribuição da ergonomia ao desenvolvimento de sistemas desse tipo permanece ainda limitada na prática, apesar de apresentar um amplo potencial. Por se tratar de equipamentos extremamente caros, dos quais existe apenas um número reduzido de exemplares e cujo ajuste é lento, a maioria das vezes em meio hospitalar ou institucional, as possibilidades de experimentações ergonômicas são limitadas. A avaliação é geralmente voltada para o ajuste incremental, aplicado a um protótipo que evolui passo a passo até a satisfação dos critérios selecionados.

Um dos papéis da ergonomia é a pesquisa das tarefas preferenciais que o robô deverá realizar, entre as que serão mais úteis para essas pessoas no cotidiano (em vez de escolher entre aquelas que as técnicas robóticas proporcionam como a melhor). Essa escolha se faz a partir de uma análise das atividades cotidianas do paciente, de suas necessidades, gostos e preferências. A escolha dos critérios de avaliação dos desempenhos do robô decorre da escolha das ações selecionadas. A rapidez não é aqui o critério mais crucial. Mais importante são os critérios de utilidade, facilidade de utilização e confiabilidade, incluindo o de risco (o braço manipulador poderia machucar o paciente, quebrar ou derrubar objetos, realizar ações indesejáveis, mostrar-se recalcitrante aos comandos e correções de comandos etc.). Deve-se evidentemente dar a maior importância às opiniões e preferências dos sujeitos, tanto para a escolha das tarefas quanto para os critérios de avaliação (Heidmann e Mokhtari, 2002).

Interfaces de comunicação verbal – Mencionamos acima a existência de interfaces destinadas a permitir ou facilitar a comunicação oral de pacientes apresentando uma patologia da fala. O aplicativo EDITH (*Environnement DIgital de Téléactions pour Handicapé*) destina-se a permitir que pessoas com graves deficiências motoras e verbais – que, portanto, não podem nem se mover, nem falar – se comuniquem com as pessoas à sua volta por meio de um computador. Essa interface, que se apoia num PC gerenciando os programas de computador apropriados, é comandada apenas por um comutador liga/desliga. Este acionamento é o único gesto que o paciente pode fazer. Esse comando único não permite escolher (p. ex., clicando num menu), entre as possibilidades de ações pré-programadas, aquela que o paciente deseja que a máquina realize, mas somente validar a ação desejada quando a máquina desfila ciclicamente a lista das escolhas possíveis (Brangier e Pino, 1999).

As ações possíveis são de vários tipos: ações sobre o ambiente médico (chamada de um atendente etc.), sobre o ambiente relacional (seleção de frases pré-gravadas e escrita de frases simples), sobre o ambiente cultural (leitura de textos pré-gravados, controle da televisão ou de aparelhos de rádio ou de música etc.). A interação com a interface se dá por meio de ícones, cuja escolha foi objeto de um trabalho de pesquisa e avaliação ergonômica notável (Brangier et al., 2001).

Programas de computador educativos para pessoas com dificuldades mentais

A informática é cada vez mais utilizada para fins de ensino, tanto para adultos quanto para crianças, mas sua utilização como ferramenta pedagógica para os deficientes mentais permanece sendo marginal. Uma ação (Oltra e Sperandio, 2000; Sperandio e Oltra, 2002) junto a deficientes mentais que trabalham num CAT (Centre d'aide par le travail) foi realizada. Após uma análise de trabalho a respeito das tarefas profissionais e das atividades em quatro CAT observados, bem como das características dos trabalhadores e suas dificuldades, melhorias a serem feitas nos locais, postos de trabalho e organização do trabalho inicialmente foram propostos. A análise evidenciou necessidades essenciais de formação de dois tipos: um "remediamento cognitivo" (Paour, 1991) relativo a certos mecanismos intelectuais (em especial mnêmicos) e uma formação profissional para algumas tarefas. A escolha feita foi de realizar uma formação por meio de programas de computador educativos interativos, requerendo a construção de ferramentas pedagógicas especializadas e de interfaces adaptadas a essa população. Para começar, um conjunto de ferramentas informáticas foi especialmente concebido para ensinar o uso do computador e do mouse, depois para ensinar a utilização de exercícios pedagógicos bastante interativos e, por fim, as ferramentas da formação propriamente dita. As interfaces têm como principal característica a possibilidade de personalização para as necessidades de cada aprendiz: ritmo de trabalho, tipo de exercício, tipo de reforço às respostas corretas do aluno, tipo de resposta do computador no caso de resposta errada do aluno etc. Os alunos aprendem a configurar as interfaces segundo suas preferências e a trabalhar da maneira mais autônoma possível. A construção dos exercícios e interfaces leva em conta os déficits funcionais da memória de trabalho desses sujeitos. Os resultados obtidos são convincentes, e os progressos obtidos se transferem efetivamente às tarefas reais em campo.

Conclusão

O papel do ergonomista em matéria de auxílios técnicos para pessoas com necessidades especiais é, por um lado, relativamente clássico: contribuição na concepção de novos auxílios, avaliação de protótipos em diferentes estágios do processo de concepção, análise das necessidades das pessoas com necessidades especiais nos campos profissional e privado, em domicílio e em espaços públicos, conselhos quanto à escolha dos sistemas mais apropriados considerando as características de cada caso particular. É este último papel do ergonomista – a escolha dos sistemas melhor adaptados a cada caso particular – que nos parece se diferenciar mais da ação ergonômica habitual.

A modalidade de ação ergonômica clássica é baseada numa lógica do maior número de pessoas a satisfazer. Deve-se conceber para o maior número e excluir o menos possível. Isso se aplica não só às características das pessoas, mas igualmente às características das tarefas, em particular quando o objeto técnico é previsto para um público amplo. Nessa lógica, o ergonomista preconiza evidentemente que não se excluam dos "modelos do operador" ou do "usuário" as pessoas com necessidades especiais, ou as pessoas de idade, e que não se restrinjam as populações-referência a um núcleo de pessoas "médias", que seriam sempre jovens e sem nenhuma deficiência.

No entanto, a concepção dos suportes técnicos para as pessoas com necessidades especiais deve também focalizar as características individuais, caso a caso, segundo uma abordagem do tipo clínico: considerando o tipo, a gravidade, os limites e consequências da deficiência (ou deficiências); considerando igualmente numerosos fatores, como a evolução provável, geralmente negativa, do estado deficiente da pessoa, a idade, o projeto profissional, a bagagem cultural anterior, os hábitos de vida, o entorno social, as capacidades do sujeito e a vontade de aprender (pois os suportes técnicos requerem com frequência um aprendizado e uma familiarização mais ou menos longa e difícil) etc.

Um bom conhecimento dos casos individuais fornece dados necessários para a concepção de suportes técnicos podendo satisfazer uma população mais ampla de pessoas com *handicaps* de um certo tipo. Mas, além disso, as adaptações específicas que é preciso aplicar a objetos técnicos para torná-los utilizáveis por pessoas com necessidades especiais são, em grande parte, melhorias desejáveis para o conjunto da população.

Referências

BEN JEMAA, M. *Informatique élaborée pour une domotique au service du handicap.* 1993. Thèse (Doctorat) – INSA, Rennes, 1993.

BRANGIER, E.; PINO, P. Accompagnement des malades en fin de vie, ergonomie de conception et automatique humaine. In: CONGRES DE LA SELF, 34., Caen, 1999. *Actes.* Caen: SELF, 1999.

BRANGIER, E.; GRONIER, G.; PINO, P. La conception d'icônes permettant la communication entre de grands handicapés moteurs aphasiques et leur entourage: éléments de communication palliative. *Revue d'Interaction Homme-Machine,* v.2, p.31-54, 2001.

BURGER, D. *Outils d'aide à la conception d'interfaces non visuelles.* 1994. Thèse (Doctorat) – Université Paris XI, Paris, 1994.

FOULKE, E. The Braille. In: MELLER, M. A.; SCHIFF, W. (Ed.). *The psychology of touch.* Hillsdale (NJ): Erlbaum, 1991.

HEIDMANN, J.; MOKTHARI, M. Méthode d'évaluation quantitative et qualitative appliquée au développement d'une aide technique robotique pour la compensation du handicap moteur. *Revue d'Interaction Homme-Machine,* v.3, v.1, p.79-99, 2002.

HELLER, M. A. Haptic perception in blind people. In: MELLER, M. A.; SCHIFF, W. (Ed.). *The psychology of touch.* Hillsdale (NJ): Erlbaum, 1991.

MOKHTARI, M. *Interaction homme-machine: application aux aides technologiques pour la réduction du handicap moteur.* 2002. Thèse (Doctorat) – Université Paris VI, Paris, 2002.

MOKHTARI, M.; ABDULRAZAK, B.; GRANDJEAN, B. Assistive technology for disabled people: Should it work? The French approach. *An International Journal of Human-friendly Welfare Robotic System,* v.2, p.26-32, 2001.

OLTRA, R., SPERANDIO, J. C. De l'analyse du travail à une pédagogie interactive sur ordinateur: une intervention de longue durée en CAT auprès de jeunes travailleurs déficients mentaux. In: JOURNÉE DU GEDER (Groupement d'Etude pour lê développment de l'Ergonomie em Réadaptation), 4., Poitiers, 2000.

PAOUR, J. L. *Un modèle cognitif et développemental du retard mental pour comprendre et intervenir.* 1991. Thèse (Doctorat) – Université de Aix-en-Provence – Marseille 1, Marseille, 1991.

SPERANDIO, J. C.; OLTRA, R. Didacticiels pour la formation professionnelle de déficients mentaux travaillant en CAT. *Handicap:* revue des sciences humaines et sociales, v.96, p.71-87, 2002.

SPERANDIO, J. C.; UZAN, G. Ergonomie des aides techniques informatiques pour personnes handicapés. *Handicap:* revue des sciences humaines et sociales, v. 93, p.57-83, 2002.

SPERANDIO, J. C.; UZAN, G.; JOBARD, N. Difficultés rencontrées par les aveugles et déficients visuels pour la consultation de sites WEB sur le transport et le tourisme. Rapport LEI/INEREC, nov. 2002.

TRIOMPHE, A. (Ed.). *Les personnes handicapés en France:* données socials. Paris: INSERM-CTNERHI, 1995.

Ver também:

5 – A inquisição de informação

21 – A ergonomia na condução de projetos de concepção de sistemas de trabalho

26 – Ergonomia e concepção informática

27 –A concepção de programas de computadores interativos centrada no usuário: etapas e métodos

28 – Ergonomia do produto

30

Contribuições da ergonomia à prevenção dos riscos profissionais

Alain Garrigou, Sandrine Peeters, Marçal Jackson,
Patrick Sagory, Gabriel Carballeda

Introdução

Este capítulo discute os vínculos que a ergonomia e a prevenção dos riscos profissionais teceram nas últimas décadas. Esses vínculos, muito fortes na década de 1970 (Faverge, 1970) e no começo da década de 1980, se afrouxaram em parte nos anos seguintes. Procuraremos estabelecer novos vínculos entre essas duas abordagens distintas, porém complementares em seu objetivo de proteger a saúde dos diferentes atores do mundo do trabalho.

A primeira seção apresenta diferentes definições e abordagens que caracterizam as modalidades de ação em prevenção. Serão ressaltados os limites das abordagens tradicionais em prevenção dos riscos profissionais.

Em seguida, serão expostas diferentes noções em ergonomia destinadas a permitir articulações com as abordagens em prevenção. Tais articulações se justificam pelo fato de que, na maior parte do tempo, as condições de exposição dos trabalhadores a riscos profissionais constituem um *enigma* que é acessível apenas de maneira *fragmentada* pelos operadores, as chefias da empresa, ou mesmo os especialistas em prevenção. Esse aspecto enigmático da exposição aos riscos leva os atores a representações contrastadas, ou mesmo *contraditórias* e, em todo caso, incompletas. Nesse contexto, *nenhum dos especialistas em prevenção ou atores da prevenção pode por si só pretender formular o enigma e depois lidar com ele de maneira eficaz*. Será defendida a ideia de que, quando esses enigmas resistem à ação dos especialistas em prevenção, torna-se indispensável uma abordagem transprofissional. Impõe-se a necessidade de articular abordagens objetivas e subjetivas, mobilizando não só conhecimentos científicos, mas também conhecimentos "locais" que os trabalhadores têm das situações de trabalho, trazidos a lume pela análise ergonômica do trabalho. Trata-se também nesse processo de permitir aos diferentes protagonistas que se tornem atores plenos de sua própria abordagem de prevenção.

Alguns conceitos

Álea e evento não desejado – Uma álea é um evento ameaçador, ou uma probabilidade de ocorrência numa dada zona e num dado período de um fenômeno podendo engendrar danos (Nações Unidas). A noção de evento, por sua vez, se refere a um fenômeno que se desenrola de modo irreversível no tempo. As ciências do perigo desenvolveram o termo de evento não desejado (END), que é todo fenômeno suscetível de provocar, direta ou indiretamente, um ou mais efeitos considerados nefastos sobre um indivíduo, uma população, um ecossistema, um sistema material (Dos Santos, 2002).

Acidente – O acidente é um evento não desejado que causa prejuízo à integridade das pessoas ou então acarreta danos no nível tanto dos sistemas técnicos quanto dos sistemas ecológicos. Para Grayham (1999), o acidente é "um evento não planejado e inesperado que pode (ou não) causar morte, lesão, dano ou perda. A tendência atual é reconhecer a importância da força e liberação de energia na causa de um acidente".[1]

O livro do National Safety Council (1988, p. 45), retoma Firenze (1978) para listar diversas causas prováveis dos acidentes: "Omissão ou mau funcionamento do sistema gerencial: um fator de trabalho presente na situação, por exemplo, instalações, ferramentas equipamento e materiais; o fator humano, do trabalhador ou outra pessoa, fatores de meio ambiente como ruído, vibração, temperaturas extremas e iluminação".[2]

Perigo – É a propriedade intrínseca de uma substância perigosa ou de uma situação física de poder provocar danos à saúde humana e/ou ao ambiente (Diretriz Europeia 96/82/ CE conhecida como Seveso II). Abordagens sistêmicas em ciências do perigo apuraram que o perigo corresponde à situação de um sistema em que estão reunidos todos os fatores que podem conduzir à realização de um acidente potencial; o perigo é um conceito qualitativo que exprime, portanto, uma potencialidade (Dos Santos, 2002, MADS-MOSAR). O termo *hazard* utilizado na literatura anglo-saxã abrange a noção de perigo: "Uma condição ou situação física com potencial de resultar em consequências não desejadas, como prejuízos à vida ou lesões corporais" (Sociedade de Análise de Risco).[3]

Indicador de perigo – Dos Santos (2002) define o *indicador de perigo* como uma grandeza calculável e/ou mensurável, que permite *quantificar* o perigo segundo uma escala ordinal (mais ou menos perigoso) e que se encontra implícita ou explicitamente na base das definições e da implementação das diferentes modalidades de segurança. A representação do perigo de um sistema em termos de riscos assume todo seu sentido nos sistemas *complexos*, para os quais a realização do perigo não é devida a *uma* só causa identificável, mas ao produto de associações, combinações, inter-relações de eventos, suscetíveis, ademais, de serem ampliadas por fatores de risco, cujos efeitos são avaliáveis por cálculos de correlações que

---

[1] "an unplanned, unexpected event that may (or may not) cause death, injury, damage or loss. The current tendency is towards acknowledging the importance of force and release of energy in the cause of an accident."

[2] "Oversight or omissions or malfunction of the management system; situational work factor, for example, facilities, tools, equipment and materials; Human Factor, either the worker or another person; environmental factors, such as a noise vibration, temperature extremes, illumination."

[3] "A condition or physical situation with a potential for an undesirable consequence, such as harm to life or limb" (Society of Risk Analysis).

Capítulo 30 – Contribuições da ergonomia à prevenção dos riscos profissionais   **425**

só podem ser incompletas. Essa representação, que remete a uma concepção probabilista da causalidade, invalida, *teoricamente*, a noção de "risco zero".

Riscos. O risco é descrito antes de mais nada em termos de probabilidade de ocorrência: "É a chance ou probabilidade de que um perigo cause um acidente, considerando a gravidade do ocorrido"[4] (Grayham, 1999). Para as ciências do perigo, o risco é uma medida do nível de perigo que caracteriza um evento não desejado por sua probabilidade de ocorrência, sua gravidade e sua aceitabilidade (MOSAR). Os riscos tecnológicos são aqueles considerados como sendo causados pelo homem; em certos casos, podem ser qualificados de capitais na medida em que, mesmo se a frequência é baixa, sua gravidade pode ser enorme.

Para Dos Santos (2002): "É importante ressaltar que a avaliação dos indicadores de risco é o resultado de uma modelização e/ou um tratamento de dados, ou seja, de construções teóricas fundadas num certo número de hipóteses e de dados, que são fontes de incertezas e divergências entre os pontos de vista dos especialistas (principalmente quanto à identificação e à avaliação dos efeitos difusos e no longo prazo ou, *a fortiori*, para eventos que nunca ocorreram)".

Aceitabilidade – A aceitabilidade de um risco depende de muitos fatores. Para as Nações Unidas, trata-se do nível de perdas humanas e materiais percebido, pela comunidade ou pelas autoridades competentes, como tolerável, no quadro das ações que visam minimizar o risco de catástrofe. Para os projetistas da abordagem MADS-MOSAR, a aceitabilidade é devida à probabilidade e à gravidade de um perigo; ela deveria ser negociada entre os parceiros implicados pelo risco caracterizado.

Dano – Por dano, entende-se a deterioração física (corporal, material, ambiental...) ou moral socialmente recusada, consequência direta ou indireta, imediata ou diferida, consecutiva a um evento considerado como nefasto (MADS-MOSAR). Para a SRA, "dano é a gravidade de uma lesão ou uma perda física, funcional ou monetária que poderia resultar da perda de controle sobre o hazard".[5]

Prevenção – As Nações Unidas definem a prevenção como "o conjunto das ações destinadas a fornecer uma proteção permanente contra as catástrofes. Abrange as medidas práticas de proteção física relacionadas à engenharia, e também as medidas legislativas que controlam a ocupação e uso do território nacional e planejamento urbano".

Para o grupo MADS-MOSAR, a prevenção é um conjunto de métodos, técnicas e medidas adotadas, tendo em vista reduzir a ocorrência dos riscos.

Para Dennis e Draper (1989), "prevenção (...) pode ser parcialmente compreendida como o ato de prestar atenção aos ambientes físicos, químicos, biológicos, sociais e

---

[4]   "It is the chance or the probability that hazards is likely to result in an accident, taking account of the severity of the outcome" (Grayham, 1999).

[5]   "damage is the severity of injury or the physical, functional, or monetary loss that could result if control of hazard is lost."

econômicos com o intuito de reduzir acidentes, doenças e morte. Prevenção também tem a ver com educação sobre saúde e serviços de prevenção como monitoramento" (p. 1787). "A prevenção primária procura prevenir doenças e acidentes antes de acontecerem; (...) a prevenção secundária tenta detectar doenças nas fases iniciais quando ainda são tratáveis. (...) a prevenção terciária procura prevenir deterioração do estado das pessoas nas doenças já instaladas..." (p. 1788).[6] A prevenção pode também se traduzir por "eliminar ou reduzir as fontes de riscos potencias e causas desencadeantes. Ela pode ser conquistada por várias maneiras influenciando os fatores físicos e humanos: as fontes de energia, os métodos de trabalho e erros humanos podem ser prevenidos por meio de uma seleção cuidadosa de trabalhadores e treinamento profissional adequado em segurança, por exemplo" (Andréoni, 1989, p. 1541-1542).[7]

Segurança – Para Andréoni (1989, p. 1539): "Segurança, então, adquiriu um sentido mais amplo que anteriormente. Agora está geralmente considerada como 'ausência de dano' à saúde (lesão ou doença) e à propriedade. Como dano é o resultado de um risco, também diz-se que segurança é ausência de risco. A segurança não é um conceito em si: depende dos conceitos de dano e risco. Estado de segurança é aquele no qual não há perigo de acontecer um acidente".[8]

Em torno desses diferentes objetivos desenvolveu-se uma disciplina chamada Safety Engineering: "Engenharia de segurança se definiu como engenharia (...) relacionada à análise e ao controle sobre exposições que provocam lesões e danos à propriedade" (Manuele, 1993, p. 130).[9]

Especialistas em prevenção e atores da prevenção – Por especialistas em prevenção deve-se entender as pessoas encarregadas das questões de segurança e prevenção nas empresas ou organizações públicas e privadas, seja em tempo integral ou parcial. Nesse sentido os ergonomistas, os médicos do trabalho, os inspetores do trabalho não são especialistas em prevenção, mas atores da prevenção. Distinguem-se também os especialistas em prevenção

---

[6] "prevention, (...) can partly be understood as paying attention to the physical, chemical, biological, social and economic environments with the aim of reducing accidents, illness and death. Prevention is also concerned with health education and preventive services such as screening" (p. 1787). "Primary prevention seeks to prevent diseases and accidents from ever occurring; (...) secondary prevention tries to detect disease in the earliest stages and while it is still treatable. (...) Tertiary prevention attempts to prevent deterioration in established diseases..." (p. 1788).

[7] "eliminating or reducing the sources of potential risks and triggering causes can be achieved in a number of ways and by influencing physical and human factors: sources of energy, working methods, human errors may be prevented by careful selection of workers and by adequate professional and safety training, e.g." (Andréoni, 1989, p. 1541-1542).

[8] "Safety has therefore taken a broader meaning than the past. It is now usually regarded as 'freedom from damage' to health (injury or disease) and to property. As damage is the result of a risk, it is also said that safety is freedom from risk. Safety is not a concept in itself: it is dependent on the concepts of damage and risk. A state of safety is one in which no danger of an accident causation damage exists."

[9] "Safety Engineering has been defined as engineering (...) related to analysis and control of injury-causing exposures and property damage" (Manuele, 1993, p. 130).

Capítulo 30 – Contribuições da ergonomia à prevenção dos riscos profissionais

institucionais, que são aqueles que trabalham em instituições de prevenção (CRAM – *Caisse Régionale d'Assurance Maladie, MSA – Mutualité Sociale Agricole*, OPPBTP etc.).

Abordagens clássicas em prevenção

Fazer um inventário exaustivo não é objetivo deste capítulo. Trata-se mais de expor brevemente algumas abordagens praticadas pelos especialistas em prevenção, tendo em vista apresentar seus princípios, discutir seus limites e, por fim, permitir articulações com a ergonomia. Os métodos apresentados a seguir foram escolhidos porque parecem ser representativos daqueles implementados pelos especialistas em prevenção, quando precisam lidar com a prevenção de acidentes, disfunções técnicas, ou mesmo riscos tecnológicos maiores.

Da análise dos acidentes à árvore de causas – A análise dos acidentes é uma abordagem *a posteriori*. Seu objetivo é identificar, uma vez que o acidente aconteceu, os diferentes fatores que geraram sua ocorrência. Jorgensen (1998) distingue diferentes tipos de análise: a análise e a identificação dos locais onde acidentes se produzem; a medida da incidência dos acidentes tendo em vista avaliar os efeitos das medidas preventivas; a análise da frequência e da gravidade dos acidentes, para priorizar as ações de prevenção; a identificação das causas diretas e indiretas do acidente.

A abordagem sistêmica renovou consideravelmente a prevenção dos acidentes. Efetivamente, o homem se torna um elemento de um sistema mais complexo, o acidente é então pensado como um evento particular do sistema Homem/Máquina, do sistema sóciotécnico. Na concepção do acidente percebido como evento, ele deixa de ser tratado como um fenômeno à parte ou como um simples produto de uma dada causa (Leplat, 1984; Hale e Glendon, 1987; Chesnais, 1990), mas como a resultante de interações entre os diferentes componentes do sistema. Esse salto conceitual instaurou a via da pluricausalidade dos acidentes, bem como o desenvolvimento de ferramentas e métodos de análise, que resultarão na "árvore de causas" (Cuny e Krawsky, 1970; Monteau, 1998). A hipótese subjacente é que o acidente está relacionado a variações de um ou mais elementos que determinam o trabalho. Os dados são resumidos num gráfico apresentando uma árvore das relações causais, cuja conjunção, permite explicar o surgimento do acidente. Essa técnica ainda é um bom suporte para fazer interagir os diferentes aspectos que *a posteriori* vão tentar explicar sua ocorrência.

Hale (1998) enfatiza que avanços importantes foram feitos, graças ao desenvolvimento da psicologia cognitiva que contribuiu para destacar que as pessoas eram "processadores de informações, respondendo ao seu meio ambiente e os perigos tentando detectar e controlar os riscos existentes. A ênfase nestes modelos também se deslocou da culpabilização dos indivíduos por defeitos ou erros, na direção de focalizar a falta de adequação entre as demandas comportamentais das tarefas ou do sistema e das possibilidades inerentes na maneira de gerar e organizar comportamentos".[10]

---

[10] "informations processors, responding to their environment and its hazards by trying to perceive and control the risks that are present. The emphasis was also shifted in those models away from blaming the individual for failures or errors, and towards focusing on the mismatch between the behavioral demands of the task or the system and the possibilities inherent in the way behavior is generated and organized."

A AMDEC (Analyse des Modes de Défaillance, de Leurs Effets et de leur Criticité. Esse método foi aperfeiçoado pela NASA na década de 1960. Trata-se de um método de análise da confiabilidade técnica que permite recensear, de uma maneira indutiva, as falhas cujas consequências afetam o funcionamento do sistema técnico no quadro de uma dada aplicação (Villemeur, 1988). A noção de criticidade é usada para definir a gravidade das consequências de uma falha.

Esse método é essencialmente adaptado ao estudo das falhas de um sistema técnico, abrangendo falhas materiais ou de equipamentos. Pode ser aplicado tanto *a priori*, em concepção, quanto *a posteriori*. Pode ser combinado com outros métodos de análise da confiabilidade.

HAZOP. "Hazard and Operability Study" – Esse método foi desenvolvido na indústria química (Kletz, 1992). Trata-se de um método de identificação dos perigos inerentes a uma planta industrial e dos problemas suscetíveis a prejudicar seu bom funcionamento. É indutivo, e se baseia em hipóteses de mudanças nos parâmetros físico-químicos (pressão, temperatura, capacidade etc.) do funcionamento da planta. Estuda suas consequências e os riscos eventuais para definir meios de prevenção e modificações técnicas adaptadas.

O método MADS-MOSAR – Este método foi desenvolvido por Dos Santos e Périlhon (Dos Santos et al., 1993; Périlhon, 2000); o acrônimo significa *Méthode d'Analyse des Dysfonctionnements – Méthode Organisée et Systémique d'Analyse de Risques.* Permite apreender (identificação, avaliação, redução) eventos não desejados de uma planta industrial e identificar os meios de prevenção necessários para neutralizá-los. Permite igualmente, num segundo momento, definir os principais roteiros possíveis de acidentes num dado contexto e avaliar a gravidade provável de seus efeitos (Dos Santos, 2002). O modelo MADS é baseado numa modelização do processo de perigo, que se decompõe num campo, um sistema fonte e um sistema-alvo.

Perspectivas de desenvolvimento – Modalidades de gerenciamento da saúde/segurança bastante marcadas por aquelas desenvolvidas em qualidade foram propostas (Van de Kerckhove, 1998). Têm sido também implementados processos de certificação em Higiene, Saúde e Segurança (BS 8800 e ISO 18000). O objetivo é integrar a prevenção aos desafios de desenvolvimento das empresas (Russel, 1999; Hale et al., 1998), o que pressupõe um engajamento significativo por parte da direção, a definição de uma organização da saúde/segurança compreendendo um especialista em prevenção e a participação dos trabalhadores. O princípio de tais abordagens se apoia em práticas de auditoria que devem permitir que se elaborem estratégias de mudança. Ações visando as PME (pequenas e médias empresas) e ME (microempresas) se tornam desafios maiores para a prevenção (Peterson, 1999; Champoux e Brun, 2003).

Limites das abordagens clássicas em prevenção

Os modelos do homem no trabalho e do perigo. Em muitas empresas industriais ou do terciário, o modelo da atividade humana permanece, de maneira mais ou menos consciente, focalizado numa dimensão física ou fisiológica, na qual a pessoa é percebida como um sistema de transformação de energia. Com frequência, considera-se que os su-

Capítulo 30 – Contribuições da ergonomia à prevenção dos riscos profissionais

jeitos estão expostos apenas a perigos concretos e visíveis que causam danos ao corpo (máquina em movimento, quedas, posturas etc.); os riscos que poderiam ser qualificados como virtuais (ruído, sobrecarga no tratamento da informação, ritmo de trabalho etc.) raramente chamam a atenção dos especialistas em prevenção. Essas representações do homem e do perigo conduzem a considerar somente os agravos à saúde relativos à integridade corporal, sejam doenças profissionais ou acidentes. As dimensões cognitivas subjacentes a toda atividade são muito subestimadas; ora, sabe-se que situações de sobrecarga na exploração e tratamento das informações ou de pressão temporal implicam o risco de produzir diversas disfunções referentes à eficácia ou à confiabilidade do sistema, e também, em prazo mais longo, agravos à saúde física e psíquica.

Estatuto das prescrições e regulamentações de segurança – A questão dos procedimentos ou das regulamentações de segurança está no centro das ações de prevenção. A hipótese geral é que bastaria os operadores "executarem" e seguirem ao pé da letra as regulamentações de segurança para respeitar as condições de segurança, confiabilidade e eficácia. A redação desses documentos é um exercício particularmente difícil (Leplat, 1998). Para conceber os procedimentos de segurança, o especialista em prevenção precisa prever um certo número de situações de risco e combinar diferentes níveis de normas de segurança provenientes de uma regulamentação geral, específicas para riscos particulares ou para a tarefa considerada etc. Com muita frequência, os diferentes estados nos quais pode se encontrar um sistema são então definidos no quadro de situações nominais. Isso se traduz numa importante subestimação das situações incidentais ou degradadas, quando são elas que estão na origem de condutas arriscadas! As regulamentações de segurança nem sempre são utilizáveis, sobretudo quando as situações de trabalho são objeto de consideráveis variabilidades.

Os acidentes e suas causas – A lógica jurídica de indenização dos danos causados pelos acidentes de trabalho conduz com frequência os atores da empresa a considerar o indivíduo como responsável por negligência ou falha na vigilância, na medida em que é constatado um desvio das normas prejudicial ao desempenho do sistema ou à saúde; as abordagens de prevenção ou formação são então centradas na adoção de comportamentos individuais de segurança. Essa lógica "tradicional", classicamente adotada por engenheiros e técnicos, empenha-se em colocar em evidência a negligência, a inconsciência, a falta de disciplina, a desatenção, a perda do sentido de responsabilidade, a perda de motivação etc.

A abordagem da árvore de causas permitiu avanços consideráveis, mas, embora essa abordagem seja adaptada para a avaliação do nível global de segurança de uma organização, ela é insuficiente para explicar o porquê e o como de um acidente, e inadaptada para propor medidas de prevenção que levem em conta as necessidades dos operadores. A árvore de causas é produzida por um modelo determinístico que pouco considera o papel regulador do homem, ou os processos cognitivos que são mobilizados na situação de trabalho e, mais particularmente, num contexto de acidente; o desafio é conhecer melhor as circunstâncias desencadeadoras do acidente e o papel do operador (De La Garza e Weill-Fassina, 1995).

Contribuições da ergonomia à prevenção

A exposição aos riscos profissionais: um enigma a ser formulado coletivamente – Como os trabalhos de Chesnais, Cuny e Leplat puderam demonstrar, a exposição de uma pessoa a riscos tem um caráter multicausal que implica características da pessoa, do sistema técnico e da organização. Defenderemos a ideia de que esse caráter multicausal se expressa na forma de um enigma que não se conhece antecipadamente e que será necessário formular para agir na prevenção. Considerar apenas uma dessas dimensões reduz o campo das ações de transformação e o sucesso das ações de prevenção. Além disso, os diferentes atores da prevenção são assim convocados a trabalhar coordenadamente. A complexidade do enigma não pode ser tratada com uma só abordagem de prevenção.

Esse enigma vai se construir por meio da atividade desenvolvida pela pessoa na situação de trabalho. Mobilizará:

— a pessoa e seus recursos: sua experiência, suas competências, suas representações da situação ou dos riscos, suas habilidades ou capacidades físicas etc.;

— o sistema técnico e seu ambiente: a tecnologia empregada, os materiais utilizados e transformados, as ambiências físicas e os riscos específicos (mecânicos, químicos, biológicos, elétricos etc.) encontrados;

— a organização do trabalho: os horários, a composição das equipes, os procedimentos de trabalho e regulamentações de segurança etc.

Com bastante frequência a parte emersa desse enigma aparece sob a forma de representações contrastadas, ou mesmo de julgamentos: "os operadores não querem se proteger, não se pode confiar neles, eles não respeitam as regulamentações de segurança, embora tenham recebido uma formação etc." É possível também ouvir outras versões de um mesmo problema: "De qualquer modo, não dá para trabalhar com as proteções, e depois não há mais riscos aqui do que em qualquer outro lugar etc."

Seja para os engenheiros de segurança, os médicos do trabalho ou os ergonomistas, toda contribuição em prevenção passará por uma formulação desse enigma. O nível de formulação, o modelo operante, como diria Wisner (1991), dependerá do contexto, da situação e das questões a abordar.

Noções para reformular o enigma

Modelo do homem e articulação das diferentes dimensões. Como lembrou Daniellou (1997), é necessário considerar um modelo do homem que integre as quatro dimensões apresentadas a seguir, para poder dar conta da complexidade da atividade e dos processos de construção da saúde. A atividade de trabalho mobiliza as dimensões do modelo do homem, e a saúde vai se construindo simultaneamente em todas elas. Essas dimensões são apenas o reflexo do recorte e do reducionismo próprios às disciplinas que estudaram o homem ou a mulher em situação de trabalho.

Cabe sublinhar que com muita frequência, quando agravos à saúde são encontrados pelos atores da empresa ou pelos especialistas em prevenção e médicos do trabalho, as dimensões consideradas permanecem centradas na dimensão biológica e nos agravos à integridade física (Teiger, 2002).

Diferentes formas de variabilidades. Nas situações de trabalho, a gênese dos riscos se enraíza com bastante frequência em formas de variabilidade que não foram levadas em conta na concepção das situações de trabalho e na sua organização (Guérin et al., 1997).

Para caracterizar o enigma que está em jogo na exposição aos riscos, será necessário percorrer essas diferentes formas de variabilidades.

Variabilidades individuais. A abordagem ergonômica procura levar em conta diferentes formas de variabilidade que dizem respeito aos indivíduos. Pode-se distinguir as variabilidades intraindividuais das variabilidades interindividuais.

Por variabilidades intraindividuais, entendemos variações do funcionamento psicofisiológico de uma mesma pessoa, por exemplo, num dia de trabalho. Permite considerar manifestações da fadiga gerada pela atividade de trabalho, dos ciclos de sono, bem como das flutuações da vigilância ou da atenção conforme os momentos do dia ou ainda as exigências

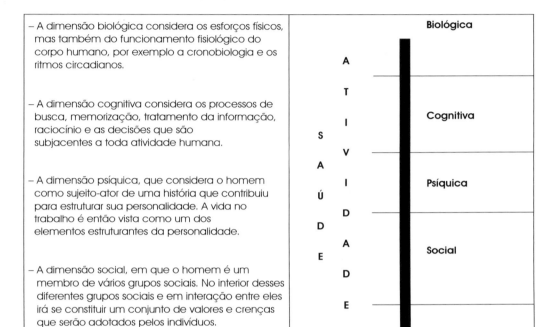

da atividade etc. Esse aspecto deve ser levado em conta de maneira incontornável, pois, muitas vezes, as primeiras explicações formuladas após um acidente referem-se a uma falta de atenção por parte dos operadores (Garrigou et al., 2001a).

As variabilidades interindividuais permitem enfatizar a diversidade das características de uma população de operadores. Pode-se citar, por exemplo: as características antropométricas: altura, peso etc.; o sexo; a idade; o itinerário profissional e a experiência adquirida; a formação e a qualificação. Essas características poderão explicar representações, decisão, comportamentos, compromissos aceitos, diferentes conforme as pessoas.

Variabilidades contextuais. Diferentes trabalhos em ergonomia (Laville e Teiger, 1972; Wisner, 1989) colocaram em evidência que, no cotidiano das situações de trabalho, numerosas formas de variabilidade podem ser encontradas. Na maioria dos casos, essas variabilidades têm um caráter *irredutível*. Na indústria, podem estar relacionadas a variações das matérias-primas, produtos fabricados, procedimentos, variações de temperatura ou de higrometria, poeiras, vibrações etc. Nesse contexto, a matéria não pode ser considerada como inerte, ela "vive, se transforma"; por exemplo, a pasta de chocolate vai grudar, secar, se quebrar, ou o cimento vai secar ou então produzir grumos etc. Além disso, fenômenos de desgaste ou de ambientes agressivos (exemplo do processo contínuo, química etc.) podem afetar o bom funcionamento e a confiabilidade dos sensores, dos sistemas de controle, bem como dos sistemas efetuadores. Esses eventos acabam por questionar o mito do funcionamento "nominal" das instalações e podem explicar a ocorrência de modos de funcionamento transitórios e degradados.

Em atividades de serviços, essas variabilidades podem incluir o comprimento da fila de espera de um guichê dependendo da hora do dia, a diversidade de experiência dos usuários que são atendidos, a diversidade dos formulários a utilizar ou das informações a coletar conforme o caso etc. Momentos de espera, mal-entendidos entre usuários e operadores ou operadoras podem então se expressar por formas de agressividade percebidas conforme o aspecto que se considera: como uma degradação da qualidade do serviço e/ou como uma degradação das condições de trabalho.

Variabilidades organizacionais. Para a organização, como para o funcionamento técnico, existem formas de variabilidade que questionam o funcionamento ideal. Pode-se distinguir diferentes categorias de variabilidades organizacionais: faltas por diversas razões (por causa de doença, acidente de trabalho, reunião externa, formação, delegação sindical etc.); variações na composição das equipes (presença de novos contratados com estatutos diversos – contratos de duração indeterminada, trabalhadores temporários etc.); horários diferentes conforme as equipes, as épocas do ano etc. Nessas condições, a organização real precisa incessantemente se recompor, se reconstruir, apoiando-se em competências profissionais tanto individuais quanto coletivas, que podem flutuar enormemente.

Os saber-fazer de regulação e de prudência. As interações entre as diferentes formas de variabilidade apresentadas anteriormente tendem a perturbar o bom funcionamento das instalações. Em certos casos, resultarão em disfunções significativas, gerando situações de condutas arriscadas, e mesmo acidentes. Mas os operadores não têm um papel passivo em relação a essas manifestações (Faverge, 1970; Laville e Teiger, 1972; Jones, 1983; De Keyser, 1989; Baumont, 1992; Llory, 1997). A partir de sua experiência, mobilizarão certos saber-fazer baseados em estratégias de regulação para antecipar a ocorrência desses eventos não desejados, e mesmo para recuperá-los. Em certos casos, embora eficazes e permitindo "manter" o desempenho, essas regulações poderão ser prejudiciais para a saúde e acarretar distúrbios ou patologias num prazo maior ou menor: *elas estão no centro do enigma que a exposição a riscos profissionais representa.* Esses saber-fazer se baseiam em regulações individuais (exploração do ambiente, busca de informações formais ou informais, decisões e ações, na maioria dos casos sob intenso constrangimento temporal). Regulações coletivas são também mobilizadas a partir de comunicações e coordenações das ações entre os diferentes operadores implicados. Mas essas estratégias de regulação não incidem apenas no tratamento dos eventos ou dos incidentes encontrados nas situações de trabalho.

Elas integram também os saber-fazer de prudência que estão associados a elas. Efetivamente, a partir de estudos conduzidos em situações de trabalho, Cru e Dejours (1983) caracterizaram o saber-fazer *de prudência,* como um conjunto de atitudes, comportamentos, maneiras de operar, que se direcionam para a segurança. Llory e Llory (1994) enfatizam que esses saber-fazer *de prudência* concretizam as exigências de segurança prescrita, as completam ou as redobram: "São constituídos por um conjunto de técnicas, táticas, estratégias que se referem à segurança e que têm por objetivo assegurar praticamente, concretamente a segurança nas condições de trabalho". Para Cru (1995), "esses saber-fazer são aprendidos no local de trabalho observando o que os experientes fazem, e então articulando a isso suas próprias exigências".

Capítulo 30 – Contribuições da ergonomia à prevenção dos riscos profissionais

Esses saber-fazer se integram, se constituem no âmbito das regras de trabalho (Garrigou et al., 1998a). Podem incidir em diferentes aspectos, em nível tanto individual quanto no coletivo: a preparação das operações de risco; as *maneiras de fazer* durante as operações; a manutenção da atenção e da vigilância; a antecipação de imprevistos (aleás) ou variabilidades nas situações de trabalho; paradas ou "truques" para perceber, vivenciar, gerir o estresse ou o nervosismo; a verificação e o recuo em relação às operações realizadas; a coordenação das operações implicando diferentes atores; a vigilância em relação às dificuldades encontradas por outros operadores, por exemplo os recém-contratados; a transmissão no interior do grupo de histórias de incidentes que sustentam a vigilância.

Análise ergonômica do trabalho: a articulação abordagens objetivas e subjetivas

As diferentes noções que acabam de ser apresentadas podem contribuir para descrever como surgem, por meio da atividade de trabalho, as condições de exposição aos riscos. Mas, para serem operacionais, essas noções precisarão ser mobilizadas pela análise ergonômica do trabalho (cf. os outros capítulos deste livro). Uma das especificidades da abordagem em ergonomia quando lida com questões de prevenção é que ela precisará articular abordagens objetivas e subjetivas. Pela articulação de abordagens objetivas e subjetivas necessárias para formular o *enigma*, a análise ergonômica do trabalho dará legibilidade, formalizará os conhecimentos locais elaborados e mobilizados individual e coletivamente, *hic et nunc*, nas situações de trabalho. Esse conjunto é constituído por conhecimentos muito heterogêneos e mais ou menos formalizados. Cabe notar que, por meio da experiência, esses saber-fazer se tornam *rotinas*, ou seja, são mobilizadas sem que as pessoas sempre tenham consciência. O recurso a informações informais empregando diferentes modalidades sensoriais (visuais, auditivas, cinestésicas, olfativas ou gustativas) acentua as dificuldades que os próprios operadores encontram para pôr em palavras essas regulações. Essa verbalização requer então uma modalidade de ação específica (Garrigou et al., 1998b). Essa ação permitirá então formalizar e pôr em discussão: as diferentes formas de variabilidades e suas consequências para o trabalho, em particular no que se refere aos modos degradados e os incidentes; as situações que exigem que se corram riscos; os saber-fazer de prudência e as estratégias de economia (limitando as formas de fadiga e as reduções de vigilância) mobilizados, baseados nas representações que os operadores têm dos riscos encontrados; as sensações relacionadas aos efeitos da atividade que expõe a riscos; os saber-fazer de uso dos sistemas técnicos (das bricolagens precisas às catacreses); o saber trabalhar com outros (Llory et al., 2001).

Essa modalidade de ação só é possível se os responsáveis pela ação ergonômica negociaram as condições de uma construção social de sua intervenção que dá aos operadores seu lugar, não enquanto *executores*, mas efetivamente enquanto sujeitos e atores de sua atividade que pode expô-los a riscos. Essa construção social precisa também criar espaços de discussão *protegidos* nos quais seja possível falar dos riscos que se correm cotidianamente, dos desvios no uso dos equipamentos, das *trapaças* necessárias para a produção etc. É sob essa condição que será possível chegar a uma formulação mais completa do enigma.

Abordagens objetivas – Essas abordagens objetivas se basearão em conhecimentos e métodos científicos produzidos por diferentes disciplinas (fisiologia do trabalho, toxicologia, psicologia do trabalho, sociologia, medicina do trabalho, engenharia mecânica, química, biológica etc.). Têm por objetivo caracterizar, de um ponto de vista sistêmico, as relações entre a pessoa, a organização do trabalho, e o sistema técnico e seu ambiente. Os seguintes pontos, por exemplo podem ser levados em consideração (cf. quadro):

Pessoa	Organização do trabalho	Sistemas técnicos
– antecedentes médicos; – características físicas; – formação atribuída; – itinerário escolar e profissional; – conhecimentos das situações de riscos; – etc.	– o posto de trabalho ocupado; – os horários; – as missões confiadas, objetivos, exigências etc.; – a composição dos coletivos de trabalho; – as instruções de trabalho, de qualidade ou segurança; – as modalidades de gestão da segurança; – etc.	– os riscos específicos (tecnologia, produtos utilizados etc.); – as ambiências físicas; – os sistemas coletivos de proteção; – os equipamentos de proteção individual (EPI); – etc.

Essa abordagem objetiva irá, portanto, integrar certos conhecimentos científicos necessários para explicar as dificuldades encontradas, mas também as técnicas clássicas de observação da atividade, como desenvolvidas pela ergonomia dita da *Atividade* ou francófona (cf. os outros capítulos deste livro). Em certos casos, será necessário agregar a essas observações da atividade medidas fisiológicas (Garrigou et al., 1998b) e medidas das ambiências físicas.

Uma abordagem subjetiva – Embora haja tradicionalmente em prevenção uma oposição considerável entre uma modalidade de ação objetiva e uma subjetiva (esta última é às vezes qualificada de não científica, não racional, ou mesmo de irracional), procuraremos defender a necessidade de articular as duas. Efetivamente, a exposição a riscos profissionais não depende apenas de fatores externos à pessoa. Uma parte desse enigma reside na significação particular que ele representa para a pessoa, em suas próprias representações ou crenças (estas fundamentadas ou não), nas formas de medo e angústia (em relação à própria saúde ou à dos outros) que gera etc. Essa parte do enigma agrega, ao mesmo tempo, elementos que são da ordem não só das representações cognitivas individuais, do processo de construção identitário, mas também da ordem dos valores transmitidos pelos coletivos e em interação com estes. Como lembram Peretti-Watel (2000) ou Le Breton (1998), correr riscos é também uma ocasião de dirigir aos outros membros do coletivo mensagens significativas estruturando o processo de pertencimento ao coletivo e ao mesmo tempo uma *provação pessoal*. Correr riscos no trabalho é, portanto, objeto de formas de aceitação social que contribuem para as condutas e comportamentos individuais. Dependendo do caso, correr riscos poderá ser voluntário, inconsciente, ou ainda um constrangimento pelos elementos da situação.

Dejours e seus colaboradores (Dejours, 1993; Dessors, 1995; Cru, 1995) mostraram o custo psíquico que podem representar essas formas de exposição ao risco. Manifestam-se então por defesas individuais e coletivas que procuram limitar seu custo para a saúde.

Capítulo 30 – Contribuições da ergonomia à prevenção dos riscos profissionais

Por meio dessa abordagem subjetiva, torna-se possível ter acesso às percepções contrastadas do operador no que se refere à organização do trabalho e aos sistemas técnicos, e seu funcionamento real.

A exposição aos riscos será então considerada como a resultante que integra diferentes níveis de compromisso (pessoal, coletivo, técnico, organizacional etc.).

Discussão

As modalidades de ação centradas na confiabilidade técnica, apoiando-se em métodos analíticos e probabilistas, têm sido objeto de desenvolvimentos notáveis, em particular nas indústrias de risco, nuclear, química ou aeronáutica (Amalberti, 2001). Saari (1998, p. 56) ressalta: "A boa notícia é que temos progredido notavelmente na área de gestão preditiva da segurança. Várias técnicas foram desenvolvidas e se tornaram rotineiras em segurança industrial e análise de riscos".[11]

Mas, por mais que avanços nos domínios técnicos tenham sido registrados, a questão da organização é insuficientemente levada em conta nas ações de prevenção... Sobre essa questão, Van de Kerckhove (1998, p. 57.2) propõe a seguinte análise: "Na década de noventa, fatores organizacionais nas políticas de segurança estão se tornando cada vez mais importantes. Ao mesmo tempo, as visões das organizações relativos à segurança mudaram radicalmente. Especialistas em segurança, a maioria dos quais tem formação técnica, estão confrontados com uma tarefa dupla. Por um lado, eles têm de aprender e compreender os aspectos organizacionais e levá-los em consideração na elaboração de seus programas de segurança. Por outro lado, é importante que estejam cientes do fato desde a conceituação da máquina e colocando uma ênfase clara nos fatores menos tangíveis e mensuráveis, como a cultura da organização, a mudança de comportamentos, e de responsabilização ou compromisso dos trabalhadores".[12]

Esse estado das coisas pode ser relacionada com a *síndrome do Titanic* descrita por Boiral (1998, p. 31). Esse fenômeno de excesso de confiança no funcionamento dos sistemas técnicos pode levar as chefias a atribuir a ocorrência de disfunções à desatenção dos operadores ou ao não respeito dos *bons procedimentos*.

Na mesma ordem de ideias, Johnston e Quinlan (1993) lembram que "os engenheiros de segurança (como higienistas ocupacionais) consideram que o ambiente físico é a fonte principal de riscos no trabalho".[13] Isso pode explicar por que são pouco consideradas a

---

[11] "The good news is that we have made considerable progress in the area of predictive safety management. A number of techniques have been developed and have become routine for industrial safety and risk analysis."

[12] "During the 1990s, the organizational factors in safety policy are becoming increasingly important. At the same time, the views of organizations regarding safety have dramatically changed. Safety experts, most of whom have a technical training background, are thus confronted to a dual task. On the one hand, they have to learn to understand the organizational aspects and take them into account in constructing safety programs. On the other hand, it is important that they be aware of the fact from the machine concept and placing a clear emphasis on less tangible and measurable factors such as organizational culture, behavior modification, responsibility-raising or commitment."

[13] "the safety engineers (like occupational higienists) view the physical environment as the main source of hazards at work."

organização do trabalho, as decisões de gestão, as interações dos operadores no quadro de um trabalho coletivo vertical (em relação à sua hierarquia) e horizontal, na equipe, as trocas de informações e a coordenação das atividades (Carballeda et al., 1994; Reason, 1990).

Há então uma clivagem significativa entre as abordagens de confiabilidade técnica (Hazop, Amdec, árvores de falhas etc.) e as abordagens em prevenção dos riscos profissionais. Num grande número de casos, as ações dos profissionais de prevenção se chocam com problemas enigmáticos. Eles procuram então influenciar o comportamento dos operadores pela seleção, redação dos procedimentos, formação ou mesmo coerção (Garrigou et al., 2001b; Brun e Loiselle, 2002). Mas, na vida cotidiana das empresas, os efeitos dessas ações permanecem bastante limitados; um bom exemplo é o fracasso no uso dos equipamentos de proteção individual. É, portanto, sobre essas ações que encontram resistências fortes, com esses enigmas que se opõem à compreensão e aos modelos dos profissionais de prevenção, que podem se articular a abordagem ergonômica e a análise ergonômica do trabalho. Esta formulação, *esse esclarecimento das partes não visíveis do enigma sobre as condições de exposição aos riscos profissionais é um pré-requisito para a ação de prevenção.* Para os especialistas em prevenção, esse enigma não pode ser acessível em sua totalidade. Em consequência, eles não podem deixar de lado as pessoas expostas às situações de risco; de sua implicação depende não só a formulação do enigma, mas também a transformação de suas representações. Por outro lado, nenhum especialista, seja ele engenheiro, médico do trabalho ou ergonomista, pode pretender fornecer uma visão exaustiva desse enigma. *A modéstia é obrigatória*, assim como o é a necessidade para os atores da prevenção de se expor *aos riscos da interdisciplinaridade, ou melhor, das lógicas transprofissionais* (Self, 2001).

Referências

AMALBERTI, R. *La conduite de systèmes à risques.* Paris: PUF, 2001.

ANDRÉONI, D. Occupational safety, development and implementation of. In: PARMEGGIANI, L. (Ed.). *Encyclopedia of Occupational Health and Safety.* Genève: International Labour Office, 1989. v.2, p.1535-1538.

BAUMONT, G. Ergonomic study of a French NPP unit outage. In: INTERNATIONAL SYMPOSIUM ON HUMAN FACTORS AND ORGANIZATION IN NPP MAINTENANCE OUTAGE: Impact On Safety. Estocolmo, 1992.

BOIRAL, O. Vers une gestion préventive des questions environnementales. *Gérer et Comprendre, Annales des Mines*, p.27-37, mars. 1998.

BRUN, J. P.; LOISELLE, C. The roles, functions and activities of safety practitioners: the current situation in Quebec. *Safety Science*, v.40, n.6, p.519-536, Aug. 2002.

CARBALLEDA, G.; GARRIGOU, A.; DANIELLOU, F. Organizational changes: organization stabilization vs. Workers destabilization: the case of a high-risk process control plant. In: BRADLEY, G. E.; H. HENDRICK, W. (Ed.). *Human factors in organizational design and management.* Amsterdam: North-Holland, 1994. p.161-166.

CHAMPOUX, D.; BRUN, J. P. Occupational health and safety management in small size enterprises: An overview of the situation and avenues for intervention and research. *Safety Science*, v.41, p.301-318, 2003.

CHESNAIS, M. L'identification des causes de dysfonctionnement: intérêt des techniques d'analyses issues de la conception systémique. In: DADOY, M. et al. (Ed.). *Les analyses du travail:* enjeux et formes. Paris: CEREQ, 1990. p.189-192.

CRU, D. *Règles de métier, langage de métier:* dimension symbolique au travail et démarche participative de prévention. Paris: Laboratoire d'ergonomie physiologique et cognitive, 1995. (Memoire EPHE).

CRU, D.; DEJOURS, C. Les savoir-faire de prudence dans les métiers du bâtiment. Nouvelle contribution de la psychologie du travail à l'analyse des accidents et de la prévention dans le bâtiment. *Les Cahiers Médico-Sociaux,* v.27, p.239-247, 1983.

CUNY, X.; KRAWSKI, G. Pratique de l'accident du travail dans une perspective sociotechnique de l'ergonomie des systèmes. *Le Travail Humain,* Paris, v.33, p.217-228, 1970.

DANIELLOU, F. Évolutions de l'ergonomie francophone: théories, pratiques, et théories de la pratique. In: CONGRÈS DE LA SELF, 32., Lyon, 1997. *Actes.* Lyon: SELF, 1997. p.37-54.

DEJOURS, C. *Travail et usure mentale.* Paris: Bayard, 1993.

DE LA GARZA, C.; WEILL-FASSINA, A. *Facteurs humains et sécurité du travail:* l'évolution des conceptions du rôle de l'opérateur dans la maîtrise des risques. Paris: Laboratoire d'Ergonomie Physiologique et Cognitive, 1995. (Document Interne).

DENNIS, J.; DRAPER, P. Preventive Medicine. In: PARMEGGIANI, L. (Ed.). *Encyclopedia of Occupational Health and Safety.* Genève: International Labour Office, 1989. v.2, p.1787-1790.

DESSORS, D. L'individu au travail: identité professionnelle et personnelle. In: CONGRÈS DE LA SELF, 30., Biarritz, 1995. *Actes.* Biarritz: SELF, 1995.

DIRECTIVE Européenne 96/82/CE dite Seveso II. *Journal officiel des Communautés Européennes,* Bruxelas.

DOS SANTOS, J. Notions de bases de la sécurité moderne et des sciences du danger. In: GUIDE d'intervention face au risque chimique. Paris: Fédération nationale des Sapeurs-Pompiers de France, 2002.

DOS SANTOS, J.; LESBATS, M.; PERILHON, P. *Contribution à l'élaboration d'une science du danger.* Bordeaux: Communication aux Assises Internationales des Sciences et Techniques du danger, 1993.

FAVERGE, J. M. L'homme agent d'infiabilité et de fiabilité du processus industriel. *Ergonomics,* v.13, p.301-327, 1970.

FIRENZE, R. J. *The process of hazard control.* Dubuque: Kendall/Hunt, 1970.

GARRIGOU, A.; CARBALLEDA, G.; DANIELLOU, F. know-how in maintenance activities and reliability in a high-risk process control plant. *Applied Ergonomics,* v.29, p.127-132, 1998a.

GARRIGOU, A.; MOHAMMED-BRAHIM, B.; DANIELLOU, F. Une approche ergonomique des chantiers de déflocage d'amiante: après le matériau-roi et le bannissement, le temps d'un nouveau métier? In: CONGRÈS DE LA SELF, 32., Paris, 1998. *Actes.* Paris: Octàres, 1998b.

GARRIGOU, A.; TANNIÈRE, C.; CARBALLEDA, G. Non-destructive tests through gammagraphy: a technical job as well as some necessary rigorous improvisation and astutes. Roma, 2001a. (Paper presented at the European ALARA Network Workshop, Industrial radiography: improvements in radiation protection).

GARRIGOU, A.; WEIL-FASSINA, A.; BRUN, J.-P.; SIX, F.; CHESNAIS, M.; CRU, D. Preventionists activities: An issue not always well known. In: KARWOWSKI, W. (Ed.). *International Encyclopedia of Ergonomics and Human Factors.* London: Taylor & Francis, 2001b.

GRAYHAM, D. *Health and safety, reference dictionary.* London: Gee Publishing, 1999.

GUÉRIN, F.; LAVILLE, A.; DANIELLOU, F.; DURRAFOURG, J.; KERGUELEN, A. *Comprendre le travail pour le transformer:* la pratique de l'ergonomie. Lyon: ANACT, 1997.

HALE, A. Accident modeling. In: STELLMAN, J. M. (Ed.). *Encyclopedia of Occupational Health and Safety.* 4.ed. Genève: International Labour Office, 1998. v.2, p.56.13-56.17.

HALE, A.; BARAM, M.; HOVDEN, J. Perspectives on safety management and change. In: HALE, A.; BARAM, M. (Ed.). *Safety management:* the challenge of change. Amsterdam: Pergamon, 1998.

HALE, A.; GLENDON, A. I. *Individual behaviour in the control of danger.* London: Elsevier, 1987.

JOHNSON, W. G. *MORT safety assurance system.* New York: Marcel Decker, 1980.

JOHNSTON, R.; QUINLAN, M. The origins, management and regulation of occupation illness: an overview. In: QUINLAN, M. (Ed.). *Work and health.* Melbourne: Macmillan, 1993. p.1-32.

JONES, B. Division of labour and distribution of tacit knowledge in the automation of metal machining. In: IFAC CONGRESS: Design of Work in Automated Manufacturing System, Karlsruhe, 1983. *Proceedings.* [s.n.t]. p.19-22.

JORGENSEN, K. Concepts of accidents analyzing. In: STELLMAN, J. M. (Ed.). *Encyclopaedia of Occupational Health and Safety.* 4.ed. Genève: International Labour Office, 1988. v.2, p.56.3-56.

KEYSER, V. L'erreur humaine. *La Recherche,* v.*216*, 1444-1455, 1989.

KLETZ, T. A. *HAZOP and HAZAN:* identifying and assessing process industry hazards. 3.ed. Rugby: Institution of Chemical Engineers, 1992.

LAVILLE, A.; TEIGER, C. Nature et variations de l'activité mentale dans les tâches répétitives: essai d'évaluation de la tâche de travail. *Le Travail Humain,* Paris, v.35, p.99-116, 1972.

LE BRETON, D. Approche anthropologique des prises de risques. *L'information Psychiatrique,* v.6, p.579-585, 1998.

LEPLAT, J. About implementation of safety rules. *Safety Sciences,* v.29, p.198-204, 1998.

_____. Occupational accident research and the systems approach. *Journal of Occupational Accidents,* v.6, p.77-90, 1984.

LLORY, A.; LLORY, M. La mise en évidence des savoir-faire de prudence lors d'une enquête sécurité. CONGRÈS DE LA SELF, 29., Paris, 1994. *Actes.* Paris: Eyrolles, 1994. p.403-409.

LLORY, M. Human and work-centred safety: keys to a new conception of management. *Ergonomics,* v.40, p.1148-1158, 1997.

LLORY, M.; CARBALLEDA, G.; GARRIGOU, A. *Fiabilité organisationnelle, évolutions et perspectives.* (Paper presented at the international conference of Integrated Design and Production, 2., CPI, 2001, Fès).

MANUELE, F. A. *On the practice of safety.* New York: Van Nostrand Reihnold, 1993.

NATIONAL SAFETY COUNCIL. *Accident prevention manual for industrial operations:* administration and programs. 9.ed. Chicago: National Safety Council, 1998.

PARMEGGIANI, L. *Encyclopaedia of Occupational Health and* Safety. 3.ed. Genève: International Labour Office, [s.d.].

PERETTI-WATEL, P. *Sociologie du risqué*. Paris: Armand Colin, 2000.

PÉRILHON, P. *Éléments méthodiques*. Bordeaux: Éditions Préventique, 2000.

PETERSON, C. Perspectives in occupational health and safety. In: MAYHEW, C.; PETERSON, C. L. (Ed.). *Occupational health and safety in australia:* industry, public sector and small business. Sidney: Allen & Unwin, 1999. p.93-102.

REASON, J. *Human error.* Cambridge: Cambridge University Press, 1990.

RUSSELL, R. The future: A management view. In: MAYHEW, C.; PETERSON, C. L. (Ed.). *Occupational health and safety in australia:* industry, public sector and small business. Sidney: Allen & Unwin, 1999. p.86-92.

SAARI, J. Introduction (chapter of Accident Prevention).In: STELLMAN, J. M. (Ed.). *Encyclopaedia of Occupational Health and Safety.* 4.ed. Genève: International Labour Office, 1998. v.2, p.56.2.

SELF, 2001. (Online). Disponível em: http://www.ergonomie-elf.org/diffusion/commself. pdf.

SOCIETY OF RISK ANALYSIS. Disponível em: http://sra.org/gloss2.htm.

STELLMAN, J. M. (Ed.). *Encyclopaedia of Occupational Health and Safety.* 4.ed. Genève: International Labour Office, 1988. v.2, p.57.22-57.26.

TEIGER, C. Origines et évolutions de la formation à la prévention des risques «gestes et postures» en France. *Relations industrielles,* v.57, n.3, p.431-462, 2002.

UNITED NATIONS. (Online). Disponível em: http://www.unisdr.org/unisdr/glossaire.htm.

VAN DE KERCKHOVE, J. Safety Audits and management audits. In: STELLMAN, J. M. (Ed.). *Encyclopaedia of Occupational Health and Safety.* 4.ed. Genève: International Labour Office, 1998. v.2, p.57.2-57.6.

VILLEMEUR, A. *Sûreté de fonctionnement des Systèmes.* Paris: Eyrolles, 1988. (Collection de la Direction des industriels, études et recherches d'EDF).

WISNER, A. Fatigue and human reliability revisited: in the light of ergonomics and work psychopathology. *Ergonomics,* v.32, n.7, p.891-898, 1989.

_____. La méthodologie en ergonomie: d'hier à aujourd'hui. *Performances Humaines & Techniques,* n.50, p.32-39, 1991.

Ver também:

4 – Trabalho e saúde

6 – As ambiências físicas no posto de trabalho

10 – Segurança e prevenção: referências jurídicas e ergonômicas

11 – Carga de trabalho e estresse

21 – A ergonomia na condução de projetos de concepção de sistemas de trabalho

Modelos de atividades e campos de aplicação

31
A gestão de situação dinâmica

Jean-Michel Hoc

Introdução

O controle de processo era um tema de pesquisa clássico em ergonomia antes mesmo de ter surgido a expressão ergonomia cognitiva (ver Bainbridge, 1978). Não seria exagero dizer que esse tema foi o que esteve na origem da ergonomia cognitiva. Após pesquisas antigas, cujos modelos eram com frequência inspirados nos da Automática (*Human Engineering*) para dar conta de tarefas sensório-motoras mais próximas do controle manual que da supervisão (Wickens, 1984), a complexidade crescente dos sistemas levou a deslocar a ênfase para o controle cognitivo simbólico. Essa evolução conduziu os ergonomistas a desenvolverem ferramentas de análise oriundas da psicologia da resolução de problemas, e os pesquisadores em ciências para o engenheiro (especialistas em informática e automática) a construírem uma comunidade de pesquisa denominada engenharia cognitiva (*Cognitive Engineering*), emprestando suas ferramentas da inteligência artificial (Hollnagel et al., 1988).

Seguindo o exemplo da comunidade que estudava as interações humano-computador (HCI: *Human-Computer Interaction*; ver, por exemplo, Helander et al., 1997), essas duas comunidades – ergonomia cognitiva e engenharia cognitiva – trabalham em harmonia na concepção e na avaliação dos sistemas homem-máquina, a primeira enfatizando o fator humano, a segunda o fator máquina, esforçando-se ao mesmo tempo para modelizar o operador humano por meio da simulação cognitiva (p. ex., Cacciabue, 1998). Embora haja vínculos entre a comunidade IHC e aquela que trabalha na área do controle de processos, os tipos de situação estudados se distinguem nitidamente.

Classicamente, a comunidade HCI se centra nas interfaces humano-computador em situações estáticas (sob controle total do operador), enquanto a outra comunidade se dedica a estudar a relação entre humanos e máquinas, cujo grau de autonomia é crescente, em situações dinâmicas (sob controle parcial). O caráter estático ou dinâmico da situação é definido do ponto de vista do sistema de controle e de supervisão. Considerando o operador humano, uma situação estática só muda sob o efeito das ações do operador. É precisamente por esse tipo de situação que se interessa majoritariamente a comunidade HCl, o caso típico representado pelos programas usados em burótica. Em compensação, há situações dinâmicas que evoluem sob o controle parcial do operador humano. Com frequência sua dinâmica esteve embutida em sua complexidade (Bainbridge, Lenior e Van der Schaaf, 1993), mas ela vem sendo cada vez mais realçada (Amalberti, 1996; Cellier et al., 1996; Hoc, 1996).

Focalizar o caráter dinâmico das situações subjacentes ao controle de processo permitiu que se construísse um corpo de conhecimentos transferíveis e diferenciáveis no interior de uma grande variedade de campos de aplicação que não se costumava agrupar nas pesquisas. Partindo das situações de controle de processos industriais (p. ex., a indústria siderúrgica, química, nuclear etc.), foi se percebendo que cabia considerar uma similaridade dos modelos com aqueles elaborados em situações tão diversas quanto a da gestão de crises, a regulação do tráfego terrestre, aéreo ou marítimo e até a medicina (não só a anestesia, p. ex., Gaba [1994], mas também a medicina geral). É por isso que este capítulo tem vínculos com outros deste livro (em especial os caps. 32, 37, 39 e 40). A expressão mais apropriada passou então a ser *gestão de situação dinâmica* em vez de controle de processo. Ademais, o termo controle, nesse contexto, pode ser fonte de confusão quando é oposto à supervisão. De fato, tem-se o costume de considerar o controle de processo como uma intervenção direta no circuito de retroação que mantém o processo num nível de variação aceitável. Ora, o papel do operador humano é cada vez mais restrito à supervisão, ou seja, à regulação (no mais alto nível) do funcionamento desse circuito. Em suma, o controle realiza a satisfação de um valor fixado como instrução (p. ex., a temperatura de um apartamento) e é na maioria dos casos garantido por um automatismo, enquanto a supervisão fixa a instrução (nesse exemplo, de acordo com os ocupantes durante o dia, noite, períodos de ausência etc.). Embora a supervisão também possa ser automatizada ou informatizada, é nesse nível que o operador humano intervém com maior frequência.

Neste capítulo, iremos sucessivamente ressaltar as principais características cognitivas das situações dinâmicas, e então os tipos de representações e estratégias que implicam. O leitor poderá encontrar mais detalhes nas obras de síntese citadas na bibliografia (em particular Amalberti, 1996; e Hoc, 1996). Aqui nos contentaremos em apresentar em linhas gerais essas pesquisas e seus principais resultados, do ponto de vista de sua pertinência para a aplicação no campo da ergonomia e da formação.

Uma primeira utilidade desse gênero de pesquisas é orientar as ações de concepção. Para tanto, convém abandonar uma representação muito restritiva da concepção das situações de trabalho em que o operador humano (ou um coletivo) seria considerado como um ator com necessidade de assistência. De maneira similar à dos engenheiros que reduziriam a concepção à da máquina, sem levar em conta a presença dos operadores humanos, seria lamentável que os ergonomistas desenvolvessem uma redução quase simétrica da concepção a uma assistência ao operador. É porque se concebem sistemas homem-máquina visando atingir convenientemente objetivos desejados com custos e riscos aceitáveis (inclusive cognitivos) que a pluridisciplinaridade é indispensável (Hollnagel e Woods, 1983; Long, 1996; Vicente, 1999). Este capítulo apenas trará complementos às numerosas contribuições deste livro à concepção (ver a seguir).

Uma segunda utilidade dessas pesquisas é também integrar melhor a abordagem estritamente ergonômica de intervenção nas condições de trabalho e na abordagem de formação. Para otimizar um sistema homem-máquina, pode ocorrer que uma intervenção na formação do operador seja desejável. Uma abordagem ergonômica muito restrita à noção de assistência poderia conduzir a assistir estratégias ineficazes. Às vezes, são outras estratégias que é preciso formar e assistir para resolver um problema de ineficácia.

Capítulo 31 – A gestão de situação dinâmica

Uma terceira utilidade desses trabalhos é gerir a confiabilidade dos sistemas homem-máquina que, nesse campo, estão submetidos a riscos consideráveis (setor nuclear ou aviação, p. ex.). Constatações reiteradas mostram que ganhos de confiabilidade significativos podem ser obtidos graças à evolução das técnicas e que, muito provavelmente, os acidentes residuais implicam agir principalmente sobre o fator humano ou, no mínimo, sobre as relações homem-máquina ou homem-organização, com ganhos provavelmente mais modestos (Capítulo 17 deste livro; Hollnagel, 1993).

Por fim, uma quarta utilidade dessas pesquisas é fornecer teorias e métodos originais (referentes à psicologia cognitiva) suscetíveis de contribuir para uma adequação melhor entre os conhecimentos científicos e os desafios ecológicos ou tecnológicos de nossa sociedade. Cabe ainda ressaltar que a gestão de situação dinâmica abrange bem mais do que as situações de trabalho. O esporte fornece numerosos exemplos, quando se trata de ganhar de um adversário que não se pode controlar inteiramente. Mas o mesmo pode ser dito quanto à vida cotidiana (cozinha, condução automobilística etc.).

Características cognitivas das situações dinâmicas

Dinâmica – Embora todas as situações tratadas aqui tenham uma dinâmica comum, elas se distinguem umas das outras segundo critérios atualmente bem identificados. Tipologias das dinâmicas dessas situações foram propostas para explicar as diferenças entre estratégias de uma situação à outra (Cellier et al., 1996; Hoc, 1996), sublinhando a importância de vários fatores, alguns dos quais serão lembrados brevemente aqui.

A extensão do campo de supervisão e controle remete à janela temporal, espacial ou causal, na qual o operador pode se informar e agir sobre o processo supervisionado. Essa dimensão é ilustrada concretamente na área do controle de tráfego aéreo. Para gerir a complexidade do tráfego em curso (cruzeiro), a França é dividida em regiões, e as regiões em setores correspondentes a postos de controle nos quais os controladores devem, em especial, otimizar o fluxo dos aviões (tempo de travessia em particular) e evitar conflitos (cruzamentos muito próximos entre os aviões). Quando a carga de trabalho aumenta, em consequência os setores são reduzidos. Compreende-se então que, ao reduzir o campo de supervisão e controle, confronta-se a satisfação de um compromisso entre a redução da complexidade (para reduzir a carga) e manutenção de um campo mínimo. Esta condição deve permitir a antecipação, ou seja, a disponibilidade das informações necessárias em tempo de permitir a identificação dos problemas e a elaboração das decisões. Deve também permitir a ação, ou seja, a disponibilidade do comando, com seus prazos de resposta, para agir sobre os aviões. O campo de supervisão e controle pode ser tratado sucessivamente do ponto de vista espacial, temporal e causal. Para gerir tal compromisso da melhor maneira possível, convém definir inicialmente os requisitos a serem respeitados para que a antecipação e a ação sejam possíveis, e então se interrogar sobre as diferentes maneiras de tratar a complexidade residual. Pode-se agir sobre o suporte à atividade sem interagir com ela, por meio de interfaces hierarquizadas, com base em princípios de repartição ou delegação das tarefas entre humanos ou entre humanos e máquinas (ver Hoc, Capítulo 16 deste livro) ou na formação dos operadores. A gestão da complexidade é também uma questão de perícia que permite elaborar representações esquemáticas eficazes (Cellier et al., 1997; Hoc, 1987).

A proximidade do controle expressa a própria natureza do controle parcial nas situações dinâmicas. A ação do operador deve inicialmente se combinar com a dinâmica própria do processo para produzir um resultado. A ordem de manobra do comandante de quarto de um grande navio se combinará com a inércia do navio, as correntes e o vento para produzir um efeito na trajetória. Além disso, a intervenção do operador só produzirá seus efeitos após um certo *tempo de resposta* (de alguns minutos a várias horas, p. ex., para um alto-forno: Hoc, 1989). Isso implica exigências de planificação que incidem não só sobre as ações do operador, mas também sobre a dinâmica do processo, e que orientam para assistências à antecipação (Denecker e Hoc, 1997). A compreensão dos tempos de um processo técnico requer um investimento importante em formação e, como os tempos dos ciclos podem ser longos, aumenta o período de aprendizagem (Brehmer, 1995; Brehmer e Allard, 1991). Isso está ligado a retroalimentações diferidas, a tendência é que o iniciante considere, erroneamente, que a mudança obtida imediatamente após sua ação foi devida a ela, ou espere a verificação da retroalimentação antes de agir de novo (Moray e Rotenberg, 1989).

A velocidade do processo está ligada à frequência necessária das aquisições de informação, para não perder um evento importante, e o momento de decidir, para intervir a tempo (referentes aos prazos de resposta). Esse fator tem um efeito bastante direto na planificação, que pode se realizar em tempo real quando o processo supervisionado é lento, mas que precisa ser realizado antes da tarefa quando o processo é muito rápido (p. ex., na pilotagem de um avião de combate: Amalberti e Deblon, 1992). Todavia, a planificação em tempo real pode levar a uma degradação de desempenho quando não é baseada em conhecimentos suficientes do processo (necessários para uma estratégia antecipatória), enquanto uma planificação prévia rudimentar, associada à exploração de retroalimentações aproximadas (estratégia reativa), pode se revelar igualmente satisfatória (Hoc e Moulin, 1994; Hoc et al., 2000).

Incerteza e risco – As situações dinâmicas são incertas por duas razões principais. Em primeiro lugar, os processos técnicos têm uma maior ou menor abertura às influências de ambientes não controlados. A gestão de crise em defesa civil (plano francês de organização de socorros ORSEC) é um caso extremo, em que o dispositivo (processo a gerir) não pode intervir nas causas dos fenômenos (p. ex., tempestade de neve), mas somente em suas consequências (Rogalski, 1987). Mas mesmo um alto-forno enfrenta também fenômenos atmosféricos incertos (p. ex., a umidade das matérias-primas estocadas ao ar livre). Na pilotagem de aviões de combate, trata-se das ameaças inimigas sobre as quais as informações são parciais (Amalberti, 1996). Isso leva os operadores a construir planos alternativos baseados em antecipações de eventos verossímeis. Em segundo lugar, modelos precisos dos processos industriais mais correntes estão longe de estar disponíveis, de modo que nem sempre é fácil antecipar a sua dinâmica. Isso leva os operadores a adotar estratégias de menor comprometimento (Denecker e Hoc, 1997) ou serem obrigados a gerir replanificações em tempo real (quando os constrangimentos de tempo são significativos, assistências devem ser consideradas: Amalberti e Deblon, 1992). A essa incerteza se superpõe a ocorrência de eventos perigosos para a segurança que conduzem ao conceito de risco. Um risco é um evento indesejável (custo) e incerto (probabilidade) que não está explicitamente integrado no plano. A gestão de risco consiste em reduzir o custo e/ou a probabilidade. O risco pode ser externo (p. ex., poluição radioativa de uma central nuclear) ou interno (p. ex., sobrecarga cognitiva levando à perda do controle da situação).

Capítulo 31 – A gestão de situação dinâmica

É essa gestão de riscos internos que leva os operadores a realizarem um "compromisso cognitivo" (Amalberti, 1996) entre compreensão (para um desempenho ideal) e ação (para um desempenho aceitável). Ao querer compreender demais, corre-se o risco de ficar sobrecarregado e não agir no momento certo. Ao querer agir rápido demais, corre-se o risco de se envolver em situações incontroláveis.

Paralelismo das atividades – Em situação dinâmica, observa-se um paralelismo de atividades cujos determinantes podem ser externos ou internos. Os determinantes externos resultam da própria estrutura dos processos supervisionados, seja a estrutura causal, funcional, topográfica ou transformacional. Essa estrutura é raramente linear e conduz a definir objetivos conjuntivos que devem ser perseguidos em paralelo ou, com mais frequência, em tempo compartilhado. Devido às interações complexas, esses objetivos são com frequência conflitantes, o que gera uma gestão de compromissos numerosos em níveis muito globais: entre qualidade e quantidade de produção, entre segurança e produção etc. (Amalberti, 1996). Mais especificamente, as restrições de um subsistema devem ser consideradas ao mesmo tempo que se atende aos objetivos determinados para um outro subsistema. Por exemplo, a redução de produção de uma central nuclear (objetivo atribuído ao circuito secundário de produção de eletricidade) leva a atribuir uma sucessão de subobjetivos ao circuito primário (quando consideradas as restrições de funcionamento do reator), ao mesmo tempo que se administra o objetivo de produção do circuito secundário. O paralelismo das atividades também é criado por determinantes internos. Devido aos constrangimentos temporais e de incerteza, um compromisso cognitivo precisa ser construído entre a compreensão da situação e a decisão de ação. A compreensão se estende com frequência a uma faixa temporal extensa, em paralelo aos processos de decisão com um nível de compreensão mínimo para conservar o processo supervisionado sob controle (Amalberti, 1996; Hoc, 1996). Esse paralelismo raramente é considerado na concepção dos sistemas homem-máquina, que podem tanto confinar o operador num comportamento rotineiro quanto, ao contrário, envolvê-lo em atividades de diagnóstico profundo em detrimento do controle no curto prazo do processo supervisionado.

Variedade dos sistemas de representação e tratamento – Quando a perícia se consolida (no sentido dos conhecimentos operacionais para a ação: Bisseret, 1995; Weill-Fassina et al., 1993), os operadores podem organizar sua atividade de um modo completamente egocentrado quando a situação é estática. Nessas condições de controle total, a representação das modificações do ambiente pode ser inteiramente sustentada pelos objetivos perseguidos e as ações realizadas. O sistema de representação e tratamento privilegiado (SRT: Hoc, 1987) é transformacional. Em compensação, quando a situação é dinâmica, o controle é apenas parcial, e uma representação egocentrada não é mais suficiente, pois uma parte das modificações está ligada à dinâmica própria do processo supervisionado (Bainbridge, 1988; Hoc, 1996). Nota-se, então, a intervenção de uma variedade maior de SRTs, incluindo em especial sistemas causais, funcionais e topográficos, que sustentam a representação da dinâmica do processo. O suporte a essa pluralidade de SRTs é, já faz muito tempo, uma preocupação dos projetistas (p. ex., Brajnik et al., 1989; Goodstein, 1983).

448

Sistemas de representação e de tratamento

Esta parte e a que segue são artificialmente separadas, porém as noções que aprofundam são muito ligadas na atividade. Nesta parte, entraremos em maior detalhe na distinção que mencionamos entre diferentes tipos de SRTs. É evidentemente muito importante considerar essa distinção na concepção das interfaces homem-máquina. Na parte seguinte, abordaremos em maior detalhe as estratégias de supervisão, que devem ser levadas em consideração para a calibragem da cooperação homem-máquina (ver Hoc, Capítulo 16).

Sistemas causais – Um SRT causal não só permite compreender o funcionamento normal de um processo técnico, cuja causalidade foi dominada pelos projetistas, como também é útil quando a dinâmica do processo escapa ao molde fixado para ela. Diversos tipos de representações gráficas de natureza causal (gráficos de influência) foram utilizados com frequência para identificar os conhecimentos dos operadores e prever seus comportamentos (Crossman, 1965; Cuny, 1979; Hoc, 1989; Moray, 1990). As ações disponíveis são indicadas sobre as variáveis que constituem os nós desses gráficos. A formação da perícia tende por natureza a rarefazer os recursos a essa forma de representação, mas foi possível mostrar que esses conhecimentos profundos permanecem disponíveis para abordar casos difíceis (em medicina: Boshuizen e Schmidt, 1992).

Sistemas funcionais – Um SRT funcional permite decompor um processo técnico numa hierarquia de funções que pode ser assimilada a uma estrutura de objetivos (Lind e Larsen, 1995). A representação funcional fica a meio caminho, numa hierarquia de abstração, entre a causalidade que permite explicar as relações entre funções e a configuração dos componentes físicos (topografia) que ativam as funções. Essa estrutura intermediária é muito útil quando não há correspondência termo a termo entre as funções e os componentes. É por isso que seu uso foi frequentemente recomendado em interfaces ditas "ecológicas" (Goodstein, 1983; Vicente e Rasmussen, 1990; Vicente, 1999).

Sistemas topográficos – Os SRTs topográficos são amplamente sustentados por interfaces qualificadas de sinópticas, que apresentam a estrutura topográfica dos componentes de uma instalação com as medidas superpostas. Essas interfaces são insuficientes. Ao longo de um diagnóstico, esse tipo de SRT só intervém nas etapas realmente finais, que consistem em localizar o componente físico a reparar, ao menos quando o diagnóstico é orientado pelo reparo (Rasmussen et al., 1994). Pode ocorrer, entretanto, que a ação a realizar não seja um reparo, mas uma regulagem de variáveis, sem necessidade de substituir um componente.

Sistemas transformacionais – Um SRT transformacional não tem realmente interesse, a menos que seja o caso de tratar procedimentos, ou seja, estruturas de ações. Esse tipo de sistema é pouco utilizado nas situações dinâmicas na medida em que a organização das ações do operador, consideradas isoladamente, é insuficiente para a compreensão. Isso é ainda mais verdadeiro na supervisão de processo contínuo, em que é difícil integrar às ações do operador as transformações do processo que não são discretas e que se expressam preferencialmente em evoluções contínuas. Em contrapartida, os sistemas transformacionais são perfeitamente adaptados à supervisão de processos manufatureiros, sobre os quais ainda é reduzida a literatura em ergonomia (Sanderson, 1989; Hoc, Mebarki e Cegarra, 2004).

Estratégias de supervisão e controle

Arquitetura cognitiva de gestão de situação dinâmica (GSD) – O termo arquitetura aqui evidentemente não remete a uma estrutura topográfica da cognição, mas a uma estrutura funcional. Opõe-se à expressão de modelo cognitivo específico de uma atividade particular. A arquitetura cognitiva de gestão de situação dinâmica (GSD), introduzida por Hoc e Amalberti (inicialmente em 1995, e então revisada em 2003), é uma espécie de modelo genérico ou de modelo-quadro que tenta agrupar as características principais da cognição nesse tipo de situação (Figura 1). Inscreve-se na filiação do célebre "modelo da escala dupla" (*step-ladder*) difundido por Rasmussen (cf. Rasmussen et al., 1994) para construir o diagnóstico e de sua ligação com o processo de decisão. Todavia, afasta-se dele principalmente por colocar em questão a sequencialidade de sua estrutura funcional e ao introduzir a dimensão temporal que faltava. Apoia-se não só nos trabalhos dos autores em diversas áreas, mas ainda sobre os resultados obtidos por um vasto leque de autores.

Os módulos de atividade definidos por Rasmussen (em oval na figura) são retomados, mas postos a serviço do controle simbólico da representação ocorrente da situação, com possibilidades de emergências a partir da execução de automatismos controlados num nível subsimbólico. O controle simbólico se apoia em representações que pressupõem uma distinção entre significante e significado, bem como uma discretização das variáveis. O controle subsimbólico mantém-se no nível do significante (ou do sinal) gerindo variáveis

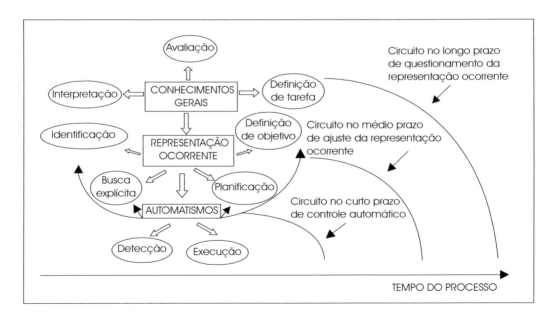

Fig. 1 A arquitetura GSD (a partir de Hoc e Amalberti, 1995). Os retângulos representam os níveis de abstração das representações e conhecimentos; os ovais, os módulos de atividade; os arcos, os circuitos de ação e retroação; as setas brancas, fenômenos de supervisão; as setas pretas ascendentes, fenômenos de emergência.

contínuas. Diferentemente do conceito de *situation awareness*[1] (Endsley, 1995), o conceito de representação ocorrente integra não só uma representação do processo supervisionado, mas ainda uma representação dos recursos cognitivos disponíveis. Os três níveis de controle dessa arquitetura se estabelecem numa hierarquia que vai dos aspectos táticos (curto prazo) aos aspectos estratégicos (médio e longo prazo) da atividade (como o modelo de controle contextual de Hollnagel, 1993). Embora a apresentação simplificada desse modelo possa levar à suposição de que a hierarquia das faixas de tempo (controle tático ou estratégico) não deve ser confundida com a hierarquia de profundidade de tratamento que opõe o controle simbólico (com recurso à atenção) e o controle subsimbólico (compatível com o modelo em três níveis de Rasmussen, que hierarquiza os automatismos, as regras e as interpretações). Se o controle pela representação ocorrente é de natureza simbólica e o controle pelos automatismos é de natureza subsimbólica, o caso dos conhecimentos gerais deve ser tratado de maneira mais sutil. De fato, pode acontecer que estratégias globais sejam adotadas sem controle simbólico. É, em especial, o caso dos *habits of action* definidos por Hukki e Norros (1999), que podem se originar em traços de personalidade ou de produtos de formações muito estáveis.

Determinação das atividades pelo objetivo de ação – Como o modelo da escala dupla de Rasmussen, a arquitetura GSD destaca a considerável dependência entre as atividades de diagnóstico e os objetivos de ação (em particular o repertório de ação). GSD coloca no centro do controle simbólico a representação ocorrente da situação, que é um produto do diagnóstico pertinente à ação. Mesmo a atividade das comissões de peritos (p. ex., nos inquéritos pós-acidente) não remete às causas finais. Não se trata evidentemente de remeter ao *big bang*, mas de se deter nas explicações satisfatórias, em particular do ponto de vista das ações de prevenção. A concepção dos sistemas deve, portanto, evitar se apoiar numa representação do diagnóstico operacional como um diagnóstico científico.

Subotimização das decisões – A avaliação do desempenho cognitivo (entendido aqui como uma combinação da qualidade de realização da tarefa e dos custos cognitivos implicados: Long, 1996) é um empreendimento difícil, e isso principalmente porque as situações são complexas. Nem a ergonomia, nem as ciências da engenharia dispõem de um método definitivo para realizá-la. Ocorre até mesmo de não se estar verdadeiramente em condições de avaliar a qualidade de realização da tarefa, a não ser por métodos relativamente subjetivos (julgamentos de pares). Mesmo assim, a tradição da automática (p. ex., comando ótimo) manteve a ideia de que conviria dar-se uma referência externa à avaliação buscando procedimentos ótimos. Como é o caso também em muitos campos da psicologia cognitiva, a referência a um ótimo (ideal) permitiu definir em particular a noção de erro. Mas, mudando de referência, o erro se torna uma heurística. Ocorre o mesmo na gestão de situação dinâmica em que os autores ressaltam a subotimização recorrente da atividade (Amalberti, 1996; Klein et al., 1993). Na verdade, essa subotimização oculta na maioria das vezes o caráter inapropriado da referência. Pode-se tratar, por exemplo, da referência única ao funcionamento do processo supervisionado, enquanto o operador regula também

---

[1] O termo "consciência da situação" é uma tradução ruim para essa noção que exprime em que medida o operador está "a par" do estado e da evolução da situação externa.

Capítulo 31 – A gestão de situação dinâmica **451**

sua carga de trabalho para manter margens com o objetivo de gerir incidentes imprevistos. A noção de subotimização deve ser definida levando em consideração o contexto: quando o barco afunda, não é o momento, evidentemente, de polir os cobres! A subotimização ultrapassa amplamente o quadro das situações dinâmicas: tem muito em comum com a noção de racionalidade limitada (*bounded rationality*) desenvolvida em particular por Simon (1957) para explicar as heurísticas humanas ante problemas complexos demais para os recursos disponíveis. Essas ideias, infelizmente, com frequência permaneceram no limiar do laboratório de psicologia, e se impõem como evidência nos resultados das pesquisas sobre as situações dinâmicas.

Da sequencialidade ao paralelismo – Como o comportamento é necessariamente uma sequência de traços de atividades (que podem, no entanto, ser paralelas num certo nível de análise), os psicólogos e os ergonomistas, com frequência, se viram tentados a adotar modelos sequenciais. O sucesso do modelo de diagnóstico e processo de decisão de Rasmussen provavelmente se deve a essa simplificação, da qual de resto o autor sempre teve consciência. Em particular quando a dinâmica do processo supervisionado é rápida, é importante considerar defasagens eventuais entre essa dinâmica e a das atividades cognitivas. O circuito de controle no curto prazo sempre tem prioridade para manter o processo dentro de limites aceitáveis. Mas com frequência é preciso proceder em paralelo a ajustamentos do plano de ação, cujas retroações só ocorrerão no médio prazo. Às vezes, é até o caso de se desencadear questionamentos do plano que só serão validados no longo prazo. Assim, para manter o processo sob controle no curto prazo, é preciso aceitar incoerências, e para assegurar o domínio sobre o processo no longo prazo, é preciso se valer de raciocínios amplos e saber esperar para colocar em prática seus resultados.

Articulação das atividades simbólicas e subsimbólicas – É a articulação entre os níveis de controle, no sentido da profundidade de tratamento, que permite gerir as exigências desses diferentes termos. As atividades subsimbólicas permitem adaptar-se com rapidez, apoiando-se em retroações imediatas cujo tratamento não requer compreensão profunda. As atividades simbólicas podem se desenvolver em paralelo para reajustar o sistema a objetivos de longo prazo. Mas, além da gestão dessas dessincronizações entre o desenvolvimento de atividades cognitivas relativamente lentas e a dinâmica de um processo rápido, essa arquitetura GSD lembra que a cognição não deve ser restrita a um controle simbólico. Na gestão de situação dinâmica, os comportamentos rotineiros são os principais: os operadores não se limitam a gerir incidentes, como poderiam fazer supor muitos trabalhos. Progressos importantes precisam ainda ser feitos para desenvolver métodos adaptados para ter acesso ao controle rotineiro e sua articulação com o controle simbólico (p. ex., Noizet, 2000, na manutenção das centrais nucleares; Raufaste, 2001, na área de diagnóstico radiológico). É também uma contribuição fundamental das pesquisas feitas na comunidade *Naturalistic Decision Making*, em particular por G. Klein, ressaltar a importância dos reconhecimentos de configuração e do desencadeamento das rotinas associadas (subsimbólicas) nos processos de decisão entre os profissionais peritos (Klein et al., 1993). A versão mais recente do modelo de Hoc e Amalberti (2003) enfoca mais profundamente a articulação entre as diversas modalidades do controle cognitivo.

Conclusão

Inicialmente restritos ao controle de processos industriais, os estudos ergonômicos das situações dinâmicas veem progressivamente seu campo se ampliar, primeiro para os transportes, e então para a medicina. Os graus crescentes de liberdade que são introduzidos nos sistemas homem-máquina, tanto para descentralizar as decisões quanto para se adaptar ao mercado, estendem consideravelmente essa classe de situações. Com a aceitação de um controle menos rígido desses sistemas, surgem igualmente evidentes desafios de segurança. É por isso que esses trabalhos alcançam uma certa extensão. Pois também fornecem um ponto de vista mais completo sobre o operador humano. Em particular, preconizam que se abandone uma abordagem excessivamente centrada nas atividades simbólicas e que sejam desenvolvidos métodos novos de abordagem da cognição que vão bem além das técnicas de verbalização.

Num contexto em que os sistemas homem-máquina são cada vez mais compostos de agentes autônomos (humanos e artificiais), a problemática da cooperação homem-máquina (Hoc, Capítulo 16) se impõe. É por isso que a concepção desses sistemas implica uma sinergia entre as pesquisas em psicologia ou ergonomia e as pesquisas em ciências da engenharia. Às vezes, é preciso levar em conta necessidades reais de assistência dos operadores, às vezes é necessário levar a sério as possibilidades de inovação tecnológica e avaliar simultaneamente seu interesse e seus inconvenientes, numa problemática de pluridisciplinaridade. A inserção da pesquisa em ergonomia a montante das realizações é uma necessidade. Todavia, ela se apoia necessariamente sobre antecipações das situações de trabalho do futuro, o que não deixará de colocar problemas metodológicos difíceis.

Referências

AMALBERTI, R. *La conduite de systèmes à risques* . Paris: PUF, 1996.

AMALBERTI, R.; DEBLON, F. Cognitive modelling of fighter aircraft's process control: a step towards an intelligent onboard assistance system. *International Journal of Man-Machine Studies*, v.36, p.639-671, 1992.

BAINBRIDGE, L. The process controller. In: SINGLETON, W. T. (Ed.). *The study of real skills:* the analysis of practical skills. St Leonardgate: MTP, 1978. v.1, p.236-263.

_____. Types of representation. In: GOODSTEIN, L. P.; ANDERSON, H. B.; OLSEN, S. E. (Ed.). *Tasks, errors and mental models*. London: Taylor & Francis, 1988. p.70-91.

BAINBRIDGE, L.; LENIOR, D.; VAN DER SCHAAF, T. (Ed.). Cognitive processes in complex tasks. *Ergonomics*, v.36, n.11, Special Issue, 1993.

BISSERET, A. *Représentation et décision experte:* psychologie cognitive de décision chez les aiguilleurs du ciel. Toulouse: Octarès, 1995.

BOSHUIZEN, H. P. A.; SCHMIDT, H. G. On the role of biomedical knowledge in clinical reasoning by experts, intermediates and novices. *Cognitive Science*, v.16, p.153-184, 1992.

BRAJNIK, G. et al. *The use of many diverse models of an artifact in the design of cognitive aids*. (Paper presented at the European Meeting on Cognitive Science Approaches to Process Control, 2., Siena, 1989).

BREHMER, B. Feedbacks delays in complex dynamic decision tasks. In: FRENSCH, P.; FUNKE, J. (Ed.). *Complex problem-solving:* the European perspective. Hillsdale (NJ): Lawrence Erlbaum, 1995. p.103-130.

FUNKE, J.; ALLARD, R. Dynamic decision-making: The effects of task complexity and feedback delay. In: RASMUSSEN, J.; BREHMER, B.; LEPLAT, J. *Distributed decision-making:* cognitive models for cooperative work. Chichester: Wiley, 1991. p.319-347.

CACCIABUE, P. C. *Modelling and simulation of human behaviour in system control.* Berlin: Springer Verlag, 1998.

CELLIER, J. M.; DE KEYSER, V.; VALOT, C. (Ed.). *La gestion du temps dans les environnements dynamiques.* Paris: PUF, 1996.

CELLIER, J. M.; EYROLLE, H.; MARINÉ, C. Expertise in dynamic environments. *Ergonomics*, v.40, p.28-50, 1997.

CROSSMAN, E. R. F. W. *The use of signal flow graphs for dynamics analysis of man-machine systems.* Oxford: Oxford Univ., Institute of Experimental Psychology, 1965. (Research Report).

CUNY, X. Different levels of analysing process control tasks. *Ergonomics*, v.22, p.415-425, 1979.

DENECKER, P.; HOC, J. M. Analysis of the effects of a support to anticipation in the supervision of a long time-lag process: The blast furnace. In: BAGNARAS.; HOLLNAGEL, E.; MARIANI, M.; NORROS, L. (Ed.). EUROPEAN CONFERENCE ON COGNITIVE SCIENCE APPROACH TO PROCESS CONTROL: time and Space in Process Control, 6., Roma, 1997. *Proceedings.* Roma: CNR, 1997. p.165-170.

ENDSLEY, M. Toward a theory of situation awareness in dynamic systems. *Human Factors,* v.37, p.32-64, 1995.

GABA, D. M. Human error in dynamic medical domains. In: BOGNER, M. S. (Ed.). *Human error in medicine.* Hillsdale (NJ): Lawrence Erlbaum, 1994. p.197-224.

GOODSTEIN, L. P. An integrated display set for process operators. In: JOHANNSEN, G.; RIJNSDORP, J. E. (Ed.). *IFAC analysis, design, and evaluation of man-machine systems.* Oxford: Pergamon, 1983. p.63-70.

HELANDER, M. G.; LANDAUER, T. K.; PRABHU, P. V. (Ed.). *Handbook of human-computer interaction.* Amsterdam: North-Holland, 1997.

HOC, J. M. *Psychologie cognitive de la planification.* Grenoble: Presses Universitaires de Grenoble, 1987.

_____. *Supervision et contrôle de processus*: la cognition en situation dynamique. Grenoble: Presses Universitaires de Grenoble, 1996.

_____. La conduite d'un processus à longs délais de réponse: une activité de diagnostic. *Le Travail Humain,* v.52, p.289-316, 1989.

HOC, J. M.; AMALBERTI, R. Diagnosis: Some theoretical questions raised by applied research. *Current Psychology of Cognition*, v.14, p.73-100, 1995.

_____. Adaptation et contrôle cognitif: supervision de situations dynamiques complexes. In: JOURNÉES D'ÉTUDE EN PSYCHOLOGIE ERGONOMIQUE, 10., Rocquencourt, 2003. *Actes*: Rocquencourt: INRIA, 2003. p.135-147.

HOC, J. M.; MOULIN, L. Rapidité du processus contrôlé et planification dans un micro-monde dynamique. *L'Année psychologique,* n.94, p.521-552, 1994.

HOC, J. M.; AMALBERTI, R.; PLEE, G. Vitesse du processus et temps partagé: planification et concurrence attentionnelle. *L'Année Psychologique,* n. 100, p.629-660, 2000.

HOC, J. M.; MEBARKI, N.; CEGARRA, J. L'assistance à l'opérateur humain pour l'ordonnancement dans les ateliers manufacturiers. *Le Travail Humain,* Paris: v.67, n.2, p.181-208, 2004.

HOLLNAGEL, E. *Human reliability analysis:* context and control. London: Academic Press, 1993.

HOLLNAGEL, E.; WOODS, D. D. Cognitive systems engineering: New wine in new bottles. *International Journal of Man-Machine Studies*, v.18, p.583-600, 1983.

HOLLNAGEL, E.; MANCINI, G.; WOODS, D. D. (Ed.). *Cognitive engineering in complex dynamic worlds.* London: Academic Press, 1988.

HUKKI, K.; NORROS, L. Subject-centred and systemic conceptualization as a tool of simulator training. *Le Travail Humain*, v.61, p.313-331, 1999.

KLEIN, G. A.; ORASANU, J.; CALDERWOOD, R.; ZSAMBOCK, C. E. *Decision-making in action:* models and methods. Norwood (NJ): Ablex, 1993.

LIND, M.; LARSEN, M. N. Planning support and the intentionality of dynamic environments. In: HOC, J. M.; CACCIABUE, P. C.; HOLLNAGEL, E. (Ed.). *Expertise and technology:* cognition and human-computer interaction. Hillsdale (NJ): Lawrence Erlbaum, 1995. p.255-278.

LONG, J. Specifying relations between research and the design of human-computer interaction. *International Journal of Human-Computer Studies*, v.44, p.875-920, 1996.

MORAY, N. A lattice theory approach to the structure of mental models. *Phylosophical Transactions of the Royal Society of London*, B327, p.577-583, 1990.

MORAY, N.; ROTENBERG, I. Fault management in process control: Eye movement and action.*Ergonomics*, v.32, p.1319-1342, 1989.

NOIZET, A. *Le contrôle cognitif des activités routinières:* le cas des interventions de terrain familières en centrale nucléaire. 2000. Thèse (Doctorat) – Université Paris 8, Paris, 2000.

RASMUSSEN, J.; PEJTERSEN, A. M.; GOODSTEIN, L. P. *Cognitive systems engineering.* New York: Wiley, 1994.

RAUFASTE, E. *Les mécanismes cognitifs du diagnostic médical:* optimization et expertise. Paris: PUF, 2001.

ROGALSKI, J. Analyse cognitive d'une méthode de raisonnement tactique et de son enseignement à des professionnels. *Le Travail Humain*, v.50, p.305-317, 1987.

SANDERSON, P. M. The human planning and scheduling role in advanced manufacturing systems: An emerging human factors domain. *Human Factors*, v.31, p.635-666, 1989.

SIMON, H. A. *Models of man.* New York: Wiley, 1957.

VICENTE, K. J. *Cognitive work analysis.* Mahwah (NJ): Lawrence Erlbaum, 1999.

VICENTE, K. J.; RASMUSSEN, J. The ecology of human-machine systems II: mediating direct perception in complex world domains. *Ecological Psychology*, n.2, p.207-249, 1990.

WEILL-FASSINA, A.; RABARDEL, P.; DUBOIS, D. (Ed.). *Représentations pour l'action.* Toulouse: Octarès, 1993.

WICKENS, C. D. *Engineering Psychology and Human Performance*, Colombus (GA): Merrill, 1984.

Ver também:

12 – Paradigmas e modelos para a análise cognitiva das atividades finalizadas

14 – Comunicação e trabalho

16 – Para uma cooperação homem-máquina em situação dinâmica

17 – Da gestão dos erros à gestão dos riscos

32 – A gestão das crises

32

A gestão das crises

Janine Rogalski

A gestão de crise pode ser considerada de dois pontos de vista: a) como caso limite da gestão de situações dinâmicas (Hoc, 1996; e o Capítulo 31 deste livro): um evento perturbou o curso normal da situação no ponto onde os meios habituais foram ultrapassados e onde é necessário instaurar um dispositivo particular para gerir a situação; b) como um componente da gestão da segurança e dos riscos (Amalberti, 1996; e o Capítulo 17 deste livro): trata-se de considerar a ação depois que todas as defesas contra um risco foram "penetradas". A gestão de crise tem um parentesco evidente com a gestão de sinistro, objeto da atividade dos atores do serviço público de combate a incêndios e atendimentos de emergência: os bombeiros. É necessário antes de mais nada precisar minimamente o que será considerado sob a denominação de crise, pois esta noção, como a de risco à qual está ligada, não encontra definição unívoca, embora o termo crise seja utilizado com frequência.

Na verdade, a gestão de crise se dá em diferentes níveis de escala, tanto para o campo espaçotemporal afetado pelo desenvolvimento da crise quanto para o campo de ação (Leplat, 1997, p. 111-138) e o sistema de atividade envolvido. Ela é o resultado de um processo de "balanceamento na crise", enquanto que para o sistema "bombeiros" ela é antes de mais nada um objeto da atividade. A instrumentação da gestão operacional propõe três componentes válidos para a gestão de crise: um método, o *Méthode Rational Tactique* (MRT), orientando a atividade cognitiva de representação da situação, tendo em vista intervir para limitar o melhor possível seus efeitos negativos, uma organização *a priori* dos atores que serão implicados na ação, o dispositivo operacional virtual, e uma estruturação no tempo e espaço institucional dos níveis de intervenção e das competências esperadas.

Na continuidade da gestão de incidentes e de sinistros (Rogalski, 1991), a gestão de crise pode ser considerada como um caso de gestão de um ambiente dinâmico "aberto", no qual um problema crucial é a gestão da informação e seus fluxos, numa organização operacional multiserviços. Para concluir, o que se propõe é considerar o quadro elaborado para estudar a gestão de sinistros como um paradigma possível, indicando-se então as consequências em termos de posicionamento da ergonomia e de interação de seus atores, pesquisadores e profissionais da área, com os atores dos outros campos de conhecimento e de ação envolvidos na gestão das crises.

A crise: confrontação com um risco dinâmico particular

Há crise quando um sistema de atividade é confrontado com um evento, em geral inesperado, cujas consequências se desenvolverão no tempo com uma dinâmica que pode ser muito rápida, produzindo riscos significativos, que ultrapassam os recursos preexistentes em termos de procedimentos de ação e de atores. A diferença em relação à gestão de sinistro pelos atores dos serviços de atendimento de emergência está no deslocamento das funções do sistema e no fato de exceder os recursos preexistentes: os sinistros são objetos "normais" da atividade dos bombeiros, o que não é o caso na maioria dos outros sistemas de atores, e uma variedade de recursos já está associada a diferentes tipos de sinistros, com sua organização (atores e meios) em grande medida antecipada. O parentesco reside no caráter "aberto" da situação e no fato de que a organização dos recursos, ou mesmo sua elaboração, é um dos objetivos da ação.

A noção de crise comporta vários elementos intrínsecos. Antes de mais nada, trata-se de um evento que tem propriedades dinâmicas: evolui no tempo, com um campo espaçotemporal que tende a se estender. Sua evolução comporta riscos: novos eventos podem ocorrer, com consequências negativas consideráveis, eventualmente gravíssimas. O campo de ação, ou seja, a organização dos atores e recursos necessários para limitar o impacto negativo do evento se situa além do existente. A gravidade de uma crise é relativa ao nível de decisão que envolve, à sua extensão espaçotemporal e suas consequências potenciais, humanas, materiais, ecológicas, políticas, simbólicas. Esses elementos são definidos do ponto de vista "objetivo" do evento. O ponto de vista "subjetivo" é, por sua vez, duplo: de um lado, o dos atores potenciais (sob a responsabilidade de quem decide) e, de outro, o ponto de vista dos "pacientes" potenciais da crise: aqueles que sofrerão suas consequências. Em certos casos, a crise envolverá ao menos tanto as relações entre os "que decidem" e os "pacientes" quanto às relações com o próprio evento: sabe-se em particular que a percepção do risco de acidente e sua aceitação são completamente diferentes conforme o controle que se exerce, ou se acredita exercer, sobre ele, e o lugar que se ocupa (Kouabenan, 1999).[1]

A crise comporta, portanto, uma dimensão "política", e sua natureza pode envolver áreas bem afastadas das do trabalho (p. ex., as crises na área da saúde pública, como a da "vaca louca") e dos interesses da ergonomia. Todavia, atores vão desenvolver uma atividade para gerir essa crise: as questões do auxílio instrumental que poderia ser proposto a eles, e a formação que seria pertinente para enfrentar essas situações de crise não se distanciam das questões da ergonomia tanto quanto poderia parecer. Além disso, as evoluções temporais do incidente ao acidente e à crise,[2] com suas continuidades e rupturas (entrar em crise), induzem a considerar num mesmo quadro o tratamento dos

---

[1] O risco de acidente automobilístico é muito maior, objetivamente, que aquele constituído pela doença da "vaca louca" e, no entanto, até agora jamais desencadeou uma crise: todos se consideram responsáveis e senhores da situação a bordo de seus veículos, enquanto o risco de encefalite espongiforme bovina depende de decisões ou não decisões de outrem, e em particular dos políticos.

[2] Na verdade, a partir de um primeiro desencadeador, uma situação de crise pode desembocar num acidente, e ela pode também resultar de um acidente. Na gestão de crise, os sistemas de atores implicados podem diferir, assim como o lugar entre prevenção e operação, mas as características comuns se mantêm. O quadro de análise proposto neste capítulo abrange os dois tipos de situações.

Capítulo 32 – A gestão das crises

incidentes nas áreas de trabalho, a gestão dos sinistros pelos profissionais, e a gestão das crises pelos diferentes atores que a elas são confrontados.

A crise é relativa a um sistema de atividade

A noção de sistema de atividade foi utilizada por diferentes autores, em particular M. von Cranach e Y. Engeström, para desenvolver, respectivamente, uma teoria da ação para grupos (Von Cranach et al., 1986; Tschan e Von Cranach, 1995) e uma teoria da atividade para coletivos (Engeström, 1993). Eles consideram assim um conjunto de atores, qualquer que seja seu nível de organização, como uma entidade da qual se analisam as intenções, os objetivos, os processos cognitivos etc., como se fosse um sujeito individual. No mesmo sentido, o termo *operador virtual* foi proposto para realçar o fato que se vai utilizar os mesmos quadros de análise que para um operador individual (Rogalski, 1991). Em contrapartida, o termo organização centra a atenção sobre a estrutura desse sistema de atores, e remete às propriedades institucionais do sistema. Na verdade, a gestão de crise implica um coletivo de atores ao mesmo tempo como entidade e em sua organização, ou até em suas razões de ser.

A noção de crise e, por conseguinte, as condições e os atores de sua gestão estão estreitamente ligados a um sistema de atividade: seu nível de organização, sua estrutura, suas competências, suas razões de ser, seus objetivos e seu sistema de valores. Em compensação, a existência do risco, sua aleatoriedade, a amplitude de suas consequências têm fracas ligações com a aparição de uma crise. Turpin (1999, p. 65-67) ilustra esse ponto por meio do exemplo da multiplicidade de acidentes nas colunas de destilação de zinco (da ordem de 5 para 1.000 por coluna e por ano, o que é enorme, com consequências mortais para os operários), que não só não provocou crise alguma em qualquer uma das fábricas envolvidas como também não resultou em qualquer medida.

Uma outra dimensão é a simbólica: o desastre do Concorde criou uma situação de crise para a companhia envolvida, para a aviação civil e para o Ministério dos Transportes francês, conduzindo a uma interdição de seu uso, enquanto que nada além do simbólico o diferenciava de muitos outros desastres igualmente mortíferos, ou até mais ainda. Sem falar dos milhares de mortes anuais nos acidentes automobilísticos que não produzem atualmente a menor crise, nem para a política dos transportes, nem na indústria automobilística, nem para os indivíduos potencialmente envolvidos.

Problemas da "entrada na crise"

De fato, o que melhor identifica uma crise é a passagem da rotina para a não rotina: uma organização cuja conjunção de eventos rompeu com o funcionamento normal enfrenta esse problema da "entrada na crise". As situações de catástrofe colocam essa questão da mudança dos objetivos e dos valores na área médica: não é a vida mais ameaçada que é prioritária, mas a vida que tem mais chance de ser salva pela intervenção. Não há crise apenas do ponto de vista da desproporção com os recursos médicos (em número e qualidade), mas também do ponto de vista do próprio papel do médico.

Além da estrutura do sistema, a competência dos atores adaptada para a função principal pode se revelar inadequada para a gestão de crise: é o que Flin (1996) demonstrou por ocasião de acidentes na indústria petrolífera *off-shore*, em que certos administradores, escolhidos por sua competência técnica, econômica e de gestão humana na produção, se revelaram dramaticamente paralisados ante o acidente, às vezes até a ponto de serem incapazes de decidir, mesmo que a decisão fosse ruim. E ocorreu que entre os executivos, eles próprios habituados a um funcionamento hierárquico pertinente para as situações de rotina, ninguém conseguiu se colocar em posição de decisão para substituir o responsável incapaz.

Com base nos dados de uma pesquisa realizada por Maclean (1992), Weick analisou um drama que se passou em Montana, em 1949: a morte de treze dos dezesseis membros de um comando de bombeiros enviados de para-quedas para circunscrever um incêndio desencadeado por um raio, ilustrando bem o caráter de ruptura que pode apresentar tal "entrada na crise" – o que ele chamou de um "episódio cosmológico" para os atores do grupo, porque suas próprias representações de mundo foram questionadas (Weick, 1993). A partir desse exemplo, Weick colocou em evidência *a contrario* as condições de resiliência de um grupo.

As lições tiradas de um "episódio cosmológico" – Quando esperavam circunscrever ao longo da noite um incêndio fácil, não devendo ultrapassar 2 ha, os membros de um comando de bombeiros (*smokejumpers*) foram surpreendidos por uma reviravolta do fogo a uma centena de metros à frente deles, num mato muito alto. Começaram a fugir em direção a um topo de morro aberto, perseguidos por labaredas de mais de dez metros que avançavam por cima deles a cerca de 12 km por hora. Sem conseguir ouvir a ordem de seu chefe de jogar fora seu material e juntar-se a ele nas cinzas de uma fogueira de sobrevivência que ele acabara de acender, foram alcançados pelo fogo e morreram queimados de maneira atroz. Com exceção do chefe, apenas dois *smokejumpers* sobreviveram, tendo se protegido juntos dentro de uma fenda rochosa.

Limite último de uma crise, esse "episódio cosmológico", como o chama Weick, confrontou os *smokejumpers* a uma situação em que a vida deles estava em jogo e a própria ordem do mundo tinha sido questionada: a compreensão do evento (o violento avanço do fogo contra eles) e os recursos para enfrentá-lo entraram em colapso ao mesmo tempo; as ordens de seu chefe perderam a legitimidade quando eles "jogaram fora sua organização junto com seu material" (Weick, 1993, p. 637). Ante o perigo imenso de um fogo "não imaginado", eles deixaram de ser uma equipe de bombeiros, pois viram-se sem material, incapazes de seguir uma ordem que não mais era legítima – sem equipe, não há mais chefe –, nem pertinente, por não compreenderem no instante a possibilidade de sobreviver numa área já queimada no trajeto do "monstro": não puderam tirar partido do fato de que um deles tinha uma solução para a crise vital.

Invertendo de certa forma os determinantes negativos presentes nesse drama, Weick apresenta os fatores que permitem que se faça uma organização passar da vulnerabilidade extrema à resiliência, ou seja, a possibilidade de resistir sem entrar em colapso – fatores que poderiam ter protegido o grupo. Antes de mais nada, teria sido necessário que os membros do grupo tivessem desenvolvido competências de "improvisação e bricolagem", permitindo que eles se mantivessem criativos sob a pressão da crise, e que pudessem reconhecer uma solução enquanto tal ("Ainda havia uma solução para a crise no próprio grupo. O problema é que ninguém exceto o chefe se deu conta").[3] Por outro lado, teria sido necessário que existisse um sistema virtual de papéis (*virtual role system,* Weick, 1993, p. 640): pois, "mesmo que o sistema de papéis tenha entrado em colapso, esse colapso não conduz necessariamente ao desastre, *se o sistema mantém-se intacto na mente dos indivíduos*". Uma "atitude de sabedoria" teria sido também necessária: trata-se de admitir que os conhecimentos passados sejam questionados, de admitir que o usual se torne monstruoso. É um meio de evitar que o monstruoso não seja propriamente impensável, caso ele se realizasse. Por fim, o triângulo "confiança, honestidade e respeito de si" na interação, para permitir um apoio mútuo ao mesmo tempo afetivo e cognitivo, uma linguagem direta (*unmitigated language*), para comunicar informações e propostas, são meios coletivos de resistência ao colapso da estrutura formal e, portanto, de resiliência à crise.

Entre as condições de preparação para possíveis crises, é preciso enfatizar o que se refere à dimensão emocional. Um trabalho de Obertelli (1996, sobre a representação do risco nos sistemas tecnológicos) destaca vários determinantes positivos para a gestão de crise: os conhecimentos sobre o risco e suas consequências; o coletivo como papel de proteção efetiva contra os riscos e como suporte psicoemocional, a confiança entre as pessoas e em relação à instituição. *A contrario,* "tensões internas num grupo podem colocá-lo em estado de não conseguir enfrentar as situações que se apresentam". A confiança na instituição "se constrói e se modifica em relação às providências adotadas para preservar a integridade das pessoas, e da maneira como essas são escolhidas" (Obertelli, 1996, p. 177).

A seção seguinte precisa como a gestão de crise se apresenta num sistema de atividade, cujo objeto da atividade é justamente o risco: a organização dos bombeiros da defesa civil.[4]

A gestão de crise no sistema "bombeiros"

Uma organização operacional habituada a gerir situações de crise é a dos bombeiros, pertencendo na França essencialmente à Defesa Civil. Ela é estruturada segundo a territorialidade, no nível local dos centros de atendimento de emergência o mais próximo possível da ocorrência do sinistro, e no nível departamental, para a organização do atendimento de emergência em recursos humanos e materiais, e está integrada por dispositivos sob a responsabilidade das autoridades políticas. (Pode-se encontrar uma apresentação bastante completa em Boullier e Chevrier, 2000, enquanto os níveis de intervenção a montante e a jusante da operação são analisados pelo comandante Bonjour, 1998, do ponto de vista do retorno da experiência; o ponto de vista sobre a gestão do risco é desenvolvido em Rogalski, 2003).

As intervenções dos bombeiros em sua maioria envolvem o nível operacional local; comportam procedimentos préestabelecidos, com frequência implementados em siste-

---

[3] "There still was a solution to the crisis inside the group. The problem was, no one but Dodge recognized this."

[4] A organização dos serviços de incêndio e de atendimento de emergência da defesa civil abrange todo o território francês. Apenas Paris e Marselha são servidos por uma organização militar. Os princípios de organização e de ação operacional são idênticos.

mas informatizados de tratamento do sinal de alerta; podem ser consideradas como situações de rotina. Todavia, os bombeiros são regularmente levados a intervir, na França, em situações não rotineiras, que são os sinistros de grande dimensão: incêndios florestais, nos quais um comandante das operações de atendimento de emergência pode ter sob sua responsabilidade operacional até dois mil homens, acidentes industriais a partir do momento em que estes "escapam" do controle interno da direção da fábrica, catástrofes automobilísticas ou ferroviárias, e catástrofes naturais em que predomina a organização dos serviços de resgate de pessoas, em coordenação com os serviços de saúde, e que também mobilizam centenas de agentes de resgate. Nessas situações, se há planos de atendimento de emergência, não se trata de procedimentos, e a organização corrente no nível local não mais é apropriada.

Nesse sentido, há sem dúvida uma situação de crise, pois é necessário definir ao mesmo tempo a ação e seus atores. Ocorre então na organização uma passagem da rotina para a não rotina, que mobiliza dois processos cruciais: a) a identificação do fato de que a situação ultrapassa o nível local, pelos primeiros socorros e/ou o nível do centro operacional departamental, b) o desencadeamento de uma organização de atendimentos de emergência no nível adequado à situação (levando em conta sua evolução possível); essa organização implica a definição de uma cadeia de comando que estabelece uma ligação entre o nível da decisão estratégica de conjunto e o nível da ação física.

Por iniciativa da própria profissão, assistiu-se em aproximadamente vinte anos a um desenvolvimento bastante significativo dos *saberes de referência* (Rogalski e Samurçay, 1994), em particular de *saberes doutrinais* relativos à organização da ação coletiva. Na verdade, o que ocorreu foi a elaboração desses saberes a partir de uma análise coletiva de profissionais peritos, para transformar a experiência positiva dos "veteranos" em instrumentos para os novatos: são os instrumentos da gestão operacional brevemente descritos abaixo.

Além da indispensável formação técnica relativa a classes de sinistros, a instrumentação da gestão operacional por uma doutrina, um método, uma organização dos fluxos de informação, e ferramentas de representação, visa permitir que se enfrente um evento inédito, de grande amplitude potencial, quando atores que não estão envolvidos numa cooperação regular têm que se coordenar num dispositivo que não é o da organização corrente dos atendimentos de emergência. Essas ferramentas oferecem uma linguagem comum para a operação, uma trama constante de organização da ação e da informação, e ferramentas de implementação, que formam a base de um referencial operativo comum (Terssac e Chabaud, 1990) aos atores envolvidos.

Instrumentação da gestão operacional

A orientação da instrumentação da gestão operacional é múltipla. As ferramentas cognitivas operacionais são orientadas para os diferentes componentes que intervêm na gestão operacional:

1. A organização cognitiva relativa à determinação de manobras possíveis para enfrentar o sinistro é instrumentada pelo Método de Raciocínio Tático (MRT, cf. Rogalski, 1987); como os métodos em outros campos, destinados a orientar a atividade em situações abertas (resolução de problema, concepção...), o MRT é um guia de atividade que integra

Capítulo 32 – A gestão das crises

461

a busca de informação sobre o sinistro, tendo em vista a antecipação das evoluções possíveis, a análise do objetivo fixado pela autoridade responsável por identificar objetivos intermediários, o inventário dos meios utilizáveis para atingir esses objetivos, e daqueles disponíveis no tempo, a determinação (concepção) de organizações possíveis de ações ("ideias de manobra") permitindo enfrentar os riscos abertos pela evolução do sinistro, a avaliação dessas ideias de manobra segundo critérios múltiplos, a proposição dessas soluções avaliadas.

2. A organização dos atores para implementar a ação: trata-se de uma trama geral de dispositivo operacional, que prefigura a conformação apropriada da disposição espacial e funcional dos atores, incluindo a cadeia de comando. Pode-se chamar essa trama geral de *dispositivo operacional virtual* (Rogalski, 1991), na medida em que este é realizado somente dentro e para uma situação específica. A existência desse dispositivo operacional virtual é uma ferramenta importante do "entrar em crise" de uma organização local apropriada a situações de rotina para aquela necessária para enfrentar uma crise. O estudo da atividade operacional nos incêndios florestais mostrou que essa organização podia ser instaurada em alguns minutos por um comandante de atendimentos de emergência experiente, permitindo que ele dominasse um incêndio de alto risco (Rogalski e Samurçay, 1993).

3. A organização dos fluxos de informação no dispositivo operacional: as "transmissões", envolvendo simultaneamente um procedimento geral de elaboração de rede de comunicação e protocolos de comunicação. A circulação da informação é efetivamente um elemento crucial em gestão operacional.

4. A organização de um auxílio à condução da operação. Um ponto importante do dispositivo é a existência de "sistemas de auxílio à decisão operacional" com Postos de Comando de diferentes níveis, entre os quais o PC de Sítio Área (PCS) encarregado do auxílio ao comandante das operações de socorros (COS), "braço operacional" do responsável que depende da autoridade pública. O PCS está encarregado, em particular, de elaborar e propor ao COS ideias de manobra (conjunto de ações organizado no espaço e no tempo), e de assegurar a memória da operação (entrada de informações) e "ordens" dirigidas para o nível da ação física).

5. A implementação de ferramentas de representação compartilhada dentro do PCS: esquemas da situação evolutiva (a "situação tática"), e das decisões de ação (a "ordem gráfica"), integrando a síntese das informações, prognósticos de evolução, da antecipação e do acompanhamento da ação.

A gestão de crise como gestão de um ambiente dinâmico "aberto"

Em sua síntese sobre a gestão de processos, Hoc apresentou as principais categorias de situações dinâmicas (Hoc, 1996; e o Capítulo 31 deste livro), entre elas a gestão de crise, essencialmente identificada às situações complexas sob a responsabilidade operacional do sistema dos bombeiros da Defesa Civil. De fato, pode-se definir dois grandes polos na classe das situações de gestão de ambientes dinâmicos: num polo, o controle de processos automatizados na totalidade ou em parte, e noutro, a gestão dos ambientes dinâmicos "abertos". Os primeiros foram bastante analisados e tiveram seus parâmetros essenciais definidos (Hoc, 1996). Os segundos são caracterizados por várias propriedades.

Antes de mais nada, a modelização da dinâmica própria do ambiente é muito limitada, com frequência muito esquemática e dificilmente calculável; fazendo intervir possibilidades de evolução não quantificáveis. O mesmo ocorre com a modelização muito limitada das ações do dispositivo de intervenção. Em seguida, não há, ou há pouco, sistema técnico de controle/comando, nem no que diz respeito a informações provenientes do e sobre o ambiente a gerir, nem *a fortiori*, com relação às ações a realizar. Por fim, a delimitação do campo espaçotemporal do controle é imprecisa: pode-se, em certos casos, avaliar limites operacionais dele (o desenvolvimento de um incêndio florestal, por exemplo), mas nem sempre é possível (o desenvolvimento de uma epidemia, ou de uma epizootia). Essas dimensões de abertura dos ambientes dinâmicos completam o conjunto dos parâmetros que Hoc identificou como determinantes da complexidade.

Uma das consequências desse caráter aberto é a importância das mediações humanas na gestão dos ambientes dinâmicos abertos. A extensão espaçotemporal por si só acarreta uma multiplicidade de mediações humanas a levar em conta e a organizar.[5]

Uma crise, qualquer que seja o sistema de atividade considerado, apresenta essas características num grau elevado: risco, incerteza quanto às evoluções, sejam elas livres ou controladas, falta de modelos de evolução e de ação, necessidade de coordenação entre atores múltiplos. Ela pode até mesmo comportar uma grande incerteza quanto ao campo organizacional e ao sistema de atividade envolvido (p. ex., crise local? nacional? internacional? no caso de uma epidemia). Na verdade, uma crise requer um processo de decisão distribuído, no sentido em que informações e possibilidades de ação são distribuídas entre um número muito grande de atores. Além disso, a delimitação – ou mesmo a incerteza – do campo organizacional envolvido faz com que os diversos atores possam divergir em seus interesses, intenções, avaliações das consequências possíveis, de seu peso, e das ações a empreender para enfrentá-la.

Os modelos da atividade na gestão das crises remetem aos modelos gerais da atividade de gestão de ambiente dinâmico (Hoc, neste livro). Rasmussen propôs desde 1976[6] um modelo "sequencial" de tratamento da informação no processo de decisão em controle de processo, que ele desenvolveu numa obra de referência (Rasmussen, 1986, p. 7); ele relacionou esse modelo, por um lado, com uma análise dos níveis de regulação da atividade e, por outro, com níveis de abstração hierarquizados (Rasmussen, 1986, p. 23-24) e níveis

---

[5] Nos sistemas de produção, as situações incidentais, e *a fortiori* acidentais, apresentam esse caráter aberto, em particular do ponto de vista do sistema de atores implicados, que se amplia assim, para além dos operadores da sala de controle, aos engenheiros responsáveis pela produção e pela segurança, e até mesmo à direção, que assegura também a direção do atendimento de emergência quando este diz respeito ao interior da empresa.

[6] Seu "modelo em escala" é um mapa esquemático dos processos de informação implicados numa decisão de controle. Um raciocínio racional, causal, conecta "estados de conhecimento" sucessivos segundo uma sequência de base que encadeia uma fase de análise: ativação, aquisição de informação, diagnóstico, interpretação e avaliação das consequências (prognóstico), e uma fase de planificação: definição do objetivo a atingir, definição da tarefa a realizar, planificação de uma sequência de ação, execução. Circuitos de retroação em diferentes níveis da atividade (ver caps. 16 e 31 deste livro) estão igualmente presentes na análise desenvolvida por Rasmussen (1986), mas não representados diretamente em sua "escala".

Capítulo 32 – A gestão das crises

organizacionais, que permitem estender o modelo a um sistema de atividade para além do indivíduo (Rasmussen, 1997). Foi possível demonstrar (Rogalski, 1991) que esse modelo era inteiramente paralelo ao MRT apresentado anteriormente como uma ferramenta e, por ocasião de estudos sobre a formação de oficiais, que ele era um bom organizador da atividade individual e coletiva, e permitia articular tratamentos em paralelo da informação.

A gestão da informação numa situação de crise é de fato um ponto-chave, ainda mais crucial quando a variedade das fontes e da qualidade da informação é grande, e quando muitos atores precisam cooperar.

A gestão da informação e de seus fluxos

O problema da qualidade do fluxo de informação é recorrente na análise das situações de crise. Essa questão está estreitamente relacionada à dos meios necessários a todas as etapas do tratamento da informação, ou seja, à gestão da informação operacional.

As informações mútuas são uma condição para que os diferentes agentes possam construir para si representações coerentes da situação a gerir: isso depende de maneira crucial do fluxo da informação operacional por meio do conjunto do dispositivo. O estudo do drama de Heizel por Hart e Pijnenburg (1988) ilustra em negativo, pelas disfunções que ocorreram, a variedade dos constrangimentos a serem respeitados para que o fluxo da informação operacional garanta "a informação necessária, a quem é necessária, e quando é necessária". Sob a expressão *information dynamics*, os autores analisam o problema desse fluxo de informação intra e interserviços. Mostram a fragilidade de sistemas intraserviços rigidamente hierarquizados, em que a ruptura de um elemento na cadeia de informação isola a informação coletada, que não consegue "voltar", das decisões que deveriam ter ocorrido (mesmo em se tratando de uma decisão de não intervenção) e comunicadas para a ação; mostram também os efeitos perversos de uma concepção de gestão "cada um por si" da informação (entre instituições diferentes): tal concepção de fato se opõe à coerência necessária de representação e de ação, e diminui a confiabilidade do dispositivo de conjunto (Hart e Pijnenburg, 1988, p. 218-219).

Gerir a informação é também saber buscá-la: diferentemente das situações de controle de processos em que sistemas de controle a apresentam aos operadores, não se trata simplesmente de observação e aquisição de informação. Trata-se de conhecer onde a informação está disponível e onde os recursos de ação estão disponíveis: "quem sabe o quê" e "quem pode o quê". A disponibilidade e a confiabilidade dessa informação são duas de suas propriedades essenciais; o comandante Bonjour ressalta isso para a gestão operacional: "o melhor gestor de crise é o indivíduo que tem uma agenda de endereços muito boa, atualizada..." (Bonjour, 1998, p. 116), e o governador Lebeschu insiste no mesmo ponto, e também enfaticamente, quanto ao sistema de decisão estratégica: "um papel do tamanho de um cartão de crédito com dez números de telefone atualizados é o melhor plano ORSEC[7] possível" (Lebeschu, 1999, p. 47). Atualmente, este é um ponto fraco nos processos de formação e na instrumentação dessa atividade de busca de informação, assim como no que diz respeito aos estudos da própria atividade.

---

[7] O plano ORSEC define a organização do atendimento de emergência em nível regional sob a responsabilidade do governador (na França, trata-se do *Préfet*, responsável por um *Département* [N.T.]).

A partir dos episódios analisados em diferentes estudos e dos trabalhos iniciais sobre o controle de processo, pode-se identificar em particular três dimensões a serem consideradas: a) a adaptação do processo de amostragem (quando buscar/propagar informação) de acordo com o ritmo da situação; b) a sensibilidade, na busca de informação, a sinais "fracos", similar à sensibilidade de um operador a indícios finos de evolução de certos parâmetros no controle de processo; c) a qualificação da informação em termos de confiabilidade (da fonte) e de certeza (do valor).

A gestão de sinistro: paradigma possível para a gestão de crise

Na gestão de sinistro pela organização "Bombeiros", qualquer que seja sua dimensão, trata-se sempre de uma função dominante do sistema, mesmo quando se entrar na crise, e os bombeiros são profissionais nisso. Em contrapartida, uma organização cujo funcionamento normal foi rompido por uma conjunção de eventos pode estar ante um duplo problema: entrar em crise em caso de crise interna, a organização precisa também desempenhar outra função além de sua função principal (p. ex., na indústria química, petrolífera ou nuclear, trata-se de passar da função de produção à gestão da segurança em caso de acidente, numa situação de catástrofe), ou precisa modificar profundamente seu sistema de critérios (é o caso, p. ex., da medicina de catástrofe). Podem as lições em ergonomia provenientes dos estudos sobre a gestão de sinistro – em particular no que diz respeito à preparação dos recursos materiais e sobretudo organizacionais, às ferramentas de auxílio à gestão do fluxo de informação e à formação dos homens ao trabalho num dispositivo operacional não rotineiro – ser transpostas para o campo excepcional da gestão de crise?

A questão é dupla: por um lado, é possível considerar a crise como um incidente paroxístico, e não como uma ruptura tal que nenhum saber seja transferível? Por outro lado, não seria essa uma extensão, discutível, do campo da ergonomia, em vista da importância dos processos organizacionais, políticos e simbólicos? Essa última pergunta já foi a que esteve na origem da antropotecnologia no campo das transferências de tecnologia, e as respostas são similares, *mutatis mutandis.*

Os saberes doutrinais em matéria de gestão operacional e comando no sistema "Bombeiros" integram uma lógica operacional, uma lógica organizacional e uma lógica dos meios que mantêm sua validade em toda a gama das situações críticas. O MRT, o modelo de dispositivo operacional, os princípios de gestão dos fluxos de informação propõem quadros organizadores para a passagem da rotina na não rotina que podem ser transponíveis de forma bastante direta, partindo de seu princípio de concepção (Rogalski, 1987, 1991, 2003). O sistema dos atendimentos de emergência foi aliás tomado como referência pelo governador Lebeschu, que enfatizou a importância da formação continuada e da organização do retorno de experiência para a elaboração de uma cultura comum da crise: "Todos os agentes operacionais sabem disso; e isso é verdade sobretudo no caso dos agentes operacionais atendimentos de emergência" (Lebeschu, 1999, p. 21).

Além disso, o compartilhamento de quadros organizadores tendo princípios comuns para os múltiplos sistemas de decisões e a diversidade de organizações que podem estar implicadas na gestão de uma crise é um elemento importante de sincronização cognitiva e temporal, e a base de uma "cultura comum na crise". Há uma convergência aqui com a

Capítulo 32 – A gestão das crises

abordagem sistêmica proposta por Rasmussen (1997) num artigo de síntese sobre a gestão do risco que se apoia em estudos essencialmente realizados na área industrial. Nesse artigo, ele desenvolve em particular o modelo de gestão do risco como tarefa de controle (*Risk Management: A Control Task*, p. 192-197). Essas convergências são indicadores significativos do fato de que os quadros apresentados anteriormente têm um amplo campo de validade, e que é justificado tratar a gestão de atendimentos de emergência pelo sistema "bombeiros" como paradigma da gestão de crise.

Do ponto de vista do campo de estudo e ação da ergonomia, a amplitude dos sistemas envolvidos por um incidente grave, um sinistro de grandes dimensões ou uma crise conduz os atores ergonomistas – pesquisadores e profissionais – a integrar suas próprias contribuições teóricas e metodológicas numa abordagem multiáreas, visando contribuir para a instrumentação da ação e o preparo dos atores, não só para que efetuem suas próprias ações sob menor estresse (formação individual ou coletiva das equipes), mas também, e sobretudo, preparando as interações exigidas pela gestão de crise,[8] e ao mesmo tempo contribuindo num tratamento dos fluxos de risco, a montante da zona de "entrada na crise".

Referências

AMALBERTI, R. *La conduite des systèmes à risques*. Paris: PUF, 1996.

BONJOUR, Ctd. D. Retours d'expérience dans le cadre des services d'incendie et de secours et du Groupe national sur les risques naturels et technologiques de la Fédération Française des Sapeurs-Pompiers. In: BOURDEAUX, I.; GILBERT, C. (Ed.). Séminaire CNRS Retours d'expériences, apprentissages et vigilances organisationnels: approches Croisées, 2., Grenoble, 1998. *Actes.* Grenoble: MRASH UPMF, 1998, p.87-113.

BOULLIER, D.; CHEVRIER, S. *Les sapeurs-pompiers. Des soldats du feu aux techniciens du risque*. Paris: PUF, 2000.

CRANACH, M. von; OCHSENBEIN, G.; VALACH, L. The group as a self-active system: outline of a theory of group action. *European Journal of Social Psychology*, v.16, p.193-229, 1986.

ENGESTRÖM, Y. Development studies of work as a testbench of activity theory: the case of primary medical practice. In: CHAIKLIN, S.; LAVE, J. (Ed.). *Understanding practice:* perspectives on activity and context. Cambridge (MA): Cambridge Univ. Press, 1993. p.64-103.

FLIN, R. Emergency decision making. *Human Factors*, v.38, p.262-277, 1996.

HART, P. T; PIJNENBURG, B. The Heizel Stadium tragedy. In: ROSENTHAL, U.; CHARLES, M. T.; HART, P. T. (Ed.). *Coping with crisis:* the mechanisms of disasters, riots and terrorism. Springfield, Ill.: Charles C. Thomas, 1988. p.197-224.

---

[8] Jansens et al. (1989) apresentaram assim um exemplo de formação para as situações imprevistas no setor nuclear implicando um sistema de atores bem além da sala de controle, e indicaram seus efeitos em retorno positivos sobre a comunicação interna em tempo normal. Ora, a qualidade da comunicação em situação "normal" é uma condição para que aquilo que os sociólogos chamam de "sinais fracos" se propaguem no sistema, e igualmente para que os operadores tomem a iniciativa da ampliação do sistema de atores (recurso aos níveis hierárquicos a montante e a jusante).

HOC, J. M. *Supervision et contrôle de processus:* la cognition en situation dynamique. Grenoble: PUG, 1996.

JANSENS, L.; GROTENHUIS, H.; MICHIELS, H.; VERHAEGEN, P. Social organizational determinants of safe ty in nuclear powerplants: operators training in the management of unforeseen events. *Journal of Occupational Accidents*, v.1, p.121-129, 1989.

KOUABENAN, D. R. *Explication naïve de l'accident.* Paris: PUF, 1999.

LEBESCHU, J. Le retour d'expérience sur la gestion ministérielle des risques et des crises de sécurité civile dans le cadre préfectoral. In: BOURDEAUX, I.; GILBERT, C. (Ed.). SÉMINAIRE CNRS: Retours D'expériences, Apprentissages Et Vigilances Organisationnels. Approches croisées, 5., Grenoble, 1999. *Actes.* Grenoble: MRASH UPMF, 1999. p.13-35.

LEPLAT, J. *Regards sur l'activité en situations de travail:* contribution à la psychologie ergonomique. Paris: PUF, 1997.

MACLEAN, N. *Young men and fire.* Chicago: University of Chicago Press, 1992.

OBERTELLI, P. *Attitudes et conduites face aux risques; deux études, en milieu technologique nucléaire et en milieu technologique classique.* 1996. Thèse (Doctorat) – Université Paris X, Paris, 1996.

RASMUSSEN, J. Outlines of a hybrid model of the human process operator. In: SHERIDAN, T. B.; JOHANSSEN, G. (Ed.). *Monitoring behavior and supervisory control.* New York: Plenum Press, 1976. p.371-382.

_____. *Information processing and human-machine interaction.* Amsterdam: North--Holland, 1986.

_____. Risk management in a dynamic society: a modelling problem. *Safety Science*, v.27, p.183-213, 1997.

ROGALSKI, J. Analyse cognitive d'une méthode de raisonnement tactique et de son enseignement à des professionnels. *Le Travail Humain,* Paris, v.50, p.305-317, 1987.

_____. Distributed decision making in emergency management: using a method as a framework for analysing cooperative work and as a decision aid. In: RASMUSSEN, J.; BREHMER, B.; LEPLAT, J. (Ed.). *Distributed decision making:* cognitive models for cooperative work. Chichester: Wiley and Sons, 1991. p.303-318.

_____. Aspects cognitifs, organisationnels et temporels du traitement professionnel du risque (Sapeurs-Pompiers de la sécurité civile). In: KOUABENAN, D. R.; DUBOIS, M. (Ed.). *Les risques professionnels:* évolutions des approches, nouvelles perspectives. Toulouse: Octarès, 2003.

ROGALSKI, J.; SAMURÇAY, R. Analysing communication in complex distributed decision making. *Ergonomics,* v.36, p.1329-1343, 1993.

_____. Modélisation d'un savoir de référence et transposition didactique dans la formation de professionnels de haut niveau. In: ARSAC, J.; CHEVALLARD, Y.; MARTINAND, J. L.; TIBERGHIEN, A. (Ed.). *La transposition didactique à l'épreuve.* Grenoble: La Pensée Sauvage, p.35-71, 1994.

TERSSAC, G. de; CHABAUD, C. Référentiel opératif commun et fiabilité. In: LEPLAT, J.; TERSSAC, G. de. (Ed.). *Les facteurs humains de la fiabilité.* Toulouse: Octarès, 1990.

TSCHAN, F.; VON CRANACH, M. Group task structure, processes and outcome. In: WEST, M. A. (Ed.). *Handbook of work group psychology.* Chichester: Wiley & Sons, 1995.

TURPIN, M. Accident et retour d'expérience: interactions, collaborations et conflits entre la justice, les administrations de contrôle et l'entreprise. In: BOURDEAUX, I.; GILBERT, C. (Ed.). SÉMINAIRE CNRS RETOURS D'EXPÉRIENCES, APPRENTISSAGES ET VIGILANCES

ORGANISATIONNELS: Approches croisées, 6., Grenoble, 1999. *Actes.* Grenoble: MRASH UPMF, 1999. p.51-74.

WEICK, K. E. The collapse of sensemaking: The Mann Gulch disaster. *Administrative Science Quarterly*, v.38, p.628-652, 1993.

Ver também:

11 – Carga de trabalho e estresse

14 – Comunicação e trabalho

16 – Para uma cooperação homem-máquina em situação dinâmica

17 – Da gestão dos erros à gestão dos riscos

31 – A gestão de situação dinâmica

33

As atividades de concepção e sua assistência

Françoise Darses, Françoise Détienne, Willemien Visser

Desafios contemporâneos da assistência à concepção

As atividades de concepção de artefatos se realizam em áreas muito variadas. Pensa-se de imediato na concepção de produtos manufaturados na indústria automobilística ou aeronáutica, por exemplo, ou na arquitetura e no design. Mas atividades de concepção são desenvolvidas igualmente em áreas tão diversas quanto, por exemplo, a programação informática, a planificação de atividades ou a redação de textos (guias, manuais de instrução). Desde a década de 1980, a ergonomia tem contribuído para desenvolver ferramentas e dispositivos de assistência aos projetistas envolvidos nessas áreas de atividades. As pesquisas ergonômicas desenvolvidas nesse campo abrangem dois planos complementares; a) analisar o modelo de organização subjacente ao processo prescrito de concepção e modificar sua orientação para torná-lo compatível com a atividade efetiva dos projetistas; b) identificar as principais atividades cognitivas que embasam o processo de concepção e fazer com que as novas ferramentas de auxílio aos projetistas respeitem suas exigências. Este capítulo está estruturado em torno desses dois eixos.

Desde o começo do século XX, a industrialização da concepção de produtos levou as empresas a criarem comitês de estudos integrados a suas próprias estruturas, tendo em vista atender aos objetivos de estandardização dos produtos e controlar o espaço de concorrência. Organiza-se então o processo de concepção em ofícios, e a modelização do produto é realizada por especialidade. É assim que nasce a engenharia de concepção (*engineering design*), elaborada por trabalhos sobretudo germânicos, entre os quais Pahl e Beitz (1984) são os principais promotores na Europa; com base numa teoria do "bom processo", uma organização sistemática do ciclo de concepção é prescrita. Até por volta de 1980, essa racionalização, caracterizada pela sequencialidade das tarefas de concepção, prevaleceu em todos os setores de atividades industriais. Mas o ritmo de inovação intensivo que as empresas se viram obrigadas a adotar nesses últimos anos, e as exigências de qualidade, baixo custo, prazo curto e reatividade intensa impostas pelo mercado atual revelaram os limites dessa racionalização da concepção.

É nesse contexto que a organização por projeto aparece, impondo-se progressivamente a todos os setores de inovação. Seu objetivo é eliminar radicalmente a estrutura linear e sequencial do processo de concepção e favorecer a concepção simultânea e integrada dos produtos e de seus métodos e procedimentos de fabricação. Essa organização introduz o chefe de projeto como uma figura central do processo e estreita consideravelmente a parceria entre os diferentes atores da concepção que são agrupados, em torno do projeto, em equipes integradas (pluriofícios e pluriestatutos). Todos os setores de atividade estão hoje em dia envolvidos nessa evolução das estruturas organizacionais da empresa. Essas organizações, sejam elas engenharia concorrente, engenharia simultânea ou engenharia integrada, têm em comum o aumento considerável dos componentes coletivos do trabalho e a extensão do estatuto de projetista a atores tradicionalmente afastados da concepção, como os da manutenção, da produção, os terceirizados e os usuários finais. Esses múltiplos parceiros do processo de concepção nem sempre estão reunidos num único local, e estão cada vez mais geograficamente dispersos numa estrutura de "empresa estendida". Embora com frequência interajam de maneira síncrona e face a face durante as reuniões de projeto, constata-se um crescimento notável das interações assíncronas e mediadas pelas tecnologias da informação e dos programas de comunicação integrados, sites web de empresa, banco de dados dos produtos, programas que permitem a colaboração (collecticiels/groupware etc.).

Simultaneamente a essas mudanças organizacionais no ciclo de vida do produto, as ferramentas de auxílio à concepção também passaram por profundas mutações nos últimos trinta anos. Um papel importante nessas modificações está sendo desempenhado também pela onipresença da informática e suas potencialidades crescentes. Essas ferramentas contribuíram para modificar os aspectos cognitivos do processo de concepção, sem que os modelos desse processo tenham integrado de fato essas transformações.

É nesse quadro que se definem os desafios atuais da assistência às atividades de concepção, que podem ser assim resumidos:

— instrumentar a *coordenação* das atividades de concepção ao longo de todo o ciclo de concepção;

— instrumentar a *cooperação* estabelecida presencialmente (durante reuniões de concepção) ou à distância, de forma síncrona ou assíncrona (quando ela se realiza por meio de ambientes cooperativos informáticos via um acesso em rede);

— instrumentar o *processo de decisão* que implica parceiros de estatutos desiguais e funções diversas;

— implementar as condições de *evolução das competências* dos projetistas;

— associar os usuários ao processo de concepção no quadro de ações de *concepção participativa*;

— instrumentar a capitalização dos conhecimentos de concepção, para traçar a *lógica de concepção* dos artefatos, arquivar as soluções produzidas e torná-las utilizáveis na concepção de futuros produtos.

As ferramentas capazes de oferecer aos projetistas funcionalidades que respondam a essas necessidades podem ser informáticas, mas também podem ser métodos organizacionais (métodos de condução de projeto, métodos de condução de reunião, formações para a concepção coletiva etc.). O objetivo da ergonomia cognitiva é contribuir à sua elaboração baseando-se na análise e compreensão das exigências cognitivas dos projetistas. Isso exige que se examine a organização do processo global de concepção, em particular comparando os modelos prescritos e sua efetiva implementação (cf. adiante). É preciso igualmente

Capítulo 33 – As atividades de concepção e sua assistência

determinar de qual maneira pode-se assistir os diferentes componentes do processo psicológico de solução de um problema de concepção (p. ex., a geração das soluções e sua avaliação). É o que faremos mais adiante.

A organização do processo global de concepção

Modelos prescritos e efetivos do processo de concepção – A racionalização do processo de concepção em ofícios e segmentos e seu sequenciamento em três fases principais (estudo de factibilidade – incluindo análise do valor e análise funcional, especificação técnica das necessidades – em fase de anteprojeto – e desenvolvimento) conduziram à edição das normas e métodos (norma BS7000 na Grã-Bretanha, norma DIN ou VDI 2221/2 na Alemanha, norma AFNOR X50-127 na França) que sistematizam o desenvolvimento de produtos com base num modelo linear e sequencial do processo de concepção (Pahl e Beitz, 1984). Esse modelo estipula que a resolução de um problema se dá ao longo de um eixo abstrato-concreto (partindo de especificações conceituais e terminando em especificações físicas) por uma iteração de duas fases complementares: a geração de uma solução (parcial, intermediária etc.) e sua avaliação que desemboca na geração de uma solução melhor, que é ela também avaliada, e assim por diante até a obtenção da solução definitiva.

É sobre esse modelo que estão edificadas as diversas metodologias visando a melhorar as atividades de concepção. Esses métodos preconizam a aplicação de "boas práticas de concepção" (Blessing, 1994; Pahl et al., 1999, p. 486), por exemplo: realizar uma análise completa do objetivo durante a etapa inicial do projeto e durante a formulação dos subobjetivos; produzir várias soluções diferentes adotando diferentes pontos de vista antes de selecionar uma solução a ser desenvolvida em profundidade; permanecer num nível abstrato de formulação das soluções e não se comprometer rápido demais com seu desenvolvimento.

A eficácia dessas normas e métodos é, no entanto, contestada por pesquisas realizadas junto a empresas europeias, americanas e asiáticas (Culverhouse, 1995) que mostram que esses métodos não logram melhorar o processo de concepção (em particular, controlar sua duração) com o mesmo sucesso que obtiveram para o processo de produção. Além disso, constata-se que os projetistas usando esses métodos não têm maior sucesso que seus colegas que não os aplicam, mas se beneficiam de uma longa experiência no ramo (Pahl et al., 1999, p. 482).

Por fim, os estudos cognitivos da atividade dos projetistas colocam em dúvida o fato de estes realmente seguirem os procedimentos preconizados pelas metodologias de concepção, mesmo quando eles têm considerável experiência e foram formados nesses métodos. Esses estudos psicológicos confirmam que a organização sequencial da concepção se choca com o procedimento efetivo dos projetistas e com os processos cognitivos que estes mobilizam para resolver os problemas de concepção. A separação formal introduzida entre a análise do problema (a montante) e o processo de decisão e a ação (a jusante) está em contradição com o caráter intrincado dos movimentos de geração e avaliação de soluções e com o caráter oportunista da atividade de concepção.

Além disso, os modelos lineares se baseiam na hipótese de que a solução se desenvolve por meio de transformações sucessivas dos dados ao longo de um eixo abstrato-concreto de descrição dos dados: a partir de uma descrição conceitual do artefato, produzem-se especificações estruturais que são então traduzidas em especificações físicas (Darses, 1997). Essa conceituação do processo de concepção está representada na Figura 1, adiante. O eixo do desenvolvimento temporal e contratual da concepção descreve o avanço do projeto (das soluções de anteprojeto às soluções definitivas) e constitui a ossatura prescrita do processo de concepção. O eixo que representa o nível de detalhe das soluções (pode-se dizer também de refinamento) é legitimamente reunido ao primeiro eixo: quanto mais o processo avança no tempo, mais as soluções são completadas e detalhadas. Mas um terceiro eixo, reunido aos dois primeiros na Figura 1, deveria, no entanto, ser dissociado deles: trata-se do eixo que representa os vários níveis de abstração, nos quais as soluções são mentalmente representadas. Esses níveis operam como pontos de vista complementares que se pode ter sobre o objeto: objetivos e constrangimentos, funções abstratas, funções gerais, processos físicos e atividades, forma física e configuração (Rasmussen et al., 1994). Os estudos cognitivos (Darses, 1995; Visser, 1994) mostraram que os projetistas operam simultaneamente nesses diferentes níveis, entremeando-os, qualquer que seja a etapa contratual do projeto e qualquer que seja o grau de refinamento da solução. Disso resulta que uma solução intermediária de concepção é composta de um conjunto – sem dúvida incompleto – de diversas especificações: funcionais, estruturais, e físicas. É o que está representado na Figura 2, que propõe um modelo da organização global efetiva do processo de concepção.

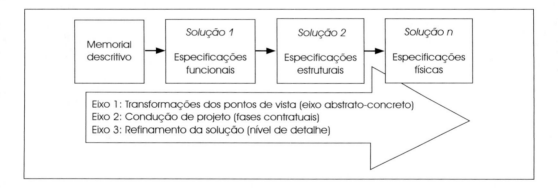

Fig. 1 Modelo prescrito do processo de concepção: as mudanças de representação se operam de maneira linear e sequencial (reproduzido de Darses, 1997).

Esse modelo não só está de acordo com a realidade da organização global do processo de concepção, mas ainda dá conta em parte, como foi mostrado em Darses (1997), das atividades cooperativas que reúnem os projetistas colaborando num projeto de concepção. As organizações da concepção por projeto, como a engenharia concorrente, requerem de fato que haja uma evolução nos modelos da concepção. Esse ponto é descrito na seção seguinte.

Em direção a modelos da atividade cooperativa de concepção – A emergência dos novos modelos organizacionais da concepção (engenharia concorrente, engenharia simultânea ou engenharia integrada) resulta da necessidade de adotar a cooperação como paradigma fundador da condução de projeto e do desenvolvimento das ferramentas de trabalho dos projetistas (que serão qualificadas nesse texto como ambientes cooperativos de concepção).

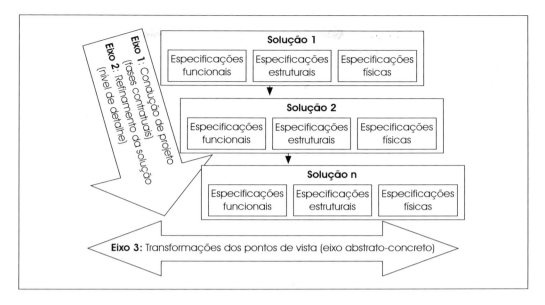

Fig. 2 Modelo efetivo do processo de concepção: cada solução intermediária é composta de vários níveis de abstração (reproduzido de Darses, 1997).

Um primeiro desafio é implementar estruturas e ferramentas que favoreçam a integração dos pontos de vista dos ofícios e a convergência em direção à solução. Do ponto de vista sócio-organizacional, trata-se de melhorar a comunicação e as trocas entre as diferentes especialidades e apoiar-se em novos atores (ergonomistas, especialistas em métodos, jornalistas âncoras), condutores de competências e de saberes de interface. Do ponto de vista sócio-técnico, isso conduz a desenvolver ferramentas sustentando essas trocas, dando um lugar central aos objetos intermediários da concepção que desempenham um papel essencial na construção de um referencial comum (cf. adiante). Do ponto de vista cognitivo, os ambientes cooperativos de concepção precisam favorecer a explicitação dos saberes que justificam uma decisão de concepção e precisam ter a capacidade de sustentar a argumentação coletiva em torno desse saberes durante o desenvolvimento de soluções.

Um segundo desafio é desenvolver métodos de condução de projeto que auxiliem o chefe de projeto a consolidar o que se encontra a montante e a jusante de um processo de decisão distribuído, parcelado e em constante evolução. A montante da decisão, ele precisa manter um registro das razões que presidiram as escolhas de concepção para os quais os ofícios convergiram (fala-se em expressar a lógica da concepção – ver adiante). A jusante, o chefe de projeto precisa difundir as decisões entre os diferentes atores e controlar sua aplicação (fala-se aqui em gestão dos requisitos e acompanhamento das exigências). A dispersão geográfica e a diversidade dos protagonistas da concepção nas estruturas de empresa estendida, a multiplicidade dos locais e instâncias de decisão (formais e informais) e o caráter intrinsecamente instável das decisões de concepção fazem com que estas sejam em geral mal registradas pelo coletivo de concepção e que suas evoluções nem sempre sejam comunicadas. Isso afeta a condução do projeto na medida em que um tempo considerável do trabalho cooperativo de concepção é dedicado a uma atualização coletiva das decisões e suas justificações.

A assistência às atividades cognitivas de concepção

Como mencionou-se anteriormente, é limitado aplicar ao processo de concepção um modelo restrito aos dois componentes complementares que são a geração de soluções e sua avaliação, sem considerar as atividades cognitivas essenciais ao processo de produção de um artefato, como a planificação, a reutilização, a gestão dos requisitos, a construção de um referencial comum ou o processo de decisão. Algumas dessas atividades são individuais, outras são diretamente engendradas ou reforçadas pelas situações coletivas de concepção. Por exemplo, o caráter oportunista da planificação não é profundamente modificado pelo coletivo, enquanto a construção do referencial comum é um resultado direto da necessidade de cooperar; o processo de decisão se opera tanto no nível individual quanto no coletivo, mas são consideravelmente modificados pelas situações coletivas de concepção.

Características gerais dos problemas de concepção – Os problemas de concepção se distinguem de outras classes de problemas (como os problemas de transformação de estado ou de indução de estruturas) por propriedades claramente identificadas desde os trabalhos de Simon (1973), e foram objeto de numerosas sínteses (ver p. ex., Falzon, 1995; Darses e Falzon, 1996, 2003; Visser, 2004). Essas propriedades engendram restrições sobre a atividade cognitiva dos projetistas durante a resolução de um problema de concepção.

— Os problemas de concepção são "mal definidos", na medida em que o estado inicial, o objetivo a atingir e os operadores não estão especificados nem de maneira exaustiva, nem de maneira unívoca: dados novos surgem e devem ser elaborados ao longo da resolução do problema, alguns são modificados, e o memorial descritivo evolui com frequência independentemente da vontade dos projetistas.

— Os problemas são amplos e complexos: as variáveis e suas inter-relações são por demais numerosas para poderem ser cindidas em subsistemas independentes. Uma consequência dessa complexidade é que a resolução desses problemas requer múltiplas competências.

— Não há solução única e "correta" para um problema de concepção: pode-se elaborar várias que serão aceitáveis, algumas sendo mais ou menos satisfatórias em relação aos critérios de avaliação considerados, que não são nem objetivos, nem preestabelecidos.

— "Problema" e "solução" são construídos simultaneamente: as fases de análise do problema e de elaboração da solução não se sucedem, elas são interdependentes.

— A elaboração de soluções é baseada em conhecimentos genéricos, na área da aplicação e na da concepção, mas igualmente na reutilização de conhecimentos elaborados em projetos de concepção específicos anteriores.

Os modelos atuais dos aspectos cognitivos da concepção se baseiam em dados coletados em situações profissionais de projetos industriais (Boujut e Jeantet, 1998; D'Astous et al., 1998; Darses, 2002; Martin et al., 2000; Nicolas, 2000; Visser, 2002) ou em tarefas experimentais tão realistas quanto possível (Détienne, 1998).

Geração das soluções

No que se refere à geração das soluções, encontram-se duas necessidades de assistência recorrentes, quaisquer que sejam a organização da concepção e o modelo de con-

Capítulo 33 – As atividades de concepção e sua assistência

cepção prescrito: assistir à identificação das necessidades e à elaboração das soluções conceituais.

Identificação das necessidades – Identificar as necessidades (técnicas e humanas) que guiarão a redação do memorial descritivo exige ferramentas de assistência. A metodologia de análise funcional (realizada a montante da especificação técnica das necessidades – norma NF X50-151) é a instrumentação clássica dessa fase. Seu princípio é fazer, a montante da concepção, a lista das funções que o produto deverá satisfazer para atender às necessidades dos usuários e às exigências do ambiente. Seu objetivo é encorajar a inovação tecnológica, passando sistematicamente em revista todas as situações nas quais o produto é suscetível de se encontrar ao longo de seu ciclo de vida, e evitando mencionar de imediato uma solução concreta.

No entanto, essa abordagem da análise funcional entra em parte em contradição com os progressos cognitivos efetivamente mobilizados pelos projetistas. Com efeito, a ideia de completar a fase de análise do problema antes de passar à fase de busca da solução não se coaduna com a atividade cognitiva de resolução, a qual opera conjuntamente, e não sucessivamente, com definição de problemas e a elaboração de soluções. Além disso, o método de análise funcional pressupõe que se permaneça num nível abstrato de definição da solução: esse princípio vai de encontro à importância dos níveis concretos de solução, cuja evocação permite aos projetistas simular o funcionamento do artefato e, por conseguinte, ajustar as ponderações que atribuíram aos requisitos e estender o campo dos critérios. O resultado disso é que a análise funcional raramente é aplicada literalmente, e que deve ser sempre reiterada, com frequência de maneira informal, durante a especificação do produto.

A ergonomia cognitiva pode contribuir para modificar a orientação do método de análise funcional, de maneira a melhorar a evocação do uso futuro do produto (Nicolas, 2000). Uma análise do trabalho (em situação real ou a partir de situações de referência) permite que os resultados da análise funcional sejam enunciados com base numa análise constatada das necessidades do usuário, e não de uma análise suposta. Essa preconização dificilmente se aplica às situações de concepção inovadora, devido à impossibilidade de produzir uma situação de referência que fielmente definisse as características do trabalho futuro. A análise funcional deve então ser associada à implementação de ações de concepção participativa, durante as quais os usuários trabalharão na simulação de estados intermediários do dispositivo concebido. Com essa base, os futuros usuários avaliarão a usabilidade do dispositivo e será possível então se estabelecer um prognóstico das necessidades futuras. Cabe notar que nem sempre é fácil escolher o suporte destas simulações: as maquetes reais podem não ser apropriadas por serem pouco – ou mesmo nada – evolutivas, e por introduzirem distorções nas representações. A utilização de roteiros é muito mais rica, embora a escolha do ponto de vista adotado pelo roteiro (p. ex., roteiro baseado numa visão funcional ou então estrutural do futuro artefato), seu contexto de particularização (roteiro de um risco aleatório, roteiro de organização etc.) suscitem nos futuros usuários evocações heterogêneas dos usos. A dificuldade encontrada reside, então, nas escolhas de construção desses roteiros (Carroll, 2000).

Elaboração das soluções conceituais. As fases a montante da concepção, em especial aquelas ditas "concepção conceitual", ocupam 5% do processo de concepção, mas mobilizam mais de 75% dos custos globais do produto (Carrubba, 1993, citado *in* Sharpe, 1995). Prover assistência a essas fases é, portanto, uma desafio ergonômico, mas também econômico.

Conforme as áreas, as ferramentas CAD são utilizadas com maior ou menor sucesso nessas fases. Em eletrônica, onde a concepção (e a fabricação) de circuitos integrados e de circuitos impressos é feita principalmente a partir de componentes e estruturas de montagem preexistentes, essas ferramentas podem ser úteis desde as fases a montante. Mas, a partir do momento em que se sai da concepção repetitiva, o CAD ainda não é capaz de oferecer uma assistência efetiva à elaboração das soluções conceituais e só é utilizado após essa fase ter terminado. Isso vale igualmente nas áreas da mecânica, arquitetura e construção. As ferramentas atualmente disponíveis no mercado que permitem o trabalho de esboço não fornecem assistência para a elaboração de soluções conceituais, atividade, todavia, essencial para a concepção. Apenas alguns protótipos de pesquisa (Flemming et al., 1997, p. 350; Leclercq e Juchmes, 2002) tentam implementar sistemas assistindo as fases a montante da concepção que levam em conta as especificações que os estudos cognitivos levaram a formular, e que podem ser resumidas assim:

— facilitar uma entrada de dados por meio de movimentos da mão;
— permitir a entrada de dados imprecisos;
— autorizar a passagem entre níveis e entre tipos de representação;
— auxiliar na comparação entre diferentes conceitos de solução;
— fazer sugestões;
— auxiliar a avaliação das escolhas por um retorno (*feedback*) ao projetista (p. ex., por sistemas críticos).

Avaliação das soluções – A avaliação das soluções de concepção se produz ao longo de todo o processo de concepção e está bastante associada à geração das soluções. Não está circunscrita a uma fase particular do processo, no fim da qual espera-se uma decisão. A hipótese de que os projetistas conheceriam, considerariam e avaliariam todas as opções e saídas possíveis de um problema não se sustenta, como lembrou Simon (1957), ao enunciar o princípio da racionalidade limitada: do ponto de vista cognitivo (e contrariamente à abordagem da busca operacional), a avaliação e decisão na concepção resultam da mobilização de procedimentos heurísticos, cujos fundamentos não podem ser rigorosamente justificados, em particular porque o projetista se baseia num conjunto de requisitos que não são todos conhecidos, nem estão dominados. As atividades de avaliação das soluções remetem a processos estreitamente relacionados: simular o funcionamento dos artefatos, construir e aplicar critérios de avaliação.

Simular o funcionamento dos artefatos. No ciclo de vida de um artefato, a formulação das especificações e a produção do artefato que foi concebido ficam distantes entre si no tempo. Consequentemente, a avaliação de uma solução de concepção só pode ser totalmente realizada após o artefato ter sido produzido. Além disso, ao longo do processo de concepção, os projetistas apenas podem avaliar soluções parciais, e isso com base em representações intermediárias do objeto a conceber. Essas representações intermediárias, concretizadas por meio dos objetos intermediários, são muito diferentes conforme o avanço da concepção e o modo de representação considerado do objeto concebido: esboços em papel, plantas, roteiros, maquetes físicas (em tamanho natural ou em escala reduzida), maquetes digitais (geradas por sistemas CAD), protótipos etc.

Os objetos intermediários assumem várias funções. Primeiramente, servem de referencial operativo comum, com base no qual os projetistas poderão construir uma intercompreensão da situação e estabilizar os objetivos compartilhados. A esse título, funcionam como entidades de cooperação (Boujut e Jeantet, 1998). Uma outra função não menos importante desses objetos é que eles permitem operar simulações objetivas e subjetivas –

Capítulo 33 – As atividades de concepção e sua assistência

poder-se-ia dizer também simulações materiais e mentais – das funções e da estrutura do artefato. Essas duas formas de simulação são complementares, até mesmo inseparáveis. Permitem testar as especificações materiais do artefato em curso de concepção (homogeneidade das especificações, exatidão dos cálculos etc.). Mas, simultaneamente, sustentam representações abstratas que servem para simular o funcionamento do artefato e operar escolhas de concepção (selecionar o objetivo seguinte a cumprir, afinar e estabilizar os critérios de avaliação da solução, modificar suas ponderações etc.).

Se os sistemas de auxílio atuais são particularmente eficientes para os testes aplicados às especificações materiais do artefato, são, em contrapartida, ainda pouco desenvolvidos quanto às possibilidades de simulação das funcionalidades das soluções. As pesquisas em ergonomia cognitiva da concepção visam, por conseguinte, enriquecer as funcionalidades da avaliação cognitiva dos sistemas técnicos e dos métodos de avaliação (métodos de inspeção, normas e procedimentos de avaliação), apoiando-se em propriedades do processo de avaliação. Estas serão descritas na seção seguinte.

Modos de avaliação das soluções. Quando se trata de verificar se as especificações estão conformes aos requisitos (sejam estes prescritos pelos mandantes ou induzidos no decorrer da concepção), os julgamentos emitidos durante as fases de avaliação das soluções se baseiam em critérios de avaliação da solução, que são em grande parte elaborados pelos projetistas ao longo do processo. Esses critérios são a expressão quantitativa ou qualitativa do desempenho do artefato (limites, medidas discretas ou contínuas) e são, de certa forma, uma tradução dos requisitos que, durante a fase de geração, foram identificados em termos de objetivos a atingir, de propriedades a satisfazer e de funções a desempenhar.

Alguns critérios de avaliação são parcialmente derivados desses requisitos, outros provêm de normas preestabelecidas, e outros ainda são identificados e construídos durante o próprio processo de avaliação. Avaliam a solução em relação a diversos registros de referência próprios à área (p. ex., confiabilidade, usabilidade, estética). Esses registros de referência, embora sejam tradicionalmente tecnológicos, integram cada vez mais a avaliação do uso do dispositivo. Os critérios de avaliação das soluções são formulados – e cognitivamente representados – de maneira muito heterogênea. Seus níveis de abstração podem variar (Darses, 2002): pode-se exprimir um critério em nível abstrato (p. ex., "ser confiável") ou em nível físico (p. ex., "o braço pode quebrar"). Enfim, um critério tem referências diferentes conforme o ofício dos operadores (Martin et al., 2001).

É nessa perspectiva que hoje se procura, em ergonomia, definir métodos de auxílio à explicitação dos critérios, para que os projetistas possam examinar coletivamente os critérios e decidir sobre a referência e ponderação deles. Esses métodos devem contribuir à integração dos pontos de vista dos parceiros da concepção: devem, portanto, permitir que os critérios evoluam, que sua formulação seja ajustada e que os valores a eles atribuídos sejam delineados.

Com base nesses critérios, a avaliação dos artefatos pode então ser feita de diferentes modos: de maneira analítica, examinando como a solução satisfaz os diferentes critérios; por analogia, avaliando a solução relativamente a uma solução similar (fonte) concebida anteriormente; por comparação, avaliando duas (ou mais) soluções alternativas com base em diferentes critérios (Bonnardel, 1999). Durante a concepção coletiva, esse modos de avaliação se exprimem por meio de diferentes tipos de argumentos e se encadeiam segundo uma dinâmica que leva os diferentes atores a confrontar e integrar seus pontos de vista, e a convergir para uma solução (Martin et al., 2000, 2001).

Planificação da resolução de problemas – Os ambientes de concepção clássica são baseados num modelo hierárquico do processo de concepção e impõem ao projetista a adoção desse modelo. O projetista é então obrigado, por um lado, a realizar uma decomposição hierárquica de seu problema e, por outro, a seguir essa hierarquia durante o tratamento das diferentes tarefas (subproblemas que resultam da decomposição do problema global).

Ora, os estudos cognitivos mostraram que o processo de concepção é caracterizado por uma organização mais oportunista do que hierárquica. Qualifica-se como organização oportunista a articulação entre movimentos descendentes de planificação (guiados por uma decomposição de um objetivo em subobjetivos) e movimentos ascendentes de planificação (guiados pelo fato de levar em consideração dados detalhados do problema, requisitos ou interações entre objetivos).

Dois tipos de modelos foram propostos para dar conta dos desvios oportunistas (Détienne, 1994). Davies (1993) considera que os desvios oportunistas são desencadeados por limitações da memória de trabalho. Visser (1994) considera, além desse fator, o papel num nível metacognitivo de critérios permitindo avaliar o custo cognitivo de ações alternativas.

O processo efetivo de concepção é, portanto, globalmente oportunista, ao mesmo tempo que comporta episódios hierárquicos (Visser, 1994). Para dar assistência a esse processo, um ambiente de concepção deveria, consequentemente: a) autorizar o projetista a proceder de maneira oportunista, permitindo que se operem saltos entre diferentes níveis hierárquicos; b) auxiliar o projetista a gerir melhor os desvios do plano para evitar os esquecimentos. Isso pode ser feito guardando um registro das antecipações e das tarefas (partes de projeto) que o projetista deixou em suspenso. Existem, sob a forma de protótipos de pesquisa, sistemas de assistência que levam em conta o oportunismo do processo de concepção e que fornecem assistência em maior ou menor grau ao projetista em sua atividade efetiva; por exemplo, o ambiente de programação orientado para o objeto GOOSE (Reeves et al., 1995), ou ainda HoodNice e ReuseNice (Oquendo et al., 1993).

Reutilização – A reutilização é uma estratégia importante na concepção. Para resolver um problema corrente (alvo), os projetistas podem recorrer a conhecimentos ou representações (externas ou internas) dos problemas-soluções análogos (fontes) desenvolvidos no passado por eles mesmos ou por outros projetistas no quadro do mesmo projeto ou de outros projetos. Adotando o quadro do raciocínio por analogia para tratar dessa questão, pode-se distinguir diferentes mecanismos empregados na reutilização: a retomada de fontes (o acesso), sua compreensão e sua adaptação, e a avaliação do resultado de sua exploração.

Os sistemas de assistência à reutilização provêm de dois campos informáticos: a) a engenharia de *software*, que desenvolve bibliotecas de componentes e mecanismos de reutilização (como a herança); b) a inteligência artificial, que desenvolve sistemas de raciocínio a partir de casos (para um levantamento crítico, ver Visser, 1999).

No que se refere à recuperação, os estudos sobre a busca de conhecimentos na memória (Norman e Bobrow, 1979) colocaram em evidência o caráter iterativo dos processos de busca. O paradigma de recuperação por reformulação (*retrieval by reformulation paradigm* – Fischer e Nieper-Lemke, 1989) permite fornecer assistência a essa busca. Uma requisição inicial, que tem a característica de ser incompleta, é formulada e essa requisição pode ser afinada pouco a pouco com base nas informações recuperadas na base de componentes.

No que se refere à compreensão/adaptação, uma classificação cognitiva das situações de reutilização (Détienne, 1998; Détienne e Burkhardt, 2001) permite selecionar melhor o tipo de assistência útil conforme diferentes dimensões caracterizando a situação: o tipo de episódio de reutilização (reutilização prospectiva *versus* reutilização retrospectiva), a atividade de concepção durante a qual a reutilização ocorre (reutilização durante a análise, a busca de solução ou a implementação). Conforme a atividade na qual o projetista está envolvido, a informação que se busca na fonte varia (constrangimentos para a especificação, modelo para a concepção, elemento integrável) e a assistência não parece, portanto, ser do mesmo tipo (Détienne et al., 1996).

Falzon e Visser (1989) propuseram duas modalidades de assistência à reutilização por via de um auxílio interativo à categorização. Ao lado de uma assistência à recuperação de fontes, o sistema auxiliaria o projetista em sua elaboração de categorias abstratas, ou seja, de conhecimentos mais gerais. Essa elaboração se faria a partir de problemas-alvo de concepção resolvidos. Sabe-se que de fato essa elaboração é difícil na ausência de muitos objetos (soluções-produtos) de concepção similar, exemplares potenciais de uma mesma categoria: essa ausência é, todavia, característica das situações de concepção não rotineiras.

Gestão dos requisitos – A captura das necessidades, que é realizada por meio da análise funcional, resulta na redação de um programa ou de um memorial descritivo. Esses documentos enumeram a maioria dos requisitos/restrições que determinam as condições sob as quais o produto deve ser elaborado: objetivos, especificações funcionais, desempenhos esperados etc. Esses requisitos, formulados em conclusão de um trabalho de especificação às vezes demorado, servirão para gerar soluções; serão também a base contratual a partir da qual os responsáveis verificarão se os projetistas atenderam às exigências do programa ou do memorial descritivo.

Gerir os requisitos relacionados a um problema de concepção permanece uma das tarefas mais difíceis de realizar, essencialmente devido ao caráter instável dos requisitos/restrições e da evolução dos valores dos critérios que a eles estão associados (Darses, 1995). Essa instabilidade do conjunto dos requisitos é devida a fatores externos (mudanças impostas pelos responsáveis, surgimento de novas tecnologias que devem ser consideradas, evoluções do mercado), mas também a fatores internos. Com efeito, um grande número de requisitos não está formulado no memorial descritivo e deve ser induzido pelo projetista. Outros requisitos mantêm-se implícitos ao longo de todo o processo de concepção e serão eventualmente explicitados durante a avaliação das soluções. Porém, ainda mais que esse trabalho de explicitação dos requisitos, é a identificação de suas relações de dependência que coloca as maiores dificuldades para os projetistas. Estabelecer a rede dos requisitos, ou seja, determinar as dependências que os diversos requisitos mantêm entre si e, sobretudo, seguir – ou mesmo antecipar – suas evoluções resultantes das modificações das ponderações dos requisitos, é uma atividade central em concepção.

O auxílio à gestão dos requisitos deve então ser essencialmente um auxílio à flexibilidade das ponderações dos requisitos. Existe um certo número de ferramentas, como as ferramentas informáticas de acompanhamento das exigências ou as ferramentas utilizando mecanismos de satisfação de requisitos, mas sua sofisticação faz com que sejam relativamente pouco empregadas. Pode-se também recorrer a métodos de explicitação e de confrontação dos pontos de vista de ofícios, graças aos quais os requisitos podem ser explicitados e suas ponderações ajustadas.

Delinear a lógica da concepção – A importância da "lógica da concepção" (*design rationale*) confronta os projetistas com a necessidade de conservar e delinear as razões que levaram à validação ou à rejeição de uma solução de concepção, com o objetivo de, por um lado, fornecer uma assistência à manutenção do artefato, uma vez concebido, e, por outro, facilitar e tornar mais confiável a reutilização de soluções anteriores. Os documentos de lógica de concepção de fato permitem (Concklin e Burgess-Yakemovic, 1991; Buckingham Shum e Hammond, 1994; Moran e Carroll, 1996; Karsenty, 2001):

— facilitar uma entrada de dados por movimentos da mão;

— estruturar os problemas de concepção;

— manter uma melhor coerência no processo de decisão;

— conservar registros das decisões;

— comunicar o conteúdo das decisões a outras pessoas;

— conservar um registro cronológico do processo de concepção;

— estabelecer condições para a reutilização.

A abordagem "lógica de concepção" foi iniciada como uma reação aos processos de concepção puramente orientados para o artefato. A ênfase era posta na produção e na rastreabilidade proporcionada pelos artefatos de concepção em seus diferentes estágios de andamento, da especificação ao sistema final. Em contrapartida, o processo por meio do qual esses diferentes estágios tinham sido produzidos permanecia implícito, indiretamente acessível nas atas de reuniões, notas de concepção, arquivos e, principalmente, na memória dos projetistas, o que tornava o processo difícil de recuperar e reutilizar (Visser, 1999).

Delinear a lógica da concepção é estabelecer uma representação do raciocínio subjacente à concepção do artefato. Várias notações foram desenvolvidas para poder exprimir o raciocínio de concepção sob forma de argumentos e de questões. Baseadas em resultados empíricos, a utilidade e a usabilidade dessas técnicas nas reuniões de concepção ainda não foram demonstradas (Buckingham Shum e Hammond, 1994).

Os objetivos de rastreabilidade – consignar, para uma reutilização futura, a lógica de concepção de um produto – são geralmente os dos coordenadores de projeto, que nela encontram um benefício em termos de gestão da qualidade, dos prazos e dos custos de desenvolvimento. Mas o empreendedor também pode se beneficiar de uma ação de rastreabilidade aplicada à gestão das decisões de seus parceiros, tendo em vista aumentar a qualidade e o controle do processo de concepção e, em particular, o acompanhamento da aplicação dos requisitos definidos no memorial descritivo ou no programa.

Especificidades cognitivas da concepção coletiva – As situações coletivas de concepção reforçam as necessidades de assistência em dois pontos: auxiliar os projetistas na coordenação adequada de suas tarefas e auxiliá-los no tratamento do problema em conjunto. No primeiro caso, o objetivo é assegurar uma boa coordenação do trabalho preservando ao mesmo tempo o princípio de separação das tarefas e das responsabilidades (Schmidt e Simone, 1996). No segundo caso, trata-se de situações de coconcepção que obrigam os parceiros da concepção a se sincronizarem cognitivamente para desenvolver conjuntamente a solução (Darses e Falzon, 1996).

Do ponto de vista cognitivo, as atividades de sincronização cognitiva visam construir um referencial operativo comum. As atividades cognitivas principais que contribuem para a sincronização cognitiva são atividades de a) avaliação mútua das soluções e dos objetivos propostos, b) compartilhamento de informação sobre o objetivo corrente, as práticas de concepção ou os conhecimentos na área, c) enriquecimento das soluções (Darses et al., 2001; D'Astous et al., 1998). Essas atividades (que podem ser síncronas, quando as reu-

Capítulo 33 – As atividades de concepção e sua assistência **481**

niões são presenciais, ou assíncronas, quando os coprojetistas cooperam via ambientes cooperativos informatizados) implicam atividades argumentativas que se realizam pelo confronto e integração dos pontos de vista dos coprojetistas e que permitem convergir para compromissos de solução (Martin et al., 2001).

Essa análise conduz a recomendações ergonômicas para ferramentas que permitem colaboração em rede (collecticiel *groupware*), em que até agora os modos de avaliação analítica e comparativa são frequentemente os únicos preconizados, e remete igualmente à importância de uma melhor delineabilidade do processo de concepção. Essas recomendações devem ser acompanhadas de respostas organizacionais, como a identificação de novos ofícios permitindo mediatizar a comunicação (Darses, 2002). Esses resultados deverão também contribuir para responder à necessidade crescente dos coprojetistas de disporem de ambientes cooperativos que permitam aos atores geograficamente dispersos trabalharem em assincronia (via internet/intranet) em sistemas de inovação tecnológica (Lonchamp, 2003; Février Quesada et al., 2003). As respostas técnicas atualmente desenvolvidas são a) as bases de dados multimídia, b) os sistemas à base de conhecimentos, c) as colaborações em rede (collecticiel *groupware*) de base argumentativa (Lonchamp, 2000; Lewkowicz e Zacklad, 2001), d) os métodos de anotação de "objetos de cooperação" (Zacklad et al., 2003), permitindo uma cooperação em torno de representações construídas durante a concepção (como os métodos de anotação de maquete digital).

Conclusão

A assistência à atividade de concepção responde a um duplo objetivo ergonômico:

— o primeiro diz respeito à ergonomia do processo: o que se quer e melhorar a atividade de concepção garantindo que as ferramentas de trabalho dos projetistas sejam compatíveis com suas necessidades individuais e coletivas. Foi esse o objetivo deste capítulo;

— o segundo diz respeito à ergonomia do produto e visa melhorar o artefato concebido, para um melhor atendimento aos usos e necessidades dos usuários.

Esses dois objetivos estão intrinsecamente ligados, mas sua articulação merece ser explicitada, demonstrando por que a melhoria do processo conduzirá a melhorias ergonômicas do produto. Defendemos a ideia de que a articulação entre esses dois objetivos se dá necessariamente em dois planos, cujo ponto em comum é que se leva em consideração as necessidades dos futuros usuários do artefato. Melhorar certas fases-chave do processo de concepção, em particular as fases de captura das necessidades e as fases de avaliação, permitirá que os projetistas levem em consideração os usos. Melhorar a metodologia global de concepção, implicando de maneira apropriada o usuário, conforme as fases temporais e os processos envolvidos, auxiliará nesse objetivo.

Mostrou-se assim como a ergonomia cognitiva pode contribuir a modificar a orientação do método de análise funcional de forma a melhorar a evocação do uso futuro do produto. A avaliação melhora igualmente a ergonomia do produto pela simulação do funcionamento dos artefatos e a explicitação e consideração de "critérios de uso". Pode-se também pensar em outras técnicas, como o retorno de experiência. A modificação na orientação das metodologias de conduta de projeto de concepção reforçarão o fato de se levar em consideração o usuário, em particular reforçando as metodologias de concepção centradas no usuário e generalizando os métodos de concepção participativa. Essas abordagens (desenvolvidas no Capítulo 24 deste livro), que dão ao usuário funções de coprojetista ao longo de toda a elaboração das soluções, são ainda mais importantes na concepção de produtos inovadores, em que é necessário antecipar novos usos. Trabalhos para definir os quadros sócio-técnicos permitindo reestruturar esse procedimento ainda se fazem necessários.

Referências

BLESSING, L. T. M. *A process-based approach to computer-supported engineering design.* 1994. Thèse (Doctorat) – Universiteit Twente, Enschede, HL., 1994

BONNARDEL, N. L'évaluation réflexive dans la dynamique de l'activité du concepteur. In: PERRIN, J. (Ed.). *Pilotage et évaluation des processus de conception.* Paris: L'Harmattan, 1999.

BOUJUT, J.-F.; JEANTET, A. Les entités de coopération dans les nouvelles organisations de la conception. *Performances Humaines et Techniques,* v. 96, p.38-44, 1998.

BUCKINGHAM SHUM, S.; HAMMOND, N. Argumentation-based design rationale: what use at what cost? *International Journal of Human-Computer Studies*, v.40, p.603-652, 1994.

CARROLL, J. M. *Making use:* scenario-based design of human computer interactions. Cambridge: MIT, 2000.

CONCKLIN, E. J.; BURGESS-YAKEMOVIC, K. C. A process-oriented approach to design rationale. *Human-Computer Interaction*, v.6, p.357-391, 1991.

CULVERHOUSE, P. F. Constraining designers and their CAD tools. *Design Studies,* v.16, p.81-101, 1995.

DARSES, F. Contraintes & Gestion des contraintes. In: MONTMOLLIN, M. de (Ed.). *Vocabulaire de l'ergonomie.* Toulouse: Octarès, 1995. p.99-106.

_____. L'ingénierie concourante: un modèle en meilleure adéquation avec le processus cognitif de conception. In: BOSSARD, P.; CHANCHEVRIER, C.; LECLAIR, P. (Ed.). *Ingénierie concourante:* de la technique au Social. Paris: Economica, 1997. p.39-55.

_____. Trois conditions pour optimiser la conception continue du système de production. *Revue Française de Gestion Industrielle*, v.21, p. 5-27, 2002.

DARSES, F.; FALZON, P. La conception collective: une approche de l'ergonomie cognitive. In: TERSSAC, G. de; FRIEDBERG, E. (Ed.). *Coopération et conception.* Toulouse: Octarès, 1996. p.123-135.

_____. Méandres cognitifs des phases initiales de la Conception. In: MARTIN, C.; BARADAT, D. (Ed.). *Des pratiques en réflexion.* Toulouse: Octarès, 2003. p.190-201.

DARSES, F.; DÉTIENNE, F.; FALZON, P.; VISSER, W. *COMET: a method for analyzing collective design processes.* Rocquencourt: INRIA, 2001. (Rapport de Recherche nº 4258).

D'ASTOUS, P.; DÉTIENNE, F.; ROBILLARD, P. N.; VISSER, W. Types of dialogs in evaluation meetings: an analysis of technical-review meetings in software development. In: DARSES, F.; ZARATÉ, P. (Ed.). International Conference On The Design Of Cooperative Systems, 3., Sophia-Antipolis, 1998. *Proceedings:* COOP'98. Sophia-Antipolis: INRIA, 1998.

DAVIES, S. P. Models and theories of programming strategy. *International Journal of Man-Machine Studies*, v.39, p.237-267, 1993.

DÉTIENNE, F. Design activities and representations for design: An introduction. In: GILMORE, D.; WINDER, R.; DÉTIENNE, F. (Ed.). *User centred requirements for software engineering environments.* [S.l.]: Springer Verlag, 1994. (NATO ASI Series, 7-9).

_____. *Génie logiciel et psychologie de la programmation*. Paris: Hermès, 1998. (Cognition, communication, calcul).

GILMORE, D.; BURKHARDT, J. M Des aspects d'ergonomie cognitive dans la réutilisation en génie logiciel. *Revue Techniques et Sciences Informatiques*, v.20, p.461-487, 2001.

GILMORE, D.; ROUET, J. F.; BURKHARDT, J. M.; DELEUZE-DORDRON, C. Reusing processes and documenting processes: toward an integrated Framework. In: GREEN, T. R. G.; CANAS, J. J.; WARREN, C. P. (Ed.). Conference on Cognitive Ergonomics, 1996. *Proceedings*.

FALZON, P. Les actions de conception: réflexions introductives. *Performances Humaines et Techniques*, v.74, p.7-12, 1995.

FALZON, P.; VISSER, W. Variations in expertise: Implications for the design of assistance systems. In: SALVENDY, G.; SMITH, M. (Ed.). *Designing and using human-computer interfaces and knowledge based systems*. Amsterdam: Elsevier, 1989. p.121-128.

FÉVRIER QUESADA, T.; DARSES, F.; LEWKOWICZ, M. Une démarche centrée utilisateur pour la conception d'un portail coopératif d'aide à l'innovation. *Revue des Sciences et Technologies de l'Information*, Série: Ingénierie des systèmes d'information (RSTI-ISI), v.8, n.2, p.11-31, 2003.

FISCHER, G.; NIEPER-LEMKE, H. Helgon: extending the retrieval by reformulation paradigm. In: HUMAN FACTORS IN COMPUTING SYSTEMS CONFERENCE, Austin, 1989. *Proceedings:* CHI'89. Austin: Univ. of Colorado, 1989. p.357-362.

FLEMMING, U. B.; SURESH, K. JOHN; BONNIE, E. Mismatched metaphor: user vs system model in computer-aided drafting. *Design Studies*, v.18, p.349-368, 1997.

KARSENTY, L. Méthodes pour la création de mémoires de projet en conception. *Revue Française de Gestion Industrielle*, v.20, p.35-51, 2001.

LECLERCQ, P.; JUCHMES, R. The absent interface in design engineering. *Artificial Intelligence for Engineering Design, Analysis and Manufacturing*, Cambridge, v.16, p.219-227, 2002.

LEWKOWICZ, M.; ZACKLAD, M. Une nouvelle forme de gestion des connaissances basée sur la structuration des interactions collectives. In: GRUNDSTEIN, M.; ZACKLAD, M. (Ed.). *Systèmes d'information pour la capitalisation des connaissances:* tendances récentes et approches industrielles. Stanmore: Hermès, 2001.

LONCHAMP, J. A generic computer support for concurrent design. In: ISPE: INTERNATIONAL CONFERENCE ON CONCURRENT ENGINEERING, 7., Lyon, 2000. *Proceedings:* CE-2000. Lancaster: Technomic Pub., 2000. (Advances In Concurrent Engineering).

_____. *Le travail coopératif et ses technologies*. Paris: Hermès, 2003.

MARTIN, G.; DÉTIENNE, F.; LAVIGNE, E. Negotiation in collaborative assessment of design solutions: an empirical study on a Concurrent Engineering process. In: ISPE: INTERNATIONAL CONFERENCE ON CONCURRENT ENGINEERING, 7., Lyon, 2000. *Proceedings:* CE-2000. Lancaster: Technomic Publishing, 2000. (Advances In Concurrent Engineering).

CONFERENCE ON CONCURRENT ENGINEERING; DÉTIENNE, F.; LAVIGNE, E. Analysing viewpoints in design through the argumentation process. In: HIROSE, M. International Conference on Human-Computer Interaction, 8., Tokyo, 2001. *Proceedings:* INTERACT 2001. Amsterdam: Elsevier, 2001. p.521-529.

MORAN, T. P.; CARROLL, J. M. *Design rationale:* concepts, techniques and uses. Mahwah (NJ): Lawrence Erlbaum, 1996.

NICOLAS, L. *L'activité de simulation en analyse fonctionnelle:* vers des outils anthropocentrés pour la conception de produits automobiles. 2000. Thèse (Doctorat) – Conservatoire National Arts et Métiers, Paris, 2000.

NORMAN, D. A.; BOBROW, D. G. Descriptions: An intermediate stage in memory retrieval. *Cognitive Psychology,* n.11, p.107-123, 1979.

OQUENDO, F. et al. SCALE: building PCTE-based process-centred environments for large and fine grain reuse. In: INTERNATIONAL CONFERENCE ON PCTE, 2., Paris, 1993. *Proceedings:* PCTE'93.

PAHL, G.; BEITZ W. *Engineering design.* London: The Design Council, 1984. (ed. orig. 1977).

PAHL, G.; FRANKENBERGER, E.; BADKE-SCHAUB, P. Historical background and aims of interdisciplinary research between Bamberg. *Design Studies,* v.20, p.401-406, 1999.

RASMUSSEN, J.; PEJTERSEN, A. M.; GOODSTEIN, L. P. *Cognitive systems engineering.* New York: John Wiley & Sons, 1994.

REEVES, A.; MARASHI, M.; BUDGEN, D. A software design framework or how to support real designers. *Software Engineering Journal,* p.141-155, July 1995.

SCHMIDT, K.; SIMONE, C. Coordination mechanisms: towards a conceptual foundation of CSCW systems design. Computer supported cooperative work. *The Journal of Collaborative Computing,* v.5, p.155-200, 1996.

SHARPE, J. E. E. Computer tools for integrated conceptual design. *Design Studies,* v.16, p.471-488, 1995.

SIMON, H. *Models of man.* New York: Wiley, 1957.

_____. The structure of ill-structured problems. *Artificial Intelligence,* v.4, p.181-201, 1973.

VISSER, W. Organisation of design activities: Opportunistic, with hierarchical episodes. *Interacting with Computers,* v.6, p.239-274, 1994.

_____. Études en ergonomie cognitive sur la réutilisation en conception: quelles leçons pour le raisonnement à partir de cas? *Revue d'intelligence artificielle,* numéro spécial, p.129-154, 1999. (Raisonnement à partir de cas", 13, RàPC).

_____. Conception individuelle et collective. Approche de l'ergonomie cognitive. In: BORILLO, M.; GOULETTE, J. P. (Ed.). *Cognition et création:* explorations cognitives des processus de conception. Bruxelles: Mardaga, 2002. cap. 14, p.311-327.

_____. *Dynamic aspects of design cognition:* elements for a cognitive model of design. Rocquencourt: INRIA, 2004. (Research report n° 4462).

ZACKLAD, M. et al. Formes et gestion des annotations numériques collectives en ingénierie collaborative. Laval, 2003. p.207-224.

Ver também:

12 – Paradigmas e modelos para a análise cognitiva das atividades finalizadas

38 – A construção: o canteiro de obras no centro do processo de concepção-realização

34

As atividades de serviço:
desafios e desenvolvimentos

Marianne Cerf, Gérard Valléry, Jean-Michel Boucheix

Os serviços em nossa economia: uma realidade multiforme

As atividades de serviço estão classificadas no setor terciário, mas o campo que ocupam nele está mal definido. Assim, na França, o INSEE distingue os "serviços" no sentido estrito do termo (como os serviços às empresas ou a particulares) das outras atividades terciárias (como "comércio, transporte, finanças, administração, educação ou saúde"), enquanto os anglo-saxões agrupam o conjunto dessas atividades. Apesar dessas diferenças nas nomenclaturas estatísticas, vários trabalhos de pesquisa, em particular em economia e sociologia, propuseram há bastante tempo definições da noção de serviço, ou melhor, da noção de "relação de serviço". Em 1968, Goffman propôs um modelo chamado de "modelo da reparação", que inspirou numerosos estudos realizados desde então. Peter Hill (1977), como economista, propôs uma definição dos serviços que ainda é amplamente tida como referência. Ele os considera como atividades econômicas que correspondem a "uma (ou várias) operação(ões) de 'mudança de condição' desejada ou demandada por um agente econômico (cliente, usuário...), detentor da realidade a transformar (sua própria pessoa, seus bens...) e recorrendo para sua realização a um outro agente econômico (prestador, produtor..)". Numa obra recente, Gadrey e Zarifian (2002) discutem os limites das diversas definições dadas aos serviços e, ao fazê-lo, realçam a complexidade desse campo de atividades que permanece difícil de circunscrever.

Essa complexidade é crescente, pois há mais ou menos quinze anos o setor dos serviços tem demonstrado uma evolução das mais rápidas, tanto na França[1] quanto na maioria dos países industrializados, em especial nos Estados Unidos e Inglaterra. Essa

---

[1]   Durante os períodos 1984-1993 e 1994-1998, a evolução em matéria de empregos de serviço foi respectivamente de +17% e +6%, enquanto as da indústria e da agricultura se mantiveram negativas. Apesar de uma redução, a tendência mantém-se positiva para os serviços. Essa evolução é, todavia, diferente conforme os setores de atividade: enquanto as atividades culturais, esportivas e recreativas e os serviços comerciais têm apresentado um forte crescimento, a hotelaria e os restaurantes mantêm-se mais estáveis.

evolução é acompanhada por uma mutação profunda dos serviços, em virtude sobretudo das inovações introduzidas pelas TIC (tecnologias da informação e da comunicação). Estas fizeram emergir novos modos de trabalho em redes entre atores internos e/ou externos (Vendramin e Valenduc, 2001). Modificam as condições técnicas, sociais e organizacionais de trabalho dos agentes, em particular suas interações com os beneficiários (clientes ou usuários) que se desenvolvem e se tornam mais complexas (Tertre e Ughetto, 2000). Assim, a análise das últimas pesquisas realizadas pela DARES sobre as condições de trabalho na França (Guignon e Hamon-Cholet, 2003) mostra que mais de 70% dos assalariados dos serviços estão em contato com um terceiro, introduzindo assim novas solicitações cognitivas e uma transformação das coordenações coletivas em torno do processo de tratamento das demandas dos beneficiários.

Cabe observar que a tendência global é a da multiplicação e diversificação das atividades de serviço em torno de um reforço da gestão da informação e da relação com o cliente ou usuário. Essas noções de cliente ou usuário marcam, na realidade, a clivagem entre: a) um serviço comercial em que o cliente é um valor estratégico para a empresa por meio de uma busca de adequação entre a procura e a oferta, tendo em vista melhorar a satisfação (do cliente) e a eficiência do serviço (Mispelblom, 1991); b) um serviço público que baseia sua existência na igualdade ou equidade de tratamento entre os beneficiários, ao mesmo tempo ressituando o usuário (e suas necessidades) no centro do serviço e das prestações propostas (Weller, 1999). A dicotomia não é simples, pois numerosas empresas públicas se veem confrontadas com novas tensões entre abordagens "orientadas para o cliente" e desafios de serviço público (Valléry, 2002).

A relação de serviço no âmago de trabalhos de ciências econômicas e sociais

Sociólogos, sociolinguistas, gestores, economistas e etnógrafos da comunicação foram os primeiros a fazer dos serviços, e em particular no setor público, um objeto de estudo pluridisciplinar, constatando que essa área não mais podia ser considerada como marginal (Joseph e Jeannot, 1995; Borzeix, 2000).

Um primeiro grupo de trabalhos de economistas e sociólogos visa construir as ferramentas teóricas e metodológicas para distinguir as relações de serviço das outras relações entre agentes econômicos. Assim, por exemplo, Gadrey (1993), desenvolvendo uma abordagem dos serviços de tipo regulacionista, nota que a diferença entre produção industrial e produção de serviço é "a passagem da produção à coprodução", qualificando a relação de serviço de relação de coprodução. Isso significa, por um lado, que o produto da transação entre dois agentes é parcialmente definida durante suas interações no quadro de uma relação complexa oferta/procura. Mas, por outro, isso implica, como ressalta Hatchuel (*in* de Bandt e Gadrey, 1994), conceber a relação de serviço como uma relação "entre atores adotando engajamentos heterogêneos ou assimétricos e se percebendo como tais".

Ademais, como ressalta Weller (1999), três abordagens de inspiração sociológica podem ser distinguidas para designar o campo das relações de serviço. A primeira é centrada no funcionamento das organizações, em sequência aos trabalhos de Weber sobre a organização burocrática do serviço público. Esses trabalhos tendem a mostrar que a rotina entre os agentes e o evitamento do usuário, sujeito passivo, privado de qualquer possibilidade de intervenção no tratamento de sua demanda, estariam na base do funcionamento burocrático, parecendo assim racional, uniforme e eficaz. A segunda se inspira na abordagem estratégica desenvolvida por Crozier e Friedberg em outros setores. Nessa abordagem, as relações de serviço refletem a maneira com que os atores negociam suas margens de liberdade num dado sistema. Assim, um agente pode utilizar "seu poder" de informação e decisão para satisfazer o público, como no caso do agente de um organismo social que, para se aproximar da demanda do usuário, assume um papel social e negocia com sua hierarquia procedimentos informais para "defender" o usuário. A terceira, enfim, na linha dos trabalhos de Goffman, estuda mais particularmente as interações sociais durante a relação de serviço. As ações dos indivíduos são estudadas no âmago da situação de interação. Essa abordagem sociológica do "instante" permitiu reintroduzir a importância do *quadro local* na análise da relação de serviço, definida aqui como uma *situação social*, ou seja, um espaço-tempo definido *convencionalmente,* em que duas pessoas ou mais estão em *copresença*, comunicam e controlam mutuamente suas aparências, suas atividades e sua linguagem corporal durante as trocas (Joseph, 1998). Esses trabalhos mostram a importância das competências mobilizadas e situadas durante as lógicas de engajamento mútuo entre pessoas nos atos de serviço, e revelam como as competências *técnicas, contratuais* e *civis* mencionadas por Goffman são encenadas em situações de elaboração do serviço (Goffman, 1968).

Para concluir, como propõe Valléry (2002), as abordagens desenvolvidas podem ser agrupadas em duas grandes famílias distintas:[2]

— abordagens mais "macro", ou seja, de análise em termos de emprego e de gestão das competências, de avaliação de sistema de produção, de transformação identitária ou de desenvolvimento organizacional e gerencial;

— abordagens mais "micro", ou seja, de análise das situações concretas de trabalho para, em particular, estudar as competências profissionais mobilizadas e associadas às ações engajadas, as estratégias dos atores na organização, as formas reais de organização do trabalho no decorrer dos modos de execução do serviço.

Pode-se dizer que hoje os desafios em matéria de conhecimentos e ações se situam na articulação entre essas duas abordagens desenvolvidas no âmbito de organismos envolvidos em projetos de melhoria do serviço prestado.

Ergonomia e atividades de serviço: quais relações?

A ação ergonômica em situações de serviço não é recente: os hospitais, as situações de guichê ou centrais telefônicas têm sido objeto de intervenções já faz tempo (p. ex., Teiger et al., 1977; Theureau, 1979). Classicamente, as demandas de intervenções ergonômicas são feitas, na maioria dos casos, numa perspectiva de melhoria da qualidade do serviço prestado e são sustentadas por objetivos operacionais de transformação como, sobretudo:

---

[2] Para um panorama da área, pode-se consultar Ulmann e Burger, 1999, e a coletânea de artigos da ANACT, em David, 2000.

- o projeto das instalações – concepção dos espaços e meios de recepção, dos postos de trabalho, dos meios e equipamentos para o público e o pessoal, a gestão das condições de espera, os modos de interface com o público (segurança, ambientação, signalética)...;
- uma melhor definição das situações de trabalho – em matéria de organização e de competências requeridas, para facilitar a implementação do serviço para públicos variados e, em particular, auxiliar a resolução dos problemas de recepção e tratamento das demandas...

Em geral os estudos se baseiam na análise, seja das condições de trabalho dos agentes encarregados da recepção e da gestão das relações, seja do conforto daqueles que são recebidos, considerados aqui como elementos específicos do ambiente profissional. No entanto com frequência o ergonomista permanece muito ligado a seu valor dominante do *trabalho*, concentrando-se no prestador "executante", expelindo assim de seu esquema o beneficiário, aquele que "não trabalha" e que, no entanto, participa da elaboração do serviço. Assim, Falzon e Lapeyrière (1998) distinguem várias abordagens ergonômicas das situações de serviço conforme o lugar dado ao beneficiário do serviço. Eles ressaltam, por exemplo, que tão logo as análises se concentram no prestador, preocupando-se particularmente com sua saúde mental, seu estresse, ou as exigências contraditórias da prescrição que ele recebe, o beneficiário está ausente do estudo. Considerar o beneficiário como um elemento do ambiente de trabalho do prestador foi a primeira maneira como este foi levado em consideração pelo ergonomista. A melhoria do espaço de recepção, por exemplo nos bancos, a construção de boxes mais confidenciais em vez de simples divisórias são exemplos dessa evolução. O beneficiário se torna um fator incontornável do trabalho e da situação. Claro, nessa abordagem a percepção do visitante e sua representação do problema a tratar não são ainda levadas em conta. Considerar o beneficiário como objeto do trabalho é uma outra evolução, mais presente nas pesquisas sobre a atividade dos prestadores, em vez da melhoria das condições materiais de seu trabalho. O exemplo mais típico é o da relação médico-paciente, ou ainda enfermeiro-paciente, bombeiro-socorrido. Nessa relação, o prestador procura formular um diagnóstico sobre o beneficiário para poder efetuar ações corretivas apropriadas: prescrições, intervenções. Essa abordagem mantém-se fortemente centrada no prestador, seus raciocínios, suas competências relacionais, suas decisões, e não se refere apenas às situações de interação, mas igualmente a outras atividades associadas, como as tarefas administrativas, o tratamento dos dossiês. Todavia, o beneficiário permanece exterior e não é considerado como contribuindo para a realização da tarefa. Enfim, mais recentemente, este último passa a ser considerado como parceiro ativo que trabalha, dá informações, raciocina, reformula, dá sua opinião, até ajuda o prestador e contribui tanto para a resolução do problema quanto para a produção do resultado. Com essa última abordagem, os modelos de análise das competências e de desenvolvimento da atividade se mostram consideravelmente modificados (cf. adiante).

Essa situação de coação ou coprodução é definida de acordo com quatro características que marcam a complementaridade dos atores da interação na realização da tarefa (Falzon e Lapeyrière, 1998): um objeto de trabalho comum aos interagentes (o que não significa a identidade dos projetos), a desigualdade dos meios (físicos ou cognitivos), a existência de meios – complementares – dos dois lados e, por fim, uma relação de auxílio instituída socialmente exigindo ao mesmo tempo a disponibilidade do especialista, a sinceridade da demanda do beneficiário e, de ambas as partes, o dever de pôr em prática meios disponíveis para satisfazer a demanda.

Capítulo 34 – As atividades de serviço

Para completar essa definição, ressaltemos que a análise ergonômica dessas situações privilegia o estudo das interações síncronas, sejam elas "mediadas" (como o diálogo telefônico numa central de atendimento) ou diretas, entre um (ou mais) profissional(ais) e um (ou mais) não profissional(ais) (como num guichê). Assim, a análise ergonômica apreende com frequência a coprodução, mencionada por disciplinas, como a economia ou a administração, em seu sentido restrito, só considerando aquela em que há processos de interação situados entre os protagonistas; são assim excluídas as situações em que o cliente de um autoatendimento carrega sua bandeja e, desse modo, contribui na produção do serviço fornecido pela empresa de lanchonete, por exemplo. Nessa perspectiva, a identificação das comunicações verbais e não verbais durante o desenrolar das trocas entre atores da situação fornecerá indicadores pertinentes para delinear a atividade de trabalho bem como seus determinantes ao mesmo tempo sociais e organizacionais na construção do serviço.

Tal definição oculta, mesmo assim, uma grande diversidade de situações que resulta tanto da variabilidade das prescrições e dos procedimentos de avaliação quanto das estruturas implicadas, tipos de beneficiários ou formas "intrínsecas" das situações. Parece importante considerar várias características para conduzir o estudo ergonômico das situações de serviço: terão de fato consequências diferentes, conforme os valores que assumem, na maneira com que se constrói a relação entre o prestador e o beneficiário e nas condições de trabalho do prestador. Assim, propomos considerar:

Os objetivos da relação. Trata-se de distinguir as situações segundo o objetivo, pois é a própria natureza da produção que difere. Mudar a representação que o beneficiário tem de si mesmo ou de sua situação, reorientar ou acompanhar sua ação, assumir a ação no lugar da pessoa, resolver um problema que ela coloca ou que se pressupõe que ela enfrente são objetivos que terão efeitos diferenciados sobre o papel do prestador, as estratégias desenvolvidas para regular a atividade, e até os esquemas de interação e de resolução de problema.

A importância do tempo da relação. Trata-se de considerar ao mesmo tempo a frequência, o ritmo e a duração de cada encontro que podem ter efeitos sobre as atividades relacionadas à gestão da relação (dimensão contratual). Em certas situações de serviço, o beneficiário só é encontrado uma vez. Noutras, uma relação se estabelece ao longo do tempo. Além disso, as interações são às vezes limitadas a alguns segundos (recepção), mas podem durar várias horas (aconselhamento). Por fim, o ritmo das interações pode ser mais ou menos aleatório: variando conforme as demandas dos clientes no caso das relações comerciais, são em geral muito mais regulares nos atendimentos domiciliares a pacientes.

O espaço de realização da atividade. Ir à residência do beneficiário, como é com frequência o caso para os consultores e os vendedores, agir num espaço público, como é o caso dos educadores de rua, ou trabalhar num espaço profissional construído em torno de sua atividade de serviço são casos diferentes que podem ser encontrados nas situações de serviço. Esses diferentes espaços não oferecem as mesmas possibilidades de recurso ao coletivo de trabalho e de construção de uma identidade profissional: os recursos fornecidos ao prestador para enfrentar as dificuldades encontradas no exercício de sua atividade são assim diferenciados.

A codependência. Embora toda relação de serviço seja uma relação assimétrica, uma vez que o prestador dispõe de um "bem" (um conhecimento, uma rede de contatos, uma gama de ações...) que o beneficiário não tem, a relação de codependência pode ser mais ou menos forte entre os dois protagonistas: quem legitima o trabalho de quem? Em que incide a codependência? Ademais, a fragilização do beneficiário em sua própria pessoa (serviço social, ANPE) o coloca em situação de dependência em relação ao prestador. *A contrario*, nas situações de consulta ou de guichê, a dependência do prestador é grande, como expressa o dito: "O freguês sempre tem razão!".

As prescrições e os suportes técnicos que regulam o desenrolar da interação (da relação). Às vezes, existem prescrições quanto à maneira como deve se desenrolar a interação (a relação), em particular quanto aos papéis de cada interlocutor. A existência ou a ausência dessas convenções acarretam atividades particulares? Do mesmo modo, a existência de possíveis sanções que digam respeito ao beneficiário (exemplo da ANPE) não confina num certo registro a atividade do prestador? Os suportes materiais postos à disposição deste último são entraves à realização do diálogo ou, ao contrário, permitem que o campo das interações seja estendido? Por fim, os modos de avaliação (número de pessoas atendidas, lógicas de satisfação) podem constituir para os prestadores sistemas de regulação que intervêm nas modalidades de condução das interações.

Principais eixos de estudo ergonômico das atividades de serviço

A variabilidade das situações de serviço que acaba de ser ressaltada, a ênfase colocada em alguns aspectos particulares da atividade em vez de outros (interativos, cognitivos, sociais, de saúde, de estresse, de ergonomia dos postos de trabalho etc.), e também as modalidades segundo as quais são consideradas as interações se traduzem no recurso a modelos teóricos diferentes, às vezes heterogêneos, às vezes saindo do campo da ergonomia *stricto sensu* (mobilização das teorias da linguagem e da comunicação para analisar as interações, por exemplo). No que segue, escolhemos ressaltar alguns elementos de análise que abrangem: a) as condições ambientais; b) as competências necessárias para o desenvolvimento de um processo relacional dinâmico; c) as dimensões cognitivas da atividade; d) a definição de critérios de sucesso da relação. Outros ângulos de estudo são evidentemente possíveis, mas não serão aqui objeto de um desenvolvimento (em particular os fatores emocionais, sejam eles tratados do ponto de vista de suas consequências para a saúde do prestador ou do ponto de vista de seus efeitos na gestão da relação).

Condições ambientais – Os elementos contextuais da relação de serviço deixam nesta marcas determinantes para a continuação da interação. As informações e a signalética disponíveis no momento da recepção, os tempos de espera, a organização da gestão desse tempo, mas também a visibilidade ou o relativo isolamento dos indivíduos, o caráter público ou privado do serviço prestado (como para o atendimento a domicílio) pesam muito sobre a natureza, e às vezes qualidade ou eficácia, da relação de serviço. As "formas do contato" (Lacoste, 1991, 1993) são também uma linguagem do serviço. Esses fatores dependem, por sua vez, dos espaços de trabalho dedicados à atividade, da sensação de acolhimento ou, ao contrário, de espera imposta, que as arquiteturas, o mobiliário, as salas e a organização das eventuais filas de espera sugerem.

As ambiências físicas (ruído, calor, guichê aberto ou confinado), ou os espaços onde se produz o encontro (espaço público fechado ou aberto, como a rua, por exemplo) podem ter um caráter de dificuldade variável e ser fontes de estresse. Assim, os trabalhadores sociais, sós no espaço público ante aqueles que devem assistir, mostram com frequência sinais de *burn out* por falta de poder reduzir o estresse que engendra o seu trabalho, com frequência repleto de conflitos (Villatte, 1998). O atendente no guichê do correio, submetido à pressão visível dos clientes presentes na fila de espera, modifica suas maneiras de interagir para tentar controlar essa fila e reduzir as tensões que poderiam resultar de uma espera excessivamente prolongada, para ele e para os beneficiários (Caroly, 2002).

Se é importante levar em consideração os fatores relacionados ao espaço de trabalho, é igualmente importante considerar aqueles relativos à organização do trabalho. Assim, a ausência de qualquer controle direto pelo prestador sobre os fluxos e a natureza das situações, assumido em outra parte da organização, associada a uma forte carga de trabalho, desempenha um papel na qualidade da relação. Nessa perspectiva, Falzon (1991) mostra que diferentes fatores de "não domínio da situação" afetam a motivação para assumir plantões telefônicos: a imprevisibilidade temporal, qualitativa, da carga de trabalho e da carga emocional cria situações estressantes e custosas vivenciadas enquanto tal pelos operadores.

Por fim, o sucesso do trabalho pode depender da existência de auxílios ao trabalho acessíveis tanto para o prestador quanto para os beneficiários. Nessa perspectiva, a presença de serviços informáticos adaptados ao curso da ação ou de uma organização de trabalho que favoreça a mobilização de competências coletivas (substituições, regulação coletiva etc.) podem participar da melhoria da relação de serviço. A concepção dessas ferramentas de auxílio e a análise de seu funcionamento tendo em vista sua otimização constituem um desafio importante para o ergonomista. O engajamento na relação por parte dos protagonistas, mas também um certo grau de autonomia deixado ao beneficiário, dependem em grande medida da qualidade dessas ferramentas.

Competências mobilizadas na relação de serviço – Os primeiros trabalhos abordando a atividade de serviço, desenvolvidos sobretudo por sociólogos, mostraram que os diálogos eram determinados essencialmente por regras sociais correspondentes a ritos de interação (Goffman, 1974; Joseph, 1992), reforçando assim o lugar da interação na compreensão da relação (Cosnier, 1993). Desenvolvendo análises finas da atividade de comunicação durante a relação de serviço, Lacoste (1993) mostra que esta é multimodal. Em certos casos, outras formas de comunicação além da interação verbal intervêm bastante. Assim, no caso das relações de atendimento, é também no contexto do "corpo a corpo" (ajudar a comer, a cuidar da higiene pessoal), o gesto atencioso vinculado ao conhecimento dos hábitos do interlocutor (colocar o lenço no lugar certo sob o travesseiro de uma pessoa de idade), que se elabora o conteúdo da comunicação.

Ainda assim, a linguagem é a ferramenta de mediação predominante. Ela assume várias funções no processo de interação. De imediato, permite o processo de adaptação ao interlocutor. Depois, veiculando significados explícitos, mas também implícitos, cria a necessidade de uma competência compartilhada para interpretar os "signos" do interlocutor que pode ser crucial no sucesso da relação, sobretudo se esta se prolonga no tempo (p. ex., na área do atendimento domiciliar a pacientes). Por fim, a atividade verbal pode favorecer a manutenção de um clima positivo necessário para a realização do serviço. Os diálogos seguem regras de conversação mais ou menos implícitas. Os enunciados produzidos podem ser considerados como atos de linguagem que engajam o locutor da maneira como isso é desenvolvido em pragmática da linguagem, mesmo se frequentes "transgressões" a essas regras são observadas.

No entanto, saber comunicar não deve ser considerado como "a" competência central das atividades de serviço, mas mais como um vetor por meio do qual se exprimem e se reajustam outras competências que definem de maneira mais efetiva essas atividades. Lembremos que, ao propor seu modelo da reparação e as competências necessárias à sua realização, Goffman (1968) distingue três tipos de competências (técnicas, contratuais, de civilidade). Estas últimas mostram-se sempre centrais nos estudos realizados. Porém, pode-se realmente separar esses três registros no funcionamento da dinâmica das interações? Como relacioná-las aos objetivos buscados pelos parceiros no âmbito de constrangimentos assimétricos, podendo estes também ser determinados por funções específicas da organização (régias, p. ex.)? Máxime e Cerf (2002) ressaltam a importância da recombinação dessas diferentes competências ao longo das interações quando técnicos agrícolas precisam acrescentar um serviço novo aos que até então já realizavam. Do mesmo modo, Mayen (1998) mostra como os mecânicos que passam do setor dos consertos para o da recepção reelaboram seus conhecimentos técnicos, para que estes sejam integrados no diálogo com os clientes.

Por fim, precisemos que as competências respondem também a condições organizacionais que favorecem ou não tanto sua integração quanto seu desenvolvimento em relação ao serviço prestado. É, em particular, o caso das situações com significativa predominância relacional (agentes de contato direto com o público), nas quais as competências mobilizadas (ou mobilizáveis) são dependentes da organização real do trabalho construída em torno das diferentes operações transversais associadas à execução do serviço (relação linha de frente/retaguarda – *front/back-office*) (Valléry, 2000; Valléry e Bonnefoy, 1997).

Diferentes componentes cognitivos da coatividade – Se a dispersão muito grande das situações de serviço torna difícil a construção de um modelo único da atividade, em contrapartida o desenvolvimento do processo dinâmico de interação mobiliza nos dois interlocutores processos cognitivos e sociocognitivos, assegurando várias funções simultâneas geridas pelos interlocutores em paralelo (Falzon e Lapeyrière, 1998; Boucheix, 1991). O estudo desses processos pode se apoiar em diferentes modelos (assimilação da atividade à condução de processos dinâmicos, ou a atividades de concepção). Ainda assim, caso se queira outorgar um lugar ao beneficiário na análise desses processos, torna-se necessário abordar as interações sob o ângulo da cooperação. Os princípios de construção de "ambiente cognitivo manifesto compartilhado" definidos por Sperber e Wilson (1989), no quadro de uma teoria sociocognitiva da comunicação, parecem ser recursos úteis para conduzir um estudo desse gênero.

Uma atividade de coconstrução próxima da resolução de problema. A atividade de serviço consiste, em numerosas situações, em responder a uma demanda formulada pelo beneficiário, mesmo se essa demanda é, às vezes, pré-construída na oferta de serviços da organização prestadora. Aliás, essa pré-construção é também um meio para a organização precisar os princípios de auxílio socialmente instituídos exigindo, como enfatizam Falzon e Lapeyrière (1998), ao mesmo tempo disponibilidade, sinceridade recíproca e mobilização dos meios disponíveis pelo prestador.

Quer se trate de consulta, cuidados às pessoas, suporte técnico à distância, ou ainda de recepção, diversos trabalhos evidenciaram que o problema colocado pelo beneficiário é objeto de uma construção pelos parceiros. De fato, a partir de objetivos e expectativas que podem ser diferentes, até mesmo divergentes, entre o prestador e o beneficiário, a construção da demanda ou a identificação das necessidades requer a construção de um

Capítulo 34 – As atividades de serviço

referencial comum. Essa construção é o resultado de um processo que se poderia chamar de diagnóstico interativo (Quadro 1) que pode, às vezes, levar a uma atividade de categorização (Quadro 2). Quando o problema é conhecido e frequente para o prestador, esse processo é rápido, recorrendo a registros de resposta conhecidos, esquemas, roteiros ou regras de ação frequentes. Mas às vezes a categorização é rápida demais e induz disfunções difíceis de corrigir (encerramento num diagnóstico errado). Quando o problema é mal definido, segue-se uma atividade interativa de busca-contribuições de informações de ambas as partes assumindo a forma de uma filtragem seletiva (Boucheix e Pranovi, 2000) (cf. Quadro 3), e de processos de inferências. A tarefa consiste então em "tornar manifestas" (Sperber e Wilson, 1989) para o interlocutor as representações individuais, úteis para a tarefa, e formadas ao longo da elaboração da representação comum do problema. O profissional desenvolve então um processo de articulação (do tipo transposição ou transformação) entre conhecimentos técnicos (relacionados à área de trabalho) e as necessidades ou conhecimentos intuitivos do interlocutor (Falzon, 1989; Mayen, 1998; Boucheix, 1991). A busca de soluções satisfatórias para ambos os interlocutores conduz então a verdadeiras negociações (atividades de venda ou de consulta, por exemplo). As dificuldades em tornar suas próprias representações manifestas, e fazer delas um objeto de negociação, podem criar disfunções e levar o prestador a recusar a coconstrução em nome de sua própria competência (Máxime e Cerf, 2002).

Quadro 1: a coconstrução do problema entre o usuário e o prestador

Numerosos estudos sobre a dinâmica da interação colocaram em evidência este processo. No exemplo de diálogo abaixo, tirado de um estudo sobre o atendimento numa delegacia de polícia (Boucheix, 1991), o usuário (U) intervém na definição do problema com o policial (P):

U: eu gostaria de saber... Sou estrangeiro aqui, gostaria de saber se tem um escritório, onde se possa, onde se possa reclamar de um comerciante que tem métodos um pouco... um comerciante.

P: ...dar queixa?

U: Sim, dar queixa, é isso, sim, não, queria dizer, queixar-se quer dizer o quê?

Quadro 2: realização de um diagnóstico técnico: categorização do problema

Eis um exemplo tirado de um estudo (Boucheix e Pranovi, 2000) sobre a assistência técnica a problemas de impressora por meio de uma central de atendimento por telefone:

Cliente: Bem, preciso de uma informação, por favor. É que, eu tenho uma 1520 que funcionava bem até há dois dias, e então, daí... tenho um probleminha... são umas linhas brancas que ficam aparecendo, eu não consigo...

Operador: É uma obstrução no jato de tinta. Você tem os utilitários de limpeza?

Modelos de atividades e campos de aplicação

Quadro 3: filtragem da informação

Eis um exemplo bem curto, tirado de um estudo de Navarro e Marchand (1994) sobre as chamadas telefônicas ao SAMU, do processo que se efetua a partir de uma hipótese:

Particular: alô, é o samu, bom dia. Era para perguntar, ou melhor, me informar sobre uma coisa, me informar sobre uma coisa.

Atendente: sim.

Particular: é o seguinte, tem um senhor que mora em casa, que não é, hum, que não é um inquilino...

Atendente: sim, pois não, senhor, trata-se de uma emergência?

Quadro 4: papel do modelo do interlocutor na construção das interações

Por exemplo, num estudo sobre as consultas telefônicas junto a engenheiros especializados em informática, Falzon (1989, p. 159-160) diferencia os seguintes tipos de diálogos:

1. Diálogo (parcial) do especialista (E) com um interlocutor (C) julgado pouco competente:

C: sim, hum, bom dia, eu gostaria hum, por favor, de falar com uma pessoa que entendesse um pouco de Jbus.

E: sim, pois não, pode prosseguir.

.../...

C: bom, hum é o seguinte, a questão que eu tenho atualmente é, hum, saber quais são os tempos de resposta que se pode esperar se, é, se conecta 2 Mat via um Jbus? Quais são as frequências de atualização de informação que posso esperar?

E: então, ..é um Mat 1 ou um Mat 2?

C: bom, eu tenho um Mat 1 de um lado e pode ser que eu tenha um Mat 2 do outro.

E: então, o Mat 2 é o mestre.

C: o Mat 2 é o mestre, sim.

E: sim, e você tem por exemplo um Mat1 escravo.

C: bom, então, por exemplo, suponho que eu tenho um Mat 1 escravo então?

E: ou seja, é um escravo só, hm.

2. Diálogo com um interlocutor julgado competente

C: estou telefonando por causa de alguns problemas com um console Mat 3.

E: pois não.

C: então, são dois problemas porque... vou dizer o primeiro... é que eu tenho um problema... ah, é um pouco complexo sim, eu tenho... hum, eu trabalho em linguagem Grafcet, e eu tenho dois programas, pode-se dizer.

E: sim.

C: idênticos que eu pus num único disquete.

E: sim.

C: diz respeito a dois autômatos que têm o mesmo ciclo, eu diria.

Uma atividade de cooperação "guiada" pela construção de uma representação do outro. Vários trabalhos demonstraram que a condução da relação pelos dois interlocutores engendra uma atividade de modelização recíproca. Assim, Falzon (1989, 1991) ressalta que ela diz respeito ao mesmo tempo à avaliação do nível de conhecimento ou de competência do interlocutor e a suas características pessoais (indulgente, compreensivo, chato...). Além disso, ele mostra que, na ocasião de consultas telefônicas, os técnicos avaliam com muita rapidez os conhecimentos do interlocutor (pela utilização de linguagem técnica, das hesitações, por exemplo). Essas avaliações orientam para um tipo de diagnóstico mais ou menos complexo (um perito só pode colocar problemas complicados) e para uma estratégia de gestão variável da diretividade da interação (é preferível não deixar um interlocutor julgado pouco competente se estender demais, sobretudo se o tempo é um constrangimento, como nas centrais de atendimento) (cf. Quadro 4). Construir uma representação do outro constitui, portanto, um meio de pilotagem e orientação da interação. Em certas situações de urgência, como no caso dos chamados à polícia, o "guiamento" efetuado pelo operador constitui um auxílio "cognitivo" que permite ao beneficiário lembrar ou descrever a situação sem se deixar tomar pela emoção.

Vários estudos (Lacoste, 1993; Falzon, 1989, 1991) descrevem um processo de adaptação recíproca ao interlocutor. A partir dos retornos fornecidos pelo interlocutor e com base em indicadores múltiplos tanto verbais quanto não verbais (vocabulário, registro utilizado...), a condução da relação (diretiva ou não diretiva, por exemplo) evolui ao longo da interação. No limite, em certas situações de serviço (atendimento domiciliar a pacientes, consulta, trabalho social, mas também vendas), o prestador pode buscar alcançar o objetivo de transformar as representações ou as disposições do interlocutor. Pode então ser levado a construir roteiros de apresentação, de produtos por exemplo, argumentações para as consultas, sistemas de negociação. Em certos casos, concebe-se uma "tecnologia de situações" direcionadas ao beneficiário, chegando às vezes perto de serem verdadeiras estratégias de manipulação para conduzi-lo num processo de mudança mais ou menos consciente e mais ou menos consentido.

Uma atividade de "copilotagem" da relação de serviço: controle da situação e dimensão emocional. Encontrar estratégias de controle e gestão da compreensão do interlocutor e de sua atividade constitui uma parte importante da coatividade. Reparar erros e corrigir as interpretações falsas, antecipar as necessidades do interlocutor, perceber que o outro não compreendeu ou que não se compreendeu o que o interlocutor explicou, dar-se conta de que a relação de serviço não atingiu seu objetivo ou tomou um rumo não desejado são atividades frequentemente postas em prática no decorrer da relação. Tais atividades são de natureza "metacognitiva". Asseguram um controle durante a relação de serviço. Os objetivos fixados para o operador pela organização bem como as competências adquiridas se mostram então da maior importância para auxiliá-lo a manter o controle da situação, mas também para permitir-lhe estabelecer uma real copilotagem da relação.

Fatores emocionais podem igualmente vir a limitar a copilotagem. Embora os trabalhos que tratam desse assunto ainda sejam raros (citemos, no entanto, Soares, 2000; Rocher, 2000), a ergonomia precisa encontrar seu lugar no que diz respeito a considerar essa dimensão da atividade, distinguindo: a) o problema da gestão da emoção do beneficiário na própria situação de interação (com sua eventual repercussão no prestador); b) o problema das situações de riscos significativos, nas quais condutas agressivas dos beneficiários podem vir a perturbar a relação de serviço (atendimento em certos serviços jurídicos ou sociais).

Elaboração de critérios do sucesso – A avaliação do sucesso da interação é parte integrante do serviço. Mas ela pode se revelar delicada e complexa: por um lado, a satisfação da demanda pode ser impossível, ao menos completamente; por outro lado, para uma mesma demanda acompanhada da mesma resposta a dois beneficiários diferentes, a satisfação pode divergir. Por fim, a demanda pode ter sido satisfeita, mas o serviço mal prestado, do ponto de vista da organização ou do prestador.

Tentar avaliar a cooperação se revela igualmente delicado. Mesmo que os esforços de cooperação sejam reais entre os interlocutores, seria ingênuo crer que as interações não comportam obstáculos (Collins e Collins, 1992): pode haver desconfiança de ambas as partes, conflitos podem surgir, pode ocorrer que os princípios referentes à confiança e à sinceridade não possam ser postos em prática. Em certos casos (atendimento de públicos difíceis), atitudes visando se proteger podem "violar" aparentemente os princípios de uma cooperação sincera e benévola. Nem sempre "toda verdade vale a pena ser dita".

Além disso, a identificação de critérios pertinentes para conduzir a avaliação em relação com a prescrição feita ao prestador pode ser impossível, tendo em vista as exigências contraditórias, às quais os prestadores estão submetidos, como realça Zarifian (2000). Pede-se a ele ao mesmo tempo, p. ex., que personalize o serviço e que aumente a padronização (normalização), que aja com autonomia mas também que respeite os procedimentos, que se adapte, mas também que trate de forma igualitária os beneficiários. Cada prestador se vê então levado a ter iniciativas para enfrentar essas contradições, sem que se possa avaliar a eficácia real de suas escolhas, do ponto de vista do sucesso.

A avaliação ergonômica pode então fornecer critérios de sucesso ou pistas de progresso que se apoiam em recomendações elaboradas no quadro de um projeto. Conforme a situação, estas podem se referir em especial:

— à organização do trabalho, seja pela concepção de ferramentas necessárias ao desenvolvimento "técnico" da prestação, mas sem entravar sua dimensão cooperativa, seja por novas formas de organização do trabalho que permitam o recurso a um coletivo em caso de dificuldades, para limitar a carga emocional resultante;

— à organização dos espaços de forma a favorecer o desenvolvimento das interações e limitar os efeitos de estresse relativos à gestão das filas de espera;

— à otimização da formação profissional dos prestadores e a possibilidade de desenvolver as competências tanto dos prestadores quanto dos beneficiários, em situação.

Tal abordagem significa considerar que o sucesso se avalia mais a partir de uma obrigação de meios do que de resultados, e significa incluir na avaliação a maneira como a organização cria, ou não, as condições de sucesso.

Conclusão: perspectivas

Para o ergonomista, trata-se de apreender melhor como os meios técnicos e organizacionais atribuídos ao agente participam no desenvolvimento de sua atividade e servem para finalizar (*em coprodução*) o serviço. Trata-se igualmente, numa perspectiva de desenvolvimento das competências, de apreender melhor como se constroem estas últimas em situação, no âmago da organização, e de definir os dispositivos de acompanhamento para permitir um desenvolvimento necessário para a melhoria dos serviços.

As dimensões da atividade mencionadas acima podem constituir referências para a ação do ergonomista, no que diz respeito tanto à análise quanto à modificação das situações de serviço. Contrariamente ao que mostraria uma análise ergonômica "clássica" centrada apenas no operador, a perspectiva desenvolvida nas abordagens cooperativas e coprodutivas indica que o trabalho de serviço constitui uma atividade complexa, mobilizando simultaneamente no prestador (e numa certa medida em seu interlocutor) diferentes processos sociocognitivos, incluindo aspectos emocionais. Estes requereriam ser mais bem delineados como fatores explicativos das condutas, em especial para discernir o papel dos determinantes emocionais no processo de serviço. Essas constatações implicam que a construção das situações de serviço seja realizada no quadro de um efetivo trabalho coletivo entre a organização, os beneficiários e os prestadores.

Para encerrar, assinalemos, todavia, que uma das evoluções notáveis dos serviços é sua "industrialização" e o desaparecimento da relação direta entre o prestador e o beneficiário. Desenvolvem-se assim serviços à distância, e sobretudo os serviços que se constroem diretamente na casa do beneficiário via ferramentas informáticas. Poder-se-ia crer *a priori* que, à parte a mídia utilizada, o computador, essas situações nada mudam na relação de serviço. Mas, com esses sistemas, o texto assume às vezes importância maior que o diálogo, pelo menos quantitativamente, sob a forma de hipermídia. O tratamento do texto pelo usuário é diferente daquele do diálogo. Em muitos casos, a suposta autonomia do beneficiário não é comparável àquela que ele teria numa interação oral. O beneficiário pode se encontrar sozinho ante documentos múltiplos na tela, verbais, escritos, ilustrados (animações e imagens) e acabar se perdendo num "hiperserviço". Entretanto, trabalhos de ergonomia sobre a concepção desses sistemas apenas começaram a ser feitos (Rouet e Tricot, 1998).

Referências

BANDT, J. de; GADREY, J. Les relations de service: repérages. In: BANDT, J. de; GADREY, J. *Relations de service, marchés de service.* Paris: CNRS, 1994. p.19-21.

BORZEIX, A. Relation de service et sociologie du travail, l'usager: une figure qui nous dérange? In: FOUGEYROLLAS-SCHWEBEL, D. (Ed.). La relation de service, regards croisés. *Cahiers du Genre*, n.28, p.19-48, 2000.

BOUCHEIX, J. M. L'accueil au commissariat de police. In: JOURNÉES d'études: Centre National d'Études et de Formation (CNEF) de la Police Nationale. Gif-sur-Yvette, Fr.: Communauté d'Agglomération du Plateau de Saclay, 1991.

BOUCHEIX, J. M.; PRANOVI, V. *Analyse de l'activité de diagnostic à distance chez des télé-opérateurs experts, en vue de la conception d'une formation professionnelle.* Paris-Dijon: Rapport TELETEC, 2000.

CAROLY, S. Différences de gestion collective des situations critiques dans les activités de service selon deux types d'organisation. *PISTES*, Paris, v.4, n.1, 2002.

COLLINS, J.; COLLINS, M. *Social skills training and the professional Helper.* New York: Wiley, 1992.

COSNIER, J. Les interactions en milieu soignant. In: COSNIER, J.; GROSJEAN, M.; LACOSTE, M. (Ed.). *Soinset communications:* approaches interactionnistes des relations de soins. Lyon: Presses Universitaires de Lyon, 1993. p.17-32.

DAVID, C. (Ed.). *La Relation de service, construire la performance avec le client.* Lyon: ANACT, 2000. (Dossiers Documentaires).

FALZON, P. *Ergonomie cognitive du dialogue.* Grenoble: Presses Universitaires de Grenoble, 1989.

____. Diagnosis dialogue: modeling the interlocutor's competence. *Applied Psychology: an International Review,* v.40, p.327-349, 1991.

FALZON, P.; LAPEYRIÈRE, S. L'usager et l'opérateur: ergonomie et relations de service. *Le Travail Humain,* Paris, v.61, n.1, 1998.

GADREY, J.; ZARIFIAN, P. *L'émergence d'un modèle du service:* enjeux et réalités. Paris: Liaisons, 2002.

GOFFMAN, E. *Asiles:* étude sur la condition sociale des malades mentaux. Paris: Minuit, 1968.

____. *Les rites d'interactions?* Paris: Minuit, 1974.

GUIGNON, N.; HAMON-CHOLET, S. Au contact avec le public, des conditions de travail particulières. *Premières Synthèses,* v.9, n.3, 2003.

HATCHUEL, A. Modèles de service et activité industrielle: la place de la prescription. In: BANDT, J. de; GADREY, J. (Ed.). *Relations de service, marchés de service.* Paris: CNRS, 1994. p.63-84.

HILL, P. On goods and services. *The Review of Income and Wealth,* v.4, p.315-338, 1977.

JOSEPH, I. Le temps partagé: le travail du machiniste receveur. *Sociologie du Travail,* n.1, p.3-22, 1992.

____. *Erving Goffman et la microsociologie.* Paris, PUF, 1998.

JOSEPH, I.; JEANNOT, G. (Ed.). *Métiers du public, compétences de l'agent, espace de l'usager.* Paris: CNRS, 1995.

LACOSTE, M. Les communications de travail comme interactions. In: AMALBERTI, R.; MONTMOLLIN, R. de; THEUREAU, J. (Ed.). *Modèles en analyse du travail.* Bruxelles: Mardaga, 1991. p.191-227.

____. Langage et interaction: le cas de la consultation médicale. In: COSNIER, J.; GROSJEAN, M.; LACOSTE, M. (Ed.). *Soins et communications:* approches interactionnistes des relations de soins. Lyon: Presses Universitaires de Lyon, 1993. p.33-61.

MÁXIME, F.; CERF, M. Apprendre avec l'autre: le cas de l'apprentissage d'une relation de conseil cooperative. *Éducation Permanente,* v.151, p.47-68, 2002.

MAYEN, P. Le processus d'adaptation pragmatique dans la coordination d'une relation de service. In: KOSTUKSKI, K., TROGNON, A. *Communications interactives dans les groupes de travail.* Nancy: Presses Universitaires de Nancy, 1998.

MISPELBLOM, F. Le secret des services: les clients, acteurs autant qu'objets de travail. *Revue Française de Marketing,* v.134, 1991.

NAVARRO, C.; MARCHAND, P. Analyse de l'échange verbal en situation de dialogue fonctionnel. *Le Travail Humain,* Paris, v.57, p.152-175, 1994.

ROCHER, M. *Quand l'aide est un métier.* Paris: INRS, 2000.

ROUET, J. F.; TRICOT, A. *Hypermédia et apprentissages:* approaches cognitives et ergonomiques. Paris: Hermès, 1998.

SOARES, A. Au coeur des services: les larmes au travail. *PISTES,* Paris, n.2, 2000.

SPERBER, D.; WILSON, D. *La pertinence:* approche cognitive de la communication. Paris: Minuit, 1989.

TERTRE, C. du; UGHETTO, P. *L'impact du développement des services sur les formes de travail et de l'emploi.* Paris, Rapport final pour la DARES, 2000.

ULMANN, L.; BURGER, A. (Ed.). La relation de service. *Éducation Permanente*, v.137, 1999.

UGHETTO, P. *Compétences de service:* état des lieux d'une problématique. Paris: IRES, 2002. (Document de Travail n.2-3).

TEIGER, C.; LAVILLE, A.; DESSORS, D.; GADBOIS, C. *Renseignements téléphoniques avec lecture de micro-fiches sous contraintes temporelles:* analyse des exigences du travail et de leurs conséquences physiologiques, psychologiques et sociales. Paris: CNAM, 1977. (Rapport n° 53).

THEUREAU, J. *L'analyse des activités de infirmiers(ères) des unités de soins hospitalières.* Paris: CNAM, 1979. (Rapport n.64).

VALLÉRY, G. *L'ergonomie dans la dynamique d'étude des situations de travail en relation de service, dimensions interactives des activités, perspectives organisationnelles, développement des compétences professionnelles:* habilitation à diriger des recherches. Picardie: Université de Picardie, 2002.

_____. Les relations de service dans des organismes publics: stratégies d'action et de régulation des agents face à l'usager. In: GANGLOFF, B. (Ed.). *L'individu et les performances organisationnelles.* Paris: L'Harmattan, 2000. p.137-151.

VALLÉRY, G.; BONNEFOY, M. A. La relation de service dans les organismes publics à caractère social: entre le dire et le faire de l'agent: les relations de service. *Performances Humaines et Techniques*, v.89, p.15-25, 1997.

VENDRAMIN, P.; VALENDUC, G. *L'avenir du travail dans la société de l'information, enjeux individuels et collectifs.* Paris: L'Harmattan, 2001.

VILLATTE, R. *Le recueil de renseignements socio-éducatifs:* une approche ergonomique des pratiques professionnelles, n.1. Vaucresson: Éditions P.JJ, 1998. (Coll. Études et Recherches – Ministère de la Justice).

WELLER, J. M. *L'État au guichet, sociologie cognitive du travail et modernisation administrative des services publics.* Paris: Desclée de Brouwer, 1999.

ZARIFIAN, P. *Modèles des relations de services.* In: CONGRÈS DE LA SELF, 35., Toulouse, 2000. *Actes.* Toulouse: SELF, 2000.

Ver também

14 – Comunicação e trabalho

35 – O trabalho de mediação e intervenção social

35

O trabalho de mediação e intervenção social

Robert Villatte, Catherine Teiger, Sandrine Caroly-Flageul

Antigamente, bem delimitado pelas duas profissões emblemáticas do *setor social*, que são os "assistentes sociais" e os "educadores especializados", e depois por muito tempo considerado como uma "vaga nebulosa", o campo do social se desenvolveu consideravelmente na última parte do século XX e foi objeto na França, ao longo da última década, de um conjunto importante de trabalhos em diferentes disciplinas. Em ergonomia, o interesse por essa área é igualmente recente, e os trabalhos são ainda pouco numerosos. O que se tentará aqui é situar a contribuição da abordagem ergonômica, identificar as especificidades da atividade de trabalho, suas consequências para a ergonomia, as novas questões às quais esta se vê confrontada, as noções e práticas novas que ela é levada a elaborar, e as perspectivas abertas por esse objeto de pesquisa.

Emergência do tema do trabalho social: contexto e desafios

O trabalho social hoje – Fora da ergonomia, a maioria das pesquisas realizadas nos últimos anos, a partir da constatação de *crises do trabalho social*, visaram recensear ao mesmo tempo os empregos e as qualificações dos profissionais que trabalham nesse setor e identificar as evoluções recentes que permitem antecipar o futuro, em especial em termos de formação e organização das profissões envolvidas, em relação com as "novas necessidades sociais" (Chopart, 2000; Chauvière e Tronche, 2002).

O primeiro resultado refere-se à delimitação e à própria denominação do trabalho nesse setor: propôs-se o abandono da expressão "trabalho social", muito marcada pelas profissões *clássicas* (*assistentes sociais* e *educadores especializados*) em favor da expressão "intervenção social".

O segundo é de ter conseguido tornar um pouco mais rigorosas as definições dos ofícios desse campo, e propor critérios de classificação que permitem reunir *ofícios* dispersos até então pelo INSEE em várias categorias distintas. Na falta de uma definição consensual do trabalho social, as estatísticas oficiais diferenciam atualmente as "profissões sociais" em quatro grupos, em relação a sua missão ou objetivo principal: o cuidado a crianças pequenas, o auxílio, a educação e a animação, e agrupam todas as outras "novas especialidades profissionais" da intervenção social. Ficam excluídas as profissões do setor paramédico, embora exista um movimento que tenta atualmente fazer com que se reconheça a existência da área identificável do "sociomédico-educativo".

Os locais de exercício e de vinculação são múltiplos, sobretudo depois da lei de descentralização (1982). Mas outra característica dos trabalhadores sociais, exceto quanto às babás, empregadas principalmente por particulares, é que pertencem majoritariamente ao setor público: empregados na maioria das vezes pelo Estado, pelas coletividades territoriais (principalmente as municipalidades) e por empregadores privados que são, em geral, associações que funcionam com fundos públicos. Trata-se então não só de atividades de *relação de serviço*, mas também de *serviço público* (Joseph e Jeannot, 1995).

O terceiro resultado é a identificação de algumas características relevantes da evolução recente e futura: a "imprecisão" constatada anteriormente devida às dificuldades conceituais e administrativas de categorização e recenseamento, e, de maneira concomitante, ao aumento vertiginoso dos efetivos e do aparecimento constante, ao lado dos ofícios clássicos, de "novos ofícios do social", com denominações múltiplas e não estabilizadas.[1] Supostamente atendendo às "novas necessidades sociais", essas novas "especialidades profissionais" estão relacionadas em particular à descentralização e às políticas públicas de inserção, de desenvolvimento social, da cidade etc. A maioria desses últimos empregos são ocupados por pessoas que não têm, em geral, o estatuto de titulares e são, portanto, difíceis de identificar em nível nacional.

Por fim, nota-se também, após as crises econômicas das últimas décadas, a emergência de uma dimensão social no exercício do trabalho cotidiano em numerosas situações de relações de serviço, serviços comerciais e/ou serviços públicos que, sem serem serviços sociais, atendem populações em grande dificuldade. Dimensão para a qual os assalariados em geral não estão (ou estão pouco) preparados.

Diversidade das situações de serviço e das práticas do setor social – A diversidade das formas de trabalho da relação de serviço do trabalho social é considerável, pois ela abrange, de fato, vários critérios de diferenciação: a forma jurídica da empresa, o público atendido, as faixas etárias dos "clientes", o serviço imposto (devido a um mandato judicial), os espaços de trabalho e as formas de organização (abrigos, trabalhos de rua...), as situações de transação, os momentos da troca (programados ou não), e as práticas no quadro dos ofícios tradicionais (assistentes sociais, educadores especializados) ou dos "novos ofícios" (vinculados às políticas da cidade e o RMI – Revenue Minimum d'Insertion, por exemplo).

Com o objetivo de apresentar uma atomização menor das práticas do trabalho social, Ion e Tricart (1987) propuseram a seguinte categorização das atividades:

"– atividades de *investigação* para conhecer melhor a situação da clientela ou torná-la conhecida para outros...;

---

[1] Mais de 600 mil assalariados diretamente engajados na relação com um "beneficiário", "cliente" ou "usuário", de acordo com as estatísticas de 1994 (Jaeger, 1997), passa, em 1998, a "cerca de 800 mil profissionais reconhecidos" como trabalhadores sociais (Woitrain, 2000). Essas cifras não indicam o sexo. Ora, sabe-se que "a concentração dos empregos femininos em certos setores de atividade e num conjunto limitado de profissões permanece grande" (Gadrey, 2000): entre os empregos de serviço ainda excessivamente femininos em 1999, os do setor social apresentam 76,6% de mulheres nas "profissões intermediárias da saúde e do trabalho social", 84,8% nas "pessoas prestando serviços diretos a particulares", ao lado dos 81,7% dos "funcionários administrativos em empresas".

Capítulo 35 – O trabalho de mediação e intervenção social **503**

"– atividades de *auxílio:* designa-se assim as ações de todos os tipos efetuados para a clientela que busca as instituições (socorro, habitação, procura de trabalho...);

"– a manutenção de *plantões* onde o essencial é simplesmente estar lá, ouvir, instaurar uma relação, identificar as demandas latentes ou ocultas...;

"– a organização de *atividades* esportivas, recreativas ou culturais (quadras, fins de semana, passeios, festas, visitas, jogos, oficinas, espetáculos...);

"– as ações de *intervenção,* que visam instaurar de maneira transitória ou duradoura instâncias específicas de socialização ou formação;

"– as ações de *mediação* organizada (sobre um dado problema, num dado espaço);

"– os tempos de *autorreflexão* sobre a prática (e, portanto, sobre tudo o que precede...)."

A esses *tempos*, é necessário acrescentar aqueles dedicados ao *trabalho administrativo*: redação de relatórios, informes de visitas ou de observações, de manual de instruções, de montagem de projetos... que com frequência se inscrevem no tempo do acompanhamento das pessoas contatadas.

Além disso, os autores enfatizam que o denominador comum dos trabalhadores sociais é de fato "a prática de relação e a importância da linguagem no domínio desta última. Cotidianamente, o trabalhador social escuta, aconselha, exorta, prescreve, pede, faz falar, traduz, serve de porta-voz, tenta convencer: em suma, ele fala – com os usuários, com seus superiores, com as instituições e com os outros trabalhadores sociais".

Mas os mesmos autores observam que os próprios trabalhadores sociais não se sentem confortáveis com esse esforço *administrativo* de categorização, de formalização... como se o essencial do ofício estivesse justamente no não mensurável, na "presença e no inefável da relação vivida com outrem, seja um indivíduo ou um grupo" (Ion e Tricart,1987).

Os trabalhadores da intervenção social e a ergonomia – Para definir esse setor particular das "mediações e intervenções sociais", pode-se adotar a definição seguinte:

É um conjunto de atividades destinadas a ajudar pessoas em dificuldade socioeconômica a construírem sua capacidade de ação respeitando um sistema de leis, regras e normas de uma dada sociedade. A atividade se exerce diretamente junto aos indivíduos em locais (às vezes) mal circunscritos (a rua...) e consiste em fazer valer junto a esses indivíduos não só seus direitos como também seus deveres, com vistas a engendrar uma mudança em seu comportamento, embora não necessariamente eles procurem isso. Essa atividade requer competências de diagnóstico e de condução de uma relação de caráter educativo. O desenvolvimento dessas competências é em grande parte experiencial e requer que os agentes aprendam a compartilhar suas experiências. Essas atividades se veem ameaçadas de banalização na falta de um reconhecimento dessas competências específicas e pela percepção corrente de que 'qualquer um' pode exercê-las (Cerf e Falzon, 2003).

No que diz respeito à ergonomia, esse campo de intervenção e de pesquisas é recente e ainda pouco elucidado (Pochat, 1999; Rusch-Decourty, 1999). Os trabalhos pioneiros datam do começo da década de 1990 (Villate et al., 1990-1991; Markon, 1992). Atualmente, dispõe-se de uma gama de trabalhos de importância variada, que abordam: os ofícios tradicionais – os primeiros a demandá-los foram os mais bem organizados coletivamente (educadores, assistentes sociais); as situações de atendimento e de aconselhamento (no hospital, em prefeituras, nos tribunais, nos guichês de instituições de caráter social), inclusive num quadro não social (agências de correio, agências EDF/GDF, auxílio telefônico...); os serviços às pessoas (auxílio domiciliar, cuidados às crianças pequenas, mediação); assim, um certo número de publicações coletivas vieram a lume.[2] Mas, por todas as razões indicadas acima, é impossível falar do trabalho social enquanto tal. Portanto, iremos expor aqui, a título de exemplo, as reflexões resultantes de ações ergonômicas realizadas no meio de educadores especializados desde o começo da década de 1990, fazendo referência em certos pontos a resultados obtidos em outras situações de trabalho, a título de comparação.

Abordagem ergonômica dos trabalhadores sociais: demandas e obstáculos – As principais questões em discussão atualmente entre os profissionais desse setor *impreciso* dizem respeito, por um lado, à sua profissionalização,[3] à *qualificação* de seu trabalho, ao reconhecimento de suas competências, seu estatuto, sua formação e o desenvolvimento de sua carreira e, por outro, à definição de sua missão e ao reconhecimento da especificidade e da importância de seu papel na sociedade.

A entrada dos ergonomistas nesse campo foi clássica: uma demanda de compreensão do sofrimento relacionado à carga de trabalho, agregada em torno do termo *burn-out* (Villatte et al., 1990-1991; Pezet et al., 1993; Davidson et al., 1995). Os estudos e pesquisas, embora raros, encadearam-se durante vários anos, o que marca a sua originalidade (Villatte e Caroly, 1996), sob a pressão de uma demanda social intensa que permitiu a ampliação progressiva da problemática, desde a entrada pela *saúde* até a questão da gestão de pessoal e o fato de levar em conta as competências na análise dos saber-fazer próprios desses ofícios e dos itinerários profissionais (Villatte e Brun-Garnier, 1994), passando pela abordagem da carga de trabalho por meio da análise ergonômica das atividades (Caroly-Flageul e Villatte, 1995).

Os obstáculos à abordagem ergonômica no setor social não são apenas financeiros. Outras características do meio da educação especializada, em particular, podem ser fontes de dificuldades para a intervenção ergonômica, por exemplo:

— é um setor (como o hospital) em que ainda é mal visto se queixar enquanto assalariado, ante o sofrimento cotidiano dos "clientes", e em que, portanto, a autocensura está presente;

— as relações hierárquicas são bem singulares: o diretor é na maioria das vezes um antigo colega-educador tratado por "você", certas equipes recusam a própria ideia de que chefes sejam necessários, e algumas, aliás, até os derrubaram... O que não quer dizer que, com frequência, as relações não sejam ferozes, mas que é difícil estabelecer fronteiras de poder claras e, portanto, relações *clássicas* de reivindicação;

---

[2] Cf. ANACT, 1994; *Performances humaines et techniques*, 1997; Ulmann e Burger, 1998.

[3] Essa questão não é exclusiva do trabalho social, ela se coloca no quadro mais amplo dos empregos de serviço (Labruyère, 1999). Ademais, cabe ressaltar que esse tipo de reivindicação é comum em empregos ocupados por mulheres que são aparentemente próximos das atividades domésticas. Esse foi o caso das assistentes sociais na década de 1930 (Morand, 1992), e é o caso atualmente, em particular dos empregos de auxílio domiciliar (Gadrey, 2000) ou das babás (Mozère, 2001).

Capítulo 35 – O trabalho de mediação e intervenção social

— tanto no interior quanto no exterior desse setor, subsiste uma dúvida quanto à legitimidade da caracterização das atividades do social como *trabalho*: "Como que pode ser trabalho gerir uma situação difícil?" Os trabalhadores sociais banalizam enormemente as competências relacionadas à sua gestão da relação, que lhes parecem humanamente *naturais*;

— a prescrição do trabalho é muito imprecisa, bem como os procedimentos, embora se espere de cada interventor social que ele preencha esse vazio, se autoprescrevendo o trabalho, sem se beneficiar de outras referências além daquelas que ele pode emprestar de disciplinas exteriores e referentes a outros níveis de profissionalização e de operacionalidade que não o dele;

— a centração desses profissionais na problemática do *outro* é tal que eles têm, como foi observado em outras situações, muita dificuldade em descrever concretamente seu trabalho. O que para eles é uma desvantagem considerável uma vez que, com a descentralização e as novas exigências de avaliação, deles se exige que demonstrem que o que fazem é útil, se quiserem receber subsídios!

Evolução das demandas dirigidas à ergonomia: o "desgaste profissional" como desencadeador – Embora o termo *burn-out* seja uma importação norte-americana dizendo respeito mais aos profissionais da saúde (Freudenberger, 1970),[4] ele foi popularizado na década de 1990 e amplamente utilizado como expressão de um sofrimento real dos profissionais do setor social. As demandas dirigidas aos ergonomistas organizaram-se então em torno desse conceito de *burn-out*, em seu duplo aspecto: o da carga de trabalho relacional e do sentimento de impotência e fadiga crônica – esgotamento ou desgaste físico e psíquico – que ela acaba provocando, e o do sentido que poderia assumir esse "trabalho social" para a sociedade atual.

Os primeiros estudos franceses sobre o "desgaste profissional", dos quais os ergonomistas participaram foram, de imediato, interdisciplinares, reunindo ergonomistas, psicólogos e médicos (Pezet, Villate, Logeay, 1993; Davidson et al., 1995; Pezet-Langevin, 1997, 2001). Os resultados mostraram claramente que esse sentimento não estava correlacionado nem com a idade, nem com o tempo de serviço das pessoas. O termo "desgaste" devia então ser questionado, já que remete à ideia de efeito natural e inelutável do tempo, do tempo de exposição, quando, ao contrário, era necessário tentar compreender as condições de aparecimento desses fenômenos no trabalho. Isso motivou o desvio pela análise precisa de itinerários profissionais nos quais, concomitantemente, podiam aparecer esses episódios "desgastantes" e as estratégias empregadas para "se livrar deles" e "enfrentá-los" (o *coping* de Lazarus, 1966). A ergonomia, por sua vez, era interpelada para relacionar esses episódios a elementos da situação de trabalho e da dinâmica pessoal (e às vezes institucional) de gestão de sua saúde pelos trabalhadores envolvidos. Paralelamente, surgiu uma questão relativa ao *reconhecimento das competências,* à *profissionalização.* De fato, a falta de reconhecimento do ofício abre o caminho para o desenvolvimento do sentimento de "desgaste".

---

[4] Esse psicanalista americano denominou *Burn-Out Syndrome* o estado de esgotamento que afeta profissionais de saúde muito envolvidos numa relação difícil com toxicômanos, nas então recentíssimas *Free clinics*, mas o problema era conhecido havia bastante tempo: já em 1768 o Dr. Tissot descrevia os prejuízos para a saúde do excesso de obstinação no trabalho.

Objetos e métodos de análise do trabalho social

Apresentaremos sumariamente aqui um certo número de exemplos das quatro ferramentas principais que parecem ser as mais pertinentes nesse setor, onde o que se trata essencialmente é de um trabalho de relação com objetivos, contextos e populações muito diversas:

— *o estudo dos traços da atividade*: análise de agendas, análise dos escritos profissionais;

— *a análise das disfunções* em situação educativa;

— *a observação ergonômica da relação*: diferentes tipos possíveis de levantamentos de atividade;

— *ferramentas reajustadas*: co-observação, auto-observação, questionários, questionamento ergonômico, entrevista de explicitação...

Estudo dos traços da atividade – O trabalho social comporta uma parte importante de atividade de escrita, preenchimento de agendas e redação de escritos profissionais diversos: relatórios, atas de reuniões, preenchimento de dossiês, cadernos de transmissão etc. Para o ergonomista, são fontes de informação muito úteis, a confrontar com o "dizer" e o "fazer" dos profissionais em questão (Valléry e Bonnefoy, 1997).

Análise de agendas: a gestão do tempo. A gestão do tempo é uma dimensão essencial da atividade dos educadores. Pode ser apreendida por seus traços, a análise de agenda. Essa ferramenta só é pertinente se a agenda constitui uma ferramenta central de programação dos horários pessoais, em meio aberto, por exemplo. A análise de agenda então visa sobretudo ter um traço e um suporte para estabelecer uma troca com o(s) trabalhador(es) sobre:

— a utilização do tempo de cada um;

— a estratégia de autoprogramação de seu tempo;

— e a diferença entre o "programado" e o "realizado".

— O método, a utilizar se possível num coletivo, consiste em escolher conjuntamente uma semana-referência (semana S) e fotocopiar a página de agenda correspondendo a essa semana S cada noite (ou quantas vezes for possível) das duas ou três semanas que precedem essa semana S, ou seja, durante S-3, S-2, e S-1, por exemplo. Ao chegar à semana S, prossegue-se com as fotocópias da página todas as noites, para ver as últimas programações. A compilação dos dados dessa semana S para cada membro de uma equipe permite levantar a utilização do tempo e obter uma espécie de orçamento-tempo característico, comparar as diferentes dinâmicas individuais e/ou coletivas de preenchimento da agenda, de gestão da disponibilidade, estudar coletivamente as situações de desprogramação, a confiabilidade dos prognósticos e aquilo que os torna mais ou menos confiáveis etc.

A título de ilustração, num serviço de Action Éducative en Milieu Ouvert – AEMO em subúrbio parisiense (Villate et al., 1990-1991), foi mostrado que em média cada integrante da equipe passava um terço de seu tempo em deslocamentos, e que as equipes reconhecidas como "equipes boas" eram aquelas que podiam combinar agendas com *muita antecipação* com agendas *disponíveis* até o último momento; o que remete à gestão das cargas e dos compromissos familiares! Percebeu-se também a existência de *séries-catástrofes*, nas quais

Capítulo 35 – O trabalho de mediação e intervenção social

uma disfunção inicial (um compromisso em que foi preciso esperar) produziu uma ou várias outras em cascata, acarretando estresse no fim das contas!

Estudo dos escritos profissionais, testemunhos da "atividade reconstruída". Outros traços da atividade são fornecidos pelos escritos profissionais (p. ex., "cadernos de transmissão", relatórios transmitidos ao juiz, relatório de atividade...). A abordagem ergonômica considera esse traços como testemunhos parciais e *reconstruídos a posteriori* (por triagem, extração) de outras atividades (observações, diagnósticos, oficinas...) e investiga as relações entre essas diferentes atividades.

Análise das disfunções: os fatores de risco para a atividade de intervenção social – As situações de trabalho do setor social apresentam disfunções inesperadas, não usuais, de um tipo diferente daquelas das situações industriais clássicas, uma ação violenta de um jovem, por exemplo. No entanto, pudemos demonstrar que a elas se adapta bem o método de análise das disfunções chamada "árvore das causas", do mesmo modo que no setor hospitalar (Villatte et al., 1993). O interesse dessa abordagem é revelar os afastamentos no processo habitual de trabalho observados com as ferramentas da ergonomia (*naquele dia, com aquele jovem*) e, portanto, poder identificar o conjunto dos elementos que participaram da produção dessa disfunção: não só aqueles relativos à gestão da relação, mas também os elementos materiais e organizacionais. Permite sobretudo empreender a busca *em comum* das soluções, uma vez que a análise é feita de acordo com os princípios desse método, evitando a "falha de atribuição", muito frequente nesse meio, em que a vítima não raro atribui a si toda a responsabilidade da disfunção (Villatte, 1998, 1999)!

Levantamentos de atividades para as situações de relação: quais as variáveis a observar? – A observação *in situ* da atividade dos operadores é central na abordagem ergonômica. No caso do trabalho do setor social, a questão dos observáveis pertinentes está relacionada com as atividades de relação, em particular nas situações de entrevista. O levantamento e a categorização desses observáveis constituídos pelas trocas verbais representam a maior parte dos dados dessa observação ergonômica.

Métodos clássicos "ajustados" ao trabalho de intervenção social? – O ajustamento de outros métodos é necessário para dar conta dos requisitos específicos dessas situações de trabalho às vezes confidenciais, ou quando os constrangimentos de tempo que pesam sobre o estudo são muito grandes, e, de modo mais geral, com o objetivo de aumentar a implicação dos profissionais envolvidos pelo estudo numa ótica de busca-ação.

Co-observação, auto-observação. Por razões econômicas (solvência das instituições) e por razões de possíveis interferências perturbadoras do observador na situação, revelou-se às vezes necessário inventar meios simples de *auto-observação* ou de *co-observação* das atividades de trabalho pelos próprios interessados, por exemplo:

— em *situação de entrevista*: pedir a um educador estagiário, cuja presença é permitida, que anote sistematicamente as trocas e/ou eventos que ocorrem ao longo da entrevista, para uma exploração ulterior com o ergonomista (Villatte et al., 1990-1991);

— em *situação de animação* de um grupo de pessoas com necessidades especiais numa oficina do Centre d'Aide par le Travail – CAT, o monitor, que tem pouco tempo, aceita anotar num Post-It, cada vez que ele passa por seu escritório, a hora e a natureza da atividade que está empreendendo: atender ao telefone, dar uma instrução, efetuar ele mesmo um trabalho que as pessoas não podem realizar numa dada situação... Esses Post-Its são recolhidos e depois tratados de forma a reconstruir uma crônica de suas atividades e a caracterizar cada uma delas, conforme se trate de atividades *normais*, de atividades *interrompidas* ou de atividades *potencialmente realizáveis* sob certas condições pelas pessoas com necessidades especiais (Villatte, 1995).

Questionários. Embora os questionários por escrito não substituam a observação direta das atividades de relação, vale ressaltar que sua utilização é bastante útil numa perspectiva de validação dos fenômenos observados em alguns casos, bem como para a abordagem do vivenciado. Cabe lembrar ainda o interesse de construir questionários após observações parciais, mas também o de utilizar questionários padronizados, dos quais o essencial já foi validado de acordo com os padrões estatísticos, para efetuar comparações entre várias populações significativas.

Formas de entrevistas. Já faz tempo que se coloca para os ergonomistas a questão de saber como suscitar e colher melhor a expressão dos trabalhadores sobre sua atividade. Mencionamos aqui três métodos, que permitem a construção de ferramentas diversificadas e adaptadas aos contextos particulares dos trabalhadores desse setor.

O *questionamento ergonômico* (Teiger, 1993) visa provocar uma atividade reflexiva individual e coletiva que permite a expressão do operador sobre as diferentes dimensões do trabalho efetivamente realizado, mas reconstituído passo a passo à distância desse trabalho, quando a observação direta é impossível, ou por ocasião de uma reflexão coletiva. É centrado no que o operador efetivamente faz, seus raciocínios, decisões, ações, de modo a decompor as operações mentais e físicas para efetuar a tarefa, e isso com o objetivo de compreender a complexidade, os compromissos, as estratégias, os diferentes esforços e as consequências vivenciadas. O papel do ergonomista é pedagógico, é seu objetivo que, progressivamente, o coletivo reunido assuma o questionamento, mesmo e sobretudo quando não se trata de um trabalho *compartilhado*, chegando assim a uma confrontação dinâmica de pontos de vista. O método da *análise coletiva do trabalho,* inspirado nesse tipo de prática, é destinado mais a um grupo de trabalho *homogêneo* (Ferreira, 1993).

A *entrevista de explicitação* (Vermersch e Maurel, 1997), geralmente individual, visa colocar o interlocutor em situação de evocação de uma atividade real bem especificada, de maneira que ele descreva seu lineamento e os raciocínios associados. Esse processo é particularmente útil para analisar situações raras (incidentes, ações violentas) ou nas quais a presença do observador é potencialmente perturbadora (relação de uma psicomotricista com uma criança perturbada).

As *entrevistas situadas* consistem em associar várias modalidades: por exemplo, começar uma entrevista sobre a atividade em sala de reunião para ir prossegui-la, completá-la, reencená-la nos locais de trabalho (Villatte, 1995), inclusive sob a forma de "autoconfrontação" (Theureau e Pinsky, 1983).

Propostas para uma caracterização das atividades de intervenção social

Desafios de uma abordagem ergonômica para os trabalhadores sociais – A abordagem ergonômica assume a direção contrária das tradicionais "análises da prática"

Capítulo 35 – O trabalho de mediação e intervenção social

usuais nos meios do trabalho social, em particular no dos educadores aqui considerados. Estas se voltam ou para a compreensão do caso a tratar, da situação exposta pelo *beneficiário* e relatada pelo educador, ou então para a reflexão e análise do que o caso desencadeia ou mobiliza no educador. Esse tipo de análise tem sua utilidade, mas deveria dar espaço a uma abordagem ergonômica que se centra sobretudo na atividade real e situada do educador (p. ex., a condução de entrevista com uma família...): os problemas que ele precisa resolver, as características dos seus questionamentos, o que ele observa no contexto, em seu interlocutor... e, em particular, o fato de levar em consideração o quadro temporal, no qual ele efetua seus atos e com o qual ele pode ter maior ou menor margem de manobra. Trata-se de restituir a inscrição temporal das ações (prioridades, prazos, tempo dedicado a cada ação num dia, interrupções...) e os tratamentos cognitivos subjacentes aos atos cotidianos.

Essa abordagem assume também a direção contrária dos *métodos quantitativos* que visam avaliar esses atos numa perspectiva em grande medida inspirada no taylorismo, governada pela ideia de comparar as pessoas ou as situações e, *in fine*, alocar pessoas ou listar os melhores profissionais com o auxílio de indicadores construídos a partir dessas reduções quantitativas. Tal tendência se propaga cada vez mais na área da saúde, onde uma patologia se resume num conjunto de atos de uma duração média, o que permite comparar as "produtividades" dos diferentes hospitais!

A abordagem ergonômica assume, por fim, a direção contrária do que chamaremos de "a estratégia do silêncio" consistindo, para os trabalhadores sociais, em se recusar a *prestar contas* de sua prática concreta, ou permitir sua observação. Com efeito, realizada com a concordância das pessoas observadas e com base em garantias rigorosas, a abordagem ergonômica se propõe a prestar contas do que se passa, de fato, tanto na situação quanto na cabeça do educador (porém com modéstia!), e não *em média ou em geral*, mas naquele dia, naquela situação... E, se é compreensível a prudência dos educadores ante um risco de intrusão, eles correm um risco ainda maior: o da opacidade, ante a qual os responsáveis por decisões só podem desenvolver a incompreensão, então a dúvida e por fim a restrição dos meios!

Situações de ações características – A observação e a análise ergonômicas de uma centena de sequências de atividades de trabalhadores sociais permitiram discernir, de maneira indutiva, constantes, sistemas mobilizadores de competências particulares que abrangem o que Daniellou e Garrigou (1993) denominam "situações de ação características" (SAC), que seriam próprias das atividades do trabalho social. Trata-se de cinco situações-esquemas, resumindo o que está em jogo nas condutas profissionais em situação de relação (com "clientes", colegas, interlocutores institucionais...). Essas SAC podem estar presentes em cada modalidade de exercício do trabalho social, mas com uma intensidade e em configurações diferentes conforme o caso.

Gestão simultânea de atos técnicos e iniciativas educativas múltiplas, faladas ou agidas. Por "atos técnicos", deve-se entender, conforme as especialidades sociais e as circunstâncias, os atos que integram a especialidade (enfermagem, p. ex.: levantar o doente acamado, higiene...), bem como os atos administrativos (manipulação de impressos a preencher, formulários...) ou aqueles que são parte da técnica constituindo o suporte da educação (atividades esportivas, culturais...).

O "educativo" refere-se a tudo o que é parte da estratégia educativa, do desenvolvimento da autonomia da pessoa, de suas capacidades de refletir sobre sua situação... o que se dá, na maioria dos casos, por meio das falas do trabalhador social.

Uma higiene, por exemplo, não é apenas uma sucessão de atos técnicos de cuidados de limpeza, mas também a gestão da combinação de iniciativas educativas imbricadas nesses atos técnicos, combinação que é tributária de um diagnóstico e um prognóstico sobre sua pertinência. Trata-se de um momento privilegiado mas crítico da relação, durante o qual se exercem, paralelamente aos cuidados, atividades "dissimuladas" de diagnóstico do estado do paciente e de apoio psicológico, e também um "trabalho afetivo" destinado a gerir o modo de cooperação esperado do paciente, como se pôde também observar em outras atividades de cuidados às pessoas (Cloutier et al., 1999).

O termo "gestão" significa aqui uma competência particular em *articular essas ações no tempo,* ou seja, em inscrevê-las num quadro temporal mais ou menos rígido, em decidir a cada instante o que é preciso fazer em ambos os campos. É, aliás, nessa dimensão temporal que se coloca a questão do *ofício.*

Um trabalho permanente de "diagnóstico operativo", ante a incerteza. Uma iniciativa educativa só *funciona* se está adaptada à situação do interlocutor, aqui e agora. É preciso, portanto, que o educador construa para si permanentemente um diagnóstico pertinente sobre o "beneficiário-usuário...". Esse diagnóstico é a condição para a ação seguinte, pode-se falar em "diagnóstico operativo" do educador, que se constrói por processos de extração, o que pressupõe modelos de referência, conhecimentos, condutas e estratégias que permitam extrair da interação em curso as informações pertinentes.

Como se trata de um trabalho "sobre o humano", não existe ciência educativa absoluta, nem conhecimentos seguros ou nosologia precisa. Os conhecimentos da área estão em constante evolução, e se trata, portanto, de *trabalhar com a incerteza* e agir à margem de um sistema humano complexo mas com modalidades variáveis conforme o caso: o trabalho em residências se diferencia, por exemplo, do trabalho em meio aberto. Lida-se aí com um ponto crucial da constituição dos ofícios e profissões (Dubar e Tripier, 1998).

Um trabalho de equipe: construção contínua de um "Referencial Operativo Comum – ROC". Duas dimensões desse trabalho coletivo devem ser enfatizadas. A primeira é que o trabalho de todos os educadores que se revezam junto a uma mesma pessoa deve ser coerente com um projeto comum e assegurar uma certa *continuidade da ação* educativa. Quando se trata de um trabalho de equipe, o diagnóstico é objeto de compartilhamento, de confrontação, de discussão, para que se chegue, se possível, a um "Diagnóstico Operativo Comum – DOC": o compartilhamento de um diagnóstico entre educadores é algo para todos os momentos, e não só durante as reuniões ditas de *síntese*, como mostram todas as nossas observações; por meio das trocas, pouco a pouco se constrói coletivamente esse "ROC", segundo a expressão de Chabaud (1990, p. 182), ou "regras do ofício", segundo a de Cru (1995) em relação aos mestres canteiros (*tailleurs de pierre*). Esse processo coletivo *espontâneo* revela-se indispensável nos ofícios onde a prescrição é vaga e incide mais sobre os resultados do que nos procedimentos e meios.

A segunda dimensão está relacionada ao fato de que a equipe (no mínimo o binômio) nunca está dada de imediato, nem mesmo codificada pela profissão, como pode ser o caso em outros ofícios. É preciso "trabalhar" na constituição de uma equipe, o que consome energia, não só em termos de trocas de informações e de estratégias de ação, mas também

Capítulo 35 – O trabalho de mediação e intervenção social

em termos de elaboração de *compromissos* em níveis muito profundos: os valores, as crenças, as escolas de pensamento, as visões de mundo que sustentam essas práticas.

Um trabalho de tradução e de convicção. O educador precisa construir um "diagnóstico operativo comum", incessantemente atualizado e compartilhado com os colegas, mas cada vez mais ele também precisa *compartilhá-lo, vendê-lo* para outros interlocutores, para obter os meios de sua ação e desenvolver uma parceria eficaz. Trata-se, por exemplo, de interagir com o juizado de menores, com os agentes da proteção materno infantil, com a escola, com a residência, com a família de acolhimento, o professor principal, o/a assistente social do setor etc. Constata-se:

— a multiplicação desses atores, interlocutores dos educadores;

— às vezes, sua pouca cultura na área educativa (interlocutores mais ingênuos ou mais distantes das lógicas e do vocabulário comum aos educadores);

— suas lógicas de ação às vezes distantes daquela das instituições educativas e dos educadores;

— o que está em jogo como pano de fundo dessas trocas: além da coerência da ação, o reconhecimento profissional e os financiamentos e, portanto, a perenidade da ação.

Nesse sentido, chega-se bem além de uma simples tradução, tratando-se mais de uma argumentação numa *perspectiva formativa* tornando-se mais *arriscada* ao longo do tempo, de acordo com a conjuntura.

Gestão da implicação afetiva na relação. Todos os estudos sobre o assunto são unânimes: todo profissional da intervenção social está implicado em transações interpessoais e enfrenta situações mais ou menos difíceis, que abalam em maior ou menor grau, por sua natureza e/ou repetição, os componentes emocionais de seu equilíbrio psíquico, do mesmo modo como acontece com os profissionais da saúde (Villatte et al., 1989). Esse fenômeno, marcado em todos os setores do social, inclusive nas situações de atendimento *simples*, afeta em particular os educadores. É por isso que são ensinados a gerir a "boa distância" em relação ao interlocutor: distância nem grande demais (frieza próxima do desinteresse perceptível pelo interlocutor), nem muito próxima (risco de uma implicação afetiva excessiva numa relação que poderia então perder seu caráter profissional e "fazer sofrer"). Para auxiliá-los nisso, os educadores podem se beneficiar de sessões de suporte onde cada um é convidado a fazer um "trabalho sobre si", com a ajuda de especialistas (Pezet-Langevin, 2001). Esse "trabalho sobre si" é efetivamente um trabalho, que consome energia, tempo e pode ir além do horário legal de trabalho. "O trabalho nos dá trabalho, mesmo em casa!", ouve-se da boca desses profissionais.

Muitos trabalhos de psicologia e psicopatologia esclarecem essa dimensão. Outros estudos, em sua maioria sociológicos, evidenciam um outro aspecto dos efeitos das "exigências afetivas" na relação de serviço: as estratégias que consistem, para os profissionais da relação de auxílio, em suscitar no "beneficiário", provocando nele as emoções apropriadas, o estado afetivo que permite fazer um trabalho eficaz, para melhor responder às suas necessidades ou melhor se livrar delas (Ferguson-Bulan et al., 1997).

Enquanto ergonomistas, a articulação do cognitivo e do afetivo na atividade de trabalho nos diz respeito uma vez que essa realidade da relação com o outro no trabalho exige ser reconhecida e requer que seja bem compreendida sua relação com certos aspectos da organização e das condições de trabalho que são particularmente perturbadores ou, ao contrário, que podem ser suportes para uma implicação emocional satisfatória, um "engajamento agradável" no trabalho (Koufane et al., 2000). Assim, aspectos ainda pouco levados em consideração nas organizações do setor social precisam ser ressaltados:

— *a inscrição temporal* da *gestão* dessa boa distância em vários horizontes, no imediato da entrevista, na restituição que dela se pode fazer (em reunião, por exemplo), na duração/frequência (encontro único, encontros ocasionais, ou, ao contrário, inscrição no cotidiano), e fora do trabalho (invasão, lembrança, sonhos e preocupações profissionais);

— *as interferências (felizes ou perturbadoras) do afetivo no cognitivo na realização da tarefa*: facilitação e reforço da escuta, ou, ao contrário, deformação, distorção, perturbação da troca, indiferença, agressividade contra o interlocutor...;

— *a dificuldade em atribuir palavras às competências relativas a essa gestão,* inerente nesse tipo de "trabalho";

— *a presença ou ausência de um coletivo de trabalho,* no qual é possível efetuar trocas sobre as dificuldades encontradas, é um fator determinante, ressaltado por vários autores de estudos sobre esse setor (Caroly e Scheller, 1999), bem como em outros meios de trabalho (Mhamdi, 1997).

Trabalho de intervenção social e relação de serviço – O trabalho de intervenção social faz parte, de modo mais amplo, das relações de serviço. Os primeiros trabalhos que as abordam foram categorizados por Falzon e Lapeyrière (1998, 78) conforme o lugar que dão ao usuário: ausente, fator das condições de trabalho, objeto do trabalho ou parceiro de uma situação de trabalho cooperativa de "coprodução" (Gadrey e De Bandt, 1994). Atualmente, é necessário discriminar com maior precisão as atividades de serviço com finalidade comercial ou administrativa e aquelas com finalidade psico-sócio-educativa (Gonzalez et al., 2001). Além disso, o estudo dos trabalhadores do setor de cuidados a domicílio sugere a identificação, na relação de serviço, de três polos principais de orientação da atividade e das estratégias de trabalho, referindo-se a três "mundos" heterogêneos que se ignoram, mas estão em interação: o polo do "objeto" do trabalho (o *beneficiário* do serviço em seu ambiente), o polo da instituição à qual pertence (administradora do serviço e organizadora do trabalho com seu ambiente e sua missão social: serviço público, organismos de saúde...), o polo do "si" (a própria pessoa com estratégias refinadas de "proteção de si" e simultaneamente de engajamento para poder *durar* nesse tipo de trabalho, ante constrangimentos e recursos diferentes, ou mesmo contraditórios) (Teiger et al., 1998).

É nesse ponto que a experiência desempenha um papel essencial na proteção da saúde física e mental (Caroly, 1997; Cloutier et al., 1999).

Ação do ergonomista no setor da intervenção social: desafio de profissional, responsabilidade de cidadão

Uma sociedade moderna não pode prescindir de profissionais especializados no trabalho social. Ela não tem necessidade que eles sofram por isso. Conjuntamente com outras abordagens, a ergonomia fornece, por um lado, pistas de soluções de proteção e desenvolvimento da saúde, inclusive da "saúde cognitiva" (Falzon, 1996), enquanto, por

Capítulo 35 – O trabalho de mediação e intervenção social

outro, sua preocupação com a eficácia produtiva auxilia consideravelmente os atores na procura de soluções relativas a vários determinantes da situação, não só, como se vê com excessiva frequência, dependendo das únicas forças pessoais dos indivíduos o cuidado de prevenir e superar o risco profissional de desgaste. Quanto a isso, o ergonomista pode implementar, com outros, eventualmente:

— uma "formalização da ação" para descrever o trabalho social de maneira apropriada, que começa a entrar nos hábitos profissionais;[5]

— uma avaliação quantitativa do sentimento de desgaste (utilização do Maslach Burn-out-Inventory – MBI);[6]

— uma leitura dos itinerários profissionais que permita caracterizar os estilos de gestão do desgaste e situar a responsabilidade das instituições na gestão preventiva dos riscos (*Gestion Previsionnelle Participative et Ressources Humaines* – GPPRH, avaliação da carga de trabalho, gerenciamento...)

— um auxílio à identificação dos fatores organizacionais agravantes ou facilitadores;

— um acompanhamento das instituições na busca de soluções, em particular organizacionais.

Recrimina-se com frequência a abordagem ergonômica por *magnificar o existente*, ao mostrar o quanto o trabalho real é complexo e o quanto a competência invisível dos operadores é grande, e de só motivar a mudança quando o trabalho pesa demais sobre os assalariados! Ora, o setor que nos interessa aqui caracteriza-se justamente por um questionamento perpétuo, e cultiva uma aversão à rotina. Admirar o existente não irá contribuir para o engessar em procedimentos, esterilizando assim a invenção e a adaptação permanente que a ação educativa exigiria? Duas dimensões devem ser lembradas aqui:

— por um lado, a ergonomia sempre esteve *impulsionada* por uma finalidade de "eficácia produtiva", conjugada a objetivos de saúde, senão já teria desaparecido há muito tempo. Isso quer dizer que, com as exigências crescentes do controle pela sociedade desse "trabalho" e de sua eficácia produtiva, devido aos custos que acarreta, *um debate social e político* deve ser integrado na evolução do setor social, pois é também o que dá a esse trabalho sentido e finalidade;

— por outro lado, a abordagem ergonômica enfatiza muito a necessidade de integrar o fato de que, na relação de serviço, o interlocutor é um *ator*, nela desenvolve uma ação que é, em si mesma, dependente de determinantes a montante que é preciso analisar, e isso ainda mais por estarem em modificação.

Há aí um fermento de evolução e de mudança que tem como originalidade recompor a articulação entre uma discussão cidadã e o fato de se levar em consideração a realidade do trabalho concreto.

---

[5] Incitações análogas provêm de vários setores: sociológicas (cf. Trepos, 1992, e a formalização das técnicas de educadores), clínicas (cf. a abordagem clínica na avaliação da ação social em Favard-Drillaud, 1991), administrativas (cf. a abordagem GPPRH baseada no fato de levar em consideração as competências), ou internas ao setor social (cf. Chauvière e Tronche, 2002, com o tema "Qualificar o trabalho social").

[6] Cf. Pezet *et al.* (1993); Pezet-Langevin (1997).

Por fim, é precisamente a frequentação ergonômica do setor social que coloca os ergonomistas ante suas responsabilidades sociais! Porque é com a realidade dos mecanismos de exclusão que a empresa "comum" de fato exerce que os trabalhadores sociais lidam quotidianamente. A questão de Alain Wisner (1971), "A qual homem o trabalho deve ser adaptado?", é mais que nunca pertinente e assume o aspecto de uma reflexão cidadã sobre a exclusão social, sabendo que "o risco social de exclusão é em parte um risco que se forma *na* empresa" (Gollac e Volkoff, 2000). A cultura ergonômica precisa se impregnar dessa preocupação geral.

Referências

ANACT Organisation et Compétences. La relation de service. Dossier: La relation de service dans toutes ses dimensions. *Le mensuel de l'ANAT*, n.191, p.11-21, 1994.

CAROLY, S. *Vieillissement et expérience:* analyse de l'activité dês éducateurs en foyer. Paris: École pratique des Hautes Études, Mémoire de DEA d'ergonomie, 1997.

CAROLY, S.; SCHELLER, L. Expérience et compétences des guichetiers de la poste dans leurs rapports à la règle. CONGRÈS DE LA SELF, 34., Caen, 1999. *Actes.* Caen: SELF, 1999. p.221-229.

CAROLY, S.; VILLATTE, R. *Compétences, risque d'usures et usures:* des itinéraires professionnels à gérer. Savoie: Chez l'auteur, 1995. (L'exemple de la sauvegarde de l'enfance de l'Isère; Rapport remis à la DRTEFP Rhône-Alpes).

CERF, M.; FALZON, P. *Introduction:* à les relations de service en ergonomie (à paraître). [S.l.]: [s.n], 2003.

CHABAUD, C. Tâche attendue et obligations Implicites. In: DADOY, M. et al. (Coord). *Les Analyses du travail:* enjeux et formes. Paris: CEREQ Éditions, 1990. p.174-182.

CHAUVIÈRE, M.; TRONCHE, D. (Ed.). *Qualifier le travail social:* dynamique professionnelle et qualité de service. Paris: Dunod, 2002.

CHOPART, J. N. (Ed.). *Les mutations du travail social:* dynamique professionnelle et qualité de service. Paris: Dunod, 2000.

CLOUTIER, E.; DAVID, H.; TEIGER, C.; PRÉVOST, J. Les compétences des auxiliaires familiales et sociales expérimentées dans la gestion des contraintes de temps et des risques de santé. *Formation et Emploi*, Paris, n. 67, p.63-75, 1999.

CRU, D. *Règles de métier, langue de métier:* dimension symbolique au travail et démarche participative de prévention. Paris: Mémoire pour lê diplôme de l' École pratique des Hautes Études,1995.

DANIELLOU, F.; GARRIGOU, A. La mise en oeuvre des représentations passées et des situations futures dans la participation des opérateurs à la conception. In: WEILL-FASSINA, A.; DUBOIS, D.; RABARDEL, P. (Coord.). *Représentations pour l'action.* Toulouse: Octarès, 1993. p.295-309.

DAVIDSON, J. C. et al. *L'usure professionnelle des travailleurs sociaux:* une triple approche: psychologique, ergonomique et psychodynamique. Paris: INPACT, 1995.

DUBAR, C.; TRIPIER, P. *Sociologie des professions.* Paris: Colin, 1998.

FALZON, P. Posface. In: DANIELLOU, F. (Ed.). *L'ergonomie en quête de ses principes.* Toulouse: Octarès, 1996.

FALZON, P; LAPEYRIÈRE, S. L'usager et l'opérateur: ergonomie et relations de service. *Le Travail Humain,* Paris: v.61, p.69-90, 1998.

Capítulo 35 – O trabalho de mediação e intervenção social

FAVART-DRILLAUD, A. M. *L'évaluation clinique en action sociale*. Paris: Érès, 1991.

FERGUSON-BULAN, H.; ERICKSON, R. J.; WHARTON A. S. Doing for others on the job: The affective requirements of service work, gender and emotional well-being. *Social Problems*, v.44, p.235-256, 1997.

FERREIRA, L. L. L'analyse collective du travail. In: RACCIOTTI, D.; BOUSQUET, A. (Coord.). *Ergonomie et Santé*. Genebra, M+H éd., 1993. p.259-261.

FREUDENBERGER, H. J. Staff burn-out. *Journal of Social Issue*, v.30, p.159-165, 1970.

GADREY, J.; DE BANDT, J. De l'économie des services à l'économie dês relations de service. In: DE BRANDT, J.; GADREY, J. (Ed.). *Relations de service, marchés de service*. Paris: CNRS, 1994. p.11-17.

GADREY, N. *L'emploi féminin:* des évolutions contrastées (communication personnelle). Paris: L'Harmattan, 2000.

GOLLAC, M.; VOLKOFF, S. *Les conditions du travail*. Paris: La Découverte, 2000.

GONZALEZ, G. R. E.; CLAIRE-LOUISOR, J.; WEILL-FASSINA, A. Les activités d'intervention psychosocio-éducatives: une catégorie spécifique de relation de service. CONGRÈS DE LA SELF, 36., Montreal, 2001. *Actes*. Montreal: SELF, 2001. p.76-82.

ION, J.; TRICART, J. P. *Les travailleurs Sociaux*. Paris: La Découverte, 1987.

JAEGER, M. *Guide du secteur social et médico-Social*. Paris: Dunod, 1997.

JOSEPH, I.; JEANNOT, G. (Coord.). *Métiers du public:* les compétences de l'agent et l'espace de l'usager. Paris: CNRS, 1995.

KOUFANE, N.; NEGRONI, P.; VION, M. La santé des agents d'accueil. Lês effets de la nouvelle organisation du travail. *Cahiers de Notes Documentaires Hygiène et Sécurité du Travail*, n.179, p.75-81, 2000.

LABRUYÈRE, C. La professionnalisation des emplois de service. In: HEURGON, E.; STATHOPOULOS, N. (Coord.). *Les métiers de la ville. Les nouveaux territoires de l'action collective*. Paris: Éditions de l'Aube, 1999. p.320-328.

LAZARUS, R. S. *Psychosociological Stress and coping process*. New York: McGraw-Hill, 1966.

MARKON, P. L'ergonomie au service des éducatrices et des éducateurs. *Petit à petit*, Publication de l'Office des services de garde à l'enfance, Québec, v.11, n.4, 1992.

MHAMDI, A. Activité de réflexion collective assistée par vidéo: activité constructive de nouveaux savoirs. In: CONGRÈS DE LA SELF, 32., Lyon, 1997. *Actes*. Lyon: SELF, 1997. p.355-365.

MORAND, G. *Identité professionnelle et formation permanente des assistantes sociales*. Paris: Bayard, 1992.

MOZÈRE, L. Comment se configurent les compétences dans un métier au féminin? Le cas des assistantes maternelles. *Recherches féministes*, v.14, p.83-114, 2001.

PERFORMANCES humaines et techniques. *Dossier:* Les relations de service, n.85, p.5--43, 1997.

PEZET, V.; VILLATE, R.; LOGEAY, P. *De l'usure à l'identité professionnelle:* le burn-out des travailleurs sociaux. Paris: TSA Éditions, 1993. (rééd. 1996).

PEZET-LANGEVIN, V. *Le stress au travail:* des déclarations à l'observation des comportements (le syndrome de burn-out chez les travailleurs sociaux). 1997. Thèse (Doctorat) – Université Paris X- Nanterre, Psychologie.

____. Le burn-out, comme manifestation aiguë du stress professionnel. In: NEBOIT, M.; VEZINA, M. (Ed.). *Santé au travail:* le stress professionnel. Paris: PUF, 2001. chap. 6.

POCHAT, A. *La relation d'aide est-elle une chimère?* ou faisabilité de l'analyse ergonomique de l'activité des travailleurs sociaux. Paris: Laboratoire d'ergonomie du CNAM, 1999. (Mémoire de Cycle C).

RUSCH-DECOURTY, P. *Jalons pour une ergonomie du travail social:* l'activité des assistantes sociales polyvalentes. Paris: CNAM, 1999. (Mémoire de cycle C).

TEIGER, C. Représentation du travail, travail de la representation. In: WEILL-FASSINA, A.; DUBOIS, D.; RABARDEL, P. (Coord.). *Représentations pour l'action.* Toulouse: Octarès, 1993. p.331-344.

DUBOIS, D.; CLOUTIER, E.; DAVID, H.; PRÉVOST, J. Apprendre à parler de apprendre en parlant de son travail. Le rôle des dispositifs socialement construits: la restitution collective des résultats de recherché. In: LAZAR, A. (Coord.). *Langage(s) et travailn:* enjeux de formation. Paris: INRP/CNAM/CNRS, 1998. p.352-357.

THEUREAU, J.; PINSKY, L. Action et parole dans le travail infirmier. *Psychologie Française*, v.28, p.255-264, 1983.

TISSOT, S. A. *De la santé des gens de lettres.* Paris: Editions de La difference, 1991.

TREPOS, J. Y. *Sociologie de la compétence professionnelle.* Nancy: PUN, 1992.

ULMANN, A. L.; BURGER, A. (Coord.). La relation de Service. *Éducation Permanente,* v.137, n.4, 1998.

VALLÉRY, G.; BONNEFOY, M.-A. La relation de service dans des organismes publics à caractère social: entre le dire et le faire de l'agent. *Performances Humaines et Techniques*, n.98, p.15-25, 1997.

VERMERSCH, P.; MAUREL, M. *Pratique de l'entretien d'explicitation.* Paris: ESF, 1997.

VILLATTE, R. *Formation-action de 35 moniteurs d'atelier de CAT de la région Champagne Ardennes à l'approche ergonomique des situations de travail et de l'encadrement en CAT.* Savoie: Chez l'auteur, 1995.

____. *Le recueil de renseignements socio-éducatifs:* une approche ergonomique des pratiques professionnelles. Vaucresson: Éditions PJJ, 1998. (Études et Recherches, n.1, Ministère de la Justice).

____. *Formation d'éducateurs de la Protection judiciaire de la jeunesse.* La violence au Travail. Savoie: Chez l'auteur, 1999.

VILLATTE, R.; BRUN-GARNIER, E. *Étude des itinéraires professionnels de travailleurs sociaux à la sauvegarde de l'enfance et de l'adolescence.* Savoie: Chez les auteurs, 1994.

VILLATTE, R.; CAROLY, S. Cinq études-actions dans les sauvegardes pour une GPPRH adaptée aux acteurs et aux besoins du secteur médico-social: contribution des chargés d'études. RENCONTRE RÉGIONALE, 3., Lyon, 1996. Lyon, Chez les auteurs, 1996.

VILLATTE, R.; GADBOIS, C.; BOURNE, J.-P.; VISIER, L. *Pratiques de l'ergonomie à l'hôpital:* faire siens les outils du changement. Paris: Interéditions, 1993.

VILLATTE, R.; LOGEAY, P.; MABIT, A.; PICHENOT, J. C. *Les soignants et la mort. Étude de psychopathologie du travail et implications sociopédagogiques.* Paris: MIRE, 1989. (RAPPORT, 1989/10, FRA, FRE).

VILLATTE, R.; PEZET, V., LOGEAY, P. *Étude de la charge psychique des éducateurs.* Paris: MRES, 1990-1991. (Rapport pour la MRES).

WISNER, A. *À quel homme le travail doit-il être adapté?* Paris: Laboratoire de physiologie du travail-ergonomie du CNAM, 1971. (Rapport n.22).

WOITRAIN, E. *Les travailleurs sociaux en 1998:* environ 800.000 professionnels reconnus. Paris: DREES, 2000. (Ministère de l'Emploi et de la Solidarité, Études et résultats, n.79, p.1-8, 2000).

Ver também:

11 – Carga de trabalho e estresse

14 – Comunicação e trabalho

18 – Trabalho e gênero

34 – As atividades de serviço: desafios e desenvolvimentos

36
A ergonomia no hospital

Christian Martin, Charles Gadbois

Ergonomia hospitalar ou ergonomia no hospital? Alguns autores empregam a expressão "ergonomia hospitalar" referindo-se às intervenções ergonômicas que se desenrolam no meio hospitalar. Essa expressão se apoia na ideia de uma subdisciplina, no interior da ergonomia. Nós falaremos em ergonomia no hospital.

Histórico da abordagem das condições de trabalho no hospital

O hospital manteve até a década de 1960 as estruturas herdadas do hospital do século XIX. Os cuidados hospitalares eram dispensados, nessa época, por ordens religiosas. As condições de trabalho passavam em segundo plano, aos próprios olhos de pessoas que atuavam com muita frequência como "benévolas". A questão do trabalho não se colocava. A própria noção de hospital evoluiu ao longo de sua história. De asilo para os pobres, o hospital se tornou centro de atendimento para tratamento, de ensino e de pesquisa. Os profissionais não são mais unicamente os médicos auxiliados por um conjunto de pessoas polivalentes e devotadas. Esses profissionais não se adaptam mais a qualquer preço e reivindicam, de maneira insistente, uma melhoria das condições de vida e de trabalho. A ergonomia fez sua aparição abrupta nesse quadro bem preciso.

A abordagem das condições de trabalho – Para considerar apenas a França, a abordagem ergonômica das condições de trabalho foi iniciada em primeiro lugar por alguns pesquisadores e alguns médicos do trabalho, pela realização de estudos que a instituição hospitalar não estava então solicitando e aos quais pouco se interessava em dar uma aplicação prática. O histórico da ergonomia no hospital pode ser dividido em quatro fases:

A fase dos precursores, que se situa antes de 1970, propõe a humanização do hospital para chegar a uma melhoria das condições de vida dos profissionais de enfermagem. É a época, por exemplo, dos estudos (com podômetro) sobre a distância percorrida pelas enfermeiras.

Os verdadeiros começos (1970-1980) trazem estudos essencialmente realizados pelos médicos ligados à medicina preventiva. A reflexão incide principalmente sobre a carga física que é percebida como o problema mais premente. Os estudos abordados têm por temas: o custo cardíaco, os efeitos do trabalho noturno em equipe fixa, as medições da força empregada para empurrar os carrinhos... Pouco a pouco, o interesse se amplia para incluir a atividade mental e o custo psíquico do trabalho.

A terceira fase é marcada por um florescimento de pesquisas específicas; a prevenção das lombalgias, o posto de maqueiro, os suportes de informações nas unidades de tratamento etc. Quatro eixos de propostas resultaram desses diferentes estudos: melhorar o conhecimento do sistema hospitalar; aumentar a capacidade de análise dos atores por meio da formação; promover a reflexão sobre a relação entre serviços; levar em consideração as condições de trabalho.

O colóquio internacional de ergonomia hospitalar que ocorre em Paris em 1991 marca o início de uma nova fase de reflexão. A abordagem ergonômica das condições de trabalho no hospital encontrou inicialmente ouvintes interessados junto aos sindicatos; isso resultou em ações de formação para os delegados sindicais das comissões de higiene-segurança e condições de trabalho (CHSCT), em particular numa operação de envergadura nacional, numa centena de hospitais (Villatte et al., 1993). Embora as contribuições da ergonomia provavelmente ficassem aquém do que idealmente poderiam ter sido, o resultado foi uma ampla abertura do meio hospitalar às perspectivas ergonômicas.

Muitos projetos de investimento estão continuamente em estudo ou em andamento nos hospitais. Até recentemente, na maioria dos casos esses projetos não davam lugar à participação dos ergonomistas. O vínculo entre a problemática "melhoria das condições de trabalho" (relativa ao existente) e os projetos arquitetônicos, informáticos ou organizacionais (relativo ao futuro) se estabelece progressivamente. Os ergonomistas podem doravante ter um papel de consultoria ou assistência à supervisão, suscetível de se estender da definição dos objetivos ao fim do projeto. A intervenção ergonômica pode, então, ser considerada como uma verdadeira condução de projeto.

Compreensão do sistema hospitalar

O sistema hospitalar – O setor hospitalar está submetido a missões e obrigações do serviço público. Na maioria dos países uma legislação específica diz respeito ao suporte sanitário e social, em geral por meio de uma lei hospitalar. Espera-se dos hospitais que eles sejam simultaneamente humanos, técnicos, eficazes e rentáveis. Seu desenvolvimento foi acompanhado por uma complexidade crescente em sua concepção e tecnicidade, mas eles precisam fazer malabarismos para atender sua vocação caritativa (assumida por serviços pouco rentáveis) e o desenvolvimento de serviços altamente especializados com uma alta tecnologia. São ao mesmo tempo o lugar de um futuro cada vez mais eficiente e eficaz e o local de atendimento do sofrimento humano.

A ênfase posta na rentabilidade das estruturas hospitalares e a evolução das técnicas médicas se traduzem hoje em dia por um tempo de permanência menor e, portanto, rotações mais frequentes dos pacientes. Em termos de carga de trabalho, esse fato tem uma série de consequências. O tempo de permanência dos pacientes é agora inteiramente ocupado por exames e tratamentos. Não comporta mais períodos de cuidados de acompanhamento, que requeriam uma intervenção menor dos profissionais de enfermagem. Para um mesmo período, o número de internações e altas é mais elevado, com as tarefas específicas que elas acarretam (tarefas administrativas, de limpeza etc.). A quantidade elevada de informações engendradas pela evolução das técnicas de exploração (diagnóstico) deve ser tratada num tempo menor. A proporção do tempo passado pelos funcionários para tratar essa informação aumenta em detrimento do tempo passado com os pacientes.

Capítulo 36 – A ergonomia no hospital

Assiste-se ademais a um desenvolvimento da terceirização, cuja definição das tarefas é com muita frequência baseada numa visão teórica do trabalho das pessoas que são substituídas. Para certas funções (lavanderia, alimentação, limpeza), os estabelecimentos chegam até a uma completa externalização.

Os atores do sistema – Os atores do sistema hospitalar são muito numerosos. Existem mais de 150 estatutos e ofícios diferentes, constituindo um mosaico de feudos compartimentados (Escouteloup et al., 1996). Três grupos de atores se entreolham com desconfiança: a administração, os médicos e os profissionais de enfermagem. No interior de cada um desses grupos antagônicos, existe uma estrutura hierárquica piramidal marcada. A autoridade é exercida sobre territórios bem delimitados, mas a comunicação é muito limitada. A separação entre médicos e profissionais de enfermagem é acompanhada de um poder quase absoluto do corpo médico. Paradoxalmente, os chefes de serviço deixam as tarefas de concepção da organização às supervisoras, que dispõem de poucas informações sobre o contexto geral e sua evolução e pouco poder de negociação quanto aos meios disponíveis. O procedimento de tratamentos, cujas bases são uma reflexão sobre as necessidades fundamentais da pessoa humana, ou seja, do enfermo, pode ser considerado como um elemento funcional adaptado às condições atuais, uma orientação terapêutica baseada na relação humana e um contrapeso à tecnologia cada vez mais poderosa.

A dificuldade das missões e obrigações do hospital, às vezes em oposição, é amplificada pelo conflito de poderes e responsabilidades próprio a esse setor. A direção está situada na encruzilhada de poderes com racionalidade diferentes (Escouteloup et al., 1996). Na maioria dos casos o diretor do estabelecimento, da mesma forma que seus assessores, receberam uma formação predominantemente administrativa e jurídica. Para as decisões mais importantes, o hospital, sob a tutela do Ministério da Saúde, fica sob uma autoridade compartilhada entre o diretor do estabelecimento, o conselho de administração, cujo presidente em geral é o prefeito, e o presidente da comissão médica do estabelecimento, instância oficial de representação dos médicos na França. Outras forças estão presentes, como os funcionários que não são da área médica, representados pelas organizações sindicais, e os profissionais de enfermagem, igualmente interessados em defender suas prerrogativas e vantagens. Uma apreciação nítida desse campo de forças é uma das condições de sucesso da intervenção do ergonomista.

O campo dos problemas

As condições de trabalho no hospital constituem para o ergonomista um campo de problemas particular, em virtude do caráter duplamente original do objeto das atividades que estão no centro do trabalho hospitalar: *o ser humano enfermo*. Cuidar da saúde é ao mesmo tempo intervir no organismo humano, objeto biológico complexo, e vir em auxílio de uma pessoa, cujo presente, e às vezes o futuro, estão prejudicados por uma degradação do estado de saúde. Tratando-se de reconduzir este à "normalidade", o trabalho das equipes de cuidados pode ser analisado como uma gestão de processos contínuos, apresentando várias características específicas significativas:

— dinâmica própria dos processos de retorno à saúde, afetados por imprevistos, e prosseguindo continuamente 24 horas por dia;

— amplitude e complexidade das informações a serem consideradas para definir as ações a efetuar;

- inscrição da atividade de cada um num coletivo de trabalho composto de várias dezenas de agentes de competências e funções distintas e precisamente circunscritas;
- intervenções manuais no corpo de seres humanos, assistidas ou não por materiais, algumas implicando esforços físicos consideráveis, outras requerendo alta tecnicidade, e a maioria com implicações psíquicas e sociais;
- uso de tecnologias particulares para agir sobre o estado do paciente e monitorá-lo;
- dimensões sociais da relação profissionais de enfermagem/enfermo e desafios humanos do trabalho;
- atividades desenvolvidas numa série de locais com funcionalidades diferentes e uso compartilhado (entre agentes e com os pacientes).

É sobre esses ângulos principais que a seguir será estabelecido um quadro de questões em ergonomia que se colocam nos hospitais. Considerando os limites de tamanho deste capítulo em relação à amplitude do campo, esse quadro será necessariamente incompleto. Certas atividades de trabalho que se encontram nos hospitais (preparação das refeições, lavagem das roupas, incineração dos dejetos, tarefas administrativas), embora apresentem certas particularidades, relacionadas principalmente às suas interações com os serviços de cuidados, encontram-se em outros setores profissionais. De modo que renunciamos a abordá-las aqui; o leitor interessado pode se informar sobre esse assunto em outras obras (Estryn-Behar et al., 1992; Villatte et al., 1993; Estryn-Behar, 1996).

O tempo: um processo de retorno à saúde 24 horas por dia.

Coordenação temporal das atividades, intra e interserviços. A atividade das equipes de enfermagem está submetida a condições temporais que têm duas fontes essenciais. Primeiro, há o caráter dinâmico do próprio objeto de trabalho: a evolução da doença e o processo de cura determinam uma cronologia precisa dos atos a efetuar, complicada ainda mais por múltiplos imprevistos. A isso se acrescenta a multiplicidade dos pacientes de que se está encarregado, que requer uma coordenação das intervenções junto a cada um deles. Nesse aspecto, o trabalho das equipes de enfermagem pode ser inscrito no quadro de análise das atividades em tempo parcial, apoiando-se sobre a gestão mental de uma série de processos paralelos.

Em segundo lugar, há a estrutura dos coletivos de cuidados: neles cada um precisa coordenar sua atividade com a dos outros membros da equipe. Desse ponto de vista, o hospital pode ser analisado como um sistema cujos diferentes subsistemas são regulados cada um por seu próprio relógio, mas devendo também estar em fase com os relógios dos outros. O relógio dos médicos é um relógio-mestre, pouco sensível ao andamento dos diferentes relógios, com base nos quais a atividade de enfermagem precisa se ajustar: relógio do laboratório, da radiologia, da cozinha, da administração, da família dos pacientes.

Os constrangimentos temporais que decorrem desses dois fatores têm toda uma série de consequências sobre o desenvolvimento da atividade dos profissionais de enfermagem: constante reprogramação das tarefas para se ajustar aos imprevistos (Theureau, 1981), frequência das interrupções que perturbam o desenvolvimento do trabalho das equipes de enfermagem (Gadbois et al., 1992).

Capítulo 36 – A ergonomia no hospital

Reduzir os efeitos desses constrangimentos temporais sobre a carga mental e psíquica (erros, esquecimentos, tensão nervosa) pede intervenções em dois planos: por um lado procura uma melhor harmonização dos relógios organizacionais dos diferentes membros das equipes de enfermagem e destas com os serviços funcionais dos hospitais; por outro lado, agir no nível das condições materiais da articulação entre as atividades de todos aqueles que intervêm no processo de tratamento, por exemplo reorganizando a rede telefônica interna e suas condições de uso (Villatte et al., 1993).

A pressão da urgência. As situações de urgência constituem um outro tipo de constrangimento temporal especialmente frequente no meio hospitalar. Os operadores confrontados com essa pressão temporal adotam funcionamentos cognitivos particulares, podendo ser fonte de erros, mas a amplitude desse risco varia conforme a adequação dos artefatos dos quais eles dispõem para avaliar os dados do problema a tratar, julgar qual solução lhes parece mais adequada, e colocá-la em prática (De Keyser, 1996; Housiaux, 1988).

O trabalho em turnos. O imperativo de continuidade dos cuidados implica para os hospitais a prática de horários em turnos, em particular no trabalho noturno. Em relação a esse aspecto, a ergonomia pode trazer uma contribuição baseada nos resultados de muitas pesquisas realizadas sobre o assunto no setor industrial, mas também nos hospitais. A solução dos problemas que o horário em turnos coloca – tanto do ponto de vista da confiabilidade quando da qualidade de vida e da saúde dos agentes – deve ser buscada em dois planos: por um lado a definição dos sistemas de horários menos nocivos possíveis, e por outro lado o ajuste do conjunto da organização e das condições de execução das tarefas.

Como a adaptação dos horários aos ritmos biológicos e aos da vida social foi abordada no Capítulo 8 (Barthe, Gadbois, Prunier-Poulmaire e Quéinnec), aqui nos limitaremos a realçar certos elementos próprios ao setor hospitalar. O primeiro decorre do fato de que 80% dos integrantes das equipes de enfermagem são mulheres. Ora, diferentes estudos tendem a mostrar que a prática do trabalho noturno pode ser um fator de perturbação do ciclo menstrual e de risco para o bom desenvolvimento da gravidez (Costa, 1996). Além disso, as situações diferentes dos homens e das mulheres no plano das exigências da vida fora do trabalho requerem igualmente ser consideradas na concepção dos horários em turnos, e especialmente das equipes noturnas, nos hospitais (Gadbois, 1981).

No plano do conteúdo do trabalho, as tarefas de cuidado apresentam uma alta variabilidade em seu volume e suas exigências ao longo das 24 horas (incluído o período diurno) e conforme os dias. A repartição das tarefas entre as equipes da noite e do dia, como entre as da manhã e da tarde, as condições da passagem de umas pelas outras, os espaços e meios dos quais dispõem as equipes da noite precisam ser objeto de análises sistemáticas como componentes indispensáveis das escolhas de organização do tempo de trabalho (Estryn-Behar e Bonnet, 1992; Gadbois, 2001).

Complexidade das informações: atividades intensamente cognitivas – O trabalho nos serviços hospitalares implica a coleta e o tratamento de informações de caráter complexo, numerosas e em constante modificação. Para cada paciente, desde o diagnóstico inicial até a decisão de alta do serviço, múltiplas informações sobre a evolução de seu estado e os tratamentos ministrados são coletadas, transmitidas, armazenadas, analisadas, utilizadas... Uma grande parte das intervenções cotidianas de cuidados depende dessas informações, cuja circulação e tratamento ocorrem no âmbito de uma vasta rede de várias dezenas de pessoas incluindo não só os membros do serviço, mas também outras unidades (laboratório, radiologia, serviços administrativos...). A maior parte dessas informações,

524 Modelos de atividades e campos de aplicação

que condicionam os atos a realizar, apresenta um caráter flutuante. A atualização e a consulta de múltiplas informações por meio das "ferramentas-papel" visam, assim, assegurar três funções principais:

— o armazenamento de informações essenciais que constituem uma das bases de decisões sobre as ações a efetuar e às quais pode ser necessário retornar a qualquer momento. A ferramenta principal aqui é o prontuário de cada um dos pacientes, onde é agrupada a totalidade das informações relativas à situação (passada, presente, prospectiva) do paciente; constitui uma base de dados histórica permitindo relatar a evolução do paciente ao longo de toda a sua internação no serviço;

— a transmissão das informações entre agentes necessárias à realização adequada das tarefas que cabem a cada um (folhas de transmissões, pedidos de exames, caderno da supervisora, ficha de internação...);

— a programação e a planificação das ações (agenda de visitas/de consultas, planilha dos atos a executar nos diferentes momentos do dia para cada um dos pacientes...) (Gadbois et al., 1988).

As formas e a organização do conjunto dessas ferramentas-papel são o produto de uma elaboração empírica baseada em práticas profissionais gerais e em opções locais. Sua concepção ergonômica deve atender a diversas exigências, em especial:

— a necessidade da repetição de uma mesma informação em documentos diferentes que implicam numerosas retranscrições de um para o outro, consumidoras de tempo e potencialmente geradoras de erros e atrasos de transmissão;

— o caráter coletivo da produção e da gestão das informações nas quais participam, sob formas e em graus diversos, agentes que têm funções e quadros de referência diferentes, que podem afetar a seleção da informação registrada ou transmitida;

— a concorrência no acesso a uma mesma fonte de informação entre agentes que podem necessitar delas no mesmo momento mas em locais diferentes.

Uma análise muito esclarecedora dos problemas que a concepção dessas ferramentas coloca foi desenvolvida por Grosjean e Lacoste (1999), a partir de uma pesquisa em três serviços hospitalares onde foram adotadas soluções diferentes com vantagens e limites relacionados ao contexto organizacional em que elas são postas em prática.

O advento da informática nos hospitais forneceu novos meios para proporcionar essas funções de gestão da informação médica. O recurso a essas ferramentas informáticas nos serviços de cuidados está ainda pouco desenvolvida, em particular na França, mas as experiências existentes tornam bastante evidentes as vantagens dessas ferramentas, bem como a necessidade de integrar em sua concepção uma reflexão ergonômica aprofundada sobre a articulação de seu uso com as condições da atividade dos diferentes membros das equipes de cuidados (Duval e Villeneuve, 2001).

Agir com o próprio corpo – Muitas tarefas de cuidados comportam solicitações físicas significativas. A frequente distribuição em todos os quartos dos materiais de renovação requeridos para a execução dos tratamentos e as necessidades cotidianas dos pacientes hospitalizados implicam o deslocamento, de um lado a outro do serviço, de carrinhos pe-

Capítulo 36 – A ergonomia no hospital

sados, fonte de esforços físicos consideráveis. Enfermeiras e auxiliares de enfermagem precisam com frequência erguer ou carregar pacientes que não podem, sozinhos, mudar de posição ou se deslocar; essas manobras apresentam dificuldades específicas: peso e dificuldades de preensão dos corpos, pacientes mais ou menos cooperativos. Além disso, os atos de cuidados junto aos pacientes acamados levam com frequência as enfermeiras a adotarem posturas desconfortáveis.

Todas essas solicitações são fonte de numerosas lombalgias e de frequentes afastamentos por motivos de saúde. Para reduzir essa frequência, os hospitais recorrem, em grande medida, à formação em técnicas de manobras, mas esse tipo de ação revela-se pouco eficaz (Lortie, 1986; Saint-Vincent, Tellier e Lortie, 1989; Estryn-Behar, 1996). O tratamento desses problemas em suas raízes constitui um campo de ação ergonômica muito importante, visa a implementação de equipamentos facilitadores da atividade como "levanta-pacientes", leitos de altura regulável etc. No entanto, não é o caso de usá-los como receitas prontas: é necessário verificar inicialmente se esses equipamentos correspondem efetivamente ao memorial descritivo estabelecido com base numa análise ergonômica de suas condições de utilização. Os casos de "levanta-pacientes" pouco utilizados são frequentes, porque seu emprego se mostra pouco prático.

Um trabalho em equipe – Trata-se de uma característica essencial do trabalho nos serviços de cuidados, estruturado por uma divisão institucional do trabalho entre categorias profissionais, que se completa com especificações locais. Cada um, de acordo com sua função, realiza tarefas específicas, mas colabora na busca de objetivos comuns. Essas tarefas individuais implicam a implementação de vários tipos de elementos, cuja disponibilidade é dependente da atividade de outros atores:

— informação necessária para a execução da tarefa, mas faltando por estar em posse de outro agente;

— material ou local de intervenção comuns que só podem ser utilizados em revezamento;

— colega, cujo auxílio físico é necessário para uma tarefa que não pode ser realizada por uma pessoa sozinha;

— paciente que pode estar momentaneamente ocupado em outro local ou mobilizado por outro agente para outro fim.

Essas dependências interindividuais ocorrem no cruzamento dos cursos de ação próprios de cada membro da equipe. Ora, esses cursos de ação nem sempre estão em harmonia, pois cada um se desenvolve conforme uma lógica temporal e uma dinâmica que lhe são próprias, determinadas por considerações médicas e organizacionais, e que são além disso afetados por imprevistos que prejudicam as possibilidades de coordenação como planejada.

Portanto, uma questão essencial é arranjar os diferentes elementos constitutivos das tarefas de tal forma que as interdependências produzam o mínimo possível de obstáculos ao desenvolvimento da atividade de cada um. A equipe de cuidados tem que gerir uma situação de trabalho fundamentalmente evolutiva, e um expediente central de seu funcionamento é que cada um mantenha conhecimento exato do estado presente das coisas, tanto no que se refere aos pacientes quanto ao curso da atividade dos membros da equipe. A circulação da informação, tanto no interior de uma mesma equipe quanto entre as equipes que se sucedem ao longo dos dias e das noites, é, portanto, crucial. Ela foi objeto de análises muito detalhadas que oferecem pistas de reflexão fecundas, em especial quanto à organização das condições e das ferramentas de comunicação (Grosjean e Lacoste, 1999). Mas não é apenas nesse plano que está em jogo o funcionamento coletivo das equipes de cuidados; as interdependências são, a montante, condicionadas pelos diferentes componentes das tarefas examinadas nas outras partes deste capítulo.

O espaço com uso compartilhado.

O espaço dos serviços – Os hospitais concebidos mais recentemente adotaram, em sua maioria, os mesmos princípios de repartição espacial dos serviços: unidades de internação em quarto com um ou dois leitos, conjuntos dos serviços médico-técnicos (radiologia, blocos operatórios...) agrupados numa plataforma técnica, agrupamento em outros locais dos serviços externos (consultas, emergências...) e dos serviços gerais (logísticas, manutenção/reformas...).

Os serviços distribuídos entre diferentes níveis é servido por circulações horizontais e verticais, claramente definidas (elevadores para os pacientes hospitalizados, elevadores para os visitantes e monta-cargas limpo/sujo para os serviços gerais). Um erro frequente é considerar a ligação vertical como equivalente a uma ligação horizontal: verificou-se que ela é de fato muito mais aleatória e longa do que parece.

O espaço é uma condição particularmente importante do trabalho das equipes de cuidados, caracterizado pela multiplicidade dos locais de ação. Cada profissional de enfermagem alterna intervenções individualizadas, episódicas ou periódicas, junto a pacientes distribuídos nas unidades de internação, com tarefas complementares em vários locais funcionais especializados (sala de tratamento, sala dos médicos, exames para diagnóstico, colonoscopias...). Os deslocamentos entre esses diferentes locais são em grande medida teoricamente planejáveis e organizados segundo uma lógica dupla:

— lógica médica da execução em série por um mesmo profissional de enfermagem de um mesmo tipo de atos sucessivamente junto a todos os pacientes que necessitam deles (p. ex., curativos), mas também, conjunta ou sucessivamente, execução agrupada de vários atos junto a um mesmo paciente;

— lógica espacial da economia de deslocamentos que se traduz em sequências de deslocamentos encadeados seguindo o princípio do circuito.

A redução dos tempos de hospitalização aumentou muito a quantidade de deslocamentos dos pacientes internados e, em função disso, dos profissionais de enfermagem. Numerosos, fontes de fadiga e consumidores de tempo, esses deslocamentos estão entre os determinantes de cansaço mais citados pelos trabalhadores. A escolha de uma estrutura espacial mais adequada para minimizar o número e o comprimento dos trajetos foi objeto de uma reflexão desde a década de 1970 (Le Mandat, 1989; Estryn-Behar, 1996). Além da distância, muito importante é a distribuição dos locais funcionais no interior da estrutura. A concepção da organização espacial dos serviços implica, para além da escolha de um princípio geral, um exame sistemático da natureza e das condições dos cuidados dispensados nos serviços considerados. A metodologia geral da concepção dos espaços (Capítulo 25 deste livro) precisa, em particular, dar atenção especial a duas especificidades do trabalho de cuidados, em parte relacionadas: suas dimensões coletivas e seu caráter de atividade em tempo parcial.

Capítulo 36 – A ergonomia no hospital

A atividade de cada um precisa se articular no espaço com as dos outros em muitos planos:

— espaços de trabalho ou campos de ação compartilhados sucessiva ou simultaneamente por vários operadores;

— recurso a ferramentas e materiais comuns, em número limitado, implantados num lugar teoricamente determinado ou circulando de mão em mão;

— informações de posse de um parceiro eventualmente retido em outro local.

Ao mesmo tempo, os ingredientes das atividades de cuidados (pacientes, parceiros, materiais, informações) têm todos, em diversos graus, localizações flutuantes, fonte de deslocamentos não programados acrescentando-se àqueles previstos a simples definição do trabalho prescrito de cada agente, abstração feita da dinâmica de seu ambiente sócio-espaço-temporal (Gadbois et al., 1992).

Desse modo, as situações de ação características não podem ser concebidas em termos de atividades definidas por um objetivo estritamente circunscrito (responder a um dado evento, assegurar um dado tipo de tratamento...), mas precisam ser consideradas em termos de cursos de ação individuais encadeando e/ou entremeando atividades múltiplas, e de encontros produtivos ou contraproducentes entre esses cursos de ação individuais (Theureau, 1981). O que significa que a concepção do espaço não pode visar apenas a minimização dos trajetos; deve também se interrogar sobre as potencialidades do espaço em matéria de aquisição de informações recíprocas (em especial visuais) sobre o desenvolvimento do trabalho coletivo. O espaço do serviço não é apenas o local das intervenções; é também, de uma certa maneira, uma torre de controle fragmentada, cuja disposição deve garantir aos profissionais de enfermagem a faculdade de captar em tempo hábil, ao longo da ação, todo indicador útil sobre o andamento do trabalho coletivo.

O espaço dos quartos: lugar de permanência e posto de trabalho. Local de trabalho para os profissionais de enfermagem e local de permanência para o paciente, o quarto é um espaço cuja organização pode acarretar dificuldades significativas: uma superfície insuficiente ou mal concebida (16 m²: 4x4 ou 8x2?), e a implantação do mobiliário e dos materiais de tratamento com frequência atrapalham a ação dos profissionais de enfermagem junto aos pacientes (posturas, acessibilidades, aquisição de informação...). A fadiga e os distúrbios ósseo-musculares muito numerosos gerados por essas insuficiências estão amplamente documentados. Nenhum outro lugar de trabalho é território de um número tão grande de acidentes quanto o quarto, cuja frequência relaciona-se ao desenvolvimento tecnológico, à diminuição do tempo de internação e à modificação das características dos pacientes.

Combater essas dificuldades cabe em parte ao nível da concepção arquitetônica dos serviços, por meio da organização geral que se tem em vista e da determinação das proximidades, acessos, circulações e superfícies. Sobre isso existem "normas" que evoluíram ao longo do tempo por causa do progresso socioeconômico e dos desenvolvimentos da aparelhagem médica (Bertrand e Morissette, 1996; Estryn-Behar, 1996; Ducarme, 2001). Num segundo nível, as decisões de implantação do mobiliário e dos materiais de tratamento e auxílio (levanta-paciente, andadores...) requerem um trabalho de simulação realizado com base num corpus de situações de atividades características definidas com os usuários e negociadas com os responsáveis, integrando margens de liberdade necessárias para gerir as modificações que poderão ulteriormente requerer a introdução de equipamentos suplementares ou de nova geração.

Meios tecnológicos: as aparelhagens médicas – Os profissionais de enfermagem com frequência têm de utilizar aparelhagens médicas usadas para assegurar a monitoração do estado do paciente ou modificar esse estado. A gama desses aparelhos se amplia constantemente, e seu uso não cessa de se difundir. Sejam eles relativamente simples (seringas elétricas, por exemplo) ou mais complexos (*monitorings*, aparelhos de hemodiálise etc.), apoiam-se em tecnologias em que a informática está amplamente presente, e a lógica interna de seu funcionamento é muito pouco aparente. Por isso, sua utilização apresenta dificuldades relacionadas ao fato de que pouco se leva em consideração a ergonomia em sua concepção, e especialmente na organização das interfaces máquina/ usuário. Em grande parte, essas dificuldades não são fundamentalmente diferentes daquelas classicamente encontradas na indústria ou no setor terciário (Capítulo 15 deste livro). No entanto, as condições de utilização desses aparelhos nos serviços hospitalares apresentam certas características particulares: uso do mesmo aparelho por agentes de qualificação diferente, incluindo os próprios pacientes em certos casos.

As deficiências ergonômicas dessas aparelhagens se traduzem em tempo perdido para elucidar as anomalias aparentes e em retificar as ações erradas, em estados de estresse quando o domínio cognitivo da situação é percebido como incerto. Consequências mais graves podem ainda ocorrer em caso de erro não recuperado e prejudicial para o paciente, situação às vezes dramática, em que o que está em jogo tende ainda a aumentar com a tendência atual à judiciarização das relações entre pacientes e hospitais.

Um certo número de estudos começaram a tratar desses problemas (como os apresentados no XIV Congresso do IEA, 2000). Resta, no entanto, muito a fazer. O fato de levar em conta o ponto de vista da ergonomia deve ocorrer no estágio da concepção desses aparelhos pelos fabricantes, cuja proximidade com o usuário final não está automaticamente garantida.

Dimensões sociais da relação profissional de enfermagem/enfermo: o confronto com a dor e a morte – O trabalho de cuidado é acompanhado por uma relação pessoal entre o paciente e o profissional de enfermagem ao longo da qual este pode se ver confrontado a situações psiquicamente dolorosas: conflito com um paciente que não respeita os modelos de comportamento esperados pelo meio hospitalar, intervenção junto a pacientes que provocam aversão por causa de sua aparência física degradada, implicação emocional em relação a pacientes que enfrentam um sofrimento vívido, ou angustiados pela lentidão ou incerteza do curso de sua doença. Essas pressões do trabalho hospitalar são em parte irredutíveis, mas elas podem ser amplificadas ou atenuadas pela organização e as condições de trabalho nas quais ocorrem. Assim, por exemplo, certas demandas dos pacientes, tidas como infundadas ou excessivas pela equipe de tratamento, podem em parte ser reduzidas ou exacerbadas conforme a organização do trabalho e a disposição espacial do serviço deem mais ou menos aos pacientes a sensação de que suas necessidades, em especial de informação sobre seu estado e programa de tratamento, são levadas em consideração com uma eficácia total (Vaysse, 1993). De maneira muito geral, cabe enfatizar que o caráter pessoal da relação profissional de enfermagem/enfermo é uma trama constante da atividade das equipes de cuidado que deve ser levada em conta em toda reflexão sobre a adaptação de qualquer componente das condições de trabalho nos serviços hospitalares.

Restam, todavia, os casos em que a carga psíquica relacionada ao confronto com situações de sofrimento agudo ou de angústia profunda dos pacientes cujo fim está próximo é incontornável. Não havendo como evitá-los, pode-se ao menos tentar limitar seu impacto pela implantação de "grupos de expressão", que permitem aos profissionais de enfermagem

Capítulo 36 – A ergonomia no hospital

exteriorizar o peso desses constrangimentos psíquicos, o que constitui de imediato um auxílio precioso à sua metabolização. E essa abordagem pode eventualmente se prolongar também numa reflexão sobre o funcionamento coletivo do serviço e as modificações que poderiam ser feitas para que cada um pudesse encontrar um melhor apoio psicológico para enfrentar essas situações difíceis (Logeay et al., 1992; Estryn-Behar, 1996).

Campo das práticas

Diferentes formas de contribuição da ergonomia – O meio hospitalar tem sido, há alguns anos, origem de grande número de demandas de intervenções ergonômicas. Na maioria dos casos, essas demandas concernem a um diagnóstico das situações existentes, e/ou à "formação-ação para a análise das condições de trabalho" (Villatte et al., 1993; Barthelot et al., 1994). Classicamente, a ergonomia faz com que valha o ponto de vista do trabalho dos diferentes profissionais, o modo de vida e os usos dos locais pelos pacientes. Cada vez mais, as demandas de intervenção, por parte das direções, fazem referência à melhoria das condições de trabalho dos agentes, à reorganização dos serviços técnicos e logísticos, à concepção dos postos de trabalho e dos materiais específicos. Recentemente, tem havido orientação para um auxílio à elaboração do projeto do estabelecimento e à informatização dos serviços administrativos e de tratamentos, e mantém-se interesse pela programação arquitetônica e pela condução de projetos (Lautier e Tessier, 1996; e Capítulo 25 deste livro).

A concepção arquitetônica em meio hospitalar – As condições de trabalho e de vida dependem em grande parte do quadro edificado que determina os espaços de trabalho e de vida. A ergonomia tem, portanto, um papel importante a desempenhar na concepção dos prédios hospitalares (Daniellou, 1999; ASSTSAS, 2003; e o Capítulo 25 deste livro). Mas um projeto arquitetônico não é apenas um projeto de investimento, é antes de tudo um projeto. É a expressão de uma vontade relativa ao futuro que implica não só o edifício, mas também um modo de funcionamento, e a concepção de novas situações de trabalho e de vida (Ledoux, 2000).

O funcionamento dos hospitais e as práticas de tratamento dependem em grande parte do projeto médico, e este por sua vez é tributário da evolução permanente dos conhecimentos médicos e da nomeação dos chefes de serviços. Os projetos arquitetônicos em meio hospitalar combinam a incerteza e a complexidade, num quadro regulamentar muito estrito. A condução desses projetos pelo ergonomista requer, ao mesmo tempo, reduzir a incerteza e prever situações futuras adaptáveis (Bernfeld e Sauvagnac, 2001).

Isso pressupõe que a estrutura social implementada para o projeto possa continuar a fazer com que evoluam as situações de trabalho, inclusive no uso.

O sucesso da intervenção ergonômica em concepção arquitetônica hospitalar está estreitamente vinculado ao posicionamento do ergonomista e às interações que ele soube estabelecer entre os atores da concepção. O posicionamento inicial do ergonomista depende em grande parte da origem da demanda de intervenção (empreendedor ou coordenador do projeto). Mas, seja qual for o caso, ele deverá, num segundo momento, obter um acesso e uma possibilidade de cooperação com todos os outros atores (Martin, 2000). Se ele for chamado pelo empreendedor, sua contribuição começa já na definição dos objetivos do projeto, que é antes de mais nada, no hospital, um processo de escolha não puramente técnica, mas política. O ergonomista está envolvido não nas decisões, mas na instrução das consequências previsíveis de uma ou outra escolha, nas áreas abrangidas por sua competência.

530 Modelos de atividades e campos de aplicação

Os estabelecimentos hospitalares estão regularmente envolvidos em investimentos que afetam todas as áreas do funcionamento (reestruturação, ampliação, reorganização...). Esses projetos são com frequência conduzidos independentemente uns dos outros. Assim, não é raro que um projeto seja dificultado pelo precedente ou impeça a realização do seguinte. O objetivo do esquema diretor é permitir uma reflexão simultânea sobre o existente (inscrito numa história) e sobre os diferentes projetos de evolução, para favorecer a sua coerência. A participação do ergonomista na elaboração de um esquema diretor contribui para influenciar a própria gestão do estabelecimento (cf. o Capítulo 25 deste livro).

Condições para intervir – O sucesso de uma intervenção no setor hospitalar, além das condições habituais, pressupõe:

— a inscrição da demanda num verdadeiro projeto de investimento ou de organização;

— um diretor de estabelecimento disposto a assumir a função de empreendedor por um período homogêneo ao do projeto e, portanto, disposto a conduzir a definição dos objetivos do projeto, na encruzilhada das diferentes lógicas. Isso implica a mobilização de uma diversidade de atores internos (incluídos os representantes dos trabalhadores), tendo em vista a construção dos melhores compromissos, e uma força de convicção ante as autoridades de tutela;

— um "enquadramento" dos serviços de construção e coordenação de projeto, de maneira que as soluções técnicas buscadas estejam a serviço do projeto, e não o inverso;

— a capacidade dos ergonomistas de identificar e relacionar as diversas lógicas presentes (Barthelot e Wallet, 1996).

O valor agregado pela presença dos ergonomistas num projeto depende de:

— seu conhecimento completo do projeto;

— seu conhecimento das atividades hospitalares;

— a capacidade de impulsionar uma reflexão em termos de funcionalidade das estruturas;

— uma metodologia rigorosa mantendo um vínculo permanente entre projeto médico, programa técnico, necessidades das equipes, exigências dos arquitetos;

— sua capacidade de implementar o procedimento de concepção, a redação do programa, ou a avaliação do próprio projeto. Uma intervenção ergonômica desse tipo se inscreve no tempo.

Grandes mutações e perspectivas de futuro para o hospital

O hospital se confronta com os problemas e a evolução geral da sociedade, o que o obriga a se transformar e a se adaptar (Bernfeld, 2000); tratamento da precariedade, participação em programas de saúde pública e prevenção, desenvolvimento dos atendimentos de emergência... A mutação atual da instituição hospitalar se apoia essencialmente em evoluções tecnológicas rápidas, como a radiologia médica digitalizada, as técnicas não invasivas de cirurgia, a informatização dos serviços que transformam profundamente as práticas de tratamento e, portanto, a natureza do trabalho dos profissionais de cuidados. Acrescenta-se a isso a intervenção na área social. O hospital é cada vez menos um local

Capítulo 36 – A ergonomia no hospital

de permanência, e cada vez mais um local de passagem (ambulatório). É o retorno à missão social do hospital. Mas a explosão das urgências, a escalada da violência e os riscos decorrentes para os profissionais são sintomas de sistemas de saúde em transição (Duval e Villeneuve, 2001). É preciso doravante considerar a relação de tratamento como uma relação de serviço na qual profissional de cuidados e enfermo participam de uma atividade de cooperação. Essa mutação precisará ser acompanhada por reflexões, mais particularmente em torno da organização do trabalho e das conduções de projetos arquitetônicos, reflexões que requerem um recurso crescente aos ergonomistas.

Referências

ASSTSAS. *L'ergonomie participative dans la conception des bâtiments hospitaliers.* Montréal, 2003. (Collection Parc, n.8).

BARTHELOT, F.; ESCOUTELOUP, J.; MARTIN, C.; WALLET, M. La formation-action: quelle méthode pour une pratique d'intervention? In: DUFFORT, A. (Ed.). *Actes des journées de Bordeaux sur la pratique de l'ergonomie.* Bordeaux: LESC, 1994. p.71-75.

BARTHELOT, F.; WALLET, M. L'intervention à l'hôpital: de la demande prescrite au travail réel. *Performances Humaines et Techniques,* Toulouse, n.85, 1996.

BERNFELD, G. *L'hôpital et son avenir:* l'université de tous les savoirs. Paris: Odile Jacob, 2000.

BERNFELD, G.; SAUVAGNAC, C. Gestion de l'incertitude en conception de situations de travail: le cas particulier des projets hospitaliers. In: CONGRÈS DE LA SELF, 36., Montréal, 2001. *Actes.* Montréal: SELF, 2001.

BERTRAND, G.; MORISSETTE, L. *La chambre, milieu de vie et lieu de travail.* Montréal: ASSTSAS, 1996. (Collection PARC Bâtir pour mieux travailler).

COSNIER, J.; GROSJEAN, M.; LACOSTE, M. *Soins et communications. Approches interactionnistes des relations de soins.* Lyon: Presses Universitaires de Lyon, 1993.

COSTA, G. The impact of shift and nightwork on health. *Applied Ergonomics,* v.27, n.1, 1996.

DANIELLOU, F. Contribution de l'ergonomie à la conduite de projets architecturaux hospitaliers. In: CONGRÈS ICOH Santé des travailleurs de la Santé, Montréal, 1999.

DE KEYSER, V. Les erreurs temporelles et les aides techniques. In: CELLIER, J. M.; DE KEYSER, D.; VALOT, C. *La gestion du temps dans les environnements dynamiques.* Paris: PUF, 1996. p.287-310.

DUCARME, R. Le guide de programmation des chambres d'hospitalisation. Paris: MAINH, 2001. (Cahiers: Mission Nationale d'Appui à l'Investissement Hospitalier).

DUVAL, L.; VILLENEUVE, J. Impact de l'informatisation des services cliniques sur les activités de travail et convivialité de l'outil informatique dans un centre hospitalier. In: CONGRÈS DE LA SELF, 36., Montréal, 2001. *Actes.* Montréal: SELF, 2001.

ESCOUTELOUP, J.; MARTIN, C.; BARTHELOT, F.; DANIELLOU, F. Deux ou trios choses sur l'hôpital... qui peuvent faire gagner du temps aux ergonomes. *Performances Humaines et Techniques,* Toulouse, n.85, 1996.

ESTRYN-BEHAR, M. *Ergonomie hospitalière. Théorie et Pratique.* Paris: ESTEM, 1996.

ESTRYN-BEHAR, M.; BONNET, N. Le travail de nuit à l'hôpital. Quelques constats à mieux prendre en compte. *Archives des maladies professionnelles,* v.54, n.8, p.709-719, 1992.

ESTRYN-BEHAR, M.; GADBOIS, C.; POTTIER, M. (Ed.). L'ergonomie à l'hôpital. In: COLLOQUE INTERNATIONAL, 1., Paris, 1991. *Actes.* Toulouse: Octarès, 1992.

GADBOIS, C. Women on night-shift: interdependance of sleep and off-the- job activities. In: REINBERG, A.; VIEUX, N.; ANDLAUER, P. *Night and Shiftwork:* biological and social aspects. Oxford: Pergamon, 1981. (Advances in Biosciences, v.30, p.227-233, 1981).

_____. Different job demands of nightshifts in hospitals. *Journal of Human Ergology*, v.30, n.1-2, p.295-300, 2001.

GADBOIS, C. et al. Hospital design and temporal and spatial organization of nursing activity. *Work and Stress*, n.6, p.277-292, 1992.

GADBOIS, C.; LOGEAY, P.; MALINE, J. Medical schedules and time management in nursing. In: WALLIS, D.; WOLFF, C. J. de (Ed.). *Stress and organizational problems in hospital*. London, Croom Helm, 1988. p.177-190.

GROSJEAN, M.; LACOSTE, M. *Communication et intelligence collective: le travail à l'hôpital*. Paris: PUF, 1999.

HOUSIAUX. Supports d'information centralisés et diagnostic en situation d'urgence dans un centre néonatal. *Le travail Humain*, Paris, v.51, p.173-184, 1988.

LAUTIER, F; TESSIER, D. *Architecture, travail d'architecture et ergonomie:* Journées d'échanges "ergonomie, architecture et hôpital". Paris: APHP, 1996.

LEDOUX, E. *Projets architecturaux dans le secteur sanitaire et social.* Du bâtiment au projet: la contribution des ergonomes à l'instruction des choix. 2000. Thèses (Doctorat) – Mémoires, Laboratoire d'Ergonomie des Systèmes Complexes, Université Victor-Segalen, Bordeaux, 2000.

LE MANDAT, M. *Prévoir l'espace hospitalier:* manuels Santé. Paris: Berger-Levreau, 1989.

LOGEAY, P.; VILLATTE, R.; PICHENOT, J. C. Les soignants: de la mort de l'autre à la souffrance de soi. In: ESTRYN-BEHAR, M.; GADBOIS, C.; POTTIER, M. (Ed.). *L'ergonomie à l'hôpital.* Toulouse: Octarès, 1992. p.371-376.

LORTIE, M. Analyse de travail de manutention de patients des aides soignants dans un hôpital pour soins prolongés. *Le Travail Humain*, Paris, v.49, n.4, p.315-332, 1986.

MARTIN, C. *Maîtrise d'ouvrage, maîtrise d'oeuvre, construire un vrai dialogue:* la contribution de l'ergonome à la conduite de projet architectural. Toulouse: Octarès, 2000.

MARTIN, C.; ESCOUTELOUP, J.; DANIELLOU, F.; BARADAT, D. La contribution des ergonomes à l'élaboration des schémas directeurs. In: CONGRÈS DE LA SELF, 34., Caen, 1999. *Actes.* Caen: SELF, 1999.

SAINT-VINCENT, M.; TELLIER, C.; LORTIE, M. Training in handling: an evaluative study. *Ergonomics*, v.32, p.191-210, 1989.

THEUREAU, J. Analyse ergonomique de l'espace de travail et programmation des nouvelles unités de soins hospitalières. *Soins*, v.26, n.12, 1981.

VAYSSE, J. Organisation de l'espace hospitalier et interactions de soins. In: COSNIER, J.; GROSJEAN, M.; LACOSTE, M. *Soins et communication:* approches interactionnistes des relations de soins. Lyon: PUL, 1993. p.199-220.

VILLATTE, R.; GADBOIS, C.; BOURNE, J. P.; VISIER, L. *Pratiques de l'ergonomie à l'hôpital.* Paris: InterÉditions, 1993.

_____. Réorganiser l'urgence: un défi pour l'hôpital. In: CONGRÈS DE LA SELF, 36., Montréal, 2001. *Actes.* Montréal: SELF, 2001.

Ver também:

8 – Trabalhar em horários atípicos

14 – Comunicação e trabalho

18 – Trabalho e gênero

34 – As atividades de serviço: desafios e desenvolvimentos

35 – O trabalho de mediação e intervenção social

37

Agricultura e desenvolvimento agrícola

Marianne Cerf, Patrick Sagory

A agricultura: um setor crítico nas sociedades

Em todos os tempos e em muitas sociedades, a agricultura teve um estatuto simbólico fortemente vinculado a seu papel determinante para assegurar os recursos alimentares. Nas sociedades industrializadas, a agricultura perdeu progressivamente sua importância tanto no plano simbólico quanto no do emprego. Antes de mais nada, produtora de matérias-primas transformadas muitas vezes antes de chegar no prato do consumidor, os valores de seus vínculos com a natureza e com a terra se desvaneceram. Provedora de trabalhadores nas fases de industrialização, ela aumentou consideravelmente sua produtividade do trabalho, mecanizou-se e tornou-se um mercado importante para as empresas de insumos agrícolas (sementes, adubos, produtos fitossanitários, material agrícola). Essa tendência, que na França realmente se desencadeou após a Segunda Guerra Mundial, tem se mantido pois, durante a última década, o número de propriedades agrícolas diminuiu 4,4% ao ano. Restam atualmente na França apenas 680 mil propriedades agrícolas, das quais um décimo possui cerca de 45% da superfície cultivada, o que demonstra um crescimento da concentração fundiária. Todavia, 36% das propriedades agrícolas têm ainda menos de 10 ha, enquanto a média nacional se estabelece em torno dos 40 hectares.

A agricultura volta a ser um setor crucial em nossas sociedades, em que o consumidor se preocupa com os riscos alimentares e com a qualidade dos produtos que consome, e em que o cidadão, cada vez mais urbano, exige que a agricultura assuma um papel de manutenção, ou mesmo de criação de paisagens e espaços de lazer, e minimize as fontes de poluição relacionadas à utilização abusiva de insumos (nitrogênio, produtos fitossanitários) ou à utilização de máquinas (aumento do risco de deslizamentos de terra nas estradas ligado à eliminação das cercas vivas para permitir a passagem das máquinas agrícolas). Desse modo, o agricultor é colocado no centro de múltiplas exigências legais ou formuladas pelas empresas que asseguram a transformação de produtos agrícolas ou a distribuição de produtos alimentares. Essas normas repercutem na organização do trabalho, na saúde dos agricultores e, de maneira mais ampla, em suas condições de trabalho.

Ser agricultor: um ofício como outro qualquer?

Um ofício de competências múltiplas – Na Europa, as propriedades agrícolas são em geral familiares e de pequeno porte (com exceção provavelmente do Reino Unido e das

Länder-Est da Alemanha), apesar do desenvolvimento das modalidades societárias, o crescimento das estruturas de produção e o aumento da quantidade de mulheres que deixaram de trabalhar no setor agrícola. Desse modo, o agricultor, e às vezes seu cônjuge, precisam deter todas competências necessárias para a condução da produção. Em primeiro lugar, eles precisam saber gerir uma diversidade de processos biológicos e físicos (p. ex., diferentes culturas, diferentes rebanhos, diferentes meios naturais) que se desenrolam em ritmos de tempo diferentes e estão submetidos a numerosos imprevistos (clima, epizootias etc.). Dispondo apenas de recursos limitados em material, terra e capital, precisam realizar arbitragens que envolvem com frequência uma combinação de muitas lógicas (econômica, patrimonial, técnica, organizacional, ecológica...). Mas o agricultor, com ou sem seu cônjuge, não é apenas o projetista de seu sistema de produção e, portanto, de sua situação de trabalho: ele é com frequência também quem realiza cotidianamente o trabalho, e entre eles alguns são muito físicos, como o acompanhamento do parto de uma vaca ou o carregamento de um reboque de feno. É também obrigado a tomar numerosas decisões, desde as mais usuais (recolher as vacas para a ordenha) às mais estratégicas (reorientação do sistema de produção para a agricultura orgânica, por exemplo), integrando as consequências que essas diversas decisões podem ter no curto, médio e às vezes no longo prazo. Além disso, o agricultor e, às vezes, seu cônjuge são ao mesmo tempo o comprador, o pagador e o usuário de uma nova máquina a adquirir, ou aqueles que decidem recorrer a um trabalho externo ou ainda aqueles que são obrigados a decidir sobre uma despesa imprevista (após uma pane de equipamento, por exemplo). O agricultor é, portanto, ao mesmo tempo quem prescreve e o executante do trabalho a realizar. Faz o diagnóstico sobre a evolução de um processo de produção (p. ex., sobre a evolução de uma contaminação por doença), e aplica a solução que imaginou para controlar essa evolução. Assim, os agricultores exercem uma multiplicidade de papéis em geral divididas entre vários indivíduos no mundo industrial. Essa divisão, porém, às vezes, está presente na agricultura, em particular nas propriedades agrícolas de grande porte ou naquelas cuja produção exige muito trabalho (horticultura, viticultura). Nesse caso, a coordenação entre atores se torna crucial.

Um ofício entre a autonomia e a dependência – Enquanto patrão de uma empresa, o proprietário agrícola é independente e responsável pela maneira segundo a qual a empresa funciona, atende a seus objetivos e a seus valores profissionais ou pessoais, levando em conta a profunda identificação entre local de trabalho e local de vida. Mas essa autonomia precisa ser relativizada: ele às vezes recorre à ajuda mútua, a trabalhadores assalariados temporários, à utilização em comum de equipamentos agrícolas para poder realizar o trabalho. Precisa às vezes seguir, de maneira precisa, memoriais descritivos de plantio ou de criação estabelecidos pelas empresas que compram dele a matéria-prima. Estas podem ainda impor datas de semeadura ou colheita, doses e composições de insumos, períodos de quarentena, bem como alimentos a serem consumidos, no caso das galinhas, por exemplo. Ele precisa igualmente comprovar que respeita as regulamentações cada vez mais numerosas. Por fim, com frequência recorre a consultores agrícolas ou econômicos para decidir, validar seus próprios diagnósticos, considerar novas técnicas ou atividades, fazer suas escolhas de investimento etc. O agricultor está assim inserido numa rede de relações que constitui uma restrição para a condução de sua empresa mas que, ao mesmo tempo, oferece igualmente oportunidades de abertura e desenvolvimento.

É importante nas intervenções ergonômicas levar em consideração esses numerosos atores que gravitam em torno do agricultor, pois eles participam da definição e com frequência acompanham a implementação dos projetos de evolução que são elaborados

Capítulo 37 – Agricultura e desenvolvimento agrícola

pelos agricultores. São, aliás, esses mesmos atores que às vezes se dirigem ao ergonomista para que este os auxilie a melhor integrar o trabalho, sua organização e suas consequências para a saúde. É o caso em particular dos consultores agrícolas que estão à procura de modalidades de intervenção levando mais em conta a dimensão do trabalho nos projetos de evolução dos agricultores. Esses consultores se tornam então parceiros essenciais para potencializar o trabalho do ergonomista junto a agricultores demandantes, porém estão dispersos e nem sempre dispõem dos recursos necessários para financiar o custo de uma intervenção ergonômica. Aliás, as demandas são com frequência intermediadas por esses organismos, mesmo que outras provenham das estruturas encarregadas da saúde dos agricultores, ou ainda dos fabricantes de equipamentos.

Descrever, analisar, compreender o trabalho agrícola

Demandas de intervenção muito diversas – As demandas dirigidas aos ergonomistas podem ser organizadas em torno de três grandes finalidades: a primeira é a busca de uma melhoria das condições de trabalho. Isso pode dizer respeito tanto à melhoria das condições de segurança ou simplesmente da "carga de trabalho" (reduzir o transporte manual de cargas pesadas, melhorar o dispositivo dos postos de trabalho nas adegas de vinho para limitar os movimentos de torção dorsal...). Pode também estar relacionado à melhoria da organização do trabalho, seja para aumentar a eficácia do sistema de produção, seja para tornar mais compatível a vida na propriedade agrícola com outros compromissos, sejam eles profissionais (mandatos de representação em cooperativas p. ex., atividade de turismo na fazenda) ou privados. A segunda é auxiliar a discernir melhor as consequências da introdução de novas técnicas de produção para a organização do trabalho. A terceira é conceber a organização futura do trabalho, na situação, por exemplo, da instalação de um jovem, do desenvolvimento de uma nova atividade não agrícola (vendas na fazenda, por exemplo) ou da concepção de novas edificações. Embora os métodos para atender a essas demandas não difiram particularmente dos métodos clássicos da ergonomia, eles precisam levar em conta alguns requisitos: as atividades agrícolas são em geral conduzidas ao ar livre em grandes extensões de terra, assumem seu sentido num período longo de tempo (o ciclo das culturas, o ciclo de reprodução ou produção do animal) e não são, em particular para tudo aquilo que diz respeito à organização do trabalho, objeto de prescrições rígidas. Como, então, abordar as situações de trabalho em agricultura?

Os principais determinantes da análise do trabalho nas propriedades agrícolas – O trabalho agrícola se caracteriza por uma grande interdependência entre as tarefas. Esta resulta de dois fatores principais. O primeiro refere-se ao caráter limitado dos recursos disponíveis (em terra, capital e trabalho em particular), o que obriga o agricultor a fazer arbitragens para alocar esses recursos às diferentes atividades: a rotação de culturas, a organização do trabalho, as escolhas de investimentos em equipamentos são o resultado dessas arbitragens. Compreender essas arbitragens é importante para o ergonomista que busca melhorar as condições de trabalho ou para aquele que acompanha um processo de reorganização do trabalho numa situação de transformação dos recursos disponíveis (instalação de um filho na empresa, por exemplo). O segundo fator refere-se às reações dos processos biológicos ou físicos à combinação das técnicas aplicadas: assim, um agricultor que semeia seu trigo cedo pode esperar um rendimento elevado, desde que ele aplique uma quantidade suficiente de nitrogênio para satisfazer as necessidades das plantas, e seria preferível aplicar um acelerador de maturação ou escolher uma variedade resistente ao acamamento, limitar a competição com as ervas daninhas e os efeitos danosos das doenças. Quando o ergonomista é mobilizado para auxiliar o agricultor a articular seus objetivos de eficácia técnica e sua organização do trabalho, ou ainda para auxiliá-lo a pensar na introdução de novas técnicas, ele precisa compreender como o agricultor lida com essa interdependência entre as tarefas.

Um outro elemento determinante do trabalho em agricultura é a considerável incerteza em que se encontra o agricultor para decidir no curto e médio prazo. Antes de mais nada, ele precisa enfrentar as incertezas crescentes quanto aos preços e às condições de colocação no mercado impostas pelos organismos de coleta dos produtos agrícolas ou pelas indústrias a jusante (memoriais descritivos). Essa primeira fonte de incerteza irá pesar sobre as arbitragens que o agricultor faz para alocar os recursos de que dispõe. A segunda está vinculada aos eventos climáticos ou aos eventos epidemiológicos (p. ex., epizootias), e a seus efeitos nos processos biológicos. Ela irá pesar sobre a maneira pela qual o agricultor poderá dominar a evolução dos processos para atingir seus objetivos. Isso é ainda mais significativo pelo fato de os processos biológicos terem com frequência prazos de resposta muito longos às ações realizadas. É então importante que o ergonomista, que deve auxiliar o agricultor a conceber ferramentas para pilotar os processos biológicos ou que deve ajudá-lo a pensar as prioridades entre as tarefas, compreenda a maneira pela qual o agricultor tenta se prevenir ou tirar proveito dos imprevistos climáticos e dos eventos epidemiológicos e os antecipa.

É igualmente necessário considerar que o trabalho agrícola se realiza com frequência num espaço de grande extensão e que isso implica a necessidade de pensar não só a organização temporal das tarefas, mas também sua repartição no espaço. Este é particularmente o caso das atividades de condução das culturas, mas também para a criação, em que os diferentes lotes de animais devem ser destinados ao confinamento ou locais apropriados. O ergonomista que deve intervir na organização do trabalho não pode deixar de se dotar de ferramentas para analisar a dimensão espacial do trabalho.

O trabalho agrícola é também um trabalho de alto risco: numerosos acidentes ocorrem nas frentes de colheita, de manutenção dos balotes de feno, de ensilamento do milho ou durante a utilização de produtos fitossanitários. É um trabalho cujo esforço necessário decresceu, mas que permanece muito pesado, e muitos agricultores sofrem de distúrbios osteomusculares diversos. O ergonomista é também solicitado para participar de uma melhor identificação das situações de risco para a saúde do agricultor, e na elaboração de instruções de segurança para evitar ou limitar esses riscos.

Não se pode esquecer que, com muita frequência, o trabalho agrícola está estreitamente imbricado com a vida cotidiana, e que se misturam com muita frequência projeto profissional e projeto de vida. É preciso não perder de vista que a atividade agrícola pode ser secundária para alguns agricultores, que pode mesmo se tornar uma atividade de lazer ou manter-se como uma atividade de subsistência. Compreender o lugar da atividade agrícola para o agricultor em seu projeto pessoal ou no de sua família é, portanto, essencial. Além disso, os recursos disponíveis para realizar o trabalho com frequência dependerão estreitamente da evolução da família: a disponibilidade eventual dos seus pais, no início da carreira, é substituída pela disponibilidade dos filhos nos períodos de férias, mas também pela exigência eventual de uma maior disponibilidade do agricultor para compartilhar o lazer com eles. Em fim de carreira, os problemas de saúde do agricultor podem acarretar uma revisão drástica das atividades. O aumento do trabalho das mulheres de agricultores fora do setor, o desejo de ter as mesmas condições de trabalho que as outras categorias socioprofissionais são outros fatores que interferirão na organização das atividades produtivas.

Capítulo 37 – Agricultura e desenvolvimento agrícola

Essas dimensões não devem ser ignoradas pelo ergonomista que participa de um projeto de reorganização do trabalho, de adaptação das edificações, de escolha de novas técnicas.

Por fim, o trabalho agrícola pode se organizar em comum entre várias propriedades agrícolas: isso pode assumir a forma de troca de equipamentos, de parcelas, de pessoas, o compartilhamento dos meios, a compra em comum de equipamentos, o emprego comum de um mesmo assalariado... Essa dimensão pode aumentar a carga de trabalho em certos períodos, criar constrangimentos quanto à disponibilidade dos meios ou, ao contrário, facilitar a realização do trabalho. No caso de um projeto de reorganização do trabalho ou de melhoria das condições de trabalho, esse ponto deve ser examinado tanto para verificar sua existência quanto para discutir seu eventual interesse na situação estudada.

Assim, é preciso ter em vista que produzir um conhecimento sobre a realidade do trabalho agrícola efetuado nas propriedades agrícolas sem reduzir sua complexidade implica compreender que o agricultor é ao mesmo tempo projetista de sua situação de trabalho e executante, projetista da segurança de sua propriedade e ator suscetível de ser atingido em sua integridade física, é quem prescreve a eficácia procurada, mas também operador que precisa se adaptar à variabilidade das situações. Isso significa para o ergonomista que os métodos que ele vai mobilizar para analisar o trabalho devem permitir que ele faça um diagnóstico, mas também facilitar o processo reflexivo do agricultor sobre seu próprio trabalho, tendo em vista que este possa, se assim o desejar, definir como o melhorar, como o reorganizar.

Ferramentas para analisar o trabalho em agricultura – Os métodos adotados devem permitir que se apreenda a atividade desenvolvida:

— em ciclos longos de trabalho (ciclo anual em particular, mas também ciclo produtivo de um animal) para compreender a maneira segundo a qual se constroem as relações entre as tarefas para uma mesma cultura, um mesmo lote de animais;

— em períodos curtos e homogêneos do ponto de vista das tarefas a cumprir para discernir a maneira pela qual as tarefas síncronas são realizadas e para apreciar como os imprevistos climáticos são levados em consideração em sua realização.

Mas o ergonomista deve também se dar os meios de situar o momento da intervenção no ciclo de vida da propriedade agrícola, de compreender as aspirações do agricultor para além da esfera produtiva estrita da propriedade agrícola, de precisar os riscos em que incorrem o agricultor ou as outras pessoas que trabalham na propriedade agrícola durante a realização de seu trabalho.

Para tanto, as técnicas de coleta de dados não são muito diferentes das técnicas habituais da ergonomia. Pode-se, no entanto, assinalar que é muito raro que uma só técnica permita produzir a informação adequada e, com frequência, é útil combinar várias delas para melhor apreender as maneiras segundo as quais a atividade se organiza no tempo e no espaço.

O método do "orçamento-tempo" (Valax, 1989) é uma maneira de registrar o desenrolar e a duração das operações que o agricultor realiza. Baseia-se na identificação conjunta pelo ergonomista e pelo agricultor das tarefas que este realiza. É uma etapa particularmente importante, porque implica escolher um nível de análise: fala-se apenas das tarefas principais dedicadas ao trabalho com as culturas e os animais, ou fala-se também em tarefas de manutenção dos edifícios, de gestão administrativa? Fala-se também em tarefas de aquisição de informação para supervisionar a evolução dos processos? Para melhor apreender a organização temporal do trabalho, parece pertinente fazer uma distinção entre as tarefas ditas de necessidade inadiável, como costuma ser o caso na pecuária, em que se deve realizar cotidianamente a ordenha, a alimentação dos animais etc., as tarefas não adiáveis por estarem ligadas a um evento preciso, como o início de uma praga na cultura, um compromisso assumido com um colega ou uma empresa, e as tarefas adiáveis.

Embora esse método seja útil para apreender os ciclos longos de trabalho, a observação com autoconfrontação aos dados recolhidos organizados em crônicas de ações e as verbalizações durante o trabalho permanecem meios privilegiados para apreender a organização nos ciclos curtos. Podem incidir, conforme o caso, sobre um período considerado homogêneo (em que ocorre a realização das mesmas tarefas ao longo de cada dia), sobre a realização de uma dada operação na cultura, sobre a realização de uma frente de trabalho (os equipamentos mobilizados para realizar uma dada tarefa). A utilização do vídeo se mostra delicada quando se trata de operações na cultura realizada em grandes espaços e por um período longo: identificar as informações relevantes para o agricultor se revela com frequência delicado. Em compensação, faz todo sentido para as tarefas que continuam sendo executadas manualmente (cultivo em estufas, horticultura, viticultura...) para apreender seja um *saber-fazer*, seja fatores geradores de distúrbios osteomusculares, seja para vincular gestos, condições de trabalho e qualidade do resultado.

Pode ser pertinente completar esses dados com a construção de uma agenda onde o agricultor registra toda noite o trabalho feito no dia e o que ele prevê para o dia seguinte ou os dias seguintes, bem como algumas observações que ele julgar úteis. Isso fornece elementos para discutir com ele as divergências entre o que ele previu fazer e o que de fato realizou; identificar situações que ele julga críticas, buscar suas causas e tentar construir soluções que limitem essas divergências. Pode-se assim apreender melhor sua visão dos riscos (imprevistos climáticos, epizootias, panes...) e a maneira pela qual ele pretende enfrentá-los ou preveni-los.

A organização espacial do trabalho requer a disponibilização de plantas que mostrem a divisão da propriedade agrícola, as distâncias a percorrer, e situando as edificações cujas atribuições (depósito de produtos fitossanitário, sala de ordenha, edificação para os bezerros, oficina, celeiro...) são precisas. É então interessante, numa perspectiva de reorganização das atividades, registrar os circuitos feitos pelas pessoas e pelas máquinas agrícolas que trabalham na propriedade agrícola (ver Sagory e Goguet-Chapuis, 1997).

Mas esses métodos demandam uma intervenção relativamente longa do ergonomista, e exigem disponibilidade de tempo do agricultor. Pode às vezes ser mais pertinente e menos custoso para o agricultor trabalhar a partir de situações críticas das quais ele se lembra e reconstruir "histórias" (Jourdan, 1997) que buscam organizar os fatos caracterizando essa situação julgada crítica e como ela foi superada (quais atores estiveram implicados, quais raciocínios foram desenvolvidos, quais transformações ocorreram...). A criticidade das situações pode ser considerada em diversos planos que cabe precisar: risco para a saúde, condições climáticas ruins para a realização do trabalho, sobrecarga de trabalho num dado período do ano etc. A construção dessas histórias parece ser particularmente pertinente para o ergonomista que trabalha com a inserção de novas tecnologias na propriedade agrícola ou que procura apreender processos de degradação das condições de trabalho, por exemplo (ver Franchi, 1989). O conhecimento ergonômico produzido dessa forma pode igualmente ser valorizado para definir com muita precisão as características que diversos equipamentos precisam apresentar para eliminar ou reduzir os riscos de acidentes, a exposição a produtos nocivos (Le Bris e Tayar, 1997).

Modalidades de ação para a melhoria do trabalho agrícola

O trabalho do ergonomista no setor agrícola não pode consistir unicamente em desenvolver análises do trabalho em propriedades agrícolas, pois os agricultores só muito raramente podem financiar intervenções ergonômicas. O ergonomista deve ser capaz, portanto, de propor aos consultores agrícolas, que são os interventores clássicos junto aos agricultores, ações e formações integrando a abordagem ergonômica do trabalho.

Inscrever ações de modalidade no trabalho dos consultores agrícolas – Todavia, propor essas ações não é possível sem uma compreensão da atividade dos consultores agrícolas e das pressões que pesam sobre essa atividade (Cerf, 1997). E a proposição de ações genéricas é ainda mais difícil devido à existência de uma diversidade de organizações que realizam consultoria e uma grande diversidade das concepções do ofício de consultor agrícola.

Tanto os consultores quanto aqueles que são responsáveis por eles atuam de maneira diversa para dominar um de seus maiores constrangimentos: a necessidade de gerir a singularidade em grande escala, ou seja, adaptar-se a cada par "agricultor-propriedade agrícola", trabalhando ao mesmo tempo com o maior número possível de agricultores.

Algumas organizações de consultoria resolvem esse paradoxo trabalhando com coletivos de agricultores, outras fixando *a priori* com o agricultor os encontros que ocorrerão durante o ano e o que será objeto de trocas nesses encontros. As duas coisas podem ser combinadas. A atividade de alguns consultores pode assim ser determinada pelo calendário de produção (Cerf e Rogalski, 1998): por exemplo, reuniões na época das compras de insumos, e então reuniões durante a realização de operações na cultura, ou visita todo mês para acompanhamento da produção leiteira. Para outros, o ritmo é dado sobretudo pela chegada de informações contábeis da propriedade agrícola.

Além disso, já existem, em diferentes organismos de consultoria, ações sobre temas que irão abranger as condições de trabalho do agricultor: o apoio à construção de novas edificações, a consultoria quanto a equipamentos, o apoio à implantação de novas atividades etc. Outros são, além disso, bastante orientados por obrigações regulamentares, como é o caso da normalização das edificações de criação. A intervenção do ergonomista consiste em se inscrever nessas ações ou repensá-las de forma que suas consequências para as condições de trabalho sejam mais bem consideradas.

Por fim, não é raro que vários consultores intervenham junto aos agricultores em relação a assuntos diferentes (condução da alimentação dos animais para um, construção de edificações para outro, projeção econômica para compra de equipamento para um terceiro), mas cuja atuação terá um efeito sobre as condições de trabalho. Nesse caso, pode ser necessário, para que a intervenção ergonômica tenha um impacto real, reunir esses consultores em torno de uma mesma ação.

Nessas condições, a escolha de um tipo de ação de análise e reflexão sobre o trabalho deve ser feita considerando não só as expectativas dos agricultores, mas também os modos de organização do trabalho dos consultores. É importante, portanto, se colocar certas questões antes de participar em projetos concebidos para fornecer um auxílio aos consultores que buscam melhorar as condições do trabalho futuro dos agricultores: a consultoria coletiva é predominante? A organização atual do trabalho do consultor é compatível com a implementação de uma ação sobre o trabalho baseado eventualmente noutro ritmo de relação de consultoria do que o atualmente em vigor? Quais são as referências disponíveis sobre o trabalho nas propriedades agrícolas que podem ser aproveitadas pelo consultor? Quais são as modalidades de ação atuais utilizadas para abordar temas que terão um impacto sobre as condições de trabalho dos agricultores? Quais consultores intervêm junto aos agricultores em temas que dizem respeito ao trabalho na propriedade agrícola?

Em geral, um pré-requisito para a intervenção ergonômica em organismos de consultoria é, portanto, assegurar-se de que os atores aceitem que o trabalho seja considerado no levantamento das escolhas possíveis com os agricultores, da mesma forma que os critérios mais clássicos: econômicos, técnicos, ecológicos etc. É também necessário obter seu acordo para que o agricultor seja o ator central. Primeiro interessado, em primeiro lugar, participará intensamente das reflexões. Por fim, é necessário se assegurar de que será possível trabalhar com os consultores que gravitam em torno do agricultor e cuja consultoria tem repercussões sobre as condições de trabalho do agricultor.

O ergonomista: acompanhante do trabalho dos consultores agrícolas – A proposição de abordagens pelo ergonomista se apoia em parte numa transferência de suas próprias competências para o consultor. Uma parte da intervenção é então dedicada a formar minimamente os consultores em análise do trabalho, e em particular nos métodos descritos acima. Mas uma outra parte da intervenção consiste em auxiliar os consultores a empregarem esses métodos para intervir junto aos agricultores e ao mesmo tempo levar em conta os requisitos próprios aos consultores.

Assim, Sagory e Goguet-Chapuis (1997) propuseram uma abordagem inspirada em projetos de concepção: para abordar projetos de organização das edificações, eles propõem que se mobilizem as ferramentas descritas precedentemente (planejamentos, crônicas de ação) e se estabeleça o que Daniellou e Garrigou (1990) chamam de situações de ações características. Essas situações servem de base para considerar as melhorias e avaliar as vantagens e inconvenientes dos roteiros de organização das edificações (estábulos, nível de mecanização, configuração espacial das edificações, adaptações internas...) que são então imaginados pelos agricultores em relação aos projetos de evolução possíveis da propriedade agrícola. Esses roteiros são então discutidos em relação a critérios clássicos de avaliação (econômica, técnica, ecológica), mas também em relação a referências sobre o trabalho. Estas últimas raramente estão disponíveis, então pode ser necessário definir propriedades agrícolas de referência (próximas da noção de situações de referência de Daniellou e Garrigou, 1990), nas quais diversas observações poderão ser realizadas. Depois, pode ser pertinente simular a incidência dos diferentes roteiros para fazer um prognóstico sobre as condições de trabalho futuro, as pressões, os compromissos entre saúde e objetivos de produção. A simulação se apoia então em encadeamentos variados de situações de ações características. Por fim, a constituição de grupos reunindo os agricultores cujas propriedades agrícolas servem de referência com àqueles que estão implantando uma nova organização pode ser um meio de acompanhar estes últimos nessa etapa de implantação.

É fácil imaginar que essa modalidade de ação é tanto mais apreciada quanto mais ela permite a multiplicação do trabalho do consultor junto a vários agricultores. Isso pode ser feito por meio da promoção de encontros de trabalho coletivo entre agricultores e consultores na época das etapas principais da ação, e em particular quando se discutem os roteiros e as simulações da incidência das escolhas. Então, o ergonomista pode desempenhar um papel importante para "manter" o rumo e relacionar a etapa em questão ao

Capítulo 37 – Agricultura e desenvolvimento agrícola

trabalho realizado antes ou que ainda resta efetuar. Ele é então mais um acompanhante da implementação do procedimento do que um interventor propriamente dito na elaboração dos projetos dos agricultores.

A modalidade de ação que acaba de ser descrita é, no entanto, pesada e só pode ser considerada junto aos consultores em projetos de reorganização significativa das edificações ou em projetos de transformação do coletivo de trabalho (a contratação de um jovem, por exemplo). Pode ser também pertinente propor aos consultores ações que visam antes de mais nada auxiliar os atores das propriedades agrícolas a refletirem sobre os determinantes de suas condições de trabalho e a se colocarem em posição de integrar as consequências para seu trabalho de todo o projeto de evolução da sua propriedade agrícola. Foi nesse sentido que Sagory e Montedo (1997) propuseram cessões de formação-ação destinadas a favorecer a expressão coletiva sobre o trabalho real e fazer com que as reflexões e as propostas se concentrem nos projetos concretos de cada uma das propriedades agrícolas. O trabalho coletivo de análise é preparado por uma jornada/um dia de observação em cada propriedade agrícola cujos atores participarão da formação. Essa jornada permite estabelecer planejamentos, crônicas de ação sobre o trabalho em curso, coletar histórias sobre as situações críticas. Esse material é então utilizado para estimular o processo de análise reflexiva no grupo valendo-se de comparações, procurando pôr em discussão os determinantes do que foi observado e as consequências na qualidade do trabalho, o tempo necessário para a realização das tarefas, a fadiga, os riscos de acidentes etc. Isso permite aos agricultores uma reflexão sobre as consequências diferenciadas para o trabalho das diferentes escolhas técnicas e organizacionais.

Conclusão

A agricultura europeia atravessa hoje uma crise de identidade: os excedentes agrícolas, os escândalos da vaca louca e outras crises sanitárias, as poluições de origem agrícola são elementos que engendram interrogações profundas da sociedade em relação à sua agricultura e a seus modos de produção. Paralelamente, o setor agrícola continua a perder empregos, e a proteção do espaço rural, por muito tempo assegurada pelos agricultores, torna-se problemática: a permanência de uma população agrícola no mundo rural parece ser uma fonte de preocupações para os poderes públicos. Assim, muitos atores se exprimem hoje, fora e dentro do mundo agrícola, para reivindicar o desenvolvimento sustentável da agricultura, o que implica, entre outras coisas, uma atenção maior ao emprego em meio agrícola e à melhoria das condições de trabalho. Nessa perspectiva, parece essencial que o levantamento das escolhas possíveis integre o trabalho futuro, do mesmo modo que os critérios classicamente considerados (econômicos, técnicos, ecológicos). É igualmente importante que os agricultores sejam atores na elaboração de novas ações de desenvolvimento que integrem o critério trabalho e que uma sinergia maior exista entre os atores que auxiliam o agricultor a desenvolver seus projetos sucessivos, desde sua instalação até a venda ou transferência da propriedade agrícola.

O desafio para o ergonomista é, portanto, auxiliar na concepção dessas ações, apoiando-se nos consultores que gravitam em torno dos agricultores. Trata-se para ele de encontrar a maneira de transferir aos consultores uma parte de suas competências, em particular para a coleta de dados na propriedade agrícola, propondo ferramentas simples que permitam manter registros para tratar da organização espaçotemporal do trabalho e das situações críticas, tanto do ponto de vista da saúde quanto da eficiência. Trata-se também de se posicionar como um acompanhante dessas ações tendo em vista manter o rumo em duas direções: que o agricultor seja o ator central da reflexão que é realizada, e que as consequências para o trabalho das escolhas que serão feitas mantenham-se como um objeto de reflexão e orientação das escolhas.

Referências

CERF, M. Normalisation des processus productifs en agriculture: quelles adaptations des systèmes d'information des agriculteurs et conseillers *Performances Humaines et techniques*, p.20-25, Sep./Oct. 1997.

CERF, M.; ROGALSKI, J. Importances de la dynamique des cultures et du temps des décisions des agriculteurs dans l'organisation et le contenu du travail du conseiller agricole. In: CONGRÈS DE LA SELF, 33., Paris, 1998. *Actes.* Paris: SELF, 1998. p.475-484.

DANIELLOU, F.; GARRIGOU, A. Analyse du travail et conception des situations de travail. In: DADOY, M. et al. *Les analyses du travail:* enjeux et formes. Paris: CEREQ, 1990.

ERGONOMIE et approches des conditions de travail des agriculteurs. *Bulletin Technique d'Information,* Paris, n.442-443, jui/août. 1989.

FRANCHI, P. Charges de travail du porcher: gestion technico-économique. *Bulletin Technique d'Information,* Paris, p.287-296, jui./août 1989.

JOURDAN, M. Développement technique dans l'exploitation agricole et compétences de l'agriculteur. *Performances Humaines et Techniques*, p.26-31, Sep./Oct. 1997.

LE BRIS, B.; TAYAR, E. Conception des bâtiments d'élevages porcins. In: COLLOQUE TRAVAIL ET AGRICULTURE: quelles espèces pour quelles actions? Toulouse: [s.n.], 1997. p.29-35.

SABLON, S. L'ergonomie au service des petites entreprises. *Bulletin d'Information de la Mutualité Sociale Agricole*, p.14-17, août 1998.

SAGORY, P.; GOGUET-CHAPUIS, P. Un ergonome rejoint des conseillers pour transformer un bâtiment d'élevage. *Travaux et Innovations*, n.43, p.43-45, 1997.

SAGORY, P.; MONTEDO, U. Une formation-action sur l'organisation du travail à l'origine de l'évolution des représentations et des pratiques dans les exploitations agricoles. *Performances Humaines et Techniques*, p.49-58, sep./août. 1997.

VALAX, M. F. La gestion du temps dans l'exploitation agricole. *Bulletin Technique d'Information,* p.345-352. jui./août 1989.

Ver também:

4 – Trabalho e saúde

6 – As ambiências físicas no posto de trabalho

34 – As atividades de serviço: desafios e desenvolvimentos

38

A construção:
o canteiro de obras no centro do
processo de concepção-realização

Francis Six

O setor da construção apresenta uma dimensão econômica importante, tanto pelo volume de negócios quanto pelo número de pessoas (assalariados e artesãos) que nele trabalham. Agrupa duas grandes atividades diferentes entre si, os empreendimentos privados de construção e as obras públicas. Pelo seu tipo de produção, sua organização e as características do trabalho, sempre foi considerado como um setor particular, bem diferente dos outros setores da produção de bens e serviços.

Num primeiro momento, apresentaremos a estrutura profissional do setor e, então, a organização da produção e as condições às quais ela está submetida. Em seguida, serão abordados o trabalho dos atores do canteiro de obras e o processo de concepção-realização da obra.

Estrutura profissional do setor

Contexto socioeconômico – A construção é um setor econômico, cujo desenvolvimento e crescimento não dependem unicamente de sua própria dinâmica, mas muito mais das condições de crescimento externas. Em particular, o Estado e as coletividades locais desempenham um papel central pelas suas encomendas e pelos eixos de desenvolvimento que definem. O que ele produz é por natureza imóvel e, portanto, modifica o ambiente geográfico e econômico de um pais, de uma região e dos cidadãos.

O procedimento da licitação é o modo de atribuição dos mercados mais difundido, que permite a entrada em concorrência das empresas; o outro é o acordo. A regra da proposta mais baixa é muito comumente retida como critério de adjudicação, em especial quando se trata de uma obra pública. Ela não deixa de ter consequências sobre os princípios de organização das empresas, a condução dos canteiros, as condições de trabalho e de segurança. A terceirização de partes da obra é um fato econômico evidente nesse setor de atividade. É um modo normal de atribuição do mercado público, mas é igualmente utilizada como um meio organizacional com um objetivo econômico ou financeiro. Pode, em alguns casos, assumir a forma de terceirização em cascata. A melhoria e a manutenção das edificações e obras existentes ocupam uma parte crescente no volume de negócios das empresas na França.

As empresas se caracterizam por sua grande diversidade, tanto em termos de tamanho quanto de atividade. É o caso também nos países da CEE. Assim, na França, cerca de 93% delas são empresas artesanais que empregam menos de dez assalariados, e 6% empregam de onze a cinquenta assalariados. O que se tem, portanto, é uma estrutura de empresas consideravelmente atomizada.

A estrutura profissional é igualmente marcada por uma diversidade muito grande de ofícios e, portanto, de especializações das empresas, necessários à construção de uma obra. A distinção entre obra estrutural e acabamento induz, durante a construção de uma edificação, dois tipos de empresas: as que realizam a estrutura, o esqueleto da obra (fundações especiais e parte estrutural), e as que equipam a edificação. De uma maneira geral, as empresas especializadas são menores que as que realizam a obra em si, mas encontram-se também pequenas empresas de alvenaria.

Uma indústria intensiva em trabalho e uma população que envelhece – O setor da construção emprega mais de 7% dos trabalhadores das Comunidade Europeia. Dele, depende direta ou indiretamente um emprego em cada oito, essencialmente nas pequenas e médias empresas. Os efetivos flutuam devido à conjuntura econômica, o que não deixa de ter repercussões nas competências disponíveis a um dado momento na empresa. As filiais dos grandes grupos mantêm um "núcleo duro" de pedreiros e recorrem a trabalhadores temporários, às vezes de maneira maciça, para completar os efetivos da obra. Para os países da comunidade europeia, o recurso ao trabalho temporário é mais significativo que nos outros setores de atividade; o fenômeno é similar no que se refere ao nível de emprego da população estrangeira (cerca de 10%).

De maneira geral, os trabalhadores têm um nível baixo de formação e os trabalhadores com baixo nível de qualificação são mais numerosos, em comparação aos outros setores de atividade. A população é majoritariamente masculina; as mulheres só estão presentes nos serviços administrativos e de projetos. A estrutura de idade mostra uma população que envelhece. Ademais, as gerações jovens abandonam os ofícios da construção.

Um conjunto de estudos e dados designa os assalariados da construção como um grupo de risco, no momento em que se investigam as modificações da saúde com a idade, e sua relação com o trabalho. Os agravos osteomusculares se apresentam de maneira particularmente prevalente entre os assalariados do setor, em particular em nível lombar. Aparecem, num sentido desfavorável, especificamente associados ao envelhecimento, mas também à carga física no trabalho e à percepção pelos assalariados da insuficiência de meios para realizar um trabalho de boa qualidade. Causam uma seleção ao longo do tempo dos operários mais resistentes, só eles capazes de continuar a exercer seu ofício, eventualmente até sua aposentadoria (Dubré et al., 1996).

As comunicações apresentadas no primeiro simpósio internacional dedicado à ergonomia no setor da construção em 1997 (IEA'97) atestam a generalidade, em muitos países, das constatações relativas à saúde dos assalariados do setor. As doenças profissionais estão muito presentes. Na França é o caso, em particular, das afecções periarticulares, das afecções relacionadas ao cimento, da surdez profissional, e também das patologias ligadas às vibrações, ao amianto, às poeiras e à madeira. Enfim, a construção permanece, apesar das evoluções favoráveis, um setor de alto risco, aquele em que os indicadores relativos aos acidentes de trabalho são os mais elevados e também os mais graves. Ora, existe um

Capítulo 38 – A construção

importante dispositivo legislativo próprio ao setor, que passou por evoluções significativas nesses quinze últimos anos (Trinquet, 1996).

Organização da produção

A organização clássica do processo de produção se caracteriza por um ciclo de produção recortado em múltiplas fases, cada uma delas vinculadas a agentes econômicos distintos, e obedecendo a lógicas diferentes ("cadeia fragmentada "). Um sistema de relações rege tradicionalmente a intervenção dos atores a montante e a jusante do processo e apresenta um caráter linear e hierárquico. A separação é muito marcada entre as fases de concepção do produto, a obra a construir, e sua realização, o canteiro de obras. Dois tipos de lógica e de funcionamento diferentes na repartição das missões e tarefas entre os atores podem ser distinguidos. Um, a montante, é centrado na concepção e negociação do produto; corresponderia melhor a uma "gestão por projeto". O outro, mais a jusante, dedicado à construção da obra, ou seja, ao canteiro de obras, tenta otimizar a relação custo-prazos-qualidade. Constitui o quadro habitual da gestão de produção.

Etapas e atores do processo – O desenvolvimento do projeto apresenta habitual e esquematicamente diferentes etapas, conforme o código das obras públicas, mas também para as obras privadas (Bobroff, 1993; Campagnac et al., 1992).

Em primeiro lugar, a definição da demanda pelo empreendedor – pessoa física ou jurídica, comumente chamado "cliente" – se concretiza pelo pré-programa e pelo programa. Ele escolhe o coordenador de projeto e o coordenador SPS (segurança e proteção da saúde). A concepção da obra mobiliza essencialmente a coordenação de projeto (arquiteto, escritório de engenharia...); expressa-se num anteprojeto sumário (APS), em seguida detalhado (APD), e termina com a constituição do dossiê de consulta das empresas (DCE), necessário para o procedimento de licitação. Eventualmente, ele deixa à empresa a escolha de variantes técnicas.

As empresas mobilizam seus serviços comercial, de estudos e métodos para estabelecer sua proposta de preço; a realização da obra é atribuída a uma empreiteira ou a várias (obra em lotes separados); no primeiro caso, a empreiteira terceiriza os lotes de serviços que estão fora de seu campo de competência. A realização das obras, ou o canteiro de obras propriamente dito, é precedida por uma fase de preparação que começa a partir do recebimento da ordem de serviço (OS) expedida pelo empreendedor. Essa fase permite também lançar as plantas de execução, realizadas por um escritório técnico com frequência externo à empresa. O canteiro de obras é posto sob a responsabilidade de um mestre de obras e/ou de um responsável pela obra. Como a realização de uma edificação recorre a corpos de ofícios especializados, a coordenação entre os diferentes lotes de serviços é importante. O papel das empresas e a organização da coordenação variam amplamente de acordo com o modo de contratação. O canteiro de obras se encerra com a recepção dos serviços e a entrega da obra ao cliente. Os atores da venda e da manutenção da obra seriam o empreendedor e os futuros residentes.

Disposições legislativas recentes (como a lei de 31 de dezembro de 1993 que transpõe para o direito francês a diretriz europeia 92/57/CEE de 24 de junho de 1992, relativa às prescrições mínimas de segurança e saúde a serem implementadas nos canteiros de obras temporários e móveis) criaram a obrigação para o empreendedor de instaurar uma coordenação saúde-segurança tanto na fase de concepção da obra quanto na de realização da construção. Ele tem igualmente uma obrigação de previsão para a fase de uso. Desse modo, a responsabilização desse ator aumentou, em especial pelas obrigações de integrar a segurança nas obras e de organizar a coordenação das intervenções das empresas no canteiro. As molas mestras desse novo dispositivo são o(s) coordenador(es), designados pelo empreendedor, o PGCS (*Plan général de coordinationen matière de securité et de protection de la sante*) estabelecido na fase de concepção da obra e anexado ao dossiê de consulta das empresas, o PPSPS (*Plan particulier de securité et de protection de la santé*) estabelecido pela empresa em resposta às exigências do PGCS, e o DIUO (*Dossier d'intervention ultérieure ser l'ouvrage*).* Assim, a coordenação de segurança obriga os atores a pensar a operação em sua totalidade, da concepção da obra até sua manutenção, e a antecipar cada uma das etapas. Embora seja de regulamento, limitada às medidas comuns de prevenção e aos riscos gerados pelas intervenções simultâneas e sucessivas das empresas, ela dá um lugar central à obra, antecipando as questões relacionadas ao encadeamento das tarefas, ao planejamento, à logística etc. Trata-se, portanto, de um objetivo ambicioso.

Articulações entre a concepção da obra, a do canteiro de obras e sua realização – O desenvolvimento do processo de produção de uma obra/empreendimento é, na realidade, mais complexo; apresenta circuitos em todos os níveis. Assim, se um corte existe efetivamente entre a concepção do produto e sua realização, com atores específicos se encarregando de cada uma delas, os atores a montante estão de fato presentes durante todo o canteiro de obras; em compensação, salvo em casos particulares, as empreiteiras não estão associadas à concepção do produto. A presença do empreendedor e coordenador de projeto, efetiva durante toda a duração da obra, se concretiza pela reunião semanal; momento de negociações entre os atores, é a ocasião de detalhar, modificar, escolher, decidir, validar, verificar, ordenar, lembrar.

A fase de concepção não é homogênea. Comporta uma concepção relativa ao produto, a obra a construir, e uma concepção relativa ao canteiro, precedendo e acompanhando sua realização, chamada de preparação do canteiro de obras. Com frequência, a concepção da obra não está terminada quando se dá início ao canteiro. Não é raro que, com o avanço da construção, modificações sejam feitas no projeto da obra. Assim, deve-se falar em processo de concepção-realização (Six e Fourot-Tracz, 1999). Os múltiplos atores mantêm entre si interações permanentes; em todos os estágios, cooperações são necessárias. Todavia, uma grande dificuldade reside na articulação insuficiente entre concepção do produto e concepção da realização, origem de numerosas disfunções. Assim, a obra é mais um projeto do que um produto; tem um caráter único e equivale a um protótipo.

Assim, as características da produção e das situações de trabalho são determinadas ao mesmo tempo pelo resultado do trabalho do projetista da obra, pelas adaptação feitas pelo projetista responsável pelo canteiro de obras, e pela atividade das chefias e das equipes de produção. O ergonomista precisa, portanto, levar em conta em sua intervenção a dimensão específica da elaboração do objeto de concepção. A transformação desse objeto resulta de uma interação que engaja o conjunto dos operadores de concepção e de produção. O conhecimento da atividade de trabalho no canteiro de obras é, portanto, essencial. Assim, trata-se de abordar o canteiro não mais somente como a última etapa de um processo comportando uma fase de concepção e uma fase de realização, mas de dar (ou devolver) a ele um lugar central no interior de uma verdadeira condução de projeto, o processo de concepção-realização.

---

* No Brasil ver PCMAT, PPRA, PCMSO e outras NRs [N.T.].

Capítulo 38 – A construção

Do mesmo modo, a prevenção deve ser elaborada a partir de um conhecimento das condições nas quais se concebe e se realiza o próprio trabalho. Um melhor conhecimento da atividade de trabalho de todos os atores do canteiro de obras se coloca como uma condição indispensável, um pré-requisito para uma renovação de sua concepção. Paralelamente, torna-se igualmente importante se interessar pelos procedimentos de negociação e pelos modos de relações entre os diferentes atores do processo de concepção-realização, bem como pela atividade, o papel e representações do trabalho dos profissionais da prevenção. A organização do trabalho deve ser considerada como um objeto privilegiado da prevenção; toda ação durável nesse campo transforma alguma coisa na organização do trabalho enquanto organização das relações de trabalho.

A prevenção não se dá exclusivamente no canteiro. Este é apenas um momento, com certeza importante, de um processo; é condicionado, em grande medida, pelas decisões a montante. É, portanto, o lugar de convergência de representações do trabalho e da segurança dos diferentes atores da concepção e da realização. Pode-se encontrar em PCA-EVMB (1990), Cru (1995), Trinquet (1996) e Six (1999a) desenvolvimentos dessa questão.

Atividade de trabalho dos atores do canteiro

As intervenções ergonômicas inicialmente se interessaram pelo trabalho dos pedreiros para melhorar as condições físicas de sua realização. Muitas propostas de melhorias das ferramentas e equipamentos, da "carga" física e das ambiências físicas, por meio da redução do nível sonoro, por exemplo, ou da proteção contra as intempéries, foram formuladas. Modalidades de condução de projeto apoiadas na análise da atividade das equipes de pedreiros foram implementados para a concepção de equipamentos adaptados (Carlin et al., 1995). Com certa rapidez, ficou claro que era necessário estudar o trabalho dos responsáveis pelas obras e chefes de equipe, pois estes desempenham um papel-chave no bom andamento das obras. Como condições de trabalho favoráveis são com frequência associadas pelos pedreiros a "um bom responsável pela obra", realizou-se a análise da atividade deste. Então, as relações entre condições de trabalho e de segurança e organização do trabalho estando cada vez mais demonstradas, foi para o trabalho do mestre de obras que a atenção dos ergonomistas se voltou. É ele quem, em cooperação estreita com o responsável da obra, prepara e organiza as condições da produção a partir das especificações contidas nos documentos do empreendimento e da coordenação do projeto. A análise da atividade das chefias é uma etapa central para a melhoria das condições de realização do trabalho de canteiro de obras; mas também estão em jogo a saúde e a eficácia de seu trabalho.

Gestão da variabilidade – O trabalho de canteiro de obras é marcado por uma grande variabilidade e sua submissão a numerosos imprevistos, devido ao mesmo tempo a uma produção de tipo unitário e ao caráter transitório errante do canteiro de obras. Este se desenrola em durações muito variáveis, podendo ir de algumas horas a vários anos, e em lugares que nunca pertencem às empresas (salvo se estiverem trabalhando para si mesmas). O contexto nunca é reproduzido de forma idêntica e a empresa tem sua produção fragmentada em locais múltiplos. Assim, as situações de trabalho "tipo canteiro de obras" se caracterizam por uma considerável variabilidade e dinâmica espacial e temporal, a sua gestão pelos operadores está no centro de sua atividade de trabalho (OPPBTP-ANACT, 1994).

A prescrição do trabalho dos pedreiros nos canteiros de obras é baixa: diz respeito essencialmente ao objetivo a atingir, mas pouco se refere aos meios para atingi-lo. É orientada pelo objetivo comum de realização da obra. Os pedreiros se referem então a objetivos implícitos para assegurar a continuidade da produção e acabá-la em tempo; estes remetem à interdependência entre os homens e as equipes, à configuração fragmentada caracterizando a organização espacial do canteiro, e aos imprevistos de natureza variada (técnicos, organizacionais, devidos aos equipamentos, às intempéries...) que surgem no decorrer da atividade. Esta é complexa: os pedreiros têm de gerir simultaneamente numerosos parâmetros de uma situação continuamente cambiante, que não cessa de se transformar em virtude da atividade das equipes presentes. A competência que a chefia espera que eles tenham é a de pôr em prática os *saber-fazer* que permitirão norteá-los; uma competência de gestão temporal da atividade é necessária (Duc, 2002). Porém, essa gestão dos imprevistos se realiza com frequência em condições problemáticas, difíceis: os operadores "se viram". As estratégias que elaboram e desenvolvem são então custosas nos planos físico (esforços, posturas desconfortavéis), cognitivo, e em termos de riscos incorridos.

As situações problemáticas são principalmente encontradas durante a realização das particularidades arquitetônicas e dos pontos singulares da obra, bem onde os meios técnicos, os equipamentos, os modos operatórios previstos precisariam ser adaptados, modificados, onde não podem ser postos em prática da maneira habitual. Ora, o mais frequente é, uma vez superados os obstáculos, que o evento seja "esquecido", sem que nenhuma ação seja empreendida para que ele não se repita. A atividade desenvolvida pelos pedreiros e pelo responsável da obra para enfrentar essas situações permanece pouco conhecida e não é ou é pouco reinvestida, em particular na preparação do canteiro e na preparação do trabalho na obra. Essa constatação conduziu à proposta de um procedimento de preparação do trabalho. Suficientemente antecipada em relação à realização da tarefa e implicando os pedreiros, ele cria "instantes de preparação da ação" planejados e preparados pela chefia do canteiro, momentos de reflexão comum ao nível da equipe sobre a maneira de empreender uma tarefa. As reuniões de preparação do trabalho contribuem para a elaboração pelos pedreiros de uma representação mental da situação futura da qual necessitam para desenvolver sua atividade. Permitem, portanto, a antecipação. É essencial que eles não descubram as situações apenas no momento em que elas se apresentam a eles, o que favorece a emergência dos riscos. Essas reuniões completam e enriquecem a preparação cotidiana das tarefas que os responsáveis pela obra realizam (Six, 1997).

Atividade do responsável da obra – O responsável da obra é responsável pela realização das obras. Sua atividade de direção dos homens se apoia num princípio organizacional que Duc (2002) denominou "organização do trabalho por prescrição vaga", que consiste em não descrever e detalhar totalmente toda uma sequência de operações para acomodar o imprevisível. O responsável pela obra não prescreve nem procedimentos nem modos operatórios, mas, em vez disso, o resultado a obter baseado nas instruções de base precisas fornecidas pelos atores da concepção da obra e da organização do canteiro.

Situando entre o que é definido pelo setor de projetos e o canteiro de administrado pelo mestre de obras, o responsável pela obra desenvolve ações que são guiadas pela busca de efeitos facilitadores para o trabalho, com critérios de qualidade da construção, de custo da realização e de segurança dos colegas de ofícios. A gênese de certas situações de risco pode ser também encontrada nas decisões que seguem a única lógica, como a utilização de um equipamento fabricado para um outro canteiro de dimensões similares, mas não idêntico. Por ser também ator do processo de concepção, o responsável pela

Capítulo 38 – A construção

obra é ator da segurança durante a realização das obras. Essa forma de ação se distingue substancialmente das ações impostas ou propostas pelos peritos e pela regulamentação, mas é complementar a elas. Assim, a manutenção das possibilidades de ação do responsável pela obra se mostra aqui central. Ora, o contexto econômico do setor e das empresas e as evoluções da organização da concepção podem reconfigurá-las (Bergamini, 1995).

A atividade do responsável pela obra é também caracterizada pela necessidade de fornecer uma resposta imediata às múltiplas variabilidades das obras. Ele deve de fato gerir dois tipos principais de exigências, espaciais e temporais, participando do implícito da tarefa que se espera dele. As exigências espaciais se relacionam, por exemplo, às zonas de atividade das equipes que mudam a cada dia, à utilização e estocagem temporária dos equipamentos, e também ao espaço disponível fora do âmbito da obra que permite em particular a estocagem dos materiais e equipamentos. Os constrangimentos temporais remetem à dinâmica das situações de trabalho, à ocorrência de eventos não previstos e de riscos inerentes, à variabilidade do contexto, ao respeito aos objetivos do dia. Por causa disso, ele está presente de forma significativa no canteiro. Sua atividade é repartida de maneira quase igual entre o escritório e o canteiro propriamente dito, local da produção e da atividade das equipes de pedreiros. Ela se desenvolve num contexto de incerteza, em relação com a imprevisibilidade das situações.

Dimensão coletiva da atividade – O andamento do canteiro resulta da articulação das intervenções sucessivas das diferentes equipes que colaboram na realização da obra ou de uma parte dela. As equipes são especializadas nas tarefas organizadas no interior de um ciclo de rotação. Esse princípio de organização acarreta uma interdependência grande entre as equipes: o resultado da atividade de uma equipe condiciona a atividade da equipe que vai sucedê-la nessa parte da obra, do mesmo modo que é condicionada pela atividade da ou das equipes que a precederam. "O ato de construção", que consiste numa sucessão e numa articulação de tarefas diferentes, levanta questões quanto à especialização dos pedreiros e das equipes, e à polivalência que às vezes se deseja nos canteiros de obras.

Além disso, a coatividade é um dado essencial da organização e do funcionamento de um canteiro. O planejamento do canteiro prevê o momento e a duração da intervenção das diferentes empresas, e das equipes de corpos de ofício; organiza, consequentemente, ao menos em grandes linhas, sua ocupação do espaço e define sua(s) zona(s) de atividade. A coatividade é, portanto, programada pelo planejamento quando a atividade de duas (ou mais) equipes é necessária para a realização de uma parte da obra. Mas pode também resultar de equipes intervindo a montante e atrasadas em relação a seu planejamento, ou de equipes intervindo a jusante e adiantadas em relação a seu planejamento. Esse segundo tipo de coatividade é com frequência malvisto pelos pedreiros; é fonte de incômodo por um atravancamento maior dos pisos, pelas interrupções frequentes de trabalho, pelo "compartilhamento" e/ou agravação das nocividades (o ruído em particular). As atividades das duas equipes podem se encontrar em situação de se perturbarem mutuamente, pelo acavalamento em seu espaço de atividade. Além disso, essa coatividade constitui um fator potencial de acidentes e pode ter consequências para a qualidade do trabalho realizado.

A gestão concreta dos recursos humanos no canteiro de obras está nas mãos do responsável pela obra. Implica uma competência em compor e organizar equipes confiáveis, que se apoia não só em critérios de definição das qualificações, mas também, e sobretudo, num conhecimento dos homens, incluindo um conhecimento de suas competências e um conhecimento de suas afinidades, essencial para a coesão interna das equipes. Implica também uma competência em favorecer as relações informais que se constituem então em ocasiões de negociação com os pedreiros para encontrar soluções de organização ante o contexto real do trabalho. Essa atividade é facilitada pela sua presença quase permanente no canteiro e é retomada pelo chefe de equipe (Duc, 2002).

Os pedreiros estabelecem cooperações transversais para responder aos objetivos implícitos. A antecipação mobiliza certos saber-fazer de observação da atividade das outras equipes e dos sinais da vida do canteiro. As trocas, sejam elas verbais ou por gestos, confirmam a gestão coletiva das variáveis espaçotemporais, bem como a coordenação e a antecipação sobre o futuro das situações de trabalho. Valores se elaboram no âmbito das relações de trabalho, que são o testemunho de uma construção social por meio da produção de uma norma coletiva, definindo em parte uma experiência coletiva de vida e trabalho no canteiro. Cru (1995) mostrou como o jargão do ofício, parte integrante do ofício, entre os mestres canteiros (*tailleurs de pierre*) desempenhava um papel da maior importância na estruturação do coletivo, por um lado, e, por outro, na gestão cotidiana da segurança nos canteiros.

Os próprios pedreiros mencionam a necessidade de conhecer não só "a maneira de trabalhar, de reagir, do outro", o que permite "confiar nele no trabalho", mas também sua maneira de ser, que permite simplesmente confiar nele. "Assim, a dimensão coletiva da atividade se estrutura em torno de representações comuns e compartilhadas dos operadores: compreende, ao mesmo tempo um componente 'funcional' ancorado na história, organização e situações do canteiro, e um componente 'social' que se estrutura no interior do grupo e pelo grupo a que se pertence" (Vaxévanoglou e Six, 1993, p. 73). O chefe do canteiro desempenha um papel importante na construção e manutenção, simultaneamente, do componente funcional e do social, todavia sob a condição de que os requisitos econômicos da empresa e do canteiro assim o permitam.

O emprego significativo, em alguns canteiros, de trabalho temporário e terceirização representa, em função disso, uma dificuldade fundamental para a gestão do coletivo dos homens do canteiro pelo chefe, e ao mesmo tempo um fator de risco real (Trinquet, 1996). As características do contexto econômico, as evoluções organizacionais nas empresas, bem como a precariedade crescente dos empregos se traduzem numa desagregação dos coletivos e num deslocamento dos valores, como o espírito de equipe, a ajuda mútua, a solidariedade. Estes, focalizados na cooperação, teriam uma eficácia ao mesmo tempo econômica e social.

Concepção do canteiro de obras e trabalho do mestre de obras – O mestre de obra está encarregado da definição dos meios e recursos para a construção da obra e a gestão do orçamento do canteiro. É com frequência apresentado como o "patrão do canteiro", a quem se pede que pilote uma operação (ou uma parte de um canteiro grande). Ele é o receptáculo de todas as demandas e prescrições a montante (provenientes do cliente e da empresa), que ele deve harmonizar, ao mesmo tempo que garante a melhor margem para sua empresa. Por isso, é um ator portador de lógicas múltiplas: técnica, relações funcionais, relações externas, comercial, gestão do pessoal, finanças, administrativo, higiene e segurança, qualidade, inovação. O seu papel tem se desenvolvido como resultado da evolução do setor ao longo dos últimos 25 anos, e das transformações ocorridas nas empresas que marcaram os ofícios da chefia. A importância que o papel de gestão assumiu redefiniu os contornos de seu ofício e criou toda uma série de tarefas e obrigações novas, como a elaboração de um orçamento, o compromisso com um prazo ou ainda o balanço mensal. Numerosas questões se colocam, relativas à sua carga

Capítulo 38 – A construção

de trabalho e à evolução de seu ofício num contexto econômico cada vez mais difícil (Campagnac, 1993).

Uma atividade essencial do mestre de obras é a preparação do canteiro e planificação dos trabalhos, etapa na qual ele concebe o canteiro. Para realizar essa preparação, ele faz com que intervenham, de maneira mais ou menos significativa, as competências dos serviços funcionais da empresa: métodos, equipamento, compras, segurança, qualidade. Ele estabelece o planejamento das obras dentro do prazo contratual e define os recursos alocados ao canteiro de obras, recursos técnicos, materiais e humanos. O planejamento constitui o quadro temporal prescritivo, mas esse quadro precisa ser frequentemente re-atualizado para levar em conta o impacto dos eventos da vida no canteiro sobre seu andamento. As informações consideradas nesse momento são dados quantificáveis que se apoiam em proporções, traduzindo simultaneamente normas da empresa, a experiência do mestre de obras e do responsável pela obra e a ponderação de particularidades identificadas da obra que repercutirão em sua realização. O planejamento no longo prazo permite também a preparação dos documentos de gestão, cujo objetivo é poder comparar durante todo o andamento do canteiro de obras o grau de execução previsto e o grau de execução alcançado. Essa preparação atende especialmente a uma lógica técnico-econômica. Há pouca antecipação das situações incorrendo no risco de gerar imprevistos e dificuldades de realização.

A fase de preparação é determinante para a condução do canteiro de obras, e também para a antecipação dos riscos, pois é o momento da redação dos planos de prevenção. Ela é com frequência encurtada sob a pressão dos prazos, o que acarreta repercussões negativas para a realização das obras e o trabalho de responsabilidade pela obra. Além disso, se sua disponibilidade é reduzida em virtude da condução simultânea de vários canteiros, o investimento na preparação se torna mais difícil. Se a preparação for insuficiente, o número de problemas a tratar no decorrer do canteiro será maior, o que repercutirá em sua carga de trabalho já considerável. Então, uma lógica de busca de resposta adaptada à situação para tratar dos eventos cotidianos se substituirá a uma lógica de previsões.

Para ir além da lógica técnico-econômica, é necessário que haja um enriquecimento dos objetivos definidos para o canteiro, nas dimensões da organização do trabalho, das condições de trabalho e de segurança, da qualidade, do desenvolvimento das competências dos pedreiros e da chefia. Essa definição de objetivos é responsabilidade do "empreendedor" do projeto de canteiro, que é o mestre de obras. A concepção do canteiro é um momento de negociações, de construção de compromissos entre diferentes lógicas. Como traduzir a prescrição do objeto a construir numa prescrição e preparação do trabalho para construi-lo? Para isso, é necessário que confrontos das representações dos diferentes atores possam ocorrer. Por exemplo, a confrontação dos pontos de vista do arquiteto e do mestre de obras para uma leitura comum das plantas é uma etapa necessária para a articulação das concepções da obra e do canteiro. Do mesmo modo, a preparação do trabalho com os pedreiros, mencionado anteriormente, se situa na articulação da preparação do canteiro e da realização das tarefas. O "canteiro futuro possível" está no centro dessa fase essencial de preparação, e a orienta.

Nessa perspectiva, é interessante, para a análise de sua atividade, considerar o mestre de obras como um centro de decisão, dispondo de uma certa autonomia e situado numa rede de centros de decisão, em referência ao modelo proposto por Terssac et al. (1993). Isso leva a considerar as interações entre os centros de decisão em termos de "negociações de requisitos" e de cooperação, e as regras de interação entre os centros. Os requisitos externos provêm de dois grupos de centros a montante, constituídos um pelo empreendedores e pelo coordenador de projetos, e outro pela direção da empresa, seu serviço comercial e seu controle de gestão. Quais são as possibilidades de negociação desses requisitos para o mestre de obra? Identificar as possibilidades de negociação entre os atores do processo, as margens de manobra do mestre de obra em sua atividade, é, portanto, indispensável para perceber as possibilidades de transformação.

Por exemplo, o mestre de obra é frequentemente levado a desenvolver uma atividade no que diz respeito à concepção da obra, quando esta não está suficientemente desenvolvida, para poder conceber seu canteiro. Sua contribuição à concepção da obra existe na realidade pelas "variantes" propostas ao cliente e ao arquiteto que permitem, muitas vezes, flexibilizar os requisitos de orçamento e de tempo. Portanto, ele possui efetivamente meios de ação sobre as restrições, que ele pode utilizar quando o prazo de preparação do canteiro é respeitado, para otimizar a gestão e a realização da obra.

Do mesmo modo, a função do empreendedor só assume todo seu significado quando as negociações das restrições com as instâncias a montante são possíveis e efetivas. Ao mesmo tempo, ele tem também obrigação de gerar constrangimentos aceitáveis para os centros a jusante, em particular para os terceiristas e o chefe do canteiro. A possibilidade de negociação dos requisitos a montante é a garantia da possibilidade de negociação dos requisitos a jusante (Six e Fourot-Tracz, 1999; Six, 1999b).

Para concluir...

Considerar o processo de concepção-realização como um projeto, em que o canteiro de obras é um momento central, leva a refutar a ideia com frequência difundida que faz do canteiro de obras uma fase de execução do que está contido nas plantas. Ele é um local e um momento onde se desenvolve uma significativa atividade de concepção e regulação por parte dos atores da chefia (mestre de obras e responsável da obra) e das equipes de pedreiros. O que se passa nele, a atividade de trabalho, precisa, portanto, ser mais conhecido pelos atores a montante e pelos profissionais da prevenção. Isso exige uma melhora das interações e das comunicações entre todos os atores implicados no processo. Trata-se de promover uma ação de condução de projeto do qual o mestre de obra é o "empreendedor", análoga àquela desenvolvida para a concepção das situações de trabalho industriais. Ela se apoia num conhecimento do trabalho real dos atores e favorece os momentos e os locais de confrontar das representações do trabalho e de negociação. É nesse modelo do canteiro que se pode conceber uma ação eficaz do ergonomista.

Referências

BERGAMINI, J. F. *Du virtuel au réel:* quelques aspects de l'activité du chef de chantier, mémoire de DEA d'ergonomie. Paris: CNAM, 1995.

BOBROFF, J. *La gestion de projet dans la construction. Enjeux, organisation, méthodes et métiers.* Paris: École Nationale des Ponts et Chaussées, 1993.

CAMPAGNAC, E. Le renouvellement des métiers de cadres dans les grands groupes de la construction. In: *L'encadrement de chantier*: renouvellement et enjeux, plan construction et architecture. Paris: PCA, 1993. (Cahier Thématique, jui, 1993, p.9-107).

CAMPAGNAC, E.; LORENT, P.; PAOLI, P.; ROLLIER, M. *Guide de conduite de projet pour l'industrie de la construction.* Dublin: Fondation européenne pour l'amélioration des conditions de travail, 1992.

Capítulo 38 – A construção

CARLIN, N.; SIX, F.; SIX, B. *Conception d'un échafaudage de pied en vue d'améliorer la sécurité, la productivité et la qualité du travail sur chantier.* Caen: GIRES, 1995. (Rapport de fin de recherche financée par le MRT et la FNB).

CRU, D. *Règles de métier, langue de métier:* dimension symbolique au travail et démarche participative de prévention. Paris: EPHE, 1995.

DUBRÉ, J. Y. et al. Âge, douleurs ostéo-articulaires et sélections au travail parmi les ouvriers du bâtiment et des travaux publics. In: DERRIENIC, F.; TOURANCHET, A.; VOLKOFF, E. S. (Ed.). *Âge, travail, santé. Études sur les salariés âgés de 37 à 52 ans. Enquête ESTEV 1990.* Paris: INSERM, 1996.

DUC, M. *Le travail en chantier.* Toulouse: Octarès, 2002.

INTERNATIONAL SYMPOSIUM IN BUILDING AND CONSTRUCTION, 1., Tampere, Finland, 1997. *Abstracts,* IEA'97.

OPPBTP-ANACT. *Ergonomes, préventeurs:* un chantier en cours. Lyon: ANACT, 1994.

PCA-EVMB. La prévention en chantier: concepts et pratiques. *Rapport du Séminaire, supplément de Plan Construction Actualités,* n.34, 1990.

SIX, F. *La préparation du travail.* Paris: La Défense, 1997. (Études et expérimentations chantier, 2000).

_____. L'anticipation des risques sur les chantiers: une question à replacer dans le processus de conception-réalisation. *Performances Humaines et Techniques,* n.98, p.22-30, 1999a.

_____. *De la prescription à la préparation du travail:* apports de l'ergonomie à la prévention et à l'organisation du travail sur les chantiers du BTP, Habilitation à diriger des recherches. Université Charles-de-Gaulle, Lille 3, 1999b.

SIX, F.; FOUROT-TRACZ, C. *Analyse du travail du conducteur de travaux sur les chantiers du bâtiment.* Lille: CERESTE,1999. (Rapport de fin de recherche).

TERSSAC, G. de; LOMPRÉ, N.; ERSCHLER, J.; HUGUET, M. J. *La renégociation des contraintes.* Toulouse: CNRS, 1993. (Communication au Colloque ergonomie).

TRINQUET, P. *Maîtriser les risques du travail.* Paris: PUF, 1996.

VAXÉVANOGLOU, X.; SIX, F. *Analyse des activités cognitives et relationnelles des chefs d'équipe et chefs de chantier du bâtiment.* Paris, 1993. 88p. (Lille, GERN, Rapport de fin de recherché: MRT, n.89 D0904).

Ver também:

25 – O ergonomista nos projetos arquitetônicos

33 – As atividades de concepção e sua assistência

39
Condução de automóveis
e concepção ergonômica

Jean-François Forzy

O automóvel apareceu há pouco mais de um século. Democratizou-se progressivamente nos Estados Unidos entre as duas guerras mundiais e então, uns dez anos mais tarde, na Europa. Hoje em dia, estima-se que na França, por exemplo, o número de automóveis por lar seja próximo de dois. Esse sucesso se deve em grande parte à enorme flexibilidade desse meio de transporte em relação a outros mais limitados.

Devido a esse desenvolvimento maciço do automóvel, a sua condução se tornou uma atividade notavelmente difundida. É também uma atividade muito rica, bem mais do que pode parecer à primeira vista, complexa e delicada de modelizar, mas também particularmente interessante para o ergonomista pela diversidade de problemáticas que coloca. Com o objetivo de abordar essa diversidade, apresentaremos as características principais dessa atividade como são usualmente descritas na literatura, mostrando como esses conhecimentos podem orientar a concepção. Neste tratado, outros estudos também relativos à condução não poderão, no entanto, ser apresentados. Em particular, os estudos relativos à segurança passiva, às infraestruturas rodoviárias e aos comportamentos sociais não serão abordados aqui. Também não serão expostos os estudos sobre a inserção da condução numa atividade profissional mais ampla (motorista de caminhão, representante comercial etc.).

Para Neboit (1980), "dirigir é efetuar um deslocamento num ambiente em perpétua evolução por meio de uma ferramenta particular: o veículo. Esse deslocamento é orientado para um fim e está submetido a um conjunto de regras explícitas ou implícitas". Trata-se, portanto, de uma atividade instrumentada que pode ser modelizada a partir das relações tripolares Sujeito-Artefato-Objeto da abordagem instrumental (Rabardel, 1995): assim o Sujeito (i.e., o condutor) age sobre o polo Objeto (o espaço de deslocamento) por meio de um Artefato (o veículo) com um dado objetivo (ir de um ponto A a um ponto B). Essa atividade instrumentada tem um certo número de características que irão restringir o sujeito em sua atividade e que, portanto, devem ser levadas em conta na concepção. Essas características têm sido objeto de estudos aprofundados já há trinta anos.

O caráter *multitarefas* e os *constrangimentos temporais* nos quais essa atividade é exercida são as primeiras características usualmente reconhecidas da condução.

558   Modelos de atividades e campos de aplicação

Outras características habitualmente citadas se referem aos recursos implicados. Assim, a condução solicita intensamente o *canal visual*, bem como a *atenção*, e ela põe em jogo *tratamentos cognitivos variados*. Além disso, ela requer do condutor uma *gestão de risco* contínua. Duas últimas características a distinguem definitivamente das outras atividades de controle dinâmico de processo: é uma atividade pouco estruturada porque a tarefa prescrita (i.e., o Código de trânsito) é relativamente limitada em relação à *variabilidade considerável* das situações encontradas; por fim, essa atividade é efetuada por pessoas não profissionais, de características (fisiológicas, psicológicas, sociológicas...) extremamente variadas. O automóvel é assim tipicamente um produto "de massa".

Multiplicidade das tarefas

A condução é classicamente decomposta em três níveis hierárquicos (Allen et al., 1971):

— as tarefas de controle do veículo, que consistem em ajustar a velocidade e a trajetória de maneira contínua durante toda a condução;

— as tarefas "situacionais", que são constituídas das "manobras" no sentido amplo, como as passagens de cruzamentos, as ultrapassagens, a condução em fila. São chamadas "situacionais" porque se trata nesse nível de interagir com os outros usuários da via;

— por fim as tarefas de "navegação", que consistem em planejar o itinerário antes de partir (ou no caminho na presença de imprevistos) e a se orientar em situação (i.e., identificar seu caminho nas diferentes encruzilhadas do percurso).

Esses três níveis foram objeto de decomposições mais aprofundadas. No entanto, essas abordagens taxonômicas têm seus limites, pois se trata mais de descrições produzidas *a posteriori* pelos condutores, a partir de um tipo de questionamento "por que-como", do que uma descrição da atividade realmente observada em situação. Apesar disso, essa decomposição em três níveis tem interesse para a concepção num primeiro momento.

• Por um lado, porque essas classificações são eloquentes para os projetistas. Em particular para os sistemas de auxílio que, como os definem Malaterre e Saad (1986), "assistem ou substituem certas funções da condução", subtarefas como: *se orientar num cruzamento, ultrapassar, controlar a trajetória do veículo*, para retomar um exemplo de subtarefa em cada um dos níveis da condução, fazem referência a classes de situações conhecidas pelo projetista (enquanto motorista) e podem levar a uma primeira reflexão sobre o campo de aplicação do auxílio.

• Por outro lado, como será detalhado mais adiante, esses níveis são claramente distintos devido a sua dinâmica temporal e dos tipos de tratamentos que neles são efetuados. Ou seja, cada um desses níveis vai restringir de maneira específica o sujeito em sua atividade.

Esses três níveis da condução (controle da dinâmica do veículo, gestão das interações com os outros usuários e navegação) são orientados por um objetivo de deslocamento: participam desse modo da tarefa dita "primeira", constituída pelas interações do condutor com seu meio ambiente de tráfego por meio do veículo e das interfaces que o compõem (o volante, os pedais...). Essa tarefa "primeira" será acompanhada por outras tarefas

Capítulo 39 – Condução de automóveis e concepção ergonômica 559

realizadas na maioria das vezes em paralelo. Trata-se da tarefa "segunda" e das tarefas "anexas".

A tarefa "segunda" não diz respeito a interações condutor-veículo, cujos objetivos estão diretamente ligados ao deslocamento como na tarefa primeira, mas a interações cujos objetivos são relativos à gestão do estado do veículo (p. ex., verificar se há gasolina suficiente, se a pressão dos pneus é suficiente, se um dado automatismo está em seu estado nominal etc.). Cabe notar que a sofisticação crescente dos veículos resultará numa evolução considerável da tarefa "segunda" nos próximos anos. Em particular, de maneira similar à pilotagem de avião, o controle e a gestão dos automatismos irão assumir uma parte cada vez maior na atividade geral de condução.

As outras tarefas do condutor são ditas "anexas" no sentido em que elas não visam objetivos direta ou indiretamente relacionados à condução. Trata-se das interações com sistemas ditos de conforto (p. ex., os comandos de aquecimento e climatização) e de comunicação (os comandos do autorrádio ou do telefone integrado).

O caráter "multitarefas" da atividade significa que o condutor atende continuamente, de maneira paralela ou sequencial, vários objetivos relativos aos diferentes níveis da condução (tarefa primeira), à gestão do instrumento de deslocamento (tarefa segunda), bem como às outras tarefas ditas anexas (regular a ambiência térmica, atender uma chamada telefônica, conversar com o passageiro etc.). Esse "empilhamento" de objetivos concomitantes é uma característica da atividade que influenciará de maneira fundamental a concepção. Essa atividade "multifacetada" se faz de fato com o auxílio de uma grande variedade de artefatos de comandos e visualização de dados que deverão ser dispostos num espaço muito restrito de alcances visuais e táteis e cuja utilização deverá ser compatível com os outros níveis da atividade.

Em particular, critérios de hierarquização e de agrupamento funcional são utilizados para assegurar uma coerência nos níveis de acesso às funções. Assim, um critério "corrente" em ergonomia para tratar do problema da *hierarquização das funções* dos artefatos será se apoiar em sua *frequência de uso*: uma visualização de dados ou um comando de uso mais frequente serão privilegiados em relação a outro de uso menos frequente. Essa multiplicidade dos artefatos levará também os projetistas a organizar *agrupamentos temáticos* de comandos ou mostradores de modo a favorecer mais rapidamente sua identificação. Mas a escolha principal da concepção será hierarquizar a organização dos comandos e dos mostradores postos à disposição do condutor com base nos diferentes constrangimentos que se exercem, sobre o motorista durante a condução, em particular os *constrangimentos temporais*, que serão expostos em referência aos três níveis de condução.

Diferentes janelas temporais da atividade

A decomposição em três níveis da tarefa primeira de condução corresponde também a uma distinção em termos de escalas de tempo; assim, Allen et al. (1971) associaram esses níveis a diferentes níveis de performance: *macroperformance, performance situational* e *microperformance,* que correspondem a janelas temporais distintas (Figura 1). A *macroperformance* se inscreve no longo prazo (da dezena de segundos à hora), a *performance situational* se inscreve numa janela temporal intermediária do segundo a alguns segundos, e a *microperformance* se inscreve num prazo muito curto (inferior ao segundo). Além disso, nesse modelo os níveis são hierarquizados entre si: por exemplo, seguir um plano de percurso implica, além da navegação, todas as subtarefas de nível mais baixo, como o controle da velocidade e da trajetória.

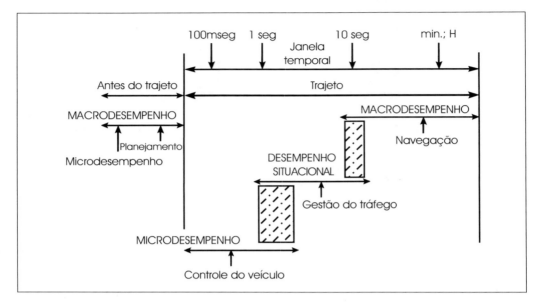

Fig. 1   Os diferentes níveis do "desempenho" de condução[1] (Allen et al., 1971).

Para Allen et al., as necessidades informacionais induzidas pelas tarefas de "nível baixo" são prioritárias, pois submetidas a maiores constrangimentos que as necessidades informacionais das tarefas de "nível mais elevado" que podem ser feitas numa janela temporal mais longa. As necessidades informacionais requeridas pelo controle da trajetória do veículo (*microdesempenho*) seriam consequentemente "prioritárias" em relação àquelas requeridas pela gestão das interdistâncias com os outros veículos (*desempenho situacional*), e estas, por sua vez, "prioritárias" em relação àquelas necessárias para a orientação (*macrodesempenho*).

Essa variabilidade dos constrangimentos temporais tem um impacto determinante na concepção. Em particular, a hierarquização temporal relacionada à subtarefa condiciona as escolhas de implantação da maioria dos comandos: por exemplo, a interação do condutor com o volante é contínua (controle transversal do veículo) e corresponde à postura nominal de condução (as duas mãos no volante); a seta colocada atrás do volante permite sinalizar aos outros uma intenção, por exemplo de uma manobra de ultrapassagem (tarefa situacional); enquanto o módulo de apreensão de uma destinação (tarefa de navegação) pode se encontrar colocado mais longe, por exemplo na zona central do painel ou no console central. No entanto, essa hierarquização não pode ser feita unicamente a partir

---

[1]   Nessa figura, os autores representam a manutenção e a planificação como tarefas que são feitas com o veículo parado antes do trajeto sem constrangimento temporal específico. Essa escolha é discutível, caso se incluam as tarefas segundas de supervisão do estado do veículo, que são feitas durante a condução, e a planificação que pode ser reconsiderada na presença de imprevistos (p. ex., engarrafamento, meteorologia etc.).

Capítulo 39 – Condução de automóveis e concepção ergonômica **561**

de um critério de constrangimento temporal. Assim, no campo da gestão das visualizações de dados considera-se atualmente que os critérios de "priorização" das mensagens devem ser feitos para retratar a urgência (tempo disponível para realizar a ação), a "criticidade" (risco associado ao fato de a ação ser retardada) e um índice de ponderação relacionado ao contexto (pois urgência e "criticidade" não podem ser determinadas sem um mínimo de referência ao contexto).

Solicitação do canal visual e da atenção

Reconhece-se que a atividade de conduta solicita consideravelmente o canal visual. Vários estudos mostraram que para além de um certo intervalo de tempo, oscilando em média entre 1,5 e 2 segundos conforme o condutor e o tipo de via, um sentimento de insegurança estava associado ao desvio do olhar em direção a um visor colocado no painel. Existe todo um conjunto de critérios para levar em consideração na concepção essa característica essencial da condução.

Uma primeira família de critérios se apoia numa propriedade fisiológica do olho – o tempo de acomodação – que pode levar vários décimos de segundo conforme a proximidade do visor. Para suprimir ou diminuir esse intervalo de tempo, os projetistas podem afastar a visualização de dados até eventualmente a "colimar";[2] eles podem também, de maneira mais simples, superdimensionar o tamanho dos caracteres mostrador de modo a permitir uma leitura dita "de olhadela", ou seja, precisamente sem necessitar de acomodação para ler.

A implantação dos mostradores poderá igualmente ser determinada segundo critérios variados como a duração do movimento ocular necessário para ir consultar o visor e então retornar à pista, ou ainda a capacidade de controlar certas evoluções da cena de condução durante a referida consulta.

Todavia, mesmo otimizado, esse intervalo de tempo é curto demais para a aquisição de uma mensagem complexa, como pode ser uma mensagem visualizada relativa a uma informação sobre as vias.[3] Os projetistas poderão então se apoiar numa outra característica do motorista, nesse caso psicológica, que reside em sua capacidade de decompor a consulta (ou de maneira mais geral a sequência de ações) a realizar. Para o projetista, trata-se então de favorecer esse sequenciamento da tarefa anexa. Para a consulta visual de uma visualização de informação sobre as vias, será possível, por exemplo, decompor graficamente essa mensagem em unidades padronizadas relativas à dimensão da perturbação, sua localização, sua causa etc. O motorista pode então tratar uma parte da informação (p. ex., a localização de um engarrafamento) ao mesmo tempo que retorna visualmente à pista para considerar uma eventual relação com o seu trajeto em curso, e então retornar à visualização para tratar a dimensão e a causa da perturbação, antes de decidir se é o caso de modificar seu itinerário inicial.

No entanto, essa capacidade de sequenciar a ação não é extensível ao infinito, longe disso. Foi o que mostraram Zwalen et al., (1988), ao identificarem um indicador operacional para medir a carga visual associada a manipulações de um dispositivo a bordo durante a

---

[2]   Consiste em fazer a visualização aparecer através de um jogo de espelhos de maneira a alongar artificialmente a distância até o olho. A projeção da imagem pode ser feita no para-brisa (*Head Up Display*), às vezes até mesmo em superposição da cena real (caso de *realidade aumentada*).

[3]   Com efeito, nem sempre é possível ou mesmo desejável fornecer a íntegra dessas informações sob forma sonora.

condução. Nesse estudo, que abordava funções elementares a realizar num autorrádio, pediu-se a um grupo de motoristas para realizar alternadamente uma dezena de ações de regulagens e seleções diversas (cf. Figura 2). Foi realizada uma medição das fixações oculares (número e duração) que resultaram dessas instruções. Ademais, observáveis ligados à tarefa principal de condução foram coletadas. A Figura 2 apresenta três zonas definidas a partir de uma correlação entre os registros de desvios de trajetória, as ações sendo realizadas e as fixações oculares: numa primeira zona dita "aceitável", as ações no dispositivo não eram associadas a desvios de trajetória significativos; numa segunda zona dita "limite", um certo número de desvios, de amplitude limitada, foi observado; por fim, numa terceira zona dita "inaceitável", os desvios de trajetória observados durante as ações no sistema eram de amplitude suficientemente grande para serem consideradas "acidentógenas".

Nesse estudo, outro resultado interessante é relativo à evolução do tempo do retorno visual à pista entre cada desvio. Com efeito, os resultados mostram que esse tempo decresce em função do número de fixações no equipamento anexo. Os autores observam assim, em paralelo com o aumento do número de fixações, uma diminuição do tempo passado na exploração da cena de condução entre cada desvio. Após um certo número de desvios (cerca de quatro ou cinco), esse intervalo de tempo se tornaria curto demais para permitir um controle eficaz do ambiente, em particular no nível situacional da condução. Efetivamente, o nível situacional corresponde à percepção pelo motorista dos outros usuários da via. A evolução do espaço de deslocamento não depende, portanto, nesse nível apenas das ações do motorista sobre seu veículo, mas também do deslocamento, mais difícil de antecipar, dos outros usuários nesse mesmo espaço.

Além da necessidade de um controle visual contínuo das evoluções do ambiente, isso irá criar um outro constrangimento significativo sobre o condutor, que será levado a dirigir ao espaço de deslocamento, o que certos autores chamam de uma *atenção difusa*

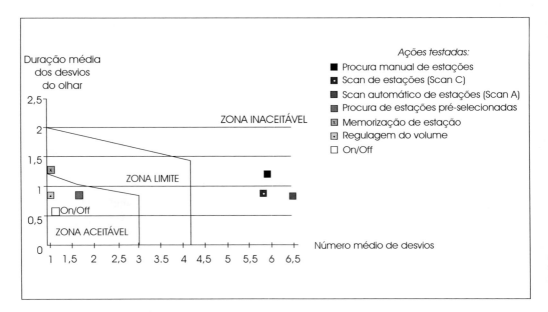

Fig. 2   Duração e frequência dos desvios do olhar para o artefato. Exemplo de ações sobre um sistema de áudio (segundo Zwalen et al., 1988).

Capítulo 39 – Condução de automóveis e concepção ergonômica

(em oposição a uma *atenção focalizada*), no sentido de que os recursos da atenção são então distribuídos por um campo muito amplo, com alvos variáveis (Camus, 1996). Com efeito, a atenção dita *difusa* autoriza tratamentos em paralelo em vários pontos do campo, de maneira que o feixe da atenção não precise se deslocar de um lugar para outro. Inversamente, a *atenção focalizada*, que permite uma melhora considerável do tratamento das informações, precisa em compensação de um varredura quando a informação aparece em outro lugar que não no feixe. Outros autores falam também de *atenção dividida* em relação à *atenção seletiva*, que funcionaria de modo inverso: a *atenção dividida* permite o controle simultâneo de diversas variáveis, enquanto a atenção seletiva permite precisamente resistir às interrupções e aos ruídos para permitir a concentração no acompanhamento de uma variável pertinente para a atividade.

É, por exemplo, em termos de focalização da atenção que podem ser interpretadas certas observações coletadas nas comunicações telefônicas durante a condução (Parkes, 1993). Pôde-se mostrar assim que, conforme o conteúdo e a duração da conversa, os efeitos perturbadores sobre a condução não eram os mesmos. Uma discussão de tipo profissional tem um impacto negativo sobre a condução muito mais acentuado que uma discussão menos importante. Além disso, Pachiaudi (2001) pôde mostrar um fenômeno de fixação do olhar durante essas conversações. Essas fixações impedem uma exploração suficientemente ampla da cena da condução. Um fenômeno similar pode ser observado durante experimentações realizadas sobre a utilização de equipamentos anexos à condução, em que se constatam focalizações de atenção na tarefa anexa quando ocorre uma diferença entre o que se espera, por antecipação do que o sistema vai produzir, e o que realmente se obtém. Esses resultados podem ser explicados por uma focalização não consciente, com frequência progressiva, na tarefa anexa em detrimento da condução. Assim, a necessidade do usuário manter no exterior um espectro amplo de atenção dividida terá um impacto importante na concepção: tratar-se-á de disponibilizar instrumentos que terão precisamente a característica, por sua concepção, de não focalizar duravelmente a atenção, sobretudo num elemento anexo da atividade (Forzy, 2002). Esse fenômeno de focalização da atenção conduz a precisar os diferentes tratamentos cognitivos em jogo na condução e suas incidências na gestão da atenção.

Variedade dos tratamentos cognitivos

Em termos de tratamento cognitivo, os autores concordam em fazer uma primeira distinção entre os tratamentos conscientes e os pré-conscientes, cujas principais características são lembradas no Quadro 1:

Quadro 1   Recapitulação das características dos tratamentos conscientes versus pré-conscientes (adaptado de Midland, 1993)

Tratamento pré-consciente	Tratamento consciente
Processo automático	Processo controlado
Não voluntário	Voluntário
Tratamento em paralelo	Tratamento em sequência
Atenção dividida (difusa)	Atenção seletiva (focalizada)
Recursos "ilimitados"	Recursos limitados
Situações pré-categorizadas	Situações novas

564   Modelos de atividades e campos de aplicação

Outros autores procuraram cruzar os três níveis de *desempenho* da condução (controle do veículo, manobra, navegação) com os três níveis de tratamento de Rasmussen (1983): o controle do veículo corresponderia sobretudo a um tratamento a partir das *habilidades*, o nível das tarefas situacionais seria sobretudo tratado a partir das *regras*, e o nível navegacional corresponderia sobretudo a um tratamento a partir dos *conhecimentos*. No entanto, o Quadro 2 mostra que a correspondência real é mais complexa que isso.

Quadro 2   Matriz das tarefas de condução entre níveis de "desempenho" e níveis de tratamento (Hale et al., 1990)

	Controle (operacional)	Manobra (tática)	Navegação (estratégica)
Habilidades	Manutenção da trajetória numa curva	Passagem de um cruzamento familiar	Trajeto domicílio/trabalho
Regras	Condução de um veículo não familiar	Ultrapassagem de um outro veículo	Escolha entre itinerários familiares
Conhecimentos	Novato nas primeiras lições	Controle da derrapagem em pista coberta de gelo	Navegação numa cidade desconhecida

Na perspectiva de orientar a concepção dos sistemas de bordo, é interessante precisar as relações existentes entre os níveis de tratamentos das tarefas de condução (cf. Quadro 2) e sua caracterização (Quadro 1), em particular determinando a natureza dos modelos internos do sujeito e a quantidade de recursos atencionais implicados.

Uma primeira distinção deve ser feita a partir do nível das *habilidades* de Rasmussen segundo o tipo de automaticidade das ações.

• As ações *automáticas* correspondem a estruturas de baixo nível cognitivo instauradas pela experiência direta, sensório-motora, da situação: por exemplo o controle da trajetória no campo automobilístico. Rasmussen ressalta que os órgãos sensoriais humanos são lentos demais para permitir as microcorreções necessárias nesse nível da ação. Isso significa que as microcorreções precisam ser antecipadas para serem realizadas no *timing* apropriado. Foi assim que se evidenciou um modelo interno dinâmico do mundo em bases neurofisiológicas. Berthoz (1997) mostra como a percepção não é apenas uma interpretação das mensagens sensoriais, mas também uma simulação interna da ação. Essa simulação explica então os fenômenos de antecipação e pró-atividade. A consciência da expectativa criada pela simulação surge quando essa expectativa é contrariada. É o caso quando se usa um veículo diferente daquele ao qual se está acostumado: o comportamento do volante, sua "precisão", sua "dureza" podem surpreender em relação a um comportamento esperado que corresponde de maneira implícita ao do veículo familiar.

• As ações *automatizadas* correspondem a conhecimentos conscientes no início, que se automatizam progressivamente com a experiência, até que essas ações possam ser realizadas de maneira pré-consciente. Pode ser o caso, por exemplo, da automatização da orientação num trajeto domicílio-trabalho. Como no caso das noções *automáticas*, o modelo interno se evidencia quando é violado. Assim, quando dirigimos para um lugar que conhecemos, podemos muito bem ficar envolvidos com o conteúdo de um programa de rádio ou com a conversa com o passageiro. Quando surge um cruzamento, podemos pegar, sem nenhuma hesitação, de maneira não consciente, o caminho que deve ser seguido. O efeito de expectativa surge caso tenha ocorrido uma mudança na configuração do

Capítulo 39 – Condução de automóveis e concepção ergonômica   **565**

cruzamento. Essa mudança exigirá, por exemplo, que se interrompa a conversa em curso, ou a escuta atenta do programa, para procurar novos índices para se orientar. É também quando a expectativa aparece de maneira explícita que a atividade passa de um modo de gestão automatizado para um modo de gestão consciente que é muito mais dispendioso em recursos de atenção.

O nível de tratamento pelas *regras* é um nível intermediário: uma parte da ação é automatizada, mas outra é regida por regras que são ativadas de maneira consciente. Pode-se retomar aqui o exemplo da navegação num ambiente familiar: conforme certos *sinais* obtidos no ambiente, como a presença de um sinal de redução de velocidade na chegada a um dado semáforo, deduções podem ser operadas sobre o estado futuro do trânsito em alguns grandes eixos do trajeto. Uma escolha pode então ser realizada entre um itinerário um pouco mais longo mas seguindo eixos que podem estar menos congestionados, ou um itinerário mais curto na distância mas com o risco de estar mais congestionado. Nesse nível da atividade, ambos os itinerários são conhecidos, de modo que a orientação nesses itinerários se faz de maneira automatizada; mas a escolha entre um ou outro desses trajetos resulta de um tratamento consciente a partir de *signos* obtidos no ambiente.

Por fim, o último nível se baseia em raciocínios conscientes a partir de conhecimentos na maioria dos casos explícitos. É o caso da navegação num ambiente desconhecido que se faz a partir de conhecimentos extraídos de um mapa, ou de indicações anteriormente fornecidas ao motorista. Esse nível de tratamento é extremamente dispendioso em termos de atenção para o motorista. Conforme mencionado acima, é então muito difícil prosseguir uma discussão com um passageiro e ao mesmo tempo estar se orientando num cruzamento complexo desconhecido.

O Quadro 3 recapitula o nível de recursos de atenção implicados conforme o tipo de tratamento operado:

Quadro 3   Evolução dos recursos de atenção conforme os níveis de tratamento

Nível de tratamento	Tipo de tratamento	Exemplo de tarefa	Níveis de recursos de atenção implicados
Habilidades	Tratamento automático Tratamento automatizado	Controle de trajetória por microcorreções no volante Navegação no trajeto domicílio-trabalho	Mínimo
Regras	Tratamento com base em regras	Escolha entre itinerários familiares	
Conhecimentos	Tratamento com base em conhecimentos	Navegação numa cidade desconhecida	Máximo

A psicologia humana funciona, portanto, sempre a partir de um modelo interno que será de natureza diferente conforme o nível considerado. Para o projetista, colocam-se então questões relativas às expectativas do usuário induzidas por esses modelos (e a conformidade do funcionamento dos artefatos em relação a essas expectativas), e questões relativas ao nível de tratamento induzido pela utilização daquilo que ele está concebendo (e da compatibilidade desse tratamento com os diferentes aspectos da atividade de condução).

Essa busca de uma concepção de artefato, cuja utilização seja conforme às expectativas e compatível com a condução, leva a várias pistas de reflexão que serão brevemente expostas.

• A noção de propiciação (Norman, 1988) é uma noção interessante para conceber sistemas cuja utilização requer poucos recursos de atenção. Apropriação diz respeito às propriedades perceptíveis do artefato que sugerem como este pode ou deve ser utilizado. Um comando circular, por exemplo, sugere mais uma ação de rotação que de translação. Existem exemplos desse tipo no automóvel. Assim, os comandos elétricos de assento são com frequência representados por um "miniassento" no qual se aplica em miniatura a ação que se quer aplicar no assento real (altura do banco, inclinação do encosto...). Um outro exemplo mais inovador é o dos pedais ditos "ativos". Quando se ultrapassa a velocidade permitida, o motorista sentirá uma resistência no curso do pedal de aceleração para incitá-lo a "tirar o pé".

• Uma segunda via de pesquisa para obter interações pouco dispendiosas em termos de atenção consiste em se apoiar na noção de "esquemas sociais de utilização" para conceber. Os esquemas são considerados como ações pré-organizadas na memória respondendo a um invariante da situação. A aplicação dos esquemas à relação mediatizada por um artefato de um sujeito em seu ambiente conduz à noção de "esquemas de utilização". Rabardel fala em "esquemas sociais de utilização" para ressaltar a dimensão com frequência cultural dos esquemas de utilização. O conhecimento desses esquemas, em particular a partir de análises da atividade, permitirá orientar a concepção para modos operatórios em adequação com os esquemas do usuário, facilitando assim o processo de assimilação do sistema. Por exemplo, mostrou-se (Forzy, 2002) que os motoristas antecipam, a partir de um esquema de "posição de espera", algumas de suas ações em relação à ocorrência potencial de um evento acidentógeno: assim, o motorista levará seu dedo à proximidade imediata da buzina *para o caso* de o veículo que ele está ultrapassando não tê-lo visto; ou à proximidade do comando do limpador de para-brisa *para o caso* de uma brusca projeção de água no para-brisa; ou, ainda, ele colocará seu pé em espera em frente ao pedal do freio *para o caso* de uma criança aparecer entre dois veículos estacionados etc. Levar em consideração essas estratégias compartilhadas é primordial para a concepção. Nesse exemplo, uma das questões da concepção será conceber comandos que possibilitam uma posição de espera confortável e com uma sensação de segurança.

• Outra via de pesquisa se apoia dessa vez na variabilidade dos tratamentos induzidos pela condução. Por exemplo, manter uma conversa telefônica numa autoestrada com tempo bom não terá as mesmas consequências de segurança que manter essa mesma conversa num ambiente urbano movimentado. Assim, o projeto europeu CEMVOCAS – Centralised Management Vocal Interfaces Aming at a Better Automotive Safety (Tattegrain-Veste et al., 2001) adotou como objetivo conceber um sistema que adapte a interação do condutor com o sistema segundo um diagnóstico dos recursos disponíveis do condutor. Uma chamada telefônica ocorrendo durante a travessia de uma rotatória complexa será desse modo retardada por algum tempo até que a situação de condução se mostre estabilizada com um nível de exigência menor (depois da rotatória, por exemplo).

Gestão do risco

Numerosos experimentos colocaram em evidência um comportamento de regulação do condutor em relação ao risco. O sequenciamento das buscas de informação visual que mencionamos acima é um exemplo desse comportamento. Esse fenômeno pode ser interpretado por diferentes modelos (Summala, 1988; Fuller, 1984; Wilde, 1982), os quais têm como característica comum colocar o risco no centro das ações de regulação como uma tentativa do condutor de manter o nível de risco de acidente constante a todo momento. O mais famoso desses modelos aplicados ao automóvel é provavelmente o de Wilde (Figura 3).

Van der Molen e Bötticher (1998) aplicaram esse modelo procurando tratar os pontos de continuidade entre os três níveis da condução. Dão como exemplo um casal de automobilistas que precisa ir a um concerto. Para evitar o atraso (as portas da sala são fechadas numa certa hora), planejam uma velocidade média de 100 hm/h na totalidade do trajeto (nível navigacional). Ao chegarem na via expressa, encontram um caminhão na frente, cuja velocidade não passa dos 80 km/h. Um cálculo é então operado em simulação mental quanto à utilidade da manobra de ultrapassagem. Essa simulação relaciona uma referência à motivação global para chegar na hora ao concerto (nível de navegação) e o risco da manobra de ultrapassagem (nível situacional). Por fim, o último nível (operacional) diz respeito aos processos de decisão muito locais relativos a uma eventual manobra de urgência (freagem de emergência, evitamento...). A manobra de ultrapassagem pode então, segundo esses autores, ser modelizada em relação ao conjunto da atividade.

Amalberti (1996) propõe um modelo da gestão do risco que assume a forma de um compromisso entre o custo cognitivo e o desempenho desejado. Ele identifica uma região dita de "conforto" para as situações sem desafio, onde são preservadas margens importantes de recursos cognitivos. Uma região "motivada", onde o aumento do nível de desempenho é associado a uma maior fadiga residual. Por fim, uma terceira região é dita "artificial" por ser acessível unicamente com auxílios específicos. Esse autor alerta quanto ao desenvolvimento desses auxílios *ad hoc* que "deslocam o compromisso" e expõem o sujeito a trabalhar num nível em que seus próprios mecanismos de segurança ecológica estão sendo ultrapassados. Com efeito, o autor enfatiza o caráter estruturante dos erros para a aprendizagem. Fazer artificialmente com que um certo número de erros desapareça traz o risco de pôr o sujeito numa situação em que seus mecanismos próprios de estimativa do risco e de gestão dos erros se encontram alterados. Em suma, esses auxílios diminuiriam o número de erros, mas cada um deles teria consequências mais graves.

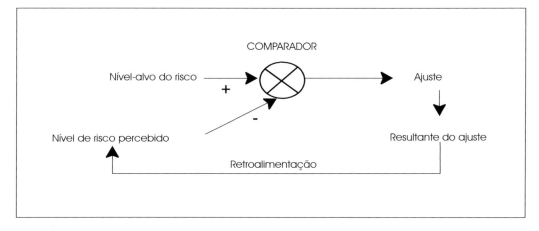

Fig. 3   Modelo da regulação do risco a partir de Wilde (figura simplificada).

Qualquer que seja o modelo considerado, ele expressa o paradoxo aparente bem conhecido dos projetistas de sistemas de segurança (air bags; ABS, Anti Blocking System; ESP, Electronic Stability System...). A introdução mesmo confiabilizada desses sistemas não acarreta sistematicamente uma baixa notável e/ou durável do número de acidentes.

O modelo de Wilde expressa essa constatação pelo princípio de homeostasia do risco. A relativa redução de risco trazida pelo novo sistema seria compensada por uma condução mais arriscada por parte do motorista. O que se traduziria num saldo nulo em termos de acidentes.

Quanto ao modelo de Amalberti, ele se aplica aos sistemas de segurança ativa (ou seja, que limitam os riscos de ocorrência de acidentes, como o ABS). De fato, com a experiência dos erros relacionados à freagem diminuindo por meio do artefato, os motoristas perderiam um certo *saber-fazer* adquirido na vivência dessas situações, saber que é, no entanto, útil para gerir as situações mais críticas. Podemos retomar aqui a metáfora da vacina proposta por este autor: a exposição ao risco em pequenas doses (por meio dos erros compensados pelo sistema de auxílio) permitiria ao organismo (o motorista) desenvolver os procedimentos necessários para evitar as situações realmente críticas e as gerir.

Para o projetista, um outro problema se coloca, abrangido por esses dois modelos: o da diferença entre as estimativas subjetivas e objetivas do risco. Com efeito, nos dois modelos citados, uma autorregulação subjetiva se opera, seja a partir da estimativa do risco (modelo de Wilde), seja a partir da reflexão sobre a redução das margens de segurança quando da ocorrência de erros (modelo de Amalberti). Ora, estudos (como o de Summala, 1988) mostraram que as diferenças entre estimativa objetiva e subjetiva do risco não evoluem nas mesmas proporções de acordo com certas variações no contexto de condução. Por exemplo, sabemos que a aderência dos pneus à pista é superestimada quando chove em relação a valores objetivos, e que esse valor é subestimado quando a pista está seca.

Essa questão tem um alcance geral importante na divisão das responsabilidades entre os projetistas, os poderes públicos e os usuários: deve o projetista, por exemplo, considerar que cabe a ele "travar" a acessibilidade a certas funções durante a condução ou durante certas fases da condução (p. ex., responder a chamadas telefônicas em certas condições), ou é aos poderes públicos que cabe legislar sobre o assunto? Ou, ainda, é ao motorista que cabe distinguir por conta própria as sequências de condução onde o uso do artefato é problemático daquelas onde ele não é? É preciso ainda que sua estimativa subjetiva do risco lhe permita fazer essa distinção de maneira apropriada!

A regulamentação e a normalização podem trazer algumas salvaguardas, mas a experiência mostra (p. ex., a introdução do radiofone nos automóveis) que os projetistas não podem se poupar de uma reflexão aprofundada sobre o assunto.

Diversidade das situações encontradas e diversidade dos usuários

Como lembra Saad (1995), a maior parte das informações tratadas em situação de condução é do tipo informal. Com efeito, as exigências formais (i.e., o código de trânsito) são proporcionalmente muito reduzidas, enquanto o essencial da aprendizagem se faz por meio da experiência vivida da condução. O fato de que a tarefa seja pouco estruturada contribui para a variabilidade muito grande das situações encontradas que Neboit menciona em sua definição. Essa variabilidade torna a concepção muito complexa. No caso dos auxílios à navegação, essa diversidade e falta de estruturação contribuíram em grande medida para tornar complexo o procedimento da especificação funcional. Com efeito, um comportamento adaptado do sistema para uma situação e um objetivo de ação dados poderá não sê-lo mais para outra situação que, no entanto, poderia ser considerada *a priori* como similar. Por exemplo, uma prescrição de ação como "manter a direita" por um sistema de orientação pode assumir para o condutor um sentido muito diferente conforme a configuração do lugar e sua posição na pista. Para fazer essas distinções, o recurso a dados empíricos é indispensável.

Notemos que essa diversidade constitui um dos freios à introdução de certas aplicações das novas tecnologias no veículo, em relação a outros campos em que existe uma estruturação maior da tarefa: o piloto automático em aeronáutica, por exemplo, está longe de ter seu equivalente em automobilismo.

Uma outra fonte de variabilidade importante provém do caráter "grande público" do produto automobilístico e, portanto, da diversidade muito grande de usuários. Essa característica tem sido levada em conta na concepção há anos para os aspectos antropométricos. Assim, várias possibilidades de regulagem são oferecidas ao motorista, que levam em consideração as variações em torno da média em critérios multicruzados de alturas do busto, comprimentos dos membros inferiores e superiores, peso etc. Esses conhecimentos antropométricos são então utilizados para a especificação das zonas de alcance, das zonas visíveis ou ocultas, acessos ao veículo, conforto postural etc. Na área da ergonomia cognitiva, um dos principais requisitos para a concepção do caráter "grande público" do produto se refere à fase de aprendizagem das funcionalidades que é particularmente reduzida, bem mais em todo caso que para um produto de destinação profissional. Isso remete à delicada questão abordada acima da intuitividade dos comandos e das visualizações a conceber para um domínio suficientemente rápido.

Evoluções da atividade

O objetivo deste capítulo era apresentar as grandes características da condução automobilística, como são usualmente descritas na literatura da área, mostrando como certos desses aspectos podem condicionar/constranger a concepção. Embora essas características pareçam relativamente duráveis, as evoluções recentes, ou por vir, da atividade de condução devem ser realçadas.

Essas evoluções se tornaram possíveis pela introdução maciça da eletrônica nos veículos nos últimos dez anos. Elas estão relacionados ao vasto campo dos auxílios à condução. Esses auxílios podem ser divididos em duas grandes categorias, que são os sistemas ditos "informacionais" e os sistemas ditos "interativos" (Villame e Theureau, 2001).

O auxílio à navegação é um bom exemplo de sistema informacional desenvolvido nesses últimos anos. Seu interesse está hoje em dia perfeitamente estabelecido. Foi possível mostrar, por um lado, que, em relação ao uso de um mapa de papel, esse tipo de sistema permite homogeneizar os desempenhos navegacionais dos motoristas. Por outro lado, esses sistemas permitem afrouxar certos constrangimentos da atividade (p. ex., a necessidade de se localizar continuamente); o motorista pode então redirecionar uma parte importante de seus recursos de atenção para outros níveis da condução, estando mais concentrado na cena da condução (Forzy, 1998). O saldo em segurança é desse modo bastante favorável, o que destaca esse sistema de outros auxílios que entram no paradoxo de segurança mencionado em relação aos modelos de regulação do risco. Além disso, cabe notar que outros sistemas informativos têm sido desenvolvidos, como os sistemas de informação de emergência, que permitem, por exemplo, advertir em caso de excesso de velocidade na entrada de uma curva, e os sistemas de informação sobre o tráfego, que podem desempenhar um papel significativo em limitar os riscos de aumento de acidentes.

Os sistemas interativos dizem respeito essencialmente aos sistemas de assistência ao controle do veículo, como os reguladores de velocidade e de interdistância, ou os sistemas de segurança ativa, como os auxílios à freagem ou ao controle transversal. Esses sistemas agem sobre certas funções da condução, por exemplo, a freagem, que pode ser aumentada em caso de emergência. As relações do motorista com seu ambiente por meio do sistema são então modificadas profundamente, o que pode trazer problemas de aceitação e de representação quanto ao funcionamento do sistema. Alguns desses sistemas até oferecem uma automatização parcial, como a da regulação da velocidade e das interdistâncias (ACC – Adaptive Cruise Control System Overview). Colocam-se para o ergonomista questões tão variadas como: a calibragem das leis de comportamento do sistema; a aceitação do sistema pelos motoristas (o que requer estudos longitudinais sobre a apropriação dos sistemas); as modalidades de regulação pelo motorista de seus recursos de um nível a outro da atividade (a regulação é automatizada, mas o controle da condução, cuja natureza é parcialmente modificada, continua a cargo do motorista); as modalidades de retomada do controle nas situações críticas que estão fora do domínio da regulação do sistema...

Uma via de evolução possível desses sistemas de auxílio à condução se encontra na encruzilhada dos caminhos entre sistemas informativos e interativos. Trata-se então de orientar o comportamento do motorista em relação a uma regulação otimizada pelo sistema que seja mais interativo do que um sistema puramente informacional, mas que retém o motorista dentro do circuito de regulação. Trata-se, por exemplo, de sugerir pelo comportamento do volante um certo traçado sobre o raio da curva da pista; ou, pelo comportamento do pedal do acelerador, uma regulação otimizada da velocidade, mas que deixe ao motorista o controle final da ação. Esse compromisso entre sistemas informativos e interativos pode constituir uma das pistas de progresso significativas para o futuro.

Referências

ALLEN, T. H.; LUNENFELD, H.; ALEXANDER, G. J. Drivers information needs. *Highway Research Board*, v.36, p.715-729, 1971.

AMALBERTI, R. *La conduite de systèmes à risques.* Paris: PUF, 1996.

BERTHOZ, A. *Le sens du mouvement*. Paris: Odile Jacob, 1997.

CAMUS, J.F. *La psychologie cognitive de l'attention.* Paris: Armand Colin, 1996.

FORZY, J. F. Étude de l'impact sur la conduite d'un système de guidage. Paris: SELF, 1998.

_____. Assessment of a driver guidance system: a multilevel evaluation. *Transportation Human Factors*, n.1, p.273-287, 1999.

_____. *Conception ergonomique des environnements multi-instrumentés:* le cas des postes de conduite du future. 2002. Thèse (Doctorat) – Université Paris VIII, Paris, 2002.

FULLER, R. A conceptualization of driving behaviour as threat avoidance. *Ergonomics,* v.27, n.11, p.1139-1155, 1984.

HALE, A. R.; STOOP, J.; HOMMELS, J. Human errors models as predictors of accident scenarios for designers in road transport system. *Ergonomics*, v.33, p.1377-1388, 1990.

MALATERRE, G.; SAAD, F. Les aides à la conduite. Définition et evaluation: exemple du radar anti-collision.(Driver supports. Definition and evaluation. Example of the anti-collision radar). *Le Travail Humain,* Paris, v.49, p.333-346, 1986.

MIDLAND, K. A cognitive theorical framework for investigating the presentation of information to drivers. *Drive II project HARDIE, Deliverable*, n.10, 1993.

MOLEN (VAN DER), H.; BÖTTICHER, A. A hierarchical risk model for traffic participants. *Ergonomics*, v.31, n.4, p.537-555, 1988.

NEBOIT, M. *L'exploration visuelle dans l'apprentissage des tâches complexes:* l'exemple de la conduite automobile. 1980. Thèse (Doctorat) – Université René-Descartes, Paris, 1980.

NORMAN, D. A. *The psychology of everyday things.* New York: Basic Books,1988.

PACHIAUDI, G. Les risques de l'utilisation du téléphone mobile en conduisant. Existe-t-il des solutions technologiques adaptatives? *Synthèse INRETS,* n.39, 2001.

RABARDEL, P. *Les hommes et les technologies:* approche cognitive des instruments contemporains. Paris: Armand Colin, 1995.

RANNEY, T. A. Models of driving behavior: A review of their evolution. *Accident Analysis and Prevention*, v.26, p.733-750, 1994.

RASMUSSEN, J. Skills, rules, knowledge: signals, signs, and symbols, and other distinctions in human performance models. *IEEE Transactions on Systems, Man & Cybernetics*, v.13, p.257-267, 1983.

SAAD, F. Assistance à la conduite et activité des conducteurs: elements bibliographiques. *NOTE INRETS/RENAULT,* 1995.

SUMMALA, H. Risk control is not risk ajustment: the zero-risk theory of driver behavior its implications. *Ergonomics*, v.31, n.4, p.491-506, 1988.

TATTEGRAIN-VESTE, H. et al. Gestion centralisée des informations sonores dans l'habitacle et technologies d'assistance adaptatives: le projet CEMVOCAS. In: PAUZIÉ, A. (Ed.). *Ergonomie des systèmes communicants dans le véhicule:* usage et sécurité. Lyon: Lavoisier, 2001. (Journée spécialisée du 27 mars 2001, Actes n° 75 INRETS).

VAN DER MOLEN, H. H.; BÖTTICHER, A. M. A hierarchical risk model for traffic participants. *Ergonomics*, v.31, p.537-555, 1988.

VILLAME, T. H.; THEUREAU, J. Contribution of a 'comprehensive analysis' of human cognitive activity to the advanced driving assistance devices design. In: EUROPEAN CONFERENCE ON COGNITIVE SCIENCES APPROACHES TO PROCESS CONTROL, 8., Munich, Germany, 2001.

WILDE, G. J. S. The theory of risk homeostasis. *Risk Analysis*, v.4, n.2, p.209-225, 1982.

ZWALEN, H. T.; ADAMS, C. C.; DEBALD, D. P. Safety Aspects of CRT Touch Panel Controls in Automobiles. In: INTERNATIONAL CONFERENCE ON VISION IN VEHICLES, 2., Nottingham, 1987. *Proceedings.* Amsterdam: Elsevier 1988. p.1-10.

Ver também:

12 – Paradigmas e modelos para a análise cognitiva das atividades finalizadas

15 – Homens, artefatos, atividades: perspectiva instrumental

26 – Ergonomia e concepção informática

27 – A concepção de programas de computador interativos centrada no usuário: etapas e métodos

28 – Ergonomia do produto

40

O transporte, a segurança e a ergonomia

Claude Valot

Existe uma ergonomia dos transportes?

Empregados, clientes ou administradores, a maioria dos ocidentais, hoje em dia, têm a ver com o transporte: *clientes* esperam dele pontualidade, rapidez, segurança, flexibilidade e conforto para trajetos de férias ou relativos à sua profissão; *empregados* se adaptam a uma ampla legião de particularidades específicas dos ofícios do transporte (horários de trabalho, tempo de atividade, automatização, riscos...); *administradores,* por fim, se veem confrontados com a vastas mutações resultantes, ao mesmo tempo, de uma desregulamentação do transporte e de um contínuo crescimento do volume das regras de segurança. Poderiam ainda ser acrescentadas a essa lista as autoridades de regulamentação nacionais ou europeias, as estruturas industriais... sem esquecer, evidentemente, os ergonomistas.

A multiplicidade dos contextos conduz a uma extrema diversidade das situações, equipamentos e atores. São tanto profissionais experimentados quanto usuários ocasionais; agem em contextos fechados, nos quais pontualidade e segurança são valores determinantes ou, praticamente ao inverso, em ambientes muito abertos valorizando a flexibilidade, ou mesmo a capacidade de correr riscos. O transporte é individual ou coletivo, e trabalho é igualmente individual ou em equipe. Algumas ferramentas e equipamentos do transporte são de alta tecnologia, enquanto outros têm trinta ou quarenta anos de uso. Esses traços se combinam à vontade quando se esboça uma panorâmica dos transportes aeronáuticos, marítimos e terrestres.

As dimensões econômicas e afetivas marcam também muito intensamente as questões variadas, ou mesmo contraditórias, que se colocam à ergonomia, bem como a aceitação das respostas propostas. Rapidez e segurança, automatização e individualização, complexidade e flexibilidade, liberdade e constrangimento nem sempre são fáceis de combinar para definir o quadro de ação da ergonomia.

Com certeza, existem elementos de ergonomia próprios aos transportes e a seu contexto físico. O deslocamento das pessoas mobiliza numerosos estímulos e tratamentos de informação (o Capítulo 39 deste livro enfatiza a circulação nas rodovias que aqui é apenas evocada); a condução de um veículo está também associada com vibrações, acelerações, a proteção contra choques violentos... Outros campos são compartilhados, relativos a contextos profissionais múltiplos: o controle de processos, a automatização dos sistemas, as interfaces, os tempos de atividade, por exemplo. Os transportes reforçam os constrangimentos de ritmo, de prazo, de complexidade, sem, no entanto, ter deles a exclusividade.

A especificidade da ergonomia dos transportes se deve certamente a essa combinação imensa dos contextos e dos constrangimentos que pesam tanto para os usuários quanto para os ergonomistas. Portanto, é necessário assumir uma certa distância e considerar em quais desafios estão implicados transporte e ergonomia.

Desafios do transporte – O transporte está relacionado a realidades e desafios econômicos muito importantes. Os efeitos multiplicadores de cada transformação são, portanto, consideráveis. Alguns números permitem situar a sua dimensão no caso da França: o número anual de viagens a mais de 100 km do domicílio (fora os trajetos domicílio-trabalho) é estimado em 300 milhões. Seja por motivos profissionais ou particulares, foram percorridos em 1994, em média, 14.300 km por ano e por pessoa. Uma parcela considerável desses transportes é por via terrestre. Automóveis e caminhões representam quase 80% dos meios de deslocamento. Os transportes ferroviários, aéreos e por água dividem os 20% restantes.

Esses vastos efetivos exercem influência na análise dos desempenhos de segurança dos transportes. Assim, a confiabilidade global do transporte é hoje elevada e as ordens de grandeza das unidades de mensuração testemunham isso. As estatísticas da frequentação dos meios de transporte são expressas em bilhões de passageiros por quilômetro; contam-se, para os acidentes, algumas vítimas por milhão de situações (movimentos para os aviões, quilômetros percorridos para os veículos rodoviários... Mas, quando se consideram apenas os atores diretos, os riscos inerentes a esses ofícios são tais que o transporte é, hoje, o domínio de atividade em que as doenças profissionais e os acidentes de trabalho são, proporcionalmente, os mais numerosos (sua frequência foi 70% superior à média para os acidentes com parada de trabalho, e quatro vezes superior para os acidentes mortais em 1999, DAEI/SES-INSEE – Direction des Affaires Économiques et Internationales/Service Économique et Statistique, 2001). Esses acidentes ocorrem muito amplamente no transporte em estradas.

Os efetivos envolvidos amplificam igualmente as evoluções sociais. Os atos de violência no transporte são um fato de crescimento rápido na Europa (CNT – Conseil National des Transports, 2002): cerca de um milhar de agressões na França em 2000 contra condutores de transporte em comum. Essa evolução modifica consideravelmente a própria noção de posto de trabalho e as formas de relação com a clientela. Os meios de comunicação móvel, as ferramentas da microinformática e o trabalho "nômade" induzem outras utilizações dos tempos de viagem e reforçam a "individualização dos transportes coletivos" (PREDIT – Programme pour la recherche, le développement et l'innovation dans le transports, 2000). Isso perturba os critérios, as situações e as demandas quanto ao transporte.

Um esclarecimento útil sobre os desafios dos transportes nos foi dado por um relatório do *Commissariat Général du Plan* (Boiteux e Baumstarck, 2001). Aponta em particular dois valores para a avaliação dos investimentos e agravos para os transportes: o valor do tempo ganho e o valor da vida humana perdida em transporte.

As motivações sociais e econômicas são grandes para que sejam reduzidos os custos do tempo dos transportes. Essa redução assume formas múltiplas: por velocidades de deslocamento superiores, pelo crescimento do tamanho dos meios de transporte, pela

Capítulo 40 – O transporte, a segurança e a ergonomia

superposição do tempo de transporte e do tempo profissional ou, ainda, melhorando seu conforto, pois o valor do tempo ganho depende também deste fator.

As consequências desses esforços se manifestam diretamente por meio da inovação permanente no transporte e suas infraestruturas, pois essas melhorias só podem ser obtidas com o auxílio de evoluções tecnológicas fundamentais (equipamentos, automatização, sincronização, localização...). O *just in time* da produção industrial e, portanto, da distribuição, a intermodalidade amplamente difundida para as conexões entre meios de transporte e fluência dos deslocamentos, as pressões resultantes da circulação simultânea de centenas de milhares de pessoas, o aumento das velocidades dos veículos ou de sua dimensão são ilustrações dessa quase ditadura do tempo sobre o transporte.

O crescimento das velocidades e dos efetivos transportados não pode ser considerado sem que se ponha na balança outro dado fundamental: o valor da vida humana quando ela é perdida em transporte. Toda perda de controle, toda falha de segurança podem ter consequências muito significativas em termos de perda de vidas humanas (p. ex.: 587 mortos em Tenerife no choque durante a decolagem de dois Boeing 747 em 1977, dezenas de milhares de mortes anuais da circulação nas estradas na Europa).

Os autores do relatório pleiteiam, nos cálculos da dotação pública para os investimentos,[1] um valor de referência único da perda de vida de 1,5 milhão de euros, a ser considerado em 100% para os transportes coletivos e em 66% para os transportes individuais (ou seja, 1 milhão de euros). Essa distinção se baseia no princípio segundo o qual as pessoas mortas em transporte coletivo não são de forma alguma responsáveis pelo acidente.

O relatório apresenta os dados do estudo da Comunidade Europeia COST 313 (*Socioeconomic cost of road accidents*) que recenseia o custo da vida humana na Europa conforme o país. Esse valor da vida humana (perda de consumo, perda de produção, custo humano, custos médicos) varia bastante: vai de 171.000 na Espanha a 2,6 milhões na Suíça (235.000 na França).

A ergonomia e os valores de uma vida perdida ou do tempo ganho

A exposição ao risco da vida humana nos transportes foi parcialmente controlada pela evolução tecnológica, mas o conjunto dos meios de transporte compartilha uma característica altamente significativa: a parcela das ocorrências e acidentes cuja causalidade é atribuída a fatores humanos varia entre 60% e 80% conforme as áreas e as possibilidades de dedução. Significa que, numa proporção considerável, o operador humano é ao mesmo tempo ator da segurança e uma das principais causas de falha.

Não há surpresa, portanto, no fato de que o transporte seja um dos campos onde as preocupações com os ditos "fatores humanos" sejam as mais amplamente difundidas.

A distinção entre os trabalhos sobre o valor da vida humana perdida e aqueles sobre o valor do tempo ganho é proveitosa para compreender melhor como a ergonomia se posiciona no transporte. É possível, assim, mostrar ao mesmo tempo, as demandas feitas à ergonomia e seus temas efetivos (Figura 1).

O desenvolvimento de políticas de segurança é diretamente induzido pelo valor da vida humana perdida. É o mesmo caso para a compreensão dos acidentes, bem como para

---

[1] Não se trata aqui de um valor de indenização em caso de acidente, mas da quantificação econômica e social da morte de uma pessoa adulta.

a proteção das pessoas ante os perigos aos quais são expostas. Coloca-se então a questão, em termos ergonômicos, do reforço das defesas ante essas exposições ou de seu controle em campos de eficácia humana verificada.

No que diz respeito ao valor do tempo ganho, os esforços se orientam, há algumas décadas, para a rapidez dos meios de transporte, a extensão do tempo e seu corolário, o raio de ação, a intermodalidade e, enfim, os efetivos transportados.

Os problemas que se colocam nesse contexto resultam da exposição a tensões e constrangimentos maiores em virtude do aumento da velocidade ou da complexidade dos mecanismos envolvidos e, portanto, se referem à verificação de uma apreciação correta de suas interações sobre as capacidades humanas.

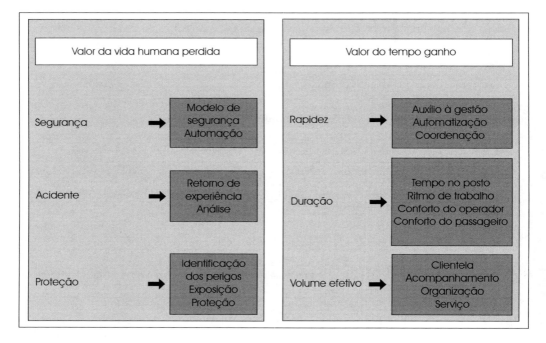

Fig. 1   Temas de estudos ergonômicos em função dos "valores"-chave.

Ergonomia e valor da vida humana perdida

No domínio dos transportes coletivos, a dependência na qual se colocam os passageiros e a responsabilidade dos empresários contribuíram decisivamente para o desenvolvimento de uma reflexão e de ações visando tanto compreender as ocorrências quanto promover políticas de segurança individuais e coletivas. Entram nesse aspecto de análise tanto procedimentos conceituais (modelos, teorias...) quanto estudos destinados a melhorar a proteção das pessoas ou a segurança dos meios de transporte.

A principal consequência, em termos ergonômicos, é que não é possível se limitar apenas ao posto de trabalho para a compreensão fina da atividade (Weill-Fassina e Valot, 1997). É a organização, em seu conjunto, que deve ser questionada, analisada, na medida em que ela coloca o operador direto em condições de atividade difíceis de tratar. Embora o posto de trabalho seja o local de expressão das tensões e, portanto, o da análise ergonômica, não é apenas nesse nível que se situam as transformações.

Uma dupla ação decorre dessa ampliação do olhar ergonômico.

— A abordagem do ergonomista é "ecológica" no sentido da compreensão da atividade no meio para levar em consideração sua complexidade e desenvolver novos modelos de gestão das capacidades em situação.

— Os resultados da ação ergonômica devem se estender às organizações na medida em que estão na origem de muitas das tensões que se expressam no posto de trabalho sobre a pessoa.

Segurança e modelos – O desenvolvimento mais marcante da abordagem ergonômica na última década diz respeito à concepção e difusão de modelos de segurança incluindo tanto o posto de trabalho quanto a dinâmica da organização. Esses modelos não são sistematicamente resultantes das análises dos transportes, mas se adaptam notavelmente bem a suas problemáticas. Assim o modelo de defesa em profundidade de Reason (1990) foi amplamente difundido na análise de acidentes para colocar em perspectiva os elementos contributivos provenientes da organização, regras, técnica, formação e, por fim, dos operadores diretos (Figura 2).

A análise do acidente não pode se limitar à compreensão do ator direto. Sua formação, as condições de sua atividade, o equipamento utilizado, as regras em vigor e sua aplicação precisam igualmente ser levados em consideração. Essas disposições e dispositivos são tanto placas de proteção quanto meios de divulgar os limites identificados. Cada placa é ao mesmo tempo um complemento de proteção das placas a montante e uma proteção por si só dos problemas específicos que ela trata. Assim, as regras e as formações vêm focar limites na concepção das ferramentas e interfaces.

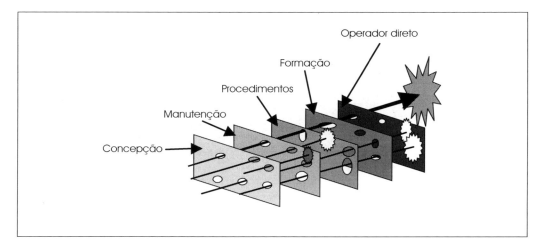

Fig. 2   Defesas em profundidade segundo Reason (1990).

O principal desafio que pesa sobre as grandes organizações em termos de segurança é sua transformação permanente. As aquisições de segurança não podem ser consideradas como estáveis e definitivas. A evolução dos efetivos (a partida dos mais experientes constituindo uma parte da memória da organização) ou o surgimento de novas tecnologias modificam constantemente o equilíbrio da segurança na organização. É o que mostram os dados reunidos pela Airbus (Airbus, 1997) sobre a taxa de acidentes ao longo da vida de quatro gerações diferentes de aparelhos a jato (Figura 3). Cada geração é caracterizada por uma evolução tecnológica (melhores qualidades de voo das máquinas, uma automatização crescente, tripulação com dois pilotos em vez de três). Cada nova geração precisa "partir do zero" identificando novas fragilidades induzidas pelo novo aparelho, adaptar a formação para novas técnicas de pilotagem e ajustar os procedimentos. O resultado é uma taxa de acidentes mais elevada durante os primeiros anos de exploração e descoberta.[2]

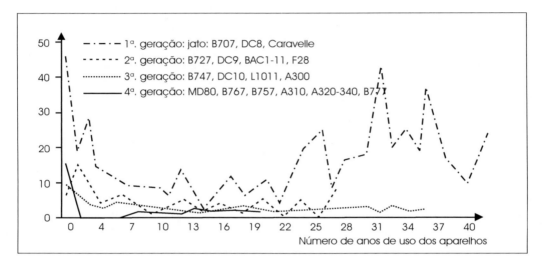

Fig. 3 Evolução da taxa de acidentes em função do tempo de uso dos aparelhos.

Toda organização, do transporte em particular, se inscreve numa rede de dinâmicas complexas. A evolução tecnológica, as regras de segurança, as expectativas sociais, os critérios econômicos estão em evolução permanente e exercem seus efeitos cruzados sobre as organizações e, portanto, sobre os postos de trabalho. Rasmussen et al. (1994) propõem um modelo (Figura 4) dessas dinâmicas e seus efeitos na segurança.

A diversidade dos comportamentos observados ("movimento browniano" das atividades individuais) se inscreve num espaço limitado por três limites característicos: a ruptura financeira, a carga de trabalho e as regras ditadas pelas campanhas de segurança. Nesse espaço, duas fortes incitações fazem migrar a atividade efetiva na direção dos limites da segurança: uma mudança da atividade individual para reduzir o custo da atividade (evitamento do porte de proteção para reduzir o incômodo do traje, por exemplo...) e a

---

[2] Que as taxas de acidente após algumas décadas de exploração voltem a subir, para a primeira geração, explica-se conjuntamente pela idade dos aparelhos e sua compra por companhias menores que têm dificuldade em conservar o alto nível de manutenção necessário para os aviões mais velhos.

pressão da chefia para a eficácia (trabalhar nos limites das prescrições, ou mesmo além). Resulta disso uma dinâmica adaptativa útil, mas também uma tensão em direção a zonas onde a segurança é mais difícil de controlar (cf. o Capítulo 17).

Estamos então no âmago da problemática em ergonomia dos transportes. As falhas humanas (erros, queda de vigilância...) são mecanismos bem identificados e parte integrante da atividade humana. De um ponto de vista organizacional, é necessário prevenir-se contra eles. As ações nesse sentido consistiram essencialmente numa construção de barreiras de automatismos e num reforço das regras. Quando foi possível, a substituição de operadores humanos por esses automatismos chegou mesmo a ser adotada.

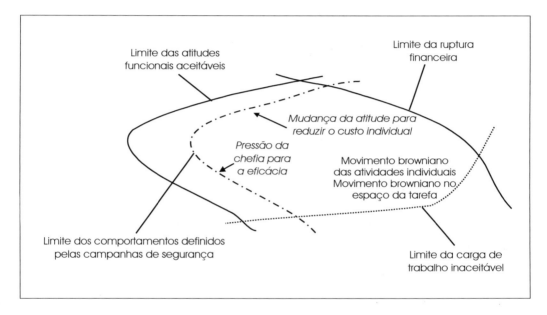

Fig. 4   Modelo de Rasmussen et al. (1994).

Segurança e automatização – O relatório sobre o acidente ocorrido no metrô parisiense em 30 de agosto de 2000 permite ilustrar a problemática dos automatismos e alguns de seus limites (Quatre et al., 2000).

Para melhorar as possibilidades de cadência do tráfego nos horários de pico os trens do metrô parisiense são praticamente todos automatizados. Essa automatização pode ser ativada o tempo todo pelo condutor. É indispensável nos horários de pico, mas não é obrigatória nos outros períodos do dia. Essa forma de automatização é descrita como uma maneira de permitir ao condutor dar mais atenção à segurança dos passageiros nas estações.

A condução manual é dita "controlada", pois uma proteção permite garantir que não haja passagem intempestiva num sinal de parada; em compensação, não há controle de velocidade nas zonas julgadas críticas.

O condutor em atividade na ocasião tinha produzido mais ultrapassagens de velocidade que a média de seus colegas. Para se prevenir contra esses riscos de excesso de velocidade, ele vinha recorrendo sistematicamente à condução automática para não ser pego em falta de novo.

O relatório nota que o uso sistemático do automatismo tem um efeito perverso que é uma atenção menor dos condutores à linha, e um risco de desaprendizagem; recomenda-se a eles, portanto, que retornem, nas horas de pouco movimento, a uma condução manual para conservar suas habilidades. Isso é ainda mais necessário porque em 15% da rede, em média, o sistema automático está desativado (a interestação onde o acidente ocorreu apresentava uma interrupção no automatismo de oito meses).

O relatório levanta a hipótese de uma perda de atenção prolongada do condutor, facilitada por uma conduta habitual no automático "que só pôde acentuar as quedas de vigilância e torná-lo menos competente na conduta manual".

Os fatos apontados por esse relatório já tinham sido evidenciados desde a década de 1980 (Bainbridge, 1987). A automatização gera um paradoxo, provoca a transformação da competência profissional inicial do operador que a utiliza. Ele não consegue mais mobilizar seu saber-fazer (*savoir-faire*), pois uma máquina o dispensa disso para agir com mais eficácia. O operador pode então voltar sua atenção para outros aspectos, em geral menos exigentes, de sua atividade. A dificuldade reside no fato de que, em caso de falha da máquina, o operador precisa dispor imediatamente de todo seu saber-fazer para retomar o controle de um automatismo subitamente falho.

Um dos recursos possíveis é aumentar ainda mais a automatização e o controle exercido sobre o operador. É o que menciona o relatório do inquérito, sugerindo a instalação de um sistema de controle permanente da velocidade capaz de parar o trem em caso de falha humana ou técnica relativa à velocidade.

Um percurso exaustivo conduzido por um estudo encomendado conjuntamente pelas autoridades aeronáuticas europeias e norte-americanas (Abbot et al., 1996) ilustra as dificuldades encontradas: incompreensão dos automatismos, conflitos entre procedimentos, diversidade dos vocabulários e conceitos, divergências entre os procedimentos do controle de tráfego aéreo e a pilotagem dos aparelhos... A interação complexa entre a segurança e a automatização é uma fato atualmente clássico na ergonomia (Leplat, 1997; Woods, 1988).

Acidentes – O acidente nos transportes tem ressonâncias extremamente intensas, ao mesmo tempo emocionais e técnicas: a emoção do "público" que é dependente da qualidade das condições dos transportes; a falha técnica que significa para as autoridades estatais ou os profissionais que o dispositivo não é isento de falhas.

É a razão pela qual cada acidente é hoje em dia objeto de uma análise aprofundada.

O modelo de defesa em profundidade de Reason, já mencionado, é um bom exemplo do interesse ao mesmo tempo pedagógico e prático que há em considerar a organização global na análise das ocorrências. Para além dessa dimensão voluntarista da análise, dificuldades importantes surgem.

Numerosos trabalhos foram dedicados à análise dos eventos (Hale et al., 1997; Hood e Jones, 1996; Perrow, 1984) ou à gestão do risco nas grandes organizações (Amalberti, 1996; Bourrier, 1999; Ganascia, 1999; Leplat e Terssac, 1990). Todos mostram a quase impossibilidade de estabelecer um modelo da boa organização; aquela que por construção colocaria operadores e clientes a salvo do acidente. A ênfase é posta sobretudo na importância da complementaridade entre operadores e sistema técnico, da iniciativa individual e coletiva e da circulação da informação. Westrum (1994) distingue assim três categorias de clima organizacional em relação à qualidade da circulação da informação:

Capítulo 40 – O transporte, a segurança e a ergonomia 581

patológico (tudo esconder), burocrático (limitar as responsabilidades) e inventivo (tirar partido e compartilhar). Desse ponto de vista, a circulação da informação é, portanto, tanto uma finalidade para contribuir na elevação do nível de segurança quanto um sintoma do funcionamento da organização.

As diversas instituições aeronáuticas implantaram assim sistemas ditos de "retorno da experiência" cujo princípio é o seguinte: todas as disposições adotadas em termos de regras e procedimentos, de formação, de qualidade dos voos, de informações têm como objetivo comum evitar que a tripulação venha a se encontrar numa situação suscetível de se transformar em acidente. Todo fato indicando que uma das linhas de defesa foi rompida ou contornada é então considerado como um "precursor". Uma das primeiras ações desse tipo foi elaborada na década de 1980 por uma companhia aérea (*United Airlines*) que havia estabelecido uma lista de eventos temidos. Os funcionários da companhia eram convidados a relatar, de maneira livre e anônima, todo evento que poderia ter acontecido devido a uma falha.

Os sistemas de retorno da experiência também têm sido bastante melhorados para a segurança nas estradas.[3]

O principal desafio ante os acidentes não é, portanto, a confiabilidade total por meio de automatismos e a rejeição de qualquer erro, que teriam o inconveniente de esterilizar as defesas individuais e coletivas. Como propõe Amalberti (2001), tratar-se-ia, em vez disso, de saber tirar partido das múltiplas falhas pequenas e do ruído de fundo de incidente para conservar uma vigilância salutar, visando conter o nível de risco aceito.

Proteção – O relatório do *Commissariat du Plan*, citado anteriormente, mostra que os transportes individuais e coletivos colocam a pessoa e sua visão da proteção em contextos radicalmente diferentes. A proteção esperada pela pessoa transportada será tão elevada quanto possível, até total. A proteção oferecida pelo "transportador" será mais provavelmente indexada por uma relação complexa integrando a frequência da ocorrência, sua dimensão, os custos associados e os efeitos sobre sua imagem. Estamos aqui mais próximos da gestão do risco que da ergonomia. Mas é precisamente segundo esses critérios que poderá ser situada a pertinência da intervenção ergonômica.

Numerosos trabalhos foram assim realizados para estudar os efeitos da exposição a ambientes hostis. Por exemplo, na aeronáutica, os efeitos da alta atmosfera, do frio, da falta de oxigênio... (Hawkins, 1993) foram especificados; no essencial, medidas de proteção adaptadas foram definidas, já há algumas décadas, quando essas situações eram consideradas para populações pouco maiores que a exclusivamente de militares.

Hoje essas disposições de proteção são desenvolvidas por incitação dos poderes públicos para responder a exposições cada vez mais diversificadas capazes de provocar mortes indevidas.

Há alguns anos, as autoridades aeronáuticas internacionais elaboraram um arsenal bastante consequente de textos regulamentares incitando ou obrigando os atores do sistema aeronáutico a adotar disposições de acordo com os conhecimentos ergonômicos e psicológicos disponíveis para a concepção e o emprego dos dispositivos ou a formação dos

---

[3] Reforço que se manifesta pela criação do observatório nacional interministerial de segurança nas estradas.

profissionais (é provavelmente o único setor industrial que editou regras internacionais a esse respeito).

Essas disposições se tornam, todavia, paradoxais quando cruzam o valor do tempo ganho ou os riscos assumidos individualmente. Embolias pulmonares são constatadas em passageiros que permanecem sentados em vôos comerciais de duração muito longa. Esses voos são agora possíveis devido a uma dinâmica diretamente ligada ao valor do tempo ganho, pois o aumento dos tempos de voo permite baixar o custo das viagens. O desenvolvimento dessas patologias deveria levar a uma revisão das normas de instalação das poltronas a bordo dos aparelhos, mas, por enquanto, apenas conselhos são dados aos passageiros desses voos.

A proteção instituída pelos poderes públicos para proteger a vida humana coloca em evidência um outro paradoxo. A gestão individual do risco pode levar a desviar ou desnaturar, por violação, muitos dos dispositivos de segurança instituídos. A qualidade das estradas, dos veículos, e os meios de proteção ativos ou passivos se traduzem tanto por um aumento da confiabilidade dos meios de transporte rodoviários quanto por violações pelos condutores. A análise das violações[4] (Parker et al., 1995) mostra que elas são mais o fato de pessoas realizando coisas que sabem que não devem fazer do que de pessoas realizando ações das quais não têm consciência (erros). Os sujeitos que cometem o maior número de violações são igualmente aqueles que classificam a si mesmos numa categoria de condutores muito competentes. Os múltiplos sistemas de assistência a bordo dos automóveis mais recentes abrem igualmente a porta a comportamentos paradoxais de risco por condutores se julgando mais protegidos por esses sistemas. Os acidentes que disso resultam são mais violentos pois ocorrem quando esses sistemas estão no limite de seu desempenho e não têm mais condições de proteger os passageiros.

A proteção do condutor deve ser considerada tanto contra terceiros quanto contra ele mesmo.

Essa abordagem pelo valor da vida perdida questiona seriamente a ergonomia. Constata-se que a ação ergonômica não pode se limitar apenas à proteção das pessoas. Ela precisa explorar as interações entre a organização e os comportamentos individuais: todo dispositivo depende de uma placa de defesa em profundidade, mas é também suscetível de ser desviado de sua finalidade pelo uso efetivo; essa ambivalência se inscreve na história do posto de trabalho e da pessoa; escapa com muita frequência da intervenção pontual do ergonomista.

Ergonomia e valor do tempo ganho

O valor do tempo ganho parece à primeira vista nos colocar num quadro convencional, no sentido em que a questão é tornar compatíveis as capacidades humanas com os dispositivos propostos para o controle ou a condução dos meios de transporte.

Mas também aqui os paradoxos são numerosos, pois o local de confronto entre capacidades humanas e dos transportes acerca-se dos limites humanos exigências devido às questões econômicas e sociais. As velocidades, as massas, os esforços ou os tempos em

---

[4] Segundo Reason, as violações são comportamentos que vão deliberadamente contra regras e procedimentos prescritos, enquanto os erros são desvios produzidos sem intenção voluntária da pessoa.

Capítulo 40 – O transporte, a segurança e a ergonomia   **583**

jogo não dizem respeito mais às capacidades básicas das pessoas. Ou seja, a ergonomia é questionada sistematicamente por interações entre as pessoas e os sistemas de multiplicação, interface, prótese ou substituição.

Três grandes campos permitem uma panorâmica dos trabalhos conduzidos com o objetivo de assegurar um ganho do valor do tempo: a rapidez, a duração e os efetivos.

Rapidez – Deslocar-se mais rapidamente é uma constante dos transportes e seu limite mais evidente é a velocidade de reação da pessoa. As consequências ergonômicas dessa aceleração são múltiplas. A antecipação dos eventos, sua planificação, o domínio de uma tecnologia possibilitando uma velocidade maior são campos de investigação do ergonomista para que se mantenha a coerência entre o tempo disponível e as competências das pessoas (Jensen e Benel, 1977).

A rapidez não diz respeito apenas ao veículo. Todo um conjunto de atores, de dispositivos precisam também elevar sensivelmente suas interações e sua velocidade de ajuste, pois o transporte é eminentemente um serviço: atividades comerciais, controle do tráfego, manutenção dos equipamentos e das infraestruturas... A intermodalidade é outra ilustração disso. Está bastante desenvolvida na Comunidade Europeia para melhorar a rapidez e a fluência de deslocamentos empregando suportes múltiplos e coordenados.

Sua contrapartida é direta no posto de trabalho: a organização global do trabalho induz igualmente constrangimentos (prazos de ajuste reduzidos, multiplicação dos fatores e atores a combinar, fragmentação das tarefas ou ainda acúmulo de funções anteriormente distintas) que tornam o ambiente da tarefa do operador instável, pouco previsível, com prioridades e prazos cambiantes (Weill-Fassina e Valot, 1997).

Duração – A melhora do valor do tempo passa também pelo alongamento da duração do trajeto. Fazer com que um avião voe por quinze horas em vez de oito permite considerar a possibilidade de alcançar lugares distantes de maneira bem mais econômica. O mesmo se aplica a um trem.

Esse aumento da duração encontra duplamente os limites das capacidades humanas: a autonomia da maioria dos meios de transporte se tornou amplamente superior às capacidades dos operadores, e eles podem com frequência ser conduzidos por um número muito reduzido de pessoas.

Esses constrangimentos das condições de trabalho são abordados em outra parte deste livro. É possível, portanto, insistir aqui somente sobre vários paradoxos.

Os conhecimentos disponíveis permitem otimizar as durações da atividade, os ciclos de repouso, as alternâncias vigília-sono em função das limitação específicos individuais ou contextuais, mas as práticas econômicas limitam com frequência a aplicação desses conhecimentos. Assim, as regras europeias que se aplicam ao transporte aéreo comercial com relação às durações das atividades das tripulações apresentam em sua redação atual uma página em branco, reservada para um consenso hoje impossível.

De fato, a definição dos tempos de atividade quase que não é uma questão de ergonomia; tem muito mais a ver com as relações entre os diferentes parceiros sociais. Os resultados dessa situação não surpreendem: os bancos de dados do retorno de experiência dos fatos aeronáuticos, constituídos na América do Norte, contêm numerosos eventos relatados espontaneamente (fadiga elevada, erro, confusão...) ocorridos quando a tripulação se encontrava dentro do quadro regulamentar.

O mesmo ocorre na circulação rodoviária, na qual a fadiga intervém em 54% dos acidentes (Leger, 1994). Projetos de diagnóstico em situação existem em avião ou carro; baseiam-se na atividade ocular ou nas ações sobre a trajetória. Mas cabe notar que um dos maiores problemas ressaltados a respeito do uso desses dispositivos é o seu desvio pelos usuários. Se um sistema de salvaguarda assegura uma função vital de segurança, é tentador se considerar mais protegido e, portanto, ampliar o limite dos comportamentos de segurança (aumento das durações de condução, por exemplo) (Boverie, 2001).

Efetivos – Este último ponto nos leva a uma das dimensões essenciais do transporte: o deslocamento das pessoas de um ponto a outro. O conforto e a eficácia desse deslocamento são elementos determinantes da qualidade de um meio de transporte. Trata-se aqui de uma aplicação ergonômica das mais clássicas. O conforto dos assentos, a redução do ruído, a limitação das vibrações, a iluminação das instalações ou ainda o acesso às ferramentas de comando são alguns exemplos entre muitos outros do interesse do saber e dos modos ergonômicos para a concepção de novos meios de transporte. Não se trata de uma questão de inovação ergonômica, mas sobretudo da mobilização de um vasto saber para situações em evolução.

Outros aspectos do deslocamento das pessoas colocam entretanto questões mais originais. Assim, os efetivos transportados simultaneamente são cada vez maiores. Disso resultam questões complexas de circulação, de espera, de coexistência, de ocupação, de serviço a oferecer em estadias que podem se tornar consideráveis em espaços confinados e restritos.

Os passageiros indisciplinados são provavelmente o sintoma da tensão que acompanha os voos comerciais. Conduzem a que seja necessário, de certa forma, proteger os passageiros contra eles mesmos para limitar os efeitos negativos desses comportamentos na segurança e na atividade dos profissionais de acompanhamento.

Isso leva a explorar novas dimensões da interação da pessoa com seu ambiente com uma perspectiva ergonômica. A ergonomia precisa se mostrar ao mesmo tempo inventiva e interativa para explorar os numerosos trabalhos que preexistem nesse campo, seja a respeito da dinâmica dos grupos restritos ou da ocupação de um espaço e de suas "dimensões ocultas" (Hall, 1971).

Conclusão

Este breve mas incompleto percurso das interações entre a ergonomia, o transporte e a segurança revela-se um olhar útil sobre a ergonomia. Ela se mostra paradoxal por participar do aumento da tensão do operador, quando acompanha uma inovação tecnológica, e ao mesmo tempo da limitação das mesmas tensões, quando está associada à segurança.

Portanto, ela tem um lugar privilegiado a ocupar nas temáticas do transporte se se mostrar capaz de capitalizar aquisições de naturezas bastante diferentes. Significa dizer que ela não deve permanecer nesse contexto como uma ergonomia "clássica" rica em numerosos conhecimentos, mas cuja aplicação poderia muito facilmente se mostrar falha. Deve, ao contrário, saber integrar uma análise da proteção simultânea à do desvio, do desempenho, dos riscos assumidos, e do indivíduo, bem como à da organização.

Mas ainda assim os efeitos do tempo se mostram sorrateiros: os trabalhos para a segurança penam para acompanhar o ritmo da inovação tecnológica. O operador então vê-se exposto antes, mesmo que os trabalhos validem ou limitem as situações assim constituídas.

A ergonomia não pode, diante de tais desafios, permanecer apenas como assunto dos ergonomistas. O conhecimento ergonômico precisa ser difundido por meio de formação, regulamentação, incitação, de modo a se tornar uma cultura coletiva dos atores do transporte em vez de apenas um saber especializado.

É dessa maneira que ela poderá contribuir para reduzir o que socialmente poderia parecer uma linguagem dupla entre tempo ganho e valor da vida perdida em transporte.

Referências

ABBOTT, K.; SLOTTE, S. M.; STIMSON, D. K. *The Interface between flightcrews and flight deck systems.* Washington, D. C.: Federal Aviation Administration, 1996.

AIRBUS. *Accident Rate and Aircraft Generation.* Toulouse: Airbus, 1997.

AMALBERTI, R. *La conduite de systèmes à risque.* Paris: PUF, 1996.

_____. The paradoxe of almost totally safe transportation systems. *Safety Science,* v.37, p.109-126, 2001.

BAINBRIDGE, L. Ironies of automation. In: RASMUSSEN, J.; DUNCAN, J.; EPLAT, J. (Ed.). *New technologies and human errors.* New York, Wiley, 1987. p.271-286.

BOITEUX, M.; BAUMSTARCK, L. *Transports:* choix des investissements et coûts des nuisances. Paris: La documentation Française, 2001.

BOURRIER, M. *Le nucléaire à l'épreuve de l'organisation.* Paris: PUF, 1999.

BOVERIE, S. Système de diagnostic de l'hypovigilance des conducteurs. In: CONGRÈS VIGILANCE DES CONDUCTEURS, PILOTES ET OPÉRATEURS, Toulouse, 2001. *Actes.* Toulouse: Octarès 2001. p.180-186.

CONSEIL NATIONAL DES TRANSPORTS (CNT). *Rapport social 2001:* l'evolution sociale dans les transports terrestres, maritimes et aeriens en 2000. Paris: 2002.

DAEI/SES-INSEE. *Bulletin de statistique du service économique et statistique.* (s.n.t.)

GANASCIA, J. G. *Sécurité et cognition.* Paris: Hermès, 1999.

HALE, A.; WILPERT, B.; FREITAG, M. *After the event.* Oxford: Pergamon, 1997.

HALL, E. T. *La dimension cachée.* Paris: Le Seuil, 1971.

HAWKINS, F. H. *Human factors in flight.* Aldershot: Ashgate, 1993.

HOOD, C.; JONES, D. K. C. *Accident and design.* London: UCL Press, 1996.

JENSEN, R.; BENEL, R. *Judgement evaluation and instruction in civil pilot training.* Springfield, VA.: National Technic Information Service, 1977. (Final Report FAA-RD-78-24).

LEGER, D. The cost of sleep-related accidents: a report for the national commission on sleep disorders. *Sleep,* n.17, p.84-93, 1994.

LEPLAT, J. *Regards sur l'activité en situation de travail:* contribution à la psychologie ergonomique. Paris: PUF, 1997.

LEPLAT, J.; TERSSAC, G. de. *Les facteurs humains de la fiabilité.* Toulouse: Octarès, 1990.

MCELHATTON, J.; DREW, C. Hurry-up syndrome identified as a casual factor in aviation safety incidents. *Human Factors and Aviation Medicine,* v.40, p.1-6, 1993.

PARKER, D.; REASON, J.; MANSTEAD, A.; STRADLING, S. Driving errors, driving violations and accident involvement. *Ergonomics,* v.38, p.1036-1048, 1995.

PERROW, C. *Normal accident.* New York: Basic Books, 1984.

PREDIT – Programme national de recherche et d'innovation dans les transports terrestres. *Rapport final du groupe de définition,* juin 2000.

QUATRE, M.; KOUBI-KARSENTI, B.; DESBAZEILLE, B.; VILLE, J. *Rapport d'enquête sur l'accident survenu sur la ligne 12 du métro parisien le 30 août 2000.* (Conseil général des Ponts et Chaussées).

RASMUSSEN, J.; PEJTERSEN, A. M.; GOODSTEIN, L. P. *Cognitive systems engineering.* New York: Wiley & Son, 1994.

REASON, J. *Human error.* Cambridge: Cambridge Univ. Press, 1990.

WEILL-FASSINA, A.; VALOT, C. Le métier cela va, le problème c'est c' qu'y a autour. In: CONGRÈS DE LA SELF, 32., Lyon, 1997. *Actes.* Lyon: SELF, 1997. p.186-196.

WESTRUM, R. Circulation de l'information et sécurité. In: AMALBERTI, R. (Ed.). *Breifings.* Roissy: Dédale, 1994. p.221-226.

WOODS, D. Coping with complexity: The psychology of human behaviour in complex system. In: GOODSTEIN, J.; ANDERSEN, H.; OLSEN, B. (Ed.). *Task, errors & mental models.* London: Taylor & Francis, 1988. p.128-148.

Ver também:

10 – Segurança e prevenção: referências jurídicas e ergonômicas

11 – Carga de trabalho e estresse

15 – Homens, artefatos, atividades: perspectiva instrumental

16 – Para uma cooperação homem-máquina em situação dinâmica

17 – Da gestão dos erros à gestão dos riscos

31 – A gestão de situação dinâmica

41
Ergonomia, formações e transformações

Marianne Lacomblez,[1] Catherine Teiger[2]

Introdução

O projeto da ergonomia orienta-se, desde a sua origem, para a "adaptação do trabalho ao Homem", pretendendo associar, de forma estreita, a saúde dos trabalhadores (no sentido recentemente ampliado à "saúde cognitiva e à saúde mental") e a eficácia no trabalho. Nesta perspectiva, a transformação do trabalho e das suas condições prevalece sobre a (trans)formação dos indivíduos. Todavia, a formação das pessoas – seja ela um meio ou um objetivo da intervenção – constitui uma parte integrante dos motores de ação que permitem à ergonomia contribuir para o desenvolvimento de três domínios interdependentes:

— a concepção de produtos e sistemas de produção de bens ou serviços, orientada pelo uso e pelo utilizador;

— a construção da saúde, a promoção da segurança no trabalho e a prevenção dos riscos profissionais, na sua relação com as questões da concepção;

— o reconhecimento de competências, o desenvolvimento da especialização profissional dos trabalhadores, a transmissão da experiência no trabalho, considerando as condições de produção.

Nestes três domínios de ação ergonômica, o termo formação não possui o mesmo significado nem o mesmo estatuto. Tradicionalmente, distinguem-se dois tipos de "objeto de formação", nos quais a análise do trabalho não desempenha a mesma função: por um lado, a formação em análise do trabalho dos atores da concepção e/ou da saúde, que tanto pode ser o próprio objeto de intervenção como o acompanhá-la de forma mais ou menos formal (numa abordagem participativa); por outro, a formação profissional dos trabalhadores, justificada e definida graças à análise do trabalho. Mas estes aspectos podem coexistir no seio de um

---

[1] Professora na Faculdade de Psicologia e de Ciências da Educação da Universidade do Porto, Porto.

[2] Pesquisadora no Centre National de la Recherche Scientifique e no Laboratoire d'Ergonomie do Conservatoire National des Arts et Métiers, Paris.

terceiro tipo de intervenção que visa a conciliação destes dois objetivos, associando sempre as dimensões da investigação, formação e ação. Trata-se, assim, de ultrapassar o aparente dilema enfrentado pelos pioneiros da ergonomia: agir sobre as condições de produção ou sobre os indivíduos? A experiência tem mostrado que não é possível concretizar um sem o outro. A dimensão formativa da ação ergonômica constitui um campo de investigação e de intervenção dinâmico, ou seja, multiforme e em constante evolução em relação aos contextos. Não esquecendo que toda intervenção é uma situação de aprendizagem recíproca, na qual o ergonomista constrói também a sua própria experiência e continua a sua própria formação ao longo da vida.

1. A formação dos atores do trabalho em ergonomia, um meio para o transformar: da transmissão de conhecimentos à cooperação na ação

Para uma ergonomia que pretende articular conhecimento e ação sobre o trabalho, a questão da transmissão é fundamental. A ideia de formação impõe-se, assim, desde a origem sob um ângulo inédito: o da formação em ergonomia dos atores que mais contribuem para o seu objetivo. É um meio para conseguir agir sobre o trabalho, ou seja, de o conceber de outra forma, envolvendo diferentes categorias de parceiros e implementando diferentes tipos de práticas de formação.

Independentemente dos atores visados, o objetivo é o mesmo: a apropriação dos modelos explicativos da atividade e dos princípios da abordagem da análise ergonômica do trabalho (AET) permite, a cada um, exercer melhor a sua função e desenvolver as suas competências de ação sobre o trabalho. Mas os conteúdos, como os meios, podem variar, indo da simples transmissão de conhecimento à cooperação na ação, como é possível constatar nos exemplos das quatro categorias de atores mais abrangidos na evolução deste modo de ação: os engenheiros-projetistas, os responsáveis sindicais e delegados das comissões de higiene, segurança e condições de trabalho, os preventores e os diferentes atores das empresas. Convém, contudo, salientar como o ergonomista que concebe e, muitas vezes, realiza a formação tem vantagem em elaborá-la a partir de uma análise da atividade dos formandos, das suas missões e responsabilidades na empresa, a fim de definir os elementos mais pertinentes de uma formação "situada" e "oportuna".

Os atores técnico-organizacionais: engenheiros e projetistas – Os engenheiros foram o alvo privilegiado dos pioneiros da ergonomia, ao procurarem fornecer-lhes os conhecimentos disponíveis sobre o funcionamento do "Homem no trabalho", devido a duas preocupações relacionadas com a concepção de dispositivos técnicos: a sua segurança intrínseca e a sua usabilidade. A informação-formação em ergonomia deve então permitir aos engenheiros atingir um triplo objetivo:

— conceber máquinas seguras de forma a reduzir os riscos na fonte, mais do que transferir a responsabilidade pela segurança apenas para os trabalhadores;

— interessar-se pelo usuário e as suas características, num dado momento e numa dada situação, para evitar os riscos ligados à excessiva complexidade ou a incompatibilidades com o modo de funcionamento humano;

— antecipar as especificidades da futura atividade.

Capítulo 41 – Ergonomia, formações e transformações

Para além da formação acadêmica em ergonomia, ministrada em algumas escolas ou faculdades de engenharia onde a ergonomia se implantou – como é o caso no Brasil – e que não desenvolveremos aqui, os meios de formação-informação dos projetistas na empresa, e que são praticados pelos ergonomistas, variam, indo dos mais elementares aos mais integrados, dependendo da modelização do trabalho e do indivíduo no trabalho que está subjacente às representações e às práticas.

A tradução dos conhecimentos ergonômicos em ferramentas operacionais, disponíveis para os engenheiros, existe há já muito tempo: é o caso de diversas planilhas de análise e avaliação ergonômica do trabalho, frequentemente concebidas por ergonomistas nas empresas, a fim de sensibilizar e criar um suporte para o trabalho dos colegas. Ao rever e estabelecer um valor para todos os aspectos do trabalho, estes instrumentos propõem critérios de admissão de postos de trabalho ou ajudam na definição de cadernos de encargos para os projetistas e construtores.[3] Uma perspectiva próxima sustenta, hoje, o trabalho de normalização realizado pelos projetistas. Se o uso destes meios pode sempre ser discutido, uma vez que eles não deixam de refletir o estado do conhecimento a um dado momento sem considerar a sua evolução, a sua vantagem consiste em fornecer um ponto de partida para realizar um trabalho mais aprofundado em situação real e em colaboração com os ergonomistas (Morris et al., 2004; Lamonde, neste livro).

Num outro polo, a cooperação na condução de projetos de concepção coletiva, realizados com a participação integrada dos usuários finais (Darses e Reuzeau, neste livro), é uma situação na qual o ergonomista se inclui, como os restantes, enquanto coprojetistas (Béguin, neste livro). Esta cooperação é enriquecida pelas recentes investigações sobre a atividade de trabalho dos projetistas, mas exige sempre uma reflexão coletiva sobre a experiência de cada um, de modo a garantir uma cooperação eficaz. Isto supõe, na verdade, uma educação dos parceiros, um diálogo que permita "aprendizagens cruzadas" (Hatchuel, 1994) e o desenvolvimento de competências coletivas. Contudo, a manutenção de uma equipe de trabalho satisfatória para construir uma experiência comum deste tipo é, muitas vezes, difícil de conseguir nas empresas, devido às novas e inconstantes formas de organização do trabalho.

Os atores da saúde e segurança no trabalho: representantes dos trabalhadores e comissões de higiene, segurança e condições de trabalho

A transformação do trabalho procede também de uma ação dos atores sociais e, nomeadamente, os que pertencem às organizações sindicais e às comissões encarregadas das questões de higiene, segurança e condições de trabalho, para os quais existem disposições legais que definem um papel crescente na promoção da saúde e na prevenção dos riscos profissionais, nomeadamente nos países da União Europeia.[4] Por isso, os representantes dos trabalhadores devem ser capazes de analisar o trabalho dos outros, de identificar as situações problemáticas e de propor e negociar pistas de resolução. Mas eles devem igualmente analisar a sua própria atividade, a fim de avaliar e desenvolver a sua pertinência e eficácia.

---

[3] Na França, entre outros, o "Aide-mémoire d'ergonomie de la RNUR", concebido na Régie Nationale des Usines Renault (1974).

Neste sentido, a aprendizagem da análise ergonômica do trabalho surgiu como uma verdadeira ferramenta do pensamento para a ação, inscrevendo-se numa tradição de diálogo entre os cientistas do trabalho e as organizações sindicais: favoreceu a emergência, quer na França quer em outros países industrializados, de novas práticas de intervenção que associam, de forma estreita, investigação, formação e ação (Ergonomists, training and occupational health and safety, 1996; Teiger et al., 2004). Apesar dos diferentes contextos, existem muitas semelhanças nos princípios subjacentes a estas práticas de intervenção-formação:

— o reconhecimento dos saberes da experiência próprios aos operadores (a perícia dos trabalhadores);

— a necessidade de partir das representações e conhecimentos iniciais dos formandos e de considerar o seu ponto de vista;

— a apropriação dos conceitos e métodos da análise do trabalho, facilitada pelo recurso "oportuno" aos conhecimentos básicos (conceituais, metodológicos e estratégicos);

— a preocupação de trabalhar a linguagem, de modo a facilitar a troca e a confrontação de saberes, e de passar, pouco a pouco, da formulação dos problemas à sua formalização e generalização, abrindo possibilidades de ação coletiva;

— a formação pela ação e a reflexão sobre a ação, a construção de conhecimento auxiliada pela reflexão sobre uma prática de análise em situação real;

— a situação de formação concebida enquanto ocasião de aprendizagem recíproca, valorizando a dimensão coletiva deste processo.

Neste contexto, a formação é o objeto da intervenção ergonômica, visando a coprodução de conhecimentos de especialistas de diferentes domínios com um objetivo comum: "compreender o trabalho para o transformar" (Guérin et al., 1997). Trata-se de contribuir para a construção de uma "comunidade científica estendida" (Oddone et al., 1977), estabelecendo um novo modo de produção de conhecimento sobre o trabalho e a saúde. A aprendizagem da análise ergonômica do trabalho é concebida numa perspectiva construtivista piagetiana que associa o conhecimento à ação (Piaget, 1974). E aqui a ação é definida num sentido lato, já que o essencial é debater as representações iniciais acerca do trabalho e da prevenção, frequentemente redutoras, e transformá-las em representações para a ação, fornecendo bases de análise das situações e enriquecendo a argumentação para as mudanças pretendidas.

A ênfase colocada na contribuição do coletivo na formação-ação, no âmbito sindical, tem conduzido a ações de transformação relevantes, fundadas na descrição crítica, por parte dos formandos, das suas próprias condições de trabalho. No Brasil, são conhecidas as iniciativas desenvolvidas, seja no âmbito das atividades de organismos públicos (ver nomeadamente, em Ferreira et al., 1998, a "Análise Coletiva do Trabalho", conduzida para diferentes atividades profissionais), seja no quadro de colaborações estabelecidas entre investigadores universitários e sindicatos (Brito et al., 2003). Noutros países da América Latina, emergiram

---

[4]   No que diz respeito à França, após uma diretiva europeia de 1989, o direito à formação dos delegados dos Comités Hygiène, Sécurité et Conditions de Travail (CHSCT) é alargado ao direito de recorrer a um especialista exterior, em caso de transformação técnica ou organizacional, assim como à obrigação de construir um plano de prevenção e de avaliar os riscos.

Capítulo 41 – Ergonomia, formações e transformações

projetos semelhantes: assim, na Venezuela, várias ações foram implementadas na sequência de protocolos associando organizações sindicais, centros de investigação universitários e organismos públicos (Escalona et al., 2001). E, em países da União Europeia, podemos referir, a título de exemplo, a experiência da formação-ação dos CHSCT do setor da saúde na França (Villatte et al., 1993), ou ainda o projeto UTOPIA[5] levado a cabo na Suécia, entre 1980 e 1986, para acompanhar a modernização do setor da indústria gráfica (Östberg et al., 1991).

Este tipo de intervenção formativa é particularmente interessante e deu lugar à produção de várias e inovadoras ferramentas didáticas.[6] Para os ergonomistas, estas situações de formação contribuem para os processos de validação e generalização de certos conhecimentos sobre o trabalho, que até aí tinham permanecido do foro empírico, suscitando para ambas as partes (ergonomistas e participantes) novas questões e hipóteses, sendo, verdadeiramente, um espaço de aprendizagem recíproca.

Os atores da prevenção dos riscos profissionais

A prevenção dos riscos é imposta às empresas e aos representantes dos trabalhadores, nomeadamente nos países da União Europeia (De la Garza e Fadier, neste livro), abarcando uma grande variedade de atores cujas missões e práticas são definidas de maneira desigual e as necessidades de formação ainda mal conhecidas (Garrigou et al., neste livro).

As experiências de formação de profissionais da prevenção na abordagem ergonômica do trabalho inscrevem-se numa evolução das concepções da formação e da prevenção que, durante muito tempo, tenderam a privilegiar uma tradição inspirada pelos mundos desportivo e militar. Fundadas na responsabilização individual, na imagem de um trabalho unicamente físico e de um trabalhador ideal – o atleta industrial –, estas concepções valorizavam prescrições nem sempre compreensíveis, o uso de equipamentos mais ou menos incômodos, a aquisição de comportamentos de segurança quase automáticos, na lógica dos gestos ou posturas corretas, sem referência à atividade real de trabalho nem às características dos indivíduos (Teiger, 2002).

A sinergia progressivamente desenvolvida entre os meios da prevenção e da ergonomia sobre as questões de formação em particular conduziu um número crescente de profissionais da prevenção, formados em análise ergonômica do trabalho, a questionar-se acerca dos meios a utilizar para cumprir a sua missão. Conforme o contexto no qual os profissionais da prevenção exercem (empresas ou instituições públicas), os contributos da abordagem ergonômica para a sua prática profissional diferem. Mas a transformação radical das suas representações acerca do trabalho e dos riscos alimenta-se sempre das seguintes constatações:

— o caráter sistêmico do acidente revelado pelo importante trabalho conceitual e metodológico concretizado por meio do método "árvore de causas" (Cuny et al., 1970);

— o interesse de uma concepção redefinida do erro humano e da sua relação com as características da atividade no seu contexto, que recorre à análise das causas do acidente, considerando os seus aspectos coletivos (De la Garza e Fadier, nesta obra);

---

[5] Acrônimo sueco de "Training, technology and products from a skilled worker's perspective".

[6] É possível encontrar uma apresentação detalhada em Teiger e Lacomblez, 2006.

592   Textos incluídos para a edição em português

— a complexidade da atividade, das estratégias operatórias e das relações trabalho-saúde transparece quando é privilegiada a "formação pela ação" em análise do trabalho na situação real (Frontini et al., 1996);

— as novas possibilidades de ação sobre o trabalho emergem ao situarmo-nos para lá de um arsenal jurídico-regulamentar e das soluções normativas ou coercivas;

— a abertura a cooperações – indispensáveis à ação de prevenção –, é facilitada graças a uma metodologia que possibilita a construção de um objeto comum, passível de ser partilhado e refletido.

Esta renovação das concepções de prevenção é igualmente enriquecida pelos trabalhos da psicopatologia do trabalho acerca das ideologias defensivas da profissão e o papel do coletivo de trabalho na construção do saber-fazer de prudência (Cru e Dejours, 1983).

Todavia, não podemos deixar de referir que tal evolução não acontece sem colocar dilemas aos profissionais da prevenção, particularmente institucionais, que pretendem passar de uma "prevenção prescritiva e normativa para uma prevenção participativa e formativa" (Frontini et al., 1996), o que implica, por vezes, contradições entre o que lhes é exigido e o que ambicionam desenvolver nas suas práticas.

As condições de exequibilidade da ação na sequência de uma formação em ergonomia devem, por isso, ser questionadas. O estatuto social dos profissionais da prevenção desempenha, neste momento, um importante papel, de catalisador ou obstáculo, a este motor de mudança que pode ser a formação. Ora, este estatuto, não suficientemente analisado, é muito variável (Garrigou et al., neste livro).

Os membros da empresa: formação formal e dimensão formativa da intervenção participativa

Desde há muito tempo os ergonomistas reconheceram que a formação em análise do trabalho era uma porta de entrada nas empresas, ao facilitar uma reflexão que fornece indicações pertinentes sobre as questões a tratar na intervenção. Mas também são conhecidas as intervenções cuja preocupação essencial é a de uma formação em análise do trabalho dos diferentes atores da empresa, para além dos que possuem responsabilidades no domínio da saúde no trabalho.

Podemos aqui distinguir três situações formativas: a formação preventiva de futuros assalariados; a formação sistemática de trabalhadores, no âmbito de um projeto de transformação específico; e a formação que acompanha processos participativos de intervenção ergonômica. Em todos os casos o objetivo é sempre ajudar os participantes no diagnóstico dos riscos para a sua saúde, de modo a propor melhorias do contexto de trabalho com redefinição de funções e/ou dos meios necessários à atividade. Mas todas estas situações colocam, novamente, a questão das condições de exequibilidade e de manutenção dos efeitos da ação de formação.

— A formação preventiva em ergonomia de futuros assalariados propõe a inserção de módulos que privilegiam esta matéria na formação profissional inicial (Lang, 2000). Estes novos saberes de referência permitem, supostamente, aos formandos praticar uma autoanálise da sua futura situação de trabalho, com vista a diagnosticarem e

Capítulo 41 – Ergonomia, formações e transformações

protegerem-se dos riscos. Mas, quando as condições mínimas de controle da situação de trabalho não são cumpridas (isolamento dos formandos-estagiários na empresa, organização pouco disponível para a mudança etc.), a formação preventiva, mesmo quando bem assimilada, é frequentemente insuficiente para enfrentar os riscos do trabalho (Frigul e Thébaud-Mony, 2000).

— A formação sistemática dos trabalhadores na autoanálise do trabalho é a base das intervenções que os consideram potenciais agentes de mudança na empresa e visam desenvolver as suas competências de análise e de formulação de propostas alternativas. Algumas apostam sobretudo nos indivíduos (cf. formação-ação sobre o trabalho em monitor de computador, em contexto universitário, Montreuil e Bélanger, 1998), outras orientam-se mais para a apropriação coletiva de uma abordagem de auto-análise do trabalho (ver a experiência de formação-ação de quadros de direção gestoras de creches, Gonzalez e Teiger, 2003). Estes trabalhos mostram também que a reflexão dos ergonomistas-formadores deve centrar-se, não só no conteúdo e nos métodos, mas ainda nas condições concretas da formação e do acompanhamento das transformações esperadas, sob pena de, por falta de apoio (nomeadamente de uma organização sindical), colocar os trabalhadores numa situação isolada e desarmada perante os obstáculos técnicos ou organizacionais que ultrapassam as suas capacidades de ação.

— A intervenção ergonômica conserva em si mesma um potencial formativo, desde que seja conduzida segundo uma abordagem participativa.[7] Esta questão foi já referida a propósito dos modos de cooperação entre ergonomistas e projetistas. Neste tipo de intervenção distinguem-se diferentes categorias de atores: de um lado, projetistas técnicos e organizacionais; do outro, utilizadores atuais ou futuros dos dispositivos, com poder de contestação ou de elaboração de propostas, e ainda diversos profissionais que ocupam posições de mediação entre o trabalho e a saúde.

Os objetivos são a transformação dos sistemas de produção, segundo princípios já referidos: o reconhecimento da especificidade da experiência de cada um; a necessidade de criação de condições que garantam a comunicação e o confronto de saberes; e a importância da atividade de reflexão no processo que conduz à ação. As próprias intervenções participativas estabelecem ainda, geralmente, dispositivos de participação formal das diversas categorias de atores da empresa (Grupo Ergo, Comissão de acompanhamento etc.) que acabam por constituir espaços de aprendizagem mútua, mesmo que esta não seja explicitamente procurada. Ora, ao analisar esta aprendizagem, a função da linguagem surge aqui também como preponderante: o domínio progressivo de uma linguagem comum sobre a atividade estudada, numa dinâmica contínua com as observações ergonômicas restituídas, permite a cada um formalizar e apropriar-se lentamente das múltiplas "regras para a ação" aplicadas mas, até aí, raramente exprimidas ou compartilhadas (Pélegrin et al., 1998).

---

[7] O desenvolvimento das práticas participativas foi encorajado, pelo menos na França, pelas disposições legais que enquadram certas intervenções para a melhoria das condições de trabalho (Peritagens CHSCT ou "Diagnostics courts" da *Agence Nationale pour l'Amélioration des Conditions de Travail*), impondo a participação dos trabalhadores.

As dificuldades da intervenção participativa são de várias ordens: tendência inicial dos participantes a levar um julgamento sobre a atividade analisada e a responsabilizar o operador, mais do que compreender a lógica interna da ação e os seus determinantes; dificuldade em integrar a noção de variabilidade no estabelecimento das prioridades de ação; representação muitas vezes redutora da ergonomia que exclui, *a priori*, certas áreas como os riscos ou a organização (Bellemare, 2000). Convém realçar mais uma vez que as condições técnico-organizacionais não são todas igualmente favoráveis à eficácia destas abordagens. Se, por um lado, podemos considerar a importância de uma composição plural do grupo, os potenciais obstáculos criados pelas diferenças de estatuto dos participantes são frequentemente subestimados. É por este motivo que Darses e Reuzeau (neste livro) insistem para que o estatuto dos usuários, que "não são inteiramente atores, já que as decisões finais são tomadas ao nível da direção", seja bem definido logo à partida. Por último, é indispensável que o dispositivo participativo seja estabelecido no início da intervenção (Sznelwar et al., 2000), de modo a contribuir para a lógica global do projeto e não apenas para a sua última fase.

2. A análise ergonômica do trabalho e a formação profissional: da análise "preliminar" à formação pela análise do trabalho.

Segundo o contexto sócio-econômico, a necessidade social no que diz respeito à formação profissional tornou-se mais ou menos premente, mas alimentou sempre os trabalhos de uma corrente da psicologia do trabalho de orientação ergonômica. Durante o período pós-guerra, o desafio era selecionar e formar o maior número possível de indivíduos para as indústrias de produção em massa, com o máximo de eficácia e o mínimo de tempo e custo possível. Depois, passou a ser central o problema da assimilação de funções complexas por alguns trabalhadores: muito sofisticadas ou novas, em resultado da automatização dos processos de produção e da introdução de procedimentos informatizados, essas funções modificavam profundamente a relação estabelecida com a tarefa. Enfim, a transformação radical da conjuntura econômica que se seguiu aos choques petrolíferos dos anos 1970, colocou à ergonomia novos desafios (Lacomblez, 2001) relacionados com as reorganizações que modificam, simultaneamente, a dinâmica das relações entre os parceiros sociais, a relação com o emprego e o conteúdo das funções: procuram-se novos modelos organizacionais que permitam aumentar a maleabilidade dos processos de produção e melhorar a gestão dos imponderáveis de um mercado cada vez mais ofensivo; as reestruturações multiplicam-se e a flexibilidade, experimentada em todos os níveis da organização e da produção, é vista como um processo destinado a absorver melhor as dificuldades de ordem diversa. Nesta nova lógica, a ênfase já não assenta tanto na qualificação (e na relação social que lhe está subjacente) mas, antes, nas competências do operador. Cada vez menos definido enquanto bom executante, este torna-se alguém cuja experiência adquirida é tida como permitindo assumir iniciativas e responder adequadamente às modificações e aos imprevistos da produção, no quadro ideal de uma organização qualificante.

O contributo fundamental que se espera da análise ergonômica neste vasto campo é, por um lado, realçar as funções para as quais se pretende conceber programas de formação, os processos de construção da atividade e as suas características frequentemente pouco evidentes; e, por outro lado, definir as características da população a quem se destinam esses programas. O que muda ao longo do tempo, e consoante aos contextos, são as referências teóricas, bem como o estatuto da utilização da análise do trabalho em conexão com a formação. Conforme os paradigmas científicos dominantes, são destacados diferentes aspectos da análise da atividade e do conteúdo dos programas: tratamento de informação, estruturação

Capítulo 41 – Ergonomia, formações e transformações

perceptiva, planificação e controle da ação, regulação, gestão da complexidade e raciocínio, construção de competências, formalização e transmissão da experiência, atividade de reflexão e auto-análise – para referir alguns exemplos relevantes.

Os trabalhos pioneiros de Leplat (1955), ao valorizar os contributos recíprocos da análise da atividade de trabalho (a qual fornece elementos antecedentes úteis à concepção de programas de uma "formação racional") e da formação (que constitui um meio de verificação de hipóteses suscitadas pela análise da atividade), demonstram os limites das formações baseadas apenas no estudo dos tempos e dos movimentos das tarefas. O acompanhamento dos formandos permite, graças à análise da sua atividade, avaliar os efeitos da aprendizagem na realização do trabalho, corrigir progressivamente as lacunas e, ainda, melhorar os programas desenvolvidos nos centros de formação acelerada.

Mas, como o referimos, a análise das atividades reais passou a interessar os que se preocupavam com a formação sistemática de tarefas recorrendo às tecnologias de ponta: para os controladores aéreos que, até aí, eram essencialmente formados no próprio exercício da profissão, Bisseret e Enard (1969) definem, na França, conteúdos pertinentes de formação e um método de ensino programado; com vista à formação dos operadores de controle de processos, a equipe de Faverge (1966), na Bélgica, estuda a sua atividade sob a perspectiva da regulação; e Shepherd e a sua equipe (1977), na Inglaterra, demonstram a melhor eficácia, a longo prazo, de uma formação fundada na explicação das regras de funcionamento do sistema, já que esta facilita a detecção de erros desconhecidos, para os quais a experiência pouco contribui.

A pertinência de uma "análise do trabalho preliminar à formação", associada à preocupação ética e à necessidade de uma outra consciência dos modelos gerais implícitos que subjazem às práticas de formação (Montmollin, 1974), confirma-se então com a experiência acumulada, e apesar das evoluções da conjuntura socioeconômica. Assim, a ideia de que a eficácia da formação profissional implica que esta seja concebida após a análise dos objetivos, das competências já adquiridas e do comportamento dos trabalhadores experientes, bem como depois de uma análise dos processos de construção da atividade, passa a ser compartilhada no meio dos formadores e das ciências da educação.

O aprofundamento de contatos produziu uma circulação fecunda de conceitos e métodos entre as esferas profissionais e científicas interessadas pelas interações entre a análise do trabalho e a formação de adultos (Carré e Caspar, 2004). Foi neste contexto que emergiu a "didática profissional", uma disciplina recente, fundada em conceitos provenientes da psicologia, das ciências da educação e da ergonomia, que visa analisar a ação eficaz de forma a alimentar a programação da sua (re)transmissão. A aquisição, por parte de um indivíduo, de um nível de especialização mais elevado é vista como um processo de construção de invariantes operatórios e de identificação da estrutura conceptual de uma situação profissional. Esta contribuição teórica constitui um alicerce para a elaboração, nos centros de formação de adultos, de programas que promovem a transmissão de competências até então implícitas (Samurcay e Pastré, 2004).

Em ergonomia, pelo contrário, o estudo da atividade com vista à formação é antes orientado para a análise da variabilidade dos comportamentos competentes, mais do que para os seus invariantes, já que existem várias formas de ser eficaz. A análise centra-se, sobretudo, nos fatores situacionais, para que a ação de formação permita confrontar todas as alternativas de regulação, mas ainda compreender e melhorar os aspectos menos conhecidos da situação (Aubert, 2000).

Os conhecimentos da experiência que derivam do exercício de uma atividade de trabalho foram objeto de numerosos trabalhos que contribuíram para a definição mais precisa dos tipos de conhecimento construídos (Weill-Fassina e Pastré, neste livro), dos processos e construção da atividade (Falzon e Teiger, 1995), em particular a sua dimensão coletiva, e tentaram compreender melhor as modalidades da sua transmissão. Assim, tem sido realçado o quanto a experiência dos "tutores" da empresa os conduz a procurar, principalmente, a implicação dos aprendizes, explicando a tarefa e situando o posto de trabalho na organização geral do trabalho; enquanto os tutores menos experientes são mais diretivos, implicam menos os aprendizes, insistindo sobretudo nos saberes locais, diretamente ligados à produção e ao contexto imediato do seu posto de trabalho (Lefebvre et al., 2003).

Estas investigações vão ao encontro de outras, particularmente atentas aos riscos de marginalização dos "trabalhadores mais velhos", devido às suas supostas dificuldades de aprendizagem. Estes estereótipos pessimistas da tradicional abordagem do envelhecimento cognitivo são radicalmente postos em causa por vários estudos, no domínio da ergonomia em particular, apoiados nas noções de experiência e de processos compensatórios (Laville e Volkoff, neste livro). O sucesso das ações de formação para trabalhadores mais velhos implica que os diferentes modos operatórios possam ser utilizados e que a rapidez não constitua, à partida, um critério de exclusão. Pelo menos três dimensões devem ser consideradas no tratamento desta questão: a dimensão cognitiva, a mais controversa; a dimensão afetiva (ou motivacional); e a dimensão social, no que diz respeito à cedência de meios apropriados para a formação e ao modo como os percursos profissionais e o reconhecimento dos adquiridos da experiência e da formação são geridos no seio da empresa. Também aqui, surge a necessidade de considerar as condições efetivamente existentes na empresa e que permitem, ou não, a construção e a transmissão de aprendizagens no contexto de trabalho. Ao nível europeu, o público-alvo destes trabalhos beneficia de um contexto atual que promove, para todos, o direito a formar-se "ao longo da vida".

Enfim, não podemos deixar de referir a proliferação de diversas ferramentas pedagógicas de apoio à aprendizagem individual ou coletiva consequente ao desenvolvimento massivo das necessidades de formação – o que não deixou de fomentar um interesse renovado pela reflexão acerca da simulação: sobre os seus contributos (o tratamento de problemas novos, raros e/ou particularmente complexos, difíceis de compreender à primeira vista, a partir das dificuldades encontradas no trabalho), mas também sobre os seus limites (o problema recorrente da transferência para o simulador de determinadas características da situação real impossíveis de reproduzir, como o estresse, o perigo, a emergência), bem como sobre as condições da sua concepção e utilização eficaz (Béguin, nesta obra).

3. A análise do trabalho para o desenvolvimento da experiência profissional integrada na transformação do trabalho: a resolução do dilema?

Certos estudos, baseados, à partida, na análise das repercussões do trabalho sobre a saúde, acabaram por abrir o caminho a propostas de formação profissional dos trabalhadores. Por outro lado, trabalhos recentes sobre formação profissional em contexto de trabalho consideram que, a partir das preocupações da formação profissional nas empresas, é possível revelar aspectos negativos das condições de trabalho que devem ser objeto de transformação.

Capítulo 41 – Ergonomia, formações e transformações

Estes trabalhos referem-se a uma abordagem que procura reconciliar as duas facetas do dilema histórico da ergonomia – transformação do trabalho *versus* transformação das pessoas – e que estão no centro de novas problemáticas teóricas, original e fecundamente desenvolvidas em diferentes contextos.

Ainda que o ponto de partida seja a identificação e eliminação dos fatores de risco físico na situação de trabalho, as investigações conduzidas no Québec, há cerca de dez anos, levaram a que se agisse sobre a concepção de programas de formação profissional (Chatigny e Vézina, 1995). A importância dos problemas musculoesqueléticos observados em vários setores conduziu a um questionamento não apenas sobre as condições e organização do trabalho, mas também sobre a adequação (ou inadequação) de certas ações de formação relativamente à atividade real de trabalho (St-Vincent et al., 1989). Contudo, não se trata apenas de conceber um programa de formação adequado à tarefa ou às especificidades individuais, mas de questionar as condições efetivas da sua concretização na situação de produção. De outra forma, os riscos reais podem até ser ampliados pela ação de formação, acabando mesmo por, paradoxalmente, colocar em perigo a saúde, a segurança e o emprego dos formandos, pelo fato dos "recursos operatórios" (RESOP espaçotemporais, humanos e materiais), necessários aos trabalhadores-aprendizes para fazer face às exigências da aprendizagem, não se encontrarem disponíveis (Chatigny, 2001). Estes trabalhos mostram bem a que efeitos perversos podem levar os projetos que tentam, sem pôr em causa a organização, articular a ação de formação com uma atividade profissional dominada por constrangimentos.

Outras investigações atuais, conduzidas particularmente em Portugal, apostam na dupla potencialidade da análise ergonômica, enquanto ferramenta de uma abordagem situada das competências mobilizadas e, simultaneamente, objeto de formação dos trabalhadores com vista à transformação do trabalho. O objetivo é criar, de imediato, condições para uma ação integrada. A intervenção visa o desenvolvimento da qualificação dos trabalhadores e, ao mesmo tempo, o desencadear de um olhar crítico sobre as características da situação de trabalho no que diz respeito quer aos seus aspectos técnicos e organizacionais, quer aos seus efeitos ao nível da segurança e da saúde no trabalho (Vasconcelos e Lacomblez, 2004). O ponto de partida é a análise dos saber-fazer de prudência, considerados como indissociáveis dos saber-fazer profissionais (Cru e Dejours, 1983; Mhamdi, 1998). Partindo do plano dos riscos profissionais, e ultrapassando-o, um outro olhar sobre a atividade em si mesma é susceptível de emergir, abrindo novas perspectivas ao trabalhador na análise do exercício da sua função.

Uma vez mais, impõe-se a necessidade de frisar os fatores que condicionam este tipo de intervenções. Ao contrário das já referidas ações enquadradas em organizações sindicais, estas inscrevem-se, efetivamente, no contexto empresarial, o que limita a disponibilidade temporal dos participantes, dificilmente dispensados da sua atividade produtiva para participar, durante o tempo de trabalho, em sessões de formação.

Trata-se de definir dispositivos/suportes que garantam uma relativa autonomia dos objetivos da intervenção formadora. O papel de mediação assumido pelo formador revela-se então de enorme importância em todas as etapas da intervenção. Ele deve ser a garantia do controle do tempo necessário para a definição de novas estratégias, trabalhando, por isso, sempre em dois planos: o do desenvolvimento individual, intrinsecamente ligado à explicitação e formalização do saber-fazer; e o do reconhecimento social ao nível da empresa, a fim de manter o sentido e o alcance da experiência. Exige-se, portanto, deste formador que possua experiência no campo da análise ergonômica, bem como qualidades que relevam da postura assumida, a qual é, simultaneamente, do tipo clínica (atenta às evoluções da palavra dos atores sobre o trabalho) e do tipo estratégica (considera a congregação de todos os atores nesta experiência social que é a intervenção).

Conclusão

Os atuais quadros de referência da problemática da formação em ergonomia cristalizam-se em torno de algumas asserções principais.

A concepção do trabalhador que acabou por se impor é, sem dúvida, central nesta tradição: sujeito competente, detentor de um ponto de vista, de um projeto e de uma especialização própria adquirida pela experiência individual e coletiva, o adulto em formação não é uma "tábua rasa", mas um sujeito "aprendente" ativo e reflexivo.

Aliás, a intervenção formativa afirma-se agora como a construção social de uma cooperação. Por isso, o interventor-formador tende a considerar-se, de hoje em diante, um especialista entre outros, cooperando enquanto coprodutor de conhecimentos, com vista a um objetivo comum – uma ação sobre o trabalho – longe dos modelos escolares de transmissão de conhecimentos. Trata-se de um processo dinâmico de confronto de saberes e de enriquecimento mútuo, no qual a dimensão coletiva ocupa um lugar de destaque.

As relações entre a análise do trabalho e a formação passaram então de um estatuto de etapa anterior (considerada indispensável para a detecção das exigências do trabalho e das competências requeridas; ou integrando uma formação susceptível de abrir novas vias para a ação) para estar no centro do processo de formação, associando o desenvolvimento de competências e a gestão da saúde, orientando-se, sempre que necessário, para uma transformação do trabalho.

Paralelamente, as relações formação-trabalho-saúde modificaram-se e é hoje mais consensual considerar que um dos fatores de saúde, no sentido lato, reside na experiência profissional, com relação ao seu desenvolvimento e nas suas dimensões dinâmica e coletiva. Não há dúvida, então, que a formação em análise do trabalho para todos os que têm uma missão relacionada com a saúde e as condições de trabalho contribui para o desenvolvimento de competências que sustentam um novo desempenho, mais ambicioso, dessa mesma missão.

No entanto, convém insistir no fato de que as ações de formação em análise ergonômica dirigidas aos trabalhadores que não procuram tornar-se especialistas na matéria levantam problemas que ultrapassam o campo da transmissão de conhecimentos e mesmo o dos debates epistemológicos referentes ao estatuto atribuído à inteligência prática. Estas ações situam-se no centro de estruturas sociais sobredeterminadas pela lógica econômica, no seio das quais a procura de mobilização máxima dos trabalhadores é uma constante. Vários trabalhos enfatizam, por isso, a importância da análise das condições de exequibilidade das ações previstas e insistem na implementação de estruturas coletivas de mediação e de acompanhamento dos projetos. Se a ênfase é colocada unicamente nos objetivos de desenvolvimento individual, pode levar a que, dentro da empresa, a ação de formação legitime a responsabilização de cada trabalhador pela gestão dos riscos profissionais e da sua formação contínua.

A transformação das pessoas e a transformação do sistema de produção são, de fato, duas facetas indissociáveis da mesma moeda. Mas, se o dilema original foi ultrapassado, não foram esquecidas as reticências de alguns pioneiros da ergonomia que temiam que a formação fizesse do trabalhador a variável que se ajusta à situação de trabalho, uma vez que, relembremos novamente, a ergonomia definiu como seu objetivo, desde o início, a adaptação do trabalho ao "ser humano".

Referências

AUBERT, S. Transformer la formation par l'analyse du travail. *Education Permanente*, v.143, n.2, p.51-64, 2000.

BELLEMARE, M. (Ed.). Le processus d'amélioration des situations de travail en entreprise: de la formation à l'action par l'approche participative en ergonomie. *Relations industrielles/ Industrial Relations*, v.56, n.3, p.470-490, 2000.

BISSERET, A.; ENARD, C. Le problème de la structuration de l'apprentissage d'un travail complexe: une méthode de formation par interaction constante des unités programmées (MICUP). *Bulletin de Psychologie*, n.284, p.632-648, 1969.

BRITO, J.; ATHAYDE, M.; NEVES, M. Y. (Org.). *Caderno de método e procedimentos:* programa de formação em saúde, género e trabalho nas escolas. João Pessoa: Editora UFPb, 2003.

CARRÉ, P.; CASPAR, P. (Ed.). *Traité des Sciences et des Techniques.* Paris: Dunod, 2004.

CHATIGNY, C. Les ressources de l'environnement: au cœur de la construction des savoirs professionnels en situation de travail et de la protection de la santé. *Pistes*, v.3, n.2, 2001.

CHATIGNY, C.; VÉZINA, N. Analyse du travail et apprentissage d'une tache complexe; étude de l'affilage du couteau dans un abattoir. *Le Travail Humain*, Paris, n.3, p.229-252, 1995.

CRU, D.; DEJOURS, C. Les savoirs-faire de prudence dans les métiers du bâtiment. *Les Cahiers Médico-Sociaux*, n.3, p.239-247, 1983.

CUNY, X.; KRAWSKY, G.; GROSDEMANGE, J. P. Pratique de l'analyse d'accidents du travail dans la perspective socio-technique de l'ergonomie des systèmes. *Le Travail Humain,* Paris, n. spécial, 1970.

ERGONOMISTS, training and occupational health and safety. *Safety Science*, v.23, n.2/3, 1996.

ESCALONA, E. et al. *La ergonomia:* una herramienta para los trabajadores y trabajadoras. Valencia: Ed. Universidad de Carabobo, 2001.

FALZON, P.; TEIGER, C. Construire l'activité. *Performances Humaines et Techniques*, n. spécial, Sep. 1995.

FAVERGE, J. M. et al. C. *L'ergonomie des processus industriels*. Bruxelles: Université Libre de Bruxelles – Institut de Sociologie, 1966.

FERREIRA, L. L. et al. *Voando com os pilotos:* condições de trabalho dos pilotos de uma empresa de aviação comercial. 2.ed. São Paulo: APVAR, 1998.

FRIGUL N.; THÉBAUT-MONY, A. Prévention des risques dans l'enseignement professionnel. Un apprentissage contrarié. *Santé et Travail*, v.33, p.37-39, 2000.

FRONTINI, J. M.; MODESTINE, G.; PENEL, P.; TEIGER, C. Changer de regard sur les gestes et postures de travail pour mieux prévenir les risques: préventeurs et ergonomes, même enjeu? In: CONGRÈS DE LA SELF, 31., Bruxelles, 1996. *Actes.* Bruxelles, SISH-ULB, 1996. v.1, p.282-289.

GONZALEZ, G. R.; TEIGER, C. Collective self-analysis of the activity of supervisors in a child day care center. In: TRIENNAL CONGRESS OF THE INTERNATIONAL ERGONOMICS ASSOCIATION, 15., Seoul, 2003. *Proceedings*. Seoul: IEA, 2003. p.140-154.

GUÉRIN, F. et al. *Comprendre le travail pour le transformer.* 2.ed. Toulouse: Octarès, 1997.

HATCHUEL, A. Apprentissages collectifs et activités de conception. *Performances Humaines et Techniques,* p.109-120, juin-août 1994.

LACOMBLEZ, M. Analyse du travail et élaboration des programmes de formation professionnelle. *Relations Industrielles/Industrial Relations,* n.3, p.387-536, 2001.

LANG, N. Outiller les enseignants et les élèves de Lycée Professionnel, pour former des Acteurs Ergonomiques. 2000. Thèse (Doctorat) – Université Paris, Paris, 2000.

LEFEBVRE, S. et al. Transmission et vieillissement au travail. *Vie et Vieillissement,* v.2, n.1-2, p.67-76, 2003.

LEPLAT, J. Analyse du travail et formation. In: LEPLAT, J. *Psychologie de la formation. Jalons et perspectives.* Toulouse: Octarès, 2002. p.55-62.

MHAMDI, A. Activités de réflexion collective assistées par vidéo: activité constructive de nouveaux saviors. In: DESSAIGNE, M. F.; GAILLARD, I. (Ed.). *Des évolutions en ergonomie.* Toulouse: Octarès, 1998. p.135-144.

MONTMOLLIN, M. de. *L'analyse du travail préalable à la formation.* Paris: A. COLIN, 1974.

MONTREUIL, S.; BÉLANGER, C. Contenu d'une formation en ergonomie dispensée auprès de centaines d'employés de bureau utilisant un ordinateur. *Travail et Santé,* v.14, p.10-14, 1998.

MORRIS, W.; WILSON, J.; THEONI, K. Pour une approche participative de conception des équipements de travail. Bruxelles, ETUI-REHS, 2004. (Online). Disponível em: http://tutb. etuc.org/fr/publications/pub31.htm.

ODDONE, I.; RE, A.; BRIANTE, G. *Esperianza operária, coscienza di classe e psicologia del lavoro.* Torino: Einaudi, 1977.

ÖSTBERG, O.; CHAPMAN, L.; MIEZO, K. Sailors on the Captain's Bridge: a chronology of participative policy and practice in Sweden 1945-1990. In: NORO, K.; IMADA, A. (Ed.). *Participatory ergonomics.* London: Taylor & Francis, 1991. p.194-216.

PÉLEGRIN, B.; MARTIN, A.; FAÏTA, D. La conception comme pratique formative: le cas d'une intervention dans une entreprise d'insertion – formation – production. *Performances Humaines et Techniques,* p.49-51, 1998.

PIAGET, J. *La prise de conscience.* Paris: PUF, 1974.

SAMURCAY, R.; PASTRÉ, P. *Recherches en didactique professionnelle.* Toulouse: Octarès, 2004.

SHEPHERD, A.; MARSHALL, E. C.; TURNER, A.; DUNCAN, K. D. Diagnosis of plant failures from a control panel: a comparison of three training methods. *Ergonomics,* v.4, p.347-361, 1977.

ST-VINCENT, M.; TELLIER, C.; LORTIE M. Training in handling: an evaluative study, *Ergonomics,* n.2, p.191-210, 1989.

SZNELWAR, L. I.; VEZZÁ, F. M. G.; ZIDAN, L. N. An experience of participatory ergonomic work analysis. In: TRIENNAL CONGRESS OF THE INTERNATIONAL ERGONOMICS ASSOCIATION, 14., San Diego, 2000. *Proceedings.* San Diego, IEA, 2000. v.2, p.676-679.

TEIGER, C. Origines et évolutions de la formation à la prévention des risques "gestes et postures" en France. *Relations Industrielles/Industrial Relations,* v.57, n.3, p.431-462, 2002.

TEIGER, C.; LACOMBLEZ, M. *(Se)Former pour transformer.* Toulouse: Octarès, 2006.

TEIGER, C.; LAVILLE, A.; DURAFFOURG, J. Trinta anos depois: reflexão sobre uma história das relações entre pesquisa em ergonomia e ação sindical na França. In: FIGUEIREDO, M.; ATHAYDE, M.; BRITO, J.; ALVAREZ, D. (Org.). *Labirintos do trabalho*. Rio de Janeiro: DP&A, 2004. p.135-161.

VASCONCELOS, R.; LACOMBLEZ, M. Entre a autoanálise do trabalho e o trabalho de autoanálise: desenvolvimento para a psicologia do trabalho a partir da promoção da segurança e saúde no trabalho. In: FIGUEIREDO, M.; ATHAYDE, M.; BRITO, J.; ALVAREZ, D. (Org.). *Labirintos do trabalho*. Rio de Janeiro: DP&A, 2004. p.161-187.

VILLATTE, R.; GADBOIS, C.; BOURNE, J. P.; VISIER, L. *Pratiques de l'ergonomie à l'hôpital:* faire siens les outils du changement. Paris: Inter Editions, 1993.

Ver também:

1 – Natureza, objetivos e conhecimentos da ergonomia

2 – Referências para uma história da ergonomia francófona

3 – As relações de vizinhança da ergonomia com outras disciplinas

4 – Trabalho e saúde

20 – Metodologia da ação ergonômica: abordagens do trabalho real

42

Ergonomia no trabalho florestal

Elías Apud, Felipe Meyer

Introdução

No trabalho florestal, existem dois importantes aspectos em que a ergonomia pode contribuir para o desenvolvimento de atividades seguras e produtivas. O primeiro deles é o trabalho dinâmico pesado. Neste tipo de trabalho o ser humano, utilizando simples ferramentas manuais, produz a maior parte da energia para executar o trabalho. O oposto é o trabalho mecanizado, no qual a energia humana é trocada por maquinários. Os trabalhadores se tornam pessoas sedentárias, limitando suas ações a perceber e interpretar informação, executando suas decisões com ações musculares leves, usualmente monótonas e repetitivas.

Um aspecto que convém destacar é que o trabalho florestal tem evoluído de forma distinta nos países industrializados e naqueles em desenvolvimento. Nestes últimos, a maior proporção das atividades silvícolas e de colheita florestal realiza-se utilizando métodos de produção baseados no uso de trabalho intensivo, enquanto nas nações industrializadas a cada dia são utilizadas formas mais sofisticadas de mecanização. O texto que se apresenta a seguir resume aspectos ergonômicos do trabalho florestal efetuado com métodos de trabalho intensivo.

Qualidade de vida dos trabalhadores nos acampamentos florestais

O trabalho florestal se realiza habitualmente em zonas distantes de centros urbanos. Por esta razão, a maioria dos trabalhadores florestais deve permanecer em acampamentos, que se tornam seus lares temporais. Na teoria, habitualmente se associa a aplicação da ergonomia ao trabalho em si mesmo – vale ressaltar a relação entre o homem, suas ferramentas de trabalho, os métodos que emprega e o ambiente físico que o rodeia. Entretanto, não se pode esperar que um trabalhador, por mais organizada que esteja sua atividade, tenha motivação para se aplicar em sua tarefa se as condições de vida nos acampamentos não são as mais apropriadas.

Em relação aos acampamentos florestais, ainda que seja difícil generalizar, nos países em desenvolvimento estes têm sido um problema crítico, pelas condições inadequadas em que tradicionalmente têm vivido os trabalhadores. Por esta razão, para melhorar a qualidade de vida no trabalho, referem-se sérias tentativas para melhorar a infraestrutura e a manutenção dos acampamentos. Se bem observadas, percebe-se que muitos problemas persistem e deve-se reconhecer que em alguns países em desenvolvimento têm havido avanços e que os acampamentos de má qualidade estão sendo gradualmente trocados por acampamentos de melhor infraestrutura.

Em relação à alimentação, é um fato claramente demonstrado que constitui um elemento fundamental para trabalhos manuais que demandam um alto gasto de energia, como é a maioria das atividades florestais. Estudos realizados para avaliar o balanço de energia têm demonstrado que os trabalhadores florestais mantêm seu peso e seus depósitos de gordura corporal em níveis adequados. Entretanto, também se observou que quando eles têm uma alimentação insuficiente em energia, em vez de recuperar suas reservas energéticas, reduzem o tempo dedicado ao trabalho em relação à produção e a seus esforços, especialmente quando o trabalho é pago por contrato. Por exemplo, foram detectados em alguns serviços florestais tempos efetivos de trabalho em torno de quatro horas, em circunstâncias em que as jornadas duravam nove horas. Nesse grupo de trabalhadores, pode-se observar que mantinham sua carga de energia, mas sua aptidão física lhes teria permitido um rendimento 20% superior, sem fadiga fisiológica, se houvessem ingerido ao redor de 2100 kg (500 Kcal) de energia adicional em sua alimentação diária.

Características dos trabalhadores florestais

Em trabalhos florestais, o conhecimento das características dos trabalhadores é uma condição básica para adequar ferramentas e métodos de trabalho. Observou-se que os trabalhadores florestais têm, em média, muito boa aptidão física, devido, em parte, a uma seleção natural e em parte ao efeito de treinamento físico para as tarefas por eles executadas. Na literatura, existem antecedentes que revelam que os trabalhadores florestais que trabalham com ferramentas manuais têm, em média, capacidades aeróbicas mais altas que os trabalhadores industriais. Mais ainda, observou-se que os trabalhadores florestais de mais de 50 anos têm capacidades aeróbicas médias próximas às dos trabalhadores industriais de 30 a 39 anos.

Por outra parte, para o desenho de ferramentas manuais se requer conhecimento das medidas corporais dos trabalhadores. Estudos antropométricos realizados em países latino-americanos revelam que os trabalhadores florestais são de menor tamanho que europeus do norte, norte-americanos e de outros países industrializados fabricantes de maquinário florestal. Isso requer atenção, porque, sendo tecnologicamente dependentes, equipamentos muito bem desenhados para tais populações podem ser altamente inadequados para trabalhadores de outros países.

Outro indicador de aptidão física importante é a composição corporal, pela relevância que tem como indicador de balanço de energia. Avaliação da relação de massa/gordura, principal reserva de energia, e de massa livre de gordura, cujo tamanho se relaciona com o desenvolvimento musculoesquelético, demonstrou que os trabalhadores florestais, sendo magros, têm depósitos de gordura que revelam uma ingestão de energia suficiente em sua alimentação e um desenvolvimento musculoesquelético adequado a seu tamanho e capacidade de resposta ao esforço.

É conveniente destacar que, em oposição à boa aptidão física dos trabalhadores florestais, avaliações realizadas em distintas tarefas demonstram um baixo rendimento. As causas podem ser muitas, mas entre as mais relevantes se pode mencionar a alimentação insuficiente e a má organização do trabalho. Antes de revisar algumas medidas simples para melhorar a organização das atividades florestais, é necessário definir limites de

Capítulo 42 – Ergonomia no trabalho florestal

carga fisiológica para trabalhos dinâmicos que permitam trabalhar de forma sustentável sem fadiga. Neste sentido, estudos realizados para definir o esforço anaeróbico de trabalhadores demonstram que, como média para uma jornada de oito horas, não deveria exceder-se uma sobrecarga superior a 40% da capacidade aeróbica. Neste sentido, pelas dificuldades para medir consumo de oxigênio em condição de campo, pode-se utilizar formas mais simples de avaliação, como medições de frequência cardíaca. Demonstrou-se que 40% de carga cardiovascular, que para um trabalhador jovem equivale a aproximadamente 115 batimentos por minuto, deveria ser a média mais alta aceitável para trabalhos de oito horas.

Organização do trabalho

Os estudos orientados pela organização ergonômica do trabalho devem se realizar em grupos representativos que correspondam ao perfil do trabalhador florestal. Estes grupos devem contar com todos os elementos que lhes permitam efetuar de forma correta suas tarefas. Sendo assim, devem viver em acampamentos cômodos e bem limpos, contar com alimentação suficiente, preparada por um cozinheiro bem treinado, e dispor no acampamento de alguns elementos básicos para a recreação. No que se refere ao trabalho, eles têm que ser devidamente capacitados nas tarefas que executam, dispondo dos elementos de segurança que a tarefa demanda. Os estudos que se descrevem a seguir foram todos realizados considerando os fatores enumerados.

Existe uma série de aspectos simples que permitem organizar o trabalho para obter bons rendimentos respeitando a integridade física e a segurança dos trabalhadores. Entre estes se pode mencionar a escolha do número correto de trabalhadores por tarefa segundo a tecnologia empregada, as pausas programadas e o rodízio de funções. Após a exposição de alguns exemplos, convém mencionar que, nos estudos florestais, as variáveis da mata, do terreno e do clima são difíceis de controlar. Não obstante, independentemente desta limitação, todos os esforços que se façam para reduzir a carga física de trabalho podem contribuir para melhorar o ambiente de trabalho; as tendências são claras, ao se demonstrar que as boas práticas vão associadas a uma redução do esforço e, em alguns casos, a um aumento da produtividade em termos de quantidade e qualidade.

Técnicas de trabalho

A poda das árvores constitui-se em uma importante tarefa de manejo para a obtenção de madeira livre de nós. Nas podas, que se realizam em diferentes alturas, não só se deve considerar o rendimento, mas também a qualidade, já que cortes defeituosos ou defeitos no corte de árvore podem produzir dificuldades de cicatrização. Há alguns anos, em alguns países, o método tradicional para poda em altura era o uso de uma serra com um cabo de seis metros de comprimento. O trabalhador, do chão, cortava os ramos a uma grande distância do objeto de trabalho, em uma posição muito inadequada para o pescoço, as costas e os braços, submetidos a uma forte carga estática. Isto, além do mais, era causa de cortes defeituosos. O método alternativo proposto foi o uso de escadas, de alumínio resistente mais leve, para subir nas árvores, de tal maneira que o podador, muito próximo do objeto de trabalho, realizava o corte com uma serra adequada. Isto favorecia um corte de melhor qualidade e diminuía os problemas derivados da postura de trabalho. A única precaução era evitar quedas, razão pela qual os trabalhadores usavam um equipamento de segurança.

Ao avaliar comparativamente ambos os sistemas de trabalho, os resultados revelaram que, ao podarem sobre uma escada, os trabalhadores alcançavam rendimento médio de 125 árvores por turno, enquanto, ao fazerem a mesma tarefa do chão, só chegavam a 96 árvores por turno. Em ambos os casos, a frequência cardíaca média do turno foi muito similar, alcançando médias de cem batimentos por minuto, cifra que se situa dentro de limites aceitáveis para turnos de oito horas. A estes antecedentes, soma-se a qualidade dos cortes muito superior, podando-se da escada, já que se cumpria um princípio básico que é o de aproximar a mão e a vista do objeto de trabalho. Além disso, os trabalhadores mostraram sentir menos fadiga nos braços e nas pernas, diminuindo também as queixas de dores nas costas e no pescoço. Cabe dizer que os trabalhadores passavam, em média, mais de cinquenta minutos por hora de trabalho com os braços acima dos ombros. A intervenção ergonômica neste caso em que se buscou a causa dos níveis de absenteísmo e da má qualidade do trabalho foi amplamente aceita por empresários e trabalhadores. Isso permitiu também incrementar os lucros em 30% devido ao aumento de produção.

Número de trabalhadores por função

Um claro exemplo da importância de selecionar o número correto de trabalhadores por função pode ser ilustrado em uma das formas tradicionais de corte florestal, em que as árvores na mata são cortadas por uma motosserra, e posteriormente são desramadas por um número variável de lenhadores. Se o número de lenhadores que acompanha a motos--serra não é o correto, esta tarefa pode ser extremamente pesada. Isto se demonstrou em um estudo realizado para verificar o efeito do desrame com três ou quatro pessoas nesta função, cujos resultados se sintetizam na Tabela 1.

Tabela 1.   Média e desvio padrão (D.P.) para a frequência cardíaca média da jornada, a frequência cardíaca média durante a atividade principal, expressas em batimentos por minuto, e a porcentagem de tempo dedicado à atividade principal, durante cinco jornadas de avaliação de desrame com machado em configuração 1:3 e seis jornadas de avaliação em configuração 1:4

VARIÁVEIS	CONFIGURAÇÃO	MÉDIA	D.E.
Frequência cardíaca / jornada	1:3	129	4.1
	1:4	118	8.9
Frequência cardíaca – atividade principal	1:3	141	4.2
	1:4	133	6.7
% Tempo em atividade principal	1:3	60	5.8
	1:4	51	3.4

Os antecedentes resumidos na Tabela 1 são claros em evidenciar que a carga física dos "desramadores", na configuração 1:3, constituem um excesso impossível de sustentar no tempo. Não se pode esquecer que os trabalhadores sob supervisão podem, por períodos curtos, exceder os limites de carga física prefixados como o máximo tolerável, mas é incontestável que o principal interesse dos responsáveis da produção é obter rendimentos com bom retorno.

Capítulo 42 – Ergonomia no trabalho florestal
607

O resultado de "desramadores" em configuração 1:3 é precisamente um claro exemplo de que os estudos de carga física são fundamentais para determinar a adequação de um método de trabalho. Como se observa, nessa configuração eles trabalharam na atividade principal 60% da jornada, com uma frequência cardíaca média para esse período de 142 batimentos por minuto, chegando a 129 batimentos por minuto como média da jornada, o que permite qualificar este trabalho como pesado sob o ponto de vista cardiovascular. O observado na configuração 1:4 revela muito bem como se pode conseguir o equilíbrio na carga física. Ainda que, neste caso, a carga física dos "desramadores" esteja ligeiramente acima dos limites recomendáveis, que se situam em 115 batimentos por minuto como média da jornada, requerer-se-ia um tempo de descanso adicional muito pequeno para tornar este trabalho moderado. É necessário destacar que a carga física durante as atividades principais no desrame, ainda na configuração 1:4, é alta e que o tempo dedicado a atividades secundárias e esperas é justamente o necessário para a recuperação depois destes esforços físicos intensos. O que ocorreu com os "desramadores" na configuração 1:3 é o mais evidente exemplo de que os tempos usados para a recuperação não foram suficientes e que esses trabalhadores terminaram completamente fatigados ao final da jornada. É pertinente recordar que, quando se excede substancialmente o limite de 115 batimentos por minuto, devido à fadiga, o trabalhador estará mais propenso aos acidentes, fará um trabalho de má qualidade e terá menor motivação para sua atividade.

Resultados como os anteriores podem ser uma motivação para que os empresários introduzam inovações, já que elas não só permitem reduzir a carga de trabalho, mas também gerar aumentos no rendimento. Em uma empresa que aumentou o número de lenhadores, tendo como referência o estudo descrito, achou-se um aumento significativo na produção diária do grupo. Os operadores da motosserra incrementaram seu rendimento em 36% (de 11,1 m³/hora a 15,1 m³/hora), ao aumentar a adoção de três a quatro desramadores, o que permitiu um aumento proporcional do tempo de trabalho e rendimento da máquina empregada para extrair a madeira, cujo uso representava o mais alto custo desta atividade.

Divisão de pausas

As pausas têm uma importância fundamental para reduzir a carga física de trabalho e aumentar o rendimento. Em geral, quando em uma atividade florestal não se concedem pausas e os trabalhadores realizam suas atividades de forma continuada, a tendência geral é que o trabalho, na primeira hora da manhã, inicia-se com alto rendimento e também com uma carga cardiovascular relativamente alta. Entretanto, conforme avança a jornada, há uma tendência à diminuição do rendimento com uma redução moderada da carga cardiovascular. A partir da terceira hora, continua baixando o rendimento, mas a carga física tende a se manter, enquanto, na última hora da manhã, o rendimento continua baixando, mas a carga sobre o sistema cardiovascular aumenta significativamente. À tarde, depois do almoço, observa-se uma tendência similar. Em geral, um aumento da frequência cardíaca, com redução do rendimento, é consequência da fadiga acumulada pela falta de descansos. É um erro muito comum não programar as pausas, sendo mais recomendável que os trabalhadores efetuem ao menos uma pausa no meio da manhã por cerca de quinze minutos ou, mais convenientemente ainda, pausas breves depois de cada hora de trabalho. Sob um ponto de vista ergonômico, as pausas frequentes são mais efetivas para reduzir a fadiga geral ou a dos segmentos corporais comprometidos, como os braços no caso dos podadores. É claro que a decisão de uma ou outra forma de pausas depende das circunstâncias em que se realiza o trabalho.

Um estudo realizado em "desramadores" que trabalhavam com machado, para os quais se programaram pausas de quinze minutos no meio da manhã e meio da tarde, confirma a ideia sustentada no parágrafo anterior. Encontrou-se um aumento de 16% no rendimento com descansos programados. Em cifras, o rendimento aumentou de 2,6 a 3,2 m³/hora, enquanto a carga cardiovascular diminuiu de 35 a 33%. Em outras palavras, a boa recuperação que se segue às pausas permite aos trabalhadores conseguir melhores rendimentos com igual ou menor carga física.

Rodízio de funções

Outro aspecto que se demonstrou claramente conveniente para reduzir a carga de trabalho, quando as condições assim o permitem, é o rodízio de funções. A mudança de atividades entre trabalhadores que executam trabalhos pesados e leves reduz a carga fisiológica e, em geral, também permite aumentar o rendimento. No estudo que se descreverá, o rodízio de tarefas se fez entre operadores de motosserra que realizavam atividades de girar e aqueles que efetuavam só despedaçamento de árvores, que é uma atividade mais leve. O critério para o rodízio se embasou em princípios fisiológicos, pelos quais se demonstra que a recuperação depois de um trabalho pesado é mais rápida quanto mais frequente é a mudança a uma atividade mais leve ou se realiza uma pausa. Por isso, realizaram-se ensaios para que os trabalhadores executassem dois períodos na atividade mais pesada e dois na atividade mais leve. As tarefas se organizaram de tal forma que os trabalhadores iniciavam suas funções em uma atividade às 8 da manhã. Às 10 horas, depois de dez minutos de pausa para o rodízio de atividade, iniciavam a outra tarefa designada. O almoço se efetuava às 12 horas. Ao início da jornada da tarde, eles reiniciavam o trabalho na primeira atividade e, logo às 15 horas e 15 minutos, faziam uma pausa de 10 minutos enquanto mudavam novamente de tarefa. Neste estudo observou-se que a carga cardiovascular média da jornada quando se fazia rodízio entre girar e despedaçar era inferior à observada quando o volteio se realizava sem rodízio. Os valores obtidos revelaram que o volteio é um trabalho pesado, já que, nesta tarefa, os trabalhadores alcançaram uma carga cardiovascular de 40%, enquanto na combinação de volteio com despedaçar, a carga cardiovascular média da jornada se reduziu a 30%, transformando o trabalho em moderado. Em relação ao rendimento, observou-se que quando os operadores de motosserra só davam voltas tiveram uma produção de 14,5 m³/hora, enquanto ao realizarem os rodízios com a atividade mais leve, o rendimento subiu para 16,1 m³/hora, equivalente a 11%, com uma carga cardiovascular mais leve.

Os exemplos anteriores revelam claramente que se pode obter equilíbrio entre produtividade e carga fisiológica de trabalho, sem necessidade de grandes investimentos, mas simplesmente organizando melhor o trabalho. Neste sentido, após o debate neste texto, vemos que os estudos ergonômicos podem trazer informação para formas seguras e equilibradas de trabalho, tendentes a conseguir benefícios para os trabalhadores e para as empresas.

Referências

APUD, E. Living conditions. In: *Encyclopaedia on Occupational Health and Safety*. Genebra: International Labour Office, 1999. Chapter 68: Forestry, 68.36

APUD, E. et al. *Manual de ergonomía forestal*. Santiago de Chile: Valverde, 1999.

APUD, E.; MEYER, F. Ergonomics. In: *Encyclopedia of forest sciences*. London: Elsevier, 2004. p. 639-645.

43

O trabalho da supervisão:
o ponto de vista da ergonomia

Fausto Leopoldo Mascia

Este capítulo trata do trabalho da hierarquia intermediária. Procuramos explorar uma dimensão que vai além daquelas normalmente encontradas na literatura, pois a grande maioria trata de questões relacionadas a estilos de liderança, métodos para coordenação de pessoas, motivação de equipes, dentre outros. Por outro lado, a atividade, ou seja, o trabalho efetivamente realizado, ainda permanece pouco conhecido. Procuraremos dar destaque para esse aspecto, em particular às ações normalmente realizadas, suas dificuldades e constrangimentos. Por fim, concluímos o capítulo com uma discussão sobre os possíveis desdobramentos que podem ocorrer em termos de trabalho para esse nível hierárquico presente nas organizações.

A denominação supervisão não é muito clara e comporta diferentes sentidos. Ela é o resultado de uma evolução que abarca aspectos sociais, tecnológicos e econômicos e leva a diferentes interpretações segundo o ponto de vista adotado. Um exemplo dessa imprecisão pode ser verificado na literatura atual, na qual aparecem os termos supervisão direta, hierarquia intermediária, chefe de equipe, que estão associados à mesma ideia.

Historicamente, a referência sempre recai sobre aqueles que ocupam o cargo de chefia de equipe (por exemplo, o contramestre em indústrias ou o mestre de obras na construção civil), herança do modelo taylorista de organização do trabalho, caracterizado, entre outras coisas, pela divisão hierárquica do trabalho. No entanto, transformações sócio-organizacionais ocorridas nas empresas a partir dos anos 1980 geraram mudanças que dificultam estabelecer fronteiras para essa categoria.

Por isso, estabelecer uma definição exata do termo supervisão é difícil se não forem indicados alguns elementos de contorno no qual ele está inserido. Segundo o setor de atividade (indústrias, serviços de saúde, comércio, instituições financeiras, indústria da construção civil, etc.), a categoria profissional, organizacional ou estatutária, o campo de atividade ou o conteúdo do trabalho, o termo comporta diferentes sentidos. A heterogeneidade é grande, particularmente no setor de serviços, uma vez que atualmente existe uma profusão de termos como chefe, coordenador, facilitador, gerente, dentre outros. Neste capítulo trataremos de profissionais que têm funções hierárquicas e de coordenação direta de funcionários.

A evolução de uma categoria

Desde o seu surgimento no meio industrial a supervisão passou por transformações relacionadas à natureza, o conteúdo e exigências de seu trabalho. Inicialmente, a evolução ocorre lentamente para mais tarde se acelerar. Num período relativamente curto é possível constatar uma mudança considerável em relação ao papel desempenhado por essa categoria (Létondal, 1998). Ela incorporou uma série de transformações ocorridas no meio industrial.

Historicamente, a hierarquia intermediária ganhou destaque com o movimento de racionalização do trabalho ocorrido no início do século passado (Jacquemin, 1987). Ao formular os seus princípios, a "Administração Científica" rompeu com a estrutura de ofícios até então existente, para preconizar a divisão entre quem elabora e quem executa o trabalho. É dessa divisão que surge a necessidade de um controle. De um lado para evitar a "preguiça dos trabalhadores", de outro, para garantir que suas ações seguissem as preconizações e instruções de trabalho, como formuladas pelos técnicos e engenheiros de métodos. Trata-se de um período no qual as prioridades são de ordem quantitativa para responder à elevada demanda do mercado.

A evolução socioeconômica se intensifica nos anos 1960 e gera mudanças no trabalho dos supervisores. As relações sociais se modificam e a função de comando dá lugar a relações mais abertas. A necessidade de competências técnicas aumenta decorrente da evolução tecnológica. Ao final dos anos 1970, os métodos de produção passam por grandes mudanças. A qualidade se torna um elemento essencial para enfrentar a concorrência, os produtos se diversificam e o seu ciclo de vida se reduz. A produção *just-in-time* e a flexibilidade tornam-se cada vez mais presentes nas empresas industriais e a redução dos ciclos de entrega passam a ser uma preocupação a mais.

Nesse contexto em que a complexidade e a instabilidade se intensificam, o trabalho da supervisão se amplifica. A gestão da produção passa a ser de responsabilidade desse nível hierárquico. Além disso, as exigências de aproximação com os serviços de apoio à produção, a manutenção, os serviços de métodos, recursos humanos, dentre outros, se acentuam. No nível relacional, espera-se da supervisão uma maior disponibilidade para os operadores, a coordenação de grupos multidisciplinares e o incentivo à participação dos operadores em programas de sugestão de melhorias.

As transformações organizacionais ocorridas após os anos 1980 reforçaram as transformações no trabalho da supervisão. Létondal (1998) constata duas grandes tendências: de um lado existem empresas que mantêm a lógica de organização hierárquica apesar da redução de níveis; de outro, empresas abandonam o modelo hierárquico e eliminam certos níveis, incluindo a supervisão. Nesse caso, adota-se o conceito de equipes de trabalho com certo grau de autonomia e organização.

Este breve descrição mostra quão sensível tem sido o trabalho da supervisão com relação às mudanças que ocorreram nas empresas. Além disso, também é possível constatar uma gradual extensão do campo de trabalho desta categoria profissional.

Trabalho da supervisão e a ergonomia

Por razões próprias ao seu desenvolvimento e à sua inserção social, a ergonomia esteve mais centrada nas atividades de execução, ou seja, o nível operacional (o Capítulo 2 deste livro trata da história da ergonomia francófona). Essa orientação também pode ser

Capítulo 43 – O trabalho da supervisão

611

observada em estudos realizados sobre categorias específicas de trabalhadores, como os pilotos (Sperandio, 1972) e as enfermeiras (Theureau, 1979).

Apenas recentemente a ergonomia passou a se interessar por outras categorias de trabalhadores. A gerência e a supervisão são algumas delas (Langa, 1994; Mascia, 1994). Outro exemplo é o estudo de Jackson e Portich (1995) sobre supervisores de uma planta petroquímica. É possível notar uma atenção progressiva para esse nível da hierarquia das empresas. Diferentes razões podem explicar essa preocupação da ergonomia. Daniellou (1992) defende a ideia de que os ocupantes de níveis gerenciais ou de supervisão são trabalhadores como todos os demais e considera importante estudar questões relacionadas às dificuldades que eles enfrentam e os riscos à sua saúde.

Rogard e Béguin (1997) destacam a importância do trabalho dos gestores tendo em vista o trabalho dos operadores sob sua responsabilidade. Os autores julgam que as transformações que a ergonomia busca dificilmente poderiam ser alcançadas sem um conhecimento mínimo do seu trabalho, dado o papel estratégico que eles têm na organização. A mesma ideia defende Carballeda (1997) ao manifestar-se a favor de uma contribuição para a transformação da organização do trabalho.

Mérin (1998), mostra a participação dos supervisores na elaboração do planejamento da produção em uma indústria farmacêutica. Hubault (1998) assinala a necessidade de ampliar o horizonte da ergonomia e de contribuir para a evolução de certos conceitos relacionados às problemáticas da empresa e do trabalho de dirigentes ou administradores. Para o autor, o trabalho dos gestores não pode ser limitado às questões essencialmente técnicas, como a engenharia ou a gestão.

No entanto, ao se interessar pelo trabalho dos níveis intermediários, a ergonomia se vê diante de um quadro distinto daquele normalmente encontrado ao tratar do trabalho dos operadores. Um ponto a ser destacado é que o trabalho da supervisão se caracteriza por um fraco nível de formalização das tarefas e certo grau de autonomia. Além disso, as variáveis pertinentes diferem significativamente daquelas tradicionalmente consideradas nas pesquisas em ergonomia e, por isso, pode haver algumas dificuldades para apreender o que se passa no desenrolar do seu trabalho.

Apesar disso, Wisner (1994) destaca a força da análise ergonômica do trabalho no sentido de ser capaz de descrever a atividade de alguém na sua realidade e não segundo categorias definidas por formas de atribuições. Evidentemente que certas precauções relacionadas ao processo da ação ergonômica são necessárias a fim de tornar visível o trabalho da supervisão.

Não é nosso objetivo entrar em detalhes sobre o método da ação ergonômica. Os textos de Wisner (1995, 1996) apresentam uma discussão detalhada a esse respeito. No presente texto, chamamos a atenção para dois pontos a serem considerados quando orientamos nosso interesse para o trabalho dos níveis intermediários, particularmente o da supervisão. O primeiro diz respeito ao cuidado especial que deve ser tomado, sobretudo em relação à temporalidade das observações e do método de coleta de dados (Langa, 1994; Mascia, 2001). O segundo está relacionado às tarefas normalmente executadas pelos supervisores. Vejamos alguns detalhes sobre essa questão.

A multiplicidade de tarefas

Se no passado as tarefas da supervisão eram mais definidas atualmente é possível constatar um quadro menos consolidado. As tarefas de comando, acompanhamento e coordenação do nível operacional vêm passando por uma renovação. Segundo o setor de atividade e a evolução das empresas no papel disciplinar e o apoio técnico aos operadores, as ações frequentes no processo de produção dão lugar a outras configurações. Apesar de haver uma multiplicidade de tarefas assumidas pela supervisão, é possível agrupá-las nas seguintes categorias: relacional, gestão, técnica e comerciais.

As tarefas relacionais são bastante frequentes nas empresas. A maior solicitação é de estar à escuta dos seus subordinados. Elas envolvem também a animação e coordenação de grupos de operadores, que se tornaram mais qualificados, polivalentes e passaram a ter um maior grau de autonomia. As tarefas de gestão passaram a fazer parte do trabalho da supervisão (Lefebvre e Sardas, 1998). Trata-se do planejamento, organização e da gestão das operações de um setor delimitado. Geralmente, essas tarefas são realizadas com apoio de sistemas informatizados que alimentam o sistema de informações.

Em algumas empresas a supervisão assumiu a gestão de recursos humanos do seu setor (Loubès, 1998). Não se trata da participação direta na definição das políticas globais de gestão da empresa, mas sim do grupo sob sua responsabilidade. As tarefas mais frequentes são: a avaliação dos seus subordinados, a elaboração de planos de capacitação, a definição das promoções, a difusão de informações relativas à política social da empresa, dentre outras.

Quanto às tarefas técnicas, é possível observar uma mudança considerável. A supervisão está cada vez mais distante das máquinas. No entanto, Létondal (1998) destaca que a supervisão não se desligou completamente da competência técnica. Dependendo do contexto, essa competência encontra-se mais ou menos integrada às suas tarefas de gestor local. Nesses casos é sua atribuição organizar a aquisição e difusão dos conhecimentos técnicos no nível operacional.

As tarefas comerciais são mais observadas nos setor de serviços. Grandjacques (1999), por exemplo, aponta que em uma empresa que presta serviços de limpeza, além das tarefas de organização das equipes, elaboração de planejamento e organização das operações, a supervisão assumiu a tarefa de relação com os clientes e de apresentar ofertas de serviços. Nos serviços bancários, as mudanças também são visíveis. Algumas instituições financeiras adotam a figura do gerente de setor, que substitui gerentes de várias agências de uma área geográfica determinada (Courpasson, 1998).

Para a supervisão, essas mudanças trazem consequências significativas. Necessidade de conhecimentos técnicos de ponta em várias áreas, exigências relacionais com diferentes níveis da hierarquia estão entre as exigências mais frequentes de uma categoria que normalmente sofre as consequências de escolhas estratégicas e gerenciais feitas pela direção das empresas.

Sobre as mudanças envolvendo a supervisão, Jacquemin (1987) apontou a representação existente sobre o papel da supervisão como uma população homogênea, bem maleável e que, por definição, absorve os choques e as mudanças, que adere facilmente a todos os objetivos da empresa e que compensa todos os acasos que lhe são impostos pela trajetória da evolução das empresas. O autor afirma que a evolução dos níveis adjacentes acaba por impor mudanças nas funções de supervisão.

A necessidade de mudar a ideia de justaposição de tarefas

O breve panorama do trabalho da supervisão que acabamos de descrever mostra a sua evolução e ampliação em diferentes áreas e toma formas variáveis segundo o setor de atividade econômica.

Capítulo 43 – O trabalho da supervisão

É importante assinalar que a maioria da literatura apresenta uma descrição sobre o que se espera que a supervisão faça. Alguns autores destacam as dificuldades nesse trabalho e as atribui à quantidade crescente de tarefas.

No entanto a questão deve ser vista de outra maneira. É preciso observar que, além de terem aumentado, as tarefas assumidas pela supervisão são de natureza distinta e isso coloca novos determinantes para o seu trabalho. As ideias de uma categoria que se adapta facilmente à evolução e transformações das empresas, sejam de natureza técnica, organizacional ou social, nos parecem inadequadas. Da mesma forma a representação de um nível hierárquico encarregado de assegurar a interface entre a hierarquia superior e o nível operacional não dá a real dimensão desse trabalho. A questão que se coloca é se os modelos existentes dos sistemas de produção e de sua gestão permitiriam revelar tal dimensão. Vejamos a essência de alguns deles e como tratam a questão da supervisão.

Modelos organizacionais e o trabalho da supervisão

A influência do paradigma clássico das ciências na modelagem das organizações é notória. Métodos tradicionais de gestão, variáveis segundo as especificidades dos campos que são aplicados, apresentam em sua essência o mesmo princípio do determinismo. Larrasquet (1999) aponta a visão mecanicista, baseada nos paradigmas da repetição e da estabilidade, presente na maioria dos dirigentes que pressupõem ser possível administrar suas empresas por meio de prescrições endereçadas ao nível operacional, sempre a repetir as mesmas tarefas.

Nessas condições, é possível conhecer a integralidade das ações e ter um elevado grau de previsão do futuro. A avaliação dos resultados de produção local é feita sem dificuldades e sua agregação torna possível o controle da totalidade. Os problemas são tratados a partir de sua decomposição e as ações centradas na busca de objetivos sucessivos. Os indicadores expressam os resultados em termos de custos.

No modelo mecanicista é possível deduzir que o trabalho da supervisão é definido a partir de sua posição na divisão hierárquica, cujo papel é transmitir ao nível operacional os objetivos definidos pela direção.

Assim, surge o nível hierárquico dos contramestres, encarregado de dizer aos operadores o que deveria ser feito e, caso necessário, demonstrar como deveria ser feito para convencer os trabalhadores da rapidez e da eficiência do método. Cabia também aos contramestres manter a ordem e a disciplina, controlar os atrasos e faltas sem justificativas e mediar os conflitos. Da mesma maneira que os princípios tayloristas, Fayol, ao enunciar os princípios da administração e decompor as operações da empresa em grandes funções, lembra que o comandar é fazer funcionar o pessoal. Porém, deixa clara uma distinção entre aqueles que administram, ou seja, a alta hierarquia, e aqueles que devem ocupar os escalões inferiores, cuja competência é essencialmente técnica.

A ideia de racionalização do trabalho operário dá origem a especialidades incorporadas ao nível operacional (ajustadores de máquinas, serviço de preparação e conservação de ferramentas, serviço de manutenção, etc.) e cria níveis intermediários, cujo principal papel era o de controle e coordenação do trabalho realizado nesses diferentes setores. O princípio da divisão de tarefas atinge não apenas o nível operacional, mas também os setores responsáveis pelo projeto e planificação do trabalho. A departamentalização, a criação de níveis hierárquicos é incorporada às organizações com o objetivo de tornar o trabalho mais eficiente.

Resumidamente, no modelo proposto pela Administração Científica inspirado em uma visão mecanicista dos sistemas de produção, o papel da supervisão foi caracterizado como o nível responsável pela ligação entre a hierarquia superior e o nível operacional. Seu papel era de transmitir aos trabalhadores as ordens definidas pela direção ou gerência e garantir a sua execução. Mais tarde, esse modelo passa a dar sinais de fragilidade e várias reações da parte dos operadores ocorrem, o que gera mudanças na gestão das fábricas, incluindo o papel solicitado aos supervisores junto aos seus subordinados.

A reação à Administração Científica e a crise que se seguiu após os anos 1930 despertou o interesse de outras áreas, particularmente a psicologia industrial. Diversas pesquisas foram conduzidas com o objetivo de mostrar que as aspirações do ser humano no trabalho não eram apenas de ordem econômica. Os resultados desses estudos, que ficaram conhecidos como a Escola das Relações Humanas, mostram a influência das relações sociais no ambiente de trabalho.

Para a supervisão, essa corrente do pensamento sobre o funcionamento dos sistemas industriais traz algumas mudanças relacionadas ao seu papel junto aos trabalhadores. Ao mostrar a existência de relações sociais no ambiente de trabalho, a Escola de Relações Humanas defende a ideia de que a supervisão deveria ter um papel de apoio e de formação dos operadores e que o controle destes não era o mais importante. Apesar dessa orientação, pouca mudança de fundo no trabalho da supervisão ocorreu, o que manteve a representação do seu papel de ligação entre os níveis operacionais e hierarquia superior.

Mais tarde, na abordagem sociotécnica o papel de controle atribuído aos supervisores se torna uma questão secundária. O essencial passa a ser a gestão das interfaces do grupo de operadores. Enquanto estes assumem a gestão do próprio trabalho. A supervisão não interfere na maneira como o grupo se organiza na realização de suas tarefas (Herbst, 1974). Cherns (1987) assinala que a função do supervisor ou do chefe é assegurar os recursos necessários para as equipes realizarem seu trabalho. O autor acrescenta que isso significa agir em coordenação com outros departamentos e antecipar problemas de modo a evitar impactos no trabalho dos operadores sob sua responsabilidade.

A lógica de níveis hierárquicos se mantém na abordagem sistêmica, como mostram Nollet et al. (1994). Nesse ponto de vista a empresa é constituída de vários sistemas operacionais, organizados em torno de um centro de decisão, cada sistema comportando funções de controle, de regulação e de subordinação. A supervisão se insere nessa perspectiva como um dos subsistemas da estrutura organizacional e, em decorrência, considerada como responsável pelo nível hierárquico que se encontra abaixo dela, no caso os operadores (Ricks et al., 1995).

Os modelos descritos não são exaustivos, mas é possível observar que a representação que se tem da supervisão não varia muito de um para outro. Em síntese, as ideias apresentadas sobre o trabalho da supervisão refletem as representações dos sistemas operacionais, seus modos e suas ferramentas de gestão tradicionais.

Diante do quadro atual em que se encontram as empresas é necessário mudar as referências para explicar a atividade de uma categoria que assume a gestão de um sistema dinâmico, comportando variabilidade e diversidade. Compreender essa atividade requer, a nosso ver, mudança de paradigma, e a referência que mais se aproxima às condições do presente são os conceitos que a Teoria da Complexidade comporta. A leitura do funcionamento das empresas com base em tais conceitos nos ajuda a entender o trabalho da supervisão.

Capítulo 43 – O trabalho da supervisão

O funcionamento dos sistemas operacionais segundo o ponto de vista da complexidade

A visão que temos do mundo é possível graças aos paradigmas científicos de que dispomos a um dado momento. Esses paradigmas nos permitem interpretar e construir a realidade. O princípio da explicação da ciência clássica exclui o acaso e concebe um universo de caráter mais determinista. O pensamento cartesiano nos conduziu a representar o mundo de uma maneira mecanicista, completa e previsível, independentemente do ser humano (Le Moigne, 1990). O ambiente impõe novas exigências às empresas e isso requer novos paradigmas.

É importante lembrar que toda organização pode ser vista como um sistema complexo. Suas fronteiras são altamente permeáveis ao ambiente externo e o seu interior comporta vários subsistemas. Estes, por sua vez, estão interligados entre si. Assim, seguindo a ideia desenvolvida por Morin e Le Moigne (1999), existe um processo de recursividade organizacional em que os produtos e os efeitos são necessários a sua própria produção. O produto é ao mesmo tempo produtor.

Essas ideias nos permitem descrever as empresas como sistemas complexos em níveis de detalhamento distintos. No mais geral deles, a empresa, com sua missão e objetivos definidos, se inscreve em um dado ambiente. Este age sobre a empresa de diferentes maneiras. Por sua vez, a empresa, por meio dos seus resultados, age sobre o seu ambiente. Desta forma, a perenidade da empresa se dá por meio de trocas entre ela e seu ambiente, por meio de alças de retroalimentação, um agindo sobre o outro, em um processo dinâmico de emergências e constrangimentos.

No interior da empresa encontramos um conjunto de subsistemas estruturados e hierarquizados, cada um com uma dinâmica própria e objetivos específicos, todos atuando no sentido de alcançar o objetivo geral. Os níveis interagem entre si de maneira mais ou menos intensa conforme a permeabilidade de suas fronteiras. Nesse ponto da descrição podemos apontar três subsistemas: a direção, a gestão e o operacional.

O primeiro define os objetivos globais e as estratégias da organização (considerando o seu ambiente externo e interno). Os objetivos são estabelecidos para um horizonte de longo prazo, normalmente com base em valores agregados, provenientes de outros subsistemas.

Uma vez definidos, os objetivos são encaminhados para a gestão, onde são interpretados e novos objetivos relativos ao médio e curto prazo são definidos e encaminhados ao nível operacional. No entanto essa descrição não é suficiente para entender o trabalho da supervisão. É necessário olhar um pouco mais de perto o que se passa no nível gerencial.

Na realidade, ao nos aproximarmos do subsistema gerencial, veremos que ele comporta outros subsistemas. As configurações variam de uma empresa a outra dependendo da sua dimensão e estrutura organizacional. Resumidamente, podemos observar diferentes serviços (comercial, compras, pessoal, produção, métodos, planejamento, dentre outros). A existência dos serviços que comportam seus próprios objetivos nos leva a constatar diferentes racionalidades que se originam no nível gerencial. Essas lógicas, como mostrado por De Terssac e Lompré (1994), nem sempre são convergentes.

É no nível operacional que vão se defrontar as diferentes racionalidades. Será necessário dar uma coerência a esses objetivos. Chegamos então ao nível da supervisão onde ocorre esse processo, embora a formalização da organização da produção e do trabalho considere a informação descendente como o elemento que proporciona a coerência entre os subsistemas.

Passando a um nível de detalhamento um pouco mais aprofundado do nível operacional, é possível notar as relações e interações que este comporta. De um lado vemos que este nível se encontra aberto ao ambiente interno, ou seja, os subsistemas da empresa. De outro, geralmente ele também se encontra aberto ao exterior da empresa. Essas relações que vão se manifestar concretamente nas operações caracterizam a complexidade da atividade da supervisão.

Considerar o nível operacional como um subsistema da empresa permite identificar o número importante de interações que ele mantém com outros subsistemas da empresa. São relações de interdependência no interior da organização. Uma das condições de funcionamento está ligada aos objetivos estabelecidos nos subsistemas a montante do nível operacional, o que constitui uma espécie de recurso para o seu funcionamento. Trata-se de um grande número de interações que se estabelecem de maneira organizada.

Outro aspecto diz respeito às relações que o nível operacional estabelece com o ambiente externo da empresa (fornecedores, clientes, terceirizados, entre outros). Não se trata apenas dos produtos ou serviços prestados aos clientes, mas sim de uma abertura cada vez mais presente nas empresas pela qual se manifestam interações e determinantes para o funcionamento das operações.

As relações que o nível operacional estabelece tanto com o exterior quanto internamente não podem ser caracterizadas como simples relações de causa e efeito. Na realidade, é um conjunto de circunstâncias, cujas origens podem estar distantes das operações, que vão ter implicações sobre estas. Além disso, as interações são recursivas, gerando outras interações.

Caracterizar o nível operacional como um subsistema que mantém relações com o exterior e outros subsistemas da empresa é condição necessária, mas não suficiente para entender o trabalho da supervisão. É necessário caracterizar a sua dinâmica interna. Visto no seu conjunto, ele apresenta características de unidade e homogeneidade. Sob o ângulo dos seus constituintes, é possível constatar que se trata de um sistema heterogêneo, e que também comporta subsistemas.

Essencialmente, o nível operacional pode ser descrito como um sistema social e um sistema técnico. Crozier e Friedberg (1977) mostram a dinâmica da ação organizada e explicam os processos pelos quais os indivíduos ajustam o seu comportamento e coordenam suas condutas na busca de uma ação coletiva. Os autores mostram que relações de cooperação e de conflito se estabelecem estruturadas por regras, disputas de poder, o que possibilita a ação e o seu desenrolar.

Podemos considerar ainda o sistema social do ponto de vista de sua composição. Sob esse ponto de vista o nível operacional comporta indivíduos cujas características intra e interindividuais são variáveis e heterogêneas, como mostram vários estudos em ergonomia (ver Capítulo 9 deste tratado).

Do ponto de vista técnico, o nível operacional também comporta uma diversidade em termos de equipamentos, máquinas, ferramentas, materiais etc., sempre com variações em seu estado, particularmente de utilização. Nesse contexto, é necessário levar em conta os fenômenos aleatórios que ocorrem em permanência. Zarifian (1995) aponta a ocorrência de eventos, ou seja, uma descontinuidade das ações, algo que vem perturbar

Capítulo 43 – O trabalho da supervisão

o sistema. Isso torna o nível operacional um espaço onde a previsibilidade não pode ir além de certos limites no curto e médio prazos. A resolução de um problema não impede o surgimento de outro.

O fundamental para a compreensão da gestão do nível operacional é a interdependência entre os fatores descritos, sua estreita ligação que representa ao mesmo tempo restrições e possibilidades de emergências em um processo contínuo de estabilidade e de mudança, de ordem e desordem. A partir desse cenário, o trabalho da supervisão toma uma outra dimensão.

A gestão de um sistema complexo

O funcionamento do nível operacional visto sob a ótica da complexidade nos fornece elementos para compreender o trabalho da supervisão. Trata-se de uma atividade de natureza complexa. Isso implica a gestão de um sistema aberto comportando múltiplas interações no seu interior, com outros setores da empresa e com o ambiente externo. Torna-se necessário dar coerência a fatores diversos e heterogêneos próprios do nível operacional em estreita interdependência com o ambiente (interno e externo).

Essa atividade é desenvolvida em duas vias. A gestão de um sistema complexo implica a presença da supervisão no nível operacional. Porém, considerando as relações deste com o seu ambiente, a supervisão também está presente em outros níveis da empresa e fora dela. Em outras palavras, a atividade da supervisão consiste em tornar compatíveis as condições internas do nível operacional e os objetivos dos diferentes subsistemas que se encontram nas suas fronteiras.

Ela comporta relações múltiplas nas quais se manifestam racionalidades distintas, às vezes contraditórias, que estão presentes no funcionamento da empresa. Inscrita no curto e médio prazo, a atividade da supervisão se desenvolve com e para o nível operacional. Trata-se de um cenário dinâmico no qual a variabilidade e a diversidade se manifestam em permanência.

Nesse contexto, a atividade da supervisão se desenvolve num processo de integração e dissociação de elementos múltiplos e heterogêneos, presentes no nível operacional, que se estabelece pela elaboração de compromissos com base na conjugação de critérios múltiplos, ou seja, técnicos (eficiência e confiabilidade da produção, qualidade etc.), humanos (saúde, competências, segurança) e sociais. A sua atividade se desenrola em um contexto instável fortemente influenciado pelos ambientes interno e externo (Mascia, 2001).

A atividade de integração considera a realidade da empresa

Do ponto de vista hierárquico a supervisão se encontra entre o nível gerencial e o operacional e, do ponto de vista funcional, os supervisores fazem parte do nível operacional. Na realidade, eles se encontram na fronteira de duas realidades distintas que devem ser conduzidas conjuntamente. Este aspecto é fundamental para compreender sua atividade.

Na gestão do nível operacional a supervisão leva em conta uma realidade originária do nível gerencial. Trata-se de informações descendentes que trazem consigo regras de execução, prescrições, objetivos e metas etc., resultado de uma tradução dos objetivos gerais definidos pela direção da empresa (Carballeda, 1997).

É importante lembrar que para produzir essas informações os gerentes fazem abstração de certas características do nível operacional. Eles se baseiam em representações que fazem do funcionamento do nível operacional a partir de modelos que não necessariamente correspondem à realidade desse sistema. Por ter origem em diferentes setores da empresa, as informações trazem consigo uma pluralidade de racionalidades que vão refletir no funcionamento do nível operacional.

A atividade de integração considera a realidade do nível operacional

A supervisão também se vê diante da realidade do nível operacional com seus fatores múltiplos, de natureza diversa e que comporta dimensões técnicas, pessoais e sociais. Além da sua diversidade, o nível operacional é um ambiente extremamente dinâmico onde a variabilidade se manifesta permanentemente.

Essa variabilidade pode ser considerada em um contexto que comporta certo grau de previsibilidade. São os fatores de variabilidade mais ou menos conhecidos pela supervisão, dependendo da sua experiência e tempo no cargo.

Por exemplo, para executar as operações, a supervisão deve considerar a especificidade das máquinas, as competências necessárias para operá-las, as ferramentas correspondentes as diferentes operações, os diferentes materiais utilizados em condições e tempos particulares. Em relação à dimensão pessoal, deve ser levado em conta que os integrantes do nível operacional têm formações distintas, diferentes níveis de competências, de experiência, de idade, entre outros. Além disso, essas pessoas têm relações contratuais distintas (funcionários da empresa, temporários, terceirizados) e horários de trabalho que podem diferir de um para outro. Por fim, o nível operacional também se caracteriza por um coletivo que comporta diferentes grupos e categorias profissionais. Nesse sentido, a supervisão mantém relações com os representantes do pessoal, os responsáveis de diferentes serviços, seus colegas, seus superiores hierárquicos, clientes, fornecedores, todos pertencentes à diferentes grupos sociais.

Esse cenário comporta uma relação estreita entre a realidade descendente e a realidade que tem origem no nível operacional em decorrência de suas condições de funcionamento e dos resultados por ele produzidos. Essa relação apresenta uma defasagem entre os objetivos alcançados pela empresa e a realidade efetiva da produção. Em outras palavras, as condições determinadas pela informação procedente da gerência não corresponde às condições reais da produção e os resultados alcançados não correspondem exatamente aos resultados efetivos.

O que caracteriza o processo de elaboração da informação descendente é sua exterioridade em relação ao nível operacional e, nesse sentido, algumas de suas particularidades não são consideradas. Por essa razão a informação descendente é nada mais que um resultado antecipado, fixado em condições determinadas (Guérrin et al., 2001). Elaborado fora da produção, a informação descendente é separada desta, ela a determina e restringe seu funcionamento. No entanto, esta realidade é necessária para que a produção possa funcionar.

A gestão nas fronteiras do nível operacional

O espaço de encontro entre a realidade descendente e a realidade emergente é onde acontece a atividade da supervisão. Lembramos com Morin (1990), que fronteira não significa

Capítulo 43 – O trabalho da supervisão

linha de exclusão. Ao contrário, fronteira é o que permite, simultaneamente, distinção e inclusão. É na fronteira que se dá a distinção e a ligação, a separação e a articulação com o outro.

Assim, a supervisão compõe, remodela elementos diversos e de natureza diferente pertencentes ao interior e exterior do nível operacional. Isso representa uma busca de modo a tornar compatível um conjunto heterogêneo de elementos de maneira que eles se tornem uma totalidade, com sua própria forma e que possa viabilizar a produção.

Nesse sentido, a integração realizada pela supervisão significa a busca de um ponto de convergência. É necessário chegar a uma condição na qual o sistema funcione. Em outras palavras, a atividade da supervisão pode ser colocada como uma procura de regularidade, de um estado constante, ou seja, tornar o sistema estável no tempo e na sua duração (Mascia, 2001). Porém é necessário distinguir a estabilização nos fatos da estabilização contida nos relatórios gerenciais. Nos fatos, a estabilidade é, na realidade, um equilíbrio instável. O que figura nos relatórios são atos intermitentes que mascaram as ações mobilizadas para o funcionamento do sistema.

Para fazer funcionar o nível operacional a supervisão necessita dos outros subsistemas e, ao funcionar, ele permite que os outros subsistemas também funcionem, assim como, por consequência, toda a empresa. Essas interações comportam um número importante de situações de troca de informações. A supervisão tem um papel fundamental na medida em que ela se torna um ator capaz de fazer emergir as informações relacionadas ao estado da produção e repassar as informações provenientes de outros subsistemas.

No entanto, diante da densidade da realidade operacional, a supervisão se vê na impossibilidade de tudo transmitir a todos os seus interlocutores. Surge então um papel de filtro e as informações colocadas em circulação resultam de uma arbitragem do que ele julga pertinente tendo em vista os seus interlocutores e a situação do momento. Conforme cita Daniellou (1992), o ator retém como pertinentes certos elementos da situação, o que o torna disponível para certos eventos e não para outros. Desta maneira, podemos dizer que, em sua gestão, a supervisão faz representações do nível operacional e da empresa; ele elabora outras representações da produção, dos demais setores que se relacionam com esta e dos níveis hierárquicos superiores.

A gestão no interior do nível operacional

A outra dimensão da atividade da supervisão é a gestão do próprio nível operacional. Ela se desenvolve de modo a tornar possível a produção. Vários elementos são considerados. Por exemplo, num dado momento é necessário realizar uma produção (tipo de produto, quantidade, qualidade exigida, prazo etc.) com meios técnicos disponíveis (máquinas, ferramentas, materiais etc.) e pessoas com as competências requeridas para realizar o trabalho, tendo em conta a sua diversidade em termos de idade, estado de saúde, etc. (ver o Capítulo 9 deste livro).

Esse processo ocorre dentro de um quadro temporal. As ações não são isoladas no tempo e no espaço, elas fazem parte de um contínuo. A atividade se desenrola com o estabelecimento de compromissos apoiados na conjugação de critérios relacionados aos aspectos técnicos, humanos e sociais. Em razão das relações de interdependência, existem momentos em que as ações no interior do nível operacional deixam de ser factíveis. Nesses momentos a atividade da supervisão se desenrola além das fronteiras do nível operacional.

Um processo permanente de reconstrução

Mesmo em situação normal a atividade de integração realizada pela supervisão é necessária para se chegar a um resultado. No entanto, o nível operacional, como mostrado anteriormente, comporta incertezas e imprevisibilidades. São eventos de natureza diversa e origem dispersa cuja previsão é muito difícil. Esses eventos ocorrem tanto interna quanto externamente ao nível operacional, muitas vezes no exterior da empresa.

Assim, a estabilidade resultante de uma determinada ação em dado momento acaba sendo efêmera, pois o nível operacional é muito dinâmico. Estabelecer uma coerência a um conjunto de fatores, em um momento especifico, tem uma duração. Após esse tempo é necessário reconstruí-la. É necessário observar que cada situação é singular. A reconstrução jamais conduzirá ao estado anterior. A evolução é sempre para uma outra situação que, por sua vez, comporta incertezas, pois outros eventos poderão se apresentar e desestabilizar o equilíbrio.

Manter o sistema operacional em condições de realizar os objetivos estabelecidos significa diferentes exigências que, em certos momentos, podem representar fortes constrangimentos. Dadas as características atuais das estratégias de produção que comportam flexibilidade para atender a variação da demanda associadas às políticas de gestão, o nível operacional passou a comportar um grande número de parâmetros que devem ser acompanhados e controlados. Para a supervisão esse cenário implica o envolvimento com elevado número de questões, o que exige permanentes contatos e comunicações, não só com os atores do nível operacional, mas também com atores de outros setores da empresa, muitas vezes dispersos geograficamente.

A ocorrência de eventos ou imprevistos acentua as exigências do trabalho da supervisão. Por se tratar de fatos que desestabilizam o desenrolar das operações e colocam em risco os resultados a serem alcançados, o seu tratamento ocorre quase sempre imediatamente à sua ocorrência. Isso implica a interrupção das ações em curso, voltando a atenção para a recuperação do imprevisto. A natureza e a gravidade deste podem exigir deslocamentos, comunicações, reuniões e ações sob forte constrangimento de tempo.

O tratamento do imprevisto depende de vários fatores, entre eles o estado do nível operacional no momento de sua ocorrência, da natureza e gravidade do imprevisto, bem como das margens de manobra disponíveis. Para alguns deles, a recuperação é possível logo após as ações terem sido implementadas. Para outros, restam apenas ações parciais de modo a minimizar as consequências. Na realidade, o objetivo é chegar a um estado considerado satisfatório. Nesses casos, a recuperação do incidente requer, por razões distintas, longos períodos – inclusive negociações com outros setores da empresa ou externos – até que o sistema retorne à sua regularidade.

Frequentemente, regulações de vários imprevistos se desenrolam simultaneamente. Em alguns casos, torna-se necessário estabelecer prioridades. Para os supervisores, tratar determinadas situações significa abrir mão de outras. Em geral nesses momentos, as tarefas rotineiras passam a ter menor importância. Os contatos se intensificam, porém passam a ter menor duração. Geralmente, quanto maior a abrangência do problema tratado, maior o número de interlocutores envolvidos.

Capítulo 43 – O trabalho da supervisão

Essas situações podem representar sobrecarga pois, geralmente, demandam mais deslocamentos, uma permanente atualização da evolução do processo de regulação e dos seu reflexos nas demais áreas operacionais e processos de decisão sob constrangimento de tempo. Algumas vezes, a retomada de uma ação interrompida por um imprevisto só é possível muito tempo mais tarde.

A invisibilidade das ações da supervisão

Apesar de realizar um trabalho efetivo de reconstrução, isto é, de tornar compatíveis as decisões dos níveis hierárquicos superiores e o estado do nível operacional, esse trabalho permanece encoberto pela representação dominante, ou seja, um elemento de transmissão entre gerentes e operadores. Como seria possível explicar esse paradoxo?

Para esclarecer esta questão é necessário observar com um pouco mais de profundidade a relação entre o trabalho proporcionado pela supervisão e os resultados obtidos no nível operacional. Parece existir uma relação de dependência entre os meios empregados para difusão dos resultados efetivos da produção e o modo como o trabalho da supervisão é visto externamente.

Na realidade, a questão está na formalização das informações originárias do nível operacional, base para os sistemas de gestão. Trata-se das ferramentas que comportam informações utilizadas para avaliar o funcionamento da empresa e orientar as escolhas para se chegar aos objetivos estabelecidos. Segundo Moisdon (1997), as ferramentas de gestão são tentativas de conferir uma maior racionalidade às organizações, porém comportam uma lógica de segmentação que segue as divisões funcionais.

Dessa forma, os resultados originários do nível operacional e expressos por esses instrumentos são sínteses tendo em vista a fusão das atividades relatadas do seu funcionamento e comportam sempre uma parte irredutível de convenção, passíveis de imperfeições. De maneira geral, os valores que os índices veiculam representam atividades realizadas, porém, não expressam as ações necessárias para torná-las possíveis.

Segundo esse ponto de vista, a atividade de integração realizada pela supervisão é evacuada à medida que a informação do nível operacional é gradativamente encaminhada para os níveis gerenciais superiores. O resultado é que os indicadores utilizados apresentam um nível de estabilidade que não corresponde à dinâmica dos fatos que eles restituem.

Além disso, por ser necessário enviar relatórios gerenciais aos diferentes serviços da empresa com informações compatíveis com seus modelos de funcionamento, a supervisão é necessariamente levada a dissociar os resultados obtidos no nível operacional. Trata-se de um modelo próprio aos diferentes serviços, ou seja, muito diferentes de sua própria representação do nível operacional.

Contribuições do trabalho da supervisão para o desempenho da empresa

Os métodos de gestão e seus instrumentos trazem outro aspecto negativo. Normalmente, o paradigma do controle de custos impera nas empresas, embora autores como Lorino (1997) e Hubault (1998) tenham destacado a ineficácia crescente dos sistemas de controle baseados essencialmente em uma racionalidade econômica.

Hatchuel e Sardas (1992) ressaltam que o desempenho de um sistema de produção não pode ser medido apenas por meio de seus produtos. Várias outras maneiras, como a taxa de utilização de recursos de maior valor, as condições de trabalho, os efeitos ambientais, são válidas para analisar os resultados da empresa. Nesse sentido, Carballeda (1997) argumenta que a gestão consiste na elaboração de compromissos provisórios e atualizados para responder à variabilidade do ambiente e às forças internas e externas.

Ao mostrar o trabalho da supervisão como a materialização de um processo de transformação no qual se tornam compatíveis as decisões definidas nos níveis superiores e a realidade que surge do nível operacional, indiretamente, estamos mostrando que os supervisores têm uma efetiva contribuição para os resultados das empresas.

No entanto, devido às características da sua atividade, os supervisores dificilmente dispõem de tempo para se dedicar à análise dos problemas enfrentados no cotidiano. Essa incapacidade, externa à supervisão, também traz reflexos negativos. O retorno da experiência vivido com sua atividade, a capitalização dos resultados e os ensinamentos que poderiam enriquecer a reflexão sobre os objetivos se apresentam difíceis. Se seguirmos a definição do processo de pilotagem da empresa proposta por Lorino (1997) como uma alça entre o desdobramento da estratégia em regras de ação operacionais e o retorno de experiência, podemos supor que, na impossibilidade de alimentar esse retorno, o ciclo não será completo.

Six (1999) constatou esse fenômeno na área da construção civil e relatou que várias situações críticas de trabalho, de acasos, de eventos imprevistos não eram conhecidos por aqueles que não faziam parte do canteiro de obras. As atividades realizadas pelos operadores e pelo chefe de obras permaneciam desconhecidas. O mais frequente era, uma vez transposto o obstáculo, o evento cair no esquecimento sem que nenhuma ação pudesse ser feita para evitá-lo no futuro. Para o autor, essa banalização impede de construir um ponto de vista sobre os saberes e experiência dos atores do canteiro, sobre as necessidades de formação e de informação, sobre as possibilidades de melhorias de condições de trabalho e mesmo de qualidade da obra.

Mudanças organizacionais e o trabalho da supervisão

O último ponto que gostaríamos de abordar está relacionado com as mudanças organizacionais adotadas, particularmente nas grandes empresas. Há algum tempo, processos de racionalização como o *lean production* (Woomack, et. al., 1990) e a reengenharia (Hammer e Champry, 1993) preconizam, dentre várias ações para o aumento de produtividade, a redução de níveis hierárquicos. A justificativa é tornar as interações entre os diferentes níveis da empresa mais efetivas e reagir prontamente às mudanças do ambiente externo.

Partindo do princípio de que a hierarquia intermediária realiza um trabalho como o defendido neste capítulo, essas mudanças representam consequências significativas, tanto para os níveis gerenciais quanto para o nível operacional. Ao eliminar a supervisão sem conhecer de forma clara como ela contribui para a consecução dos objetivos da produção, não se elimina o trabalho por ela realizado. Este permanece necessário para o funcionamento da empresa.

Dessa forma, uma vez reduzida ou completamente eliminada a supervisão, caberia à gerência e aos operadores assumirem o trabalho. Nesse caso, as mudanças podem trazer consequências desfavoráveis para os gerentes. No campo da ergonomia, trabalhos como os de Langa (1994) e Carballeda (1997) mostraram os vários constrangimentos que

Capítulo 43 – O trabalho da supervisão

pesam sobre o nível gerencial. É possível imaginar que uma transferência do trabalho da supervisão para eles seria ainda mais difícil de ser suportado. O mesmo pode ocorrer com os operadores, em razão do aumento significativo do conteúdo e das exigências de suas tarefas. Finalmente, cabe lembrar que a ligação direta entre gerência, com suas diferentes racionalidades, e os operadores pode representar um risco de bloqueio da produção.

Referências

CARBALLEDA, G. *La contribution des ergonomes à l'analyse et à la transformation de l'organisation du travail:* l'exemple d'une intervention relative à la maintenance dans une industrie de processus continue. 1999. Thèse (Doctorat) – Laboratoire d'Ergonomie et Neurosciences du Travail, Conservatoire National des Arts et Métiers, Paris, 1997.

CHERNS, A. Principles of sociotechnical design revisited. *Human Relations*, London, v.40, n.3, p.153-162, 1987.

COURPASSON, D. La rhétorique des interfaces. Transformations des identités managériales dans le secteur bancaire. In: TROUVÉ, P. (Ed.). *Le devenir de l'encadrement de proximité*. Paris: La Documentation Française, 1998.

CROZIER, M.; FRIEDBERG, E. *L'acteur et le système. Les contraintes de l'action collective*. Paris: Editions du Seuil, 1977.

DANIELLOU, F. *Le statut de la pratique et des connaissances dans l'intervention ergonomique de conception*. 1992. Thèse (Doctorat) – Laboratoire d'Ergonomie des Systèmes Complexes, Université Victor Segalen Bordeaux 2, Bordeaux, 1992 (Collection Thèses et Mémoires).

DE TERSSAC, G.; LOMPRÉ, N. La maîtrise des délais: une question d'organisation? *Performances Humaines & Techniques*, Toulouse, n.70, p.27-32, 1994.

GUÉRRIN, F. et al. *Compreender o trabalho para transformá-lo:* a prática da ergonomia. São Paulo: Edgard Blücher, 2001.

GRANDJACQUES, B. La technique, socle du management. *Travail & Changement*, Lyon, p.4-5, jan./fev. 1999.

HAMMER, M.; CHAMPRY, J. *Reengineering the corporation:* a manifesto for business revolution. London: Nicholas Brealey, 1993.

HATCHUEL, A.; SARDAS J.-C. Les grandes transitions contemporaines des systèmes de production, une démarche typologique. In: DE TERSSAC, G.; DUBOIS, P. (Ed.). *Les nouvelles rationalisations de la production*. Paris: Cépaduès Editions, 1992. p.1-23.

HERBST, P. G. *Autonomous groups functioning:* exploration in behavior and theory measurement. London: Tavistock Publications, 1974.

HUBAULT, F. Articulations rigides pour coordinations souples? Les TMS comme syndrome de la crise du modèle taylorien de régulation. In: BOURGEOIS, F. (Ed.). *TMS et évolutions des conditions de travail:* actes du séminaire. Paris: ANACT, 1998. p.47-53.

JACKSON, M.; PORTICH, P. Supervisors as integration agents in a petrochemical plant: an ergonomic analysis. In: CONGRESSO BRASILEIRO DE ERGONOMIA, 7., Rio de Janeiro, 1995. *Anais*. Rio de Janeiro: ABERGO, 1995. p.469-472.

JACQUEMIN, R. La fonction maîtrise et son évolution. In: LEVY-LEBOYER, C.; SPERANDIO, J. C. (Ed.). *Traité de psycologie du travail*. Paris: PUF, 1987. p.227-243.

LANGA, M. *Adaptation ou création de l'organisation du travail lors du transfert de technologie:* analyse de l'activité de l'encadrement et conception de l'organisation. 1994. Thèse (Doctorat) – Laboratoire d'Ergonomie et Neurosciences du Travail, Conservatoire National des Arts et Métiers, Paris, 1994.

LARRASQUET, J. M. *Le management à l'épreuve du complexe:* une archéologie du savoir gestionnaire. Paris: L'Harmattan, 1999.

LEFEBVRE, Ph.; SARDAS, J. C. Réalités et logiques de l'évolution des rôles d'agents de maîtrise. In: TROUVÉ, Ph. (Ed.). *Le devenir de l'encadrement de proximité.* Paris: La Documentation Française, 1998. p.195-216.

LE MOIGNE, J. L. *La modélisation des systèmes complexes.* Paris: Dunod, 1990.

LÉTONDAL, A. M. L'évolution des rôles d'encadrement dans les projets de changement d'organisation. In: TROUVÉ, Ph. (Ed.). *Le devenir de l'encadrement de proximité.* Paris: La Documentation Française, 1998. p.67-81.

LORINO, Ph. *Méthodes et pratiques de la performance. Le guide du pilotage.* Paris: Les éditions d'Organisation, 1997.

LOUBÈS, A. L'agent de maîtrise et la Gestion des ressources humaines: éléments de réflexion. In: TROUVÉ, Ph. (Ed.). *Le devenir de l'encadrement de proximité.* Paris: La Documentation Française, 1998. p.155-173.

MASCIA, F. L. *La gestion de la production, une approche ergonomique du travail du chef d'atelier.* Paris: Laboratoire d'Ergonomie Physiologique et Cognitive, École Pratique des Hautes Études, 1994. (Mémoire de D.E.A.).

_____. *Gérer dans et avec l'atelier:* une approche ergonomique du travail de la maîtrise dans le secteur industriel de production à grande échelle. 2001. Thèse (Doctorat) – Laboratoire d'Ergonomie Physiologique et Cognitive, École Pratique des Hautes Études, Paris, 2001.

MÉRIN, S. *L'élaboration du planning de production dans une industrie pharmaceutique:* un ré ordonnancement permanent et collectif. Toulouse: Université de Toulouse Le Mirail, 1998. (Memoire de DEA).

MOISDON, J. C. *Du mode d'existence des outils de gestion.* Paris: Editions Seli Arslan, 1997.

MORIN, E. *Science avec conscience.* Paris: Editions du Seuil, 1990.

MORIN, E.; LE MOIGNE, J. L. *L'intelligence de la complexité.* Paris: L'Harmattan, 1999.

NOLLET, J. et al. *La gestion des opérations et de la production, une approche systémique.* Montréal: Gaëtan Morin Editeur, 1994.

RICKS, B. et al. *Contemporary supervision. Managing people and technology.* San Francisco: McGraw-Hill, 1995.

SIX, F. *De la prescription à la préparation du travail.* Apports de l'ergonomie à la prévention et à l'organisation du travail sur les chantiers du BTP, 1999. Habilitation à diriger des Recherches, Université Charles de Gaulle, Lille 3, Lille, 1999.

WISNER, A. *La* méthodologie en ergonomie: d'hier à aujourd'hui, 1990. In: *Réflexions sur l'Ergonomie.* Toulouse: Octarès, 1995. p.111-127.

_____. Ergonomie, organisation et analyse du travail des cadres dirigeants. In: DUFORT, A. *Actes des journées de Bordeaux sur la pratique de l'ergonomie.* Bordeaux: [s.n.], 1994. p.85-88.

_____. Questions epistemologiques en ergonomie et en analyse du travail. In DANIELLOU, F. (Ed.). *L'Ergonomie en quête de ses principes – Débats épistémologiques*. Toulouse: Octares, 1996.

ZARIFIAN, P. *Le travail et l'événement*. Paris: L'Harmattan, 1995.

Ver também

2 – Referências para uma história da ergonomia francófona

9 – Envelhecimento e trabalho

20 – Metodologia da ação ergonômica: abordagens do trabalho real

21 – A ergonomia na condução de projetos de concepção de sistemas de trabalho

22 – O ergonomista, ator da concepção

44

A ergonomia e os riscos de intoxicação: contribuições da ergotoxicologia

Laerte Idal Sznelwar

Introdução

A proposta da ergotoxicologia está voltada para a compreensão e para a transformação. O primeiro desafio que se coloca seria o de compreender como se produz a exposição a substâncias químicas, que podem causar algum dano à saúde do ser humano. Mas o principal objetivo seria o de transformar, mudar o trabalho, para que não haja contato com substâncias perigosas.

A busca de estratégias para se evitar que trabalhadores continuem a sofrer com os efeitos nocivos de substâncias tóxicas deve considerar a gama de conhecimentos já existentes em diferentes áreas, como a engenharia, a higiene do trabalho, as ciências da saúde, entre outras. Entretanto, para que se consiga efetivamente criar condições de trabalho seguras, seria necessário conhecer melhor como se dá o processo de exposição a produtos químicos no trabalho. Nesse caso, a análise ergonômica (Guérin et al., 2001) do trabalho permite estudar vários aspectos que podem ser fundamentais nesse processo, como:

1. O que fazem os trabalhadores no momento do contato com essas substâncias.
2. Existe contato com vários produtos químicos, no mesmo momento, em momentos diferentes.
3. Há contato durante a execução de esforços físicos consideráveis.
4. Essa exposição se dá em temperaturas mais elevadas, que facilitam a absorção.
5. As ferramentas de trabalho são adaptadas, permitem uma atividade mais leve e um menor contato.

Os objetivos principais desse tipo de análise seriam fornecer subsídios para que os diferentes atores da produção, trabalhadores diretos, supervisores, gerentes, técnicos, engenheiros, entre outros, possam buscar soluções evitando contato com substâncias químicas que coloquem em risco a saúde. Medidas relativas ao projeto dos processos de produção, às máquinas e ferramentas, ao arranjo físico, à organização do trabalho e ao conteúdo das tarefas devem considerar essas questões. Além disso, a utilização de substâncias menos perigosas é fundamental nesse processo. Projetar soluções a partir de um conhecimento mais profundo da realidade do trabalho, isto é, da atividade das pessoas que estão em contato com substâncias tóxicas, seria o objetivo primordial. Para tal, no dizer de Wisner (1995), é importante "construir" os problemas que precisam ser resolvidos, partindo do pressuposto de que, sem um conhecimento do trabalho, as soluções encontradas tendem a esbarrar com uma realidade que resiste, que não se amolda aos pressupostos dos projetos.

Para tal seria importante enriquecer pontos de vista, construir um diálogo entre disciplinas próximas, tentar reduzir os vazios existentes com relação ao conhecimento da realidade do trabalho de milhões de pessoas que, por meio de sua atividade, estão em contato com substâncias potencialmente perigosas. Como dito anteriormente, um dos conhecimentos de base em toxicologia do trabalho provém de pesquisas que buscam conhecer os efeitos da exposição a um dado produto químico. Apesar da sua importância fundamental para que se conheçam os riscos potenciais e as possibilidades de combate terapêutico, na realidade o contato com substâncias xenobióticas é distinto daquele que foi utilizado em pesquisas laboratoriais. A exposição na realidade é múltipla e modulada pelas condições ambientais e pela atividade de trabalho. Como a avaliação da exposição às substâncias químicas é feita por meio da mensuração, há sempre alguns dilemas. Quais produtos serão monitorados? Em que locais serão feitos? Quais estratégias de amostragem serão adotadas? Finalmente, sempre haverá uma questão fundamental: Qual é a relação entre a presença de determinadas substâncias químicas no ambiente e o contato? Ressalte-se que não estamos contestando a importância de monitorar certas substâncias químicas que representam riscos graves, principalmente no curto prazo. Riscos esses como os de explosão e riscos de intoxicações agudas. Nesse caso, o controle ambiental é fundamental. Entretanto, o contato com substâncias químicas no trabalho não tem uma relação direta com o que pode ser medido no ar, ele é mediado pela atividade e pode existir em momentos os mais variados, como a da manipulação.

Medidas de prevenção tradicionais incluem a chamada "monitoração biológica" dos trabalhadores expostos. Este tipo de abordagem clínica é importante para acompanhar os indivíduos e avaliar a evolução da sua saúde e/ou doença, fundamental como ferramenta diagnóstica em medicina. Entretanto, basear as práticas de prevenção apenas em propostas de vigilância epidemiológica é temerário, uma vez que as possibilidades de detecção de substâncias químicas em meio biológico são limitadas a alguns tipos de xenobióticos. As estratégias de vigilância são, na maioria das vezes, voltadas para os produtos mais conhecidos e que tenham exames consagrados e considerados viáveis economicamente. Da mesma maneira que o controle ambiental das substâncias químicas nos locais de trabalho apresenta problemas de ordem técnica e de viabilidade econômica, o controle biológico é restrito e pode ser contestado na sua validade.

Fica claro que este não é um problema de saúde no sentido estrito ou, melhor dizendo, um problema para os profissionais de saúde, de higiene e segurança no trabalho. Trata-se de uma questão tecnológica, organizacional e estratégica. Reduzir e/ou eliminar os riscos requer ações de engenharia voltadas para melhorias dos dispositivos técnicos de trabalho e para os processos de produção, de uma maneira mais ampla. É, portanto, um problema de saúde em seu sentido mais amplo, envolvendo profissionais de áreas diferentes que precisam considerar os riscos à saúde dos indivíduos e à saúde pública, desde o início dos processos de concepção.

Capítulo 44 – A ergonomia e os riscos de intoxicação

Ao propor que essa questão seja tratada a partir do ponto de vista do trabalho efetivo, a ergonomia tem um papel fundamental, pois pela análise do trabalho podemos construir conhecimentos sobre a relação entre as atividades desenvolvidas pelas pessoas e o contato com xenobióticos. Entretanto, a análise ergonômica do trabalho não é constituída apenas de uma observação daquilo que estão fazendo os trabalhadores e de uma avaliação do risco. Trata-se, sobretudo, de um processo iterativo em que as diversas etapas permitem compreender o que se passa e como as diferentes escolhas técnico-organizacionais modulam a exposição e o risco, por meio das mais variadas prescrições. É evidente que o contato se dá no momento em que os trabalhadores agem, mas não basta tentar avaliá-lo para poder mudar o trabalho e reduzir os riscos.

Reduzir os riscos sob o ponto de vista da ergonomia seria evitar a banalização de equipamentos de proteção individual que, infelizmente são considerados, em muitas situações, como a única solução. Usar EPIs é importante em muitos contextos, entretanto o seu uso indiscriminado durante jornadas de trabalho inteiras pode ser visto, mais uma vez, como uma tentativa de responsabilizar aquele trabalhador, individualmente, pela sua proteção. O porte de uma determinada proteção individual deve ser considerado em sua eficácia, isto é, se de fato ele protege contra aqueles tipos de nocividades e também com relação à sua portabilidade. Entende-se aqui portabilidade principalmente no sentido de não causar desconforto e não dificultar as ações dos trabalhadores. Considerar o uso de EPIs como uma solução paliativa, de uso restrito e que, muitas vezes, atrapalha o curso da ação e aumenta o esforço deveria ser uma prerrogativa primeira para impulsionar ainda mais as medidas efetivas de proteção, baseadas em soluções técnicas e organizacionais.

Essas considerações iniciais refletem uma necessidade e uma busca, com vistas a focar em análises ergonômicas do trabalho, a exposição e o contato com substâncias tóxicas. O uso do nome ergotoxicologia serve mais para chamar atenção para a questão, não é o caso de propor uma subárea dentro da ergonomia, fato que reforçaria o ponto de vista da especialização dentro do seu campo de atuação. A integração de novos aspectos à análise ergonômica do trabalho pode ser muito útil para reforçá-la a aumentar a gama de instrumentos para compreender aquilo que se passa quando o trabalhador está utilizando substâncias potencialmente perigosas. Esse fato também requer um diálogo mais aprofundado com disciplinas próximas, como a medicina do trabalho, a epidemiologia, a toxicologia, as ciências da engenharia e outras áreas do conhecimento envolvidas em projetos, como a arquitetura e o desenho industrial. Esse diálogo se estende a outras áreas, como a antropologia e a sociologia, uma vez que o uso de certos tipos de produtos químicos se dá em condições culturais e sociais as mais diversas. Note-se que a proposta da ergotoxicologia foi inicialmente construída a partir de conhecimentos oriundos de áreas distintas: da ergonomia, da toxicologia, da epidemiologia, da higiene industrial, da antropotecnologia e da psicopatologia do trabalho (Sznelwar, 1992).

Essa explanação nos remete a algumas dificuldades existentes quando se busca, por meio de uma ação ergonômica, modificar o trabalho e reduzir os riscos de intoxicação. Uma ação em ergonomia dificilmente terá sucesso se não for apoiada por soluções mais amplas que envolvam aspectos que extrapolam as fronteiras das disciplinas. Isso porque as soluções não se encontram em prateleiras e, muitas vezes, ultrapassam o âmbito da empresa, pois envolvem aspectos mais amplos no que diz respeito à evolução das técnicas, das relações sociais e da economia. Não se trata apenas de transformar a tarefa daqueles trabalhadores envolvidos com o estudo de seu trabalho e com a busca de soluções, trata-se também de buscar mudanças paradigmáticas e uma aproximação entre pontos de vista.

Essas mudanças de paradigmas estão voltadas para o desenvolvimento de técnicas adaptadas para um trabalho seguro, confortável e eficaz, em que a redução do contato com substâncias tóxicas para níveis muito baixos, se não nulos, seria o objetivo principal. Para tal, medidas conjuntas com mudanças efetivas na organização do trabalho e no conteúdo das tarefas, a adoção de técnicas com máquinas e ferramentas de trabalho adequadas, a melhoria dos projetos arquitetônicos são a base de uma proposta em ergonomia. Essa proposta não deve ser confundida com uma ideia de eliminar todas as formas de controle por meio da monitoração do ambiente, do acompanhamento clínico e mesmo do uso parcimonioso de EPIs (que devem ser analisados caso a caso), mas deve ser entendida como a incorporação do conhecimento relativo à realidade do trabalho, da atividade dos trabalhadores à busca de soluções que envolvam sobretudo diferentes atores sociais: envolvidos, projetistas, administradores, profissionais da saúde, trabalhadores diretamente expostos, entre outros.

Substâncias químicas e saúde dos trabalhadores, alguns conceitos

Para designar as substâncias químicas potencialmente nocivas, pode-se adotar o termo "venenos". Entretanto, devemos ter cuidado para identificá-los, pois, sob a categoria "veneno", podem ser englobadas praticamente todas as substâncias químicas, uma vez que, dependendo da dose, até substâncias vitais para a nossa sobrevivência podem ser tóxicas. Neste sentido, podemos lembrar Paracelsus, citado por Casarett (1975): "todas as substâncias são venenos, não existe uma que não o seja. A dose diferencia um veneno de um medicamento". Adotar também o termo xenobióticos como substâncias estranhas à vida também poder ser útil. De qualquer maneira, não havendo uma única designação satisfatória, é importante que sejam feitas referências as mais precisas possíveis, para melhor informar as pessoas que estão em contato com essas substâncias, os profissionais ligados à prevenção dos riscos e quem atua na vigilância epidemiológica e no tratamento das intoxicações e dos efeitos deletérios à saúde no longo prazo.

Adotamos a definição de Dejours (1985) com relação ao conceito de saúde. Para esse autor: "Saúde para cada homem, mulher ou criança é ter meios de traçar um caminho pessoal e original para o bem-estar físico, psíquico e social". Dessa maneira, para abordar a questão dos riscos à saúde devidos ao contato com substâncias tóxicas, seria importante ter como objetivo que estes fossem controlados, quiçá eliminados, para que não houvesse qualquer tipo de comprometimento deste potencial, deste patrimônio.

Entretanto, se por um lado a síntese e o uso de substâncias químicas trouxeram grandes avanços para a humanidade, muitas delas, principalmente aquelas com as quais os trabalhadores têm contato na indústria, na agricultura e em muitas atividades de serviços, podem, de alguma maneira, causar problemas de "saúde", levando inclusive à morte precoce. O contato com estas substâncias no trabalho pode se dar de diversas maneiras e em diversas situações. Por isso, importa conhecer como se processa esse contato, como as substâncias podem ser absorvidas pelo organismo, como elas são distribuídas, como se dá a biotransformação e a sua excreção, assim como os efeitos no organismo humano, no curto e no longo prazo.

Conhecimentos de base oriundos de diversas áreas do conhecimento são fundamentais para que se melhor compreendam esses riscos à saúde. Dentre as ciências que tratam destas questões, a toxicologia tem um papel fundamental. Lauwerys (1982) a define como sendo a ciência dos venenos. Segundo Moraes et al. (1991), é a ciência que trata dos

Capítulo 44 – A ergonomia e os riscos de intoxicação

efeitos nocivos das substâncias que interagem com o organismo. Para Casarett (1975), a toxicologia é composta por um amplo campo de estudos e deve ser definida pelas contribuições que ela proporciona, com relação às intoxicações produzidas por fármacos e outras substâncias químicas, à demonstração da sua segurança ou do risco antes da comercialização; ao estudo dos riscos para os trabalhadores e para o meio ambiente.

A ação de uma substância seria a sua interação com as moléculas do organismo, isto é, a lesão bioquímica inicial responsável pelas perturbações fisiológicas e anátomo-patológicas observadas no curso das intoxicações (Lauwerys, 1982). Os efeitos seriam as consequências destas interações. Eles podem ser locais e/ou sistêmicos, crônicos e/ou agudos (Casarett, 1975). A resposta do organismo a estes efeitos depende de vários fatores, inclusive dos mecanismos de defesa que o organismo aciona para repará-los.

Numa dada população, é importante considerar a diversidade, uma vez que para uma mesma dose a intensidade do efeito e da resposta consequente é bastante variável, não somente entre indivíduos e espécies diferentes, mas também num mesmo indivíduo.

A interação com os receptores do organismo, a competição entre substâncias diferentes pelo mesmo sítio de ação e os diferentes processos de reparação são agrupados como fatores toxicodinâmicos, enquanto a absorção, a distribuição, a biotransformação e a excreção são consideradas como fatores toxicocinéticos (Lauwerys, 1982). Os fatores toxicodinâmicos englobam justamente a ação propriamente dita do toxicante no seu sítio de ação, enquanto a toxicocinética de uma substância está afeita à trajetória desta desde a sua penetração no organismo, a sua presença nos humores e tecidos orgânicos até sua excreção. A relação entre a dose e o efeito do toxicante está não apenas relacionada com a toxicidade da substância, mas também com os fatores toxicocinéticos que, finalmente, determinam o quanto desta substancia alcançará o sítio de ação, isto é, a sua biodisponibilidade neste sítio. Neste caso, há também a influência de como o toxicante entrou em contato com o organismo, isto é, as diferentes vias de introdução, a quantidade da substância e a frequência das exposições.

De uma maneira geral, os fatores toxicocinéticos são mais conhecidos que os toxicodinâmicos, uma vez que já existem meios de se detectar a substância e os seus metabólitos no organismo. Entretanto, mesmo estes fatores são pouco conhecidos, principalmente se pensarmos na quantidade de substâncias químicas, com as quais o ser humano pode estar em contato. Além disso, há de se considerar a complexidade das suas interações no organismo humano.

Outro fator que influi no efeito dos xenobióticos está relacionado a aspectos temporais. Reinberg (1978) afirma que há horas de menor resistência do organismo, fazendo com que a suscetibilidade varie de maneira substantiva durante os ciclos biológicos (cronotoxicologia).

A aplicação do conhecimento gerado em toxicologia pode se dar tanto no nível da prevenção das intoxicações, quanto do diagnóstico e do tratamento de pessoas intoxicadas. A intoxicação é o resultado da ação das substâncias e da resposta orgânica a elas, podendo ser evidenciada clinicamente por meio de sinais e sintomas.

Entre a experimentação e as consequências à saúde humana

Em relação à prevenção, o conhecimento do potencial tóxico (toxicidade) das substâncias químicas (toxicante), pode servir para que sejam feitas classificações e regulamentações do uso que restrinjam ou impeçam o contato com as consideradas perigosas.

De qualquer maneira, apenas o conhecimento da toxicidade de uma substância não nos permite inferir o problema do risco à saúde das populações expostas, que, em parte, depende da toxicidade da substância, mas que também é influenciado pela formulação e condições da exposição.

Com relação aos estudos para definir a toxicidade, há problemas com relação à sua realização. Segundo Vettorazzi (1989), seria necessário um grande esforço para se harmonizar os critérios a serem adotados, uma vez que há controvérsia com relação a: seleção das espécies e número de animais; estabelecimento das doses; número e duração dos experimentos; abranger o tipo de estudo (bioquímico, metabólico, sobre função reprodutora, oncogênico, mutagênico, teratogênico e outros). Há também problemas com relação à interpretação dos resultados; qual é o significado do resultado estatístico sobre a importância biológica de um efeito observado? Além disso, deve haver uma coleção de dados epidemiológicos expressivos e de experimentos em seres humanos, quando são éticos e viáveis.

Em geral, os estudos toxicológicos experimentais são feitos em animais de laboratório (principalmente ratos e camundongos), por meio de diferentes tipos de testes. No curto prazo, são estudados os efeitos sistêmicos, pela determinação das doses e concentrações efetivas e letais; e os efeitos locais (pele e mucosas, principalmente a ocular). Os estudos no médio e no longo prazo têm como objetivo principal determinar as doses e concentrações, que, após exposição prolongada, não produziriam alterações na saúde dos animais em experimentação (exames anátomo-patológicos, testes fisiológicos e bioquímicos, estudos comportamentais, efeitos sobre a fertilidade, sobre as descendências, estudos de mutagênese, carcinogênese e imunotoxicológicos, estudos da biotransformação e do mecanismo de ação e outros).

Como já citado anteriormente, os conhecimentos básicos obtidos pela toxicologia experimental nos permitem agir preventivamente (homologação, classificação, controle ambiental e vigilância epidemiológica) e corretivamente (tratamentos). No nosso caso específico, vamos tratar apenas dos aspectos "preventivos".

Quanto à homologação, os estudos de toxicidade feitos pelas indústrias e controlados por organismos governamentais têm um significado científico e político. A questão central das decisões é determinar, com relação a uma dada substância, qual o "efeito aceitável". Neste caso, são feitas extrapolações e definidos critérios para se tentar reduzir ao mínimo o risco para as populações expostas (p. ex.: concentrações na atmosfera dos ambientes de trabalho).

As classificações adotadas com relação à toxicidade tem como base as doses orais letais 50 (DL50: dose necessária para matar por ingestão 50% da população de animais em estudo). Também podem ser adicionados outros fatores, como as doses letais por via dérmica e aqueles que modificam o risco de exposição em meio profissional (natureza e concentração da formulação, incluindo a volatilidade das substâncias). Além dos estudos relativos à mortalidade dos animais, também são estudadas as doses efetivas (dose que produz algum efeito) e as doses sem efeito aparente (usadas para o cálculo utilizado para basear legislações relativas a resíduos nos alimentos). No caso de exposições respiratórias, são usados os mesmos critérios, mas a noção de dose é substituída pela de concentração.

De qualquer maneira, a aplicação prática dos resultados obtidos nestes experimentos é também influenciada por resultados clínicos e epidemiológicos. Uma substância pode ter seu uso restrito ou mesmo proibido; ou ainda ser classificada como sendo mais perigosa,

Capítulo 44 – A ergonomia e os riscos de intoxicação

se for comprovado que a toxicidade para o ser humano é maior que a esperada pelos resultados de estudos experimentais. O mesmo pode valer também para problemas ambientais. A questão da pertinência dos dados obtidos em experimentação animal é uma discussão aberta, uma vez que a extrapolação destes resultados para o ser humano é problemática (Vettorazzi, 1989).

Para Lotti (1989), "não interessa o quanto estes estudos de laboratório foram completos, nenhuma substância química terá sido completamente testada no que se refere ao seu potencial tóxico para o homem até que sejam realizados estudos em seres humanos". Esta questão também é evidenciada por Puga e Mello (1982), quando eles afirmam que "o organismo humano, especialmente a criança, reage de modo muito diferente, mostrando ainda que o ser humano é, em muitos casos, muito mais sensível a um determinado praguicida do que o rato e outros animais de laboratório".

Há informações toxicológicas provenientes de estudos experimentais feitos com seres humanos voluntários, mas, por motivos deontológicos óbvios, estes estudos são limitados e de pouca abrangência.

A detecção dos efeitos nocivos e a sua relação com a exposição

Com relação à vigilância epidemiológica, há uma proposição que tem sido a base de vários programas de toxicovigilância, que é o controle da exposição dos trabalhadores por meio dos chamados "Indicadores Biológicos de Exposição". Partindo do conhecimento parcial existente com relação aos mecanismos de ação, efeitos, biotransformação e da excreção de alguns biocidas, propõe-se o acompanhamento de alguns parâmetros que podem tanto ser a substância propriamente dita, ou algum metabólito, como ainda algum indicador biológico de efeito específico (p. ex.: inibição da colinesterase por praguicidas organofosforados), com o objetivo de controlar a exposição e evitar o aparecimento de efeitos graves à saúde.

Segundo Brown (1983), "há muita dificuldade para se obter dados que, relacionem as DL50 com a incidência de intoxicações; é fácil entender a classificação dos riscos baseada nelas, mas é difícil justificar o seu uso". Ele afirma também que os produtos intermediários da fabricação, que podem estar presentes nas formulações, são tão ou mais tóxicos que o produto puro, e que o tipo de formulação pode afetar profundamente a biodisponibilidade do toxicante.

Um outro aspecto das dificuldades existentes é ligado ao fato de que, para se conhecer a ação destas substâncias, a absoluta maioria dos estudos é feita apenas com o princípio ativo; no entanto, se formos pensar numa situação de trabalho real, há exposição a múltiplas substancias químicas e a outros fatores agressivos ligados ao trabalho.

Como a exposição a estes agentes se dá em diferentes estados físico-químicos e ainda com as mais diferentes formulações, e que, muitas vezes, há contato com misturas de diferentes princípios ativos ou formulações, o interesse pelo conhecimento das interações entre as substâncias químicas tem aumentado. Seria importante conhecer melhor se os efeitos produzidos são resultado de uma adição e potencialização (sinergia), ou de uma redução (antagonismo). Os procedimentos tradicionais empregados para a avaliação da segurança não consideram, segundo Plaa e Vezina (1990), "a possibilidade de ocorrência de interações deletérias, sendo ainda remota a definição de métodos para sua avaliação".

Um outro aspecto significativo relativo à vigilância epidemiológica está ligado ao fato de que a patologia profissional se manifesta com alguns anos de atraso em relação à introdução de novas substâncias e que há dificuldades para se apreciar o risco devido a: ausência de parâmetros objetivos válidos, mobilidade da população operária, variações circadianas dos parâmetros biológicos e exposição simultânea a diversos tóxicos (Efthymiou, 1979). Esta mesma autora afirma que a probabilidade de aparecimento de um efeito tóxico é especialmente difícil de descrever para cada toxicante, pois os sintomas observados são idênticos aos de afecções de outra origem e se observam numa pequena parcela da população.

A relação entre a experimentação animal e os estudos epidemiológicos é uma discussão bastante importante, uma vez que a extrapolação dos dados obtidos com animais em laboratório para o ser humano é sempre especulativa (Davies, 1980). Neste aspecto, os estudos toxicológicos experimentais têm uma precisão muito maior que os estudos epidemiológicos, uma vez que neste nível é difícil se considerar toda a variabilidade da exposição de um indivíduo a outro e a variabilidade dos efeitos ligados à existência de múltiplos cofatores não controlados (Hemon, 1979). Este autor ainda discute a dificuldade relacionada com a evolução natural da intoxicação, isto é, se os efeitos observados são irreversíveis ou se é possível um retorno a parâmetros considerados como normais.

De qualquer maneira, a grande maioria dos dados existentes é referente a casos de intoxicações agudas. Mesmo nesses casos os dados estatísticos oficiais são insuficientes para avaliar a extensão do problema. Quanto às intoxicações no longo prazo, os dados são ainda mais falhos (Puga e Mello, 1982). Uma das explicações para este fato seria o de que é mais fácil se obter um diagnóstico de certeza no caso das intoxicações agudas do que para os efeitos no longo prazo, muitas vezes, não específicos. Além disso, a continuidade de estudos epidemiológicos longitudinais por um longo período é bastante complicada e difícil. Ainda, a recuperação da história da exposição em termos qualitativos e quantitativos é muito rara, uma vez que os trabalhadores quase nunca dispõem destes dados: a que produtos estiveram expostos, durante quanto tempo e quais foram as quantidades absorvidas?

Segundo Fournier (1979), há várias dificuldades para a realização dos estudos ligados a problemas crônicos de causa tóxica, uma vez que eles são detectados ao longo do tempo; os efeitos duram; há uma forte dispersão ecológica das condições de vida; e pode haver interferência da nutrição deficiente, do alcoolismo, do tabagismo e da absorção regular de medicamentos.

O que trataria uma abordagem em ergotoxicologia?

A proposta surge de uma falta, a ergonomia à época tratava da questão da exposição a substâncias tóxicas, de maneira ainda incipiente. De uma maneira mais específica, havia ainda pouco diálogo com a toxicologia do trabalho e com a higiene industrial. As discussões mais prevalentes eram oriundas, principalmente das questões ligadas ao ruído, à iluminação, às vibrações e à exposição a ondas eletromagnéticas. Um exemplo de abordagem em ergotoxicologia pode ser recuperado das pesquisas desenvolvidas com a exposição a substâncias tóxicas em agricultura (Sznelwar, 1992). Nesse trabalho foi analisado o contato de trabalhadores da agricultura com substâncias biocidas usados como praguicidas, principalmente em horticultura e floricultura.

Capítulo 44 – A ergonomia e os riscos de intoxicação

Um primeiro aporte metodológico seria o de enriquecer a análise ergonômica do trabalho com um olhar que considere o uso e o contato com produtos químicos. Há, evidentemente, graus de risco muito variados, seja pelas propriedades físico-químicas das substâncias, seja pela própria manipulação.

A partir de quais conhecimentos científicos poderia ser embasada uma abordagem em ergotoxicologia? Disciplinas próximas, como a toxicologia, a epidemiologia, a higiene industrial e a medicina do trabalho, já haviam acumulado uma série de conhecimentos, entre os quais podem ser citados:

— Os mecanismos de ação, os efeitos, a biotransformação, a absorção e a excreção de substâncias químicas

— Métodos de diagnóstico e de tratamento das intoxicações

— Indicadores biológicos e exposição

— Técnicas para a quantificação da exposição e de monitoração ambiental

— Dados epidemiológicos sobre populações expostas

Conhecimentos oriundos da fisiologia do trabalho também podem ser considerados como fundamentais, uma vez que permitem inferir algumas questões relativas aos efeitos do esforço físico e de certos fatores ambientais sobre a absorção e a biodisponibilidade das substâncias tóxicas no organismo. Entretanto, ainda há muitas questões a serem esclarecidas. Por exemplo:

— Há muito desconhecimento sobre os efeitos no longo prazo

— Quais são as consequências relativas às possíveis interações entre substâncias químicas, os efeitos aditivos, sinérgicos, antagonistas?

— Como tratar as questões relativas às múltiplas exposições, não apenas a outras substâncias químicas, mas também a outros agentes potencialmente nocivos, com os quais os trabalhadores podem ter contato?

— As dificuldades para se implementar e dar continuidade a programas de vigilância epidemiológica, no caso, de toxicovigilância nos locais de trabalho

— Ao se deparar com alguém que tenha algum problema crônico-degenerativo, os médicos e outros profissionais da saúde têm inúmeras dificuldades para desenvolver uma anamnese retrospectiva; é quase impossível obter um histórico das exposições ocorridas ao longo da vida profissional.

— Há muitas dúvidas com relação a dados epidemiológicos, principalmente quando se trata de efeitos não específicos, mas que podem ser oriundos de efeitos tóxicos no longo prazo.

— Mesmo havendo algumas técnicas para medir, é impraticável propor medidas para quantificar a exposição a substâncias químicas no trabalho.

Os profissionais ligados ao acompanhamento da saúde dos trabalhadores têm inúmeras dificuldades para conseguir estabelecer um programa para a detecção precoce de problemas, ainda mais se pensarmos que há substâncias químicas cujos efeitos tóxicos são pouco ou nada conhecidos. Uma outra faceta do problema com o qual se deparam os profissionais de saúde está no fato de saber se o efeito tóxico, mesmo detectado precocemente, é reversível.

Se as questões mais diretamente ligadas à saúde, quando tratadas sob a ótica da clínica médica, já apresentam dificuldades que, provavelmente, não poderão ser resolvidas nesse âmbito, o mesmo ocorre para as propostas de prevenção. Muitas medidas propostas pela abordagem da engenharia de segurança exigiriam, por parte dos trabalhadores, mudanças profundas no modo operatório. Esse tipo de medida, mesmo que dotado de legitimidade, esbarra, muitas vezes, em outros aspectos do trabalho, como a necessidade de garantir a produtividade exigida. Conhecer e temer os riscos, assim como agir com prudência (Cru e Dejours, 1983, 1986), requerem, além de conhecimentos adquiridos ao longo do desenvolvimento profissional, condições para tal. Nessas condições, podemos enquadrar as ferramentas de trabalho mas, sobretudo, margem de manobra e tempo para que os trabalhadores possam desenvolver suas ações com prudência.

Note-se que programas de prevenção deveriam estar voltados para propostas de transformação efetiva do trabalho. A partir de Maline (1994), pode-se afirmar que as possibilidades para desenvolver projetos mais seguros são bem maiores desde que se inclua a questão da atividade do trabalho desde os primeiros momentos da concepção. Recuperar experiências anteriores, utilizar situações já analisadas como referência (Daniellou, 1996) são muito úteis para projetos. É nesse contexto que podemos situar as contribuições da ergonomia, principalmente quando se trata de propor o concurso de competências oriundas de áreas diferentes do conhecimento e de atores diferenciados na produção.

A análise ergonômica do trabalho proporcionaria uma modalidade de ação importante para que se possa compreender os diferentes aspectos que modulam a exposição e, consequentemente, os riscos para a saúde. Compreender a relação atividade/exposição seria então possível, pois a abordagem da ergonomia permite realçar a complexidade (Montedo e Sznelwar, 2004) de uma situação de trabalho e, sobretudo, propor soluções que estejam ancoradas nas diferentes ações dos atores sociais envolvidos, em princípio mais adaptadas.

Entre as principais questões que esse tipo de abordagem permite, destacam-se:

1. A relação entre o contato e as escolhas estratégicas no que diz respeito às modalidades de produção e, sobretudo, às escolhas de tipos de substância química que serão usadas no processo de produção.

2. O papel da divisão das tarefas e da organização dos tempos no que diz respeito ao contato.

3. A possibilidade de acesso a conhecimentos técnicos e à construção do saber-fazer relativo às experiências profissionais.

4. A avaliação da exposição ao longo do processo de produção: relacioná-la com os conteúdos das tarefas, com os tipos de equipamento e ferramentas utilizados e com fatores de ambiência.

5. O contato com relação ao impacto das ações empreendidas pelos trabalhadores ao longo do processo, isto é, avaliar a exposição com relação à atividade.

6. As dificuldades para o cumprimento das medidas de higiene prescritas e os problemas ligados ao uso de EPIs.

7. A construção e a adoção de condutas de prudência que visam evitar o contato.

8. O papel das improvisações desenvolvidas para dar conta do trabalho a ser desenvolvido e o seu impacto na exposição.

9. A inadequação de certos locais de trabalho e das ferramentas empregadas, pois estes aumentariam o contato com as substâncias químicas.

Capítulo 44 – A ergonomia e os riscos de intoxicação **637**

10. As dificuldades de comunicação, principalmente no que diz respeito às informações contidas em embalagens e aos entraves de comunicação oriundos do uso de linguagens muito diferentes nos meios de trabalho que, muitas vezes, aprofundam o fosso entre pontos de vista baseados em conhecimentos técnicos e aqueles oriundos da experiência na operação.

11. A possibilidade de compreender alguns problemas ligados ao ciclo de vida das substâncias químicas, principalmente quando se busca entender o processo de uso de um produto desde a sua produção até o seu descarte. Isso requer, muitas vezes, uma compreensão que ultrapassa uma abordagem tradicional em ergonomia, exigindo o aporte de outros pontos de vista, como o da antropotecnologia (Wisner, 1993, 1996).

Para além dessas questões, há também que se compreender como as pessoas que estão em contato com as substâncias tóxicas constroem os seus pontos de vista com relação ao risco. A partir de estudos desenvolvidos sob a ótica da psicodinâmica do trabalho (Dejours, 2004), fica evidente que a questão não se resume ao conhecimento do risco, há também aspectos de ordem psíquica ligados a mecanismos de defesa que modulam aquilo que as pessoas expressam sobre o risco e mesmo as condutas que são adotadas. As possibilidades para a transformação do trabalho, sobretudo no que diz respeito à redução do contato e, consequentemente, dos riscos modulam também a constituição desses mecanismos de defesa, sejam eles individuais ou coletivos. Os trabalhadores desenvolvem compromissos, muitas vezes, em detrimento de sua saúde, para continuar a trabalhar e a produzir (Sznelwar, 1992).

Para Garrigou (2005) a ergotoxicologia é uma abordagem realmente pluridisciplinar, pois ela associa médicos, epidemiologistas, toxicologistas, ergonomistas e profissionais da prevenção. Para esse autor, a dinâmica criada em intervenções desenvolvidas em colaboração com outros profissionais permite que se questione a atuação de cada um e se construam novas interrogações que servirão tanto para projetos de capacitação como para a transformação das situações de trabalho. Para Mohammed-Brahim (2003), a ergotoxicologia permite criar uma coerência para confrontar a realidade do trabalho, uma vez que ela permite articular abordagens objetivas (análise da atividade, metrologia adaptada) com abordagens subjetivas (pontos de vista individuais e coletivos sobre o risco, medos, crenças etc.).

Considerações finais

A importância da ergonomia para desenvolver um programa de prevenção com relação aos riscos de intoxicação está ligada às possibilidades de abordar a questão da atividade de trabalho e o contato com as substâncias químicas. Levar em consideração que há uma evolução no decorrer dos processos de trabalho, portanto, que o contato é variável ao longo do tempo e que, sobretudo, há forte dependência do risco com as técnicas utilizadas, seria um ponto de partida fundamental para a construção de soluções efetivas. Conforme dito anteriormente, isso requer que sejam incorporados outros pontos de vista nesse processo. Não basta entender aquilo que é vinculado a partir de um posicionamento enquanto ator da produção que esteja distante da operação, que não considere a atividade de trabalho propriamente dita. É importante que se incorporem diferentes pontos de vista para a construção das soluções que melhorem as técnicas de produção e de uso de substâncias químicas, que melhorem as embalagens e as possibilidades para seu descarte e reúso. É importante avaliar as possibilidades ligadas a alternativas quanto ao emprego de substâncias menos agressivas. Para isso, o envolvimento dos atores sociais interessados se faz mister. Tal objetivo será mais factível se for possível criar mecanismos com o envolvimento de diferentes atores, e em que seja possível que os atores sociais diretamente envolvidos possam colocar os seus pontos de vista, os seus conhecimentos e o seu peso político para o sucesso desta empreita. Sucesso esse que poderá ser avaliado com a redução das doenças e mortes de trabalhadores nos mais variados setores da produção.

O concurso de outras abordagens mais ou menos próximas da ergonomia pode ser bastante enriquecedor nesse processo. É importante salientar as contribuições possíveis da psicodinâmica do trabalho (Dejours, 2004), principalmente quando se busca uma reapropriação pelos sujeitos do sentido daquilo que eles fazem e para ampliar os espaços onde os coletivos de trabalhadores possam agir efetivamente nesses processos de transformação. Outras abordagens, como a proposta por Clot (1999) na clínica do trabalho, em que a importância do fortalecimento das profissões é central, também podem trazer uma contribuição substantiva, principalmente no que diz respeito a questões de gênero e estilo. O envolvimento de diferentes atores nos processos de transformação pode ainda ser fortalecido por procedimentos como os propostos por Maggi (2006). Segundo esse autor, a partir do ponto de vista do "agir organizacional", sujeitos agentes são atores sociais envolvidos em processos de ação e decisão, portanto aqueles que podem se envolver nos processos de análise e transformação.

Hubault (2004) reforça a importância e a singularidade da ergonomia para tratar das questões ligadas às condições de trabalho, pois, segundo ele, neste nível a ergonomia trata as situações de trabalho como contextos de atividades vividos pelos trabalhadores, onde está em jogo a realização de si pelo trabalho e a realização do trabalho. Para esse autor a questão dos compromissos construídos é de grande importância e precisa ser considerado pela ergonomia (ver também Sznelwar, 1992).

Portanto, a ergonomia, assim como outras disciplinas ligadas à produção, ao trabalho e à saúde, tem papéis importantes nessa busca para reduzir os problemas de saúde tanto para as populações de trabalhadores, diretamente expostos no seu trabalho, como para aquelas que, indiretamente, possam ser atingidas por contaminações as mais variadas, sejam elas do ar, da água, dos alimentos sejam nas ferramentas e nos equipamentos que manipulam, nas plantas com que têm contato e até das roupas de familiares que estão expostos no seu trabalho.

Uma vez que a atividade depende basicamente da pessoa e da sua relação com a tecnologia que está à sua disposição, e uma vez que não estamos buscando mudar as características do ser humano que trabalha, uma transformação efetiva nas condições de trabalho depende de transformações tecnológicas que envolvam tanto a reconcepção das técnicas como as modalidades de se servir delas. Para tanto, um dos pilares desta transformação está na necessidade de se analisar em profundidade esta questão tecnológica. Isto é, de que maneira as técnicas já existentes são aplicadas nas diversas situações de trabalho, como se organiza o trabalho com elas, quais são as alternativas técnicas já existentes no mercado, quais são as possibilidades de acesso às transformações, quais são as formas de aquisição de conhecimento técnico?

Encarar a falta de respeito a certas normas de higiene e proteção como o eixo básico da relação dos trabalhadores com o risco determinado pela exposição a substâncias tó-

Capítulo 44 – A ergonomia e os riscos de intoxicação

xicas nos parece simplista e passível de erros de avaliação que podem bloquear as necessárias transformações nas condições de trabalho. Ao abordar esta questão dentro de uma perspectiva tecnológica, explicar alguns fatos observados de maneira superficial na situação real como resultado da negligência e da ignorância dos trabalhadores envolvidos diretamente com a produção pode ser analisado como uma desconsideração desprovida de fundamentos científicos, de inúmeros aspectos ligados às exigências da produção, às características etnológicas, à importância das questões linguísticas, às formas de aquisição de conhecimento técnico, e às possibilidades de criação de sistemas psíquicos de defesa e os compromissos estabelecidos pelos diversos atores entre a sua saúde e o trabalho, na relação do homem com o seu trabalho.

Referências

BROWN, V. K. Predictive acute toxicity tests with pesticides. *Acta Pharmacologica et Toxicológica,* v.52, n.2, p.247-261, 1983.

CASARETT, L. J. Origin and scope of Toxicology. In: CASSARET, L. J.; DULL, R. W. *Toxicology:* the basic science of poisons. New York: MacMillan, 1975. p.3-10.

CLOT, Y. *La fonction psychologique du travail.* Paris: PUF, 1999.

CRU, D.; DEJOURS, C. Le savoir faire de prudence dans le métiers du bâtiment. *Les Cahiers Medico:* Sociaux, n.3, p.239-247, 1983.

_____. La peur et la connaissance des risques dans les métiers du bâtiment. In: DEJOURS C.; VEIL, C.; WISNER, A. *Psychopathologie du travail.* Paris: Entreprise Moderne, 1986. p.27-34.

DANIELLOU, F. Questões epistemológicas levantadas pela ergonomia de projeto. In: _____. *A ergonomia em busca de seus princípios.* São Paulo: Edgard Blücher, 1996. p.181-198.

DAVIES, J. E. Pesticide monitoring and its implications. *Occupational Safety and Health Abstracts,* v.10, n.3, p.68c-68h, 1980.

DEJOURS, C. Construire sa santé. In: CASSOU, B. et al. *Les risques du travail.* Paris: La Decouverte, 1985. p.18-21.

_____. *Travail usure mentale:* essai de psychopathologie du travail. Paris: Centurion, 2000.

_____. Da psicopatologia à psicodinâmica do trabalho. In : LANCMAN, S.; SZNELWAR, L. I. (Org.). *Christophe Dejours:* da psicopatologia à psicodinâmica do trabalho. Brasília; Rio de Janeiro: Paralelo 15; Fiocruz, 2004. p.47-104.

EFTHYMIOU, M. L. Facteurs chimiques de risque. In: LAZAR, P. *Pathologie industrielle:* approche epidemiologique. Paris: Flamarion, 1979. p.15-27.

FOURNIER, E. Recherches en toxicologie: définition des paramètres et classement des effets. In: LAZAR, P. *Pathologie industrielle:* approche epidemiologique. Paris: Flammarion, 1979. p.229-243.

GARRIGOU, A. et al. Elaboration d'un processus de formation aux risques liés à l'usage des produits phytosanitaires dans la viticulture. In: CONGRÈS DE LA SELF, 40., Lyon, 2005. *Actes.* Lyon: Anact, 2005.

GUÉRIN, F. et al. *Compreender o trabalho para transformá-lo:* a prática da ergonomia. São Paulo: Edgard Blücher, 2001. (Traduzido do trabalho original publicado em 1997, Ed. ANACT).

HUBAULT, F. Do que a ergonomia pode fazer a análise. In: DANIELLOU, F. A *ergonomia em busca de seus princípios*. São Paulo: Edgard Blücher, 2004. p.105-140.

LAUWERYS, R. R. *Toxicologie industrielle et intoxications professionnelles*. Paris: Masson, 1982.

LOTTI, M. New approaches in the toxicological evaluation of pesticides. *Food Additives and Contaminants*, v.6, n.1, p.7-13, 1989.

MAGGI, B. *Do agir organizacional:* um ponto de vista sobre o trabalho, o bem-estar, a aprendizagem. São Paulo: Edgard Blücher, 2006.

MALINE, J. *Simuler le travail:* une aide à la conduite de projet. Lyon: Anact, 1994. (Outils et Méthodes).

MOHAMMED-BRAHIM, B. et al. Quelles formes d'analyse de l'activité de travail en ergotoxicologie? In: CONGRÈS LA SELF, 38., Paris, 2003. *Actes*. Paris: Self, 2003.

MONTEDO, U.; SZNELWAR, L. I. *A relação tácita entre a análise ergonômica do trabalho e a teoria da complexidade*. Recife: ABERGO, 2004.

MORAES, E. C. F.; SZNELWAR, R. B.; FERNÍCOLA , N. A. G. G. Introdução. In: *Manual de toxicologia analítica*. São Paulo: Roca, 1991. p.2-9.

PLAA, G. L.; VEZINA, A. M. Factors to consider in the design and evaluation of chemical interaction studies in laboratory animals. In: GOLDSTEIN, R. S.; HEWITT, W. R.; HOOK, J. B. *Toxic interactions*. New York: Academic Press, 1990. p.1-20.

PUGA, F. R.; MELLO, D. Aspectos toxicológicos de pesticidas. In: GRAZZIANO NETO, F. *Uso de agrotóxicos:* receituário agronômico. São Paulo: Agroedições, 1982. p.37-57.

REINBERG, A. La chronotoxicologie et la chronopharmacologie. In: CONGRESS MONDIAL DE TOXICOLOGIE CLINIQUE ET DES CENTRES ANTI-POISON ACTUALITES TOXICOLOGIQUES, Paris, 1978. *Actes*. Paris: Masson, 1978. p.53-68.

VETTORAZZI, G. Xenobiotics substances: harmonization of toxicological conclusions. *Food Additives and Contaminants*, v.6, n.1, p.125-132, 1989.

SZNELWAR, L. I. *Analyse ergonomique de l'exposition de travailleurs agricoles aux pesticides:* essai ergotoxicologique. 1992. Thèse (Doctorat) – Ergonomie – CNAM, Paris, 1992.

WISNER, A. Understanding problem building: ergonomic work analysis. *Ergonomics*, v.38, n.3, p.595-605, 1995.

_____. Questões epistemológicas em ergonomia e em análise do trabalho. In: WISNER, A. *L'Ergonomie en quête de ses principes:* débats epistemologiques. Toulose: Octarès, 1996.

_____. A organização de empresa e do trabalho nas transferências de tecnologia. In: WISNER, A. *A inteligência no trabalho:* textos selecionados de ergonomia. São Paulo, Fundacentro, 1993. p.129-190.

Ver também:

3 – As relações de vizinhança da ergonomia com outras disciplinas

6 – As ambiências físicas no posto de trabalho

10 – Segurança e prevenção: referências jurídicas e ergonômicas

20 – Metodologia da ação ergonômica: abordagens do trabalho real

30 – Contribuições da ergonomia à prevenção de riscos profissionais